2020 注册结构工程师考试用书

一、二级注册结构工程师专业考试模块化应试指南

（第二版）

兰定筠　主编

中国建筑工业出版社

图书在版编目(CIP)数据

一、二级注册结构工程师专业考试模块化应试指南/兰定筠主编. —2 版. —北京：中国建筑工业出版社，2020.1

2020 注册结构工程师考试用书

ISBN 978-7-112-24780-6

Ⅰ. ①一… Ⅱ. ①兰… Ⅲ. ①建筑结构-资格考试-自学参考资料 Ⅳ. ①TU3

中国版本图书馆 CIP 数据核字(2020)第 017995 号

依据命题专家的命题思路和考试真题，一、二级注册结构工程师专业考试考试大纲和现行规范，结合作者十多年来对命题思路和规范内容的深入研究进行编写。本书包括六章：混凝土结构，钢结构，砌体结构与木结构，地基与基础，高层建筑结构、高耸结构与横向作用，桥梁结构。本书涵盖了 2011 年以来的一、二级考试真题，同时补充完善了未考知识点的案例题目和相关知识，总结归纳了 30 多页考试必备的常用表格。

本书可供参加一、二级注册结构工程师专业考试人员复习备考使用。

责任编辑：刘瑞霞　牛　松
责任校对：李欣慰

2020 注册结构工程师考试用书

一、二级注册结构工程师专业考试模块化应试指南

（第二版）

兰定筠　主编

*

中国建筑工业出版社出版、发行（北京海淀三里河路 9 号）

各地新华书店、建筑书店经销

北京红光制版公司制版

北京建筑工业印刷厂印刷

*

开本：787×1092 毫米　1/16　印张：49　字数：1218 千字

2020 年 4 月第二版　　2020 年 4 月第二次印刷

定价：**128.00** 元

ISBN 978-7-112-24780-6

（35327）

第二版前言

根据《建筑结构可靠性设计统一标准》GB 50068—2018、《门式刚架轻型房屋钢结构技术规范》GB 51022—2015、《钢结构设计标准》GB 50017—2017、《混凝土结构加固设计规范》GB 50367—2013《公路钢筋混凝土及预应力混凝土桥涵设计规范》JTG 3362—2018 等标准规范，同时增加了《高钢规》内容与题目，结合对本书读者的答疑进行编写，并对上一版书中的不足或错误进行了修订。

本书的特点如下：

（1）依据考试大纲要求，按大模块化分类进行编写。本书章节顺序为：混凝土结构；钢结构；砌体结构与木结构；地基与基础；高层建筑结构、高耸结构与横向作用；桥梁结构。

（2）对大模块化内容细分为各小模块，并且合理组织各小模块的先后顺序。比如：将大模块"混凝土结构"细分为小模块，即：《荷规》、《分类标准》、《混规》、《抗规》、《混验规》、《异形柱规》等，将考试要求的各规范纳入各小模块。

（3）每个小模块按各规范的章节的先后顺序进行组织编写。重点阐述规范的正文、注以及条文说明，及其隐含知识的理解与应用，同时，对规范相关内容进行归纳总结，书中总结归纳了 30 多页考试必备的常用计算表格，对相关规范之间的联系进行小结，辅以图形、表格。这方便考生系统化地复习备考。

（4）每个小模块编写时，将 2011 年以来的历年真题、解答过程编写在一起，这有利于考生在考场上快速找到历年真题的相同或相近的规范知识点。正如命题专家所言"在砌体结构考题中，一级、二级没有明显的难易程度差异"，因此本书包括了 2011 以来的二级砌体真题。本书还补充完善了未考知识点的案例题目和相关知识。

（5）命题专家指出考试真题按"易、中、难"命题，并且在各科目题目中也体现"易、中、难"，其比例为：20%、60%、20%，要求考生掌握"易、中"题目，注册考试即可通过。所以，本书在编写每个小模块时，重点阐述"容"、"中"的真题题目所涉及的考点与规范知识点。对"难"的真题题目所涉及的考点与规范知识点，书也适当兼顾。希望通过举一反三，发散思维方式，引导考生掌握命题专家的命题思路和规范内容。

2020 年兰定筠注册结构工程师专业考试全科网络辅导班已经开班，全部课程已经上线，登录腾讯课堂搜索兰定筠即可报名参加学习，一次付费，终身免费学习，兰老师一对一答疑，答疑微信 13896187773。

罗刚、黄音、杨利容、梁怀庆、杨莉琼、谢应坤、黄小莉、刘福聪、蓝亮、黄静、黄利芬、聂中文、刘禄惠、胡鸿鹤等参加了本书的编写。

限于作者水平，加之时间有限，有不妥或错误之处，真诚盼望各位考生、读者不吝指正，请将问题发邮箱：LanDJ2020@163.com，作者不胜感谢。

目　　录

第一章 混 凝 土 结 构

根据考试大纲要求，应重点把握以下内容：

了解混凝土结构的基本力学性能，应重点掌握混凝土结构的概念设计原则，把握各种常用建筑结构体系的布置原则和设计方法，熟悉结构构件的承载能力极限状态计算（包括构件的正截面、斜截面、扭曲截面、局部受压及受冲切承载力计算等）和正常使用极限状态验算（包括构件的裂缝、挠度验算等），把握构件截面选定的基本原则及构件设计的基本构造要求。应掌握钢筋混凝土结构的抗震设计原则和基本要求，把握计算要点及构造措施。

在电算程序大量使用的大环境下，应注意通过实际工程中的简单算例，加强对结构设计规定的理解，提高动手能力。

混凝土结构设计的主要规范有：

(1)《建筑结构可靠性设计统一标准》GB 50068（简称《可靠性标准》）；

(2)《建筑结构荷载规范》GB 50009（简称《荷规》）；

(3)《建筑工程抗震设防分类标准》GB 50223（简称《分类标准》）；

(4)《建筑抗震设计规范》GB 50011（简称《抗规》）；

(5)《混凝土结构设计规范》GB 50010（简称《混规》）；

(6)《混凝土结构工程施工质量验收规范》GB 50204（简称《混验规》）；

(7)《混凝土异形柱结构技术规程》JGJ 149（简称《异形柱规》）；

(8)《组合结构设计规范》JGJ 138（简称《组合规范》）。

(9)《混凝土结构加固设计规范》GB 50367（简称《混加规》）

第一节 《可靠性标准》和《荷规》

一、荷载分类和荷载组合

- 复习《可靠性标准》8.2.1条～8.3.3条。
- 复习《荷规》1.0.1条～1.0.5条。
- 复习《荷规》2.1.1条～2.2.4条。
- 复习《荷规》3.1.1条～3.2.10条。

需注意的是：

(1)《可靠性标准》8.2.4条、8.2.8条和8.2.9条。

(2)《荷规》1.0.4条的条文说明，区分直接作用（荷载）、间接作用，以及各自包括的作用种类。

(3)《荷规》2.1.11条、2.1.12条，区分荷载效应、荷载组合。

（4）《荷规》3.1.1条的条文说明，对土压力、预应力、水压力的规定。

（5）一般地，考试题目将简单结构力学计算与荷载组合相结合进行命题。

【例 1.1.1-1】（2016T01）[①] 某办公楼为现浇混凝土框架结构，设计使用年限50年，安全等级为二级。其二层局部平面图、主次梁节点示意图和次梁 L-1 的计算简图如图 1.1.1-1 所示，混凝土强度等级 C35，钢筋均采用 HRB400。

假定，次梁上的永久均布荷载标准值 $q_{Gk}=18kN/m$（包括自重），可变均布荷载标准值 $q_{Qk}=6kN/m$，永久集中荷载标准值 $G_k=30kN$，可变荷载组合值系数 0.7。试问，当不考虑楼面活载折减系数时，次梁 L-1 传给主梁 KL-1 的集中荷载设计值 F（kN），与下列何项数值最为接近？

(A) 130　　　　　(B) 140　　　　　(C) 155　　　　　(D) 170

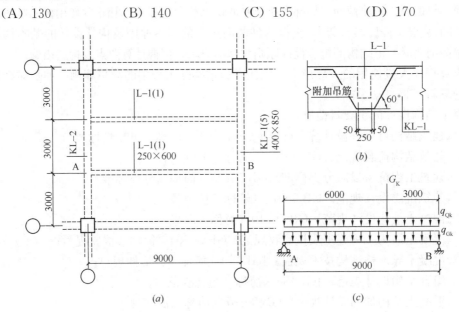

图 1.1.1-1

(a) 局部平面图；(b) 主次梁节点示意图；(c) L-1 计算简图

【解答】 永久荷载：$R_{B,Gk}=\dfrac{1}{2}\times 18\times 9+\dfrac{30\times 6}{9}=101kN$

可变荷载：$\qquad\qquad\qquad R_{B,Qk}=\dfrac{1}{2}\times 6\times 9=27kN$

《可靠性标准》8.2.4 条：

$$R_B=1.3\times 101+1.5\times 27=171.8kN$$

所以应选（D）项。

【例 1.1.1-2】 某商场里的一钢筋混凝土 T 形截面梁，计算简图及梁截面如图 1.1.1-2 所示，设计使用年限50年，结构重要性系数1.0，混凝土强度等级 C30，纵向受力钢筋和箍筋均采用 HRB400。

[①] 2016T01 是指 2016 年一级真题上午段第 1 题。其他，如：2015B32 是指 2015 年一级真题下午段第 32 题。未标明的是指二级真题和新编题目。

假定，永久荷载标准值（含梁自重）$g_1=40kN/m$，$g_2=10kN/m$；可变荷载标准值 $q_1=10kN/m$，$q_2=30kN/m$。试问，AB跨跨中截面弯矩设计值 M（$kN \cdot m$），与下列何项数值最为接近？

提示： 各跨永久荷载的分项系数均取1.35。

(A) 370   (B) 400   (C) 445   (D) 495

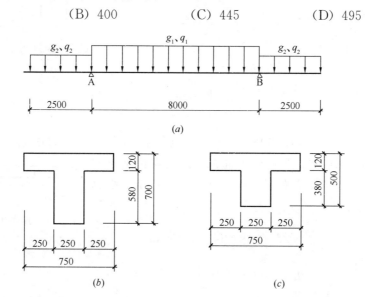

图 1.1.1-2

（a）计算简图；（b）AB跨梁截面图；（c）两端悬挑梁截面图

【解答】 AB跨跨中弯矩最大值时，永久荷载全长布置，可变荷载仅AB跨内布置。

AB跨永久荷载作用下：$M_{Gk1}=\dfrac{1}{8}\times40\times8^2=320kN \cdot m$

悬挑跨永久荷载作用下：$M_{Gk2}=-\dfrac{1}{2}\times10\times2.5^2=-31.25kN \cdot m$

AB跨可变荷载作用下：$M_{Qk}=\dfrac{1}{2}\times10\times8^2=80kN \cdot m$

查《荷规》表5.1.1，取 $\psi_c=0.7$

《可靠性标准》8.2.4条：

$M_{中}=1.3\times320-1.3\times31.25+1.5\times80=495.4kN \cdot m$

故选（D）项。

【例 1.1.1-3】（2016T08）某民用房屋，结构设计使用年限为50年，安全等级为二级。二层楼面上有一带悬臂段的预制钢筋混凝土等截面梁，其计算简图和梁截面如图1.1.1-3所示，不考虑抗震设计。梁的混凝土强度等级为C40，纵筋和箍筋均采用HRB400，$a_s=60mm$。未配置弯起钢筋，不考虑纵向受压钢筋作用。

假定，作用在梁上的永久荷载标准值 $q_{Gk}=25kN/m$（包括自重），可变荷载标准值 $q_{Qk}=10kN/m$，组合值系数0.7。试问，AB跨的跨中最大正弯矩设计值 M_{max}（$kN \cdot m$），与下列何项数值最为接近？

提示： 梁上永久荷载的分项系数均取1.3。

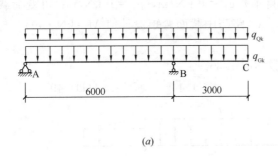

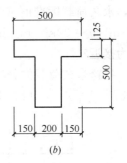

图 1.1.1-3

(a) 计算简图；(b) 截面示意

(A) 110　　　　(B) 145　　　　(C) 160　　　　(D) 170

【解答】 AB 跨跨中最大正弯矩值 M，永久荷载全长布置，可变荷载仅在 AB 跨布置。如图 1.1.1-4 所示，根据《荷规》3.2.3 条、3.2.4 条：

图 1.1.1-4

$$M_B = 1.3 \times \frac{1}{2} \times 25 \times 3^2 = 146.25 \text{kN/m}$$

$$q_{设} = 1.3 \times 25 + 1.5 \times 10 = 47.5 \text{kN/m}$$

对 B 点取矩：$R_A = \frac{1}{6} \times \left(\frac{1}{2} \times 47.5 \times 6 \times 6 - 146.35 \right) = 118.11 \text{kN}$

AB 跨中剪力为 0 的位置：$x = \frac{R_A}{q_{设}} = \frac{118.11}{47.5} = 2.49 \text{m}$

$$M_{\max} = 118.11 \times 2.49 - \frac{1}{2} \times 47.5 \times 2.49^2 = 146.8 \text{kN} \cdot \text{m}$$

故选 (B) 项。

思考： AB 跨的任意点的弯矩值 M_x：

$$M_x = R_A x - \frac{1}{2} q x^2$$

欲求其最大值，M_x 对 x 求导数，并令其为 0，则：

$$R_A - qx = 0，即：x = \frac{R_A}{q}$$

假定，AB 跨内还作用有集中力 P，同理，建立 M_x 与 R_A、q、P 的函数表达式，M_x 对 x 求导数，令其为 0，可确定出 x 值。

二、永久荷载和楼面屋面活荷载

(一) 永久荷载和楼面活荷载

- 复习《荷规》4.0.1 条～4.0.4 条。
- 复习《荷规》5.1.1 条～5.1.4 条。

需注意的是：

（1）《荷规》表 5.1.1 项次 8 中"双向板楼盖"，对于设置有主次梁的双向板，不是按柱网尺寸进行内插取值，而是按双向板板跨内插取值，同时，按其短边跨度考虑内插取值。

（2）《荷规》5.1.2 条第 2 款规定，也适用于板柱-剪力墙结构等。

（3）《荷规》5.1.3 条对消防车活荷载的规定，从《荷规》表 5.1.1 可知，其准永久值系数 $\psi_q=0$，《荷规》5.1.1 条条文说明指出，其适用于："对于消防车不经常通行的车道，也即除消防站以外的车道"。

【例 1.1.2-1】（2011T10）某多层现浇钢筋混凝土结构，设置两层地下车库。假定，地下一层外墙 Q1 简化为上端铰接、下端刚接的受弯构件进行计算，如图 1.1.2-1 所示。取每延米宽为计算单元，由土压力产生的均布荷载标准值 $g_{1k}=10kN/m$，由土压力产生的三角形荷载标准值 $g_{2k}=33kN/m$，由地面活荷载产生的均布荷载标准值 $q_k=4kN/m$。试问，该墙体下端截面支座弯矩设计值 M_B（kN·m）与下列何项数值最为接近？

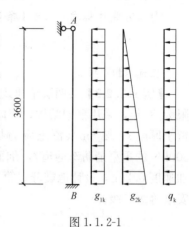

图 1.1.2-1

提示：① 活荷载组合值系数 $\psi_c=0.7$；不考虑地下水压力的作用；

② 均布荷载 q 作用下 $M_B=\dfrac{1}{8}ql^2$，三角形荷载 q 作用下 $M_B=\dfrac{1}{15}ql^2$。

（A）46 　　（B）53 　　（C）63 　　（D）68

【解答】根据《荷规》4.0.1 条，以及《可靠性标准》8.2.4 条：

$$M_B=\frac{1}{8}\gamma_G g_1 l^2+\frac{1}{15}\gamma_G g_2 l^2+\frac{1}{8}\gamma_G q l^2$$

$$=\frac{1}{8}\times1.3\times10\times3.6^2+\frac{1}{15}\times1.3\times33\times3.6^2+\frac{1}{8}\times1.5\times4\times3.6^2$$

$$=67.85kN\cdot m$$

故选（D）项。

思考：掌握基本结构构件在常用支座条件及荷载作用下的静力计算公式。

【例 1.1.2-2】某框架结构钢筋混凝土办公楼，安全等级为二级，梁板布置如图 1.1.2-2 所示。框架的抗震等级为三级，混凝土强度等级为C30，梁板均采用 HRB400 级钢筋。板面恒载标准值 $5.0kN/m^2$（含板自

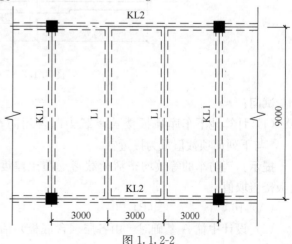

图 1.1.2-2

重），活荷载标准值 2.0 kN/m²，梁上恒荷载标准值 10.0 kN/m（含梁及梁上墙自重）。

试问，配筋设计时，次梁 L1 上均布线荷载的组合设计值 q（kN/m），与下列何项数值最为接近？

(A) 37   (B) 38   (C) 39   (D) 40

【解答】 根据《混规》9.1.1 条：

9/3＝3≥3，按单向板计算。

根据《荷规》5.1.2 条：

办公楼，3×9＝27m²＞25m²，活荷载折减系数取 0.9

由《可靠性标准》8.2.4 条：

$$q=1.3\times(5.0\times3+10.0)+1.5\times2.0\times3\times0.9=40.6\text{kN/m}$$

应选（D）项。

【例 1.1.2-3】 某两层单建式地下车库，用于停放载人少于 9 人的小客车，设计使用年限为 50 年，采用框架结构，双向柱跨均为 8m，各层均采用不设次梁的双向板楼盖，顶板覆土厚度 $s=2.5$m（覆土应力扩散角 $\theta=35°$），地面为小客车通道（可作为全车总重 300kN 的重型消防车通道），剖面如图 1.1.2-3 所示，抗震设防烈度 8 度，设计基本地震加速度 0.20g，设计地震分组第二组，建筑场地类别 III 类，抗震设防类别为标准设防类，安全等级二级。

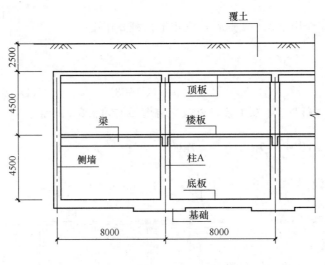

图 1.1.2-3

试问：

(1) 计算地下车库顶板楼盖承载力时，消防车的等效均布活荷载标准值 q_k（kN/m²），与下列何项数值最为接近？

提示： 消防车的等效均布活荷载考虑覆土厚度影响的折减系数，可按 6m×6m 的双向板楼盖取值。

(A) 16   (B) 20   (C) 28   (D) 35

(2) 设计中柱 A 基础时，由各层（含底板）活荷载标准值产生的轴力 N_k（kN），与下列何项数值最为接近？

提示：① 地下室顶板活荷载按楼面活荷载考虑；

② 底板的活荷载由基础承担。

(A) 380　　　　　(B) 520　　　　　(C) 640　　　　　(D) 1000

【解答】

(1) 根据《荷规》表5.1.1第8项：

消防车均布活荷载标准值为20kN/m²，

根据《荷规》附录B.0.2条：

$\bar{s} = 1.43s\tan\theta = 1.43 \times 2.5 \times \tan35° = 2.5m$，查表B.0.2，消防车活荷载折减系数为0.81。

$$q_k = 0.81 \times 20 = 16.2kN/m^2$$

所以选（A）项。

(2) 根据《荷规》5.1.3条，设计基础时可不考虑消防车荷载，

根据《荷规》表5.1.1第8项：

小客车均布活荷载标准值$q_k = 2.5kN/m^2$

根据《荷规》5.1.2条，双向板楼盖折减系数为0.8，则：

$$N_k = 0.8 \times 2.5 \times 8 \times 8 \times 3 = 384kN$$

所以选（A）项。

【例1.1.2-4】下列关于荷载作用的描述，正确的是哪项？

(A) 地下室顶板消防车道区域的普通混凝土梁在进行裂缝控制验算和挠度验算时，可不考虑消防车荷载

(B) 屋面均布活荷载可不与雪荷载和风荷载同时组合

(C)、(D) 略

【解答】（A）项：根据《荷规》表5.1.1，$\psi_q = 0$，故（A）项正确。

（B）项：根据《荷规》5.3.3条，错误。

(二) 其他活荷载

- 复习《荷规》5.2.1条～5.2.3条。
- 复习《荷规》5.3.1条～5.3.3条。
- 复习《荷规》5.4.1条～5.4.3条。
- 复习《荷规》5.5.1条～5.5.3条。
- 复习《荷规》5.6.1条～5.6.3条。

需注意的是：

(1)《荷规》5.3.2条第1款、第2款，应考虑5.6.3条动力系数。

(2)《荷规》5.3.3条，荷载组合为：max{不上人屋面活荷载，雪荷载}＋风荷载

(3)《荷规》5.5.1条条文说明："在进行首层地下室顶板设计时，施工活荷载一般不小于$4.0kN/m^2$。"

三、吊车荷载

> ● 复习《荷规》6.1.1条～6.4.2条。

需注意的是：

（1）《荷规》6.1.2条，吊车横向水平荷载、纵向水平荷载均为惯性力，故不考虑6.3.1条动力系数。

（2）《荷规》6.4.2条的条文说明指出，对吊车梁按正常使用极限状态设计时，是针对"空载吊车"工况。

（3）吊车梁的计算，应区分混凝土吊车梁、钢吊车梁，前者应根据《混规》处理，后者应根据《钢规》处理。

四、雪荷载

> ● 复习《荷规》7.1.1条～7.2.2条。

需注意的是：

（1）《荷规》7.1.2条条文说明，"雪荷载敏感的结构"是指大跨、轻质屋盖结构，其应采用100年重现期的雪压。

（2）《荷规》7.1.5条，准永久值系数的取值。

（3）《荷规》表7.2.1中项次8高低屋面，7.2.1条条文说明指出，它也适用于雨篷的设计。

【例1.1.4-1】（2018T4）新疆乌鲁木齐市内的某二层办公楼，附带一层高的入口门厅，其平面和剖面如图1.1.4-1所示。门厅屋面采用轻质屋盖结构。试问，门厅屋面邻近主楼处的最大雪荷载标准值 s_k（kN/m^2），与下列何项数值最为接近？

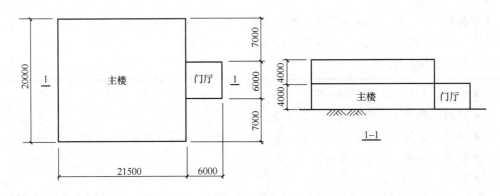

图1.1.4-1

（A）0.9　　　　　（B）1.0　　　　　（C）2.0　　　　　（D）3.5

【解答】 根据《荷规》7.1.2条及条文说明，取100年重现期零压：

查附表E.5，$s_0 = 1.0 kN/m^2$

查表7.2-1第8款：

$$\mu_{r,m} = \frac{21.5+6}{2\times4} = 3.44 \begin{matrix} <4 \\ >2 \end{matrix}$$

$$s_k = 3.44 \times 1.0 = 3.44 \text{kN/m}^2$$

故选（D）项。

五、风荷载

本章仅阐述单层、多层建筑结构的风荷载计算，高层建筑结构的风荷载见第 5 章风荷载部分。

- 复习《荷规》8.1.1 条～8.1.4 条。
- 复习《荷规》8.2.1 条～8.2.3 条。
- 复习《荷规》8.3.1 条～8.3.6 条。

【例 1.1.5-1】 某单层等高等跨厂房，排架结构如图 1.1.5-1 所示，安全等级二级。厂房长度为 66m，排架间距 $B=6$m，两端山墙，采用砖围护墙及钢屋架，屋面支撑系统完整。柱及牛腿混凝土强度等级为 C30，纵筋采用 HRB400。

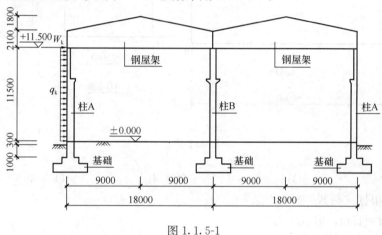

图 1.1.5-1

假定，厂房所在地区基本风压 $w_0=0.45$kN/m^2，场地平坦，地面粗糙度为 B 类，室外地坪标高为 -0.300m。试问，厂房中间一榀排架的屋架传给排架柱顶的风荷载标准值 W_k（kN），与下列何项数值最为接近？

提示：$\beta_z=1.0$，风压高度系数 μ_z 按柱顶标高取值。

(A) 6.0　　　　(B) 6.6　　　　(C) 7.1　　　　(D) 8.0

【解答】 地面粗糙度为 B 类，柱顶距室外地面为 $11.5+0.3=11.8$m，

根据《荷规》表 8.2.1：

$$\mu_z=1.0+\frac{1.13-1.0}{15-10}\times(11.8-10)=1.05, \quad \tan\alpha=\frac{1800}{9000}=0.2, \quad 坡角\ \alpha=11.3°$$

根据《荷规》表 8.3.1 第 8 项：坡度小于 15°，μ_s 为 -0.6

由《荷规》8.1.1 条：

$$W_k=\beta_z\times[(0.8+0.4)\times2.1+(0.5-0.6)\times1.8]\times\mu_z\times w_0\times B$$

$$=1 \times (1.2 \times 2.1 - 0.1 \times 1.8) \times 1.05 \times 0.45 \times 6$$

$$=6.63 \text{kN}$$

故选（B）项。

【例 1.1.5-2】（2018T5）某海岛临海建筑，为封闭式矩形平面房屋，外墙采用单层幕墙，其平面和立面如图 1.1.5-2 所示，P 点位于墙面 AD 上，距海平面高度 15m。假定，基本风压 $w_0 = 1.3 \text{kN/m}^2$，墙面 AD 的围护构件直接承受风荷载。试问，在图示风向情况下，当计算墙面 AD 围护构件风荷载时，P 点处垂直于墙面的风荷载标准值的绝对值 w_k（kN/m^2），与下列何项数值最为接近？

提示： ①按《建筑结构荷载规范》GB 50009—2012 作答，海岛的修正系数 $\eta = 1.0$；②需同时考虑建筑物墙面的内外压力。

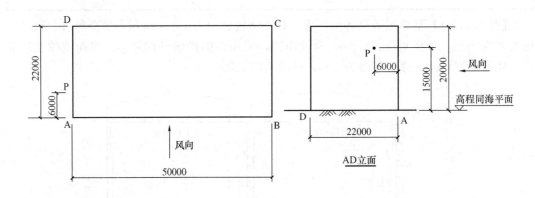

图 1.1.5-2

　　（A）2.9　　　　　　（B）3.5　　　　　　（C）4.1　　　　　　（D）4.6

【解答】 根据《荷规》8.2.1 条：

A 类，$H = 15$m，取 $\mu_z = 1.42$

查表 8.3.3 第 1 款：

$$E = \min(2H, B) = \min(40, 50) = 40\text{m}, \frac{E}{5} = 8\text{m} > 6\text{m}$$

故 P 点外表面处：$\mu_{sl} = -1.4$

由 8.3.5 条，P 内表面处：$\mu_{sl} = 0.2$

查表 8.6.1，$\beta_{gz} = 1.57$

$$|w_k| = |1.57 \times (1.4 + 0.2) \times 1.42 \times 1.3| = 4.64 \text{kN/m}^2$$

故选（D）项。

六、温度作用

　　●复习《荷规》9.1.1 条～9.3.3 条。

需注意的是：

（1）《荷规》9.1.3 条条文说明。其中，温度作用的分项系数为 1.4。

（2）《荷规》9.3.3 条条文说明。其中，结构合拢温度通常是一个区间值。

（3）混凝土收缩、徐变作用是永久作用，而温度作用是可变作用。

（4）超长混凝土结构一般均设有后浇带，后浇带通常在两侧的混凝土结构浇捣 45d 后封闭。对于设置后浇带的钢筋混凝土结构，收缩等效温降可近似取为$-4℃$。

【例 1.1.6-1】 某高层钢筋混凝土框架-剪力墙结构，平面尺寸为 22m×60m，为满足使用要求其长度方向未设温度缝，仅设一条上下贯通的后浇带。建筑物使用期间结构最高平均温度 $T_{max}=30℃$，最低平均温度 $T_{min}=10℃$，设计考虑后浇带的封闭温度为 15~25℃。假定，对该结构进行均匀温度作用分析。试问，该结构最大温升工况的均匀温度作用标准值 $\Delta T_k^s(℃)$ 和最大降温工况的均匀温度作用标准值 $\Delta T_k^j(℃)$，与下列何项数值最为接近？

提示：① 不考虑混凝土收缩、徐变的影响；

② 按《建筑结构荷载规范》GB 50009—2012 作答。

（A）$\Delta T_k^s=15$；$\Delta T_k^j=-15$　　　　（B）$\Delta T_k^s=5$；$\Delta T_k^j=-5$

（C）$\Delta T_k^s=5$；$\Delta T_k^j=-15$　　　　（D）$\Delta T_k^s=15$；$\Delta T_k^j=-5$

【解答】 根据《荷规》9.3.1 条～9.3.3 条：

$$\Delta T_k^s=T_{s,max}-T_{0,min}=30-15=15℃$$

$$\Delta T_k^j=T_{s,min}-T_{0,max}=10-25=-15℃$$

思考：假定，考虑混凝土收缩等效温降为$-4℃$，则：

$$\Delta T_k^s 仍为 15℃，而 \Delta T_k^j=10-4-25=-19℃$$

七、偶然荷载

● 复习《荷规》10.1.1 条～10.3.3 条。

第二节　《分类标准》

一、总则和术语

● 复习《分类标准》1.0.1 条～2.0.3 条。

【例 1.2.1-1】（2017T13）拟在 8 度地震区新建一栋二层钢筋混凝土框架结构临时性建筑，以下何项不妥？

（A）结构的设计使用年限为 5 年，结构重要性系数不应小于 0.90

（B）受力钢筋的保护层厚度可小于《混凝土结构设计规范》GB 50010—2010 第 8.2
　　节的要求

（C）可不考虑地震作用

(D) 进行承载能力极限状态验算时，楼面和屋面活荷载可乘以0.9的调整系数

【解】 根据《分类标准》2.0.3条条文说明，(C)项说法正确；

根据《混规》8.2.1条及条文说明，受力钢筋的混凝土保护层厚度不小于其直径的要求，是为了保证握裹层混凝土对受力钢筋的锚固，故(B)项错误，应选(B)项。

二、抗震设防类别

(一) 防灾救灾建筑

> ● 复习《分类标准》4.0.1条～4.0.7条。

需注意的是：

(1)《分类标准》4.0.3条的条文说明指出，三级医院、二级医院的判别按其医院总床位、每床位建筑面积大小进行确定。

(2)《分类标准》4.0.4条，消防车库及其值班用房为乙类建筑。

(二) 公共建筑和居住建筑

> ● 复习《分类标准》6.0.1条～6.0.12条。

需注意的是：

(1)《分类标准》6.0.5条的条文说明。

(2)《分类标准》6.0.8条的条文说明中列举了"教学用房"的各种情况。

(三) 基础设施、工业建筑和仓库类建筑

> ● 复习《分类标准》5.1.1条～5.4.4条。
> ● 复习《分类标准》7.1.1条～7.3.10条。
> ● 复习《分类标准》8.0.1条～8.0.3条。

【例1.2.2-1】 现有四种不同功能的建筑：①具有外科手术的乡镇卫生院的医疗用房；②营业面积为 $10000m^2$ 的人流密集的多层商业建筑；③乡镇小学的学生食堂；④高度超过120m的住宅。

试问： 由上述建筑组成的下列不同组合中，何项的抗震设防类别全部都应不低于重点设防类（乙类）？说明理由。

(A) ①②③　　　　　　　　　(B) ①②③④

(C) ①②④　　　　　　　　　(D) ②③④

【解答】 (1) 根据《分类标准》4.0.3条第2款，①为乙类。

(2) 根据《分类标准》6.0.5条及其条文说明，②为乙类。

(3) 根据《分类标准》6.0.8条，③为乙类。

故选(A)项。

三、抗震设防标准

> ● 复习《分类标准》3.0.1条～3.0.4条。

需注意的是：

（1）《分类标准》3.0.1 条第 4 款规定。

（2）《分类标准》3.0.3 条，抗震措施与抗震设防类别（甲类、乙类、丙类、丁类建筑）挂勾，也即：抗震措施采用的抗震震级与抗震设防类别挂勾。

根据《抗规》术语和符号的规定及其条文说明，抗震措施是指："除地震作用计算和抗力计算以外的抗震设计内容，包括抗震构造措施"。

由于受建筑场地的影响，抗震构造措施采用的抗震等级，与抗震计算时内力调整抗震措施采用的抗震等级可能不相同。为此，《抗规》3.3.2 条、3.3.3 条分别作了具体规定：

> **3.3.2**　建筑场地为Ⅰ类时，对甲、乙类的建筑应允许仍按本地区抗震设防烈度的要求采取抗震构造措施；对丙类的建筑应允许按本地区抗震设防烈度降低一度的要求采取抗震构造措施，但抗震设防烈度为 6 度时仍应按本地区抗震设防烈度的要求采取抗震构造措施。
>
> **3.3.3**　建筑场地为Ⅲ、Ⅳ类时，对设计基本地震加速度为 0.15g 和 0.30g 的地区，除本规范另有规定外，宜分别按抗震设防烈度 8 度（0.20g）和 9 度（0.40g）时各抗震设防类别建筑的要求采取抗震构造措施。

抗震设计除应进行地震作用计算外，尚应按规范要求采取相应的抗震措施。抗震措施内涵很丰富，包括了除地震作用计算和抗力计算以外的抗震设计内容，一般来说，可以分为内力调整（如强柱弱梁调整系数、强剪弱弯调整系数、框架结构底层柱弯矩增大系数等）和抗震构造措施（如轴压比、最小配筋率、箍筋加密要求等）两部分。

应注意区分抗震措施与抗震等级的概念，与抗震等级有关的抗震措施包括内力调整和抗震构造措施。

当要提高某个构件、节点、部位或整个结构的抗震措施时，可根据具体情况，仅提高其抗震构造措施，或仅对其内力或地震作用进行放大，或者既提高抗震构造措施，又放大其内力或地震作用。

【例 1.2.3-1】某五层中学教学楼，采用现浇钢筋混凝土框架结构，框架最大跨度 9m，层高均为 3.6m，抗震设防烈度 7 度，设计基本地震加速度 0.10g，建筑场地类别Ⅱ类，设计地震分组第一组，框架混凝土强度等级 C30。

试问，框架的抗震等级及多遇地震作用时的水平地震影响系数最大值 α_{max}，选取下列何项正确？

（A）三级、$\alpha_{max}=0.16$　　　　（B）二级、$\alpha_{max}=0.16$

（C）三级、$\alpha_{max}=0.08$　　　　（D）二级、$\alpha_{max}=0.08$

【解答】根据《分类标准》6.0.8 条，中学教学楼应不低于重点设防类。

又依据 3.0.3 条，重点设防类应按高于本地区抗震设防烈度一度的要求加强其抗震措施，同时，应按本地区抗震设防烈度确定其地震作用。

根据《抗规》表 6.1.2，设防烈度按 8 度，高度<24m，不属于大跨框架，故框架抗震等级为二级。

根据《抗规》表 5.1.4-1，按 7 度，多遇地震，取 $\alpha_{max}=0.08$。

所以应选（D）项。

【例1.2.3-2】（2013T12）某地区抗震设防烈度为7度（0.15g），场地类别为Ⅱ类，拟建造一座4层商场，商场总建筑面积16000m²，房屋高度为21m，采用钢筋混凝土框架结构，框架的最大跨度12m，不设缝。混凝土强度等级为C40，均采用HRB400钢筋。试问，此框架角柱构造要求的纵向钢筋最小总配筋率（%）为下列何值？

(A) 0.8　　　　　(B) 0.85　　　　　(C) 0.9　　　　　(D) 0.95

【解答】根据《分类标准》6.0.5条的条文说明，本商场未达到大型商场的标准，因此划为标准设防类（丙类）。最大跨度12m，不属于大跨度框架。

根据《抗规》表6.1.2，抗震等级为三级。根据《抗规》表6.3.7-1注2，角柱的最小总配筋率为0.85%。

因此选（B）。

第三节　《抗　规》

一、基本规定

（一）地震影响、场地和地基

● 复习《抗规》3.1.1条～3.3.5条。

【例1.3.1-1】某五层档案库，采用钢筋混凝土框架结构，抗震设防烈度为7度（0.15g），设计地震分组为第一组，场地类别为Ⅲ类，抗震设防类别为标准设防类。

以下关于该档案库抗震设防标准的描述，哪项较为妥当？

(A) 按8度进行地震作用计算

(B) 按8度采取抗震措施

(C) 按7度（0.15g）进行地震作用计算，按8度采取抗震构造措施

(D) 按7度（0.15g）进行地震作用计算，按7度采取抗震措施

【解答】根据《抗规》3.1.1条、3.3.3条，应选（C）项。

（二）规则性

● 复习《抗规》3.4.1条～3.4.5条。

【例1.3.1-2】（2012T09、10）某五层现浇钢筋混凝土框架-剪力墙结构，柱网尺寸9m×9m，各层层高均为4.5m，位于8度（0.3g）抗震设防地区，设计地震分组为第二组，场地类别为Ⅲ类，建筑抗震设防类别为丙类。已知各楼层的重力荷载代表值均为18000kN。

试问：

(1) 假设，用CQC法计算，作用在各楼层的最大水平地震作用标准值F_i（kN）和水平地震作用的各楼层剪力标准值V_i（kN）如表1.3.1-1所示。试问，计算结构扭转位移比对其平面规则性进行判断时，采用的二层顶楼面的"规定水平力F'_2（kN）"，与下列何项

数值最为接近?

表 1.3.1-1

楼层	一	二	三	四	五
F_i (kN)	702	1140	1440	1824	2385
V_i (kN)	6552	6150	5370	4140	2385

(A) 300   (B) 780   (C) 1140   (D) 1220

(2) 假设,用软件计算的多遇地震作用下的部分计算结果如下所示:

Ⅰ. 最大弹性层间位移 $\Delta u = 5\text{mm}$;

Ⅱ. 水平地震作用下底部剪力标准值 $V_{Ek} = 3000\text{kN}$;

Ⅲ. 在规定水平力作用下,楼层最大弹性位移为该楼层两端弹性水平位移平均值的 1.35 倍。

试问,针对上述计算结果是否符合《建筑抗震设计规范》GB 50011—2010 有关要求的判断,下列何项正确?

(A) Ⅰ、Ⅱ符合,Ⅲ不符合   (B) Ⅰ、Ⅲ符合,Ⅱ不符合

(C) Ⅱ、Ⅲ符合,Ⅰ不符合   (D) Ⅰ、Ⅱ、Ⅲ均符合

【解答】(1) 根据《抗规》3.4.3 条的条文说明:

规定水平力 $F_2' = 6150 - 5370 = 780\text{kN}$,故选 (B) 项。

(2) Ⅰ. $\dfrac{5}{4500} = \dfrac{1}{900} < \dfrac{1}{800}$,符合《抗规》5.5.1 条要求;

Ⅱ. 重力荷载代表值 $G = 5 \times 18000 = 90000\text{kN}$

根据《抗规》5.2.5 条,$\dfrac{3000}{90000} = 0.033 < \lambda_{min} = 0.048$,不符合;

Ⅲ. 根据《抗规》3.4.3 条、3.4.4 条,扭转位移比 1.35,处于 1.2~1.5 之间,属于一般不规则,应采用空间结构计算模型进行分析计算,但不属于"不符合规范要求"。

故选 (B) 项。

【例 1.3.1-3】某六层办公楼,采用现浇钢筋混凝土框架结构,抗震等级为二级,其中梁、柱混凝土强度等级均为 C30。

试问:

(1) 已知该办公楼各楼层的侧向刚度如表 1.3.1-2 所示。试问,关于对该结构竖向规则性的判断及水平地震剪力增大系数的采用,在下列各选择项中,何项是正确的?

提示:按《建筑抗震设计规范》GB 50010—2010 解答。

某办公楼各楼层的侧向刚度   表 1.3.1-2

计 算 层	1	2	3	4	5	6
X 向侧向刚度 (kN/m)	1.0×10^7	1.1×10^7	1.9×10^7	1.9×10^7	1.65×10^7	1.65×10^7
Y 向侧向刚度 (kN/m)	1.2×10^7	1.0×10^7	1.7×10^7	1.55×10^7	1.35×10^7	1.35×10^7

提示:可只进行 X 方向的验算。

(A) 属于竖向规则结构

(B) 属于竖向不规则结构,仅底层地震剪力应乘以 1.15 的增大系数

(C) 属于竖向不规则结构,仅二层地震剪力应乘以 1.15 的增大系数

（D）属于竖向不规则结构，一、二层地震剪力均应乘以1.15的增大系数

（2）各楼层在具有偶然偏心的规定水平力作用下抗侧力构件的弹性层间位移如表1.3.1-3所示。试问，下列关于该结构扭转规则性的判断，其中何项是正确的？

各楼层弹性层间位移　　　　　　　表1.3.1-3

计算层	X方向层间位移值		Y方向层间位移值	
	最大（mm）	两端平均（mm）	最大（mm）	两端平均（mm）
1	5.00	4.80	5.45	4.00
2	4.50	4.10	5.53	4.15
3	2.20	2.00	3.10	2.38
4	1.90	1.75	3.10	2.38
5	2.00	1.80	3.25	2.40
6	1.70	1.55	3.00	2.10

（A）不属于扭转不规则结构　　　（B）属于扭转不规则结构

（C）仅X方向属于扭转不规则结构　（D）无法对结构规则性进行判断

【解答】（1）根据提示，只进行X方向验算：

第1层：$\dfrac{K_1}{(K_2+K_3+K_4)/3}=\dfrac{1.0\times10^7}{(1.1+1.9+1.9)\times10^7/3}=0.612<0.8$

第2层：$\dfrac{K_2}{K_3}=\dfrac{1.1\times10^7}{1.9\times10^7}=0.579<0.8$

根据《抗规》表3.4.3-2规定，属于竖向不规则的类型，第1层，第2层为薄弱层。

根据《抗规》3.4.4条第2款规定，第1层、第2层薄弱层的地震剪力应乘以1.15的增大系数。

故选（D）项。

（2）X方向，最大位移/两端平均位移，均小于1.2。

Y方向，第1层～第6层，最大位移/两端平均位移，依次为：

1.3625，1.3325，1.3025，1.3025，1.3542，1.4286

上述值均大于1.2，根据《抗规》表3.4.3-1，属于扭转不规则结构。

故选（B）项。

【例1.3.1-4】某五层档案库，采用钢筋混凝土框架结构，抗震设防烈度为7度（0.15g），设计地震分组为第一组，场地类别为Ⅲ类，抗震设防类别为标准设防类。

假定，各楼层在地震作用下的层剪力V_i和层间位移Δ_i如表1.3.1-4所示。试问，以下关于该建筑竖向规则性的判断，何项正确？

表1.3.1-4

楼层	1	2	3	4	5
V_i（kN）	3800	3525	3000	2560	2015
Δ_i（mm）	9.5	20.0	12.2	11.5	9.1

提示：本工程无立面收进、竖向抗侧力构件不连续及楼层承载力突变。

（A）属于竖向规则结构　　　　　　（B）属于竖向一般不规则结构

（C）属于竖向严重不规则结构　　　（D）无法判断竖向规则性

【解答】根据《抗规》表 3.4.3-2：

各层的侧向刚度：$K_1=\dfrac{3800\times10^3}{9.5}=0.4\times10^6$，$K_2=3525\times10^3/20.0=0.176\times10^6$

$$K_3=3000\times10^3/12.2=0.246\times10^6，\ K_4=2560\times10^3/11.5=0.223\times10^6$$

$$K_5=2015\times10^3/9.1=0.221\times10^6$$

$$\frac{K_2}{(K_3+K_4+K_5)/3}=\frac{0.176}{(0.246+0.223+0.221)/3}=0.765<0.8$$

结合提示，故属于一般竖向不规则结构。

故选（B）项。

（三）结构体系和结构分析

- 复习《抗规》3.5.1 条～3.6.6 条。

注意《抗规》3.6.3 条的条文说明。

（四）结构材料与施工

- 复习《抗规》3.9.1 条～3.9.7 条。

需注意的是：

(1)《抗规》3.9.6 条规定。

(2)《抗规》3.9.7 条的条文说明。

【例 1.3.1-5】（2013T08）某框架-剪力墙结构，框架的抗震等级为三级，剪力墙的抗震等级为二级。试问，该结构中下列何种部位的纵向受力普通钢筋必须采用符合抗震性能指标要求的钢筋？

①框架梁；②连梁；③楼梯的梯段；④剪力墙约束边缘构件。

（A）①+②　　　　　　　　　　　（B）①+③

（C）②+④　　　　　　　　　　　（D）③+④

【解答】根据《抗规》3.9.2 条第 2 款，应选（B）项。

（五）抗震性能化设计

- 复习《抗规》3.10.1 条～3.10.5 条。
- 复习《抗规》附录 M。

【例 1.3.1-6】（2012T08）关于建筑抗震性能化设计的以下说法：

Ⅰ. 确定的性能目标不应低于"小震不坏、中震可修、大震不倒"的基本性能设计目标；

Ⅱ. 当构件的承载力明显提高时，相应的延性构造可适当降低；

Ⅲ. 当抗震设防烈度为 7 度设计基本地震加速度为 0.15g 时，多遇地震、设防地震、罕遇地震的地震影响系数最大值分别为 0.12、0.34、0.72；

Ⅳ. 针对具体工程的需要，可以对整个结构也可以对某些部位或关键构件，确定预期的性能目标。

试问，针对上述说法正确性的判断，下列何项正确？

(A) Ⅰ、Ⅱ、Ⅲ、Ⅳ均正确　　　　(B) Ⅰ、Ⅱ、Ⅲ正确，Ⅳ错误

(C) Ⅱ、Ⅲ、Ⅳ正确，Ⅰ错误　　　　(D) Ⅰ、Ⅱ、Ⅳ正确，Ⅲ错误

Ⅰ. 正确，见《抗规》3.10.3 条第 2 款；

Ⅱ. 正确，见《抗规》3.10.3 条第 3 款；

Ⅲ. 正确，见《抗规》3.10.3 条第 1 款及 5.1.4 条；

Ⅳ. 正确，见《抗规》3.10.2 条及条文说明。

故选（A）项。

思考：（1）"小震不坏，中震可修，大震不倒"属于性能化设计的一般性表述，也是建筑结构抗震设防的基本要求，抗震性能化设计的性能目标不应低于此要求。

（2）抗震性能化设计要求结构在小震、中震、大震时具有相应的承载能力和变形能力。研究表明，通过提高承载力可以推迟结构进入塑性工作阶段并减少塑性变形，而变形能力的要求可根据结构及其构件在中震、大震下进入弹塑性的程度加以调整。

（3）各抗震设防烈度对应的小震、中震、大震的水平地震影响系数值在《抗规》3.0.3 条、5.1.4 条已给出。

（4）建筑的抗震性能化设计与"小震不坏、中震可修、大震不倒"的设计原则相比，有较大的针对性和灵活性。可以针对具体工程的需要对整体结构，也可以仅对其某些部位和关键构件，灵活运用各种措施达到预期的性能目标，着重是提高抗震安全性或满足特定的使用功能的要求。

【例 1.3.1-7】（2011B18）下列关于高层混凝土结构抗震性能化设计的观点，哪一项不符合《建筑抗震设计规范》GB 50011—2010 的要求？

(A) 选定性能目标应不低于"小震不坏，中震可修和大震不倒"的性能设计目标

(B) 结构构件承载力按性能 3 要求进行中震复核时，承载力按标准值复核，不计入作用分项系数、承载力抗震调整系数和内力调整系数，材料强度取标准值

(C) 结构构件地震残余变形按性能 3 要求进行中震复核时，整个结构中变形最大部位的竖向构件，其弹塑性位移角限值，可取常规设计时弹性层间位移角限值

(D) 结构构件抗震构造按性能 3 要求确定抗震等级时，当构件承载力高于多遇地震提高一度的要求时，构造所对应的抗震等级可降低一度，且不低于 6 度采用，不包括影响混凝土构件正截面承载力的纵向受力钢筋的构造要求

【解答】根据《抗规》表 M.1.1-2、M.1.3 条及条文说明，（C）项不准确，应选（C）项。

思考：根据《抗规》3.10.3 条第 2 款，（A）项准确。

根据《抗规》表 M.1.1-1 和 M.1.2 条及条文说明，（B）项准确。

根据《抗规》表 M.1.1-3 及条文说明，（D）项准确。

【例 1.3.1-8】（2013B32）某 70 层办公楼，平、立面如图 1.3.1-1 所示，采用钢筋混凝土筒中筒结构，抗震设防烈度为 7 度，丙类建筑，Ⅱ类建筑场地。房屋高度地面以上为

250m，质量和刚度沿竖向分布均匀。已知小震弹性计算时，振型分解反应谱法求得的底部地震剪力为 16000kN，最大层间位移角出现在 k 层，$\theta_k = 1/600$。

假定，正确选用的 7 条时程曲线分别为：AP1～AP7，同一软件计算所得的第 k 层结构的层间位移角（同一层）见表 1.3.1-5。试问，估算的大震下该层的弹塑性层间位移角参考值最接近下列何项数值？

提示：按《建筑抗震设计规范》GB 50011—2010 作答。

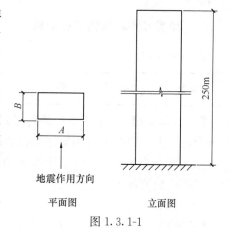

平面图   立面图

图 1.3.1-1

表 1.3.1-5

	$\Delta u/h$（小震）	$\Delta u/h$（大震）
AP1	1/725	1/125
AP2	1/870	1/150
AP3	1/815	1/140
AP4	1/1050	1/175
AP5	1/945	1/160
AP6	1/815	1/140
AP7	1/725	1/125

（A）1/90   （B）1/100

（C）1/125   （D）1/145

【解答】 同一楼层弹塑性层间位移与小震弹性层间位移之比分别为：

5.8；5.8；5.82；6.0；5.91；5.82；5.8

平均值为：5.85；最大值为 6.0；

根据《抗规》3.10.4 条条文说明：

取平均值时：$5.85 \times \dfrac{1}{600} = \dfrac{1}{103}$

取最大值时：$6.0 \times \dfrac{1}{600} = \dfrac{1}{100}$

故选（B）。

思考：（1）结构性能化设计时，需要进行弹塑性动力时程分析补充计算。《抗规》3.10.4 条要求用振型分解反应谱计算的小震弹性层间位移估算大震楼层弹塑性层间位移，《高规》未作具体规定。

（2）考虑到进行大震弹塑性动力时程分析时，所选取的地震波较少，属小样本，离散性大，实际工程中，宜按《抗规》的要求计算。

（3）《抗规》3.10.4 条要求大震、小震分析时，用同一软件的计算结果。

二、地震作用和结构抗震验算

(一) 一般规定

> ● 复习《抗规》5.1.1条～5.1.6条。

【例1.3.2-1】(2014T03) 某高层钢筋混凝土房屋，抗震设防烈度为8度，设计地震分组为第一组。根据工程地质详勘报告，该建筑场地土层的等效剪切波速为270m/s，场地覆盖层厚度为55m。试问，计算罕遇地震作用时，按插值方法确定的特征周期 T_g(s) 取下列何项数值最为合适？

(A) 0.35   (B) 0.38   (C) 0.40   (D) 0.43

【解答】 根据《抗规》4.1.6条及其条文说明：

Ⅱ类场地，$v_{se} = 270 \text{m/s}$，$\dfrac{270-250}{250} = 8\% < 15\%$

位于Ⅱ、Ⅲ类场地分界线附近，场地的特征周期应允许按插值方法确定。

设计地震分组为第一组时，查《抗规》条文说明图7，特征周期为0.38s，

根据《抗规》5.1.4条，计算8度罕遇地震作用时，特征周期还应增加0.05s，则：

$$T_g = 0.38 + 0.05 = 0.43 \text{s}$$

故应选 (D) 项。

思考： 当建筑的场地类别处于场地类别分界线附近时，应允许按插值方法确定地震作用计算所用的特征周期。特别是高层建筑或超限高层建筑，按插值方法确定特征周期对地震作用计算的影响还是较大的。

【例1.3.2-2】(2017T5) 以下关于采用时程分析法进行多遇地震补充计算的说法，何项不妥？

(A) 特别不规则的建筑，应采用时程分析的方法进行多遇地震下的补充计算

(B) 采用七组时程曲线进行时程分析时，应按建筑场地类别和设计地震分组选用不少于五组实际强震记录的加速度时程曲线

(C) 每条时程曲线计算所得结构各楼层剪力不应小于振型分解反应谱法计算结果的65%

(D) 多条时程曲线计算所得结构底部剪力的平均值不应小于振型分解反应谱法计算结果的80%

【解】 根据《抗规》5.1.2条及其条文说明，应选 (C) 项。

(二) 水平地震作用计算

> ● 复习《抗规》5.2.1条～5.2.7条。

1. 底部剪力法

【例1.3.2-3】(2011T01、02) 某四层现浇钢筋混凝土框架结构，各层结构计算高度均为6m，平面、竖向均对称、规则，抗震设防烈度为7度，设计基本地震加速度为0.15g，设计地震分组为第二组，建筑场地类别为Ⅱ类，抗震设防类别为重点设防类。

试问： (1) 假定，考虑非承重墙影响的结构基本自振周期 $T_1 = 1.08$s，各层重力荷载

代表值均为 $12.5kN/m^2$（按建筑面积 $37.5m\times37.5m$ 计算）。试问，按底部剪力法确定的多遇地震下的结构总水平地震作用标准值 F_{Ek}（kN）与下列何项数值最为接近？

提示： 按《建筑抗震设计规范》GB 50011—2010 作答。

(A) 2000   (B) 2700

(C) 2900   (D) 3400

（2）假定，多遇地震作用下按底部剪力法确定的结构总水平地震作用标准值 $F_{Ek}=3600kN$，顶部附加地震作用系数 $\delta_n=0.118$。试问，当各层重力荷载代表值均相同时，多遇地震下结构总地震倾覆力矩标准值 M（kN·m）与下列何项数值最为接近？

(A) 64000   (B) 67000

(C) 75000   (D) 85000

【解答】（1）根据《抗规》5.1.4 条：

$T_g=0.40s<T_1=1.08s<5T_g=5\times0.4=2s$，则：

$$\alpha_1=\left(\frac{T_g}{T_1}\right)^\gamma\eta_2\alpha_{max}=\left(\frac{0.4}{1.08}\right)^{0.9}\times1\times0.12=0.049$$

由《抗规》5.2.1 条：

$$G_{eq}=4\times12.5\times37.5\times37.5\times0.85=59766kN$$

$$F_{Ek}=\alpha_1\times59766=2929kN$$

故选（C）项。

（2）$F_i=\dfrac{G_iH_i}{\displaystyle\sum_{j=1}^n G_jH_j}F_{Ek}(1-\delta_n)=\dfrac{H_i}{6+12+18+24}\times3600\times(1-0.118)=52.92H_i$

$$F_1=6\times52.92=317.52kN,\ F_2=12\times52.92=635.04kN,$$

$$F_3=18\times52.92=952.56kN, F_4=24\times52.92=1270.08kN,$$

$$\Delta F_4=0.118\times3600=424.8kN$$

水平地震作用倾覆弯矩：

$$M=317.52\times6+635.04\times12+952.56\times18+(1270.08+424.8)\times24=67349kN\cdot m$$

故选（B）项。

思考： 本题目 $T_1=1.08s>1.4T_g=1.4\times0.4=0.56s$，故应考虑 δ_n；结构基本自振周期 T_1 一般应考虑非承重墙的影响。

2. 振型分解反应谱法（不考虑扭转耦联）

【例 1.3.2-4】 某 16 层办公楼采用钢筋混凝土框架-剪力墙结构体系，层高均为 4m，平面对称，结构布置均匀规则，质量和侧向刚度沿高度分布均匀，抗震设防烈度为 8 度，设计基本地震加速度为 $0.2g$，设计地震分组为第二组，建筑场地类别为 Ⅲ 类。考虑折减后的结构自振周期为 $T_1=1.2s$。各楼层的重力荷载代表值 $G_i=14000kN$，结构的第一振型如图 1.3.2-1 所示。采用振型分解反应谱法计算地震作用。

提示： ① $\displaystyle\sum_{i=1}^{16}X_{1i}^2=5.495$；$\displaystyle\sum_{i=1}^{16}X_{1i}=7.94$；$\Sigma X_{1i}H_i=361.72$。

② 按《建筑抗震设计规范》GB 50011—2010 作答。

试问：

（1）第一振型时的基底剪力标准值 V_{10}（kN）最接近下列何项数值？

(A) 10000　　　　(B) 13000

(C) 14000　　　　(D) 15000

（2）假定，第一振型时地震影响系数 α_1 为 0.09，振型参与系数为 1.5，试问，第一振型时的基底弯矩标准值（$kN \cdot m$），最接近下列何项数值？

(A) 68500　　　　(B) 58700

(C) 48500　　　　(D) 400000

（3）假定，横向水平地震作用计算时，该结构前三个振型基底剪力标准值分别为 $V_{10} = 13100kN$，$V_{20} = 1536kN$，$V_{30} = 436kN$，相邻振型的周期比小于 0.85。试问，横向对应于水平地震作用标准值的结构底层总剪力 V_{Ek}（kN）最接近下列何项数值？

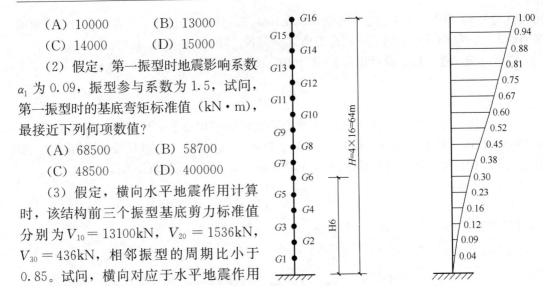

重力荷载分布　　　第一振型

图 1.3.2-1

提示： 结构不进行扭转耦联计算且仅考虑前三个振型地震作用。

(A) 13200　　　　(B) 14200　　　　(C) 14800　　　　(D) 15100

【解答】（1）根据《抗规》5.1.4 条：

$T_g = 0.55s < T_1 = 1.2s < 5T_g = 2.75s$，则：

$$\alpha_1 = \left(\frac{0.55}{1.2}\right)^{0.9} \times 1 \times 0.16 = 0.0793$$

由《抗规》5.2.2 条：

$$\gamma_1 = \frac{\sum\limits_{i=1}^{16} X_{1i}G_i}{\sum\limits_{i=1}^{16} X_{1i}^2 G_i} = \frac{\sum\limits_{i=1}^{16} X_{1i}}{\sum\limits_{i=1}^{16} X_{1i}^2} = \frac{7.94}{5.495} = 1.445$$

由结构第一振型 i 质点的水平地震作用计算公式：
$$F_{1i} = \alpha_1 \gamma_1 X_{1i} G_i (i = 1, 2, \cdots, 16)$$

得基底剪力为：

$$V_{10} = \sum_{i=1}^{16} F_{1i} = \alpha_1 \gamma_1 G_i \sum_{i=1}^{16} X_{1i} = 0.0793 \times 1.445 \times 14000 \times 7.94 = 12737kN$$

故选（B）项。

（2）$M_0 = \sum\limits_{i=1}^{16} F_{1i}H_i = \alpha_1 \gamma_1 G_i \sum\limits_{i=1}^{16} X_{1i}H_i = 0.09 \times 1.5 \times 14000 \times 361.72$

$= 683650.8 kN \cdot m$

故选（A）项。

（3）由《抗规》5.2.2 条：

$$V_{Ek} = \sqrt{V_{10}^2 + V_{20}^2 + V_{30}^2} = \sqrt{13100^2 + 1536^2 + 436^2} = 13196.94kN$$

故选（A）项。

【例1.3.2-5】某五层中学教学楼，采用现浇钢筋混凝土框架结构，框架最大跨度9m，层高均为3.6m，抗震设防烈度7度，设计基本地震加速度$0.10g$，建筑场地类别Ⅱ类，设计地震分组第一组，框架混凝土强度等级C30。

假定，采用振型分解反应谱法进行多遇地震作用计算，相邻振型的周期比小于0.85，顶层框架柱的反弯点位于层高中点，当不考虑偶然偏心的影响时，水平地震作用效应计算取前3个振型，某顶层柱相应于第一、第二、第三振型的层间剪力标准值分别为300kN、-150kN、50kN。试问，地震作用下该顶层柱柱顶弯矩标准值M_k（kN·m），与下列何项数值最为接近？

(A) 360   (B) 476   (C) 610   (D) 900

【解答】根据《抗规》5.2.2条：

$$M_{1k} = 300 \times 3.6/2 = 540 \text{kN·m}$$
$$M_{2k} = -150 \times 3.6/2 = -270 \text{kN·m}$$
$$M_{3k} = 50 \times 3.6/2 = 90 \text{kN·m}$$
$$M_k = \sqrt{(540)^2 + (-270)^2 + (90)^2} = 610 \text{kN·m}$$

故选（C）项。

【例1.3.2-6】某五层档案库，采用钢筋混凝土框架结构，抗震设防烈度为7度（$0.15g$），设计地震分组为第一组，场地类别为Ⅲ类，抗震设防类别为标准设防类。

假定，各楼层及其上部楼层重力荷载代表值之和$\sum G_j$、各楼层水平地震作用下的剪力标准值V_i如表1.3.2-1所示。试问，以下关于楼层最小地震剪力系数是否满足规范要求的描述，何项正确？

表1.3.2-1

楼层	1	2	3	4	5
$\sum G_j$ (kN)	97130	79850	61170	45820	30470
V_i (kN)	3800	3525	3000	2560	2015

提示：基本周期小于3.5s，且无薄弱层。

(A) 各楼层均满足规范要求

(B) 各楼层均不满足规范要求

(C) 第1、2、3层不满足规范要求，4、5层满足规范要求

(D) 第1、2、3层满足规范要求，4、5层不满足规范要求

【解答】根据《抗规》5.2.5条，各层的剪力系数分别为：

$$\lambda_1 = \frac{3800}{97130} = 0.039, \lambda_2 = \frac{3525}{79850} = 0.044$$

$$\lambda_3 = \frac{3000}{61170} = 0.049, \lambda_4 = \frac{2560}{45820} = 0.056$$

$$\lambda_5 = \frac{2015}{30470} = 0.066$$

均大于最小地震剪力系数0.024，故选（A）项。

3. 振型分解反应谱法（考虑扭转耦联）

【例1.3.2-7】某规则结构各层平面如图1.3.2-2所示，荷载分布较均匀。现采用简化方法，按 X、Y 两个正交方向分别计算水平地震作用效应（不考虑扭转），并通过将该地震作用效应乘以放大系数来考虑地震扭转效应。试根据《建筑抗震设计规范》GB 50011—2010判断，下列框架的地震作用效应增大系数，其中何项较为合适？

　　(A) KJ1：1.02　　　　　　　　　　(B) KJ3：1.05

　　(C) KJ3：1.15　　　　　　　　　　(D) KJ2、KJ4：1.10

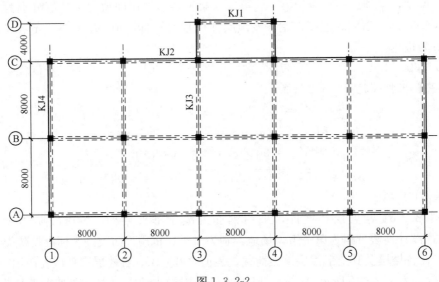

图1.3.2-2

【解答】根据《抗规》5.2.3条：

KJ1至少应放大5%，(A)项偏小不安全；

KJ4至少应放大15%，(D)项中的KJ4的放大系数偏小不安全；

KJ3位于中部，增大系数取1.05较1.15相对合理，故选(B)项。

【例1.3.2-8】某3层钢筋混凝土框架-剪力墙结构，采用扭转耦联振型分解反应谱计算水平地震作用。经计算，其周期分别为：$T_1 = 0.1027s$，$T_2 = 0.0953s$，$T_3 = 0.0652s$，水平地震作用沿 X 方向时，考虑扭转耦联 X 方向水平地震作用标准值，见表1.3.2-2。

提示：$\rho_{13} = 0.044$，$\rho_{23} = 0.063$。

表1.3.2-2（单位：kN）

楼层	第1振型	第2振型	第3振型
3	1088	558	11
2	730	385	8
1	310	171	4

试问：

(1) 水平地震作用沿 X 方向时，结构第3层 X 方向水平地震剪力标准值（kN）为下列何项？

　　(A) 1250　　　　　　(B) 1400　　　　　　(C) 1500　　　　　　(D) 1600

（2）水平地震作用沿 X 方向时，结构基底 X 方向水平地震剪力标准值（kN）为下列何项？

 （A）2650   （B）2750   （C）2850   （D）2950

（3）水平地震作用沿 X 方向时，结构第 2 层 X 方向水平地震剪力标准值（kN）为下列何项？

 （A）2650   （B）2550   （C）2450   （D）2350

（4）水平地震作用沿 X 方向时，各楼层 X 方向的规定水平力 F'_3、F'_2、F'_1（kN）为下列何项？

 （A）$F'_3 = 1500$，$F'_2 = 1020$，$F'_1 = 440$

 （B）$F'_3 = 1500$，$F'_2 = 1020$，$F'_1 = 400$

 （C）$F'_3 = 1300$，$F'_2 = 1120$，$F'_1 = 440$

 （D）$F'_3 = 1300$，$F'_2 = 1120$，$F'_1 = 400$

【解答】（1）根据《抗规》5.2.3 条：

$$\rho_{11} = 1.0, \quad \rho_{22} = 1.0, \quad \rho_{33} = 1.0$$

$$\lambda_T = \frac{T_2}{T_1} = \frac{0.0953}{0.1027} = 0.928$$

$$\rho_{12} = \frac{8 \times \sqrt{0.05 \times 0.05} \times (0.05 + 0.928 \times 0.05) \times 0.928^{1.5}}{(1 - 0.928^2)^2 + 4 \times 0.05^2 \times (1 + 0.928^2) \times 0.928 + 4 \times (0.05^2 + 0.05^2) \times 0.928^2}$$

$$= \frac{0.03447}{0.05376} = 0.640$$

$$\lambda_T = \frac{T_3}{T_1} = \frac{0.0652}{0.1027} = 0.635$$

$$\lambda_T = \frac{T_3}{T_2} = \frac{0.0652}{0.0953} = 0.684$$

$$V_{3,1} = 1088\text{kN}, \quad V_{3,2} = 558\text{kN}, \quad V_{3,3} = 11\text{kN}$$

$$V_3 = \left(\sum\sum \rho_{jk} S_j S_k \right)^{\frac{1}{2}}$$

$$= (1 \times 1088^2 + 0.64 \times 1088 \times 558 + 0.044 \times 1088 \times 11$$

$$+ 0.64 \times 558 \times 1088 + 1 \times 558^2 + 0.063 \times 558 \times 11$$

$$+ 0.044 \times 11 \times 1088 + 0.063 \times 11 \times 558 + 1 \times 11^2)^{\frac{1}{2}}$$

$$= 1508\text{kN}$$

故选（C）项。

（2）由《抗规》5.2.3 条：

第 1 振型：$V_{1,1} = 1088 + 730 + 310 = 2128\text{kN}$

第 2 振型：$V_{1,2} = 558 + 385 + 171 = 1114\text{kN}$

第 3 振型：$V_{1,3} = 11 + 8 + 4 = 23$

基底剪力 V_1：

$$\begin{aligned}
V_1 &= (1\times2128^2+0.64\times2128\times1114+0.044\times2128\times23 \\
&\quad +0.64\times1114\times2128+1\times1114^2+0.063\times1114\times23 \\
&\quad +0.044\times23\times2128+0.063\times23\times1114+1\times23)^{\frac{1}{2}} \\
&= 2968\text{kN}
\end{aligned}$$

故选（D）项。

（3）同上述（2）：$V_{2,1}=1088+730=1818\text{kN}$

$$V_{2,2}=558+385=943\text{kN}$$

$$V_{2,3}=11+8=19\text{kN}$$

$$\begin{aligned}
V_2 &= (1\times1818^2+0.64\times1818\times943+0.044\times1818\times19 \\
&\quad +0.64\times943\times1818+1\times943^2+0.063\times943\times19 \\
&\quad +0.044\times19\times1818+0.063\times19\times943+1\times19^2)^{\frac{1}{2}} \\
&= 2529\text{kN}
\end{aligned}$$

故选（B）项。

（4）根据《抗规》3.4.3条条文说明：

由前述可知：$V_3=1508\text{kN}$，$V_2=2529\text{kN}$，$V_1=2968\text{kN}$

规定水平力为：

$$F_3'=V_3=1508\text{kN}$$

$$F_2'=V_2-V_3=2529-1508=1021\text{kN}$$

$$F_1'=V_1-V_2=2968-2529=439\text{kN}$$

故选（A）项。

4. 竖向地震作用

【例1.3.2-9】某框架结构办公楼中的楼面长悬臂梁，悬挑长度5m，梁上承受的恒载标准值为32kN/m（包括梁自重），按等效均布荷载计算的活荷载标准值为8kN/m，梁端集中恒荷载标准值为30kN。已知，抗震设防烈度为8度，设计基本地震加速度值为0.20g，程序计算分析时未作竖向地震计算。试问，当用手算复核该悬挑梁配筋设计时，其支座考虑地震作用组合的弯矩设计值 M（kN·m），与下列何项数值最为接近？

（A）600　　　　　（B）720　　　　　（C）800　　　　　（D）850

【解答】根据《抗规》5.1.3条：

重力荷载代表值均布荷载为：$32+0.5\times8=36\text{kN/m}$

由《抗规》5.3.3条、5.4.1条：

$$M=1.2\times\left(\frac{1}{2}\times36\times5^2+30\times5\right)+1.3\times10\%\times\left(\frac{1}{2}\times36\times5^2+30\times5\right)$$

$$=798\text{kN·m}$$

故选（C）项。

5. 截面抗震验算和抗震变形验算

【例1.3.2-10】某钢筋混凝土框架结构的某楼层多遇地震作用标准值产生的楼层最大弹性层间位移 $\Delta u_{max}=12.1\text{mm}$，最小弹性层间位移 $\Delta u_{max}=6.5\text{mm}$，质量中心的弹性层间位移为 $\Delta u=9.5\text{mm}$，该楼层层高为7.0m，试问，在进行多遇地震作用下抗震变形验算时，该楼层最大层间位移角与规范规定的弹性层间位移角限值之比，与下列何项数值最为接近？

(A) 0.75   (B) 0.95   (C) 1.10   (D) 1.35

【解答】根据《抗规》5.5.1条：

该楼层弹性层间位移角为：

$$\theta_e = \frac{\Delta u_{max}}{h} = \frac{12.1}{7000} = \frac{1}{579}$$

查《抗规》表5.5.1，$[\theta_e] = \frac{1}{550}$

$$\theta_e / [\theta_e] = \left(\frac{1}{579}\right) / \left(\frac{1}{550}\right) = 0.95$$

故选（B）项。

【例1.3.2-11】（2011B23）某12层现浇钢筋混凝土框架结构房屋，底层6m，其他层均为4m，该建筑物位于7度抗震设防区，调整构件截面后，经抗震计算，底层框架总侧移刚度$\sum D = 5.2 \times 10^5$N/mm，柱轴压比大于0.4，楼层屈服强度系数为0.4，不小于相邻层该系数平均值的0.8。试问，在罕遇水平地震作用下，按弹性分析时作用于底层框架的总水平组合剪力标准值V_{Ek}（kN），最大不能超过下列何值才能满足规范对位移的限值要求？

提示：①按《建筑抗震设计规范》GB 50011—2010作答。

②结构在罕遇地震作用下薄弱层弹塑性变形计算可采用简化计算法；不考虑重力二阶效应。

③不考虑柱配箍影响。

(A) 5.6×10^3 (B) 1.1×10^4

(C) 3.1×10^4 (D) 6.2×10^4

【解答】根据《抗规》5.5.2条第2款，该结构应进行弹塑性变形验算

根据《抗规》5.5.5条：

$$\Delta u_p = \frac{1}{50} \times 6000 = 120 \text{mm}$$

$$\Delta u_e = \frac{\Delta u_p}{\eta_p} = \frac{120}{2} = 60 \text{mm}$$

$$V_{Ek} = \sum D_i \cdot \Delta u_e = 5.2 \times 10^5 \times 60 = 3.12 \times 10^7 \text{N} = 3.12 \times 10^4 \text{kN}$$

故选（C）项。

三、多层和高层钢筋混凝土房屋

《抗规》中多层和高层钢筋混凝土房屋的内容，结合《混规》进行阐述，详见本章《混规》、《抗规》抗震设计。

四、隔震和消能减震设计

1. 隔震设计

> ● 复习《抗规》12.1.1条～12.2.9条。

需注意的是：

(1)《抗规》12.2.5条第2款注1的规定。

(2)《抗规》12.2.7条第2款注的规定。

(3)《抗规》5.3.1条的条文说明，即："隔震设计时，由于隔震垫不仅不隔离竖向地震作用反而有所放大。"所以，《抗规》12.2.5条第4款作了补充规定。

【例1.3.4-1】（2011T16）某多层钢筋混凝土框架结构，房屋高度20m，混凝土强度等级C40，抗震设防烈度8度，设计基本地震加速度0.30g，抗震设防类别为标准设防类，建筑场地类别Ⅱ类。拟进行隔震设计，水平向减震系数为0.35，下列关于隔震设计的叙述，其中何项是正确的？

(A) 隔震层以上各楼层的水平地震剪力，可不符合本地区设防烈度的最小地震剪力系数的规定

(B) 隔震层下的地基基础的抗震验算按本地区抗震设防烈度进行，抗液化措施应按提高一个液化等级确定

(C) 隔震层以上的结构，水平地震作用应按7度（0.15g）计算，并应进行竖向地震作用的计算

(D) 隔震层以上的结构，框架抗震等级可定为三级，当未采取有利于提高轴压比限值的构造措施时，剪跨比大于2的柱的轴压比限值为0.75

【解答】（D）项，《抗规》12.2.7条及其条文说明，可按7度（0.15g）确定抗震等级，查表6.1.2，框架抗震等级为三级；与抵抗竖向地震作用有关的抗震构造措施不应降低，柱轴压比限值仍按二级，查表6.3.6，取0.75。

故选（D）项。

另：（A）项，《抗规》12.2.5条第3款，应符合本地区设防烈度的最小地震剪力系数的规定，故（A）项错误。

（B）项，《抗规》12.2.9条第3款，丙类建筑抗液化措施不需按提高一个液化等级确定，故（B）项错误。

（C）项，《抗规》12.2.5条第2款，水平地震作用应为本地区设防地震作用并考虑水平向减震系数确定，减震系数大于0.3，可不进行竖向地震作用的计算，故（C）项错误。

思考： 隔震层以上结构的地震作用计算，应符合《抗规》12.2.5条的规定，应注意隔震层以上水平地震作用应为本地区设防地震作用乘以水平向减震系数来确定。

【例1.3.4-2】某钢筋混凝土框架结构，房屋高度为28m，高宽比为3，抗震设防烈度为8度，设计基本地震加速度为0.20g，抗震设防类别为标准设防类，建筑场地类别为Ⅱ类。方案阶段拟进行隔震设计，水平向减震系数为0.35，关于房屋隔震设计的以下说法，错误的是哪项？

(A) 略

(B) 隔震层以上各楼层的水平地震剪力，尚应根据本地区设防烈度验算楼层最小地震剪力是否满足要求

(C) 隔震层以上的结构，框架抗震等级可定为二级，且无需进行竖向地震作用的计算

(D) 隔震层以上的结构，当未采取有利于提高轴压比限值的构造措施时，剪跨比小于 2 的柱的轴压比限值为 0.65

【解答】根据《抗规》12.2.5 第 3 款，（B）项正确。

根据《抗规》12.2.7 条及条文说明和表 6.1.2、12.2.5 条 4 款，（C）项正确。

根据《抗规》12.2.7 条 2 款和 6.3.6 条；"与抵抗竖向地震作用相关的抗震构造措施不应降低"，故轴压比限值应按 8 度（0.2g）、$H = 28m$，抗震一级框架结构确定为 0.65，当剪跨比小于 2 时柱的轴压比要降低 0.05，0.65 $-$ 0.05 $=$ 0.6，故（D）项错误。

2. 消能减震设计

● 复习《抗规》12.3.1 条～12.3.8 条。

消能减震设计是通过设置消能器，增加结构阻尼来减少结构在风载作用下的位移，减少结构水平和竖向的地震反应。

速度相关型消能器，其输出力 F、消能器两端的相对速度 v，消能器阻尼系数 C 和阻尼指数 α 的关系为：

$$F = Cv^{\alpha}$$

当 $\alpha = 1$ 时，为速度线性相关型。

当 $\alpha \neq 1$ 时，为非线性速度相关型。

【例 1.3.4-3】某钢筋混凝土框架结构，房屋高度为 28m，高宽比为 3，抗震设防烈度为 8 度，设计基本地震加速度为 0.20g，抗震设防类别为标准设防类，建筑场地类别为Ⅱ类。方案阶段拟进行消能减震设计，关于房屋消能减震设计的以下说法，正确的是哪项？

(A) 当消能减震结构的地震影响系数不到非消能减震的 50％时，主体结构的抗震构造要求可降低一度

(B)、(C)、(D) 略

【解答】根据《抗规》12.3.8 条及其条文说明，（A）项正确。

五、非结构构件

● 复习《抗规》13.1.1 条～13.4.7 条。

● 复习《抗规》附录 M.2。

【例 1.3.5-1】某地区抗震设防烈度为 7 度，下列何项非结构构件可不需要进行抗震验算？

提示：按《建筑抗震设计规范》GB 50011—2010 作答。

(A) 玻璃幕墙及幕墙的连接

(B) 悬挂重物的支座及其连接

(C) 电梯提升设备的锚固件

（D）建筑附属设备自重超过 1.8kN 或其体系自振周期大于 0.1s 的设备支架、基座及其锚固

【解答】 根据《抗规》13.1.2 条条文说明，（B）项可不需要进行抗震验算，故选（B）项。

【例 1.3.5-2】（2011T09）某钢筋混凝土结构房屋，$H=36$m，抗震设防烈度为 7 度，设计基本地震加速度为 $0.10g$。建筑物顶部附设 6m 高悬臂式广告牌，附属构件重力为 100kN，自振周期为 0.08s，顶层结构重力为 12000kN。

试问： 该附属构件自身重力沿不利方向产生的水平地震作用标准值 F（kN）应与下列何项数值最为接近？

（A）16 　　　　（B）20 　　　　（C）32 　　　　（D）38

【解答】 根据《抗规》13.2.2 条：

附属构件自振周期 0.08s＜0.1s，附属构件重力＜楼层重力的 10%，可采用等效侧力法计算。

根据《抗规》13.2.3 条，查《抗规》附录表 M.2.2：

$$\zeta_1=2.0, \zeta_2=2.0, \alpha_{max}=0.08; \eta=1.2; \gamma=1.0$$

$$F=\gamma\eta\zeta_1\zeta_2\alpha_{max}G=1\times1.2\times2\times2\times0.08\times100=38.4\text{kN}$$

故应选（D）项。

【例 1.3.5-3】 某多层框架结构顶层局部平面布置图如图 1.3.5-1 所示，层高为 3.6m。外围护墙采用 MU5 级单排孔混凝土小型空心砌块对孔砌筑、Mb5 级砂浆砌筑。外围护墙厚度为 190mm，内隔墙厚度为 90mm，砌体的重度为 12kN/m³（包含墙面粉刷）。砌体施工质量控制等级为 B 级；抗震设防烈度为 7 度，设计基本地震加速度为 $0.1g$。

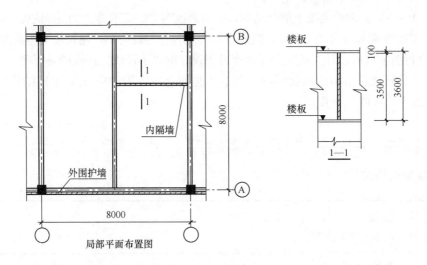

图 1.3.5-1

采用等效侧力法计算内隔墙水平地震作用标准值时，若非结构构件功能系数 γ 取 1.0、非结构构件类别系数 η 取 1.0。试问，每延米内隔墙水平地震作用标准值（kN/m），与下列何项数值最为接近？

(A) 1. 2   (B) 0. 8   (C) 0. 6   (D) 0. 3

【解答】根据《抗规》13.2.3条：

$$\gamma=1, \ \eta=1, \ \xi_1=1, \ \xi_2=2, \ \alpha_{max}=0.08$$

$$G=12\times0.09\times3.5\times1.0=3.78kN/m$$

$$F=1\times1\times1\times2\times0.08\times3.78=0.605kN/m$$

【例 1.3.5-4】高层钢筋混凝土框架结构抗震设计时，关于砌体填充墙及隔墙的抗震构造措施，下述说法准确的有哪些？

(A) 应采取措施减少对主体结构的不利影响，并应设置拉结筋、水平系梁、圈梁、构造柱等与主体结构可靠拉结

(B) 刚性非承重墙体的布置，应避免使结构形成刚度和强度分布上的突变

(C)、(D) 略

【解答】根据《抗规》13.3.2条，(A)、(B) 项准确。

六、地下建筑

> ● 复习《抗规》14.1.1条～14.3.5条。

【例 1.3.6-1】某两层单建式地下车库，用于停放载人少于9人的小客车，设计使用年限为 50 年，采用框架结构，双向柱跨均为8m，各层均采用不设次梁的双向板楼盖，顶板覆土厚度 $s=2.5m$（覆土应力扩散角 $\theta=35°$），地面为小客车通道（可作为全车总重 300kN 的重型消防车通道），抗震设防烈度 8 度，设计基本地震加速度 0.20g，设计地震分组第二组，建筑场地类别Ⅲ类，抗震设防类别为标准设防类，安全等级二级。

试问：

(1) 下列关于单建式地下建筑抗震设计的叙述，其中何项正确？

(A) 当本工程抗震措施满足要求时，可不进行地震作用计算

(B) 抗震计算时，结构的重力荷载代表值应取结构、构件自重和水、土压力的标准值及各可变荷载的组合值之和

(C) 抗震设计时，可不进行多遇地震作用下构件的变形验算

(D) 地下建筑宜采用现浇结构，钢筋混凝土框架结构构件的最小截面尺寸可不作限制

(2) 当框架柱纵筋采用 HRB400 钢筋时，某一根中柱的纵向钢筋最小总配筋率（％）应不小于下列何项数值？

(A) 0.65   (B) 0.75   (C) 0.85   (D) 0.95

【解答】(1) 根据《抗规》14.2.3条第3款，(B) 项正确，故选 (B) 项。

另：(A) 项，根据《抗规》14.2.1条，场地类别为Ⅲ类时，应进行地震作用计算，故错误。

(C) 项，根据《抗规》14.2.4条第1款，应进行多遇地震作用下构件变形的验算，故错误。

(D) 项，根据《抗规》14.3.1条第2款，最小尺寸应不低于同类地面结构构件的规

定，故错误。

（2）根据《抗规》14.1.4条：

丙类钢筋混凝土地下结构的抗震等级，8度时不宜低于三级，故取为三级。

按《抗规》表6.3.7-1，纵筋总配筋率为0.75%。

根据《抗规》14.3.1条第3款，中柱纵筋配筋率应增加0.2%，最终为0.95%。

故选（D）项。

第四节　《混规》

一、总则和基本设计规定

1. 总则和极限状态设计

- 复习《混规》1.0.1条～1.0.4条。
- 复习《混规》2.1.1条～2.1.23条。
- 复习《混规》3.1.1条～3.4.6条。

需注意的是：

（1）《混规》3.1.2条的条文说明，即："对难于定量计算的间接作用和耐久性等，仍采用基于经验的定性方法进行设计。"

（2）《混规》3.3.2条，结构构件的抗力设计值R，对于静力设计，取$R=R$（f_c, f_s, a_k, …）$/1.0=R$（f_c, f_s, a_k, …）；对于抗震设计，取$R=R$（f_c, f_s, a_k, …）$/\gamma_{RE}$。

（3）《混规》表3.4.3注1～4的规定。

（4）《混规》表3.4.5注1～7的规定。

【例1.4.1-1】（2016T11）某民用房屋，结构设计使用年限为50年，安全等级为二级。二层楼面上有一带悬臂段的预制钢筋混凝土等截面梁，其计算简图和梁截面如图1.4.1-1所示，不考虑抗震设计。梁的混凝土强度等级为C40，纵筋和箍筋均采用HRB400，$a_s=60mm$。未配置弯起钢筋，不考虑纵向受压钢筋作用。

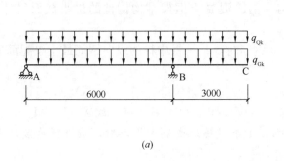
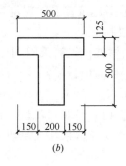

(a)　　　　　　　　　　　(b)

图 1.4.1-1

(a) 计算简图；(b) 截面示意

假定，不考虑支座宽度等因素的影响，实际悬臂长度可按计算简图取用。试问，当使用上对挠度有较高要求时，C点向下的挠度限值（mm），与下列何项数值最为接近？

提示： 未采取预先起拱措施。

（A）12 　　　　（B）15 　　　　（C）24 　　　　（D）30

【解答】 根据《混规》3.4.3条：

$$l_0 = 3 \times 2 = 6m < 7m$$

查表3.4.3，$[f] = \dfrac{6000}{250} = 24mm$

故选（C）项。

2. 耐久性设计

- 复习《混规》3.5.1条～3.5.8条。

需注意的是：

（1）《混规》3.5.1条注的规定。

（2）《混规》3.5.2中，"室内潮湿环境"的定义见表3.5.2注1，"干湿交替环境"的内涵见本条条文说明。

（3）假定，构件处于二a、二b类环境，称为复合环境，取最不利的环境类别，不考虑叠加，即：该构件取为二b类环境。

3. 防连续倒塌设计原则

- 复习《混规》3.6.1条～3.6.3条。

【例1.4.1-2】 关于防止连续倒塌设计的以下说法，正确的有哪几项？

（A）设置竖直方向和水平方向通长的纵向钢筋并采取有效的连接锚固措施，是提供结构整体稳定性的有效方法之一

（B）当进行偶然作用下结构防连续倒塌验算时，混凝土强度取强度标准值，普通钢筋强度取极限强度标准值

（C）对既有结构进行改建、扩建而重新设计时，承载能力极限状态的计算应符合现行规范的要求，正常使用极限状态验算宜符合现行规范的要求

（D）略

【解答】（A）项，根据《混规》3.6.1条第5款及条文说明，正确。

（B）项，根据《混规》3.6.3条，正确。

（C）项，根据《混规》3.7.2条第3、4款，正确。

4. 既有结构设计原则

- 复习《混规》3.3.5条。
- 复习《混规》3.7.1条～3.7.3条。

需要注意的是：《混规》3.7节中，规范用语"应"、"宜"的不同适用对象。

【例1.4.1-3】 关于既有结构设计的以下说法，不正确的是哪项？

（A）、（B）、（C）略。

（D）当进行既有结构改建、扩建时，若材料的性能符合原设计的要求，可按原设计的规定取值。同时，为了保证计算参数的统一，结构后加部分的材料也应按原设计规范的规定取值。

【解答】（D）项，根据《混规》3.7.3条第3款及条文说明，结构后加部分的材料参数应按现行规范的规定取值，故（D）项错误。

二、材料和结构分析

> ● 复习《混规》4.1.1条～4.2.9条。
> ● 复习《混规》5.1.1条～5.7.2条。

需注意的是：

（1）《混规》表5.2.4中，"独立梁"是指不与楼板整体浇筑的梁。

（2）《混规》5.3.2条规定。

（3）《混规》5.4.3条及条文说明。区分钢筋混凝土梁、预应力混凝土梁负弯矩调幅。

三、正截面承载力计算的一般规定

> ● 复习《混规》6.1.1条～6.1.3条。
> ● 复习《混规》6.2.1条～6.2.9条。

需注意的是：

（1）重力二阶效应 $P\text{-}\Delta$、挠曲二阶效应 $P\text{-}\delta$ 对建筑结构构件内力的影响，《混规》附录B、6.2.3条和6.2.4条分别作了规定。

（2）《混规》6.2.3条、6.2.4条，l_c 是指偏压构件（不含排架柱）的计算长度，而轴心受压柱（框架柱、排架柱）和偏心受压排架柱的计算长度 l_0 应按《混规》6.2.20条确定。

（3）《混规》6.2.7条注的规定。相对界限受压区高度 ξ_b 值，见本书附录中常用表格。

【例1.4.3-1】某钢筋混凝土偏心受压柱，截面尺寸为800mm×800mm，混凝土强度等级C60，纵向钢筋为HRB400。已知 $a_s=a_s'=50$mm。试问，纵向受拉钢筋屈服与受压混凝土破坏同时发生的界限受压区高度 x_b（mm），与下列何项数值最为接近？

(A) 375   (B) 400   (C) 425   (D) 450

【解答】根据《混规》6.2.6条：

$$\beta_1=0.74+(0.8-0.74)\times\frac{80-60}{80-50}=0.78$$

根据《混规》公式（6.2.1-5）：

$$\varepsilon_{cu}=0.0033-(f_{cu,k}-50)\times10^{-5}=0.0033-(60-50)\times10^{-5}=0.0032$$

$$f_y=360\text{N/mm}^2,\ E_s=2.0\times10^5\text{N/mm}^2$$

根据《混规》公式（6.2.7-1）：

$$\xi_b = \frac{\beta_1}{1 + \frac{f_y}{E_s \varepsilon_{cu}}} = \frac{0.78}{1 + \frac{360}{2.0 \times 10^5 \times 0.0032}} = 0.499$$

$$x_b = \xi_b h_0 = 0.499 \times (800 - 50) = 374.25 \text{mm}$$

思考： 假定，受压区高度 $x = 500$mm，确定受拉主筋的应力为多少？

此时，$x/h_0 = 500/750 = 0.67 > 0.499$，属于小偏压

由《混规》6.2.8 条

$$\sigma_s = \frac{f_y}{\xi_b - \beta_1}\left(\frac{x}{h_0} - \beta_1\right) = \frac{360}{0.499 - 0.78} \times (0.67 - 0.78) = 141 \text{N/mm}^2$$

四、受弯构件正截面承载力计算

1. 矩形截面或翼缘位于受拉边的倒 T 形截面（梁、板）

《混规》规定：

> **6.2.10** 矩形截面或翼缘位于受拉边的倒 T 形截面受弯构件，其正截面受弯承载力应符合下列规定（图 6.2.10）：
>
>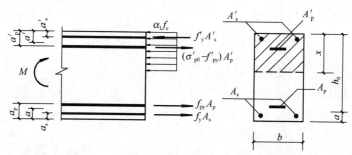
>
> 图 6.2.10 矩形截面受弯构件正截面受弯承载力计算
>
> $$M \leqslant \alpha_1 f_c b x \left(h_0 - \frac{x}{2}\right) + f'_y A'_s (h_0 - a'_s)$$
> $$- (\sigma'_{p0} - f'_{py}) A'_p (h_0 - a'_p) \qquad (6.2.10\text{-}1)$$
>
> 混凝土受压区高度应按下列公式确定：
> $$\alpha_1 f_c b x = f_y A_s - f'_y A'_s + f_{py} A_p + (\sigma'_{p0} - f'_{py}) A'_p \qquad (6.2.10\text{-}2)$$
> 混凝土受压区高度尚应符合下列条件：
> $$x \leqslant \xi_b h_0 \qquad (6.2.10\text{-}3)$$
> $$x \geqslant 2a' \qquad (6.2.10\text{-}4)$$
>
> **6.2.14** 当计算中计入纵向普通受压钢筋时，应满足本规范公式（6.2.10-4）的条件；当不满足此条件时，正截面受弯承载力应符合下列规定：
> $$M \leqslant f_{py} A_p (h - a_p - a'_s) + f_y A_s (h - a_s - a'_s) + (\sigma'_{p0} - f'_{py}) A'_p (a'_p - a'_s) \qquad (6.2.14)$$
> 式中 a_s、a_p——受拉区纵向普通钢筋、预应力筋至受拉边缘的距离。

对于《混规》6.2.10 条、6.2.14 条，可知：

（1）普通钢筋混凝土结构、不考虑预应力筋项，故以下均不考虑预应力筋项。

（2）规范公式（6.2.10-1）中 M，采用 $\gamma_0 M$，避免计算错误。

（3）规范公式（6.2.10-1）代表受压区混凝土合力、受压钢筋合力对受拉区钢筋合力点取力矩平衡。

（4）当充分考虑受压钢筋的作用，即：$x \geqslant 2a'_s$，同样，由力矩平衡，受拉钢筋合力、受压区混凝土合力对受压钢筋合力点取力矩，则：

$$M \leqslant f_y A_s(h_0 - a'_s) - \alpha_1 f_c bx\left(\frac{x}{2} - a'_s\right)$$

特别地，当 $x = 2a'_s$ 时，上式即为规范式（6.2.14）。

（5）当 $x < 2a'_s$ 时，按《混规》6.2.14 条。

（6）根据上述力平衡公式即规范式（6.2.10-2）、力矩平衡公式，可计算配筋或复核承载能力设计值。当计算配筋时，应复核最小配筋率。

（7）《混规》6.2.10 条的条文说明，即：构件中如无纵向受压钢筋或不考虑纵向受压钢筋时，不需要符合公式（6.2.10-4）的要求。

- **1.1　配筋计算**
- ●● 单筋梁（板）

由规范式（6.2.10-1），可得：

$$x = h_0 - \sqrt{h_0^2 - \frac{2\gamma_0 M}{\alpha_1 f_c b}} \begin{cases} \leqslant \xi_b h_0，由式（6.2.10-2），计算 A_s，复核 A_s \geqslant A_{s,\min} \\ > \xi_b h_0，截面过小 \end{cases}$$

- ●● 双筋梁（板）

假定已知 A'_s，由规范式（6.2.10-1），可得：

令 $M_1 = \gamma_0 M - f'_y A'_s(h_0 - a'_s)$

$$x = h_0 - \sqrt{h_0^2 - \frac{2M_1}{\alpha_1 f_c b}} \begin{cases} < 2a'_s，按式（6.2.14）计算 A_s，复核 A_s \geqslant A_{s,\min} \\ \geqslant 2a'_s，且 \leqslant \xi_b h_0，按式（6.2.10-2）计算 A_s，复核 A_s \geqslant A_{s,\min} \\ > \xi_b h_0，A'_s 过小 \end{cases}$$

- **1.2　承载能力复核**
- ●● 单筋梁（板）

由规范式（6.2.10-2）计算 x，则：

$$x \begin{cases} \leqslant \xi_b h_0，由式（6.2.10-1），计算 M_u = \alpha_1 f_c bx\left(h_0 - \dfrac{x}{2}\right) \\ > \xi_b h_0，取 x = x_b = \xi_b h_0，同理，M_u = \alpha_1 f_c bx_b\left(h_0 - \dfrac{x_b}{2}\right) \end{cases}$$

- ●● 双筋梁（板）

由规范式（6.2.10-2），计算 x，则：

$$x \begin{cases} < 2a'_s，计算 M_u，取公式（6.2.14）右端项 \\ \geqslant 2a'_s，且 \leqslant \xi_b h_0，计算 M_u，取公式（6.2.10-1）右端项 \\ > \xi_b h_0，取 x = x_b = \xi_b h_0，计算 M_u，取公式（6.2.10-1）右端项 \end{cases}$$

【例1.4.4-1】某钢筋混凝土简支梁，安全等级为二级。梁截面 250mm×600mm，混凝土强度等级 C30，纵向受力钢筋均采用 HRB400 级钢筋，箍筋采用 HPB300 级钢筋，梁顶及梁底均配置纵向受力钢筋，$a_s = a'_s = 35mm$。

提示：相对界限受压区高度 $\xi_b = 0.518$。

试问：

（1）已知：梁顶面配置了 2 Φ 16 受力钢筋，梁底钢筋可按需要配置。试问，如充分考虑受压钢筋的作用，此梁跨中可以承受的最大正弯矩设计值 M（kN·m），应与下列何项数值最为接近？

(A) 455   (B) 480   (C) 515   (D) 536

（2）已知：梁底面配置了 4 Φ 25 受力钢筋，梁顶面钢筋可按需要配置。试问，如充分考虑受压钢筋的作用，此梁跨中可以承受的最大正弯矩设计值 M（kN·m），应与下列何项数值最为接近？

(A) 280   (B) 310   (C) 450   (D) 375

【解答】（1）根据《混规》6.2.10 条：

$$x = x_b = \xi_b h_0 = 0.518 \times (600 - 35) = 292.67mm, M \text{ 为最大}。$$

$$M \leqslant \alpha_1 f_c bx \left(h_0 - \frac{x}{2} \right) + f'_y A'_s (h_0 - a'_s)$$

$$= 1 \times 14.3 \times 250 \times 292.67 \times \left(565 - \frac{292.67}{2} \right) + 360 \times 402 \times (565 - 35)$$

$$= 514.7 kN \cdot m$$

故选（C）项。

（2）根据《混规》6.2.10 条图 6.2.10，对受压钢筋合力点取矩，则：

$$M \leqslant f_y A_s (h_0 - a'_s) - \alpha_1 f_c bx \left(\frac{x}{2} - a'_s \right)$$

当 $x = 2a'_s$ 时，M 最大。

$$M \leqslant 360 \times 1964 \times (600 - 35 - 35) = 374.7 kN \cdot m$$

故选（D）项。

【例 1.4.4-2】（2011T11）某多层现浇钢筋混凝土结构，设两层地下车库，混凝土强度等级均为 C30。室内环境为一类，室外环境为二 b 类。地下一层外墙 Q1 简化为上端铰接、下端刚接的受弯构件进行计算。

假定，Q1 墙体的厚度 $h = 250mm$，墙体竖向受力钢筋采用 HRB400 级钢筋，外侧为 Φ 16@100，内侧为 Φ 12@100，均放置于水平钢筋外侧。试问，当按受弯构件计算并不考虑受压钢筋作用时，该墙体下端截面每米宽的受弯承载力设计值 M（kN·m），与下列何项数值最为接近？

提示：① 按《混凝土结构设计规范》GB 50010—2010 作答；

② 纵向受力钢筋的混凝土保护层厚度取最小值。

(A) 115   (B) 135   (C) 165   (D) 190

【解答】根据《混规》第 8.2.1 条，室外为二 b 类环境，混凝土保护层最小厚度为 25mm

$$a_s = 25 + 16/2 = 33\text{mm}, h_0 = 250 - 33 = 217\text{mm}$$

根据《混规》6.2.10 条：

$$x = \frac{f_y A_s'}{\alpha_1 f_c b} = \frac{360 \times 2010}{1 \times 14.3 \times 1000} = 50.6\text{mm}$$

$$M = \alpha_1 f_c b x \left(h_0 - \frac{x}{2}\right) = 1 \times 14.3 \times 1000 \times 50.6 \times \left(217 - \frac{50.6}{2}\right) \times 10^{-6} = 138.7\text{kN} \cdot \text{m/m}$$

故选（B）项。

【例 1.4.4-3】（2016T09）某民用房屋，结构设计使用年限为 50 年，安全等级为二级。二层楼面上有一带悬臂段的预制钢筋混凝土等截面梁，其计算简图和梁截面如图 1.4.4-1 所示，不考虑抗震设计。梁的混凝土强度等级为 C40，纵筋和箍筋均采用 HRB400，$a_s = 60\text{mm}$。未配置弯起钢筋，不考虑纵向受压钢筋作用。

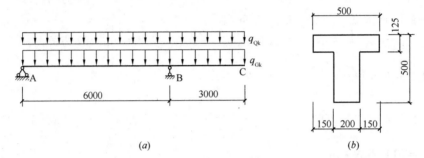

图 1.4.4-1

(a) 计算简图；(b) 截面示意

假定，支座 B 处的最大弯矩设计值 $M = 200\text{kN} \cdot \text{m}$。试问，按承载能力极限状态计算，支座 B 处的梁纵向受拉钢筋截面面积 A_s（mm^2），与下列何项数值最为接近？

提示： $\xi_b = 0.518$。

(A) 1550　　　　(B) 1750　　　　(C) 1850　　　　(D) 2050

【解答】 支座 B 属于翼缘位于受拉边的倒 T 形，则：

由《混规》6.2.10 条，$h_0 = 500 - 60 = 440\text{mm}$

$$x = h_0 - \sqrt{h_0^2 - \frac{2\gamma_0 M}{\alpha_1 f_c b}}$$

$$= 440 - \sqrt{440^2 - \frac{2 \times 1 \times 200 \times 10^6}{1 \times 19.1 \times 200}} = 141.9\text{mm} < \xi_b h_0 = 228\text{mm}$$

$$A_s = \frac{\alpha_1 f_c b x}{f_y}$$

$$= \frac{1 \times 19.1 \times 200 \times 141.9}{360} = 1506\text{mm}^2$$

故选（A）项。

2. 翼缘位于受压区的 T 形、I 形截面（梁、板）

《混规》规定：

6.2.11 翼缘位于受压区的 T 形、I 形截面受弯构件（见图 6.2.11），其正截面受弯承载力计算应符合下列规定：

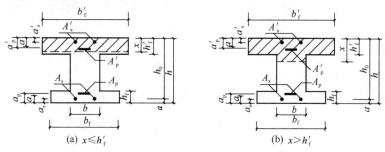

图 6.2.11 I 形截面受弯构件受压区高度位置

1 当满足下列条件时，应按宽度为 b'_f 的矩形截面计算：

$$f_y A_s + f_{py} A_p \leqslant \alpha_1 f_c b'_f h'_f + f'_y A'_s - (\sigma'_{p0} - f'_{py}) A'_p \tag{6.2.11-1}$$

2 当不满足公式（6.2.11-1）的条件时，应按下列公式计算：

$$M \leqslant \alpha_1 f_c b x \left(h_0 - \frac{x}{2} \right) + \alpha_1 f_c (b'_f - b) h'_f \left(h_0 - \frac{h'_f}{2} \right)$$
$$+ f'_y A'_s (h_0 - a'_s) - (\sigma'_{p0} - f'_{py}) A'_p (h_0 - a'_p) \tag{6.2.11-2}$$

混凝土受压区高度应按下列公式确定：

$$\alpha_1 f_c [bx + (b'_f - b) h'_f] = f_y A_s - f'_y A'_s + f_{py} A_p + (\sigma'_{p0} - f'_{py}) A'_p \tag{6.2.11-3}$$

式中 h'_f——T 形、I 形截面受压区的翼缘高度；

b'_f——T 形、I 形截面受压区的翼缘计算宽度，按本规范第 6.2.12 条的规定确定。

按上述公式计算 T 形、I 形截面受弯构件时，混凝土受压区高度仍应符合本规范公式（6.2.10-3）和公式（6.2.10-4）的要求。

● **2.1　配筋计算**

●● **单筋 T 形（梁、板）**

类型判别，取 $x = h'_f$ 作为界限状况，由《混规》式（6.2.11-2），可得：

$$\gamma_0 M \leqslant \alpha_1 f_c b h'_f \left(h_0 - \frac{h'_f}{2} \right) + \alpha_1 f_c (b'_f - b) h'_f \left(h_0 - \frac{h'_f}{2} \right)$$

整理即：$\gamma_0 M \leqslant \alpha_1 f_c b'_f h'_f \left(h_0 - \dfrac{h'_f}{2} \right)$

(1) 当 $\gamma_0 M \leqslant \alpha_1 f_c b'_f h'_f \left(h_0 - \dfrac{h'_f}{2} \right)$，属第一类 T 形，可按 $b'_f \times h$ 的单筋矩形梁计算。

(2) 当 $\gamma_0 M > \alpha_1 f_c b'_f h'_f \left(h_0 - \dfrac{h'_f}{2} \right)$，属第二类 T 形，由式（6.2.11-2）计算，即：

令 $M_1 = \gamma_0 M - \alpha_1 f_c (b_f' - b) h_f' \left(h_0 - \dfrac{h_f'}{2} \right)$

$$x = h_0 - \sqrt{h_0^2 - \dfrac{2M_1}{\alpha_1 f_c b}} \begin{cases} \leqslant \xi_b h_0，由式（6.2.11-3），计算 A_s，复核 A_s \geqslant A_{s,min} \\[2ex] > \xi_b h_0，截面过小 \end{cases}$$

●● 双筋 T 形（梁、板）

假定已知 A_s'，类型判别，仍取 $x = h_f'$ 作为界限状况，由式（6.2.11-2），可得：

$$\gamma_0 M \leqslant \alpha_1 f_c b_f' h_f' \left(h_0 - \dfrac{h_f'}{2} \right) + f_y' A_s' \ (h_0 - a_s')$$

（1）当 $\gamma_0 M \leqslant \alpha_1 f_c b_f' h_f' \left(h_0 - \dfrac{h_f'}{2} \right) + f_y' A_s' \ (h_0 - a_s')$，属第一类 T 形，可按 $b_f' \times h$ 的双筋矩形梁计算。

（2）当 $\gamma_0 M > \alpha_1 f_c b_f' h_f' \left(h_0 - \dfrac{h_f'}{2} \right) + f_y' A_s'(h_0 - a_s')$，属第二类 T 形，由式（6.2.11-2）计算，即：

令 $M_1 = \gamma_0 M - \alpha_1 f_c (b_f' - b) h_f' \left(h_0 - \dfrac{h_f'}{2} \right) - f_y' A_s' (h_0 - a_s')$

$$x = h_0 - \sqrt{h_0^2 - \dfrac{2M_1}{\alpha_1 f_c b}} \begin{cases} < 2a_s'，按式（6.2.14），计算 A_s，复核 A_s \geqslant A_{s,min}（一般均能满足，\\ 可不必验算） \\[2ex] \geqslant 2a_s'，且 \leqslant \xi_b h_0，按式（6.2.11-3）计算 A_s，复核 A_s \geqslant A_{s,min}（一般\\ 均能满足，可不必验算） \\[2ex] > \xi_b h_0，A_s' 过小 \end{cases}$$

● 2.2　承载力复核

●● 单筋 T 形（梁、板）

类型判别，仍取 $x = h_f'$ 作为界限状况，由《混规》式（6.2.11-1），可得：

（1）当 $f_y A_s \leqslant \alpha_1 f_c b_f' h_f'$，属第一类 T 形，按 $b_f' \times h$ 的单筋矩形梁计算。

（2）当 $f_y A_s > \alpha_1 f_c b_f' h_f'$，属第二类 T 形，由式（6.2.11-3）计算 x，则：

$$x \begin{cases} \leqslant \xi_b h_0，计算 M_u，取公式（6.2.11-2）右端项 \\[1.5ex] > \xi_b h_0，取 x = x_b = \xi_b h_0，计算 M_u，取公式（6.2.11-2）右端项 \end{cases}$$

●● 双筋 T 形（梁、板）

假定已知 A_s，类型判别，由《混规》式（6.2.11-1），可得：

（1）当 $f_y A_s \leqslant \alpha_1 f_c b_f' h_f' + f_y' A_s'$，属第一类 T 形，按 $b_f' \times h$ 双筋矩形梁计算。

（2）当 $f_y A_s > \alpha_1 f_c b_f' h_f' + f_y' A_s'$，属第二类 T 形，由式（6.2.11-3）计算 x，则：

$$x \begin{cases} x < 2a_s'，计算 M_u，取公式（6.2.14）右端项 \\[1.5ex] \geqslant 2a_s'，且 \leqslant \xi_b h_0，计算 M_u，取公式（6.2.11-2）右端项 \\[1.5ex] x > \xi_b h_0，取 x = x_b = \xi_b h_0，计算 M_u，取公式（6.2.11-2）右端项 \end{cases}$$

综上可知，灵活运用《混规》式（6.2.11-1）、式（6.2.11-2）、式（6.2.11-3）、式（6.2.14），即：力平衡，力矩平衡，不用记忆繁杂的计算步骤。

【例1.4.4-4】（2014T09）某现浇钢筋混凝土框架-剪力墙结构高层办公楼，抗震设防烈度为8度（0.2g），场地类别为Ⅱ类，抗震等级：框架二级、剪力墙一级，二层局部配筋平面表示法如图1.4.4-2所示，混凝土强度等级：框架柱及剪力墙C50，框架梁及楼板C35，纵向钢筋及箍筋均采用HRB400（ϕ）。

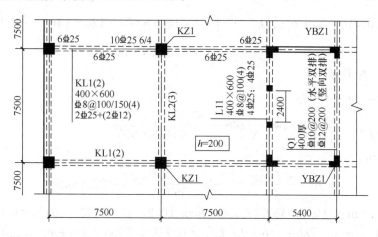

图1.4.4-2

不考虑地震作用组合时框架梁KL1的跨中截面及配筋如图1.4.4-2所示，假定，梁受压区有效翼缘计算宽度$b'_f = 2000mm$，$a_s = a'_s = 45mm$，$\xi_b = 0.518$，$\gamma_0 = 1.0$。试问，当考虑梁跨中纵向受压钢筋和现浇楼板受压翼缘的作用时，该梁跨中正截面受弯承载力设计值（kN·m），与下列何项数值最为接近？

提示： 不考虑梁上部架立筋及板内配筋的影响。

(A) 500   (B) 540   (C) 670   (D) 720

【解答】 根据《混规》式（6.2.11-1）：

$$f_y A_s = 360 \times 2945 = 1060200N$$

$$\alpha_1 f_c b'_f h'_f + f'_y A'_s = 1.0 \times 16.7 \times 2000 \times 200 + 360 \times 982 = 7033520N > f_y A_s$$

应按宽度为b'_f的矩形截面计算。

由《混规》公式（6.2.10-2）：

$$x = (f_y A_s - f'_y A'_s)/\alpha_1 f_c b'_f = (360 \times 2945 - 360 \times 982)/(1.0 \times 16.7 \times 2000) = 21.2mm < 2a'_s = 2 \times 45 = 90mm$$

由《混规》公式（6.2.14）：

$$M_u = f_y A_s (h - a_s - a'_s) = 360 \times 2945 \times (600 - 2 \times 45)$$

$$= 540.7 \times 10^6 N \cdot mm = 541kN \cdot m$$

故选（B）项。

【例1.4.4-5】 某钢筋混凝土简支梁，其截面可以简化成工字形，如图1.4.4-3，混凝土强度等级为C30，纵向钢筋采用HRB400，纵向钢筋的保护层厚度为28mm，受拉钢筋合力点至梁截面受拉边缘的距离为40mm。该梁不承受地震作用，不直接承受重复荷载，安全等级为二级。

若该梁承受的弯矩设计值为370kN·m，并按单筋梁

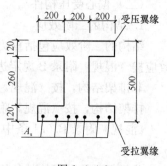

图1.4.4-3

进行配筋计算。试问，按承载力要求该梁纵向受拉钢筋选择下列何项最为安全经济？

(A) 4 Φ 14＋3 Φ 20

(B) 4 Φ 14＋3 Φ 25

(C) 4 Φ 16＋3 Φ 25

(D) 4 Φ 16＋3 Φ 28

【解答】 根据《混规》式 (6.2.11-2)，取 $x=h'_f$，判别类型：

$$\gamma_0 M = 370 \times 10^6 < \alpha_1 f_c b'_f h'_f \left(h_0 - \frac{h'_f}{2}\right) = 1 \times 14.3 \times 600 \times 120 \times \left(460 - \frac{120}{2}\right)$$

$$= 411.84 \text{kN} \cdot \text{m}$$

故属第一类 T 形。

由《混规》6.2.10 条：

$$x = h_0 - \sqrt{h_0^2 - \frac{2\gamma_0 M}{\alpha_1 f_c b'_f}} = 460 - \sqrt{460^2 - \frac{2 \times 1 \times 370 \times 10^6}{1 \times 14.3 \times 600}}$$

$$= 106 \text{mm}$$

$$A_s = \frac{\alpha_1 f_c b'_f x}{f_y} = \frac{1 \times 14.3 \times 600 \times 10^6}{360} = 2526 \text{mm}^2$$

$$\rho_{min} = \max\ (0.2,\ 45 f_t / f_y)\% = \max\ (0.2,\ 45 \times 1.43/360)\% = 0.2\%$$

$$A_{s,min} = \rho_{min}\ [bh + (b_f - b)\ h_f] = 0.2\% \times [200 \times 500 + 400 \times 120]$$

$$= 296 \text{mm}^2 < 2526 \text{mm}^2$$

4 Φ 16＋3 Φ 28 $(A_s = 2651 \text{mm}^2)$，满足，故选 (D) 项。

五、受压构件正截面承载力计算

(一) 轴心受压构件

● 复习《混规》6.2.15 条、6.2.16 条。

需注意的是：

(1)《混规》6.2.15 条，当采用 HRB500 钢筋时，取 $f'_y = 400\text{N/mm}^2$。

(2)《混规》表 6.2.15 注 1 的规定，以及本条条文说明。其中，对于上、下端有支点的轴压构件，取 $l_0 = 1.1$ 倍构件上下端支点之间距离。

φ 近似公式：$\varphi = \left[1 + 0.002\left(\frac{l_0}{b} - 8\right)^2\right]^{-1}$

(3)《混规》6.2.16 条式 (6.2.16-1)，f_{yv} 取值取实际值，不受 360N/mm^2 限制。《混规》6.2.16 条注 1、2 的规定。

(二) 偏心受压构件

1. 结构的二阶效应

结构的二阶效应包括重力二阶效应（$P\text{-}\Delta$ 效应）和构件挠曲效应（$P\text{-}\delta$ 效应）。$P\text{-}\Delta$ 效应按《混规》附录 B 规定进行计算：

非排架结构，按《混规》附录 B.0.1 条计算。

排架结构，按《混规》附录 B.0.4 条计算。

《混规》附录 B.0.1 条中，对于顶层梁端 η_s 应取相应节点处下柱端 η_s 值或下墙肢端 η_s 值。

非排架结构偏压构件的挠曲效应（$P\text{-}\delta$ 效应），《混规》6.2.3 条、6.2.4 条作了规定。

【例 1. 4. 5-1】 某钢筋混凝土框架结构办公楼，首层层高 4.2m，其余层层高均为 3.9m，基础顶面距室内地面的距离为 1.1m。首层中柱在 y 方向风荷载作用下（如图 1.4.5-1 所示），已考虑侧移影响的柱上、下端截面的基本组合弯矩设计值、轴力设计值分别为：$M_{1x}^{上}=650\text{kN}\cdot\text{m}$，$N_1^{上}=2000\text{kN}$；$M_1^{下}=750\text{kN}\cdot\text{m}$，$N_1^{下}=2200\text{kN}$，单曲率弯曲。已知柱采用 C30 混凝土，纵向受力钢筋采用 HRB400 级，箍筋采用 HPB300 级钢筋。取 $a_s=a_s'=40\text{mm}$。

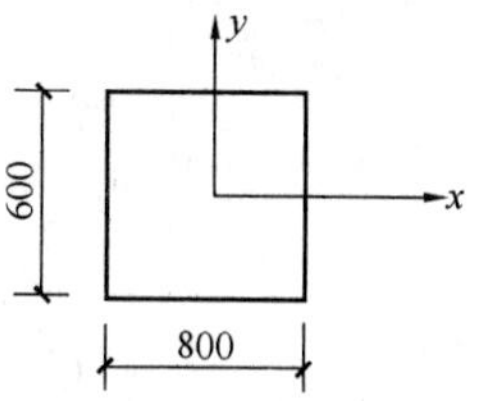

图 1.4.5-1

试问： 沿 y 方向该中柱的控制截面的基本组合弯矩设计值 (kN·m)，最接近下列何项？

(A) 750   (B) 785   (C) 795   (D) 805

【解答】 根据《混规》6.2.3 条：

$$l_c=5.3\text{m}, \quad i=i_x=\frac{a}{\sqrt{12}}=\frac{0.6}{\sqrt{12}}=0.173\text{m}, \quad \frac{N}{f_cA}=\frac{2200\times10^3}{14.3\times600\times800}=0.32<0.9$$

$$l_c/i_x=5.3/0.173=30.6>34-12M_1/M_2=34-12\times650/750=23.6$$

故应考虑挠曲效应，由《混规》6.2.4 条、6.2.5 条：

$$\zeta_c=\frac{0.5f_cA}{N}=\frac{0.5\times14.3\times600\times800}{2200\times10^3}=1.56>1.0, \quad 故取 \zeta_c=1.0$$

$$e_a=\max\left(20,\frac{600}{30}\right)=20\text{mm}$$

由规范式 (6.2.4-3)、式 (6.2.4-2)：

$$\eta_{ns}=1+\frac{1}{1300\ (M_2/N+e_a)\ /h_0}\left(\frac{l_c}{h}\right)^2\xi_c$$

$$=1+\frac{1}{1300\times\ (750/2200+0.02)\ /0.56}\times\left(\frac{5.3}{0.6}\right)^2\times1.0$$

$$=1.093$$

$$C_m=0.7+0.3\frac{M_1}{M_2}=0.7+0.3\times\frac{650}{750}=0.96>0.7$$

$$C_m\eta_{ns}=0.96\times1.093=1.049>1.0$$

$$M=C_m\eta_{ns}M_2=1.049\times750=786.75\text{kN}\cdot\text{m}$$

故选（B）项。

【例 1. 4. 5-2】 题目条件同【例 1.4.5-1】，柱截面尺寸 $b\times h=500\text{mm}\times500\text{mm}$，柱上端：$M_{1x}^{上}=-100\text{kN}\cdot\text{m}$，$N_1^{上}=2000\text{kN}$；柱下端 $M_1^{下}=800\text{kN}\cdot\text{m}$，$N_1^{下}=2200\text{kN}$，反向曲率弯曲。确定沿 y 方向该中柱的控制截面的基本组合弯矩值。

【解答】 此时，$i=i_x=\frac{0.5}{\sqrt{12}}=0.144\text{m}$，$\frac{N}{f_cA}=\frac{2200\times10^3}{14.3\times500\times500}=0.62<0.9$

$$\frac{l_c}{i_x}=\frac{5.3}{0.144}=36.8>34-12\frac{M_1}{M_2}=34-12\times\frac{(-100)}{800}=35.5$$

故应考虑 P-δ 效应。

$$\xi_c=\frac{0.5\times14.3\times500\times500}{2200\times10^3}=0.8125$$

$$e_a = \max\left(20, \frac{500}{30}\right) = 20\text{mm}$$

$$\eta_{ns} = 1 + \frac{1}{1300 \times \left(\frac{800}{2200} + 0.02\right)/0.46} \times \left(\frac{5.3}{0.5}\right)^2 \times 0.8125$$

$$= 1.084$$

$$C_m = 0.7 + 0.3 \times \frac{(-100)}{800} = 0.6625 < 0.7, \text{ 取 } C_m = 0.7$$

$C_m\eta_{ns} = 0.7 \times 1.084 = 0.7588 < 1.0$，故取 $C_m\eta_{ns} = 1.0$

故 $M = C_m\eta_{ns}M_2 = 1 \times 800 = 800\text{kN} \cdot \text{m}$

2. 偏心受压构件计算（非排架结构柱）

《混规》规定：

6.2.17 矩形截面偏心受压构件正截面受压承载力应符合下列规定（见图 6.2.17）：

$$N \leqslant \alpha_1 f_c bx + f'_y A'_s - \sigma_s A_s - (\sigma'_{p0} - f_{py})A'_p - \sigma_p A_p \qquad (6.2.17\text{-}1)$$

$$Ne \leqslant \alpha_1 f_c bx\left(h_0 - \frac{x}{2}\right) + f'_y A'_s(h_0 - a'_s) - (\sigma'_{p0} - f_{py})A'_p(h_0 - a'_p)$$

$$(6.2.17\text{-}2)$$

$$e = e_i + \frac{h}{2} - a \qquad (6.2.17\text{-}3)$$

$$e_i = e_0 + e_a \qquad (6.2.17\text{-}4)$$

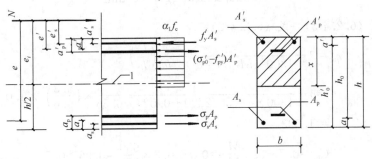

图 6.2.17　矩形截面偏心受压构件正截面受压承载力计算

1—截面重心轴

2 当计算中计入纵向受压普通钢筋时，受压区高度应满足本规范公式（6.2.10-4）的条件；当不满足此条件时，其正截面受压承载力可按本规范第 6.2.14 条的规定进行计算，此时，应将本规范公式（6.2.14）中的 M 以 Ne'_s 代替，此处，e'_s 为轴向压力作用点至受压区纵向普通钢筋合力点的距离；初始偏心距应按公式（6.2.17-4）确定。

需注意的是：

（1）《混规》式（6.2.17-4）中 $e_0 = \dfrac{M}{N}$，当需要考虑二阶效应（$P\text{-}\Delta$ 效应、$P\text{-}\delta$ 效应）时，M 应计入二阶效应的影响；同理，N 应计入 $P\text{-}\Delta$ 效应的影响。

（2）《混规》6.2.17 条第 2 款中 e'_s 为：

$$e'_s = e_i - \frac{h}{2} + a'_s$$

（3）《混规》式（6.2.17-2）适用于大偏压、小偏压，其实质是：对钢筋 A_s 合力点取力矩平衡，即规范图 6.2.17 中远离轴压力 N 的纵向钢筋 A_s。

（4）小偏压时，在规范图 6.2.17 中，N 位于受压钢筋 $f'_y A'_s$ 与截面重心轴之间，对受压钢筋 $f'_y A'_s$ 合力点取力矩平衡，可得：

$$Ne' \leqslant \alpha_1 f_c bx \left(\frac{x}{2} - a'_s \right) - \sigma_s A_s \ (h_0 - a'_s)$$

● 2.1 矩形截面偏压构件的对称配筋（$A_s = A'_s$）计算

一般采用假定法。假定为大偏压，由《混规》式（6.2.17-1），计算 x，则：

$$x \begin{cases} \geqslant \xi_b h_0，假定不正确，为小偏压，由式（6.2.17-8）、式（6.2.17-7）计算 A'_s，复核 \\ A'_{s,min}、A_{s总,min}（8.5.1 条） \\ \\ x \leqslant \xi_b h_0，假定正确，大偏压 \begin{cases} x < 2a'_s，按式（6.2.14）计算 A_s，复核 A_{s,min}、A_{s总,min} \\ （8.5.1 条） \\ x \geqslant 2a'_s，按式（6.2.17-2）计算 A'_s，复核 A'_{s,min}、\\ A_{s总,min}（8.5.1 条） \end{cases} \end{cases}$$

● 2.2 矩形截面偏压构件的承载力复核（已知 N，求 M）

假定为大偏压，由《混规》式（6.2.17-1），计算 x，则：

$$x \begin{cases} \geqslant \xi_b h_0，假定不正确，为小偏压，由规范式（6.2.8-3）、式（6.2.17-1）联解，求出 x; \\ 由式（6.2.17-2）求出 e，确定 e_i 与 e_0，求 M = Ne_0 \\ \\ < \xi_b h_0，假定正确，为大偏压 \begin{cases} x < 2a'_s，由式（6.2.14）且 Ne'_s 代替 M 求出 e'_s，确定 e_i \\ 与 e_0，求 M = Ne_0 \\ x \geqslant 2a'_s，由式（6.2.17-2）求出 e，确定 e_i 与 e_0，求 \\ M = Ne_0 \end{cases} \end{cases}$$

综上可知，灵活运用《混规》6.2.17 条、6.2.14 条中力平衡、力矩平衡，不用记忆繁杂计算步骤。

【例 1.4.5-3】某钢筋混凝土框架柱，采用 C30 混凝土，纵向钢筋采用 HRB400。其柱截面 $b \times h$ 为 400mm×600mm，非抗震设计时，控制配筋的内力基本组合弯矩设计值 $M = 250$kN·m，相应的轴力设计值 $N = 500$kN，采用对称配筋，$a_s = a'_s = 40$mm，相对受压区高度为 $\xi_b = 0.518$。试问，柱一侧纵筋截面面积 A_s（mm²），与下列何项数值最为接近？

（A）480　　　　（B）610　　　　（C）710　　　　（D）920

【解答】根据《混规》6.2.17 条：

假定为大偏压，则：$x = \dfrac{N}{\alpha_1 f_c b} = \dfrac{500 \times 10^3}{1 \times 14.3 \times 400} = 87.4$mm $\begin{matrix} < \xi_b h_0 = 290\text{mm} \\ > 2a'_s = 80\text{mm} \end{matrix}$

故属于大偏压。

$$e_0 = \frac{M}{N} = \frac{250}{500} = 0.5\text{m}，\quad e_a = \max \left(20, \frac{600}{30} \right) = 20\text{mm}$$

$$e_i = 0.5 + 0.02 = 0.52\text{m}$$

$$e = e_i + \frac{h}{2} - a_s = 0.52 + \frac{0.6}{2} - 0.04 = 0.78\text{m}$$

由《混规》式（6.2.17-2）：

$$N \cdot e \leqslant \alpha_1 f_c b x \left(h_0 - \frac{x}{2}\right) + f_y' A_s' \ (h_0 - a_s')$$

$$A_s = A_s' \geqslant \frac{500000 \times 780 - 1 \times 14.3 \times 400 \times 87.4 \times \ (560 - 87.4/2)}{360 \times \ (560 - 40)} = 705\text{mm}^2$$

故选（C）项。

思考： 假定，轴力设计值 $N = 400\text{kN}$，其他条件不变，确定柱一侧纵筋截面面积 A_s（mm^2）。

此时，$x = \dfrac{N}{\alpha_1 f_c b}$

$$= \frac{400 \times 10^3}{1 \times 14.3 \times 400} = 69.9\text{mm} \quad \begin{array}{l} < \xi_b h_0 = 290\text{mm} \\ < 2a_s' = 80\text{mm} \end{array}$$

故属于大偏压。由《混规》6.2.14 条：

$$e_0 = \frac{250}{400} = 0.625\text{m}, e_a = 20\text{mm}$$

$$e_i = 645\text{mm}$$

$$e_s' = e_i - \frac{h}{2} + a_s' = 645 - \frac{600}{2} + 40 = 385\text{mm}$$

$$A_s = A_s' \geqslant \frac{N e_s'}{f_y(h_0 - a_s')} = \frac{400 \times 10^3 \times 385}{360 \times (560 - 40)} = 823\text{mm}^2$$

3. 排架结构柱

排架结构柱的二阶效应，按《混规》附录 B 计算。排架结构柱一般采用 I 形截面。

- 复习《混规》附录 B.0.4 条。
- 复习《混规》6.2.18 条。

【例 1.4.5-4】 某钢筋混凝土排架结构柱采用对称 I 字形截面，如图 1.4.5-2 所示，$b_f = b_f' = 400\text{mm}$，$b = 100\text{mm}$，$h = 600\text{mm}$，$h_f' = h_f = 100\text{mm}$，计算长度 $l_0 = 5.4\text{m}$，$a_s = a_s' = 45\text{mm}$，混凝土强度等级为 C30，采用 HRB400 级钢筋，承受轴向压力设计值 $N = 457.6\text{kN}$，一阶弹性分析的弯矩设计值 $M = 228.8\text{kN} \cdot \text{m}$。已知 $\xi_b = 0.518$。

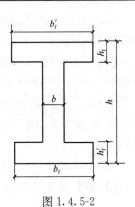

图 1.4.5-2

试问：

（1）考虑二阶效应的弯矩设计值（kN·m），最接近于下列何项？

(A) 232　　　　(B) 242

(C) 250　　　　(D) 260

（2）假定，考虑二阶效应的弯矩设计值为 275kN·m，柱纵筋对称配筋（$A_s = A_s'$），其纵筋截面面积（A_s'）（mm^2）最接近下列何项？

(A) 750　　　　(B) 850　　　　(C) 950　　　　(D) 1100

【解答】（1）根据《混规》附录 B.0.4 条：

$$e_0 = \frac{M_0}{N} = \frac{228.8}{457.6} = 0.5\text{m}$$

$$e_a = \max\left(20, \frac{600}{30}\right) = 20\text{mm}, e_i = e_0 + e_a = 520\text{mm}$$

$$A = 400 \times 600 - 300 \times 400 = 120000\text{mm}^2$$

$$\xi_c = \frac{0.5 f_c A}{N} = \frac{0.5 \times 14.3 \times 120000}{457.6 \times 10^3} = 1.875 > 1.0, 取 \xi_c = 1.0$$

$$h_0 = 600 - 45 = 555\text{mm}$$

$$\eta_s = 1 + \frac{1}{1500 e_i / h_0}\left(\frac{l_0}{h}\right)^2 \xi_c$$

$$= 1 + \frac{1}{1500 \times 520/555} \times \left(\frac{5.4}{0.6}\right)^2 \times 1 = 1.058$$

$$M = \eta_s M_0 = 1.058 \times 228.8 = 242.07\text{kN} \cdot \text{m}$$

故选（B）项。

（2）根据《混规》6.2.18 条：

假定大偏压，$x = \dfrac{N}{\alpha_1 f_c b_f'} = \dfrac{457.6 \times 10^3}{1 \times 14.3 \times 400} = 80\text{mm}$ $\begin{array}{l} < \xi_b h_0 = 287\text{mm} \\ < 2a_s' = 90\text{mm} \\ < h_f' = 100\text{mm} \end{array}$

故属于大偏压。

$$e_0 = \frac{M}{N} = \frac{275}{457.6} = 0.60\text{m}$$

$$e_i = e_0 + e_a = 0.60 + 0.02 = 0.62\text{m}$$

由《混规》6.2.14 条：

$$e_s' = e_i - \frac{h}{2} + a_s' = 620 - \frac{600}{2} + 45 = 365\text{mm}$$

$$A_s = A_s' \geqslant \frac{457.6 \times 10^3 \times 365}{360 \times (555 - 45)} = 910\text{mm}^2$$

故选（C）项。

六、受拉构件正截面承载力计算

- 复习《混规》6.2.22 条~6.2.25 条。

需注意的是：

（1）偏心受拉构件分为大、小偏心受拉，即：

$$e_0 = \frac{M}{N} < \frac{h}{2} - a_s，属于小偏拉$$

$$e_0 = \frac{M}{N} > \frac{h}{2} - a_s，属于大偏拉$$

（2）工程设计中，框架梁（包括框支梁、墙梁）、框架柱可能为偏拉构件。

【例 1.4.6-1】（2011T13）方案比较时，假定框架梁 KL1 截面及跨中配筋如图 1.4.6-

1 所示。采用 C30 混凝土，纵筋采用 HRB400 级钢筋，$a_s = a'_s =$ 70mm，跨中截面弯矩设计值 $M = 880$kN·m，对应的轴向拉力设计值 $N = 2200$kN。试问。非抗震设计时，该梁跨中截面按矩形截面偏心受拉构件计算所需的下部纵向受力钢筋面积 A_s（mm²），与下列何项数值最为接近？

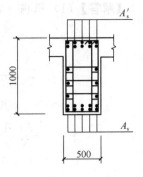

图 1.4.6-1

提示： 该梁配筋计算时不考虑上部墙体及梁侧腰筋的作用。

(A) 2900　　　　(B) 3500

(C) 5900　　　　(D) 7100

【解答】 由于 $e_0 = \dfrac{M}{N} = \dfrac{880 \times 10^3}{2200} = 400mm< h/2 - a_s = 1000/2$
$-70 = 430$mm，为小偏心受拉。

根据《混规》6.2.23 条：

$$A_s = \frac{N(e_0 + h/2 - a'_s)}{f_y(h'_0 - a_s)} = \frac{2200 \times 10^3 \times (400 + 1000/2 - 70)}{360 \times (1000 - 70 - 70)} = 5898\text{mm}^2$$

故选（C）项。

【例 1.4.6-2】（2013T10）某外挑三脚架，安全等级为二级，计算简图如图 1.4.6-2 所示。其中横杆 AB 为混凝土构件，截面尺寸 300mm×400mm，混凝土强度等级为 C35，纵向钢筋采用 HRB400，对称配筋，$a_s = a'_s = 45$mm。假定，均布荷载设计值 $q = 25$kN/m（包括自重），集中荷载设计值 $P = 350$kN（作用于节点 B 上）。试问，按承载能力极限状态计算（不考虑抗震），横杆最不利截面的纵向配筋 A_s（mm²）与下列何项数值最为接近？

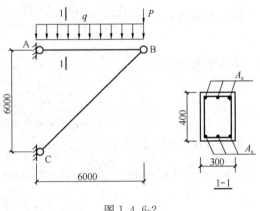

图 1.4.6-2

(A) 980　　　(B) 1190　　　(C) 1400　　　(D) 1600

【解答】 对点 C 取矩，杆 AB 的拉力值：$N = \dfrac{350 \times 6 + 0.5 \times 25 \times 6 \times 6}{6} = 425$kN

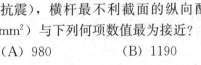

杆 AB 的跨中弯矩值：$M = \dfrac{1}{8} \times 25 \times 6^2 = 112.5$kN·m

故杆 AB 为偏拉构件，$e_0 = \dfrac{M}{N} = \dfrac{112.5 \times 10^3}{425} = 264.7$mm $> \dfrac{h}{2} - a_s = 155$mm

故为大偏拉，由《混规》6.2.23 条：

$$e' = e_0 + \frac{h}{2} - a'_s = 264.7 + 200 - 45 = 419.7\text{mm}$$

$$A_s \geqslant \frac{Ne'}{f_y(h'_0 - a_s)} = \frac{425 \times 10^3 \times 419.7}{360 \times (400 - 45 - 45)} = 1598\text{mm}^2$$

故选（D）项。

【例 1.4.6-3】（2016T06）某刚架计算简图如图 1.4.6-3，安全等级为二级。其中竖杆

CD 为钢筋混凝土构件，截面尺寸 40mm×400mm，混凝土强度等级为 C40，纵向钢筋采用 HRB400，对称配筋（$A_s = A_s'$），$a_s = a_s' = 40mm$。假定，集中荷载设计值 $P = 160kN$，构件自重可忽略不计。试问，按承载能力极限状态计算时（不考虑抗震），在刚架平面内竖杆 CD 最不利截面的单侧纵筋截面面积 A_s（mm^2），与下列何项数值最为接近？

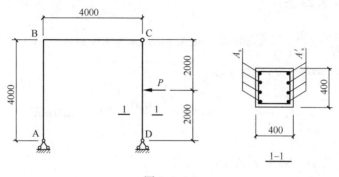

图 1.4.6-3

（A）1250   （B）1350   （C）1500   （D）1600

【解答】 对 A 点取矩，可得竖杆 CD 的拉力设计值 $N = 160 \times 2/4 = 80kN$

竖杆 CD 中点的弯矩设计值 $M = 160 \times 4/4 = 160kN \cdot m$

竖杆 CD 全长轴拉力不变，中点截面弯矩最大，因此中点截面为最不利截面，按偏心受拉构件计算。

偏心距 $e_0 = \dfrac{M}{N} = \dfrac{160 \times 10^6}{80 \times 10^3} = 2000mm > 0.5h - a_s = 200 - 40 = 160mm$，故为大偏拉。

由《混规》式（6.2.23-2）：

$$e' = e_0 + \frac{h}{2} - a_s' = 2000 + 200 - 40 = 2160mm, \quad h_0' = 360mm$$

$$A_s \geqslant \frac{Ne'}{f_y(h_0' - a_s)} = \frac{80 \times 10^3 \times 2160}{360 \times (360 - 40)} = 1500mm^2$$

故选（C）项。

【例 1.4.6-4】（2018T9）某悬挑斜梁为等截面普通混凝土独立梁，计算简图如图 1.4.6-4 所示。斜梁截面尺寸 400mm×600mm（不考虑梁侧面钢筋的作用），混凝土强度等级为 C35，纵向钢筋采用 HRB400，梁底实配纵筋 4Φ14，$a_s' = 40mm$，$a_s = 70mm$，$\xi_b = 0.518$。梁端永久荷载标准值 $G_k = 80kN$，可变荷载标准值 $Q_k = 70kN$，不考虑构件自重。

试问，按承载能力极限状态计算（不考虑抗震），计入纵向受压钢筋作用，悬挑斜梁最不利截面的梁面纵向受力钢筋截面面积 A_s（mm^2），与下列何项数值最为接近？

提示： 不需要验算最小配筋率。

（A）3500   （B）3700

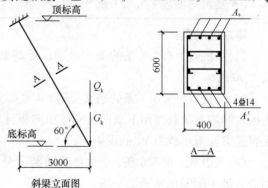

图 1.4.6-4

(C) 3900　　　(D) 4100

【解答】 斜梁根部内力：$M = (1.3 \times 80 + 1.5 \times 70) \times 3 = 627 \text{kN} \cdot \text{m}$

$$N = (1.3 \times 80 + 1.5 \times 70) \cos 30° = 181 \text{kN}(\text{拉力})$$

由《混规》6.2.23条：

$$e_0 = \frac{M}{N} = \frac{627}{181} = 3.464 \text{m} > 0.5h - a_s = 0.5 \times 600 - 70 = 230 \text{mm}$$

为大偏位；$h_0 = 600 - 70 = 530 \text{mm}$

$$e = e_0 - \frac{h}{2} + a_s = 3464 - \frac{600}{2} + 70 = 3234 \text{mm}$$

$$\alpha_1 f_c b x \left(h_0 - \frac{x}{2} \right) = Ne - f'_y A'_s (h_0 - a'_s)$$

$$= 181 \times 10^3 \times 3234 - 360 \times 615 \times (530 - 40)$$

$$= 476.868 \times 10^6$$

$$x = 530 - \sqrt{530^2 - \frac{2 \times 476.868 \times 10^6}{1 \times 16.7 \times 400}} = 158.3 \text{mm} \begin{array}{l} < \xi_b h_0 = 275 \text{mm} \\ > 2a'_s = 80 \text{mm} \end{array}$$

$$A_s = \frac{N + \alpha_1 f_c b x + f'_y A'_s}{f_y}$$

$$= \frac{181 \times 10^3 + 1 \times 16.7 \times 400 \times 158.3 + 360 \times 615}{360}$$

$$= 4055 \text{mm}^2$$

故选（D）项。

七、受弯构件斜截面承载力计算

> ● 复习《混规》6.3.1条～6.3.10条。

需注意的是：

(1)《混规》6.3.1条的条文说明，受剪截面限制条件有3个目的。此外，正确确定 h_w 的取值。

(2)《混规》6.3.3条的条文说明，$V \leq 0.7\beta_h f_t b h_0$ 仅适用于：①均布荷载作用下的单向板；②均布荷载作用下双向板需按单向板计算的构件。此外，纵向受拉钢筋配筋率 ρ 对无腹筋梁受剪承载力 V_c 的影响。

(3)《混规》6.3.4条，a 也称为剪跨。公式（6.3.4-2）中 $f_{yv} \leq 360 \text{N/mm}^2$。箍筋的构造、最小配筋率见9.2.9条。

《混规》6.3.4条集中荷载作用下的独立梁（即：不与楼板整体浇筑的梁），注意，当框架独立梁承受水平荷载（如风荷载）时，由其产生的剪力值也归属于集中荷载作用产生的剪力值。

（4）《混规》6.3.8 条式（6.3.8-2）中 $\sum f_{yv}A_{sv}$ 的内涵是：在规范图 6.3.8 中，在 c 范围内所有箍筋的合力。

（5）箍筋计算（已知 V，求 A_{sv}/s）

一般首先复核受剪截面限制条件，即 6.3.1 条，$V_{截}=0.25\beta_c f_c bh_0$（$h_w/b \leqslant 4$）或 $0.2\beta_c f_c bh_0$（h_w/b），取 $V=\min（V，V_{截}）$ 计算箍筋，最后复核最小配筋率。

（6）斜截面抗剪承载力复核（已知箍筋 A_{sv}/s，求 V_u）

由 A_{sv}/s，按《混规》公式（6.3.4-2）计算 V_{cs}；由受剪截面限制条件，即 6.3.1 条，计算 $V_{截}$；最终取 $V_u=\min\{V_{cs}，V_{截}\}$ 作为受剪承载力值。

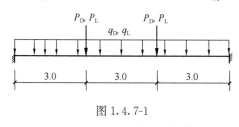

图 1.4.7-1

【例 1.4.7-1】（2012T05）框架梁 KL3 的截面尺寸为 400mm×700mm，计算简图近似如图 1.4.7-1 所示，混凝土强度等级为 C30，箍筋采用 HRB335。作用在 KL3 上的均布静荷载、均布活荷载标准值 q_D、q_L 分别为 20kN/m、7.5kN/m；作用在 KL3 上的集中静荷载、集中活荷载标准值 P_D、P_L 分别为 180kN、60kN。试问，支座截面处梁的箍筋配置下列何项较为合适？

提示：$h_0=660mm$；不考虑抗震设计；活荷载为同一种活荷载。

（A）$\underline{\Phi}8@200$（四肢箍）　　　　（B）$\underline{\Phi}8@100$（四肢箍）

（C）$\underline{\Phi}10@200$（四肢箍）　　　（D）$\underline{\Phi}10@100$（四肢箍）

【解答】由《可靠性标准》8.2.4 条：

$$V=1.3\times\left(180+\frac{1}{2}\times20\times9\right)+1.5\times\left(60+\frac{1}{2}\times7.5\times9\right)=491.625\text{kN}$$

按非独立梁考虑，取 $\alpha_{cv}=0.7$

根据《混规》6.3.4 条：

$$\frac{A_{sv}}{s}\geqslant\frac{491.625\times10^3-0.7\times1.43\times400\times660}{300\times660}=1.15\text{mm}^2/\text{mm}$$

经比较：选 4 肢箍 $\underline{\Phi}10@200$：$\dfrac{A_{sv}}{s}=\dfrac{4\times78.5}{200}=1.57\text{mm}^2/\text{mm}>1.15\text{mm}^2/\text{mm}$

$$\rho_{sv}=\frac{A_{sv}}{bs}=\frac{4\times78.5}{400\times200}=0.39\%$$

《混规》9.2.9 条：

$$\frac{0.24f_t}{f_{yv}}=\frac{0.24\times1.43}{300}=0.11\%<0.39\%，满足。$$

故选（C）项。

【例 1.4.7-2】（2016T10）某民用房屋，结构设计使用年限为 50 年，安全等级为二级。二层楼面上有一带悬臂段的预制钢筋混凝土等截面梁，其计算简图和梁截面如图 1.4.7-2 所示，不考虑抗震设计。梁的混凝土强度等级为 C40，纵筋和箍筋均采用 HRB400，$a_s=60mm$。未配置弯起钢筋，不考虑纵向受压钢筋作用。

假定，支座 A 的最大反力设计值 $R_A=180kN$。试问，按斜截面承载力计算，支座 A

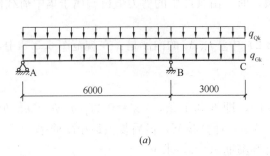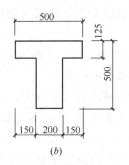

图 1.4.7-2

（a）计算简图；（b）截面示意

边缘处梁截面的箍筋配置，至少应选用下列何项？

提示：不考虑支座宽度的影响

(A) $\Phi 6@200$（2）　　　　(B) $\Phi 8@200$（2）

(C) $\Phi 10@200$（2）　　　　(D) $\Phi 12@200$（2）

【解答】由提示，故取 $V=R_A=180\text{kN}$

$$\frac{h_w}{b}=\frac{500-125-60}{200}=1.6<4，则：0.25\beta_c f_c bh_0=0.25\times1\times19.1\times200\times440=$$

$420.2\text{kN}>180\text{kN}$

由《混规》6.3.4 条，取 $s=200\text{mm}$，则：

$$A_{sv}\geqslant\frac{V-0.7f_t bh_0}{f_{yv}h_0}\cdot s=\frac{180\times10^3-0.7\times1.71\times200\times440}{360\times440}\times200$$

$$=94.3\text{mm}^2$$

选 $\Phi 8@200$（$A_{sv}=100.6\text{mm}^2$）

$A_{sv,min}=(0.24f_t/f_{yv})bs=(0.24\times1.71/360)\times200\times200=46\text{mm}^2<100.6\text{mm}^2$

故选（B）项。

八、偏压和偏拉构件斜截面承载力计算

- 复习《混规》6.3.11 条～6.3.15 条。
- 复习《混规》6.3.16 条～6.3.19 条。（双向受剪）

需注意的是：

（1）《混规》6.3.12 条、6.3.14 条，针对单向受剪，故 b、h_0、$\lambda=\frac{H_n}{2h_0}$ 与 M、V 作用方向挂勾。

（2）《混规》6.3.15 条及条文说明。

（3）箍筋计算，应复核其构造要求，见 9.3.2 条。

【例 1.4.8-1】（2011T14）假定框架梁 KL1 截面及配筋如图 1.4.8-1 所示，采用 C30 混凝土，纵向钢筋 HRB400，$a_s=a_s'=70\text{mm}$。支座截面剪力设计值 $V=1600\text{kN}$，对应的

轴向拉力设计值 $N=2200\text{kN}$，计算截面的剪跨比 $\lambda=1.5$，箍筋采用 HRB335 级钢筋。试问，非抗震设计时，该梁支座截面处的按矩形截面计算的箍筋配置选用下列何项最为合适？

提示：不考虑上部墙体的共同作用。

(A) Φ 10@100（4）

(B) Φ 12@100（4）

(C) Φ 14@150（4）

(D) Φ 14@100（4）

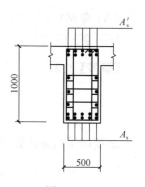

图 1.4.8-1

【解答】根据《混规》6.3.14 条：

$$V=\frac{1.75}{\lambda+1}f_{t}bh_{0}+f_{yv}\frac{A_{sv}}{s}h_{0}-0.2N$$

$$\frac{A_{sv}}{s}=\frac{1600\times10^{3}+0.2\times2200\times10^{3}-\dfrac{1.75}{1.5+1}\times1.43\times500\times(1000-70)}{300\times(1000-70)}$$

$$=5.64\text{mm}^{2}/\text{mm}$$

选用 4 肢箍 Φ 14@100，则：

$$\frac{A_{sv}}{s}=\frac{4\times154}{100}=6.16\text{mm}^{2}/\text{mm}>5.64\text{mm}^{2}/\text{mm}$$

$$f_{yv}\frac{A_{sv}}{s}h_{0}=300\times6.16\times930=1718640\text{N}>0.36f_{t}bh_{0}$$

$$=0.36\times1.43\times500\times930=239382\text{N}$$

规范式（6.3.14）右端的计算值：

$$\frac{1.75}{1.5+1}\times1.43\times500\times930+1718640-0.2\times2200\times10^{3}=1744105\text{N}>1718640\text{N}$$

满足，故选（D）项。

【例 1.4.8-2】（2018T8）某外挑三脚架，计算简图如图 1.4.8-2 所示。其中横杆 AB 为等截面普通混凝土构件，截面尺寸 $300\text{mm}\times400\text{mm}$，混凝土强度等级为 C35，纵向钢筋和箍筋均采用 HRB400，全跨范围内纵筋和箍筋的配置不变，未配置弯起钢筋，$a_{s}=a'_{s}=40\text{mm}$。假定，不计 BC 杆自重，均布荷载设计值 $q=70\text{kN/m}$（含 AB 杆自重）。试问，按斜截面受剪承载力计算（不考虑抗震），横杆 AB 在 A 支座边缘处的最小箍筋配置与下列何项最为接近？

提示：满足计算要求即可，不需要复核最小配筋率和构造要求。

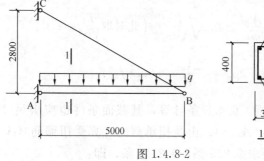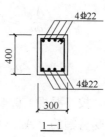

图 1.4.8-2

(A) Φ 6@200 （2） （B） Φ 8@200 （2）

(C) Φ 10@200 （2） （D） Φ 12@200 （2）

【解答】$\Sigma M_c = 0$，$N_{AB} = 70 \times 5 \times \left(\dfrac{1}{2} \times 5\right)/2.8 = 312.5$kN （压力）

$$V_A = \frac{1}{2} \times 70 \times 5 = 175\text{kN}$$

故按偏压构件计算受剪，由《混规》6.3.12条：

$$N_{AB} = 312.5\text{kN} < 0.3f_c A = 0.3 \times 16.7 \times 300 \times 400 = 601.2\text{kN}$$

取 $N = 312.5$kN

$$\frac{A_{sv}}{s} \geqslant \frac{175 \times 10^3 - \dfrac{1.75}{1.5+1} \times 1.57 \times 300 \times 360 - 0.07 \times 312500}{360 \times 360} = 0.266$$

$$A_{sv1} \geqslant 0.266 \times 200/2 = 26.6\text{mm}^2$$

选Φ 6 （$A_{sv1} = 28.3$mm^2），满足，故选 （A） 项。

九、剪力墙和连梁的斜截面承载力计算

- 复习《混规》6.3.20 条～6.3.22 条。
- 复习《混规》6.3.23 条。（连梁）

十、扭曲截面承载力计算

（一）纯扭、剪扭、弯剪扭构件

- 复习《混规》6.4.1 条～6.4.13 条。
- 复习《混规》9.2.5 条、9.2.9 条、9.2.10 条。

需注意的是：

（1）受扭箍筋 （A_{st1}） 仅由截面箍筋最外圈箍筋提供，也即：沿截面周边配置的箍筋单肢截面面积。

（2）纯扭构件，其截面条件也应满足《混规》6.4.1 条，此时，取 $V = 0$。纯扭构件按 6.4.4 条计算，其受扭纵筋、受扭箍筋应分别满足 9.2.5 条、9.2.10 条，即：

$$\rho_{tl} = \frac{A_{stl}}{bh} \geqslant 0.6\sqrt{\frac{T}{Vb}}\frac{f_t}{f_y} \left(\text{此时取}\frac{T}{Vb} = 2.0\right)$$

$$\rho_{sv} = \frac{2A_{st1}}{bs} \geqslant 0.28f_t/f_{yv}$$

（3）剪扭构件，按《混规》6.4.8 条计算，其截面条件也应满足《混规》6.4.1 条，由受剪承载力计算受剪箍筋 （A_{sv}/s）；由受扭承载力计算受扭箍筋 （A_{st1}/s） 和抗扭纵筋 （A_{stl}），并满足最小配筋率要求 9.2.5 条、9.2.10 条，即：

$$\rho_{tl} = \frac{A_{stl}}{bh} \geqslant 0.6\sqrt{\frac{T}{Vb}}\frac{f_t}{f_y}$$

$$\rho_{sv} = \frac{A_{sv}}{bs} + \frac{2A_{st1}}{bs} \geqslant 0.28f_t/f_{yv}$$

（4）弯剪扭构件（M、V、T）

1）当 V、T 满足《混规》6.4.2 条时，不用计算，按构造配筋。

2）当 $V \leqslant 0.35f_t bh_0$［或 $V \leqslant 0.875f_t bh_0/(\lambda+1)$］时，由《混规》6.4.12 条，仅计算由 M 产生的抗弯纵筋 A_s，由纯扭构件 T 产生的抗扭纵筋 A_{stl} 和受扭箍筋（A_{st1}/s），然后将配筋叠加配置。

3）当 $T \leqslant 0.175f_t W_t$（或 $T \leqslant 0.175\alpha_h f_t W_t$）时，由《混规》6.4.12 条，仅计算按受弯构件由 M 产生的抗弯纵筋 A_s、由 V 产生的抗剪箍筋（A_{sv}/s）。

4）一般弯剪扭（M、V、T）构件，由《混规》6.4.13 条，由 M 产生的抗弯纵筋 A_s；在剪扭共同作用下，由 V 产生的抗剪箍筋 $\left(\frac{A_{sv}}{s} = \frac{nA_{sv1}}{s}\right)$，由 T 产生的抗扭纵筋（A_{stl}）和抗扭箍筋（A_{st1}/s），并满足最小配筋率要求，即：

$$\rho_{\text{纵}} = \frac{A_s}{bh} \geqslant \max(0.20, 45f_t/f_y)\% \quad （见《混规》8.5.1 条）$$

$$\rho_{tl} = \frac{A_{stl}}{bh} \geqslant 0.6\sqrt{\frac{T}{Vb}}\frac{f_t}{f_y}$$

$$\rho_{sv} = \frac{nA_{sv1}}{bs} + \frac{2A_{st1}}{bs} \geqslant 0.28f_t/f_{yv}$$

其配筋如图 1.4.10-1、图 1.4.10-2 所示。

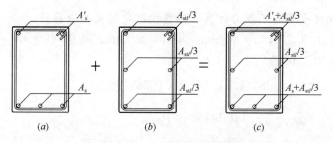

图 1.4.10-1 弯、扭纵筋的叠加
（a）受弯纵筋；（b）受扭纵筋；（c）纵筋叠加

5）上述 1）～4）均应满足截面条件要求《混规》6.4.1 条的要求。

【例 1.4.10-1】（2013T13、14）某钢筋混凝土边梁，独立承担弯剪扭，安全等级为二级，不考虑抗震。梁混凝土强度等级为 C35，截面 400mm×600mm，$h_0 = 550$mm，梁内配置四肢箍筋，箍筋采用 HPB300 钢筋，梁中未配置计算需要的纵向受压钢筋。箍筋内表面范围内截面核心部分的短边和长边尺寸分别为 320mm 和 520mm，截面受扭塑性抵抗矩 $W_t = 37.333 \times 10^6$mm³。

试问：

（1）假定，梁中最大剪力设计值 $V = 150$kN，最大扭矩设计值 $T = 10$kN·m。试问，

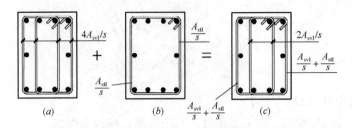

图 1.4.10-2　剪、扭箍筋的叠加

(a) 受剪箍筋；(b) 受扭箍筋；(c) 箍筋叠加

梁中应选用下列何项箍筋配置？

　　(A) ϕ 6@200 (4)　　　　　　　　　(B) ϕ 8@350 (4)

　　(C) ϕ 10@350 (4)　　　　　　　　(D) ϕ 12@400 (4)

　　(2) 假定，梁端剪力设计值 $V=300\text{kN}$，扭矩设计值 $T=70\text{kN}\cdot\text{m}$，按一般剪扭构件受剪承载力计算所得 $\dfrac{A_{sv}}{s}=1.206\text{mm}^2/\text{mm}$。试问，梁端至少选用下列何项箍筋配置才能满足承载力要求？

　　提示：① 受扭的纵向钢筋与箍筋的配筋强度比值 $\zeta=1.6$；

　　② 按一般剪扭构件计算，不需要验算截面限制条件和最小配箍率。

　　(A) ϕ 8@100 (4)　　　　　　　　　(B) ϕ 10@100 (4)

　　(C) ϕ 12@100 (4)　　　　　　　　(D) ϕ 14@100 (4)

【解答】(1) 根据《混规》式 (6.4.2-1)：

$$\frac{V}{bh_0}+\frac{T}{W_t}=\frac{150\times1000}{400\times550}+\frac{10\times10^6}{37.333\times10^6}=0.95<0.7f_t=0.7\times1.57=1.099$$

故可不进行构件受剪扭承载力计算，但应按规定配置构造箍筋。

根据《混规》表 9.2.9，$h=600\text{mm}$，故 $s\leqslant350\text{mm}$，排除 (D) 项。

根据《混规》9.2.10 条：

$$\rho_{sv,\min}=0.28f_t/f_{yv}=0.28\times1.57/270=0.1628\%$$

ϕ 6@200：$\dfrac{A_{sv}}{bs}=\dfrac{4\times28.3}{400\times200}=0.1415\%<\rho_{sv,\min}$

ϕ 8@350：$\dfrac{A_{sv}}{bs}=\dfrac{4\times50.3}{400\times350}=0.1437\%<\rho_{sv,\min}$

ϕ 10@350：$\dfrac{A_{sv}}{bs}=\dfrac{4\times78.5}{400\times350}=0.2243\%>\rho_{sv,\min}$

故应选 (C) 项。

(2) 根据按《混规》式 (6.4.8-2)：

$$\beta_t=\frac{1.5}{1+0.5\dfrac{VW_t}{Tbh_0}}=\frac{1.5}{1+0.5\times\dfrac{300\times10^3\times37.333\times10^6}{70\times10^6\times400\times550}}=1.1>1.0$$

故取 $\beta_t=1.0$。

根据《混规》6.4.8 条式 (6.4.8-3)：

$$A_{cor} = b_{cor}h_{cor} = 320 \times 520 = 166400mm^2$$

$$A_{st1} \geq \frac{(70 \times 10^6 - 0.35 \times 1.0 \times 1.57 \times 37.333 \times 10^6) \times 100}{1.2 \times \sqrt{1.6} \times 270 \times 166400} = 72.56mm^2$$

故外围单肢箍筋面积不应小于 72.56mm²，所以（A）项错误。

根据《混规》6.4.13 条：

$$总箍筋面积 \geq 1.206 \times 100 + 72.56 \times 2 = 265.72mm^2$$

（B）项：总箍筋面积为 $4 \times 78.5 = 314mm^2 > 265.72mm^2$，满足

所以应选（B）项。

思考： 结构边梁、雨篷梁以及悬臂构件根部的主梁中都会存在较大的扭矩，在这些构件中扭矩可能成为影响截面承载力的主要因素。

【例1.4.10-2】（2012T02）KL1 梁端截面的剪力设计值 $V = 160kN$，扭矩设计值 $T = 36kN \cdot m$，混凝土强度等级为 C30，箍筋采用 HRB335。截面受扭塑性抵抗矩 $W_t = 2.475 \times 10^7 mm^3$，受扭的纵向普通钢筋与箍筋的配筋强度比 $\zeta = 1.0$，混凝土受扭承载力降低系数 $\beta_t = 1.0$，梁截面尺寸及配筋形式如图1.4.10-3所示。试问，以下何项箍筋配置与计算所需要的箍筋最为接近？

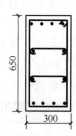

图 1.4.10-3

提示： 纵筋的混凝土保护层厚度取 30mm，$a_s = 40mm$。

(A) $\Phi 10@200$ (B) $\Phi 10@150$

(C) $\Phi 10@120$ (D) $\Phi 10@100$

【解答】 根据《混规》6.4.8 条：

抗剪箍筋：

$$\frac{A_{sv}}{s} \geq \frac{160 \times 10^3 - (1.5 - 1.0) \times 0.7 \times 1.43 \times 300 \times (650 - 40)}{300 \times (650 - 40)} = 0.374$$

$$\frac{A_{sv}/2}{s} = \frac{0.374}{2} = 0.187mm^2/mm$$

抗扭箍筋：

$$A_{cor} = (300 - 60) \times (650 - 60) = 141600mm^2$$

$$\frac{A_{st1}}{s} \geq \frac{36 \times 10^6 - 1.0 \times 0.35 \times 1.43 \times 2.475 \times 10^7}{1.2 \times \sqrt{1} \times 300 \times 141600} = 0.463mm^2/mm$$

$$\frac{A_{sv}/2}{s} + \frac{A_{st1}}{s} \geq 0.187 + 0.463 = 0.65mm^2/mm$$

箍筋选用 $\Phi 10$，则：$s \leq 121mm$，故选 $\Phi 10@120$

由规范 9.2.10 条：

$$\rho_{sv} = \frac{A_{sv}}{bs} = \frac{2 \times 78.5}{300 \times 120} = 0.44\% > 0.28f_t/f_{yv} = 0.28 \times 1.43/300 = 0.13\%$$

故选（C）项。

【例 1.4.10-3】某钢筋混凝土梁，同时承受弯矩、剪力和扭矩的作用，不考虑抗震设计。梁截面 400mm×500mm，混凝土强度等级 C30，梁内配置四肢箍筋，箍筋采用 HPB300 级钢筋。经计算，$A_{st1}/s=0.65$mm，$A_{sv}/s=2.15$mm，其中，A_{st1} 为受扭计算中沿截面周边配置的箍筋单肢截面面积，A_{sv} 为受剪承载力所需的箍筋截面面积，s 为沿构件长度方向的箍筋间距。试问，至少选用下列何项箍筋配置才能满足计算要求？

(A) Φ8@100　　　　　　　　(B) Φ10@100

(C) Φ12@100　　　　　　　　(D) Φ14@100

【解答】根据题中选项反映的条件，按照四肢箍、箍筋间距为 100mm 进行计算。

抗扭和抗剪所需的总箍筋面积 $A_{sv,t}=0.65×100×2+2.15×100=345$mm²

单肢箍筋面积 $A_{sv,t1}=345/4=86.25$mm²

外圈单肢抗扭箍筋截面 $A_{st1}=0.65×100=65$mm²

$$\max(A_{sv,t1},A_{st1})=86.25\text{mm}^2$$

因此，单肢箍筋面积至少应取 86.25mm²

经比较选用Φ12，$A_{sv1}=113$mm²，满足。

故选 (C) 项。

(二) 压扭、拉扭、压弯剪扭、拉弯剪扭构件

> ● 复习《混规》6.4.7 条、6.4.11 条。
> ● 复习《混规》6.4.14 条～6.4.19 条。

十一、受冲切承载力计算

> ● 复习《混规》6.5.1 条～6.5.6 条。

需注意的是：

(1)《混规》6.5.1 条的条文说明，u_m 取值：等厚板为垂直于板中心平面的截面；变高度板为垂直于板受拉面的截面。其次，异形截面柱的 u_m 取值规定。

(2)《混规》6.5.1 条，板柱节点为中间楼层时，F_l 计算时，$F_l=\Delta N_{轴力}-qA_{冲切}$，其中，$A_{冲切}$ 应扣除节点上柱柱底面积。

(3)《混规》6.5.3 条（非抗震设计）和《混规》11.9.4 条（抗震设计）的区分。《混规》6.5.3 条的条文说明指出，公式（6.5.3-1）的实质是：对抗冲切箍筋或弯起钢筋数量的限制。

【例 1.4.11-1】（2013T11）非抗震设防的某钢筋混凝土板柱结构屋面层，其中柱节点如图 1.4.11-1 所示，构件安全等级为二级。中柱截面 600mm×600mm，柱帽的高度为 500mm，柱帽中心与柱中心的竖向投影重合。混凝土强度等级为 C35，$a_s=a_s'=40$mm，板中未配置抗冲切钢筋。假定，板面均布荷载设计值为 15kN/m²（含屋面板自重）。试问，板与柱冲切控制的柱顶轴向压力设计值（kN）与下列何项数值最为接近？

提示：忽略柱帽自重和板柱节点不平衡弯矩的影响。

(A) 1320　　　　　　　　(B) 1380

(C) 1440　　　　　　　　(D) 1500

【解答】 《混规》6.5.1条，柱帽边的冲切面：

$h_0 = 250 - 40 = 210\text{mm}$，$u_{\mathrm{m}} = 4 \times (1600 + 210)$
$= 7240\text{mm}$

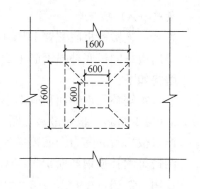

$\beta_{\mathrm{s}} = 1 < 2$，取 $\beta_{\mathrm{s}} = 2$，$\eta_1 = 0.4 + \dfrac{1.2}{\beta_{\mathrm{s}}} = 1.0$

$\alpha_{\mathrm{s}} = 40$，$\eta_2 = 0.5 + \dfrac{\alpha_{\mathrm{s}} h_0}{4 u_{\mathrm{m}}} = 0.5 + \dfrac{40 \times 210}{4 \times 7240} = 0.79$

< 1.0，最终取 $\eta = 0.79$

$F_l = 0.7 \beta_{\mathrm{h}} f_{\mathrm{t}} \eta u_{\mathrm{m}} h_0$

$= 0.7 \times 1.0 \times 1.57 \times 0.79 \times 7240 \times 210$

$= 1320 \times 10^3 \text{N} = 1320\text{kN}$

$N = F_l + q \times A$

$= 1320 + 15 \times \left(\dfrac{1600 + 2 \times 210}{1000}\right)^2 = 1381\text{kN}$

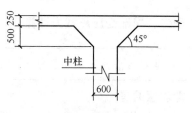

图 1.4.11-1

因此选（B）项。

【例 1.4.11-2】 （2014T11）某现浇钢筋混凝土楼板，板上有作用面为 $400\text{mm} \times 500\text{mm}$ 的局部荷载，并开有 $550\text{mm} \times 550\text{mm}$ 的洞口，平面位置示意如图 1.4.11-2 所示。

假定，楼板混凝土强度等级为 C30，板厚 $h = 150\text{mm}$，截面有效高度 $h_0 = 120\text{mm}$。试问，在局部荷载作用下，该楼板的受冲切承载力设计值 F_l（kN），与下列何项数值最为接近？

提示： ① $\eta = 1.0$；

② 未配置箍筋和弯起钢筋。

（A）250   （B）270   （C）340   （D）430

【解答】 根据《混规》6.5.2条：

$550\text{mm} < 6 h_0 = 6 \times 120 = 720\text{mm}$，故 u_{m} 应扣除洞口长度。

$u_{\mathrm{m}} = 2 \times (520 + 620) - (250 + 120/2) \times 550/800 = 2280 - 213 = 2067\text{mm}$

$F_l = 0.7 \beta_{\mathrm{h}} f_{\mathrm{t}} \eta u_{\mathrm{m}} h_0 = 0.7 \times 1.0 \times 1.43 \times 1.0 \times 2067 \times 120 \times 10^{-3} = 248\text{kN}$

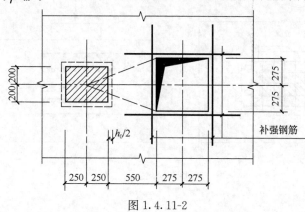

图 1.4.11-2

故选（A）项。

思考： 该楼板板底配置 HRB400 钢筋 $\Phi 12@100$ 的双向受力钢筋，试问，图 1.4.11-2 中洞口周边每侧板底补强钢筋至少应配置多少钢筋？

解答如下：

洞口每侧补强钢筋面积应不小于孔洞宽度内被切断的受力钢筋面积的一半，550/100 ＝5.5（最少切断 5 根，最多切断 6 根）

洞口被切断的受力钢筋数量为 $6\Phi 12$

洞边每侧补强钢筋面积为：$A_s \geq 6 \times 113/2 = 339\text{mm}^2$

选用 $2\Phi 16$，$A_s = 2 \times 201 = 402\text{mm}^2 > 339\text{mm}^2$

十二、局部受压承载力计算

● 复习《混规》6.6.1 条～6.6.3 条。

需注意的是：

（1）《混规》6.6.1 条的条文说明，公式（6.6.1-1）的目的是：限制混凝土下沉变形不致过大。β_l、β_{cor} 计算时，不应扣除孔道面积。

（2）《混规》6.6.3 条及条文说明中，公式（6.6.3-2）、公式（6.6.3-3）成立的前提条件是：$A_{cor} > A_l$。

β_{cor} 计算，分为如下三种情况：

1）$A_{cor} > A_b$，且 $A_{cor} > 1.25A_l$ 时，$\beta_{cor} = \sqrt{\dfrac{A_b}{A_l}}$

2）$A_{cor} < A_b$，且 $A_{cor} > 1.25A_l$ 时，$\beta_{cor} = \sqrt{\dfrac{A_{cor}}{A_l}}$

3）$A_{cor} \leq 1.25A_l$ 时，$\beta_{cor} = 1.0$

（3）配置方格网式或螺旋式间接钢筋的局部受压承载力，可表达为混凝土项承载力和间接钢筋项承载力之和，而间接钢筋项承载力与其体积配筋率有关。

【例 1.4.12-1】 某混凝土构件局部受压情况如图 1.4.12-1 所示，局部受压范围无孔洞、凹槽，并忽略边距的影响，混凝土强度等级为 C25，安全等级为二级。

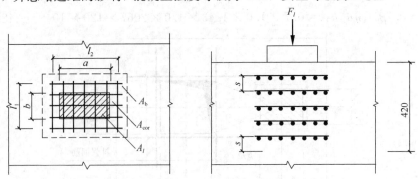

图 1.4.12-1

试问：

（1）假定，局部受压作用尺寸 $a=300$mm，$b=200$mm。试问，进行混凝土局部受压验算时，其计算底面积 A_b（mm^2）与下列何项数值最为接近？

（A）300000　　　（B）420000　　　（C）560000　　　（D）720000

（2）假定，局部受压面积 $a \times b = 400$mm×250mm，局部受压计算底面积 $A_b = 675000$mm^2，局部受压区配置焊接钢筋网片 $l_2 \times l_1 = 600$mm×400mm，其中心与 F_l 重合，钢筋直径为Φ6（HPB300），钢筋网片单层钢筋 $n_1=7$（沿 l_1 方向）及 $n_2=5$（沿 l_2 方向），间距 $s=70$mm。试问，局部受压承载力设计值（kN）应与下列何项数值最为接近？

（A）3500　　　（B）4200　　　（C）4800　　　（D）5300

【解答】（1）根据《混规》6.6.2 条：

$$A_b = (a+2b) \times (3b) = (300+2\times200) \times (3\times200) = 420000\text{mm}^2$$

故选（B）项。

（2）根据《混规》6.6.1、6.6.3 条：

$$\beta_c = 1.0,\ A_l = 100000\text{mm}^2,\ A_b = 675000\text{mm}^2,\ \beta_l = \sqrt{\frac{A_b}{A_l}} = 2.60$$

$$\alpha = 1.0,\ l_1 = 400\text{mm},\ l_2 = 600\text{mm}$$

$$A_{cor} = 400 \times 600 = 240000\text{mm}^2 > 1.25A_l = 125000\text{mm}^2,\ \text{故}\ \beta_{cor} = \sqrt{\frac{A_{cor}}{A_l}} = 1.55$$

$$\rho_v = \frac{n_1 A_{s1} l_1 + n_2 A_{s2} l_2}{A_{cor} s} = \frac{7 \times 28.3 \times 400 + 5 \times 28.3 \times 600}{240000 \times 70} = 0.98\%$$

$$1.35\beta_c\beta_l f_c A_l = 1.35 \times 1.0 \times 2.6 \times 11.9 \times 100000 = 4177\text{kN}$$

$$0.9(\beta_c\beta_l f_c + 2\alpha\rho_v\beta_{cor} f_{yv})A_{ln} = 0.9(1.0 \times 2.6 \times 11.9 + 2 \times 0.98\% \times 1.55 \times 270)$$
$$\times 100000 \times 10^{-3}$$
$$= 3523\text{kN}$$

取较小值，故选（A）项。

十三、疲劳验算

- 复习《混规》6.7.1 条～6.7.12 条。

需注意的是：

（1）《混规》3.3.1 条的条文说明指出了不作疲劳验算的情况。

（2）《混规》6.7.2 条、6.7.12 条，计入动力系数。

（3）《混规》6.7.3 条注、6.7.4 条注、6.7.10 条注1、2。

十四、正常使用极限状态验算

（一）裂缝控制验算

- 复习《混规》7.1.1 条～7.1.4 条。
- 复习《混规》3.4.1 条～3.4.5 条。

需注意的是：

（1）《混规》7.1.1条的条文说明。

（2）《混规》7.1.2条，在最大裂缝宽度 w_{max} 计算中，当 $\rho_{te} < 0.01$ 时，取 $\rho_{te} = 0.01$，而在刚度 B_s 计算时，ρ_{te} 值不受此限制。

轴心受拉构件，$A_{te} = A_全$，相应的 $A_s = A_{s,全部}$

此外，7.1.2条注1～3的规定。

（3）《混规》式（7.1.4-8）中 l_0，根据《混规》6.2.20条条文说明，偏压构件计算 w_{max}，其 l_0 仍按《混规》表6.2.20-2。

公式（7.1.4-7）中，当 $h'_f > 0.2h_0$ 时，取 $h'_f = 0.2h_0$。

【例1.4.14-1】 关于钢筋混凝土构件的以下说法，正确的是何项？

（A）裂缝宽度计算时，荷载组合的效应为准永久值，而不是设计值；

（B）非预应力钢筋混凝土受弯构件最大挠度按荷载准永久组合，并考虑荷载长期作用的影响进行计算。

（C）、（D）略

【解答】 根据《混规》3.4.2条，（A）项错误。

根据《混规》3.4.3条，（B）项正确。

【例1.4.14-2】（2011T12）某多层现浇钢筋混凝土结构，设两层地下车库，局部地下一层外墙内移，如图1.4.14-1所示。已知：室内环境类别为一类，室外环境类别为二b类，混凝土强度等级均为C30。

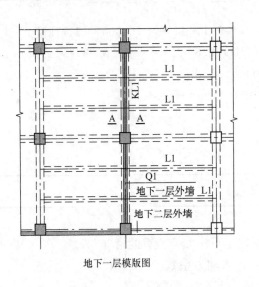

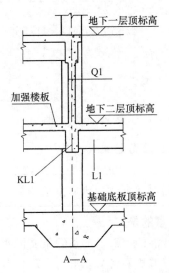

图1.4.14-1

梁L1在支座梁KL1右侧截面及配筋如图1.4.14-2所示，纵筋采用HRB400。假定按荷载效应准永久组合计算的该截面弯矩值 $M_q = 600\text{kN}\cdot\text{m}$，$a_s = a'_s = 70\text{mm}$。试问，该支座处梁端顶面按矩形截面计算的考虑长期作用影响的最大裂缝宽度 w_{max}（mm），与下列何项数值最为接近？

提示： 按《混凝土结构设计规范》GB 50010—2010作答。

(A) 0.21   (B) 0.26

(C) 0.30   (D) 0.34

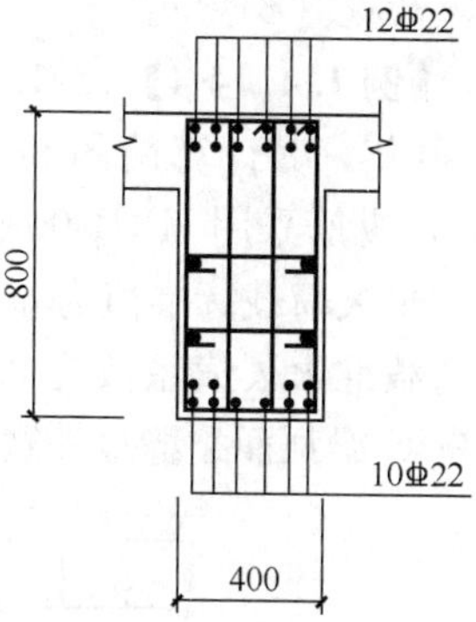

【解答】根据《混规》表 8.2.1，二 b 类环境，梁，取其箍筋的 $c=35mm$。

箍筋直径为 10mm，故纵筋的 $c=c_s=45mm$。

根据《混规》7.1.2 条：

$$\rho_{te}=\frac{A_s}{A_{te}}=\frac{12\times380.1}{0.5\times400\times800}=0.0285>0.01$$

$$\sigma_{sq}=\frac{M_q}{0.87h_0A_s}=\frac{600\times10^6}{0.87\times(800-70)\times12\times380.1}$$

$$=207.1N/mm^2$$

图 1.4.14-2

$$\psi=1.1-0.65\frac{f_{tk}}{\rho_{te}\sigma_{sq}}=1.1-0.65\times\frac{2.01}{0.0285\times207.1}=0.879$$

$$w_{max}=\alpha_{cr}\psi\frac{\sigma_{sq}}{E_s}\left(1.9c_s+0.08\frac{d_{eq}}{\rho_{te}}\right)$$

$$=1.9\times0.879\times\frac{207.1}{2.0\times10^5}\times\left(1.9\times45+0.08\times\frac{22}{0.0285}\right)$$

$$=0.255mm$$

故选（B）项。

【例 1.4.14-3】（2012T03）某钢筋混凝土框架结构多层办公楼，混凝土强度等级为 C30，纵向钢筋采用 HRB400。框架梁 KL2 的截面尺寸为 300mm×800mm，跨中截面底部纵向钢筋为 4Φ25。已知该截面处由永久荷载和可变荷载产生的弯矩标准值 M_{Dk}、M_{Lk} 分别为 250kN·m、100kN·m。试问，该梁跨中截面考虑荷载长期作用影响的最大裂缝宽度 w_{max}（mm）与下列何项数值最为接近？

提示：$c_s=30mm$，$h_0=755mm$。

(A) 0.25   (B) 0.29   (C) 0.32   (D) 0.37

【解答】根据《荷规》5.1.1 条，办公楼，取 $\psi_q=0.4$：

$$M_q=250+0.4\times100=290kN\cdot m$$

根据《混规》7.1.4 条、7.1.2 条：

$$\sigma_{sq}=\frac{M_q}{0.87h_0A_s}=\frac{290\times10^6}{0.87\times755\times1964}=224.8N/mm^2$$

$$\rho_{te}=\frac{A_s}{A_{te}}=\frac{1964}{0.5\times300\times800}=0.0164\geqslant0.01$$

$$\psi=1.1-0.65\times\frac{f_{tk}}{\rho_{te}\sigma_{sq}}=1.1-0.65\times\frac{2.01}{0.0164\times224.8}=0.746\begin{matrix}<1.0\\>0.2\end{matrix}$$

$$w_{max}=1.9\times0.746\times\frac{224.8}{2.0\times10^5}\times\left(1.9\times30+0.08\times\frac{25}{0.0164}\right)=0.285mm$$

故选（B）项。

【例 1.4.14-4】（2013T02）某办公楼中的钢筋混凝土四跨连续梁，结构设计使用年限为 50 年，其计算简图和支座 C 处的配筋如图 1.4.14-3 所示。梁的混凝土强度等级为 C35，纵筋采用 HRB500 钢筋，$a_s = 45mm$，箍筋的保护层厚度为 20mm。假定，作用在梁上的永久荷载标准值为 $q_{Gk} = 28kN/m$（包括自重），可变荷载标准值为 $q_{Qk} = 8kN/m$，可变荷载准永久值系数为 0.4。试问，按《混凝土结构设计规范》GB 50010—2010 计算的支座 C 梁顶面裂缝最大宽度 w_{max}（mm）与下列何项数值最为接近？

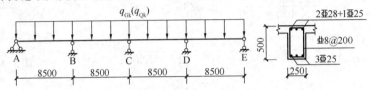

图 1.4.14-3

（A）0.24　　　　　（B）0.28　　　　　（C）0.32　　　　　（D）0.36

提示： ① 裂缝宽度计算时不考虑支座宽度和受拉翼缘的影响；

　　　② 本题需要考虑可变荷载不利分布，等跨梁在不同荷载分布作用下，支座 C 的弯矩计算公式分别为：

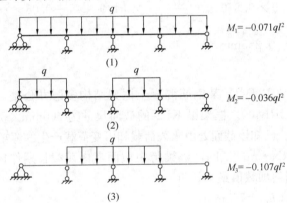

【解答】 根据《混规》7.1.2 条：

$M_{Gk} = 0.071 \times 28 \times 8.5 \times 8.5 = 143.63 kN \cdot m$

$M_{Qk} = 0.107 \times 8 \times 8.5 \times 8.5 = 61.85 kN \cdot m$

$M_q = 143.63 + 0.4 \times 61.85 = 168.37 kN \cdot m$

$A_s = 1232 + 490.9 = 1722.9 mm^2$，$h_0 = 500 - 45 = 455 mm$

$$\sigma_{sq} = \frac{M_q}{0.87 h_0 A_s} = \frac{168.37 \times 10^6}{0.87 \times 455 \times 1722.9} = 246.87 N/mm^2$$

$$d_{eq} = \frac{2 \times 28^2 + 25^2}{2 \times 28 + 25} = 27.07 mm$$

$A_{te} = 0.5bh = 0.5 \times 250 \times 500 = 62500 mm^2$

$$\rho_{te} = \frac{A_s}{A_{te}} = \frac{1722.9}{62500} = 0.02757 > 0.01$$

$$\psi=1.1-0.65\times\frac{f_{tk}}{\rho_{te}\cdot\sigma_s}=1.1-0.65\times\frac{2.2}{0.02757\times246.87}=0.890>0.2, \text{且}<1.0$$

$$\alpha_{cr}=1.9, \quad E_s=2\times10^5 \text{N/mm}^2, \quad c_s=28\text{mm}$$

$$w_{max}=\alpha_{cr}\psi\frac{\sigma_s}{E_s}\left(1.9c_s+0.08\frac{d_{eq}}{\rho_{te}}\right)$$

$$=1.9\times0.890\times\frac{246.87}{200000}\left(1.9\times28+0.08\times\frac{27.07}{0.02757}\right)=0.275\text{mm}$$

故应选（B）项。

【例 1.4.14-5】（2014T15）为减小 T 形截面钢筋混凝土受弯构件跨中的最大受力裂缝计算宽度，拟考虑采取如下措施：

Ⅰ. 加大截面高度（配筋面积保持不变）；

Ⅱ. 加大纵向受拉钢筋直径（配筋面积保持不变）；

Ⅲ. 增加受力钢筋保护层厚度（保护层内不配置钢筋网片）；

Ⅳ. 增加纵向受拉钢筋根数（加大配筋面积）。

试问，针对上述措施正确性的判断，下列何项正确？

（A）Ⅰ、Ⅳ正确；Ⅱ、Ⅲ错误　　　　　（B）Ⅰ、Ⅱ正确；Ⅲ、Ⅳ错误

（C）Ⅰ、Ⅲ、Ⅳ正确；Ⅱ错误　　　　　（D）Ⅰ、Ⅱ、Ⅲ、Ⅳ正确

【解答】根据《混规》公式（7.1.2-1~4）判断：

Ⅰ正确，加大截面高度，可降低 σ_s，从而可减少 w_{max}。

Ⅳ正确，增加纵向受拉钢筋数量，可提高 A_s 及 ρ_{te}，从而可减少 w_{max}。

其余措施均不能减少 w_{max}。

故选（A）项。

【例 1.4.14-6】（2016T07）某民用建筑的楼层钢筋混凝土吊柱，其设计使用年限为 50 年，环境类别为二 a 类，安全等级为二级。吊柱截面 $b\times h=400\text{mm}\times400\text{mm}$，按轴心受拉构件设计。混凝土强度等级 C40，柱内仅配置纵向钢筋和外围箍筋。永久荷载作用下的轴向拉力标准值 $N_{Gk}=400\text{kN}$（已计入自重），可变荷载作用下的轴向拉力标准值 $N_{Qk}=200\text{kN}$，准永久值系数 $\psi_q=0.5$。假定，纵向钢筋采用 HRB400，钢筋等效直径 $d_{eq}=25\text{mm}$，最外层纵向钢筋的保护层厚度 $c_s=40\text{mm}$。试问，按《混凝土结构设计规范》GB 50010—2010 计算的吊柱全部纵向钢筋截面面积 A_s（mm²），至少应选用下列何项数值？

提示：需满足最大裂缝宽度的限值，裂缝间纵向受拉钢筋应变不均匀系数 $\psi=0.6029$。

（A）2200　　　　　（B）2600　　　　　（C）3500　　　　　（D）4200

【解答】根据《混规》3.4.5 条，二 a 类，取 $w_{lim}=0.20\text{mm}$

由《荷规》3.2.10 条，$N_q=400+200\times0.5=500\text{kN}$

由《混规》7.1.2 条、7.1.4 条：

$$\sigma_s=\frac{N_q}{A_s}$$

$$\rho_{te}=\frac{A_s}{400\times400}, \text{假定，}\rho_{te}>0.01$$

$$w_{\max} = \alpha_{\mathrm{cr}}\psi\frac{\sigma_{\mathrm{s}}}{E_{\mathrm{s}}}\left(1.9c_{\mathrm{s}} + 0.08\frac{d_{\mathrm{eq}}}{\rho_{\mathrm{te}}}\right)$$

$$2.7 \times 0.6029 \times \frac{500 \times 10^3}{2 \times 10^5 A_{\mathrm{s}}}\left(1.9 \times 40 + 0.08 \times \frac{25 \times 16 \times 10^4}{A_{\mathrm{s}}}\right) = 0.2$$

解之得：$A_{\mathrm{s}} = 3439\mathrm{mm}^2$，复核 $\rho_{\mathrm{te}} = \dfrac{3439}{400 \times 400} = 0.021 > 0.01$

故假定正确。

按承载力计算，由《混规》6.2.22 条：

$$A_{\mathrm{s}} \geqslant \frac{N}{f_{\mathrm{y}}} = \frac{(1.2 \times 400 + 1.4 \times 200) \times 10^3}{360} = 2111\mathrm{mm}^2$$

最终取配筋为 $3439\mathrm{mm}^2$，故选（C）项。

思考：（1）可采用验证法，即将四个选项逐一代入计算。

（2）上述按承载力计算 A_{s}，是命题专家的解答过程。

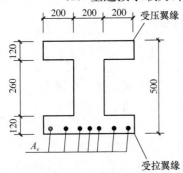

图 1.4.14-4

【例 1.4.14-7】 某钢筋混凝土简支梁，其截面可以简化成工字形，如图 1.4.14-4 所示。混凝土强度等级为 C30，纵向钢筋采用 HRB400，纵向钢筋的保护层厚度为 28mm，受拉钢筋合力点至梁截面受拉边缘的距离为 40mm。该梁不承受地震作用，不直接承受重复荷载，安全等级为二级。

若该梁纵向受拉钢筋 A_{s} 为 $4\,\underline{\Phi}\,12 + 3\,\underline{\Phi}\,28$，荷载标准组合下截面弯矩值为 $M_{\mathrm{k}} = 300\mathrm{kN \cdot m}$，准永久组合下截面弯矩值为 $M_{\mathrm{q}} = 275\mathrm{kN \cdot m}$。试问，该梁的最大裂缝宽度计算值 $w_{\max}$（mm）与下列何项数值最为接近？

（A）0.17 （B）0.29 （C）0.33 （D）0.45

【解答】 根据《混规》7.1.2 条：

$$A_{\mathrm{s}} = 452 + 1847 = 2299\mathrm{mm}^2$$

$$A_{\mathrm{te}} = 0.5bh + (b_{\mathrm{f}} - b)h_{\mathrm{f}} = 0.5 \times 200 \times 500 + 400 \times 120 = 98000\mathrm{mm}^2$$

$$\rho_{\mathrm{te}} = \frac{2299}{98000} = 0.0235 > 0.01$$

$$d_{\mathrm{eq}} = \frac{4 \times 12^2 + 3 \times 28^2}{4 \times 12 + 3 \times 28} = 22.2\mathrm{mm}$$

$$\sigma_{\mathrm{sq}} = \frac{M_{\mathrm{q}}}{0.87h_0 A_{\mathrm{s}}} = \frac{275 \times 10^6}{0.87 \times 460 \times 2299} = 299\mathrm{N/mm}^2$$

$$\psi = 1.1 - 0.65\frac{f_{\mathrm{tk}}}{\rho_{\mathrm{te}}\sigma_{\mathrm{sq}}} = 1.1 - 0.65 \times \frac{2.01}{0.0235 \times 299} = 0.914 \begin{array}{l} < 1.0 \\ > 0.2 \end{array}$$

$$w_{\max} = \alpha_{\mathrm{cr}}\psi\frac{\sigma_{\mathrm{sq}}}{E_{\mathrm{s}}}\left(1.9c_{\mathrm{s}} + 0.08\frac{d_{\mathrm{eq}}}{\rho_{\mathrm{te}}}\right)$$

$$= 1.9 \times 0.914 \times \frac{299}{2.0 \times 10^5} \times \left(1.9 \times 28 + 0.08 \times \frac{22.2}{0.0235}\right)$$

$$= 0.33\mathrm{mm}$$

故选（C）项。

（二）受弯构件挠度验算

> ● 复习《混规》7.2.1 条～7.2.7 条。

需注意的是：

（1）《混规》7.2.1 条的条文说明，即：对于允许出现裂缝的构件，它就是该区段内的最小刚度。

（2）《混规》7.2.3 条，ψ 按 7.1.2 条计算，即：ψ 与 ρ_{te} 挂勾，此时，ρ_{te} 不受 0.01 的限制，$\rho_{te}=\dfrac{A_s}{A_{te}}$ 是多少就取多少。公式（7.2.3-1）中 ρ 按 $\rho=\dfrac{A_s}{bh_0}$ 计算，适用于矩形、T 形、I 形等。

（3）《混规》7.2.5 条，θ 的内插公式为：$\theta=2-\dfrac{\rho'}{\rho}(2-1.6)$

翼缘位于受拉区的倒 T 形截面，此时，由于翼缘处混凝土为受拉，处于不利状态，故刚度 $B=\dfrac{B_s}{\theta}$ 变小，即取 θ 增加 20%。

（4）预应力混凝土构件的挠度计算，见本章预应力混凝土。

《混规》7.2.6 条、《混规》附录 H.0.12 条，反拱值的增大系数的取值是不相同的，前者取 2.0，后者取 1.75。

（5）简支梁、悬臂梁的挠度计算公式，见本书附录中常用表格。

【例 1.4.14-8】（2012T04）某钢筋混凝土框架结构多层办公楼，采用 C30 混凝土，纵筋采用 HRB400。框架梁 KL2 的左、右端截面考虑荷载长期作用影响的刚度 B_A、B_B 分别为 $9.0\times10^{13}\,\text{N}\cdot\text{mm}^2$、$6.0\times10^{13}\,\text{N}\cdot\text{mm}^2$；跨中最大弯矩处纵向受拉钢筋应变不均匀系数 $\psi=0.8$，梁底配置 4Φ25 纵向钢筋。作用在梁上的均布静荷载、均布活荷载标准值分别为 30kN/m、15kN/m。试问，按规范提供的简化方法，该梁考虑荷载长期作用影响的挠度 f（mm）与下列何项数值最为接近？

提示： ① 按矩形截面梁计算，不考虑受压钢筋的作用，$a_s=45\text{mm}$；

② 梁挠度近似按公式 $f=0.00542\dfrac{ql^4}{B}$ 计算；

③ 不考虑梁起拱的影响。

（A）17　　　　　（B）21　　　　　（C）25　　　　　（D）30

【解答】 根据《混规》7.2.3 条、7.2.2 条、7.2.5 条：

$$\alpha_E=\frac{E_s}{E_c}=\frac{2.0\times10^5}{3.0\times10^4}=6.667,\ \rho=\frac{1964}{300\times755}\times100\%=0.867\%,\ \gamma_f'=0$$

$$B_s=\frac{2.0\times10^5\times1964\times755^2}{1.15\times0.8+0.2+\dfrac{6\times6.667\times0.00867}{1+3.5\times0}}=1.526\times10^{14}\,\text{N}\cdot\text{mm}^2$$

$$B=\frac{B_s}{\theta}=\frac{1.526\times10^{14}}{2}=7.63\times10^{13}\,\text{N}\cdot\text{mm}^2$$

B 不大于 B_A、B_B 的两倍，不小于 B_A、B_B 的 1/2，根据《混规》7.2.1 条，可按刚度为 B 的等截面梁进行挠度计算。

$$f = 0.00542 \times \frac{(30 + 0.4 \times 15) \times 9000^4}{7.63 \times 10^{13}} = 16.8\text{mm}$$

故选（A）项。

【例 1.4.14-9】（2014T10）某现浇钢筋混凝土框架-剪力墙结构高层办公楼，抗震设防烈度为 8 度（0.2g），场地类别为Ⅱ类，抗震等级：框架二级、剪力墙一级，二层局部配筋平面表示法如图 1.4.14-5 所示，混凝土强度等级：框架柱及剪力墙 C50，框架梁及楼板 C35，纵向钢筋及箍筋均采用 HRB400（Φ）。

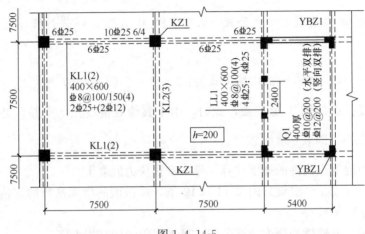

图 1.4.14-5

框架梁 KL1 截面及配筋如图 1.4.14-5 所示，假定，梁跨中截面最大正弯矩：按荷载标准组合计算的弯矩 $M_k = 360\text{kN·m}$，按荷载准永久组合计算的弯矩 $M_q = 300\text{kN·m}$，$B_s = 1.418 \times 10^{14}\text{N·mm}^2$，试问，按等刚度构件计算时，该梁跨中最大挠度 f（mm）与下列何项数值最为接近？

提示：跨中最大挠度近似计算公式 $f = 5.5 \times 10^6 \dfrac{M}{B}$。

式中　　M——跨中最大弯矩设计值；

　　　　B——跨中最大弯矩截面的刚度。

(A) 17　　　　　(B) 22　　　　　(C) 26　　　　　(D) 30

【解答】根据《混规》3.4.3 条、7.2.2 条、7.2.5 条：

$$\theta = 2.0 - (2.0 - 1.6) \times 2/6 = 1.867$$

$$\beta = \frac{B_s}{\theta} = \frac{1.418 \times 10^{14}}{1.867} = 7.595 \times 10^{13}\text{N·mm}^2$$

$$f = 5.5 \times 10^6 \frac{M_q}{B} = 5.5 \times 10^6 \times \frac{300 \times 10^6}{7.595 \times 10^{13}} = 22\text{mm}$$

故选（B）项。

【例 1.4.14-10】某钢筋混凝土简支梁，其截面可以简化成工字形，如图 1.4.14-6 所示。混凝土强度等级为 C30，纵向钢筋采用 HRB400，纵向钢筋的保护层厚度为 28mm，受拉钢筋合力点至梁截面受拉边缘的距离为 40mm。该梁不承受地震作用，不直接承受重复荷载，安全等级为二级。

若该梁纵向受拉钢筋 A_s 为 4 $\oplus$ 12＋3 $\oplus$ 25，荷载标准组合下截面弯矩值为 $M_k=250\text{kN}\cdot\text{m}$，荷载准永久组合下截面弯矩值为 $M_q=215\text{kN}\cdot\text{m}$，钢筋应变不均匀系数 $\psi=0.861$。试问，荷载准永久组合下的短期刚度 B_s（$\times 10^{13}\text{N}\cdot\text{mm}^2$）与下列何项数值最为接近？

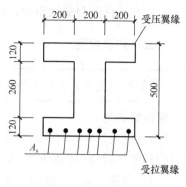

图 1.4.14-6

(A) 3.2   (B) 5.3

(C) 6.8   (D) 8.3

【解答】根据《混规》7.2.3 条：

$$A_s = 452＋1473 = 1925\text{mm}^2, \quad \rho = \frac{1925}{200 \times 460} = 0.021$$

《混规》式（7.1.4-7）：

$$h'_f = \min(120, 0.2 \times 460) = 92\text{mm}$$

$$\gamma'_f = \frac{400 \times 92}{200 \times 460} = 0.4$$

$$\alpha_E = \frac{E_s}{E_c} = \frac{2.0 \times 10^5}{3.0 \times 10^4} = 6.667$$

$$B_s = \frac{E_s A_s h_0^2}{1.15\psi + 0.2 + \dfrac{6\alpha_E\rho}{1+3.5\gamma'_f}} = \frac{2 \times 10^5 \times 1925 \times 460^2}{1.15 \times 0.861 + 0.2 + \dfrac{6 \times 6.667 \times 0.021}{1+3.5 \times 0.4}}$$

$$= 5.29 \times 10^{13}\text{N}\cdot\text{mm}^2$$

故选（B）项。

【例 1.4.14-11】下列关于正常使用状态下裂缝和挠度的说法何项不妥？

(A) 增加受拉钢筋直径（面积保持不变），是受弯构件减少受力裂缝宽度最有效的措施之一

(B) 预应力混凝土受弯构件，为考虑预压应力长期作用的影响，可将计算的反拱值乘以增大系数 2.0

(C) 对承受吊车荷载但不需作疲劳验算的受弯构件，其计算求得的最大裂缝宽度可予以适当折减

(D) 受弯构件增大刚度最有效的措施之一是增大构件的截面高度

【解答】(A) 项，根据《混规》公式（7.1.2-1），增加受拉钢筋直径会使受弯构件裂缝宽度增大，故 (A) 项错误，应选 (A) 项。

另外：(B) 项，根据《混规》7.2.6 条，正确。

(C) 项，根据《混规》7.1.2 条注 1，正确。

(D) 项，根据《混规》7.2.3 条，正确。

思考：(1) 在构件挠度控制中，增加构件的截面高度可有效增加构件的抗弯刚度，减少构件挠度，构件适当起拱也是减少构件实际挠度较为有效的措施，施加预应力实际是给构件增加了反向荷载，同样起到减小构件挠度的作用。

（2）在构件的裂缝控制中，应合理配置纵向受力钢筋，避免采用过粗钢筋。

十五、构造规定

● 复习《混规》8.1.1 条～8.5.3 条。

需注意的是：

（1）《混规》8.1.1 条的条文说明指出：表 8.1.1 注 1 中的装配整体式结构，也包括由叠合构件加后浇层形成的结构。

（2）《混规》8.1.3 条的条文说明："设置后浇带可适当增大伸缩缝间距，但不能代替伸缩缝。"

《混规》8.1.3 条的条文说明指出了温差和混凝土收缩影响较大的部位。

（3）《混规》8.1.4 条的条文说明："对不均匀沉降结构设置沉降缝的情况不包括在内。"也即：设置有沉降缝时双柱基础可断开，或采取措施不断开。

（4）《混规》8.2.1 条及条文说明，受力钢筋的保护层最小厚度 $c \geqslant d_纵$（或 $d_{并筋}$），且 $c \geqslant$ 表 8.2.1 中 c 值。

（5）《混规》8.3.1 条第 3 款 d 的取值，见本条条文说明。

（6）《混规》8.5.3 条式（8.5.3-2）中 M，依据本条条文说明，M 是指正截面弯矩设计值（内力值）。

【例 1.4.15-1】（2018T3）某办公楼为现浇混凝土框架结构，混凝土强度等级 C35，纵向钢筋采用 HRB400，箍筋采用 HPB300。其二层（中间楼层）的局部平面图如图 1.4.15-1（a）所示，其中 KZ-1 为角柱，KZ-2 为边柱。

假定，框架的抗震等级为二级，构件的环境类别为一类，KL-3 梁上部纵向钢筋Φ28 采用二并筋的布置方式，箍筋Φ12@100/200，其梁上部钢筋布置和端节点梁钢筋弯折锚固的示意图如图 1.4.15-1（b）、（c）所示。试问，梁侧面箍筋保护层厚度 c（mm）和梁纵筋的锚固水平段最小长度 l（mm），与下列何项最为接近？

(A) 28，590　　　(B) 28，640　　　(C) 35，590　　　(D) 35，640

【解答】（1）根据《混规》4.2.7 条及条文说明：

$$d_{eq} = 1.41 \times 28 = 39.5mm$$

由 8.2.1 条第 1 款，等效钢筋中心至构件边的距离为：

$$\frac{39.5}{2} + 39.5 = 59.25mm$$

梁侧面箍筋保护层厚度 $c = 59.25 - \frac{28}{2} - 12 = 33.25mm > 20mm$

（2）由《混规》8.3.1 条：

$$l_{ab} = 0.14 \times \frac{360}{1.57} \times 39.5 = 1268mm$$

由 11.6.7 条、11.1.7 条，取 $\xi_{aE} = 1.15$

$$l \geqslant 0.4 l_{abE} = 0.4 \times 1.15 \times 1268 = 583mm$$

故选（C）项。

【例 1.4.15-2】（2012T15）某现浇钢筋混凝土梁，混凝土强度等级 C30，梁底受拉纵

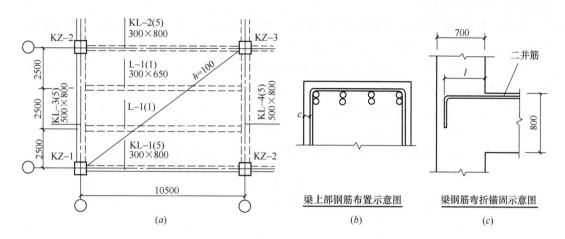

图 1.4.15-1

筋按并筋方式配置了 $2 \times 2 \, \underline{\Phi} \, 25$ 的 HRB400 普通热轧带肋钢筋。已知纵筋混凝土保护层厚度为 40mm，该纵筋配置比设计计算所需的钢筋面积大了 20%。该梁无抗震设防要求也不直接承受动力荷载，采取常规方法施工，梁底钢筋采用搭接连接，接头方式如图 1.4.15-1 所示。若要求同一连接区段内钢筋接头面积不大于总面积的 25%。试问，图中所示的搭接接头中点之间的最小间距 l（mm）应与下列何项数值最为接近？

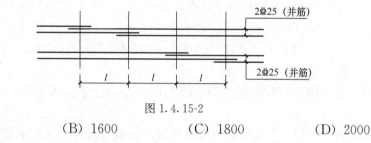

图 1.4.15-2

(A) 1400   (B) 1600   (C) 1800   (D) 2000

【解答】 根据《混规》8.4.3 条、8.4.4 条：

由《混规》8.3.1 条、8.3.2 条：

$$l_{ab} = \alpha \frac{f_y}{f_t} d' = 0.14 \times \frac{360}{1.43} \times 25 = 881 \text{mm}$$

$$l_a = \xi_a l_{ab} = \frac{1}{1.2} \times 881 = 734 \text{mm}$$

$$l_l = \zeta_l l_a = 1.2 \times 734 = 881 \text{mm}$$

$$l = 1.3 l_l = 1.3 \times 881 = 1145 \text{mm}$$

故选（A）项。

思考：《混规》4.2.7 条引入了并筋的受力钢筋布置方式，并提出了等效直径的概念，要求在钢筋间距、保护层厚度、裂缝宽度验算等具体计算时采用等效直径代替单根钢筋的直径。同时《混规》8.4.3 条规定，并筋采用绑扎搭接连接时，应按每根单筋错开搭接的方式连接。接头面积百分率应按同一连接区段内所有的单根钢筋计算。并筋中钢筋的搭接长度应按单筋分别计算。

【例 1. 4. 15-3】某钢筋混凝土框架结构办公楼，安全等级为二级，梁板布置为单向板楼盖，混凝土强度等级均为 C30，梁、板均采用 HRB400 级钢筋。

假定，现浇板板厚 120mm，板跨中弯矩设计值 $M=5.0$kN・m，$a_s=20$mm。试问，跨中板底按承载力设计所需的钢筋面积 A_s（mm^2/m），与下列何项数值最为接近？

提示：不考虑板面受压钢筋作用。

(A) 145　　　　　(B) 180　　　　　(C) 215　　　　　(D) 240

【解答】根据《混规》6.2.10 条，$h_0=120-20=100$mm，取 1m 分析：

$$x=h_0-\sqrt{h_0^2-\frac{2\gamma_0 M}{\alpha_1 f_c b}}$$

$$=100-\sqrt{100^2-\frac{2\times1\times5\times10^6}{1\times14.3\times1000}}$$

$$=3.56\text{mm}$$

$$A_s=\frac{\alpha_1 f_c bx}{f_y}=\frac{1\times14.3\times1000\times3.56}{360}=141\text{mm}^2/\text{m}$$

由《混规》表 8.5.1 及注 2：

$$\rho_{min}=\max(0.15,45f_t/f_y)\%=\max(0.15,45\times1.43/360)\%$$
$$=0.179\%$$

$$A_{s,min}=0.179\%\times120\times1000=215\text{mm}^2/\text{m}>141\text{mm}^2/\text{m}$$

故选（C）项。

思考：(1) 受弯构件的承载力所需配筋设计除应满足承载力要求外，还应符合相应的构造要求。

(2) 为简化解答过程，本题明确只要求计算"承载力设计所需的钢筋面积"，不需要考虑构件的正常使用极限状态对配筋的影响。

【例 1. 4. 15-4】某钢筋混凝土框架结构办公楼，某层中存在一根次梁，其 $b\times h=$ 300mm×700mm，采用 C30 混凝土，钢筋采用 HRB400。已知弯矩设计值 $M=15$kN・m。取 $a_s=35$mm。安全等级为三级。试问，其纵向受拉钢筋截面面积，经济合理的是下列何项？

(A) 210　　　　　(B) 320　　　　　(C) 420　　　　　(D) 560

【解答】根据《混规》6.2.10 条，$h_0=700-35=665$mm

$$x=h_0-\sqrt{h_0^2-\frac{2\gamma_0 M}{\alpha_1 f_c b}}=665-\sqrt{665^2-\frac{2\times0.9\times15\times10^6}{1\times14.3\times300}}$$

$$=4.7\text{mm}$$

$$A_s=\frac{\alpha_1 f_c bx}{f_y}=\frac{1\times14.3\times300\times4.7}{360}=56\text{mm}^2$$

由《混规》8.5.1 条：

$$\rho_{\min} = \max(0.2, 45f_t/f_y)\% = \max(0.2, 45 \times 1.43/360)\% = 0.2\%$$

$$A_{s,\min} = 0.2\% \times 300 \times 700 = 420\text{mm}^2 > 56\text{mm}^2$$

又由《混规》8.5.3条：

$$h_{cr} = 1.05\sqrt{\frac{M}{\rho_{\min}f_y b}} = 1.05\sqrt{\frac{15 \times 10^6}{0.2\% \times 360 \times 300}}$$

$$= 276.7\text{mm} < \frac{h}{2} = \frac{700}{2} = 350\text{mm}$$

故取 $h_{cr}=350\text{mm}$

$$\rho_s \geqslant \frac{h_{cr}}{h}\rho_{\min} = \frac{350}{700} \times 0.2\% = 0.1\%$$

$$A_s \geqslant 0.1\% \times 300 \times 700 = 210\text{mm}^2$$

故选（A）项。

十六、板和梁

> - 复习《混规》9.1.1条～9.1.12条。（板）
> - 复习《混规》9.2.1条～9.2.15条。（梁）

需注意的是：

（1）《混规》9.1.2条的条文说明，现浇板的合理厚度应满足承载能力极限状态和正常使用极限状态要求。

（2）《混规》9.1.9条的条文说明。

（3）《混规》9.2.2条第3款规定及本条注的规定。

（4）《混规》9.2.3条的条文说明，即："通过两个条件控制负弯矩钢筋的截断点"。

（5）《混规》9.2.9条：$\rho_{sv} = \dfrac{A_{sv}}{bs} \geqslant 0.24f_t/f_{yv}$，箱形截面梁时，取 $b=2t_w$。

《混规》9.2.9条第2款规定：配有计算需要的纵向受压钢筋时，箍筋直径 $\geqslant \dfrac{d}{4}$，d 为受压钢筋最大直径。

（6）《混规》9.2.11条条文说明，附加横向钢筋（附加箍筋、附加吊筋）的目的是：为防止集中荷载影响区下部混凝土的撕裂及裂缝。

（7）《混规》9.2.12条中 f_{yv} 取值不受360N/mm² 的限制。

《混规》9.2.12条，箍筋面积应满足竖向力平衡，即：

$$f_{yv}A_{sv}\cos\left(90° - \frac{\alpha}{2}\right) = \max\{N_{s1}, N_{s2}\}$$

N_{s1}、N_{s2} 见规范式（9.2.12-1）、式（9.2.12-2）。

【例1.4.16-1】 某钢筋混凝土次梁，截面尺寸 $b \times h = 250\text{mm} \times 600\text{mm}$，支承在宽度为300mm的混凝土主梁上。该次梁下部纵筋在边支座处的排列及锚固方式见图1.4.16-1（直锚，不弯折）。已知混凝土强度等级为C30，纵筋采用HRB400钢筋，$a_s = a_s' = 55\text{mm}$，设计使用年限为50年，环境类别为二b，计算所需的梁底纵向钢筋面积为1450mm²，梁

端截面剪力设计值 $V=200\text{kN}$。试问，梁底纵向受
力钢筋选择下列何项配置较为合适？

图 1.4.16-1

　　(A) $6\oplus18$　　　　(B) $5\oplus20$

　　(C) $4\oplus22$　　　　(D) $3\oplus25$

【解答】根据《混规》9.2.1 条第 3 款，(A)、
(B) 项不满足要求。

　　由《混规》9.2.2 条：

　　$0.7f_tbh_0 = 0.7 \times 1.43 \times 250 \times (600-55) = 136 \times 10^3\text{N} = 136\text{kN} < 200\text{kN}$

简支梁下部纵向受力钢筋伸入支座内的锚固长度应不小于 $12d$。

根据《混规》8.2.1 条，混凝土保护层最小厚度 35mm，

选用 (D) 项时，$12 \times 25 = 300$，梁底纵筋需有弯折段。

选用 (C) 项时，锚固长度 $l_a = 12d = 12 \times 22 = 264\text{mm} < 300 - 35 = 265\text{mm}$，

钢筋面积 $A_s = 1520\text{mm}^2 > 1450\text{mm}^2$，满足要求。

故选 (C) 项。

【例 1.4.16-2】(2016T02、03) 某办公楼为现浇混凝土框架结构，设计使用年限 50
年，安全等级为二级。其二层局部平面图、主次梁节点示意图和次梁 L-1 的计算简图如
图 1.4.16-2 所示，混凝土强度等级 C35，钢筋均采用 HRB400。

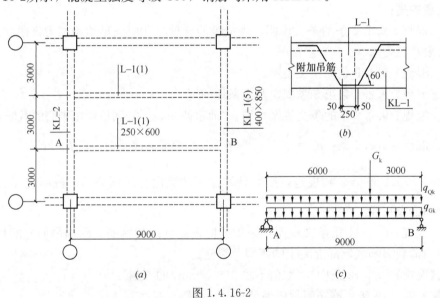

图 1.4.16-2

(a) 局部平面图；(b) 主次梁节点示意图；(c) L-1 计算简图

试问：

(1) 假定，次梁 L-1 跨中下部纵向受力钢筋按计算所需的截面面积为 2480mm^2，实
配 $6\oplus25$。试问，L-1 支座上部的纵向钢筋，至少应采用下列何项配置？

　　提示：梁顶钢筋在主梁内满足锚固要求。

　　(A) $2\oplus14$　　　　(B) $2\oplus16$　　　　(C) $2\oplus20$　　　　(D) $2\oplus22$

(2) 假定，次梁 L-1 传给主梁 KL-1 的集中荷载设计值 $F=220\text{kN}$，且该集中荷载全
部由附加吊筋承担。试问，附加吊筋的配置选用下列何项最为合适？

(A) 2 Φ 16   (B) 2 Φ 18   (C) 2 Φ 20   (D) 2 Φ 22

【解答】（1）根据《混规》9.2.6条第1款：

$$A_s \geq 2480/4 = 620\text{mm}^2，且不少于2根$$

2 Φ 20（$A_s = 628\text{mm}^2$），满足，故选（C）项。

（2）根据《混规》9.2.11条：

$$A_{sv} \geq \frac{220 \times 10^3}{360 \times \sin 60°} = 706\text{mm}^2$$

选用 Φ 16，$A_{sv} = 201 \times 4 = 804\text{mm}^2 > 706\text{mm}^2$

因此选（A）项。

【例1.4.16-3】 某单跨简支独立梁受力简图如图1.4.16-3所示。简支梁截面尺寸为 300×850（$h_0 = 815\text{mm}$），混凝土强度等级为C30，梁箍筋采用HPB300钢筋，安全等级为二级。

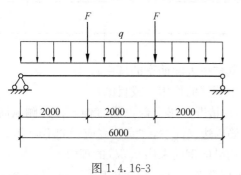

假定，该梁承受剪力设计值 $V = 260\text{kN}$。试问，下列梁箍筋配置何项满足《混凝土结构设计规范》GB 50010—2010的构造要求？

提示： 假定，以下各项均满足计算要求。

图1.4.16-3

(A) Φ 6@150（2）   (B) Φ 8@250（2）

(C) Φ 8@300（2）   (D) Φ 10@350（2）

【解答】 根据《混规》9.2.9条第2款，（A）项错误。

$V = 260\text{kN} > 0.7 f_t b h_0 = 0.7 \times 1.43 \times 300 \times 815 = 245\text{kN}$

由《混规》表9.2.9，（D）项错误。

最小配筋率 $\geq 0.24 \dfrac{f_t}{f_{yv}} = 0.24 \times \dfrac{1.43}{270} = 0.127\%$

Φ 8@250（2）：$\rho_{sv} = \dfrac{2 \times 50.3}{300 \times 250} = 0.134\%$，满足。

Φ 8@300（2）：$\rho_{sv} = \dfrac{2 \times 50.3}{300 \times 300} = 0.112\%$，不满足。

故选（B）项。

【例1.4.16-4】 某折梁内折角处于受拉区，纵向钢筋和箍筋均采用HRB500级，混凝土强度等级为C30。纵向受拉钢筋3 Φ 22全部在受压区锚固，其附加箍筋配置形式如图1.4.16-4所示。试问，折角两侧的全部附加箍筋，应采用下列何项最为合适？

(A) 3 Φ 8（双肢）   (B) 4 Φ 8（双肢）

(C) 6 Φ 8（双肢）   (D) 8 Φ 8（双肢）

【解答】 根据《混规》9.2.12条：

$$N_{s2} = 0.7 f_y A_s \cos \frac{\alpha}{2}$$

$$= 0.7 \times 435 \times 1140 \times \cos \frac{120°}{2}$$

$$= 173565\text{N}$$

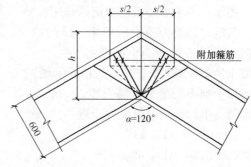

图1.4.16-4

需增设箍筋总截面面积：

$$A_{sv}=\frac{N_{s2}}{f_y\cos\alpha}=\frac{173565}{435\times\cos(90°-60°)}=461\text{mm}^2$$

选用 $\underline{\Phi}$ 8（$A_{s1}=50.3\text{mm}^2$），则双肢筋的个数 n 为：

$$n=\frac{461}{2\times50.3}=4.6，故选用6\underline{\Phi}8（双肢）。$$

故选（C）项。

十七、柱、梁柱节点与牛腿

● 复习《混规》9.3.1条～9.3.13条。

需注意的是：

（1）《混规》9.3.1条的条文说明，解释了限制柱最大配筋率的理由。

（2）《混规》9.3.2条的条文说明，解释了柱中箍筋的作用（或目的）。

（3）《混规》9.3.4条，对于规范图9.3.4（a）情况，梁上部纵筋宜伸至柱外侧纵筋内边；规范图9.3.4（b）情况，应伸至柱外侧纵筋内边。注意，"宜"、"应"的不同点。

（4）《混规》9.3.6条的条文说明，解释了柱的纵向钢筋采用 $0.5l_{ab}$ 的理由。

（5）《混规》9.3.7条的条文说明指出："在顶层端节点处，节点外侧钢筋不是锚固受力，而属于搭接传力问题。"

（6）《混规》9.3.8条的条文说明。

（7）《混规》9.3.9条的条文说明指出：当节点四边有梁时，可以不设复合箍筋。

（8）《混规》9.3.10条的条文说明，当符合规范式（9.3.10）时，牛腿不需要作受剪承载力计算。

（9）《混规》9.3.12条，承受竖向力所需的纵向受力钢筋的配筋率不应小于0.20%及 $0.45f_t/f_y$，也不宜大于0.60%，此处的"配筋率"按全截面考虑，即：$\rho=\dfrac{A_{s,拉力}}{bh}$。

【例1.4.17-1】（2013T03）某8度区的框架结构办公楼，框架梁混凝土强度等级为C35，均采用 HRB400 钢筋。框架的抗震等级为一级。Ⓐ轴框架梁的配筋平面表示法如图1.4.17-1所示，$a_s=a_s'=60\text{mm}$。①轴的柱为边柱，框架柱截面 $b\times h=800\text{mm}\times800\text{mm}$，定位轴线均与梁、柱中心线重合。

提示：不考虑楼板内的钢筋作用。

假定，该梁为顶层框架梁。试问，为防止配筋率过高而引起节点核心区混凝土的斜压破坏，KL-1在靠近①轴的梁端上部纵筋最大配筋面积（mm^2）的限值与下列何项数值最为接近？

（A）3200　（B）4480

（C）5160　（D）6900

【解答】①/Ⓐ轴节点为顶层端节

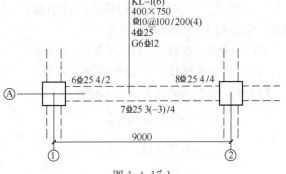

图 1.4.17-1

点，根据《混规》9.3.8条：

$$A_s \leqslant \frac{0.35\beta_c f_c b_b h_0}{f_y}$$

$$A_s \leqslant \frac{0.35 \times 1.0 \times 16.7 \times 400 \times (750 - 60)}{360} = 4481\text{mm}^2$$

因此选（B）项。

【例 1.4.17-2】 牛腿尺寸如图 1.4.17-2 所示，结构安全等级为二级，柱截面宽度 $b=400\text{mm}$，高度 $h=600\text{mm}$，$a_s=40\text{mm}$，作用于牛腿顶部的竖向力设计值 $F_v=450\text{kN}$，水平拉力设计值 $F_h=90\text{kN}$，混凝土强度等级为 C30，牛腿纵向受力钢筋采用 HRB400，箍筋采用 HPB300。试问，牛腿的配筋面积 A_s（mm^2）与下列何项数值最为接近？

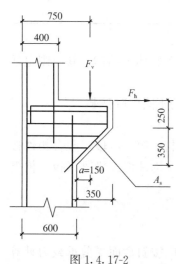

图 1.4.17-2

（A）450　　　（B）480　　　（C）750　　　（D）780

【解答】 根据《混规》9.3.11条：

$a = \max (0.3h_0, 150+20) = \max (0.3 \times 560, 170) = 170\text{mm}$

$$A_s \geqslant \frac{F_v a}{0.85 f_y h_0} + 1.2 \frac{F_h}{f_y}$$

$$= \frac{450 \times 170 \times 1000}{0.85 \times 360 \times 560} + \frac{1.2 \times 90 \times 1000}{360}$$

$$= 446 + 300 = 746\text{mm}^2$$

根据《混规》9.3.12条：

$$\rho_{min} = 45 \frac{f_t}{f_y} = 45 \times \frac{1.43}{360} = 0.179\% < 0.2\%，取 \rho_{min} = 0.2\%$$

$$A_{sv,min} = \rho_{min} bh = 0.002 \times 400 \times 600 = 480\text{mm}^2$$

所以 $A_s = 480 + 300 = 780\text{mm}^2$

故选（D）项。

十八、墙与连梁

● 复习《混规》9.4.1条～9.4.8条。

需注意的是：

（1）《混规》9.4.2条的条文说明，即：配置拉结筋的目的。

（2）《混规》9.4.3条，剪力墙的翼缘计算宽度的取值，其用于承载力计算，不是用于结构整体内力、变形的计算，后者见《抗规》6.2.13条条文说明。

（3）《混规》9.4.5条，矮墙的构造要求。注意，对比《混规》9.4.4条规定。

（4）《混规》9.4.7条，非抗震设计的连梁配筋的构造要求。

【例 1.4.18-1】 假设，某 3 层钢筋混凝土结构房屋，位于非抗震设防区，房屋高度 9.0m，钢筋混凝土墙墙厚 200mm，配置双层双向分布钢筋。试问，墙体双层水平分布钢筋的总配筋率最小值及双层竖向分布钢筋的总配筋率最小值分别与下列何项数值最为接近？

(A) 0.15％，0.15％　　　　　　(B) 0.20％，0.15％

(C) 0.20％，0.20％　　　　　　(D) 0.30％，0.30％

【解答】根据《混规》9.4.5条，应选（A）项。

十九、叠合构件

- 复习《混规》9.5.1条～9.5.7条。
- 复习《混规》附录H。

需注意的是：

(1)《混规》9.5节条文说明指出，叠合构件主要用于装配整体式结构，其原则也适用于对既有结构进行重新设计。

(2)《混规》9.5.2条，区分普通预制板、预应力预制板的不同构造要求。

(3)《混规》附录H规定：

1)《混规》H.0.1条，第一阶段，预制件按简支构件分析；第二阶段，叠合构件按整体结构分析，即：简支叠合构件按简支模型分析；连续叠合构件按连梁梁（板）模型分析。

2)《混规》H.0.2条中，混凝土强度等级的取值规定。

3)《混规》H.0.3条中，V_{cs}的计算规定。

4)《混规》H.0.4条条文说明，叠合式受弯构件的箍筋应按斜截面受剪承载力计算 $\left(\dfrac{A_{sv,斜}}{s}\right)$、叠合面受剪承载力计算 $\left(\dfrac{A_{sv,叠}}{s}\right)$ 得到的较大值配置，即：

$$\frac{A_{sv}}{s} = \max\left(\frac{A_{sv,斜}}{s}, \frac{A_{sv,叠}}{s}\right)$$

5)《混规》H.0.7条，$M_{2q} = M_{2Gk} + \psi_q M_{2Qk}$，其中，$M_{2Qk}$是指使用阶段可变荷载标准值在计算截面产生的弯矩值。

6)《混规》H.0.8条，式（H.0.8-2）中，$\rho_{te1} = \dfrac{A_s}{0.5bh_1} \geqslant 0.01$，$\rho_{te} = \dfrac{A_s}{0.5bh} \geqslant 0.01$，$h_1$ 为预制构件高度，h 为叠合构件高度。

7) 对于钢筋混凝土叠合构件，当为连续叠合构件时，其支座处负弯矩区段内的短期刚度 $B_负$，与跨中正弯矩区段内的短期刚度 $B_正$，两者有本质区别，《混规》H.0.10条、H.0.9条适用于 $B_正$ 和 B，而《混规》H.0.11条适用于 $B_负$。

【例1.4.19-1】（2016T15、16）某三跨混凝土叠合板，其施工流程如下：（1）铺设预制板（预制板下不设支撑）；（2）以预制板作为模板铺设钢筋、灌缝并在预制板面现浇混凝土叠合层；（3）待叠合层混凝土完全达到设计强度形成单向连续板后，进行建筑面层等装饰施工。最终形成的叠合板如图1.4.19-1所示，其结构构造满足叠合板和装配整体式楼盖的各项规定。假定，永久荷载标准值为：（1）预制板自重 $g_{k1} = 3kN/m^2$；（2）叠合层总荷载 $g_{k2} = 1.25kN/m^2$；（3）建筑装饰总荷载 $g_{k3} = 1.6kN/m^2$，可变荷载标准值为：（1）施工荷载 $q_{k1} = 2kN/m^2$；（2）使用阶段活载 $q_{k2} = 4kN/m^2$。沿预制板长度方向计算跨度 l_0 取图示支座中到中的距离。

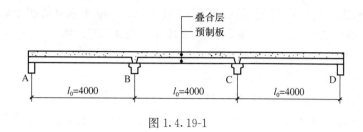

图 1.4.19-1

试问：

（1）验算第一阶段（后浇的叠合层混凝土达到强度设计值之前的阶段）预制板的正截面受弯承载力时，其每米板宽的弯矩设计值 M（kN·m），与下列何项数值最为接近？

（A）10 （B）13 （C）17 （D）20

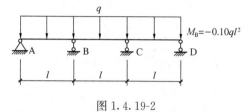

图 1.4.19-2

（2）当不考虑支座宽度的影响，验算第二阶段（叠合层混凝土完全达到强度设计值形成连续板之后的阶段）叠合板的正截面受弯承载力时，支座 B 处的每米板宽负弯矩设计值 M（kN·m），与下列何项数值最为接近？

提示： 本题仅考虑荷载满布的情况，不必考虑荷载的不利分布。等跨梁在满布荷载作用下，支座 B 的负弯矩计算公式见图 1.4.19-2。

（A）9 （B）13 （C）16 （D）20

【解答】（1）根据《混规》H.0.2 条，取 1m 计算：

$$M_{1G} = 1.3 \times \frac{1}{8} \times (3 + 1.25) \times 1 \times 4^2 = 11.05 \text{kN} \cdot \text{m/m}$$

$$M_{1Q} = 1.5 \times \frac{1}{8} \times 2 \times 1 \times 4^2 = 6 \text{kN} \cdot \text{m/m}$$

$$M = M_{1G} + M_{1Q} = 17.05 \text{kN} \cdot \text{m/m}$$

故选（C）项。

（2）根据《混规》H.0.2 条，取 1m 计算：

$$M_{2G} = 1.3 \times 0.10 \times 1.6 \times 1 \times 4^2 = 3.328 \text{kN} \cdot \text{m/m}$$

$$M_{2Q} = 1.5 \times 0.1 \times 4 \times 1 \times 4^2 = 9.6 \text{kN} \cdot \text{m/m}$$

$$M = M_{2G} + M_{2Q} = 12.928 \text{kN} \cdot \text{m/m}$$

故选（B）项。

【例 1.4.19-2】 关于混凝土叠合构件，下列表述何项不正确？

（A）考虑预应力长期影响，可将计算所得的预应力混凝土叠合构件在使用阶段的预应力反拱值乘以增大系数 1.75

（B）叠合梁的斜截面受剪承载力计算应取叠合层和预制构件中的混凝土强度等级的较低值

（C）叠合梁的正截面受弯承载力计算应取叠合层和预制构件中的混凝土强度等级的较低值

(D) 叠合板的叠合层混凝土厚度不应小于 40mm，混凝土强度等级不宜低于 C25

【解答】根据《混规》H.0.2 条，(C) 项错误，应选 (C) 项。

另：根据《混规》H.0.12 条，(A) 项正确。

根据《混规》H.0.3 条，(B) 项正确。

根据《混规》9.5.2 条，(D) 项正确。

【例 1.4.19-3】某叠合梁，结构安全等级为二级，叠合前截面尺寸 $300mm \times 450mm$，混凝土强度等级为 C35，叠合后截面为 $300mm \times 600mm$，叠合层的混凝土强度等级为 C30，配有双肢箍 $\phi 8@200$，$f_{yv} = 360N/mm^2$，$a_s = 40mm$，试问，此叠合梁叠合面的受剪承载力设计值 (kN)，与下列何项数值最为接近？

(A) 270　　　　　(B) 297　　　　　(C) 374　　　　　(D) 402

【解答】根据《混规》H.0.4 条：

$$V_{cs} = 1.2 f_t b h_0 + 0.85 f_{yv} \frac{A_{sv}}{s} h_0$$

$$= \left(1.2 \times 1.43 \times 300 \times 560 + 0.85 \times 360 \times \frac{2 \times 50.3}{200} \times 560 \right) \times 10^{-3}$$

$$= 374.5 kN$$

故选 (C) 项。

二十、装配式结构

　　● 复习《混规》9.6.1 条～9.6.8 条。

需注意的是：

(1)《混规》9.6.2 条，施工阶段验算采用混凝土实体强度。

(2)《混规》9.6.3 条的条文说明。

(3)《混规》9.6.8 条的条文说明。

【例 1.4.20-1】以下关于装配整体式混凝土结构的描述，哪几项是正确的？

Ⅰ. 预制混凝土构件在生产、施工过程中应按实际工况的荷载、计算简图、混凝土实体强度进行施工阶段验算；

Ⅱ. 预制构件拼接处灌缝的混凝土强度等级应不低于预制构件的强度等级；

Ⅲ. 装配整体式结构的梁柱节点处，柱的纵向钢筋应贯穿节点；

Ⅳ. 采用预制板的装配整体式楼、屋盖，预制板侧应为双齿边；拼缝中应浇灌强度等级不低于 C30 的细混凝土。

(A) Ⅰ、Ⅱ　　　　　　　　　　(B) Ⅲ、Ⅳ

(C) Ⅰ、Ⅱ、Ⅲ　　　　　　　　(D) Ⅰ、Ⅱ、Ⅲ、Ⅳ

【解答】根据《混规》9.6.2 条、9.6.4 条、9.6.5 条，应选 (D) 项。

二十一、预埋件与连接件

　　● 复习《混规》9.7.1 条～9.7.7 条。

需注意的是：

（1）《混规》9.7.2 条，f_y 取值：$\leqslant 300\text{N}/\text{mm}^2$。

α_r 与 V 的作用方向挂勾；计算参数 N、M、α_r、α_b 的取值规定。

《混规》9.7.2 条的条文说明指出了有抗震要求的重要预埋件，其锚筋的构造要求。

（2）《混规》9.7.3 条注的规定，它也是规范式（9.7.3）成立的前提条件。式（9.7.3）中 f_y 取值：$f_y \leqslant 300\text{N}/\text{mm}^2$。

（3）《混规》9.7.4 条，受剪预埋件、受拉和受弯预埋件，对锚筋及锚筋至构件边缘的距离的不同规定。

（4）《混规》9.7.6 条中，"在荷载标准值作用下的吊环应力"，其中，荷载标准值的实质是：构件自重标准值、悬挂设备自重标准值、可变荷载标准值等的累加值。

当计算所需的吊环直径大于 14mm 时，可采用 Q235 圆钢。

【例 1.4.21-1】（2013T09）钢筋混凝土梁底有锚板和对称配置的直锚筋组成的受力预埋件，如图 1.4.21-1 所示。构件安全等级均为二级，混凝土强度等级为 C35，直锚筋为 6⊈18（HRB400），已采取防止锚板弯曲变形的措施。锚板上焊接了一块连接板，连接板上需承受集中力 F 的作用，力的作用点和作用方向如图 1.4.21-1 所示。试问，当不考虑抗震时，该预埋件可以承受的最大集中力设计值 $F_{\max}$（kN）与下列何项数值最为接近？

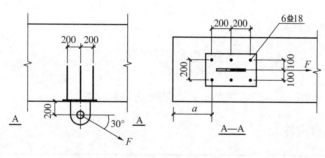

图 1.4.21-1

提示： ① 预埋件承载力由锚筋面积控制；②连接板的重量忽略不计。

(A) 150   (B) 175   (C) 205   (D) 250

【解答】 由图可知：$\quad V=\dfrac{\sqrt{3}}{2}F,\ N=\dfrac{1}{2}F,\ M=\dfrac{\sqrt{3}}{2}F\times 200$

根据《混规》9.7.2 条：

$$\alpha_v = (4.0 - 0.08 \times 18)\sqrt{\frac{16.7}{300}} = 0.604 < 0.7$$

$$\alpha_r = 0.9,\ \alpha_b = 1, f_y = 300\text{N}/\text{mm}^2, A_s = 1524\text{mm}^2$$

$$\frac{(\sqrt{3}/2)F}{\alpha_r \alpha_v f_y} + \frac{(1/2)F}{0.8\alpha_b f_y} + \frac{(\sqrt{3}/2)F \times 200}{1.3\alpha_r \alpha_b f_y z} \leqslant A_s$$

解之得：$\qquad\qquad\qquad\qquad F \leqslant 176.6\text{kN}$

$$\frac{(1/2)F}{0.8\alpha_b f_y} + \frac{(\sqrt{3}/2)F \times 200}{0.4\alpha_r \alpha_b f_y z} \leqslant A_s$$

解之得：$$F \leqslant 250.2\text{kN}$$

故最终取 $F \leqslant 176.6\text{kN}$，应选（B）项。

思考： 在 F 作用下且直锚筋未采取附加横向钢筋等措施时，图中尺寸 a（mm）至少应取多少？

此时，根据《混规》9.7.4 条，锚筋埋件为拉剪埋件，则：

$$a \geqslant 6d = 6 \times 18 = 108\text{mm}，并且 a \geqslant 70\text{mm}$$

故取 $a \geqslant 108\text{mm}$。

可见，受剪预埋件的最小锚筋间距和锚筋至构件边缘的距离通常比受拉和受弯预埋件的要大一些。受剪预埋件，顺剪力方向和垂直剪力方向的边、间距要求不同，顺剪力方向的最小锚筋间距和边距为 $6d$ 和 70mm，垂直于剪力方向的最小锚筋间距和边距为 $3d$ 和 45mm。

【例 1.4.21-2】（2016T04）某预制钢筋混凝土实心板，长×宽×厚 $= 6000\text{mm} \times 500\text{mm} \times 300\text{mm}$，四角各设有 1 个吊环，吊环均采用 HPB300 钢筋，可靠锚入混凝土中并绑扎在钢筋骨架上。试问，吊环钢筋的直径（mm），至少应采用下列何项数值？

提示： ① 钢筋混凝土的自重按 25kN/m^3 计算；

② 吊环和吊绳均与预制板面垂直。

(A) 8   (B) 10   (C) 12   (D) 14

【解答】 根据《混规》9.7.6 条：

$$A_s \geqslant \frac{6 \times 0.5 \times 0.3 \times 25 \times 10^3}{3 \times 2 \times 65} = 57.7\text{mm}^2$$

选用 $\phi 10$，$A_s = 78.5\text{mm}^2 > 57.7\text{mm}^2$，因此选（B）项。

二十二、深受弯构件

- 复习《混规》附录 G。

需注意的是：

(1) 计算跨度 $l_0 = \min(l_c, 1.15l_n)$。

(2)《混规》G.0.1 条的条文说明，连续深梁的内力变化规律，且不宜考虑内力重分布。

(3)《混规》G.0.2 条的条文说明，在正截面受弯承载力计算公式中忽略了水平分布筋的作用。

当 $l_0 < h$ 时，取 $z = 0.6l_0$

$h_0 = h - a_s$，区分跨中截面、支座截面 a_s 的不同取值。

(4)《混规》G.0.4 条的条文说明，当深梁受剪承载力不足时，应主要通过调整截面尺寸，或者提高混凝土强度等级来满足受剪要求。

(5)《混规》G.0.8 条的条文说明，解释了规范图 G.0.8-3 中（a）、（b）、（c）配筋分配比例的理由。

【例 1.4.22-1】（2012T16）某钢筋混凝土连续梁，截面尺寸 $b \times h = 300\text{mm} \times 3900\text{mm}$，

计算跨度 l_0＝6000mm，钢筋均采用 HRB400，混凝土强度等级为 C40，不考虑抗震。梁底纵筋采用 Φ 20，水平和竖向分布筋均采用双排 Φ 10@200 并按规范要求设置拉筋。试问，此梁要求不出现斜裂缝时，中间支座截面对应于标准组合的抗剪承载力（kN）与下列何值最为接近？

(A) 1120 (B) 1250 (C) 1380 (D) 2680

【解答】按《混规》附录 G.0.2，$\dfrac{l_0}{h}=\dfrac{6000}{3900}=1.54<2.0$

支座截面 $a_s=0.2h=0.2\times3900=780$mm，$h_0=h-a_s=3900-780=3120$mm

要求不出现斜裂缝，按规范附录式（G.0.5）：

$$V_{k,u}=0.5f_{tk}bh_0=0.5\times2.39\times300\times3120\times10^{-3}=1118.5\text{kN}$$

故选（A）项。

二十三、素混凝土结构构件

* 复习《混规》附录 D。

需注意的是：

（1）《混规》D.1.3 条、D.1.4 条规定。

（2）《混规》表 D.2.1 注的规定。

（3）《混规》D.3.1 条，素混凝土受弯构件开裂弯矩为：$M_{cr}=\gamma f_{ct}W$，对比预应力混凝土受弯构件即规范式（7.2.3-6）：$M_{cr}=(\sigma_{pc}+\gamma f_{tk})W_0$

（4）《混规》D.5.1 条的规定，$\beta_l=\sqrt{\dfrac{A_b}{A_l}}$，其中，$A_b$ 也按《混规》6.6.2 条规定确定。

【例 1.4.23-1】某钢筋混凝土结构中间楼层的剪力墙墙肢（非底部加强部位），几何尺寸及配筋如图 1.4.23-1 所示，混凝土强度等级为 C30，竖向及水平分布钢筋采用 HRB335 级。

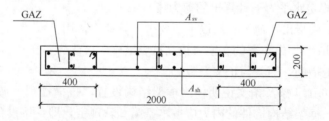

图 1.4.23-1

已知作用在该墙肢上的轴向压力设计值 N_w＝3000kN，计算高度 l_0＝3.5m，试问，该墙肢平面外轴心受压承载力与轴向压力设计值的比值，与下列何项数值最为接近？

提示：按素混凝土构件计算。

【解答】根据《混规》附录 D 表 D.2.1 及注的规定：

$$l_0/b=3500/200=17.5$$

$$\varphi=0.72-\dfrac{17.5-16}{18-16}\times(0.72-0.68)=0.69$$

由规范式（D.2.1-4），取 $e_0=0$，则：

$$N_u = \varphi f_{cc} b(h - 2e_0) = 0.69 \times (0.85 \times 14.3) \times 200 \times (2100 - 2 \times 0) = 3522.519 \text{kN}$$

$$N_u/N = 3522.519/3000 = 1.174$$

第五节 《抗规》、《混规》抗震设计

一、一般规定

（一）《抗规》一般规定

> ● 复习《抗规》6.1.1条～6.1.18条。

需注意的是：

（1）《抗规》6.1.1条注、表6.1.1注6。对于甲类，可按《高规》表3.3.1-1注3规定，即：6～8度时宜按本地区抗震设防烈度提高一度后符合《抗规》表6.1.1要求，9度时应专门研究。

（2）《抗规》表6.1.2中"设防烈度"为经抗震设防标准调整后的烈度。同时，表中"大跨度框架"的定义及抗震等级。

《抗规》表6.1.2中数字为有效数字，按四舍五入原则确定。如：24.4m划为24m；24.6m划为25m。

（3）《抗规》6.1.3条第4款中"应采取比一级更有效的抗震构造措施"，存在不妥，应按《混规》11.1.4条第4款，即："则应采取比相应抗震等级更有效的抗震构造措施。"

《抗规》6.1.3条的条文说明，即：

$$M_c = \sum_{i=1}^{n} \sum_{j=1}^{n} V_{ij} h_i$$

式中，V_{ij}是规定水平力下计算出的剪力值。

本条条文说明中指出：地下一层以下不要求计算地震作用。

本条条文说明图11中左图的文字"提高抗震措施"应改为：

提高抗震构造措施，即：与正文一致。

（4）《抗规》6.1.4条及条文说明，当框架结构设置了抗撞墙后，属于少量抗震墙的框架结构；此时，框架结构构件的内力应按本条第2款规定，即：按设置抗震墙和不设置抗震墙两种计算模型的不利情况取值。

《抗规》6.1.4条第2款，防震缝两侧框架柱的箍筋应沿房屋全高加密，其内涵是："可不包括防震缝以上的房屋高度"。

（5）《抗规》6.1.5条的条文说明，梁与柱中心线较大偏心、柱与抗震墙中心线较大偏心，其导致的问题及采取的措施。其次，介绍了单跨框架结构的判别。

（6）《抗规》6.1.9条条文说明指出：框支层不应设计为少墙框架体系。

（7）《抗规》6.1.10条条文说明，对于有裙房的普通剪力墙结构情况，$H_{\text{底部}}$为：

$$H_{\text{底部}} = \max\left(\frac{1}{10}H, h_{\text{裙房}} + h_{\text{裙房上1层}}\right)$$

其他相关内容，见本书第五章高层建筑结构部分。

(8)《抗规》6.1.14 条的条文说明："若柱网内设置多个次梁时，板厚可适当减小"。

(9)《抗规》6.1.15 条及条文说明，区分楼梯构件何时参与或不参与结构整体抗震计算。

【例 1.5.1-1】云南省昆明市五华区某中学拟建一栋 6 层教学楼，采用钢筋混凝土框架结构，平面及竖向均规则。各层层高均为 3.4m，首层室内外地面高差为 0.45m。建筑场地类别为 II 类。下列关于对该教学楼抗震设计的要求，其中何项正确？说明理由。

提示：按《建筑抗震设计规范》GB 50011—2010 解答。

(A) 按 9 度计算地震作用，按一级框架采取抗震措施

(B) 按 9 度计算地震作用，按二级框架采取抗震措施

(C) 按 8 度计算地震作用，按一级框架采取抗震措施

(D) 按 8 度计算地震作用，按二级框架采取抗震措施

【解答】根据《抗规》附录 A，昆明市五华区，为 8 度（0.20g）。

根据《分类标准》6.0.8 条，中学楼属重点设防类，即乙类。

由《分类标准》3.0.3 条，乙类，II 类场地，地震作用按 8 度计算地震作用；抗震措施应按 9 度确定。

查《抗规》表 6.1.2，9 度，高度 20.85m，框架应按一级抗震等级。

故选（C）项。

【例 1.5.1-2】某钢筋混凝土框架结构办公楼，柱距均为 8.4m。由于两侧结构层高相差较大且有错层，设计时拟设置防震缝，并在缝两侧设置抗撞墙，如图 1.5.1-1 所示。已知：该房屋抗震设防类别为丙类，抗震设防烈度为 8 度，建筑场地类别为 II 类，建筑安全等级为二级。A 栋房屋高度为 21m，B 栋房屋高度为 27m。

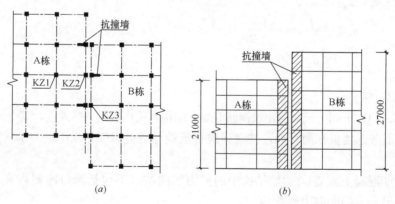

图 1.5.1-1

(a) 平面图；(b) 剖面图

试问：

(1) 关于抗撞墙的布置及设计，下列所述何项正确？

I. 在缝两侧沿房屋全高各设置不少于一道垂直于防震缝的抗撞墙

II. 抗撞墙的布置宜避免加大扭转效应，其长度应不大于 1/2 层高

III. 抗撞墙的抗震等级应比其框架结构提高一级

Ⅳ. 框架构件的内力应按设置和不设置抗撞墙两种计算模型的不利情况取值

Ⅴ. 该防震缝的宽度至少取 140mm

(A) Ⅰ、Ⅱ、Ⅲ   (B) Ⅱ、Ⅲ、Ⅴ   (C) Ⅲ、Ⅳ、Ⅴ   (D) Ⅱ、Ⅳ、Ⅴ

(2) 已知：B 栋底层边柱 KZ3 截面及配筋示意如图 1.5.1-2 所示，考虑地震作用组合的柱轴压力设计值 $N=4120$kN，该柱剪跨比 $\lambda=2.5$，该柱混凝土强度等级为 C40，箍筋采用 HPB300 级钢筋，纵向受力钢筋的混凝土保护层厚度 $c=30$mm。如仅从抗震构造措施方面考虑，试问，该柱选用下列何项箍筋配置（复合箍）最为恰当？

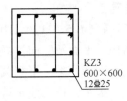

图 1.5.1-2

提示： 按《建筑抗震设计规范》GB 50011—2010 作答。

(A) φ10@100/200   (B) φ10@100

(C) φ12@100/200   (D) φ12@100

【解答】 (1) 根据《抗规》6.1.4 条：

Ⅰ. 错误；Ⅱ. 正确；Ⅳ. 正确

Ⅴ. $\delta=100+20\times(21-15)/3=140$mm，正确

故选 (D) 项。

另：根据《抗规》6.1.3 条，Ⅲ. 错误。

(2) 根据《抗规》6.1.4 条，箍筋沿全高加密，故 (A)、(C) 项错误。

根据《抗规》表 6.1.2，B 栋高 27m，设防烈度 8 度，框架抗震等级为一级。

$$\frac{N}{f_cA}=\frac{4120\times10^3}{19.1\times600\times600}=0.60$$

查《抗规》表 6.3.9，$\lambda_v=0.15$

根据《抗规》式 (6.3.9)：

$$\rho_v\geqslant\frac{\lambda_vf_c}{f_{yv}}=\frac{0.15\times19.1}{270}\times100\%=1.06\%>0.8\%$$

φ10@100：$\rho_v=\dfrac{78.5\times550\times8}{100\times540^2}\times100\%=1.18\%>1.06\%$，满足

故选 (B) 项。

【例 1.5.1-3】 下列关于高层建筑钢筋混凝土结构有关抗震的一些观点，其中何项不正确？

提示： 不考虑楼板开洞影响，按《建筑抗震设计规范》GB 50011—2010 作答。

(A) 略

(B) 钢筋混凝土框架-剪力墙结构中的剪力墙两端（不包括洞口两侧）宜设置端柱或与另一方向的剪力墙相连

(C) 抗震设计的剪力墙应设置底部加强部位，当结构计算嵌固端位于地下一层底板时，底部加强部位的高度应从地下一层底板算起

(D) 钢筋混凝土结构地下室顶板作为上部结构的嵌固部位时，应避免在地下室顶板开大洞口。地下室顶板的厚度不宜小于 180mm，若柱网内设置多个次梁时，可适当减小

【解答】 根据《抗规》6.1.10 条，(C) 项错误，应选 (C) 项。

另：根据《抗规》6.1.8 条，(B) 项正确。

根据《抗规》6.1.14条条文说明，（D）项正确。

【例1.5.1-4】下列关于高层混凝土结构计算的叙述，何项是不正确的？

（A）、（B）、（C）略

（D）对于框架-剪力墙结构，楼梯构件与主体结构整体连接时，不计入楼梯构件对地震作用及其效应的影响

【解答】根据《抗规》6.1.15条及条文说明，（D）项错误。

（二）《混规》一般规定

- 复习《混规》11.1.1条～11.1.9条。
- 复习《混规》11.2.1条～11.2.2条。

需注意的是：

（1）《混规》的上述规定，与《抗规》规定是一致的。

（2）《混规》表11.1.6及注，即：γ_{RE}取值更加明确细化了。

（3）《混规》11.1.9条规定，而《抗规》无此内容。

（4）《混规》11.2.2条规定"剪力墙边缘构件"的受力钢筋的要求，而《抗规》无此内容。

二、框架梁

框架梁可分为：框架结构中框架梁；非框架结构（如：框架-剪力墙结构、框架-核心筒结构等）中框架梁。

（一）截面尺寸

- 复习《混规》11.3.5条。
- 复习《抗规》6.3.1条、6.3.2条。

（二）框架梁的抗震受弯承载力与纵筋配置

1. 抗震受弯承载力

抗震设计，框架梁梁端梁底、梁顶均配置有纵向受力钢筋，故应按双筋梁考虑。

根据《混规》11.1.6条，取$\gamma_{RE}=0.75$，并按《混规》6.2节计算。

《混规》规定：

6.2.10 矩形截面或翼缘位于受拉边的倒T形截面受弯构件，其正截面受弯承载力应符合下列规定（图6.2.10）：

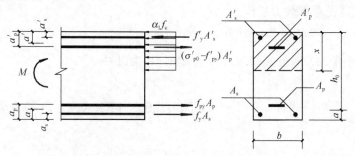

图6.2.10 矩形截面受弯构件正截面受弯承载力计算

$$M \leqslant \alpha_1 f_c bx \left(h_0 - \frac{x}{2}\right) + f'_y A'_s (h_0 - a'_s)$$
$$- (\sigma'_{p0} - f'_{py}) A'_p (h_0 - a'_p) \tag{6.2.10-1}$$

混凝土受压区高度应按下列公式确定：

$$\alpha_1 f_c bx = f_y A_s - f'_y A'_s + f_{py} A_p + (\sigma'_{p0} - f'_{py}) A'_p \tag{6.2.10-2}$$

混凝土受压区高度尚应符合下列条件：

$$x \leqslant \xi_b h_0 \tag{6.2.10-3}$$
$$x \geqslant 2a' \tag{6.2.10-4}$$

6.2.14　当计算中计入纵向普通受压钢筋时，应满足本规范公式（6.2.10-4）的条件；当不满足此条件时，正截面受弯承载力应符合下列规定：

$$M \leqslant f_{py} A_p (h - a_p - a'_s) + f_y A_s (h - a_s - a'_s)$$
$$+ (\sigma'_{p0} - f'_{py}) A'_p (a'_p - a'_s) \tag{6.2.14}$$

式中：a_s、a_p——受拉区纵向普通钢筋、预应力筋至受拉边缘的距离。

需注意的是：

抗震设计时，M 为地震作用组合下的弯矩设计值。假若有地震内力的调整，则 M 为内力调整后的组合设计值，如：水平转换框架梁。假若存在负弯矩调幅，则 M 为负弯矩调幅后的组合设计值。

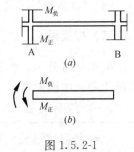

图 1.5.2-1

● 1.1　配筋计算（已知 A'_s，求 A_s）（图 1.5.2-1）

由《混规》式（6.2.10-1），可得：

令 $M_1 = \gamma_{RE} M - f'_y A'_s (h_0 - a'_s)$

$$x = h_0 - \sqrt{h_0^2 - \frac{2M_1}{\alpha_1 f_c b}} \begin{cases} < 2a'_s，按式(6.2.14)，A_s = \dfrac{\gamma_{RE} M}{(h_0 - a'_s)}，复核 A_{s,\min}，见 11.3.6 条 \\[2mm] \geqslant 2a'_s，\leqslant 0.25h_0(一级)；\leqslant 0.35h_0(二、三级)，按式 \\ (6.2.10-2) 计算 A_s，复核 A_{s,\min}，11.3.6 条 \\[2mm] > 0.25h_0(一级)；> 0.35h_0(二、三级)，A'_s 过小 \end{cases}$$

注意：如图 1.5.2-1 所示，框架梁梁端弯矩值存在 $M_负$、$M_正$，运用上述公式，钢筋受拉或受压应与相应的弯矩值（$M_负$ 或 $M_正$）相对应。

● 1.2　抗震受弯承载力复核

由《混规》式（6.2.10-2），计算 x，则：

$$x \begin{cases} < 2a'_s，计算 M_u，取公式(6.2.14) 右端项，并乘以 \dfrac{1}{\gamma_{RE}} \\[3mm] \geqslant 2a'_s，\leqslant 0.25h_0(一级)；\leqslant 0.35h_0(二、三级)，计算 M_u，取公式(6.2.10-1) 右端项，并乘以 \dfrac{1}{\gamma_{RE}} \\[3mm] > 0.25h_0(一级)；> 0.35h_0(二、三级)，计算 M_u，令 x = x_b = 0.25h_0(一级)(或 0.35h_0，二、三级)，取公式(6.2.10-1)右端项，并乘以 \dfrac{1}{\gamma_{RE}} \end{cases}$$

注意：如图 1.5.2-1 所示，框架梁梁端抗震受弯承载力存在逆时针、顺时针工况，运用上述公式，应考虑方向性。

思考：（1）当考虑有效翼缘内楼板钢筋（$f_{y板}A_{s板}$）时，应计入楼板钢筋的影响并参与计算。同时，考虑方向性（逆时针或顺时性），楼板钢筋可能受拉或受压。

（2）框架梁梁端处，由于 $M_负$ 作用，翼缘（板）处的混凝土受拉，故可简化为矩形截面梁考虑。

【例 1.5.2-1】 已知钢筋混凝土框架结构抗震等级为二级，框架梁 KL1 的截面尺寸 $b \times h = 600mm \times 1200mm$，混凝土强度等级为 C35，纵向受力钢筋采用 HRB400 级，梁端底面实配纵向受力钢筋面积 $A'_s = 4418mm^2$，梁端顶面实配纵向受力钢筋面积 $A_s = 7592mm^2$，$h_0 = 1120mm$，$a'_s = 45mm$，$\xi_b = 0.518$。试问，考虑受压区受力钢筋作用，梁端承受负弯矩的正截面抗震受弯承载力设计值 M（kN·m）与下列何项数值最为接近？

(A) 2300　　　　　(B) 2700　　　　　(C) 3200　　　　　(D) 3900

【解答】 根据《混规》11.1.6 条、6.2.10 条：

取 $\gamma_{RE} = 0.75$。

$$x = \frac{f_y A_s - f'_y A'_s}{\alpha_1 f_c b} = \frac{360 \times 7592 - 360 \times 4418}{1 \times 16.7 \times 600}$$

$$= 114mm > 2a'_s，< 0.35h_0 = 0.35 \times 1120 = 392mm$$

$$M_u = \frac{1}{0.75} \times \left[1 \times 16.7 \times 600 \times 114 \times \left(1120 - \frac{114}{2}\right) + 360 \times 4418 \times (1120 - 45) \right]$$

$$= 3899kN \cdot m$$

故选（D）项。

思考： 确定梁端正弯矩的抗震受弯承载力值。

此时，$x = \dfrac{360 \times 4418 - 360 \times 7592}{1 \times 16.7 \times 600} < 0$

故按《混规》6.2.14 条：

$$M_u = \frac{1}{0.75} \times 360 \times 4418 \times (1120 - 45)$$

$$= 2279.7kN \cdot m$$

【例 1.5.2-2】（2012T06）某钢筋混凝土框架结构多层办公楼，梁、板、柱混凝土强度等级均为 C30，梁、柱纵向钢筋为 HRB400 钢筋，楼板纵向钢筋为 HRB335 钢筋。

若该工程位于抗震设防地区，框架梁 KL3 截面尺寸 $b \times h = 400mm \times 700mm$，其左端支座边缘截面在重力荷载代表值、水平地震作用下的负弯矩标准值分别为 300kN·m、300kN·m，梁底、梁顶纵向受力钢筋分别为 4Φ25、5Φ25，截面抗弯设计时考虑了有效翼缘内楼板钢筋及梁底受压钢筋的作用。当梁端负弯矩考虑调幅时，调幅系数取 0.80。试问，该截面考虑承载力抗震调整系数的受弯承载力设计值 [M]（kN·m）与考虑调幅后的截面弯矩设计值 M（kN·m），分别与下列哪组数值最为接近？

提示： ① 考虑板顶受拉钢筋面积为 $628mm^2$；

② 近似取 $a_s = a'_s = 50mm$。

(A) 707；600　　　　　　　　　　　(B) 707；678

(C) 857；600　　　　　　　　　　　(D) 857；678

【解答】 经调幅的弯矩设计值：

$$M = 1.2 \times 300 \times 0.8 + 1.3 \times 300 = 678 \text{kN} \cdot \text{m}$$

根据《混规》6.2.10 条：

$$\alpha_1 f_c b x = f_y A_s - f'_y A'_s \text{（此处 } A_s \text{ 包括梁、板内的受拉钢筋）}$$

$$x = \frac{300 \times 628 + 360 \times 2454 - 360 \times 1964}{1.0 \times 14.3 \times 400} = 63.8 \text{mm} < 2a'_s = 2 \times 50 = 100 \text{mm}$$

根据《混规》6.2.14 条及 11.1.6 条：

$$[M] = \frac{f_y A_s (h - a_s - a'_s)}{\gamma_{RE}} = \frac{(300 \times 628 + 360 \times 2454) \times (700 - 50 - 50)}{0.75}$$

$$= 857 \times 10^6 \text{N} \cdot \text{mm} = 857 \text{kN} \cdot \text{m}$$

故选（D）项。

2. 框架梁的纵向受力钢筋

框架梁的纵向受力钢筋的抗震构造措施，见表 1.5.2-1。

框架梁纵向受力钢筋的抗震构造措施 表 1.5.2-1

项　目	规　定	
	《混规》	《抗规》
最小配筋率	11.3.6 条： 表 11.3.6-1	—
最大配筋率	11.3.7 条： $\rho_纵$ 不宜大于 2.5%	6.3.4 条： $\rho_纵$ 不宜大于 2.5%
梁端梁底、顶纵筋 面积比 A'_s/A_s	11.3.6 条： 一级：$A'_s/A_s \geq 0.5$ 二、三级：$A'_s/A_s \geq 0.3$	6.3.3 条： 同《混规》
相对受压区高度 $\xi = x/h_0$	11.3.1 条： 一级：$x/h_0 \leq 0.25$ 二、三级：$x/h_0 \leq 0.35$	6.3.3 条： 同《混规》
沿梁全长的通长纵筋	11.3.7 条	6.3.4 条第 1 款： 同《混规》
贯通中柱的纵筋直径 $d_纵$	11.6.7 条： 1）9 度各类框架和一级框架结构：$d_纵$ 不宜大于 $B/25$ 2）一、二、三级框架：$d_纵$ 不宜大于 $B/20$	6.3.4 条： 1）一、二、三级框架结构：$d_纵$ 不应大于 $B/20$ 2）一、二、三级框架：$d_纵$ 不宜大于 $B/20$

注：1. B 是指矩形截面柱时，柱在该方向截面尺寸；为圆截面柱，纵筋所在位置柱截面弦长。$d_纵$ 是指纵向受力钢筋的直径。

　　2. 梁纵向受力钢筋的最小配筋率，取 bh 计算；其最大配筋率，取 bh_0 计算。

【例1.5.2-3】 某框架结构钢筋混凝土办公楼，安全等级为二级，框架的抗震等级为三级，混凝土强度等级为C30，梁板均采用HRB400级钢筋。

假定，框架梁KL1的截面尺寸为350mm×800mm，$a_s = a_s' = 60$mm，框架支座截面处梁底配有6$\oplus$20的受压钢筋，梁顶面受拉钢筋可按需配置且满足规范最大配筋率限值要求。试问，考虑受压区受力钢筋作用时，KL1支座处正截面最大抗震受弯承载力设计值M（kN·m），与下列何项数值最为接近？

(A) 1252　　　　　(B) 1510　　　　　(C) 1670　　　　　(D) 2010

【解答】 根据《混规》11.3.1条：

抗震三级，$\xi = x/h_0 \leqslant 0.35$

由《混规》11.1.6条，取$\gamma_{RE} = 0.75$；$h_0 = 800 - 60 = 740$mm

由《混规》6.2.10条：

$$M = \frac{1}{\gamma_{RE}}\left[A_s'f_y'(h_0 - a_s) + f_c b \xi h_0 \left(h_0 - \frac{\xi h_0}{2}\right)\right]$$

$$= \frac{1}{0.75}\left[1884 \times 360 \times (740 - 60) + 14.3 \times 350 \times 0.35 \times 740 \times \left(740 - \frac{0.35 \times 740}{2}\right)\right] \times 10^{-6}$$

$$= 1670\text{kN·m}$$

故选（C）项。

（三）框架梁的抗震受剪承载力与箍筋配置

1. 剪力设计值（按"强剪弱弯"原则）

> - 复习《混规》11.3.2条。
> - 复习《抗规》6.2.4条。

上述两本规范规定是一致的。

2. 抗震受剪承载力

> - 复习《混规》11.3.3条（截面限制条件）、11.3.4条（受剪计算公式）。
> - 复习《抗规》6.2.9条（截面限制条件）。

- 2.1 箍筋计算（已知V_b，求A_{sv}/s）

此时，首先复核截面限制条件，$V_{截} = \dfrac{0.20\beta_c f_c b h_0}{\gamma_{RE}}$（跨高比>2.5），取$\min(V_b, V_{截})$，按《混规》式（11.3.4）计算$A_{sv}/s$，然后复核最小配筋率。

- 2.2 抗震受剪承载力（已知A_{sv}/s，求V_a）

由A_{sv}/s按《混规》式（11.3.4）计算，取右端项作为V_{cs}；由截面限制条件，计算$V_{截}$；然后，取$V_u = \min(V_{cs}, V_{截})$。

3. 框架梁的箍筋

框架梁的箍筋的抗震构造措施，见表1.5.2-2。

框架梁箍筋的抗震构造措施　　　　　　　　表 1.5.2-2

项　目		规　定	
		《混规》	《抗规》
箍筋加密区	加密区长度	11.3.6条： 表 11.3.6-2	6.3.3条： 同《混规》
	箍筋最大间距 (s)	11.3.6条： 表 11.3.6-2	6.3.3条： 同《混规》
	箍筋最小直径 (φ)	11.3.6条第3款：表 11.3.6-2； ρ纵大于2%时，箍筋最小直径+2	6.3.3条： 同《混规》
	箍筋最大肢距 (a)	11.3.8条： 一级：$a \leqslant$max (200, 20φ)； 二、三级：$a \leqslant$max (250, 20φ)； 一级～四级：$a \leqslant 300$	6.3.4条： 一、二、三级：同《混规》； 四级：$a \leqslant 300$
箍筋非加密区	箍筋间距 ($s_{非}$)	11.3.9条： $s_{非} \leqslant 2s$	—
沿梁全长箍筋的最小面积配筋率 ρ_{sv} $\rho_{sv} = A_{sv}/(bs)$		11.3.9条： 一级：$\rho_{sv} \geqslant 0.30 f_t/f_{yv}$ 二级：$\rho_{sv} \geqslant 0.28 f_t/f_{yv}$ 三、四级：$\rho_{sv} \geqslant 0.26 f_t/f_{yv}$	—

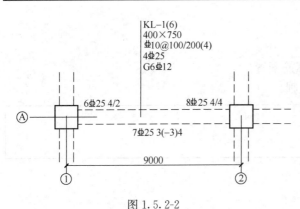

KL-1(6)
400×750
Φ10@100/200(4)
4Φ25
G6Φ12

6Φ25 4/2　　　8Φ25 4/4
Ⓐ
7Φ25 3(-3)4
9000
① ②

图 1.5.2-2

【例 1.5.2-4】（2013T04）某 8 度区的框架结构办公楼，框架梁混凝土强度等级为 C35，均采用 HRB400 钢筋。框架的抗震等级为一级。Ⓐ轴框架梁的配筋平面表示法如图 1.5.2-2 所示，$a_s = a'_s = 60$mm。①轴的柱为边柱，框架柱截面 $b \times h = 800$mm×800mm，定位轴线均与梁、柱中心线重合。

假定，该梁为中间层框架梁，作用在此梁上的重力荷载全部为沿梁全长的均布荷载，梁上永久均布荷载标准值为 46kN/m（包括自重），可变均布荷载标准值为 12kN/m（可变均布荷载按等效均布荷载计算）。试问，此框架梁端考虑地震组合的剪力设计值 V_b（kN），应与下列何项数值最为接近？

提示：不考虑楼板内的钢筋作用。

(A) 470　　　(B) 520　　　(C) 570　　　(D) 600

【解答】根据《混规》11.3.2 条：

$$V_{Gb} = 1.2 \times \frac{(46+0.5 \times 12) \times 8.2}{2} = 255.8\text{kN}$$

由梁端配筋，可知，按顺时针方向计算弯矩时 V_b 最大：

$$M_{bua}^l = \frac{1}{\gamma_{RE}} f_{yk} A_s^{a,l}(h_0 - a'_s) = \frac{400 \times 4 \times 490.9 \times (690-60)}{0.75} = 659769600\text{N} \cdot \text{m}$$

$$= 659.8\text{kN} \cdot \text{m}$$

$$M_{bua}^r = \frac{1}{\gamma_{RE}} f_{yk} A_s^{a,r} (h_0 - a_s') = \frac{400 \times 8 \times 490.9 \times (690 - 60)}{0.75} = 1319539200 N \cdot m$$

$$= 1319.5 kN \cdot m$$

$$V_b = 1.1 \times \frac{659.8 + 1319.5}{8.2} + 255.8 = 521.3 kN$$

故应选（B）项。

【例 1.5.2-5】（2014T05）某现浇钢筋混凝土框架-剪力墙结构高层办公楼，抗震设防烈度为 8 度（0.2g），场地类别为 Ⅱ 类，抗震等级：框架二级、剪力墙一级，二层局部配筋平面表示法如图 1.5.2-3 所示，混凝土强度等级：框架柱及剪力墙 C50，框架梁及楼板 C35，纵向钢筋及箍筋均采用 HRB400（Φ）。

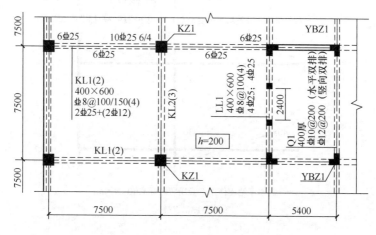

图 1.5.2-3

已知，框架梁中间支座截面有效高度 $h_0 = 530mm$，试问，图 1.5.2-3 框架梁 KL1（2）配筋有几处违反规范的抗震构造要求，并简述理由。

提示： $x/h_0 < 0.35$。

（A）无违反 　　　（B）有一处 　　　（C）有二处 　　　（D）有三处

【解答】 KL1 中间支座配筋率 $\rho = \frac{A_s}{bh_0} = \frac{4909}{400 \times 530} \times 100\% = 2.32\% > 2.0\%$，箍筋最小直径应为 10，违反《混规》11.3.6 条（或《抗规》6.3.3 条）。

KL1 上部纵向通长钢筋 2Φ25，不满足支座钢筋 10Φ25 的四分之一，不符合《混规》11.3.7 条（或《抗规》6.3.4 条）。

故选（C）项。

【例 1.5.2-6】（2017T14）某钢筋混凝土框架结构办公楼，抗震等级为二级，框架梁的混凝土强度等级为 C35，梁纵向钢筋及箍筋均采用 HRB400。取某边榀框架（C 点处为框架角柱）的一段框架梁，梁截面：$b \times h = 400mm \times 900mm$，受力钢筋的保护层厚度 $c_s = 30mm$，梁上线荷载标准值分布图、简化的弯矩标准值见图 1.5.2-4，其中框架梁净跨 $l_n = 8.4m$。假定，永久荷载标准值 $g_k = 83kN/m$，等效均布可变荷载标准值 $q_k = 55kN/m$。

试问，考虑地震作用组合时，BC 段框架梁端截面组合的剪力设计值 V（kN），与下列何项数值最为接近？

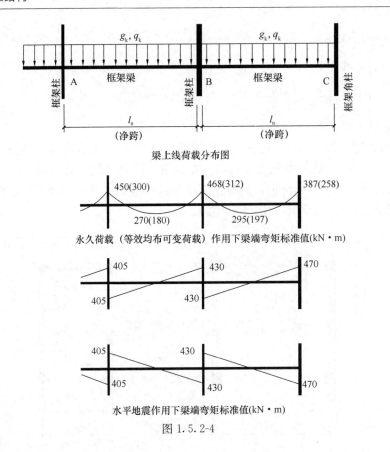

梁上线荷载分布图

永久荷载（等效均布可变荷载）作用下梁端弯矩标准值(kN·m)

水平地震作用下梁端弯矩标准值(kN·m)

图 1.5.2-4

(A) 670   (B) 740   (C) 810   (D) 880

【解】根据《混规》11.3.2 条：

$$V_{Gb} = 1.2 \times (83 + 0.5 \times 55) \times 8.4 \times \frac{1}{2} = 586.9 kN$$

地震作用由左至右：

$$M_b^l = -1.2 \times (468 + 0.5 \times 312) + 1.3 \times 430 = -189.8 kN \cdot m(\uparrow)$$

$$M_b^r = -1.2 \times (387 + 0.5 \times 258) - 1.3 \times 470 = -1230.2 kN \cdot m(\downarrow)$$

$$M_b^l + M_b^r = -1230.2 - (-189.8) = -1040.4 kN \cdot m(\downarrow)$$

地震作用由右至左：

$$M_b^l = -1.2 \times (468 + 0.5 \times 312) - 1.3 \times 430 = -1307.8 kN \cdot m(\uparrow)$$

$$M_b^r = -1.2 \times (387 + 0.5 \times 258) + 1.3 \times 470 = -8.2 kN \cdot m(\downarrow)$$

$$M_b^l + M_b^r = -1307.8 - (-8.2) = -1299.6 kN \cdot m(\uparrow)$$

最终取 $\quad M_b^l + M_b^r = -1299.6 kN \cdot m$

$$V = 1.2 \times \frac{1299.6}{8.4} + 556.9 = 742.56 kN$$

故选（B）项。

三、框架柱

框架柱可分为：框架结构中框架柱；非框架结构中框架柱。

（一）截面尺寸

- 复习《混规》11.4.11条。
- 复习《抗规》6.3.5条。

（二）框架柱的柱端弯矩设计值（按"强柱弱梁"原则）

- 复习《混规》11.4.1条、11.4.2条、11.4.5条。
- 复习《抗规》6.2.2条、6.2.3条、6.2.6条。

需注意的是：

（1）当反弯总不在柱的层高范围的情况，《抗规》有规定，而《混规》无此规定。

（2）一级框架结构的弯矩增大系数 $\eta_c=1.7$，《抗规》有此规定，而《混规》无此规定。

（3）其他规定，《混规》、《抗规》是一致的。

（三）框架柱的轴压比

- 复习《混规》11.4.16条。
- 复习《抗规》6.3.6条。

上述两本规范的规定是一致的。

【例 1.5.3-1】（2011T03）某四层现浇钢筋混凝土框架结构，各层结构计算高度均为6m，平面布置如图 1.5.3-1 所示，抗震设防烈度为 7 度，设计基本地震加速度为 0.15g，设计地震分组为第二组，建筑场地类别为Ⅱ类，抗震设防类别为重点设防类。

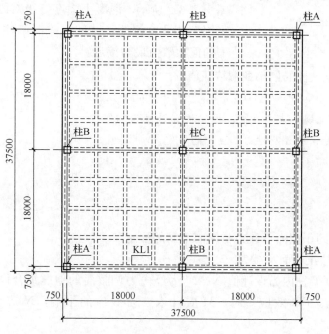

图 1.5.3-1

假定，柱 B 混凝土强度等级为 C50，剪跨比大于 2，恒荷载作用下的轴力标准值 N_1 =7400kN，活荷载作用下的轴力标准值 N_2=2000kN（组合值系数为 0.5），水平地震作

用下的轴力标准值 $N_{Ehk}=500kN$。试问，根据《建筑抗震设计规范》GB 50011—2010，当未采用有利于提高轴压比限值的构造措施时，柱 B 满足轴压比要求的最小正方形截面边长 h（mm）应与下列何项数值最为接近？

提示： 风荷载不起控制作用。

(A) 750　　　　　(B) 800　　　　　(C) 850　　　　　(D) 900

【解答】 根据《抗规》5.4.1条：

根据《抗规》5.2.3条第1款，乘以放大系数1.15：

$$N = 1.2 \times (7400 + 0.5 \times 2000) + 1.3 \times 1.15 \times 500 = 10827.5kN$$

根据《分类标准》3.0.3条，由于是重点设防类（乙类），抗震构造措施按提高1度考虑，按8度考虑。

查《抗规》表6.1.2，大跨度框架，8度，取抗震等级为一级。

查《抗规》表6.3.6，一级框架结构，取 $\mu_N = [\mu_N] = 0.65$

$$b = h = \sqrt{\frac{N}{f_c \mu_N}} = \sqrt{\frac{10827500}{23.1 \times 0.65}} = 849mm$$

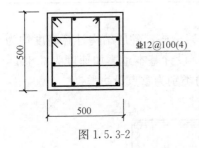

图 1.5.3-2

【例 1.5.3-2】 某6度区标准设防类钢筋混凝土框架结构办公楼，房屋高度为22m，地震分组为第一组，场地类别为Ⅱ类。其中一根框架角柱，分别与跨度为8m和10m的框架梁相连，剪跨比为1.90，截面及配筋如图1.5.3-2所示，混凝土强度等级C40，纵筋、箍筋均采用HRB400钢筋。试问，该框架柱的轴压比限值与下列何项数值最为接近？

提示： 可不复核柱的最小配箍特征值。

(A) 0.80　　　　　(B) 0.85　　　　　(C) 0.90　　　　　(D) 0.95

【解答】 查《抗规》表6.1.2，框架抗震等级为四级。

查《抗规》表6.3.6及注2、注3的规定：

$$[\mu_N] = 0.9 - 0.05 + 0.10 = 0.95$$

故选（D）项。

（四）框架柱的正截面承载力与纵向钢筋的配置

1. 偏压框架柱正截面承载力

抗震设计，框架柱内力设计值 N、M 为经内力调整后的地震组合设计值，当需要考虑二阶效应（P-Δ、P-δ 效应）时，M 应计入二阶效应的影响，N 应计入 P-Δ 效应的影响。

根据《混规》11.1.6条，当轴压比 $\mu_N < 0.15$ 时，取 $\gamma_{RE} = 0.75$；当 $\mu_N \geqslant 0.15$ 时，取 $\gamma_{RE} = 0.80$。

《混规》规定：

6.2.17 矩形截面偏心受压构件正截面受压承载力应符合下列规定（图6.2.17）：

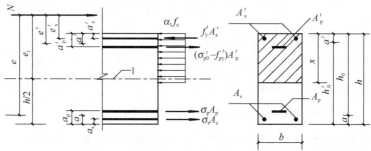

图6.2.17 矩形截面偏心受压构件正截面受压承载力计算
1—截面重心轴

$$N \leqslant \alpha_1 f_c bx + f'_y A'_s - \sigma_s A_s - (\sigma'_{p0} - f'_{py}) A'_p - \sigma_p A_p \quad (6.2.17\text{-}1)$$

$$Ne \leqslant \alpha_1 f_c bx \left(h_0 - \frac{x}{2} \right) + f'_y A'_s (h_0 - a'_s)$$
$$- (\sigma'_{p0} - f'_{py}) A'_p (h_0 - a'_p) \quad (6.2.17\text{-}2)$$

$$e = e_i + \frac{h}{2} - a \quad (6.2.17\text{-}3)$$

$$e_i = e_0 + e_a \quad (6.2.17\text{-}4)$$

2 当计算中计入纵向受压普通钢筋时，受压区高度应满足本规范公式（6.2.10-4）的条件；当不满足此条件时，其正截面受压承载力可按本规范第6.2.14条的规定进行计算，此时，应将本规范公式（6.2.14）中的 M 以 Ne'_s 代替，此处，e'_s 为轴向压力作用点至受压区纵向普通钢筋合力点的距离；初始偏心距应按公式（6.2.17-4）确定。

需要注意的是

《混规》6.2.17条第2款中 e'_s 为：

$$e'_s = e_i - \frac{h}{2} + a'_s$$

● **1.1 矩形截面偏压框架柱的对称配筋计算（$A_s = A'_s$）**

假定为大偏压，由《混规》式（6.2.17-1），计算 x，即：

$$x = \frac{\gamma_{RE} N}{\alpha_1 f_c bx} \quad (\mu_N < 0.15, \text{取} \ \gamma_{RE} = 0.75; \mu_N \geqslant 0.15, \text{取} \ \gamma_{RE} = 0.80)$$

$$x \begin{cases} > \xi_b h_0, \text{假定不正确，为小偏压，由式(6.2.17-8)、式(6.2.17-1)且} \gamma_{RE} N \\ \quad \text{代替} N \text{计算} A'_s，\text{复核} A'_{s,\min}、A_{s总,\min}(11.4.12\text{条}) \\ \\ \leqslant \xi_b h_0, \text{假定正确，为大偏压} \begin{cases} x < 2a'_s, \text{按式(6.2.14)且} \gamma_{RE} Ne'_s \text{代替} M \text{计算} A_s， \\ \quad \text{复核} A_{s,\min}、A_{s总,\min}(11.4.12\text{条}) \\ \\ x \geqslant 2a'_s, \text{按式(6.2.17-2)且} \gamma_{RE} N \text{代替} N \text{计算} A'_s， \\ \quad \text{复核} A'_{s,\min}、A_{s总,\min}(11.4.12\text{条}) \end{cases} \end{cases}$$

● **1.2 矩形截面大偏压框架柱的承载力复核（已知 N，求 M）**

假定为大偏压，由《混规》式（6.2.17-1），计算 x，即：

$$x = \frac{\gamma_{RE}N}{\alpha_1 f_c bx} \leqslant \xi_b h_0，假定正确。$$

$$x \begin{cases} < 2a'_s，由式(6.2.14)且 \gamma_{RE}Ne'_s 代替 M，求出 e'_s；确定 e_i 与 e_0；求 M = Ne_0 \\ \geqslant 2a'_s，由式(6.2.17-2)且 \gamma_{RE}N 代替 N，求出 e；确定 e_i 与 e_0；求 M = Ne_0 \end{cases}$$

上述计算中，用 $\gamma_{RE}N$ 代替 N，用 $\gamma_{RE}Ne'_s$ 代替 Ne'_s，其实质是：抗震计算，各公式右端项应乘以 $\dfrac{1}{\gamma_{RE}}$，现将 γ_{RE} 移至各公式左端项，两者是等价的。

【例 1.5.3-3】 某五层重点设防类建筑，采用现浇钢筋混凝土框架结构，抗震等级为二级，各柱截面均为 600mm×600mm，混凝土强度等级 C40。

假定，底层边柱 KZ1 考虑水平地震作用组合的，经调整后的弯矩设计值为 616 kN·m，相应的轴力设计值为 880kN，且已计算得到 $C_m\eta_{ns} = 1.22$。柱纵筋采用 HRB400 级钢筋，对称配筋。$a_s = a'_s = 40$mm，相对界限受压区高度 $\xi_b = 0.518$，承载力抗震调整系数 $\gamma_{ER} = 0.75$。试问，满足承载力要求的纵筋截面面积 A_s 或 A'_s（mm²）与下列何项数值最为接近？

提示：柱的配筋由该组内力控制且满足构造要求。

(A) 1600　　　　　(B) 2200　　　　　(C) 2800　　　　　(D) 3500

【解答】 根据《混规》6.2.4 条：

$$M = C_m\eta_{ns}M_2 = 1.22 \times 616 = 751.52\text{kN·m}$$

$$e_0 = \frac{M}{N} = \frac{751.52 \times 10^3}{880} = 854\text{mm}，e_a = \max\left(\frac{h}{30}, 20\right) = 20\text{mm}$$

$$e_i = e_0 + e_a = 854 + 20 = 874\text{mm}$$

混凝土受压区高度：

$$x = \frac{\gamma_{RE}N}{\alpha_1 f_c b} = \frac{0.75 \times 880 \times 10^3}{19.1 \times 600} = 58\text{mm} < 2a'_s = 80\text{mm}$$

根据《混规》6.2.17 条、6.2.14 条：

$$A_s = A'_s = \frac{\gamma_{RE}N(e_i - h/2 + a'_s)}{f_y(h_0 - a'_s)} = \frac{0.75 \times 880 \times 10^3 \times (874 - 600/2 + 40)}{360 \times (600 - 40 - 40)} = 2165\text{mm}^2$$

故选（B）项。

【例 1.5.3-4】（2012T12）某五层现浇钢筋混凝土框架-剪力墙结构，位于 8 度（0.3g）抗震设防地区。

假设，某边柱截面尺寸为 700mm×700mm，混凝土强度等级 C30，纵筋采用 HRB400 钢筋，纵筋合力点至截面边缘的距离 $a_s = a'_s = 40$mm，考虑地震作用组合的柱轴力、弯矩设计值分别为 3100kN、1250kN·m。试问，对称配筋时柱单侧所需的钢筋，下列何项配置最为合适？

提示：按大偏心受压进行计算，不考虑重力二阶效应的影响。

(A) 4 ⏀ 22　　　　(B) 5 ⏀ 22　　　　(C) 4 ⏀ 25　　　　(D) 5 ⏀ 25

【解答】 柱轴压比 $\mu_N = \dfrac{N}{f_c A} = \dfrac{3100 \times 10^3}{14.3 \times 700 \times 700} = 0.44 > 0.15$

根据《混规》6.2.17 条及表 11.1.6，取 $\gamma_{RE} = 0.8$。

由提示大偏压，$x = \dfrac{\gamma_{RE}N}{\alpha_1 f_c b} = \dfrac{0.8 \times 3100 \times 10^3}{1.0 \times 14.3 \times 700} = 248\text{mm} > 2a_s' = 80\text{mm}$

$$e_0 = \frac{M}{N} = \frac{1250 \times 10^6}{3100 \times 10^3} = 403.2\text{mm}, \quad e_a = \max(20, 700/30) = 23.3\text{mm}$$

$$e = e_0 + e_a + h/2 - a_s = 403.2 + 23.3 + 700/2 - 40 = 736.5\text{mm}$$

$$\gamma_{RE}Ne \leqslant \alpha_1 f_c bx\left(h_0 - \frac{x}{2}\right) + f_y' A_s'(h_0 - a_s')$$

$$A_s' = \frac{\gamma_{RE}Ne - \alpha_1 f_c bx\left(h_0 - \dfrac{x}{2}\right)}{f_y'(h_0 - a_s')}$$

$$= \frac{0.8 \times 3100 \times 10^3 \times 736.5 - 1.0 \times 14.3 \times 700 \times 248 \times \left(660 - \dfrac{248}{2}\right)}{360 \times (660 - 40)}$$

$$= 2222\text{mm}^2$$

取 5 Φ 25，$A_s = 2454\text{mm}^2$

单侧配筋率 $= \dfrac{2454}{700^2} = 0.5\% > 0.2\%$，满足《混规》11.4.12 条。

故应选（D）项。

【例 1.5.3-5】（2013T15）8 度区某多层重点设防类建筑，采用现浇钢筋混凝土框架-剪力墙结构，房屋高度 20m。柱截面均为 550mm×550mm，混凝土强度等级为 C40。假定，底层角柱柱底截面考虑水平地震作用组合的、未经调整的弯矩设计值为 700kN·m，相应的轴力设计值为 2500kN。柱纵筋采用 HRB400 钢筋，对称配筋，$a_s = a_s' = 50\text{mm}$，相对界限受压区高度 $\xi_b = 0.518$，不需要考虑二阶效应。试问，该角柱满足柱底正截面承载能力要求的单侧纵筋截面面积 A_s'（mm^2）与下列何项数值最为接近？

提示： 不需要验算配筋率。

(A) 1480　　　　(B) 1830　　　　(C) 3210　　　　(D) 3430

【解答】 8 度区重点设防类建筑，应按 9 度采取抗震措施。$H = 20\text{m} < 24\text{m}$，根据《抗规》表 6.1.2，框架的抗震等级为二级。

由《抗规》6.2.6 条：$M = 700 \times 1.1 = 770\text{kN·m}$

$\mu_N = \dfrac{2500 \times 10^3}{19.1 \times 550 \times 550} = 0.433 > 0.5$，取 $\gamma_{RE} = 0.8$

根据《混规》6.2.17 条、11.1.6 条：

假定大偏压：$x = \dfrac{0.8 \times 2500 \times 10^3}{1 \times 19.1 \times 550} = 190.39\text{mm} < \xi_b h_0 = 259\text{mm}$

$$> 2a_s' = 100\text{mm}$$

故假定正确，取 $x = 190.39\text{mm}$

因为不需要考虑二阶效应，所以 $e_0 = \dfrac{M}{N} = \dfrac{770 \times 10^6}{2500 \times 10^3} = 308\text{mm}$

$e_a = \max(20, 550/30) = 20\text{mm}$，$e_i = e_0 + e_a = 328\text{mm}$

$e = e_i + \dfrac{h}{2} - a_s = 328 + \dfrac{550}{2} - 50 = 553\text{mm}$

《混规》式（6.2.17-2）：

$$A'_s = \frac{\gamma_{RE}Ne - \alpha_1 f_c bx(h_0 - x/2)}{f'_y(h_0 - a'_s)}$$

$$= \frac{0.8 \times 2500 \times 1000 \times 553 - 1 \times 19.1 \times 550 \times 190.39 \times (500 - 190.39/2)}{360 \times (500 - 50)}$$

$$= 1829.5 \text{mm}^2$$

故应选（B）项。

【例 1.5.3-6】（2016T12）某 7 度（0.1g）地区多层重点设防类民用建筑，采用现浇钢筋混凝土框架结构，建筑平、立面均规则，框架的抗震等级为二级。框架柱的混凝土强度等级均为 C40，钢筋采用 HRB400，$a_s = a'_s = 50$mm。

假定，底层某角柱截面为 700mm×700mm，柱底截面考虑水平地震作用组合的，未经调整的弯矩设计值为 900kN·m，相应的轴压力设计值为 3000kN。柱纵筋采用对称配筋，相对界限受压区高度 $\xi_b = 0.518$，不需要考虑二阶效应。试问，按单偏压构件计算，该角柱满足柱底正截面承载能力要求的单侧纵筋截面面积 A_s（mm²），与下列何项数值最为接近？

提示： 不需要验算最小配筋率。

(A) 1300 (B) 1800 (C) 2200 (D) 2900

【解答】根据《抗规》6.2.3 条、6.2.6 条：

$$M = 1.5 \times 1.1 \times 900 = 1485 \text{kN·m}$$

$$\mu_N = \frac{3000 \times 10^3}{19.1 \times 700 \times 700} = 0.32 > 0.15，故取 \gamma_{RE} = 0.80$$

根据《混规》6.2.17 条、11.1.6 条：

$$x = \frac{\gamma_{RE}N}{\alpha_1 f_c b} = \frac{0.80 \times 3000 \times 10^3}{1 \times 19.1 \times 700} = 179.51 \text{mm} \begin{matrix} < \xi_b h_0 = 337 \text{mm} \\ > 2a'_s = 100 \text{mm} \end{matrix}$$

故属于大偏压。

因为不需要考虑二阶效应，所以 $e_0 = \dfrac{M}{N} = \dfrac{1485 \times 10^6}{3000 \times 10^3} = 495 \text{mm}$

$e_a = \max(20, 700/30) = 23.33 \text{mm}$，$e_i = e_0 + e_a = 518.33 \text{mm}$

$e = e_i + \dfrac{h}{2} - a_s = 518.33 + \dfrac{700}{2} - 50 = 818.33 \text{mm}$

根据《混规》式（6.2.17-2），

$$\gamma_{RE}Ne = \alpha_1 f_c bx\left(h_0 - \frac{x}{2}\right) + f'_y A'_s(h_0 - a'_s)$$

$$A'_s = \frac{\gamma_{RE}Ne - \alpha_1 f_c bx(h_0 - x/2)}{f'_y(h_0 - a'_s)}$$

$$= \frac{0.8 \times 3000 \times 10^3 \times 818.33 - 1 \times 19.1 \times 700 \times 179.51 \times (650 - 179.51/2)}{360 \times (650 - 50)}$$

$$= \frac{1963992000 - 1344615284}{216000} = 2867 \text{mm}^2$$

故选（D）项。

思考： 根据抗震等级确定框架柱的弯矩增大系数时，应注意其平面位置（是否为角柱）和竖向位置（是否为底层柱）。

2. 偏拉框架柱（抗震设计）

- 复习《混规》6.2.23 条。
- 复习《混规》11.1.6 条、11.4.12 条。
- 复习《混规》11.4.13 条。

需注意的是：

(1) 《混规》11.1.6 条，偏拉，取 $\gamma_{RE}=0.85$。

(2) 《混规》11.4.13 条，小偏拉的框架边柱、角柱，其计算值应增加 25%。

3. 框架柱的纵向钢筋

框架柱的纵向钢筋的抗震构造措施，见表 1.5.3-1。

框架柱纵向受力钢筋的抗震构造措施

表 1.5.3-1

项　目	规　定	
	《混规》	《抗规》
最大配筋率	11.4.13 条： $\rho_全$ 不应大于 5%； 一级且 $\lambda \leqslant 2$ 柱，其 $\rho_{一侧}$ 不宜大于 1.2%	6.3.8 条： 同《混规》
最小配筋率	11.4.12 条： $\rho_全$，查表 6.4.3-1（Ⅳ类场地较高高层，表中值为 0.1）； $\rho_{一侧}$，不应小于 0.2%	6.3.7 条： 同《混规》
纵筋直径	—	—
纵筋间距	11.4.13 条： $B>400$，纵筋间距≤200	6.3.8 条： 同《混规》

注：1. Ⅳ类场地较高高层，是指大于 40m 的框架结构，或大于 60m 的其他结构，见《抗规》5.1.6 条条文说明。

2. B 是指柱截面尺寸。

【例 1.5.3-7】（2016T13）某 7 度（0.1g）地区多层重点设防类民用建筑，采用现浇钢筋混凝土框架结构，建筑平、立面均规则，框架的抗震等级为二级。框架柱的混凝土强度等级均为 C40，钢筋采用 HRB400，$a_s=a_s'=50\text{mm}$。

假定，底层某边柱为大偏心受压构件，截面 900mm×900mm。试问，该柱满足构造要求的纵向钢筋最小总面积（mm^2），与下列何项数值最为接近？

(A) 6500 　　　 (B) 6900 　　　 (C) 7300 　　　 (D) 7700

【解答】 根据《抗规》表 6.3.7-1：

$$\rho_{min}=(0.8+0.05)\%=0.85\%$$

$$A_{s,min}=0.85\%\times900\times900=6885\text{mm}^2，故选（B）项。$$

思考： 本题目也可按《混规》解答，结论是相同的。

(五) 框架柱的抗震受剪承载力与箍筋配置

1. 柱端剪力设计值（按"强剪弱弯"原则）

- 复习《混规》11.4.3 条、11.4.5 条。
- 复习《抗规》6.2.5 条、6.2.6 条。

一级框架结构，$\eta_{vc} = 1.5$，见《抗规》6.2.5条，而《混规》无此规定。

上述两本规范规定是一致的。

【例1.5.3-8】 某钢筋混凝土框架结构房屋，其抗震等级为二级，底层角柱 KZ1 的柱净高 $H_n = 2.5m$，柱上节点梁端截面顺时针或反时针方向组合的弯矩设计值 $\Sigma M_b = 360kN \cdot m$，柱下端截面组合的弯矩设计值 $M_c = 320kN \cdot m$，反弯点在柱层高范围内，柱轴压比为 0.5。试问，为实现"强柱弱梁"及"强剪弱弯"，按规范调整后该柱的组合剪力设计值 V（kN），与下列何项数值最为接近？

提示： 柱上节点上、下柱端的弯矩设计值按平均分配。

(A) 390   (B) 430   (C) 470   (D) 530

【解答】 根据《抗规》6.2.2条、6.2.3条、6.2.6条：

$$M_c^t = \frac{1.5 \times 1.1 \times 360}{2} = 297kN \cdot m$$

$$M_c^b = 1.5 \times 1.1 \times 320 = 528kN \cdot m$$

由《抗规》6.2.5条：

$$V = \frac{1.3 \times (297 + 528)}{2.5} = 429kN$$

故选（B）项。

2. 抗震受剪承载力

• 复习《混规》11.4.6条（截面限制条件）、11.4.7条（偏压时抗剪公式）、11.4.8条（偏拉时抗剪公式）。

• 复习《抗规》6.2.9条（截面限制条件）。

• 2.1 箍筋计算（已知 V_c，求 A_{sv}/s）

首先复核柱受剪截面限制条件，$V_{截} = \dfrac{0.2\beta_c f_c b h_0}{\gamma_{RE}}(\lambda > 2)$ 或 $V_{截} = \dfrac{0.15\beta_c f_c b h_0}{\gamma_{RE}}(\lambda \leqslant 2)$，取 $\min(V_c, V_{截})$ 按《混规》公式（11.4.7）[或公式（11.4.8）]计算 A_{sv}/s，然后复核最小配箍率。

• 2.2 抗震受剪承载力（已知 A_{sv}/s，求 V_u）

由 A_{sv}/s 按《混规》公式（11.4.7）[或公式（11.4.8）]计算，取公式右端项作为 V_{cs}；由截面限制条件，计算 $V_{截}$；然后，取 $V_u = \min(V_{cs}, V_{截})$。

【例1.5.3-9】 某五层中学教学楼，采用现浇钢筋混凝土框架结构，框架最大跨度 9m，层高均为 3.6m，抗震设防烈度 7 度，设计基本地震加速度 $0.10g$，建筑场地类别Ⅱ类，设计地震分组第一组，框架混凝土强度等级 C30。

假定，框架某中间层中柱截面尺寸为 $600mm \times 600mm$，所配箍筋为 $\Phi 10@100/150$（4），$f_{yv} = 360N/mm^2$，考虑地震作用组合的柱轴力设计值为 2000kN，该框架柱的计算剪跨比为 2.7，$a_s = a_s' = 40mm$。试问，该柱箍筋非加密区考虑地震作用组合的斜截面受剪承载力 V（kN），与下列何项数值最为接近？

(A) 645   (B) 670   (C) 759   (D) 789

【解答】依据《混规》11.4.7 条：

$0.3f_cA=0.3\times14.3\times600\times600\times10^{-3}=1544.4\text{kN}<2000\text{kN}$，取 $N=1544.4\text{kN}$

$$V=\frac{1}{\gamma_{RE}}\left(\frac{1.05}{\lambda+1}f_tbh_0+f_{yv}\frac{A_{sv}}{s}h_0+0.056N\right)$$

$$=\frac{1}{0.85}\left(\frac{1.05}{2.7+1}\times1.43\times600\times560+360\times\frac{4\times78.5}{150}\times560+0.056\times1544.4\times10^3\right)\times10^{-3}$$

$$=758.7\text{kN}$$

故选（C）项。

3. 框架柱的箍筋

框架柱箍筋的抗震构造措施，见表 1.5.3-2。

框架柱箍筋的抗震构造措施 表 1.5.3-2

项 目		规 定	
		《混规》	《抗规》
箍筋加密区	体积配箍率（ρ_v）	11.4.17 条： 一级 $\rho_v\geqslant\max(\lambda_vf_c/f_{yv},0.8\%)$； 二级 $\rho_v\geqslant\max(\lambda_vf_c/f_{yv},0.6\%)$； 三、四级 $\rho_v\geqslant\max(\lambda_vf_c/f_{yv},0.4\%)$； $\lambda\leqslant2$ 柱，$\rho_v\geqslant\max(\lambda_vf_c/f_{yv},1.2\%)$； $\lambda\leqslant2$ 且 9 度一级 $\rho_v\geqslant\max(\lambda_vf_c/f_{yv},1.5\%)$	6.3.9 条： 同《混规》
	加密区范围	11.4.14 条、11.4.12 条： 柱两端：$\max(H_n/6,h_c,500)$； 底层柱：刚性地面上下各 500； 底层柱：柱根以上 $H_n/3$； $\lambda\leqslant2$ 柱，全高加密； 一、二级框架角柱，全高加密	6.3.9 条： $H_n/h_c\leqslant4$ 柱，全高加密；其他同《混规》
	箍筋最大间距（s）	11.4.12 条：表 11.4.12-2 1) 一级柱：$\phi>12$ 且 $a\leqslant150$，除柱根外，可取 $s=150$； 2) 二级柱：$\phi\geqslant10$ 且 $a\leqslant200$，除柱根外，可取 $s=150$； 3) $\lambda\leqslant2$ 柱，$s\leqslant\min(6d_纵,100)$	6.3.7 条： $\lambda\leqslant2$ 柱，$s\leqslant100$；其他同《混规》
	箍筋最小直径（ϕ）	11.4.12 条：表 11.4.12-2 四级 $\lambda\leqslant2$，$\phi\geqslant8$	6.3.7 条： 三级 $b_c\leqslant400$，ϕ 可取 6；其他同《混规》
	箍筋最大肢距（a）	11.4.15 条：一级：$a\leqslant200$； 二、三级：$a\leqslant\max(250,20\phi)$； 四级：$a\leqslant300$； 每隔 1 根纵筋双向约束	6.3.9 条： 二、三级：$a\leqslant250$；其他同《混规》
箍筋非加密区	体积配筋率	11.4.18 条： $\rho_{v排加密}\geqslant0.5\rho_v$	6.3.9 条： 同《混规》
	箍筋间距（$s_非$）	11.4.18 条： 一、二级 $s_非\leqslant10d_纵$； 三、四级 $s_非\leqslant15d_纵$	6.3.9 条： 同《混规》

注：1. 表中柱是指框架柱，不包括转换柱（框支柱和托柱转换柱）。
2. h_c 是指柱截面高度（或圆柱直径），b_c 是指柱截面宽度；H_n 是指柱净高度；$d_纵$ 是指纵向受力钢筋的直径。

【例 1.5.3-10】（2011T08）某五层重点设防类建筑，采用现浇钢筋混凝土框架结构，抗震等级为二级，各柱截面均为 600mm×600mm，混凝土强度等级 C40。

假定，二层角柱 KZ1 截面为 600mm×600mm，剪跨比大于 2，轴压比为 0.6，纵筋采用 HRB400 级钢筋，箍筋采用 HRB335 钢筋，箍筋采用普通复合箍。试问，下列何项柱加密区配筋符合《建筑抗震设计规范》GB 50011—2010 的要求？

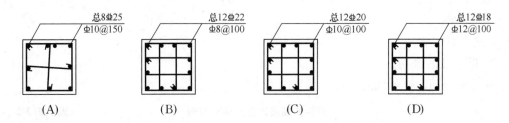

【解答】根据《抗规》6.3.9 条第 2 款，二级框架柱加密区肢距不宜大于 250mm，（A）项不满足。

根据《抗规》表 6.3.7-1 及注，柱截面纵向钢筋的最小总配筋率为：$(0.9+0.05)\% = 0.95\%$，$A_{smin} = 0.95\% \times 600 \times 600 = 3420mm^2$，对于（D）项，$A_s = 12 \times 254.5 = 3054mm^2$，不满足。

根据《抗规》表 6.3.9，轴压比为 0.6 时，$\lambda_v = 0.13$。

$$\rho_v = \lambda_v \frac{f_c}{f_{yv}} = 0.13 \times 19.1/300 = 0.83\%$$

对于（B）项：$\rho_v = \dfrac{2 \times 4 \times (600-2\times24) \times 50.3}{(600-2\times28)^2 \times 100} = 0.75\%$，不满足。

对于（C）项：$\rho_v = \dfrac{2 \times 4 \times (600-2\times25) \times 78.5}{(600-2\times30)^2 \times 100} = 1.18\%$，满足。

故选（C）项。

【例 1.5.3-11】（2012T11）某五层现浇钢筋混凝土框架-剪力墙结构，柱网尺寸 9m×9m，各层层高均为 4.5m，位于 8 度（0.3g）抗震设防地区，设计地震分组为第二组，场地类别为Ⅲ类，建筑抗震设防类别为丙类。已知各楼层的重力荷载代表值均为 18000kN。

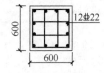

图 1.5.3-3

假设，某框架角柱截面尺寸及配筋形式如图 1.5.3-3 所示，混凝土强度等级为 C30，箍筋采用 HRB335 钢筋，纵筋混凝土保护层厚度 $c = 40mm$。该柱地震作用组合的轴力设计值 $N = 3603kN$。试问，以下何项箍筋配置相对合理？

提示：① 假定对应于抗震构造措施的框架抗震等级为二级；

② 按《混凝土结构设计规范》GB 50010—2010 作答。

(A) $\Phi 8@200$　　　　　　　　　　　　(B) $\Phi 8@100/200$

(C) $\Phi 10@100$　　　　　　　　　　　 (D) $\Phi 10@100/200$

【解答】根据《混规》11.4.14 条，二级框架角柱应沿全高加密箍筋，故排除（B）、（D）项。

柱轴压比 $\mu = \dfrac{3603 \times 10^3}{14.3 \times 600 \times 600} = 0.7$

查规范表 11.14.17，$\lambda_v = 0.15$

$$\rho_v = 0.15 \times \frac{16.7}{300} \times 100\% = 0.84\%$$

（A）项：$\Phi 8@100$：$\rho_v = \dfrac{(600 - 2 \times 40 + 8) \times 8 \times 50.3}{(600 - 2 \times 40)^2 \times 100} = 0.79\%$，不满足。

（C）项：$\Phi 10@100$：$\rho_v = \dfrac{(600 - 2 \times 40 + 10) \times 8 \times 78.5}{(600 - 2 \times 40) \times (600 - 2 \times 40) \times 100} = 1.23\%$，满足。

所以应选（C）项。

【例 1.5.3-12】（2013T01）某规则框架-剪力墙结构，框架的抗震等级为二级。梁、柱混凝土强度等级均为 C35。某中间层的中柱净高 $H_n = 4m$，柱除节点外无水平荷载作用，柱截面 $b \times h = 1100mm \times 1100mm$，$a_s = 50mm$，柱内箍筋采用井字复合箍，箍筋采用 HRB500 钢筋，其考虑地震作用组合的弯矩如图 1.5.3-4 所示。假定，柱底考虑地震作用组合的轴压力设计值为 13130kN。试问，按《建筑抗震设计规范》GB 50011—2010 的规定，该柱箍筋加密区的最小体积配箍率与下列何项数值最为接近？

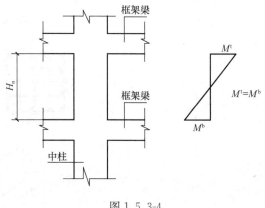

图 1.5.3-4

（A）0.5%　　　　（B）0.6%　　　　（C）1.2%　　　　（D）1.5%

【解答】轴压比 $\mu_N = \dfrac{13130 \times 1000}{16.7 \times 1100 \times 1100} = 0.65$，查《抗规》表 6.3.9，$\lambda_v = 0.14$

$$\rho_v \geqslant \lambda_v \frac{f_c}{f_{yv}} = 0.14 \times \frac{16.7}{435} = 0.537\%$$

由弯矩示意图可知，剪跨比 $\lambda = \dfrac{H_n}{2h_0} = \dfrac{4000}{2 \times (1100 - 50)} = 1.905 < 2$

由《抗规》6.3.9 条第 3 款：$\rho_v \geqslant 1.2\%$，故应选（C）项。

【例 1.5.3-13】（2014T07）某现浇钢筋混凝土框架-剪力墙结构高层办公楼，抗震设防烈度为 8 度（0.2g），场地类别为 Ⅱ 类，抗震等级：框架二级、剪力墙一级，二层局部配筋平面表示法如图 1.5.3-5 所示。混凝土强度等级：框架柱及剪力墙 C50，框架梁及楼板 C35，纵向钢筋及箍筋均采用 HRB400（Φ）。

框架柱 KZ1 剪跨比大于 2，配筋如图 1.5.3-5（B）所示，试问，图中 KZ1 有几处违反规范的抗震构造要求，并简述理由。

提示： KZ1 的箍筋体积配箍率及轴压比均满足规范要求。

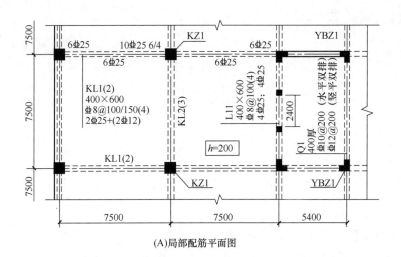

(A)局部配筋平面图

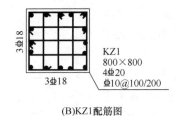

(B)KZ1配筋图

图 1.5.3-5

（A）无违反　　　　（B）有一处　　　　（C）有二处　　　　（D）有三处

【解答】（1）根据《混规》表 11.4.12-1：

$$A_{s,min}=800\times800\times0.75\%=4800mm^2$$

实配：$A_s=4\times314.2+12\times254.5=4311mm^2<4800mm^2$

违反《混规》11.4.12 条规定。

（2）KZ1 非加密区箍筋间距为 200mm$>10\times18=180$mm，违反《混规》11.4.18 条，二级抗震框架柱非加密区箍筋间距不应大于 $10d$ 的规定（d 为纵向钢筋直径）。

故选（C）项。

【例 1.5.3-14】（2016T14）某 7 度（0.1g）地区多层重点设防类民用建筑，采用现浇钢筋混凝土框架结构，建筑平、立面均规则，框架的抗震等级为二级。框架柱的混凝土强度等级均为 C40，钢筋采用 HRB400，$a_s=a_s'=50mm$。

假定，某中间层的中柱 KZ-6 的净高为 3.5m，截面和配筋如图 1.5.3-6 所示，其柱底考虑地震作用组合的轴向压力设计值为 4840kN，柱的反弯点位于柱净高中点处。试问，该柱箍筋加密区的体积配箍率 ρ_v 与规范规定的最小体积配箍率 ρ_{vmin} 的比值 ρ_v/ρ_{min}，与下列何项数值最为接近？

提示：箍筋的保护层厚度取 27mm，不考虑重叠部分的箍筋面积。

（A）1.2　　　　（B）1.4　　　　（C）1.6　　　　（D）1.8

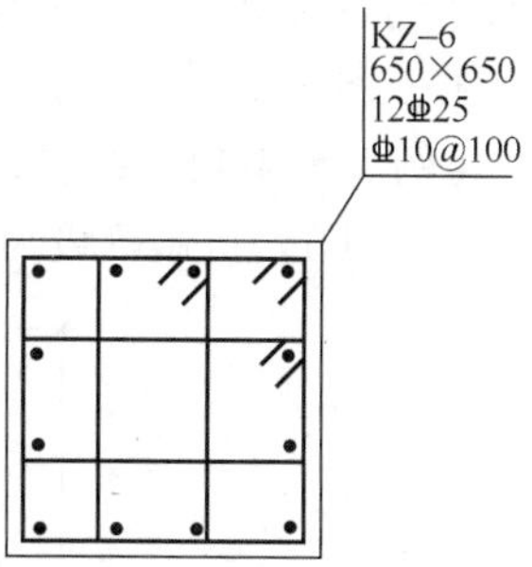

【解答】$\lambda = \dfrac{H_n}{2h_0} = \dfrac{3500}{2 \times (650-50)} = 2.92 > 2$

$$\mu_N = \frac{4840 \times 10^3}{19.1 \times 650^2} \approx 0.6$$

查《抗规》表 6.3.9，柱最小配筋特征值 $\lambda_v = 0.13$

根据《抗规》6.3.9 条：

$$\rho_{v,min} = \lambda_v \cdot f_c / f_{yv} = 0.13 \times 19.1/360 = 0.69\% > 0.6\%$$

$$\rho_v = \frac{78.5 \times (650 - 27 \times 2 - 10) \times 8}{(650 - 27 \times 2 - 10 \times 2)^2 \times 100} = 1.11\%$$

$$\frac{\rho_v}{\rho_{v,min}} = \frac{1.11\%}{0.69\%} = 1.6$$

因此选（C）项。

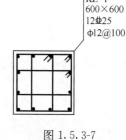

KZ-6
650×650
12Φ25
Φ10@100

图 1.5.3-6

【例 1.5.3-15】（2018T11）某办公楼，为钢筋混凝土框架-剪力墙结构，纵向钢筋采用 HRB400，箍筋采用 HPB300，框架抗震等级为二级。假定，底层某中柱 KZ-1，混凝土强度等级 C60，剪跨比为 2.8，截面和配筋如图 1.5.3-7 所示。箍筋采用井字复合箍（重叠部分不重复计算），箍筋肢距约为 180mm，箍筋的保护层厚度 22mm。试问，该柱按抗震构造措施确定的最大轴压力设计值 N（kN），与下列何项数值最为接近？

(A) 7900   (B) 8400

(C) 8900   (D) 9400

KZ-1
600×600
12Φ25
Φ12@100

图 1.5.3-7

【解答】根据《抗规》表 6.3.6 及注 3：

$$[\mu_N] = 0.85 + 0.1 = 0.95$$

复核 λ_v 相应的柱轴压比：

$$\rho_v = \frac{113.1 \times (600 - 2 \times 22 - 12) \times 8}{(600 - 2 \times 22 - 2 \times 12)^2 \times 100} = 1.74\%$$

$$\lambda_v \leqslant \frac{\rho_v f_{yv}}{f_c} = \frac{1.74\% \times 270}{27.5} = 0.17$$

查表 6.3.9，$\lambda_v = 0.17$ 时，$\mu_N = 0.8$

$[\mu_N] = \min(0.95, 0.8) = 0.8$，则：

$$N = 0.8 \times 27.5 \times 600 \times 600 = 7920 \text{kN}$$

故选（A）项。

四、框架梁柱节点

- 复习《混规》11.6.1 条~11.6.8 条。
- 复习《抗规》6.2.14 条、附录 D、6.3.10 条。

需注意的是：

(1) 扁梁框架梁柱节点的验算，《抗规》有规定，而《混规》无此规定。

(2) 在框架节点区框架梁柱纵向受力钢筋的锚固、搭接的要求，《混规》11.6.7 条第

1 款，与《抗规》6.3.4 条规定不一致。

（3）区分 l_{aE} 与 l_{abE}。

【例 1.5.4-1】（2011T06、07）某五层重点设防类建筑，采用现浇钢筋混凝土框架结构如图 1.5.4-1，抗震等级为二级，各柱截面均为 $600mm \times 600mm$，混凝土强度等级 C40。

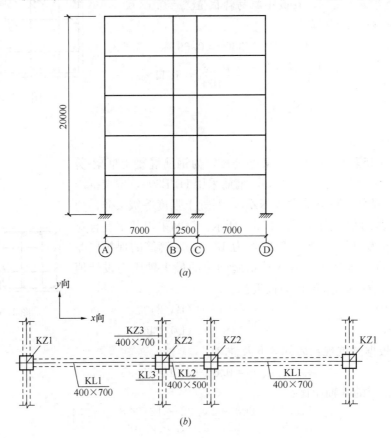

图 1.5.4-1
（a）计算简图；（b）二、三局部结构布置

试问：

（1）假定，二层框架梁 KL1 及 KL2 在重力荷载代表值及 X 向水平地震作用下的弯矩图如图 1.5.4-2 所示，$a_s = a'_s = 35mm$，柱的计算高度 $H_c = 4000mm$。试问，根据《建筑抗震设计规范》GB 50011—2010，KZ2 二层节点核心区组合的 X 向剪力设计值 V_j（kN）与下列何项数值最为接近？

    (A) 1700   (B) 2100   (C) 2400   (D) 2800

（2）假定，三层平面位于柱 KZ2 处的梁柱节点，对应于考虑地震作用组合剪力设计值的上柱底部的轴向压力设计值的较小值为 2300kN，节点核心区箍筋采用 HRB335 级钢筋，配置如图 1.5.4-3 所示，正交梁的约束影响系数 $\eta_j = 1.5$，框架梁 $a_s = a'_s = 35mm$。试问，根据《混凝土结构设计规范》GB 50010—2010，此框架梁柱节点核心区的 X 向抗震受剪承载力（kN）与下列何项数值最为接近？

    (A) 800   (B) 1100   (C) 1900   (D) 2200

【解答】（1）根据《抗规》D.1.1条：

节点左端梁逆时针弯矩组合值：$1.2×142+1.3×317=582.5$kN·m

节点右端梁逆时针弯矩组合值：$1.2×(-31)+1.3×220=248.8$kN·m

$$V_j=\frac{1.35×(582.5+248.8)×10^3}{600-35-35}×\left(1-\frac{600-35-35}{4000-600}\right)=1787\text{kN}$$

故选（A）项。

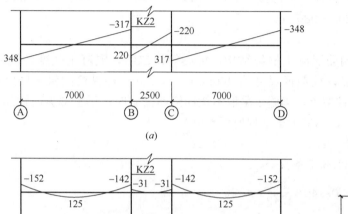

(a)

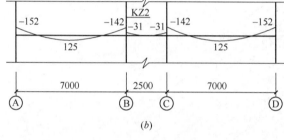

(b)

图 1.5.4-2

(a) 正 X 向水平地震作用下梁弯矩标准值（kN·m）；

(b) 重力荷载代表值作用下梁弯矩标准值（kN·m）

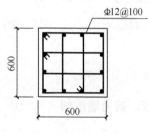

图 1.5.4-3

思考：同一组荷载组合工况，分项系数 γ_G 取相同值。

（2）根据《混规》11.6.4条：

$$h_{b0}=\frac{700+500}{2}-35=565\text{mm}$$

$N=2300$kN$<0.5f_cb_ch_c=0.5×19.1×600×600=3438$kN，取 $N=2300$kN。

$$V_u=\frac{1}{\gamma_{RE}}\left[1.1\eta_jf_tb_jh_j+0.05\eta_jN\frac{b_j}{b_c}+f_{yv}A_{svj}\frac{h_{b0}-a'_s}{s}\right]$$
$$=\frac{1}{0.85}\left[1.1×1.5×1.71×600×600+0.05×1.5×2300×10^3\right.$$
$$×1+300×452×\frac{565-35}{100}\left.\right]$$
$$=2243×10^3\text{N}$$

故选（D）项。

【例 1.5.4-2】某框架结构中间楼层端部梁柱节点如图 1.5.4-4 所示，框架抗震等级为二级，梁柱混凝土强度等级均为 C35，框架梁上部纵筋为 4 Φ 28（HRB500），弯折前的水平段 $l_1=560$mm。试问，框架梁

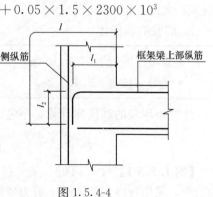

图 1.5.4-4

上部纵筋满足抗震构造要求的最小总锚固长度 l（mm）应与下列何项数值最为接近？

（A）980 　　　　　（B）1086 　　　　　（C）1195 　　　　　（D）1245

【解答】根据《混规》11.6.7 条图 11.6.7（b），l_1 伸入柱外侧纵筋内边：

$$l_{abE} = \xi_{aE} l_{ab} = 1.15 \times \alpha \frac{f_y}{f_t} d = 1.15 \times 0.14 \times \frac{435}{1.57} \times 28$$

$$= 1249 \text{mm}$$

$l_1 = 560 \text{mm} > 0.4 l_{abE} = 0.4 \times 1249 = 500 \text{mm}, l_2 = 15d = 15 \times 28 = 420 \text{mm}$

$l = l_1 + l_2 \geqslant 560 + 420 = 980 \text{mm}$

故选（A）项。

【例 1.5.4-3】某现浇钢筋混凝土框架结构，抗震等级二级，混凝土强度等级 C30，梁、柱均采用 HRB400 钢筋，柱截面尺寸为 400mm×400mm，柱纵筋的保护层厚度为 35mm，试问，对中间层边柱节点，当施工采取不扰动钢筋措施时，梁上部纵向钢筋满足锚固要求的最大直径（mm），不应大于下列何项数值？

（A）18 　　　　　（B）20 　　　　　（C）22 　　　　　（D）25

【解答】根据《混规》11.6.7 条：

$$0.4 l_{abE} = 0.4 \times 1.15 \times 0.14 \times \frac{360}{1.43} d \leqslant 400 - 35, \text{则：}$$

$$d \leqslant 22.5 \text{mm}$$

故选（C）项。

五、剪力墙结构

（一）剪力墙的墙肢设计

1. 墙肢的截面厚度

● 复习《混规》11.7.12 条。

● 复习《抗规》6.4.1 条。

需注意的是：

（1）《高规》7.2.1 条条文说明指出，取 min（层高、无支长度）计算墙肢的截面厚度。

（2）底部加强部位的墙肢厚度，三、四级的最低厚度要求，《抗规》有相应规定，而《混规》无此规定。

2. 墙肢的轴压比

● 复习《混规》11.7.16 条。

● 复习《抗规》6.4.2 条。

注意，墙肢的辅压比计算，不考虑地震作用参与组合，即：

$$\mu_w = \frac{\gamma_G (N_G + 0.5 N_Q)}{f_c A_w} = \frac{1.2 (N_G + 0.5 N_Q)}{f_c b h_w}$$

【例 1.5.5-1】（2013T05）某 7 层住宅，层高均为 3.1m，房屋高度 22.3m，安全等级为二级，采用现浇钢筋混凝土剪力墙结构，混凝土强度等级 C35，抗震等级三级，结构平面立面均规则。某矩形截面墙肢尺寸 $b_w \times h_w = 250\text{mm} \times 2300\text{mm}$，各层截面保持不变。

假定，底层作用在该墙肢底面的由永久荷载标准值产生的轴向压力 $N_{Gk} = 3150\text{kN}$，按等效均布荷载计算的活荷载标准值产生的轴向压力 $N_{Qk} = 750\text{kN}$，由水平地震作用标准值产生的轴向压力 $N_{Ek} = 900\text{kN}$。试问，按《建筑抗震设计规范》GB 50011—2010 计算，底层该墙肢底截面的轴压比与下列何项数值最为接近？

(A) 0.35   (B) 0.40   (C) 0.45   (D) 0.55

【解答】 根据《抗规》6.4.2条：

$$\mu_w = \frac{1.2 \times (3150 + 0.5 \times 750) \times 1000}{16.7 \times 250 \times 2300} = 0.44$$

故选 (C) 项。

3. 剪力墙的内力调整

- 复习《抗规》6.2.7条、6.2.8条。
- 复习《混规》11.7.1条、11.7.2条。

需注意的是：

(1) 一级剪力墙的非底部加强部位，墙肢的组合弯矩值乘以 1.2，其相应的组合剪力值乘以 1.3，见《高规》7.2.5条。

(2) 四级剪力墙，其剪力设计值的内力调整系数为 1.0。

【例 1.5.5-2】（2011T15）8 度区某竖向规则的抗震墙结构，房屋高度为 90m，抗震设防类别为标准设防类。试问，下列四种经调整后的墙肢组合弯矩设计值简图，哪一种相对准确？

提示： 根据《建筑抗震设计规范》GB 50011—2010 作答。

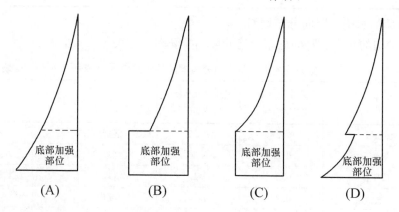

  (A)   (B)   (C)   (D)

【解答】 根据《抗规》表 6.1.2，抗震等级为一级。

由《抗规》6.2.7条，底部加强部位以上部位，$M \times 1.2$。

故选 (D) 项。

【例 1.5.5-3】 某多层住宅，采用现浇钢筋混凝土剪力墙结构，结构平面立面均规则，抗震等级为三级，以地下室顶板作为上部结构的嵌固部位。底层某双肢墙有 A、B 两个墙肢。已知 A 墙肢截面组合的剪力计算值 $V_w = 180\text{kN}$，同时 B 墙肢出现了大偏心受拉。试问，A 墙肢截面组合的剪力设计值 V（kN），应与下列何项数值最为接近？

(A) 215   (B) 235   (C) 250   (D) 270

【解答】底层属于底部加强部位，由《抗规》6.2.7条第3款、6.2.8条：

$$V = 1.25 \times 1.2 \times 180 = 270\text{kN}$$

故选（D）项。

4. 剪力墙正截面承载力计算

> ● 复习《混规》11.1.6条、6.2.19条。

《抗规》无上述类似规定。

5. 抗震受剪承载力

> ● 复习《混规》11.7.3条（截面限制条件）、11.7.4条、11.7.5条。
> ● 复习《抗规》6.2.9条（截面限制条件）。

需注意的是：

(1)《混规》、《抗规》对 λ 的计算规定有区别。

(2) 配筋计算时，首先复核剪力墙的受剪截面限制条件，即：

$$V_{\text{截}} = \frac{0.2\beta_c f_c bh_0}{\gamma_{\text{RE}}}(\lambda > 2.5)\left[\text{或} V_{\text{截}} = \frac{0.15\beta_c f_c bh_0}{\gamma_{\text{RE}}}(\lambda \leqslant 2.5)\right],$$

取 $\min(V_{\text{w}}, V_{\text{截}})$ 按《混规》式（11.7.4）或者式（11.7.5）计算 A_{sh}/s，再复核最小配筋率。

6. 水平施工缝的受剪承载力

> ● 复习《混规》11.7.6条。
> ● 复习《抗规》3.9.7条及其条文说明。

7. 剪力墙的水平、竖向分布钢筋

剪力墙结构的水平、竖向分布钢筋的最小配筋率，见表1.5.5-1。

剪力墙的水平及竖向分布钢筋的配筋率最小值   表 1.5.5-1

情 况	水平分布筋配筋率（%）	竖向分布筋配筋率（%）	依 据	
一、二、三级	0.25	0.25	《混规》11.7.14	《抗规》6.4.3
四级，一般情况	0.20	0.20	《混规》11.7.14	《抗规》6.4.3
四级，<24m，剪压比<0.02	0.20	0.15	《混规》11.7.14	《抗规》6.4.3
非抗震，一般情况	0.20	0.20	《混规》9.4.4	—
非抗震，≤10m，≤3层	0.15	0.15	《混规》9.4.5	—

（二）剪力墙的边缘构件

边缘构件分为：约束边缘构件；构造边缘构件。

1. 设置约束边缘构件的条件

> ● 复习《混规》11.7.17条。
> ● 复习《抗规》6.4.5条。

2. 边缘构件的构造措施

约束边缘构件、构造边缘构件的抗震构造措施，分别见表1.5.5-2、表1.5.5-3。

约束边缘构件的抗震构造措施 表 1.5.5-2

项 目	规 定	
	《混规》11.7.18 条	《抗规》6.4.5 条
沿墙肢的长度 l_c	表 11.7.18 及注 1、2、3	同《混规》
阴影部分面积的竖向纵筋面积	一级：$\geq 1.2\% A_c$ 二级：$\geq 1.0\% A_c$ 三级：$\geq 1.0\% A_c$	一级：$\geq \max(1.2\% A_c, 8\Phi 16)$ 二级：$\geq \max(1.0\% A_c, 6\Phi 16)$ 三级：$\geq \max(1.0\% A_c, 6\Phi 14)$
阴影部分面面积的配箍特征值 λ_v	表 11.7.18 确定 λ_v	同《混规》
阴影部分面面积的箍筋体积配筋率 ρ_v	$\rho_v \geq \lambda_v f_c / f_{yv}$	同《混规》
非阴影部分面面积的配箍特征值 λ_v'	图 11.7.18，$\lambda_v' = \lambda_v / 2$	同《混规》
非阴影部分面面积的箍筋体积配筋率 ρ_v'	$\rho_v' \geq 0.5\lambda_v f_c / f_{yv}$	同《混规》
箍筋、拉筋沿竖向间距 s	一级：$s \leq 100$ 二、三级：$s \leq 150$	同《混规》
箍筋、拉筋的水平向肢距 a	—	—
端柱有集中荷载	—	其配筋构造满足框架柱的要求

注：A_c 是指构束边缘构件的阴影部分面积。

构造边缘构件的抗震构造措施 表 1.5.5-3

项 目	规 定	
	《混规》11.7.19 条	《抗规》6.4.5 条
构造边缘构件的范围	图 11.7.19	图 6.4.5-1，与《混规》不同
竖向钢筋面积	表 11.7.19	同《混规》
箍筋、拉筋最小直径	表 11.7.19	同《混规》
箍筋、拉筋沿竖向间距	表 11.7.19	同《混规》
箍筋、拉筋的水平方向肢距 a	拉筋 $a \leq$ 竖向钢筋间距的 2 倍	同《混规》
端柱有集中荷载	其竖向钢筋、箍筋直径和 间距应满足框架柱要求	同《混规》

【例 1.5.5-4】（2013T06）某 7 层住宅，层高均为 3.1m，房屋高度 22.3m，安全等级为二级，采用现浇钢筋混凝土剪力墙结构，混凝土强度等级 C35，抗震等级三级，结构平面立面均规则。某矩形截面墙肢尺寸 $b_w \times h_w = 250\text{mm} \times 2300\text{mm}$，各层截面保持不变。

假定，该墙肢底层底截面的轴压比为 0.58，三层底截面的轴压比为 0.38。试问，下列对三层该墙肢两端边缘构件的描述何项是正确的？

（A）需设置构造边缘构件，暗柱长度不应小于 300mm

（B）需设置构造边缘构件，暗柱长度不应小于 400mm

（C）需设置约束边缘构件，l_c 不应小于 500mm

（D）需设置约束边缘构件，l_c 不应小于 400mm

【解答】 房屋高度 22.3m＜24m，根据《抗规》6.1.10 条第 2 款，底部加强部位可取底部一层。

根据《抗规》6.4.5 条第 2 款，三层可设置构造边缘构件。

根据《抗规》图 6.4.5-1（a），暗柱长度不小于 max（b_w，400）＝400mm。

因此选（B）项。

【例 1.5.5-5】（2014T08）某现浇钢筋混凝土框架-剪力墙结构高层办公楼，抗震设防烈度为 8 度（0.2g），场地类别为 Ⅱ 类，抗震等级：框架二级、剪力墙一级，二层局部配筋平面表示法如图 1.5.5-1 所示。混凝土强度等级：框架柱及剪力墙 C50，框架梁及楼板 C35，纵向钢筋及箍筋均采用 HRB400（Φ）。

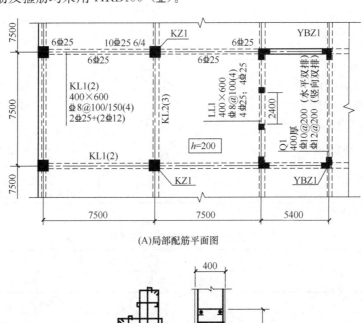

(A)局部配筋平面图

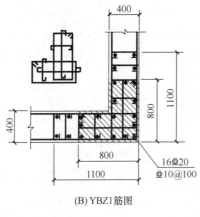

(B) YBZ1 筋图

图 1.5.5-1

剪力墙约束边缘构件 YBZ1 配筋如图 1.5.5-1（B）所示，已知墙肢底截面的轴压比为 0.4。试问，图中 YBZ1 有几处违反规范的抗震构造要求，并简述理由。

提示： YBZ1 阴影区和非阴影区的箍筋和拉筋体积配箍率满足规范要求。

（A）无违反　　　　（B）有一处　　　　（C）有二处　　　　（D）有三处

【解答】（1）YBZ1 阴影部分纵向钢筋面积：

$A_s = 16 \times 314 = 5024\text{mm}^2 < 0.012A_c = 0.012 \times (800^2 - 400^2) = 5760\text{mm}^2$

不符合《混规》11.7.18 条(或《抗规》表 6.4.5-3)。

（2）YBZ1 沿长向墙肢长度 1100mm＜$0.15h_w = 0.15 \times (7500+400) = 1185$mm

不符合《混规》表 11.7.18(或《抗规》表 6.4.5-3)。

故选（C）项。

（三）连梁

1. 正截面受弯承载力

> ● 复习《混规》11.7.7条

2. 连梁的剪力设计值（按"强剪弱弯"原则）

> ● 复习《混规》11.7.8条。
> ● 复习《抗规》6.2.4条。

需注意的是：

（1）《混规》11.7.8条规定，配置有对角斜筋的，取 $\eta_{vb}=1.0$。

（2）V_{Gb} 计算时，《抗规》6.2.4条规定，9度高层建筑还应计入竖向地震作用标准值产生的剪力值。

3. 普通连梁的抗震受剪承载力

> ● 复习《混规》11.7.9条（截面限制条件、抗剪计算公式）。
> ● 复习《抗规》6.2.9条（截面限制条件）。

注意，《混规》、《抗规》对 λ 的计算规定存在不一致。

【例 1.5.5-6】（2013T07）某 7 层住宅，层高均为 3.1m，房屋高度 22.3m，安全等级为二级，采用现浇钢筋混凝土剪力墙结构，混凝土强度等级 C35，抗震等级三级，结构平面立面均规则。某矩形截面墙肢尺寸 $b_w \times h_w = 250\text{mm} \times 2300\text{mm}$，各层截面保持不变。

该住宅某门顶连梁截面和配筋如图 1.5.5-2 所示。假定，门洞净宽 1000mm，连梁中未配置斜向交叉钢筋。$h_0 = 720\text{mm}$，均采用 HRB500 钢筋。试问，考虑地震作用组合，根据截面和配筋，该连梁所能承受的最大剪力设计值（kN）与下列何项数值最为接近？

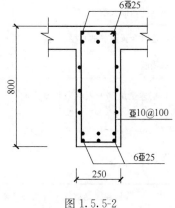

图 1.5.5-2

（A）500 　　（B）530 　　（C）560 　　（D）640

【解答】 根据《混规》11.7.9条：

跨高比 $=1000/800=1.25<2.5$，则：

$$V_{wb} \leqslant \frac{1}{\gamma_{RE}}(0.15\beta_c f_c b h_0) = \frac{0.15 \times 1.0 \times 16.7 \times 250 \times 720}{0.85}$$

$$=530471\text{N} = 530.5\text{kN}$$

$$V_{wb} \leqslant \frac{1}{\gamma_{RE}}\left(0.38 f_t b h_0 + 0.9 \frac{A_{sv}}{s} f_{yv} h_0\right)$$

$$=\frac{1}{0.85} \times \left(0.38 \times 1.57 \times 250 \times 720 + 0.9 \times \frac{2 \times 78.5}{100} \times 360 \times 720\right)$$

$$=557221N = 557.22kN$$

$$V_u = min(530.5, 557.22) = 530.5kN$$

因此选（B）项。

4. 配置斜向交叉钢筋的连梁

> ● 复习《混规》11.7.10条。

5. 连梁的纵筋、斜筋和箍筋的构造要求

> ● 复习《混规》11.7.11条。
>
> ● 复习《抗规》6.4.7条。

普通连梁的构造措施，见表1.5.5-4。

普通连梁的构造措施 表 1.5.5-4

项 目	非抗震设计	抗震设计
	《混规》9.4.7条	《混规》11.7.11条
纵筋最小配筋率	$A_s \geqslant 2\Phi 12$	$\rho_{纵} \geqslant 0.15\%$，$A_s \geqslant 2\Phi 12$
纵筋最大配筋率	—	—
纵筋的锚固长度	$\geqslant l_a$	$\geqslant 600$，$\geqslant l_{aE}$
沿连梁全长箍筋的直径、间距	箍筋直径$\geqslant 6$，箍筋间距$\leqslant 150$	符合11.3.6条框架梁梁端加密区的要求
箍筋肢距	—	符合11.3.8条
顶层连梁纵筋伸入墙肢长度内的箍筋	同右	箍筋间距$\leqslant 150$，箍筋直径与该连梁的箍筋直径相同
腰筋	同右	$h_b > 450$，腰筋直径$\geqslant 8$，间距$\leqslant 200$；$l/h_b \leqslant 2.5$，两侧腰筋总面积$\geqslant 0.3\% bh_w$

注：1. 普通连梁是指仅配普通箍筋未配斜向交叉钢筋的剪力墙洞口连梁。

2. h_w是指连梁腹板高度，按《混规》6.3.1条采用。

【例1.5.5-7】（2014T06）某现浇钢筋混凝土框架-剪力墙结构高层办公楼，抗震设防烈度为8度（0.2g），场地类别为Ⅱ类，抗震等级：框架二级、剪力墙一级，二层局部配筋平面表示法如图1.5.5-3所示，混凝土强度等级：框架柱及剪力墙C50，框架梁及楼板C35，纵向钢筋及箍筋均采用HRB400（Φ）。

试问，图1.5.5-3剪力墙Q1配筋及连梁LL1配筋共有几处违反规范的抗震构造要求，并简述理由。

提示：LL1腰筋配置满足规范要求。

(A) 无违反   (B) 有一处   (C) 有二处   (D) 有三处

【解答】（1）Q1水平钢筋配筋率 $\rho = \dfrac{A_s}{bh} = \dfrac{2 \times 78.5}{400 \times 200} = 0.20\% < 0.25\%$，违反《混规》11.7.14条。

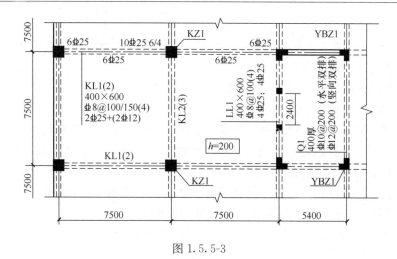

图 1.5.5-3

（2）根据《混规》11.7.11 条第 3 款，沿连梁全长箍筋的构造宜按本规范 11.3.6 条和 11.3.8 条框架梁梁端加密区箍筋的构造要求。

LL1 应按一级抗震等级，箍筋最小直径不应小于 10mm，违反《混规》11.3.6 条。

故选（C）项。

六、板柱节点

- 复习《混规》11.9.1 条～11.9.6 条。
- 复习《混规》附录 F。

需注意的是：

（1）《混规》11.9.3 条，增大系数 η（一、二、三级分别为：1.7、1.5、1.3）是针对由地震组合的不平衡弯矩在节点处引起的冲切反力设计值，见《抗规》6.6.3 条第 3 款规定，则《混规》附录公式（F.0.1-1）变为：

$$F_{l,\mathrm{eq}} = F_l + \frac{\alpha_0 M_{\mathrm{unb}} a_{\mathrm{AB}}}{I_{\mathrm{c}}} u_{\mathrm{m}} h_0 \cdot \eta$$

（2）《混规》11.9.4 条，与《混规》6.5.3 条、6.5.1 条的对比，抗震设计时，f_{t} 考虑折减系数 0.6。

（3）《混规》11.9.5 条、11.9.6 条规定，见本书第 5 章高层建筑结构部分。

七、铰接排架柱

- 复习《混规》11.1.3 条表 11.1.3。
- 复习《混规》11.5.1 条～11.5.5 条。
- 复习《抗规》9.1 节。

需注意的是：

（1）《混规》表 11.1.3，铰接排架柱有抗震等级，而《抗规》9.1 节中无抗震等级的概念。

(2)《混规》11.5.1条及条文说明，根据排架结构的受力特点，对排架结构不需要考虑"强柱弱梁"、"强剪弱弯"措施。

(3) 抗震设计时，柱牛腿计算见《抗规》9.1.12条。

(4)《混规》11.5节内容，与《抗规》9.1节是一致的。

【例 1.5.7-1】关于抗震设计单层工业厂房结构胶接排架柱，下列何项不正确？

(A) 吊车梁、牛腿区段，箍筋加密区长度取上柱根部至吊车架顶面以上 300mm

(B) 箍筋加密区的箍筋最大间距为 100mm

(C) 抗震等级为三级的角柱，其柱顶箍筋加密区的箍筋最小直径 10mm

(D) 7度Ⅲ类场地，柱箍筋加密区箍筋最大肢距为 250mm

【解答】根据《混规》11.5.2条，(A)、(B) 项错误，(C) 项正确。

故选 (C) 项。

另：根据《抗规》9.1.20条，(D) 项正确。

八、框架-剪力墙结构等其他结构体系

- 复习《抗规》6.2.7条。
- 复习《抗规》6.2.11条、6.2.13条。

需注意的是：

(1)《抗规》6.2.13条的条文说明，计算地震内力，抗震墙连梁刚度可折减，计算地震产生的位移时，连梁刚度可不折减。

(2)《抗规》6.2.13条的条文说明，计入翼缘的有效长度，它用于结构整体内力和变形的计算，而《混规》9.4.3条用于承载力计算（即：抗力计算）。

(3)《抗规》6.2.13条第4款，按包络设计原则计算框架部分的地震剪力。

(4) 各类结构体系的详细内容，如：《抗规》6.5节、6.6节、6.7节等，见本书第5章高层建筑结构部分。

第六节 《混规》预应力混凝土结构

一、非抗震设计

（一）一般规定

- 复习《混规》10.1.1条～10.1.17条。

需注意的是：

(1)《混规》10.1.2条，预应力作用效应对承载力不利时，γ_0 按《混规》3.3.2条确定，其内涵是：在持久、短暂设计状况下，安全等级为一级，取 $\gamma_0 \geq 1.1$；安全等级为二级时，$\gamma_0 \geq 1.0$；安全等级为三级时，$\gamma_0 \geq 0.9$。抗震设计时，取 $\gamma_0 = 1.0$。

(2)《混规》10.1.2条条文说明、《混规》10.1.5条，可知，对于超静定结构，综合

内力＝次内力＋主内力，如：$M_r = M_2 + M_1$，$V_r = V_2 + V_1$，$N_r = N_2 + N_1$。

（3）《混规》10.1.2 条条文说明："本规范为避免出现冗长的公式，在诸多计算公式中并没有具体列出相关次内力。……均应计入相关次内力。"可理解为：例如对超静定受弯结构，当计入二次内力时，《混规》公式（6.2.10-1）、公式（6.2.10-2）的左端分别为：$M - \left[M_2 + N_2 \left(\dfrac{h}{2} - a \right) \right] \leqslant \cdots$；$\alpha_1 f_c b x - N_2 = \cdots$。

（4）《混规》10.1.6 条、10.1.7 条中计算公式均为"概括公式"，适用于第一批损失计算，也适用于第二批损失计算。例如公式（10.1.6-2），第一批损失结束时，$\sigma_{pe\mathrm{I}} = \sigma_{con} - \sigma_{l\mathrm{I}} - \alpha_E \sigma_{pc\mathrm{I}}$；第二批损失结束时，$\sigma_{pe\mathrm{II}} = \sigma_{con} - (\sigma_{l\mathrm{I}} + \sigma_{l\mathrm{II}}) - \alpha_E \sigma_{pc\mathrm{II}} = \sigma_{con} - \sigma_l - \alpha_E \sigma_{pc\mathrm{II}}$。

由此可知，《混规》6.2.7 条式（6.2.7-3）中 σ_{p0} 为：

先张法，$\qquad\qquad \sigma_{p0} = \sigma_{con} - (\sigma_{l\mathrm{I}} + \sigma_{l\mathrm{II}}) = \sigma_{con} - \sigma_l$

后张法，$\qquad\qquad \sigma_{p0} = \sigma_{con} - (\sigma_{l\mathrm{I}} + \sigma_{l\mathrm{II}}) + \alpha_E \sigma_{pc\mathrm{II}}$

$$= \sigma_{con} - \sigma_l + \alpha_E \sigma_{pc\mathrm{II}}$$

（5）《混规》10.1.8 条的条文说明，β 可取其正值或负值。当 β 为正值，表示支座处的直接弯矩向跨中调幅；反之，β 为负值，则跨中的直接弯矩向支座处调幅。

（6）《混规》10.1.9 条，与《混规》7.1.9 条的对比。

（7）《混规》10.1.13 条规定针对受剪承载力、受扭承载力、裂缝宽度，如：《混规》6.3.4 条中 N_{p0}、6.4.2 条中 N_{p0}、7.1.4 条中 N_{p0}。

（8）《混规》10.1.17 条的条文说明。

【例 1.6.1-1】关于预应力混凝土构件的下列说法，何项不正确？

（A）提高了构件的斜截面受剪承载力

（B）有效改善了构件的正常使用极限状态性能

（C）预应力混凝土的强度等级不宜低于 C30

（D）钢绞线的张拉控制应力取值应按其极限强度标准值计算

【解答】根据《混规》4.1.2 条，（C）项错误，应选（C）项。

另：根据《混规》6.3.4 条、6.3.5 条，（A）项正确。

根据《混规》7.1.1 条、7.2.3 条，（B）项正确。

根据《混规》10.1.3 条，（D）项正确。

【例 1.6.1-2】关于非抗震预应力混凝土受弯构件受拉一侧受拉钢筋的最小配筋百分率的以下 3 种说法：

Ⅰ. 预应力钢筋的配筋百分率不得少于 0.2 和 $45 \dfrac{f_t}{f_y}$ 的较大值；

Ⅱ. 非预应力钢筋的最小配筋百分率为 0.2；

Ⅲ. 受拉钢筋最小配筋百分率不得少于按正截面受弯承载力设计值等于正截面开裂弯矩值的原则确定的配筋百分率。

试问，针对上述说法正确性的判断，下列何项正确？

（A）Ⅰ、Ⅱ、Ⅲ均错误　　　　　　（B）Ⅰ正确，Ⅱ、Ⅲ错误

(C) Ⅱ正确，Ⅰ、Ⅲ错误 　　　　　　　 (D) Ⅲ正确，Ⅰ、Ⅱ错误

【解答】根据《混规》10.1.17条，受拉钢筋最小配筋量不得少于按正截面受弯承载力设计值等于正截面开裂弯矩值的原则确定的配筋百分率，Ⅲ正确，故选（D）项。

（二）预应力损失值计算

　　● 复习《混规》10.2.1条～10.2.7条。

需注意的是：

（1）《混规》表10.2.1，先张法构件：$2\Delta t$，其量纲为 N/mm^2。

（2）《混规》10.2.5条规定，计算 σ_{pc}、σ'_{pc} 时，$\sigma_{l5} = 0$、$\sigma'_{l5} = 0$，其实质是：由《混规》表10.2.7，可知，预压前（第一批）的损失，根本就没有 σ_{l5}、σ'_{l5}，而《混规》10.1.6条、10.1.7条中公式为"概括公式"。

（3）《混规》10.2.7条规定。

（三）构造规定

　　● 复习《混规》10.3.1条～10.3.13条。

需注意的是：

（1）《混规》10.3.8条第2款规定。

（2）《混规》10.3.8条第5款中公式（10.3.8-2）也适用于：构件端面横向端面裂缝钢筋的计算。

（3）《混规》10.3.11条公式（10.3.11-2）中 f_{yv} 的取值：$f_{yv} \leqslant 360N/mm^2$。

【例1.6.1-3】下列关于预应力混凝土结构构件的描述何项错误？

(A) 预应力混凝土结构构件，除应根据设计状况进行承载力计算及正常使用极限状态验算外，尚应对施工阶段进行验算

(B) 预应力混凝土结构构件承载能力极限状态计算时，其支座截面最大负弯矩设计值不应进行调幅

(C) 计算先张法预应力混凝土构件端部锚固区的正截面和斜截面受弯承载力时，锚固长度范围内的预应力筋抗拉强度设计值在锚固起点处应取为零

(D) 后张预应力混凝土构件外露金属锚具，应采取可靠的防腐及防火措施，采用混凝土封闭时，其强度等级宜与构件混凝土强度等级一致，且不应低于C30

【解答】根据《混规》10.1.8条，（B）项错误，故选（B）项。

另：根据《混规》10.1.1条，（A）项正确；

根据《混规》10.1.10条，（C）项正确；

根据《混规》10.3.13条，（D）项正确。

（四）承载能力极限状态计算

　　● 复习《混规》6.1.1条～6.7.12条。

（五）正常使用极限状态验算

　　● 复习《混规》7.1.1条～7.2.7条。

需注意的是：

（1）预应力混凝土结构构件的裂缝、挠度验算，其荷载组合的取值，应依据《混规》3.4.2 条、3.4.3 条、7.1.1 条。

（2）《混规》7.2.3 条公式（7.2.3-4）中 σ_{pc} 计算为：

先张法：
$$\sigma_{pc} = \sigma_{pc\,II} = \frac{N_{p0\,II}}{A_0} \pm \frac{N_{p0\,II}\,e_{p0}}{I_0} y_0$$

后张法：
$$\sigma_{pc} = \sigma_{pc\,II} = \frac{N_{p\,II}}{A_n} \pm \frac{N_{p\,II}\,e_{pn}}{I_n} y_n + \sigma_{p2}$$

【例 1.6.1-4】 某单跨预应力钢筋混凝土屋面简支梁，混凝土强度等级 C40，计算跨度 $l_0 = 17.7\text{m}$，要求使用阶段不出现裂缝。

试问：

（1）该梁跨中截面按荷载标准组合计算弯矩值 $M_k = 800\text{kN} \cdot \text{m}$，按荷载准永久组合 $M_q = 750\text{kN} \cdot \text{m}$，换算截面惯性矩 $I_0 = 3.4 \times 10^{10} \text{ mm}^4$。该梁按荷载标准组合并考虑荷载效应长期作用影响的刚度 B（$\text{N} \cdot \text{mm}^2$）为下列何项？

（A）4.85×10^{14} （B）5.20×10^{14} （C）5.70×10^{14} （D）5.82×10^{14}

（2）该梁按荷载短期效应组合并考虑预应力长期作用产生的挠度 $f_1 = 56.6\text{mm}$，计算知使用阶段的预加力反拱值 $f_2 = 15.2\text{mm}$，该梁使用上对挠度有较高要求，则该梁挠度与规范中允许挠度 $[f]$ 之比为下列何项？

（A）0.59 （B）0.76 （C）0.94 （D）1.28

【解答】（1）查规范表，$E_c = 3.25 \times 10^4 \text{N/mm}^2$

由《混规》式（7.2.3-2）：

$$B_s = 0.85 E_c I_0 = 0.85 \times 3.25 \times 10^4 \times 3.4 \times 10^{10} = 9.393 \times 10^{14} \text{N} \cdot \text{mm}^2$$

根据《混规》7.2.5 条规定，取 $\theta = 2.0$

由《混规》7.2.2 条：

$$B = \frac{M_k}{M_q(\theta - 1) + M_k} \cdot B_s = \frac{800}{750 \times (2 - 1) + 800} \times 9.393 \times 10^{14}$$
$$= 4.85 \times 10^{14} \text{N} \cdot \text{mm}^2$$

所以应选（A）项。

（2）根据《混规》7.2.6 条规定，取增大系数 2.0，即：

$$f_2 = 2 \times 15.2 = 30.4\text{mm}$$

根据《混规》表 3.4.3 中注 3 规定：

$$f = f_1 - f_2 = 56.6 - 30.4 = 26.2\text{mm}$$

查《混规》表 3.4.3，对挠度有较高要求：

$$[f] = l_0/400 = 17700/400 = 44.25\text{mm}$$

$f/[f] = 26.2/44.25 = 0.59$，所以应选（A）项。

二、抗震设计

1.《混规》规定

● 复习《混规》11.8.1 条～11.8.6 条。

需注意的是：

（1）《混规》11.8.3 条的条文说明，取 $V_p = 0.4N_{pe}$。

（2）《混规》11.8.4 条第 1 款：

$$\rho_{纵} = \frac{f_{py}A_p/f_y + A_s}{bh_0} \leqslant 2.5\%$$

（3）《混规》11.8.4 条及条文说明：轴压比计算时，预应力作用引起的轴压力设计值为 $1.2N_{pe}$。

2.《抗规》规定

> ● 复习《抗规》C.0.1 条～C.0.8 条。

需注意的是：

（1）《抗规》C.0.4 条、C.0.6 条。

（2）《抗规》C.0.7 条第 1 款，预应力强度比 λ 是指：

$$\lambda = \frac{f_{py}A_p}{f_{py}A_p + f_yA_s}$$

【例 1.6.2-1】 某五层现浇有粘结预应力混凝土框架结构，柱网尺寸 9m×9m，各层层高均为 4.5m，位于 8 度（0.3g）抗震设防地区，设计地震分组为第二组，场地类别为Ⅲ类，建筑抗震设防类别为丙类。已知各楼层的重力荷载代表值均为 18000kN。

抗震设计时，采用的计算参数及抗震等级如下所示：

Ⅰ. 多遇地震作用计算时，结构的阻尼比为 0.05；

Ⅱ. 罕遇地震作用计算时，特征周期为 0.55s；

Ⅲ. 框架的抗震等级为二级。

试问，针对上述参数取值及抗震等级的选择是否正确的判断，下列何项正确？

（A）Ⅰ、Ⅱ正确，Ⅲ错误　　　　　　　　（B）Ⅱ、Ⅲ正确、Ⅰ错误

（C）Ⅰ、Ⅲ正确，Ⅱ错误　　　　　　　　（D）Ⅰ、Ⅱ、Ⅲ均错误

【解答】 Ⅰ. 根据《抗规》C.0.6 条，阻尼比可采用 0.03，故Ⅰ错误。

Ⅱ. 根据《抗规》表 5.1.4-2，特征周期为 0.55+0.05=0.6s，故Ⅱ错误。

Ⅲ. 根据《抗规》C.0.4 条和 3.3.3 条，Ⅲ类场地，设防烈度 8 度（0.3g），宜按 9 度要求采取抗震构造措施，但抗震措施中的内力并不要求调整。对照《抗规》表 6.1.2，框架应按一级采取构造措施，按二级的要求进行内力调整，故Ⅲ错误。

所以应选（D）项。

第七节　《异形柱规》

一、基本规定

> ● 复习《异形柱规》1.0.1 条～2.1.3 条。
> ● 复习《异形柱规》3.1.1 条～3.3.2 条。

需注意的是：

（1）《异形柱规》1.0.1条的条文说明，异形柱与矩形柱在截面特性、内力、变形特性、抗震性能等方面有显著差异。

（2）《异形柱规》3.1.3条的条文说明，本条表3.1.3适用于高层建筑，其他情况可放宽。

（3）《异形柱规》3.1.4条。

（4）《异形柱规》3.2.1条，不应采用严重不规则的结构。

（5）《异形柱规》3.2.5条规定，比《抗规》更严。

（6）《异形柱规》附录A。

【例1.7.1-1】 拟在天津市静海区建设一座7层的住宅楼，房屋高度22m，平面和立面均规则，采用现浇钢筋混凝土框架-剪力墙结构，抗震设防类别为丙类，场地类别为Ⅲ类，设计使用年限为50年。为了保证户内的使用效果，其框架柱全部采用异形柱。在规定水平力作用下，框架部分承受的地震倾覆力矩为结构总地震倾覆力矩的26%。

试问，异形柱框架应按下列何项抗震等级采取抗震构造措施？

（A）一级 　　　　　　　　　　（B）二级

（C）三级 　　　　　　　　　　（D）四级

【解答】 根据《抗规》附录A，按7度（0.15g）。Ⅲ类、$H=22m<30m$，由《异形柱规》3.1.6条，查《异形柱规》表3.3.1，抗震构造措施的抗震等级为二级，故选（B）项。

二、结构计算分析

● 复习《异形柱规》4.1.1条～4.4.3条。

需注意的是：

（1）《异形柱规》4.2.3条、4.2.4条及条文说明。

（2）《异形柱规》4.3.8条的条文说明。

【例1.7.2-1】 拟在天津市河西区建造一座7层的住宅楼，房屋高度22m，平面和立面均规则，采用现浇钢筋混凝土框架-剪力墙结构，抗震设防类别为丙类，场地类别为Ⅲ类，设计使用年限为50年。为了保证户内的使用效果，其框架柱全部采用异形柱。在规定水平力作用下，框架部分承受的地震倾覆力矩为结构总地震倾覆力矩的26%。

试问，上述异形柱结构，除了应在结构两个主轴方向分别计算水平地震作用并进行抗震验算以外，至少还应对与主轴成多少度的方向进行补充验算？

（A）15° 　　　　　　　　　　（B）30°

（C）45° 　　　　　　　　　　（D）60°

【解答】 根据《抗规》附录A，按8度（0.20g）

由《异形柱规》4.2.4条，补充验算与主轴成45°方向的地震作用，故选（C）项。

三、轴压比与截面设计

> ● 复习《异形柱规》6.2.1条、6.2.2条。
> ● 复习《异形柱规》5.1.1条~5.3.6条。

需注意的是：

(1)《异形柱规》表6.2.2注1~3的规定。

(2)《异形柱规》5.3.1条，抗震等级一、二、三、四级和非抗震设计的梁柱节点核心区，均应进行受剪承载力计算。

(3)《异形柱规》5.3.2条中 b_j、h_j 的定义。

(4)《异形柱规》表5.3.4-1注1~3的规定；表5.3.4-2中注1、2的规定。

【例1.7.3-1】（2012T01、03）某现浇钢筋混凝土异性柱框架结构多层住宅楼，安全等级为二级，框架抗震等级为二级。该房屋各层层高均为3.6m，各层梁高均为450mm，

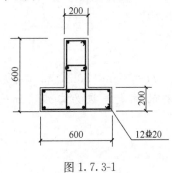

图1.7.3-1

建筑面层厚度为50mm，首层地面标高为±0.000m，基础顶面标高为－1.000m。框架某边柱截面如图1.7.3-1所示，剪跨比 $\lambda > 2$。混凝土强度等级：框架柱为C35，框架梁、楼板为C30，梁、板纵向钢筋及箍筋均采用HRB400（Φ），纵向受力钢筋的保护层厚度为30mm。

提示：按《混凝土异形柱结构技术规程》JGJ 149—2017作答。

试问：

（1）假定，该底层柱下端截面产生的竖向内力标准值如下：由结构和构配件自重荷载产生的 $N_{Gk} = 980kN$；由按等效均布荷载计算的楼（屋）面可变荷载产生的 $N_{Qk} = 220kN$，由水平地震作用产生的 $N_{Ehk} = 280kN$，试问，该底层柱的轴压比 μ_N 与轴压比限值 $[\mu_N]$ 之比，与下列何项数值最为接近？

(A) 0.67　　　　(B) 0.80　　　　(C) 0.91　　　　(D) 0.98

（2）假定，该框架边柱底层柱下端截面（基础顶面）有地震作用组合未经调整的弯矩设计值为320kN·m，底层柱上端截面有地震作用组合并经调整后的弯矩设计值为312kN·m，柱反弯点在柱层高范围内。试问，该柱考虑地震作用组合的剪力设计值 V_c（kN），与下列何项数值最为接近？

(A) 185　　　　(B) 222　　　　(C) 250　　　　(D) 290

【解答】（1）根据《抗规》5.1.3条和5.4.1条：

$$N = 1.2(N_{Gk} + 0.5N_{Qk}) + 1.3N_{Ehk} = 1.2 \times (980 + 0.5 \times 220) + 1.3 \times 280 = 1672kN$$

$$\mu_N = \frac{N}{f_c A} = \frac{1672 \times 10^3}{16.7 \times (600 \times 600 - 400 \times 400)} = 0.50$$

查《异形柱规》表6.2.2，二级T形框架柱的轴压比限值为：$[\mu_N] = 0.55$

$$\mu_N / [\mu_N] = 0.50/0.55 = 0.91$$

故选（C）项。

（2）框架抗震二级，根据《异形柱规》5.1.6条：

$$M_c^b = \eta_c M_c = 1.5 \times 320 = 480 \text{kN} \cdot \text{m}$$

根据《异形柱规》5.2.3条：

$$H_n = 3.6 + 1 - 0.45 - 0.05 = 4.1 \text{m}$$

$$V_c = 1.3 \frac{M_c^t + M_c^b}{H_n} = 1.3 \times \frac{312 + 480}{4.1} = 251 \text{kN}$$

故选（C）项。

【例1.7.3-2】（2018B23、24）某11层住宅，采用现浇钢筋混凝土异形柱框架-剪力墙结构，房屋高度33m，剖面如图1.7.3-2所示，抗震设防烈度7度（0.10g），场地类别Ⅱ类，异形柱混凝土强度等级C35，纵筋、箍筋采用HRB400。框架梁截面均为200mm×500mm。框架部分承受的地震倾覆力矩为结构总地震倾覆力矩的20%。

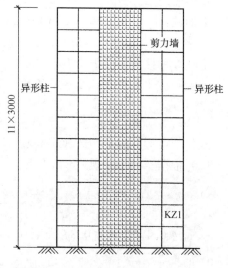

图1.7.3-2

试问：

（1）假定，异形柱KZ1在二层的柱底轴向压力设计值 $N = 2700 \text{kN}$，KZ1采用面积相同的L形、T形、十字形截面（图1.7.3-3）均不影响建筑使用要求，异形柱肢端设置暗柱，剪跨比均不大于2。试问，下列何项截面可满足二层KZ1的轴压比要求？

（A）各截面均满足要求

（B）T形及十字形截面满足要求，L形截面不满足要求

（C）仅十字形截面满足要求

（D）各截面均不满足要求

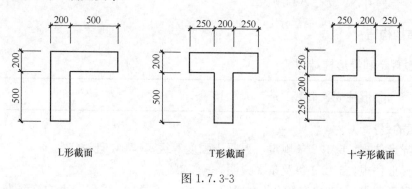

图1.7.3-3

（2）异形柱KZ2截面如图1.7.3-4所示，截面面积 $2.2 \times 10^5 \text{mm}^2$，该柱三层轴压比

为 0.4，箍筋为 $\Phi 10@100$。假定，Y 方向该柱的剪跨比 λ 为 2.2，$h_{c0}=565\text{mm}$。试问，该柱 Y 方向斜截面有地震组合的受剪承载力（kN），与下列何项数值最为接近？

(A) 430　　　　(B) 455

(C) 510　　　　(D) 555

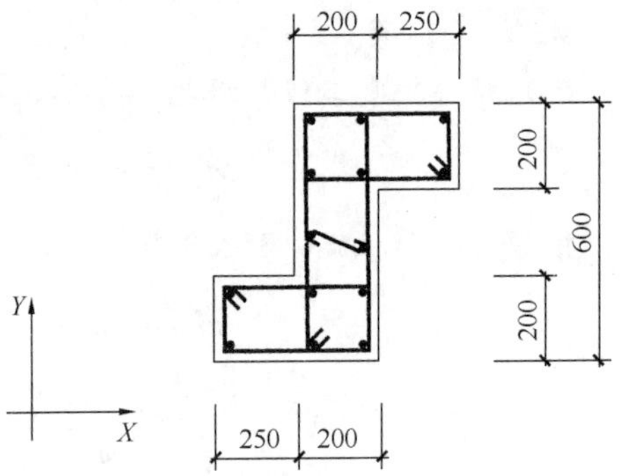

图 1.7.3-4

【解答】 （1）根据《异形柱规》表 3.3.1，异形柱抗震二级。

查表 6.2.2 及注 1、2：

L 形柱：$[\mu_N]=0.55-0.05+0.05=0.55$

T 形柱：$[\mu_N]=0.60-0.05+0.1=0.65$

十字形柱：$[\mu_N]=0.65-0.05+0.1=0.70$

上述 3 种柱截面面积均为：

$$A = 200 \times (500+500+200) = 2.4 \times 10^5 \text{mm}^2$$

$$\mu_N = \frac{N}{f_c A} = \frac{2700 \times 10^3}{16.7 \times 2.4 \times 10^5} = 0.67$$

故仅十字形柱满足，选（C）项。

（2）根据《异形柱规》5.2.1 条、5.2.2 条：

$$V_c \leqslant \frac{1}{\gamma_{RE}}(0.2 f_c b_c h_{c0}) = \frac{1}{0.85}(0.2 \times 16.7 \times 200 \times 565) = 444000\text{N} = 444\text{kN}$$

$\dfrac{N}{f_c A} = 0.4$，故 $N > 0.3 f_c A = 0.3 \times 16.7 \times 2.2 \times 10^5 = 11.022 \times 10^5 \text{N}$

$$\text{取 } N = 11.022 \times 10^5 \text{N}$$

$$V_u = \gamma_{RE}\left(\frac{1.05}{\lambda+1.0} f_t b_c h_{c0} + f_{yv}\frac{A_{sv}}{s} h_{c0} + 0.056N\right)$$

$$= \frac{1}{0.85}\left(\frac{1.05}{2.2+1.0} \times 1.57 \times 200 \times 565 + 360 \times \frac{2 \times 78}{100} \times 565 + 0.056 \times 1102200\right)$$

$$= 514\text{kN} > 444\text{kN}$$

故取 $V_u=444\text{kN}$，选（A）项。

四、结构构造

1. 一般规定和异形柱结构

> ● 复习《异形柱规》6.1.1 条～6.2.15 条。

需注意的是：

(1)《异形柱规》6.1.2 条规定，混凝土强度等级≤C50，且≥C25。

(2)《异形柱规》6.2.9 条及条文说明，$\rho_v \leqslant 2\%$。

(3)《异形柱规》6.2.10 条的条文说明："当 ρ_v 相同时，采用较小的箍筋直径 d_v 和箍筋间距 s 比采用较大的箍筋直径 d_v 和箍筋间距 s 的延性好。……，只有在箍筋间距 s 对受压纵筋支撑长度达到一定要求时，增大体积配筋率 ρ_{v}，才能达到提高延性的目的。"

【**例 1.7.4-1**】题目条件同【例 1.7.3-1】。假定，该底层柱轴压比为 0.5，试问，该底层框架柱柱端加密区的箍筋配置选用下列何项才能满足规程的最低要求？

提示： 按《混凝土异形柱结构技术规程》JGJ 149—2017 作答；

(A) Φ 8@150　　(B) Φ 8@100　　(C) Φ 10@150　　(D) Φ 10@100

【**解答**】查《异形柱规》表 6.2.9，当轴压比为 0.5 时，二级 T 形框架柱 $\lambda_{\mathrm{v}}=0.20$

根据《异形柱规》公式（6.2.9）：

箍筋均采用 HRB400 级，$f_{\mathrm{yv}}=360\mathrm{N/mm^2}$

$$\rho_{\mathrm{v}} \geqslant \lambda_{\mathrm{v}} \frac{f_{\mathrm{c}}}{f_{\mathrm{yv}}} = 0.20 \times \frac{16.7}{360} = 0.93\% > 0.8\%$$

取 Φ 8@100，则：

$$\rho_{\mathrm{v}} = \frac{4 \times [(600-2\times30+8)+(200-2\times30+8)] \times 50.3}{[(600-2\times30)\times140+400\times140] \times 100} = 1.06\% > 0.93\%$$

箍筋最大间距为：min [100mm，$6\times20=120$mm] $=100$mm

满足《异形柱规》表 6.2.10，故选（B）项。

2. 异形柱框架梁柱节点

● 复习《异形柱规》6.3.1 条～6.3.9 条。

需注意的是：

（1）6.3.3 条、6.3.4 条规定及其条文说明。其中，规范图 6.3.3-1（*a*）中 4-梁的纵向受力钢筋是从柱纵筋内侧锚入；规范图 6.3.3-1（*b*）中 4-梁的纵向受力钢筋是从柱纵筋外侧锚入。

（2）6.3.3 条中"梁的侧面设置纵向构造钢筋"为腰筋。

【**例 1.7.4-2**】题目条件同【例 1.7.3-1】。假定，该异形柱框架顶层端节点如图 1.7.4-1 所示，计算时按刚接考虑，柱外侧按计算配置的受拉钢筋为 4 Φ 20。试问，柱外侧纵向受拉钢筋伸入梁内或板内的水平段长度 l（mm），取以下何项数值才能满足《混凝土异形柱结构技术规程》JGJ 149—2017 的最低要求？

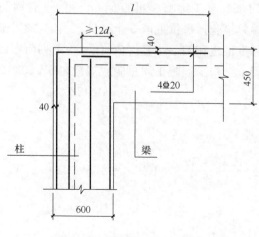

图 1.7.4-1

(A) 700   (B) 900   (C) 1100   (D) 1300

【解答】根据《混规》11.6.7 条、11.1.7 条：

$$l_{abE} = 1.15 l_{ab}$$

由《混规》8.3.1 条：

$$l_{ab} = \alpha \frac{f_y}{f_t} d = 0.14 \times \frac{360}{1.43} \times 20 = 705 \text{mm}, l_a = l_{ab} = 705 \text{mm}$$

故：

$$l_{aE} = 1.15 \times 705 = 811 \text{mm}$$

根据《异形柱规》图 6.3.2（a）：

$$l \geqslant 1.6 l_{abE} - (450 - 40) = 1.6 \times 811 - 410 = 888 \text{mm}$$

$$l \geqslant 1.5 h_b + (600 - 40) = 1.5 \times 450 + 560 = 1235 \text{mm}$$

取较大值，选（D）项。

第八节 《混 验 规》

一、基本规定

● 复习《混验规》3.0.1 条～3.0.9 条。

二、模板分项工程

● 复习《混验规》4.1.1 条～4.2.11 条。

三、钢筋分项工程

● 复习《混验规》5.1.1 条～5.5.3 条。

【例 1.8.3-1】（2016T05）某工地有一批直径 6mm 的盘卷钢筋，钢筋牌号 HRB400。钢筋调直后应进行重量偏差检验，每批抽取 3 个试件。假定，3 个试件的长度之和为 2m。试问，这 3 个试件的实际重量之和的最小容许值（g）与下列何项数值最为接近？

提示：本题按《混凝土结构工程施工质量验收规范》GB 50204—2015 作答。

(A) 409   (B) 422

(C) 444   (D) 468

【解答】根据《混验规》5.3.4 条：

$$\Delta = \frac{W_d - W_0}{W_0} \times 100 \geqslant -8, \quad W_d \geqslant 0.92 W_0$$

$$W_0 = 2 \times 0.222 \times 10^3 = 444 \text{g}$$

$$W_d \geqslant 0.92 \times 444 = 408.5 \text{g}$$

因此选（A）项。

四、预应力分项工程

●复习《混验规》6.1.1条～6.5.5条。

五、混凝土分项工程

●复习《混验规》7.1.1条～7.4.3条。

【例1.8.5-1】（2014T14）某混凝土设计强度等级为C30，其试验室配合比为：水泥：砂子：石子＝1.00：1.88：3.69，水胶比为0.57。施工现场实测砂子的含水率为5.3%，石子的含水率为1.2%。试问，施工现场拌制混凝土的水胶比，取下列何项数值最为合适？

(A) 0.42

(B) 0.46

(C) 0.50

(D) 0.53

【解答】根据《混验规》7.3.4条，满足设计配合比，则：

设：水泥＝1.0

砂子＝1.88/(1－5.3%)＝1.985

石子＝3.69/(1－1.2%)＝3.735

水＝0.57－1.985×5.3%－3.735×1.2%＝0.42

施工水胶比＝水/水泥＝0.42/1.0＝0.42

故选（A）项。

六、现浇结构分项工程

●复习《混验规》8.1.1条～8.3.3条。

七、装配式结构分项工程

●复习《混验规》9.1.1条～9.3.9条。

第九节 《组 合 规 范》

《组合规范》真题较少，相关案例，见《一、二级注册结构工程师专业考试应试技巧与题解》。

【例1.9.1-1】（2018B18）下列四项观点：

Ⅰ. 有端柱型钢混凝土剪力墙，其截面刚度可按端柱中混凝土截面面积加上型钢按弹性模量比折算的等效混凝土面积计算其抗弯刚度和轴向刚度；墙的抗剪刚度可不计入型钢影响；

Ⅱ. 型钢混凝土框架-钢筋混凝土剪力墙结构，当楼盖梁采用型钢混凝土梁时，结构在多遇地震作用下的结构阻尼比可取为 0.05；

Ⅲ. 不考虑地震作用组合的型钢混凝土柱可采用埋入式柱脚，也可采用非埋入式柱脚；

Ⅳ. 结构局部部位为钢板混凝土剪力墙的竖向规则剪力墙结构在 7 度区的最大适用高度为 120m。

试问，依据《组合结构设计规范》JGJ 138—2016，针对上述观点准确性的判断，下列何项正确？

(A) Ⅰ、Ⅳ准确
(B) Ⅱ、Ⅲ准确
(C) Ⅰ、Ⅱ准确
(D) Ⅲ、Ⅳ准确

【解答】 根据《组合规范》4.3.4 条，Ⅰ准确；

根据《组合规范》4.3.6 条，Ⅱ不准确；

根据《组合规范》6.5.1 条，Ⅲ不准确；

根据《组合规范》4.3.5 条，Ⅳ准确。

故选（A）项。

第十节 结构静力计算

【例 1.10.1-1】（2012T14）某现浇钢筋混凝土三层框架，计算简图如图 1.10.1-1 所示，各梁、柱的相对线刚度及楼层侧向荷载标准值如图 1.10.1-1 所示。假设，该框架满足用反弯点法计算内力的条件，首层柱反弯点在距本层柱底 2/3 柱高处，二、三层柱反弯点在本层 1/2 柱高处。试问，一层顶梁 L1 的右端在该侧向荷载作用下的弯矩标准值 M_k （kN·m）与下列何项数值最为接近？

(A) 29
(B) 34
(C) 42
(D) 50

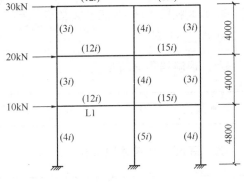

图 1.10.1-1

【解答】 $V_1 = 30 + 20 + 10 = 60\text{kN}$，$V_2 = 30 + 20 = 50\text{kN}$

$$中柱一层顶节点处柱弯矩之和 = 50 \times \frac{4}{3+4+3} \times \frac{4.0}{2} + 60 \times \frac{5}{4+5+4} \times \frac{4.8}{3} = 77\text{kN·m}$$

$$M_k = \frac{12}{12+15} \times 77 = 34.2\text{kN·m}$$

故选（B）项。

【例 1.10.1-2】（2012T01）某钢筋混凝土框架结构多层办公楼局部平面布置如图 1.10.1-2 所示（均为办公室），梁、板、柱混凝土强度等级均为 C30，梁、柱纵向钢筋为 HRB400 钢筋，楼板纵向钢筋及梁、柱箍筋为 HRB335 钢筋。

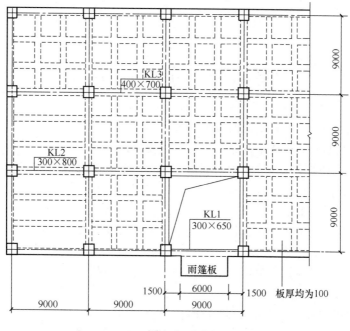

图 1.10.1-2

假设，雨篷梁 KL1 与柱刚接，试问，在雨篷荷载作用下，梁 KL1 的扭矩图与下列何项图示较为接近？

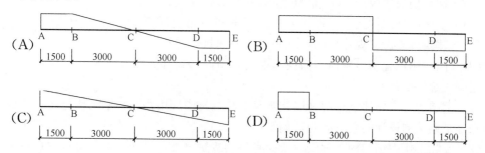

【解答】 由力学知识，雨篷梁与柱刚接，梁的扭矩图为：在雨篷板范围以内为直线，在雨篷板范围以外为直线，故选（A）项。

第二章 钢 结 构

根据考试大纲要求，主要应把握以下内容：

（1）应重点把握钢结构体系的布置原则和主要构造。

（2）掌握构件的强度及其整体和局部稳定计算、轴心受力构件和拉弯、压弯构件的计算、构件的连接计算、构造要求及其连接材料的选用。

（3）熟悉钢与混凝土组合梁、钢与混凝土组合结构的特点及其设计原理。

（4）掌握钢结构的疲劳计算及其构造要求，熟悉塑性设计的适用范围和计算方法、钢结构的防锈、隔热和防火措施。

（5）了解钢结构的制作、焊接、运输和安装等方面的基本要求。

钢结构设计的主要规范有：

（1）《钢结构设计标准》GB 50017（简称《钢标》）；

（2）《钢结构高强度螺栓连接技术规程》JGJ 82（简称《螺栓规程》）；

（3）《钢结构工程施工质量验收规范》GB 50205（简称《钢验规》）；

（4）《高层民用建筑钢结构技术规程》JGJ 99（简称《高钢规》）；

（5）《钢结构焊接规范》GB 50661（简称《焊接规范》）；

（6）《空间网格结构技术规程》JGJ 7（简称《网格规程》）；

（7）《建筑抗震设计规范》GB 50011（简称《抗规》）；

（8）《门式刚架轻型房屋钢结构技术规范》GB 51022（简称《门规》）。

还应注意的是：

（1）钢结构在高层建筑、超高层建筑及大跨结构中应用普遍，钢结构稳定、节点做法及防火等是钢结构设计的重点问题，钢结构设计计算的系数多，公式长，应特别注意。

（2）实际工作中钢结构工程较少或少有机会接触钢结构设计，可将重点放在对钢结构设计概念的理解与把握上。

第一节 《钢标》基本设计规定

一、总则和术语

- 复习《钢标》1.0.1 条~1.0.3 条。
- 复习《钢标》2.1.1 条~2.1.40 条。

需注意的是：

（1）《钢标》1.0.2 条及条文说明。

（2）《钢标》2.1.17 条、2.1.19 条、2.1.32 条。

（3）《钢标》2.1.30条、2.1.38条。

（4）《钢标》2.1.39条、2.1.40条。（与钢结构抗震性能化设计有关）

二、一般规定

- 复习《钢标》3.1.1条～3.1.14条。

需注意的是：

（1）疲劳计算的规定，分别见《钢标》3.1.2条、3.1.3条、3.1.6条、3.1.7条。

（2）动力荷载包括：吊车竖向荷载、电动葫芦等。

【例2.1.2-1】（2011T29）试问，计算吊车梁疲劳时，作用在跨间内的下列何种吊车荷载取值是正确的？

（A）荷载效应最大的一台吊车的荷载设计值

（B）荷载效应最大的一台吊车的荷载设计值乘以动力系数

（C）荷载效应最大的一台吊车的荷载标准值

（D）荷载效应最大的相邻两台吊车的荷载标准值

【解答】 根据《钢标》3.1.6条、3.1.7条的规定，故选（C）项。

三、结构体系

- 复习《钢标》3.2.1条～3.2.3条。
- 复习《钢标》附录A。

四、作用

- 复习《钢标》3.3.1条～3.3.5条。

需注意的是：

（1）《钢标》3.3.1条规定。

（2）《钢标》3.3.2条，H_k 为标准值，其设计值为 $1.4H_k$，同时，它为惯性力，故不再考虑动力系数。

（3）《钢标》3.3.4条规定。

五、结构或构件变形及舒适度

- 复习《钢标》3.4.1条～3.4.5条。
- 复习《钢标》附录B。

需注意的是：

（1）《钢标》3.1.5条规定，与《钢标》3.4节挂勾。

（2）《钢标》附录表B.1.1注1～4的规定。

【例2.1.5-1】 某冶金车间设有A8级吊车。试问，由一台最大吊车横向水平荷载所产生的挠度与吊车梁制动结构跨度之比的容许值，应取下列何项数值较为合适？

 (A) 1/500　　　　(B) 1/1200　　　　(C) 1/1800　　　　(D) 1/2200

【解答】根据《钢标》附录 B.1.2 条，容许值为 1/2200，故选（D）项。

【例 2.1.5-2】某车间内设有一台电动葫芦，其轨道梁吊挂于钢梁 AB 下。钢梁两端连接于厂房框架柱上，计算跨度 $L=7000\text{mm}$，计算简图如图 2.1.5-1 所示。钢材采用 Q235-B 钢，钢梁选用热轧 H 型钢 HN400×200×8×13，其截面特性：$A=83.37\times10^2\text{mm}^2$，$I_x=23500\times10^4\text{mm}^4$，$W_x=1170\times10^3\text{mm}^3$，$i_y=45.6\text{mm}$。

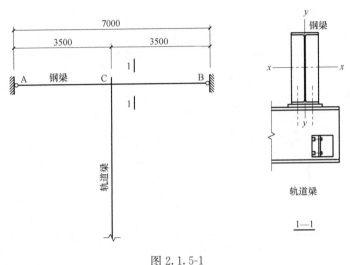

图 2.1.5-1

为便于对钢梁 AB 进行计算，将电动葫芦轨道梁、相关连接件和钢梁等自重折合为一集中荷载标准值 $G_k=6\text{kN}$，作用于 C 点处钢梁下翼缘，电动葫芦自重和吊重合计的荷载标准值 $Q_k=66\text{kN}$（按动力荷载考虑），不考虑电动葫芦的水平荷载。试问，钢梁 C 点处由永久荷载和可变荷载产生的最大挠度值 v_T（mm）、可变荷载产生的最大挠度值 v_Q（mm），最接近于下列何项？

 (A) $v_T=11$；$v_Q=10$　　　　　　(B) $v_T=12$；$v_Q=10$

 (C) $v_T=11$；$v_Q=8$　　　　　　(D) $v_T=12$；$v_Q=8$

【解答】根据《钢标》3.1.5 条、3.1.7 条：

$$v_T=\frac{1}{48}\cdot\frac{(G_k+Q_k)L^3}{EI_x}=\frac{1}{48}\times\frac{(6+66)\times10^3\times7000^3}{206\times10^3\times23500\times10^4}=10.6\text{mm}$$

$$v_Q=\frac{1}{48}\cdot\frac{Q_kL^3}{EI_x}=\frac{1}{48}\times\frac{66\times10^3\times7000^3}{2069\times10^3\times23500\times10^4}=9.7\text{mm}$$

故选（A）项。

【例 2.1.5-3】(2013T17) 某轻屋盖钢结构厂房，屋面不上人，屋面坡度为 1/10。采用热轧 H 型钢屋面檩条，其水平间距为 3m，钢材采用 Q235 钢。屋面檩条按简支梁设计，计算跨度 $l=12\text{m}$。假定，屋面水平投影面上的荷载标准值：屋面自重为 0.18kN/m^2，均布活荷载为 0.5kN/m^2，积灰荷载为 1.00 kN/m^2，雪荷载为 0.65kN/m^2。热轧 H 型钢檩条型号为 H400×150×8×13，自重为 0.56kN/m，其截面特征：$A=70.37\times10^2\text{mm}^2$，

$I_x = 18600 \times 10^4 \, \text{mm}^4$，$W_x = 929 \times 10^3 \, \text{mm}^3$，$W_y = 97.8 \times 10^3 \, \text{mm}^3$，$i_y = 32.2 \text{mm}$。屋面檩条的截面形式如图 2.1.5-2 所示。试问，屋面檩条垂直于屋面方向的最大挠度（mm）应与下列何项数值最为接近？

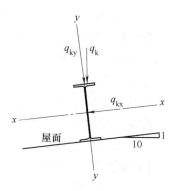

（A）40 　　　　　　（B）50

（C）60 　　　　　　（D）80

【解答】根据《钢标》3.1.5条，取标准组合计算。

图 2.1.5-2

由《荷规》5.4.3条、7.1.5条取雪荷载的 $\psi_c = 0.7$。

根据《荷规》3.2.8条：

$$q_k = (0.18 \times 3 + 0.56) + (1.00 + 0.7 \times 0.65) \times 3$$
$$= 5.465 \text{kN/m}$$

垂直于屋面方向的荷载标准值为：

$$q_{ky} = 5.465 \times \frac{10}{\sqrt{10^2 + 1^2}} = 5.44 \text{kN/m}$$

$$v = \frac{5}{384} \cdot \frac{q_{ky} l^4}{EI_x} = \frac{5}{384} \cdot \frac{5.44 \times 12000^4}{206 \times 10^3 \times 18600 \times 10^4} = 38.3 \text{mm}$$

故选（A）项。

六、截面板件宽厚比等级

　● 复习《钢标》3.5.1条、3.5.2条。

需注意的是：

（1）《钢标》表3.5.1注的规定。

（2）《钢标》3.5.1条的条文说明。

七、材料

1. 钢材牌号和材料选用

　● 复习《钢标》4.1.1条～4.2.2条。

　● 复习《钢标》4.3.1条～4.3.9条。

需注意的是：

（1）《钢标》4.1.1条条文说明，Q345钢与Q345GJ钢各自的适用对象、经济性等。

（2）《钢标》4.3.2条条文说明。

（3）《钢标》4.3.3条规定。根据现行国家标准《碳素结构钢》GB/T 700 和《低合金高强度结构钢》GB/T 1591，Q345 钢各质量等级进行夏比（V型缺口）冲击试验的试验温度见表 2.1.7-1。

表 2.1.7-1

钢号	试验温度	钢号	试验温度
Q345B	20℃	Q345D	−20℃
Q345C	0℃	Q345E	−40℃

(4)《钢标》4.3.6 条及条文说明。

【例 2.1.7-1】（2016T17）某冷轧车间单层钢结构主厂房，设有两台起重量为 25t 的重级工作制（A6）软钩吊车。吊车梁钢材为 Q345。

假定，非采暖车间，最低日平均室外计算温度为 −7.2℃。试问，焊接吊车梁钢材选用下列何种质量等级最为经济？

提示：最低日平均室外计算温度为吊车梁工作温度。

(A) Q345A   (B) Q345B   (C) Q345C   (D) Q345D

【解答】由《钢标》16.2.4 条，重级工作制吊车梁应进行疲劳计算；根据《钢标》4.3.3 条，应具有 0℃冲击韧性的合格保证，即质量等级为 C 级。

故选（C）项。

2. 设计指标和设计参数

- 复习《钢标》4.4.1 条～4.4.8 条。

【例 2.1.7-2】（2011T28）关于钢材和焊缝强度设计值的下列说法中，下列何项有误？

Ⅰ. 同一钢号不同质量等级的钢材，强度设计值相同；

Ⅱ. 同一钢号不同厚度的钢材，强度设计值相同；

Ⅲ. 钢材工作温度不同（如低温冷脆），强度设计值不同；

Ⅳ. 对接焊缝强度设计值与母材厚度有关；

Ⅴ. 角焊缝的强度设计值与焊缝质量等级有关。

(A) Ⅱ、Ⅲ、Ⅴ   (B) Ⅱ、Ⅴ   (C) Ⅲ、Ⅳ   (D) Ⅰ、Ⅳ

【解答】根据《钢标》4.4.1 条、4.4.5 条，故选（A）项。

【例 2.1.7-3】（2016T25）假定，某工字型钢柱采用 Q390 钢制作，翼缘厚度 40mm，腹板厚度 20mm。试问，作为轴心受压构件，该柱钢材的抗拉、抗压强度设计值（N/mm²），应取下列何项数值？

(A) 295   (B) 315   (C) 325   (D) 330

【解答】根据《钢标》表 4.4.1 及其注，应选（D）项。

第二节 《钢标》结构分析与稳定性设计

一、一般规定

- 复习《钢标》5.1.1 条～5.1.9 条。

二、初始缺陷

- 复习《钢标》5.2.1 条～5.2.2 条。

三、一阶弹性分析和二阶 *P-Δ* 弹性分析

● 复习《钢标》5.3.1条～5.4.2条。

四、直接分析法

● 复习《钢标》5.5.1条～5.5.10条。

第三节 《钢标》受弯构件

一、强度

● 复习《钢标》6.1.1条～6.1.5条。

【例 2.3.1-1】（2016T19）某冷轧车间单层钢结构主厂房，设有两台起重量为 25t 的重级工作制（A6）软钩吊车。吊车梁系统布置见图 2.3.1-1，吊车梁钢材为 Q345。

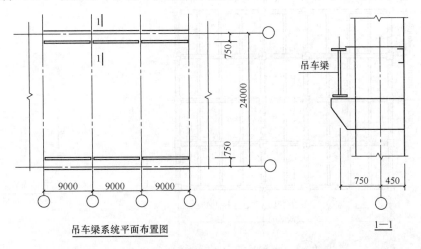

图 2.3.1-1

吊车梁截面见图 2.3.1-2，截面几何特性见表 2.3.1-1。假定，吊车梁最大竖向弯矩设计值为 1200kN·m，相应水平向弯矩设计值为 100kN·m。试问，在计算吊车梁抗弯强度时，其计算值（N/mm²）与下列何项数值最为接近？

表 2.3.1-1

吊车梁对 x 轴毛截面模量（mm³）		吊车梁对 x 轴净截面模量（mm³）		吊车梁制动结构对 y_1 轴净截面模量（mm³）
$W_x^{上}$	$W_x^{下}$	$W_{nx}^{上}$	$W_{nx}^{下}$	$W_{ny1}^{左}$
8202×10^3	5362×10^3	8085×10^3	5266×10^3	6866×10^3

(A) 150　　　　　　　　　　　　　　(B) 165

(C) 230　　　　　　　　　　　　　　(D) 240

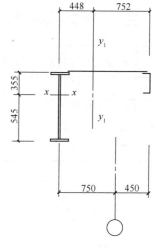

【解答】 根据《钢标》16.2.4条，应验算疲劳。

由《钢标》6.1.2条，取 $\gamma_x = \gamma_y = 1.0$。

上翼缘正应力 $\sigma = \dfrac{M_{x,\max}}{1.0 W_{nx}^{上}} + \dfrac{M_{y,\max}}{1.0 W_{ny1}^{左}} = \dfrac{1200 \times 10^6}{1 \times 8085 \times 10^3}$

$$+ \frac{100 \times 10^6}{1 \times 6866 \times 10^3} = 163 \text{N/mm}^2$$

下翼缘正应力 $\sigma = \dfrac{M_{x,\max}}{1.0 W_{nx}^{下}} = \dfrac{1200 \times 10^6}{1 \times 5266 \times 10^3}$

$$= 228 \text{N/mm}^2$$

故选（C）项。

图 2.3.1-2

【例 2.3.1-2】（2011T23）某钢结构办公楼，结构布置如图 2.3.1-3 所示。框架梁、柱采用 Q345，次梁、中心支撑、加劲板采用 Q235，楼面采用 150mm 厚 C30 混凝土楼板，钢梁顶采用抗剪栓钉与楼板连接。

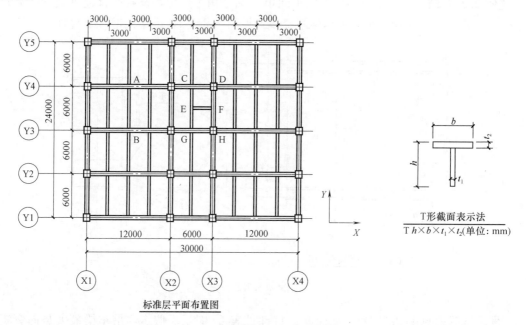

图 2.3.1-3

CGHD 区域内无楼板，次梁 EF 均匀受弯，弯矩设计值为 4.05kN·m，当截面采用 T125×125×6×9 时，构件抗弯强度计算数值（N/mm²）与下列何项数值最为接近？

表 2.3.1-2

截 面	A	W_{x1}	W_{x2}	i_y
	mm²	mm³	mm³	mm
T125×125×6×9	1848	8.81×10⁴	2.52×10⁴	28.2

(A) 60   (B) 130   (C) 150   (D) 160

【解答】根据《钢标》6.1.1条和6.1.2条：

$$\frac{b}{t} = \frac{125-6}{2 \times 9} = 6.6 < 13\varepsilon_k = 13$$

$$\frac{h_0}{t_w} = \frac{125-9}{6} = 19.3 < 93\varepsilon_k = 93$$

截面等级满足S3级。

查《钢标》表8.1.1，$\gamma_{x1} = 1.05$，$\gamma_{x2} = 1.2$

$$\frac{M_x}{\gamma_{x1}W_{nx1}} = \frac{4.05 \times 10^6}{1.05 \times 8.81 \times 10^4} = 44 \text{N/mm}^2$$

$$\frac{M_x}{\gamma_{x2}W_{nx2}} = \frac{4.05 \times 10^6}{1.2 \times 2.52 \times 10^4} = 134 \text{N/mm}^2$$

故选（B）项。

【例2.3.1-3】(2013T18) 某轻屋盖钢结构厂房，屋面不上人，屋面坡度为1/10。采用热轧H型钢屋面檩条，其水平间距为3m，钢材采用Q235钢。屋面檩条按简支梁设计，计算跨度$l = 12$m。假定，屋面水平投影面上的荷载标准值：屋面自重为0.18kN/m²，均布活荷载为0.5kN/m²，积灰荷载为1.00 kN/m²，雪荷载为0.65kN/m²。热轧H型钢檩条型号为H400×150×8×13，自重为0.56kN/m，其截面特征：$A = 70.37 \times 10^2$mm² $I_x = 18600 \times 10^4$mm⁴，$W_x = 929 \times 10^3$mm³，$W_y = 97.8 \times 10^3$mm³，$i_y = 32.2$mm。屋面檩条的截面形式如图2.3.1-4所示。

假定，屋面檩条垂直于屋面方向的最大弯矩设计值$M_x = 133$kN·m，同一截面处平行于屋面方向的侧向弯矩设计值$M_y = 0.3$kN·m。试问，若计算截面无削弱，在上述弯矩作用下，强度计算时，屋面檩条上翼缘的最大正应力计算值（N/mm²）应与下列何项数值最为接近？

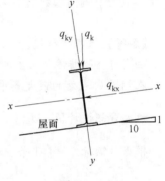

图2.3.1-4

(A) 180   (B) 165   (C) 150   (D) 140

【解答】根据《钢标》6.1.1条和6.1.2条，计算截面无削弱，热轧型钢，Q235，$\gamma_x = 1.05$，$\gamma_y = 1.20$

$$\frac{M_x}{\gamma_x W_{nx}} + \frac{M_y}{\gamma_y W_{ny}} = \frac{133 \times 10^6}{1.05 \times 929 \times 10^3} + \frac{0.3 \times 10^6}{1.20 \times 97.8 \times 10^3}$$
$$= 136.3 + 2.6 = 138.9 \text{N/mm}^2$$

故选（D）项。

【例2.3.1-4】某车间内设有一台电动葫芦，其轨道梁吊挂于钢梁AB下。钢梁两端连接于厂房框架柱上，计算跨度$L = 7000$mm，计算简图如图2.3.1-5所示。钢材采用Q235-B钢，钢梁选用热轧H型钢HN400×200×8×13，其截面特性：$A = 83.37 \times 10^2$mm²，$I_x = 23500 \times 10^4$mm⁴，$W_x = 1170 \times 10^3$mm³，$i_y = 45.6$mm。

为便于对钢梁AB进行计算，将电动葫芦轨道梁、相关连接件和钢梁等自重折合为一集中荷载标准值$G_k = 6$kN，作用于C点处钢梁下翼缘，电动葫芦自重和吊重合计的荷载

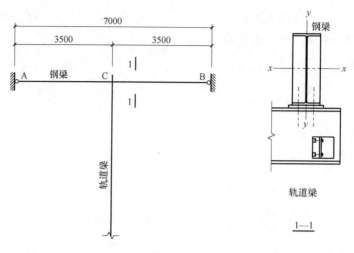

图 2.3.1-5

标准值 $Q_k = 66kN$（按动力荷载考虑），不考虑电动葫芦的水平荷载。已知 C 点处钢梁对 x 轴的净截面模量 $W_{nx} = 1050 \times 10^3 mm^3$。试问，钢梁 C 点处的最大应力计算数值（N/mm²）应与下列何项数值最为接近？

(A) 200　　　　　　(B) 177　　　　　　(C) 150　　　　　　(D) 130

【解答】根据《荷规》6.3.1 条，动力系数应取 1.05

由《可靠性标准》8.2.4 条：

在钢梁 C 点处的最大集中荷载设计值：$F = 1.3 \times 6 + 1.05 \times 1.5 \times 66 = 111.75kN$

最大弯矩设计值：$M_{xmax} = \dfrac{1}{4}FL = \dfrac{1}{4} \times 111.75 \times 7 = 195.56 kN \cdot m$

根据《钢标》6.1.1 条、6.1.2 条，热轧 H 型钢，Q235，$\gamma_x = 1.05$

$$\frac{M_x}{\gamma_x W_{nx}} = \frac{195.56 \times 10^6}{1.05 \times 1050 \times 10^3} = 177 N/mm^2$$

故选（B）项。

思考：本题中钢梁虽然承受动力荷载，但通常情况下车间内设置电动葫芦是为了安装和检修设备，其利用频率很低，不需要计算疲劳（否则题中会明确指出）。

【例 2.3.1-5】某单层钢结构厂房，安全等级为二级，柱距 21m，设置有两台重级工作制（A6）的软钩桥式吊车，最大轮压标准值 $P_{k,max} = 355kN$，吊车轨道高度 $h_R = 150mm$。

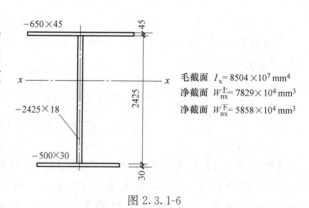

毛截面 $I_x = 8504 \times 10^7 mm^4$
净截面 $W_{nx}^{上} = 7829 \times 10^4 mm^3$
净截面 $W_{nx}^{下} = 5858 \times 10^4 mm^3$

图 2.3.1-6

吊车梁为焊接工字形截面，采用 Q345C 钢，吊车梁的截面尺寸如图 2.3.1-6 所示。图中长度单位为 mm。

试问，在吊车最大轮压作用下，该吊车梁在腹板计算高度上边缘的局部承压强度

（N/mm²），与下列何项数值最为接近？

(A) 78   (B) 71   (C) 62   (D) 53

【解答】 根据《荷规》6.3.1条，取动力系数为1.1。

由《可靠性标准》8.2.4条：

$$F = 1.1 \times 1.5 \times 355 \times 10^3 = 585.75 \times 10^3 \text{N}$$

根据《钢标》6.1.4条：

$$l_z = a + 5h_y + 2h_R = 50 + 5 \times 45 + 2 \times 150 = 575 \text{mm}$$

$$\sigma_c = \frac{\psi F}{t_w l_z} = \frac{1.35 \times 585.75 \times 10^3}{18 \times 575} = 76.4 \text{N/mm}^2$$

故选（A）项。

【例 2.3.1-6】 某车间吊车梁端部车挡采用焊接工字形截面，钢材采用 Q235B 钢，车挡截面特性如图 2.3.1-7 所示。作用于车挡上的吊车水平冲击力设计值为 $H = 201.8\text{kN}$，作用点距车挡底部的高度为 1.37m。

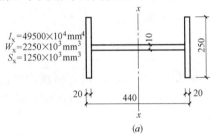
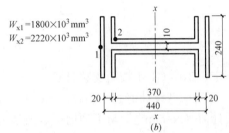

图 2.3.1-7

试问：

（1）对车挡进行抗弯强度计算时，截面的最大应力设计值（N/mm²）应与下列何项数值最为接近？

提示： 计算截面无栓（钉）孔削弱。

(A) 115   (B) 135   (C) 145   (D) 150

（2）对车挡进行抗剪强度计算时，车挡腹板的最大剪应力设计值（N/mm²）应与下列何项数值最为接近？

(A) 80   (B) 70   (C) 60   (D) 50

【解答】 （1）根据《钢标》6.1.1条、6.1.2条：

$$M_x = 201.8 \times 10^3 \times 1.37 \times 10^3 = 276.466 \times 10^4 \text{N} \cdot \text{mm},$$

$$\frac{b}{t} = \frac{250 - 10}{2 \times 20} = 6 < 13\varepsilon_k = 13$$

$$\frac{h_0}{t_w} = \frac{440 - 20 \times 2}{10} = 44 < 93\varepsilon_k = 93$$

截面等级满足 S3 级，取 $\gamma_x = 1.05$

$$\frac{M_x}{\gamma_x W_{nx}} = \frac{276.466 \times 10^6}{1.05 \times 2250 \times 10^3} = 117.0 \text{N/mm}^2$$

故选（A）项。

（2）根据《钢标》6.1.3条：

$$\frac{VS}{It_w} = \frac{201.8 \times 10^3 \times 1250 \times 10^3}{49500 \times 10^4 \times 10} = 51.0 \text{N/mm}^2$$

故选（D）项。

【例 2.3.1-7】 某商厦增建钢结构入口大堂，其屋面结构布置如图 2.3.1-8 所示，新增钢结构依附于商厦的主体结构。钢材采用 Q235B 钢，钢柱 GZ-1 和钢梁 GL-1 均采用热轧 H 型钢 H446×199×8×12 制作，其截面特性为：$A = 8297 \text{mm}^2$，$I_x = 28100 \times 10^4 \text{mm}^4$，$I_y = 1580 \times 10^4 \text{mm}^4$，$i_x = 184 \text{mm}$，$i_y = 43.6 \text{mm}$，$W_x = 1260 \times 10^3 \text{mm}^3$，$W_y = 159 \times 10^3 \text{mm}^3$。钢柱高 15m，上、下端均为铰接，弱轴方向 5m 和 10m 处各设一道系杆 XG。

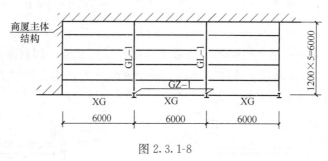

图 2.3.1-8

假定，钢梁 GL-1 按简支梁计算，计算简图如图 2.3.1-9 所示，永久荷载设计值 $G = 55 \text{kN}$，可变荷载设计值 $Q = 15 \text{kN}$。试问，对钢梁 GL-1 进行抗弯强度验算时，最大弯曲应力设计值（N/mm^2），与下列何项数值最为接近？

提示： 不计钢梁的自重。

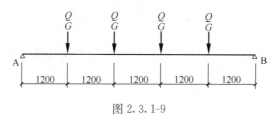

图 2.3.1-9

(A) 170   (B) 180   (C) 190   (D) 200

【解】 $R_A = 4(55 + 15) \times \frac{1}{2} = 140 \text{kN}$

$$M_{max} = 140 \times 2.4 - (55 + 15) \times 1.2 = 252 \text{kN} \cdot \text{m}$$

（注意，取梁跨中央处，其 M_{max} 也是 252kN·m）

根据《钢标》6.1.1 条，热轧 H 型钢，Q235，$\gamma_x = 1.05$

$$\frac{M}{\gamma_x W_x} = \frac{252 \times 10^6}{1.05 \times 1260 \times 10^3} = 190.5 \text{N/mm}^2$$

故选（C）项。

二、整体稳定性

- 复习《钢标》6.2.1 条～6.2.7 条。
- 复习《钢标》附录 C。

【例 2.3.2-1】（2012T26）某单层工业厂房，屋面及墙面的围护结构均为轻质材料，屋面梁与上柱刚接，梁柱均采用 Q345 焊接 H 形钢，梁、柱 H 形截面表示方式为：梁高×梁宽×腹板厚度×翼缘厚度。上柱截面为 H800×400×12×18，梁截面为 H1300×400×12×20，抗震设防烈度为 7 度。框架上柱最大设计轴力为 525kN。

本工程柱距 6m，吊车梁无制动结构，截面如图 2.3.2-1 所示，采用 Q345 钢，最大弯矩设计值 $M_x = 960kN \cdot m$。试问，梁的整体稳定系数与下列何项数值最为接近？

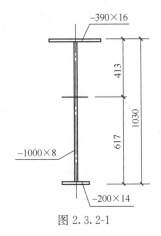

图 2.3.2-1

提示：① $\beta_b = 0.696$；$\eta_b = 0.631$。

② 吊车梁设置纵向加劲肋，梁截面等级满足 S4 级。

表 2.3.2-1

截面	A	I_x	I_y	W_{x1}	W_{x2}	i_y
	mm²	mm⁴	mm⁴	mm³	mm³	mm
见图 2.2.2-1	17040	$2.82×10^9$	$8.84×10^7$	$6.82×10^6$	$4.566×10^6$	72

（A）1.25　　　　（B）1.0　　　　（C）0.85　　　　（D）0.5

【解答】 $\lambda_y = \dfrac{6000}{72} = 83$

根据《钢标》式（C.0.1-1）：

$$\varphi_b = \beta_b \cdot \frac{4320}{\lambda_y^2} \cdot \frac{Ah}{W_x} \left[\sqrt{1 + \left(\frac{\lambda_y t_1}{4.4h} \right)^2} + \eta_b \right] \cdot \varepsilon_k^2$$

$$= 0.696 \times \frac{4320}{83^2} \times \frac{17040 \times 1030}{6.82 \times 10^6} \left[\sqrt{1 + \left(\frac{83 \times 16}{4.4 \times 1030} \right)^2} + 0.631 \right] \times \frac{235}{345}$$

$$= 1.28 > 0.6$$

$$\varphi_b' = 1.07 - \frac{0.282}{\varphi_b} = 1.07 - \frac{0.282}{1.28} = 0.85 < 1$$

故选（C）项。

【例 2.3.2-2】（2012T27）某车间设备平台改造增加一跨，新增部分跨度 8m，柱距 6m，采用柱下端铰接、梁柱刚接、梁与原有平台铰接的刚架结构，平台铺板为钢格栅板；刚架计算简图如图 2.3.2-2 所示，图中长度单位为 mm。刚架与支撑全部采用 Q235-B 钢，手工焊接采用 E43 型焊条。

构件截面参数见表 2.3.2-2。

表 2.3.2-2

截面	截面面积 A (mm²)	惯性矩（平面内）I_x (mm⁴)	惯性半径 i_x (mm)	惯性半径 i_y (mm)	截面模量 W_x (mm³)
HM340×250×9×14	$99.53×10^2$	$21200×10^4$	$14.6×10$	$6.05×10$	$1250×10^3$
HM488×300×11×18	$159.2×10^2$	$68900×10^4$	$20.8×10$	$7.13×10$	$2820×10^3$

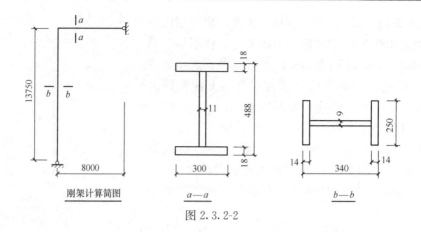

刚架计算简图   a—a   b—b

图 2.3.2-2

假设刚架无侧移，刚架梁及柱均采用双轴对称轧制 H 型钢，梁计算跨度 $l_x = 8m$，平面外自由长度 $l_y = 4m$，梁截面为 HM488×300×11×18，柱截面为 HM340×250×9×14；刚架梁的最大弯矩设计值为 $M_{xmax} = 486.4kN \cdot m$，且不考虑截面削弱。试问，刚架梁整体稳定验算时，以应力形式表达的稳定性计算数值（N/mm^2），与下列何项数值最为接近？

提示： 假定梁为均匀弯曲的受弯构件。

(A) 163   (B) 173   (C) 183   (D) 193

【解答】 根据《钢标》6.2.2 条及附录 C：

$$\lambda_y = \frac{l_y}{i_y} = \frac{4000}{71.3} = 56.1 < 120$$

根据《钢标》式（C.0.5-1）：

$$\varphi_b = 1.07 - \frac{\lambda_y^2}{44000\varepsilon_k^2} = 1.07 - \frac{56.1^2}{44000 \times 1} = 0.998$$

$$\frac{M_x}{\varphi_b W_x} = \frac{486.4 \times 10^6}{0.998 \times 2820 \times 10^3} = 172.8 N/mm^2$$

故选（B）项。

思考： 题中给出条件平台铺板为钢铬栅板，可以理解为其不能阻止梁受压翼缘的侧向位移，虽有铺板，但不是密铺板，否则根据《钢标》6.2.1 条的规定，可以不必计算其整体稳定性。

【例 2.3.2-3】（2013T22）某构筑物根据使用要求设置一钢结构夹层，钢材采用 Q235 钢，结构平面布置如图 2.3.2-3 所示。构件之间连接均为铰接。抗震设防烈度为 8 度。

假定，不考虑平台板对钢梁的侧向支承作用。试问，采取下列何项措施对增加梁的整体稳定性最为有效？

(A) 上翼缘设置侧向支承点

(B) 下翼缘设置侧向支承点

(C) 设置加劲肋

(D) 下翼缘设置隅撑

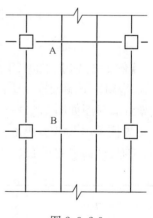

图 2.3.2-3

【解答】 首先，侧向支承点应设置在受压翼缘处，由于简支梁的受压翼缘为上翼缘，因此，（B）、（D）错误，而若让加劲肋作为侧向支撑点，需要满足各种条件。

故选（A）项。

【例 2.3.2-4】（2013T19）某轻屋盖钢结构厂房，屋面不上人，屋面坡度为 1/10。采用热轧 H 型钢屋面檩条，其水平间距为 3m，钢材采用 Q235 钢。屋面檩条按简支梁设计，计算跨度 $l=12m$。假定，屋面水平投影面上的荷载标准值：屋面自重为 $0.18kN/m^2$，均布活荷载为 $0.5kN/m^2$，积灰荷载为 $1.00kN/m^2$，雪荷载为 $0.65kN/m^2$。热轧 H 型钢檩条型号为 H400×150×8×13，自重为 $0.56kN/m$，其截面特征：$A=70.37×10^2mm^2$，$I_x=18600×10^4mm^4$，$W_x=929×10^3mm^3$，$W_y=97.8×10^3mm^3$，$i_y=32.2mm$。屋面檩条的截面形式如图 2.3.2-4 所示。

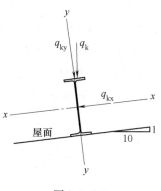

图 2.3.2-4

屋面檩条支座处已采取构造措施以防止梁端截面的扭转。假定，屋面不能阻止屋面檩条的扭转和受压翼缘的侧向位移，而在檩条间设置水平支撑系统，则檩条受压翼缘侧向支承点之间间距为 4m。屋面檩条垂直于屋面方向的最大弯矩设计值 $M_x=133kN·m$，同一截面处平行于屋面方向的侧向弯矩设计值 $M_y=0.3kN·m$。试问，对屋面檩条进行整体稳定性计算时，以应力形式表达的整体稳定性计算值（N/mm²）应与下列何项数值最为接近？

(A) 205　　　　　(B) 190　　　　　(C) 170　　　　　(D) 145

【解答】 根据《钢标》附录 C 表 C.0.1：$\beta_b=1.20$

$$l_1=4000mm,\quad i_y=32.2mm,\quad \lambda_y=\frac{l_1}{i_y}=\frac{4000}{32.2}=124.2$$

$$\varphi_b=\beta_b\frac{4320}{\lambda_y^2}\cdot\frac{Ah}{W_x}\left[\sqrt{1+\left(\frac{\lambda_y t_1}{4.4h}\right)^2}+\eta_b\right]\varepsilon_k^2$$

$$=1.20×\frac{4320}{124.2^2}\cdot\frac{70.37×10^2×400}{929×10^3}\left[\sqrt{1+\left(\frac{124.2×13}{4.4×400}\right)^2}+0\right]×\frac{235}{235}$$

$$=1.20×0.8485×1.357=1.38>0.6$$

$$\varphi_b'=1.07-\frac{0.282}{\varphi_b}=1.07-\frac{0.282}{1.38}=0.866<1.0$$

根据《钢标》6.2.3 条，热轧 H 型钢，Q235，$\gamma_y=1.20$

$$\frac{M_x}{\varphi_b W_x}+\frac{M_y}{\gamma_y W_y}=\frac{133×10^6}{0.866×929×10^3}+\frac{0.3×10^6}{1.20×97.8×10^3}$$

$$=165.3+2.6=167.9N/mm^2$$

故选（C）项。

思考： 对屋盖檩条来说，屋面是否能阻止屋盖檩条的扭转和受压翼缘的侧向位移取决于屋面板的安装方式：屋面板采用咬合型连接时，宜将其看成对檩条上翼缘无约束，此时应设置横向水平支撑加以约束；屋面板采用自攻螺钉与屋盖檩条连接时，可视其为檩条上翼缘的约束。

三、局部稳定性

●复习《钢标》6.3.1条～6.3.7条。

【例 2.3.3-1】（2011T21）某构筑物根据使用要求设置一钢结构夹层，钢材采用 Q235 钢，结构平面布置如图 2.3.3-1 所示。构件之间连接均为铰接。抗震设防烈度为 8 度。

假定，钢梁 AB 采用焊接工字形截面，截面尺寸为 H600×200×6×12，如图 2.3.3-2 所示。试问，下列说法何项正确？

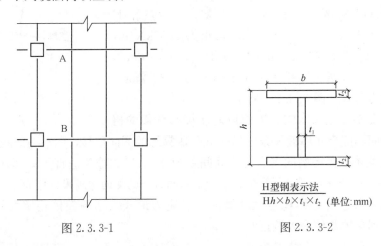

图 2.3.3-1　　　　　　　　　　　图 2.3.3-2

（A）钢梁 AB 应符合《抗规》抗震设计时板件宽厚比的要求

（B）按《钢标》式（6.1.1）、式（6.1.3）计算强度，按《钢标》6.3.2 条设置横向加劲肋，无需计算腹板稳定性

（C）按《钢标》式（6.1.1）、式（6.1.3）计算强度，并按《钢标》6.3.2 条设置横向加劲肋及纵向加劲肋，无需计算腹板稳定性

（D）可按《钢标》第 6.4 节计算腹板屈曲后强度，并按《钢标》6.3.3 条、6.3.4 条计算腹板稳定性

【解答】由于题目明确钢梁所有连接均为铰接，钢梁 AB 为非抗震构件，无需按《抗规》进行抗震设计，因此（A）项错误。

腹板高厚比计算：$\dfrac{600-2\times 12}{6}=98>80$

根据《钢标》6.3.1 条，均应计算腹板稳定性，因此，（B）、（C）项错误；由于钢梁 AB 为次梁，仅承受静力荷载，可考虑腹板屈曲后强度，因此（D）项正确。

故选（D）项。

【例 2.3.3-2】（2014T29）假定，某承受静力荷载作用且无局部压应力的两端铰接钢结构次梁，腹板仅配置支承加劲肋，材料采用 Q235，截面如图 2.3.3-3 所示，试问，当符合《钢结构设计标准》GB 50017—2017 第 6.4.1 条的设计规定时，下列说法何项最为合理？

提示："合理"指结构造价最低。

（A）应加厚腹板

（B）应配置横向加劲肋

（C）应配置横向及纵向加劲肋

（D）无须增加额外措施

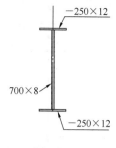

图 2.3.3-3

【解答】翼缘板件宽厚比：$\dfrac{b}{t} = \dfrac{(250-8)/2}{12} = 10.1 < 13$

腹板板件高厚比：$h_0/t_w = 700/8 = 87.5 > 80$

根据《钢标》6.3.1 条的规定，故应选（D）项。

【例 2.3.3-3】（2016T20）某冷轧车间单层钢结构主厂房，设有两台起重量为 25t 的重级工作制（A6）软钩吊车。吊车梁钢材为 Q345。

假定，吊车梁腹板采用 -900×10 截面。试问，采用下列何种措施最为合理？

（A）设置横向加劲肋，并计算腹板的稳定性

（B）设置纵向加劲肋

（C）加大腹板厚度

（D）可考虑腹板屈曲后强度，按《钢结构设计标准》GB 50017—2017 第 6.4 节的规定计算抗弯和抗剪承载力

【解答】根据《钢标》6.3.1、6.3.2 条：

$$\frac{h_0}{t_w} = \frac{900}{10} = 90 > 80\varepsilon_k = 80\sqrt{\frac{235}{345}} = 66$$

$$< 170\varepsilon_k = 170\sqrt{\frac{235}{345}} = 140$$

故选（A）项。

四、焊接截面梁腹板考虑屈曲后强度的计算

- 复习《钢标》6.4.1 条、6.4.2 条。

第四节 《钢标》轴心受力构件

一、构件的计算长度和容许长细比

（一）桁架

- 复习《钢标》7.4.1 条～7.4.3 条。
- 复习《钢标》7.4.6 条、7.4.7 条。

【例 2.4.1-1】（2011T26）某厂房屋面上弦平面布置如图 2.4.1-1 所示，钢材采用 Q235，焊条采用 E43 型。

图 2.4.1-1 中，AB 杆为双角钢十字截面，采用节点板与弦杆连接，当按杆件的长细

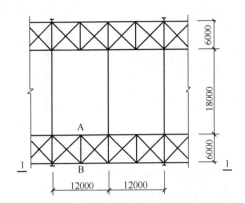

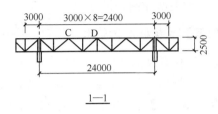

图 2.4.1-1

比选择截面时，下列何项截面最为合理？

提示： 杆件的轴心压力很小（小于其承载能力的 50%）。

(A) $\llcorner$ 63×5 （$i_{min}=24.5mm$）　　　　(B) $\llcorner$ 70×5 （$i_{min}=27.3mm$）

(C) $\llcorner$ 75×5 （$i_{min}=29.2mm$）　　　　(D) $\llcorner$ 80×5 （$i_{min}=31.3mm$）

【解答】 根据《钢标》表 7.4.6，及表 7.4.1-1：

$$i_{min}=\frac{0.9\times6000}{200}=27mm<27.3mm，故选（B）项。$$

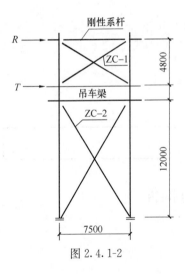

图 2.4.1-2

【例 2.4.1-2】 某重级工作制吊车的单层厂房，其边跨纵向柱列的柱间支撑布置及几何尺寸如图 2.4.1-2 所示。上段、下段柱间支撑 ZC-1、ZC-2 均采用十字交叉式，按柔性受拉斜杆设计，柱顶设有通长刚性系杆。钢材采用 Q235 钢，焊条为 E43 型。假定，厂房山墙传来的风荷载设计值 $R=110kN$，吊车纵向水平刹车力设计值 $T=125kN$。

假定，上段柱间支撑 ZC-1 采用等边单角钢组成的单片交叉式支撑，在交叉点相互连接。试问，若仅按构件的容许长细比控制，该支撑选用下列何种规格角钢最为合理？

提示： 斜平面内的计算长度可取平面外计算长度的 0.7 倍。

(A) L70×6 （$i_x=21.5mm$，$i_{min}=13.8mm$）

(B) L80×6 （$i_x=24.7mm$，$i_{min}=15.9mm$）

(C) L90×6 （$i_x=27.9mm$，$i_{min}=18.0mm$）

(D) L100×6 （$i_x=31.0mm$，$i_{min}=20.0mm$）

【解答】 根据《钢标》7.4.2 条：

平面外 $l_{0y}=\sqrt{4800^2+7500^2}=8904mm$；斜平面内 $l_{0v}=0.7\times8904=6233mm$

根据《钢标》表 7.4.7：

平面外 $i_y \geq \dfrac{l_{0y}}{[\lambda]} = \dfrac{8904}{350} = 25.4\text{mm}$；斜平面内 $i_{\min} \geq \dfrac{l_{0v}}{[\lambda]} = \dfrac{6233}{350} = 17.8\text{mm}$

选 L90×6，$i_x = 27.9\text{mm}$，$i_{\min} = 18.0\text{mm}$

故选（C）项。

思考： 假定，本题目未给提示，则按《钢标》7.4.2条，取 $l_{0v} = 0.5 \times 8904 = 4452\text{mm}$，$i_{\min} \geq \dfrac{4452}{350} = 12.72\text{mm}$

故也选（C）项。

【例 2.4.1-3】 门式刚架屋面水平支撑采用张紧的十字交叉圆钢支撑，假定，其截面满足抗拉强度的设计要求。试问，该支撑的长细比按下列何项要求控制？

（A）300　　　　（B）350　　　　（C）400　　　　（D）不控制

【解答】 根据《钢标》表7.4.7，张紧的圆钢不控制长细比，故选（D）项。

（二）塔架

- 复习《钢标》7.4.4条、7.4.5条。

（三）铰接的轴心受压柱

- 复习《钢标》7.4.8条。

二、截面强度计算

- 复习《钢标》7.1.1条～7.1.3条。

需注意的是：

（1）螺栓孔引起的截面削弱，根据《钢标》表11.5.2注3规定：
$$d_c = \max(d+4, d_0)$$

（2）《钢标》7.1.3条表7.1.3中单角角钢规定。

【例 2.4.2-1】（2013T28）某钢结构平台承受静力荷载，钢材均采用Q235钢。该平台有悬挑次梁与主梁刚接。假定，次梁上翼缘处的连接板需要承受由支座弯矩产生的轴心拉力设计值 $N = 360\text{kN}$。

假定，悬挑次梁与主梁的焊接连接改为高强度螺栓摩擦型连接，次梁上翼缘与连接板每侧各采用6个高强度螺栓，其刚接节点如图2.4.2-1所示。高强度螺栓的性能等级为10.9级，连接处构件接触面采用喷砂（丸）处理。次梁上翼缘处的连接板厚度 $t = 16\text{mm}$，在高强度螺栓处连接板的净截面面积 $A_n = 18.5 \times 10^2\text{mm}^2$。试问，该连接板按轴心受拉构件进行计算，在高强度螺栓摩擦型连接处的最大应力计算值（N/mm^2）应与下列何项数值最为接近？

（A）140　　　　（B）165　　　　（C）195　　　　（D）215

提示： 按《钢结构设计标准》GB 50017—2017作答。

【解答】 根据《钢标》7.1.1条：
$$\sigma = \left(1 - 0.5\frac{n_1}{n}\right)\frac{N}{A_n} = \left(1 - 0.5 \times \frac{2}{6}\right)\frac{360 \times 10^3}{18.5 \times 10^2} = 162.2\text{N/mm}^2$$

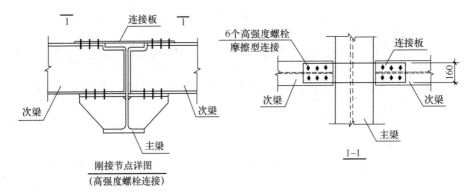

图 2.4.2-1

$$\sigma = \frac{N}{A} = \frac{360 \times 10^3}{160 \times 16} = 140.6 \text{N/mm}^2$$

取较大值，$\sigma = 162.2 \text{N/mm}^2$。

故选（B）项。

【例 2.4.2-2】（2017T24）假定，钢梁按内力需求拼接，翼缘承受全部弯矩，钢梁截面采用焊接 H 形钢 H450×200×8×12，连接接头处弯矩设计值 $M = 210 \text{kN·m}$，采用摩擦型高强度螺栓连接，如图 2.4.2-2 所示。采用标准圆孔。试问，该连接处翼缘板的最大应力设计值 σ（N/mm²），与下列何项数值最为接近？

提示：翼缘板根据弯矩按轴心受力构件计算。

(A) 220   (B) 150   (C) 190   (D) 215

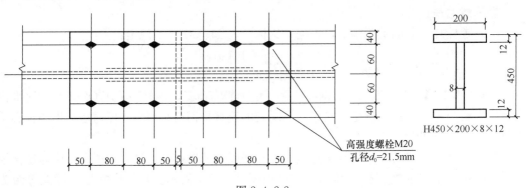

图 2.4.2-2

【解】 $N = \dfrac{210 \times 10^6}{450 - 12} = 479.5 \text{kN}$

根据《钢标》7.1.1 条、表 11.5.2 注 3：

$$d_c = \max(20 + 4, 21.5) = 24 \text{mm}$$

$$\sigma = \frac{N}{A} = \frac{479.5 \times 10^3}{200 \times 12} = 199.8 \text{N/mm}^2$$

$$A_n = (200 - 2 \times 24) \times 12 = 1824 \text{mm}^2$$

$$\sigma = \left(1 - 0.5 \times \frac{2}{6}\right) \times \frac{479.5 \times 10^3}{1824} = 219.06 \text{N/mm}^2$$

故选（A）项。

三、轴心受压构件的稳定性

1. 实腹式构件轴心受压的稳定性

● 复习《钢标》7.2.1条、7.2.2条、7.2.6条、7.2.7条。

【例 2.4.3-1】（2011T24）某厂房屋面上弦平面布置如图 2.4.3-1 所示，钢材采用 Q235，焊条采用 E43 型。

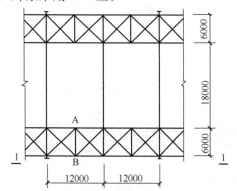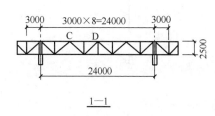

图 2.4.3-1

托架上弦杆 CD 选用 $\top 140 \times 10$，轴心压力设计值为 450kN，以应力形式表达的稳定性计算数值（N/mm²）与下列何项数值最为接近？

表 2.4.3-1

截　　面	A	i_x	i_y
	mm²	mm	mm
$\top 140 \times 10$	5475	43.4	61.2

(A) 100　　　　(B) 110　　　　(C) 130　　　　(D) 140

【解答】 根据《钢标》表 7.4.1-1，平面内计算长度为 3000mm，平面外计算长度为 6000mm

$$\lambda_x = \frac{3000}{43.4} = 69.1 \quad \lambda_y = \frac{6000}{61.2} = 98$$

根据《钢标》7.2.2 条：

$$\lambda_z = 3.9 \times \frac{140}{10} = 54.6 < \lambda_y，则：$$

$$\lambda_{yz} = 98 \times \left[1 + 0.16 \times \left(\frac{54.6}{98}\right)^2\right] = 103$$

对 x 轴和 y 轴均为 b 类，查《钢标》附录表 D.0.2，得 $\varphi_{min} = 0.535$

$$\frac{N}{\varphi_{\min}A} = \frac{450 \times 10^3}{0.535 \times 5475} = 154\text{N/mm}^2$$

故选（D）项。

【例 2.4.3-2】 某钢烟囱设计时，在邻近构筑物平台上设置支撑与钢烟囱相连，其计算简图如图 2.4.3-2 所示。支撑结构钢材采用 Q235-B 钢，手工焊接，焊条为 E43 型。撑杆 AB 采用填板连接而成的双角钢构件，十字形截面（⊥ 100×7），按实腹式构件进行计

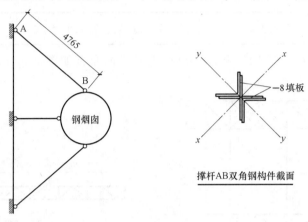

图 2.4.3-2

算，截面形式如图 2.4.1-3 所示，其截面特性：$A = 27.6 \times 10^2 \text{mm}^2$，$i_y = 38.9\text{mm}$。已知撑杆 AB 在风荷载作用下的轴心压力设计值 $N = 185\text{kN}$。

试问：

（1）已知一个等边角钢 L100×7 的最小回转半径 $i_{\min} = 19.9\text{mm}$。撑杆 AB（⊥ 100×7）角钢之间连接用填板间的最大距离（mm）与下列何项数值最为接近？

(A) 770   (B) 1030   (C) 1290   (D) 1540

（2）计算撑杆 AB 绕对称轴 y 轴的稳定性时，以应力形式表示的稳定性计算数值（N/mm²）与下列何项数值最为接近？

(A) 210   (B) 200   (C) 180   (D) 160

【解答】（1）根据《钢标》7.2.6 条：

$$40i = 40 \times 19.9 = 796\text{mm}$$

故选（A）项。

（2）根据《钢标》7.2.2 条：

$$l_{0y} = L = 4765\text{mm}, \quad i_y = 38.9\text{mm}$$

$$\frac{b}{t} = \frac{104}{7} = 14.86 < 15\varepsilon_k = 15, \text{ 不计算扭转屈曲}$$

$$\lambda_y = \frac{l_{0y}}{i_y} = \frac{4765}{38.9} = 122.5$$

b 类截面，查附表 D.0.2，$\varphi = 0.4235$

$$\frac{N}{\varphi A} = \frac{185 \times 10^3}{0.4235 \times 27.6 \times 10^2} = 158.3 \text{N/mm}^2$$

故选（D）项。

2. 格构式轴心受压构件的稳定性

● 复习《钢标》7.2.3 条～7.2.5 条。

【例 2.4.3-3】（2012T19、20）某钢结构平台，由于使用中增加荷载，需增设一格构柱，柱高 6m，两端铰接，轴心压力设计值为 1000kN，钢材采用 Q235 钢，焊条采用 E43 型，截面无削弱，格构柱如图 2.4.3-3 所示。

提示： 所有板厚均≤16mm。

表 2.4.3-2

截面	A	I_1	i_y	i_1
	mm²	mm⁴	mm	mm
[22a	3180	1.56×10^6	86.7	22.3

试问：

（1）根据构造确定，柱宽 b（mm）与下列何项数值最为接近？

(A) 150   (B) 250

(C) 350   (D) 450

（2）缀板的设置满足《钢结构设计标准》GB 50017—2017 的规定。试问，该格构柱作为轴心受压构件，当采用最经济截面进行绕 y 轴的稳定性计算时，以应力形式表达的稳定性计算值（N/mm²）应与下列何项数值最为接近？

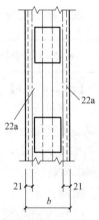

图 2.4.3-3

(A) 210   (B) 190

(C) 160   (D) 140

【解答】（1）$l_{0x} = l_{0y} = 6000$，$\lambda_{0x} \approx \lambda_y = \dfrac{6000}{86.7} = 69.2$，取 $\lambda_{\max} = 69.2$

根据《钢标》7.2.5 条：

$\lambda_1 \leqslant 0.5\lambda_{\max} = 0.5 \times 69.2 = 35 < \varepsilon_k = 40$，取 $\lambda_1 = 35$

$\lambda_{0x} = \sqrt{\lambda_x^2 + \lambda_1^2} = \lambda_y$，则：

$$\frac{l_{0x}^2}{i_1^2 + \left(\dfrac{b_0}{2}\right)^2} + \lambda_1^2 = \lambda_y^2，即：$$

$$\frac{6000^2}{22.3 + \left(\dfrac{b_0}{2}\right)^2} + 35^2 = 69.2^2，解之得：b_0 = 196\text{mm}$$

$$b = b_0 + 2z_1 = 196 + 2 \times 21 = 238\text{mm}$$

故选（B）项。

（2）根据《钢标》7.2.2条：

$$\lambda_y = \frac{l_{0y}}{i_y} = \frac{6000}{86.7} = 69.2$$

b 类截面，查附表 D.0.2，得 $\varphi_y = 0.756$

$$\frac{N}{\varphi_y A} = \frac{1000 \times 10^3}{0.756 \times 2 \times 3180} = 208 \text{N/mm}^2$$

故选（A）项。

3. 梭形圆管或方管轴心受压的稳定性

● 复习《钢标》7.2.8条、7.2.9条。

四、轴心受压构件的局部稳定和屈曲后强度

● 复习《钢标》7.3.1条～7.3.5条。

【**例 2.4.4-1**】某管道支架柱，柱两端铰接，钢材为 Q235 钢，截面无削弱，采用焊接工字形截面，翼缘板为焰切边，如图 2.4.4-1 所示，承受轴心力设计值 N =1600kN。

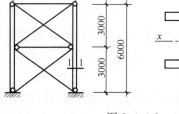

图 2.4.4-1

试问：

（1）该轴心受压柱的局部稳定验算时，其翼缘外伸部分满足下列何项关系式？

(A) 8.64＜14.95   (B) 8.64＜14.71

(C) 8.9＜14.95   (D) 8.9＜14.71

（2）该轴心受压柱的局部稳定验算时，其腹板部分满足下列何项关系式？

(A) 31.25＜49.75   (B) 31.25＜48.55

(C) 32.5＜49.75   (D) 32.5＜48.55

【**解答**】（1）平面内计算长度：$l_{0x} = 6.0$m；平面外计算长度：$l_{0y} = 3.0$m

$$\lambda_x = \frac{l_{0x}}{i_x} = \frac{600}{12.13} = 49.5$$

$$\lambda_y = \frac{l_{0y}}{i_y} = \frac{300}{6.37} = 47.1$$

根据《钢标》7.3.1条规定：

$$30 < \lambda = 49.5 < 100$$

$$\frac{b}{t} = \frac{250-8}{2 \times 14} = 8.64 < (10+0.1\lambda)\varepsilon_k = (10+0.1 \times 49.5) \times 1 = 14.95$$

故应选（A）项。

（2）根据《钢标》7.3.1条规定，取 $\lambda=49.5$。

$$\frac{h_0}{t_w}=\frac{250}{8}=31.25<(25+0.5\lambda)\varepsilon_k=(25+0.5\times49.5)\times1=49.75$$

故应选（A）项。

【例 2.4.4-2】（2013T29）某非抗震设防的钢柱采用焊接工字形截面 H900×350×10×20，钢材采用 Q235 钢。假定，该钢柱作为受压构件，其腹板高厚比不符合《钢结构设计标准》GB 50017—2017 关于受压构件腹板局部稳定的要求。试问，若腹板不能采用纵向加劲肋加强，在计算该钢柱的强度和稳定性时，其截面面积（mm²）应采用下列何项数值？

提示：计算截面无削弱。

(A) 86×10^2 (B) 140×10^2 (C) 180×10^2 (D) 226×10^2

【解答】根据《钢标》7.3.4条：

$$\frac{b}{t}=\frac{900-2\times20}{10}=86>42\varepsilon_k=42,\text{则：}$$

$$\lambda_{n,p}=\frac{86}{56.2\times1}=1.53$$

$$\rho=\frac{1}{1.53}\times\left(1-\frac{0.19}{1.53}\right)=0.57$$

$$A_{ne}=2\times350\times2+0.57\times860\times10=18902\text{mm}^2$$

故选（C）项。

五、轴心受压构件的支撑

- 复习《钢标》7.5.1条~7.5.3条。

六、单边连接的单角钢

- 复习《钢标》7.6.1条~7.6.3条。

具体案例见后面的压弯构件内容。

第五节 《钢标》拉弯和压弯构件

一、框架柱的计算长度

- 复习《钢标》8.3.1条~8.3.5条。

【例 2.5.1-1】（2014T24）某 4 层钢结构商业建筑，层高 5m，房屋高度 20m，抗震设防烈度 8 度，采用框架结构。框架梁柱采用 Q345。框架梁截面采用轧制型钢 H600×200×11×17，柱采用箱形截面 B450×450×16。

假定，框架柱几何长度为 5m，采用二阶弹性分析方法计算且考虑假想水平力时，框架柱进行稳定性计算时下列何项说法正确？

（A）只需计算强度，无须计算稳定

（B）计算长度取 4.275m

（C）计算长度取 5m

（D）计算长度取 7.95m

【解答】根据《钢标》8.3.1 条，计算长度系数 $\mu=1$，故计算长度为 5m。

故选（C）项。

思考：（1）现阶段，大部分钢结构分析时都采用一阶分析，而在构件设计时采用计算长度法考虑二阶效应，因此，无支撑框架结构中框架柱的计算长度均大于几何长度。

（2）当采用二阶弹性分析方法计算且考虑假想水平力时，在结构内力分析中已考虑 $P\text{-}\Delta$ 效应，在构件设计时仅考虑 $P\text{-}\delta$ 效应即可，因此《钢标》8.3.1 条规定，当采用二阶弹性分析方法计算内力且在每层柱顶附加考虑假想水平力时，框架柱的计算长度系数 $\mu=1.0$。

【例 2.5.1-2】（2012T28）某车间设备平台改造增加一跨，新增部分跨度 8m，柱距 6m，采用柱下端铰接、梁柱刚接、梁与原有平台铰接的刚架结构，平台铺板为钢格栅板；刚架计算简图如图 2.5.1-1 所示；图中长度单位为 mm。刚架与支撑全部采用 Q235-B 钢，手工焊接采用 E43 型焊条。

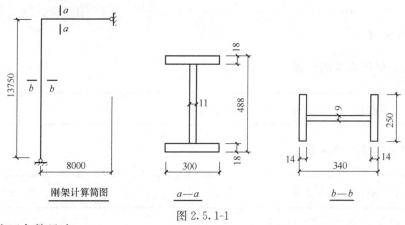

刚架计算简图

a—a   *b—b*

图 2.5.1-1

构件截面参数见表 2.5.1-1。

表 2.5.1-1

截　　面	截面面积 A（mm²）	惯性矩（平面内） I_x（mm⁴）	惯性半径 i_x（mm）	惯性半径 i_y（mm）	截面模量 W_x（mm³）
HM340×250×9×14	99.53×10²	21200×10⁴	14.6×10	6.05×10	1250×10³
HM488×300×11×18	159.2×10²	68900×10⁴	20.8×10	7.13×10	2820×10³

假设刚架无侧移，刚架梁及柱均采用双轴对称轧制 H 型钢，梁计算跨度 $l_x=8$m，平面外自由长度 $l_y=4$m，梁截面为 HM488×300×11×18，柱截面为 HM340×250×9×14。柱下端铰

接采用平板支座。试问，框架平面内，柱的计算长度系数与下列何项数值最为接近？

提示：忽略横梁轴心压力的影响。

(A) 0.79　　　　(B) 0.76　　　　(C) 0.73　　　　(D) 0.70

【解答】柱高度取 $H=13750\text{mm}$，梁跨度 $L=8000\text{mm}$

根据《钢标》8.3.1 条及附表 E.0.1，$K_2=0.1$

柱上端，梁远端为铰接：

$$K_1=\frac{1.5I_bH}{I_cL}=\frac{1.5\times68900\times10^4\times13750}{21200\times10^4\times8000}=8.4$$

查附表 E.0.1，计算长度系数 $\mu=0.73$

故选（C）项。

【例 2.5.1-3】（2016T24）某 9 层钢结构办公建筑，房屋高度 $H=34.9\text{m}$，抗震设防烈度为 8 度，布置如图 2.5.1-2 所示，所有连接均采用刚接。支撑框架为强支撑框架，各

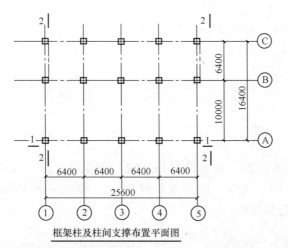

框架柱及柱间支撑布置平面图

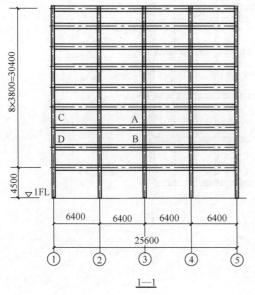

1—1

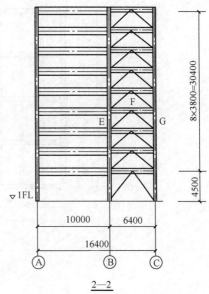

2—2

图 2.5.1-2

层均满足刚性平面假定。框架梁柱采用 Q345。框架梁采用焊接截面，除跨度为 10m 的框架梁截面采用 H700×200×12×22 外，其他框架梁截面均采用 H500×200×12×16，柱采用焊接箱形截面 B500×22。梁柱截面特性见表 2.5.1-2。

表 2.5.1-2

截　　面	面积 A (mm^2)	惯性矩 I_x (mm^4)	回转半径 i_x (mm)	弹性截面模量 W_x (mm^3)	塑性截面模量 W_{px} (mm^3)
H500×200×12×16	12016	$4.77×10^8$	199	$1.91×10^6$	$2.21×10^6$
H700×200×12×22	16672	$1.29×10^9$	279	$3.70×10^6$	$4.27×10^6$
B500×22	42064	$1.61×10^9$	195	$6.42×10^6$	

试问，当按剖面 1-1（Ⓐ轴框架）计算稳定性时，框架柱 AB 平面外的计算长度系数，与下列何项数值最为接近？

(A) 0.89　　　　(B) 0.95　　　　(C) 1.80　　　　(D) 2.59

【解答】强支撑框架，因此平面外为无侧移框架，由《钢标》8.3.1 条：

根据《钢标》附表 E.0.1：

$$K_1 = K_2 = \frac{\sum i_b}{\sum i_c} = \frac{1.29 \times 10^9}{10000} \Big/ \left(2 \times \frac{1.61 \times 10^9}{3800}\right) = 0.15$$

计算长度系数 $\mu = 0.946$。

故选（B）项。

【例 2.5.1-4】（2011T20）某钢结构办公楼，结构布置如图 2.5.1-3 所示。框架梁、柱采用 Q345，次梁、中心支撑、加劲板采用 Q235，楼面采用 150mm 厚 C30 混凝土楼板，钢梁顶采用抗剪栓钉与楼板连接。

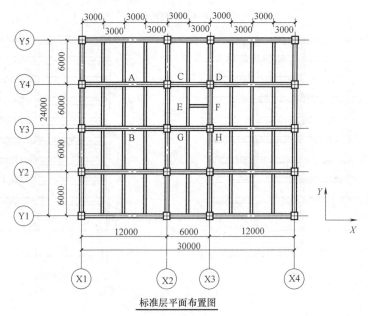

标准层平面布置图

图 2.5.1-3

假定，X 向平面内与柱 JK 上、下端相连的框架梁远端为铰接，见图 2.5.1-4。试问，当计算柱 JK 在重力作用下的稳定性时，X 向平面内计算长度系数与下列何项数值最为接近？

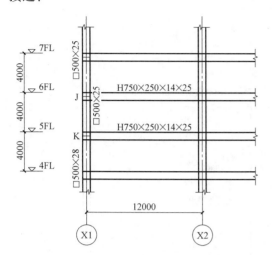

表 2.5.1-3

截　　面	I_x （mm⁴）
H750×250×14×25	2.04×10^9
□500×25	1.79×10^9
□500×28	1.97×10^9

图 2.5.1-4

提示： ① 按《钢结构设计标准》GB 50017—2017 作答；

② 结构 X 向满足强支撑框架的条件，符合刚性楼面假定。

(A) 0.80　　　　(B) 0.90　　　　(C) 1.00　　　　(D) 1.50

【解答】 根据《钢标》8.3.1 条，属于无侧移框架柱。

相交于柱上端梁的线刚度之和 $\dfrac{2.04 \times 10^9 \times 1.5}{12000}E = 2.55 \times 10^5 E$

相交于柱上端节点柱的线刚度之和 $\left(\dfrac{1.79 \times 10^9}{4000} + \dfrac{1.79 \times 10^9}{4000}\right)E = 8.95 \times 10^5 E$

相交于柱下端梁的线刚度之和 $\dfrac{2.04 \times 10^9 \times 1.5}{12000}E = 2.55 \times 10^5 E$

相交于柱下端节点柱的线刚度之和 $\left(\dfrac{1.79 \times 10^9}{4000} + \dfrac{1.97 \times 10^9}{4000}\right)E = 9.4 \times 10^5 E$

$$K_1 = \frac{2.55 \times 10^5 E}{8.95 \times 10^5 E} = 0.28, \quad K_2 = \frac{2.55 \times 10^5 E}{9.4 \times 10^5 E} = 0.27$$

查《钢标》附表 E.0.1，得 $\mu = 0.9$。

故选 (B) 项。

【例 2.5.1-5】 (2014T17) 某单层钢结构厂房，钢材均为 Q235B。边列单阶柱截面及内力见图 2.5.1-5，上段柱为焊接工字形截面实腹柱，下段柱为不对称组合截面格构柱，所有板件均为火焰切割。柱上端与钢屋架形成刚接，无截面削弱。

截面特性见表 2.5.1-4。

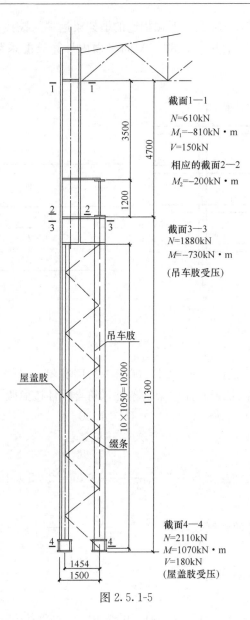

图 2.5.1-5

表 2.5.1-4

	面积 A（cm²）	惯性矩 I_x（cm⁴）	回转半径 i_x（cm）	惯性矩 I_y（cm⁴）	回转半径 i_y（cm）	弹性截面模量 W_x（cm³）	
上柱		167.4	279000	40.8	7646	6.4	5580	
下柱	屋盖肢	142.6	4016	5.3	46088	18.0	—	
	吊车肢	93.8	1867		40077	20.7	—	
下柱组合柱截面		236.4	1202083	71.3	—	—	屋盖肢侧 19295	吊车肢侧 13707

　　假定，厂房平面布置如图 2.5.1-6 时，试问，柱平面内计算长度系数与下列何项数值最为接近？

　　提示： 格构式下柱惯性矩取为 $I_2 = 0.9 \times 1202083$cm⁴。

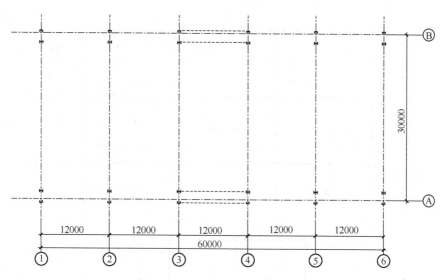

图 2.5.1-6 框架柱平面布置图

(A) 上柱 1.0，下柱 1.0   (B) 上柱 3.52，下柱 1.55

(C) 上柱 3.91，下柱 1.55   (D) 上柱 3.91，下柱 1.72

【解答】
$$K_1 = \frac{I_1}{I_2} \cdot \frac{H_2}{H_1} = \frac{279000}{0.9 \times 1202083} \times \frac{11.3}{4.7} = 0.62$$

$$\eta_1 = \frac{H_1}{H_2} \cdot \sqrt{\frac{N_1}{N_2} \cdot \frac{I_2}{I_1}} = \frac{4.7}{11.3} \times \sqrt{\frac{610}{2110} \times \frac{0.9 \times 1202083}{279000}} = 0.44$$

查《钢标》附表 E.0.4，下柱计算长度系数 $\mu_2 = 1.72$

根据《钢标》式（5.3.3-4），上柱计算长度系数 $\mu_1 = \dfrac{\mu_2}{\eta_1} = \dfrac{1.72}{0.44} = 3.91$

根据框架柱平面布置图，查表 8.3.3，得折减系数为 0.9

因此，上柱计算长度系数为 $0.9 \times 3.91 = 3.52$，下柱计算长度系数为：
$$0.9 \times 1.72 = 1.55$$

故选（B）项。

【例 2.5.1-6】（2018T18、21）某非抗震设计的单层钢结构平台，钢材均为 Q235B，梁柱均采用轧制 H 型钢，X 向采用梁柱刚接的框架结构，Y 向采用梁柱铰接的支撑结构，平台满铺 $t = 6\text{mm}$ 的花纹钢板，见图 2.5.1-7。假定，平台自重（含梁自重）折算为 1kN/m^2（标准值），活荷载为 4kN/m^2（标准值），梁均采用 H300×150×6.5×9，柱均采用 H250×250×9×14，所有截面均无削弱，不考虑楼板对梁的影响。

截面特性表   表 2.5.1-5

	面积 A （cm²）	惯性矩 I_x （cm⁴）	回转半径 i_x （cm）	惯性矩 I_y （cm⁴）	回转半径 i_y （cm）	弹性截面模量 W_x （cm³）
H300×150×6.5×9	46.78	7210	12.4	508	3.29	481
H250×250×9×14	91.43	10700	10.8	3650	6.31	860

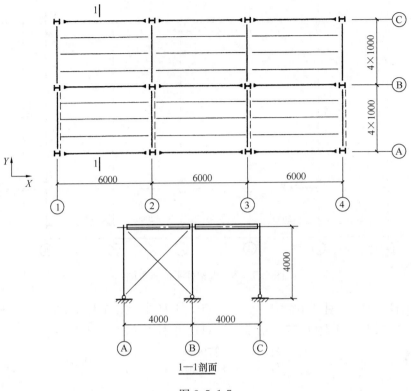

1—1剖面

图 2.5.1-7

试问：

（1）假定，内力计算采用一阶弹性分析，柱脚铰接，取 $K_2=0$。试问，②轴柱 X 向平面内计算长度系数，与下列何项数值最为接近？

(A) 0.9　　　　(B) 1.0　　　　(C) 2.4　　　　(D) 2.7

（2）由于生产需要图示处（图 2.5.1-8）增加集中荷载，故梁下增设三根两端铰接的轴心受压柱，其中，边柱（Ⓐ、Ⓒ轴）轴心压力设计值为 100kN，中柱（Ⓑ轴）轴心压力设计值为 200kN。假定，Y 向为强支撑框架，Ⓑ轴框架柱总轴心压力设计值为

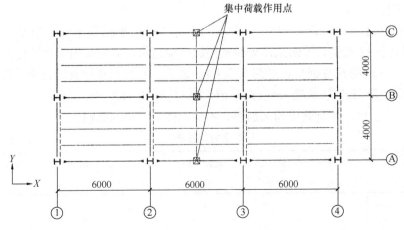

图 2.5.1-8

486.9kN，Ⓐ、Ⓒ轴框架柱总轴心压力设计值均为243.5kN。试问，与原结构相比，关于框架柱的计算长度，下列何项说法最接近《钢结构设计标准》规定？

（A）框架柱X向计算长度增大系数为1.2

（B）框架柱X向、Y向计算长度不变

（C）框架柱X向及Y向计算长度增大系数均为1.2

（D）框架柱Y向计算长度增大系数为1.2

【解答】（1）有侧移框架，由《钢标》附录E.0.2条：

$$K_2 = 0$$

$$K_1 = \frac{\sum I_b/l_b}{\sum I_c/l_c} = \frac{2 \times 7210/600}{10700/400} = 0.9$$

$$\mu = 2.64 - \frac{2.64 - 2.33}{1 - 0.5} \times (0.9 - 0.5) = 2.39$$

应选（C）项。

（2）根据《钢标》8.3.1条：

X方向，按整层考虑：$\eta = \sqrt{1 + \frac{200 + 2 \times 100}{486.9 + 2 \times 243.5}} = 1.19$

应选（A）项。

思考： 仅考虑X方向，某一轴线Ⓐ（或Ⓑ、或Ⓒ）时：

对Ⓐ轴： $\eta = \sqrt{1 + \frac{100}{243.5}} = 1.19$

也应选（A）项。

二、截面强度计算

●复习《钢标》8.1.1条。

三、实腹式单向压弯构件的整体稳定性

●复习《钢标》8.2.1条。

【例2.5.3-1】（2013T24、25）某轻屋盖单层钢结构多跨厂房，中列厂房柱采用单阶钢柱，钢材采用Q345钢。上段钢柱采用焊接工字形截面H1200×700×20×32，翼缘为焰切边，其截面特征：$A = 675.2 \times 10^2\,\text{mm}^2$，$W_x = 29544 \times 10^3\,\text{mm}^3$，$i_x = 512.3\text{mm}$，$i_y = 164.6\text{mm}$；下段钢柱为双肢格构式构件。厂房钢柱的截面形式和截面尺寸如图2.5.3-1所示。

试问：

（1）假定，厂房上段钢柱框架平面内计算长度$H_{0x} = 30860\text{mm}$，框架平面外计算长度$H_{0y} = 12230\text{mm}$。上段钢柱的内力设计值：弯矩$M_x = 5700\text{kN·m}$，轴心压力$N = 2100\text{kN}$。上段钢柱截面等级满足S3级。试问，上段钢柱作为压弯构件，进行弯矩作用平面内的稳定性计算时，以应力形式表达的稳定性计算值（N/mm²）应与下列何项数值最为接近？

提示：取等效弯矩系数 $\beta_{mx}=1.0$。

(A) 215   (B) 235

(C) 270   (D) 295

(2) 已知条件同题目（1）。试问，上段钢柱作为压弯构件，进行弯矩作用平面外的稳定性计算时，以应力形式表达的稳定性计算值（N/mm²）应与下列何项数值最为接近？

提示：取等效弯矩系数 $\beta_{tx}=1.0$。

(A) 215   (B) 235

(C) 270   (D) 295

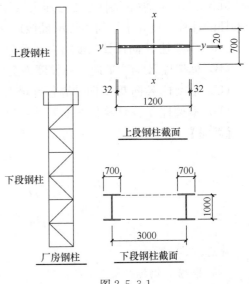

图 2.5.3-1

【解答】（1）根据《钢标》8.2.1 规定：

$$\lambda_x = \frac{H_{0x}}{i_x} = \frac{30860}{512.3} = 60.2$$

b 类截面，根据 $\lambda_x/\varepsilon_k = 60.24/\sqrt{235/345} = 73$，查附表 D.0.2，$\varphi_x = 0.732$

$$N'_{Ex} = \frac{\pi^2 EA}{1.1\lambda_x^2} = \frac{\pi^2 \times 206 \times 10^3 \times 675.2 \times 10^2}{1.1 \times 60.24^2} \times 10^{-3} = 34390\text{kN}$$

$$\gamma_x = 1.05$$

$$\frac{N}{\varphi_x A} + \frac{\beta_{mx} M_x}{\gamma_x W_{1x}\left(1-0.8\dfrac{N}{N'_{Ex}}\right)} = \frac{2100 \times 10^3}{0.732 \times 675.2 \times 10^2} + \frac{1.0 \times 5700 \times 10^6}{1.05 \times 29544 \times 10^3 \times \left(1-0.8\dfrac{2100}{34390}\right)}$$

$$= 42.5 + 193.2 = 235.7\text{N/mm}^2$$

故选（B）项。

（2）根据《钢标》8.2.1 条规定：

$$\lambda_y = \frac{H_{0y}}{i_y} = \frac{12230}{164.6} = 74.3$$

b 类截面，根据 $\lambda_y/\varepsilon_k = 74.3/\sqrt{235/345} = 90$，查附表 D.0.2，$\varphi_y = 0.621$

附录 C.0.5 条：

$$\varphi_b = 1.07 - \frac{\lambda_y^2}{44000\varepsilon_k^2} = 1.07 - \frac{74.3^2}{44000 \times 235/345} = 0.886$$

$$\eta = 1.0$$

$$\frac{N}{\varphi_y A} + \eta\frac{\beta_{tx} M_x}{\varphi_b W_{1x}} = \frac{2100 \times 10^3}{0.621 \times 675.2 \times 10^2} + 1.0 \times \frac{1.0 \times 5700 \times 10^6}{0.886 \times 29544 \times 10^3}$$

$$= 50 + 217.8 = 267.8\text{N/mm}^2$$

故选（C）项。

【例 2.5.3-2】（2012T29）某车间设备平台改造增加一跨，新增部分跨度 8m，柱距 6m，采用柱下端铰接、梁柱刚接、梁与原有平台铰接的刚架结构，平台铺板为钢铬栅板；

刚架计算简图如图 2.5.3-2 所示，图中长度单位为 mm。刚架与支撑全部采用 Q235-B 钢，手工焊接采用 E43 型焊条。

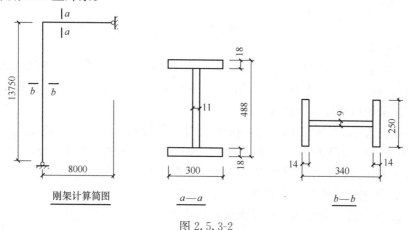

刚架计算简图 $a—a$ $b—b$

图 2.5.3-2

构件截面参数见表 2.5.3-1。

表 2.5.3-1

截面	截面面积 A （mm²）	惯性矩（平面内） I_x （mm⁴）	惯性半径 i_x （mm）	惯性半径 i_y （mm）	截面模量 W_x （mm³）
HM340×250×9×14	$99.53×10^2$	$21200×10^4$	$14.6×10$	$6.05×10$	$1250×10^3$
HM488×300×11×18	$159.2×10^2$	$68900×10^4$	$20.8×10$	$7.13×10$	$2820×10^3$

假设刚架无侧移，刚架梁及柱均采用双轴对称轧制 H 型钢，梁计算跨度 $l_x=8\text{m}$，平面外自由长度 $l_y=4\text{m}$，梁截面为 HM488×300×11×18，柱截面为 HM340×250×9×14。刚架柱上端的弯矩及轴向压力设计值分别为 $M_2=192.5\text{kN}\cdot\text{m}$，$N=276.6\text{kN}$；刚架柱下端的弯矩及轴向压力设计值分别为 $M_1=0.0\text{kN}\cdot\text{m}$，$N=292.1\text{kN}$；且无横向荷载作用。假设刚架柱在弯矩作用平面内计算长度取 $l_{0x}=10.1\text{m}$。试问，对刚架柱进行弯矩作用平面内整体稳定性验算时，以应力形式表达的稳定性计算数值（N/mm²）与下列何项数值最为接近？

提示： $1-0.8\dfrac{N}{N_{Ex}}=0.942$；柱截面等级满足 S3 级。

(A) 134   (B) 156   (C) 173   (D) 189

【解答】

$$\lambda_x=\frac{l_{0x}}{i_x}=\frac{10100}{146}=69.2$$

$b/h=\dfrac{300}{488}=0.61<0.8$，根据《钢标》表 7.2.1-1，a 类截面，查附表 D.0.1，$\varphi_x=0.843$

根据《钢标》表 8.1.1 及 8.2.1 条：$\gamma_x=1.05$

$$\beta_{mx}=0.6+0.4\frac{M_2}{M_1}=0.6$$

$$\frac{N}{\varphi_x A} + \frac{\beta_{mx} M_x}{\gamma_x W_{1x}\left(1-0.8\dfrac{N}{N'_{Ex}}\right)} = \frac{276.6\times10^3}{0.843\times99.53\times10^2} + \frac{0.6\times192.5\times10^6}{1.05\times1250\times10^3\times0.942}$$

$$=33+93.4=126.4\text{N/mm}^2$$

故选（A）项。

【例 2.5.3-3】（2011T21）某钢结构办公楼，结构为框架-中心支撑结构体系，框架梁、柱采用 Q345，次梁、中心支撑、加劲板采用 Q235，楼面采用 150mm 厚 C30 混凝土楼板，钢梁顶采用抗剪栓钉与楼板连接。

框架柱截面为 □500×25 箱形柱，按单向弯矩计算时，弯矩设计值见框架柱弯矩图（图 2.5.3-3），轴压力设计值 $N=2693.7$kN，在进行弯矩作用平面外的稳定性计算时，构件以应力形式表达的稳定性计算数值（N/mm²）与下列何项数值最为接近？

提示： ① 框架柱截面分类为 C 类，$\lambda_y/\varepsilon_k=41$。

② 框架柱所考虑构件段无横向荷载作用。

③ 框架柱的截面等级满足 S3 级。

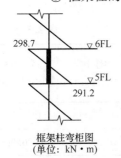

图 2.5.3-3

表 2.5.3-2

截面	A	I_x	W_x
	mm²	mm⁴	mm³
□500×25	4.75×10^4	1.79×10^9	7.16×10^6

（A）75   （B）90   （C）100   （D）110

【解答】 根据《钢标》8.2.1 条，$\eta=0.7$，$\varphi_b=1.0$

$$\beta_{tx}=0.65+0.35\frac{M_2}{M_1}=0.65-0.35\times\frac{291.2}{298.7}=0.31$$

根据提示，框架柱截面分类为 C 类，$\lambda_y/\varepsilon_k=41$

查《钢标》附表 D.0.3，$\varphi_y=0.833$

$$\frac{N}{\varphi_y A}+\eta\frac{\beta_{tx} M_x}{\varphi_b W_{1x}}=\frac{2693.7\times10^3}{0.833\times4.75\times10^4}+0.7\times\frac{0.31\times298.7\times10^6}{1\times7.16\times10^6}$$

$$=68.1+9.1=77.2\text{N/mm}^2$$

故选（A）项。

【例 2.5.3-4】（2017T19、20）某商厦增建钢结构入口大堂，其屋面结构布置如图 2.5.3-4 所示，新增钢结构依附于商厦的主体结构。钢材采用 Q235B 钢，钢柱 GZ-1 和钢梁 GL-1 均采用热轧 H 型钢 H446×199×8×12 制作，其截面特性为：$A=8297\text{mm}^2$，$I_x=28100\times10^4\text{mm}^4$，$I_y=1580\times10^4\text{mm}^4$，$i_x=184\text{mm}$，$i_y=43.6\text{mm}$，$W_x=1260\times10^3\text{mm}^3$，$W_y=159\times10^3\text{mm}^3$。钢柱高 15m，上、下端均为铰接，弱轴方向 5m 和 10m 处各设一道系杆 XG。

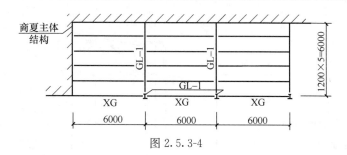

图 2.5.3-4

试问：

（1）假定，钢柱 GZ-1 主平面内的弯矩设计值 $M_x = 88.0$ kN·m。钢柱 GZ-1 的截面等级满足 S3 级。试问，对该钢柱进行平面内稳定性验算，仅由 M_x 产生的应力设计值（N/mm²），与下列何项数值最为接近？

提示：$\dfrac{N}{N'_{EX}} = 0.135$，$\beta_{mx} = 1.0$。

（A）75　　　　（B）90　　　　（C）105　　　　（D）120

（2）设计条件同题（1）。试问，对钢柱 GZ-1 进行弯矩作用平面外稳定性验算，仅由 M_x 产生的应力设计值（N/mm²），与下列何项数值最为接近？

提示：等效弯矩系数 $\beta_{tx} = 1.0$，截面影响系数 $\eta = 1.0$。

（A）70　　　　（B）90　　　　（C）100　　　　（D）110

【解】（1）根据《钢标》8.2.1 条：

热轧 H 型钢，查表 8.1.1，取 $\gamma_x = 1.05$

$$\gamma_x W_x \frac{\beta_{mx} M_x}{\left(1 - 0.8\dfrac{N}{N'_{EX}}\right)} = \frac{1.0 \times 88 \times 10^6}{1.05 \times 1260 \times 10^3 (1 - 0.8 \times 0.135)} = 74.6 \text{N/mm}^2$$

故选（A）项。

（2）根据《钢标》8.2.1 条：

$$\lambda_y = \frac{5000}{43.6} = 115$$

由《钢标》附录 C.0.5 条：

$$\varphi_b = 1.07 - \frac{\lambda_y^2}{44000\varepsilon_k^2} = 1.07 - \frac{115^2}{44000 \times 1} = 0.769$$

$$\eta \frac{\beta_{tx} M_x}{\varphi_b W_{1x}} = 1.0 \times \frac{1.0 \times 88 \times 10^6}{0.769 \times 1260 \times 10^3} = 90.8 \text{N/mm}^2$$

故选（B）项。

四、格构式压弯构件的稳定性

> • 复习《钢标》8.2.2 条、8.2.3 条。
> • 复习《钢标》7.4.6 条、7.4.7 条。

【例 2.5.4-1】（2014T19）某单层钢结构厂房，钢材均为 Q235B。边列单阶柱截面及内力见图 2.5.4-1，上段柱为焊接工字形截面实腹柱，下段柱为不对称组合截面格构柱，

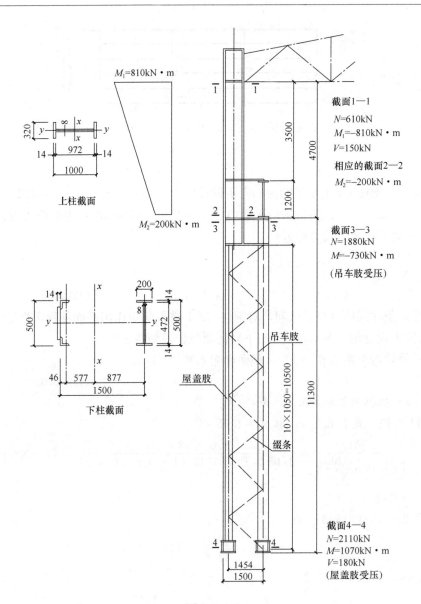

图 2.5.4-1

所有板件均为火焰切割。柱上端与钢屋架形成刚接，无截面削弱。

截面特性见表 2.5.4-1。

表 2.5.4-1

		面积 A （cm²）	惯性矩 I_x （cm⁴）	回转半径 i_x （cm）	惯性矩 I_y （cm⁴）	回转半径 i_y （cm）	弹性截面模量 W_x （cm³）	
上柱		167.4	279000	40.8	7646	6.4	5580	
下柱	屋盖肢	142.6	4016	5.3	46088	18.0		
	吊车肢	93.8	1867		40077	20.7		
下柱组合柱截面		236.4	1202083	71.3			屋盖肢侧 19295	吊车肢侧 13707

试问：

(1) 假定，下柱在弯矩作用平面内的计算长度系数为2，由换算长细比确定：$\varphi_x = 0.916$，$N'_{Ex} = 34476$kN。试问，以应力形式表达的平面内稳定性计算最大值（N/mm²），与下列何项数值最为接近？

　　提示： ① $\beta_{mx} = 1$；

　　　　　　② 按全截面有效考虑。

(A) 125　　　　　(B) 143　　　　　(C) 156　　　　　(D) 183

(2) 假定，缀条采用单角钢L90×6，L90×6 截面特性（图2.5.4-2）：面积 $A_1 = 1063.7$mm²，回转半径 $i_x = 27.9$mm，$i_u = 35.1$mm，$i_v = 18.0$mm。试问，缀条压力与受压稳定承载力之比值，与下列何项数值最为接近？

(A) 0.9　　　　　(B) 1.0

(C) 1.1　　　　　(D) 1.2

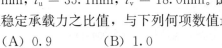

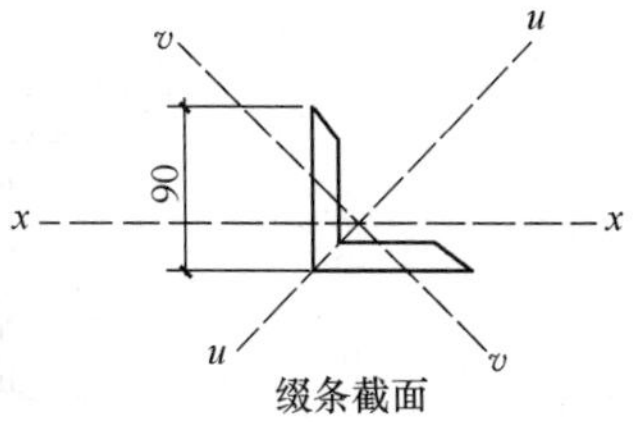

缀条截面

图 2.5.4-2

【解答】(1) 根据《钢标》式（8.2.2-1）：

屋盖肢受压：

$$\frac{2110 \times 10^3}{0.916 \times 23640} + \frac{1.0 \times 1070 \times 10^6}{19295 \times 10^3 \times (1 - 2110/34476)} = 97.4 + 59.1 = 156.5$$

吊车肢受压：

$$\frac{1880 \times 10^3}{0.916 \times 23640} + \frac{1.0 \times 730 \times 10^6}{13707 \times 10^3 \times (1 - 1880/34476)} = 86.8 + 56.3 = 143.1$$

故选（C）项。

(2) 根据《钢标》7.2.7条：

$$V = 180\text{kN} > \frac{Af}{85\varepsilon_k} = \frac{236.4 \times 10^2 \times 215}{85 \times 1} = 59.8\text{kN}$$

由《钢标》7.6.1条：

缀条长度 $l_1 = \sqrt{1050^2 + 1454^2} = 1793$mm

$$A_1 = 1063.7\text{mm}^2, \quad i_v = 18.0\text{mm}$$

$$\lambda_v = \frac{0.9 \times 1793}{18} = 90$$

查《钢标》表7.2.1-1及注，为b类；查附表D.0.2，$\varphi = 0.621$

缀条压力 $N = \dfrac{1793}{1454} \times \dfrac{180}{2} = 111$kN

由7.6.1条：

$$\eta = 0.6 + 0.0015 \times 90 = 0.735$$

$$\frac{N}{\eta \varphi A f} = \frac{111 \times 10^3}{0.735 \times 0.621 \times 1063.7 \times 215} = 1.06$$

故选（C）项。

【例2.5.4-2】 某支架为一单向压弯格构式双肢缀条柱结构，如图2.5.4-3所示，截面无削弱，材料采用Q235-B，E43型焊接，手工焊接，柱肢采用 HA300×200×6×10（翼缘为焰切边），缀条采用L63×6。该柱承受的荷载设计值为：轴心压力 N＝980kN，弯矩 $M_x = 230$kN·m，剪力 $V = 25$kN。柱在弯矩作用平面内有侧移，计算长度 $l_{0x} = 17.5$m，柱在弯矩作用平面外计算长度 $l_{0y} = 8$m。缀条与分肢连接有节点板。

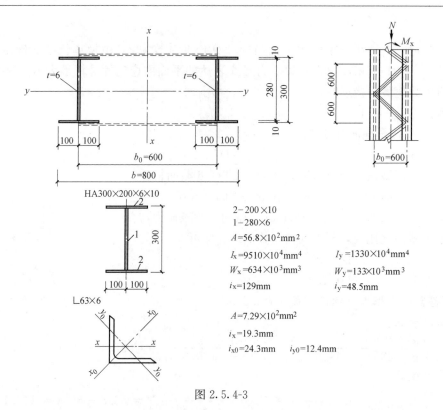

图 2.5.4-3

提示： 双肢缀条柱组合截面 $I_x = 104900 \times 10^4 \, \text{mm}^4$ ，$i_x = 304 \text{mm}$ 。

试问：

（1）验算格构式双肢缀条柱弯矩作用平面内的整体稳定性，其最大压应力设计值（N/mm²），与下列何项数值最为接近？

提示： $\dfrac{N}{N'_{EX}} = 0.162$ ；$\beta_{mx} = 1.0$ 。

（A）165　　　　（B）173　　　　（C）182　　　　（D）190

（2）验算格构式柱分肢的稳定性，其最大压应力设计值（N/mm²），与下列何项数值最为接近？

（A）165　　　　（B）179　　　　（C）183　　　　（D）193

【解答】（1）根据《钢标》8.2.2条：

$$\lambda_x = \frac{l_{0x}}{i_x} = \frac{17500}{304} = 57.6$$

$$\lambda_{0x} = \sqrt{\lambda_x^2 + 27\frac{A}{A_{1x}}} = \sqrt{57.6^2 + 27 \times \frac{2 \times 56.8 \times 10^2}{2 \times 7.29 \times 10^2}} = 59.4$$

查《钢标》表7.2.1-1，对 x 轴、y 轴均为b类截面；查附表D.0.2，取 $\varphi_x = 0.810$ 。

$$W_{1x} = \frac{I_x}{b_0/2} = \frac{104900 \times 10^4}{600/2} = 3497 \times 10^3 \, \text{mm}^3$$

$$\frac{N}{\varphi_x A} + \frac{\beta_{mx} M_x}{W_{1x}\left(1 - \dfrac{N}{N'_{cx}}\right)} = \frac{980 \times 10^3}{0.810 \times 2 \times 5680} + \frac{1.0 \times 230 \times 10^6}{3497 \times 10^3 \times (1 - 0.162)}$$

$$= 185 \text{N/mm}^2$$

故选（C）项。

（2）分肢承受的最大轴心压力 N_1：

$$N_1 = \frac{N}{2} + \frac{M_x}{b_0} = \frac{980}{2} + \frac{230}{0.6} = 873.33 \text{kN}$$

分肢平面内：$l_{0x1} = 1200 \text{mm}$，$\lambda_{x1} = \frac{1200}{48.5} = 24.7$

分肢平面外：$l_{0y1} = 8000 \text{mm}$，$\lambda_{y1} = \frac{8000}{129} = 62.0$

焊接 I 字形截面，焰切边，查《钢标》表 7.2.1-1，对 x 轴、y 轴均为 b 类截面，按 λ_{y1} 查附表 D.0.2，得 $\varphi_{y1} = 0.796$。

$$\frac{N_1}{\varphi_{y1} A_1} = \frac{873.33 \times 10^3}{0.796 \times 56.8 \times 10^2} = 193.2 \text{N/mm}^2$$

故选（D）项。

五、实腹式双向压弯构件的整体稳定性

- 复习《钢标》8.2.5 条。

【例 2.5.5-1】（2016T25）某 9 层钢结构办公建筑，房屋高度 $H = 34.9 \text{m}$，抗震设防烈度为 8 度，布置如图 2.5.5-1 所示，所有连接均采用刚接。支撑框架为强支撑框架，各层均满足刚性平面假定。框架梁柱采用 Q345。框架梁采用焊接截面，除跨度为 10m 的框架梁截面采用 H700×200×12×22 外，其他框架梁截面均采用 H500×200×12×16，柱采用焊接箱形截面 B500×22。梁柱截面特性见表 2.5.5-1。

表 2.5.5-1

截　　面	面积 A (mm^2)	惯性矩 I_x (mm^4)	回转半径 i_x (mm)	弹性截面模量 W_x (mm^3)	塑性截面模量 W_{px} (mm^3)
H500×200×12×16	12016	4.77×10^8	199	1.91×10^6	2.21×10^6
H700×200×12×22	16672	1.29×10^9	279	3.70×10^6	4.27×10^6
B500×22	42064	1.61×10^9	195	6.42×10^6	

假定，剖面 1-1 中的框架柱 CD 在Ⓐ轴框架平面内计算长度系数取为 2.4，平面外计算长度系数取为 1.0。试问，当按公式 $\frac{N}{\varphi_x A} + \frac{\beta_{mix} M_x}{\gamma_x W_x \left(1 - 0.8 \frac{N}{N'_{Ex}}\right)} + \eta \frac{\beta_{ty}}{\varphi_{by}} \frac{M_y}{W_y}$ 进行平面内

（M_x 方向）稳定性计算时，N'_{Ex} 的计算值（N）与下列何项数值最为接近？

(A) 2.40×10^7　　　　　　　　(B) 3.50×10^7

(C) 1.40×10^8　　　　　　　　(D) 2.20×10^8

【解答】 根据《钢标》8.2.5 条：

框架柱平面内长细比计算：

$$\lambda_x = \frac{2.4 \times 3800}{195} = 47$$

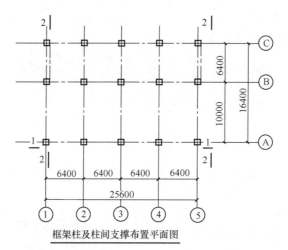

框架柱及柱间支撑布置平面图

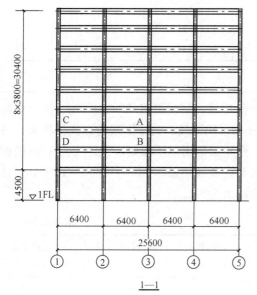

1—1

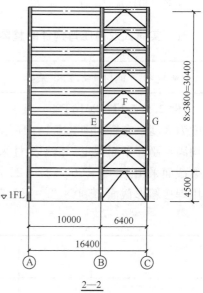

2—2

图 2.5.5-1

$$N'_{Ex} = \frac{\pi^2 EA}{1.1\lambda_x^2} = \frac{\pi^2 \times 2.06 \times 10^5 \times 42064}{1.1 \times 47^2} = 3.52 \times 10^7 \text{N}$$

故选（B）项。

六、圆管双向压弯构件的整体稳定性

- 复习《钢标》8.2.4条。

七、压弯构件的局部稳定和屈曲后的强度

- 复习《钢标》8.4.1条～8.4.3条。

【例 2.5.7-1】 如图 2.5.7-1 所示为箱形截面压弯构件，钢材为 Q235 钢，承受端弯矩设计值 $M_x=720$kN·m，轴心压力设计值 $N=2400$kN。

已知箱形截面特性：$I_x=175200$cm^4，$W_x=5580$cm^3，$A=284$cm，$i_x=24.8$cm，$i_y=17.1$cm。

试问：其腹板稳定性验算时，h_0/t_w 的计算值与其限值，最接近于下列何项？

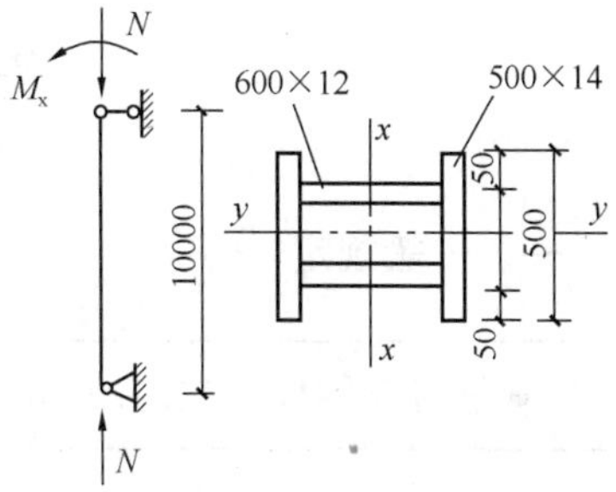

(A) $\dfrac{h_0}{t_w}=50<78$　　(B) $\dfrac{h_0}{t_w}=50<60$

(C) $\dfrac{h_0}{t_w}=50<55$　　(D) $\dfrac{h_0}{t_w}=50<51$

【解答】 根据《钢标》8.4.1 条、3.5.3 条：

$$\sigma_{max}=\frac{N}{A}+\frac{M_x}{I_x}\cdot\frac{h_0}{2}=\frac{2400\times10^3}{284\times10^2}+\frac{720\times10^6}{175200\times10^4}\times300$$
$$=207.8\text{N/mm}^2$$

$$\sigma_{min}=\frac{N}{A}-\frac{M_x}{I_x}\cdot\frac{h_0}{2}=\frac{2400\times10^3}{284\times10^2}-\frac{720\times10^6}{175200\times10^4}\times300$$
$$=-38.8\text{N/mm}^2（拉应力）$$

$$\alpha_0=\frac{\sigma_{max}-\sigma_{min}}{\sigma_{max}}=\frac{207.8-(-38.8)}{207.8}=1.19<1.60$$

$$\frac{h_0}{t_w}=\frac{600}{12}=50<(45+25\alpha_0^{1.66})\varepsilon_k=(45+25\times1.19^{1.66})\times1=78.4$$

故选（A）项。

【例 2.5.7-2】（2014T18）题目条件同［例 2.5.1-5］。考虑上柱的腹板屈曲后强度，进行强度计算时，其有效净截面面积 A_{ne}（mm^2），最接近于下列何项？

提示：① $\sigma_{max}=177.54$N/mm^2（压应力），$\sigma_{min}=-104.66$N/mm^2（拉应力）。

② 取应力梯度 $\alpha_0=\dfrac{\sigma_{max}-\sigma_{min}}{\sigma_{max}}=1.59$。

(A) 16500　　　(B) 16000　　　(C) 15500　　　(D) 15000

【解】 根据《钢标》8.4.2 条：

$$h_c=\frac{177.54}{177.54-(-104.66)}\times972=612\text{mm}$$

$$K_\sigma=\frac{16}{2-1.59+\sqrt{(2-1.59)^2+0.112\times1.59^2}}=14.79$$

$$\lambda_{n,p}=\frac{972/8}{28.1\sqrt{14.79}}=1.124>0.75,则：$$

$$\rho=\frac{1}{1.124}\times\left(1-\frac{0.19}{1.124}\right)=0.74$$

$$A_{ne}=A-(1-\rho)h_ct_w=16740-(1-0.74)\times612\times8=15467\text{mm}^2$$

故选（C）项。

（注意：本题目对历年真题按《钢标》重新编写而成。）

图 2.5.7-1

173

八、承受次弯矩的桁架杆件

> ● 复习《钢标》8.5.1条、8.5.2条。

第六节 《钢标》连接

一、一般规定

> ● 复习《钢标》11.1.1条～11.1.8条。

二、焊缝连接

> ● 复习《钢标》11.2.1条～11.2.8条。
> ● 复习《钢标》11.3.1条～11.3.8条。

需注意的是：

（1）《钢标》11.2.6条及条文说明，搭接角焊缝的长焊缝内力分布不均匀的影响，考虑折减系数 α_f，$\alpha_f = 1.5 - \dfrac{l_w}{120 h_f} \geqslant 0.5$，同时，$l_w$ 的有效计算长度 $\leqslant 180 h_f$。

（2）《钢标》11.2.7条。

（3）《钢标》11.3.5条。

【例2.6.2-1】 非抗震的某梁柱节点，如图2.6.2-1所示。梁柱均选用热轧H型钢截面，梁采用 HN500×200×10×16（$r=20$），柱采用 HM390×300×10×16（$r=24$），梁、柱钢材均采用Q345-B。主梁上、下翼缘与柱翼缘为全熔透坡口对接焊缝，采用引弧板和引出板施焊，梁腹板与柱为工地熔透焊，单侧安装连接板（兼做腹板焊接衬板），并采用4×M16工地安装螺栓。

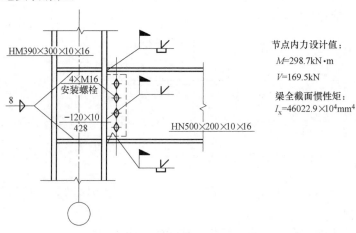

节点内力设计值：
$M=298.7\mathrm{kN \cdot m}$
$V=169.5\mathrm{kN}$

梁全截面惯性矩：
$I_x=46022.9×10^4\mathrm{mm}^4$

图 2.6.2-1

试问：

（1）梁柱节点采用全截面设计法，即弯矩由翼缘和腹板共同承担，剪力由腹板承担。试问，梁翼缘与柱之间全熔透坡口对接焊缝的应力设计值（N/mm²），应与下列何项数值最为接近？

提示： 梁腹板和翼缘的截面惯性矩分别为 $I_{wx}=8541.9\times10^4\,mm^4$，$I_{fx}=37480.96\times10^4\,mm^4$。

（A）300.2　　　　（B）280.0　　　　（C）246.5　　　　（D）157.1

（2）已知条件同题（1）。试问，梁腹板与柱对接连接焊缝的应力设计值（N/mm²），应与下列何项数值最为接近？

提示： 假定梁腹板与柱对接焊缝的截面抵抗矩 $W_{焊缝}=365.0\times10^3\,mm^3$。

（A）152　　　　（B）165　　　　（C）179　　　　（D）187

【解答】（1）按全截面设计法，梁翼缘所分担的弯矩为：

$$M_f=\frac{M\cdot I_{fx}}{I_x}=\frac{298.7\times37480.96\times10^4}{46022.9\times10^4}=243.3\,kN\cdot m$$

翼缘对接焊缝所承受的水平力 N，h 近似取为两翼缘中线间的距离：

$$N=\frac{M_f}{h}=\frac{243.3}{0.5-0.016}=502.686\,kN$$

由《钢标》11.2.1条：

$$\sigma=\frac{N}{l_w h_e}=\frac{502.686\times10^3}{200\times16}=157.09\,N/mm^2$$

故选（D）项。

（2）梁腹板与柱对接连接焊缝承受弯矩和剪力共同作用：

$$M_w=\frac{M\cdot I_{wx}}{I_x}=\frac{298.7\times8541.9\times10^4}{46022.9\times10^4}=55.4\,kN\cdot m$$

$$\sigma=\frac{M_w}{W_{焊缝}}=\frac{55.4\times10^6}{365.0\times10^3}=151.8\,N/mm^2$$

$$\tau=\frac{V}{l_w h_e}=\frac{169.5\times10^3}{(500-2\times16-2\times20)\times10}=39.6\,N/mm^2$$

$$\sqrt{\sigma^2+3\tau^2}=\sqrt{151.8^2+3\times39.6^2}=166.6\,N/mm^2$$

故选（B）项。

【例 2.6.2-2】（2012T23）某钢梁采用端板连接接头，钢材为 Q345 钢，采用 10.9 级高强度螺栓摩擦型连接，连接处钢材接触表面的处理方法为未经处理的干净轧制表面，其连接形式见图 2.6.2-2 所示，考虑了各种不利影响后，取弯矩设计值 $M=260kN\cdot m$，剪力设计值 $V=65kN$，轴力设计值 $N=100kN$（压力）。

端板与梁的连接焊缝采用角焊缝，焊条为 E50 型，焊缝计算长度如图 2.6.2-3 所示，翼缘焊脚尺寸 $h_f=8mm$，腹板焊脚尺寸 $h_f=6mm$。试问，按承受静力荷载计算，角焊缝最大应力（N/mm²）与下列何项数值最为接近？

提示： 设计值均为非地震组合内力。

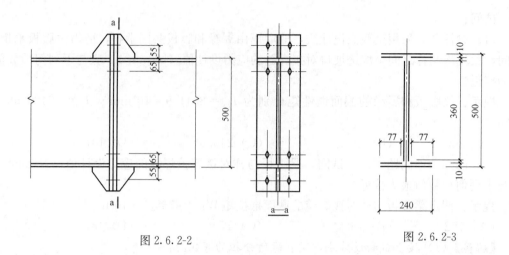

图 2.6.2-2　　　　　　　　　　　　　　　　图 2.6.2-3

（A）156　　　　　（B）164　　　　　（C）190　　　　　（D）199

【解答】$A_f = (240 \times 2 + 77 \times 4) \times 0.7 \times 8 + 360 \times 2 \times 0.7 \times 6 = 7436.8\text{mm}^2$

$$I_f \approx 240 \times 0.7 \times 8 \times 250^2 \times 2 + 77 \times 0.7 \times 8 \times 240^2 \times 4 + \frac{1}{12} \times 0.7 \times 6 \times 360^3 \times 2$$

$$= 3 \times 10^8 \text{mm}^4$$

$$W_f = \frac{I_f}{250} = 1.2 \times 10^6 \text{mm}^3$$

根据《钢标》11.2.2 条：

$$\sigma_f = \frac{M}{W_f} + \frac{N}{A_f} = \frac{260 \times 10^6}{1.2 \times 10^6} + \frac{100 \times 10^3}{7436.8} = 216.7 + 13.4$$

$$= 230.1\text{N/mm}^2 < \beta_f f_f^w = 1.22 \times 200 = 244\text{N/mm}^2$$

$$\tau_f = \frac{V}{A_f} = \frac{65 \times 10^3}{7436.8} = 8.7\text{N/mm}^2$$

$$\sqrt{\left(\frac{\sigma_f}{\beta_f}\right)^3 + \tau_f^2} = \sqrt{\left(\frac{230.1}{1.22}\right)^2 + 8.7^2} = 188.8\text{N/mm}^2 < f_f^w = 200\text{N/mm}^2$$

故选（C）项。

【例 2.6.2-3】（2011T25）某厂房屋面上弦平面布置如图 2.6.2-4 所示，钢材采用 Q235，焊条采用 E43 型。

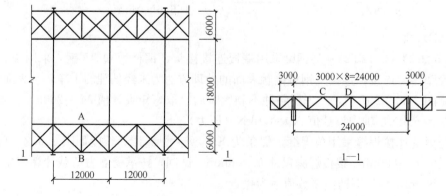

图 2.6.2-4

腹杆截面采用 $\top 56 \times 5$，角钢与节点板采用两侧角焊缝连接，焊脚尺寸 $h_f = 5mm$，连接形式如图 2.6.2-5 所示，如采用受拉等强连接，焊缝连接实际长度 a（mm）与下列何项数值最为接近？

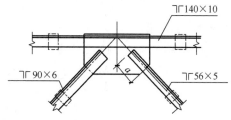

图 2.6.2-5

表 2.6.2-1

截面	A（mm^2）
$\top 56 \times 5$	1083

提示： 截面无削弱，肢尖、肢背内力分配比例为 3：7。

(A) 140　　　　(B) 160　　　　(C) 290　　　　(D) 300

【解答】根据《钢标》7.1.1 条：
$$N = fA = 215 \times 1083 \times 10^{-3} = 232.8 \text{kN}$$

由于采用等强连接，根据《钢标》11.2.2 条：
$$l_w = \frac{0.7N}{2 \times 0.7 h_f f_f^w} = \frac{0.7 \times 232.8 \times 10^3}{2 \times 0.7 \times 5 \times 160} = 146 \text{mm}$$

$8h_f = 8 \times 5 = 40mm < l_w < 60h_f = 60 \times 5 = 300mm$，不考虑超长折减。

焊缝实际长度为：　　　　$l_w + 2h_f = 146 + 2 \times 5 = 156 \text{mm}$

故选 (B) 项。

【例 2.6.2-4】 某车间吊车梁端部车挡采用焊接工字形截面，钢材采用 Q235B 钢，车挡截面特性如图 2.6.2-6 所示。作用于车挡上的吊车水平冲击力设计值为 $H = 201.8 \text{kN}$，作用点距车挡底部的高度为 1.37m。

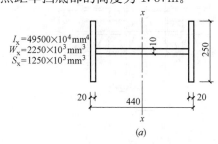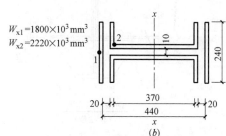

(a)　　　　　　　　　　　　　　(b)

图 2.6.2-6

试问：

(1) 车挡翼缘及腹板与吊车梁之间采用双面角焊缝连接，手工焊接，使用 E43 型焊条。已知焊脚尺寸 $h_f = 12mm$，焊缝截面计算长度及有效截面特性如图 2.6.2-6（b）所示。假定腹板焊缝承受全部水平剪力。试问，"1" 点处的角焊缝应力设计值（N/mm^2）应与下列何项数值最为接近？

(A) 180　　　　(B) 150　　　　(C) 130　　　　(D) 110

(2) 已知条件同题目 (1)。试问，"2" 点处的角焊缝应力设计值（N/mm^2）应与下列何项数值最为接近？

(A) 30   (B) 90   (C) 130   (D) 160

【解答】（1）根据题中假定腹板承受全部水平剪力，则翼缘焊缝仅承担弯矩作用，则：

$$\sigma_1 = \frac{M_x}{W_{x1}} = \frac{201.8 \times 10^3 \times 1.37 \times 10^3}{1800 \times 10^3} = 153.6 \text{N/mm}^2$$

故选（B）项。

（2）根据《钢标》11.2.2 条：

$$\sigma_{f2} = \frac{M_x}{W_{x2}} = \frac{201.8 \times 10^3 \times 1.37 \times 10^3}{2220 \times 10^3} = 124.5 \text{N/mm}^2$$

$$\tau_{f2} = \frac{N}{h_e l_w} = \frac{201.8 \times 10^3}{2 \times 0.7 \times 12 \times 370} = 32.5 \text{N/mm}^2$$

由于焊缝直接承受动力荷载，$\beta_f = 1.0$

$$\sigma_2 = \sqrt{\left(\frac{\sigma_{f2}}{\beta_f}\right)^2 + \tau_{f2}^2} = \sqrt{124.5^2 + 32.5^2} = 128.7 \text{N/mm}^2$$

故选（C）项。

【例 2.6.2-5】（2013T26）某钢结构平台承受静力荷载，钢材均采用 Q235 钢。该平台有悬挑次梁与主梁刚接。假定，次梁上翼缘处的连接板需要承受由支座弯矩产生的轴心拉力设计值 $N = 360$kN。

假定，主梁与次梁的刚接节点如图 2.6.2-7 所示，次梁上翼缘与连接板采用角焊缝连接，三面围焊，焊缝长度一律满焊，焊条采用 E43 型。试问，若角焊缝的焊脚尺寸 $h_f = 8$mm，次梁上翼缘与连接板的连接长度 L（mm）采用下列何项数值最为合理？

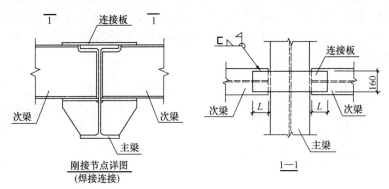

图 2.6.2-7

(A) 120   (B) 260   (C) 340   (D) 420

【解答】根据《钢标》11.2.2 条，首先计算正面角焊缝能承受的轴心拉力 N_1

根据《钢标》11.3.6 条：所有围焊的转角处必须连续施焊

$$N_1 = \beta_f f_f^w h_e l_{w1} = 1.22 \times 160 \times 0.7 \times 8 \times 160 \times 10^{-3} = 175 \text{kN}$$

其余轴心拉力由两条侧面角焊缝承受，其计算长度 l_{w2} 为：

$$l_{w2} = \frac{N - N_1}{2 \times h_e f_f^w} = \frac{360 \times 10^3 - 175 \times 10^3}{2 \times 0.7 \times 8 \times 160} = 103 \text{mm}$$

$$L \geqslant l_{w2} + h_f = 103 + 8 = 111 \text{mm}$$

故选（A）项。

【例 2.6.2-6】由于生产需要，两个钢槽罐间需增设钢平台，$\gamma_0 = 1.0$，钢材采用 Q235 钢，焊条采用 E43 型。钢平台布置如图 2.6.2-8 所示，图中标注尺寸单位为 mm。

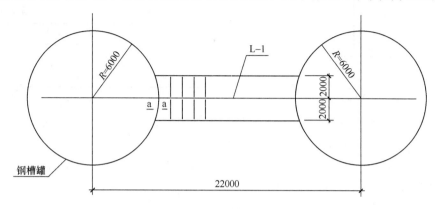

图 2.6.2-8

假定，节点板与钢槽罐采用双面角焊缝连接见图 2.6.2-9，角焊缝的焊脚尺寸 $h_f = 6\text{mm}$，最大剪力设计值 $V = 202.2\text{kN}$。试问，节点板与钢槽罐竖壁板之间角焊缝的最小焊接长度 l（mm），与下列何项数值最为接近？

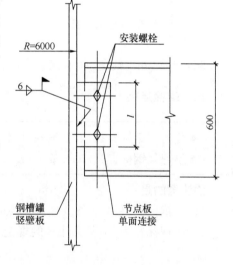

图 2.6.2-9

提示： ① 内力沿侧面角焊缝全长分布；
　　　　② 为施工条件较差的高空安装焊缝；
　　　　③ 最大剪力设计值 V 需考虑偏心影响，取增大系数 1.10。

（A）200　　　　（B）250
（C）300　　　　（D）400

【解答】根据《钢标》4.4.5 条：

施工条件较差的高空安装焊缝强度设计值的折减系数为 0.9

根据《钢标》公式（11.2.2-2）：

$$l_w = \frac{N}{n \cdot 0.7 h_f \cdot f_f^w} = \frac{1.10 \times 202.2 \times 10^3}{2 \times 0.7 \times 6 \times (160 \times 0.9)} = 184\text{mm}$$

$$l = 184 + 2 \times 6 = 196\text{mm}$$

故选（A）项。

【例 2.6.2-7】（2011T30）材质为 Q235 的焊接工字钢次梁，截面尺寸见图 2.6.2-10，腹板与翼缘的焊接采用双面角焊缝，焊条采用 E43 型非低氢型焊条，不预热施焊。最大剪力设计值 $V = 204\text{kN}$，翼缘与腹板连接焊缝焊脚尺寸 h_f（mm）取下列何项数值最为合理？

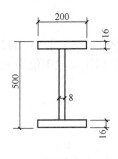

次梁截面

图 2.6.2-10

表 2.6.2-2

截面	I_x	S
	mm⁴	mm³
见左图	4.43×10^8	7.74×10^5

提示： 最为合理指在满足规范的前提下数值最小。

(A) 2   (B) 4   (C) 6   (D) 8

【解答】 根据《钢标》11.2.7条：

$$\frac{1}{2h_e} \times \frac{204 \times 10^3 \times 7.74 \times 10^5}{4.43 \times 10^8} \leqslant f_f^w = 160 \text{N/mm}^2$$

解之得：$h_e = 1.1 \text{mm}$，$h_f = \dfrac{h_e}{0.7} = 1.6 \text{mm}$

根据《钢标》11.3.5条：

$$h_f \geqslant 6 \text{mm}$$

取 $h_f = 6 \text{mm}$，故选 (C) 项。

三、螺栓连接

> - 复习《钢标》11.4.1条～11.4.5条。
> - 复习《钢标》11.5.1条～11.5.6条。

需注意的是：

(1)《钢标》11.4.5条及其条文说明，普通螺栓、高强度螺栓或铆钉的超长折减。

(2)《钢标》表11.5.2注3的规定：

$$d_c = \max(d+4, d_0)$$

【例 2.6.3-1】（2011T18）某钢结构办公楼，结构布置如图 2.6.3-1 所示。框架梁、柱采用 Q345，次梁、中心支撑、加劲板采用 Q235，楼面采用 150mm 厚 C30 混凝土楼板，钢梁顶采用抗剪栓钉与楼板连接。

次梁与主梁连接采用 10.9 级 M16 的高强度螺栓摩擦型连接，$\mu = 0.35$，其连接形式如图 2.6.3-2 所示，采用标准圆孔，考虑了连接偏心的不利影响后，取次梁端部剪力设计值 $V = 110.2 \text{kN}$，连接所需的高强度螺栓数量（个）与下列何项数值最为接近？

(A) 2   (B) 3   (C) 4   (D) 5

【解答】 根据《钢标》11.4.2条：

$$N_v^b = 0.9 k n_f \mu P = 0.9 \times 1 \times 1 \times 0.35 \times 100 = 31.5 \text{kN}$$

$$n = \frac{V}{N_v^b} = \frac{110.2 \times 10^3}{31.5 \times 10^3} = 3.49，取 4 个。$$

故选（C）项。

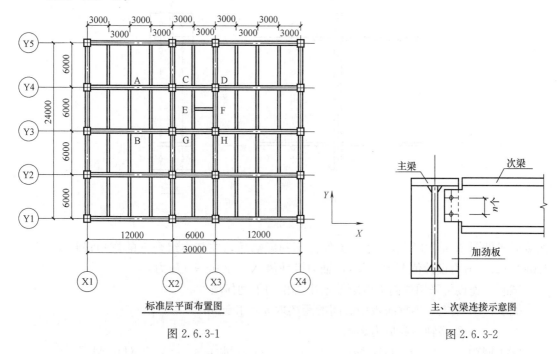

图 2.6.3-1 | 图 2.6.3-2

标准层平面布置图 | 主、次梁连接示意图

思考：本题虽为简单连接设计，但容易产生是否计算偏心，怎么计算偏心的疑问，实际上，偏心大小与连接端部的刚度有关，简单地讲偏心的上限值为梁中心至螺栓中心的距离。工程实际中，当钢梁顶部为混凝土楼板时，可采用剪力乘系数来考虑偏心的不利影响（本题作为已知条件给出）。

【例 2.6.3-2】（2012T17）关于钢结构设计要求的以下说法：

Ⅰ. 在其他条件完全一致的情况下，焊接结构的钢材要求应不低于非焊接结构；

Ⅱ. 在其他条件完全一致的情况下，钢结构受拉区的焊缝质量要求应不低于受压区；

Ⅲ. 在其他条件完全一致的情况下，钢材的强度设计值与钢材厚度无关；

Ⅳ. 吊车梁的腹板与上翼缘之间的 T 形接头焊缝均要求焊透；

Ⅴ. 摩擦型连接和承压型连接高强度螺栓的承载力设计值的计算方法相同。

试问，针对上述说法正确性的判断，下列何项正确？

（A）Ⅰ、Ⅱ、Ⅲ正确，Ⅳ、Ⅴ错误　　　（B）Ⅰ、Ⅱ正确，Ⅲ、Ⅳ、Ⅴ错误

（C）Ⅳ、Ⅴ正确，Ⅰ、Ⅱ、Ⅲ错误　　　（D）Ⅲ、Ⅳ、Ⅴ正确，Ⅰ、Ⅱ错误

【解答】Ⅰ. 根据《钢标》4.3.3 条，正确；

Ⅱ. 根据《钢标》11.1.6 条，正确；

Ⅲ. 根据《钢标》表 4.4.1，错误；

Ⅳ. 根据《钢标》11.1.6 条，错误；

Ⅴ. 根据《钢标》11.4.2、11.4.3 条，错误。

故选（B）项。

【例 2.6.3-3】（2012T22）某钢梁采用端板连接接头，钢材为 Q345 钢，采用 10.9 级高强度螺栓摩擦型连接，连接处钢材接触表面的处理方法为未经处理的干净轧制表面，其

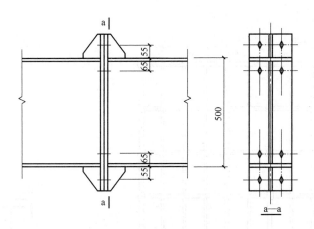

图 2.6.3-3

连接形式见图 2.6.3-3 所示，考虑了各种不利影响后，在基本组合下的弯矩设计值 $M = 260\text{kN}\cdot\text{m}$，剪力设计值 $V = 65\text{kN}$，轴力设计值 $N = 100\text{kN}$（压力）。

试问，连接可采用的高强度螺栓最小规格为下列何项？

提示： ① 梁上、下翼缘板中心间的距离取 $h = 490\text{mm}$；

② 忽略轴力和剪力影响。

(A) M20   (B) M22   (C) M24   (D) M27

【解答】 单个螺栓最大拉力 $N_t = \dfrac{M}{n_1 h} = \dfrac{260\times10^3}{4\times490} = 132.7\text{kN}$

根据《钢标》11.4.2 条：

单个螺栓预拉力 $P \geqslant \dfrac{132.7}{0.8} = 165.9\text{kN} < 190\text{kN}$

故选（B）项。

【例 2.6.3-4】（2013T27）某钢结构平台承受静力荷载，钢材均采用 Q235 钢。该平台有悬挑次梁与主梁刚接。假定，次梁上翼缘处的连接板需要承受由支座弯矩产生的轴心拉力设计值 $N = 360\text{kN}$。

假定，悬挑次梁与主梁的焊接连接改为高强度螺栓摩擦型连接，次梁上翼缘与连接板每侧各采用 6 个高强度螺栓，其刚接节点如图 2.6.3-4 所示。高强度螺栓的性能等级为

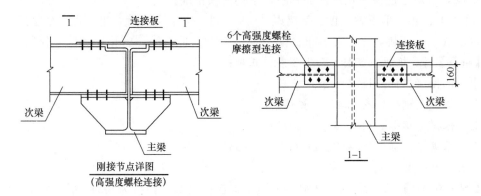

图 2.6.3-4

10.9 级，连接处构件接触面采用喷硬质石英砂处理，采用标准圆孔。试问，次梁上翼缘处连接所需高强度螺栓的最小规格应为下列何项？

提示：按《钢结构设计标准》GB 50017—2017 作答。

(A) M24   (B) M22   (C) M20   (D) M16

【解答】根据《钢标》11.4.2 条：

$$\mu = 0.45, \ n_f = 1$$

$$\text{预拉力} \ P \geqslant \frac{N}{n \times 0.9 k n_f \mu} = \frac{360}{6 \times 0.9 \times 1 \times 1 \times 0.45} = 148 \text{kN}$$

根据《钢标》表 11.4.2-2，所需高强度螺栓（10.9 级）的最小规格应为 M20。

故选 (C) 项。

【例 2.6.3-5】某钢结构牛腿与钢柱间采用 4.8 级 C 级普通螺栓及支托连接，竖向力设计值 $N = 310 \text{kN}$，偏心距 $e = 250 \text{mm}$，计算简图如图 2.6.3-5 所示。

试问：

(1) 按强度计算，螺栓选用下列何种规格最为合适？

一个 4.8 级 C 级普通螺栓的受拉承载力设计值 N_t^b   表 2.6.3-1

螺栓规格	M20	M22	M24	M27
N_t^b (kN)	41.7	51.5	60.0	78.0

提示：①剪力由支托承受；②取旋转点位于最下排螺栓中心。

(A) M20   (B) M22

(C) M24   (D) M27

(2) 假定，题目 (1) 中普通螺栓连接

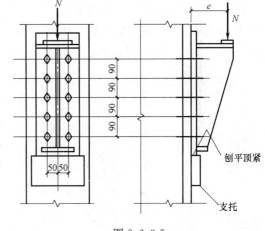

图 2.6.3-5

改为采用 10.9 级高强度螺栓摩擦型连接，螺栓个数及位置不变，采用标准圆孔，摩擦面抗滑移系数 $\mu = 0.45$。支托板仅在安装时起作用，其他条件同题目 (1)。试问，高强度螺栓选用下列何种规格最为合适？

提示：① 剪力平均分配；

② 按《钢结构设计标准》GB 50017—2017 作答。

(A) M16   (B) M22   (C) M27   (D) M30

【解答】(1) $M = Ne = 310 \times 10^3 \times 250 = 77.5 \times 10^6 \text{N} \cdot \text{mm}$

最上排螺栓拉力 N_1：

$$N_1 = \frac{M \cdot y_{max}}{\sum y_i^2}$$

$$= \frac{77.5 \times 10^6 \times 360}{2 \times (90^2 + 180^2 + 270^2 + 360^2)} \times 10^{-3}$$

$$= 57.4 \text{kN}$$

选 M24，故选 (C) 项。

（2）每个螺栓抗剪 $N_v = \dfrac{310}{10} = 31\text{kN}$

最外排螺栓拉力 $N_t = \dfrac{M \cdot y_{\max}}{\sum y_i^2} = \dfrac{77.5 \times 10^3 \times 180}{2 \times 2 \times (90^2 + 180^2)} \times 10^{-3} = 86.1\text{kN}$

根据《钢标》式（11.4.2-3）：

$$\frac{N_v}{N_v^b} + \frac{N_t}{N_t^b} \leqslant 1$$

$$N_v^b = 0.9 k n_f \mu P = 0.9 \times 1 \times 1 \times 0.45 \times P = 0.405P, \quad N_t^b = 0.8P$$

$$\frac{31}{0.405P} + \frac{86.1}{0.8P} \leqslant 1，则：P \geqslant 76.5 + 107.6 = 184.1\text{kN}$$

根据《钢标》表 11.4.2-2，取 M22，故选（B）项。

【例 2.6.3-6】（2014T22）某单层钢结构厂房，某边列单阶柱的上段柱为焊接工字形截面实腹柱，下段柱为不对称组合截面格构柱（屋盖肢、吊车肢）。

假定，吊车肢柱间支撑截面采用 2L90×6，其所承受最不利荷载组合值为 120kN。支撑与柱采用高强螺栓摩擦型连接，如图 2.6.3-6 所示。试问，单个高强螺栓承受的最大剪力设计值（kN），与下列何项数值最为接近？

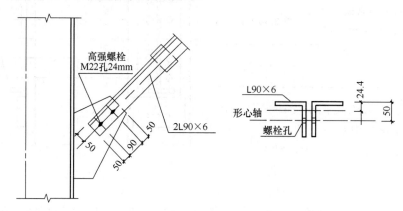

图 2.6.3-6

(A) 60 　　　　　(B) 70 　　　　　(C) 95 　　　　　(D) 120

【解答】螺栓中心与构件形心偏差产生的力矩：

$$120 \times 10^3 \times (50 - 24.4) = 120 \times 10^3 \times 25.6 = 3.07 \times 10^6 \text{N} \cdot \text{mm}$$

高强螺栓承受的最大剪力：

$$\sqrt{\left(\frac{3.07 \times 10^6}{90}\right)^2 + \left(\frac{120 \times 10^3}{2}\right)^2} = 69018\text{N} = 69\text{kN}$$

故选（B）项。

【例 2.6.3-7】（2014T25）某 4 层钢结构商业建筑，层高 5m，房屋高度 20m，抗震设防烈度 8 度，采用框架结构。框架梁柱采用 Q345。框架梁截面采用轧制型钢 H600×200×11×17，柱采用箱形截面 B450×450×16。

假定，框架梁拼接采用图 2.6.3-7 所示的栓焊节点，高强螺栓采用 10.9 级 M22 螺栓，连接板采用 Q345B，试问，下列何项说法正确？

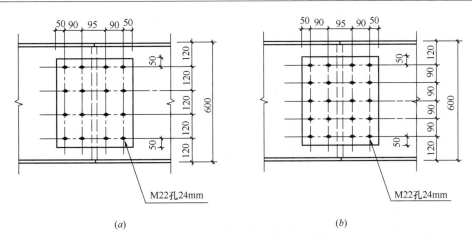

图 2.6.3-7

(A) 图 (a)、图 (b) 均符合螺栓孔距设计要求

(B) 图 (a)、图 (b) 均不符合螺栓孔距设计要求

(C) 图 (a) 符合螺栓孔距设计要求

(D) 图 (b) 符合螺栓孔距设计要求

【解答】 按腹板等强估算连接板厚 $t = 11 \times (600 - 2 \times 17) / (2 \times 460) = 6.8$mm，取 $t = 7$mm

图 (a) 孔中心间距为 120mm$>12t = 84$mm，不符合《钢标》表 11.5.2。

图 (b) 孔中心间距为 90mm$>12t = 84$mm，不符合。

故选 (B) 项。

四、销轴连接和钢管法兰连接

- 复习《钢标》11.6.1 条～11.6.4 条。
- 复习《钢标》11.7.1 条～11.7.3 条。

第七节 《钢标》节点

一、一般规定

- 复习《钢标》12.1.1 条～12.1.6 条。

二、连接板节点

- 复习《钢标》12.2.1 条～12.2.7 条。

【例 2.7.2-1】 某屋盖工程大跨度主桁架结构使用 Q345 钢材，其所有杆件均采用热轧

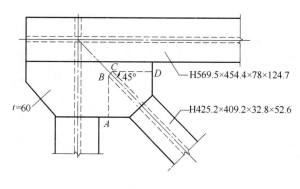

图 2.7.2-1

H 型钢，H 型钢的腹板与桁架平面垂直。桁架端节点斜杆轴心拉力设计值 $N=12700\text{kN}$。

桁架的端节点采用等强度对接节点板的连接形式，如图 2.7.2-1 所示，在斜杆轴心拉力作用下，节点板将沿 AB-BC-CD 破坏线撕裂。已确定 $AB=CD=400\text{mm}$，$BC=33\text{mm}$。

试问：

(1) 在节点板破坏线上的拉应力设计值（N/mm²），与下列何项数值最为接近？

(A) 356.0   (B) 352.0   (C) 176.0   (D) 178.0

(2) 斜杆轴心受拉承载力设计值（kN），与下列何项数值最为接近？

(A) 15.5×10^3 (B) 14.2×10^3 (C) 13.5×10^3 (D) 13.0×10^3

【解答】(1) 根据《钢标》12.2.1 条规定：

AB、CD 的拉剪折算系数 η_i：

$$\eta_i = \frac{1}{\sqrt{1+2\cos^2\alpha_i}} = \frac{1}{\sqrt{1+2\cos^2 45°}} = 0.707$$

BC 的拉剪折算系数 η_i：

$$\eta_i = \frac{1}{\sqrt{1+2\cos^2\alpha_i}} = \frac{1}{\sqrt{1+2\cos^2 90°}} = 1$$

端节点板为两块，则：

$$\sigma = \frac{N}{\sum(\eta_i A_i)} = \frac{12700\times10^3}{(400\times0.707+33\times1+400\times0.707)\times60\times2} = 176.8\text{N/mm}^2$$

故应选（C）项。

$(2)N = Af = [52.6\times409.2\times2+(425.2-2\times52.6)\times32.8]\times290 = 15.5\times10^3\text{kN}$

      ($t=52.6\text{mm}$，取 $f=290\text{N/mm}^2$)

故应选（A）项。

三、梁柱连接节点

• 复习《钢标》12.3.1 条～12.3.7 条。

【例 2.7.3-1】 H 形截面梁与 H 形截面柱采用刚性连接，梁翼缘与柱采用完全焊透的坡口对接焊缝连接，梁腹板与柱连接采用高强度螺栓连接，如图 2.7.3-1 所示，柱截面为 HW350×350×12×19，梁截面为 H400×200×9×14，钢材为 Q235 钢，焊条采用 E43

型，完全焊透的坡口焊为二级焊缝。

试问，梁端内力设计值 $M=100\mathrm{kN \cdot m}$，$V=120\mathrm{kN}$，则柱腹板节点域内腹板的剪应力（$\mathrm{N/mm^2}$），与下列何项数值最接近？

(A) 68

(B) 73

(C) 78

(D) 82

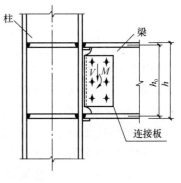

图 2.7.3-1

【解答】$h_{\mathrm{b1}} = h - t_1 = 400 - 14 = 386\mathrm{mm}$

$h_{\mathrm{c1}} = h_{\mathrm{c}} - t_{\mathrm{cf}} = 350 - 19 = 331\mathrm{mm}$

根据《钢标》式（12.3.3-3）：

$$\tau = \frac{M_{\mathrm{b1}} + M_{\mathrm{b2}}}{V_{\mathrm{p}}} = \frac{M_{\mathrm{b1}} + M_{\mathrm{b2}}}{h_{\mathrm{c1}} h_{\mathrm{b1}} t_{\mathrm{w}}}$$

$$= \frac{100 \times 10^6}{331 \times 386 \times 12} = 65.2\mathrm{N/mm^2}$$

故应选（A）项。

四、铸钢节点和预应力索节点

- 复习《钢标》12.4.1 条～12.4.6 条。
- 复习《钢标》12.5.1 条～12.5.3 条。

五、支座

- 复习《钢标》12.6.1 条～12.6.5 条。

【例 2.7.5-1】某单层钢结构厂房 $\gamma_0 = 1.0$，柱距 12m，其钢吊车梁采用 Q345 钢制造，E50 型焊条焊接。吊车为软钩桥式吊车，起重量 $Q=50\mathrm{t}/10\mathrm{t}$，小车重 $g=15\mathrm{t}$，最大轮压标准值 $P=470\mathrm{kN}$。

假定，吊车梁采用突缘支座，支座加劲肋与腹板采用双面角焊缝连接，焊脚尺寸 $h_{\mathrm{f}} = 10\mathrm{mm}$，支座反力设计值 $R=1727.8\mathrm{kN}$，腹板高度为 1500mm。试问，角焊缝的剪应力设计值（$\mathrm{N/mm^2}$），与下列何项数值最为接近？

提示：角焊缝的强度计算时，支座反力设计值需乘以放大系数 1.2。

(A) 100   (B) 120   (C) 135   (D) 155

【解答】突缘支座，焊缝内力均匀分布，根据《钢标》11.2.2 条：

$$l_{\mathrm{w}} = 1500 - 2 \times 10 = 1480\mathrm{mm}$$

$$\tau = \frac{1.2R}{2 \times 0.7 \times h_{\mathrm{f}} \times l_{\mathrm{w}}} = \frac{1.2 \times 1727.8 \times 10^3}{2 \times 0.7 \times 10 \times 1480} = 100\mathrm{N/mm^2}$$

故选（A）项。

六、柱脚

> ● 复习《钢标》12.7.1 条～12.7.11 条。

【例 2.7.6-1】（2012T21）某钢结构平台，由于使用中增加荷载，需增设一格构柱，柱高 6m，两端铰接，轴心压力设计值为 1000kN，钢材采用 Q235 钢，焊条采用 E43 型，不预热施焊，截面无削弱，格构柱如图 2.7.6-1 所示。

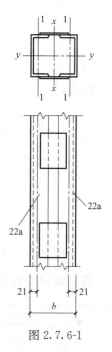

柱脚底板厚度为 16mm，端部要求铣平，总焊缝计算长度取 l_w ＝1040mm。试问，柱与底板间的焊缝采用下列何种做法最为合理？

(A) 角焊缝连接，焊脚尺寸为 6mm

(B) 柱与底板焊透，一级焊缝质量要求

(C) 柱与底板焊透，二级焊缝质量要求

(D) 角焊缝连接，焊脚尺寸为 12mm

提示：所有板厚均≤16mm。

【解答】根据《钢标》12.7.3 条：

$$h_f \geqslant \frac{15\% \times 1000 \times 10^3}{0.7 \times 160 \times 1040} = 1.28\text{mm}$$

根据《钢标》11.3.5 条：

$$h_f \geqslant 6\text{mm}$$

故最终取 $h_f \geqslant 6$mm，选（A）项。

图 2.7.6-1

第八节 《钢标》塑性及弯矩调幅设计

一、一般规定

> ● 复习《钢标》10.1.1 条～10.1.7 条。

【例 2.8.1-1】（2012T18）不直接承受动力荷载且钢材的各项性能满足塑性设计要求的下列钢结构：

Ⅰ. 符合计算简图 a-a，材料采用 Q345 钢，截面均采用焊接 H 形钢 H300×200×8×12；

Ⅱ. 符合计算简图 b-b，材料采用 Q345 钢，截面均采用焊接 H 形钢 H300×200×8×12；

Ⅲ. 符合计算简图 c-c，材料采用 Q235 钢，截面均采用焊接 H 形钢 H300×200×8×12；

Ⅳ. 符合计算简图 d-d，材料采用 Q235 钢，截面均采用焊接 H 形钢 H300×200×8×12。

试问，根据《钢结构设计标准》GB 50017—2017 的有关规定，针对上述结构是否可采用塑性设计的判断，下列何项正确？

(A) Ⅱ、Ⅲ、Ⅳ 可采用，Ⅰ 不可采用　　(B) Ⅳ 可采用，Ⅰ、Ⅱ、Ⅲ 不可采用

(C) Ⅲ、Ⅳ 可采用，Ⅰ、Ⅱ 不可采用　　(D) Ⅰ、Ⅱ、Ⅳ可采用，Ⅲ不可采用

【解答】根据《钢标》10.1.1 条，适用的结构有Ⅰ、Ⅱ、Ⅳ，排除（A）、（C）项。

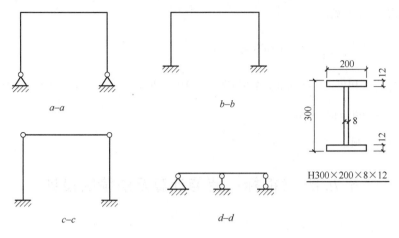

图 2.8.1-1

由《钢标》10.1.5 条及 3.5.1 条：

Q235 钢，图示 d-d 为超静定梁，按 S1 级，则：

$$\frac{b}{t} = \frac{200-8}{2\times12} = 8 < 9\varepsilon_k = 9.0，满足$$

$$\frac{h_0}{t_w} = \frac{300-2\times12}{8} = 34.5 < 65\varepsilon_k = 65，满足，故\text{Ⅳ}可采用。$$

Q345 钢，图示 a-a、b-b：

$$\frac{b}{t} = \frac{200-8}{2\times12} = 8 > 9\varepsilon_k = 9\sqrt{235/345} = 7.4，不满足$$

故选（B）项。

二、弯矩调幅设计要点

- 复习《钢标》10.2.1 条~10.2.2 条。

三、构件计算与容许长细比

- 复习《钢标》10.3.1 条~10.3.4 条。
- 复习《钢标》10.4.1 条~10.4.6 条。

【例 2.8.3-1】某单层框架，无动力荷载，采用 Q235 钢焊接而成，其柱为双轴对称工字形截面，翼缘为 -200×12mm，腹板为 400×10mm，该柱为压弯构件，采用塑性方法设计。

试问，若柱承受压力设计值为 120kN，剪力设计值为 180kN，该柱段中出现塑性铰时，该塑性铰能承受的最大弯矩设计值（kN·m），与下列何项数值最接近？

（A）320　　　　（B）300　　　　（C）290　　　　（D）270

【解】根据《钢标》10.3.4 条：

$$V = 180\text{kN} < 0.5h_w t_w f_v = 0.5\times400\times10\times125 = 250\text{kN}$$

故不考虑 f 的折减。

$$\frac{N}{A_n f} = \frac{120 \times 10^3}{1892 \times 10^3} = 0.063 < 0.13$$

$$M_x \leqslant 0.9 W_{pnx} f = 0.9 \times 2 \times (200 \times 12 \times 206 + 200 \times 10 \times 100) \times 215$$

$$= 268.7 \text{kN} \cdot \text{m}$$

故应选（D）项。

第九节　《钢标》疲劳计算及防脆断设计

一、疲劳计算

1. 一般规定和疲劳计算

> ● 复习《钢标》16.1.1 条～16.2.5 条。

需注意的是：

（1）《钢标》16.1.3 条及其条文说明。

（2）《钢标》附录 K。

【例 2.9.1-1】 某钢板连接用高强度螺栓摩擦型连接，钢板－400×14，盖板 2－400×8，螺栓选用 M20（$d_0 = 21.5\text{mm}$），螺栓双排布置。钢材为 Q235 钢。该连接承受轴心力标准值：$N_{max} = 800\text{kN}$，$N_{min} = 200\text{kN}$，预期循环次数 $n = 2.5 \times 10^6$，常幅疲劳考虑。

试问：

（1）该连接主体金属的容许正应力幅（N/mm^2），与下列何项数值最接近？

(A) 126.8　　　　(B) 136.2　　　　(C) 141.8　　　　(D) 146.1

（2）该连接钢板的最大正应力幅（N/mm^2），与下列何项数值最接近？

(A) 96.4　　　　(B) 107.1　　　　(C) 117.9　　　　(D) 124.3

【解答】 （1）查《钢标》附表 K.0.1，项次 4，类别 Z2；查《钢标》表 16.2.1-1，$C_z = 861 \times 10^{12}$，$\beta_z = 4$。

$$\left[\Delta\sigma\right] = \left(\frac{C_z}{n}\right)^{1/\beta_z} = \left(\frac{861 \times 10^{12}}{2.5 \times 10^6}\right)^{1/4} = 136.2 \text{N/mm}^2$$

应选（B）项。

（2）根据《钢标》附表 K.0.1，项次 4，应以毛截面面积计算；并根据《钢标》16.2.1 条规定：

$$\Delta\sigma = \sigma_{max} - 0.7\sigma_{min} = \frac{800 \times 10^3}{400 \times 14} - \frac{0.7 \times 200 \times 10^3}{400 \times 14}$$

$$= 142.86 - 25 = 117.86 \text{N/mm}^2 < \gamma_t \left[\Delta\sigma\right]$$

$$= 1 \times 136.2 = 136.2 \text{N/mm}^2$$

故应选（C）项。

【例 2.9.1-2】 某厂房内有两台重级工作制的软钩吊车，采用焊接工字形吊车梁，如图 2.9.1-1 所示，采用 Q345-C 钢制作，焊条用 E50 型。吊车梁下翼缘与腹板采用自动焊，焊缝质量等级为二级，T 形对接与角接组合焊缝，其角焊道 $h_f=6mm$。下翼缘与水平桁架连接处有螺栓孔。由一台吊车荷载引起的吊车梁最大竖向弯矩标准值 $M_{max,k}=5500kN \cdot m$。预期循环次数 $n=2 \times 10^6$ 次。

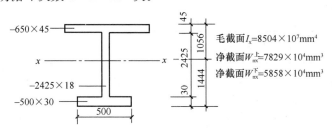

图 2.9.1-1

试问：

考虑欠载效应，吊车梁下翼缘与腹板连接处腹板的疲劳强度验算，满足下列何项关系式？

(A) $73.6N/mm^2 < \gamma_t [\Delta\sigma] = 144N/mm^2$

(B) $75.1N/mm^2 < \gamma_t [\Delta\sigma] = 144N/mm^2$

(C) $73.6N/mm^2 < \gamma_t [\Delta\sigma] = 118N/mm^2$

(D) $75.1N/mm^2 < \gamma_t [\Delta\sigma] = 118N/mm^2$

【解答】 根据《钢标》16.2.4 条，取欠载效应的等效系数 $\alpha_f=0.8$

$$\Delta\sigma = \frac{M}{I_{nx}} \cdot y_{腹} = \frac{M}{W_{nx}^{\overline{F}} \cdot y_{\overline{F}}} \cdot y_{腹}$$

$$= \frac{5500 \times 10^6}{5858 \times 10^4 \times 1444} \times (1444-30) = 91.94N/mm^2$$

$$\alpha_f \Delta\sigma = 0.8 \times 91.94 = 73.55N/mm^2$$

查《钢标》附表 K.0.2，项次 8，类别 Z2；查《钢标》表 16.2.1-1，取 $[\Delta\sigma] = 2 \times 10^6 = 144N/mm^2$，$\gamma_t [\Delta\sigma] = 1 \times 144 = 144N/mm^2$。

所以应选（A）项。

2. 疲劳的构造要求

● 复习《钢标》16.3.1 条～16.3.2 条。

【例 2.9.1-3】（2014T23）某单层钢结构厂房，钢材均为 Q235B。已知边列单阶柱截面及内力。上段柱为焊接工字形截面实腹柱，下段柱为不对称组合截面格构柱（屋盖肢、吊车肢），所有板件均为火焰切割。柱上端与钢屋架形成刚接，无截面削弱。

假定，吊车梁需进行疲劳计算，试问，吊车梁设计时下列说法何项正确？

(A) 疲劳计算部位主要是受压板件及焊缝

(B) 尽量使腹板板件高厚比不大于 $80\sqrt{235/f_y}$

(C) 吊车梁受拉翼缘上不得焊接悬挂设备的零件

(D) 疲劳计算采用以概率理论为基础的极限状态设计方法

【解答】 根据《钢标》16.3.2条第11款条，（C）项正确，应选（C）项。

另：（A）项，根据《钢标》16.1.3条，错误。

（B）项，根据《钢标》6.3.2条，错误。

（D）项，根据《钢标》3.1.2条，错误。

二、防脆断设计

● 复习《钢标》16.4.1条～16.4.5条。

【例 2.9.2-1】（2011T27）在工作温度等于或者低于－30℃的地区，下列关于提高钢结构抗脆断能力的叙述有几项是错误的？

Ⅰ．对于焊接构件应尽量采用厚板；

Ⅱ．应采用钻成孔或先冲后扩钻孔；

Ⅲ．对接焊缝的质量等级可采用三级；

Ⅳ．对厚度大于10mm的受拉构件的钢材采用手工气割或剪切边时，应沿全长刨边；

Ⅴ．安装连接宜采用焊接。

(A) 1项   (B) 2项   (C) 3项   (D) 4项

【解答】 根据《钢标》16.4.1条、16.4.4条，应选（C）项。

第十节 《钢标》钢与混凝土组合梁

一、一般规定

● 复习《钢标》14.1.1条～14.1.8条。

【例 2.10.1-1】（2013T20）某构筑物根据使用要求设置一钢结构夹层，钢材采用Q235钢，结构平面布置如图2.10.1-1所示。构件之间连接均为铰接。抗震设防烈度为8度。

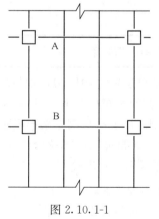

图 2.10.1-1

假定，夹层平台板采用混凝土并考虑其与钢梁组合作用。试问，若夹层平台钢梁高度确定，仅考虑钢材用量最经济，采用下列何项钢梁截面形式最为合理？

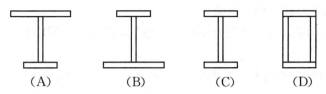

【解答】（B）项所示钢梁截面形式可以充分利用混凝土的抗压承载力，从而减少钢结构的用钢量，故选（B）项。

思考： 钢梁在钢与混凝土组合梁中主要承受拉力和剪力，钢梁的上翼缘用作混凝土翼板的支座并用来固定抗剪连接件，在组合梁受弯时，其抵抗弯曲应力的作用远不及下翼缘，故钢梁宜设计成上翼缘截面小于下翼缘截面的不对称截面形式。

【例 2.10.1-2】（2011T19）某钢结构办公楼，结构布置如图 2.10.1-2 所示。框架梁、柱采用 Q345，次梁、中心支撑、加劲板采用 Q235，楼面采用 150mm 厚 C30 混凝土楼板，钢梁顶采用抗剪栓钉与楼板连接。

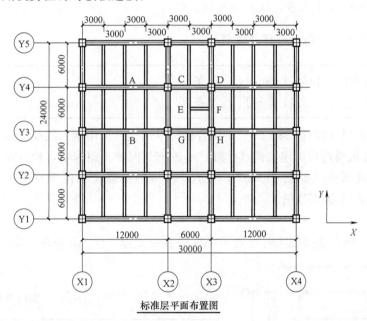

图 2.10.1-2

次梁 AB 截面为 H346×174×6×9，当楼板采用无板托连接，按组合梁计算时，混凝土翼板的有效宽度（mm）与下列何项数值最为接近？

(A) 1050   (B) 1950   (C) 2175   (D) 2300

【解答】 根据《钢标》14.1.2 条：

$$b_1 = b_2 = \frac{1}{6} \times 6000 = 1000\text{mm} < \frac{1}{2} \times (3000 - 174) = 1413\text{mm}$$

$$b_e = b_0 + b_1 + b_2 = 174 + 1000 \times 2 = 2174\text{mm}$$

故选（C）项。

【例 2.10.1-3】（2014T26）某 4 层钢结构商业建筑，层高 5m，房屋高度 20m，抗震设防烈度 8 度，采用框架结构。框架梁柱采用 Q345。框架梁截面采用轧制型钢 H600×200×11×17，柱采用箱形截面 B450×450×16。

假定，次梁采用钢与混凝土组合梁设计，施工时钢梁下不设临时支撑，试问，下列何项说法正确？

(A) 混凝土硬结前的材料重量和施工荷载应与后续荷载累加由钢与混凝土组合梁共同承受

(B) 钢与混凝土使用阶段的挠度按下列原则计算：按荷载的标准组合计算组合梁产生的变形

(C) 考虑全截面塑性发展进行组合梁强度计算时，钢梁所有板件的板件宽厚比应符合《钢结构设计标准》第 10 章中塑性设计的规定

(D) 混凝土硬结前的材料重量和施工荷载应由钢梁承受

【解答】 根据《钢标》14.1.4 条，(A) 错误，(D) 项正确，故选 (D) 项。

另：根据《钢标》14.4.1 条，(B) 项错误。

根据《钢标》14.1.6 条，(C) 项错误。

二、组合梁设计与抗剪连接件计算

- 复习《钢标》14.2.1 条～14.2.4 条。
- 复习《钢标》14.3.1 条～14.3.4 条。

【例 2.10.2-1】（2017T28、29）某综合楼标准层楼面采用钢与混凝土组合结构。钢梁 AB 与混凝土楼板通过抗剪连接件（栓钉）形成钢与混凝土组合梁，栓钉在钢梁上按双列布置，其有效截面形式如图 2.10.2-1 所示。楼板的混凝土强度等级为 C30，板厚 $h=150\text{mm}$，钢材采用 Q235B 钢。

试问：

(1) 假定，组合楼盖施工时设置了可靠的临时支撑，梁 AB 按单跨简支组合梁计算，

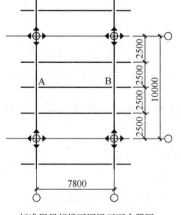

标准层局部楼面钢梁平面布置图

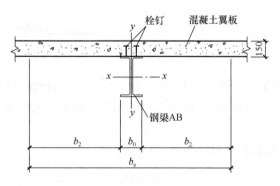

钢与混凝土组合梁AB的截面形式

图 2.10.2-1

钢梁采用热轧 H 型钢 H400×200×8×13，截面面积 $A=8337\text{mm}^2$。试问，梁 AB 按考虑全截面塑性发展进行组合梁的强度计算时，完全抗剪连接的最大抗弯承载力设计值 $M(\text{kN}\cdot\text{m})$，与下列何项数值最为接近？

提示：塑性中和轴在混凝土翼板内。

(A) 380   (B) 440   (C) 510   (D) 570

(2) 假定，栓钉材料的性能等级为 4.6 级（$f_u=360\text{N/mm}^2$），栓钉钉杆截面面积 $A_s=190\text{mm}^2$，其余条件同题 28。试问，梁 AB 按完全抗剪连接设计时，其全跨需要的最少栓钉总数 n_f（个），与下列何项数值最为接近？

提示：钢梁与混凝土翼板交界面的纵向剪力 V_s 按钢梁的截面面积和设计强度确定。

(A) 38   (B) 58   (C) 76   (D) 98

【解】(1) 根据《钢标》14.1.2 条、14.2.1 条：

$$b_2 = \min\left(\frac{7800}{6}, \frac{2500-200}{2}\right) = 1150\text{mm}$$

$$b_e = b_0 + 2b_2 = 200 + 2\times1150 = 2500\text{mm}$$

由提示，则：

$$x = \frac{Af}{b_e f_c} = \frac{8337\times215}{2500\times14.3} = 50.1\text{mm}$$

$$y = 200 + 150 - \frac{50.1}{2} = 325\text{mm}$$

$$M_u = b_e x f_c y = 2500\times50.1\times14.3\times325 = 582\text{kN}\cdot\text{m}$$

故选 (D) 项。

(2) 根据《钢标》14.3.1 条：

$$N_v^c = 0.43A_s\sqrt{E_c f_c} = 0.43\times190\times\sqrt{3\times10^4\times14.3} = 53.5\text{kN}$$

$$0.7A_s f_u = 0.7\times190\times360 = 47.88\text{kN}$$

故取 $N_v^c = 47.88\text{kN}$

由《钢标》14.3.4 条及提示：

$$V_s = Af = 8337\times215 = 1792\text{kN}$$

$$n_f = 2\times V_s/N_v^c = 2\times\frac{1792}{47.88} = 75\text{ 个，取 } n_f = 76\text{ 个}$$

故选 (C) 项。

【例 2.10.2-2】某钢结构夹层平台，采用主次梁结构进行平面布置，钢材为 Q235-B 钢，焊接使用 E43 型焊条。现次梁按组合梁设计，简支次梁结构，并采用压型钢板混凝土组合板作翼板，压型钢板板肋垂直于次梁，混凝土强度等级为 C25，抗剪连接件采用材料等级为 4.6 级的 $d=20\text{mm}$ 的圆柱头栓钉（$f_u=360\text{N/mm}^2$），如图 2.10.2-2 所示。已知该组合次梁上跨中最大弯矩点至支座零弯矩点之间的钢梁与混凝土翼板交界面的纵向剪力 $V_s=870\text{kN}$，栓钉抗剪连接件承载力设计值折减系数 $\beta_v=0.52$。按完全抗剪连接计算。

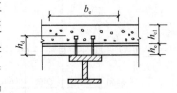

图 2.10.2-2

试问：该组合次梁上抗剪栓钉连接件的个数，应为下列何项数值？

(A) 22　　　　(B) 36　　　　(C) 42　　　　(D) 44

【解答】 根据《钢标》14.3.1条规定：

$$A_s = \frac{1}{4} \times 3.14 \times 20^2 = 314 \text{mm}^2$$

$$N_v^c = 0.43 A_s \sqrt{E_c f_c} = 0.43 \times 314 \times \sqrt{2.80 \times 10^4 \times 11.9} = 77.94 \text{kN}$$

$$N_v^c \leqslant 0.7 A_s f_u = 0.7 \times 314 \times 360 = 79.1 \text{kN}$$

故取 $N_v^c = 77.94 \text{kN}$

由《钢标》14.3.2条：

取 $N_v^c = \beta_v N_v^c = 0.52 \times 77.94 = 40.53 \text{kN}$

根据《钢标》14.3.4条：

次梁半跨抗剪栓钉数目：$n_f = \dfrac{V_s}{N_v^c} = \dfrac{870}{40.53} = 21.5$，取22个

在次梁全长上抗剪栓钉总数目为 $2 \times 22 = 44$ 个，应选 (D) 项。

三、纵向抗剪计算

- 复习《钢标》14.6.1条～14.6.4条。

四、挠度和裂缝宽度计算

- 复习《钢标》14.4.1条～14.4.3条。
- 复习《钢标》14.5.1条～14.5.2条。

五、构造要求

- 复习《钢标》14.7.1条～14.7.8条。

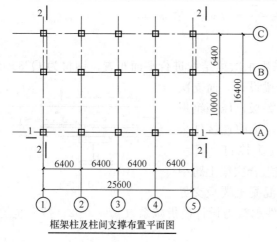

框架柱及柱间支撑布置平面图

图 2.10.5-1

【例 2.10.5-1】 (2016T27) 某9层钢结构办公建筑，房屋高度 $H = 34.9\text{m}$，抗震设防烈度为8度，布置如图2.10.5-1所示，所有连接均采用刚接。支撑框架为强支撑框架，各层均满足刚性平面假定。框架梁柱采用 Q345。框架梁采用焊接截面，除跨度为 10m 的框架梁截面采用 H700×200×12×22 外，其他框架梁截面均采用 H500×200×12×16，柱采用焊接箱形截面 B500×22。

假定，次梁采用 H350×175×7×11，底模采用压型钢板，$h_e = 76\text{mm}$，混凝土

楼板总厚为 130mm，采用钢与混凝土组合梁设计，沿梁跨度方向栓钉间距约为 350mm。试问，栓钉应选用下列何项？

（A）采用 $d=13$mm 栓钉，栓钉总高度 100mm，垂直于梁轴线方向间距 $a=90$mm

（B）采用 $d=16$mm 栓钉，栓钉总高度 110mm，垂直于梁轴线方向间距 $a=90$mm

（C）采用 $d=16$mm 栓钉，栓钉总高度 115mm，垂直于梁轴线方向间距 $a=125$mm

（D）采用 $d=19$mm 栓钉，栓钉总高度 120mm，垂直于梁轴线方向间距 $a=125$mm

【解答】根据《钢标》14.7.4 条：

$$\frac{梁上翼缘宽度-栓钉横向间距-栓钉直径}{2}=\frac{175-a-d}{2}\geqslant 20mm$$

只有（A）、（B）项符合。

根据《钢标》14.7.5 条：

栓钉长度 $\geqslant 4d$，（A）、（B）项均符合。

垂直于梁轴线方向间距 $a\geqslant 4d$，（A）、（B）项均符合。

栓钉直径 $\leqslant 19$mm，栓钉高度 $76+30=106$mm $\leqslant h_d$，仅（B）项符合。

故选（B）项。

第十一节　《钢标》钢管连接节点

一、一般规定和构造要求

- 复习《钢标》13.1.1 条～13.1.5 条。
- 复习《钢标》13.2.1 条～13.2.4 条。

【例 2.11.1-1】下述钢管结构构造要求，哪项不妥？

（A）节点处除搭接型节点外，应尽可能避免偏心，各管件轴线之间夹角不宜小于 30°

（B）支管与主管间连接焊缝应沿全周连续焊接并平滑过渡，支管壁厚小于 6mm 时，可不切坡口

（C）在支座节点处应将支管插入主管内

（D）主管的直径和壁厚应分别大于支管的直径和壁厚

【解答】根据《钢标》13.2.1 条规定，在支管与主管连接处，不得将支管插入主管内，故应选（C）项。

二、圆钢管节点

- 复习《钢标》13.3.1 条～13.3.9 条。

【例 2.11.2-1】某悬挑桁架，采用热轧无缝钢管，钢材采用 Q235-B 钢，E43 型焊条，焊缝质量等级为二级。桁架的腹杆与下弦杆在节点 C 处的连接，如图 2.11.2-1 所示。主管贯通，支管互不搭接（间隙为 a），主管规格为 $d450\times 10$，支管规格均为 $d209\times 6$，支管与主管轴线的交角分别为 $\alpha_1=63.44°$，$\alpha_2=53.13°$。

试问：

（1）为保证节点处主管的强度，若已求得节点 C（$e=0$，$a=34$mm）处允许的受压支管 CF 承载力设计值 $N_{ck}=420$kN，试问，允许的受拉支管 CG 承载力 N_{tk}（kN），与下列何项数值最为接近？

（A）470　　　　　（B）376
（C）521　　　　　（D）863

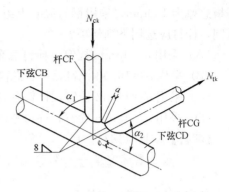

图 2.11.2-1

（2）支管 CG 与下弦主管间用角焊缝连接，焊缝全周连接焊接并平滑过渡，焊缝强度要求按施工条件较差的现场高空施焊考虑折减；焊脚尺寸 $h_f=8$mm。若已知焊缝长度 $l_w=733$mm，试问，该焊缝承载力的设计值（kN），与下列何项数值最为接近？

（A）938　　　　（B）802　　　　（C）657　　　　（D）591

（3）若已知下弦杆 CB 及 CD 段的轴向压力设计值分别为 $N_{CB}=750$kN，$N_{CD}=1040$kN；腹杆中心线交点对下弦杆轴线的偏心距 $e=50$mm，如图 2.8.2-1 所示，当对下弦主管作承载力验算时，试问，须考虑的偏心弯矩设计值（kN·m），应与下列何项数值最为接近？

（A）52.0　　　　（B）37.5　　　　（C）14.5　　　　（D）7.25

【解答】（1）根据《钢标》13.3.2 条：

$$N_{tk}=\frac{\sin\theta_c}{\sin\theta_t}N_{ck}=\frac{\sin63.44°}{\sin53.13°}\times420=470\text{kN}$$

故应选（A）项。

（2）根据《钢标》4.4.5 条，强度值应乘折减系数 0.9。

由《钢标》13.3.9 条：

$$N\leqslant0.7h_fl_wf_f^w=0.7\times8\times733\times(0.9\times160)=591\text{kN}$$

（3）根据《钢标》13.2.1 条规定：

$$e/d=50/450=0.11<0.25,满足,则：$$

$$M=\Delta N\cdot e=(1040-750)\times0.05=14.5\text{kN}\cdot\text{m}$$

故应选（C）项。

【例 2.11.2-2】（2017T26、27）某桁架结构，如图 2.11.2-2 所示。桁架上弦杆、腹杆及下弦杆均采用热轧无缝钢管，桁架腹杆与桁架上、下弦杆直接焊接连接；钢材均采用 Q235B 钢，手工焊接使用 E43 型焊条。

试问：

（1）桁架腹杆与上弦杆在节点 C 处的连接如图 2.11.2-3 所示。上弦杆主管贯通，腹杆支管搭接，主管规格为 d140×6，支管规格为 d89×4.5，杆 CD 与上弦主管轴线的交角为 $\theta_t=42.51°$。假定，搭接率为 45%。试问，受拉支管 CD 的承载力设计值（kN），与下

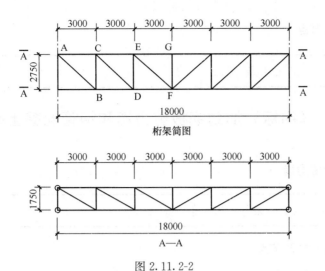

图 2.11.2-2

列何项数值最为接近？

  (A) 150　 (B) 180

  (C) 200　 (D) 240

  (2) 假定，上弦杆主管规格同题目 (1)，支管 GF 规格为 d89×4.5，其与上弦主管间用角焊缝连接，焊缝全周连续焊接并平滑过渡，焊脚尺寸 $h_f = 6\text{mm}$。试问，该焊缝的承载力设计值 (kN)，与下列何项数值最为接近？

  (A) 190　 (B) 180

  (C) 170　 (D) 160

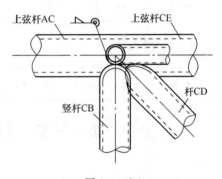

图 2.11.2-3

【解】(1) 根据《钢标》13.3.3 条第 2 款，空间 KK 形，由 13.3.2 条第 4 款：

$$\beta = \frac{89}{140} = 0.636, \quad \gamma = \frac{140}{2 \times 6} = 11.67$$

$$\tau = \frac{4.5}{6} = 0.75, \quad \eta_{0v} = 0.45(已知)$$

$$\psi_q = 0.636^{0.45} \times 11.67 \times 0.75^{0.8-0.45} = 8.61$$

$$N_{tk} = \left(\frac{29}{8.61+25.2} - 0.074\right) \times \frac{\pi}{4} \times (89^2 - 80) \times 215 = 201.2\text{kN}$$

$$N_{ttk} = 0.9 \times 201.2 = 181.1\text{kN}$$

故选 (B) 项。

(2) 根据《钢标》13.3.9 条：

$D_i/D = 89/140 = 0.64 < 0.65$，$\theta_i = 90°$，则：

$$l_w = (3.25 \times 89 - 0.025 \times 140) \times \left(\frac{0.534}{\sin90°} + 0.446\right) = 286\text{mm}$$

$$N_f = 0.7h_f l_w f_f^w = 0.7 \times 6 \times 286 \times 160 = 192.2\text{kN}$$

故选 (A) 项。

三、矩形钢管节点

● 复习《钢标》13.4.1条～13.4.5条。

第十二节 《钢标》加劲钢板剪力墙和钢管混凝土柱及防护

一、加劲钢板剪力墙

● 复习《钢标》9.1.1条～9.3.3条。

二、钢管混凝土柱及节点

● 复习《钢标》15.1.1条～15.4.4条。

三、钢结构防护

● 复习《钢标》18.1.1条～18.3.4条。

第十三节 《钢标》抗震性能化设计

一、一般规定

● 复习《钢标》17.1.1条～17.1.7条。

二、计算要点

● 复习《钢标》17.2.1条～17.2.12条。

三、基本抗震措施

● 复习《钢标》17.3.1条～17.3.16条。

第十四节 《抗规》多层和高层钢结构房屋

一、一般规定

● 复习《抗规》8.1.1条～8.1.9条。

【例 2.14.1-1】某钢结构住宅，采用框架-中心支撑结构体系，房屋高度为 23.4m，建筑抗震设防类别为丙类，采用 Q235 钢。

提示：按《建筑抗震设计规范》作答。

试问：

(1) 假定，抗震设防烈度为 7 度。试问，该钢结构住宅的抗震等级应为下列何项？

(A) 一级　　　　(B) 二级　　　　(C) 三级　　　　(D) 四级

(2) 该钢结构住宅的中心支撑不宜采用下列何种结构形式？

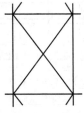 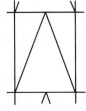 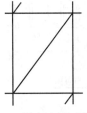 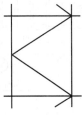

(A) 交叉支撑　　(B) 人字形支撑　　(C) 单斜杆支撑　　(D) K形支撑

【解答】(1) 根据《抗规》8.1.3 条和表 8.1.3，该钢结构住宅的抗震等级应确定为四级。

故选 (D) 项。

(2) 根据《抗规》8.1.6 条第 3 款规定，中心支撑框架不宜采用 K 形支撑。

故选 (D) 项。

二、计算要点

●复习《抗规》8.2.1 条～8.2.8 条。

【例 2.14.2-1】(2011T17、22) 某钢结构办公楼，结构布置如图 2.14.2-1 所示。框架梁、柱采用 Q345，次梁、中心支撑、加劲板采用 Q235，楼面采用 150mm 厚 C30 混凝土楼板，钢梁顶采用抗剪栓钉与楼板连接。

提示：按《建筑抗震设计规范》作答。

试问：

(1) 当进行多遇地震下的抗震计算时，该办公楼阻尼比宜采用下列何项数值？

(A) 0.035　　　　(B) 0.04　　　　(C) 0.045　　　　(D) 0.05

(2) 中心支撑为轧制 H 型钢 H250×250×9×14，几何长度 5000mm，考虑地震作用时，支撑斜杆的受压承载力限值 (kN) 与下列何项数值最为接近？

提示：$f_{ay}=235N/mm^2$，$E=2.06×10^5 N/mm^2$，假定支撑的计算长度系数为 1.0。

表 2.14.2-1

截面	A	i_x	i_y
	mm^2	mm	mm
H250×250×9×14	91.43×10^2	108.1	63.2

(A) 1300　　　　(B) 1450　　　　(C) 1650　　　　(D) 1100

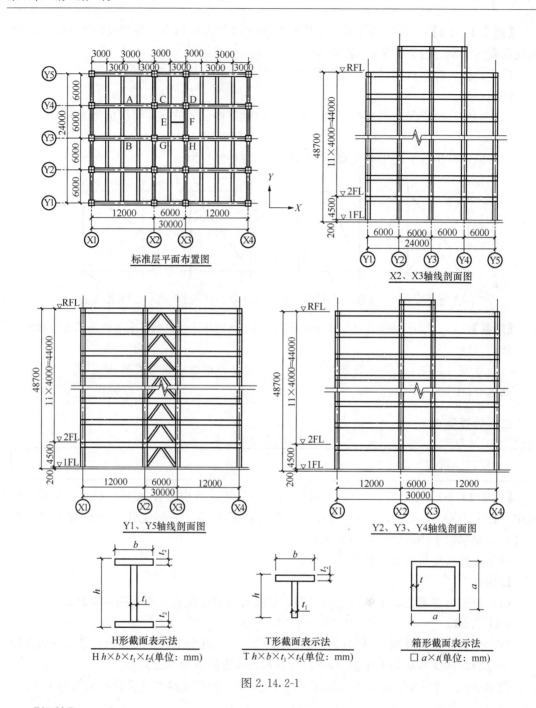

图 2.14.2-1

【解答】(1) 根据《抗规》8.2.2 条第 1 款,高度不大于 50m 时,可取 0.04。故选 (B) 项。

(2) 轧制工字形截面,$b/h = 250/25 = 1 > 0.8$,Q235 钢,根据《钢标》表 7.2.1-1 及注,对 x 轴,属于 b 类;对 y 轴,属于 c 类。$\lambda_x = \dfrac{5000}{108.1} = 46.3$,$\lambda_y = \dfrac{5000}{63.2} = 79$,故受压承载力由 y 轴控制。查附表 D.0.3,取 $\varphi_y = 0.584$。

根据《抗规》8.2.6条：

$$\lambda_n = \frac{\lambda}{\pi}\sqrt{\frac{f_{ay}}{E}} = \frac{79}{3.14}\sqrt{\frac{235}{2.06 \times 10^5}} = 0.850$$

$$\psi = \frac{1}{1 + 0.35\lambda_n} = \frac{1}{1 + 0.35 \times 0.850} = 0.771$$

$$\varphi A_{br}\psi f/\gamma_{RE} = 0.584 \times 91.43 \times 10^2 \times 0.771 \times 215/0.80 = 1106 \times 10^3 \text{N}$$

故选（D）项。

【例2.14.2-2】（2013T30）某高层钢结构办公楼，抗震设防烈度为8度，采用框架-中心支撑结构，如图2.14.2-2所示。试问，与V形支撑连接的框架梁AB，关于其在C点处不平衡力的计算，下列说法何项正确？

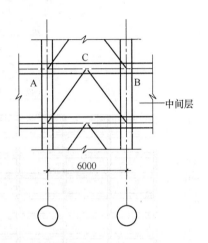

图2.14.2-2

提示：按《建筑抗震设计规范》作答。

（A）按受拉支撑的最大屈服承载力和受压支撑最大屈曲承载力计算

（B）按受拉支撑的最小屈服承载力和受压支撑最大屈曲承载力计算

（C）按受拉支撑的最大屈服承载力和受压支撑最大屈曲承载力的0.3倍计算

（D）按受拉支撑的最小屈服承载力和受压支撑最大屈曲承载力的0.3倍计算

【解答】根据《抗规》8.2.6条第2款规定，故选（D）项。

【例2.14.2-3】（2016T26、28、29）某9层钢结构办公建筑，房屋高度为34.9m，抗震设防烈度为8度，布置如图2.14.2-3所示，所有连接均采用刚接。支撑框架为强支撑框架，各层均满足刚性平面假定。框架梁柱采用Q345。框架梁采用焊接截面，除跨度为10m的框架梁截面采用H700×200×12×22外，其他框架梁截面均采用H500×200×12×16，柱采用焊接箱形截面B500×22。梁柱截面特性见表2.14.2-2。

表2.14.2-2

截 面	面积 A （mm^2）	惯性矩 I_x （mm^4）	回转半径 i_x （mm）	弹性截面模量 W_x （mm^3）	塑性截面模量 W_{px} （mm^3）
H500×200×12×16	12016	4.77×10^8	199	1.91×10^6	2.21×10^6
H700×200×12×22	16672	1.29×10^9	279	3.70×10^6	4.27×10^6
B500×22	42064	1.61×10^9	195	6.42×10^6	—

提示：按《建筑抗震设计规范》作答。

试问：

（1）假定，地震作用下图1-1中B处框架梁H500×200×12×16弯矩设计值最大值为 $M_{x,左} = M_{x,右} = 163.9\text{kN} \cdot \text{m}$，试问，当按公式 $\psi(M_{pb1} + M_{pb2})/V_p \leqslant \frac{4}{3}f_{yv}$ 验算梁柱节

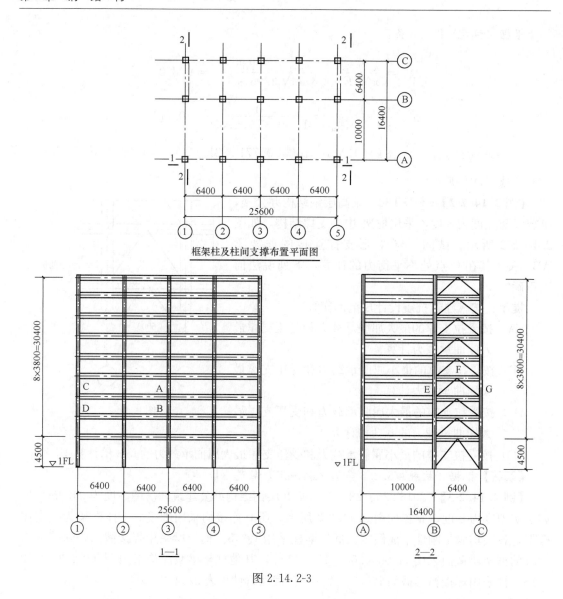

框架柱及柱间支撑布置平面图

1—1 2—2

图 2.14.2-3

点域屈服承载力时，剪应力 ψ $(M_{pb1}+M_{pb2})$ $/V_p$ 计算值（N/mm²），与下列何项数值最为接近？

（A）36   （B）80   （C）100   （D）165

（2）假定，结构满足强柱弱梁要求，比较如图 2.14.2-4 所示的栓焊连接。试问，下列说法何项正确？

（A）满足规范最低设计要求时，连接 1 比连接 2 极限承载力要求高

（B）满足规范最低设计要求时，连接 1 比连接 2 极限承载力要求低

（C）满足规范最低设计要求时，连接 1 与连接 2 极限承载力要求相同

（D）梁柱连接按内力计算，与承载力无关

（3）假定，支撑均采用 Q235，截面采用 P299×10 焊接钢管，截面面积为 9079mm²，回转半径为 102mm。当框架梁 EG 按不计入支撑支点作用的梁，验算重力荷载和支撑屈

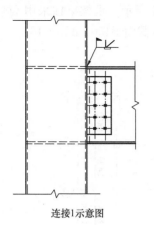

连接1示意图

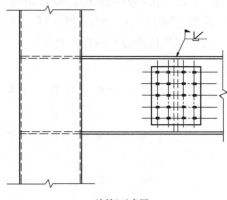

连接2示意图

图 2.14.2-4

曲时不平衡力作用下的承载力，试问，计算此不平衡力时，受压支撑提供的竖向力计算值（kN），与下列何项最为接近？

(A) 430   (B) 550   (C) 1400   (D) 1650

【解答】（1）根据《抗规》表 8.1.3，建筑的抗震等级为三级，故取 $\psi=0.6$

$$M_{pb1} = M_{pb1} = 2.21 \times 10^6 \times 345 = 7.62 \times 10^8 \text{N} \cdot \text{mm}$$

根据《抗规》式（8.2.5-5）：

$$V_p = 1.8 h_{b1} h_{c1} t_w = 1.8 \times (500-16) \times (500-22) \times 22 = 9161539.2 \text{mm}^3$$

根据《抗规》式（8.2.5-3）：

$$\tau = \frac{\psi(M_{pb1}+M_{pb2})}{V_p} = \frac{0.6 \times 7.62 \times 10^8 \times 2}{9161539.2} = 99.8 \text{ N/mm}^2$$

故选 (C) 项。

（2）梁柱连接应根据《抗规》8.2.8 条计算，连接 1 按公式（8.2.8-1、8.2.8-2），连接 2 按公式（8.2.8-4）进行连接计算。其中连接系数按表 8.2.8 取值，可知连接 1 比连接 2 极限承载力要求高。故选 (A) 项。

（3）支撑计算长度：$\sqrt{3200^2+3800^2}=4968 \text{mm}$

长细比：$\dfrac{4968}{102}=49$

根据《钢标》表 7.2.1-1，焊接钢管为 b 类截面，查表 D.0.2，取 $\varphi=0.861$

根据《抗规》8.2.6 条第 2 款：

$$0.3 \times 0.861 \times 9079 \times 235 \times \frac{3800}{4968} = 422 \text{kN}$$

故选 (A) 项。

三、钢框架结构的抗震构造措施

- 复习《抗规》8.3.1 条～8.3.8 条。

【例 2.14.3-1】（2014T27、28）某 4 层钢结构商业建筑，层高 5m，房屋高度 20m，

抗震设防烈度 8 度，采用框架结构，布置如图 2.14.3-1 所示。框架梁柱采用 Q345。框架梁截面采用轧制型钢 H600×200×11×17，柱采用箱形截面 B450×450×16。

提示：按《建筑抗震设计规范》作答。

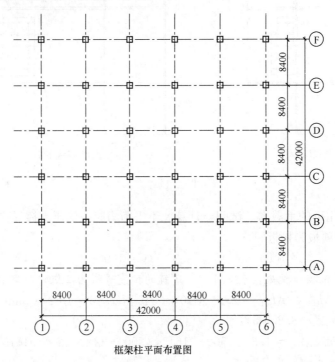

框架柱平面布置图

图 2.14.3-1

试问：

(1) 假定，梁截面采用焊接工字形截面 H600×200×8×12，柱采用箱形截面 B450×450×20，下列何项说法正确？

提示：不考虑梁轴压比。

(A) 框架梁柱截面板件宽厚比均符合设计规定

(B) 框架梁柱截面板件宽厚比均不符合设计规定

(C) 框架梁截面板件宽厚比不符合设计规定

(D) 框架柱截面板件宽厚比不符合设计规定

(2) 假定，①轴和⑥轴设置柱间支撑，试问，当仅考虑结构经济性时，柱采用下列何种截面最为合理？

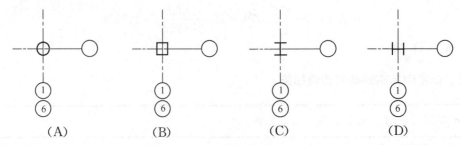

【解答】(1) 丙类建筑，8 度、$H=20\text{m}$，根据《抗规》表 8.1.3，框架抗震等级为三级。

根据《抗规》表 8.3.2：

柱板件宽厚比 $\dfrac{450-40}{20}=20.5<38\sqrt{235/345}=31.4$

梁翼缘板件宽厚比 $\dfrac{(200-8)/2}{12}=8<10\sqrt{235/345}=8.3$

梁腹板板件高厚比 $\dfrac{600-2\times12}{8}=72>70\sqrt{235/345}=57.8$

故选（C）项。

（2）单向受弯适合采用强轴承受弯矩的 H 形截面，故选（D）项。

思考： 一般地，当截面双向受弯时，适合采用箱形截面，轴心受压时适合采用圆管截面，单向受弯适合采用强轴承受弯矩的 H 形截面。另外，箱形截面相对于 H 形截面来说，节点构造复杂，加工费用高。

四、钢框架-中心支撑结构的抗震构造措施

● 复习《抗规》8.4.1 条～8.4.3 条。

【例 2.14.4-1】 某钢结构住宅，采用框架-中心支撑结构体系，房屋高度为 23.4m，抗震设防烈度 7 度，建筑抗震设防类别为丙类，采用 Q235 钢。

假定，该钢结构住宅的中心支撑采用人字形支撑（按压杆设计）。试问，该中心支撑的杆件长细比限值为下列何项数值？

(A) 120   (B) 180   (C) 250   (D) 350

【解答】 根据《抗规》8.4.1 条第 1 款：

人字形支撑应按压杆设计，则其长细比不应大于 $120\sqrt{235/f_{ay}}=120$。

故选（A）项。

五、钢框架-偏心支撑结构的抗震构造措施

● 复习《抗规》8.5.1 条～8.5.7 条。

【例 2.14.5-1】 某 26 层钢结构办公楼，采用钢框架-支撑体系，如图 2.14.5-1 所示。该工程为丙类建筑，抗震设防烈度为 8 度，设计基本地震加速度为 $0.2g$，设计地震分组为第一组，Ⅱ类建筑场地。结构基本自振周期 $T=3.0$s。钢材采用 Q345。

试问：

（1）A 轴第 6 层偏心支撑框架，局部如图 2.14.5-2 所示。箱形柱断面为 $700\times700\times40$，轴线中分，等截面框架梁断面为 H$600\times300\times12\times32$。$N=0.18fA$，$\rho(A_w/A)<0.3$。为把偏心支撑中的消能梁段 a 设计成剪切屈服型，试问，偏心支撑中的 l 梁段长度的最小值（m），与下列何项数值最为接近？

提示： ① 按《建筑抗震设计规范》作答；

   ② 为简化计算，梁腹板和翼缘的 f_y 均按 $335\text{N}/\text{mm}^2$ 取值。

(A) 3.0   (B) 3.70   (C) 4.40   (D) 5.40

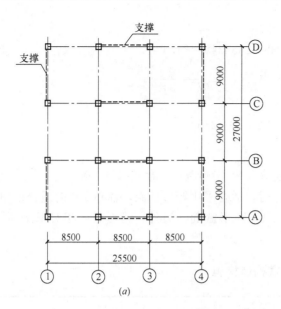

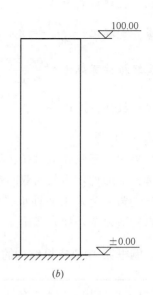

图 2.14.5-1

(a) 平面图；(b) 立面图

(2) ① 轴第 12 层支撑系统的形状如图 2.14.5-2。支撑斜杆采用 H 型钢，其调整前的轴向力设计值 N_1 = 2000kN。与支撑斜杆相连的消能梁段断面为 H600×300×12×20，轴力设计值 $N < 0.15Af$，该梁段的受剪承载力 V_c = 1105kN、剪力设计值 V = 860kN。试问，支撑斜杆在地震作用下的轴力设计值 N（kN），当为下列何项数值时才能符合相关规范的最低要求？

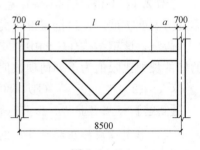

图 2.14.5-2

提示：按《建筑抗震设计规范》作答。

(A) 2400   (B) 2600   (C) 2800   (D) 3350

【解答】(1) 根据《抗规》8.2.7 条、8.5.3 条：

$$M_{lp} = fW_{np} = 295 \times 2 \times \left[300 \times 32 \times \left(268 + \frac{32}{2} \right) + 268 \times 12 \times \frac{268}{2} \right]$$

$$= 1862.83 \text{kN} \cdot \text{m}$$

$$V_l = 0.58 A_w f_y$$

$$= 0.58 \times 536 \times 12 \times 335 = 1249.7 \text{kN}$$

由规范式（8.5.3-1）：

$$a < 1.6 M_{lp}/V_l = 1.6 \times 1862.83/1249.7 = 2.4 \text{m}$$

复核 V_l：

$$V_l = 2M_{lp}/a = 2 \times 1862.83/2.4$$

$$= 1552.4 \text{kN}$$

故上述 V_l 取值正确。

则：$l \geqslant 8.5 - 0.7 - 2 \times 2.4 = 3.0\text{m}$

故选（A）项。

（2）丙类建筑、Ⅱ类场地，8度抗震设防烈度，100m，查《抗规》表8.1.3，其抗震等级为二级。

根据《抗规》8.2.3条第5款，取增大系数为1.3

$$N = N_1 \times \frac{V_c}{V} \times 1.3 = 2000 \times \frac{1105}{860} \times 1.3 = 3340.7\text{kN}$$

故选（D）项。

第十五节 《抗规》单层钢结构厂房

一、一般规定

- 复习《抗规》9.2.1条～9.2.4条。

二、抗震验算和抗震构造措施

- 复习《抗规》9.2.5条～9.2.16条。

【例2.15.2-1】（2016T21、22、23）某冷轧车间单层钢结构主厂房，设有两台起重量为25t的重级工作制（A6）软钩吊车。吊车梁系统布置见图2.15.2-1，吊车梁钢材为Q345。

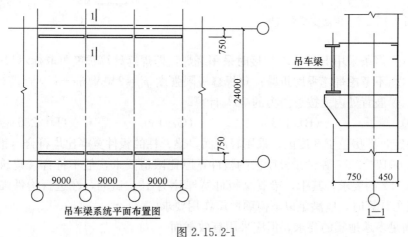

图2.15.2-1

试问：

（1）假定，厂房位于8度区，采用轻屋面，屋面支撑布置见图2.15.2-2，支撑采用Q235。试问，屋面支撑采用下列何种截面最为合理（满足规范要求且用钢量最低）？

各支撑截面特性见表2.15.2-1。

表 2.15.2-1

截面	回转半径 i_x（mm）	回转半径 i_y（mm）	回转半径 i_v（mm）
L70×5	21.6	21.6	13.9
L110×7	34.1	34.1	22.0
2L63×5	19.4	28.2	
2L90×6	27.9	39.1	

(A) L70×5　　　(B) L110×7　　　(C) 2L63×5　　　(D) 2L90×6

（2）假定，厂房位于 8 度区，支撑采用 Q235，吊车肢下柱柱间支撑采用 2L90×6，截面面积 $A=2128\text{mm}^2$。试问，根据《建筑抗震设计规范》GB 50011—2010 的规定，图 2.15.2-3 柱间支撑与节点板最小连接焊缝长度 l（mm），与下列何项数值最为接近？

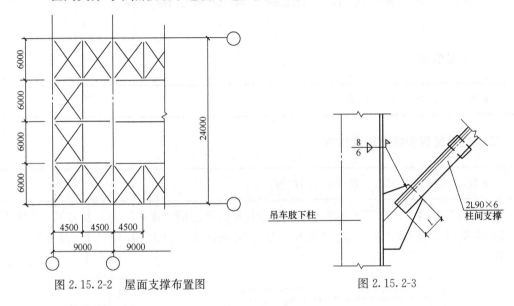

图 2.15.2-2　屋面支撑布置图　　　　　　　　图 2.15.2-3

提示：① 焊条采用 E43 型，焊接时采用绕焊，即焊缝计算长度可取标示尺寸；
　　　　② 不考虑焊缝强度折减；角焊缝极限强度 $f_u^f=240\text{N/mm}^2$；
　　　　③ 肢背处内力按总内力的 70% 计算。

(A) 90　　　　　(B) 135　　　　　(C) 160　　　　　(D) 235

（3）假定，厂房位于 8 度区，采用轻屋面，梁、柱的板件宽厚比均符合《钢结构设计标准》GB 50017—2017 弹性设计阶段的板件宽厚比限值要求，但不符合《建筑抗震设计规范》表 8.3.2 的要求，其中，梁翼缘板件宽厚比为 13。试问，在进行构件强度和稳定的抗震承载力计算时，应满足以下何项地震作用要求？

(A) 满足多遇地震的要求，但应采用有效截面

(B) 满足多遇地震下的要求

(C) 满足 1.5 倍多遇地震下的要求

(D) 满足 2 倍多遇地震下的要求

【解答】（1）支撑长度：$l_{br}=\sqrt{4.5^2+6^2}=7.5\text{m}$

根据《抗规》9.2.9 条第 2 款，可按拉杆设计。

查《钢标》表 7.4.7，取 $[\lambda] = 350$

根据《钢标》7.4.2 条：

平面外拉杆计算长度为 $l_{br} = 7500$mm

单角钢斜平面计算长度为 $0.5 l_{br} = \dfrac{7500}{2} = 3750$mm

采用等边单角钢时，构造要求的最小回转半径计算：

$$i_x = i_y \geqslant \frac{7500}{350} = 21.4\text{mm}$$

$$i_y = \frac{3750}{350} = 10.7\text{mm}$$

故选（A）项。

（2）根据《抗规》9.2.11 条第 4 款，柱间支撑与构件的连接，不应小于支撑杆件塑性承载力的 1.2 倍。

支撑杆件塑性受拉承载力：

$$2128 \times 235 = 500.08 \times 10^3 \text{N} = 500.08\text{kN}$$

肢背焊缝长度：$\dfrac{0.7 \times 1.2 \times 500.08 \times 10^3}{2 \times 0.7 \times 8 \times 240} = 156$mm

肢尖焊缝长度：$\dfrac{0.3 \times 1.2 \times 500.08 \times 10^3}{2 \times 0.7 \times 6 \times 240} = 89$mm

故选（C）项。

（3）根据《抗规》9.2.14 条及其条文说明：

当构件的强度和稳定承载力均满足高承载力即 2 倍多遇地震作用下的要求时，可采用现行《钢标》弹性设计阶段的板件宽厚比限值。另外，由于梁翼缘板件宽厚比为 13，所以板件宽厚比不满足 B 类截面要求，因此（C）项不符合要求。

故应选（D）项。

【例 2.15.2-2】（2012T30）某厂房抗震设防烈度 8 度，关于厂房构件抗震设计的以下说法：

Ⅰ. 竖向支撑桁架的腹杆应能承受和传递屋盖的水平地震作用；

Ⅱ. 屋盖横向水平支撑的交叉斜杆可按拉杆设计；

Ⅲ. 柱间支撑采用单角钢截面，并单面偏心连接；

Ⅳ. 支承跨度大于 24m 的屋盖横梁的托架，应计算其竖向地震作用。

试问，针对上述说法是否符合相关规范要求的判断，下列何项正确？

(A) Ⅰ、Ⅱ、Ⅲ符合，Ⅳ不符合　　　　(B) Ⅱ、Ⅲ、Ⅳ符合，Ⅰ不符合

(C) Ⅰ、Ⅱ、Ⅳ符合，Ⅲ不符合　　　　(D) Ⅰ、Ⅲ、Ⅳ符合，Ⅱ不符合

【解答】 根据《抗规》9.2.9 条，Ⅰ、Ⅱ、Ⅳ正确。

根据《抗规》9.2.10 条，Ⅲ错误。

故选（C）项。

【例 2.15.2-3】（2014T21）某单层钢结构厂房，钢材均为 Q235B，边列单阶柱截面

为：上段柱为焊接工字形截面实腹柱，下段柱为不对称组合截面格构柱，所有板件均为火焰切割。柱上端与钢屋架形成刚接。

假定，抗震设防烈度 8 度，采用轻屋面，2 倍多遇地震作用下水平作用组合值为 400kN 且为最不利组合，柱间支撑采用双片支撑，布置见图 2.15.2-4，单片支撑截面采用槽钢 12.6，截面无削弱，槽钢 12.6 截面特性：面积 $A_1 = 1569mm^2$，回转半径 $i_x = 49.8mm$，$i_y = 15.6mm$。试问，支撑杆的强度设计值（N/mm²）与下列何项数值最为接近？

提示：① 按拉杆计算，并计及相交受压杆的影响；

② 支撑平面内计算长细比大于平面外计算长细比。

(A) 86　　　　　(B) 118　　　　　(C) 159　　　　　(D) 323

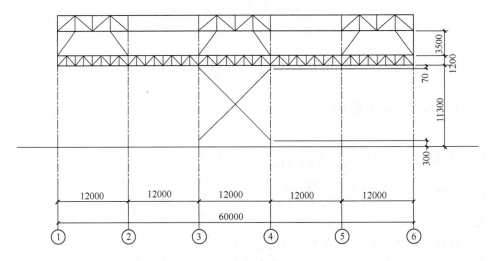

图 2.15.2-4　柱间支撑布置图

【解答】根据《抗规》9.2.10 条及附录 K.2 规定：

由提示，交叉支撑按拉杆考虑，其平面内计算长度 l_{0x}：

$$l_{0x} = 0.5 \times \sqrt{(11300 - 300 - 70)^2 + 12000^2} = 8116mm$$

$$\lambda = \frac{l_{0x}}{i_x} = \frac{8116}{49.8} = 163$$

查表 7.2.1-1，x 轴为 b 类，查《钢标》附录表 D.0.2，取 $\varphi = 0.267$。

由《抗规》附录 K.2.2 条：

单肢轴力 $N_{br} = \dfrac{l_i}{(1 + \psi_c \varphi_i) s_c} V_{bi} = \dfrac{1}{1 + 0.3 \times 0.267} \times \dfrac{16232}{12000} \times \dfrac{400000}{2} = 2.50 \times 10^5 N$

$= 250kN$

$$\frac{N_{br}}{A} = \frac{250000}{1569} = 159N/mm^2$$

故选 (C) 项。

【例 2.15.2-4】(2012T24、25) 某单层工业厂房，屋面及墙面的围护结构均为轻质材料，屋面梁与上柱刚接，梁柱均采用 Q345 焊接 H 形钢，梁、柱 H 形截面表示方式为：梁高×梁宽×腹板厚度×翼缘厚度。上柱截面为 H800×400×12×18，梁截面为 H1300

×400×12×20，抗震设防烈度为 7 度。框架上柱最大设计轴力为 525kN。

试问：

(1) 在进行构件的强度和稳定性的承载力计算时，应满足以下何项地震作用要求？

提示： 梁、柱腹板宽厚比均符合《钢结构设计标准》GB 50017—2017 弹性设计阶段的板件宽厚比限值。

(A) 按有效截面进行多遇地震下的验算

(B) 满足多遇地震下的要求

(C) 满足 1.5 倍多遇地震下的要求

(D) 满足 2 倍多遇地震下的要求

(2) 本工程框架上柱长细比限值应与下列何项数值最为接近？

(A) 150   (B) 123   (C) 99   (D) 80

【解答】 (1) 根据《抗规》9.2.14 条第 2 款规定：

柱截面：

翼缘
$$\frac{b}{t} = \frac{194}{18} = 10.8 > 12\sqrt{\frac{235}{345}} = 9.9$$

腹板
$$\frac{h_0}{t_w} = \frac{764}{12} = 63.7 > 50\sqrt{\frac{235}{245}} = 41.3$$

梁截面：

翼缘
$$\frac{b}{t} = \frac{194}{20} = 9.7 > 11\sqrt{\frac{235}{345}} = 9.1$$

腹板
$$\frac{h_0}{t_w} = \frac{1260}{12} = 105 > 72\sqrt{\frac{235}{345}} = 59.4$$

塑性耗能区板件宽厚比为 C 类。

根据《抗规》9.2.14 条条文说明，板件宽厚比为 C 类，应满足高承载力 2 倍多遇地震下的要求。

故选 (D) 项。

(2) 框架柱截面面积 $A = 400 \times 18 \times 2 + 764 \times 12 = 23568 \text{mm}^2$

框架柱轴压比为
$$\frac{N}{Af} = \frac{525 \times 10^3}{23568 \times 295} = 0.08 < 0.2$$

根据《抗规》9.2.13 条，框架柱长细比限值为 150。

故选 (A) 项。

【例 2.15.2-5】 (2013T23) 某轻屋盖单层钢结构多跨厂房，中列厂房柱采用单阶钢柱，钢材采用 Q345 钢。上段钢柱采用焊接工字形截面 H1200×700×20×32，翼缘为焰切边，其截面特征：$A = 675.2 \times 10^2 \text{mm}^2$，$W_x = 29544 \times 10^3 \text{mm}^3$，$i_x = 512.3 \text{mm}$，$i_y = 164.6 \text{mm}$；下段钢柱为双肢格构式构件。厂房钢柱的截面形式和截面尺寸如图 2.15.2-5 所示。

厂房钢柱采用插入式柱脚。试问，若仅按抗震构造措施要求，厂房钢柱的最小插入深度（mm）应与下列何项数值最为接近？

(A) 2500   (B) 2000   (C) 1850   (D) 1500

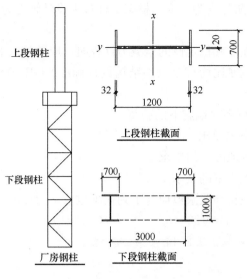

图 2.15.2-5

【解答】根据《抗规》9.2.16 条：

$$2.5 \times 1000 = 2500\text{mm} > 0.5 \times (3000 + 700) = 1850\text{mm}$$

故选（A）项。

第十六节 《网 格 规 程》

一、基本规定

- 复习《网格规程》1.0.1 条～1.0.5 条。
- 复习《网格规程》2.1.1 条～2.1.25 条。
- 复习《网格规程》3.1.1 条～3.5.2 条。

二、结构计算

- 复习《网格规程》4.1.1 条～4.4.13 条。

【例 2.16.2-1】（2014T30）下列网壳结构如图 2.16.2-1（*a*）、（*b*）、（*c*）所示，针对其是否需要进行整体稳定性计算的判断，下列何项正确？

（A）（*a*）、（*b*）需要；（*c*）不需要

（B）（*a*）、（*c*）需要；（*b*）不需要

（C）（*b*）、（*c*）需要；（*a*）不需要

（D）（*c*）需要；（*a*）、（*b*）不需要

【解答】根据《网格规程》4.3.1 条，应选（A）项。

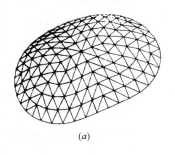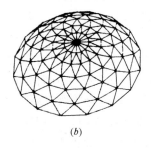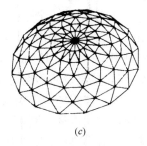

图 2.16.2-1

(*a*) 单层网壳，跨度 30m 椭圆底面网格；(*b*) 双层网壳，跨度 50m，高度 0.9m 葵花形三向网格；
(*c*) 双层网壳，跨度 60m，高度 1.5m 葵花形三向网格

三、杆件和节点的设计与构造

- 复习《网格规程》5.1.1 条～5.9.11 条。

第十七节 《高钢规》

一、基本规定

1. 总则和术语

- 复习《高钢规》1.0.1 条～1.0.5 条。
- 复习《高钢规》2.1.1 条～2.1.16 条。

2. 基本规定

- 复习《高钢规》3.1.1 条～3.9.6 条。

二、材料

- 复习《高钢规》4.1.1 条～4.2.5 条。

三、荷载与作用

- 复习《高钢规》5.1.1 条～5.5.3 条。

四、结构计算分析

- 复习《高钢规》6.1.1 条～6.4.6 条。

【例 2.17.4-1】（2018B25）某 40m 高层钢框架结构办公楼（无库房），剖面如图 2.17.4-1 所示，各层层高 4m，钢框架梁采用 H500×250×12×16（全塑性截面模量 $W_p = 2.6 \times 10^6 \text{mm}^3$，$A = 13808 \text{mm}^2$），钢材采用 Q345，抗震设防烈度为 7 度（0.10g），设计地震分组第一组，建筑场地类别为Ⅲ类，安全等级二级。

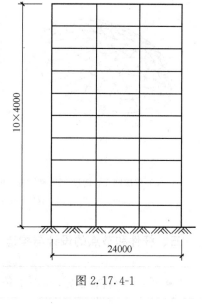

假定，结构质量、刚度沿高度基本均匀，相应于结构基本自振周期的水平地震影响系数值为 0.038，各层楼（屋）盖处永久荷载标准值为 5300kN，等效活荷载标准值为 800kN（上人屋面兼作其他用途），顶层重力荷载代表值为 5700kN。试问，多遇地震标准值作用下，满足结构整体稳定要求且按弹性方法计算的首层最大层间位移（mm），与下列何项数值最为接近？

提示：按《高层民用建筑钢结构技术规程》JGJ 99—2015 作答。

图 2.17.4-1

(A) 12 　　　　(B) 16 　　　　(C) 20 　　　　(D) 24

【解答】根据《高钢规》6.1.7 条：

$$D_1 \geqslant 5 \times [10 \times (1.2 \times 5300 + 1.4 \times 800)]/4 = 93500 \text{kN/m}$$

首层侧向刚度 $D_1 = V_1/\Delta_1$

$$V_1 = 0.038 \times 0.85 \times (9 \times 5300 + 9 \times 0.5 \times 800 + 5700) = 1841 \text{kN}$$

$$\Delta_1 = V_1/D_1 \leqslant 1841/93500 = 19.7 \text{mm}$$

故选（C）项。

五、构件设计

1. 梁和柱

● 复习《高钢规》7.1.1 条～7.2.2 条。

---

2. 框架梁和框架柱

● 复习《高钢规》7.3.1 条～7.4.2 条。

---

3. 中心支撑框架

● 复习《高钢规》7.5.1 条～7.5.8 条。

相关案例题，见前面《抗规》内容。

4. 偏心支撑框架

● 复习《高钢规》7.6.1 条～7.6.7 条。

相关案例题目,见前面《抗规》内容。

5. 其他抗侧力构件

> ● 复习《高钢规》7.7.1 条~7.8.4 条。

六、连接设计

1. 一般规定

> ● 复习《高钢规》8.1.1 条~8.1.7 条。
>
> ● 复习《高钢规》附录 F。

2. 梁与柱的连接

> ● 复习《高钢规》8.2.1 条~8.3.9 条。

【例 2.17.6-1】某高层钢框架结构房屋,抗震等级为三级,梁柱钢材均采用 Q345 钢。如图 2.17.6-1 所示,柱截面为箱形□500×500×26 梁截面为 I 字形 650×250×12×18,梁与柱采用翼缘焊接、腹板高强度螺栓连接。柱的水平加劲肋厚度均为 20mm,梁腹孔过焊孔高度 S_r=35mm。已知框架梁的净跨为 6.2m。

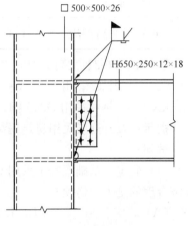

图 2.17.6-1

提示:按《高层民用建筑钢结构设计规程》作答。

试问:

(1) 该节点的梁腹板连接的极限受弯承载力 M_{uw}^j(kN·m),最接近于下列何项?

(A) 225　　　　　(B) 285

(C) 305　　　　　(D) 365

(2) 该节点连接的极限受剪承载力验算,其《高钢规》公式(8.2.1-2)的右端项(kN),最接近于下列何项?

提示:V_{Gb}=50kN;梁的 f_y=335N/mm²。

(A) 650　　　　(B) 600　　　　(C) 550　　　　(D) 500

【解】(1) 根据《高钢规》表 4.2.1、8.2.4 条:

f_{yw}=345N/mm²,f_{yc}=335N/mm²

$$M=\min\left(1, 4\times\frac{26}{650-2\times20}\times\sqrt{\frac{(500-2\times26)\times335}{12\times345}}\right)$$

$$=\min(1, 1.03)=1$$

$$W_{wpe}=\frac{1}{4}\times(650-2\times18-2\times35)^2\times12=887808\text{mm}^3$$

$$M_{uw}^j=m\cdot W_{wpe}\cdot f_{yw}$$

$$=1\times887808\times345=306.3\text{kN}\cdot\text{m}$$

故选(C)项。

(2) 根据《高钢规》8.2.1 条、8.1.3 条:

$\alpha = 1.40$

$$W_p = 2 \times \left(250 \times 18 \times 316 + 307 \times 12 \times \frac{307}{2}\right) = 3974988 \text{mm}^3$$

$$\alpha \left(\sum M_p / l_n\right) + V_{Gb} = 1.40 \times \frac{2 \times 3974988 \times 335}{6200} + 50 \times 10^3$$

$$= 651 \text{kN}$$

故选（A）项。

3. 柱与柱的连接

- 复习《高钢规》8.4.1条～8.4.8条。

4. 梁与梁的连接

- 复习《高钢规》8.5.1条～8.5.6条。

5. 钢柱脚

- 复习《高钢规》8.6.1条～8.6.4条。

【例2.17.6-2】 某高层钢框架结构房屋，抗震等级为二级，钢柱采用箱形截面□500×500×24，其柱脚采用埋入式柱脚，所在层层高为4800mm。已知钢柱截面的 M_{pc}＝4500kN·m。钢材采用Q345钢。

提示： 按《高层民用建筑钢结构技术规程》作答。

试问：

（1）假定，基础混凝土采用C30（f_{ck}＝20.1N/mm²），试问，柱脚埋置深度 h_B（m），经济合理的是下列何项？

(A) 1.0　　　　(B) 1.25　　　　(C) 1.50　　　　(D) 1.75

（2）假定，柱脚埋置深度 h_B＝2.0m，当仅满足柱脚全塑性抗剪承载力要求时，基础混凝土的强度等级应满足下列何项？

(A) ≤C55（f_{ck}＝35.5N/mm²）　　　　(B) ≤C50，（f_{ck}＝32.4N/mm²）

(C) ≤C45（f_{ck}＝29.6N/mm²）　　　　(D) ≤C40（f_{ck}＝26.8N/mm²）

【解】（1）根据《高钢规》8.6.1条、8.6.4条：

$h_B \geqslant 2.5 \times 0.5 = 1.25 \text{m}$，排除（A）项。

$$l = \frac{2}{3} \times 4.8 = 3.2 \text{m}$$

查《高钢规》表8.1.3及注3，取 $\alpha = 1.0$

(B) 项：$M_u = 20.1 \times 500 \times 3200 \times \left[\sqrt{(2 \times 3200 + 1250)^2 + 1250^2} - (2 \times 3200 + 1250)\right]$

$$= 3262.6 \text{kN} \cdot \text{m} < \alpha M_p = 4500 \text{kN} \cdot \text{m}，不满足$$

(C) 项：$M_u = 20.1 \times 500 \times 3200 \times \left[\sqrt{(2 \times 3200 + 1500)^2 + 1500^2} - (2 \times 3200 + 1500)\right]$

$$= 4539 \text{kN} \cdot \text{m} > \alpha M_p = 4500 \text{kN} \cdot \text{m}，满足$$

故选（C）项。

（2）根据《高钢规》8.6.4条：

$$\frac{M_{\mathrm{u}}}{l}=f_{\mathrm{ck}}b\Big[\sqrt{(2l+h_{\mathrm{B}})^{2}+h_{\mathrm{B}}^{2}}-(2l+h_{\mathrm{B}})\Big]$$

$$=f_{\mathrm{ck}}\times500\times\Big[\sqrt{(2\times3200+2000)^{2}+2000^{2}}-(2\times3200+2000)\Big]$$

$$=f_{\mathrm{ck}}\times500\times234.8\leqslant0.58\times452\times2\times24\times335$$

解之得：$f_{\mathrm{ck}}\leqslant35.9\mathrm{N/mm^{2}}$

选$\leqslant$C55（$f_{\mathrm{ck}}=35.5\mathrm{N/mm^{2}}$），故选（A）项。

6. 中心支撑与框架连接

● 复习《高钢规》8.7.1条～8.7.3条。

【例2.17.6-3】 某高层钢框架-中心支撑结构房屋，抗震等级为三级，支撑斜杆采用焊接H形截面 H300×300×16×22，$A=17296\mathrm{mm^{2}}$。支撑拼接采用翼缘焊接、腹板高强度螺栓连接。

高强度螺栓采用摩擦型连接，$\mu=0.45$，选用10.9级 M22（$A_{\mathrm{e}}=303\mathrm{mm^{2}}$，$P=190\mathrm{kN}$），采用标准圆孔。拼接板为两块，每一块拼接板尺寸为 $b\times h\times t=650\times190\times14$。钢材采用Q345。取支撑斜杆 $f_{\mathrm{y}}=335\mathrm{N/mm^{2}}$。

提示： 按《高层民用建筑钢结构技术规程》作答。

试问：

（1）支撑斜杆的腹板螺栓按其腹板受拉等强原则考虑，则螺栓数量（个）至少应为下列何项？

(A) 8　　　　　(B) 9　　　　　(C) 10　　　　　(D) 11

（2）支撑拼接处的受拉极限承载力验算时，支撑腹板螺栓极限受拉承载力 $N_{\mathrm{w}}^{\mathrm{j}}/\alpha_{1}$（$\alpha_{1}$为连接系数）与支撑翼缘极限受拉承载力 $N_{\mathrm{f}}^{\mathrm{j}}/\alpha_{2}$（$\alpha_{2}$为连接系数）之和与支撑 $A_{\mathrm{br}}f_{\mathrm{y}}$ 的大小关系，与下列何项最接近？

(A) $N_{\mathrm{w}}^{\mathrm{j}}/\alpha_{1}+N_{\mathrm{f}}^{\mathrm{j}}/\alpha_{2}=7155\mathrm{kN}>5800\mathrm{kN}$

(B) $N_{\mathrm{w}}^{\mathrm{j}}/\alpha_{1}+N_{\mathrm{f}}^{\mathrm{j}}/\alpha_{2}=7850>5800\mathrm{kN}$

(C) $N_{\mathrm{w}}^{\mathrm{j}}/\alpha_{1}+N_{\mathrm{f}}^{\mathrm{j}}/\alpha_{2}=8250>5800\mathrm{kN}$

(D) $N_{\mathrm{w}}^{\mathrm{j}}/\alpha_{1}+N_{\mathrm{f}}^{\mathrm{j}}/\alpha_{2}=8650>5800\mathrm{kN}$

【解】（1）根据《钢标》11.4.2条：

$$N_{\mathrm{v}}^{\mathrm{b}}=0.9kn_{\mathrm{f}}\mu P=0.9\times1\times2\times0.45\times190=153.9\mathrm{kN}$$

螺栓数 n 为：$n=\dfrac{A_{\mathrm{w}}f}{N_{\mathrm{v}}^{\mathrm{b}}}=\dfrac{256\times16\times305}{153900}=8.1$

取 $n=9$ 个，故选（B）项。

（2）根据《高钢规》附录 F.1.1条、表4.2.5：

$$N_{\mathrm{vu}}^{\mathrm{b}}=0.58n_{\mathrm{f}}A_{\mathrm{e}}^{\mathrm{b}}f_{\mathrm{u}}^{\mathrm{b}}=0.58\times2\times303\times1040=356.54\mathrm{kN}$$

$$N_{\mathrm{cu}}^{\mathrm{b}}=22\times16\times(1.5\times470)=248.16\mathrm{kN}$$

上述取较小值，10 个螺栓为：$10 \times 248.16 = 2481.6$ kN

由《高钢规》表 8.1.3，取 $\alpha_1 = 1.25$，$\alpha_2 = 1.20$

$N_w^j / \alpha_1 = 2481.6 / 1.25 = 1985.28$ kN

$N_t^j / \alpha_2 = 22 \times 300 \times 2 \times 470 / 1.20 = 5170$ kN

$N_w^j / \alpha_1 + N_t^j / \alpha_2 = 7155.28$ kN

$A_{br} f_y = 17296 \times 335 = 5794.16$ kN < 7155.28 kN，满足

故选（A）项。

7. 偏心支撑框架

- 复习《高钢规》8.8.1 条～8.8.9 条。

相关案例题目，见前面《抗规》内容。

七、抗火设计

- 复习《高钢规》11.1.1 条～11.3.3 条。

八、制作、涂装和安装

- 复习《高钢规》9.1.1 条～10.11.3 条。

第十八节 《钢规》中力学计算题目

【例 2.18.1-1】（2016T18）某冷轧车间单层钢结构主厂房，设有两台起重量为 25t 的重级工作制（A6）软钩吊车。吊车梁系统布置见图 2.18.1-1，吊车梁钢材为 Q345。

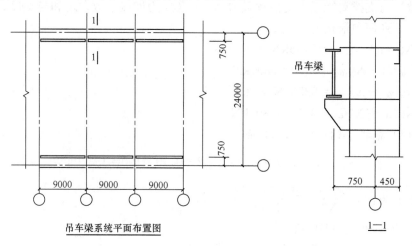

吊车梁系统平面布置图

图 2.18.1-1

吊车资料见表 2.18.1-1。试问，仅考虑最大轮压作用时，如图 2.18.1-2 所示，吊车

梁 C 点处竖向弯矩标准值（kN·m）及相应较大剪力标准值（kN，剪力绝对值较大值），与下列何项数值最为接近？

表 2.18.1-1

吊车起重量 Q (t)	吊车跨度 L_k (m)	台数	工作制	吊钩类别	吊车简图	最大轮压 $P_{k.max}$ (kN)	小车重 g (t)	吊车总重 G (t)	轨道型号
25	22.5	2	重级	软钩	参见图1-8	178	9.7	21.49	38kg/m

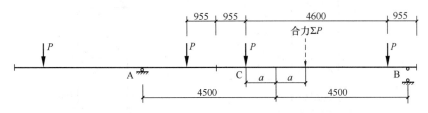

图 2.18.1-2

(A) 430，35　　　(B) 430，140　　　(C) 635，60　　　(D) 635，120

【解答】求合力点位置：

$$2a + (2a + 2 \times 955) = 4600 - 2a，则：a = 448\text{mm}$$

支座 A 的反力 R_A 为：

$$R_A = \frac{1}{9} \sum P_{k,max} \cdot (4.5 - a)$$

C 点处最大竖向弯矩标准值：

$$M_{ck} = \frac{1}{9} \sum P_{k,max} \cdot (4.5 - a) \cdot (4.5 - a) - P_{k,max} \cdot 2 \times 0.955$$

$$= \frac{1}{9} \times (3 \times 178) \times (4.5 - 0.448)^2 - 178 \times 2 \times 0.955$$

$$= 634\text{kN} \cdot \text{m}$$

C 点的剪力标准值：

$$V_{ck} = \frac{4.5 + 0.448}{9} \times 3P_{k,max} - P_{k,max} = 0.65P_{k,max} = 0.65 \times 178 = 116\text{kN}$$

故选（D）项。

思考： 当合力点和 C 点间的中点在跨中中点处时，弯矩值最大。

【例 2.18.1-2】某管道支架的安全等级为二级，其计算简图如图 2.18.1-3 所示，支架顶部作用有管道横向水平推力设计值 $T_H = 70\text{kN}$，柱与基础视为铰接连接，支撑斜杆均按单拉杆设计，杆件之间的连接均采用节点板连接，按桁架体系进行内力分析和设计计算。钢材采用 Q235 钢。

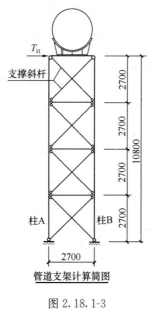

管道支架计算简图

图 2.18.1-3

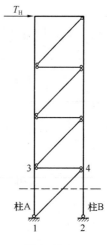

图 2.18.1-4

假定，轴心拉力取负值，轴心压力取正值。试问，若仅计算图示方向的管道横向水平推力作用，柱 A、柱 B 的最大轴心力设计值 N_A（kN）、N_B（kN），与下列何项数值最为接近？

提示： 忽略柱剪力及管道支架自重等的影响。

(A) -210，210　　(B) -210，280　　(C) -280，210　　(D) -280，280

【解答】 支撑斜杆均按单拉杆设计，该支架可简化成静定桁架进行内力分析，如图 2.18.1-4 所示：

对 1 点取力矩：

$$N_B = T_H \times 4 \times 2.7/2.7 = 70 \times 4 = 280 \text{kN（压力）}$$

对 4 点取力矩：

$$N_A = T_H \times 3 \times 2.7/2.7 = 70 \times 3 = 210 \text{kN（拉力）}$$

故选 (B) 项。

第三章　砌体结构与木结构

根据考试大纲要求，应重点把握以下内容：

（1）对无筋砌体构件及配筋砌体构件的承载力计算有基本了解，对砌体结构抗震性能、抗震设计的基本原理、基本方法和构造要求有充分的了解，把握砌体结构特殊构件如：墙梁、挑梁及过梁等的设计方法，注意底部框架-抗震墙砌体房屋的特殊性。

（2）熟悉常用木结构的构件、连接计算和构造要求，了解木结构设计对施工的质量要求等。

砌体结构、木结构设计的主要规范有：

（1）《砌体结构设计规范》GB 50003（简称《砌规》）；

（2）《木结构设计规范》GB 50005（简称《木规》）；

（3）《砌体结构工程施工质量验收规范》GB 50203（简称《砌验规》）；

（4）《建筑抗震设计规范》GB 50011（简称《抗规》）。

注意，在砌体结构考题中，一、二级没有明显的难度差异，这也是砌体结构的考试特点，应予以关注。

第一节　《砌规》基本设计规定

一、总则

> ● 复习《砌规》1.0.1 条～1.0.5 条。
> ● 复习《砌规》2.1.1 条～2.1.34 条。

需注意的是：

（1）《砌规》2.1.5 条及条文说明。

（2）《砌规》2.1.13 条，带壁柱墙的定义，其实质是：墙体。

（3）《砌规》2.1.14 条，混凝土构造柱的施工工序。

（4）《砌规》2.1.24 条，屋盖、楼盖类别是根据其结构构造及其相应的刚度进行分类。

（5）《砌规》2.1.25 条，砌体墙、柱高厚比的定义，其中，对柱取对应的边长，这可理解为：当柱的计算高度 $H_{0x} \neq H_{0y}$ 时，应同时验算两个方向的高厚比。

（6）《砌规》2.1.28 条、2.1.29 条，区分"伸缩缝"和"控制缝"。

（7）《砌规》2.1.31 条，约束砌体构件的定义。

二、材料

1. 材料强度等级

> ● 复习《砌规》3.1.1 条～3.1.3 条。
> ● 复习《砌规》附录 A。

需注意的是：

(1)《砌规》3.1.1 条注 1～3 的规定。其中，注 2 中"折压比"是指：块材的抗折强度与其抗压强度的比值。

本条的条文说明指出："蒸压硅酸盐砖不得用于长期受热 200℃以上、受急冷急热和有酸性介质侵蚀的建筑部位"。

(2)《砌规》附录 A 的规定。

(3)《砌规》3.1.3 条注的规定。

本条的条文说明指出，M2.5 的普通砂浆可用于砌体检测与鉴定。

(4) 砂浆的强度等级是以边长为 70.7mm 的立方体试块，每组试块为 6 块，成型后试件在 20±3℃温度下，水泥砂浆在湿度为 90％以上，水泥石灰砂浆在湿度为 60％～80％环境中，养护 28d，进行抗压试验，按计算规则得出砂浆试件强度值。

【例 3.1.2-1】 关于砌体结构有以下说法：

Ⅰ. 砌体的抗压强度设计值以龄期为 28d 的毛截面面积计算；

Ⅱ. 石材的强度等级应以边长为 150mm 的立方体试块抗压强度表示；

Ⅲ. 一般情况下，提高砖的强度等级对增大砌体抗剪强度作用不大；

Ⅳ. 当砌体施工质量控制等级为 C 级时，其强度设计值应乘以 0.95 的调整系数。

试判断下列何项均是正确的？

(A) Ⅰ、Ⅲ　　　　(B) Ⅱ、Ⅲ　　　　(C) Ⅰ、Ⅳ　　　　(D) Ⅱ、Ⅳ

【解答】 Ⅰ. 根据《砌规》3.2.1 条，正确；

Ⅱ. 根据《砌规》附录 A.0.2 条，不正确；

Ⅲ. 根据《砌规》3.2.2 条，正确；

Ⅳ. 根据《砌规》4.1.5 条条文说明，不正确。

故选 (A) 项。

2. 砌体的计算指标（f、f_t、f_{tm}、f_v）

> ● 复习《砌规》3.2.1 条～3.2.4 条。

需注意的是：

(1)《砌规》表 3.2.1-1～表 3.2.1-7，各表中注的规定。

(2) 轻集料混凝土砌块，当为单排孔时，按《砌规》表 3.2.1-4 采用；当为双排孔或多排孔时，按《砌规》表 3.2.1-5 采用。

(3)《砌规》公式 (3.2.1-1)，当 f 有 γ_a 调整时，则：

$f_g = \gamma_a f + 0.6\alpha f_c$ 与 $2\gamma_a f$ 进行比较：

当 $f_g \leqslant 2\gamma_a f$，取 $f_g = \gamma_a f + 0.6\alpha f_c$

当 $f_g > 2\gamma_a f$，取 $f_g = 2\gamma_a f$

同理，《砌规》公式 (3.2.2) 中 f_g 也按上述原则。

(4) 对于轻集料混凝土砌块，《砌规》3.2.1 条的条文说明第 6 款指出："应采用以强度等级和密度等级双控的原则"。

（5）《砌规》表 3.2.2 注 1～3 的规定。

《砌规》3.2.2 条的条文说明：

3.2.2（条文说明）表中的砌筑砂浆为普通砂浆，当该类砖采用专用砂浆砌筑时，其砌体沿砌体灰缝截面破坏时砌体的轴心抗拉强度设计值、弯曲抗拉强度设计值和抗剪强度设计值按普通烧结砖砌体的采用。当专用砂浆的砌体抗剪强度高于烧结普通砖砌体时，其砌体抗剪强度仍取烧结普通砖砌体的强度设计值。

......对于孔洞率小于或等于 35％的双排孔或多排孔砌块砌体的抗剪强度按混凝土砌块砌体抗剪强度乘以 1.1 采用。

（6）《砌规》3.2.3 条未明确砌体施工质量控制等级为 A 级、C 级时，砌体强度设计值的调整，此时，依据《砌规》4.1.1 条～4.1.5 条的条文说明：

4.1.1～4.1.5（条文说明）长期以来，我国设计规范的安全度未和施工技术、施工管理水平等挂钩，而实际上它们对结构的安全度影响很大。因此为保证规范规定的安全度，有必要考虑这种影响。

......而实际的内涵是在不同的施工控制水平下，砌体结构的安全度不应该降低，它反映了施工技术、管理水平和材料消耗水平的关系。因此本规范引入了施工质量控制等级的概念，考虑到一些具体情况，砌体规范只规定了 B 级和 C 级施工质量控制等级。当采用 C 级时，砌体强度设计值应乘第 3.2.3 条的 γ_a，$\gamma_a = 0.89$；当采用 A 级施工质量控制等级时，可将表中砌体强度设计值提高 5％。施工质量控制等级的选择主要根据设计和建设单位商定，并在工程设计图中明确设计采用的施工质量控制等级。

......

但是考虑到我国目前的施工质量水平，对一般多层房屋宜按 B 级控制。对配筋砌体剪力墙高层建筑，设计时宜选用 B 级的砌体强度指标，而在施工时宜采用 A 级的施工质量控制等级。这样做是有意提高这种结构体系的安全储备。

（7）在砌体强度设计值存在多种情况调整时，应将相应各调整系数连乘。

3. 砌体的计算指标（弹性模量、线膨胀系数等）

● 复习《砌规》3.2.5 条。

需注意的是：

（1）《砌规》表 3.2.5-1 注 1～5 的规定。

本条的条文说明指出：

3.2.5（条文说明）因为弹性模量是材料的基本力学性能，与构件尺寸等无关，而强度调整系数主要是针对构件强度与材料强度的差别进行的调整，故弹性模量中的砌体抗压强度值不需用 3.2.3 条进行调整。

（2）《砌规》公式（3.2.5），其来源依据见《砌规》3.2.5 条的条文说明。该公式与

《砌规》5.2.6条挂勾。

（3）《砌规》3.2.5条规定，砌体的剪变模量按砌体弹性模量的0.4倍采用。

【例3.1.2-2】（2014T34）一多层房屋配筋砌块砌体墙，平面如图3.1.2-1所示，结构安全等级二级。砌体采用MU10级单排孔混凝土小型空心砌块、Mb7.5级砂浆对孔砌筑，砌块的孔洞率为40%，采用Cb20（$f_t=1.1$MPa）混凝土灌孔，灌孔率为43.75%，内有插筋共5ϕ12（$f_y=270$MPa）。构造措施满足规范要求，砌体施工质量控制等级为B级。承载力验算时不考虑墙体自重。

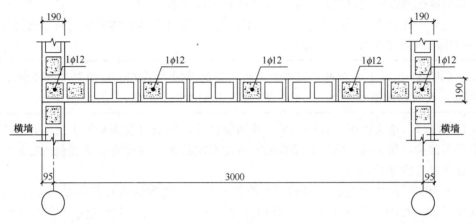

图3.1.2-1

试问，砌体的抗剪强度设计值f_{vg}（MPa），与下列何项数值最为接近？

提示： 小数点后四舍五入取两位。

（A）0.33　　　　　　　　　　　（B）0.38

（C）0.40　　　　　　　　　　　（D）0.48

【解答】 根据《砌规》3.2.2条、3.2.1条：

$$f_g=f+0.6\alpha f_c=2.5+0.6\times0.175\times9.6=3.508\text{MPa}<2f=2\times2.5=5.0\text{MPa}$$

故取$f_g=3.508$MPa。

$$f_{vg}=0.2f_g^{0.55}=0.2\times3.508^{0.55}=0.40\text{MPa}$$

故选（C）项。

三、设计原则

● 复习《砌规》4.1.1条～4.1.7条。

需注意的是：

（1）《砌规》表4.1.4注2，按《建筑结构可靠性设计统一标准》3.2.1条条文说明：甲类、乙类建筑，其安全等级宜为一级；丙类建筑，其安全等级宜为二级；丁类建筑，其安全等级宜为三级。

（2）《砌规》4.1.5条及其条文说明的规定。

《砌规》附录 B.0.1 条，砌体轴心抗压强度平均值 f_m 与块体的强度等级 f_1、砂浆抗压强度平均值 f_2 挂勾。

砌体的其他强度平均值（$f_{t,m}$，$f_{tm,m}$，$f_{v,m}$）仅与砂浆抗压强度平均值 f_2 挂勾。

（3）《砌规》4.1.6 条的条文说明：

> **4.1.6**（条文说明）
>
> 为了保证砌体结构和结构构件具有必要的可靠度，故当永久荷载对整体稳定有利时，取 $\gamma_G=0.8$。

【例 3.1.3-1】（2012T31）关于砌体结构的以下论述：

Ⅰ. 砌体的抗压强度设计值以龄期为 28d 的毛截面面积计算；

Ⅱ. 砂浆强度等级是用边长为 70.7mm 的立方体试块以 MPa 表示的抗压强度平均值确定；

Ⅲ. 砌体结构的材料性能分项系数，当施工质量控制等级为 C 级时，取为 1.6；

Ⅳ. 砌体施工质量控制等级分为 A、B、C 三级，当施工质量控制等级为 A 级时，砌体强度设计值可提高 10%。

试问，针对以上论述正确性的判断，下列何项正确？

（A）Ⅰ、Ⅳ正确，Ⅱ、Ⅲ错误

（B）Ⅰ、Ⅱ正确，Ⅲ、Ⅳ错误

（C）Ⅱ、Ⅲ正确，Ⅰ、Ⅳ错误

（D）Ⅱ、Ⅳ正确，Ⅰ、Ⅲ错误

【解答】Ⅰ. 根据《砌规》3.2.1 条，正确；

Ⅱ. 依据砂浆强度等级的确定方法，正确；

Ⅲ. 根据《砌规》4.1.5 条，不正确；

Ⅳ. 根据《砌规》4.1.5 条条文说明，不正确。

故选（B）项。

【例 3.1.3-2】（2011T32）关于砌体结构的设计，有下列四项论点：

Ⅰ. 当砌体结构作为刚体需验算其整体稳定性时，例如倾覆、滑移、漂浮等，分项系数应取 0.9；

Ⅱ. 烧结黏土砖砌体的线膨胀系数比蒸压粉煤灰砖砌体小；

Ⅲ. 当验算施工中房屋的构件时，砌体强度设计值应乘以调整系数 1.05；

Ⅳ. 砌体结构设计规范的强度指标是按施工质量控制等级为 B 级确定的，当采用 A 级时，可将强度设计值提高 5% 后采用。

试问，以下何项组合是全部正确的？

（A）Ⅰ、Ⅱ、Ⅲ   （B）Ⅱ、Ⅲ、Ⅳ

（C）Ⅰ、Ⅲ、Ⅳ   （D）Ⅱ、Ⅳ

【解答】根据《砌规》4.1.6 条，Ⅰ错误。

依据《砌规》表 3.2.5-2，Ⅱ正确。

依据《砌规》3.2.3 条，Ⅲ错误。

依据《砌规》4.1.1～4.1.5 条的条文说明，Ⅳ正确。

综上所述，Ⅱ、Ⅳ正确，选择（D）项。

【例 3.1.3-3】 某有地下室的普通砖砌体结构，剖面如图 3.1.3-1 所示；房屋的长度为 L、宽度为 B，抗浮设计水位为 -1.200m，基础底面标高为 -4.200m。传至基础底面的全部恒荷载标准值为 $g=50$kN/m²，全部活荷载标准值 $p=10$kN/m²；结构重要性系数 $\gamma_0=0.9$。

试问，在抗漂浮验算中，漂浮荷载效应值 $\gamma_0 S_1$ 与抗漂浮荷载效应 S_2 之比，与下列何组数值最为接近？

提示：① 砌体结构按刚体计算，水浮力按可变荷载计算。

② 按《建筑结构可靠性设计统一标准》作答。

(A) $\gamma_0 S_1/S_2=0.85>0.8$；不满足漂浮验算要求

(B) $\gamma_0 S_1/S_2=0.81>0.8$；满足漂浮验算要求

(C) $\gamma_0 S_1/S_2=0.70<0.8$；满足漂浮验算要求

(D) $\gamma_0 S_1/S_2=0.65<0.8$；满足漂浮验算要求

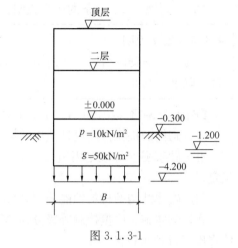

图 3.1.3-1

【解答】 根据《砌规》4.1.6 条：

漂浮荷载为水浮力，按可变荷载计算：

$$\gamma_0 S_1 = 0.9 \times 1.5 \times (4.2-1.2) \times 10 = 40.5\text{kN/m}^2$$

抗漂浮荷载仅考虑永久荷载，不考虑可变荷载，其荷载效应 $S_2=50$kN/m²

$\gamma_0 S_1/S_2 = 40.5/50 = 0.81 > 0.8$，不满足。

故选（B）项。

四、房屋静力计算规定

- 复习《砌规》4.2.1 条～4.2.9 条。

需注意的是：

(1)《砌规》表 4.2.1 注 1 的规定。"房屋横墙"的内涵是：①保证该墙段为"横墙"，即满足 4.2.2 条要求；②房屋横墙是一个相对概念，与分析研究的对象有关。

(2)《砌规》4.2.4 条及附录 C，叠加法计算内力。

(3)《砌规》4.2.5 条的条文说明：

4.2.5（条文说明）

板下砌体的受压和梁下砌体受压是不同的。板下是大面积接触，且板的刚度要比梁的小得多，而所受荷载也要小得多，故板下砌体应力分布要平缓得多。……考虑到我国砌体房屋多年的工程经验和梁传荷载下支承压力方法的一致性原则，则取 $0.4a$ 是安全的也是对规范的补充。

第 4 款，即对于梁跨度大于 9m 的墙承重的多层房屋，应考虑梁端约束弯矩影响的计算。

试验表明上部荷载对梁端的约束随局压应力的增大呈下降趋势，在砌体局压临破坏时约束基本消失。但在使用阶段对于跨度比较大的梁，其约束弯矩对墙体受力影响应予考虑。

（4）《砌规》表 4.2.6 适用于外墙为 240mm。

（5）《砌规》4.2.8 条，对"壁柱高度（层高）"、"墙高"的理解，当计算首层时，应按《砌规》5.1.3 条第 1 款的规定。

（6）《砌规》4.2.9 条，对于角形截面，其计算思路是：按《砌规》5.1.2 条中 T 形截面的处理方法，取其等效的折算厚度（$3.5i$）计算 β 值。

【例 3.1.4-1】（2016T34）无筋砌体结构房屋的静力计算，下列关于房屋空间工作性能的表述何项不妥？

（A）房屋的空间工作性能与楼（屋）盖的刚度有关

（B）房屋的空间工作性能与刚性横墙的间距有关

（C）房屋的空间工作性能与伸缩缝处是否设置刚性双墙无关

（D）房屋的空间工作性能与建筑物的层数关系不大

【解答】 根据《砌规》4.2.1 条，4.2.2 条，（A）、（B）、（D）项正确。

根据《砌规》4.2.1 条注 3，伸缩缝处无横墙的房屋，应按弹性方案考虑，（C）项错误。

故选（C）项。

【例 3.1.4-2】（2016T32）某砖混结构多功能餐厅，上下层墙体厚度相同，层高相同，采用 MU20 混凝土普通砖和 Mb10 专用砌筑砂浆砌筑，施工质量为 B 级，结构安全等级二级，现有一截面尺寸为 300mm×800mm 钢筋混凝土梁，支承于尺寸为 370mm×

1350mm 的一字形截面墙垛上，梁下拟设置预制钢筋混凝土垫块，垫块尺寸为 $a_b = 370mm$，$b_b = 740mm$，$t_b = 240mm$，如图 3.1.4-1 所示。

提示： 计算跨度按 $l = 9.6m$ 考虑。

进行刚性方案房屋的静力计算时，假定，梁的荷载设计值（含自重）为 48.9kN/m，梁上下层墙体的线性刚度相同。试问，由梁端约束引起的下层墙体顶部弯矩设计值（kN·m），与下列何项数值最为接近？

（A）25　　　（B）40

（C）75　　　（D）375

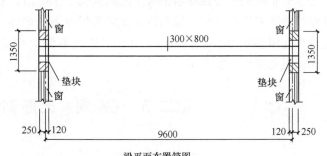

梁平面布置简图

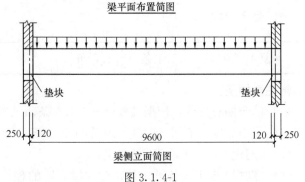

梁侧立面简图

图 3.1.4-1

【解答】根据《砌规》4.2.5条：

按两端固结计算，则：

$$M = \frac{1}{12}ql^2 = \frac{1}{12} \times 48.9 \times 9.6^2 = 375.6\text{kN} \cdot \text{m}$$

修正系数 $\gamma = 0.2\sqrt{\frac{a}{h}} = 0.2\sqrt{\frac{370}{370}} = 0.2$

梁端弯矩 $M_A = \gamma M = 0.2 \times 375.6 = 75.12\text{kN} \cdot \text{m}$

梁上下层墙的计算高度相同、墙厚均相同，所以

下层墙上端弯矩 $M = \frac{1}{2}M_A = 37.6\text{kN} \cdot \text{m}$

故选（B）项。

五、耐久性

- 复习《砌规》4.3.1条～4.3.5条。

需注意的是：

（1）《砌规》4.3节的条文说明指出："砌体结构的耐久性包括两个方面，一是对配筋砌体结构构件的钢筋的保护，二是对砌体材料保护。"

（2）《砌规》表4.3.3注1～4的规定。本条的条文说明指出："砌体保护层包括砌块、抹灰层、面层的厚度。在水平灰缝中，钢筋保护层厚度是指从钢筋的最外缘到抹灰层外表面的砂浆和面层总厚度。"

（3）《砌规》4.3.5条的规定。本条的条文说明指出："对非烧结块材、多孔块材的砌体处于冻胀或某些侵蚀环境条件下其耐久性易于受损，故提高其砌体材料的强度等级是最有效和普遍采用的方法。地面以下或防潮层以下的砌体采用多孔砖或混凝土空心砌块时，应将其孔洞预先用不低于M10的水泥砂浆或不低于Cb20的混凝土灌实，不应随砌随灌，以保证灌孔混凝土的密实度及质量。"

第二节 《砌规》无筋砌体构件

一、受压构件

- 复习《砌规》5.1.1条～5.1.5条。

需注意的是：

（1）单向偏心受压，依据《砌规》5.1.5条，$e \leqslant 0.6y$；

双向偏心受压，依据《砌规》附录D.0.3条，$e_b \leqslant 0.5x$，$e_h \leqslant 0.5y$。

（2）《砌规》5.1.2条，h 的定义。

（3）《砌规》5.1.3条第3款，对"层高"的理解，当为首层时，应考虑本条第1款

的规定。

《砌规》表 5.1.3 注 4，s 为房屋横墙间距，该"房屋横墙"是一个相对的概念。

(4) 变截面柱问题，《砌规》5.1.3 条、5.1.4 条及注、6.1.1 条注 3 均有相应规定。

① 有吊车的房屋，荷载组合考虑吊车作用，计算 $\beta = \gamma_\beta \dfrac{H_0}{h}$ 时 $\left(\text{或验算 } \beta = \dfrac{H_0}{h}\right)$，柱上段、下段的计算高度按《砌规》表 5.1.3 确定。

② 有吊车的房屋、荷载组合不考虑吊车作用，计算 $\beta = \gamma_\beta \dfrac{H_0}{h}$ 时 $\left(\text{或验算 } \beta = \dfrac{H_0}{h}\right)$，柱上段、下段的计算高度按《砌规》5.1.4 条确定。

③ 无吊车房屋的变截面柱，计算 $\beta = \gamma_\beta \dfrac{H_0}{h}$ 时 $\left(\text{或验算 } \beta = \dfrac{H_0}{h}\right)$，柱上段、下段的计算高度按《砌规》5.1.4 条确定。

【例 3.2.1-1】（2011T33、37、38）某多层刚性方案砖砌体教学楼，其局部平面如图 3.2.1-1 所示。墙体厚度均为 240mm，轴线均居墙中。室内外高差 0.3m，基础埋置较深且有刚性地坪。墙体采用 MU15 级蒸压粉煤灰砖、M10 级混合砂浆砌筑，底层、二层层高均为 3.6m；楼、屋面板采用现浇钢筋混凝土板。砌体施工质量控制等级为 B 级，结构安全等级为二级。钢筋混凝土梁的截面尺寸为 250mm×550mm。

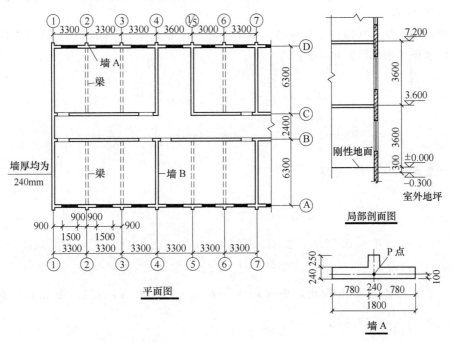

图 3.2.1-1

试问：

(1) 假定，墙 B 某层计算高度 $H_0 = 3.4$m。试问，每延米非抗震轴心受压承载力 (kN)，应与下列何项数值最为接近？

(A) 275   (B) 300   (C) 315   (D) 385

(2) 假定，二层墙 A 折算厚度 $h_T = 360$mm，截面重心至墙体翼缘边缘的距离为

150mm，墙体计算高度 $H_0=3.6$m。试问，当轴向力作用在该墙截面 P 点时，该墙体非抗震承载力设计值（kN）与下列何项数值最为接近？

(A) 600　　　　(B) 560　　　　(C) 490　　　　(D) 420

(3) 假定，三层需在⑤轴梁上设隔断墙，采用不灌孔的混凝土砌块，墙体厚度190mm。试问，三层该隔断墙承载力影响系数 φ 与下列何项数值最为接近？

提示： 隔断墙按两侧有拉接、顶端为不动铰考虑，隔断墙计算高度按 $H_0=3.0$m 考虑。

(A) 0.725　　　　(B) 0.685　　　　(C) 0.635　　　　(D) 0.585

【解答】 (1) 根据《砌规》表 3.2.1-3，由 MU15 蒸压粉煤灰普通砖，M10 混合砂浆，取 $f=2.31$N/mm²。

根据 5.1.2 条：

$$\beta=\gamma_\beta\frac{H_0}{h}=1.2\times\frac{3.4}{0.24}=17$$

查附表 D.0.1-1，$\varphi=\dfrac{0.72+0.67}{2}=0.695$

$$N=\varphi fA=0.695\times2.31\times1000\times240=385.3\text{kN/m}$$

故选 (D) 项。

思考： 对于题目 (1)，整片砌体，不需要考虑截面面积小于 0.3m² 的强度修正系数。

(2) 根据《砌规》5.1.2 条：

$$\beta=\gamma_\beta\frac{H_0}{h_\text{T}}=1.2\times\frac{3.6}{0.360}=12$$

$$h_\text{T}=360\text{mm}，e=150-100=50\text{mm}，\frac{e}{h_\text{T}}=\frac{50}{360}=0.139$$

查附录表 D.0.1-1，可得

$$\varphi=0.55-\frac{0.55-0.51}{0.15-0.125}\times(0.139-0.125)=0.5276$$

$$N=\varphi fA=0.5276\times2.31\times(240\times1800+250\times240)=599.6\text{kN}$$

故选 (A) 项。

(3) 不灌孔的混凝土砌块，查《砌规》表 5.1.2，取 $\gamma_\beta=1.1$；由 5.1.2 条，$\beta=\beta_\beta\dfrac{H_0}{h}=1.1\times\dfrac{3.0}{0.19}=17.37$。

查规范附录表 D.0.1-1，可得：

$$\varphi=0.72-\frac{0.72-0.67}{18-16}\times(17.368-16)=0.6858$$

故选 (B) 项。

思考： 真题为 MU10 级蒸压粉煤灰砖，由于《砌规》2011 年版不存在 MU10 级，故改为 MU15 级。

【例 3.2.1-2】（2013T36）某多层砖砌体房屋，底层结构平面布置如图 3.2.1-2 所示，外墙厚 370mm，内墙厚 240mm，轴线均居墙中。窗洞口均为 1500mm×1500mm（宽×高），门洞口除注明外均为 1000mm×2400mm（宽×高）。室内外高差 0.5m，室外地面距基础顶 0.7m。楼、屋面板采用现浇钢筋混凝土板，砌体施工质量控制等级为 B 级。

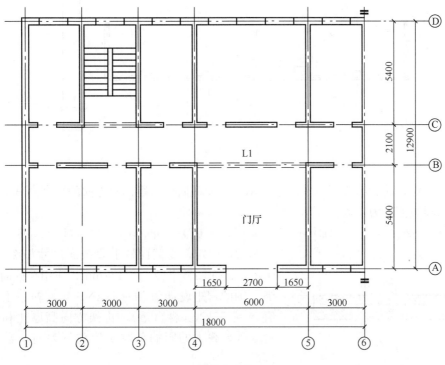

图 3.2.1-2

假定，墙体采用 MU15 级蒸压灰砂砖、M10 级混合砂浆砌筑，底层层高为 3.6m。试问，底层②轴楼梯间横墙轴心受压承载力 $\varphi f A$ 中的 φ 值与下列何项数值最为接近？

提示： 横墙间距 $s=5.4$m。

(A) 0.62   (B) 0.67   (C) 0.73   (D) 0.80

【解答】 $s=5.4$m，1 类楼盖，查《砌规》表 4.2.1，属于刚性方案。

$H=3.6+0.5+0.7=4.8$m，4.8m$<s=5.4$m$<2H=9.6$m，刚性方案，查《砌规》表 5.1.3，则：

$$H_0=0.4\times5.4+0.2\times4.8=3.12\text{m}$$

$\beta=\gamma_\beta\dfrac{H_0}{h}=1.2\times\dfrac{3.12}{0.24}=15.6$，$e=0$，查《砌规》附录表 D.0.1-1：

$$\varphi=0.73$$

所以应选（C）项。

【例 3.2.1-3】（2013T38、39）一单层单跨有吊车厂房，平面如图 3.2.1-3 所示。采用轻钢屋盖，屋架下弦标高为 6.0m。变截面砖柱采用 MU10 级烧结普通砖、M10 级混合砂浆砌筑，砌体施工质量控制等级为 B 级。

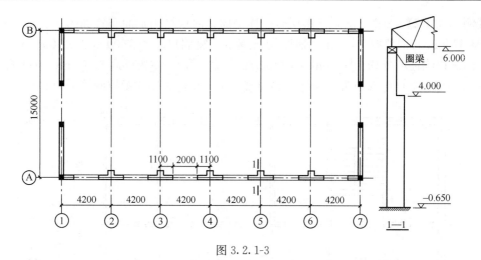

图 3.2.1-3

试问：

(1) 假定，荷载组合不考虑吊车作用。其变截面柱下段排架方向的计算高度 H_{l0}（m）与下列何项数值最为接近？

(A) 5.32   (B) 6.65   (C) 7.98   (D) 9.98

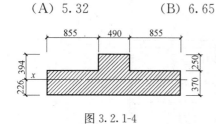

图 3.2.1-4

(2) 假定，变截面柱上段截面尺寸如图 3.2.1-4 所示，截面回转半径 $i_x = 147$mm，作用在截面形心处绕 x 轴的弯矩设计值 $M = 19$kN·m，轴心压力设计值 $N = 185$kN（含自重）。排架方向高厚比和偏心距对受压承载力的影响系数 φ 值与下列何项数值最为接近？

提示： 小数点后四舍五入取两位。

(A) 0.46   (B) 0.50   (C) 0.54   (D) 0.58

【解答】(1) $s = 6 \times 4.2 = 25.2$m > 20m，且 < 48m，轻钢屋盖，查《砌规》表 4.2.1，属于刚弹性方案。

由《砌规》5.1.3 条、5.1.4 条：

$$\frac{H_u}{H} = \frac{2}{6.65} = 0.3 < 1/3$$

则：$H_0 = 1.2H = 1.2 \times 6.65 = 7.98$m，故应选（C）项。

(2) 刚弹性方案，由《砌规》5.1.3：$H_{u0} = 2H_u = 2 \times 2 = 4$m

$$\beta = \gamma_\beta \frac{H_0}{h_T} = 1.0 \times \frac{4000}{3.5 \times 147} = 7.77$$

$$e = \frac{M}{N} = \frac{19000}{185} = 102.7\text{mm}, \quad \frac{e}{h_T} = \frac{102.7}{3.5 \times 147} = 0.2$$

查《砌规》附录表 D.0.1-1，取 $\varphi = 0.50$，故应选（B）项。

【例 3.2.1-4】（2014T33）一地下室外墙，墙厚 h，采用 MU10 烧结普通砖，M10 水泥砂浆砌筑，砌体施工质量控制等级为 B 级。计算简图如图 3.2.1-5 所示，侧向土压力设计值

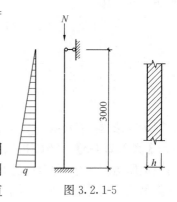

图 3.2.1-5

$q = 34 \text{ kN/m}^2$。承载力验算时不考虑墙体自重，$\gamma_0 = 1.0$。

假定，墙体计算高度 $H_0 = 3000\text{mm}$，上部结构传来的轴心受压荷载设计值 $N = 220\text{kN/m}$，墙厚 $h = 370\text{mm}$，试问，墙受压承载力设计值（kN）与下列何项数值最为接近？

提示： 计算截面宽度取 1m。

(A) 260   (B) 270   (C) 280   (D) 290

【解答】 根据《砌规》5.1.2 条、5.1.1 条：

$$\beta = \gamma_\beta \frac{H_0}{h} = 1 \times \frac{3000}{370} = 8.11$$

墙底弯矩 $M = \dfrac{1}{15}qH^2 = 34 \times 3^2/15 = 20.40\text{kN} \cdot \text{m}$

偏心距 $e = \dfrac{M}{N} = \dfrac{20400}{220} = 92.73\text{mm}$

$$e/h = 92.73/370 = 0.25$$

根据《砌规》附录表 D.0.1-1，得 $\varphi = 0.42$

$$\varphi f A = 0.42 \times 1.0 \times 1.89 \times 370 \times 1000 = 293.7\text{kN/m}$$

故选（D）项。

【例 3.2.1-5】（2014T38）下述关于影响砌体结构受压构件高厚比 β 计算值的说法，哪一项是不正确的？

(A) 改变墙体厚度   (B) 改变砌筑砂浆的强度等级

(C) 改变房屋的静力计算方案   (D) 调整或改变构件支承条件

【解答】 根据《砌规》5.1.2 条，（B）项错误，应选（B）项。

另：（A）项，根据《砌规》5.1.2 条，正确。

（C）、（D）项，根据《砌规》5.1.3 条表 5.1.3，正确。

二、局部受压

1. 局部均匀受压

- 复习《砌规》5.2.1 条～5.2.3 条。

需注意的是：

(1)《砌规》5.2.1 条，对 f 的取值，此时，不受砌体小截面面积的影响，但应考虑其他调整系数 γ_a。如：《砌规》表 3.2.1-1 注。

(2)《砌规》5.2.2 条、5.2.3 条，在计算 A_0 时，应复核实际尺寸与按规范图 5.2.2 确定的尺寸的大小，保证计算所取的尺寸大小≤实际尺寸大小，特别是窗间墙情况。

如图 3.2.2-1 所示，A_0 的计算按：$A_0 = (b + 2h)h$，其 $\gamma \leqslant 2.0$，即属于《砌规》图 5.2.2（b）的情况。

【例 3.2.2-1】 方案初期，某四层砌体结构房屋顶层局部平面布置图如图 3.2.2-2 所示，层高均为 3.6m。墙体采用 MU10 级烧结多孔砖、M5 级混合砂浆砌筑。墙厚 240mm。屋面板为预制预应力空心板上浇钢筋混凝土叠合层，屋面板总厚度 300mm，简支在①轴和②轴墙体上，支

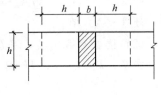

图 3.2.2-1

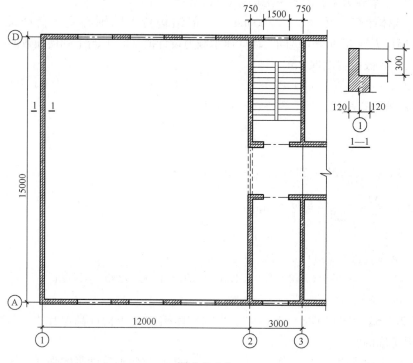

图 3.2.2-2

承长度 120mm。屋面永久荷载标准值 $12kN/m^2$，活荷载标准值 $0.5kN/m^2$。砌体施工质量控制等级 B 级；抗震设防烈度 7 度，设计基本地震加速度 $0.1g$。

试问：

（1）顶层①轴每延米墙体的局部受压承载力设计值（kN/m），与下列何项数值最为接近？

提示： 多孔砖砌体孔洞未灌实，$\eta=1.0$。

(A) 180   (B) 240   (C) 360   (D) 480

（2）顶层①轴每延米墙体下端受压承载力设计值（kN/m），与下列何项数值最为接近？

提示： 不考虑下层弯矩对本层墙体的影响，不考虑风荷载。

(A) 120   (B) 150   (C) 180   (D) 260

【解答】（1）根据《砌规》5.2.1 条：

由《砌规》5.2.2 条，多孔砖未灌实，取 $\gamma=1.0$

由《砌规》4.2.5 条图 4.2.5，取 $a=120mm$；查规范表，取 $f=1.50MPa$

$$\gamma f A_l = 1.0 \times 1.50 \times 120 \times 1000 = 180kN/m$$

故选（A）项。

（2）楼盖为第 1 类，房屋横墙间距小于 32m，根据《砌规》4.2.1 条，属于刚性方案。顶层，故 $H_0=1.0H=1.0 \times 3.6=3.6m$。

$$\beta=\gamma_\beta \frac{H_0}{h}=1.0 \times \frac{3600}{240}=15$$

由 $e=0$，$\beta=15$，查规范附录表 D，取 $\varphi=0.745$

$$\varphi fA=0.745\times1.5\times1000\times240=268\text{kN}$$

故应选（D）项。

2. 局部非均匀受压

▲2.1 梁墙支承处

- 复习《砌规》5.2.4 条。

需注意的是：

（1）《砌规》5.2.4 条的条文说明指出，规范公式（5.2.4-5）在常用跨度梁情况下和精确公式误差约为 15％，不致影响局部受压安全度。

（2）对于过梁、墙梁，由于 $\eta=1.0$，即为局部均匀受压，故 f 不考虑砌体小截面面积的调整。

▲2.2 梁端设置有刚性垫块

- 复习《砌规》5.2.5 条。

需注意的是：

（1）《砌规》5.2.5 条的条文说明：

5.2.5（条文说明）试验和有限元分析表明，垫块上表面 a_0 较小，这对于垫块下局压承载力计算影响不是很大（有垫块时局压应力大为减小），但可能对其下的墙体受力不利，增大了荷载偏心距，因此有必要给出垫块上表面梁端有效支承长度 a_0 计算方法。

对于采用与梁端现浇成整体的刚性垫块与预制刚性垫块下局压有些区别，但为简化计算，也可按后者计算。

（2）其他事项，见《一、二级注册结构工程师专业考试应试技巧与题解》（以下简称《应试技巧与题解》）

【**例 3.2.2-2**】某房屋顶层，采用 MU10 烧结普通砖、M5 混合砂浆砌筑。砌体施工质量控制等级为 B 级；钢筋混凝土梁（200mm×500mm）支承在墙顶，如图 3.2.2-3 所示。

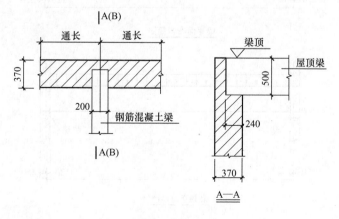

图 3.2.2-3

提示：不考虑梁底面以上高度墙体的质量。

试问，当梁下不设置梁垫时（见剖面图 A-A），则梁端支承处砌体的局部受压承载力（kN），与下列何项数值最为接近？

(A) 66　　　　　(B) 77　　　　　(C) 88　　　　　(D) 99

【解答】(1) 查表得，$f=1.5\text{N/mm}^2$；顶层，$N_0=0$；$\eta=0.7$

由《砌规》5.2.4 条：

$$a_0=10\sqrt{\frac{h_c}{f}}=10\sqrt{\frac{500}{1.5}}=182.6\text{mm}$$

$$A_l=a_0b=182.6\times200$$

$$A_0=(b+2h)h=(200+2\times370)\times370=940\times370$$

$$\gamma=1+0.35\sqrt{\frac{A_0}{A_l}-1}=1+0.35\sqrt{\frac{940\times370}{182.6\times200}-1}$$

$$=2.02>2.0$$

故取 $\gamma=2.0$

$$N_l=\eta\gamma fA_l=0.7\times2\times1.5\times182.6\times200=76.7\text{kN}$$

故应选 (B) 项。

【例 3.2.2-3】(2016T31、33) 某砖混结构多功能餐厅，上下层墙体厚度相同，层高相同，采用 MU20 混凝土普通砖和 Mb10 专用砌筑砂浆砌筑，施工质量为 B 级，结构安全等级二级，现有一截面尺寸为 300mm×800mm 钢筋混凝土梁，支承于尺寸为 370mm×1350mm 的一字形截面墙垛上，梁下拟设置预制钢筋混凝土垫块，垫块尺寸为 $a_b=370\text{mm}$，$b_b=740\text{mm}$，$t_b=240\text{mm}$，如图 3.2.2-4 所示。

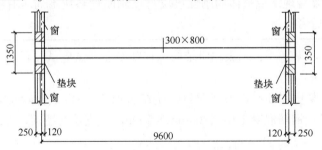

梁平面布置简图

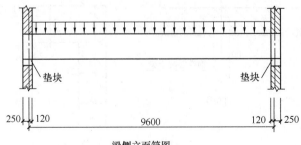

梁侧立面简图

图 3.2.2-4

提示：计算跨度按 $l=9.6\mathrm{m}$ 考虑。

试问：

(1) 垫块外砌体面积的有利影响系数 γ_1，与下列何项数值最为接近？

(A) 1.00   (B) 1.05   (C) 1.30   (D) 1.35

(2) 假定，梁的荷载设计值（含自重）为 38.6kN/m，上层墙体传来的轴向荷载设计值为 320kN。试问，垫块上梁端有效支承长度 a_0（mm），与下列何项数值最为接近？

(A) 60   (B) 90   (C) 100   (D) 110

【解答】(1) 查《砌规》表 3.2.1-2，可得：$f=2.67\mathrm{MPa}$

由《砌规》5.2.5 条、5.2.2 条：

$$A_{\mathrm{b}} = A_l = 740 \times 370 = 273800 \mathrm{mm}^2$$

$A_0 = (b+2h)h$，其中 $b+2h = 740 + 2 \times 370 = 1480\mathrm{mm} > 1350\mathrm{mm}$

故取 $\qquad A_0 = 370 \times 1350 = 499500 \mathrm{mm}^2$

$$\gamma = 1 + 0.35\sqrt{\frac{A_0}{A_{\mathrm{b}}} - 1} = 1 + 0.35\sqrt{\frac{499500}{273800} - 1} = 1.318 < 2$$

$\gamma_1 = 0.8\gamma = 0.8 \times 1.318 = 1.054 > 1.0$，故取 $\gamma_1 = 1.054$

故选 (B) 项。

(2) 根据《砌规》5.2.5 条：

$$\sigma_0 = \frac{N_0}{A_0} = \frac{320 \times 10^3}{370 \times 1350} = 0.641\mathrm{MPa}, \quad \frac{\sigma_0}{f} = \frac{0.641}{2.67} = 0.24$$

查表 5.2.5，$\delta_1 = 5.7 + \dfrac{6.0-5.7}{0.4-0.2} \times (0.24-0.2) = 5.76$

$$a_0 = \delta_1\sqrt{\frac{h_{\mathrm{c}}}{f}} = 5.76 \times \sqrt{\frac{800}{2.67}} = 99.7\mathrm{mm}$$

故选 (C) 项。

【例 3.2.2-4】 某三层砌体结构房屋局部平面布置图如图 3.2.2-5 所示，每层结构布置相同，层高均为 3.6m。墙体采用 MU10 级烧结普通砖、M10 级混合砂浆砌筑，砌体施工质量控制等级 B 级。现浇钢筋混凝土梁（XL）截面为 250mm×800mm，支承在壁柱上，梁下刚性垫块尺寸为 480mm×360mm×180mm，现浇钢筋混凝土楼板。梁端支承压力设计值为 N_l，由上层墙体传来的荷载轴向压力设计值为 N_{u}。

试问：

(1) 假定，$N_{\mathrm{u}}=228.6144\mathrm{kN}$，梁端有效支承长度 a_0（mm）与下列何项数值最为接近？

(A) 360   (B) 180   (C) 120   (D) 60

(2) 假定，上部平均压应力设计值 $\sigma_0 = 0.7\mathrm{MPa}$，梁端有效支承长度 $a_0 = 140\mathrm{mm}$，梁端支承压力设计值为 $N_l = 300\mathrm{kN}$。垫块上 N_0 及 N_l 合力的影响系数 φ 与下列何项数值最为接近？

(A) 0.5   (B) 0.6   (C) 0.7   (D) 0.8

(3) 垫块外砌体面积的有利影响系数 γ_1 与下列何项数值最为接近？

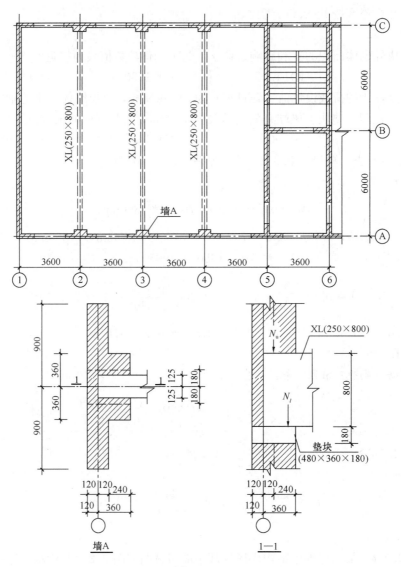

图 3.2.2-5

提示：影响砌体局部抗压强度的计算面积取壁柱面积。

(A) 1.4　　　　　(B) 1.3　　　　　(C) 1.2　　　　　(D) 1.1

（4）假定，垫块上 N_0 及 N_l 合力的偏心距 $e=96\text{mm}$，砌体局部抗压强度提高系数 $\gamma=1.5$。刚性垫块下砌体的局部受压承载力 $\varphi\gamma_1 fA_b$（kN），与下列何项数值最为接近？

(A) 220　　　　　(B) 260　　　　　(C) 320　　　　　(D) 380

【解答】（1）根据《砌规》5.2.5 条：

$$\sigma_0 = \frac{N_u}{A} = \frac{228.6144 \times 10^3}{1800 \times 240 + 720 \times 240} = 0.378\text{MPa}$$

查《砌规》表，取 $f=1.89\text{MPa}$

$$\sigma_0/f = 0.378/1.89 = 0.20$$

查表 5.2.5，取 $\delta_1 = 5.7$

$$a_0 = \delta_1 \sqrt{\frac{h_c}{f}} = 5.7 \times \sqrt{\frac{800}{1.89}} = 117.3\text{mm} < 360\text{mm}$$

故选（C）项。

（2）根据《砌规》5.2.5 条：

$$0.4a_0 = 0.4 \times 140 = 56\text{mm}$$

$$A_b = 480 \times 360 = 172800\text{mm}^2$$

$$N_0 = 0.7 \times 172800 = 120960\text{N}$$

N_0 与 N_l 合力的偏心距 $e = 300 \times (480/2 - 56)/(300 + 120.96) = 131.1\text{mm}$

根据《砌规》5.2.5 条，应按 $\beta \leqslant 3.0$，$e/h = 131.1/480 = 0.273$，查《砌规》附表 D.0.1-1，取 $\varphi = 0.52$

故选（A）项。

（3）根据《砌规》5.2.5 条：

$$\gamma = 1 + 0.35 \sqrt{\frac{A_0}{A_l} - 1}$$

$$A_0 = 480 \times 720 = 345600\text{mm}^2$$

$$A_l = A_b = 480 \times 360 = 172800\text{mm}^2$$

$$\gamma = 1 + 0.35 \sqrt{\frac{A_0}{A_l} - 1} = 1 + 0.35 \sqrt{\frac{345600}{172800} - 1} = 1.35$$

$$\gamma_1 = 0.8\gamma = 0.8 \times 1.35 = 1.08 > 1.0$$

故选（D）项。

（4）根据《砌规》5.2.5 条：

按 $\beta \leqslant 3.0$，$e/h = 96/480 = 0.20$，查《砌规》附表 D.0.1-1，$\varphi = 0.68$

$$\gamma_1 = 0.8\gamma = 0.8 \times 1.50 = 1.20 > 1.0 \quad f = 1.89\text{MPa}$$

$$A_b = 480 \times 360 = 172800\text{mm}^2$$

$$\varphi\gamma_1 f A_b = 0.68 \times 1.2 \times 1.89 \times 172.8 \times 10^3 = 266500\text{N} = 266.5\text{kN}$$

故选（B）项。

▲2.3 垫梁局部受压

● 复习《砌规》5.2.6 条。

需注意的是：

（1）《砌规》5.2.6 条的条文说明：

5.2.6 （条文说明）梁搁置在圈梁上则存在出平面不均匀的局部受压情况，而且这是大多数的受力状态。经过计算分析考虑了柔性垫梁不均匀局压情况，给出 $\delta_2 = 0.8$ 的修正系数。

（2）《砌规》公式（5.2.6-3）中 E 的计算，见《砌规》表 3.2.5-1 及其注的规定。

（3）垫梁上梁端反力 N_l 作用点的位置，见规范图 5.2.6 中剖面图 a-a。

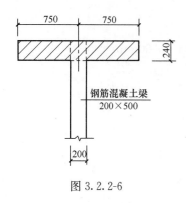

图 3.2.2-6

钢筋混凝土梁 200×500

【例 3.2.2-5】（2012T40）一钢筋混凝土简支梁，截面尺寸为 200mm×500mm，跨度 5.4m，支承在 240mm 厚的窗间墙上，如图 3.2.2-6 所示。窗间墙长 1500mm，采用 MU15 级蒸压粉煤灰砖、M10 级混合砂浆砌筑，砌体施工质量控制等级为 B 级。在梁下、窗间墙墙顶部位，设置有钢筋混凝土圈梁，圈梁高度为 180mm。梁端的支承压力设计值 $N_l=110$kN，上层传来的轴向压力设计值为 360kN。试问，作用于垫梁下砌体局部受压的压力设计值 N_0+N_l（kN），与下列何项数值最为接近？

提示： ① 圈梁惯性矩 $I_b=1.1664×10^8$mm^4；

② 圈梁混凝土弹性模量 $E_b=2.55×10^4$MPa。

(A) 190   (B) 200   (C) 240   (D) 260

【解答】 根据《砌规》表 3.2.1-3，取 $f=2.31$MPa

由规范表 3.2.5-1，$E=1060f=2448.6$MPa

由规范 5.2.6 条、5.2.4 条：

$$h_0=2\sqrt[3]{\frac{E_c I_c}{Eh}}=2×\sqrt[3]{\frac{2.55×10^4×1.1664×10^8}{2448.6×240}}=343.4\text{mm}$$

$$\sigma_0=\frac{360×10^3}{240×1500}=1.0\text{MPa}$$

$$N_0=\frac{\pi b_b h_0 \sigma_0}{2}=\frac{\pi×240×343.4×1.0}{2}=129.4\text{kN}$$

$$N_l+N_0=110+129.4=239.4\text{kN}$$

故选（C）项。

三、轴心受拉构件

● 复习《砌规》5.3.1 条。

【例 3.2.3-1】 某圆形水池，采用烧结普通砖 MU20，砂浆采用水泥砂浆，池壁根部 1m 高度范围的环向拉力设计值为 75kN，池壁厚度为 490mm，砌体施工质量控制等级为 B 级。试问，水泥砂浆最合理的是下列何项？

(A) M5   (B) M7.5   (C) M10   (D) M15

【解答】 根据《砌规》5.3.1 条：

$$f_t≥\frac{N_t}{A}=\frac{75×10^3}{1000×490}=0.153\text{MPa}$$

又由《砌规》表 4.3.5，≥M10；查表 3.2.2，取 M10（$f_t=0.19$MPa）

故选（C）项。

【例 3.2.3-2】 某圆形水池高 2000mm，采用 MU20 烧结普通砖、M15 级水泥砂浆，池壁厚 370mm。砌体施工质量控制等级为 B 级。水压力的荷载分项系数为 1.5。

试问：

（1）当按池壁平均抗拉承载力计算时，其达到最大的允许水池直径 D（m），最接近于下列何项？

(A) 9.5   (B) 10.5   (C) 11.5   (D) 12.5

(2) 当按池壁根部 1m 高范围的最不利抗拉承载力计算时，其达到最大的允许水池直径 D（m），最接近于下列何项？

(A) 6.5   (B) 7.5   (C) 8.5   (D) 9.5

【解答】（1）查《砌规》表 3.2.2，$f_t = 0.19$MPa

池壁所能承受的最大环向拉力 T：

$$T = f_t A = 0.19 \times 370 \times 2000 = 140.6 \text{kN}$$

如图 3.2.3-1 所示，池壁 $q_{max} = \gamma_Q \cdot \gamma h = 1.5 \times 10 \times 2 = 30 \text{kN/m}^2$

图 3.2.3-1

池壁垂直截面总拉力 N_t 为：

$$2N_t = \frac{1}{2} q_{max} D \cdot H$$

即：$N_t = \frac{1}{4} q_{max} D \cdot H = \frac{1}{4} \times 30 \times D \times 2 = 15D$

令：$140.6 = 15D$，则：$D = 9.4$m

故选（A）项。

（2）

$$q = \frac{q_1 + q_{max}}{2} = \frac{1}{2} \times (1.5 \times 10 \times 1 + 1.5 \times 10 \times 2)$$
$$= 22.5 \text{kN/m}^2$$

$2N_t = q \cdot D \times 1 = 22.5 \times D \times 1$，则：$N_t = 11.25D$

$$T = 0.19 \times 370 \times 1000 = 70.3 \text{kN}$$

令：$70.3 = 11.25D$，则：$D = 6.25$m

故选（A）项。

四、受弯构件

● 复习《砌规》5.4.1 条、5.4.2 条。

需注意的是：

(1)《砌规》公式（5.4.1）中 f_{tm} 的取值，查《砌规》表 3.2.2 时，应根据构件破坏时的变形特性进行分析，即：沿齿缝破坏是沿砌体竖向灰缝、呈锯齿形破坏；沿通缝破坏是沿砌体水平灰缝、呈水平线破坏。

所以，判别时按是否有产生沿齿缝破坏的条件，或沿通缝破坏的条件进行确定。

(2)《砌规》公式（5.4.2-1）中，当为矩形截面时，$z = \frac{2h}{3}$。

V 与 b、h 的关系如图 3.2.4-1 所示，V 与 h 平行。

由《砌规》公式(5.4.2-1)、公式(5.4.2-2)，可知：

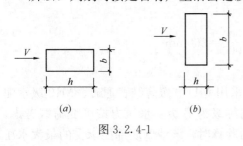

图 3.2.4-1

$V \leqslant f_v bz = f_v b \dfrac{I}{S}$，则：

$$\tau = \frac{VS}{Ib} \leqslant f_v$$

上式即为材料力学抗剪强度公式。

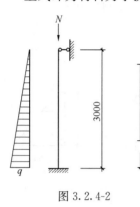

图 3.2.4-2

【例 3.2.4-1】（2014T31、32）一地下室外墙，墙厚 h，采用 MU10 烧结普通砖、M10 水泥砂浆砌筑，砌体施工质量控制等级为 B 级。计算简图如图 3.2.4-2 所示，侧向土压力设计值 $q = 34$ kN/m²。承载力验算时不考虑墙体自重，$\gamma_0 = 1.0$。

试问：

（1）假定，不考虑上部结构传来的竖向荷载 N。试问，满足受弯承载力验算要求时，最小墙厚计算值 h（mm）与下列何项数值最为接近？

提示： 计算截面宽度取 1m。

(A) 620 　　　　(B) 750 　　　　(C) 820 　　　　(D) 850

（2）假定，不考虑上部结构传来的竖向荷载 N。试问，满足受剪承载力验算要求时，设计选用的最小墙厚 h（mm）与下列何项数值最为接近？

提示： 计算截面宽度取 1m。

(A) 240 　　　　(B) 370 　　　　(C) 490 　　　　(D) 620

【解答】（1）最大弯矩设计值 $M = \dfrac{1}{15}qH^2 = \dfrac{1}{15} \times 34 \times 3^2 = 20.40$ kN·m/m

根据《砌规》式（5.4.1）：

根据《砌规》表 3.2.2，取 $f_{tm} = 0.17$ MPa。

$$M \leqslant f_{tm} \cdot \frac{1}{6}bh^2，则：$$

$$h \geqslant \sqrt{\frac{6M}{f_{tm}b}} = \sqrt{\frac{6 \times 20.4 \times 10^6}{0.17 \times 1000}} = 848.53 \text{mm}$$

故选（D）项。

（2）最大剪力设计值 $V = \dfrac{2}{5}qH = \dfrac{2}{5} \times 34 \times 3 = 40.80$ kN/m

根据《砌规》5.4.2 条：

根据《砌规》表 3.2.2，取 $f_v = 0.17$ MPa。

$$V \leqslant f_v b \cdot \frac{2}{3}h，则：$$

$$h \geqslant \frac{3V}{2f_v b} = \frac{3 \times 40.8 \times 1000}{2 \times 0.17 \times 1000} = 360 \text{mm}$$

故选（B）项。

【例 3.2.4-2】（2012T39）某悬臂砖砌水池，采用 MU10 级烧结普通砖、M10 级水泥砂浆砌筑，墙体厚度 740mm，砌体施工质量控制等级为 B 级。水压力按可变荷载考虑，假定其荷载分项系数取 1.5。试问，按抗剪承载力验算时，该池壁底部能承受的最大水压

高度设计值 H（m），应与下列何项数值最为接近？

　　提示：① 不计池壁自重的影响；

　　　　　　② 按《砌体结构设计规范》GB 50003—2011 作答。

　　(A) 2.5　　　　　　(B) 3.0　　　　　　(C) 3.4　　　　　　(D) 4.0

　　【解答】根据《砌规》表 3.2.2，取 $f_v = 0.17\text{MPa}$。

　　取池壁单位长度 1m 考虑，由规范 5.4.2 条：

$$V = \frac{1}{2} \times 1.5\gamma_w H^2 = \frac{1}{2} \times 1.5 \times 10 \times H^2 = 7.5H^2(\text{kN})$$

$$V \leqslant f_v bz = 0.17 \times 10^3 \times \frac{2}{3} \times 740 = 83.867 \times 10^3 N = 83.867\text{kN}$$

　　则：　　　　　　　　　$7.5H^2 \leqslant 83.867$，故 $H \leqslant 3.34\text{m}$

　　故选（C）项。

　　【例 3.2.4-3】某多层框架结构顶层局部平面布置图如图 3.2.4-3 所示，层高为 3.6m。外围护墙采用 MU5 级单排孔混凝土小型空心砌块对孔砌筑、Mb5 级砂浆砌筑。外围护墙厚度为 190mm，内隔墙厚度为 90mm，砌体的容重为 12kN/m³（包含墙面粉刷）。砌体施工质量控制等级为 B 级；抗震设防烈度为 7 度，设计基本地震加速度为 0.1g。

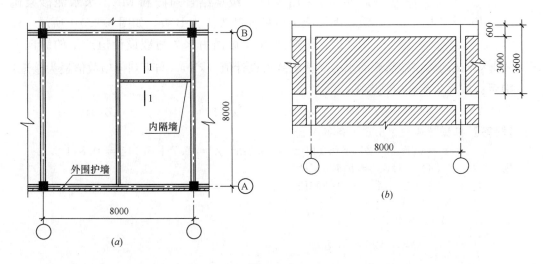

图 3.2.4-3

（a）局部平面布置图；（b）无洞口外围护墙立面图

　　假定，外围护墙无洞口、风荷载沿楼层高度均布，$\gamma_0 = 1.0$。试问，每延米外围护墙上端能承受的风荷载设计值（kN/m²），与下列何项数值最为接近？

　　提示：风荷载引起的弯矩，可按公式计算：$M = \dfrac{wH_i^2}{12}$。

　　式中：w——沿楼层高均布荷载设计值（kN/m²）；H_i——层高（m）。

　　(A) 0.20　　　　　　(B) 0.30　　　　　　(C) 0.40　　　　　　(D) 0.50

　　【解答】根据《砌规》表 3.2.2，MU5 单排孔混凝土砌块、Mb5 砂浆砌体沿通缝的弯曲抗拉强度为：$f_{tm} = 0.05\text{MPa}$。

　　根据《砌规》5.4.1 条：

$$f_{tm}W = 0.05 \times 1000 \times 190^2/6 = 300833\text{N} \cdot \text{mm/m} = 0.3\text{kN} \cdot \text{m/m}$$

可承受的风荷载设计值为：$w = 12M/H_i^2 = 12 \times 300833/3000^2 = 0.40\text{kN/m}^2$

故选（C）项。

五、受剪构件

● 复习《砌规》5.5.1条。

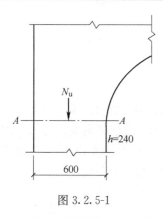

图 3.2.5-1

需注意的是：

（1）《砌规》5.5.1条的条文说明。

（2）《砌规》5.5.1条，与抗震受剪计算《砌规》10.2.2条第1款的区别。

（3）当 $\gamma_G = 1.2$ 时，σ_0、α 的计算与之相对应；同理，$\gamma_G = 1.35$ 时，σ_0、α 的计算与之相对应。

（4）f_v、f 取调整后的强度设计值。

【例 3.2.5-1】一砖拱端部窗间墙宽度 600mm，墙厚 240mm，采用 MU10 级烧结普通砖和 M7.5 级水泥砂浆砌筑，砌体施工质量控制等级为 B 级，如图 3.2.5-1 所示。作用在拱支座端部 A-A 截面由永久荷载设计值产生的纵向力 $N_u = 40\text{kN}$。试问，该端部截面水平受剪承载力设计值（kN），与下列何项数值最为接近？

提示：按永久荷载控制考虑。

(A) 23　　　　(B) 22　　　　(C) 21　　　　(D) 19

【解答】根据《砌规》5.5.1条：

$$A = 0.6 \times 0.24 = 0.144\text{m}^2 < 0.3\text{m}^2, \gamma_a = 0.7 + 0.144 = 0.844$$

则：$f = 0.844 \times 1.69 = 1.426\text{MPa}$

$f_v = 0.844 \times 0.14 = 0.118\text{MPa}$

$$\sigma_0 = \frac{N_u}{A} = \frac{40 \times 10^3}{600 \times 240} = 0.278$$

$$\frac{\sigma_0}{f} = \frac{0.278}{1.426} = 0.195 < 0.8$$

$$\mu = 0.23 - 0.065 \times 0.195 = 0.217$$

$$V_u = (f_v + \alpha\mu\sigma_0)A = (0.118 + 0.64 \times 0.217 \times 0.278) \times 600 \times 240$$
$$= 22.55\text{kN}$$

故选（B）项。

第三节　《砌规》构造要求

一、墙、柱的高厚比验算

● 复习《砌规》6.1.1条～6.1.4条。

需注意的是:

(1) 墙、柱的计算高度 H_0 的确定,应按《砌规》6.1.1 条注 1、3 规定。

(2) h 的定义,矩形柱与 H_0 相对应的边长,特别是排架柱在排架方向 H_{0x}、垂直排架方向 H_{0y}。一般地,$H_{0x} \neq H_{0y}$。

(3)《砌规》表 6.1.1,"独立墙"按"柱"栏取 $[\beta]$ 值。

(4)《砌规》6.1.2 条及注的规定。

1) 带壁柱墙

① 带壁柱墙高厚比验算公式:$\beta = \dfrac{H_0}{h_T} \leqslant \mu_1 \mu_2 [\beta]$,式中确定 H_0 时,s 应取相邻横墙的距离,并确定静力计算方案(刚性、刚弹性、弹性),再查《砌规》表 5.1.3 确定 H_0 值。

② 壁柱间墙高厚比验算公式:$\beta = \dfrac{H_0}{h} \leqslant \mu_1 \mu_2 [\beta]$,式中确定 H_0 时,s 应取相邻壁柱间的距离;不论带壁柱间墙的静力计算采用何种方案,确定 H_0,可一律按刚性方案考虑[①]。

2) 带构造柱墙

① 带构造柱墙的高厚比验算公式:$\beta = \dfrac{H_0}{h} \leqslant \mu_1 \mu_2 \mu_c [\beta]$,确定构造柱墙计算高度 H_0 时,s 应取相邻横墙间的距离,并确定静力计算方案,再查《砌规》表 5.1.3 确定 H_0 值。

② μ_c 提高系数:$\mu_c = 1 + \gamma \dfrac{b_c}{l}$。当 $b_c/l > 0.25$ 时,取 $b_c/l = 0.25$;当 $b_c/l < 0.05$ 时,取 $b_c/l = 0$。由《砌规》6.1.2 条第 2 款注,施工阶段不考虑构造柱的有利作用。

③ 构造柱间墙的高厚比验算公式:$\beta = \dfrac{H_0}{h} \leqslant \mu_1 \mu_2 [\beta]$,确定构造柱间墙计算高度 H_0 时,s 应取相邻构造柱间的距离。不论带构造柱墙的静力计算采用何种方案,确定 H_0,可一律按刚性方案考虑[①]。

(5)《砌规》6.1.2 条第 3 款,圈梁设置,"墙体平面外等刚度原则"是指:如图 3.3.1-1 所示:

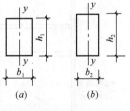

$$I_{y\text{-}y} = \frac{1}{12} h_1 b_1^3 = \frac{1}{12} h_2 b_2^3$$

(6)《砌规》6.1.4 条,"独立墙段"的判别、高厚比验算。

图 3.3.1-1

【例 3.3.1-1】(2011T31)关于砌体结构的设计,有下列四项论点:

Ⅰ. 某六层刚性方案砌体结构房屋,层高均为 3.3m,均采用现浇钢筋混凝土楼板,外墙洞口水平截面面积约为全截面面积的 60%,基本风压 0.6kN/m²,外墙静力计算时可不考虑风荷载的影响;

Ⅱ. 通过改变砌块强度等级可以提高墙、柱的允许高厚比;

Ⅲ. 在蒸压粉煤灰砖强度等级不大于 MU20、砂浆强度等级不大于 M10 的条件下,为增加砌体抗压承载力,提高砖的强度等级一级比提高砂浆强度等级一级效果好;

Ⅳ. 厚度 180mm、上端非自由端、无门窗洞口的自承重墙体,允许高厚比修正系数

---

① 唐岱新等编著.《砌体结构设计规范理解与应用》(第二版). 北京:中国建筑工业出版社,2012.

为 1.32。

试问，以下何项组合是完全正确的？

(A) Ⅰ、Ⅲ   (B) Ⅱ、Ⅲ

(C) Ⅲ、Ⅳ   (D) Ⅱ、Ⅳ

【解答】根据《砌规》4.2.6 条第 2 款及表 4.2.6，Ⅰ错误。

根据《砌规》表 6.1.1，Ⅱ错误。

根据《砌规》表 3.2.1-3，Ⅲ正确。

根据《砌规》6.1.3 条，用内插法，$\mu_1 = 1.2 + \dfrac{1.5-1.2}{240-90} \times (240-180) = 1.32$，Ⅳ正确。

综上所述，Ⅲ、Ⅳ正确，故选择（C）项。

【例 3.3.1-2】（2011T36）某多层刚性方案砖砌体教学楼，其局部平面如图 3.3.1-2 所示。墙体厚度均为 240mm，轴线均居墙中。室内外高差 0.3m，基础埋置较深且有刚性地坪。墙体采用 MU15 级蒸压粉煤灰砖、M10 级混合砂浆砌筑，底层、二层层高均为 3.6m；楼、屋面板采用现浇钢筋混凝土板。砌体施工质量控制等级为 B 级，结构安全等级为二级。钢筋混凝土梁的截面尺寸为 250mm×550mm。

试问，底层外纵墙墙 A 的高厚比，与下列何项数值最为接近？

提示：墙 A 截面 $I = 5.55 \times 10^9 \, \text{mm}^4$，$A = 4.9 \times 10^5 \, \text{mm}^2$。

(A) 8.5   (B) 9.7   (C) 10.4   (D) 11.8

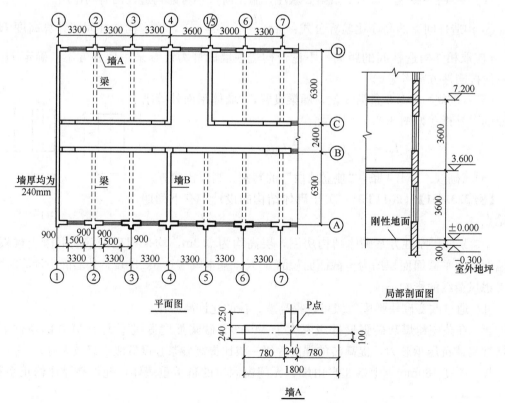

图 3.3.1-2

【解答】根据《砌规》5.1.3条第1款：

$H = 3.6 + 0.3 + 0.5 = 4.4m$，$s = 3.3 \times 3 = 9.9m > 2H = 8.8m$，刚性方案。查表 5.1.3，$H_0 = 1.0H = 4.4m$。

$$i = \sqrt{\frac{I}{A}} = \sqrt{\frac{5.55 \times 10^9}{4.9 \times 10^5}} = 106.43mm$$

$$h_T = 3.5i = 3.5 \times 106.43 = 372.51mm$$

由6.1.1条：

$$\beta = \frac{H_0}{h_T} = \frac{4.4 \times 1000}{372.51} = 11.81$$

故选（D）项。

【例3.3.1-3】（2012T33）某多层砌体结构房屋，各层层高均为3.6m，内外墙厚度均为240mm，轴线居中。室内外高差0.3m，基础埋置较深且有刚性地坪。采用现浇钢筋混凝土楼、屋盖，平面布置图和A轴剖面见图3.3.1-3所示。各内墙上门洞均为1000mm×2600mm（宽×高），外墙上窗洞均为1800mm×1800mm（宽×高）。

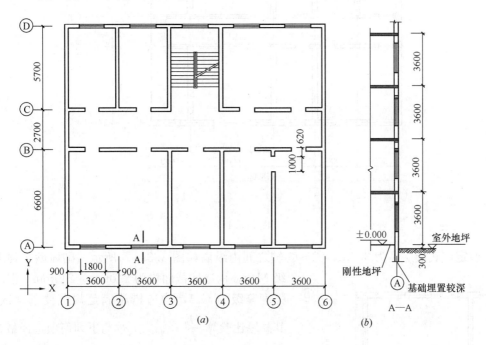

图 3.3.1-3

（a）平面布置图；（b）局部剖面示意图

试问，底层②轴墙体的高厚比与下列何项数值最为接近？

提示：横墙间距s按5.7m计算。

(A) 13　　　　　(B) 15　　　　　(C) 17　　　　　(D) 19

【解答】楼盖为第1类，最大横墙间距为6.6m，根据《砌规》4.2.1条，故属于刚性方案。

根据规范5.1.3条，$H = 3.6 + 0.3 + 0.5 = 4.4m$

刚性方案，$H=4.4\text{m}<s=5.7\text{m}<2H=8.8\text{m}$，查规范表5.1.3：

$$H_0 = 0.4s + 0.2H = 0.4 \times 5.7 + 0.2 \times 4.4 = 3.16\text{m}$$

由公式（6.1.1）：$\beta = \dfrac{H_0}{h} = \dfrac{3.16}{0.24} = 13.2$

故选（A）项。

【例3.3.1-4】（2013T37）某多层砖砌体房屋，底层结构平面布置如图3.3.1-4所示，外墙厚370mm，内墙厚240mm，轴线均居墙中。窗洞口均为1500mm×1500mm（宽×高），门洞口除注明外均为1000mm×2400mm（宽×高）。室内外高差0.5m，室外地面距基础顶0.7m。楼、屋面板采用现浇钢筋混凝土板，砌体施工质量控制等级为B级。

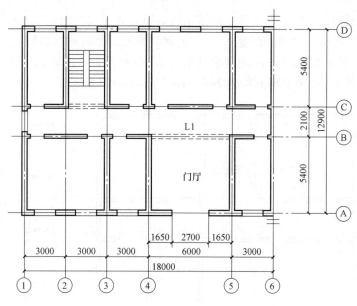

图3.3.1-4

假定，底层层高为3.0m，④～⑤轴之间内纵墙如图3.3.1-5所示。砌体砂浆强度等级M10，构造柱截面均为240mm×240mm，混凝土强度等级为C25，构造措施满足规范要求。试问，其高厚比验算$\dfrac{H_0}{h} < \mu_1\mu_2[\beta]$与下列何项选择最为接近？

提示： 小数点后四舍五入取两位。

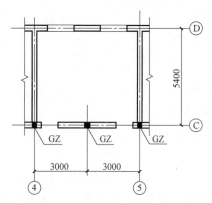

图3.3.1-5

（A）$13.50 < 22.53$

（B）$13.50 < 25.24$

（C）$13.75 < 22.53$

（D）$13.75 < 25.24$

【解答】 $H = 3 + 0.5 + 0.7 = 4.2\text{m}$，$4.2\text{m} < s = 6\text{m} < 2H = 8.4\text{m}$，刚性方案，查《砌规》表5.1.3：

$$H_0 = 0.4 \times 6 + 0.2 \times 4.2 = 3.24\text{m}$$

由《砌规》6.1.1条：

$$\mu_c = 1 + \gamma \frac{b}{l} = 1 + 1.5 \times \frac{240}{3000} = 1.12$$

$$\mu_2 = 1 - 0.4 \times \frac{2 \times 1}{6} = 0.867$$

$$\frac{H_0}{h} = \frac{3.24}{0.24} = 13.50 < \mu_1 \mu_c \mu_2 [\beta] = 1 \times 1.12 \times 0.867 \times 26 = 25.24$$

故选（B）项。

【例 3.3.1-5】（2016T37）某建筑局部结构布置如图 3.3.1-6 所示，按刚性方案计算，二层层高 3.6m，墙体厚度均为 240mm，采用 MU10 烧结普通砖，M10 混合砂浆砌筑，已知墙 A 承受重力荷载代表值 518kN，由梁端偏心荷载引起的偏心距 e 为 35mm，施工质量控制等级为 B 级。

假定，外墙窗洞 3000mm×2100mm，窗洞底距楼面 900mm，试问，二层Ⓐ轴墙体的高厚比验算与下列何项最为接近？

(A) 15.0＜22.1

(B) 15.0＜19.1

(C) 18.0＜19.1

(D) 18.0＜22.1

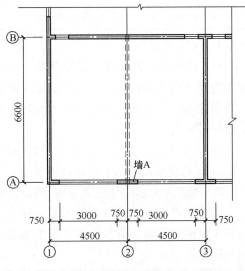

图 3.3.1-6

【解答】根据《砌规》5.1.3条，构件高度 $H = 3.6\text{m}$，$s = 9.0\text{m} > 2H = 7.2\text{m}$，

由《砌规》表5.1.3，计算高度 $H_0 = 1.0H = 3.6\text{m}$

根据《砌规》式（6.1.1），$\beta = \dfrac{H_0}{h} = \dfrac{3.6}{0.24} = 15$

根据《砌规》6.1.4条：$\dfrac{2.1}{3.6} = 0.58 \begin{array}{c} <0.8 \\ >0.2 \end{array}$，则：

$$\mu_2 = 1 - 0.4 \frac{b_s}{s} = 1 - 0.4 \times \frac{6000}{9000} = 0.733 > 0.7$$

根据《砌规》表6.1.1，$[\beta] = 26$

则 $\mu_1 \mu_2 [\beta] = 1.0 \times 0.733 \times 26 = 19.1$

故选（B）项。

二、一般构造要求

● 复习《砌规》6.2.1条～6.2.13条。

需注意的是：

（1）《砌规》6.2.1 条的条文说明。

（2）《砌规》6.2.2 条的条文说明。

（3）《砌规》6.2.8 条的条文说明。

（4）《砌规》6.2.12 条的条文说明指出，专用灌孔混凝土的坍落度为 160～200mm。

三、框架填充墙

● 复习《砌规》6.3.1 条～6.3.4 条。

需注意的是：

（1）《砌规》6.3.4 条的条文说明：

6.3.4（条文说明）

1　填充墙与框架柱、梁脱开是为了减小地震时填充墙对框架梁、柱的顶推作用，避免混凝土框架的损坏。本条除规定了填充墙与框架柱、梁脱开间隙的构造要求，同时为保证填充墙平面外的稳定性，规定了在填充墙两端的梁、板底及柱（墙）侧增设卡口铁件的要求。

需指出的是，设于填充墙内的构造柱施工时，不需预留马牙槎。柱顶预留的不小于 15mm 的缝隙，则为了防止楼板（梁）受弯变形后对柱的挤压。

2　本款为填充墙与框架采用不脱开的方法时的相应的作法。

调查表明，由于混凝土柱（墙）深入填充墙的拉结钢筋断于同一截面位置，当墙体发生竖向变形时，该部位常常产生裂缝。故本次修订规定埋入填充墙内的拉结筋应错开截断。

（2）《砌规》6.3.4 条第 1 款 4），对比本条第 2 款 3），两者有区别。

四、夹心墙

● 复习《砌规》6.4.1 条～6.4.6 条。

【例 3.3.4-1】 对夹心墙中连接件或连接钢筋网片作用的理解，以下哪项有误？

（A）协调内外叶墙的变形并为叶墙提供支持作用

（B）提高内叶墙的承载力，增大叶墙的稳定性

（C）防止叶墙在大的变形下失稳，提高叶墙承载能力

（D）确保夹心墙的耐久性

【解答】 根据《砌规》6.4.5 条的条文说明，（D）项不妥，故选（D）项。

五、防止或减轻墙体开裂的措施

● 复习《砌规》6.5.1 条～6.5.8 条。

需注意的是：

（1）《砌规》6.5.1条的条文说明：

> **6.5.1**（条文说明）为防止墙体房屋因长度过大由于温差和砌体干缩引起墙体产生竖向整体裂缝，规定了伸缩缝的最大间距。
>
> 　按表6.5.1设置的墙体伸缩缝，一般不能同时防止由于钢筋混凝土屋盖的温度变形和砌体干缩变形引起的墙体局部裂缝。

（2）《砌规》6.5.3条规定，主要是针对地基不均匀沉降的影响。

（3）《砌规》6.5.4条的条文说明，针对实体墙长超过5m时，采取的措施。

（4）《砌规》6.5.5条针对房屋两端、底层第一、二开间门窗洞处因为应力集中、受力复杂，更容易开裂，故采取的措施。

（5）《砌规》6.5.7的条文说明。

【例3.3.5-1】试问，对防止或减轻墙体开裂技术措施的下述理解，何项不妥？

（A）设置屋顶保温、隔热层可防止或减轻房屋顶层墙体开裂

（B）增大基础圈梁刚度可防止或减轻房屋底层墙体裂缝

（C）加大屋顶层现浇混凝土厚度是防止或减轻房屋顶层墙体开裂的最有效措施

（D）女儿墙设置贯通其全高的构造柱并与顶部钢筋混凝土压顶整浇可防止或减轻房屋顶层墙体裂缝

【解答】根据《砌规》6.5.2条、6.5.3条，（C）项不妥，故选（C）项。

第四节　《砌规》圈梁、过梁、墙梁和挑梁

一、圈梁

● 复习《砌规》7.1.1条～7.1.6条。

需注意的是：

（1）《砌规》7.1.2条、7.1.3条的条文说明指出："加强了多层砌体房屋圈梁的设置和构造。这有助于提高砌体房屋的整体性、抗震和抗倒塌能力。"

（2）非抗震设计时，组合墙的圈梁的设置、构造要求，见《砌规》8.2.9条。

二、过梁

● 复习《砌规》7.2.1条～7.2.4条。

需注意的是：

（1）《砌规》7.2.3条的条文说明。

> **7.2.3**（条文说明）砌有一定高度墙体的钢筋混凝土过梁按受弯构件计算严格说是不合理的。试验表明过梁也是偏拉构件。过梁与墙梁并无明确分界定义，主要差别在于

过梁支承于平行的墙体上,且支承长度较长;一般跨度较小,承受的梁板荷载较小。当过梁跨度较大或承受较大梁板荷载时,应按墙梁设计。

(2)砖砌平拱过梁计算:$M \leqslant f_{tm}W$;$V \leqslant f_v bz$(矩形截面 $z = \frac{2}{3}h$),式中 $W = \frac{1}{6}bh^2$。砖过梁截面计算高度 h 自过梁底面起算,h 取值:当 $h_实 < \frac{l_n}{3}$ 时,$h = h_实$;$h_实 \geqslant \frac{l_n}{3}$ 时,$h = \frac{l_n}{3}$;当考虑梁、板传来的荷载时,则按梁、板下的高度采用。计算 M、V 时,取砖砌平拱过梁净跨 l_n 计算。

砖砌过梁进行受弯、受剪承载力计算时,其 f_{tm}、f_v 值应考虑《砌规》3.2.3 条规定。此外,f_{tm} 按《砌规》表 3.2.2 中"沿齿缝"栏取值。

(3)钢筋砖过梁计算:$M \leqslant 0.85h_0 f_y A_s$;$V \leqslant f_v bz$(矩形截面,$z = \frac{2}{3}h$),其中 $h_0 = h - a_s$。h 取值:取过梁底面以上墙体高度,且 $h \leqslant \frac{l_n}{3}$;当考虑梁板传来的荷载,则按梁、板下的高度采用。计算 M、V 时,取钢筋砖过梁净跨 l_n 计算。钢筋砖过梁,受剪承载力计算时,其 f_v 值应考虑《砌规》3.2.3 条规定。

(4)钢筋混凝土过梁计算:按钢筋混凝土受弯构件计算。

钢筋混凝土梁计算跨度 $l_0 = \min(1.1l_n, l_n + a)$,$a$ 为过梁在墙上的支承长度。

弯矩 M 取 l_0 计算;剪力 V 取 l_n 净跨计算。

过梁下砌体局部受压力 N_0 取 l_0 计算。

过梁下砌体局部受压承载力计算时,可不考虑上层荷载的影响。此外,矩形截面单筋梁计算公式:

$$x = h_0 - \sqrt{h_0^2 - \frac{2\gamma_0 M}{\alpha_1 f_c b}}, \quad A_s = \frac{\alpha_1 f_c bx}{f_y}$$

【例 3.4.2-1】某砌体房屋,顶层端部窗洞口处立面如图 3.4.2-1 所示,窗洞宽 1.5m,现浇钢筋混凝土屋面板。板底距离女儿墙顶 1.02m。若外纵墙厚 240mm(墙体自重标准值为 5.0kN/m²),已知传至 15.05m 标高处的荷载设计值为 35kN/m,砌体采用 MU10 级烧结普通砖、M7.5 级混合砂浆砌筑,砌体施工质量控制等级为 B 级。

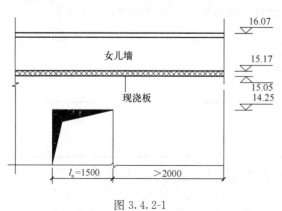

图 3.4.2-1

提示:按《建筑结构可靠性设计统一标准》作答。

试问:

(1)窗上钢筋砖过梁按简支计算的跨中弯矩和支座剪力设计值(kN·m;kN),与下列何项数值最为接近?

(A)10.8;28.8

(B)10.5;28.1

(C)8.4;22.4

(D)8.1;21.6

（2）假定，该过梁跨中弯矩设计值 $M=12.2\text{kN}\cdot\text{m}$，采用钢筋砖过梁。试问，砖过梁的底部钢筋配置面积（mm^2），与下列何项数值最为接近？

提示：钢筋采用 HPB300 级钢筋（$f_y=270\text{N/mm}^2$），钢筋砂浆层厚度为 50mm。

(A) 69　　　　　　　(B) 63　　　　　　　(C) 58　　　　　　　(D) 56

【解答】（1）根据《砌规》7.2.2 条，$h_w=(15.05-14.25)\text{m}=0.8\text{m}<l_n=1.5\text{m}$，应计入板传来的荷载；$h_w=0.8\text{m}>\dfrac{1}{3}l_n=\dfrac{1}{3}\times1.5\text{m}=0.5\text{m}$，墙体荷载应按高度为 $\dfrac{l_n}{3}$ 墙体的均布自重采用，故过梁荷载设计值：

$$q=\frac{1}{3}\times1.5\times5.0\times1.3+35=38.25\text{kN/m}$$

$$M=\frac{1}{8}ql_n^2=\frac{1}{8}\times38.25\times1.5^2=10.76\text{kN}\cdot\text{m}$$

$$V=\frac{1}{2}ql_n=\frac{1}{2}\times38.25\times1.5=28.69\text{kN}$$

故选（A）项。

（2）根据《砌规》7.2.3 条：

$$h_0=h-a_s=800-\frac{50}{2}=775\text{mm}$$

$$A_s=\frac{M}{0.85f_yh_0}=\frac{12.2\times10^6}{0.85\times270\times775}=68.6\text{mm}^2$$

故选（A）项。

思考：本题目为 2011 年二级真题。其中，题（2）的解答过程为命题专家的解答。

三、墙梁

● 复习《砌规》7.3.1 条～7.3.12 条。

需注意的是：

（1）《砌规》7.3.2 条的条文说明。

（2）《砌规》7.3.4 条的条文说明：

7.3.4（条文说明）本条分别给出使用阶段和施工阶段的计算荷载取值。承重墙梁在托梁顶面荷载作用下不考虑组合作用，仅在墙梁顶面荷载作用下考虑组合作用。……但本条不再考虑上部楼面荷载的折减，仅在墙体受剪和局压计算中考虑翼墙的有利作用，以提高墙梁的可靠度，并简化计算。

上述"组合作用"是指墙梁组合作用。

（3）《砌规》7.3.6 条的条文说明：

7.3.6（条文说明）试验和有限元分析表明，在墙梁顶面荷载作用下，无洞口简支墙梁正截面破坏发生在跨中截面，托梁处于小偏心受拉状态；有洞口简支墙梁正截面破坏发生在洞口内边缘截面，托梁处于大偏心受拉状态。

......

连续墙梁是在 21 个连续墙梁试验基础上，根据 2 跨、3 跨、4 跨和 5 跨等跨无洞口和有洞口连续墙梁有限元分析提出的。对于跨中截面，直接给出托梁弯矩和轴拉力计算公式，按混凝土偏心受拉构件设计，与简支墙梁托梁的计算模式一致。对于支座截面，有限元分析表明其为大偏心受压构件，忽略轴压力按受弯构件计算是偏于安全的。

......

本规范在 19 个双跨框支墙梁试验基础上，根据 2 跨、3 跨和 4 跨无洞口和有洞口框支墙梁有限元分析，对托梁跨中截面也直接给出弯矩和轴拉力按混凝土偏心受拉构件计算，与单跨框支墙梁协调一致。托梁支座截面也按受弯构件计算。

（4）《砌规》7.3.7 条的条文说明指出："框架柱的弯矩计算不考虑墙梁组合作用"。

（5）《砌规》7.3.8 条的条文说明指出："试验表明，墙梁发生剪切破坏时，一般情况下墙体先于托梁进入极限状态而剪坏。当托梁混凝土强度较低，箍筋较少时，或墙体采用构造框架约束砌体的情况下托梁可能稍后剪坏。故托梁与墙体应分别计算受剪承载力。本规范规定托梁受剪承载力统一按受弯构件计算。"

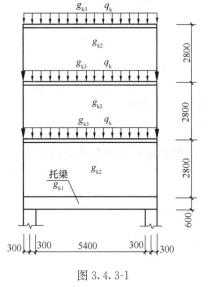

图 3.4.3-1

（6）抗震设计时，框支墙梁的托梁的弯矩系数、剪力系数的取值，见《砌规》10.4.5 条。

【例 3.4.3-1】位于非抗震区的某三层简支承重的墙梁，如图 3.4.3-1 所示。托梁截面 $b \times h_b = 300mm \times 600mm$，托梁的混凝土强度等级为 C30，托梁自重标准值 $g_{k1} = 4.5kN/m$。墙厚 240mm，采用 MU10 烧结普通砖，M10 混合砂浆砌筑，墙体及抹灰自重标准值 $g_{k2} = 5.5kN/m^2$。作用于每层墙顶由楼板传来的均布恒荷载标准值 $g_{k3} = 12.0kN/m$ 和均布活荷载标准值 $q_k = 6.0kN/m$。

提示：活荷载组合值系数＝0.7；按《建筑结构可靠性设计统一标准》作答。

试问：

（1）该墙梁跨中截面的计算高度 H_0（m）与下列何项数值最为接近？

（A）6.0　　　　（B）4.5　　　　（C）3.5　　　　（D）3.1

（2）假定，使用阶段托梁顶面的荷载设计值 $Q_1 = 35kN/m$，墙梁顶面的荷载设计值为 Q_2 墙梁的计算跨度 $l_0 = 6.0m$。试问，托梁跨中截面的弯矩设计值 M_b（kN·m），与下列何项数值最为接近？

（A）190　　　　（B）200　　　　（C）220　　　　（D）240

【解答】（1）根据《砌规》7.3.3 条：

$$l_c = 5400 + 600 = 6000mm, \quad 1.1l_n = 1.1 \times 5400 = 5940mm < l_c$$

故取 $l_0 = 1.1l_n = 5940mm$

$$h_w = 2800mm < l_0 = 5940mm，故 h_w = 2800mm$$

$$H_0 = h_\mathrm{w} + 0.5h_\mathrm{b} = 2800 + 0.5 \times 600 = 3100\mathrm{mm} = 3.1\mathrm{m}$$

故选（D）项。

（2）确定 Q_2 值：

由《可靠性标准》8.2.4 条：

$$Q_2 = 1.3 \times (5.5 \times 2.8 \times 3 + 3 \times 12) + 1.5 \times 3 \times 6$$
$$= 133.86\mathrm{kN/m}$$

根据《砌规》7.3.6 条：$\psi_\mathrm{M} = 1.0$

$$\alpha_\mathrm{M} = \psi_\mathrm{M}\left(1.7\frac{h_\mathrm{b}}{l_0} - 0.03\right) = 1.0 \times \left(1.7 \times \frac{600}{6000} - 0.03\right) = 0.14$$

$$M_\mathrm{b} = M_{1i} + \alpha_\mathrm{M}M_{2i} = \frac{1}{8}Q_1 l_0^2 + \alpha_\mathrm{M}\frac{1}{8}Q_2 l_0^2$$

$$= \frac{6.0^2}{8} \times (35 + 0.14 \times 133.86) = 241.8\mathrm{kN \cdot m}$$

故选（D）项。

【例 3.4.3-2】某四层简支承重墙梁，如图 3.4.3-2 所示。托梁截面 $b \times h_\mathrm{b} = 300\mathrm{mm} \times$
600mm，托梁自重标准值 $g_\mathrm{kL} = 5.2\mathrm{kN/m}$。墙体厚度
240mm，采用 MU10 烧结普通砖，计算高度范围内为
M10 混合砂浆，其余为 M5 混合砂浆，墙体及抹灰自重
标准值为 $4.5\mathrm{kN/m}^2$，翼墙计算宽度为 1400mm，翼墙厚
240mm。假定作用于每层墙顶由楼（屋）盖传来的均布
恒荷载标准值 g_k 和均布活荷载标准值 q_k 均相同，其值
分别为：$g_\mathrm{k} = 12.0\mathrm{kN/m}$，$q_\mathrm{k} = 6.0\mathrm{kN/m}$。砌体施工质量
等级为 B 级。设计使用年限为 50 年，结构安全等级为
二级。

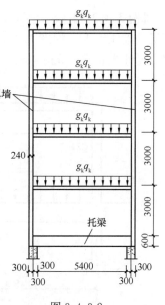

图 3.4.3-2

试问：

（1）假定使用阶段托梁顶面的荷载设计值 $Q_1 =$
12kN/m，墙梁顶面的荷载设计值 $Q_2 = 150\mathrm{kN/m}$。试问，
托梁剪力设计值 V_b（kN），应与下列何项数值最为接近？

（A）275　　　　　　　（B）300

（C）435　　　　　　　（D）480

（2）假设顶梁截面 $b_\mathrm{t} \times h_\mathrm{t} = 240\mathrm{mm} \times 180\mathrm{mm}$，墙体
计算高度 $h_\mathrm{w} = 3.0\mathrm{m}$。试问，使用阶段墙梁受剪承载力设计值（kN），应与下列何项数值
最为接近？

提示：$l_0 = 5.7\mathrm{m}$。

（A）550　　　　　（B）660　　　　　（C）690　　　　　（D）720

【解答】（1）根据《砌规》7.3.8 条：

$$l_\mathrm{n} = 5.40\mathrm{m}, \quad V_1 = \frac{1}{2}Q_1 l_\mathrm{n} = \frac{1}{2} \times 12 \times 5.4 = 32.4\mathrm{kN}$$

$$V_2 = \frac{1}{2}Q_2 l_\mathrm{n} = \frac{1}{2} \times 150 \times 5.4 = 405.0\mathrm{kN}$$

$\beta_v=0.6$，由规范式（7.3.8）：

$$V_b=V_1+\beta_v V_2=32.4+0.6\times405.0=275.4\text{kN}$$

故选（A）项。

（2）根据《砌规》7.3.9条：

$$\frac{b_f}{h}=\frac{1400}{240}=5.833,\ 按线性插入取值：$$

$$\xi_1=1.3+\frac{5.833-3}{7-3}\times（1.5-1.3）=1.442$$

墙梁无洞口，取 $\xi_2=1.0$；查规范表3.2.1-1，取 $f=1.89$MPa

由提示，$l_0=5.7$m。

由规范式（7.3.9）：

$$\xi_1\xi_2\left(0.2+\frac{h_b}{l_0}+\frac{h_b}{l_0}\right)fhh_w=1.442\times1.0\times\left(0.2+\frac{600}{5700}+\frac{180}{5700}\right)\times1.89\times240\times3000$$

$$=661\text{kN}$$

故选（B）项。

【例3.4.3-3】（2018T31、32、33） 非抗震设计时，某顶层两跨连续墙梁，支承在下层的砌体墙上，如图3.4.3-3所示。墙体厚度为240mm，墙梁洞口居墙梁跨中布置，洞口尺寸为 $b\times h$（mm×mm）。托梁截面尺寸为240mm×500mm。使用阶段墙梁上的荷

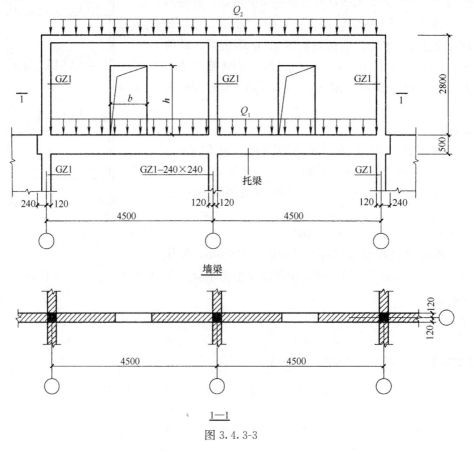

图 3.4.3-3

载分别为托梁顶面的荷载设计值 Q_1 和墙梁顶面的荷载设计值 Q_2。GZ1 为墙体中设置的钢筋混凝土构造柱，墙梁的构造措施满足规范要求。

试问：

（1）试问，最大洞口尺寸 $b×h$（mm×mm），与下列何项数值最为接近？

（A）1200×2200
（B）1300×2300
（C）1400×2400
（D）1500×2400

（2）假定，洞口尺寸 $b×h=1000\text{mm}×2000\text{mm}$，试问，考虑墙梁组合作用的托梁跨中截面弯矩系数 α_M 值，与下列何项数值最为接近？

（A）0.09
（B）0.15
（C）0.22
（D）0.27

（3）假定，$Q_1=30\text{kN/m}$，$Q_2=90\text{kN/m}$，试问，托梁跨中轴心拉力设计值 N_{bt}（kN），与下列何项数值最为接近？

提示： 两跨连续梁在均布荷载作用下跨中弯矩的效应系数为 0.07。

（A）50
（B）100
（C）150
（D）200

【解答】（1）根据《砌规》7.3.3 条：

$$l_0 = \min[1.1×(4500-240), 4500] = 4500\text{mm}$$

$\dfrac{b}{l_0} \leqslant 0.3$，则：$b \leqslant 0.3×4500 = 1350\text{mm}$

$h \leqslant \dfrac{5}{6}h_w = \dfrac{5}{6}×2800 = 2333\text{mm}$，且 $h \leqslant h_w - 0.4 = 2.4\text{m}$

应选（B）项。

（2）根据《砌规》7.3.6 条：

由上一题，$l_0 = 4.5\text{m}$

$$a_1 = \frac{1}{2}×(4.5-1) = 1.75\text{m} > 0.35l_0 = 0.35×4.5 = 1.575\text{m}$$

取 $a_1 = 1.575\text{m}$

$$\psi_M = 3.8 - 8.0×\frac{1.575}{4.5} = 1.0$$

$$\alpha_M = 1.0×\left(2.7×\frac{0.5}{4.5} - 0.08\right) = 0.22$$

应选（C）项。

（3）根据《砌规》7.3.6 条：

由 7.3.3 条：$H_0 = 2800 + 0.5×500 = 3050\text{mm}$

$$M_2 = 0.07×90×4.5^2 = 127.575\text{kN·m}$$

$$\eta_N = 0.8 + 2.6×\frac{2.8}{4.5} = 2.42$$

$$N_{bt} = 2.42×\frac{127.575}{3.05} = 101.22\text{kN}$$

应选（B）项。

四、挑梁

● 复习《砌规》7.4.1条～7.4.7条。

需注意的是：

（1）x_0 取值：当 $h \geq 2.2 h_b$ 时，$x_0 = 0.3 h_b \leq 0.13 l_1$。

（2）挑梁下有构造柱或垫梁时，计算倾覆点至墙外边缘的距离可取 $0.5x$。

（3）《砌规》7.4.3条中图7.4.3（c）中，当门洞边墙体宽度 $\geq$370mm，应考虑45°扩展角部分面积；否则，不考虑45°扩展角部分面积。其中，G_r 取永久荷载标准值。G_r 应计入挑梁埋入段的自重标准值。

（4）《砌规》7.4.5条规定挑梁最大弯矩设计值 M_{max}、剪力设计值 V_{max}：$M_{max} = M_{0v}$，$V_{max} = V_0$。其中，V_0 取挑梁墙外边缘处截面，而 M_{0v} 取挑梁的计算倾覆点处。

（5）《砌规》7.4.7条，计算倾覆点 x。可按《砌规》7.4.2条。当有楼板传来的荷载时，G_r 应计入楼板传来的荷载。

【例3.4.4-1】（2011T39）某多层砌体结构房屋，顶层钢筋混凝土挑梁置于丁字形（带翼墙）截面的墙体上，端部设有构造柱，如图3.4.4-1所示；挑梁截面 $b \times h_b = 240\text{mm} \times 450\text{mm}$，墙体厚度均为240mm。屋面板传给挑梁的恒荷载及挑梁自重标准值为 $g_k = 27\text{kN/m}$，不上人屋面，活荷载标准值为 $q_k = 3.5\text{kN/m}$。试问，该挑梁的最大弯矩设计值（kN·m），与下列何项数值最为接近？

提示：按《建筑结构可靠性设计统一标准》作答。

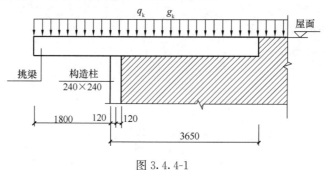

图3.4.4-1

（A）60　　　　　（B）65　　　　　（C）70　　　　　（D）75

【解答】根据《砌规》7.4.2条：

$l_1 = 3.65\text{m} > 2.2 h_b = 2.2 \times 0.45 = 0.99\text{m}$，故 $x_0' = 0.3 h_b = 0.3 \times 0.45 = 0.135\text{m}$

有构造柱，故 $x_0 = \dfrac{x_0'}{2} = \dfrac{0.135}{2} = 0.0675\text{m}$

根据7.4.3条：

$M_1 = (1.3 \times 27 + 1.5 \times 3.5) \times \dfrac{1}{2} \times (1.8 + 0.0675)^2 = 70.4\text{kN·m}$

故选（C）项。

【例3.4.4-2】某多层砌体结构房屋中的钢筋混凝土挑梁，置于丁字形截面（带翼墙）的墙体中，墙端部设有 240mm × 240mm 的构造柱，局部剖面如图3.4.4-2所示。挑梁截面 $b \times h_b = 240\text{mm} \times 400\text{mm}$，墙体厚度为240mm。作用于挑梁上的静荷载标准值为 $F_k =$

35kN, $g_{1k} = 15.6\text{kN/m}$, $g_{2k} = 17.0\text{kN/m}$, 活荷载标准值 $q_{1k} = 9\text{kN/m}$, $q_{2k} = 7.2\text{kN/m}$, 挑梁自重标准值为 2.4kN/m, 墙体自重标准值为 5.24kN/m^2。砌体采用 MU10 烧结普通砖、M5 混合砂浆砌筑, 砌体施工质量控制等级为 B 级。

提示：按《建筑结构可靠性设计统一标准》作答。

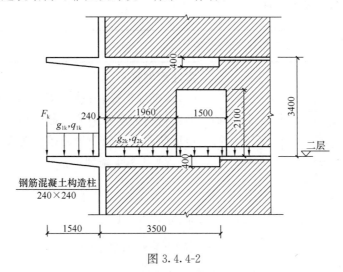

图 3.4.4-2

试问：

（1）二层挑梁的倾覆弯矩设计值（kN·m），与下列何项数值最为接近？

（A）100　　　　（B）105　　　　（C）110　　　　（D）120

（2）二层挑梁的抗倾覆力矩设计值（kN·m），与下列何项数值最为接近？

（A）100　　　　（B）110　　　　（C）120　　　　（D）130

【解答】（1）根据《砌规》7.4.2 条, $l_1 = 3500 > 2.2h_b = 2.2 \times 400 = 880\text{mm}$

$$x_0 = 0.3h_b = 0.3 \times 400 = 120\text{mm} < 0.13l_1 = 0.13 \times 3500 = 455\text{mm}$$

因挑梁下有构造柱，故倾覆点可取为 $0.5x_0 = 60\text{mm}$

$$M_L = 1.3 \times 35 \times 1.6 + [1.3 \times (15.6 + 2.4) + 1.5 \times 9] \times 1.54 \times (1.54/2 + 0.06)$$
$$= 72.8 + 47.2 = 120\text{kN·m}$$

故选（C）项。

（2）根据《砌规》7.4.2 条：$l_1 = 3500 > 2.2h_b = 2.2 \times 400 = 880\text{mm}$

$$x_0 = 0.3h_b = 0.3 \times 400 = 120\text{mm} < 0.13l_1 = 0.13 \times 3500 = 455\text{mm}$$

因挑梁下有构造柱，故倾覆点可取为 $0.5x_0 = 60\text{mm}$

根据《砌规》7.4.3 条，图 7.4.3 (d)，$l_2 = \dfrac{1.96 + 0.24}{2} = 1.1\text{m}$

墙体：$M_{r1} = 0.8 \times 5.24 \times (1.96 + 0.24) \times 3 \times (1.1 - 0.06) = 28.77\text{kN·m}$

楼板、梁：$M_{r2} = 0.8 \times (17.0 + 2.4) \times 3.5 \times \left(\dfrac{3.5}{2} - 0.06\right) = 91.80\text{kN·m}$

总抗倾覆力矩：$M_r = 28.77 + 91.80 = 120.57\text{kN·m}$

故选（C）项。

第五节　《砌规》配筋砖砌体结构

一、网状配筋砖砌体构件

● 复习《砌规》8.1.1条～8.1.3条。

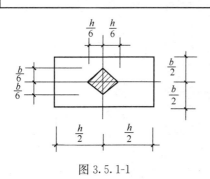

图 3.5.1-1

需注意的是：

（1）《砌规》8.1.1条，对"截面核心范围"的理解，即：材料力学所讲的"截面核心"，如图3.5.1-1所示矩形截面，其截面核心范围为图中阴影面积。所以，《砌规》8.1.1条规定：

$$e > \frac{1}{6}h = 0.17h$$

即：$e/h > 0.17$

（2）《砌规》8.1.2条中，$f_n = f + 2\left(1 - \frac{2e}{y}\right)\rho f_y$，式中，$f_y \leqslant 320 \text{N/mm}^2$；$y$ 为偏心方向截面长度的 $1/2$。

计算中还应注意的是：

① 砌体小截面面积对强度设计值的调整：当 $A < 0.2 \text{m}^2$，则 $\gamma_a = A + 0.8$，$f = \gamma_a f$。

②《砌规》附录D.0.2条中，当为T形截面时，$\beta = \gamma_\beta \dfrac{H_0}{h_T}$，$h_T = 3.5i$。

【例 3.5.1-1】（2012T35、36）某网状配筋砖砌体墙体，墙体厚度为240mm，墙体长度为6000mm，其计算高度 $H_0 = 3600 \text{mm}$。采用MU10级烧结普通砖、M7.5级混合砂浆砌筑，砌体施工质量控制等级为B级。钢筋网采用冷拔低碳钢丝$\Phi^b 4$制作，其抗拉强度设计值 $f_y = 430 \text{MPa}$，钢筋网的网格尺寸 $a = 60 \text{mm}$，竖向间距 $s_n = 240 \text{mm}$。

试问：

（1）轴心受压时，该配筋砖砌体抗压强度设计值 f_n（MPa），应与下列何项数值最为接近？

(A) 2.6　　　　　(B) 2.8　　　　　(C) 3.0　　　　　(D) 3.2

（2）假如砖强度等级发生变化，已知 $f_n = 3.5 \text{MPa}$，网状配筋体积配筋率 $\rho = 0.30\%$。试问，该配筋砖砌体的轴心受压承载力设计值（kN/m）应与下列何项数值最为接近？

(A) 410　　　　　(B) 460　　　　　(C) 510　　　　　(D) 560

【解答】（1）根据《砌规》8.1.2条：

$$\rho = \frac{(a+b)A_s}{abs_n} = \frac{(60+60) \times 12.6}{60 \times 60 \times 240} = 0.175\%$$

查规范表，取 $f = 1.69 \text{MPa}$；取 $f_y = 320 \text{MPa}$，$e = 0.0$，则：

$$f_n = f + 2\rho f_y = 1.69 + 2 \times 0.175\% \times 320 = 2.81 \text{MPa}$$

故选（B）项。

（2）根据《砌规》8.1.1条、8.1.2条，

$$\beta = \gamma_\beta \frac{H_0}{h} = 1.0 \times \frac{3600}{240} = 15$$

由 $\rho = 0.3\%$，$e/h = 0$，$\beta = 15$，查规范
附录表 D.0.2，取 $\varphi_n = 0.61$

$$N_u = \varphi_n f_n A = 0.61 \times 3.5 \times 240 \times 1000$$
$$= 512.4\text{kN/m}$$

故选（C）项。

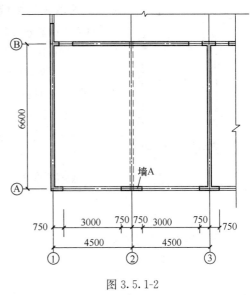

【例3.5.1-2】（2016T38）某建筑局部结
构布置如图 3.5.1-2 所示，按刚性方案计算，
二层层高 3.6m，墙体厚度均为 240mm，采
用 MU10 烧结普通砖，M10 混合砂浆砌筑，
已知墙 A 承受重力荷载代表值 518kN，由梁
端偏心荷载引起的偏心距 e 为 35mm，施工
质量控制等级为 B 级。

图 3.5.1-2

假定，二层墙 A 配置有直径 4mm 冷拔低碳钢丝网片，方格网孔尺寸为 80mm，其抗
拉强度设计值为 550MPa，竖向间距为 180mm，试问，该网状配筋砌体的抗压强度设计值
f_n（MPa），与下列何项数值最为接近？

(A) 1.89　　　　　(B) 2.35　　　　　(C) 2.50　　　　　(D) 2.70

【解答】根据《砌规》3.2.1条，$f = 1.89\text{MPa}$

根据《砌规》8.1.2条：

$$\rho = \frac{(a+b)A_s}{abs_n} = \frac{(80+80) \times 12.56}{80 \times 80 \times 180} = 0.174\% \begin{array}{l} < 1\% \\ > 0.1\% \end{array}$$

$f_y > 320\text{MPa}$，取 $f_y = 320\text{MPa}$，$A = 1.5 \times 0.24 = 0.36\text{m}^2 > 0.2\text{m}^2$

$$f_n = f + 2\left(1 - \frac{2e}{y}\right)\rho f_y = 1.89 + 2\left(1 - \frac{70}{120}\right) \times 0.00174 \times 320 = 2.35\text{N/mm}^2$$

故选（B）项。

二、组合砌体构件

● 复习《砌规》8.2.1条～8.2.6条。

需注意的是：

（1）《砌规》公式（8.2.3）中 f 的强度设计值的调整，如砌体小截面面积对 f 的
调整。

（2）《砌规》表 8.2.3 注，配筋率 $\rho = \dfrac{A_s'}{bh}$，其中 b、h 取值如《砌规》图 8.2.1 所示。

（3）《砌规》8.2.4 条中，公式（8.2.4-2）是指所有力对钢筋 A_s 取力矩平衡；公式
（8.2.4-3）是指所有力对轴向力 N 取力矩平衡。

（4）《砌规》8.2.5 条，当 $\sigma_s < -f_y'$ 时（《砌规》是 $\sigma_s < f_y'$，规范有误），取 $\sigma_s = -f_y'$。

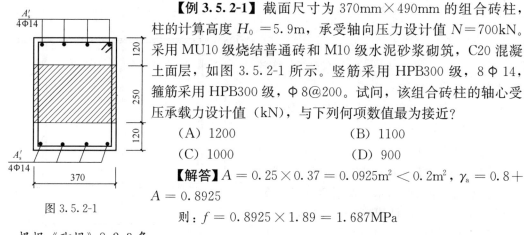

图 3.5.2-1

【例 3.5.2-1】 截面尺寸为 370mm×490mm 的组合砖柱，柱的计算高度 $H_0 = 5.9$m，承受轴向压力设计值 $N = 700$kN。采用 MU10 级烧结普通砖和 M10 级水泥砂浆砌筑，C20 混凝土面层，如图 3.5.2-1 所示。竖筋采用 HPB300 级，8 Φ 14，箍筋采用 HPB300 级，Φ 8@200。试问，该组合砖柱的轴心受压承载力设计值（kN），与下列何项数值最为接近？

(A) 1200 (B) 1100

(C) 1000 (D) 900

【解答】 $A = 0.25 \times 0.37 = 0.0925\text{m}^2 < 0.2\text{m}^2$，$\gamma_a = 0.8 + A = 0.8925$

则：$f = 0.8925 \times 1.89 = 1.687\text{MPa}$

根据《砌规》8.2.3 条：

$$\beta = \frac{\gamma_\beta \cdot H_0}{h} = \frac{1.0 \times 5.9}{0.37} = 16.0, \quad \rho = \frac{A'_s}{bh} = \frac{2 \times 615}{370 \times 490} = 0.68\%$$

$$\varphi_{com} = 0.81 + \frac{0.84 - 0.81}{0.8 - 0.6} \times (0.68 - 0.6) = 0.822$$

$$
\begin{aligned}
N_u &= \varphi_{com}(fA + f_cA_c + \eta_s f'_y A'_s) \\
&= 0.822 \times (1.687 \times 92500 + 9.6 \times 2 \times 120 \times 370 + 1.0 \times 270 \times 2 \times 615) \\
&= 1102\text{kN}
\end{aligned}
$$

故选 (B) 项。

【例 3.5.2-2】 方案初期，某四层砌体结构房屋顶层局部平面布置图如图 3.5.2-2 所

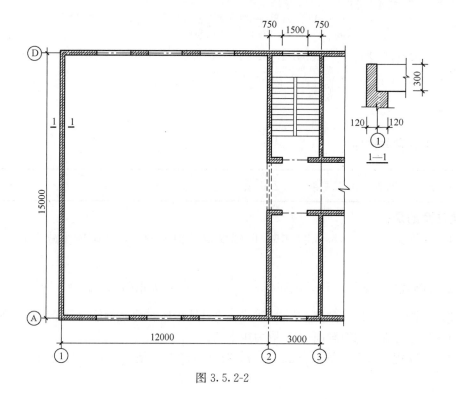

图 3.5.2-2

示，层高均为 3.6m。墙体采用 MU10 级烧结多孔砖、M5 级混合砂浆砌筑。墙厚240mm。屋面板为预制预应力空心板上浇钢筋混凝土叠合层，屋面板总厚度 300mm，简支在①轴和②轴墙体上，支承长度 120mm。屋面永久荷载标准值 12kN/m²，活荷载标准值 0.5kN/m²。砌体施工质量控制等级 B 级；抗震设防烈度 7 度，设计基本地震加速度 0.1g。

试问，为提高顶层①轴墙体上端的受压承载力，下列哪种方法不可行？

（A）①轴墙体采用网状配筋砖砌体

（B）①轴墙体采用砖砌体和钢筋砂浆面层的组合砌体

（C）增加屋面板的支承长度

（D）提高砌筑砂浆的强度等级至 M10

【解答】①轴墙体上端仅承受屋面板传来的竖向荷载，根据《砌规》4.2.5 条，板端支承压力作用点到墙内边的距离为：$0.4a_0 = 0.4 \times 120 = 48$mm，距墙中心线的距离为：$120 - 48 = 72$mm。根据《砌规》8.1.1 条，偏心距 $e/h = 0.3 > 0.17$，不宜采用网状配筋砌体，（A）不可行，故选（A）项。

另：根据《砌规》8.2.4 条，砖砌体和钢筋砂浆面层的组合砌体可大幅度提高偏心受压构件的承载力，所以（B）项可行。

增加屋面板的支承长度可减小偏心距，提高承载力影响系数 φ 值，所以（C）项可行。

提高砌筑砂浆的强度等级可提高砌体的抗压强度设计值，所以（D）项可行。

【例 3.5.2-3】（2013T40）一单层单跨有吊车厂房，平面如图 3.5.2-3 所示。采用轻钢屋盖，屋架下弦标高为 6.0m。变截面砖柱采用 MU10 级烧结普通砖、M10 级混合砂浆砌筑，砌体施工质量控制等级为 B 级。

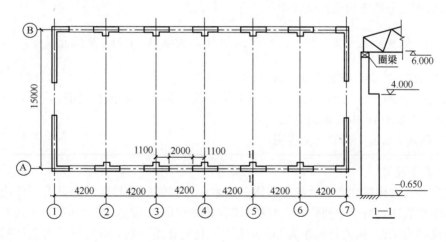

图 3.5.2-3

假定，变截面柱采用砖砌体与钢筋混凝土面层的组合砌体，其下段截面如图 3.5.2-4 所示。混凝土采用 C20（$f_c = 9.6$N/mm²），纵向受力钢筋采用 HRB335，对称配筋，单侧配筋面积为 763mm²。试问，其偏心受压承载力设计值（kN）与下列何项数值最为接近？

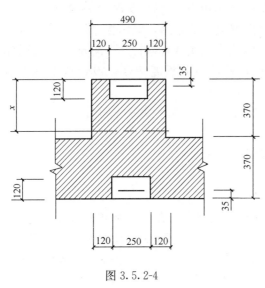

图 3.5.2-4

提示：①不考虑砌体强度调整系数 γ_a 的影响；

②受压区高度 $x=315\text{mm}$。

(A) 530　　　　　　(B) 580

(C) 750　　　　　　(D) 850

【解答】 根据《砌规》8.2.2 条、8.2.4 条、8.2.5 条：

$$\xi=\frac{x}{h_0}=\frac{315}{740-35}=0.447>\xi_b=0.44,$$

属于小偏压

$$\sigma_s=650-800\times0.447=292.4\text{N/mm}^2$$
$$<f_y=300\text{N/mm}^2$$

$$A'=490\times315-250\times120=124350\text{mm}^2,\quad A'_c=250\times120=30000\text{mm}^2$$

$N_u=1.89\times124350+9.6\times30000+1.0\times300\times763-292.4\times763=528.82\text{kN}$

所以应选（A）项。

三、组合墙

●复习《砌规》8.2.7 条～8.2.9 条。

需注意的是：

(1)《砌规》公式（8.2.7-1）中，强度系数 η，当 $l/b_c<4$，取 $l/b_c=4$。A 取砖砌体的净截面面积，不考虑构造柱截面面积（A_c）和孔洞。

(2) 查《砌规》表 8.2.3 时，$\rho=\dfrac{A'_s}{h\cdot l}$，式中 h 为墙厚，l 为计算单元长度。

(3)《砌规》8.2.8 条第 2 款，按《砌规》8.2.4 条公式（8.2.4-6）计算时，该公式中 β 值为：$\beta=\gamma_\beta H_0/h$，此时，h 取偏心方向的边长，即组合墙厚度。同样，公式（8.2.4-4）～公式（8.2.4-6）中 h 取组合墙厚度。

(4)《砌规》8.2.9 条的条文说明：

8.2.9（条文说明）

在影响设置构造柱砖墙承载力的诸多因素中，柱间距的影响最为显著。理论分析和试验结果表明，对于中间柱，它对柱每侧砌体的影响长度约为 1.2m；对于边柱，其影响长度约为 1m。构造柱间距为 2m 左右时，柱的作用得到充分发挥。构造柱间距大于 4m 时，它对墙体受压承载力的影响很小。

为了保证构造柱与圈梁形成一种"弱框架"，对砖墙产生较大的约束，因而本条对钢筋混凝土圈梁的设置作了较为严格的规定。

【例 3.5.3-1】（2014T39、40）某砖砌体和钢筋混凝土构造柱组合墙，如图 3.5.3-1 所示，结构安全等级二级。构造柱截面均为 240mm×240mm，混凝土采用 C20（$f_c=$

9.6MPa)。砌体采用 MU10 烧结多孔砖和 M7.5 混合砂浆砌筑，构造措施满足规范要求，施工质量控制等级为 B 级。承载力验算时不考虑墙体自重。

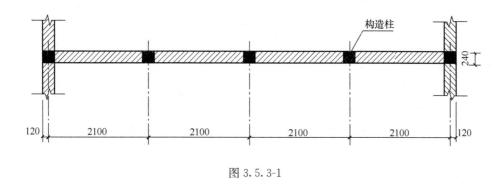

图 3.5.3-1

试问：

（1）假定，房屋的静力计算方案为刚性方案，其所在二层层高为 3.0m。构造柱纵向钢筋配 $4\Phi14(f_y = 270\text{MPa})$，试问，该组合墙体单位墙长的轴心受压承载力设计值（kN/m），与下列何项数值最为接近？

提示： 强度系数 $\eta = 0.646$。

（A）300　　　　（B）400　　　　（C）500　　　　（D）600

（2）假定，组合墙中部构造柱顶作用一偏心荷载，其轴向压力设计值 $N = 672\text{kN}$，在墙体平面外方向的砌体截面受压区高度 $x = 120\text{mm}$。构造柱纵向受力钢筋为 HPB300 级，采用对称配筋，$a_s = a'_s = 35\text{mm}$。试问，该构造柱计算所需总配筋值（mm^2），与下列何项数值最为接近？

提示： 计算截面宽度取构造柱的间距。

（A）310　　　　（B）440　　　　（C）610　　　　（D）800

【解答】（1）取单元长度 2100mm 进行计算，$A = (2100 - 240) \times 240 = 446400\text{mm}^2$

根据《砌规》5.1.3 条、5.1.2 条：

刚性方案，$s = 8.4\text{m} > 2H = 6\text{m}$，故：$H_0 = 1.0H = 3\text{m}$

$$\beta = \gamma_\beta \frac{H_0}{h} = 1 \times \frac{3.0}{0.24} = 12.5, \quad \rho = \frac{615}{240 \times 2100} = 0.12\%$$

查《砌规》表 8.2.3：

$$\beta = 12, \quad \rho = 0.12\%, \quad \varphi_{com} = 0.82 + \frac{0.12 - 0}{0.2 - 0} \times (0.85 - 0.82) = 0.838$$

$$\beta = 14, \quad \rho = 0.12\%, \quad \varphi_{com} = 0.77 + \frac{0.12 - 0}{0.2 - 0} \times (0.80 - 0.77) = 0.788$$

$$\beta = 12.5, \quad \rho = 0.12\%, \quad \varphi_{com} = 0.838 - \frac{12.5 - 12}{14 - 12} \times (0.838 - 0.788) = 0.8255$$

由《砌规》8.2.7 条：

$$N = 0.8255 \times [1.69 \times 446400 + 0.646 \times (9.6 \times 240^2 + 270 \times 615)]$$

$$= 1006.2 \text{kN}$$

单位长度 N_0：$N_0 = 1006.2/2.1 = 479.1 \text{kN/m}$

故选（C）项。

（2）根据《砌规》8.2.8条、8.2.5条、8.2.4条：

$$\xi = \frac{x}{h_0} = \frac{120}{240 - 35} = 0.585 > \xi_s = 0.47, 属于小偏压。$$

$$\sigma_s = 650 - 800\xi = 650 - 800 \times 0.585 = 182 \text{N/mm}^2 < 270 \text{N/mm}^2$$

$$A' = (2100 - 240) \times 120 = 223200 \text{mm}^2$$

由规范式（8.2.4-1）：

$$A_s = A'_s = \frac{N - fA' - f_c A_c}{\eta_s f'_y - \sigma_s} = \frac{672000 - 1.69 \times 223200 - 9.6 \times 120 \times 240}{1.0 \times 270 - 182}$$

$$= 208 \text{mm}^2$$

总计算值：$A_s + A'_s = 2 \times 208 = 416 \text{mm}^2$

故选（B）项。

思考：本题目（1），也可按全部墙体的轴心受压承载力计算，折合为单位墙长的轴压承载力（kN/m）。

第六节　《砌规》配筋砌块砌体构件

一、正截面受压承载力计算

* 复习《砌规》9.1.1条、9.1.2条。
* 复习《砌规》9.2.1条～9.2.5条。

需注意的是：

（1）《砌规》9.1.1条规定，配筋砌块砌体构件分别按轴心受压、偏心受压，或者偏心受拉构件进行计算。

（2）《砌规》9.2.1条的条文说明指出："国外的研究和工程实践表明，配筋砌块砌体的力学性能与钢筋混凝土的性能非常相近，特别在正截面承载力的设计中，配筋砌体采用了与钢筋混凝土完全相同的基本假定和计算模式。"

（3）《砌规》9.2.2条及注1、2的规定。其中，首层层高应按《砌规》5.1.3条第1款确定。

本条的条文说明指出，配筋灌孔砌体的稳定性不同于一般砌体的稳定性。

（4）《砌规》9.2.3条的条文说明指出："按我国目前混凝土砌块标准，砌块的厚度为190mm，标准块最大孔洞率为46%，孔洞尺寸120mm×120mm的情况下，孔洞中只能设置一根钢筋。因此配筋砌块砌体墙在平面外的受压承载力，按无筋砌体构件受压承载力的计算模式是一种简化处理。"

（5）《砌规》9.2.4 条，e_N、e'_N 计算时，当按规范式（8.2.4-6）时，其中的 $\beta = \gamma_\beta H_0/h$，$h$ 取偏心方向的边长，即规范图 9.2.4 中 h。

《砌规》9.2.4 条中，当竖向分布筋的配筋率为 ρ_w，其设计值为 f_{yw}，竖向主筋对称配筋，则：

$$\sum f_{si}A_{si} = f_{yw}\rho_w(h_0 - 1.5x)b$$

$$\sum f_{si}S_{si} \approx f_{yw}\frac{1}{2}\rho_w b(h_0 - 1.5x)^2$$

假定大偏压，由《砌规》公式（9.2.4-1），可得：

$$x = \frac{N + f_{yw}\rho_w bh_0}{(f_g + 1.5f_{yw}\rho_w)b}$$

1）当 x 的计算值小于 $\xi_b h_0$，并且大于 $2a'_s$ 时，由《砌规》式（9.2.4-2）可求出 A'_s 值。

2）当 x 的计算值小于 $2a'_s$ 时，则由《砌规》式（9.2.4-3）可求出 A_s 值。

3）当 x 的计算值大于 $\xi_b h_0$ 时，原假定不正确，按小偏压重新计算。

（6）《砌规》9.2.5 条，e_N、e'_N 计算时，当按《砌规》式（8.2.4-6）时，其中的 $\beta = \gamma_\beta H_0/h$，$h$ 取偏心方向的边长，即《砌规》图 9.2.5 中 h。

本条的条文说明指出："但保证翼缘和腹板共同工作的构造是不同的。对钢筋混凝土结构，翼墙和腹板是由整浇的钢筋混凝土进行连接的；对配筋砌块砌体，翼墙和腹板是通过在交接处块体的相互咬砌、连接钢筋（或连接铁件），或配筋带进行连接的，通过这些连接构造，以保证承受腹板和翼墙共同工作时产生的剪力。"

【例 3.6.1-1】（2014T35）一多层房屋配筋砌块砌体墙，平面如图 3.6.1-1 所示，结构安全等级二级。砌体采用 MU10 级单排孔混凝土小型空心砌块、Mb7.5 级砂浆对孔砌筑，砌块的孔洞率 40%，采用 Cb20（$f_t = 1.1\text{MPa}$）混凝土灌孔，灌孔率为 43.75%，内有插筋共 5Φ12（$f_y = 270\text{MPa}$）。构造措施满足规范要求，砌体施工质量控制等级为 B级。承载力验算时不考虑墙体自重。

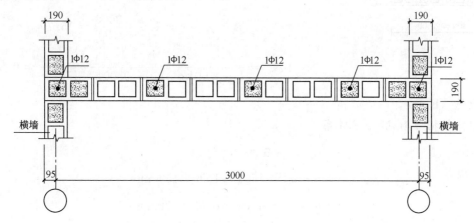

图 3.6.1-1

假定，房屋的静力计算方案为刚性方案，砌体的抗压强度设计值 $f_g = 3.6\text{MPa}$，其所在层高为 3.0m。试问，该墙体截面的轴心受压承载力设计值（kN），与下列何项数值最为接近？

提示： 不考虑水平分布钢筋的影响。

(A) 1750 (B) 1820 (C) 1890 (D) 1960

【解答】根据《砌规》9.2.2 条及注的规定：

$$\beta = \gamma_\beta \frac{H_0}{h} = 1 \times \frac{3.0}{0.19} = 15.79$$

$$\varphi_{0g} = \frac{1}{1 + 0.001\beta^2} = \frac{1}{1 + 0.001 \times 15.79^2} = 0.80$$

$$= 0.80 \times (3.6 \times 190 \times 3190 + 0.8 \times 0) = 1745.57\text{kN}$$

故选（A）项。

【例 3.6.1-2】（2016T39、40）某配筋砌块砌体剪力墙结构房屋，标准层有一配置足够水平钢筋、100%全灌芯的配筋砌块砌体受压构件，采用 MU15 级混凝土小型空心砌块，Mb10 级专用砌筑砂浆砌筑，灌孔混凝土强度等级为 Cb30，采用 HRB400 钢筋。截面尺寸、竖向配筋如图 3.6.1-2 所示。

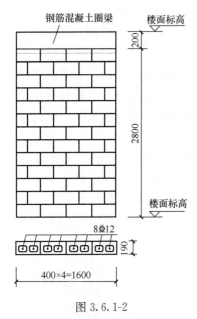

图 3.6.1-2

试问：

（1）假定，该剪力墙为轴心受压构件。试问，该构件的稳定系数 φ_{0g}，与下列何项数值最为接近？

(A) 1.00 (B) 0.80
(C) 0.75 (D) 0.65

（2）假定，该构件处于大偏心界限受压状态，且取 $a_s = 100\text{mm}$。试问，该配筋砌块砌体剪力墙受拉钢筋屈服的数量（根），与下列何项数值最为接近？

(A) 1 (B) 2
(C) 3 (D) 4

【解答】（1）根据《砌规》5.1.2 条和 9.2.2 条，该墙体的计算高度取层高 3.0m，则：

$$\beta = \gamma_\beta \frac{H_0}{h} = 1.0 \times \frac{3000}{190} = 15.79$$

$$\varphi_{0g} = \frac{1}{1 + 0.001\beta^2} = \frac{1}{1 + 0.001 \times 15.79^2} = 0.8$$

故选（B）项。

（2）根据《砌规》9.2.4 条：

$$\xi_b = 0.52$$

$$h_0 = h - a_s = 1600 - 100 = 1500\text{mm}$$

$$x_b = h_0 \cdot \xi_b = 1500 \times 0.52 = 780\text{mm}$$

根据《砌规》9.2.1 条，大偏心受压时，受拉钢筋考虑在 $h_0 - 1.5x$ 范围内屈服，所

以受拉钢筋的屈服范围为

$$h_0 - 1.5x_b = 1500 - 780 \times 1.5 = 330\text{mm}$$

距离端 $100 + 330 = 430\text{mm}$ 范围内有 2 根钢筋屈服。

故选（B）项。

二、斜截面受剪承载力计算

- 复习《砌规》9.3.1条、9.3.2条。
- 复习《砌规》9.4.1条～9.4.13条。

需注意的是：

(1)《砌规》9.3.1条的条文说明指出："而竖向钢筋主要通过销栓作用抗剪，极限荷载时该钢筋达不到屈服，墙体破坏时部分竖向钢筋可屈服。据试验和国外有关文献，竖向钢筋的抗剪贡献为 $0.24f_{yv}A_{sv}$，本公式未直接反映竖向钢筋的贡献，而是通过综合考虑正应力的影响，以无筋砌体部分承载力的调整给出的。"

在《砌规》9.3.1条中：

① f_{vg} 计算，$f_{vg} = 0.2f_g^{0.55}$。

② 轴向力 N 在偏心受压时起有利作用，故取分项系数 $\gamma_G = 1.0$；但当 $N > 0.25f_g bh$ 时，取 $N = 0.25f_g bh$。

③ 计算截面的剪跨比 λ 的取值：$\lambda < 1.5$，取 $\lambda = 1.5$；$\lambda \geqslant 2.2$，取 $\lambda = 2.2$。

④ 水平向分布钢筋、竖向分布钢筋的构造配筋率 $\geqslant 0.07\%$，其他规定见《砌规》9.4.8条。

⑤ 轴向力 N 在偏心受拉时起不利作用，故取分项系数 $\gamma_G = 1.2$ 或 1.35。

⑥ h_0 计算，$h_0 = h - a_s$。a_s 计算与剪力墙边缘构件构造有关，边缘构件的构造要求，见《砌规》9.4.10条。

(2) 配筋砌块砌体剪力墙计算

1) 配筋计算（已知 V，求 A_{sh}/s）

首先复核截面限制条件，由《砌规》公式（9.3.1-1）计算 $V_截 = 0.25f_g bh_0$，取 $\min(V, V_截)$ 按《砌规》公式（9.3.1-2）或者公式（9.3.1-4）计算 A_{sh}/s；然后复核最小配筋率。

2) 受剪承载力复核（已知配筋，求 V_u）

由配筋值，按《砌规》公式（9.3.1-2）或者公式（9.3.1-4）计算，取公式的右端项作为 V_{cs}；然后由截面限制条件计算 $V_截$，最后，取 $V_u = \min(V_{cs}, V_截)$。

(3)《砌规》9.3.2条连梁，其受剪配筋计算，或者受剪承载力复核，其思路同上述配筋砌块砌体剪力墙。连梁正截面受弯承载力，可依据《混规》6.2.10条：

$$M \leqslant f_g bx\left(h_0 - \frac{x}{2}\right) + f'_y A'_s (h_0 - a'_s)$$

当连梁纵向受力钢筋为上、下对称配筋（$A_s = A'_s$）时，则：

$$M \leqslant f_y A_s (h - a_s - a'_s)$$

（4）《砌规》9.4.5 条及其条文说明。

（5）《砌规》9.4.13 条及其条文说明。

【例 3.6.2-1】（2014T37）一多层房屋配筋砌块砌体墙，平面如图 3.6.2-1 所示，结构安全等级二级。砌体采用 MU10 级单排孔混凝土小型空心砌块、Mb7.5 级砂浆对孔砌筑，砌块的孔洞率为 40%，采用 Cb20（$f_t = 1.1$MPa）混凝土灌孔，灌孔率为 43.75%，内有插筋共 5 Φ 12（$f_y = 270$MPa）。构造措施满足规范要求，砌体施工质量控制等级为 B 级。承载力验算时不考虑墙体自重。

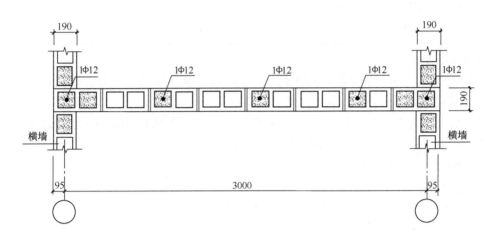

图 3.6.2-1

假定，小砌块墙改为全灌孔砌体，砌体的抗压强度设计值 $f_g = 4.8$MPa，其所在层高为 3.0m。砌体沿高度方向每隔 600mm 设 2 Φ 10 水平钢筋（$f_y = 270$MPa）。墙片截面内力：弯矩设计值 $M = 560$kN·m、轴压力设计值 $N = 770$kN、剪力设计值 $V = 150$kN。墙体构造措施满足规范要求，砌体施工质量控制等级为 B 级。试问，该墙体的斜截面受剪承载力最大值（kN），与下列何项数值最为接近？

　　提示： ① 不考虑墙翼缘的共同工作；

　　　　　　② 墙截面有效高度 $h_0 = 3100$mm。

（A）150　　　　　　（B）250　　　　　　（C）450　　　　　　（D）710

【解答】 根据《砌规》9.3.1 条：

$$f_{vg} = 0.2 f_g^{0.55} = 0.2 \times 4.8^{0.55} = 0.47\text{MPa}$$

$$V \leqslant 0.25 f_g b h_0 = 0.25 \times 4.8 \times 190 \times 3100 = 706.8\text{kN}$$

$$\lambda = \frac{M}{V h_0} = \frac{560}{150 \times 3.1} = 1.20 < 1.5，取 \lambda = 1.5。$$

由规范式（9.3.1-2）：

$$N = 770\text{kN} > 0.25 f_g b h = 727.32\text{kN，故取 } N = 727.32\text{kN}$$

$$V_u = \frac{1}{1.5 - 0.5} \times (0.6 \times 0.47 \times 190 \times 3100 + 0.12 \times 727.32 \times 10^3)$$

$$+0.9\times270\times\frac{2\times78.54}{600}\times3100$$

$$=450.59\text{kN}<706.8\text{kN}$$

故取 $V_u=450.59\text{kN}$。

故选（C）项。

第七节 《砌规》多层砌体结构抗震设计

一、一般规定

- 复习《砌规》10.1.1条、10.1.2条、10.1.4条第1款。
- 复习《砌规》10.1.5条、10.1.7条、10.1.12条、10.1.13条、10.1.14条。

需注意的是：

（1）《砌规》10.1.1条规定，甲类建筑不宜采用砌体结构。

（2）《砌规》10.1.2条规定，与《抗规》规定是一致的。

《砌规》10.1.2条的条文说明：

10.1.2（条文说明）多层砌体结构房屋的总层数和总高度的限定，是此类房屋抗震设计的重要依据，故将此条定为强制性条文。

坡屋面阁楼层一般仍需计入房屋总高度和层数；坡屋面下的阁楼层，当其实际有效使用面积或重力荷载代表值小于顶层30%时，可不计入房屋总高度和层数，但按局部突出计算地震作用效应。对不带阁楼的坡屋面，当坡屋面坡度大于45°时，房屋总高度宜算到山尖墙的1/2高度处。

嵌固条件好的半地下室应同时满足下列条件，此时房屋的总高度应允许从室外地面算起，其顶板可视为上部多层砌体结构的嵌固端：

1） 半地下室顶板和外挡土墙采用现浇钢筋混凝土；

2） 当半地下室开有窗洞处并设置窗井，内横墙延伸至窗井外挡土墙并与其相交；

3） 上部外墙均与半地下室墙体对齐，与上部墙体不对齐的半地下室内纵、横墙总量分别不大于30%；

4） 半地下室室内地面至室外地面的高度应大于地下室净高的二分之一，地下室周边回填土压实系数不小于0.93。

（3）《砌规》10.1.2条表10.1.2注1~3的规定，其中，对"注2"的理解，见《抗规》7.1.2条的条文说明。

（4）《砌规》10.1.2条第2款，"各层横墙很少的多层砌体房屋，还应再减少一层"，其内涵是：限制其层数，"再减少一层"对应的层高大小不作具体的规定。

（5）《砌规》10.1.4条第1款中"约束砌体"，其理解见《抗规》7.1.3条的条文说明。一般地，其配筋率为：$0.07\% \sim 0.17\%$。

（6）《砌规》10.1.5 条的条文说明：

> **10.1.5**（条文说明）对于灌孔率达不到 100% 的配筋砌块砌体，如果承载力抗震调整系数采用 0.85，抗力偏大，因此建议取 1.0。
>
> 　　砖砌体和钢筋混凝土面层或钢筋砂浆面层的组合砖墙、砖砌体和钢筋混凝土构造柱的组合墙。
>
> 　　故此次修订时将两种组合砖墙在偏压、大偏拉和受剪状态下承载力抗震调整系数调整为 0.9。

自承重墙，受剪时，《砌规》表 10.1.5，取 $\gamma_{RE}=1.0$；《抗规》7.2.7 条第 1 款，取 $\gamma_{RE}=0.75$。

（7）《砌规》10.1.7 条的条文说明，多层砌体结构房屋的平面规则性判别。

【例 3.7.1-1】 某多层砌体结构房屋对称轴以左平面如图 3.7.1-1 所示，各层平面布置相同，各层层高均为 3.60m；底层室内外高差 0.30m，楼、屋盖均为现浇钢筋混凝土板，静力计算方案为刚性方案。采用 MU10 级烧结普通砖、M7.5 级混合砂浆，纵横墙厚度均为 240mm，砌体施工质量控制等级为 B 级。

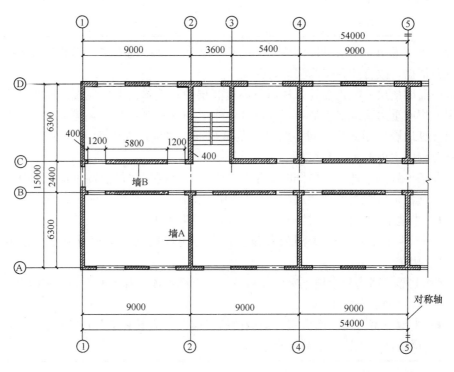

图 3.7.1-1

假定，该建筑为小学教学楼，抗震设防烈度为 7 度，设计基本地震加速度为 $0.15g$。试问，该砌体结构所能建造的最大层数为几层？

（A）3　　　　　　　　（B）4　　　　　　　　（C）5　　　　　　　　（D）6

【解答】 小学教学楼为乙类建筑，根据《砌规》表 10.1.2 及注 3：减少 1 层，取：$7-1=6$ 层

开间大于 4.8m 的房间所占面积：$\dfrac{9\times6.3\times5+5.4\times6.3}{27.12\times15.24}=77\%>50\%$

开间不大于 4.2m 的房屋所占面积：$\dfrac{3.6\times6.3}{27.12\times15.24}=5.4\%<20\%$

故属于横墙很少，则：

应再减少二层，取：$6-2=4$ 层

故选（B）项。

二、砖砌体构件

● 复习《砌规》10.2.1 条～10.2.7 条。

需注意的是：

(1)《砌规》表 10.2.1 注的规定，此时，取 $\gamma_G=1.0$

$$\sigma_0=\frac{1.0\times(N_{Gk}+0.5N_{Qk})}{A}$$

(2)《砌规》10.2.2 条的条文说明。

注意，本条第 3 款对墙段中部构造柱的设置要求：截面尺寸、构造柱间距、基本均匀设置。

(3)《砌规》10.2.3 条的条文说明指出："作用于墙顶的轴向集中压力，其影响范围在下部墙体逐渐向两边扩散，考虑影响范围内构造柱的作用，进行砖砌体和钢筋混凝土构造柱的组合墙的截面抗震受压承载力验算时，可计入墙顶轴向集中压力影响范围内构造柱的提高作用。"

(4)《砌规》10.2.4 条的条文说明：

10.2.4（条文说明）对于抗震规范没有涵盖的层数较少的部分房屋，建议在外墙四角等关键部位适当设置构造柱。对 6 度时三层及以下房屋，建议楼梯间墙体也应设置构造柱以加强其抗倒塌能力。

　　……

对于局部楼板板块略降标高处，不必按本条采取加强措施。错层部位两侧楼板板顶高差大于 1/4 层高时，应按规定设置防震缝。

【例 3.7.2-1】（2016T36）某建筑局部结构布置如图 3.7.2-1 所示，按刚性方案计算，二层层高 3.6m，墙体厚度均为 240mm，采用 MU10 烧结普通砖，M10 混合砂浆砌筑，已知墙 A 承受重力荷载代表值 518kN，由梁端偏心荷载引起的偏心距 e 为 35mm，施工质量控制等级为 B 级。

试问，墙 A 沿阶梯形截面破坏的抗震抗剪强度设计值 f_{vE}（N/mm²），与下列何项数值最为接近？

(A) 0.26　　　　(B) 0.27　　　　(C) 0.28　　　　(D) 0.30

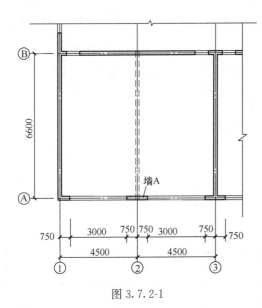

图 3.7.2-1

【解答】 根据《砌规》3.2.2 条，$f_v = 0.17\text{MPa}$

根据《砌规》10.2.1 条：

$$\sigma_0 = \frac{518000}{240 \times 1500} = 1.44$$

$$\frac{\sigma_0}{f_v} = \frac{1.44}{0.17} = 8.47$$

$$\xi_N = 1.65 + \frac{1.9 - 1.65}{3} \times (8.47 - 7)$$

$$= 1.773$$

$$f_{vE} = \xi_N f_v = 0.17 \times 1.773 = 0.30\text{MPa}$$

故选（D）项。

【例 3.7.2-2】（2011T34、35）某多层刚性方案砖砌体教学楼，其局部平面如图 3.7.2-2 所示。墙体厚度均为 240mm，轴线均居墙中，室内外高差 0.3m，基础埋置较深且有刚性地坪。墙体采用 MU10 级蒸压粉煤灰砖、M10 级混合砂浆砌筑，底层、二层层高均为 3.6m；楼、屋面板采用现浇钢筋混凝土板。砌体施工质量控制等级为 B 级，结构安全等级为二级。钢筋混凝土梁的截面尺寸为 250mm×550mm。

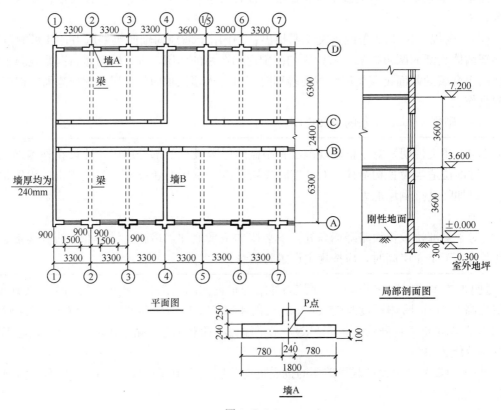

平面图　　局部剖面图

墙A

图 3.7.2-2

试问：

（1）假定，墙B在重力荷载代表值作用下底层墙底的荷载为172.8kN/m，两端设有构造柱，试问，该墙段截面每延米墙长抗震受剪承载力（kN）与下列何项数值最为接近？

(A) 45 　　　　(B) 50 　　　　(C) 60 　　　　(D) 70

（2）假定，墙B在两端（Ⓐ、Ⓑ轴处）及正中均设240mm×240mm构造柱，构造柱混凝土强度等级为C20，每根构造柱均配4根HPB300、直径14mm的纵向钢筋。试问，该墙段考虑地震作用组合的最大受剪承载力设计值（kN），应与下列何项数值最为接近？

提示： $f_y=270\text{N/mm}^2$，按 $f_{vE}=0.22\text{N/mm}^2$ 进行计算，不考虑Ⓐ轴处外伸250mm墙段的影响，按《砌体结构设计规范》GB 50003—2011作答。

(A) 360 　　　　(B) 400 　　　　(C) 420 　　　　(D) 510

【解答】（1）根据《砌规》表3.2.2，$f_v=0.12\text{MPa}$

$$\sigma_0=\frac{172.8}{240}=0.72\text{MPa}$$

根据《砌规》10.2-1条，$\frac{\sigma_0}{f_v}=\frac{0.72}{0.12}=6$，则 $\zeta_N=1.56$

$$f_{vE}=\zeta_N f_v=1.56\times0.12=0.1872\text{MPa}$$

根据《砌规》表10.1.5，$\gamma_{RE}=0.9$

根据《砌规》10.2.2条，$V\leqslant\dfrac{f_{vE}A}{\gamma_{RE}}=\dfrac{0.1872\times240\times1000\times10^{-3}}{0.9}=49.9\text{kN}$

故选（B）项。

（2）$f_t=1.1\text{N/mm}^2$，$A=240\times6540=1569600\text{mm}^2$，$A_c=240\times240=57600\text{mm}^2$，$A_c/A=57600/1569600=0.0367<0.15$，故取 $A_c=57600\text{mm}^2$

$\zeta_c=0.5$；查《砌规》表10.1.5，$\gamma_{RE}=0.9$

构造柱间距大于3.0m，取 $\eta_c=1.0$

由《砌规》式（10.2.2-3）：

$$\frac{1}{\gamma_{RE}}[\eta_c f_{vE}(A-A_c)+\xi_c f_t A_c+0.08f_{yc}A_s+\xi_s f_{yh}A_{sh}]$$

$$=\frac{1}{0.9}\times[1.0\times0.22\times(1569600-57600)+0.5\times1.1\times57600$$

$$+0.08\times270\times615+0.0]$$

$$=419.56\text{kN}$$

故选（C）项。

【例3.7.2-3】 方案初期，某四层砌体结构房屋顶层局部平面布置图如图3.7.2-3所示，层高均为3.9m。墙体采用MU10级烧结多孔砖、M5级混合砂浆砌筑。墙厚240mm。屋面板为预制预应力空心板上浇钢筋混凝土叠合层，屋面板总厚度300mm，简支在①轴和②轴墙体上，支承长度120mm。屋面永久荷载标准值12kN/m²，活荷载标准值0.5kN/m²。砌体施工质量控制等级B级；抗震设防烈度7度，设计基本地震加速度0.1g。

假定，将①轴墙体设计为砖砌体和钢筋混凝土构造柱组成的组合墙。

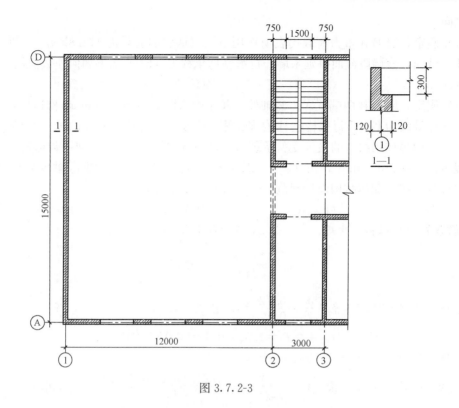

图 3.7.2-3

试问，①轴墙体内最少应设置的构造柱数量（根），与下列何项数值最为接近？

提示： 按《砌体结构设计规范》GB 50003—2011 作答。

(A) 2　　　　　　(B) 3　　　　　　(C) 5　　　　　　(D) 7

【解答】 根据《砌规》10.2.6 条第 1 款，砖砌体和钢筋混凝土构造柱组成的组合墙，应在纵横墙交接处、墙端部设置构造柱，其间距不宜大于 3m。①墙轴长 15m，端部设置 2 根构造柱，中间至少设置 4 根构造柱，总的构造柱数量至少为 6 根，才能满足《砌规》10.2.6 第 1 款的构造要求。所以应选 (D) 项。

三、混凝土砌块砌体构件

> ● 复习《砌规》10.3.1 条～10.3.9 条。

需注意的是：

(1)《砌规》10.3.1 条表 10.3.1 注的规定，此时，取 $\gamma_G = 1.0$。

(2)《砌规》10.3.2 条，与《抗规》7.2.8 条有区别，

《砌规》公式（10.3.2）中 A_{c1}、A_{c2} 是指墙中部的芯柱、构造柱，不包括墙两端的芯柱、构造柱。

《抗规》公式（7.2.8）中 A_c 是指墙体所有芯柱、构造柱，含两端的芯柱、构造柱。

芯柱的截面尺寸，见《砌规》9.2.3 条的条文说明，其孔洞尺寸为 120mm×120mm。

当两端均设有构造柱、芯柱时，取 $\gamma_{RE} = 0.9$；其他情况，取 $\gamma_{RE} = 1.0$。

（3）《砌规》10.3.5条、10.3.6条、10.3.8条规定，《抗规》无相应的规定。

【例3.7.3-1】一多层房屋配筋砌块砌体墙，平面如图3.7.3-1所示，结构安全等级二级。砌体采用MU10级单排孔混凝土小型空心砌块、Mb7.5级砂浆对孔砌筑，砌块的孔洞率为40%，采用Cb20（$f_t=1.1$MPa）混凝土灌孔，灌孔率为43.75%，内有插筋共5ϕ12（$f_y=270$MPa）。构造措施满足规范要求，砌体施工质量控制等级为B级。承载力验算时不考虑墙体自重。

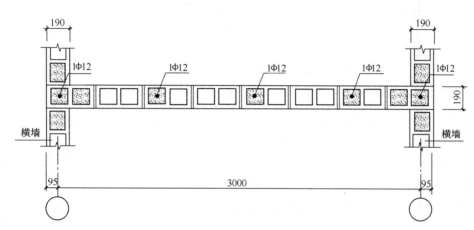

图3.7.3-1

假定，小砌块墙在重力荷载代表值作用下的截面平均压应力 $\sigma=2.0$MPa，砌体的抗剪强度设计值 $f_{vg}=0.40$MPa。试问，该墙体的截面抗震受剪承载力（kN）与下列何项数值最为接近？

提示：按《砌体结构设计规范》作答。

(A) 550   (B) 600   (C) 650   (D) 700

【解答】根据《砌规》10.3.1条，$\dfrac{\sigma_0}{f_{vg}}=\dfrac{2}{0.4}=5$，取 $\xi_N=2.15$

$$f_{vE}=\xi_N f_{vg}=2.15\times0.40=0.86\text{MPa}$$

填孔率 $\rho=7/16=0.4375<0.5$ 且 >0.25，则芯柱参与工作系数 $\xi_c=1.10$

$$A_{cl}=120\times120\times3=43200\text{mm}^2$$

$$A=190\times3190=606100\text{mm}^2$$

$$V_u=\frac{1}{0.9}\times\left[0.86\times606100+（0.3\times1.1\times43200+0.05\times270\times339）\times1.1\right]=602.2\text{kN}$$

故选（B）项。

第八节 《抗规》多层砌体结构抗震设计

一、一般规定

● 复习《抗规》7.1.1条~7.1.7条。

需注意的是：

（1）《抗规》7.1.1条注3的规定。

（2）《抗规》7.1.2条的条文说明："限制其层数和高度是主要的抗震措施。"

《抗规》表7.1.2中高度数值是按"有效数字"控制，如：6度，多层砌体房屋，高度≤21m，其高度是指：高度≤21.4m，小数点后一位按四舍五入原则。

《抗规》7.1.2条表7.1.2注1、2的规定及其条文说明。

《抗规》7.1.2条表7.1.2注3的规定及其条文说明：

7.1.2（条文说明）

3 底部框架-抗震墙砌体房屋，不允许用于乙类建筑和8度（0.3g）的丙类建筑。表7.1.2中底部框架-抗震墙砌体房屋的最小砌体墙厚系指上部砌体房屋部分。

《抗规》7.1.2条第2款注的规定，定义了横墙较小、横墙很少的划分。

（3）《抗规》7.1.3条中约束砌体抗震墙的概念，在该条条文说明作了定义。

（4）《抗规》表7.1.4注1、2的规定。本条的条文说明指出："多层砌体房屋一般可以不做整体弯曲验算，但为了保证房屋的稳定性，限制了其高宽比。"

（5）《抗规》7.1.5条的条文说明，针对《抗规》表7.1.5注1的情况，应采取的措施。

（6）《抗规》7.1.7条的条文说明，对"同一轴线上"的判别标准作了说明。

【例3.8.1-1】（2013T33）某多层砖砌体房屋，底层结构平面布置如图3.8.1-1所示，外墙厚370mm，内墙厚240mm，轴线均居墙中。窗洞口均为1500mm×1500mm（宽×高），门洞口除注明外均为1000mm×2400mm（宽×高）。室内外高差0.5m，室外地面距

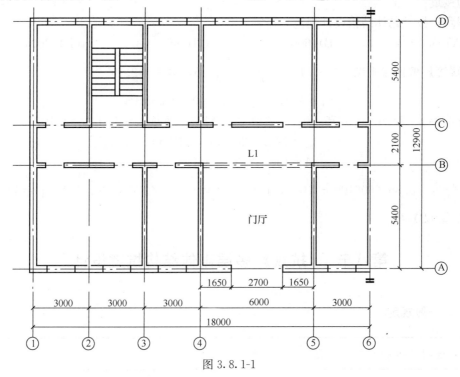

图3.8.1-1

基础顶 0.7m。楼、屋面板采用现浇钢筋混凝土板，砌体施工质量控制等级为 B 级。

假定，本工程建筑抗震类别为乙类，抗震设防烈度为 7 度，设计基本地震加速度值为 0.10g。墙体采用 MU15 级蒸压灰砂砖、M10 级混合砂浆砌筑，砌体抗剪强度设计值为 $f_v = 0.12MPa$。各层墙上下连续且洞口对齐。试问，房屋的层数 n 及总高度 H 的限值与下列何项选择最为接近？

(A) $n = 7$，$H = 21m$　　　　　　(B) $n = 6$，$H = 18m$

(C) $n = 5$，$H = 15m$　　　　　　(D) $n = 4$，$H = 12m$

【解答】根据《抗规》7.1.2 条第 2 款注：

$$\frac{3 \times 6 \times 5.4}{18 \times 12.9} = 41.86\% > 40\%$$，属于横墙较少

根据《抗规》表 7.1.2，7 度设防的普通砖房屋层数为 7 层，总高度限值为 21m；乙类房屋的层数应减少一层且总高度降低 3m。

根据《抗规》7.1.2 条第 2 款，横墙较少的房屋，房屋的层数应比表 7.1.2 的规定减少一层且高度降低 3m。

根据《抗规》7.1.2 条第 4 款，蒸压灰砂砖砌体房屋，当砌体的抗剪强度仅为普通黏土砖砌体的 70% 时，房屋的层数应比表 7.1.2 的规定减少一层且高度降低 3m。

故共减少三层，降低 9m，所以应选（D）项。

二、多层砌体结构的计算要点

- 复习《抗规》7.2.1 条～7.2.3 条。
- 复习《抗规》5.1.1 条～5.1.7 条。
- 复习《抗规》5.2.1 条、5.2.4 条～5.2.6 条。

需注意的是：

(1)《抗规》7.2.2 条的条文说明指出了不利墙段的三种情况。

(2)《抗规》7.2.3 条第 1 款注的规定。

《抗规》表 7.2.3 注 1、2 的规定。

《抗规》7.2.3 条的条文说明："当本层门窗过梁及以上墙体的合计高度小于层高的 20% 时，洞口两侧应分为不同的墙段。"

(3)《底部框架-抗震墙砌体房屋抗震技术规程》JGJ 248—2012 附录 A 规定：

A.0.2 上部砌体抗震墙、底层框架-抗震墙砌体房屋中的底层约束普通砖砌体抗震墙或约束小砌块砌体抗震墙的层间侧向刚度可采用下列方法进行计算：

1 墙片宜按门窗洞口划分为墙段；

2 墙段的层间侧向刚度可按下列原则进行计算：

1) 对于无洞墙段的层间侧向刚度，当墙段高宽比小于 1.0 时，可仅考虑其剪切变形，按式（A.0.2-1）计算；当墙段高宽比不小于 1.0 且不大于 4.0 时，应同时考虑其剪切和弯曲变形，按式（A.0.2-2）计算；当墙段的高宽比大于 4.0 时，不考虑其侧向刚度；

注：墙段的高宽比指层高与墙段长度之比，对门窗洞边的小墙段指洞净高与洞侧墙段宽之比。

$$K_b = \frac{GA}{1.2h} \tag{A.0.2-1}$$

$$K_b = \frac{1}{\dfrac{1.2h}{GA} + \dfrac{h^3}{12EI}} = \frac{GA}{h(1.2 + 0.4h^2/b^2)} = \frac{EA}{h(3 + h^2/b^2)} \tag{A.0.2-2}$$

式中　K_b——墙段的层间侧向刚度（N/mm）；

　　　E、G——分别为砌体墙的弹性模量（N/mm²）和剪变模量（N/mm²）；

　　　h——该层的层高（mm），对门窗洞边的小墙段为洞净高；

　　　b——墙段长度（mm），对门窗洞边的小墙段为洞侧墙段宽；

　　　A——墙段的水平截面面积（mm²）。

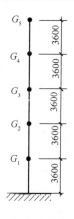

图 3.8.2-1

【例 3.8.2-1】（2012T37、38）某五层砌体结构办公楼，抗震设防烈度 7 度，设计基本地震加速度值为 0.15g，各层层高及计算高度均为 3.6m，采用现浇钢筋混凝土楼、屋盖。砌体施工质量控制等级为 B 级，结构安全等级为二级。

试问：

（1）已知各种荷载（标准值）：屋面恒载总重为 1800kN，屋面活荷载总重 150kN，屋面雪荷载总重 100kN；每层楼层恒载总重为 1600kN，按等效均布荷载计算的每层楼面活荷载为 600kN；2～5 层每层墙体总重为 2100kN，女儿墙总重为 400kN。采用底部剪力法对结构进行水平地震作用计算，如图 3.8.2-1 所示。试问，总水平地震作用标准值 F_{Ek}（kN），应与下列何项数值最为接近？

提示： 楼层重力荷载代表值计算时，集中于质点 G_1 的墙体荷载按 2100kN 计算。

(A) 1680　　　　　　　　　　　　(B) 1970

(C) 2150　　　　　　　　　　　　(D) 2300

（2）采用底部剪力法对结构进行水平地震作用计算时，假设重力荷载代表值 $G_1 = G_2 = G_3 = G_4 = 5000$kN、$G_5 = 4000$kN。若总水平地震作用标准值为 F_{Ek}，截面抗震验算仅计算水平地震作用。试问，第二层的水平地震剪力设计值 V_2（kN）应与下列何项数值最为接近？

(A) $0.8F_{Ek}$　　　　(B) $0.9F_{Ek}$　　　　(C) $1.1F_{Ek}$　　　　(D) $1.2F_{Ek}$

【解答】（1）7 度（0.15g），查《抗规》表 5.1.4-1，取 $\alpha_1 = \alpha_{max} = 0.12$

由规范 5.1.3 条、5.2.1 条：

屋面质点处 $G_5 = 1800 + 0.5 \times 2100 + 0.5 \times 100 + 400 = 3300$kN

楼层质点处 $G_1 = 1600 + 2100 + 0.5 \times 600 = 4000$kN

$$G_2 = G_3 = G_4 = 4000\text{kN}$$

$$F_{Ek} = \alpha_1 G_{e2} = 0.12 \times 0.85 \times (4000 \times 4 + 3300) = 1968.6\text{kN}$$

故选（B）项。

（2）根据《抗规》5.2.1 条：

$$\sum_{2}^{5} G_i H_i = 5000 \times (7.2 + 10.8 + 14.4) + 4000 \times 18 = 234000\text{kN} \cdot \text{m}$$

$$\sum_{1}^{5} G_i H_i = 5000 \times (3.6 + 7.2 + 10.8 + 14.4) + 4000 \times 18 = 252000\text{kN} \cdot \text{m}$$

第二层的水平地震剪力标准值 V_{2k} 为：

$$V_{2k} = \frac{F_{Ek} \sum_{2}^{5} G_i H_i}{\sum_{1}^{5} G_i H_i} = \frac{234000 F_{Ek}}{252000} = 0.9286 F_{Ek}(\text{kN})$$

$$V_2 = \gamma_{Eh} V_{2k} = 1.3 \times 0.9286 F_{Ek} = 1.2 F_{Ek}(\text{kN})$$

故选（D）项。

【例 3.8.2-2】砌体结构房屋，二层某外墙立面如图 3.8.2-2 所示，墙内构造柱的设置符合《建筑抗震设计规范》GB 50011—2010 要求，墙厚 370mm，窗洞宽 1.0m，高 1.5m，窗台高于楼面 0.9m，砌体的弹性模量为 E（MPa）。试问，该外墙层间等效侧向刚度（N/mm），应与下列何项数值最为接近？

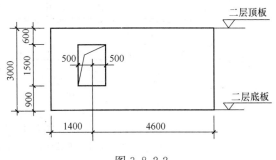

图 3.8.2-2

提示：墙体剪应变分布不均匀影响系数 $\xi = 1.2$。

(A) $210E$　　　　　(B) $285E$　　　　　(C) $345E$　　　　　(D) $395E$

【解答】根据《抗规》7.2.3 条，窗洞高 $1.5\text{m} = \dfrac{h}{2} = \dfrac{3}{2}\text{m}$

洞口面积 $A_h = 1 \times 0.37 = 0.37\text{m}^2$，墙体毛面积 $A = 6 \times 0.37 = 2.22\text{m}^2$，

开洞率 $\rho = \dfrac{A_h}{A} = \dfrac{0.37}{2.22} = 0.167$，为小开口墙段，查《抗规》表 7.2.3，影响系数 $= 0.953$。

洞口中心线偏离墙段中线的距离为 1.60m，大于墙段长度 6.0m 的 $1/4 = 1.5\text{m}$，$0.9 \times 0.953 = 0.858$。

层高与墙长之比 $h/L = 3/6 = 0.5 < 1$，只计算剪切变形。

外墙层间等效侧向刚度：

$$K = \frac{0.858GA}{\xi h} = \frac{0.858 \times 0.4EA}{\xi h} = \frac{0.858 \times 0.4 \times 370 \times 6000E}{1.2 \times 3000} = 212E(\text{N/mm})$$

故选（A）项。

【例 3.8.2-3】(2012T34) 某多层砌体结构房屋，各层层高均为 3.6m，内外墙厚度均为 240mm，轴线居中。室内外高差 0.30m，基础埋置较深且有刚性地坪。采用现浇钢筋混凝土楼、屋盖，平面布置图和 A 轴剖面见图 3.8.2-3 所示。各内墙上门洞均为 1000mm×2600mm（宽×高），外墙上窗洞均为 1800mm×1800mm（宽×高）。

假定，该房屋第二层横向（Y 向）的水平地震剪力标准值 $V_{2k} = 2000\text{kN}$。试问，第二层⑤轴墙体所承担的水平地震剪力标准值 V_k（kN），应与下列何项数值最为接近？

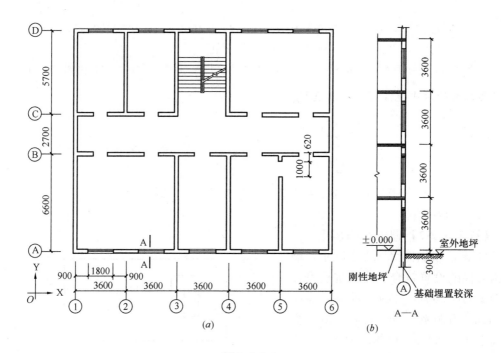

图 3.8.2-3

(a) 平面布置图；(b) 局部剖面示意图

(A) 110　　　　　(B) 130　　　　　(C) 160　　　　　(D) 180

【解答】 根据《抗规》7.2.3条：

门洞：$\dfrac{2600}{3600}=0.72<0.8$，按门洞考虑；开洞率$=\dfrac{1.0}{6.6+0.24}=0.15$

查规范表，取洞口影响系数为：$(0.98+0.94)/2=0.96$

洞口中线偏心：$\dfrac{6.6}{2}-\left(0.62+\dfrac{1.0}{2}\right)=2.18\text{m}>\dfrac{(6.6+0.24)}{4}=1.71\text{m}$

故考虑折减系数0.9，则：$0.96\times0.9=0.864$

墙体最大高宽比$h/b=\dfrac{3.6}{5.7+0.24}=0.606<1.0$，故只考虑剪切变形

又$K=\dfrac{EA}{3h}$，E、h均相同，故K与墙体A成正比。

$$V_k=\dfrac{0.864\times6.84\times0.24}{(0.864\times6.84+6.84\times2+5.94\times3+15.24\times2)\times0.24}\times2000$$

$$=174.1\text{kN}$$

故选 (D) 项。

思考： 本题的命题专家的解答过程如下：

⑤ 轴线墙体等效侧向刚度：

如图 3.8.2-4 所示，门洞北侧墙体墙段 B：

$\dfrac{h_1}{b}=\dfrac{2.6}{0.62}=4.19>4$，根据《抗规》第7.2.3条，该段墙体等效侧向刚度可取 0。

墙段 A：

$\dfrac{h}{b}=\dfrac{3.6}{5.22}=0.69<1.0$，可只计算剪

切变形，其等效剪切刚度 $K=\dfrac{EA}{3h}$。

因其他各轴线横墙长度均大于层高 h，即 h/b 均小于 <1.0，故均需只计算剪切变形。根据等效剪切刚度计算公式，$K=\dfrac{EA}{3h}$，式中砌体弹性模量 E、层高 h 及墙体厚度均相同，故各段墙体等效侧向刚度与墙体的长度成正比。

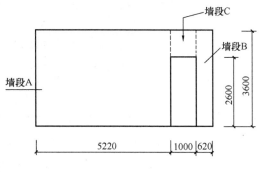

图 3.8.2-4

根据《抗规》5.2.6 条第 1 款的规定，⑤轴墙体地震力分配系数：

$$u=\dfrac{K_5}{\sum K_i}=\dfrac{A_5}{\sum A_i}=\dfrac{5220}{15240\times2+5940\times3+6840\times2+5220}=0.078$$

$$V_k=0.078\times2000=156\text{kN}$$

上述解答过程，将墙体分为墙段 A、B，不考虑墙段 C。

三、构件截面抗震受剪承载力计算

- 复习《抗震》7.2.6 条～7.2.8 条。

需注意的是：

（1）《抗规》7.2.6 条表 7.2.6 注的规定，重力荷载代表值的分项系数取为 1.0。

（2）《抗规》7.2.7 条规范式（7.2.7-3）中，当无水平钢筋时，A_{sh} 取为 0.0，《砌规》10.2.2 条中，当 $\rho_{sh}<0.07\%$ 时，取 $A_{sh}=0.0$。两本规范有区别。

（3）《抗规》7.2.8 条，两端均设置有构造柱、芯柱时，取 $\gamma_{RE}=0.9$；其他情况取 $\gamma_{RE}=1.0$。

【例 3.8.3-1】 某抗震设防烈度为 8 度的多层砌体结构住宅，底层某道承重横墙的尺寸和构造柱设置如图 3.8.3-1 所示。墙体采用 MU10 级烧结多孔砖、M10 级混合砂浆砌筑。构造柱截面尺寸为 240mm×240mm，采用 C25 混凝土，纵向钢筋为 HRB335 级 4Φ14，箍筋采用 HPB300 级 Φ6@200。砌体施工质量控制等级为 B 级。在该墙顶作用的竖向恒荷载标准值为 210kN/m，按等效均布荷载计算的传至该墙顶的活荷载标准值为 70kN/m，不考虑本层墙体自重。

假定砌体抗震抗剪强度的正应力影响系数 $\xi_N=1.6$，试问，该墙体截面的最大抗震受剪承载力设计值（kN），与下列何项数值最为接近？

提示： 按《建筑抗震设计规范》GB 50011—2010 作答。

（A）880 　　　　（B）850 　　　　（C）810 　　　　（D）780

【解答】 根据《抗规》7.2.6 条、7.2.7 条：

$$f_{vE}=\xi_N f_v=1.6\times0.17=0.272\text{N/mm}^2$$

横墙：　　$A=240\times(3900+3200+3900+240)=2697600\text{mm}^2$

$$A_c=2\times240\times240=115200\text{mm}^2$$

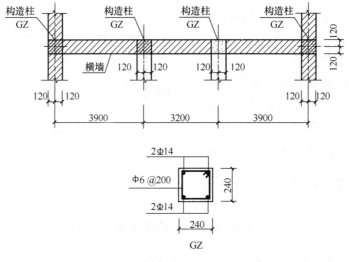

图 3.8.3-1

$$\frac{A_c}{A} = \frac{115200}{2697600} = 0.04 < 0.15,\ 故\ A_c = 115200\text{mm}^2$$

$$\rho = \frac{A_{sc1}}{bh} = \frac{615}{240 \times 240} = 1.07\% \begin{array}{l} < 1.4\% \\ > 0.6\% \end{array}$$

$$V_u = \frac{1}{\gamma_{RE}} \left[\eta_c f_{vE}(A - A_c) + \zeta_c f_t A_c + 0.08 f_{yc} A_{sc} + \zeta_s f_{yh} A_{sh} \right]$$

$$= \frac{1}{0.9} \times \left[1.0 \times 0.272 \times (2697600 - 115200) + 0.4 \times 1.27 \times 115200 \right.$$

$$\left. + 0.08 \times 300 \times 1231 + 0 \right]$$

$$= 878.3\text{kN}$$

故选（A）项。

【例 3.8.3-2】（2014T36）一多层房屋配筋砌块砌体墙，平面如图 3.8.3-2 所示，结构安全等级二级。砌体采用 MU10 级单排孔混凝土小型空心砌块、Mb7.5 级砂浆对孔砌筑，砌块的孔洞率为 40%，采用 Cb20（$f_t = 1.1$MPa）混凝土灌孔，灌孔率为 43.75%，内有插筋共 5 Φ 12（$f_y = 270$MPa）。构造措施满足规范要求，砌体施工质量控制等级为 B

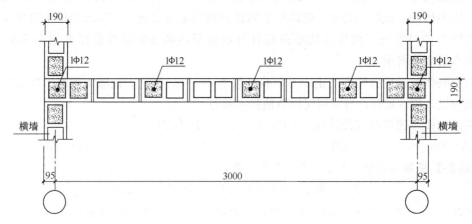

图 3.8.3-2

级。承载力验算时不考虑墙体自重。

假定，小砌块墙在重力荷载代表值作用下的截面平均压应力 $\sigma = 2.0$MPa，砌体的抗剪强度设计值 $f_{vg} = 0.40$MPa。试问，该墙体的截面抗震受剪承载力（kN）与下列何项数值最为接近？

提示：① 芯柱截面总面积 $A_c = 100800$mm^2；

② 按《建筑抗震设计规范》GB 50011—2010 作答。

(A) 470   (B) 530   (C) 590   (D) 630

【解答】根据《抗规》第 7.2.6 条，$\dfrac{\sigma_0}{f_{vg}} = \dfrac{2.0}{0.40} = 5$，取 $\xi_N = 2.15$。

$$f_{vE} = \xi_N f_{vg} = 2.15 \times 0.40 = 0.86\text{MPa}$$

根据《抗规》7.2.8 条：

填孔率 $\rho = 7/16 = 0.4375 < 0.5$，且 > 0.25，故取 $\xi_c = 1.10$

墙体截面面积 $A = 190 \times 3190 = 606100$mm^2

根据《抗规》5.4.2 条，$\gamma_{RE} = 0.9$。

$$V_u = \frac{1}{0.9} \times [0.86 \times 606100 + (0.3 \times 1.1 \times 100800 + 0.05 \times 270 \times 565) \times 1.1]$$

$$= 629.14\text{kN}$$

故选 (D) 项。

四、抗震构造措施

1. 多层砖砌体房屋

●复习《抗规》7.3.1 条～7.3.14 条。

需注意的是：

(1)《抗规》7.3.1 条、7.3.2 条的条文说明：

7.3.1、7.3.2（条文说明）

钢筋混凝土构造柱在多层砖砌体结构中的应用，根据历次大地震的经验和大量试验研究，得到了比较一致的结论，即：①构造柱能够提高砌体的受剪承载力 10%～30%左右，提高幅度与墙体高宽比、竖向压力和开洞情况有关；②构造柱主要是对砌体起约束作用，使之有较高的变形能力；③构造柱应当设置在震害较重、连接构造比较薄弱和易于应力集中的部位。

……

由于钢筋混凝土构造柱的作用主要在于对墙体的约束，构造上截面不必很大，但需与各层纵横墙的圈梁或现浇楼板连接，才能发挥作用。

(2)《抗规》7.3.5 条、7.3.6 条的条文说明指出，圈梁能增强房屋的整体性，提高房屋的抗震能力，是抗震的有效措施。

《抗规》7.3.13 条的条文说明，基础圈梁可以增强抵抗不均匀沉陷和加强房屋基础部分的整体性。

（3）《抗规》7.3.8条。

（4）《抗规》7.3.10条的条文说明指出，"不应采用砖过梁"是指无论配筋还是无筋的砖过梁均不应采用。

【例3.8.4-1】 某多层砖砌体房屋，每层层高均为2.9m，采用现浇钢筋混凝土楼、屋盖、纵、横墙共同承重，门洞宽度均为900mm，抗震设防烈度为8度，平面布置如图3.8.4-1所示。

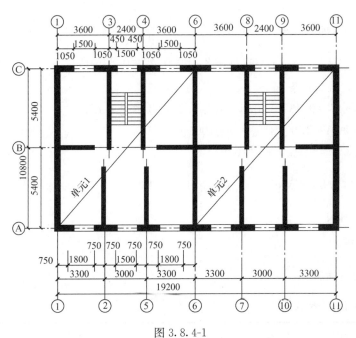

图3.8.4-1

试问：

（1）当房屋总层数为三层时，符合《建设抗震设计规范》要求的构造柱数量（个）的最小值，与下列何项数值最为接近？

(A) 18　　　　　(B) 26　　　　　(C) 29　　　　　(D) 30

（2）当房屋总层数为六层时，满足《建筑抗震设计规范》要求的构造柱数量（个）的最小值，与下列何项数值最为接近？

(A) 24　　　　　(B) 26　　　　　(C) 29　　　　　(D) 30

【解答】（1）8度、3层，根据《抗规》7.3.1条，构造柱设置位置，如图3.8.4-2所示的圆圈处，共计26个。

故选（B）项。

（2）8度、6层，根据《抗规》7.3.1条，构造柱设置位置，如图3.8.4-3所示的圆圈处，共计29个。

故选（C）项。

【例3.8.4-2】 方案初期，某四层砌体结构房屋顶层局部平面布置图如图3.8.4-4所示，层高均为3.6m。墙体采用MU10级烧结多孔砖、M5级混合砂浆砌筑。墙厚

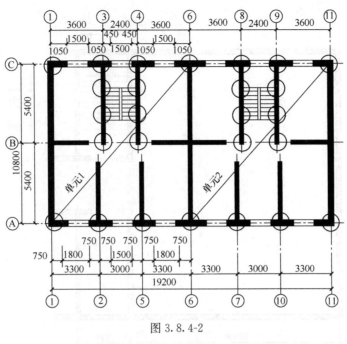

图 3.8.4-2

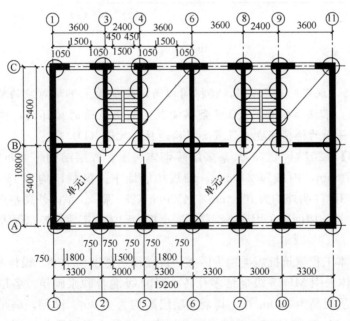

图 3.8.4-3

240mm。屋面板为预制预应力空心板上浇钢筋混凝土叠合层，屋面板总厚度 300mm，简支在①轴和②轴墙体上，支承长度 120mm。屋面永久荷载标准值 12kN/m²，活荷载标准值 0.5kN/m²。砌体施工质量控制等级 B 级；抗震设防烈度 7 度，设计基本地震加速度 0.1g。

试问，突出屋面的楼梯间最少应设置的构造柱数量（根），与下列何项数值最为接近？

（A）2 　　　　　　（B）4 　　　　　　（C）6 　　　　　　（D）8

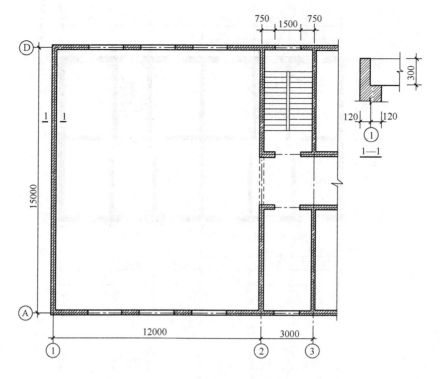

图 3.8.4-4

【解答】 根据《抗规》表 7.3.1，楼梯间四角，楼梯段上下端对应的墙体处，应设置构造柱，共 8 根。根据《抗规》7.3.8 条第 4 款，突出屋面的楼梯间，构造柱应伸到顶部。所以，突出屋面的楼梯间也应设置 8 根构造柱。故选（D）项。

【例 3.8.4-3】（2013T34、35）某多层砖砌体房屋，底层结构平面布置如图 3.8.4-5 所示，外墙厚 370mm，内墙厚 240mm，轴线均居墙中。窗洞口均为 1500mm×1500mm（宽×高），门洞口除注明外均为 1000mm×2400mm（宽×高）。室内外高差 0.5m，室外地面距基础顶 0.7m。楼、屋面板采用现浇钢筋混凝土板，砌体施工质量控制等级为 B 级。

试问：

（1）假定，本工程建筑抗震类别为丙类，抗震设防烈度为 7 度，设计基本地震加速度值为 0.15g。墙体采用 MU15 级烧结多孔砖、M10 级混合砂浆砌筑。各层墙上下连续且洞口对齐。除首层层高为 3.0m 外，其余五层层高均为 2.9m。试问，满足《建筑抗震设计规范》GB 50011—2010 抗震构造措施要求的构造柱最少设置数量（根）与下列何项数值最为接近？

（A）52　　　　　（B）54　　　　　（C）60　　　　　（D）76

（2）题目条件同（1），试问，L1 梁在端部砌体墙上的最小支承长度（mm）与下列何项数值最为接近？

（A）120　　　　　（B）240　　　　　（C）360　　　　　（D）500

【解答】（1）本工程横墙较少，且房屋总高度和层数达到《抗规》表 7.1.2 规定的限值。

根据《抗规》7.1.2 条第 3 款，当按规定采取加强措施后，其高度和层数应允许按表

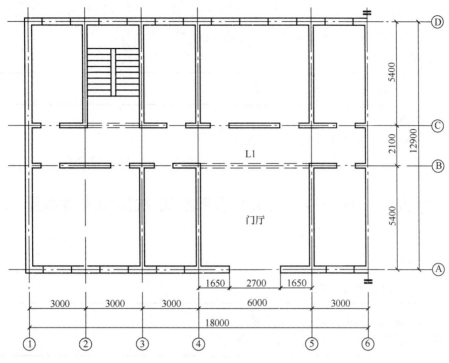

图 3.8.4-5

7.1.2 的规定采用。

根据《抗规》7.3.1 条构造柱设置部位要求及 7.3.14 条第 5 款加强措施要求，所有纵、横墙中部均应设置构造柱，且间距不宜大于 3.0m，如图 3.8.4-6 所示。

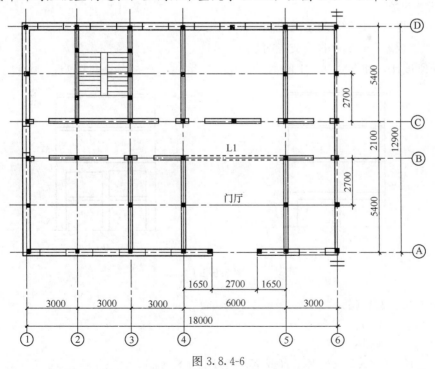

图 3.8.4-6

故选（D）项。

（2）根据《抗规》7.3.8条第2款，应选（D）项。

2. 多层砌块砌体房屋

> ● 复习《抗规》7.4.1条~7.4.7条。

需注意的是：

（1）《抗规》7.4.2条第5款、第6款规定。

（2）《抗规》7.4.6条，对比《砌规》10.3.5条第3款，后者规定细化了。

第九节　《抗规》《砌规》底部框架-抗震墙砌体房屋

一、一般规定

1. 房屋层数和高度及层高

> ● 复习《抗规》7.1.2条、7.1.3条。
> ● 复习《砌规》10.1.2条、10.1.4条。

可见，《抗规》、《砌规》是一致的。

2. 结构布置和抗震横墙的间距

> ● 复习《抗规》7.1.5条、7.1.8条。

需注意的是：

（1）《抗规》7.1.5条的条文说明。

（2）《抗规》7.1.8条的条文说明。

侧向刚度比，如图3.9.1-1所示。

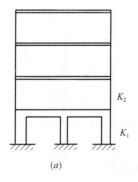　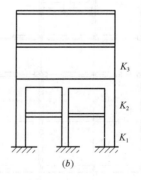

图 3.9.1-1

对于图3.9.1-1（a）：

6、7度：$1.0 \leqslant K_2/K_1 \leqslant 2.5$

8度：$1.0 \leqslant K_2/K_1 \leqslant 2.0$

$K_1 = \sum K_{cfj} + \sum K_{cwj} + \sum K_{gwj}$（或 $K_1 = \sum K_{cfj} + \sum K_{bj}$）

$$K_2 = \sum K_{b2}$$

式中 K_{cfj}——底层第 j 榀框架的侧向刚度；

K_{cwj}——底层一片混凝土抗震墙的侧向刚度；

K_{gwj}——底层一片配筋砌块砌体抗震墙的侧向刚度；

K_{bj}——底层一片约束砌体抗震墙的侧向刚度；

K_{b2}——第二层的一片砌体抗震墙的侧向刚度。

对于图 3.9.1-1 (b)

6、7 度：$1.0 \leqslant K_3/K_2 \leqslant 2.0$

8 度：$1.0 \leqslant K_3/K_2 \leqslant 1.5$

$$K_2 = \sum K_{cfj2} + \sum K_{cwj2} + \sum K_{gwj2}$$

$$K_3 = \sum K_{b3}$$

3. 底部钢筋混凝土结构构件的抗震等级

> ● 复习《抗规》7.1.9 条。
>
> ● 复习《抗规》10.1.9 条。

注意，《砌规》10.1.9 条还补充了底部配筋砌块砌体抗震墙的抗震等级。

4. 抗震验算

> ● 复习《砌规》10.1.7 条。
>
> ● 复习《抗规》5.5.2 条第 2 款。

二、抗震计算

1. 水平地震作用计算和地震作用效应调整

> ● 复习《抗规》7.2.1 条、7.2.4 条。

《抗规》7.2.1 条的条文说明指出，底部框架-抗震墙房屋属于竖向不规则结构。

当采用底部剪力法时由《抗规》5.2.1 条，取 $\alpha_1 = \alpha_{max}$。

对于底层框架-抗震墙砌体房屋，由底部剪力法计算出首层的水平地震剪力标准值为 V_1，根据《抗规》7.2.4 条第 1 款，应考虑地震作用效应增大系数 ξ，即：$V_1(\xi) = \xi V_1$

增大系数 ξ 的确定，《抗规》7.2.4 条的条文说明：

> **7.2.4**（条文说明）
>
> 通常，增大系数可依据刚度比用线性插值法近似确定。

由《抗规》5.2.5 条，首层为薄弱层，故剪力系数 λ 应考虑 1.15，取 $V_1(\xi)$ 与 $1.15\lambda \sum\limits_{j=i}^{n} G_j$ 进行楼层最小地震剪力复核，则：

（1）当 $V_1(\xi) = \xi V_1 \geqslant 1.15\lambda \sum\limits_{j=i}^{n} G_j$ 时，取地震作用效应增大系数为 ξ，调整后的地震剪力标准值：$V_1(\xi) = \xi V_1$

（2）当 $V_1(\xi) = \xi V_1 < 1.15\lambda \sum_{j=i}^{n} G_j$ 时，取地震作用效应增大系数为：$1.15\lambda \sum_{j=i}^{n} G_j / V_1$ ，

调整后的地震剪力标准值为：$V_1(\xi) = 1.15\lambda \sum_{j=i}^{n} G_j$

2. 底层水平地震剪力分配

在底层框架-抗震墙砌体房屋中，抗震墙作为抗震的第一道防线，框架作为第二道防线。

▲2.1 抗震墙承担的水平地震剪力

● 复习《砌规》7.2.4 条第 3 款。

《抗规》7.2.4 条第 3 款规定：底层或底部两层的纵向或横向水平地震剪力值应全部由该方向的抗震墙承担，并按各抗震墙侧向刚度比例分配，即：

$$V_{cwj} = \frac{K_{cwj}}{\sum K_{cwj} + \sum K_{gwj}} \cdot V_1(\zeta)$$

$$V_{gwj} = \frac{K_{gwj}}{\sum K_{cwj} + \sum K_{gwj}} \cdot V_1(\zeta)$$

▲2.2 底部框架承担的水平地震剪力

● 复习《抗规》7.2.5 条第 1 款。

对于底部框架及框架柱承担的水平地震剪力值，《抗规》7.2.5 条第 1 款规定如下：

$$V_{1j} = \frac{K_{cfj}}{\sum K_{cfj} + 0.2 \sum K_{bj}} \cdot V_1(\xi)$$

$$V_{1j} = \frac{K_{cfj}}{\sum K_{cfj} + 0.3 \sum K_{cwj} + 0.3 \sum K_{gwj}} \cdot V_1(\zeta)$$

式中 V_{1j}——底层第 j 榀框架承担的地震剪力值；

其他符号意义同前。

水平地震剪力产生的柱端弯矩，《砌规》10.4.2 条规定：计算底部框架地震剪力产生的柱端弯矩时，可取柱的反弯点距柱底为 0.55 倍柱高。

底部框架柱的地震组合内力调整，《抗规》7.5.6 条和《砌规》10.4.3 条作了相同规定。

● 复习《抗规》7.5.6 条。
● 复习《砌规》10.4.3 条。

【例 3.9.2-1】某抗震设防烈度为 6 度的底层框架-抗震墙多层砌体房屋的底层框架柱 KZ、砖抗震墙 ZQ、钢筋混凝土抗震墙 GQ 的布置，如图 3.9.2-1 所示，底层层高为 3.6m。各框架柱 KZ 的横向侧向刚度均为 $K_{KZ} = 4.0 \times 10^4 kN/m$；砖抗震墙 ZQ（不包括端柱）的侧向刚度为 $K_{ZQ} = 40.0 \times 10^4 kN/m$。地震剪力增大系数 $\eta = 1.4$。

试问：

（1）假定，作用于底层顶标高处的横向地震剪力标准值 $V_k = 800kN$。试问，作用于

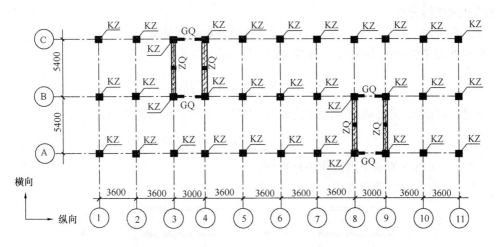

图 3.9.2-1

每道横向砖抗震墙 ZQ 上的地震剪力设计值（kN），与下列何项数值最为接近？

(A) 360　　　　　(B) 280　　　　　(C) 260　　　　　(D) 200

（2）假定，作用于底层顶标高处的横向地震剪力设计值 $V=1000$kN。试问，作用于每个框架柱 KZ 上的地震剪力设计值（kN），与下列何项数值最为接近？

(A) 14　　　　　(B) 18　　　　　(C) 22　　　　　(D) 25

（3）假定，将砖抗震墙 ZQ 改为钢筋混凝土抗震墙，且混凝土抗震墙（包括端柱）的抗侧刚度为 250.0×10^4kN/m，作用于底层顶标高处的横向地震剪力设计值 $V=1000$kN。试问，作用于每个框架柱 KZ 上的地震剪力设计值（kN），与下列何项数值最为接近？

(A) 4　　　　　(B) 10　　　　　(C) 20　　　　　(D) 30

【解答】（1）根据《抗规》5.4.1 条，取 $\gamma_{Eh}=1.3$

由《抗规》7.2.4 条：

$$V = 1.3 \times 1.4 \times 800 = 1456\text{kN}$$

$$V_{ZQ} = \frac{K_{ZQ}}{4K_{ZQ}} \cdot V = \frac{1}{4} \times 1456 = 364\text{kN}$$

故选（A）项。

（2）根据《抗规》7.2.5 条：

$$V_{KZ} = \frac{V \times K_{KZ}}{0.2 \times 4 \times K_{ZQ} + 33 \times K_{KZ}} = \frac{1000 \times 4}{0.2 \times 4 \times 40 + 33 \times 4} = \frac{4000}{32 + 132} = 24.4\text{kN}$$

故选（D）项。

（3）根据《抗规》7.2.5 条

$$V_{KZ} = \frac{V \times K_{KZ}}{0.3 \times 4 \times K_{GQ} + 25 \times K_{KZ}} = \frac{1000 \times 4}{0.3 \times 4 \times 250 + 25 \times 4} = \frac{4000}{300 + 100} = 10\text{kN}$$

故选（B）项。

3. 底部地震倾覆力矩和框架柱的附加轴力计算

● 复习《抗规》7.2.5 条第 1 款。

《抗规》7.2.5 条第 1 款 2）中，地震倾剪力矩可近似按底部抗震墙和框架的有效侧向刚度的比例进行分配。

《抗规》7.2.5 条第 1 款 1）中，规定了有效侧向刚度的取值。

底层框架-抗震墙房屋的地震倾覆力矩 M_1 ［图 3.9.2-2（a）］：

$$M_1 = 1.3 \sum_{i=2}^{n} F_i (H_i - H_1)$$

底部两层框架-抗震墙房屋的地震倾覆力矩 M_2 ［图 3.9.2-2（b）］：

$$M_2 = 1.3 \sum_{i=3}^{n} F_i (H_i - H_2)$$

式中 F_i——i 质点的水平地震作用标准值；

H_i——i 质点的计算高度。

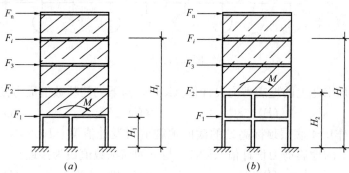

图 3.9.2-2 上部楼层地震剪力引起的倾覆力矩 M

（a）底层框架-抗震墙房屋；（b）底部两层框架-抗震墙房屋

底层框架-抗震墙的地震倾覆力矩 M_1，按《抗规》7.2.5 条规定，分配给框架柱、抗震墙（混凝土墙、砖墙），即：

一榀框架承担的倾覆力矩 M_{fj}：

$$M_{fj} = \frac{K_{cfj}}{\sum K_{cfj} + 0.30 \sum K_{cwj} + 0.30 \sum K_{gwj}} M_1$$

一片混凝土抗震墙（或配筋混凝土小砌块砌体抗震墙）承担的倾覆力矩 M_{cw}：

$$M_{cw} = \frac{0.30 K_{cwj}}{\sum K_{cfj} + 0.30 \sum K_{cwj} + 0.30 \sum K_{gwj}} M_1$$

一片约束砌体（砖墙或小砌块墙）抗震墙承担的倾覆力矩 M_{wm}：

$$M_b = \frac{0.20 K_{bj}}{\sum K_{cfj} + 0.20 \sum K_{bj}} M_1$$

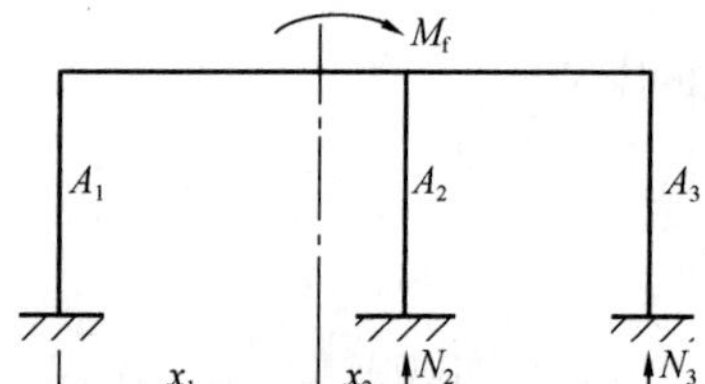

图 3.9.2-3 框架柱附加

轴力计算简图

底部框架柱的附加轴力，在 M_f 作用下，假定墙梁刚度为无限大，则有（图 3.9.2-3）：

$$N_{ci} = \pm \frac{A_i x_i}{\sum A_i x_i^2} M_{fj}$$

当框架柱为等截面时，$N_{ci} = \pm \dfrac{x_i}{\sum x_i^2} M_{fj}$

式中 N_{ci}——由倾覆力矩 M_{fj} 产生的框架柱附加轴力；

x_i——第 i 根框架柱到所在框架中和轴的距离；

A_i——第 i 根框架柱的截面面积。

【例 3.9.2-2】某底层框架-抗震墙砌体房屋，底层结构平面布置如图 3.9.2-4 所示，柱高度 $H=4.2$m，框架柱截面尺寸均为 500mm×500mm，各框架柱的横向侧向刚度 K_c $=2.5×10^4$kN/m，各横向钢筋混凝土抗震墙的侧向刚度均为 $330×10^4$kN/m，纵向钢筋混凝土抗震墙的侧向刚度为 $180×10^4$kN/m。砌体施工质量控制等级为 B 级。

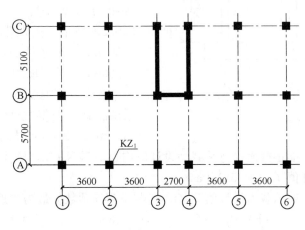

图 3.9.2-4

试问，若底层顶的横向地震倾覆力矩标准值 $M_k=12000$kN·m，则由横向地震倾覆力矩引起的框架柱 KZ_1 附加轴力标准值（kN），应与下列何项数值最为接近？

(A) 12　　　　　　(B) 18　　　　　　(C) 25　　　　　　(D) 36

【解答】(1) 根据《抗规》7.8.10 条第 1 款 2) 的规定：

$$M_{fj} = \frac{K_{cfj}}{\sum K_{cfj} + 0.3 \sum K_{cwj}} \cdot M_k$$

$$= \frac{2.5×10^4×3}{2.5×10^4×14 + 0.3×330×10^4×2} × 12000$$

$$= 386.27\text{kN·m}$$

确定中性轴位置，如图 3.9.2-5 所示，从Ⓐ轴为参考线：

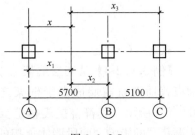

图 3.9.2-5

$$x = \frac{\sum A_i x_i}{\sum A_i} = \frac{0.5×0.5×[5.7 + (5.7 + 5.1)]}{0.5×0.5×3} = 5.5\text{m}$$

则有：$x_1 = 5.5$m，$x_2 = 0.2$m，$x_3 = 5.3$m

框架柱 KZ_1 的附加轴力 N_1：

$$N_1 = \pm \frac{M_{fj} x_i}{\sum x_i^2}$$

$$= \pm \frac{5.5×386.27}{5.5^2 + 0.2^2 + 5.3^2} = \pm 36.4\text{kN}$$

所以应选 (D) 项。

4. 底层嵌砌于框架之间的普通砖或小砌块引起的附加内力

● 复习《抗规》7.2.9条。

此外，《砌规》10.4.4条也作了相同规定。

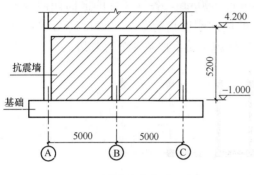

图 3.9.2-6

【例 3.9.2-3】（2013T32）某底层框架-抗震墙砌体房屋，总层数四层。建筑抗震设防类别为丙类。砌体施工质量控制等级为 B 级。其中一榀框架立面如图 3.9.2-6 所示，托墙梁截面尺寸为 300mm×600mm，框架柱截面尺寸均为 500mm×500mm，柱、墙均居轴线中。

假定，抗震设防烈度为 7 度，抗震墙采用嵌砌于框架之间的配筋小砌块砌体墙，墙厚 190mm。抗震构造措施满足规范要求。框架柱上下端正截面受弯承载力设计值均为 165kN·m，砌体沿阶梯形截面破坏的抗震抗剪强度设计值 $f_{vE}=0.52$MPa。

试问：其抗震受剪承载力设计值 V（kN）与下列何项数值最为接近？

(A) 1220　　　(B) 1250　　　(C) 1550　　　(D) 1640

【解答】砌体水平截面计算面积 $A_{w0}=0.19\times(10-0.5\times2)\times1.25=2.1375$m^2，

底层框架柱计算高度 $H_0=(5.2-0.6)\times\dfrac{2}{3}=3.07$m，及 $5.2-0.6=4.6$m

由《抗规》式(7.2.9-3)：$V_u=\dfrac{1}{0.8}\times(2\times165/3.07+4\times165/4.6)+\dfrac{1}{0.9}$

$$\times0.52\times2.1375\times10^3$$
$$=1548.71\text{kN}$$

故选（C）项。

【例 3.9.2-4】某底层框架-抗震墙房屋，约束普通砖抗震墙嵌砌于框架之间，如图 3.9.2-7 所示，其符合抗震构造要求；由于墙上孔洞的影响，两段墙体承担的地震剪力设计值分别为 $V_1=100$kN 和 $V_2=150$kN。

试问，框架柱 2 的附加轴力设计值 (kN)，应与下列何项数值最为接近？

(A) 35　　　　(B) 75

(C) 115　　　 (D) 185

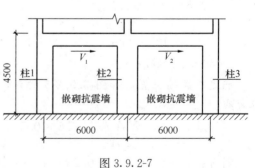

图 3.9.2-7

【解答】根据《抗规》7.2.9条：取 $V_w=150$kN。

$$N_f=\frac{150\times4.5}{6}=112.5\text{kN}$$

故应选（C）项。

5. 底部结构构件

▲5.1 框架柱

- 复习《砌规》10.4.2条、10.4.3条第1款。
- 复习《抗规》7.5.6条第5款

可见，《砌规》、《抗规》是一致的。

▲5.2 托墙梁（托梁）

- 复习《砌规》10.4.3条、10.4.5条。
- 复习《抗规》7.2.5条第2款，及其条文说明。

注意，抗震设计时，托墙梁的托梁弯矩系数 α_M、剪力系数 β_V 应增大，《砌规》10.4.5条有明确规定，而《抗规》无此规定。

▲5.3 底部抗震墙

《砌规》10.4.3条规定：

10.4.3 底部框架-抗震墙砌体房屋中，底部框架、托梁和抗震墙组合的内力设计值尚应按下列要求进行调整：

　　3 抗震墙墙肢不应出现小偏心受拉。

10.4.3（条文说明）

　　考虑底部抗震墙已承担全部地震剪力，不必再按抗震规范对底部加强部位抗震墙的组合弯矩计算值进行放大，因此只建议按一般部位抗震墙进行强剪弱弯的调整。

三、抗震构造措施

《抗规》、《砌规》分别作了具体规定。

（一）底部

1. 框架柱

① 抗震等级——《抗规》7.1.9条；《砌规》10.1.9条，一致。

② 地震组合弯矩值的调整——《抗规》7.5.6条，《砌规》10.4.3条，一致。

③ 柱轴压比、配筋——《抗规》7.5.6条，《砌规》无。

④ 材料强度等级——《抗规》7.5.9条，《砌规》10.1.12条，一致。

2. 托墙梁

① 截面和构造——《抗规》7.5.8条，《砌规》10.4.9条。

② 材料强度等级——《抗规》7.5.9条，《砌规》10.1.12条，一致。

3. 底部抗震墙

3.1 钢筋混凝土抗震墙

① 抗震等级——《抗规》7.1.9条，《砌规》10.1.9条，一致。

② 截面和构造——《抗规》7.5.3条，《砌规》10.4.6条，一致。

③ 材料强度等级——《抗规》7.5.9条，《砌规》10.1.12条，一致。

3.2 约束砖砌体抗震墙

构造——《抗规》7.5.4条，《砌规》10.4.6条、10.4.8条。

3.3　配筋砌块砌体抗震墙

厚度、截面和构造——《抗规》无，《砌规》10.4.6条、10.4.7条。

3.4　约束小砌块砌体抗震墙

构造——《抗规》7.5.5条，《砌规》无。

（二）过渡层

① 过渡层墙体的构造——《抗规》7.5.2条，《砌规》10.4.11条。

② 过渡层墙体的材料强度等级——《抗规》7.5.9条，《砌规》10.4.11条，一致。

③ 过渡层的底板——《抗规》7.5.7条，《砌规》10.4.12条，一致。

（三）上部

① 上部墙体的构造柱或芯柱——《抗规》7.5.1条，《砌规》10.4.10条，一致。

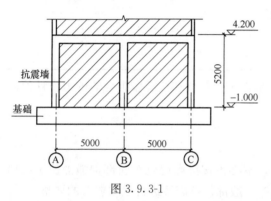

图 3.9.3-1

② 上部的楼盖——《抗规》7.5.7条，《砌规》10.4.12条，一致。

【例3.9.3-1】（2013T31）某底层框架-抗震墙房屋，总层数四层。建筑抗震设防类别为丙类。砌体施工质量控制等级为B级。其中一榀框架立面如图3.9.3-1所示，托墙梁截面尺寸为300mm×600mm，框架柱截面尺寸均为500mm×500mm，柱、墙均居轴线中。

假定，抗震设防烈度为6度，试问，下列说法何项错误?

（A）抗震墙采用嵌砌于框架之间的约束砖砌体墙，先砌墙后浇筑框架。墙厚240mm，砌筑砂浆等级为M10，选用MU10级烧结普通砖。

（B）抗震墙采用嵌砌于框架之间的约束小砌块砌体墙，先砌墙后浇筑框架。墙厚190mm，砌筑砂浆等级为Mb10，选用MU10级单排孔混凝土小型空心砌块。

（C）抗震墙采用嵌砌于框架之间的约束砖砌体墙，先砌墙后浇筑框架。墙厚240mm，砌筑砂浆等级为M10，选用MU15级混凝土多孔砖。

（D）抗震墙采用嵌砌于框架之间的约束小砌块砌体墙。当满足抗震构造措施后，尚应对其进行抗震受剪承载力验算。

【解答】根据《抗规》7.1.8条及条文说明，不应采用多孔砖砌体，（C）项错误，故选（C）项。

另：根据《抗规》7.1.8条、7.5.4条、7.5.5条，（A）、（B）项正确。

根据《抗规》7.2.9条，（D）项正确。

【例3.9.3-2】（2016T35）某抗震设防烈度7度（0.1g）总层数为6层的房屋，采用底层框架-抗震墙砌体结构，某一榀框支墙梁剖面简图如图3.9.3-2所示，墙体采用240mm厚烧结普通砖、混合砂浆砌筑，托梁截面尺寸为300mm×700mm。试问，按《建筑抗震设计规范》GB 50011—2010要求，该榀框支墙梁二层过渡层墙体内，设置的构造柱最少数量（个），与下列何项数值最为接近?

(A) 9   (B) 7   (C) 5   (D) 3

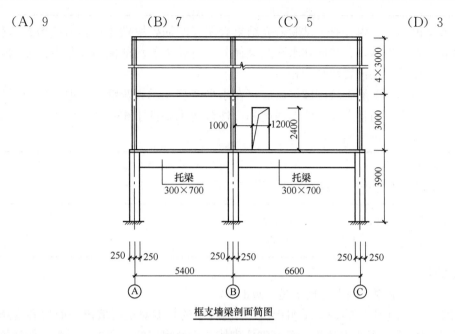

框支墙梁剖面简图

图 3.9.3-2

【解答】根据《抗规》7.5.2 条：

本条第 5 款，过渡层墙体内宽度不小于 1.2m 的门洞，洞口两侧宜设置构造柱，2 个。

本条第 2 款，过渡层应在底部框架柱对应位置设置构造柱，3 个；

墙体内的构造柱间距不宜大于层高，2 个。

共 7 个，故选 (B) 项。

第十节 《抗规》《砌规》配筋砌块砌体抗震墙房屋

一、一般规定

1. 变形特性和计算方法

配筋配块砌体抗震墙的内涵，《抗规》规定：

> **F.3.2** 配筋混凝土小型空心砌块抗震墙房屋的抗震墙，应全部用灌孔混凝土灌实。
>
> **F.3.2**（条文说明）本条是新增条文。配筋小砌块砌体抗震墙是一个整体，必须全部灌孔。在配筋小砌块砌体抗震墙结构的房屋中，允许有部分墙体不灌孔，但不灌孔的墙体只能按填充墙对待并后砌。

《砌规》规定：

> **10.1.1**
>
> 注：本章中"配筋砌块砌体抗震墙"指全部灌芯配筋砌块砌体。

配筋砌块砌体抗震墙的受力性能计算方法和变形，《砌规》指出：

10.1.3 （条文说明）国内外有关试验研究结果表明，配筋砌块砌体抗震墙结构的承载能力明显高于普通砌体，其竖向和水平灰缝使其具有较大的耗能能力，受力性能和计算方法都与钢筋混凝土抗震墙结构相似。

10.1.8 （条文说明）配筋砌块砌体抗震墙存在水平灰缝和垂直灰缝，在地震作用下具有较好的耗能能力，而且灌孔砌体的强度和弹性模量也要低于相对应的混凝土，其变形比普通钢筋混凝土抗震墙大。

2. 基本规定

▲2.1 房屋最大高度、层高

- 复习《砌规》10.1.3 条、10.1.4 条。
- 复习《抗规》F.1.1 条、F.1.4 条。

需注意的是：

（1）《砌规》、《抗规》的上述规定是一致的。

（2）《砌规》10.1.4 条的条文说明指出："抗震墙的高度对抗震墙出平面偏心受压强度和变形有直接关系，因此本条规定配筋砌块砌体抗震墙房屋的层高主要是为了保证抗震墙出平面的承载力、刚度和稳定性。"

▲2.2 结构布置和抗震横墙的间距及防震缝

- 复习《砌规》10.1.10 条。
- 复习《抗规》F.1.3 条。

▲2.3 房屋高宽比

- 复习《抗规》F.1.1 条。

需注意的是：

《抗规》F.1.1 条的条文说明指出，限制房屋高宽比，有利于房屋的稳定性；可使墙肢在多遇地震下不致出现小偏心受拉状况。

▲2.4 抗震等级

- 复习《抗规》10.1.6 条。
- 复习《抗规》F.1.2 条。

可见，《砌规》10.1.6 条表 10.1.6 适用于丙类建筑；乙类建筑应按抗震设防标准的规定提高一度后再查表 10.1.6。

▲2.5 底部加强部位

- 复习《砌规》10.1.4 条、10.5.9 条。
- 复习《抗规》F.1.4 条注。

注意，《砌规》10.5.9 条规定存在不足，当房屋高度小于 21m 时，依据《砌规》10.1.4 条或《抗规》F.1.4 条注，底部加强部位的高度取为一层（首层）。

▲2.6 弹性层间位移角

- 复习《砌规》10.1.8条。
- 复习《抗规》F.2.1条。

可见,《砌规》、《抗规》是不一致的。

【例3.10.1-1】(2012T32)关于砌体结构设计与施工的以下论述:

Ⅰ.采用配筋砌体时,当砌体截面面积小于$0.3m^2$时,砌体强度设计值的调整系数为构件截面面积(m^2)加0.7;

Ⅱ.对施工阶段尚未硬化的新砌砌体进行稳定验算时,可按砂浆强度为零进行验算;

Ⅲ.在多遇地震作用下,配筋砌块砌体剪力墙结构楼层最大弹性层间位移角不宜超过1/1000;

Ⅳ.砌体的剪变模量可按砌体弹性模量的0.5倍采用。

试问,针对以上论述正确性的判断,下列何项正确?

(A) Ⅰ、Ⅱ正确,Ⅲ、Ⅳ错误　　　　(B) Ⅰ、Ⅲ正确,Ⅱ、Ⅳ错误

(C) Ⅱ、Ⅲ正确,Ⅰ、Ⅳ错误　　　　(D) Ⅱ、Ⅳ正确,Ⅰ、Ⅲ错误

【解答】Ⅰ.根据《砌规》3.2.3条,错误,故排除(A)、(B)项。

Ⅲ.根据《砌规》10.1.8条,正确,故排除(D)项,所以应选(C)项。

另:Ⅳ.根据《砌规》3.2.5条,错误。

Ⅱ.根据《砌规》3.2.4条,正确。

【例3.10.1-2】某配筋砌块砌体剪力墙房屋,房屋高度22m,抗震设防烈度为8度。首层剪力墙截面尺寸如图3.10.1-1所示,墙体高度3900mm,为单排孔混凝土砌块对孔砌筑,采用MU20级砌块、Mb15级水泥砂浆、Cb30级灌孔混凝土($f_c=14.3N/mm^2$),配筋采用HRB335级钢筋,砌体施工质量控制等级为B级。

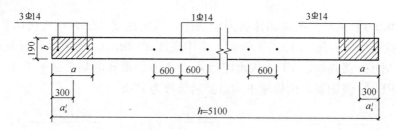

图3.10.1-1

试问,竖向受拉钢筋在灌孔混凝土中的最小锚固长度l_{ae}(mm),与下列何项数值最为接近?

(A) 300　　　　(B) 420　　　　(C) 440　　　　(D) 485

【解答】根据《砌规》10.1.6条,砌体剪力墙抗震等级为二级。

根据《砌规》10.1.13条,$l_{ae}=1.15l_a$,

根据《砌规》9.4.3条,钢筋为HRB335级,$l_a=30d$,并$\geqslant300mm$,$l_{ae}=1.15l_a=1.15\times30\times14=483mm$

故 $l_{ae} \geqslant 483mm$

故选（D）项。

二、配筋砌块砌体抗震墙承载力计算

1. 承载力计算

- 复习《砌规》10.5.1 条～10.5.5 条。
- 复习《抗规》F.2.1 条～F.2.5 条。

需注意的是：

（1）《抗规》F.2.2 条～F.2.7 条的条文说明指出，配筋砌块砌体抗震墙截面受剪承载力由砌体、竖向和水平分布筋三者共同承担，要求水平分布筋承担一半以上的水平剪力。

（2）《抗规》F.2.4 条中 $\lambda = \dfrac{M}{Vh_0}$ 存在不妥，应取未经内力调整的 V_w、M_w 进行。

2. 抗震构造措施

- 复习《砌规》10.5.9 条～10.5.13 条。
- 复习《抗规》F.3.1 条～F.3.7 条、F.3.9 条、F.3.10 条。

需注意的是：

（1）《砌规》表 10.5.9-1，与《抗规》表 F.3.3-1 的区别是：《抗规》表 F.3.3-1 中注的规定，即：9 度时配筋率 $\geqslant 0.2\%$。

（2）《砌规》10.5.12 条，墙肢轴压比计算时，取 $\gamma_G = 1.2$。

（3）《砌规》10.5.13 条的条文说明指出："钢筋混凝土圈梁作为配筋砌块砌体抗震墙的一部分，其强度应和灌孔砌块砌体强度基本一致，相互匹配，其纵筋配筋量不应小于配筋砌块砌体抗震墙水平筋数量，其间距不应大于配筋砌块砌体抗震墙水平筋间距，并宜适当加密。"

【例 3.10.2-1】 某配筋砌块砌体剪力墙房屋，房屋高度 22m，抗震设防烈度为 8 度。首层剪力墙截面尺寸如图 3.10.2-1 所示，墙体高度 3900mm，为单排孔混凝土砌块对孔砌筑，采用 MU20 级砌块、Mb15 级水泥砂浆、Cb30 级灌孔混凝土（$f_c = 14.3N/mm^2$），配筋采用 HRB335 级钢筋，砌体施工质量控制等级为 B 级。

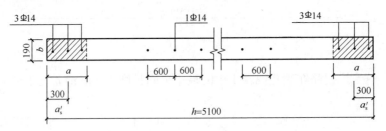

图 3.10.2-1

假定，此段剪力墙计算截面的剪力设计值 $V = 210kN$。试问，底部加强部位的截面组合剪力设计值 V_w（kN），与下列何项数值最为接近？

(A) 340　　　　　(B) 290　　　　　(C) 250　　　　　(D) 210

【解答】 根据《砌规》表 10.1.6，抗震等级为二级。

由《抗规》10.5.2 条，$V_w=1.4\times210=294$kN

故选（B）项。

【例 3.10.2-2】 抗震等级为二级的配筋砌块砌体剪力墙房屋，首层某矩形截面剪力墙墙体厚度为 190mm，墙体长度为 5100mm，剪力墙截面的有效高度 $h_0=4800$mm，为单排孔混凝土砌块对孔砌筑，砌体施工质量控制等级为 B 级。若此段砌体剪力墙计算截面的剪力设计值 $V=210$kN，轴力设计值 $N=1250$kN，弯矩设计值 $M=1050$kN·m，灌孔砌体的抗压强度设计值 $f_g=7.5$N/mm²。试问，底部加强部位剪力墙的水平分布钢筋配置，下列哪种说法合理？

提示：按《砌体结构设计规范》GB 50003—2011 作答。

(A) 按计算配筋　　　　　　　　　(B) 按构造，最小配筋率取 0.10%

(C) 按构造，最小配筋率取 0.11%　　(D) 按构造，最小配筋率取 0.13%

【解答】 $f_{vg}=0.2f_g^{0.55}=0.2\times7.5^{0.55}=0.606$N/mm²

根据《砌规》10.5.4 条：

$\lambda=\dfrac{M}{Vh_0}=\dfrac{1050}{210\times4.8}=1.04<1.5$，取 $\lambda=1.5$；对于矩形截面 $A_w=A$，

根据《砌规》10.1.5 条，$\gamma_{RE}=0.85$，

根据《砌规》10.5.4 条，$0.2f_gbh=0.2\times7.5\times190\times5100=1453.5kN>N=1250$kN

故取 $N=1250$kN

$$\frac{1}{\gamma_{RE}}\times\frac{1}{\lambda-0.5}\left(0.48f_{vg}bh_0+0.10N\frac{A_w}{A}\right)$$

$$=\frac{1}{0.85}\times\frac{1}{1.5-0.5}\times(0.48\times0.606\times190\times4800+0.10\times1250\times1000\times1)$$

$$=\frac{1}{0.85}\times(265283+125000)=459.2\text{kN}>V_w=1.4V=1.4\times210=294\text{kN}$$

故不需要按计算配置水平钢筋，只需按照构造要求配筋。

根据《砌规》10.5.9 条，抗震等级为二级的配筋砌块砌体抗震墙，底部加强部位水平分布钢筋的最小配筋率为 0.13%。

故应选（D）项。

三、连梁

1. 承载力计算

- 复习《砌规》10.5.6 条～10.5.8 条。
- 复习《抗规》F.2.6 条、F.2.7 条。

需注意的是：

《砌规》10.5.8 条公式、《抗规》F.2.7 条公式适用于：跨高比≤2.5 的连梁。

2. 抗震构造措施

- 复习《砌规》10.5.14条。
- 复习《抗规》F.3.8条。

需注意的是：

《砌规》10.5.14条的条文说明，配筋砌块砌体连梁的施工程序。

第十一节 《木标》材料和基本设计规定

一、总则和材料

- 复习《木标》1.0.1条~1.0.3条。
- 复习《木标》2.1.1条~2.1.33条。
- 复习《木标》3.1.1条~3.2.13条。
- 复习《木标》附录A、附录B。

需注意的是：

(1)《木标》1.0.2条的条文说明指出，《木标》不适用于临时性建筑设施以及施工用支架、模板等。

(2)《木标》3.1.2条，及对应的附录A.1的规定。

(3)《木标》3.1.10条，及对应的附录A.2的规定。

(4)《木标》3.1.12条与3.1.13条对应。其中，木材含水率的定义，见《木标》2.1.9条。

《木标》3.1.13条条文说明。

【例3.11.1-1】(2016B02) 关于木结构设计的下列说法，其中何项正确？

(A) 胶合木层板宜采用硬质阔叶林树种制作

(B) 制作木构件时，受拉构件的连接板木材含水率不应大于25%

(C) 承重结构现场目测分级方木材质标准对各材质等级中的髓心均不做限制规定

(D) "破心下料"的制作方法可以有效减小木材因干缩引起的开裂，但标准不建议大量使用

【解答】 根据《木标》3.1.13条条文说明，应选（D）项。

另：根据《木标》3.1.10条，（A）项错误。

根据《木标》3.1.12条，（B）项错误。

根据《木标》附录A.1.1，（C）项错误。

二、设计原则

- 复习《木标》4.1.1条~4.2.15条。

需注意的是：

(1)《木标》4.1.7 条，按《可靠性标准》8.2.8 条，即：γ_0 与安全等级挂勾。

(2)《木标》4.1.9 条，与 5.2.9 条挂勾。

(3)《木标》4.2.9 条、4.2.10 条。

三、设计指标和允许值

> ● 复习《木标》4.3.1 条～4.3.20 条。

需注意的是：

(1)《木标》表 4.3.1-3 注，其与《木标》7.1.8 条、7.1.9 的条文说明挂勾。

(2)《木标》4.3.2 条。

(3)《木标》表 4.3.9-1 注 1、2 的规定。

《木标》表 4.3.9-2 的规定，与《木标》公式（4.1.7）中 $\gamma_0 S$ 不挂勾，即：S 也应同时考虑 γ_0 的影响。

(4)《木标》4.3.15 条，与 5.2.9 条挂勾。

(5)《木标》4.3.18 条。

【例 3.11.3-1】（2011B1）露天环境下某工地采用红松原木制作混凝土梁底模立柱，强度验算部位未经切削加工，试问，在确定设计指标时，该红松原木轴心抗压强度最大设计值（N/mm²），与下列何项数值最为接近？

(A) 10 　　　　　　　　　　　(B) 12

(C) 14 　　　　　　　　　　　(D) 15

【解答】 根据《木标》表 4.3.1-1，红松属于 TC13B。查表 4.3.1-3，$f_c = 10\text{N/mm}^2$；查表 4.3.9-1，露天环境，调整系数 0.9；短暂情况，调整系数 1.2；又依据 4.3.2 条，由于是原木，验算部位没有切削，强度提高 15%。

故调整后的抗压强度设计值为：

$$f_c = 10 \times 0.9 \times 1.2 \times 1.15 = 12.42\text{N/mm}^2$$

故选（B）项。

【例 3.11.3-2】（2011B2）关于木结构，下列哪一种说法是不正确的？

(A) 井干式木结构采用原木制作时，木材的含水率不应大于 25%

(B) 原木结构受弯或压弯构件当采用原木时，对髓心不做限制指标

(C) 木材顺纹抗压强度最高，斜纹承压强度最低，横纹承压强度介于两者之间

(D) 标注原木直径时，应以小头为准；验算原木构件挠度和稳定时，可取中央截面

【解答】 根据《木标》3.1.12 条，（A）项正确；

依据《木标》表 3.1.3-1，受弯构件、压弯构件需要等级是 Ⅱa，再依据附录表 A.1.2 可知，Ⅱa 时对髓心无限制，故（B）项正确；

依据《木标》4.3.3 条，横纹时受压强度最低，故（C）项不正确；

依据《木标》4.3.8 条，（D）项正确。

应选（C）项。

【例 3.11.3-3】（2012B1）关于木结构的以下论述：

Ⅰ．方木原木受拉构件的连接板，木材的含水率不应大于19％；

Ⅱ．方木原木结构受拉或拉弯构件应选用Ⅰ_a级材质的木材；

Ⅲ．验算原木构件挠度和稳定时，可取中央截面；

Ⅳ．对设计使用年限为25年的木结构构件，结构重要性系数γ_0不应小于0.9。

试问，针对以上论述正确性的判断，下列何项正确？

(A) Ⅰ、Ⅱ正确，Ⅲ、Ⅳ错误   (B) Ⅱ、Ⅲ正确，Ⅰ、Ⅳ错误

(C) Ⅰ、Ⅳ正确，Ⅱ、Ⅲ错误   (D) Ⅲ、Ⅳ正确，Ⅰ、Ⅱ错误

【解答】Ⅰ．根据《木标》3.1.12条，不正确；

Ⅱ．根据《木标》3.1.3条，正确；

Ⅲ．根据《木标》4.3.18条，正确；

Ⅳ．根据《木标》4.1.7条和《可靠性标准》8.2.8条，不正确。

故选（B）项。

第十二节 《木标》构件计算

一、轴心受拉和轴心受压构件

> ● 复习《木标》5.1.1条～5.1.6条。

需注意的是：

(1)《木标》公式（5.1.1）中，N应考虑γ_0，即：$\gamma_0 N/A_n \leq f_t$；

此外，A_n的规定见本条的条文说明图3。

(2)《木标》5.1.2条中A_0的规定，即5.1.3条规定。

同理，《木标》公式（5.1.2-1）、公式（5.1.2-2）中N均应考虑γ_0。

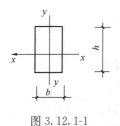

图3.12.1-1

（3）原木有螺栓孔的情况

强度计算时，对螺栓孔处截面取其净截面面积进行计算，应视为有切削，故f_c不执行《木标》4.3.2条。

稳定验算时，φ、A_0的计算不考虑螺栓孔的影响。当螺栓孔位于受压构件的最不利位置（如《木标》图5.1.3所示构件长度的中点处）时，视为有切削，f_c不执行《木标》4.3.2条；当螺栓孔位于其他位置时，视为未经切削f_c应执行《木标》4.3.2条规定。

（4）矩形截面（$b \times h$），其回转半径（图3.12.1-1）：$i_x = \dfrac{h}{\sqrt{12}}$，$i_y = \dfrac{6}{\sqrt{12}}$。圆形截面

（d），其回转半径：$i_x = i_y = \dfrac{d}{4}$。

【例3.12.1-1】一红松（TC13）桁架轴心受拉下弦杆，截面为$b \times h = 120\text{mm} \times 200\text{mm}$。弦杆上有5个直径为14mm的圆孔，圆孔的分布如图3.12.1-2所示。正常使用条件下该桁架安全等级为二级，设计使用年限为25年，取$\gamma_0 = 0.95$。试问，该弦杆的轴心受拉承载力设计值（kN），与下列何项数值最为接近？

(A) 125　　　　　　(B) 138

(C) 145　　　　　　(D) 175

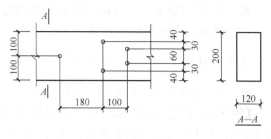

图 3.12.1-2

【解答】根据《木标》表 4.3.1-1，红松 TC13B；再查表 4.3.1-3，取 $f_t=8.0N/mm^2$

25 年，查《木标》表 4.3.9-2，取 $f_t=1.05\times8=8.4N/mm^2$

根据 5.1.1 条：

$$A_n=120\times200-120\times14\times4$$

$$N_u=f_tA_n=8.4\times(120\times200-120\times14\times4)=145.15kN$$

故选（C）项。

思考：假定，确定其最大轴心拉力设计值。

此时，$\gamma_0=0.95$，$N\leqslant f_tA_n/\gamma_0=145.152/0.95=152.8kN$

【例 3.12.1-2】（2013B1、2）一下撑式木屋架，形状及尺寸如图 3.12.1-3 所示，两端铰支于下部结构。其空间稳定措施满足规范要求。P 为由檩条（与屋架上弦锚固）传至屋架的节点荷载。要求屋架露天环境下设计使用年限 5 年。安全等级三级，$\gamma_0=0.9$。选用西北云杉 TC11A 制作。

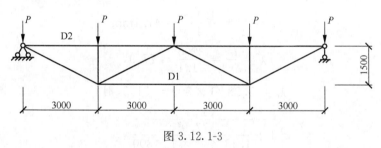

图 3.12.1-3

试问：

（1）假定，杆件 D1 采用截面为正方形的方木，$P=16.7kN$（设计值）。试问，当按强度验算时，其设计最小截面尺寸（mm×mm）与下列何项数值最为接近？

提示：强度验算时不考虑构件自重。

(A) 80×80　　　　　(B) 85×85　　　　　(C) 90×90　　　　　(D) 95×95

（2）假定，杆件 D2 采用截面为正方形的方木。试问，满足长细比要求的最小截面边长（mm）与下列何项数值最为接近？

(A) 60　　　　　　(B) 70　　　　　　(C) 90　　　　　　(D) 100

【解答】（1）根据《木标》表 4.3.1-3，TC11A 的顺纹抗拉强度 $f_t=7.5N/mm^2$；

根据《木标》表 4.3.9-1，露天环境下的木材强度设计值调整系数为 0.9；

根据《木标》表 4.3.9-2，设计使用年限 5 年时的木材强度设计值调整系数 1.1；

则调整后的顺纹抗拉强度 $f_t=0.9\times1.1\times7.5=7.425N/mm^2$。

D1 杆承受的轴心拉力 $N=2\times3\times16.7/1.5=66.8kN$

由《木标》式（5.1.1）：$A_n\geqslant\gamma_0\dfrac{N}{f_t}=0.9\times\dfrac{66800}{7.425}=8096.97mm^2$

则：$b \times h \geqslant 90mm \times 90mm$，应选（C）项。

（2）根据《木标》4.3.17条、5.1.5条：

方木截面为 $a \times a$：

$$i = \frac{a}{\sqrt{12}} = \frac{l_0}{[\lambda]} = \frac{3000}{120} = 25$$

则：$a = 86.6mm$，应选（C）项。

【例3.12.1-3】（2012B2）用云南松原木制作的轴心受压柱，两端铰接，柱计算长度为3.2m，在木柱1.6m高度处有一个 $d = 22mm$ 的螺栓孔穿过截面中央，原木标注直径 $d = 150mm$。该受压杆件处于室内正常环境，安全等级为二级，设计使用年限为25年。试问，当按稳定验算时，柱的轴心受压承载力（kN），应与下列何项数值最为接近？

提示：验算部位按经过切削考虑。

(A) 95　　　　(B) 100　　　　(C) 105　　　　(D) 110

【解答】根据《木标》表4.3.1-3，云南松 TC13A，顺纹抗压强度设计值 $f_c = 12MPa$
使用年限25年，强度设计调整系数为1.05，$f = 1.05 f_c = 1.05 \times 12 = 12.6MPa$

根据4.3.18条，木柱截面中央直径：

$$d_{中} = 150 + \frac{3200}{2} \times \frac{9}{1000} = 164.4mm$$

根据5.1.4条：

$$i = \frac{d}{4} = \frac{164.4}{4} = 41.1mm$$

$$\lambda = \frac{l_0}{i} = \frac{3200}{41.1} = 77.9,$$

$$\lambda_c = 5.28 \sqrt{1 \times 300} = 91.5, 则$$

$$\varphi = \frac{1}{1 + \frac{77.9^2}{1.43 \times \pi^2 \times 1 \times 300}} = 0.41$$

$$N_u = \varphi A f = 0.41 \times \frac{\pi \times 164.4^2}{4} \times 12.6 = 109.6kN$$

故选（D）项。

【例3.12.1-4】（2016B1）某设计使用年限为50年的木结构办公建筑中，有一轴心受压柱，两端铰接，使用未经切削的东北落叶松原木，计算高度为3.9m，中央截面直径180mm，回转半径为45mm，中部有一通过圆心贯穿整个截面的缺口。试问，该杆件的轴心受压稳定承载力（kN），与下列何项数值最为接近？

(A) 100　　　　(B) 120　　　　(C) 140　　　　(D) 160

【解答】根据《木标》表4.3.1-1、表4.3.1-3，东北落叶松，TC17B，$f_c = 15MPa$。

根据《木标》4.3.2条第1款，$f_c = 1.15 \times 15 = 17.25MPa$

$$\lambda = \frac{l}{i} = \frac{3900}{45} = 86.7$$

$$\lambda_c = 4.13 \sqrt{1 \times 330} = 75 < \lambda, 则：$$

$$\varphi = \frac{0.92 \pi^2 \times 1 \times 330}{86.7^2} = 0.398$$

根据《木标》5.1.3 条第 2 款：

$$A_0 = 0.9A = 0.9 \times \frac{3.14 \times 180^2}{4}2 = 22891 \text{mm}^2$$

$$N \leqslant \varphi f_c A_0 = 0.398 \times 17.25 \times 22891 = 157.2 \text{kN}$$

故选（D）项。

【例 3.12.1-5】（2017B1、2）一屋面下撑式木屋架，形状及尺寸如图 3.12.1-4 所示，两端铰支于下部结构上。假定，该屋架的空间稳定措施满足规范要求。P 为传至屋架节点处的集中恒荷载，屋架处于正常使用环境，设计使用年限为 50 年，$\gamma_0 = 1.0$，材料选用未经切削的 TC17B 东北落叶松。

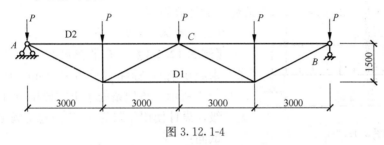

图 3.12.1-4

试问：

（1）假定，杆件 D1 采用截面标注直径为 120mm 原木。试问，当不计杆件自重，按恒荷载进行强度验算时，能承担的节点荷载 P（设计值，kN），与下列何项数值最为接近？

(A) 17   (B) 19

(C) 21   (D) 23

（2）假定，杆件 D2 拟采用标注直径 $d = 100$mm 的原木，试问，当按照强度验算且不计杆件自重时，该杆件所能承受的最大轴压力设计值（kN），与下列何项数值最为接近？

提示：不考虑施工和维修时的短暂情况。

(A) 118   (B) 124

(C) 130   (D) 136

【解】（1）对称性，左边支座反力 $= \dfrac{5P}{2}$；过屋架中央处取截面，对 C 点取力矩平衡：

$$\left(\frac{5P}{2} - P\right) \times 6 = P \times 3 + N_{D1} \times 1.5$$

即：$P = \dfrac{N_{D1}}{4}$

查《木标》表 4.3.1-3，$f_t = 9.5$MPa；查表 4.3.9-1，取 $f_t = 0.8 \times 9.5$

$$N_{D1} = \frac{f_t A_n}{\gamma_0} = \frac{0.8 \times 9.5 \times \frac{\pi}{4} \times 120^2}{1} = 85.91 \text{kN}$$

则：$P = \dfrac{85.91}{4} = 21.48$kN，故选（C）项。

（2）查《木标》表 4.3.1-3，$f_c = 15MPa$；由 4.3.2 条，提高 15%，则：

$$\gamma_0 N \leqslant f_c A_n$$

$$N \leqslant \frac{f_c A_n}{\gamma_0} = \frac{1.15 \times 1.5 \times \frac{\pi}{4} \times 100^2}{1} = 135.4kN$$

二、受弯构件

> ● 复习《木标》5.2.1 条～5.2.10 条。

需注意的是：

（1）《木标》5.2.5 条、5.2.7 条对 V 的计算规定。

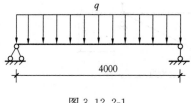

q

4000

图 3.12.2-1

（2）《木标》5.2.8 条。

【例 3.12.2-1】 一东北落叶松（TC17B）原木檩条（未经切削），标注直径为 162mm。计算简图如图 3.12.2-1 所示。该檩条处于正常使用条件，安全等级为二级，设计使用年限为 50 年。稳定满足要求。

试问：

（1）假定，不考虑檩条自重，试问，该檩条达到最大抗弯承载力时，所能承担的最大均布荷载设计值 q（kN/m），与下列何项数值最为接近？

(A) 6.0　　　　(B) 5.5　　　　(C) 5.0　　　　(D) 4.5

（2）假定，不考虑檩条自重，试问，该檩条达到挠度限值 $l/250$ 时，所能承担的最大均布荷载标准值 q_k（kN/m），与下列何项数值最为接近？

(A) 1.6　　　　(B) 1.9　　　　(C) 2.5　　　　(D) 2.9

【解答】（1）根据《木标》4.3.1 条、4.3.2 条：

$$1.15 f_m = 1.15 \times 17 = 19.55MPa$$

由 4.1.7 条，$\gamma_0 = 1.0$

$$d = 162 + 9 \times 2 = 180mm$$

由 5.2.1 条：

$$W_n = \frac{I}{d/2} = \frac{3.14 \times 180^4 / 64}{180/2} = 572265mm^3$$

$$\gamma_0 \frac{1}{8} q l^2 \leqslant W_n \times 1.15 f_m，则：$$

则：

$$q \leqslant \frac{8 \times 1.15 f_m W_n}{\gamma_0 l^2} = \frac{8 \times 1.15 \times 17 \times 572265}{1.0 \times 4000^2}$$

$$= 5.59N/mm = 5.59kN/m$$

故选 (B) 项。

（2）根据《木标》4.3.1 条、4.3.2 条：

$E=1.15\times10000=11500$MPa；同上题，取 $d=180$mm

由已知条件，$[f]=\dfrac{4000}{250}=16$mm

$f=\dfrac{5q_kl^4}{384EI}\leqslant[f]$，则：

$$q_k\leqslant\dfrac{384EI\cdot[f]}{5l^4}=\dfrac{384\times11500\times\dfrac{\pi\times180^4}{64}\times16}{5\times4000^4}$$
$$=2.84\text{N/mm}=2.84\text{kN/m}$$

故选（D）项。

【例 3.12.2-2】 某根未经切削的东北落叶松（TC17B）原木简支檩条，标注直径为 120mm，支座间的距离为 6m。该檩条的安全等级为二级，设计使用年限为 50 年。

试问：

(1) 该檩条的抗弯承载力设计值（kN·m），与下列何项数值最接近？

(A) 4.0　　　　　(B) 5.0　　　　　(C) 6.0　　　　　(D) 7.0

(2) 该檩条的抗剪承载力设计值（kN），与下列何项数值最接近？

(A) 13.5　　　　　(B) 14.5　　　　　(C) 15.5　　　　　(D) 20.5

【解答】（1）根据《木标》4.3.18 条：

跨中截面：$d=120+\dfrac{3000}{1000}\times9=147$mm

查《木标》表 4.3.1-3，TC17B，取 $f_m=17$N/mm²，$f_v=1.6$N/mm²

由 4.3.2 条：$f_m=1.15\times17=19.55$N/mm²

$$f_mW_n=19.55\times\dfrac{\pi}{32}d^2=19.55\times\dfrac{\pi}{32}\times147^3=6.09\text{kN}\cdot\text{m}$$

故选（C）项。

(2) 根据《木标》5.2.2 条，取小头计算：

$$V_u=\dfrac{Ib}{S}f_v=\dfrac{\dfrac{\pi d^4}{64}\cdot d}{\dfrac{\pi d^2}{8}\cdot\dfrac{2d}{3\pi}}\cdot f_v=\dfrac{3}{16}\pi d^2\cdot f_v=\dfrac{3}{16}\pi\times120^2\times1.6$$
$$=13.56\text{kN}$$

故选（A）项。

思考： 假定，檩条采用方木（$b\times h$），抗剪承载力计算时，则：

$$V_u=\dfrac{Ib}{S}f_v=\dfrac{\dfrac{1}{12}bh^3\cdot b}{\dfrac{bh}{2}\cdot\dfrac{h}{4}}\cdot f_v=\dfrac{2}{3}bh\cdot f_v$$

【例 3.12.2-3】（2014B1）一原木柱（未经切削）标注直径 $d=110$mm，选用西北云杉 TC11A 制作，正常环境下设计使用年限 50 年，计算简图如图 3.12.2-2 所示，假定，上、下支座节点处设有防止其侧向位移和侧倾的侧向支撑，试问，当 $N=0$、$q=$

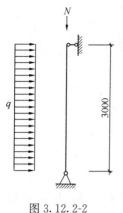

图 3.12.2-2

1.2kN/m（设计值）时，其侧向稳定验算 $\dfrac{M}{\varphi_l W} \leqslant f_m$ 式，与下列何项选择最为接近？

提示：① 不考虑构件自重；

② 小数点后四舍五入取两位。

(A) 7.30<11.00　　　　(B) 8.30<11.00

(C) 7.30<12.65　　　　(D) 10.33<12.65

【解答】根据《木标》4.3.18 条：

$$d = 110 + 1.5 \times 9 = 123.5mm$$

由《木标》4.3.1 条、4.3.2 条：

$$f_m = 1.15 \times 11 = 12.65N/mm^2$$

最大弯矩 $M = \dfrac{1}{8}ql^2 = 0.125 \times 1.2 \times 3^2 = 1.35kN \cdot m$

$$W = \frac{1}{32}\pi d^3 = \frac{1}{32} \times \pi \times 123.5^3 = 184833.4mm^3$$

根据《木标》5.2.3 条，$h/b = 1 < 4$，取 $\varphi_l = 1.0$，则：

$$\frac{M}{\varphi_l W} = \frac{1.35 \times 10^6}{1 \times 184833.4} = 7.30N/mm^2 < 12.65N/mm^2$$

故选（C）项。

三、拉弯和压弯构件

● 复习《木标》5.3.1 条～5.3.3 条。

【例 3.12.3-1】一云南松（TC13A）方木压弯构件（干材），设计使用年限为 50 年，截面尺寸为 150mm×150mm，长度 $l = 2500mm$。两端铰接，承受压力设计值（轴心）$N = 50kN$，横向荷载作用下最大初始弯矩设计值 $M_0 = 4.0kN \cdot m$。

试问，考虑轴压力和弯矩共同作用下的构件折减系数 φ_m，与下列何项数值最为接近？

提示：$k_0 = 0.03$。

(A) 0.42　　　　(B) 0.38　　　　(C) 0.27　　　　(D) 0.23

【解答】根据《木规》4.3.1 条、4.3.2 条、5.3.2 条：

$$f_c = 1.1 \times 12 = 13.2N/mm^2, \quad f_m = 1.1 \times 13 = 14.3N/mm^2$$

$$\frac{N}{f_c A} = \frac{50 \times 10^3}{13.2 \times 150 \times 150}N/mm^2 = 0.168$$

$$e_0 = 150 \times 0.05 = 7.5mm$$

$$k = \frac{50000 \times 7.5 + 4 \times 10^6}{\dfrac{1}{6} \times 150 \times 150^2 \times 14.3 \times (1 + \sqrt{0.168})} = 0.386$$

$$\varphi_{\mathrm{m}} = (1-k)^2(1-k_0) = (1-0.386)^2 \times (1-0.03) = 0.366$$

故选 (B) 项。

第十三节 《木标》连接计算

一、齿连接

> ● 复习《木标》6.1.1条~6.1.5条。

需注意的是:

(1)《木标》6.1.1条的构造要求。

(2)《木标》6.1.4条的条文说明指出。

【例3.13.1-1】 某三角形木屋架端节点如图3.13.1-1所示,单齿连接,齿深 $h_{\mathrm{c}}=30\mathrm{mm}$,上、下弦杆采用干燥的西南云杉 TC15B,方木截面 150mm×150mm,设计使用年限为50年,结构重要性系数取1.0。

试问,作用在端节点上弦杆的最大轴向压力设计值 N (kN),应与下列何项数值接近?

(A) 34.6　　　　(B) 39.9

(C) 45.9　　　　(D) 54.1

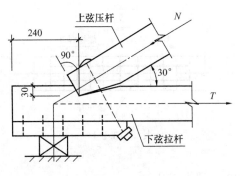

图 3.13.1-1

【解答】 根据《木标》表4.3.1-3:

$f_{\mathrm{c,90}}=3.1\mathrm{N/mm^2}$, $f_{\mathrm{c}}=12\mathrm{N/mm^2}$, $f_{\mathrm{v}}=1.5\mathrm{N/mm^2}$, $f_{\mathrm{t}}=9.0\mathrm{N/mm^2}$。由于接头处有切削,故截面短边<150mm,不考虑《木标》4.3.2条的提高。

根据《木标》6.1.2条:

(1) 承压

由《木标》式 (4.3.3-2),木材料纹承压的强度设计值:

$$f_{\mathrm{c}\alpha} = \frac{f_{\mathrm{c}}}{1+\left(\frac{f_{\mathrm{c}}}{f_{\mathrm{c,90}}}-1\right)\cdot\frac{\alpha-10°}{80°}\cdot\sin\alpha} = \frac{12}{1+\left(\frac{12}{3.1}-1\right)\times\frac{30°-10°}{80°}\times\sin30°} = 8.8\mathrm{N/mm^2}$$

$$A_{\mathrm{c}} = \frac{h_{\mathrm{c}}}{\cos\alpha}b_{\mathrm{v}} = \frac{30}{\cos30°}\times150 = 5196\mathrm{mm^2}$$

$$N \leqslant f_{\mathrm{c}\alpha}A_{\mathrm{c}}/\gamma_0 = 8.8\times5196/1.0 = 45724.8\mathrm{N} = 45.72\mathrm{kN}$$

(2) 受剪

$l_{\mathrm{v}}/h_{\mathrm{c}}=240/30=8$,查表6.1.2,取 $\psi_{\mathrm{c}}=0.64$

$$V = \frac{\gamma_0 N}{\cos30°} \leqslant l_{\mathrm{v}}b_{\mathrm{v}}\psi_{\mathrm{c}}f_{\mathrm{v}} = 240\times150\times0.64\times1.5$$

则：$N \leqslant 39.9 \text{kN}$

取较小值，$N = 39.9 \text{kN}$，故选（B）项。

二、螺栓连接和钉连接

- 复习《木标》6.2.1 条～6.2.15 条。

需注意的是：

（1）《木标》6.2.5 条～6.2.7 条的条文说明。

（2）《木标》7.5.7 条对木夹板（或钢夹板）的螺栓数目的构造要求。

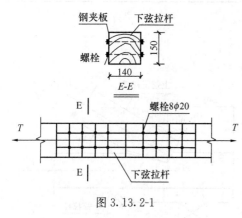

图 3.13.2-1

【例 3.13.2-1】 三角形木屋架，其上下弦杆采用干燥西南云杉 TC15-B，方木截面 140mm×150mm，设计使用年限 50 年，结构重要性系数取 1.0。下弦拉杆接头处采用双钢夹板 C 级普通螺栓连接，每侧钢夹板尺寸 $b \times h$ = 10mm×150mm，如图 3.13.2-1 所示，木材顺纹受力，已知木材 $f_{em} = 33.88 \text{N/mm}^2$，螺栓受剪承载力由屈服模式Ⅲ控制。试问，该螺栓连接的承载力设计值 R_u（kN），与下列何项数值最为接近？

提示： 钢夹板用 Q235 钢，$f_{yk} = 235 \text{N/mm}^2$；取 $k_g = 0.96$。

（A）95　　　　　　　　　　　　（B）105

（C）115　　　　　　　　　　　　（D）125

【解】 根据《木标》6.2.6 条、6.2.7 条：

查《钢标》表 4.4.6，取 $f_c^b = 305 \text{N/mm}^2$

由 6.2.8 条，$f_{es} = 1.1 f_c^b = 1.1 \times 305 = 335.5 \text{N/mm}^2$

$$R_e = \frac{f_{em}}{f_{es}} = \frac{14.2}{335.5} = 0.101$$

$$k_{sⅢ} = \frac{0.101}{2 + 0.101}\left[\sqrt{\frac{2 \times (1 + 0.101)}{0.101} + \frac{1.647 \times (1 + 2 \times 0.101) \times 1 \times 235 \times 20^2}{3 \times 0.101 \times 335.5 \times 10^2}} - 1\right]$$

$$= 0.256$$

$$k_Ⅲ = \frac{0.256}{2.22} = 0.115$$

$$Z = 0.115 \times 10 \times 20 \times 335.5 = 7.72 \text{kN}$$

由 6.2.5 条：

$$Z_d = 1 \times 1 \times 1 \times 0.96 \times 7.72 = 7.41 \text{kN}$$

$$R_u = 2 \times 7.41 \times 8 = 118.6 \text{kN}，故选（C）项。$$

第十四节 《木标》其他设计规定

一、方木原木结构

- 复习《木标》7.1.1条～7.7.10条。

抗震设计时，木结构还应符合《抗规》11.3节规定。

【例3.14.1-1】关于木结构设计，有以下论述，正确的是何项？

（A）对原木构件，验算挠度和稳定时，可取构件的中央截面；

（B）对原木构件，若验算部位未经切削，弹性模量可提高20%；

（C）方木原木制作木桁架制作时应按其跨度的1/250起拱；

（D）略

【解答】根据《木标》4.3.18条，（A）项正确。

根据《木标》4.3.2条，（B）项错误。

根据《木标》7.5.4条，（C）项错误。

【例3.14.1-2】（2014B02）关于木结构房屋设计，下列说法中何种选择是错误的？

（A）对于木柱木屋架房屋，可采用贴砌在木柱外侧的烧结普通砖砌体，并应与木柱采取可靠拉结措施

（B）对于有抗震要求的木柱木屋架房屋，其屋架与木柱连接处均须设置斜撑

（C）对于木柱木屋架房屋，当有吊车使用功能时，屋盖除应设置上弦横向支撑外，尚应设置垂直支撑

（D）对于设防烈度为8度地震区建造的木柱木屋架房屋，除支撑结构与屋架采用螺栓连接外，椽与檩条、檩条与屋架连接均可采用钉连接

【解答】根据《木标》7.4.11条，（D）项错误，故选（D）项。

另：根据《抗规》11.3.10条，（A）项对。

根据《木标》7.7.10条，（B）项对。

根据《木标》7.7.3条，（C）项对。

二、胶合木结构

- 复习《木标》8.0.1条～8.0.15条。

三、轻型木结构

- 复习《木标》9.1.1条～9.6.23条。

四、木结构防火与防护

- 复习《木标》10.1.1条～10.2.16条。
- 复习《木标》11.1.1条～11.4.9条。

五、《抗规》木结构房屋

● 复习《抗规》11.3.1 条~11.3.10 条。

【例 3.14.5-1】 关于木结构房屋设计，下列说法中何项是正确的？

（A）对于木柱木屋架房屋，可采用贴砌在木柱外侧的烧结普通砖砌体，并应与木柱采取可靠拉结措施

（B）、（C）、（D）略

【解答】 根据《抗规》11.3.10 条，（A）项正确。

第四章 地 基 与 基 础

根据考试大纲要求，应重点把握以下内容：

应对工程地质勘察有基本了解，熟悉地基土（岩）的物理性质和工程分类，熟悉地基基础设计的基本原则和要求，掌握地基承载力的确定方法和地基的变形特征及其计算方法，掌握天然地基、地基处理及桩基的设计特点等。

地基基础设计的主要规范有：

（1）《建筑地基基础设计规范》GB 50007（简称《地规》）；

（2）《建筑桩基技术规范》JGJ 94（简称《桩规》）；

（3）《建筑地基处理技术规范》JGJ 79（简称《地处规》）；

（4）《建筑边坡工程技术规范》GB 50330（简称《边坡规范》）；

（5）《建筑地基基础工程施工质量验收规范》GB 50202（简称《地验规》）；

（6）《建筑抗震设计规范》GB 50011（简称《抗规》）；

（7）《既有建筑地基基础加固技术规范》JGJ 123（简称《既有地规》）。

还应注意的是：

（1）和上部结构设计不同，在地基基础设计中应高度重视地基的变形及变形控制问题。

（2）地基基础问题地域性强，对地基基础问题的处理需要结合地质条件、上部结构情况及施工条件等因素综合确定，熟悉并掌握地基承载力、地基变形的基本理论及设计方法，是解决地基基础问题的基本要求。

第一节 《地规》基本规定

一、总则

> ● 复习《地规》1.0.1条~1.0.4条。

需注意的是：

（1）《地规》1.0.1条的条文说明，即：地基设计时应当考虑三种功能要求。

（2）《地规》1.0.2条的条文说明，特殊类或区域性地基应执行其他相应的规范，但基础设计，仍然可以采用本规范的规定进行设计。

（3）《地规》1.0.3条的条文说明指出，由于在同一地基内土的力学指标离散性一般较大，加上许多不良地质条件，所以强调因地制宜原则。

（4）《地规》1.0.4条的条文说明："在地下水位以下时应扣去水的浮力"。

二、术语

> ● 复习《地规》2.1.1 条～2.1.15 条。

需注意的是：

(1)《地规》2.1.3 条及其条文说明。

本条的条文说明：

2.1.3（条文说明）由于土为大变形材料，当荷载增加时，随着地基变形的相应增长，地基承载力也在逐渐加大，很难界定出一个真正的"极限值"；另一方面，建筑物的使用有一个功能要求，常常是地基承载力还有潜力可挖，而变形已达到或超过按正常使用的限值。因此，地基设计是采用正常使用极限状态这一原则，所选定的地基承载力是在地基土的压力变形曲线线性变形段内相应于不超过比例界限点的地基压力值，即允许承载力。

......

本次修订采用"特征值"一词，用以表示正常使用极限状态计算时采用的地基承载力和单桩承载力的设计使用值，其涵义即为在发挥正常使用功能时所允许采用的抗力设计值，以避免过去一律提"标准值"时所带来的混淆。

上述解释，与《地规》3.0.5 条第 1 款规定中"标准组合"是对应的。这也是地基承载力计算与上部结构承载力计算的本质区别，前者采用作用的标准组合，后者采用作用的基本组合。

(2)《地规》2.1.5 条规定。

(3)《地规》2.1.6 条规定。

(4)《地规》2.1.7 条规定。可见，强调"建筑正常使用"。

(5)《地规》2.1.10 条规定。

三、基本规定

1. 地基基础设计等级与基本原则

> ● 复习《地规》3.0.1 条～3.0.3 条。

需注意的是：

(1)《地规》3.0.1 条的条文说明对甲级地基基础的详细解释。

(2)《地规》3.0.2 条、3.0.3 条，对丙级分为两种情况：一是"应作变形验算"；二是"可不作变形验算。"

(3)《地规》表 3.0.3 注 1～4 的规定。其中，注 1 的规定，对于独立基础，实施"双控"：≥1.56，且≥5m（二层以下的一般民用建筑除外）。

2. 岩土工程勘察

> ● 复习《地规》3.0.4 条。

需注意的是：

（1）《地规》3.0.4 条第 1 款中 4）、6）的规定。

本条的条文说明指出："故现行国家标准《岩土工程勘察规范》GB 50021 规定，对情况复杂的重要工程，需论证使用期间水位变化，提出抗浮设防水位时，应进行专门研究。"

（2）《地规》3.0.4 条第 2 款的规定，对不同地基基础设计等级的建筑物的地基勘察方法，测试内容提出了不同要求。

3. 作用组合与抗力限值

● 复习《地规》3.0.5 条。

需注意的是：

（1）地基承载力计算，应按正常使用极限状态下作用的标准组合。

（2）地基变形计算，应采用正常使用极限状态下作用的准永久组合。

（3）挡土墙、地基或滑坡的稳定计算、基础抗浮稳定计算，应采用承载能力极限状态下作用的基本组合，但其分项系数均为 1.0，并且《地规》3.0.5 条的条文说明：

3.0.5（条文说明）

在计算挡土墙、地基、斜坡的稳定和基础抗浮稳定时，采用承载能力极限状态作用的基本组合，但规定结构重要性系数 γ_0 不应小于 1.0。

（4）在确定基础或桩基承台高度、支挡结构截面、计算基础或支挡结构内力、确定配筋和验算材料强度时，上部结构传来的作用效应和相应的基底反力，挡土墙土压力以及滑坡推力应按承载能力极限状态下作用的基本组合，采用相应的分项系数。

（5）基础裂缝宽度验算，《地规》规定"应采用正常使用极限状态下作用的标准组合"。而《混规》3.4.2、7.1.2 条规定：钢筋混凝土构件、预应力混凝土构件的最大裂缝宽度应分别按荷载的准永久组合并考虑长期作用的影响或标准组合并考虑长期作用的影响进行验算。可见，《地规》、《混规》是不一致的。

4. 作用组合的效应设计值

● 复习《地规》3.0.6 条。

需注意的是：

（1）《地规》3.0.6 条第 1 款、第 2 款规定，与《可靠性标准》、《荷规》规定是一致的。

（2）《地规》3.0.6 条第 3 款、4 款，与《可靠性标准》规定不一致。

5. 地基基础的设计使用年限

《地规》规定：

3.0.7 地基基础的设计使用年限不应小于建筑结构的设计使用年限。

第二节 《地规》地基岩土的分类与工程特性指标

一、岩土的分类

1. 岩石的分类

> ● 复习《地规》4.1.1 条～4.1.4 条。
> ● 复习《地规》附录 A.0.1 条、A.0.2 条。

需注意的是：

（1）《地规》4.1.2 条规定与《地规》5.2.6 条挂钩。可见，岩石地基承载力特征值 f_a 与 f_{rk}、岩体完整程度、结构面情况等有关。

（2）《地规》4.1.2 条～4.1.4 条的条文说明。其中，区分：①地质分类、工程分类；②岩石的坚硬程度分类、岩体的完整程度分类及其意义。

（3）《地规》表 4.1.4 注的规定。本条的条文说明指出："破碎岩石测岩块的纵波波速有时会有困难，不易准确测定，此时，岩块的纵波波速可用现场测定岩性相同但岩体完整的纵波波速代替。"

2. 土的分类

> ● 复习《地规》4.1.5 条～4.1.14 条。

需注意的是：

（1）《地规》表 4.1.5 注的规定。

（2）《地规》表 4.1.6 注 1、2 的规定。

本条的条文说明指出："表 1 的修正，实际上是对杆长、上覆土自重压力、侧摩阻力的综合修正。过去积累的资料基本上是 $N_{63.5}$ 与地基承载力的关系，极少与密实度有关系。考虑到碎石土的承载力主要与密实度有关，故本次修订利用了表 2 的数据，参考其他资料，制定了本条按 $N_{63.5}$ 划分碎石土密实度的标准。"

（3）《地规》表 4.1.7 注的规定。

（4）《地规》4.1.8 条，其条文说明指出："用 N 值确定砂土密实度，确定这个标准时并未经过修正，故表 4.1.8 中的 N 值为未经过修正的数值。"

砂土的相对密实度 D_r

$$D_r = \frac{e_{max} - e}{e_{max} - e_{min}}$$

式中 e_{max}——砂土的最疏松状态孔隙比；

　　e_{min}——砂土的最密实状态孔隙比；

　　e——砂土的天然孔隙比。

根据 D_r 值可把砂土的密实状态划分为：

$1 \geqslant D_r > 0.67$ 密实；$0.67 \geqslant D_r > 0.33$ 中密；$0.33 \geqslant D_r > 0$ 松散。

（5）《地规》4.1.9 条、4.1.10 条中的塑性指数 I_p、液性指数 I_L 的计算：

塑性指数 I_P：
$$I_P = w_L - w_P$$

液性指数 I_L：
$$I_L = \frac{w - w_P}{w_L - w_P} = \frac{w - w_P}{I_P}$$

式中 w_L——指液限，即黏性土由可塑状态转到流动状态的界限含水率；

w_P——指塑限，即黏性土由半固态转到可塑状态的界限含水率；

w——黏性土的天然含水率。

（6）《地规》4.1.11 条，其条文说明指出："砂粒含量较多的粉土，地震时可能产生液化，类似于砂土的性质。黏粒含量较多（＞10%）的粉土不会液化，性质近似于黏性土。"

（7）《地规》4.1.12 条的条文说明：

4.1.12（条文说明）淤泥和淤泥质土有机质含量为 5%～10% 时的工程性质变化较大，应予以重视。

随着城市建设的需要，有些工程遇到泥炭或泥炭质土。泥炭或泥炭质土是在湖相和沼泽静水、缓慢的流水环境中沉积，经生物化学作用形成，含有大量的有机质，具有含水量高、压缩性高、孔隙比高和天然密度低、抗剪强度低、承载力低的工程特性。泥炭、泥炭质土不应直接作为建筑物的天然地基持力层，工程中遇到时应根据地区经验处理。

（8）土的物理性质指标换算

土粒的相对密度 d_s、土的天然密度 ρ、土的含水量 w 三个基本指标是通过试验测定的，当这三个基本指标确定后，可导出其余各个指标，一般常采用三相草图，如图 4.2.1-1 所示。

土的三相比例换算公式，见表 4.2.1-1。

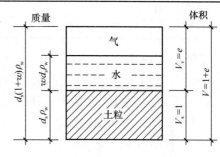

图 4.2.1-1 三相草图

土的三相比例指标换算公式　　　　表 4.2.1-1

名称	符号	三相比例表达式	常用换算公式	常见的取值范围
干密度	ρ_d	$\rho_d = \dfrac{m_s}{V}$	$\rho_d = \dfrac{\rho}{1+w}$ $\rho_d = \dfrac{d_s \rho_w}{1+e}$	$1.3 \sim 1.8 \text{g/cm}^3$
干重度	γ_d	$\gamma_d = \dfrac{m_s}{V}g = \rho_d g$	$\gamma_d = \dfrac{\gamma}{1+w}$ $\gamma_d = \dfrac{d_s \gamma_w}{1+e}$	$13 \sim 18 \text{kN/m}^3$
饱和重度	γ_{sat}	$\gamma_{sat} = \rho_{sat} g$	$\gamma_{sat} = \dfrac{\gamma_w (d_s + e)}{1+e}$ $\gamma_{sat} = \dfrac{\rho_w (d_s + e) g}{1+e}$	$18 \sim 23 \text{kN/m}^3$

名称	符号	三相比例表达式	常用换算公式	常见的取值范围
浮重度	γ'	$\gamma' = \dfrac{m_s - V_s \rho_w}{V}$	$\gamma' = \gamma_{sat} - \gamma_w$ $\gamma' = \dfrac{(d_s - 1)\ \gamma_w}{1 + e}$	$8 \sim 13 \text{kN/m}^3$
孔隙比	e	$e = \dfrac{V_v}{V_s}$	$e = \dfrac{d_s \rho_w}{\rho_d} - 1$ $e = \dfrac{d_s \gamma_w}{\gamma_d} - 1$ $e = \dfrac{d_s\ (1+w)\ \rho_w}{\rho} - 1$ $e = \dfrac{d_s\ (1+w)\ \gamma_w}{\gamma} - 1$	黏性土和粉土: $0.40 \sim 1.20$ 砂土: $0.30 \sim 0.90$
孔隙率	n	$n = \dfrac{V_v}{V} \times 100\%$	$n = \dfrac{e}{1+e}$	黏性土和粉土: $30\% \sim 60\%$ 砂土: $25\% \sim 45\%$
饱和度	S_r	$S_r = \dfrac{V_w}{V_v} \times 100\%$	$S_r = \dfrac{w d_s}{e}$ $S_r = \dfrac{w \rho_d}{n \rho_w}$ $S_r = \dfrac{w \gamma_s}{e \gamma_w}$	$0 \sim 100\%$

【例 4.2.1-1】 （2012B14）根据地勘资料，某黏土层的天然含水量 $w = 35\%$，液限 $w_L = 52\%$，塑限 $w_p = 23\%$，土的压缩系数 $a_{1-2} = 0.12 \text{MPa}^{-1}$，$a_{2-3} = 0.09 \text{MPa}^{-1}$。试问，下列关于该土层的状态及压缩性评价，何项是正确的？

(A) 可塑，中压缩性土   (B) 硬塑，低压缩性土

(C) 软塑，中压缩性土   (D) 可塑，低压缩性土

【解答】 根据《地规》4.1.10 条：

$$I_L = \frac{w - w_p}{w_L - w_p} = \frac{35 - 23}{52 - 23} = 0.41$$

$0.25 < I_L < 0.75$，为可塑。

根据《地规》，4.2.6 条：

$$0.1 \text{MPa}^{-1} < a_{1-2} = 0.12 \text{MPa}^{-1} < 0.5 \text{MPa}^{-1}，为中压缩性土。$$

故选（A）项。

【例 4.2.1-2】 某地基土层粒径小于 0.05mm 的颗粒含量为 50%，含水量 $w = 39.0\%$，液限 $w_L = 28.9\%$，塑限 $w_p = 18.9\%$，天然孔隙比 $e = 1.05$。

试问，该地基土层采用下列何项名称最为合适？

(A) 粉砂   (B) 粉土

(C) 淤泥质粉土   (D) 淤泥质粉质黏土

【解答】 根据《地规》4.1.11 条：

$I_P = w_L - w_P = 28.9 - 18.9 = 10$，粒径小于 0.05mm 的颗粒含量为 50%，介于砂土和

黏性土之间。

故为粉土。

$1.0 \leqslant e = 1.05 < 1.5$，$w = 39.0\% > w_L = 28.9\%$，

根据《地规》4.1.12 条，知为淤泥质土；

故选（C）项。

3. 特殊土

> ● 复习《地规》4.1.15 条、4.1.16 条。

二、工程特性指标

> ● 复习《地规》4.2.1 条～4.2.6 条。
> ● 复习《地规》附录 E。

需注意的是：

（1）《地规》4.2.1 条的条文说明指出："静力触探、动力触探、标准贯入试验等原位测试，用于确定地基承载力，在我国已有丰富经验，可以应用，故列入本条，并强调了必须有地区经验，即当地的对比资料。同时还应注意，当地基基础设计等级为甲级和乙级时，应结合室内试验成果综合分析，不宜单独应用。"

（2）《地规》4.2.2 条的条文说明指出："标准值取其概率分布的 0.05 分位数；地基承载力特征值是指由载荷试验地基土压力变形曲线线性变形段内规定的变形对应的压力值，实际即为地基承载力的允许值。"

（3）《地规》4.2.3 条的条文说明："考虑到浅层平板载荷试验不能解决深层土的问题，本规范 2002 版修订增加了深层载荷试验的规定。"

（4）《地规》4.2.4 条的条文说明：

> **4.2.4**（条文说明）鉴于多数工程施工速度快，较接近于不固结不排水试验条件，故本规范推荐 UU 试验。而且，用 UU 试验成果计算，一般比较安全。但预压固结的地基，应采用固结不排水剪。进行 UU 试验时，宜在土的有效自重压力下预固结，更符合实际。
>
> 鉴于现行国家标准《土工试验方法标准》GB/T 50123 中未提出土的有效自重压力下预固结 UU 试验操作方法，本规范对其试验要点说明如下：
>
> **1** 试验方法适用于细粒土和粒径小于 20mm 的粗粒土。

（5）《地规》4.2.5 条的条文说明指出："土的压缩性指标是建筑物沉降计算的依据。为了与沉降计算的受力条件一致，强调施加的最大压力应超过土的有效自重压力与预计的附加压力之和，并取与实际工程相同的压力段计算变形参数。"

（6）《地规》4.2.6 条，其中，压缩系数值 a 与压缩模量 E_s 的关系为：

$$E_s = \frac{1 + e_0}{a}$$

上式见《地规》5.3.5 条的条文说明。

【例4.2.2-1】某地基土层粒径小于0.05mm的颗粒含量为50%，含水量$w=39.0\%$，液限$w_L=28.9\%$，塑限$w_P=18.9\%$，天然孔隙比$e=1.05$。

已知按p_1为100kPa、p_2为200kPa时相对应的压缩模量为4MPa。相应于p_1压力下的孔隙比$e_1=1.02$。试问，对该地基土的压缩性判断，下列何项最为合适？

（A）低压缩性土　　　　　　　　　　　（B）中压缩性土

（C）高压缩性土　　　　　　　　　　　（D）条件不足，不能判断

【解答】根据《地规》5.3.5条条文说明：

$$\alpha_{1-2}=\frac{1+e_1}{E_{s1-2}}=\frac{1+1.02}{4}=0.505\text{MPa}^{-1}>0.5\text{MPa}^{-1}$$

根据《地规》4.2.6条，为高压缩性土，故选（C）项。

第三节　《地规》地基计算

一、基础埋置深度

1. 一般场地

> ● 复习《地规》5.1.1条～5.1.9条。

需注意的是：

（1）《地规》5.1.3条的条文说明指出："除岩石地基外，位于天然土质地基上的高层建筑筏形或箱形基础应有适当的埋置深度，以保证筏形和箱形基础的抗倾覆和抗滑移稳定性，否则可能导致严重后果，必须严格执行。"

（2）《地规》5.1.4条的条文说明指出："对位于岩石地基上的高层建筑筏形和箱形基础，其埋置深度应根据抗滑移的要求来确定。"

（3）《地规》5.1.6条的条文说明：

> **5.1.6**（条文说明）通常决定建筑物相邻影响距离大小的因素，主要有新建建筑物的沉降量和原有建筑物的刚度等。新建建筑物的沉降量与地基土的压缩性、建筑物的荷载大小有关，而原有建筑物的刚度则与其结构形式、长高比以及地基土的性质有关。
>
> 　当相邻建筑物较近时，应采取措施减小相互影响：1尽量减小新建建筑物的沉降量；2新建建筑物的基础埋深不宜大于原有建筑基础；3选择对地基变形不敏感的结构形式；4采取有效的施工措施，如分段施工、采取有效的支护措施以及对原有建筑物地基进行加固等措施。

2. 季节性冻土场地

> ● 复习《地规》5.1.7条～5.1.9条。
> ● 复习《地规》附录G。

需注意的是：

（1）《地规》5.1.7条的条文说明：①标准冻结深度的定义；②冻结深度与冻土层厚度的

区别；③《地规》表5.1.7中"城市市区"是指市集中区，不包括郊区和市属县、镇。

（2）《地规》5.1.8条的条文说明：

> **5.1.8**（条文说明）鉴于上述情况，本次规范修订提出在浅季节冻土地区、中厚季节冻土地区和深厚季节冻土地区中冻胀性较强的地基不宜实施基础浅埋，在深厚季节冻土地区的不冻胀、弱冻胀、冻胀土地基可以实施基础浅埋，并给出了基底最大允许冻土层厚度表。

（3）《地规》5.1.9条的条文说明指出："切向冻胀力是指地基土冻结膨胀时产生的其作用方向平行基础侧面的冻胀力。"

（4）《地规》附录表G.0.1注1～6的规定。

（5）《地规》附录表G.0.2注1～4的规定。其中，注4中"永久作用的标准组合值"，可理解为：永久作用的标准值累加值。

【例4.3.1-1】（2012B3）地处北方的某城市，市区人口30万，集中供暖。现拟建设一栋三层框架结构建筑，地基土层属季节性冻胀的粉土，标准冻深2.4m，采用柱下方形独立基础，基础底面边长$b=2.7$m，荷载效应标准组合时，永久荷载产生的基础底面平均压力为144.5kPa，试问，当基础底面以下容许存在一定厚度的冻土层且不考虑切向冻胀力的影响时，根据地基冻胀性要求的基础最小埋深（m）与下列何项数值最为接近？

(A) 2.40   (B) 1.80   (C) 1.60   (D) 1.40

【解答】 根据《地规》5.1.7条：

查表得：$\psi_{zs}=1.2$，$\psi_{zw}=0.90$，$\psi_{ze}=0.95$

由题意有$z_0=2.4$，故$z_d=2.4624$m

根据规范5.1.8条，规范表G.0.2注4，采用基底平均压力为$0.9\times144.5=130$kPa

查规范表G.0.2，得$h_{max}=0.70$m

故$d_{min}=2.4624-0.70=1.7624$m

故选（B）项。

二、地基承载力计算

1. 基底的压力

> ● 复习《地规》5.2.1条～5.2.2条。

需注意的是：

（1）《地规》5.2.1条、5.2.2条，应按作用（或荷载）的标准组合进行计算。

（2）《地规》5.2.2条中F_k的定义为：基础顶面，M_k的定义为：基础底面。

（3）《地规》5.2.2条图5.2.2中：

$$e=e_k=\frac{M_k}{F_k+G_k}>\frac{b}{6}，则：a=\frac{b}{2}-e$$

《地抗》公式（5.2.2-4）是依据竖向力平衡得到的。

（4）根据《地规》5.2.2条规定：

1）对于轴心荷载：

矩形基础：$p_k = \dfrac{F_k + G_k}{A} = \dfrac{F_k}{A} + 20d$

或 $p_k = \dfrac{F_k + G_k}{A} = \dfrac{F_k}{A} + 20d - 10h_w$（地下水在基底以上）

条形基础：$p_k = \dfrac{F_k + G_k}{b} = \dfrac{F_k}{b} + 20d$

或 $p_k = \dfrac{F_k + G_k}{b} = \dfrac{F_k}{b} + 20d - 10h_w$（地下水在基底以上）

2）对于偏心荷载作用，应首先求出 e：

① 当 $e < \dfrac{b}{6}$ 时，基底压力是梯形分布，运用《地规》公式（5.2.2-2）、公式（5.2.2-3）求 p_{kmax}、p_{kmin}。

② 当 $e = \dfrac{b}{6}$ 时，基底压力是三角形分布，且 $p_{kmin} = 0$。

③ 当 $e > \dfrac{b}{6}$ 时，基底压力是三角形分布，且 $p_{kmax} = \dfrac{2(F_k + G_k)}{3la}$。

【例 4.3.2-1】（2016B14）某框架结构商业建筑，采用柱下扩展基础，基础埋深 1.5m，基础持力层为中风化凝灰岩。边柱截面为 $1.0m \times 1.0m$，基础底面形状为正方形，边长 a 为 1.8m，该柱下基础剖面及地基情况如图 4.3.2-1 所示。地下水位在地表下 1.5m 处。基础及基底以上填土的加权平衡重度为 $20kN/m^3$。

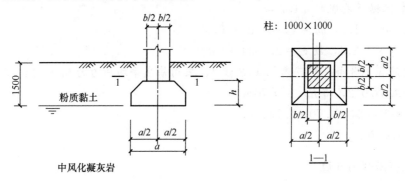

图 4.3.2-1

假定，$\gamma_0 = 1.0$，荷载的标准组合时，上部结构柱传至基础顶面处的竖向力 $F_k = 10000kN$，作用于基础底面的弯矩 $M_{xk} = 500kN \cdot m$，$M_{yk} = 0$。试问，荷载的标准组合时，作用于基础底面的最大压力值（kPa），与下列何项数值最为接近？

(A) 3100 (B) 3600 (C) 4100 (D) 4600

【解答】 作用于基础底面的竖向力 $F_{zk} = F_k + G_k = 10000 + 1.8 \times 1.8 \times 1.5 \times 20 = 10097kN$

作用于基础底面的力矩为 $500kN \cdot m$

偏心矩 $e = \dfrac{500}{10097} = 0.05m < \dfrac{a}{6} = 0.3m$

根据《地规》式（5.2.2-2）：

$$p_{\max} = \frac{10097}{1.8 \times 1.8} + \frac{500}{\frac{1.8}{6} \times 1.8^2} = 3630\text{kPa}$$

故选（B）项。

2. 地基承载力特征值

▲2.1 土质地基

> ● 复习《地规》5.2.3条~5.2.5条。
> ● 复习《地规》附录C、D。

需注意的是：

（1）《地规》5.2.4条，γ、b、γ_m、d 的定义及理解。d 的定义："上部结构施工后"，可理解为：建筑物基础施工完成后。此外，区分有地下室、无地下室两种情况下 d 的取值。

（2）《地规》表5.2.4注1~4的规定。其中，注4的情况，《地规》5.2.4条的条文说明指出："大面积压实填土地基，是指填土宽度大于基础宽度两倍的质量控制严格的填土地基，质量控制不满足要求的填土地基深度修正系数应取1.0。"

（3）对于主楼裙房一体的结构，《地规》5.2.4条的条文说明：

> **5.2.4**（条文说明）目前建筑工程大量存在着主裙楼一体的结构，对于主体结构地基承载力的深度修正，宜将基础底面以上范围内的荷载，按基础两侧的超载考虑，当超载宽度大于基础宽度两倍时，可将超载折算成土层厚度作为基础埋深，基础两侧超载不等时，取小值。

（4）《地规》5.2.5条。

① 本条的条文说明：

> **5.2.5**（条文说明）
> 　　根据土的抗剪强度指标确定地基承载力的计算公式，条件原为均布压力。当受到较大的水平荷载而使合力的偏心距过大时，地基反力分布将很不均匀，根据规范要求 $p_{k\max} \leqslant 1.2f_a$ 的条件，将计算公式增加一个限制条件为：当偏心距 $e \leqslant 0.033b$ 时，可用该式计算。相应式中的抗剪强度指标 c、φ，要求采用附录E求出的标准值。

偏心距 $e \leqslant 0.033b = \dfrac{1}{30}b$，可理解如下：

由《地规》5.2.1条、5.2.2条：

$$p_k = \frac{F_k + G_k}{A} \leqslant f_a \tag{1}$$

$$p_{k\max} = \frac{F_k + G_k}{A} + \frac{M_k}{W} = \frac{F_k + G_k}{A}\left(1 + \frac{e}{\frac{1}{6}b}\right)$$

$$= \frac{F_k + G_k}{A}\left(1 + \frac{\frac{1}{30}b}{\frac{1}{6}b}\right) = 1.2\frac{F_k + G_k}{A} \leqslant 1.2f_a \tag{2}$$

即：当 $e \leqslant 0.033b$ 时，地基承载力控制条件（1）、（2）是等价的，这表明：当 $e \leqslant 0.033b$

时，地基承载力仅需要满足条件（1），其自然就满足条件（2），即条件（2）不起控制作用。

同时，也表明：当 $e>0.033b$ 时，地基承载力需要同时满足条件（1）、（2）。

②《地规》5.2.5 条中 c_k、φ_k 的取值为：基底下一倍短边宽度的深度范围内土的黏聚力标准值、内摩擦角标准值。根据 4.2.4 条，c_k、φ_k 当采用室内剪切实验时，应按预固结的不固结不排水实验。

③《地规》5.2.5 条中 γ、γ_m、d 的取值同《地规》5.2.4 条规定。

【例 4.3.2-2】（2011B3）某多层框架结构带一层地下室，采用柱下矩形钢筋混凝土独立基础，基础底面平面尺寸 3.3m×3.3m，基础底绝对标高 60.000m，天然地面绝对标高 63.000m，设计室外地面绝对标高 65.000m，地下水位绝对标高为 60.000m，回填土在上部结构施工后完成，室内地面绝对标高 61.000m，基础及其上土的加权平均重度为 20kN/m³，地基土层分布及相关参数如图 4.3.2-2 所示。

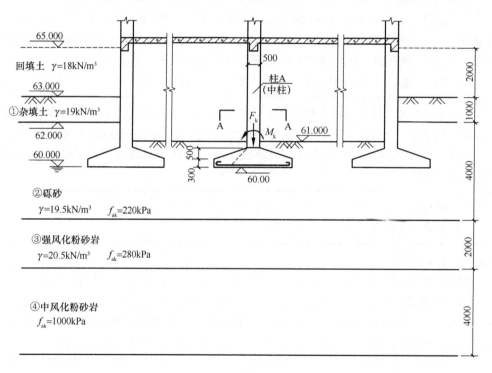

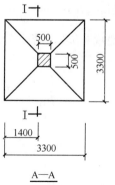

图 4.3.2-2

试问，柱 A 基础底面修正后的地基承载力特征值 f_a（kPa）与下列何项数值最为接近？

(A) 270   (B) 350   (C) 440   (D) 600

【解答】根据《地规》5.2.4 条，取 $d=1m$，$b=3.3m$：

查表 5.2.4，$\eta_b=3.0$，$\eta_d=4.4$，则：

$$f_a = f_{ak} + \eta_b\gamma(b-3) + \eta_d\gamma_m(d-0.5)$$
$$= 220 + 3.0 \times (19.5-10) \times (3.3-3) + 4.4 \times 19.5 \times (1-0.5)$$
$$= 220 + 8.55 + 42.9 = 271.5kPa$$

故选（A）项。

【例 4.3.2-3】（2012B9）非抗震设防地区的某工程，柱下独立基础及地质剖面如图 4.3.2-3 所示，其框架中柱 A 的截面尺寸为 $500mm \times 500mm$，②层粉质黏土的内摩擦角和黏聚力标准值分别为 $\varphi_k=15°$ 和 $c_k=24.0kPa$。相应于荷载效应标准组合时，作用于基础顶面的竖向压力标准值为 1350kN，基础所承担的弯矩及剪力均可忽略不计。试问，当柱 A 下独立基础的宽度 $b=2.7m$（短边尺寸）时，所需的基础底面最小长度（m）与下列何项数值最为接近？

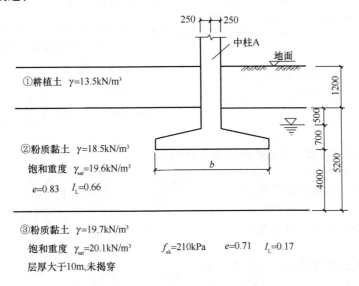

图 4.3.2-3

提示：① 基础自重和其上土重的加权平均重度按 $15kN/m^3$ 取用；
       ② 土层②粉质黏土的地基承载力特征值可根据土的抗剪强度指标确定。

(A) 2.6   (B) 3.2   (C) 3.5   (D) 3.8

【解答】根据《地规》5.2.5 条：

$\varphi_k=15°$ 时，查规范表，则：$M_b=0.325$，$M_d=2.30$，$M_c=4.845$

$$\gamma_m = \frac{13.5 \times 1.2 + 18.5 \times 0.5 + 9.6 \times 0.7}{1.2 + 0.5 + 0.7} = 13.40kN/m^3$$

$$f_a = 0.325 \times 9.6 \times 2.7 + 2.30 \times 13.40 \times 2.4 + 4.845 \times 24 = 198.7kPa$$

由规范 5.2.1 条、5.2.2 条：

$$\frac{F_k+G_k}{A}\leqslant f_a，即：$$

$$\frac{1350}{2.7L}+2.4\times15\leqslant198.7，故：L\geqslant3.25m$$

故选（B）项。

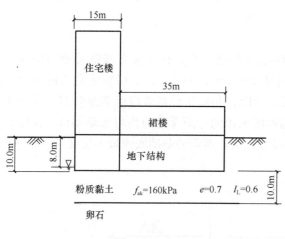

图 4.3.2-4

思考：本题目的提示①，已考虑了地下水的影响。

【例 4.3.2-4】某高层住宅楼与裙楼的地下结构相互连接，均采用筏板基础，基底埋深为室外地面下 10.0m。主楼住宅楼基底平均压力 p_{k1}＝260kPa，裙楼基底平均压力 p_{k2}＝90kPa，土的重度为 18kN/m³，地下水位埋深 8.0m，住宅楼与裙楼长度方向均为 50m，其余指标如图4.3.2-4 所示。试计算修正后住宅楼地基承载力特征值 f_a（kPa）最接近于下列何项？

(A) 299

(B) 307

(C) 319

(D) 410

【解答】根据《地规》5.2.4 条的条文说明：

基础埋深内，土的平均重度 $\gamma=\dfrac{18\times8+（18-10）\times2}{10}=16kN/m^3$

主楼住宅楼宽 15m，裙楼宽 35m＞2×15＝30m

裙楼折算成土层厚度 $d_1=\dfrac{90}{16}=5.63m$

住宅楼基础埋深为 10m，取二者小值，计算埋置深度 $d＝5.63m$。
基础宽度 $b＝15m＞6m$，取 $b＝6m$。查表得 $\eta_b＝0.3$，$\eta_d＝1.6$
$f_a=160+0.3\times（18-10）\times（6-3）+1.6\times16\times（5.63-0.5）=298.53kPa$
故应选（A）项。

▲2.2 岩石地基

- 复习《地规》5.2.6 条。
- 复习《地规》附录 H、附录 J。

需注意的是：

(1)《地规》5.2.6 条的条文说明：

5.2.6（条文说明）关键问题是如何确定折减系数。岩石饱和单轴抗压强度与地基承载力之间的不同在于：第一，抗压强度试验时，岩石试件处于无侧限的单轴受力状态；而地基承载力则处于有围压的三轴应力状态。如果地基是完整的，则后者远远高于前者。第二，岩块强度与岩体强度是不同的，原因在于岩体中存在或多或少、或宽或窄、或显或隐的裂隙，这些裂隙不同程度地降低了地基的承载力。显然，越完整、折减越少；越破碎，折减越多。

（2）《地规》附录 H.0.1 条、H.0.10 条的规定。

（3）《地规》附录 J 中，变异系数 δ 的计算，应按《地规》附录 E 中式（E.0.1-1）、（E.0.1-2）、（E.0.1-3）进行。

岩样尺寸、数量，《地规》附录 J.0.2 条作了规定，即一般为 $\phi 50\text{mm} \times 100\text{mm}$，数量不应少于六个。

（4）岩体完整程度的确定，可根据《地规》4.1.4 条及《地规》附录 A.0.2 条。

【例 4.3.2-5】（2016B12、13）某框架结构商业建筑，采用柱下扩展基础，基础埋深 1.5m，基础持力层为中风化凝灰岩。边柱截面为 1.0m×1.0m，基础底面形状为正方形，边长 a 为 1.8m，该柱下基础剖面及地基情况如图 4.3.2-5 所示。地下水位在地表下 1.5m 处。基础及基底以上填土的加权平均重度为 20kN/m^3。

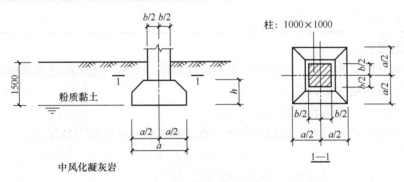

图 4.3.2-5

试问：

（1）假定，持力层 6 个岩样的饱和单轴抗压强度试验值如表 4.3.2-1 所示，试验按《建筑地基基础设计规范》GB 50007—2011 的规定进行，变异系数 $\delta=0.142$。试问，根据试验数据统计分析得到的岩石饱和单轴抗压强度标准值（MPa），与下列何项数值最为接近？

表 4.3.2-1

试 样 编 号	1	2	3	4	5	6
单轴抗压强度（MPa）	10.7	11.3	14.8	10.8	12.4	14.1

（A）9   （B）10   （C）11   （D）12

（2）假定，持力层岩石饱和单轴抗压强度标准值为 10MPa，岩体纵波波速为 600m/s；岩块纵波波速为 650m/s。试问，不考虑施工因素引起的强度折减及建筑物使用后岩石风化作用的继续时，根据岩石饱和单轴抗压强度计算得到的持力层地基承载力特征值（kPa），与下列何项数值最为接近？

(A) 2000   (B) 3000   (C) 4000   (D) 5000

【解答】（1）由表中数据，$f_{rm}=\dfrac{10.7+11.3+14.8+10.8+12.4+14.1}{6}=12.35\text{MPa}$

根据《地规》附录 J 中式（J.0.4-2）：

$$\psi=1-\left(\frac{1.704}{\sqrt{n}}+\frac{4.678}{n^2}\right)\delta=1-\left(\frac{1.704}{\sqrt{6}}+\frac{4.678}{36}\right)\times0.142=0.883$$

$f_{rk}=0.883\times12.35=10.9\text{MPa}$

故选（C）项。

（2）根据《地规》4.1.4 条：

$$\text{岩体完整性指数}=\left(\frac{600}{650}\right)^2=0.852>0.75$$

属完整岩体，根据《地规》5.2.6 条：

$$\psi_r=0.5, \quad f_a=0.5\times10000=5000\text{kPa}$$

故选（D）项。

3. 软弱下卧层时地基承载力计算

● 复习《地规》5.2.7 条。

需注意的是：

（1）软弱下卧层的判别：一般地，基础底面以下，当某一土层的地基承载力低于持力层的 1/3 时，可判别为软弱下卧层。

（2）p_z 的计算，应取作用的标准组合。

（3）f_{az} 的计算，取软弱下卧层顶面处经深度修正后地基承载力特征值：

$$f_{az}=f_{ak}+\eta_d\gamma_m(d-0.5)$$

式中 d——软弱下卧层顶面距室外地面的深度（m）；

     γ_m——软弱下卧层顶面以上土的加权平均重度，地下水位以下取浮重度。

（4）《地规》表 5.2.7，当 $E_{s1}/E_{s2}=1$ 时，θ 如何取值？

笔者建议按《桩规》表 5.4.1，即：

$E_{s1}/E_{s2}=1$，$z/b=0.25$，$\theta=4°$

$E_{s1}/E_{s2}=2$，$t/b=0.50$，$\theta=12°$

此外，天津标准《岩土工程技术规范》DB 29—20 也按上述原则确定 θ 值。

【例 4.3.2-6】（2014B7）某多层框架结构办公楼采用筏形基础，$\gamma_0=1.0$，基础平面尺寸为 39.2m×17.4m。基础埋深为 1.0m，地下水位标高为 −1.0m，地基土层及有关岩土参数见图 4.3.2-6。初步设计时考虑天然地基方案。假定，相应于作用的标准组合时，上部结构为筏板基础总的竖向力为 45200kN；相应于作用的基本组合时，上部结构与筏板基础总的竖向力为 59600kN。试问，进行软弱下卧层地基承载力验算时，②层土顶面处的附加压力值 p_z 与自重应力值 p_{cz} 之和（p_z+p_{cz}）（kPa），与下列何项数值最为接近？

(A) 65   (B) 75   (C) 90   (D) 100

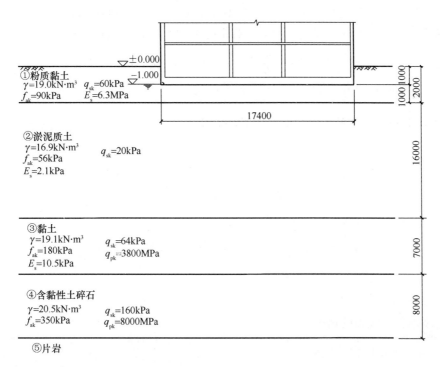

图 4.3.2-6

【解答】 根据《地规》5.2.7 条，$E_{s1}/E_{s2} = 6.3/2.1 = 3$，$z/b = 1/17.4 = 0.06 < 0.25$，查表 5.2.7，取 $\theta = 0°$，则：

$$p_z = \frac{lb(p_k - p_c)}{(b + 2z\tan\theta)(l + 2z\tan\theta)} = \frac{45200}{17.4 \times 39.2} - 19 \times 1 = 66.3 - 19 = 47.3\text{kPa}$$

$$p_{cz} = 1 \times 19 + 1 \times (19 - 10) = 28\text{kPa}$$

$$p_z + p_{cz} = 47.3 + 28 = 75.3\text{kPa}$$

故应选（B）项。

【例 4.3.2-7】（2013B7）某多层砌体结构建筑采用墙下条形基础，荷载效应基本组合由永久荷载控制，基础埋深 1.5m，地下水位在地面以下 2m。其基础剖面及地质条件如图 4.3.2-7 所示，基础的混凝土强度等级 C20（$f_t = 1.1\text{N/mm}^2$），基础及其以上土体的加权平均重度为 20kN/m³。

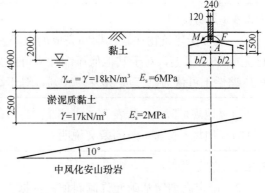

图 4.3.2-7

假定，荷载的标准组合时，上部结构传至基础顶面的竖向力 $F = 240\text{kN/m}$，力矩 $M = 0$；黏土层地基承载力特征值 $f_{ak} = 145\text{kPa}$，孔隙比 $e = 0.8$，液性指数 $I_L = 0.75$；淤泥质黏土层的地基承载特征值 $f_{ak} = 60\text{kPa}$。试问，为满足地基承载力要求，基础底面的宽度 b（m）取下列何项数值最为合理？

(A) 1.5 　　　　　 (B) 2.0 　　　　　 (C) 2.6 　　　　　 (D) 3.2

【解答】假定 $b<3.0$m，则 $f_a=145+1.6×18×1.0=173.8$kPa

$$p_k=\frac{240}{b}+\frac{1×6×1.5×20}{b}\leqslant173.8，则：b\geqslant1.67\text{m}$$

复核软弱下卧层，由《地规》5.2.7 条：

$$\frac{E_{s1}}{E_{s2}}=3，3\text{ 个选项中的 }z/b>0.5，故取\ \theta=23°$$

$$\gamma_m=\frac{18×2+8×2}{2}=13\text{kN/m}^3$$

$$f_a=60+1.0×13×(4-0.5)=105.5\text{kPa}$$

$$\frac{b×\left(\dfrac{240}{b}+30-1.5×18\right)}{b+2×2.5\tan23°}+18×2+8×2\leqslant105.5$$

则：

$$b\geqslant2.5\text{m}$$

取 $b\geqslant2.6$m，故选 (C) 项。

4. 提高地基承载力的情况

- 复习《地规》5.2.8 条。

三、地基变形计算

1. 一般规定

- 复习《地规》5.3.1 条～5.3.4 条。

需注意的是：

(1)《地规》5.3.3 条的条文说明：

5.3.3（条文说明）

　　一般多层建筑物在施工期间完成的沉降量，对于碎石或砂土可认为其最终沉降量已完成 80% 以上，对于其他低压缩性土可认为已完成最终沉降量的 50%～60%，对于中压缩性土可认为已完成 20%～50%，对于高压缩性土可认为已完成 5%～20%。

(2)《地规》5.3.4 条表 5.3.4 注 1、2、3、4、5 的规定。

(3)《地规》5.3.4 条的条文说明：

5.3.4（条文说明）

　　2 确定高烟囱基础允许倾斜值的依据：

　　　　1）影响高烟囱基础倾斜的因素

　　① 风力；

　　② 日照；

　　③ 地基土不均匀及相邻建筑物的影响；

④ 由施工误差造成的烟囱筒身基础的偏心。

上述诸因素中风、日照的最大值仅为短时间作用，而地基不均匀与施工误差的偏心则为长期作用，相对的讲后者更为重要。

……

因此，地基土不均匀及相邻建筑物的影响是高烟囱基础产生不均匀沉降（即倾斜）的重要因素。

确定高烟囱基础的允许倾斜值，必须考虑基础倾斜对烟囱筒身强度和地基土附加压力的影响。

2. 单向压缩分层总和法计算地基变形（土力学基本原理）

▲2.1 可压缩土层为一层

如图 4.3.3-1 所示覆盖面很大的单一压缩土层，荷载的分布面积也很大。设在压力 p_1 作用下土样的高度为 H，孔隙比为 e_1；当压力增大到 p_2 时，产生相应的压缩量 Δs 并达稳定后，孔隙比从 e_1 减少到 e_2。

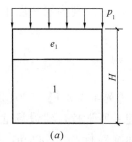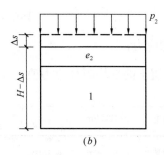

图 4.3.3-1

（a）压缩前；（b）压缩后

因为受压前后土粒体积和横截面面积均不改变，则有：

$$\frac{H}{1+e_1} = \frac{H-\Delta s}{1+e_2}$$

整理得：$\Delta s = \dfrac{e_1-e_2}{1+e_1}H$

上式即为在有侧限条件下，土的压缩量的计算公式；又根据压缩系数 α 和压缩模量 E_s 之间的关系式，即：

$$\alpha = \frac{e_1-e_2}{p_2-p_1} = \frac{e_1-e_2}{\Delta p} \;;\; E_s = \frac{1+e_1}{\alpha}$$

进一步可导出如下公式：

$$\Delta s = \frac{\alpha \cdot \Delta p}{1+e_1}H$$

$$\Delta s = \frac{\Delta p}{E_s}H$$

也可以按 $\Delta s = \varepsilon H = \dfrac{\Delta p}{E_s}H$。

▲2.2 可压缩土层为多层

当可压缩土层为多层时，计算第 i 层土的压缩变形是 Δs_i，仍采用前述可压缩土层为一层的相应计算公式。此时，取 $\Delta s = \Delta s_i$，$H = h_i$，即：

$$\Delta s_i = \frac{e_{1i} - e_{2i}}{1 + e_{1i}} h_i$$

$$\Delta s_i = \frac{\alpha_i (p_{2i} - p_{1i})}{1 + e_{1i}} h_i$$

$$\Delta s_i = \frac{\bar{\sigma}_{zi}}{E_{si}} h_i$$

式中　e_{1i}——第 i 层土的自重应力平均值（即 p_{1i}）所对应的压缩曲线上的孔隙比；

e_{2i}——第 i 层土的自重应力平均值与附加应力平均值之和（即 p_{2i}）对应的压缩曲线上的孔隙比；

p_{1i}——第 i 层土的自重应力平均值，$p_{1i} = \frac{\sigma_{czi} + \sigma_{cz(i-1)}}{2}$。其中，$\sigma_{czi}$、$\sigma_{cz(i-1)}$ 分别为第 i 层土底面、顶面处的自重应力；

p_{2i}——第 i 层土的自重应力平均值与附加应力平均值之和，$p_{2i} = \frac{\sigma_{czi} + \sigma_{cz(i-1)} + \sigma_{zi} + \sigma_{z(i-1)}}{2}$。其中，$\sigma_{zi}$，$\sigma_{z(i-1)}$ 分别为第 i 层土底面、顶面处的附加应力；

$\bar{\sigma}_{zi}$——第 i 层土的平均附加应力值，$\bar{\sigma}_{zi} = \frac{\sigma_{zi} + \sigma_{z(i-1)}}{2}$。

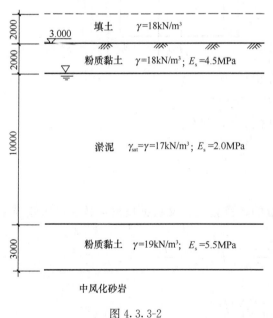

图 4.3.3-2

【例 4.3.3-1】（2013B3）某城市新区拟建一所学校，建设场地地势较低，自然地面绝对标高 3.000m，根据规划地面设计标高要求，整个建设场地需大面积填土 2m。地基土层剖面如图 4.3.3-2 所示，地下水位在自然地面下 2m，填土的重度为 18kN/m³。填土区域的平面尺寸远远大于地基压缩层厚度。假定，不进行地基处理，不考虑填土本身的压缩量。

试问，由大面积填土引起的场地中心区域最终沉降量 s（mm）与下列何项数值最为接近？

提示：①沉降计算经验系数 ψ_s 取 1.0。

②地基变形计算深度取至中风化砂岩顶面。

(A) 150　　　　(B) 220　　　　(C) 260　　　　(D) 350

【解答】根据单向压缩分层总和法：

平均附加应力值：$\bar{\sigma}_{zi} = \gamma \cdot h = 18 \times 2 = 36\text{kPa}$

由条件可知，$\psi_s = 1.0$，则：

$$s = \psi_s \left(\frac{36}{4.5 \times 10^3} \times 2 \times 10^3 + \frac{36}{2 \times 10^3} \times 10 \times 10^3 + \frac{36}{5.5 \times 10^3} \times 3 \times 10^3 \right)$$

$$= 1.0 \times 215.6 = 216 \text{mm}$$

所以应选（B）项。

3. 《地规》法计算地基变形

- 复习《地规》5.3.5条~5.3.9条。

需注意的是：

（1）基底处的附加压力值 p_0 是相应于作用的准永久组合。

（2）$\bar{\alpha}_i$、$\bar{\alpha}_{i-1}$ 应取规范附录 K.0.1-2 中平均附加应力系数。

（3）《地规》5.3.5条的条文说明：

5.3.5（条文说明）

1 压缩模量的取值，在考虑到地基变形的非线性性质，一律采用固定压力段下的 E_s 值必然会引起沉降计算的误差，因此采用实际压力下的 E_s 值，即

$$E_s = \frac{1 + e_0}{a}$$

式中　e_0——土自重压力下的孔隙比；

　　　a——从土自重压力至土的自重压力与附加压力之和压力段的压缩系数。

（4）《地规》5.3.7条的条文说明：

5.3.7（条文说明） 对于存在相邻影响情况下的地基变形计算深度，这次修订时仍以相对变形作为控制标准（以下简称为变形比法）。

在 TJ 7-74 规范之前，我国一直沿用苏联 НИТУ127-55 规范，以地基附加应力对自重应力之比为 0.2 或 0.1 作为控制计算深度的标准（以下简称应力比法），该法沿用成习，并有相当经验。但它没有考虑到土层的构造与性质，过于强调荷载对压缩层深度的影响而对基础大小这一更为重要的因素重视不足。自 TJ 7-74 规范试行以来，采用变形比法的规定。

……

第 5.3.7 条中的表 5.3.7 就是根据 0.3（1+ln$b$）m 的关系，以更粗的分格给出的向上计算层厚 Δz 值。

（5）《地规》5.3.8条的条文说明指出："对于一定的基础宽度，地基压缩层的深度不一定随着荷载（p）的增加而增加。对于基础形状（如矩形基础、圆形基础）与地基土类别（如软土、非软土）对压缩层深度的影响亦无显著的规律，而基础大小和压缩层深度之间却有明显的有规律性的关系。"

【例 4.3.3-2】（2016B5）截面尺寸为 500mm×500mm 的框架柱，采用钢筋混凝土扩展基础，基础底面形状为矩形，平面尺寸 4m×2.5m，混凝土强度等级 C30，$\gamma_0 = 1.0$。荷载的标准组合时，上部结构传来的竖向压力 $F_k = 1750$kN，弯矩及剪力忽略不计，荷载效应由永久作用控制，基础平面及地勘剖面如图 4.3.3-3 所示。

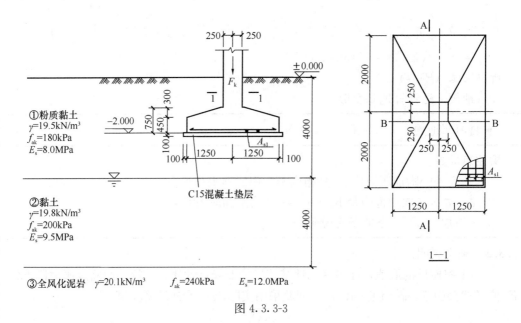

③全风化泥岩 $\gamma=20.1kN/m^3$ $f_{ak}=240kPa$ $E_s=12.0MPa$

图 4.3.3-3

假定，荷载的准永久组合时，基底的平均附加压力值 $p_0=160kPa$，地区沉降经验系数 $\psi_s=0.58$，基础沉降计算深度算至第③层顶面。试问，按照《建筑地基基础设计规范》GB 50007—2011 的规定，当不考虑邻近基础的影响时，该基础中心点的最终沉降量计算值 s（mm），与下列何项数值最为接近？

矩形面积上均布荷载作用下角点平均附加应力系数 $\bar{\alpha}$ 表 4.3.3-1

z/b \ l/b	1.2	1.6	2.0
0	0.2500	0.2500	0.2500
1.6	0.2006	0.2079	0.2113
4.8	0.1036	0.1136	0.1204

(A) 20　　　　　(B) 25　　　　　(C) 30　　　　　(D) 35

【解答】 根据《地规》5.3.5 条：

沿基础中心线，将基底分成 4 块矩形，基础中心点为四块矩形的角点。

$$l=2.0m，b=1.25m，l/b=1.6$$

分为两层土，$z_1=2.0m$，$z_2=6.0m$，$z_1/b=1.6$，$z_2/b=4.8$

分别查表可得：$\bar{\alpha}_1=0.2079$；$\bar{\alpha}_2=0.1136$

$$s=4\psi_s\sum_1^2\frac{p_0}{E_{si}}(z_i\bar{\alpha}_i-z_{i-1}\bar{\alpha}_{i-1})$$

$$s=4\times0.58\times\left[\frac{160}{8000}\times(2\times0.2079-0)+\frac{160}{9500}\times(6\times0.1136-2\times0.2079)\right]$$

$$=0.0297m$$

故选 (C) 项。

4. 地基土的回弹变形量

●复习《地规》5.3.10条。

需注意的是：

（1）深基坑施工过程中，土方开挖（即地基土卸荷）时，基坑底面地基土产生回弹问题；当基础施工（即地基土重新加载）时，已发生回弹的地基土产生再压缩问题，其回弹-再压缩曲线，如图4.3.3-4所示。土的回弹模量应从回弹曲线上确定。

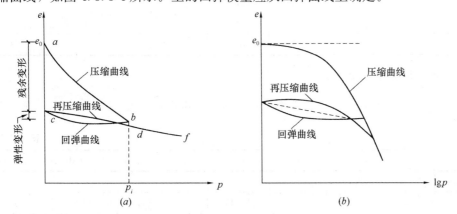

图 4.3.3-4 土的回弹-再压缩曲线

（a）e-p 曲线；（b）e-$\lg p$ 曲线

（2）《地规》5.3.10条中 p_c 的取值，基坑底面以上土的自重压力，地下水位以下应扣除浮力。

（3）《地规》5.3.10条中 E_{ci} 的取值，《地规》5.3.10条的条文说明指出："公式（5.3.10）中，E_{ci} 应按《土工试验方法标准》GB/T 50123进行试验确定，计算时应按回弹曲线上相应的压力段计算。"

（4）《地规》5.3.10条的条文说明还指出："从计算过程及土的回弹试验曲线特征可知，地基土回弹的初期，回弹模量很大，回弹量较小，所以地基土的回弹变形土层计算深度是有限的。"

【例4.3.3-3】 某建筑采用筏板基础，基坑开挖深度10m，平面尺寸为 $20\text{m} \times 100\text{m}$，自然地面以下土层为粉质黏土，厚度20m，再下为基岩，土层参数见表4.3.3-2，无地下水。

试问，基坑中心点的开挖回弹量最接近下列哪个选项？

提示： 回弹量计算经验系数取1.0。

表 4.3.3-2

土层	层底深度（m）	重度（kN/m³）	回弹模量（MPa）				
			$E_{0-0.025}$	$E_{0.025-0.05}$	$E_{0.05-0.1}$	$E_{0.1-0.2}$	$E_{0.2-0.3}$
粉质黏土	20	20	12	14	20	240	300
基岩	—	22	—				

(A) 5.2mm   (B) 7.0mm   (C) 8.7mm   (D) 9.4mm

【解答】根据《地规》5.3.10条：

第一步：确定土的回弹模量，$p_c = \gamma h = 20 \times 10 = 200kPa$

其计算见表4.3.3-3。

表 4.3.3-3

z_i	l/b	z/b	α_i	$p_z = 4\alpha_i p_c$	$p_{cz} = 20 \times (10+z)$	$p_{cz} - p_z$	E_{ci} (MPa)
0	$\dfrac{50}{10} = 5$	0	0.2500	200.0	200.0	0	—
5		0.50	0.2390	191.2	300.0	108.8	240
10		1.00	0.2040	163.2	400.0	236.8	300

第二步，计算回弹变形量

$$\Delta s_i = \frac{4p_c}{E_{ci}} (z_i \bar{\alpha}_i - z_{i-1} \bar{\alpha}_{i-1})，其计算过程见表4.3.3-4。$$

表 4.3.3-4

z_i	l/b	z/b	$\bar{\alpha}_i$	$z_i \bar{\alpha}_i$	$z_i \bar{\alpha}_i - z_{i-1} \bar{\alpha}_{i-1}$	E_{ci} (MPa)	Δs_i (mm)
0	$\dfrac{50}{10} = 5$	0	0.2500	0	—	—	—
5		0.50	0.2470	1.235	1.235	240	4.12
10		1.00	0.2353	2.353	1.118	300	2.98

$$s_c = \psi_c (4.12 + 2.98) = 1.0 \times (4.12 + 2.98) = 7.1mm$$

故选（B）项。

5. 地基土的回弹再压缩变形量

• 复习《地规》5.3.11条。

▲5.1 预备知识

建于天然地基上的建筑物，其基础施工时均需先开挖基坑。此时地基土受力性状的改变，相当于卸除该深度土自重压力 p_c 的荷载，卸载后地基即发生回弹变形。在建筑物从砌筑基础以至建成投入使用期间，地基处于逐步加载受荷的过程中。当外荷小于或等于 p_c 时，地基沉降变形是由地基回弹转化为再压缩的变形即 s_1。当外荷大于 p_c 时，除上述 s_1 回弹再压缩地基沉降变形外，还由于附加压力 $p_0 = p - p_c$ 产生地基固结沉降变形 s_2。

可见，基础埋置深的建筑物地基最终沉降变形 $s_总$ 应由 $s_1 + s_2$ 组成即：$s_总 = s_1 + s_2$。但也存在如下特殊情况：

情况一：有些高层建筑设置（3~4）层（甚至更多层）地下室时，总荷载有可能等于或小于 p_c，这样的高层建筑地基沉降变形 $s_总$ 将仅由地基回弹再压缩变形 s_1 决定，即：$s_总 = s_1$。

情况二：如果建筑物的基础埋深小，该回弹再压缩变形 s_1 值甚小，计算沉降时可以忽略不计。这正是常规的仅以附加压力 p_0 计算沉降的方法，也就是按《地规》5.3.5条计算的沉降部分 s_2，即：$s_总 = s_2$。

▲5.2 《地规》法计算回弹再压缩量

（1）基本概念——地基土回弹再压缩曲线以及再压缩比率与再加载比

1) 再压缩比率 γ' 的定义为：

① 土的固结回弹再压缩试验

$$r' = \frac{e_{\max} - e_i'}{e_{\max} - e_{\min}}$$

式中 　e_i'——再加荷过程中 P_i 级荷载施加后再压缩变形稳定时的土样孔隙比；

　　　$e_{\min}$——回弹变形试验中最大预压荷载或初始上覆荷载下的孔隙比；

　　　$e_{\max}$——回弹变形试验中土样上覆荷载全部卸载后土样回弹稳定时的孔隙比。

② 平板载荷试验卸荷再加荷试验

$$r' = \frac{\Delta s_{\mathrm{rci}}}{s_{\mathrm{c}}}$$

式中 　Δs_{rci}——载荷试验中再加荷过程中，经第 i 级加荷，土体再压缩变形稳定后产生的再压缩变形量；

　　　s_{c}——载荷试验中卸荷阶段产生的回弹变形量。

2) 再加荷比 R' 定义为：

① 土的固结回弹再压缩试验

$$R' = \frac{P_i}{P_{\max}}$$

式中 　$P_{\max}$——最大预压荷载，或初始上覆荷载；

　　　P_i——卸荷回弹完成后，再加荷过程中经过第 i 级加荷后作用于土样上的竖向上覆荷载。

② 平板载荷试验卸荷再加荷试验

$$R' = \frac{P_i}{P_0}$$

式中 　P_0——卸荷对应的最大压力；

　　　P_i——再加荷过程中，经第 i 级加荷对应的压力。

根据土的固结回弹再压缩试验或平板载荷试验卸荷再加荷试验结果，地基土回弹再压缩曲线在再压缩比率与再加荷比关系中可用两段线性关系模拟。典型试验曲线关系见图 4.3.3-5，可按图 4.3.3-5 所示的试验结果按两段线性关系确定 r_0' 和 R_0'。

在图 4.3.3-5 中，r_0' 和 R_0' 定义为：

r_0'——临界再压缩比率，相应于再压缩比率与再加荷比关系曲线上两段线性交点对应的再压缩比率。

R_0'——临界再加荷比，相应于再压缩比率与再加荷比关系曲线上两段线性交点对应的再加荷比。

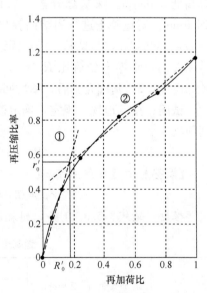

图 4.3.3-5 再压缩比率与再加荷比关系

回弹变形计算可按回弹变形的二个阶段分别计算：小于临界卸荷比时，其变形很小，可按线性模量关系计算；临界卸荷比至极限卸荷比段，可按 log 曲线分布的模量计算。

工程应用时，回弹变形计算的深度可取至土层的临界卸荷比深度；再压缩变形计算时初始荷载产生的变形不会产生结构内力，应在总压缩量中扣除。

（2）计算的步骤和方法

《地规》5.3.11条的条文说明

5.3.11（条文说明）

工程计算的步骤和方法如下：

1　进行地基土的固结回弹再压缩试验，得到需要进行回弹再压缩计算土层的计算参数。每层土试验土样的数量不得少于 6 个，按《岩土工程勘察规范》GB 50021 的要求统计分析确定计算参数。

2　按本规范第 5.3.10 条的规定进行地基土回弹变形量计算。

3　绘制再压缩比率与再加荷比关系曲线，确定 r_0' 和 R_0'。

4　按本条计算方法计算回弹再压缩变形量。

5　如果工程在需计算回弹再压缩变形量的土层进行过平板载荷试验，并有卸荷再加荷试验数据，同样可按上述方法计算回弹再压缩变形量。

6　进行回弹再压缩变形量计算，地基内的应力分布，可采用各向同性均质线性变形体理论计算。若再压缩变形计算的最终压力小于卸载压力，$r_{R'=1.0}'$ 可取 $r_{R'=a}'$，a 为工程再压缩变形计算的最大压力对应的再加荷比，$a \leqslant 1.0$。

【例 4.3.3-4】 某高层建筑基础采用箱形基础，为两层地下室，基底标高比室外地面标高低 5.650m。深基础开挖，基底总卸荷量 $p_c = 106$kPa。基坑土的回弹变形量 $s_c = 48.0$mm。对地基土进行固结回弹再压缩试验，再加荷量分别按 15kPa、30kPa、60kPa、78kPa、106kPa 进行试验。经对固结回弹再压缩试验成果进行分析，求得临界再压缩比率 $\gamma_0' = 0.64$，临界再加荷比 $R_0' = 0.32$，以及对应于再加荷比 $R' = 1.0$ 时的再压缩比率 $\gamma_{R'=1.0}' = 1.2$。基础完工后，基坑回填土的加荷量仍为 106kPa。

试问： 按《地规》规定，确定该地基土的回弹再压缩变形量 s_c'（mm），最接近于下列何项？

(A) 50　　　　(B) 60　　　　(C) 70　　　　(D) 80

【解答】 由题目条件可知：$s_c = 48$mm、$p_c = 106$kPa

$$\gamma_0' = 0.64 、 R_0' = 0.32, \gamma_{R'=1.0}' = 1.2$$

根据《地规》5.3.11条，列表计算地基土的回弹再压缩变形量 s_c'，见表 4.3.3-5。

地基土的回弹再压缩变形量计算表　　　　　　　　表 4.3.3-5

序号	再加载量 p（kPa）	再加荷比 R'	回弹再压缩变形量 S_c'（mm）	
			$p < R_0' p_c$　$s_c' = \gamma_0' s_c \dfrac{p}{p_c R_c'}$	$R_1' p_c \leqslant p \leqslant p_c$　$s_c' = s_c \left[r_0' + \dfrac{\gamma_{R'=1.0}' - r_0'}{1 - R_0'} \left(\dfrac{p}{p_c} - R_0' \right) \right]$
1	15	0.1415	13.58	—
2	30	0.2830	27.17	—
3	—	0.3200		30.72
4	60	0.5660	—	40.45
5	78	0.7358	—	47.16
6	106	1.0000	—	57.60

在表 4.3.3-5 中，有关计算结果说明如下：

当 $p=15$kPa，则：$R'=\dfrac{15}{106}=0.1415$

$$s'_c = r'_0 s_c \frac{p}{p_c R'_0} = 0.64 \times 48 \times \frac{15}{106 \times 0.32} = 13.58\text{mm}$$

当 $p=30$kPa，同理，可得 $s'_c=27.17$mm

当 $R'=0.32$ 时，则：

$$s'_c = s_c \left[r'_0 + \frac{\gamma'_{R'=1.0} - r'_0}{1-R'_0} \left(\frac{p}{p_c} - R'_0 \right) \right]$$

$$= 48 \times \left[0.64 + \frac{1.2 - 0.64}{1-0.32} \times \left(\frac{p}{106} - 0.32 \right) \right]$$

$$= 48 \times \left[0.64 + 0.8235 \times \left(\frac{p}{106} - 0.32 \right) \right]$$

$$= 48 \times \left[0.64 + 0.8235 \times (0.32 - 0.32) \right] = 30.72\text{mm}$$

当 $p=60$kPa 时，则：

$$s'_c = 48 \times \left[0.64 + 0.8235 \times \left(\frac{60}{106} - 0.32 \right) \right] = 40.45\text{mm}$$

当 $p=78$kPa 时，同理，$s'_c=47.16$mm。

当 $p=106$kPa 时，同理，$s'_c=57.60$mm。

最终取 $s'_c=57.60$mm。

故选（B）项。

6. 整体大面积基础的变形计算

● 复习《地规》5.3.12 条。

需注意的是：

（1）《地规》5.3.12 条的条文说明：

5.3.12（条文说明）

大底盘高层建筑由于外挑裙楼和地下结构的存在，使高层建筑地基基础变形由刚性、半刚性向柔性转化，基础挠曲度增加，设计时应加以控制。

主楼外挑出的地下结构可以分担主楼的荷载，降低了整个基础范围内的平均基底压力，使主楼外有挑出时的平均沉降量减小。

裙房扩散主楼荷载的能力是有限的，主楼荷载的有效传递范围是主楼外 1 跨～2 跨。超过 3 跨，主楼荷载将不能通过裙房有效扩散。

"基础挠曲度"的定义，见《地规》8.4.22 条的条文说明。

（2）《地规》5.3.12 条的条文说明：

5.3.12（条文说明）

大底盘结构基底中点反力与单体高层建筑基底中点反力大小接近，刚度较大的内筒使该部分基础沉降、反力趋于均匀分布。

单体高层建筑的地基承载力在基础刚度满足规范条件时可按平均基底压力验算，角柱、边柱构件设计可按内力计算值放大 1.2 或 1.1 倍设计；大底盘地下结构的地基反力在高层内筒部位与单体高层建筑内筒部位地基反力接近，是平均基底压力的 0.7 倍～0.8 倍，且高层部位的边缘反力无单体高层建筑的放大现象，可按此地基反力进行地基承载力验算；角柱、边柱构件设计内力计算值无需放大，但外挑一跨的框架梁、柱内力较不整体连接的情况要大，设计时应予以加强。

四、稳定性计算

1. 地基稳定性

- 复习《地规》5.4.1 条。
- 复习《地规》5.4.2 条。

需注意的是：

（1）《地规》5.4.1 条适用于：非岩石地基内存在软弱土层时，或者地基土质不均匀时。

（2）《地规》5.4.1 条，土的抗剪强度 $\tau_f = c' + \sigma' \tan\varphi'$，其中 c' 为土的有效黏聚力，σ' 为土的有效应力；φ' 为有效内摩擦角。

（3）《地规》5.4.2 条公式（5.4.2-1）、公式（5.4.2-2）中 a 应大于或等于 2.5m。

2. 基础稳定性

基础稳定性包括：基础抗滑移稳定性、基础抗倾覆稳定性、基础抗浮稳定性。

▲2.1　基础抗滑移稳定性

高层建筑在承受地震作用、风荷载或其他水平荷载时，其基础的抗滑移稳定性（图 4.3.4-1）应符合下式的要求：

$$\frac{F}{Q} \geqslant K_s$$

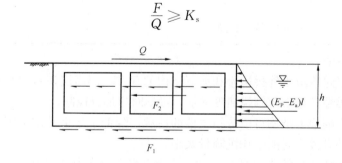

图 4.3.4-1　抗滑移稳定性验算示意

式中　F——所有抗滑移力的合力（kN）；

　　　Q——作用在基础顶面的水平风荷载、水平地震作用或其他水平荷载；

K_s——抗滑移稳定性安全系数，取1.3。

▲2.2 基础抗倾覆稳定性

高层建筑在承受地震作用、风荷载、其他水平荷载或偏心竖向荷载时，其基础的抗倾覆稳定性应符合下式的要求：

$$M_r / M_c \geqslant K_r$$

式中 M_r——抗倾覆力矩；

M_c——倾覆力矩；

K_r——抗倾覆稳定性安全系数，取1.5。

▲2.3 基础抗浮稳定性

● 复习《地规》5.4.3条。

需注意的是：

《地规》5.4.3条的条文说明指出："采用抗浮构件（例如抗拔桩）等措施时，由于其产生抗拔力伴随位移发生，过大的位移量对基础结构是不允许的，抗拔力取值应满足位移控制条件。采用本规范附录T的方法确定的抗拔桩抗拔承载力特征值进行设计对大部分工程可满足要求，对变形要求严格的工程还应进行变形计算。"

【例4.3.4-1】 （2014B3）某安全等级为二级的长条形坑式设备基础，高出地面500mm，设备荷载对基础没有偏心。基础的外轮廓及地基土层剖面、地基土参数如图4.3.4-2所示，地下水位在自然地面下0.5m。

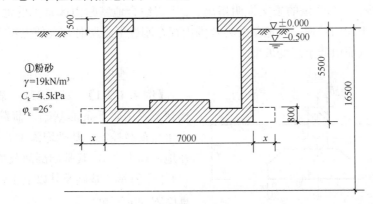

图 4.3.4-2

已知基础的自重为280kN/m，基础上设备自重为60kN/m，设备检修活荷载为35kN/m，当基础的抗抗浮稳定性不满足要求时，本工程拟采用对称外挑基础底板的抗浮措施。假定，基础底板外挑板厚度取800mm，抗浮验算时钢筋混凝土的重度取23kN/m³；设备自重可作为压重，抗浮设计水位取地面下0.5m。

试问，为了保证基础抗浮稳定安全系数不小于1.05，图中虚线所示的底板外挑最小长度 x（mm），与下列何项数值最为接近？

提示： 基础施工时基坑用原状土回填，回填土重度、强度指标与原状土相同。

（A）0 　　　（B）250 　　　（C）500 　　　（D）800

【解答】 根据《地规》5.4.3条：

$$G_k = 280 + 60 + (0.8 \times 23 + 19 \times 0.5 + 19 \times 4.2) \cdot 2x$$
$$= 340 + 215.4x$$
$$N_{w,k} = 10 \times 5 \times (7 + 2x) = 350 + 100x$$

$\dfrac{G_k}{N_{w,k}} \geqslant 1.05$，则：$x \geqslant 0.249\text{m}$

故应选（B）项。

第四节　《地规》山区地基

一、一般规定

- 复习《地规》6.1.1 条～6.1.4 条。

二、土岩组合地基

- 复习《地规》6.2.1 条～6.2.7 条。

需注意的是：

（1）土岩组合地基的判别，按《地规》6.2.1 条。

（2）《地规》6.2.2 条的条文说明指出："土岩组合地基是山区常见的地基形式之一，其主要特点是不均匀变形。当地基受力范围内存在刚性下卧层时，会使上覆土体中出现应力集中现象，从而引起土层变形增大。"

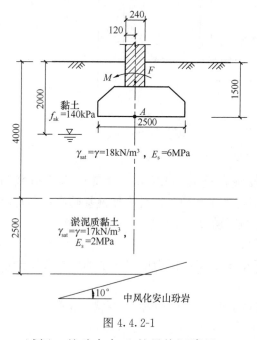

图 4.4.2-1

（3）《地规》6.2.5 条注。

【例 4.4.2-1】（2013B11）某多层砌体结构建筑采用墙下条形基础，荷载的基本组合由永久荷载控制，基础埋深 1.5m，地下水位在地面以下 2m，其基础剖面及地质条件如图 4.4.2-1 所示。基础及其以上土体的加权平均重度为 20kN/m³。

已知，相应于荷载的准永久组合时，基础底面的附加压力为 100kPa。采用分层总和法计算基础底面中点 A 的沉降量，总土层数按两层考虑，分别为基底以下的黏土层及其下的淤泥质黏土层，层厚均为 2.5m。A 点至黏土层底部范围内的平均附加应力系数为 0.8，至淤泥质黏土层底部范围内的平均附加应力系数为 0.6。基岩以上变形计算深度范围内土层的压缩模量当量值为 3.5MPa。

试问，基础中点 A 的最终沉降量（mm）最接近于下列何项数值？

提示：地基变形计算深度可取至基岩表面。

(A) 75   (B) 86   (C) 94   (D) 105

【解答】根据《地规》5.3.5条：

$$p_0 = 100\text{kPa} < 0.75 f_{ak} = 0.75 \times 140 = 105\text{kPa}，查规范表 5.3.5：$$

$$\psi_s = 1.1 - \frac{3.5 - 2.5}{4 - 2.5} \times (1.1 - 1.0) = 1.033$$

$$s = \psi_s s' = 1.033 \times \left[\frac{100}{6 \times 10^3} \times (2500 \times 0.8 - 0 \times 1.0) \right.$$

$$\left. + \frac{100}{2 \times 10^3} \times (5000 \times 0.6 - 2500 \times 0.8) \right]$$

$$= 1.033 \times 83.33 = 86.08\text{mm}$$

由《地规》6.2.2条：

$$h/b = 5/2.5 = 2，查规范表 6.2.2-2，取 \beta_{gz} = 1.09$$

最终 s 为：$s = 86.08 \times 1.09 = 93.8\text{mm}$

所以应选（C）项。

三、填土地基

> ● 复习《地规》6.3.1条～6.3.11条。

需注意的是：

(1)《地规》6.3.5条的条文说明指出："有机质的成分很不稳定且不易压实，其土料中含量大于5%时不能作为填土的填料。"

(2)《地规》6.3.7条表6.3.7注1、2的规定。

(3)《地规》6.3.8条的条文说明：

> **6.3.8（条文说明）**
>
> 压实填土的最大干密度的测定，对于以岩石碎屑为主的粗粒土填料目前存在一些不足，实验室击实试验值偏低而现场小坑灌砂法所得值偏高，导致压实系数偏高较多，应根据地区经验或现场试验确定。

(4)《地规》6.3.9条的条文说明指出："考虑到填土的不均匀性，试验数据量应较自然地层多，才能比较准确地反映出地基的性质，可配合采用其他原位测试法进行确定。"

(5)《地规》6.3.11条的条文说明：

> **6.3.11（条文说明）**
>
> 位于斜坡上的填土，其稳定性验算应包含两方面的内容：一是填土在自重及建筑物荷载作用下，沿天然坡面滑动；二是由于填土出现新边坡的稳定问题。

【例4.4.3-1】某砌体承重结构，地基持力层为厚度较大的粉质黏土，其承载力特征值不能满足设计要求，拟采用压实填土进行地基处理，现场测得粉质黏土的最优含水量为15％，土粒相对密度为2.7。

试问，该压实填土在持力层范围内的控制干密度（kg/m^3），最接近于下列何项？

(A) 1600　　　　(B) 1700　　　　(C) 1800　　　　(D) 1900

【解答】 确定压实填土的最大干密度：

根据《地规》6.3.8条规定，取 $\eta = 0.96$（粉质黏土）。

$$\rho_{dmax} = \eta \frac{\rho_\omega d_s}{1 + 0.01 w_{op} d_s}$$

$$= 0.96 \times \frac{1000 \times 2.7}{1 + 0.01 \times 15 \times 2.7} = 1845 kg/m^3$$

确定压实填土的干密度：

$\rho_d = \lambda_c \rho_{dmax}$，查《地规》表6.3.7，取 $\lambda_c \geq 0.97$

$\rho_d \geq 0.97 \times 1845 = 1790 kg/m^3$

故选（C）项。

四、滑坡防治

● 复习《地规》6.4.1条～6.4.3条。

需注意的是：

(1)《地规》6.4.3条中式（6.4.3-1）、式（6.4.3-2）中，当计算第一块滑体的剩余下滑力 F_1，有：

第一块滑体：$F_1 = \gamma_t G_{1t} - G_{1n} \tan\varphi_1 - c_1 l_1$

第一块对第二块的传递系数：

$\psi_1 = \cos(\beta_1 - \beta_2) - \sin(\beta_1 - \beta_2)\tan\varphi_2$

(2) 在计算过程中，当任何一段的剩余下滑力为零或负值时，说明该段以前部分稳定，不存在滑动推力，应从下一段重新开始累计。

(3)《建筑边坡工程技术规范》GB 50330—2013对折线形滑动面的边坡采用传递系数法隐式解，与《地规》是不协调的。

五、岩石地基

● 复习《地规》6.5.1条～6.5.2条。

需注意的是：

《地规》6.5.1条的条文说明：

6.5.1（条文说明）

岩石一般可视为不可压缩地基，上部荷载通过基础传递到岩石地基上时，基底应力以直接传递为主，应力呈柱形分布，当荷载不断增加使岩石裂缝被压密产生微弱沉降而卸荷时，部分荷载将转移到冲切锥范围以外扩散，基底压力呈钟形分布。验算岩石下卧层强度时，其基底压力扩散角可按30°～40°考虑。

由于岩石地基刚度大，在岩性均匀的情况下可不考虑不均匀沉降的影响，故同一建筑物中允许使用多种基础形式，如桩基与独立基础并用，条形基础、独立基础与桩基础并用等。

六、岩溶与土洞

● 复习《地规》6.6.1条～6.6.9条。

需注意的是：

（1）《地规》6.6.2条的条文说明：

6.6.2（条文说明）

基岩面相对高差以相邻钻孔的高差确定。

钻孔见洞隙率＝（见洞隙钻孔数量/钻孔总数）×100%。线岩溶率＝（见洞隙的钻探进尺之和/钻探总进尺）×100%。

（2）《地规》6.6.4条～6.6.9条的条文说明：

6.6.4～6.6.9（条文说明）

当采用洞底支撑（穿越）方法处理时，桩的设计应考虑下列因素，并根据不同条件选择：

1 桩底以下3倍～5倍桩径或不小于5m深度范围内无影响地基稳定性的洞隙存在，岩体稳定性良好，桩端嵌入中等风化～微风化岩体不宜小于0.5m，并低于应力扩散范围内的不稳定洞隙底板，或经验算桩端埋置深度已可保证桩不向临空面滑移。

2 基坑涌水易于抽排、成孔条件良好，宜设计人工挖孔桩。

……

桩身穿越溶洞顶板的岩体，由于岩溶发育的复杂性和不均匀性，顶板情况一般难以查明，通常情况下不计算顶板岩体的侧阻力。

【例4.4.6-1】（2011B16）根据《建筑地基基础设计规范》的规定，下述关于岩溶与土洞对天然地基稳定性的影响论述中，何项是正确的？说明理由。

（A）基础位于微风化硬质岩石表面时，对于宽度小于1m的竖向溶蚀裂隙和落水洞近旁地段，可不考虑其对地基稳定性的影响

（B）岩溶地区，当基础底面以下的土层厚度大于三倍独立基础底宽，或大于六倍条形基础底宽时，可不考虑岩溶对地基稳定性的影响

（C）微风化硬质岩石中，基础底面以下洞体顶板厚度接近或大于洞跨，可不考虑溶洞对地基稳定性的影响

（D）基础底面以下洞体被密实的沉积物填满，其承载力超过150kPa，且无被水冲蚀的可能性时，可不考虑溶洞对地基稳定性的影响

【解答】 根据《地规》6.6.5条，（C）项正确，故应选（C）项。

七、土质边坡与重力式挡墙

1. 土质边坡

> ● 复习《地规》6.7.1条～6.7.2条。

需注意的是：

(1)《地规》6.7.1条的条文说明中边坡设计的一般原则，指出："勘察工作不能局限于红线范围，必须扩大勘察面，一般在坡顶的勘察范围，应达到坡高的1倍～2倍，才能获取较完整的地质资料。对于高大边坡，应进行专题研究。"

(2)《地规》6.7.1条第4款规定。

(3)《地规》表6.7.1注1、2的规定。

【例4.4.7-1】（2014B16）关于山区地基设计有下列主张：

Ⅰ. 对山区滑坡，可采取排水、支挡、卸载和反压等治理措施

Ⅱ. 在坡体整体稳定的条件下，某充填物为坚硬黏性土的碎石土，实测经过综合修正的重型圆锥动力触探锤击数平均值为17，当需要对此土层开挖形成5～10m的边坡时，边坡的允许高宽比可为1:0.75～1:1.00；

Ⅲ. 当需要进行地基变形计算的浅基础在地基变形计算深度范围有下卧基岩，且基底下的土层厚度不大于基础底面宽度的2.5倍时，应考虑刚性下卧层的影响；

Ⅳ. 某工程砂岩的饱和单轴抗压强度标准值为8.2MPa，岩体的纵波波速与岩块的纵波波速之比为0.7，此工程无地方经验可参考，则砂岩的地基承载力特征值初步估计在1640～4100kPa之间。

试问，依据《建筑地基基础设计规范》GB 50007—2011的有关规定，针对上述主张正确性的判断，下列何项正确？

(A) Ⅰ、Ⅱ、Ⅲ、Ⅳ正确　　　　(B) Ⅰ正确；Ⅱ、Ⅲ、Ⅳ错误

(C) Ⅰ、Ⅱ正确；Ⅲ、Ⅳ错误　　(D) Ⅰ、Ⅱ、Ⅲ正确；Ⅳ错误

【解答】 Ⅰ.《地规》6.4.2，正确

Ⅱ.《地规》4.1.6条和6.7.2条，正确

Ⅲ.《地规》5.3.8条和6.2.2条，正确

Ⅳ.《地规》4.1.4条和5.2.6条，岩体完整性系数为波速比的平方，岩体应为较破碎，错误。

故选（D）项。

2. 重力式挡土墙

▲2.1 土力学知识—土压力计算

(1) 朗肯土压力理论

朗肯土压力理论假设：①挡土墙墙背竖直、光滑，填土面水平；②墙背与填土之间无摩擦力存在。

朗肯土压力理论是根据半空间的应力状态和土的极限平衡条件而建立的土压力计算方法。

朗肯土压力理论仅局限于填土面水平、墙背垂直光滑的情况，工程中多用于挡土桩、

板桩、锚桩，以及沉井和刚性桩的土压力计算。此外，由于忽略了墙背与填土之间的影响，朗肯土压力理论使计算的主动土压力偏大，使计算的被动土压力偏小。

1）无黏性土的主动土压力计算

任意深度 z 处的主动土压力强度 σ_a，如图 4.4.7-1 所示：

$$\sigma_a = \gamma z k_a$$

式中 k_a——主动土压力系数，$k_a = \tan^2 (45° - \varphi/2)$；

φ——填土的内摩擦角。

设挡土墙高度为 H，如图 4.4.7-1 所示，作用在挡土墙上的总主动土压力大小（E_a）为三角形分布图的面积，即：

$$E_a = \frac{1}{2} \gamma H^2 k_a$$

其中，E_a 的作用点位于墙底面以上 $\dfrac{H}{3}$ 处。

2）黏性土（$c \neq 0$）的主动土压力计算

任意深度 z 处的主动土压力强度 σ_a，如图 4.4.7-2 所示：

$$\sigma_a = \gamma z k_a - 2c \sqrt{k_a} (c \neq 0)$$

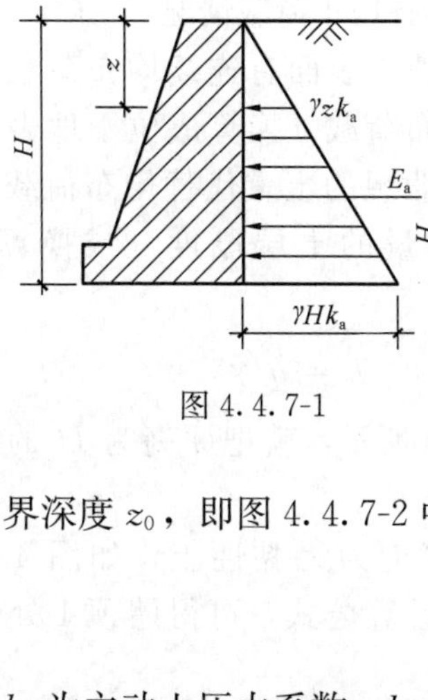

图 4.4.7-1

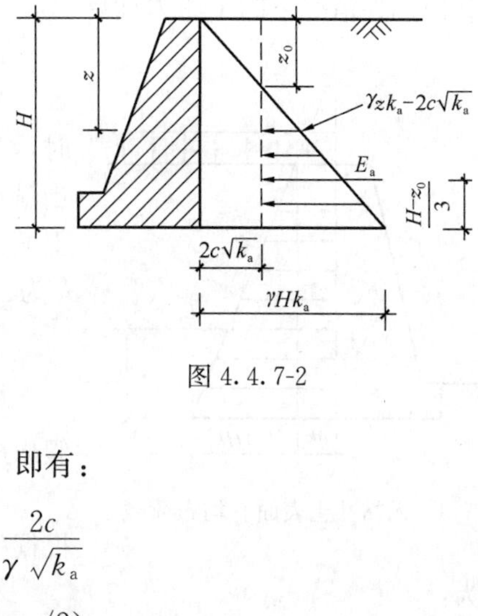

图 4.4.7-2

临界深度 z_0，即图 4.4.7-2 中 $\sigma_a = 0$ 处，即有：

$$z_0 = \frac{2c}{\gamma} \sqrt{k_a}$$

式中，k_a 为主动土压力系数，$k_a = \tan^2 (45° - \varphi/2)$。

设挡土墙高度为 H，总的主动土压力大小（E_a）为：

$$E_a = \frac{1}{2} \gamma (H - z_0)^2 k_a$$

其中，E_a 的作用点位于墙底面以上（$H - z_0$）/3 处。

（2）库仑土压力理论

库仑土压力理论假设：①墙后填土为理想的散粒体；②滑动破坏面是通过墙踵的平面。

库仑土压力理论是根据滑动土楔的静力平衡条件而建立的土压力计算方法。

运用库仑土压力理论应注意的是：墙背填土只能是无黏性土。它可用于填土平面形状任意、墙背倾斜情况，并可考虑墙背实际摩擦角。

库仑土压力计算公式为：

$$E_a = \frac{1}{2}\gamma H^2 k_a$$

式中　k_a 为主动土压力系数。

$$k_a = \frac{\cos^2(\varphi-\alpha)}{\cos^2\alpha \cdot \cos(\alpha+\beta)\left[1+\sqrt{\dfrac{\sin(\varphi+\delta)\cdot\sin(\varphi-\beta)}{\cos(\alpha+\delta)\cdot\cos(\alpha-\beta)}}\right]^2}$$

式中　α——墙背与竖直线的夹角，俯斜时取正号，仰斜时取负号；

　　　β——墙后填土面的倾角；

　　　δ——土与墙背材料间的摩擦角；

　　　φ——填土的内摩擦角。

假设填土面水平，墙背竖直光滑，即 $\beta=0$、$\alpha=0$、$\delta=0$，则由公式可求得 $k_a=\tan^2(45°-\varphi/2)$，这与无黏性土朗肯土压力计算公式完全相同，故朗肯土压力理论是库仑土压力理论的一个特例。

（3）其他几种情况下的上压力计算

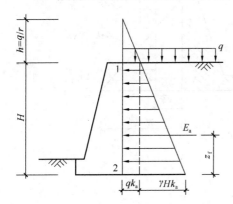

图 4.4.7-3　无黏性土表面有均布荷载

1）填土表面有均布荷载情况

当挡土墙后填土表面有连续均布荷载 q 作用时，一般可将均布荷载 q 换算成位于地表以上的当量土重，即用假想的土重代替均布荷载。当填土面水平时，当量的土层厚度（或换算高度）h 为：

$$h = q/\gamma$$

如图 4.4.7-3 所示，就把原高为 H 的挡土墙假想成高为 $(H+h)$。

① 当墙后填土为无黏性土，如图 4.4.7-3，根据朗肯土压力计算公式，可得墙顶 1 处主动土压力强度为：

$$\sigma_{a1} = \gamma h k_a = q k_a$$

墙底 2 处主动土压力强度为：

$$\sigma_{a2} = \gamma(H+h)k_a = \gamma H k_a + q k_a$$

墙背上的总主动土压力 E_a 为图中梯形图形面积，即：

$$E_a = \frac{1}{2}\gamma H^2 k_a + q H k_a$$

主动土压力 E_a 作用点位于梯形面积的形心处 z_f，即：

$$z_f = \frac{(2\sigma_{a1}+\sigma_{a2})H}{3(\sigma_{a1}+\sigma_{a2})}$$

式中，σ_{a1}、σ_{a2}分别为墙顶1、墙底2处的主动土压力强度。

② 当墙后填土为黏性土，因为土的黏聚力引起的土压力为负值，由均布荷载及土重所引起的土压力为正值，故可能会出现如图4.4.7-4所示三种土压力分布情况。

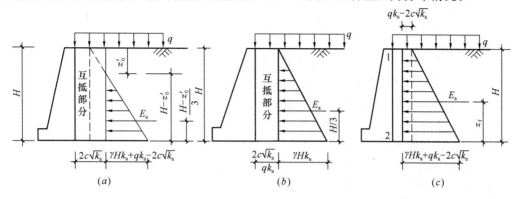

图4.4.7-4 黏性土表面有均匀荷载

第一种情况，如图4.4.7-4（a），由超载q引起的主动土压力小于由黏聚力引起的土压力，即$qk_a < 2c\sqrt{k_a}$，墙背上的土压力仍有负值出现，有临界高度z'_0。

第二种情况，如图4.4.7-4（b），由超载q引起的主动土压力刚好等于黏聚力引起的土压力，即$qk_a = 2c\sqrt{k_a}$，墙背上的土压力呈三角形分布。

第三种情况，如图4.4.7-4（c），由超载q引起的主动土压力大于由黏聚力引起的土压力，即$qk_a > 2c\sqrt{k_a}$，墙背上的土压力呈梯形分布，其中，墙顶1处的土压力强度为：$\sigma_{a1} = qk_a - 2c\sqrt{k_a}$；墙底2处土压力强度为，$\sigma_{a2} = \gamma H k_a + qk_a - 2c\sqrt{k_a}$。

墙背上总的土压力作用点距墙底距离z_f为：

$$z_f = \frac{(2\sigma_{a1} + \sigma_{a2})H}{3(\sigma_{a1} + \sigma_{a2})}$$

2）分层填土的土压力计算

当挡土墙后的填土分几种不同性质的土料回填时，由于各层土的重度、抗剪强度指标φ和c均不同，故土压力分布图形不再呈直线变形，可能由几段不同坡度的直线或不连续的直线组成土压力图形。在土层分界面处可能出现两个σ_a值（因为上、下层的主动压力系数k_a可能不相同）。在计算各层土压力强度时，首先应确定计算深度处的土的竖向自重应力（$\Sigma \gamma_i h_i$），然后根据各层土的抗剪强度指标计算出主动土压力系数k_a，再根据主动土压力强度计算公式求解σ_a。

3）填土层有地下水时土压力计算

在工程上一般忽略水对无黏性土抗剪强度的影响，但对黏性土因其会随含水量增加，其抗剪强度指标有明显降低，导致墙背主动土压力增大，故一般工程上可考虑采取加强排水的方法，对重要工程需考虑适当降低抗剪强度指标φ和c。

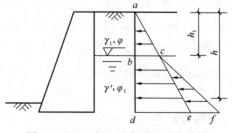

图4.4.7-5 有地下水时土压力计算

实际计算中，常采用"水土分算"，即墙背上的总压力为土的土压力与水的静水压力之和，如图 4.4.7-5 所示，地下水位下，距墙顶面 h 处的土压力强度 σ_{ah} 为：

黏性土：$\sigma_{ah} = \left[\gamma_1 h_1 + \gamma'(h - h_1)\right] k_a' - 2c'\sqrt{k_a'}$

无黏性土：$\sigma_{ah} = \left[\gamma_1 h_1 + \gamma'(h - h_1)\right] k_a'$

h 处水压力强度：$\sigma_{a\omega} = \gamma_w h_w$

式中　k_a'——按有效应力强度指标计算的主动土压力系数，$k_a' = \tan^2(45° - \varphi'/2)$；

　　　c'、φ'——分别为土的有效黏聚力、有效内摩擦角；

　　　h_w——从墙底起算的地下水位高度，m；

　　　γ_1——土的重度，kN/m^3；

　　　γ'——土的浮重度，kN/m^3。

在实际计算时，上述公式中的 c'、φ' 常用总应力强度指标 c、φ 代替。

▲2.2　《地规》法计算主动土压力

- 复习《地规》6.7.3 条。
- 复习《地规》附录 L。

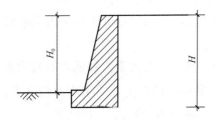

图 4.4.7-6　土坡高与挡土墙高

需注意的是：

（1）土坡高度与挡土墙高度是不同概念，如图 4.4.7-6 所示，土坡高度取为 H_0，挡土墙结构的高度取为 H。

（2）《地规》6.7.3 条中 ψ_a 取值：

$H < 5m$，$\psi_a = 1.0$

$5m \leqslant H \leqslant 8m$，$\psi_a = 1.1$

$H > 8m$，$\psi_a = 1.2$

（3）《地规》附录 L.0.1 条，当为砂土时，$c = 0$，则：$\eta = 0$。

（4）《地规》6.7.3 条的条文说明指出："土压力计算公式是在土体达到极限平衡状态的条件下推导出来的，当边坡支挡结构不能达到极限状态时，土压力设计值应取主动土压力与静止土压力的某一中间值。"

【例 4.4.7-2】　（2014B3）某安全等级为二级的长条形坑式设备基础，高出地面 500mm，设备荷载对基础没有偏心。基础的外轮廓及地基土层剖面、地基土参数如图 4.4.7-7所示，地下水位在自然地面下 0.5m。

根据当地工程经验，计算坑式设备基础侧墙侧压力时按水土分算原则考虑主动土压力和水压力的作用，试问，当基础周边地面无超载时，图 4.4.7-7 中 A 点承受的侧向压力标准值 σ_A（kPa），与下列何项数值最为接近？

提示：基础施工时基坑用原状土回填，回填土重度、强度指标与原状土相同。主动土压力按朗肯公式计算：$\sigma = \Sigma(\gamma_i h_i) k_a - 2c\sqrt{k_a}$，式中，$k_a$ 为主动土压力系数。

　（A）40　　　　　　（B）45　　　　　　（C）55　　　　　　（D）60

【解答】第①层土的主动土压力系数，$k_a = \tan^2(45° - \varphi_k/2) = \tan^2(45° - 13°) = 0.39$

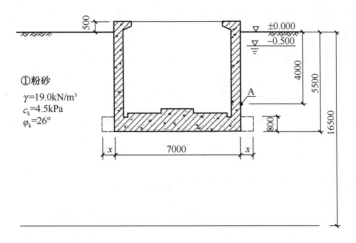

图 4.4.7-7

根据朗肯土压力公式，水土分算：

$$\sigma_A = \sum (\gamma_i h_i) k_a - 2c\sqrt{k_a} + \gamma_w h_w$$

$$= (19 \times 0.5 + 9 \times 3.5) \times 0.39 - 2 \times 4.5 \times \sqrt{0.39} + 10 \times 3.5$$

$$= 16.0 - 5.6 + 35 = 45.4 \text{kPa}$$

故选（B）项。

【例 4.4.7-3】 某土坡高差 4.3m，采用浆砌块石重力式挡土墙支挡，如图 4.4.7-8 所示。墙底水平，墙背竖直光滑；墙后填土采用粉砂，土对挡土墙墙背的摩擦角 $\delta = 0$，地下水位在挡墙顶部地面以下 5.5m。

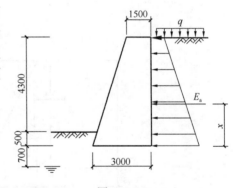

提示： 朗肯土压力理论主动土压力系数 $k_a = \tan^2\left(45° - \dfrac{\varphi}{2}\right)$

试问：

图 4.4.7-8

（1）粉砂的重度 $\gamma = 18 \text{kN/m}^3$，内摩擦角 $\varphi = 25°$，黏聚力 $c = 0$，地面超载 $q = 15 \text{kPa}$。试问，按朗肯土压力理论计算时，作用在墙背的主动土压力每延米的合力 E_a（kN），与下列何项数值最为接近？

(A) 95   (B) 105   (C) 115   (D) 125

（2）条件同题目（1），试问，按《建筑地基基础设计规范》GB 50007—2011，计算作用在挡土墙上的主动土压力时，主动土压力系数 k_a 与下列何项数值最为接近？

(A) 0.40   (B) 0.45   (C) 0.50   (D) 0.55

【解答】（1）根据提示：$k_a = \tan^2\left(45° - \dfrac{\varphi}{2}\right) = 0.406$

根据《地规》6.7.3 条的第 1 款，挡墙高度小于 5m，主动土压力增大系数 ψ_a 取 1.0，挡土顶部主动土压力 $\sigma_1 = q k_a = 15 \times 0.406 = 6.1 \text{kPa}$

挡墙底部主动土压力 $\sigma_2 = (q + \gamma h) k_a = (15 + 18 \times 4.8) \times 0.406 = 41.2 \text{kPa}$

则 $E_a=1.0\times$ （6.1＋41.2） $\times4.8\times0.5=113.5kN$

故选 （C） 项。

（2） 根据《地规》附录L， $\alpha=90°$， $\beta=0$， $\delta=0$， $q=15kPa$，则：

$$k_q=1+\frac{2q}{\gamma h}=1+\frac{2\times15}{18\times4.8}=1.347$$

$$k_a=\frac{\sin(90°+0)}{\sin^2 90°\sin^2(90°+0-\varphi-0)}\{k_q\cdot[\sin90°\sin90°+\sin\varphi\sin\varphi]$$
$$+2\times0-2[(k_q\sin90°\sin\varphi+0)\cdot k_q\sin90°\sin\varphi]^{\frac{1}{2}}\}$$
$$=\frac{1}{\cos^2\varphi}\{k_q[1+\sin^2\varphi]-2k_q\sin\varphi\}$$
$$=\frac{k_q(1-\sin\varphi)^2}{\cos^2\varphi}=\frac{k_q(1-\sin\varphi)^2}{1-\sin^2\varphi}=\frac{k_q(1-\sin\varphi)^2}{(1+\sin\varphi)(1-\sin\varphi)}$$
$$=k_q\frac{1-\sin\varphi}{1+\sin\varphi}=1.347\times\frac{1-\sin25°}{1+\sin25°}=0.547$$

故选 （D） 项。

【例4.4.7-4】 （2011B6） 某混凝土挡土墙墙高5.2m，墙背倾角 $\alpha=60°$，挡土墙基础持力层为中风化较硬岩。挡土墙剖面如图4.4.7-9所示，其后有较陡峻的稳定岩体，岩坡的坡角 $\theta=75°$，填土对挡土墙墙背的摩擦角 $\delta=10°$。挡土墙后填土的重度 $\gamma=19kN/m^3$，内摩擦角标准值 $\varphi=30°$，内聚力标准值 $c=0kPa$，填土与岩坡坡面间的摩擦角 $\delta_r=10°$。

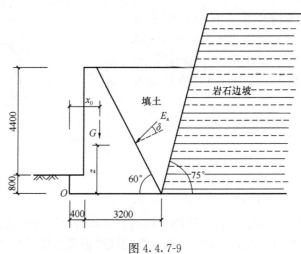

图4.4.7-9

试问，作用于挡土墙上的主动土压力合力 E_a （kN/m） 与下列何项数值最为接近？

(A) 200 （B) 215 （C) 240 （D) 260

【解答】 根据《地规》6.7.3条， $H=5.2m\begin{smallmatrix}<8m\\>5m\end{smallmatrix}$，取 $\psi_a=1.1$，则：

$$\theta=75°>\left(45°+\frac{\varphi}{2}\right)=60°$$

$$k_a=\frac{\sin(\alpha+\theta)\sin(\alpha+\beta)\sin(\theta-\delta_r)}{\sin^2\alpha\sin(\theta-\beta)\sin(\alpha-\delta+\theta-\delta_r)}$$

$$=\frac{\sin(60°+75°)\sin(60°+0°)\sin(75°-10°)}{\sin^2 60°\sin(75°-0°)\sin(60°-10°+75°-10°)}=0.845$$

$$E_a=\psi_a\frac{1}{2}\gamma h^2 k_a=1.1\times\frac{1}{2}\times19\times5.2^2\times0.845=239\text{kN/m}$$

故选（C）项。

▲2.3 重力式挡土墙的设计

● 复习《地规》6.7.4 条、6.7.5 条。

需注意的是：

（1）《地规》6.7.4 条第 1 款规定。

（2）《地规》6.7.5 条第 4 款，地基承载力计算不属于挡土墙稳定性计算的范畴，其作用组合采用标准组合。

【**例 4.4.7-5**】某毛面砌体挡土墙，其剖面尺寸如图 4.4.7-10 所示，墙背直立，排水良好。墙后填土与墙齐高，其表面倾角为 β，填土表面的均布荷载为 q。

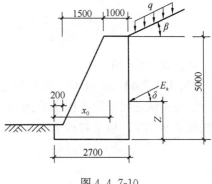

图 4.4.7-10

试问：

（1）假定填土采用粉质黏土，其重度为 19kN/m³（干密度大于 1650kg/m³），土对挡土墙墙背的摩擦角 $\delta=\varphi/2$（φ 为墙背填土的内摩擦角），填土的表面倾角 $\beta=10°$，$q=0$，确定主动土压力 E_a（kN/m）最接近下列何项数值？

(A) 60　　　　　(B) 62　　　　　(C) 68　　　　　(D) 74

（2）假定挡土墙的主动土压力 $E_a=70$kN/m，土对挡土墙底的摩擦系数 $\mu=0.4$，$\delta=13°$，挡土墙每延米自重 $G=209.22$kN/m，确定挡土墙抗滑稳定性安全度 k_s，最接近于下列何项数值？

(A) 1.29　　　　(B) 1.32　　　　(C) 1.45　　　　(D) 1.56

（3）条件同（2），已求得挡土墙重心与墙趾的水平距离 $x_0=1.68$m，E_a 作用点距墙底 $\frac{H}{3}$m 处，确定挡土墙抗倾覆稳定性安全度 k_t，最接近于下列何项数值？

(A) 2.3　　　　　(B) 2.9　　　　　(C) 3.5　　　　　(D) 4.1

【**解答**】（1）查《地规》附录 L，该填土属 Ⅳ 类土，查图 L.0.2（d），$\alpha=90°$，$\beta=10°$，取 $k_a=0.26$；又挡土墙高度为 5m，取 $\psi_a=1.1$。

$$E_a=\psi_a\cdot\frac{1}{2}\gamma h^2 k_a=1.1\times\frac{1}{2}\times19\times5^2\times0.26=67.93\text{kN/m}$$

故应选（C）项。

（2）根据《地规》6.7.5 条规定：

$$G_n=G\cos0°=209.22\text{kN/m},\ G_t=0$$

$$E_{an}=E_a\cos(\alpha-\alpha_0-\delta)=70\cos(90°-0°-13°)=15.75\text{kN/m}$$

$$E_{at} = E_a \sin(\alpha - \alpha_0 - \delta) = 70\sin(90° - 0° - 13°) = 68.21\text{kN/m}$$

$$k_s = \frac{(G_n + E_{an})\mu}{E_{at} - G_t} = \frac{(209.22 + 15.75) \times 0.4}{68.21} = 1.32$$

故应选（B）项。

（3）$E_{ax} = E_a \sin(\alpha - \delta) = 70\sin 77° = 68.21\text{kN/m}$

$$E_{az} = E_a \cos(\alpha - \delta) = 70\cos 77° = 15.75\text{kN/m}$$

$$x_f = 2.7\text{m}; \quad z_f = \frac{H}{3} = \frac{5}{3} = 1.67\text{m}$$

$$k_t = \frac{Gx_0 + E_{az}x_f}{E_{ax}z_f} = \frac{209.22 \times 1.68 + 15.75 \times 2.7}{68.21 \times 1.67} = 3.46$$

故应选（C）项。

【例 4.4.7-6】（2011B7）某混凝土挡土墙墙高 5.2m，墙背倾角 $\alpha = 60°$，挡土墙基础持力层为中风化较硬岩。挡土墙剖面如图 4.4.7-11 所示，其后有较陡峻的稳定岩体，岩坡的坡角 $\theta = 75°$，填土对挡土墙墙背的摩擦角 $\delta = 10°$。

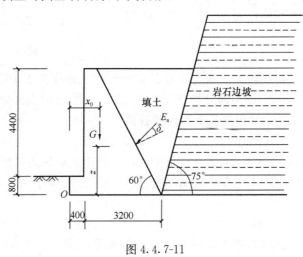

图 4.4.7-11

假定，挡土墙主动土压力合力 $E_a = 250\text{kN/m}$，主动土压力合力作用点位置距离挡土墙底 1/3 墙高，挡土墙每延米自重 $G_k = 220\text{kN}$，其重心距挡土墙墙趾的水平距离 $x_0 = 1.426\text{m}$。试问，相应于荷载效应标准组合时，挡土墙底面边缘最大压力值 p_{kmax}（kPa）与下列何项数值最为接近？

提示： 不考虑挡土墙前缘土体作用，按《建筑地基基础设计规范》GB 50007—2011 作答。

(A) 105　　　　　(B) 200　　　　　(C) 240　　　　　(D) 280

【解答】 根据《地规》5.2.2 条：

$$G_k = 220\text{kN/m}$$
$$E_{ax} = E_a \sin(\alpha - \delta) = 250\sin(60° - 10°) = 191.5\text{kN/m}$$
$$E_{az} = E_a \cos(\alpha - \delta) = 250\cos(60° - 10°) = 160.7\text{kN/m}$$

对基底形心取矩：

$$M_k = 220 \times \left(\frac{0.4 + 3.2}{2} - 1.426\right) + 191.5 \times \frac{5.2}{3} - 160.7 \times \left(\frac{3.6}{2} - \frac{5.2}{3}\cot 60°\right)$$

$$= 285.8 \text{kN} \cdot \text{m/m}$$

$$e = \frac{M_k}{G_k + E_{az}} = \frac{285.8}{220 + 160.7} = 0.75\text{m} > \frac{b}{6} = \frac{3.6}{6} = 0.6\text{m}$$

故基底反力呈三角形分布。

由《地规》式（5.2.2-4）：

$$a = \frac{b}{2} - e = \frac{3.6}{2} - 0.75 = 1.05\text{m}$$

$$p_{kmax} = \frac{2(G_k + E_{az})}{3l_a} = \frac{2 \times (220 + 160.7)}{3 \times 1 \times 1.05} = 241.7\text{kPa}$$

故选（C）项。

八、岩石边坡与岩石锚杆挡墙

- 复习《地规》6.8.1 条～6.8.6 条。
- 复习《地规》附录 M。

需注意的是：

(1)《地规》6.8.2 条的条文说明：①在高切削的岩石边坡顶部确实有拉应力；②边坡顶部裂隙较发育，锚杆支护的构造要求。

(2)《地规》6.8.4 条规定。

(3)《地规》附录 M 中 M.0.1 条、M.0.7 条。

第五节 《地规》软弱地基

一、一般规定

- 复习《地规》7.1.1 条～7.1.5 条。

二、利用与处理

- 复习《地规》7.2.1 条～7.2.13 条。

需注意的是：

(1)《地规》7.2.7 条的条文说明指出："复合地基是指由地基土和竖向增强体（桩）组成、共同承担荷载的人工地基。复合地基按增强体材料可分为刚性桩复合地基、粘结材料桩复合地基和无粘结材料桩复合地基。"

(2)《地规》7.2.8 条的条文说明的要求，与《地规》10.2.2 条第 6 款是对应的。

(3)《地规》7.2.10 条～7.2.12 条规定，与《地处规》是一致的。

三、建筑措施和结构措施

> ● 复习《地规》7.3.1 条～7.3.5 条。
> ● 复习《地规》7.4.1 条～7.4.4 条。

需注意的是：

（1）《地规》表 7.3.3 注 1 中 H_f 的定义。

（2）《地规》7.4.3 条规定。

四、大面积地面荷载

> ● 复习《地规》7.5.1 条～7.5.7 条。

需注意的是：

《地规》7.5.5 条的条文说明中的计算例题，其中该条条文说明中表 18 注的内容，根据地面荷载宽度 $b'=17.5m$，查表 5.3.7，由地基变形计算深度 z 处向上取计算层厚度 z 应为 1.0m。

【例 4.5.4-1】 关于建造在软弱地基上的建筑应采取的建筑或结构措施，下列说法何项是不正确的？

 （A）对于三层和三层以上的砌体承重结构房屋，当房屋的预估最大沉降量不大于 120mm 时，其长高比可大于 2.5

 （B）对有大面积堆载的单层工业厂房，当厂房内设有多台起重量为 75t、工作级别为 A6 的吊车时，厂房柱基础宜采用桩基

 （C）长高比过大的四层砌体承重结构房屋可在适当部位设置沉降缝，缝宽 50～80mm

 （D）对于建筑体型复杂、荷载差异较大的框架结构，可采用箱基、桩基等加强基础整体刚度，减少不均匀沉降

【解答】 根据《地规》表 7.3.2，（C）项错误，故选（C）项。

另：根据《地规》7.4.3 条，（A）项正确。

根据《地规》7.5.7 条，（B）项正确。

根据《地规》7.4.2 条，（D）项正确。

【例 4.5.4-2】 某单层单跨工业厂房建于正常固结的黏性土地基上，跨度 27m，长度 84m，采用柱下钢筋混凝土独立基础。厂房基础完工后，室内外均进行填土。厂房投入使用后，室内地面局部范围内有大面积堆载，堆载宽度 6.8m，堆载的纵向长度 40m。具体的厂房基础及地基情况、地面荷载大小等如图 4.5.4-1 所示。

试问：

（1）地面堆载 q_1 为 36kPa，室内外填土重度 γ 均为 18kN/m³。试问，为计算大面积地面荷载对柱 1 的基础产生的附加沉降量，所采用的等效均布地面荷载 q_{eq}（kPa），与下列何项数值最为接近？

提示： 注意对称荷载，可减少计算量。

 （A）13　　　　　（B）16　　　　　（C）21　　　　　（D）30

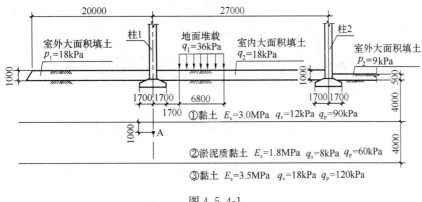

图 4.5.4-1

（2）条件同题目（1）。若在使用过程中允许调整该厂房的吊车轨道，试问，由地面荷载引起柱 1 基础内侧边缘中点的地基附加沉降允许值 $[s'_g]$（mm），与下列何项数值最为接近？

(A) 40   (B) 58   (C) 72   (D) 85

【解答】（1）根据《地规》附录 N 的规定及 7.5.5 条条文说明：

因于室外填土荷载与室内填土荷载相等，二者相互抵消，故列表 4.5.4-1 计算。

$\beta_i q_i$ 列表计算表 表 4.5.4-1

区　段	0	1	2	3	4	5	6	7	8	9	10
$\beta_i \left(\dfrac{a}{5b} = \dfrac{40}{5 \times 3.4} = 2.35 > 1 \right)$	0.3	0.29	0.22	0.15	0.1	0.08	0.06	0.04	0.03	0.02	0.01
堆载 q_i（kPa）	0	0	36	36	36	36	0	0	0	0	0
$\beta_i q_i$（kPa）	0	0	7.92	5.4	3.6	2.88	0	0	0	0	0

$$q_{eq} = 0.8 \left(\sum_{i=0}^{10} \beta_i q_i - \sum_{i=0}^{10} \beta_i p_i \right)$$
$$= 0.8 \times [(7.92 + 5.4 + 3.6 + 2.88) - 0] = 15.84 \text{ kPa}$$

故选（B）项。

（2）根据《地规》表 7.5.5：

$a = 40$m，$b = 3.4$m，则：

$$[s'_g] = 70 + \frac{3.4 - 3}{4 - 3} \times (75 - 70) = 72 \text{mm}$$

故选（C）项。

【例 4.5.4-3】柱基 A 宽度 $b = 2$m，柱宽度为 0.4m，柱基内、外侧回填土及地面堆载的纵向长度均为 20m。柱基内、外侧回填土厚度分别为 2.0m、1.5m，回填土的重度为 18kN/m³，内侧地面堆载为 30kPa，回填土及堆载范围如图 4.5.4-2 所示。

试问，计算回填土及地面堆载作用下柱基 A 内侧边缘中点的地基附加沉降量时，其等效均布地面荷载最接近下列哪个选项的数值？

(A) 40kPa   (B) 45kPa   (C) 50kPa   (D) 55kPa

【解答】根据《地规》7.5.5 条、附录 N：

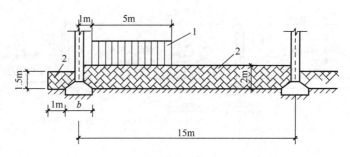

图 4.5.4-2
1—地面堆载；2—回填土

$$a=20\text{m}, \quad b=2\text{m}, \quad \frac{a}{5b}=\frac{20}{5\times 2}=2>1$$

故取附录表 N.0.4 中第一行数值，计算过程见表 4.5.4-2。

表 4.5.4-2

区段		0	1	2	3	4	5	6	7	8	9	10
β_i		0.30	0.29	0.22	0.15	0.10	0.08	0.06	0.04	0.03	0.02	0.01
q_i (kPa)	堆载	0	30	30	30	30	30	0	0	0	0	0
	填土	36	36	36	36	36	36	36	36	36	36	36
p_i (kPa) 填土		27	27	0	0	0	0	0	0	0	0	0
$\beta_i q_i - \beta_i p_i$ (kPa)		2.7	11.31	14.52	9.9	6.6	5.28	2.16	1.44	1.08	0.72	0.36

$$q_{eq} = 0.8\left(\sum_{i=0}^{10}\beta_i q_i - \sum_{i=0}^{10}\beta_i p_i\right)$$

$$=0.8\times(2.7+11.31+14.52+9.9+6.6+5.28+2.16+1.44$$
$$+1.08+0.72+0.36)$$

$$=44.856\text{kPa}$$

故选（B）项。

思考：根据堆载、填土的分布规律，也可直接按下式计算：

$$q_{eq}=0.8\times[(0.29+0.22+0.15+0.10+0.08)\times 30+(0.30+0.29$$
$$+0.22+0.15+0.10+0.08+0.06+0.04+0.03+0.02+0.01)$$
$$\times 36-(0.30+0.29)\times 27]$$

$$=44.856\text{kPa}$$

第六节 《地规》浅基础

一、无筋扩展基础

无筋扩展基础的定义，见《地规》2.1.12 条。

● 复习《地规》8.1.1 条、8.1.2 条。

需注意的是：

（1）《地规》8.1.1 条的条文说明：

> **8.1.1**（条文说明）
>
> 　　计算结果表明，当基础单侧扩展范围内基础底面处的平均压力值超过 300kPa 时，应按下式验算墙（柱）边缘或变阶处的受剪承载力：
>
> $$V_s \leqslant 0.366 f_t A$$
>
> 式中：V_s——相应于作用的基本组合时的地基土平均净反力产生的沿墙（柱）边缘或变阶处的剪力设计值（kN）；
>
> 　　　　A——沿墙（柱）边缘或变阶处基础的垂直截面面积（m^2）。当验算截面为阶形时其截面折算宽度按附录 U 计算。
>
> 　　上式是根据材料力学、素混凝土抗拉强度设计值以及基底反力为直线分布的条件下确定的，适用于除岩石以外的地基。
>
> 　　……
>
> 　　我国岩石类别较多，目前尚不能提供有关此类基础的受剪承载力验算公式，因此有关岩石地基上无筋扩展基础的台阶宽高比应结合各地区经验确定。根据已掌握的岩石地基上的无筋扩展基础试验中出现沿柱周边直剪和劈裂破坏现象，提出设计时应对柱下混凝土基础进行局部受压承载力验算，避免柱下素混凝土基础可能因横向拉应力达到混凝土的抗拉强度后引起基础周边混凝土发生竖向劈裂破坏和压陷。

　　上式的来源为：$\tau_{max} = \dfrac{3V_s}{2A}$，$f_t = 0.55 f_t$，当 $\tau_{max} \leqslant f_{ct}$ 即可得：$V_s \leqslant 0.366 f_t A$

　　（2）《地规》表 8.1-1 注 4，柱下（或墙下）素混凝土基础，其抗弯承载力计算，应根据《混规》附录 D.3.1 条规定，$M \leqslant \gamma f_{ct} bh^2/6$，其中，墙下素混凝土基础，其弯矩设计值 M 应按《地规》8.2.14 条第 2 款规定，即确定弯矩的计算位置。

　　（3）《地规》表 8.1.1 注 4，岩石地基，其局部受压承载力验算，应根据《混规》附录 D.5 节规定。

　　（4）《地规》8.12 条及注的规定。

　　【例 4.6.1-1】（2012B16）某砌体结构建筑采用墙下钢筋混凝土条形基础，以强风化粉砂质泥岩为持力层，底层墙体剖面及地质情况如图 4.6.1-1 所示。相应于荷载的基本组合时，作用于钢筋混凝土扩展基础顶面处的轴心竖向力 $N_a = 526.5$kN/m。

　　方案阶段，若考虑将墙下钢筋混凝土条形基础调整为等强度为 C20（$f_t = 1.1$N/mm^2）素混凝土基础，在保持基础底面宽度不变的情况下，试问，满足抗剪要求所需基础最小高度（mm）与下列何项数值最为接近？

　　（A）300　　　　　　（B）400　　　　　　（C）500　　　　　　（D）600

　　【解答】 基底净反力为：$p_j = \dfrac{526.5}{1.2} = 438.75$kPa

　　抗剪截面位置取墙边缘处，则由《地规》表 8.1.2 注 4：

$$V_s = p_j \times 1.0 \times \frac{1.2 - 0.49}{2} = 438.75 \times 1 \times 0.355 = 155.76 \text{kN/m}$$

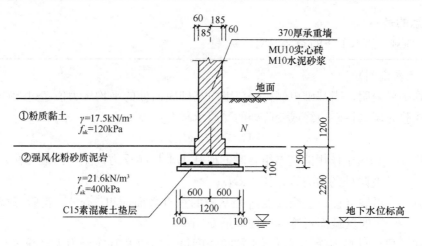

图 4.6.1-1

$$V_s \leqslant 0.366 f_t A = 0.366 \times 1.1 \times 10^3 \times (1.0 \times h)$$

解之得：$h \geqslant 0.387\text{m}$

所以应选（B）项。

二、扩展基础

扩展基础的定义，见《地规》2.1.11 条。

1. 构造要求

● 复习《地规》8.2.1 条～8.2.5 条。

需注意的是：

(1)《地规》8.2.1 条第 3 款规定。

(2)《地规》8.2.2 条第 3 款规定，最小直锚段的长度 $\geqslant 20d$，弯折段的长度 $\geqslant 150\text{mm}$。

(3)《地规》8.2.3 条、8.2.2 条，当柱插筋的混凝土保护层厚度 $\geqslant 5d$，由《混规》8.3.2 第 5 款，取 $\xi_a = 0.70$，故 $l_a = \xi_a l_{ab}$ 将减小。

(4)《地规》8.2.5 条的条文说明：

8.2.5（条文说明）对符合本规范条文要求，且满足表 8.2.5 杯壁厚度最小要求的设计可不考虑高杯口基础短柱部分对排架的影响，否则应按三阶柱进行分析。

【例 4.6.2-1】 某抗震等级为二级的钢筋混凝土结构框架柱，其纵向受力钢筋（HRB400）的直径为 25mm，采用钢筋混凝土扩展基础，基础底面形状为正方形，基础中的插筋构造如图 4.6.2-1 所示，基础的混凝土强度等级为 C30。

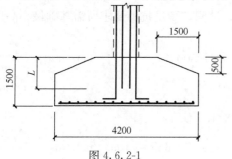

图 4.6.2-1

试问：

（1）当锚固长度修正系数 ξ_a 取 1.0 时，柱纵向受力钢筋在基础内锚固长度 L（mm）的最小取值，与下列何项数值最为接近？

(A) 800   (B) 900   (C) 1100   (D) 1300

(2) 基础有效高度 $h_0 = 1450mm$，根据最小配筋率确定的一个方向配置的受力钢筋截面面积（mm^2），与下列何项数值最为接近？

(A) 7000   (B) 8300   (C) 9000   (D) 10300

【解答】（1）根据《混规》8.3.1 条：

$$l_{ab} = 0.14 \times \frac{360}{1.43} \times 25 = 881mm$$

$$l_a = \xi_a l_{ab} = 1.0 \times 881 = 881mm$$

由《地规》8.2.2 条：

$$l_{aE} = 1.15 \times 881 = 1013mm$$

故选（C）项。

（2）根据《地规》8.2.12 条，由附录 U 将截面折算为矩形截面：

$$b_{y0} = \left[1 - 0.5\frac{h_1}{h_0}\left(1 - \frac{b_{y2}}{b_{y1}}\right)\right]b_{y1} = \left[1 - 0.5\frac{0.5}{1.45}\left(1 - \frac{1.2}{4.2}\right)\right]4.2 = 3.68m$$

根据《地规》8.2.1 条第 3 款：

$$A_s = 0.15\% \times 3680 \times 1500 = 8280mm^2$$

故选（B）项。

思考：本题目（2），确定最小配筋率是按 $b_{折} h$ 进行计算。

2. 扩展基础设计

▲2.1　一般规定

● 复习《地规》8.2.6 条、8.2.7 条。

▲2.2　柱下独立基础

柱下独立基础计算内容包括：受冲切、受剪切、受弯与配筋计算、局部受压计算。

●● 2.2.1　受冲切与受剪切计算

● 复习《地规》8.2.8 条、8.2.9 条。

需注意的是：

(1)《地规》8.2.8 条、8.2.9 条的条文说明。

(2)《地规》8.2.8 条中受冲切承载力计算的阴影面积计算，如图 4.6.2-2 所示。

图 4.6.2-2（a）中，阴影面积 ABCDEF，即 A_l 的计算为：

$$A_l = S_{矩形AB'E'F} - S_{三角形BB'C} - S_{三角形DE'E}$$

$$= S_{矩形AB'E'F} - 2S_{三角形BB'C}$$

$$= l \cdot \left(\frac{b}{2} - \frac{b_t}{2} - h_0\right) - 2 \times \frac{1}{2} \times \left(\frac{l}{2} - \frac{a_t}{2} - h_0\right)^2$$

图 4.6.2-2（b）中，阴影面积 ABCDEF，即 A_l 的计算为：

$$A_l = l \cdot \left(\frac{b}{2} - \frac{b_t}{2} - h_{01}\right) - 2 \times \frac{1}{2} \times \left(\frac{l}{2} - \frac{a_t}{2} - h_{01}\right)^2$$

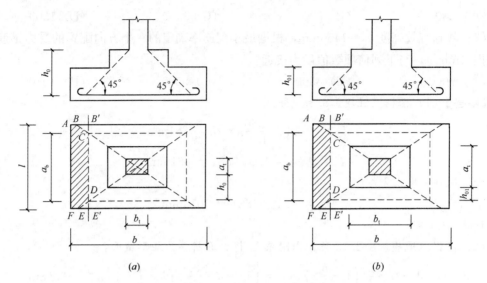

图 4.6.2-2 柱下独立基础

《地规》公式（8.2.8-3）：$F_l = p_j A_l$

式中，p_j、F_l 均为地基净反力值。

《地规》公式（8.2.8-1）：$F_l \leqslant 0.7\beta_{hp} f_t a_m h_0$

式中，β_{hp} 的取值：$h \leqslant 800mm$，β_{hp} 取为 1.0；$h \geqslant 2000mm$，β_{hp} 取为 0.9；其间内插，

$$\beta_{hp} = 1 - \frac{h-800}{2000-800} \cdot (1-0.9)$$

（3）《地规》8.2.9 条、8.2.10 条的条文说明指出："为保证柱下独立基础双向受力状态，基础底面两个方向的边长一般都保持在相同或相近的范围内，试验结果和大量工程实践表明，当冲切破坏锥体落在基础底面以内时，此类基础的截面高度由受冲切承载力控制。"

如何确定其截面高度（h 或 h_0）？由《地规》公式（8.2.8-1）、公式（8.2.8-3），可得：

$$p_j A_l = 0.7\beta_{hp} f_t a_m h_0 \tag{1}$$

$$A_l = l \cdot \left(\frac{b-b_t}{2} - h_0\right) - \left(\frac{l-a_t}{2} - h_0\right)^2 \tag{2}$$

$$a_m = \frac{a_t + a_b}{2} = \frac{a_t + a_t + 2h_0}{2} \tag{3}$$

将公式（2）、（3）代入公式（1），经整理可得：

$$\left(1 + \frac{0.7\beta_{hp} f_t}{p_j}\right) \cdot h_0^2 + \left(1 + 0.7\frac{\beta_{hp} f_t}{p_j}\right)a_t \cdot h_0$$
$$- \frac{2l(b-b_t) - (l-a_t)^2}{4} = 0$$

进一步可得：

$$h_0^2 + a_t h_0 - \frac{1}{1 + \dfrac{0.7\beta_{hp} f_t}{p_j}} \cdot \frac{2l(b-b_t) - (l-a_t)^2}{4} = 0$$

令 $C = \dfrac{2l(b-b_t) - (l-a_t)^2}{1 + \dfrac{0.7\beta_{hp}f_t}{p_j}}$，则上式变为：

$$h_0^2 + a_t h_0 - \frac{C}{4} = 0$$

求解 h_0 为：

$$h_0 = -\frac{a_t}{2} + \frac{\sqrt{a_t^2 + 4 \times C/4}}{2}$$

$$= -\frac{a_t}{2} + \frac{1}{2}\sqrt{at^2 + C} \cdots\cdots \quad (4)$$

上述公式中各符号的定义同《地规》8.2.8 条及图 8.2.8 （a）。

特别地，当为方形柱（$a_t = b_t$），并且为方形基础（$b = t$）时，则 C 变为 $C_{方形}$：

$$C_{方形} = \frac{(b-b_t)(b+b_t)}{1 + 0.7\dfrac{\beta_{hp}f_t}{p_j}} = \frac{b^2 - b_t^2}{1 + 0.7\dfrac{\beta_{hp}f_t}{p_j}}$$

（4）《地规》8.2.9 条中"短边尺寸"的理解，根据《地规》8.2.8 条、8.2.9 条的条文说明：本条文中所说的"短边尺寸"是指垂直于力矩作用方向的基础底边尺寸。

（5）《地规》8.2.9 条中 V_s 的计算，当偏心受压时［规范图 8.2.9 （a）］，柱与基础交接处净反力为 p_{jI-I}，最大净反力为 p_{jmax}，则：

$$V_{sI} = \frac{p_{jI-I} + p_{jmax}}{2} \cdot \frac{l-b_t}{2} \cdot l \quad (\text{kN})$$

当基础变阶处净反力为 p_{jII-II} 时［规范图 8.2.9 （b）］，则：

$$V_{sII} = \frac{p_{jII-II} + p_{jmax}}{2} \cdot \frac{l-b_t}{2} \cdot l \quad (\text{kN})$$

《地规》8.2.9 条中 A_0 的计算，当验算阶梯形或锥形时，按《地规》附录 U 计算。

【例 4.6.2-2】（2011B4）某多层框架结构带一层地下室，采用柱下矩形钢筋混凝土独立基础，基础底面平面尺寸 3.3m×3.3m，基础底绝对标高 60.000m，天然地面绝对标高 63.000m，设计室外地面绝对标高 65.000m，地下水位绝对标高为 60.000m，回填土在上部结构施工后完成，室内地面绝对标高 61.000m，基础及其上土的加权平均重度为 20kN/m³，地基土层分布及相关参数如图 4.6.2-3 所示。

假定，柱 A 基础采用的混凝土强度等级为 C30（$f_t = 1.43\text{N/mm}^2$），基础冲切破坏锥体的有效高度 $h_0 = 750\text{mm}$。试问，图中虚线所示冲切面的受冲切承载力设计值（kN）与下列何项数值最为接近？

(A) 880   (B) 940   (C) 1000   (D) 1400

【解答】根据《地规》8.2.7 条、8.2.8 条：

$$a_b = a_t + 2h_0 = 500 + 2 \times 750 = 2000\text{mm} < 3300\text{mm}$$

$$\beta_{hp} = 1.0; \quad a_m = \frac{a_t + a_b}{2} = \frac{500 + 2000}{2} = 1250\text{mm}$$

$$0.7\beta_{hp}f_t a_m h_0 = 0.7 \times 1 \times 1.43 \times 1250 \times 750 = 938.4\text{kN}$$

故选 （B） 项。

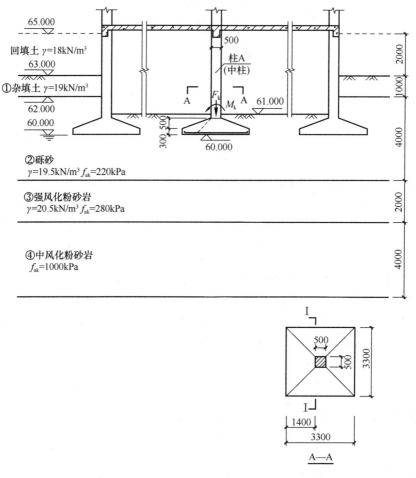

图 4.6.2-3

【例 4.6.2-3】（2016B4）截面尺寸为 500mm×500mm 的框架柱，采用钢筋混凝土扩展基础，基础底面形状为矩形，平面尺寸 4m×2.5m，混凝土强度等级 C30，$\gamma_0 = 1.0$。荷载效应标准组合时，上部结构传来的竖向压力 $F_k = 1750$kN，弯矩及剪力忽略不计，荷载效应由永久作用控制，基础平面及地勘剖面如图 4.6.2-4 所示。

试问，在柱与基础的交接处，冲切破坏锥体最不利一侧斜截面的受冲切承载力（kN），与下列何项数值最为接近？

提示：基础有效高度 $h_0 = 700$mm。

(A) 850　　　　　(B) 750　　　　　(C) 650　　　　　(D) 550

【解答】根据《地规》8.2.8 条：

$$\beta_{hp} = 1.0, a_t = 500\text{mm}, a_b = 500 + 2 \times 700 = 1900\text{mm}$$

$$a_m = (a_t + a_b)/2 = 1200\text{mm}$$

$$0.7\beta_{hp}f_t a_m h_0 = 0.7 \times 1.0 \times 1.43 \times 1200 \times 700 = 840840\text{N} = 840.84\text{kN}$$

故选（A）项。

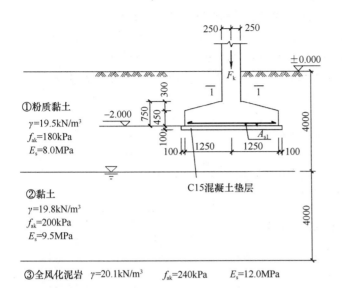
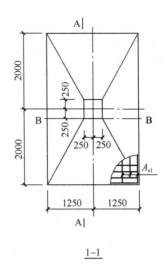

图 4.6.2-4

●● 2.2.2 受弯与配筋及局部受压

- 复习《地规》8.2.11 条、8.2.12 条、8.2.13 条。
- 复习《地规》8.2.7 条第 4 款。

需注意的是：

（1）《地规》8.2.11 条的条文说明：

8.2.11（条文说明）

本条中的公式（8.2.11-1）和式（8.2.11-2）是以基础台阶宽高比小于或等于 2.5，以及基础底面与地基土之间不出现零应力区（$e \leqslant b/6$）为条件推导出来的弯矩简化计算公式，适用于除岩石以外的地基。其中，基础台阶宽高比小于或等于 2.5 是基于试验结果，旨在保证基底反力呈直线分布。

（2）《地规》公式（8.2.11-1）、公式（8.2.11-2）中 p 的计算为：

$$p = p_{\min} + \frac{b - a_1}{b}(p_{\max} - p_{\min})$$

地基反力的偏心距 e：

$e = \dfrac{M}{F + G} < \dfrac{b}{6}$（$b$ 为基础宽度）时，基底反力呈梯形分布，此时，规范式（8.2.11-1）和规范式（8.2.11-2）才成立。

上述式中，p、$p_{\min}$、$p_{\max}$ 均为基本组合下的地基反力值。

（3）《地规》8.2.12 条，计算阶梯形或锥形基础时，其最小配筋率 $A_{s,\min} = 0.15\% b_{折} h$，式中，$b_{折}$ 按《地规》附录 U 规定进行计算，h 取截面全高（注意，可不按《地规》8.2.11 条的条文说明中的规定计算 $A_{s,\min}$），这也是命题专家真题解答的处理方式。

（4）《地规》8.2.7 条第 4 款，可按《混规》附录 D.5 节规定进行计算。

【例 4.6.2-4】（2016B3）截面尺寸为 500mm×500mm 的框架柱，采用钢筋混凝土扩展基础，基础底面形状为矩形，平面尺寸 4m×2.5m，混凝土强度等级 C30，$\gamma_0 = 1.0$。荷载的基本组合时，上部结构传来的竖向压力 $F = 2362.5$kN，弯矩及剪力忽略不计。基础平面及地勘剖面如图 4.6.2-5 所示。

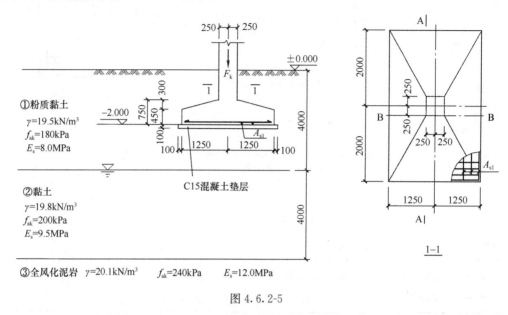

图 4.6.2-5

试问，B-B 剖面处基础的弯矩设计值（kN·m），与下列何项数值最为接近？

提示： 基础自重和其上土重的加权平均重度按 20kN/m³ 取用。

（A）770　　　　　（B）660　　　　　（C）550　　　　　（D）500

【解答】 根据《地规》8.2.11 条：

$$a_1 = 2 - 0.25 = 1.75\text{m}$$

$$p_n = \frac{2362.5}{4 \times 2.5} = 236.25\text{kN/m}^2$$

$$M_B = \frac{1}{12} a_1^2 \left[(2l + a')(p_n + p_n) + 0 \right]$$

$$= \frac{1}{12} \times 1.75^2 \times \left[(2 \times 2.5 + 0.5) \times (236.25 \times 2) \right]$$

$$= 663.2\text{kN} \cdot \text{m}$$

故选（B）项。

【例 4.6.2-5】（2011B5）某多层框架结构带一层地下室，采用柱下矩形钢筋混凝土独立基础，基础底面平面尺寸 3.3m×3.3m，基础底绝对标高 60.000m，天然地面绝对标高 63.000m，设计室外地面绝对标高 65.000m，地下水位绝对标高为 60.000m，回填土在上部结构施工后完成，室内地面绝对标高 61.000m，基础及其上土的加权平均重度为20kN/m³，地基土层分布及相关参数如图4.6.2-6所示。

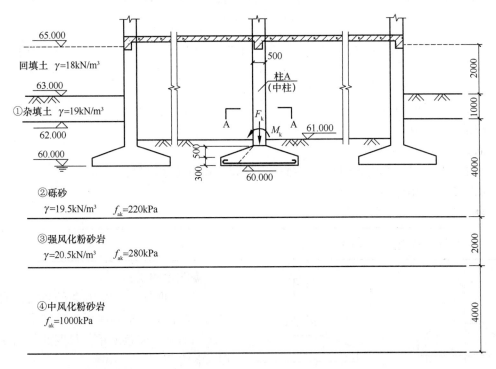

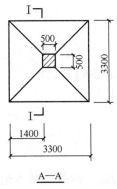

A—A

图4.6.2-6

假定，相应于荷载的基本组合时，柱A基础在图示单向偏心荷载作用下，基底边缘最小地基反力设计值为40kPa，最大地基反力设计值为300kPa。试问，柱与基础交接处截面Ⅰ-Ⅰ的弯矩设计值（kN·m）与下列何项数值最为接近？

提示： 按《建筑结构可靠性设计统一标准》作答。

(A) 570   (B) 590   (C) 620   (D) 660

【解答】 根据《地规》8.2.11条：

$$p = 300 - \frac{300 - 40}{3.3} \times 1.4 = 189.7 \text{kPa}$$

$$M_I = \frac{1}{12}a_1^2\left[(2l+a')(p_{max}+p-\frac{2G}{A})+(p_{max}-p)l\right]$$

$$= \frac{1}{12}\times1.4^2\times\left[(2\times3.3+0.5)\times\left(300+189.7-\frac{2\times1.3\times1.0\times20A}{A}\right)\right.$$

$$\left.+(300-189.7)\times3.3\right]$$

$$=567\text{kN}\cdot\text{m}$$

故选（A）项。

▲2.3　墙下条形基础

墙下条形基础计算内容包括：基础受剪计算、基础受弯与配筋计算。

墙可分为：砌体墙、混凝土墙。

●● 2.3.1　基础受剪计算

● 复习《地规》8.2.10条、8.2.9条。

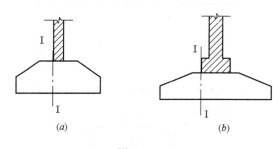

图 4.6.2-7

需注意的是：

（1）《地规》8.2.10条的条文说明指出："墙下条形基础底板为单向受力，应验算墙与基础交接处单位长度的基础受剪切承载力。"

（2）《地规》8.2.10条规定，受剪计算位置取"墙与基础底板交接处"，如图4.6.2-7所示 I-I 处。

【例 4.6.2-6】（2013B8、9）某多层砌体结构建筑采用墙下条形基础，基础埋深1.5m，地下水位在地面以下2m。其基础剖面及地质条件如图4.6.2-8所示，基础的混凝土强度等级C20（$f_t=1.1\text{N/mm}^2$），基础及其以上土体的加权平均重度为20kN/m³。

提示：按《建筑结构可靠性设计统一标准》作答。

试问：

（1）假定，荷载的基本组合时，上部结构传至基础顶面的竖向力 $F=351\text{kN/m}$，力矩 $M=13.5\text{kN}\cdot\text{m/m}$，基础底面宽度 $b=1.8\text{m}$，墙厚240mm。试问，验算墙边缘截面处基础的受剪承载力时，单位长度剪力设计值（kN）取下列何项数值最为合理？

（A）85　　　　（B）115

（C）165　　　（D）185

（2）假定，基础高度 $h=650\text{mm}$（$h_0=600\text{mm}$）。试问，墙边缘截面处基础的受剪承载力（kN/m）最接近于下列何项数值？

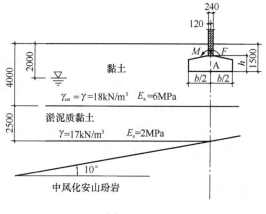

图 4.6.2-8

(A) 100　　　　　　(B) 220　　　　　　(C) 350　　　　　　(D) 460

【解答】 (1) $G = 1.3G_k = 1.3 \times 1.8 \times 1 \times 1.5 \times 20 = 70.2\text{kN}$

$$e = \frac{M}{F+G} = \frac{13.5}{351+70.2} = 0.032\text{m} < \frac{1.8}{6} = 0.3\text{m}$$

故地基反力为梯形分布。

由《地规》8.2.10 条：

$$p_{j,\max} = \frac{F}{6} + \frac{M}{\frac{1}{6}b^2}$$

$$= \frac{351}{1.8} + \frac{13.5}{\frac{1}{6} \times 1.8^2} = 219.92\text{kPa}$$

$$p_{j,\min} = \frac{351}{1.8} - \frac{13.5}{\frac{1}{6} \times 1.8^2} = 169.97\text{kPa}$$

墙与基础交接处的地基净反力 p_1：

$$p_1 = 169.97 + \frac{0.9 + 0.12}{1.8} \times (219.92 - 169.97)$$

$$= 198.28\text{kPa}$$

单位长度的剪力 V_s：$V_s = \dfrac{219.92 + 198.28}{2} \times (0.9 - 0.12) = 163.1\text{kN/m}$

故选 (C) 项。

(2) 由《地规》8.2.10 条：

单位长度的受剪承载力 V_u：$V_u = 0.7 \times 1 \times 1.1 \times 1000 \times 600 = 462\text{kN/m}$

故应选 (D) 项。

【例 4.6.2-7】 某轴心受压砌体房屋内墙，$\gamma_0 = 1.0$，采用墙下钢筋混凝土条形扩展基础，垫层混凝土强度等级 C10，100mm 厚，基础混凝土强度等级 C25。（$f_t = 1.27\text{N/}$ mm^2），基底标高为 -1.800m，基础及其上土体的加权平均重度为 20kN/m^3。场地土层分布如图 4.6.2-9 所示，地下水位标高为 -1.800m。

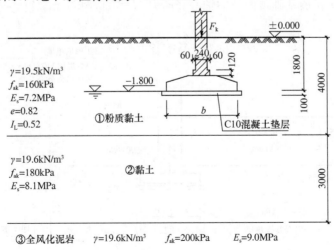

图 4.6.2-9

假定，基础宽度 $b=2\text{m}$，荷载的基本组合时，作用于基础底面的净反力设计值为 189kPa。试问，由受剪承载力确定的，墙与基础底板交接处的基础截面最小厚度（mm），与下列何项数值最为接近？

提示： 基础钢筋的保护层厚度为 40mm。

(A) 180　　　　　(B) 250　　　　　(C) 300　　　　　(D) 350

【解答】 根据《地规》8.2.1 条，$h\geqslant200\text{mm}$，故排除（A）项。

由《地规》8.2.9 条，取 $\beta_{\text{hs}}=1.0$，则：

$$V_{\text{s}} = p_0 \times \frac{2-0.36}{2} = 189 \times 0.82 = 154.98\text{kN/m} = 154.98 \times 10^3\text{N/m}$$

$$0.7\beta_{\text{hs}}f_{\text{t}}A_0 = 0.7\beta_{\text{hs}}f_{\text{t}}bh_0 = 0.7 \times 1 \times 1.27 \times 1000h_0 \geqslant 154.98 \times 10^3$$

解之得：

$$h_0 \geqslant 174.3\text{mm}$$

$$h = h_0 + 50 = 224.3\text{mm}$$

故选（B）项。

●● 2.3.2　受弯与配筋计算

●复习《地规》8.2.14 条、8.2.12 条。

需注意的是：

(1)《地规》8.2.14 条公式（8.2.14）的成立条件是：基础底面地基及力为梯形分布，即：$e = \dfrac{M}{F+G} \leqslant \dfrac{b}{6}$。

(2) 计算 M_{I} 时，其计算截面位置，按《地规》8.2.14 条第 2 款规定；其配筋计算按《地规》公式（8.2.12）。

【例 4.6.2-8】（2012B15）某砌体结构建筑采用墙下钢筋混凝土条形基础，以强风化粉砂质泥岩为持力层，底层墙体剖面及地质情况如图 4.6.2-10 所示。荷载的基本组合时，作用于钢筋混凝土扩展基础顶面处的轴心竖向力 $N=526.5\text{kN/m}$。

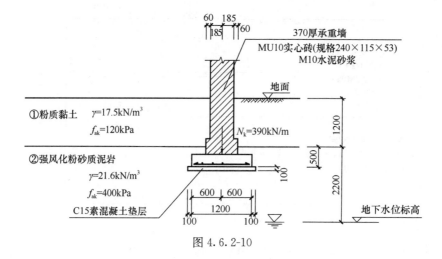

图 4.6.2-10

试问，在轴心竖向力作用下，该条形基础的最大弯矩设计值（kN·m）与下列何项数值最为接近？

(A) 20   (B) 30   (C) 40   (D) 50

【解答】基底净反力：$p_j = \dfrac{526.5}{1.2} = 438.75 \text{kPa}$

由《地规》8.2.14 条：

砖墙放脚不大于 $\dfrac{1}{4}$ 砖长，则：$a_1 = b_1 + \dfrac{1}{4} \times 240 = \dfrac{1200-490}{2} + 60 = 415 \text{mm}$

$$M = \frac{1}{2} a_1^2 p_j = \frac{1}{2} \times 0.415^2 \times 438.75 = 37.8 \text{kN·m/m}$$

故选（C）项。

【例 4.6.2-9】（2013B10）某多层砌体结构建筑采用墙下条形基础，基础埋深 1.5m，地下水位在地面以下 2m。其基础剖面及地质条件如图 4.6.2-11 所示，基础的混凝土强度等级 C20（$f_t = 1.1 \text{N/mm}^2$），基础及其以上土体的加权平均重度为 20kN/m^3。

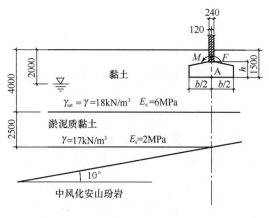

假定，作用于条形基础的最大弯矩设计值 $M = 140 \text{kN·m/m}$，最大弯矩处的基础高度 $h = 650 \text{mm}$（$h_0 = 600 \text{mm}$），基础均采用 HRB400 钢筋（$f_y = 360 \text{N/mm}^2$）。试问，下列关于该条形基础的钢筋配置方案中，何项最为合理？

图 4.6.2-11

提示：按《建筑地基基础设计规范》GB 50007—2011 作答。

(A) 受力钢筋 12@200，分布钢筋 8@300
(B) 受力钢筋 12@150，分布钢筋 8@200
(C) 受力钢筋 14@200，分布钢筋 8@300
(D) 受力钢筋 14@150，分布钢筋 8@200

【解答】根据《地规》8.2.12 条：

$$A_s = \frac{M}{0.9 f_y h_0} = \frac{140 \times 10^6}{0.9 \times 360 \times 600} = 720 \text{mm}^2/\text{m}$$

又由《地规》8.2.1 条第 3 款：

$$A_{s,min} = 0.15\% \times 1000 \times 650 = 975 \text{mm}^2/\text{m}$$

对于（D）项：$\Phi 14@150$（$A_s = 1027 \text{mm}^2$）；$\Phi 8@200$，$A_s = 252 \text{mm}^2$，并且大于 $15\% \times 975 = 146 \text{mm}^2$，满足。

所以应选（D）项。

三、柱下条形基础

> ● 复习《地规》8.3.1条、8.3.2条。

需注意的是：

(1)《地规》8.3.1条第4款规定。

(2)《地规》8.3.2条第1款规定。

▲1. 连续梁法（亦称"倒梁法"）

按连续梁法计算的步骤：

(1) 根据柱传至梁上的荷载，按偏心受压（如图4.6.3-1）计算基础梁边缘处最大、最小地基净反力：

$$p_{jmin}^{jmax} = \frac{\sum F_i}{A} \pm \frac{\sum M_i}{W}$$

式中 $\sum F_i$——上部结构作用在基础梁上的竖向荷载设计值之和，不计基础及回填土重量；

$\sum M_i$——外部荷载对基底形心弯矩设计值之和；

A——基础底面的面积；

W——基础底面的抵抗矩。

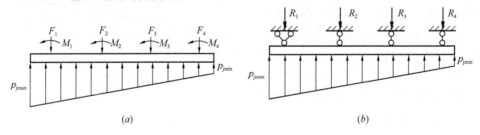

(a)   (b)

图 4.6.3-1

(a) 基底净反力分布；(b) 按连续梁求内力

(2) 将柱底视为不动铰支座，以地基净反力为荷载，按多跨连续梁求得梁的内力，采用结构力学中的弯矩分配法或弯矩系数法求解。

注意，上述求解得的支座反力不等于原先用于基底净反力的竖向柱荷载，这是因为：未考虑基础挠度与地基变形的协调，这正是按连续梁法求基础梁的内力的主要缺点。

此时，差值 $\Delta R_i = F_i - R_i$。若差值 ΔR_i 较大，宜对反力 R_i 进行调整，即将 ΔR_i 均匀

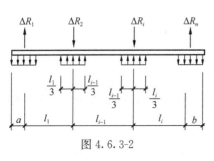

图 4.6.3-2

分布在支座 i 的两侧各 $\frac{l}{3}$ 的范围内，相应的 $\Delta p_i = \frac{\Delta R_i}{\frac{2}{3}l} = \frac{3\Delta R_i}{2l}$（图4.6.3-2），并以此计算连续梁的内力，并与调整前的内力进行叠加。上述调整可逐次接近（一般调整1~2次即可），直至 ΔR_i 趋至较小值。按此法时，应执行《地规》8.3.2条第1款规定，即：边跨跨中弯矩及第一内支座的弯矩宜乘以

1.2 的系数。

▲2. 静力平衡法（亦称"静定梁法"）

柱下条形基础在满足基础具有足够的相对刚度时，可采用静力平衡法求解基础梁的内力。假定地基净反力呈直线分布，其值按下式计算：

$$p_{jmin}^{jmax} = \frac{\sum F_i}{A} \pm \frac{\sum M_i}{W}$$

求出净反力分布后，基础上所有的作用力都已确定，可按静力平衡条件计算出任意截面上的弯矩设计值和剪力设计值。注意：静力平衡法只适用于上部为柔性结构，且自身刚度较大的柱下条形基础、柱下联合基础。

四、联合基础

联合基础的计算，一般按地基净反力线性分布假定求解基底净反力设计值，采用静力平衡法求解基础内力（弯矩值和剪力值）。基础高度的确定可根据受冲切、受剪切承载力进行求解；基础纵向配筋可根据弯矩图中的最大正、负弯矩设计值进行求解。

联合基础的基础底板可设计为：矩形平面，或梯形平面。如图 4.6.4-1 所示，截面的几何特性为：

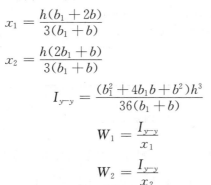

图 4.6.4-1

$$x_1 = \frac{h(b_1 + 2b)}{3(b_1 + b)}$$

$$x_2 = \frac{h(2b_1 + b)}{3(b_1 + b)}$$

$$I_{y-y} = \frac{(b_1^2 + 4b_1 b + b^2)h^3}{36(b_1 + b)}$$

$$W_1 = \frac{I_{y-y}}{x_1}$$

$$W_2 = \frac{I_{y-y}}{x_2}$$

【例 4.6.4-1】 有一钢筋混凝土双柱联合梯形基础，其上部结构传至基础顶面处相应于荷载标准组合时的组合值：A 柱竖向力为 F_{ak}，B 柱竖向力为 F_{bk}。基础及基础上土的平均重度为 20kN/m³。A 柱、B 柱的横截面尺寸依次分别为 300mm×300mm、400mm×400mm。地基各土层的有关物理特性指标，地基承载力特征值 f_{ak} 及地下水位等，均如图 4.6.4-2 所示。基础底面面积 $A = 14\text{m}^2$，截面形心位置惯性矩 $I = 28.373\text{m}^4$。

试问：

（1）假定 $F_{ak} = 525.21\text{kN}$，$F_{bk} = 1202.46\text{kN}$，相应于荷载标准组合时，当计算基础底面压力 p_k 时，其偏心距 e（mm）最接近下列何项情况？

（A）$e = 0$　　　　（B）$0 < e < 833\text{mm}$　　（C）$e = 833\text{mm}$　　　（D）$e > 833\text{mm}$

（2）假定 $F_{ak} = 400\text{kN}$，$F_{bk} = 1500\text{kN}$，相应于荷载标准组合时，试问，基础底面边缘最大压力值 P_{kmax}（kPa），最接近下列何项数值？

（A）181　　　　　（B）189　　　　　（C）198　　　　　（D）206

【解答】（1）　　　　$G_k = 14 \times 1.2 \times 20 - 14 \times 0.6 \times 10 = 252\text{kN}$

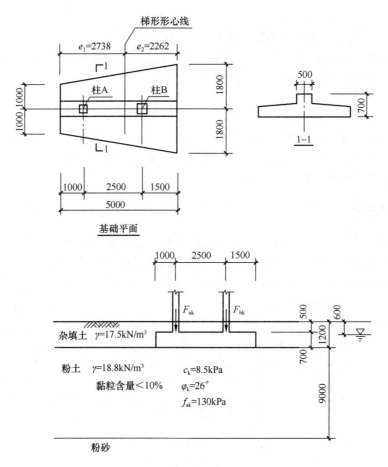

图 4.6.4-2

令梯形重心线右侧为正，左侧为负，则合力对基础形心线的偏心距 e 为：

$$e = \frac{F_{bk} \times (2.26 - 1.5) - F_{ak} \times (2.74 - 1)}{F_{bk} + F_{ak} + G_k}$$

$$= \frac{1202.46 \times (2.26 - 1.5) - 525.21 \times (2.74 - 1)}{1202.46 + 525.21 + 252}$$

$$= 0$$

故选（A）项。

（2）
$$W_1 = \frac{I}{e_1} = \frac{28.373}{2.738} = 10.363 \text{m}^3$$

$$W_2 = \frac{I}{e_2} = \frac{28.373}{2.262} = 12.543 \text{m}^3$$

$G_k = 252 \text{kN}$，根据《地规》5.2.2 条：

$$M_k = F_{bk} \times (2.26 - 1.5) - F_{ak} \times (2.74 - 1)$$

$$= 1500 \times (2.26 - 1.5) - 400 \times (2.74 - 1)$$

$$= 444 \text{kN} \cdot \text{m}$$

$$p_{kmin} = \frac{1500+400+252}{14} - \frac{444}{10.363}$$

$$= 111kPa > 0$$

故：$p_{kmax} = \frac{1500+400+252}{14} + \frac{444}{12.543} = 189.1kPa$

故选（B）项。

五、岩石锚杆基础

> ● 复习《地规》8.6.1条～8.6.3条。

需注意的是：

（1）《地规》8.6.1条的规定。

《地规》图8.6.1中，d_1 的定义应为：锚杆孔直径。此外，$l > 40d$。

（2）《地规》8.6.2条，F_K、M_{xk}、M_{yk} 的定义。

【例4.6.5-1】 某单层地下车库建于岩石地基上，采用岩石锚杆基础。柱网尺寸 8.4m×8.4m，中间柱截面尺寸 600mm×600mm，地下水位位于自然地面以下 1m，如图4.6.5-1为中间柱的基础示意图。

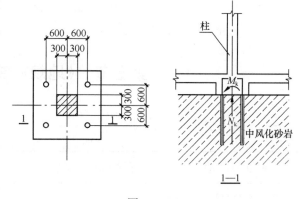

图4.6.5-1

试问：

（1）相应于作用的标准组合时，作用在中间柱承台底面的竖向力总和为 -600kN（方向向上，已综合考虑地下水浮力、基础自重及上部结构传至柱基的轴力）；作用在基础底面形心的力矩值 M_{xk}、M_{yk} 均为 100kN·m。试问，作用的标准组合时，单根锚杆承受的最大拔力值 N_{tmax}（kN），与下列何项数值最为接近？

(A) 125 　　　 (B) 167 　　　 (C) 233 　　　 (D) 270

（2）假定相应于作用的标准组合时，单根锚杆承担的最大拔力值 N_{tmax} 为 170kN，锚杆孔直径为 150mm，锚杆采用 HRB335 级钢筋，直径为 32mm，锚杆孔灌浆采用 M30 水泥砂浆，砂浆与岩石间的粘接强度特征值为 0.42MPa，试问，锚杆有效锚固长度 l（m）取值，与下列何项数值最为接近？

(A) 1.0 　　　 (B) 1.1 　　　 (C) 1.2 　　　 (D) 1.3

（3）现场进行了 6 根锚杆抗拔试验，得到的锚杆抗拔极限承载力分别为 420kN，530kN，480kN，479kN，588kN，503kN。试问，单根锚杆抗拔承载力特征值 R_t（kN），与下列何项数值最为接近？

(A) 250

(B) 420

(C) 500

(D) 宜增加试验量且综合各方面因素后再确定

【解答】(1) 根据《地规》8.6.2条：

$$N_{ti} = \frac{-600}{4} - \frac{100 \times 0.6}{4 \times 0.6^2} - \frac{100 \times 0.6}{4 \times 0.6^2} = -233.33\text{kN}$$

故选（C）项。

(2) 根据《地规》8.6.3条：

$$l \geqslant \frac{R_t}{0.8\pi d_1 f} = \frac{170 \times 10^3}{0.8 \times \pi \times 150 \times 0.42} = 1074\text{mm}$$

根据规范8.6.1条及图8.6.1，按构造要求 l 为：

$$l > 40d = 40 \times 32 = 1280\text{mm}$$

故取 $l = 1300\text{mm}$。

故选（D）项。

(3) 根据《地规》附录 M 的规定：

$$\text{极限承载力平均值} = \frac{420 + 530 + 480 + 479 + 588 + 503}{6} = 500\text{kN}$$

$$\text{极差} = 588 - 420 = 168\text{kN} > 500 \times 30\% = 150\text{kN}$$

故应增大试验量，应选（D）项。

第七节 《地规》筏形基础

一、一般规定

- 复习《地规》8.4.1条～8.4.5条。

需注意的是：

(1)《地规》8.4.1条的条文说明指出："与梁板式筏基相比，平板式筏基具有抗冲切及抗剪切能力强的特点，且构造简单，施工便捷，经大量工程实践和部分工程事故分析，平板式筏基具有更好的适应性。"

(2)《地规》8.4.2条的条文说明：

8.4.2（条文说明）

对单幢建筑物，在均匀地基的条件下，基础底面的压力和基础的整体倾斜主要取决于作用的准永久组合下产生的偏心距大小。对基底平面为矩形的筏基，在偏心荷载作用下，基础抗倾覆稳定系数 K_F 可用下式表示：

$$K_F = \frac{y}{e} = \frac{\gamma B}{e} = \frac{\gamma}{\dfrac{e}{B}}$$

式中：B——与组合荷载竖向合力偏心方向平行的基础边长；

e——作用在基底平面的组合荷载全部竖向合力对基底面积形心的偏心距；

y——基底平面形心至最大受压边缘的距离，γ 为 y 与 B 的比值。

从式中可以看出 e/B 直接影响着抗倾覆稳定系数 K_F，K_F 随着 e/B 的增大而降低，因此容易引起较大的倾斜。

……

本规范根据实测资料并参考交通部（公路桥涵设计规范）对桥墩合力偏心距的限制，规定了在作用的准永久组合时，$e \leqslant 0.1W/A$。从实测结果来看，这个限制对硬土地区稍严格，当有可靠依据时可适当放松。

当筏形基础（为整体式基础）为矩形平面（$b \times h$），偏心方向沿 b 边长方向，则：

$$e_q = e \leqslant 0.1 \frac{W}{A} = 0.1 \frac{\frac{1}{6}hb^2}{bh} = \frac{b}{60}$$

对于《地规》5.2.2 条第 3 款（非整体式基础）：

$$e_k = e \leqslant \frac{b}{6}$$

可见，对整体式基础的偏心距限值远远严于非整体式基础的偏心距限值。

（3）《地规》8.4.3 条的条文说明指出："按刚性地基假定分析的基底水平地震剪力和倾覆力矩可根据抗震设防烈度乘以折减系数，8 度时折减系数取 0.9，9 度时折减系数取 0.85，该折减系数是一个综合性的包络值，它不能与现行国家标准《建筑抗震设计规范》GB 50011 第 5.2 节中提出的折减系数同时使用。"

（4）《地规》8.4.4 条规定。

防水设计水位、抗浮设计水位的定义及使用范围，见表 4.7.1-1。

防水设计水位和抗浮设计水位　　表 4.7.1-1

序号	名　称	定　义	使用范围	备　注
1	防水设计水位	地下水的最大水头，可按历史最高水位＋1m 确定	建筑外防水和确定地下结构的抗渗等级	主要用于建筑外防水设计
2	抗浮设计水位	结束整体抗浮及局部抗浮稳定验算时应考虑的地下水水位，国家规范没有明确规定	用于结构的整体稳定和局部稳定验算及结构构件的设计计算	抗浮设计水位对结构设计影响大

注：防水设计水位也称为"设防水位"，抗浮设计水位也称为"抗浮水位"。

【例 4.7.1-1】 某钢筋混凝土框架-核心筒结构房屋，带 2 层地下室，采用筏形基础，其平面为矩形。方案阶段，初步估算，如图 4.7.1-1 所示，荷载准永久组合下的左、右边柱列 $N_1 = 115000$kN，$N_2 = 116000$kN，核心筒部分 $N_3 = 146000$kN，地下室部分 $G = 35000$kN。沿筏基长边方向无偏心。

试问，满足《地规》要求的偏心距限值时，筏基右边悬挑部分 a（m），最接近于下列何项？

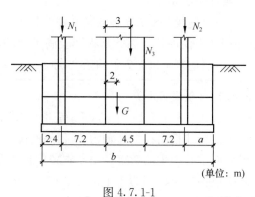

（单位：m）

图 4.7.1-1

(A) 1.85～3.30　　(B) 2.10～3.60　　(C) 2.30～3.90　　(D) 2.80～4.20

【解答】上部结构和地下室的合力 F：

$$F = 115000 + 116000 + 146000 + 35000 = 412000 \text{kN}$$

合力 F 到最左端的距离 x：

$$x = \frac{115000 \times 2.4 + 116000 \times 21.3 + 146000 \times 12.6 + 35000 \times 11.6}{412000}$$

$$= 12.117 \text{m}$$

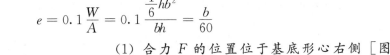

$$e = 0.1 \frac{W}{A} = 0.1 \frac{\frac{1}{6}hb^2}{bh} = \frac{b}{60}$$

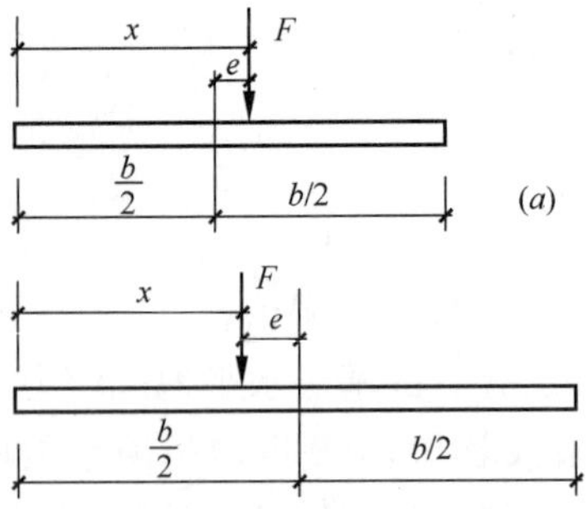

（1）合力 F 的位置位于基底形心右侧 ［图 4.7.1-2 (a)］，则：

$$x - e = \frac{b}{2}, \text{即}: 12.117 - \frac{b}{60} = \frac{b}{2}$$

故：$b = 23.452 \text{m}$

所以：$a = 23.452 - (2.4 + 7.2 \times 2 + 4.5) = 2.15 \text{m}$

（2）合力 F 的位置位于基底形心左侧 ［图 4.7.1-2 (b)］，则：

$$x + e = \frac{b}{2}, \text{则}: b = 25.070 \text{m}$$

图 4.7.1-2

所以：
$$a = 25.070 - (2.4 + 7.2 \times 2 + 4.5) = 3.77 \text{m}$$

故选 (B) 项。

二、平板式筏基

1. 筏板的受冲切计算

▲1.1　柱对筏板的冲切

- 复习《地规》8.4.6 条、8.4.7 条。
- 复习《地规》附录 P。

需注意的是：

（1）《地规》8.4.6 条的条文说明指出："平板式筏基的板厚通常由冲切控制，包括柱下冲切和内筒冲切，因此其板厚应满足受冲切承载力的要求。"

（2）《地规》8.4.7 条的条文说明：

8.4.7（条文说明）

公式（8.4.7-1）中的 M_{unb} 是指作用在柱边 $h_0/2$ 处冲切临界截面重心上的弯矩，对边柱它包括由柱根处轴力 N 和该处筏板冲切临界截面范围内相应的地基反力 P 对临界截面重心产生的弯矩。由于本条中筏板和上部结构是分别计算的，因此计算 M 值时尚应包括柱子根部的弯矩设计值 M_c，如图 33 所示，M 的表达式为：

$$M_{\text{unb}} = Ne_{\text{N}} - Pe_{\text{p}} \pm M_{\text{c}}$$

对于内柱，由于对称关系，柱截面形心与冲切临界截面重心重合，$e_{\text{N}} = e_{\text{p}} = 0$，因此冲切临界截面重心上的弯矩，取柱根弯矩设计值。

本规范的公式（8.4.7-2）是在我国受冲切承载力公式的基础上，参考了美国 ACI 318 规范中受冲切承载力公式中有关规定，引进了柱截面长、短边比值的影响，适用于包括扁柱和单片剪力墙在内的平板式筏基。

对有抗震设防要求的平板式筏基，尚应验算地震作用组合的临界截面的最大剪应力 $\tau_{\text{E,max}}$，此时公式（8.4.7-1）和式（8.4.7-2）应改写为：

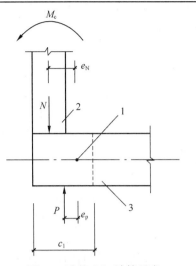

图 33　边柱 M_{unb} 计算示意
1—冲切临界截面重心；2—柱；3—筏板

$$\tau_{\text{E,max}} = \frac{V_{\text{sE}}}{A_{\text{s}}} + \alpha_{\text{s}} \frac{M_{\text{E}}}{I_{\text{s}}} C_{\text{AB}}$$

$$\tau_{\text{E,max}} \leqslant \frac{0.7}{\gamma_{\text{RE}}} \left(0.4 + \frac{1.2}{\beta_{\text{s}}}\right) \beta_{\text{hp}} f_{\text{t}}$$

式中：V_{sE}——作用的地震组合的集中反力设计值（kN）；

$\quad\quad M_{\text{E}}$——作用的地震组合的冲切临界截面重心上的弯矩设计值（kN·m）；

$\quad\quad A_{\text{s}}$——距柱边 $h_0/2$ 处的冲切临界截面的筏板有效面积（m²）；

$\quad\quad \gamma_{\text{RE}}$——抗震调整系数，取 0.85。

【例 4.7.2-1】某高层框架-核心筒结构，柱网尺寸为 7m×9.45m，基础采用平板式筏基，板厚为 1.20m，局部板厚为 2.0m，边柱外侧筏板的悬挑长度 $a_1 = 1.0$m。筏板混凝土强度等级为 C30（$f_{\text{t}} = 1.43$N/mm²）。框架边柱的横截面尺寸为 750mm×750mm。其他尺寸见图 4.7.2-1。

边柱按荷载的基本组合产生的轴向力 $N = 8775$kN，筏基按荷载的基本组合产生的地基净反力为 324kPa。取 $a_{\text{s}} = 100$mm。

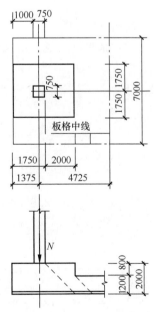

图 4.7.2-1

试问：

（1）柱边 $\dfrac{h_0}{2} = \dfrac{1.9}{2}$ m 处冲切验算时，冲切力设计值 F_l（kN），最接近于下列何项？

(A) 6500　　　　　　　(B) 7100

(C) 7800　　　　　　　(D) 8400

（2）题目条件同题目（1）作用在冲切临界截面重心上的不平衡弯矩设计值 M_{unb}（kN·m），最接近于下列何项？

(A) 2010　　　　　　　(B) 2350

(C) 2650　　　　　　　(D) 2910

（3）题目条件同题目（1）假定，$F_l = 8100$kN，$M_{\text{unb}} = $

$2400 \mathrm{kN \cdot m}$，$I_s = 15 \mathrm{m^4}$，作用在冲切临界截面上的最大剪应力设计值 $\tau_{\max}$（kPa），最接近于下列何项？

(A) 600   (B) 650   (C) 700   (D) 750

（4）题目条件同题目（1），冲切临界截面上的受剪承载力中最大抗冲切剪应力设计值（kPa），最接近于下列何项？

(A) 800   (B) 850   (C) 900   (D) 950

（5）柱下筏板变阶处冲切承载力验算时，冲切力设计值 F_l（kN），最接近于下列何项？

(A) 2400   (B) 2600   (C) 3000   (D) 3300

（6）题目条件同题目（5），作用在冲切临界截面重心上的不平衡弯矩设计值 M_{unb}（kN·m），最接近于下列何项？

(A) 7600   (B) 8100   (C) 8500   (D) 9430

（7）题目条件同题目（5）。假定，$F_l = 3000 \mathrm{kN}$，$M_{\mathrm{unb}} = 9000 \mathrm{kN \cdot m}$，$I_s = 30 \mathrm{m^4}$，作用在冲切临界截面上的最大剪应力设计值 $\tau_{\max}$（kPa），最接近于下列何项？

(A) 550   (B) 600   (C) 650   (D) 700

【解答】（1）根据《地规》附录 P.0.1 条第 2 款：

$$l_{挑} = 1\mathrm{m} < h_0 + 0.5b_c = 1.9 + 0.5 \times 0.75 = 2.275\mathrm{m}$$

故按有悬挑的边柱计算。

$$c_1 = l_{挑} + h_c + \frac{h_0}{2} = 1 + 0.75 + \frac{1.9}{2} = 2.7\mathrm{m}$$

$$c_2 = b_c + h_0 = 0.75 + 1.9 = 2.65\mathrm{m}$$

$$F_l = 1.1 \times (N - pc_1c_2)$$
$$= 1.1 \times (8775 - 324 \times 2.7 \times 2.65)$$
$$= 7102\mathrm{kN}$$

故选（B）项。

（2）根据《地规》附录 P.0.1 条、《地规》8.4.7 条条文说明：

$$u_{\mathrm{m}} = 2c_1 + c_2 = 2 \times 2.7 + 2.65 = 8.05\mathrm{m}$$

$$\bar{x} = \frac{c_1^2}{2c_1 + c_2} = \frac{2.7^2}{2 \times 2.7 + 2.65} = 0.906$$

$$I_s = \frac{c_1 h_0^3}{6} + \frac{c_1^3 h_0}{6} + 2h_0 c_1 \left(\frac{c_1}{2} - \bar{x}\right)^2 + c_2 h_0 \bar{x}^2$$

$$= \frac{2.7 \times 1.9^3}{6} + \frac{2.7^3 \times 1.9}{6} + 2 \times 1.9 \times 2.7 \times \left(\frac{2.7}{2} - 0.906\right)^2$$

$$+ 2.65 \times 1.9 \times 0.906^2$$

$$= 15.475\mathrm{m^4}$$

$$c_{\mathrm{AB}} = c_1 - \bar{x} = 2.7 - 0.906 = 1.794\mathrm{m}$$

$$M_{\mathrm{unb}} = 8775 \times \left(2.7 - 1 - \frac{0.75}{2} - 0.906\right) - 324 \times 2.7 \times 2.65 \times \left(\frac{2.7}{2} - 0.906\right)$$

$$= 2647.4\mathrm{kN \cdot m}$$

故选（C）项。

（3）根据《地规》8.4.7条：

$$\alpha_s = 1 - \frac{1}{1 + \frac{2}{3}\sqrt{\frac{2.7}{2.65}}} = 0.402$$

$$\tau_{max} = \frac{F_l}{u_m h_0} + \alpha_s \frac{M_{unb} c_{AB}}{I_s}$$

$$= \frac{8100}{8.05 \times 1.9} + 0.402 \times \frac{2400 \times 1.794}{15}$$

$$= 645\text{kPa}$$

故选（B）项。

（4）根据《地规》8.4.7条：

$$h = 2\text{m}，取 \beta_{hp} = 0.9$$

$$[\tau] = 0.7(0.4 + 1.2/\beta_s)\beta_{hp} f_t$$

$$= 0.7 \times \left(0.4 + \frac{1.2}{2}\right) \times 0.9 \times 1.43 = 0.9009\text{MPa}$$

$$= 900.9\text{kPa}$$

故选（C）项。

（5）根据《地规》附录P.0.1条第2款：

$$c_1 = l_{挑} + h_c + 2 + \frac{1.1}{2}$$

$$= 1 + 0.75 + 2 + \frac{1.1}{2} = 4.3\text{m}$$

$$c_2 = 1.75 \times 2 + 1.1 = 4.6\text{m}$$

$$F_l = 1.1 \times (8775 - 324 \times 4.3 \times 4.6)$$

$$= 2602.9\text{kN}$$

故选（B）项。

（6）根据《地规》附录P.0.1条第2款：

$$u_m = 2c_1 + c_2 = 2 \times 4.3 + 4.6 = 13.2\text{m}$$

$$\bar{x} = \frac{c_1^2}{2c_1 + c_2} = \frac{4.3^2}{2 \times 4.3 + 4.6} = 1.40\text{m}$$

$$I_s = \frac{c_1 h_0^3}{6} + \frac{c_1^3 h_0}{6} + 2h_0 c_1 \left(\frac{c_1}{2} - \bar{x}\right)^2 + c_2 h_0 \bar{x}^2$$

$$= \frac{4.3 \times 1.1^3}{6} + \frac{4.3^3 \times 1.1}{6} + 2 \times 1.1 \times 4.3 \times \left(\frac{4.3}{2} - 1.4\right)^2 + 4.6 \times 1.1 \times 1.4^2$$

$$= 30.77\text{m}^4$$

$$c_{AB} = c_1 - \bar{x} = 4.3 - 1.4 = 2.9\text{m}$$

$$M_{unb} = 8775 \times \left(4.3 - 1 - \frac{0.75}{2} - 1.4\right) - 324 \times 4.3 \times 4.6 \times \left(\frac{4.3}{2} - 1.4\right)$$

$$= 8575\text{kN} \cdot \text{m}$$

故选（C）项。

（7）根据《地规》8.4.7条：

$$\alpha_s = 1 - \frac{1}{1 + \frac{2}{3}\sqrt{\frac{4.3}{4.6}}} = 0.392$$

$$\tau_{max} = \frac{3000}{13.2 \times 1.1} + 0.392 \times \frac{9000 \times 2.9}{30}$$
$$= 548 \text{kPa}$$

故选（A）项。

▲1.2　内筒对筏板的冲切

● 复习《地规》8.4.8 条。

【例 4.7.2-2】（2012B10）抗震设防烈度为 6 度的某高层钢筋混凝土框架-核心筒结构，风荷载起控制作用，采用天然地基上的平板式筏板基础，基础平面如图 4.7.2-2 所示，核心筒的外轮廓平面尺寸为 9.4m×9.4m，基础板厚 2.6m（基础板有效高度按 2.5m 计）。

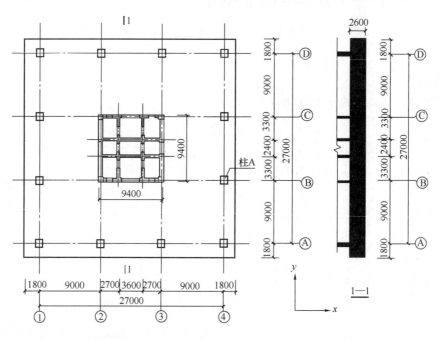

图 4.7.2-2

假定，荷载的基本组合时，核心筒筏板冲切破坏锥体范围内基底的净反力平均值 p_n =435.9kN/m²，筒体作用于筏板顶面的竖向力为 177500kN、作用在冲切临界面重心上的不平衡弯矩设计值为 151150kN·m。试问，距离内筒外表面 $h_0/2$ 处冲切临界截面的最大剪应力（N/mm²）与下列何项数值最为接近？

提示：u_m=47.6m，I_s=2839.59m⁴，α_s=0.40。

（A）0.74　　　　（B）0.85　　　　（C）0.95　　　　（D）1.10

【解答】根据《地规》8.4.7 条及附录 P：

$$c_1 = c_2 = 9.4 + h_0 = 11.9\text{m}, c_{AB} = c_1/2 = 5.95\text{m}$$
$$F_l = 177500 - (9.4 + 2h_0)^2 p_n = 87111.8\text{kN}$$

由公式（8.4.7-1）：

$$\tau_{\max} = \frac{F_l}{u_m h_0} + \frac{\alpha_s M_{unb} c_{AB}}{I_s} = \frac{87111800}{47.6 \times 10^3 \times 2500} + \frac{0.40 \times 151150 \times 10^6 \times 5.95 \times 10^3}{2839.59 \times 10^{12}}$$

$$= 0.732 + 0.127 = 0.859 \text{N/mm}^2$$

故选（B）项。

2. 筏板的受剪承载力计算

●复习《地规》8.4.9 条、8.4.10 条。

需注意的是：

《地规》8.4.10 条的条文说明：

8.4.10 （条文说明）

本规范明确了取距内柱和内筒边缘 h_0 处作为验算筏板受剪的部位，如图 35 所示；角柱下验算筏板受剪的部位取距柱角 h_0 处，如图 36 所示。式（8.4.10）中的 V_s 即作用在图 35 或图 36 中阴影面积上的地基平均净反力设计值除以验算截面处的板格中至中的长度（内柱）、或距角柱角点 h_0 处 45° 斜线的长度（角柱）。国内筏板试验报告表明：筏板的裂缝首先出现在板的角部，设计中当采用简化计算方法时，需适当考虑角点附近土反力的集中效应，乘以 1.2 的增大系数。图 37 给出了筏板模型试验中裂缝发展的过程。设计中当角柱下筏板受剪承载力不满足规范要求时，也可采用适当加大底层角柱横截面或局部增加筏板角隅板厚度等有效措施，以期降低受剪截面处的剪力。

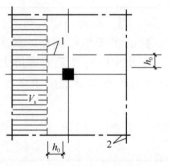

图 35　内柱（筒）下筏板验算
剪切部位示意
1—验算剪切部位；2—板格中线

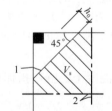

图 36　角柱（筒）下筏板验算
剪切部位示意
1—验算剪切部位；2—板格中线

对于上部为框架-核心筒结构的平板式筏形基础，设计人应根据工程的具体情况采用符合实际的计算模型或根据实测确定的地基反力来验算距核心筒 h_0 处的筏板受剪承载力。当边柱与核心筒之间的距离较大时，式（8.4.10）中的 V_s 即作用在图 38 中阴影面积上的地基平均净反力设计值与边柱轴力设计值之差除以 b，b 取核心筒两侧紧邻跨的跨中分线之间的距离。当主楼核心筒外侧有两排以上框架柱或边柱与核心筒之间的距离较小时，设计人应根据工程具体情况慎重确定筏板受剪承载力验算单元的计算宽度。

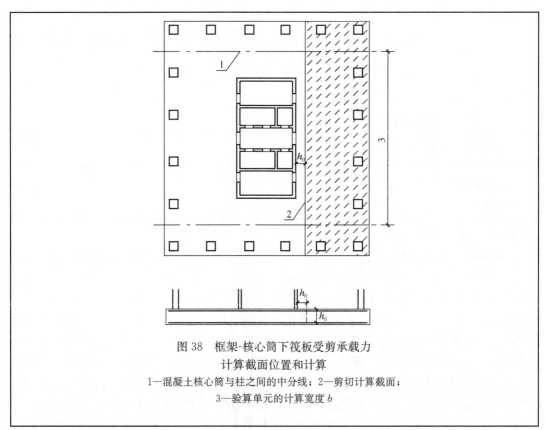

图 38 框架-核心筒下筏板受剪承载力

计算截面位置和计算

1—混凝土核心筒与柱之间的中分线；2—剪切计算截面；

3—验算单元的计算宽度 b

【例 4.7.2-3】（2012B11）题目条件同【例 4.7.2-2】。假定，（1）荷载的基本组合下，地基土净反力平均值产生的距内筒右侧外边缘 h_0 处的筏板单位宽度的剪力设计值最大，其最大值为 2400kN/m；（2）距离内筒外表面 $h_0/2$ 处冲切临界截面的最大剪应力 $\tau_{max}=0.90\text{N/mm}^2$。试问，满足抗剪和抗冲切承载力要求的筏板最低混凝土强度等级为下列何项最为合理？

提示：各等级混凝土的强度指标见表 4.7.2-1。

表 4.7.2-1

混凝土强度等级	C40	C45	C50	C60
f_t（N/mm²）	1.71	1.80	1.89	2.04

（A）C40 　　　　（B）C45 　　　　（C）C50 　　　　（D）C60

【解答】（1）抗剪要求，由《地规》8.4.9 条：

$$h_0 = 2500\text{mm} > 2000\text{mm}，故 \beta_{hs} = \left(\frac{800}{2000}\right)^{1/4} = 0.795$$

$$0.7 \times 0.795 \times 1.0 \times 2.5 \times f_t \times 10^3 \geq 2400，则：f_t \geq 1.73\text{N/mm}^2$$

（2）抗冲切要求，由《地规》8.4.8 条：

$$\tau_{max} \leq \frac{0.7\beta_{hp}f_t}{\eta}，即：$$

$$0.90 \leq \frac{0.7 \times 0.9 f_t}{1.25}，则：f_t \geq 1.79\text{N/mm}^2$$

最终取 C45（$f_t = 1.80 \text{N/mm}^2$），并且满足《地规》8.4.4 条构造要求。

故选（B）项。

【例 4.7.2-4】 某高层建筑的平板式筏基，如图 4.7.2-3 所示，柱为底层内柱，其截面尺寸为 600mm×1650mm，柱采用 C60 级混凝土，筏板采用 C30 级混凝土。相应于作用的基本组合时的地基净反力为 326.7kPa；相应于作用的基本组合时的柱的轴力为 21600kN，弯矩为 270kN·m。筏板厚度为 1.2m，局部板厚为 1.8m，取 a_s =50mm。

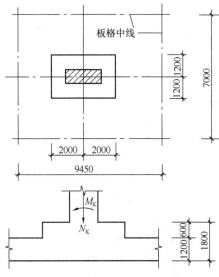

图 4.7.2-3

试问：

（1）筏板变厚度处，单位宽度的地基净反力平均值产生的剪力设计值（kN），最接近下列何项数值？

(A) 665   (B) 625

(C) 515   (D) 500

（2）筏板变厚度处，单位宽度的抗剪承载力设计值（kN），最接近下列何项数值？

(A) 1050   (B) 1080   (C) 1150   (D) 1200

【解答】（1）根据《地规》8.4.10 条条文说明，单位宽度的剪力设计值 V_s：

$$V_s = 326.7 \times \frac{9.45 - 4.0 - 2 \times (1.2 - 0.05)}{2} = 514.55 \text{kN/m}$$

故应选（C）项。

（2）根据《地规》8.4.10 条：

$$\beta_{hs} = \left(\frac{800}{h_0}\right)^{1/4} = \left(\frac{800}{1150}\right)^{1/4} = 0.913$$

$$0.7\beta_{hs} f_t b_w h_0 = 0.7 \times 0.913 \times 1.43 \times 10^3 \times 1150 = 1051 \text{kN/m}$$

故应选（A）项。

3. 平板式筏基的内力计算与配筋

> ● 复习《地规》8.4.14 条、8.4.16 条。

需注意的是：

（1）《地规》8.4.14 条的条文说明：

> **8.4.14** （条文说明）对于地基土、结构布置和荷载分布不符合本条要求的结构，如框架-核心筒结构等，核心筒和周边框架柱之间竖向荷载差异较大，一般情况下核心筒下的基底反力大于周边框架柱下基底反力，因此不适用于本条提出的简化计算方法，应采用能正确反映结构实际受力情况的计算方法。

（2）《地规》8.4.16 条规定，及其条文说明中图 43 的内容。

三、梁板式筏基

1. 底板计算内容

- 复习《地规》8.4.11 条。

2. 底板受冲切计算

- 复习《地规》8.4.12 条第 1 款、第 2 款。

需注意的是：

（1）《地规》8.4.12 条规范图 8.4.12-1 中 u_m 的计算为：

$$u_m = 2(l_{n1} - h_0 + l_{n2} - h_0)$$

阴影面积 $A_l = (l_{n1} - 2h_0) \cdot (l_{n2} - 2h_0)$

（2）《地规》公式（8.4.12-2）中 p_n、f_t 应取相同的量纲进行计算。

3. 底板受剪承载力计算

- 复习《地规》8.4.12 条第 3 款、第 4 款。

需注意的是：

（1）《地规》图 8.4.12-2 中梯形阴影面积 A_l 的计算为：

梯形底边长度 $\qquad\qquad a = l_{n2} - 2h_0$

梯形顶边长度 $\qquad\qquad b = l_{n2} - l_{n1}$

梯形高度 $\qquad\qquad\quad h = \dfrac{l_{n1}}{2} - h_0$

$$A_l = \frac{1}{2}(a + b)h = \frac{1}{2} \times (2l_{n2} - l_{n1} - 2h_0) \times \left(\frac{l_{n1}}{2} - h_0\right)$$

（2）双向板、单向板受剪承载力计算时，确定其计算截面位置是不相同的。

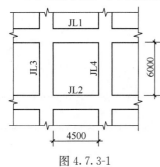

图 4.7.3-1

【例 4.7.3-1】 某 15 层高层建筑的梁板式筏基底板，如图 4.7.3-1 所示，采用 C35 混凝土，$f_t = 1.57\text{N/mm}^2$，筏基底面处相应于作用的基本组合时的平均净反力设计值 $p = 280\text{kPa}$。取 $a_s = 60\text{mm}$。

试问：

（1）假定筏板厚度取 450mm，对图示区格内的筏板作冲切承载力验算时，作用在冲切角上的最大冲切力设计值 F_c（kN）、抗冲切承载力（kN），应与下列何项数值最为接近？

（A）5438；8332　　　　　　　　（B）5842；8332

（C）5438；7332　　　　　　　　（D）5842；7332

（2）假定底板厚度未知，按受冲切验算并且满足规范要求的最小底板厚度 h（mm），应与下列何项数值最为接近？

（A）350　　　　（B）400　　　　（C）450　　　　（D）500

（3）筏板厚度取为 450mm，进行筏板斜截面受剪切承载力计算时，平行于 JL4 的剪切面上（一侧）的最大剪力设计值 V_s（kN）、抗剪承载力设计值（kN），应与下列何项数值最为接近？

（A）1750；2237 （B）1950；2237

（C）1750；2537 （D）1950；2537

【解答】（1）根据《地规》8.4.12 条规定，$l_{n1}=4.5$m，$l_{n2}=6.0$m，$p_j=280$kPa

$h_0=h-a_s=450-60=390$mm

$A_l=(l_{n1}-2h_0)(l_{n2}-2h_0)=(4.5-2\times0.39)\times(6.0-2\times0.39)=19.42$m^2

$F_l=p_jA_l=280\times19.42=5437.6$kN

受冲切承载力计算：$h=450$mm<800mm，取 $\beta_{hp}=1.0$。

$u_m=2(l_{n1}-h_0+l_{n2}-h_0)=2\times(4.5-0.39+6.0-0.39)=19.44$m

$0.7\beta_{hp}f_tu_mh_0=0.7\times1.0\times1.57\times19440\times390=8332.2$kN

故应选（A）项。

（2）根据《地规》式（8.4.12-2），假定 $h\leqslant800$mm，取 $\beta_{hp}=1.0$，取 $f_t=1.57\times10^3$kN/m^2

$$h_0=\frac{(l_{n1}+l_{n2})-\sqrt{(l_{n1}+l_{n2})^2-\dfrac{4p_nl_{n1}l_{n2}}{p_n+0.7\beta_{hp}f_t}}}{4}$$

$$=\frac{(4.5+6)-\sqrt{(4.5+6)^2-\dfrac{4\times280\times4.5\times6}{280+0.7\times1\times1.57\times10^3}}}{4}=0.276\text{m}$$

$h=h_0+a_s=276+60=336$mm。

$$h\geqslant\frac{1}{14}l_{n1}=\frac{1}{14}\times4500=321\text{mm，且 }h\geqslant400\text{mm}$$

最终 $h\geqslant400$mm，应选（B）项。

（3）阴影部分面积 A_l 为：

梯形底边：$a=l_{n2}-2h_0=6-2\times0.39=5.22$m

梯形顶边：$b=l_{n2}-l_{n1}=6-4.5=1.5$m

梯形高：$h=\dfrac{l_{n1}}{2}-h_0=\dfrac{4.5}{2}-0.39=1.86$m

$$A_l=\frac{1}{2}\times(5.22+1.5)\times1.86=6.2496\text{m}^2$$

$V_s=p_jA_l=280\times6.2496=1749.9$kN

受剪承载力计算：$h_0=390$mm<800mm，取 $\beta_{hs}=1.0$。

由《地规》式（8.4.12-3）：

$0.7\beta_{hs}f_t(l_{n2}-2h_0)h_0=0.7\times1.0\times1.57\times(6-2\times0.39)\times0.39\times10^6=2237$kN

故应选（A）项。

【例 4.7.3-2】某高层建筑梁板式筏基的地基基础设计等级为乙级，筏板的最大区格划分如图 4.7.3-2 所示。筏板厚度为 500mm。假定筏基底面处的地基土反力均匀分布，且相应于荷载的基本组合的地基土净反力设计值 $p=350$kPa。

提示：计算时取 $a_s=60$mm，$\beta_{hp}=1$。

试问：

（1）满足筏板受冲切承载力要求，并且满足规范构造要求，其最低混凝土强度等级应为下列何项？

(A) C30　　　(B) C35

(C) C40　　　(D) C45

（2）满足筏板受剪切承载力要求，并且满足规范构造要求，其最低混凝土强度等级，应为下列何项？

(A) C45　　　(B) C40

(C) C35　　　(D) C30

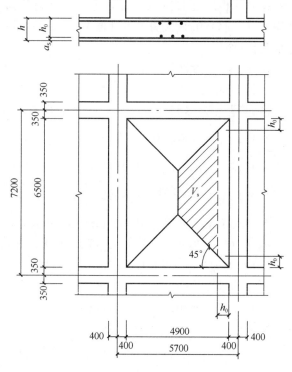

图 4.7.3-2

【解答】（1）根据《地规》8.2.12 条：

$$l_{n1}=4.9\text{m}, \ l_{n2}=6.5\text{m}, \ h_0=500-60=440\text{mm}$$

$$A_l=(4.9-2\times0.44)\times(6.5-2\times0.44)=22.5924\text{m}^2$$

$$F_l=A_l p_j=22.5924\times350=7907.34\text{kN}$$

$$u_m=2\times(4.9-0.44+6.5-0.44)=21.04\text{m}$$

$$0.7\beta_{hp}f_t u_m h_0=0.7\times1\times f_t\times21.04\times10^3\times440\geqslant7907.34\times10^3$$

则：$$f_t\geqslant1.22\text{N/mm}^2$$

选 C30（$f_t=1.43\text{N/mm}^2$），并且满足《地规》8.4.4 条。

故选（A）项。

（2）根据《地规》8.2.12 条：

梯形边长：$$a=6.5-2\times0.44=5.62\text{m}$$

$$b=6.5-4.9=1.6\text{m}$$

$$V_s=A_l \cdot p_j=\frac{1}{2}\times(5.62+1.6)\times\left(\frac{4.9}{2}-0.44\right)\times350$$

$$=2540\text{kN}$$

$h_0=440$mm，故取 $\beta_{hs}=1.0$

$$0.7\beta_{hs}f_t(l_{n2}-2h_0)h_0=0.7\times1\times f_t\times(6500-2\times440)\times440\geqslant2540\times10^3$$

则：$$f_t\geqslant1.47\text{N/mm}^2$$

选 C35（$f_t=1.57\text{N/mm}^2$），并且满足《地规》8.4.4 条。

所以选（C）项。

4. 梁板式筏板的内力计算与配筋及构造

- 复习《地规》8.4.14 条、8.4.15 条
- 复习《地规》8.4.13 条。

需注意的是：

（1）《地规》8.4.14 条的条文说明指出："基础内力的分布规律，按整体分析法（考虑上部结构作用）与倒梁法是一致的，且倒梁板法计算出来的弯矩值还略大于整体分析法。"

本条的条文说明还指出，如框架-核心筒结构等，不适用于本条提出的简化计算方法。

（2）《地规》8.4.15 条，基础梁、底板的配筋的构造要求。

【题 4.7.3-3】 某 15 层建筑的梁板式筏基底板，如图 4.7.3-3 所示，采用 C35 级混凝土，$f_t = 1.57 \text{N/m}^2$，筏基底面处相应于作用的基本组合时的地基土平均净反力设计值 $p = 280 \text{kPa}$。计算时取 $a_s = 60 \text{mm}$。

假定筏板厚度为 850mm，采用 HRB400 级钢筋，已计算出每米宽区格板的长跨支座及跨中的弯矩设计值均为 $M = 288 \text{kN} \cdot \text{m}$。试问，筏板在长跨方向的底部配筋，应采用下列何项才最为合理？

(A) $\Phi 12@200$ 通长筋 $+\Phi 12@200$ 支座短筋

(B) $\Phi 12@100$ 通长筋

(C) $\Phi 12@200$ 通长筋 $+\Phi 14@200$ 支座短筋

(D) $\Phi 14@100$ 通长筋

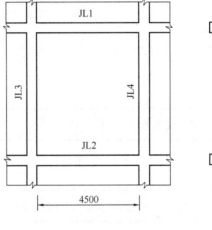
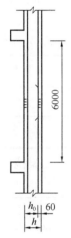

图 4.7.3-3

【解答】 先求出 A_s：$h_0 = h - a_s = 850 - 60 = 790 \text{mm}$

$$A_s = \frac{M}{0.9 f_y h_0} = \frac{288 \times 10^6}{0.9 \times 360 \times 790} = 1125 \text{mm}^2/\text{m}$$

又根据《地规》8.4.15 条规定，底板上部通长钢筋，$\rho_{\min} \geqslant 0.15\%$，则 $A_{s,\min} = 850 \times 1000 \times 0.15\% = 1275 \text{mm}^2/\text{m}$

(A) 项：跨中钢筋，$A_s = 113.1 \times 1000/200 = 566 \text{mm}^2/\text{m}$，不满足。

(B) 项：$A_s = 113.1 \times 1000/100 = 1131 \text{mm}^2/\text{m}$，不满足。

(C) 项：跨中钢筋，$A_s = 113.1 \times 1000/200 = 566 \text{mm}^2/\text{m}$，不满足

(D) 项：$A_s = 153.9 \times 1000/100 = 1539 \text{mm}^2/\text{m}$，满足，应选（D）项。

5. 局部受压承载力计算

- 复习《地规》8.4.18 条。

需注意的是：

（1）《地规》8.4.18 条规定，与《地规》8.2.7 条第 4 款规定是不相同的。

（2）《地规》8.4.18 条的条文说明指出："本条为强制性条文。梁板式筏基基础梁和平板式筏基的顶面处与结构柱、剪力墙交界处承受较大的竖向力，设计时应进行局部受压承载力计算。"

四、带裙房的高层建筑筏形基础设计

1. 沉降缝与后浇带

- 复习《地规》8.4.20 条。

需注意的是：

（1）《地规》8.4.20 条的条文说明。

（2）《地规》8.4.20 条中后浇带、裙房筏板厚度的规定。

2. 共同作用

- 复习《地规》8.4.21 条。

3. 变形控制

- 复习《地规》8.4.22 条。

基础挠曲度的定义，见本条的条文说明。

4. 其他要求

- 复习《地规》8.4.23 条、8.4.24 条。

五、抗震设计时筏形基础设计

- 复习《地规》8.4.17 条、8.4.18 条。
- 复习《地规》8.4.25 条、8.4.26 条。

第八节　《地规》桩基础和基坑工程

一、一般规定

- 复习《地规》8.5.1 条～8.5.3 条。

二、单桩竖向承载力特征值的确定

- 复习《地规》8.5.6 条。
- 复习《地规》附录 Q。
- 复习《地规》8.5.10 条、8.5.11 条。

需注意的是：

(1)《地规》8.5.6 条，q_{sia}，q_{pa} 为特征值，故计算 R_a 时不再除以安全系数 K（$K=2$）。

(2)《地规》附录 Q 中 R_u 为单桩竖向极限承载力，则：

$$R_a = R_u/K = R_u/2。$$

【例 4.8.2-1】 某柱下等腰三桩承台基础，采用水下灌注桩。现场静载荷试验，测得三根试桩的单桩竖向极限承载力实测值分别为 $Q_1=830\text{kN}$、$Q_2=850\text{kN}$、$Q_3=860\text{kN}$。

试问，其单桩竖向承载力特征值 R_a（kN），最接近于下列何项？

(A) 400   (B) 415   (C) 435   (D) 450

【解答】 根据《地规》附录 Q.0.10 条第 6 款的规定，对桩数为 3 根及 3 根以下的柱下桩台，取最小值。

$$R_u=830\text{kN}，R_a=\frac{R_u}{2}=\frac{830}{2}=415\text{kN}$$

故选（B）项。

【例 4.8.2-2】 某桩基础采用水下钻孔灌注桩，桩身直径为 0.8m，桩长为 13m。桩基剖面及工程地质条件如图 4.8.2-1 所示。

试问，该桩的单桩竖向承载力特征值 R_a（kN），最接近于下列何项？

(A) 1350   (B) 1250

(C) 1150   (D) 1050

【解答】 根据《地规》8.5.6 条规定：

$$R_a = q_{pa}A_p + u_p \sum q_{sia}l_i$$

$$=800 \times \frac{\pi \times 0.8^2}{4} + \pi \times 0.8$$

$$\times (25 \times 2 + 20 \times 8 + 28 \times 3)$$

$$=1140.4\text{kN}$$

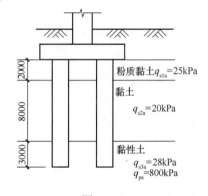

图 4.8.2-1

故选（C）项。

【例 4.8.2-3】 (2018B16) 某建筑物地基基础设计等级为乙级，采用两桩和三桩承台基础，桩长约 30m，三根试桩的竖向抗压静载试验结果如图 4.8.2-2 所示，试桩 3 加载至 4000kN，24 小时后变形尚未稳定。试问，桩的竖向抗压承载力特征值（kN），取下列何项数值最为合理？

(A) 1750   (B) 2000   (C) 3500   (D) 8000

【解答】 根据《地规》附录 Q：

试桩 1 的 Q-s 曲线为缓变型，对应 40mm 沉降量的荷载作为桩承载力极限值，为 3900kN；

试桩 2 的 Q-s 曲线为缓变型，对应 40mm 沉降量的荷载作为桩承载力极限值，为 4000kN；

试桩 3 的 Q-s 曲线为陡降型，桩承载力极限值为 3500kN。

两桩和三桩承台，取最小值 3500kN。单桩承载力特征值 $R_a=3500/2=1750\text{kN}$。

故选（A）项

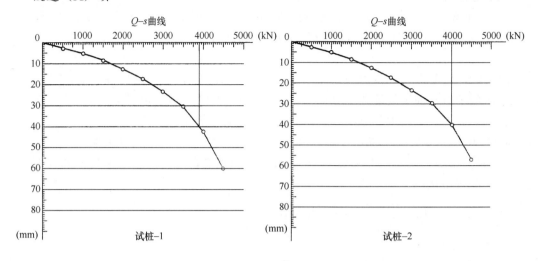

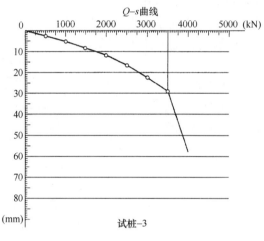

图 4.8.2-2

三、单桩水平承载力特征值和抗拔承载力特征值的确定

《地规》规定：

8.5.8 单桩水平承载力特征值应通过现场水平载荷试验确定。必要时可进行带承台桩的载荷试验。单桩水平载荷试验，应按本规范附录 S 进行。

8.5.9 当桩基承受拔力时，应对桩基进行抗拔验算。单桩抗拔承载力特征值应通过单桩竖向抗拔载荷试验确定，并应加载至破坏。单桩竖向抗拔载荷试验，应按本规范附录 T 进行。

【例 4.8.3-1】某单层独立地下车库，采用承台下桩基加构造防水底板的做法，柱 A 截面尺寸 $500mm \times 500mm$，桩型采用长螺旋钻孔灌注桩，桩径 $d = 400mm$，桩身混凝土重度 $23kN/m^3$，强度等级为 C30，承台厚度 1000mm，有效高度 h_0 取 950mm，承台和柱的混凝土强度等级分别为 C30（$f_t = 1.43N/mm^2$）和 C45（$f_t = 1.80N/mm^2$）。使用期间的最高水位和最低水位标高分别为－0.300m 和－7.000m，柱 A 下基础剖面及地质情况见图 4.8.3-1。

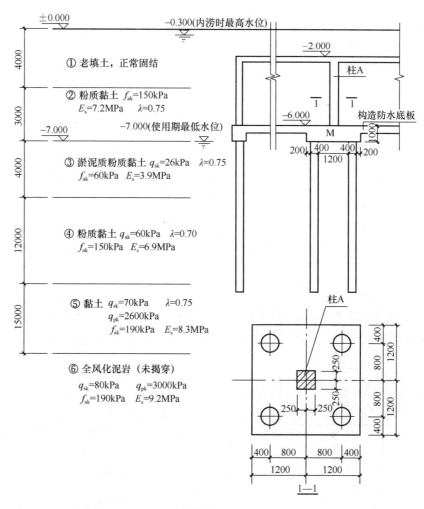

图 4.8.3-1

假定，本工程基桩抗拔静载试验的结果如表 4.8.3-1 所示：

表 4.8.3-1

试桩编号	1	2	3	4
极限承载力标准值（kN）	840	960	920	840
桩顶累计上拔变形量（mm）	41.50	43.65	46.32	39.87

试问，桩 A 承台下基桩的抗拔承载力特征值（kN），与下列何项数值最为接近？

提示： 根据《建筑地基基础设计规范》GB 50007—2011 作答。

(A) 400　　　　(B) 440　　　　(C) 800　　　　(D) 880

【解答】 极限承载力标准值的试桩结果平均值为：（840＋960＋920＋840）/4＝890kN
各桩桩结果的极差为 120kN，不超过平均值的 30%。

根据《地规》附录 T，对四桩承台，可取 4 根试桩特征值的平均值作为基桩抗拔承载力特征值。

故 $R_a = 890/2 = 445kN$，所以选（B）项。

四、桩基的承载力计算

> ● 复习《地规》8.5.4 条、8.5.5 条。
>
> ● 复习《地规》8.5.7 条。

需注意的是：

（1）在计算单桩桩顶竖向力 Q_k、Q_{ik}，水平力 H_{ik}，其相应的荷载组合为标准组合。

（2）偏心荷载作用下，确定各桩的 x_i、y_i 值时，应先确定出群桩桩截面的形心（或重心），如图 4.8.4-1：

形心位置 x_0：

$$x_0 = \frac{2A_0 x_1 + 2A_0 x_2 + 2A_0 x_3}{6A_0} = \frac{2(x_1 + x_2 + x_3)}{6}$$

式中　A_0——桩截面面积。

（3）环形刚性承台下桩基平面图的 1/4，对称布桩，如图 4.8.4-2 所示，则偏心竖向力作用下，单桩的竖向力计算公式如下：

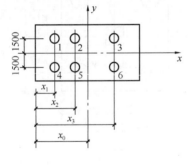

图 4.8.4-1

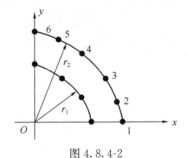

图 4.8.4-2

$$N_{ik} = \frac{F_k + G_k}{n} \pm \frac{2M_{xk} y_i}{\sum n_j r_j^2} \pm \frac{2M_{yk} x_i}{\sum n_j r_j^2}$$

式中　n_j——半径为 r_j 的同心圆圆周上的桩数。

上式来源证明如下：

研究半径 r_2 中桩基 2、5，则：

$$x_2 = r_2 \cos\theta_2, \quad y_2 = r_2 \sin\theta_2$$

对称性，
$$x_5 = r_2 \sin\theta_2, \quad y_5 = r_2 \cos\theta_2$$

故：
$$\sum x_i^2 = \sum y_i^2$$

又
$$\sum x_i^2 + \sum y_i^2 = \sum n_j r_j^2，\text{则：}$$

$$\sum x_i^2 = \sum y_i^2 = \frac{1}{2} \sum n_j r_j^2，\text{将其代入}$$

《地规》公式（8.5.4-2）即可得 N_{ik} 的计算公式。

相关案例,见本章第九节部分。

五、桩基的沉降计算

> • 复习《地规》8.5.13 条~8.5.16 条。
>
> • 复习《地规》附录 R。

【例 4.8.5-1】某高层建筑采用的满堂布桩的钢筋混凝土桩筏基础及地基的分层,如图 4.8.5-1 所示。桩为摩擦桩,桩距为 $4d$(d 为桩的直径)。由上部荷载(不包括筏板自重)产生的筏板底面处相应于作用的准永久组合时的平均压力值为 600kPa;不计其他相邻荷载的影响。筏板基础宽度 $B=28.8$m,长度 $a=51.2$m;群桩外缘尺寸的宽度 $b_0=28$m,长度 $a_0=50.4$m,钢筋混凝土桩有效长度取 36m,即按桩端计算平面在筏板底面下 36m 处。

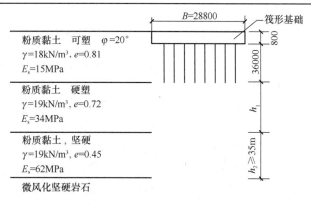

图 4.8.5-1

试问:

(1) 假定桩端持力层厚度 $h_1=40$m,桩间土的内摩擦角 $\varphi=20°$,则计算桩基础中点的地基变形时,其地基变形计算深度(m)应与下列何项数值最为接近?

提示:按《地规》简化公式计算。

(A) 33   (B) 37   (C) 40   (D) 44

(2) 当采用实体深基础计算桩基最终沉降量时,则实体深基础的支承面积(m^2),应与下列何项数值最为接近?

(A) 1411   (B) 1588   (C) 1729   (D) 1945

(3) 筏板厚 800mm,采用实体深基础计算桩基最终沉降时,假定实体深基础的支承面积为 2000m^2,则桩底平面处相应于作用的准永久组合时的附加压力(kPa),应与下列何项数值最为接近?

提示:采用实体深基础计算桩基础沉降时,在实体基础的支承面积范围内,筏板桩、土的混合重度(或称平均重度),可近似取 20kN/m^3。

(A) 460   (B) 520   (C) 580   (D) 700

(4) 假若桩端持力层土层厚度 $h_1=30$m,在桩底平面实体深基础的支承面积内,相应于作用的准永久组合时的附加压力为 750kPa,且在计算变形量时,取 $\psi_{ps}=0.3$。已知矩形面积土层上均匀荷载作用下交点的平均附加应力系数,依次分别为:在持力层顶面处,$\bar{\alpha}_0=0.25$,在持力层底面处,$\bar{\alpha}_1=0.237$。确定在通过桩筏基础平面中心点竖线上,该持力层的最终变形量(mm),应与下列何项数值最为接近?

(A) 93   (B) 114   (C) 126   (D) 188

【解答】(1) 由提示,按《地规》5.3.8 条及条文说明:

由《地规》附录 R：

实体深基础宽度 $b=28+2\times36\tan\dfrac{20°}{4}=34.30\mathrm{m}$

$$z_n=b\ (2.5-0.4\ln b)=34.3\times(2.5-0.4\ln34.3)=37.3\mathrm{m}$$

故选（B）项。

（2）根据《地规》附录 R.0.3 条规定，由前述结果，则：

$$b=34.30\mathrm{m}$$

$$l=a_0+2l\tan\dfrac{\varphi}{4}=50.4+2\times36\tan\dfrac{20°}{4}=56.70\mathrm{m}$$

$$A=bl=34.3\times56.7=1944.81\mathrm{m}^2$$

故应选（D）项。

（3）根据《地规》附录 R.0.2 条、5.3.5 条规定：

$$p_0=p-p_{cd}$$

$$p=\frac{F+G}{A}=\frac{600\times28.8\times51.2+2000\times20\times(36+0.8)}{2000}=1178.37\mathrm{kPa}$$

$$p_{cd}=18\times(36+0.8)=662.4\mathrm{kPa}$$

$$p_0=1178.37-662.4=515.97\mathrm{kPa},\text{故应选（B）项。}$$

（4）根据《地规》附录 R.0.2 条、5.3.5 条规定：

$$\Delta s=\psi_s\frac{4p_0}{E_{si}}(z_i\bar{\alpha}_i-z_{i-1}\bar{\alpha}_{i-1})$$

$$=0.3\times\frac{4\times750}{34\times10^3}\times(30\times0.237-0\times0.25)=188.2\mathrm{mm}$$

故应选（D）项。

六、桩基的承台计算

> ● 复习《地规》8.5.17 条～8.5.23 条。

《地规》上述规定与《桩规》规定是一致的。

相关案例，见本章第九节《桩规》部分。

七、基坑工程

> ● 复习《地规》9.1.1 条～9.9.6 条。

【例 4.8.7-1】关于基坑支护有下列主张：

Ⅰ. 验算软黏土地基基坑隆起稳定性时，可采用十字板剪切强度或三轴不固结不排水抗剪强度指标

Ⅱ. 位于复杂地质条件及软土地区的一层地下室基坑工程，可不进行因土方开挖、降水引起的基坑内外土体的变形计算

Ⅲ. 作用于支护结构的土压力和水压力，对黏性土宜按水土分算计算，也可按地区经验确定

Ⅳ. 当基坑内外存在水头差，粉土应进行抗渗流稳定验算，渗流的水力梯度不应超过临界水力梯度

试问，依据《建筑地基基础设计规范》GB 50007—2011 的有关规定，针对上述主张正确性的判断，下列何项正确？

(A) Ⅰ、Ⅱ、Ⅲ、Ⅳ正确

(B) Ⅰ、Ⅲ正确；Ⅱ、Ⅳ错误

(C) Ⅰ、Ⅳ正确；Ⅱ、Ⅲ错误

(D) Ⅰ、Ⅱ、Ⅳ正确；Ⅲ错误

【解答】根据《地规》9.1.6 条第 4 款，Ⅰ正确。

根据《地规》3.0.1 条及 9.1.5 条第 2 款，Ⅱ错误。

根据《地规》9.3.3 条，Ⅲ错误。

根据《地规》9.4.7 条第 1 款及附录 W，Ⅳ正确。

故选 (C) 项。

【例 4.8.7-2】某新建房屋为四层砌体结构，设一层地下室，采用墙下条形基础。设计室外地面绝对标高与场地自然地面绝对标高相同，均为 8.000m，基础 B 的宽度 b 为 2.4m。基础剖面及地质情况见图 4.8.7-1。

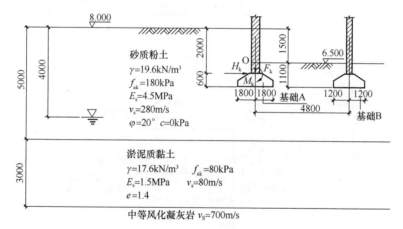

图 4.8.7-1

不考虑地面超载的作用。试问，设计基础 A 顶部的挡土墙时，O 点处土压力强度（kN/m^2）与下列何项数值最为接近？

提示：① 使用时对地下室外墙水平位移有严格限制；

② 主动土压力系数 $k_a = \tan^2\left(45° - \dfrac{\varphi}{2}\right)$；

被动土压力系数 $k_p = \tan^2\left(45° + \dfrac{\varphi}{2}\right)$；

静止土压力系数 $k_0 = 1 - \sin\varphi$。

(A) 15 　　　　(B) 20 　　　　(C) 30 　　　　(D) 60

【解答】根据《地规》9.3.2 条，永久结构地下室外墙对变形有严格限制，应采用静止土压力，且荷载分项系数取 1.0。

$k_0 = 1 - \sin\varphi = 1 - \sin20° = 0.658$，$\sigma_0 = 19.6 \times 1.5 \times 0.658 = 19.3 kN/m^2$

故选 (B) 项。

【例 4.8.7-3】(2018B1、4、5) 某地下水池采用钢筋混凝土结构，平面尺寸 6m×12m，基坑支护采用直径 600mm 钻孔灌注桩结合一道钢筋混凝土内支撑联合挡土，地下结构平面、剖面及土层分布如图 4.8.7-2 所示，土的饱和重度按天然重度采用。

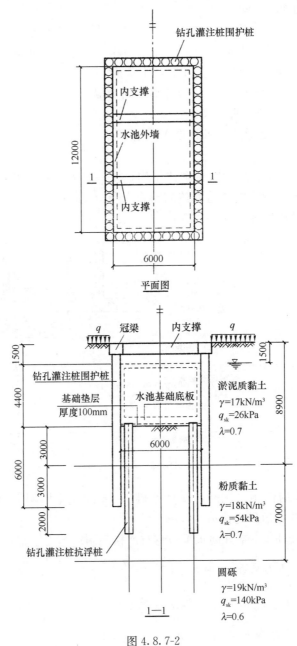

平面图

1—1

图 4.8.7-2

提示： 不考虑主动土压力增大系数。

试问：

（1）假定，坑外地下水位稳定在地面以下 1.5m，粉质黏土处于正常固结状态，勘察报告提供的粉质黏土抗剪强度指标见表 1，地面超载 q 为 20kPa。试问，基坑施工以较快的速度开挖至水池底部标高后，作用于围护桩底端的主动土压力强度（kPa），与下列何项数值最为接近？

表 4.8.7-1

抗剪强度指标	三轴不固结不排水试验		土的有效自重应力下预固结的三轴不固结不排水试验		三轴固结不排水试验	
	c (kPa)	φ (°)	c (kPa)	φ (°)	c (kPa)	φ (°)
粉质黏土	22	5	10	15	5	20

提示：①主动土压力按朗肯土压力理论计算，$p_a = (q + \Sigma \gamma_i h_i) k_a - 2c\sqrt{k_a}$，水土合算；

② 按《建筑地基基础设计规范》GB 50007—2011 作答。

(A) 80   (B) 100   (C) 120   (D) 140

(2) 假定，在作用的标准组合下，作用于单根围护桩的最大弯矩为 260kN·m，作用于内支撑的最大轴力为 2500kN。试问，分别采用简化规则对围护桩和内支撑构件进行强度验算时，围护桩的弯矩设计值（kN·m）和内支撑构件的轴力设计值（kN），分别取下列何项数值最为合理？

提示：根据《建筑地基基础设计规范》GB 50007—2011 作答。

(A) 260，2500   (B) 260，3125

(C) 350，3375   (D) 325，3375

(3) 假定，粉质黏土为不透水层，圆砾层赋存承压水，承压水水头在地面以下 4m。试问，基坑开挖至基底后，基坑底抗承压水渗流稳定安全系数，与下列何项数值最为接近？

(A) 0.9   (B) 1.1   (C) 1.3   (D) 1.5

【解答】(1) 根据《地规》9.1.6 条：

取 $c = 10$kPa，$\varphi = 15°$

$$k_a = \tan^2 \left(45° - \frac{15°}{2} \right) = 0.589$$

$$p_a = (20 + 17 \times 8.9 + 18 \times 3) \times 0.589 - 2 \times 10 \times \sqrt{0.589} = 117\text{kPa}$$

应选 (C) 项。

(2) 根据《地规》9.4.1 条：

$M_d = 1.25 \times 260 = 325$kN·m

$N_d = 1.35 \times 2500 = 3375$kN

应选 (D) 项。

(3) 根据《地规》附录 W.0.1 条，取不透水层底面分析：

$$K = \frac{17 \times 3 + 18 \times 7}{(15.9 - 4) \times 10} = 1.49$$

应选 (D) 项。

第九节　《桩规》

一、总则和术语

> ● 复习《桩规》1.0.1条~1.0.4条。
> ● 复习《桩规》2.1.1条~2.1.16条。

需注意的是：

(1)《桩规》1.0.1条~1.0.3条的条文说明。

(2) 区分桩基与复合桩基，同时，区分基桩与复合基桩，见《桩规》2.1.1条~2.1.4条的定义。

(3)《桩规》2.1.10条、2.1.16条的定义。

二、基本设计规定

1. 一般规定

> ● 复习《桩规》3.1.1条~3.1.10条。

需注意的是：

(1)《桩规》3.1.2条的条文说明，对甲级建筑桩基所对应的建筑类型的解释。

(2)《桩规》3.1.3条的条文说明：

> 3.1.3（条文说明）　关于桩基承载力计算和稳定性验算，是承载能力极限状态设计的具体内容，应结合工程具体条件有针对性地进行计算或验算，条文所列6项内容中有的为必算项，有的为可算项。

(3)《桩规》3.1.4条、3.1.5条的条文说明：

> **3.1.4、3.1.5**（条文说明）　桩基变形涵盖沉降和水平位移两大方面，后者包括长期水平荷载、高烈度区水平地震作用以及风荷载等引起的水平位移；桩基沉降是计算绝对沉降、差异沉降、整体倾斜和局部倾斜的基本参数。

(4)《桩规》3.1.7条第3款规定与《地规》3.0.5条第3款规定不一致，后者规定为：

> 3.0.5
>
> 3　计算挡土墙、地基或滑坡稳定以及基础抗浮稳定时，作用效应应按承载能力极限状态下作用的基本组合，但其分项系数均为1.0；

(5) 变刚度调平设计，《桩规》3.1.8条及其条文说明。

(6)《桩规》3.1.9条的条文说明中三个关键技术。

2. 基本资料和桩的选型与布置

> - 复习《桩规》3.2.1条~3.2.2条。
> - 复习《桩规》3.3.1条~3.3.3条。

需注意的是：

(1)《桩规》3.3.1条第3款规定，桩直径 $d \geq 800$mm 属于大直径桩。

(2)《桩规》3.3.1条、3.3.2条的条文说明，指出了应避免基桩选型常见误区的几种情况。

(3)《桩规》3.3.3条表3.3.3注3的规定；当为端承桩时，非挤土灌注桩的"其他情况"一栏可减小至 $2.5d$。

(4)《桩规》3.3.3条第5款规定：当存在软弱下卧层时，桩端以下硬持力层厚度不宜小于 $3d$。

(5)《桩规》3.3.3条第6款的条文说明中，关于嵌岩桩的嵌岩深度原则上应按计算确定，计算中综合反映荷载、上覆土层、基岩性质、桩径、桩长诸因素。

【例 4.9.2-1】(2018B14、15) 某高层框架-核心筒结构办公用房，地上22层，大屋面高度96.8m，结构平面尺寸见图4.9.2-1。拟采用端承型桩基础，采用直径800mm混凝土灌注桩，桩端进入中风化片麻岩（$f_{rk} = 10$MPa）。

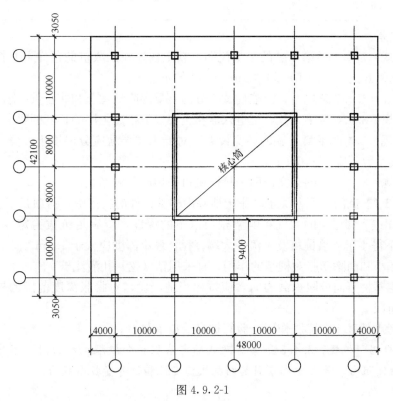

图 4.9.2-1

试问：

(1) 相邻建筑勘察资料表明，该地区地基土层分布较均匀平坦。试问，根据《建筑桩基技术规范》JGJ 94—2008，详细勘察时勘探孔（个）及控制性勘探孔（个）的最少数量，下列何项最为合理？

(A) 9，3　　　　　　　　　　　　　　(B) 6，3

(C) 12，4　　　　　　　　　　　　　(D) 4，2

(2) 试问，下列选项中的成桩施工方法，何项不适宜用于本工程？

(A) 正循环钻也孔灌注桩　　　　　　(B) 反循环钻成孔灌注桩

(C) 潜水钻成孔灌注桩　　　　　　　(D) 旋挖成孔灌注桩

【解答】(1) 根据《桩规》表 3.1.2，该工程桩基设计等级应为甲级。

根据《桩规》3.2.2 条，对于土层分布均匀平坦的端承桩宜 12～24m，本工程角柱间距离分别为 40m、36m，应布设不少于 9 个勘探孔。设计等级为甲类的建筑桩基，控制性孔不少于 3 个，且数量不宜少于勘探孔的 1/3～1/2，控制性勘探孔为 3 个，一般性勘探孔为 6 个。

故选（A）项。

(2) 持力层 $f_{rk}=10MPa$，由《地规》表 4.1.3 和 A.1.3，属软质岩。根据《桩规》附录 A，表 A.0.1。桩端持力层为软质岩石或风化岩石，不宜采用潜水钻成孔灌注桩。

故选（C）项。

三、特殊条件下的桩基

● 复习《桩规》3.4.1 条～3.4.8 条。

需注意的是：

(1)《桩规》3.4.1 条第 4 款的条文说明，软土场地在已成桩的条件下开挖基坑，必须严格实行均衡开挖，高差不应超过 1m，不得在坑边弃土。

(2)《桩规》3.4.2 条规定，湿陷性黄土分为自重湿陷性黄土和非自重湿陷性黄土。

(3)《桩规》3.4.6 条第 1 款，桩进入液化土层以下稳定土层的长度的要求。

(4)《桩规》3.4.7 条第 1 款的条文说明，对低水位场地应分层填土，分层辗压或分层强夯，压实系数不应小于 0.94。

(5)《桩规》3.4.8 条的条文说明，抗浮桩可采用的几种形式。

【例 4.9.3-1】试问，下列关于膨胀土地基中桩基设计的主张中，何项是不正确的？

(A) 桩端进入膨胀土的大气影响急剧层以下的深度，应满足抗拔稳定性验算要求，且不得小于 4 倍桩径及 1 倍扩大端直径，最小深度应大于 1.5m

(B) 为减小和消除膨胀对桩基的作用，宜采用钻（挖）孔灌注桩

(C) 确定基桩竖向极限承载力时，应按照当地经验，对膨胀深度范围的桩侧阻力适当折减

(D) 应考虑地基土的膨胀作用，验算桩身受拉承载力

【解答】根据《桩规》3.4.3 条第 3 款，确定基桩竖向极限承载力时，不应计入膨胀深度范围的桩侧阻力，并考虑膨胀引起的抗拔稳定性和桩身受拉承载力。

故选（C）项。

四、耐久性

● 复习《桩规》3.5.1 条～3.5.5 条。

【例 4.9.4-1】（2016B16）某工程所处的环境为海风环境，地下水、土具有弱腐蚀性。试问，下列关于桩身裂缝控制的观点中，何项是不正确的？

（A）采用预应力混凝土桩作为抗拔桩时，裂缝控制等级为二级

（B）采用预应力混凝土桩作为抗拔桩时，裂缝宽度限值为 0

（C）采用钻孔灌注桩作为抗拔桩时，裂缝宽度限值为 0.2mm

（D）采用钻孔灌注桩作为抗拔桩时，裂缝控制等级应为三级

【解答】 根据《混规》3.5.2 条规定，桩身处于三 a 类环境。

根据《桩规》表 3.5.3，采用预应力混凝土桩作为抗拔桩时，裂缝控制等级应为一级。故 A 选项的观点是不正确的。

故选（A）项。

五、桩基构造

1. 基桩的构造

● 复习《桩规》4.1.1 条～4.1.18 条。

需注意的是：

（1）《桩规》4.1.1 条的条文说明，对于抗压桩和抗拔桩，为保证桩身钢筋笼的成型刚度以及桩身承载力的可靠性，主筋不应小于 6φ10；$d \leqslant 400$mm 时，不应小于 4φ10。

（2）《桩规》4.1.1 条第 2 款及其条文说明，区分了灌注桩的通长配筋和非通长配筋的情况。

2. 承台构造

● 复习《桩规》4.2.1 条～4.2.7 条。

需注意的是：

（1）《桩规》4.2.3 条第 3 款的条文说明，条形承台梁纵向主筋应满足现行《混凝土结构设计规范》关于最小配筋率 0.2% 的要求。

（2）《桩规》4.2.3 条第 5 款规定，承台底面钢筋的混凝土保护层厚度，有混凝土垫层时不应小于 50mm，无垫层时不应小于 70mm，此外，尚不应小于桩头嵌入承台内的长度。

（3）《桩规》4.2.6 条第 5 款的条文说明对连系梁的截面尺寸和配筋作了如下规定：

4.2.6（条文说明）

4 连系梁的截面尺寸及配筋一般按下述方法确定：以柱剪力作用于梁端，按轴心受压构件确定其截面尺寸，配筋则取与轴心受压相同的轴力（绝对值），按轴心受拉构件确定。在抗震设防区也可取柱轴力的 1/10 为梁端拉压力的粗略方法确定截面尺寸及配筋。

六、桩顶作用效应计算

1. 不考虑承台效应

> ● 复习《桩规》5.1.1条～5.1.3条。
> ● 复习《桩规》5.2.1条～5.2.3条。

需注意的是：

（1）运用《桩规》5.1.1条时，首先确定作用于基础底面的竖向力总和，即上部结构作用于基础顶部的竖向力与基础自重之和。

（2）计算作用于基础底面中心的力矩总和，即由上部结构作用于基础顶面的力矩、基础顶面水平力引起的基础底面的力矩、竖向力偏心引起的基础底面中心的力矩等组成，计算时应注意力矩的作用方向

（3）根据竖向力及力矩大小计算桩的竖向力，计算时注意力矩方向、桩与基础中心的距离等因素

【例 4.9.6-1】 某主要受风荷载作用的框架结构柱，桩基承台下布置有 4 根 $d=500$mm 的长螺旋钻孔灌注桩。承台及其以上土的加权平均重度 $\gamma=20$kN/m³。承台的平面尺寸、桩位布置等如图 4.9.6-1 所示。

提示： 根据《建筑桩基技术规范》JGJ 94—2008 作答，$\gamma_0=1.0$。

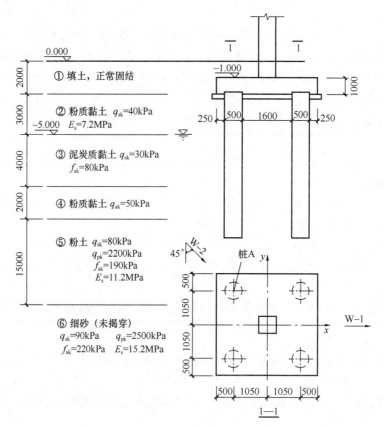

图 4.9.6-1

在 W-2 方向风荷载效应标准组合下，传至承台顶面标高的控制内力为：竖向力 $F_k=560$kN，弯矩 $M_{xk}=M_{yk}=800$kN·m，水平力可忽略不计。试问，基桩 A 所受的竖向力标

准值（kN），与下列何项数值最为接近？

  （A）150（受压） （B）300（受压） （C）150（受拉） （D）300（受拉）

  【解答】根据《桩规》5.1.1 条第 1 款，

$$N_k = \frac{F_k + G_k}{n} = \frac{560 + 3.1 \times 3.1 \times 2.0 \times 20}{4} = 236.1\text{kN}$$

$$M_{xk} = M_{yk} = 800\text{kN} \cdot \text{m}$$

$$N_{max} = \frac{F_k + G_k}{n} - \left(\frac{M_{xk} y_i}{\sum y_i^2} + \frac{M_{yk} x_i}{\sum x_i^2} \right) = 236.1 - \left(\frac{800 \times 1.05}{1.05^2 \times 4} + \frac{800 \times 1.05}{1.05^2 \times 4} \right)$$

$$= 236.1 - 380.9 = -144.8\text{kN}（受拉）$$

  故选（C）项。

  【例 4.9.6-2】（2013B13）某扩建工程的边柱紧邻既有地下结构，抗震设防烈度为 8 度，设计基本地震加速度值为 0.3g，设计地震分组第一组，基础采用直径 800mm 泥浆护壁旋挖成孔灌注桩，图 4.9.6-2 为某边柱等边三桩承台基础图，柱截面尺寸为 500mm×1000mm，基础及其以上土体的加权平均重度为 20kN/m³。

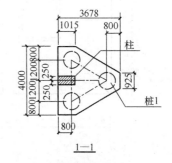

  地震作用和荷载的标准组合时，上部结构柱作用于基础顶面的竖向力 $F = 6000\text{kN}$，力矩 $M = 1500\text{kN} \cdot \text{m}$，水平力为 800kN。

  试问：作用于桩 1 的竖向力（kN）最接近于下列何项数值？

  提示：① 承台平面形心与三桩形心重合；

  ② 等边三角形承台的平面面积为 10.6m²。

  （A）570

  （B）2100

  （C）2900

  （D）3500

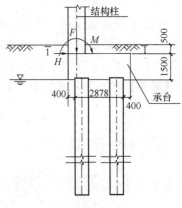

图 4.9.6-2

  【解答】将基础顶部的作用换算为作用于基础底部形心的作用：

  竖向力 $= 6000 + 10.6 \times 2 \times 20 = 6424\text{kN}$

  力矩 $= 1500 + 800 \times 1.5 - 6000 \times \left[\left(0.8 - \frac{1.0}{2} \right) + \frac{1}{3} \times 1.2\tan 60° \right] = -3256.2\text{kN}$

  根据《桩规》5.1.1 条：

$$N_1 = \frac{6424}{3} - \frac{3256.2 \times \left(\frac{2}{3} \times 1.2\tan 60° \right)}{\left(\frac{2}{3} \times 1.2\tan 60° \right)^2 + 2 \times \left(\frac{1}{3} \times 1.2\tan 60° \right)^2}$$

$$= 574.7\text{kN}$$

所以应选（A）项。

【例 4.9.6-3】（2012B12）某抗震设防烈度为 8 度（0.30g）的框架结构，采用摩擦型长螺旋钻孔灌注桩基础，初步确定某中柱采用如图 4.9.6-3 所示的四桩承台基础，已知桩身直径为 400mm，单桩竖向抗压承载力特征值 R_a＝700kN，承台混凝土强度等级 C30（f_t＝1.43N/mm²），桩间距有待进一步复核。考虑 x 向地震作用，相应于荷载效应标准组合时，作用于承台底面标高处的竖向力 F_{Ek}＝3341kN，弯矩 M_{Ek}＝920kN·m，水平力 V_{Ek}＝320kN，承台有效高度 h_0＝730mm，承台及其上土重可忽略不计。

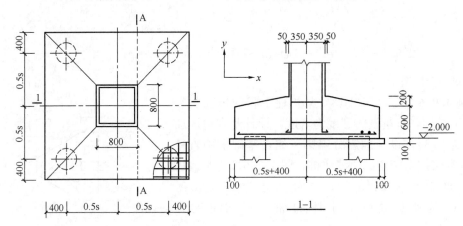

图 4.9.6-3

假定 x 向地震作用效应控制柱中心距，x、y 向桩中心距相同，且不考虑 y 向弯矩的影响。试问，根据桩基抗震要求确定的桩中心距 s（mm）与下列何项数值最为接近？

(A) 1400　　　　(B) 1800　　　　(C) 2200　　　　(D) 2600

【解答】 根据《桩规》5.2.1 条：

$$N_{Ekmax} \leqslant 1.5R = 1.5 \times 700 = 1050kN$$

由《桩规》式（5.1.1-2）：

$$N_{Ekmax} = \frac{F_{Ek}}{4} + \frac{M_{Ek}x_i}{\sum x_i^2} = \frac{3341}{4} + \frac{920 \times 0.5s}{4 \times (0.5s)^2} = 835.25 + \frac{460}{s} \leqslant 1050$$

$s \geqslant 2.142m$，故应选 2200mm。

故选（C）项。

【例 4.9.6-4】（2014B11）某地基基础设计等级为乙级的柱下桩基础，承台下布置有 5 根边长为 400mm 的 C60 钢筋混凝土预制方桩。框架柱截面尺寸为 600mm×800mm，承台及其以上土的加权平均重度 γ_0＝20kN/m³。承台平面尺寸、桩位布置等如图 4.9.6-4 所示。

假定，在荷载的标准组合下，由上部结构传至该承台顶面的竖向力 F_k＝5380kN，弯矩 M_k＝2900kN·m，水平力 V_k＝200kN。试问，为满足承载力要求，所需单桩竖向承载力特征值 R_a（kN）的最小值，与下列何项数值最为接近？

(A) 1100　　　　(B) 1250　　　　(C) 1350　　　　(D) 1650

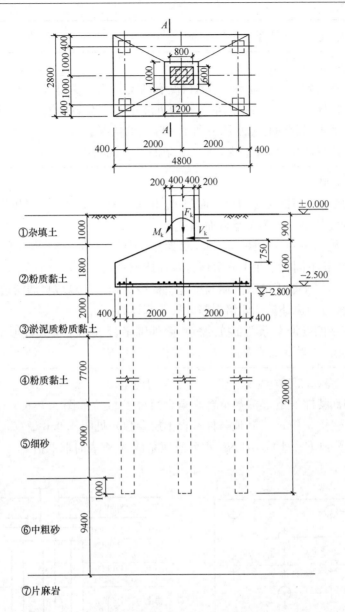

图 4.9.6-4

【解答】根据《桩规》5.1.1条：

$$N_k = \frac{F_k + G_k}{n} = \frac{5380 + 4.8 \times 2.8 \times 2.5 \times 20}{5} = 1210kN$$

$$N_{kmax} = \frac{F_k + G_k}{n} + \frac{M_{xk} y_i}{\sum y_i^2} = 1210 + \frac{(2900 + 200 \times 1.6) \times 2}{2^2 \times 4}$$

$$= 1210 + 402.5 = 1613kN$$

又根据《桩规》5.2.1条：$R_a \geqslant \dfrac{N_{kmax}}{1.2} = \dfrac{1613}{1.2} = 1344kN > N_k$

故应选（C）。

2. 考虑承台效应（复合基桩）

● 复习《桩规》5.2.4条～5.2.5条。

需注意的是：

（1）不考虑承台效应，取 $\eta_c=0.0$ 的情况有两类：第一类是《桩规》5.2.3条中的情况；第二类是《桩规》5.2.5条中当承台底为可液化土、湿陷性土、高灵敏度软土、欠固结土、新填土、沉桩引起超孔隙水压力和土体隆起的情况。

（2）承台计算域面积A，《桩规》5.2.5条的条文说明：

5.2.5（条文说明）

关于承台计算域 A、基桩对应的承台面积 A_c 和承台效应系数 η_c，具体规定如下：

1）柱下独立桩基：A 为全承台面积。

2）桩筏、桩箱基础：按柱、墙侧 1/2 跨距，悬臂边取 2.5 倍板厚处确定计算域，桩距、桩径、桩长不同，采用上式分区计算，或取平均 s_a、B_c/l 计算 η_c。

3）桩集中布置于墙下的剪力墙高层建筑桩筏基础：计算域自墙两边外扩各 1/2 跨距，对于悬臂板自墙边外扩 2.5 倍板厚，按条基计算 η_c。

4）对于按变刚度调平原则布桩的核心筒外围平板式和梁板式筏形承台复合桩基：计算域为自柱侧 1/2 跨，悬臂板边取 2.5 倍板厚处围成。

（3）《桩规》表5.2.5中注1、2、3、4、5的规定。

【例4.9.6-5】 某柱下矩形桩基承台，承台尺寸及桩位如图4.9.6-5（a）所示，采用混凝土预制桩，桩径600mm，其他条件（含土层参数）见图4.9.6-5（b）。经计算知，单桩竖向承载力特征值 $R_a=1081.1$kN。承台效应系数 η_c 查表时取低值。

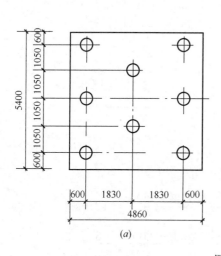

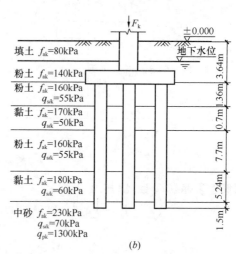

图 4.9.6-5

（a）平面图；（b）剖平面

试问：

（1）其复合基桩竖向承载力特征值 R（kN），最接近于下列何项？

(A) 900　　　　　(B) 1000　　　　　(C) 1100　　　　　(D) 1200

（2）假定，该桩基处于抗震设防区，其复合基桩竖向承载力特征值 R（kN），最接近于下列何项？

(A) 900   (B) 1100

(C) 1300   (D) 1500

【解答】（1）不考虑地震作用

根据《桩规》表 5.2.5 注 1 的规定：

$$s_a = \sqrt{A/n} = \sqrt{5.4 \times 4.86/8} = 1.811\text{m}$$

$$s_a/d = 1.811/0.6 = 3.02;\ B_c/l = 4.86/16.5 = 0.2945$$

查《桩规》表 5.2.5，取低值，故 $\eta_c = 0.06$

由《桩规》5.2.5 条对 f_{ak} 的规定：$B_c/2 = 4.86/2 = 2.43\text{m}$

$$f_{ak} = \frac{1.36 \times 160 + 0.7 \times 170 + (2.43 - 1.36 - 0.7) \times 160}{2.43} = 162.88\text{kPa}$$

由《桩规》式（5.2.5-3）、式（5.2.5-1）：

$$A_c = (A - nA_{ps})/n = (5.4 \times 4.86 - 8 \times \pi \times 0.3^2)/8 = 2.998\text{m}^2$$

$$\begin{aligned}
R &= R_a + \eta_c f_{ak} A_c \\
&= 1081.1 + 0.06 \times 162.88 \times 2.998 = 1110.40\text{kN}
\end{aligned}$$

故选（C）项。

（2）考虑地震作用

由场地土层参数知，$150\text{kPa} < f_{ak} < 300\text{kPa}$，粉土、黏土，查《建筑抗震设计规范》表 4.2.3，取 $\zeta_a = 1.3$。

由《桩规》式（5.2.5-2）：

$$R = R_a + \frac{\zeta_a}{1.25}\eta_c f_{ak} A_c = 1081.1 + \frac{1.3}{1.25} \times 0.06 \times 162.88 \times 2.998 = 1111.57\text{kN}$$

故选（B）项。

七、单桩竖向极限承载力和竖向承载力特征值

1. 一般规定

> ● 复习《桩规》5.3.1 条～5.3.2 条。

需注意的是：

(1)《桩规》5.3.1 条的条文说明中试桩数量，与《地规》8.5.6 条不一致。

(2) 单桩的竖向静载荷试验，见《地规》附录 Q。

(3)《桩规》5.3.2 条，对比《地规》8.5.6 条。

2. 原位测试法

> ● 复习《桩规》5.3.3 条、5.3.4 条。
> ● 复习《桩规》5.2.2 条。

需注意的是：

（1）《桩规》5.3.1 条的条文说明，单桩竖向极限承载力的确定，要把握两点，一是以单桩静载试验为主要依据；二是要重视综合判定的思想。

（2）《桩规》5.3.3 条表 5.3.3-2 系数 C，根据表 5.3.3-3 中注的规定，系数 C 可按表 5.3.3-2 内插取值，建议读者在表 5.3.3-2 下加上该注。

（3）《桩规》5.3.2 条，计算 R_a 时，采用 q_{sik}、q_{pk}，故应除以安全系数 K（$K=2$）。而《地规》8.5.5 条式（8.5.6-1）中，计算 R_a 时，采用 q_{sia}、q_{pa}，故不再除以安全系数。

【例 4.9.7-1】 某建筑桩基承台如图 4.9.7-1 所示，采用混凝土预制圆桩，桩径为 0.4m，桩长为 10m，采用单桥静力触探，其数据见图中所示。

试问，该单桩竖向极限承载力标准值 Q_{uk}（kN），最接近于下列何项？

（A）2300　　　　　　　　（B）2500
（C）2700　　　　　　　　（D）2900

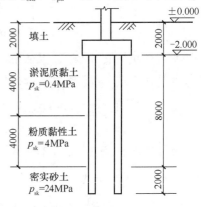

图 4.9.7-1

【解答】 根据《桩规》5.3.3 条：

桩端截面以上 $8d=8\times0.4=3.2$m，比贯入阻力

平均值为 $p_{sk1}=\dfrac{4+24}{2}=14$MPa

桩端截面以下 $4d=4\times0.4=1.6$m，比贯入阻力平均值 $=24$MPa>20MPa，查《桩规》表 5.3.3-2，取 $C=5/6$，故 $p_{sk2}=5/6\times24=20$MPa

$p_{sk2}/p_{sk1}=20/14=1.43<5$，查《桩规》表 5.3.3-3，取 $\beta=1$

由《桩规》式（5.3.3-2）：

$$p_{sk}=\frac{1}{2}(p_{sk1}+\beta p_{sk2})=\frac{1}{2}\times(14+1\times20)=17\text{MPa}$$

桩长 $l=10$m<15m，查《桩规》表 5.3.3-1，取 $\alpha=0.75$

$$A_p=\frac{\pi}{4}d^2=\frac{\pi}{4}\times0.4^2=0.1256\text{m}^2$$

根据《桩规》图 5.3.3 注 1 的规定，$0\sim6$m，取 $q_{sik}=15$kPa；

粉质黏性土，取 q_{sik} 为：$0.025p_{sk}+25$

密实砂土，取 q_{sik} 为：100kPa

由《桩规》式（5.3.3-1）：

$$
\begin{aligned}
Q_{uk}&=u\sum q_{sik}l_i+\alpha p_{sk}A_p=\pi\times0.4\times[15\times4+(0.025\times4\times10^3+25)\times4+100\times2]\\
&\quad+0.75\times17\times10^3\times0.1256\\
&=2556\text{kN}
\end{aligned}
$$

故选（B）项。

【例 4.9.7-2】 某建筑桩基承台，采用混凝土预制方桩，桩截面尺寸为 400mm$\times$400mm，桩长为 10m，如图 4.9.7-2 所示，采用双桥静探，探头平均侧阻力 f_{si}、探头阻力 q_c 如图中所注数据。

试问，该单桩竖向极限承载力标准值 Q_{uk}（kN），最接近于下列何项？

（A）1200　　　　（B）1300　　　　（C）1400　　　　（D）1500

【解答】 根据《桩规》5.3.4 条：

桩端以上 $4d = 4 \times 0.4 = 1.6$m，探头阻力加权平均值取为：

$$q_c^{\pm} = \frac{1.1 \times 700 + 0.5 \times 11000}{1.6} = 3918.75\text{kPa}$$

桩端以下 $1d = 1 \times 0.4 = 0.4$m，探头阻力取为 11000kPa；

$$q_c = \frac{3918.75 + 11000}{2} = 7459.4\text{kPa}$$

淤泥质黏土：$\beta_i = 10.04(f_{si})^{-0.55}$
$$= 10.04 \times (15)^{-0.55}$$
$$= 2.264$$

黏性土：$\beta_i = 10.04 \times (80)^{-0.55} = 0.902$

饱和砂土：$\beta_i = 5.05 \times (100)^{-0.45} = 0.636$

取 $\alpha = 1/2$；$A_p = 0.4 \times 0.4 = 0.16\text{m}^2$

$$Q_{uk} = u \sum l_i \cdot \beta_i \cdot f_{si} + \alpha \cdot q_c \cdot A_p$$

$$= 0.4 \times 4 \times (5.5 \times 2.264 \times 15 + 4 \times 0.902 \times 80 + 0.5 \times 0.636 \times 100)$$

$$+ \frac{1}{2} \times 7459.4 \times 0.16$$

$$= 811.552 + 596.752 = 1408.3\text{kN}$$

故选（C）项。

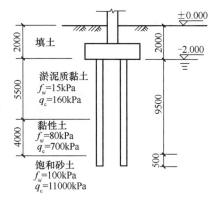

图 4.9.7-2

3. 经验参数法

- 复习《桩规》5.3.5 条、5.3.6 条。
- 复习《桩规》5.2.2 条。

需注意的是：

（1）《桩规》5.3.5 条表 5.3.5-1 中注 1 的规定，对尚未完成自重固结的填土和以生活垃圾为主的杂填土，不计算其侧阻力。

（2）《桩规》5.3.6 条中，q_{sik} 取值，对于扩底桩的扩大头斜面及变截面以上 $2d$ 长度范围不计侧阻力。

（3）《桩规》5.3.6 条中对人工挖孔桩的桩身周长 u 的取值规定。

【例 4.9.7-3】（2016B6、7）某多层框架结构，拟采用一柱一桩人工挖孔桩基础 ZJ-1，桩身内径 $d = 1.0$m，护壁采用振捣密实的混凝土，厚度为 150mm，以⑤层硬塑状黏土为桩端持力层，基础剖面及地基土层相关参数见图 4.9.7-3（图中 E_s 为土的自重压力至土的自重压力与附加压力之和的压力段的压缩模量）。

提示： 根据《建筑桩基技术规范》JGJ 94—2008 作答；粉质黏土可按黏土考虑。

试问：

（1）根据土的物理指标与承载力参数之间的经验关系，确定单桩极限承载力标准值时，该人工挖孔桩能提供的极限桩侧阻力标准值（kN），与下述何项数值最为接近？

提示： 桩周周长按护壁外直径计算。

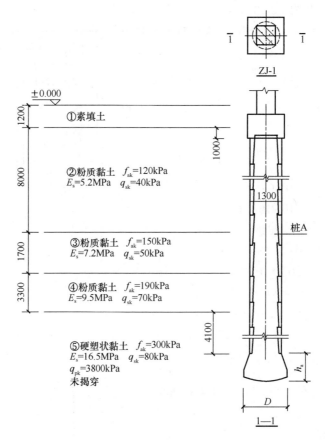

图 4.9.7-3

(A) 2050　　　　(B) 2300　　　　(C) 2650　　　　(D) 3000

(2) 假定，桩 A 的桩端扩大头直径 $D=1.6$m，试问，当根据土的物理指标与承载力参数之间的经验关系，确定单桩极限承载力标准值时，该桩提供的桩端承载力特征值 (kN)，与下列何项数值最为接近？

(A) 3000　　　　(B) 3200　　　　(C) 3500　　　　(D) 3750

【解答】(1) 根据《桩规》5.3.6 条，计算人工挖孔桩侧阻承载力时，桩身直径将护壁计算在内，并考虑侧阻力尺寸效应系数。对于扩底桩斜面及变截面以上 $2d$ 范围内不计侧阻力。

$$d=1.0+2\times0.15=1.30\text{m}。$$

$$\psi_{si}=(0.8/d)^{1/5}=0.907$$

$$Q_{sk}=u\sum\psi_{si}q_{sik}l_i$$
$$=3.14\times1.3\times0.907\times[40\times7+50\times1.7+70\times3.3+80\times(4.1-2\times1.3)]$$

故有 $Q_{sk}=2650.9$kN

故选 (C) 项。

(2) 根据《桩规》5.3.6 条：

$$A_p=\frac{\pi}{4}D^2=2.01\text{m}^2，q_p=3800/2=1900\text{kPa}$$

$$\psi_{p} = (0.8/D)^{1/4} = (0.8/1.6)^{1/4} = 0.841,$$
$$Q_{p} = \psi_{p}q_{p}A_{p} = 0.841 \times 1900 \times 2.01 = 3212\text{kN}$$

故选（B）项。

4. 钢管桩和混凝土空心桩

● 复习《桩规》5.3.7 条、5.3.8 条。

● 复习《桩规》5.2.2 条。

需注意的是：

（1）钢管桩，《桩规》5.3.7 条规定，对带隔板的半敞口钢管桩，计算 λ_{p} 时，应用 $d_{e}=d/\sqrt{n}$ 代替 d 确定，即：

当 $h_{b}/d_{e} < 5$ 时，$\lambda_{p} = 0.16h_{b}/d_{e}$；

当 $h_{b}/d_{e} \geqslant 5$ 时，$\lambda_{p} = 0.8$。

（2）敞口预应力混凝土空心桩，由《桩规》5.3.8 条规定，根据规范勘误表，计算 λ_{p} 为：

当 $h_{b}/d_{1} < 5$ 时，$\lambda_{p} = 0.16h_{b}/d_{1}$；

当 $h_{b}/d_{1} \geqslant 5$ 时，$\lambda_{p} = 0.8$。

【例 4.9.7-4】（2014B8）某多层框架结构办公楼采用筏形基础，$\gamma_{0} = 1.0$，基础平面尺寸为 39.2m×17.4m。基础埋深为 1.0m，地下水位标高为−1.0m，地基土层及有关岩土参数见图 4.9.7-4。初步设计时考虑三种地基基础方案：方案一，天然地基方案；方案二，桩基方案；方案三，减沉复合疏桩方案。

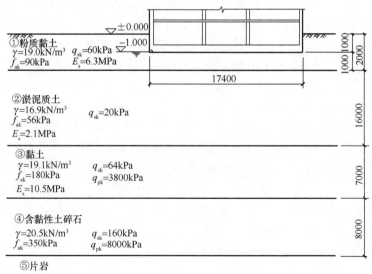

图 4.9.7-4

采用方案二时，拟采用预应力高强混凝土管桩（PHC 桩），桩外径 400mm，壁厚 95mm，桩尖采用敞口形式，桩长 26m，桩端进入第④层土 2m，桩端土塞效应系数 $\lambda_{p} = 0.8$。试问，按《建筑桩基技术规范》JGJ 94—2008 的规定，根据土的物理指标与桩承载力参数之间的经验关系，单桩竖向承载力特征值 R_{a}（kN），与下列何项数值最为接近？

(A) 1100 　　　　(B) 1200 　　　　(C) 1240 　　　　(D) 2500

【解答】根据《桩规》5.3.8条、5.2.2条：

$$A_j = \frac{3.14}{4}(0.4^2 - 0.21^2) = 0.091\text{m}^2; \quad A_{pl} = \frac{3.14}{4} \times 0.21^2 = 0.035\text{m}^2$$

$$Q_{uk} = u\sum q_{sik}l_i + q_{pk}(A_j + \lambda_p A_{pl})$$
$$= 3.14 \times 0.4 \times (60 \times 1 + 20 \times 16 + 64 \times 7 + 160 \times 2)$$
$$+ 8000 \times (0.091 + 0.8 \times 0.035)$$
$$= 2394\text{kN}$$
$$R_a = Q_{uk}/2 = 1197\text{kN}$$

故选（B）项。

5. 嵌岩桩

- 复习《桩规》5.3.9条。
- 复习《桩规》5.2.2条。

需注意的是：

（1）《桩规》表5.3.9中桩嵌岩段侧阻和端阻综合系数 ζ_r 适用于泥浆护壁成桩；当为干作业成桩（清底干净）和泥浆护壁成桩后注浆时，ζ_r 值应取表5.3.9中数值的1.2倍。

（2）《桩规》5.3.9条的条文说明中，嵌岩桩极限承载力是由桩周土总阻力 Q_{sk}、嵌岩段总侧阻力 Q_{rk} 和总端阻力 Q_{pk} 三部分组成。同时，指出规范式（5.3.9-3）：$Q_{rk} = \zeta_r f_{rk} A_p$ 为简化计算公式。

【例4.9.7-5】某框架结构办公楼边柱的截面尺寸为800mm×800mm，采用泥浆护壁钻孔灌注桩两桩承台独立基础。荷载效应标准组合时，作用于基础承台顶面的竖向力 F_k = 5800kN，水平力 H_k = 200kN，力矩 M_k = 350kN·m，基础及其以上土的加权平均重度取20kN/m³，承台及柱的混凝土强度等级均为C35。抗震设防烈度7度，设计基本地震加速度值0.10g，设计地震分组第一组。钻孔灌注桩直径800mm，承台厚度1600mm，h_0 取1500mm。基础剖面及土层条件见图4.9.7-5。

试问，钻孔灌注桩单桩承载力特征值（kN）与下列何项数值最为接近？

提示：① 本题按《建筑桩基技术规范》JGJ 94—2008作答；

② C35混凝土，f_t = 1.57N/mm²。

(A) 3000 　　　　(B) 3500 　　　　(C) 6000 　　　　(D) 7000

【解答】根据《桩规》5.3.9条，$Q_{uk} = Q_{sk} + Q_{rk}$

中等风化凝灰岩 f_{rk} = 10MPa < 15MPa

根据《桩规》表5.3.9注1，属极软岩、软岩类；

$\frac{h_r}{d} = \frac{1.6}{0.8} = 2$，查表5.3.9，得 ζ_r = 1.18

$$Q_{sk} = \pi \times 0.8 \times (50 \times 5.9 + 60 \times 3) = 1193.2\text{kN}$$

$$Q_{rk} = \zeta_r f_{rk} A_p = 1.18 \times 10000 \times (3.14 \times 0.64/4) = 5928.3\text{kN}$$

$$Q_{uk} = 1193.2 + 5928.3 = 7121.5\text{kN}$$

根据《桩规》5.2.2条，$R_a = \frac{7121.5}{2} = 3560\text{kN}$

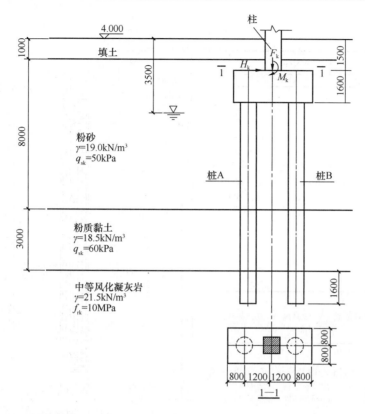

图 4.9.7-5

故选（B）项。

6. 后注浆灌注桩

> ● 复习《桩规》5.3.10 条、5.3.11 条。
> ● 复习《桩规》5.2.2 条。

需注意的是：

（1） 《桩规》5.3.10 条中 β_{si}、β_p 的取值，当桩径 $d > 800m$ 时，应按《桩规》表 5.3.6-2 进行侧阻、端阻尺寸效应修正；当为干作业钻、挖孔桩时，根据《桩规》表 5.3.10 条注的规定，应对 β_p 乘以小于 1.0 的折减系数。

（2）《桩规》5.3.10 条中 l_{gi} 的取值，重叠部分应扣除。

【例 4.9.7-6】 （2012B5）某工程由两幢 7 层主楼及地下车库组成，统一设一层地下室，采用钢筋混凝土框架结构体系，桩基础。工程桩采用泥浆护壁旋挖成孔灌注桩，桩身纵筋锚入承台内 800mm，主楼桩基础采用一柱一桩的布置形式，桩径 800mm，有效桩长 26m，以碎石土层作为桩端持力层，桩端进入持力层 7m；地基中分布有厚度达 17m 的淤泥，其不排水抗剪强度为 9kPa。主楼局部基础剖面及地质情况如图 4.9.7-6 所示，地下水位稳定于地面以下 1m，λ 为抗拔系数。

主楼范围的灌注桩采取桩端后注浆措施，注浆技术符合《建筑桩基技术规范》JGJ 94—2008 的有关规定，根据地区经验，各土层的侧阻及端阻提高系数如图 4.9.7-6 所示。试问，根据《建筑桩基技术规范》JGJ 94—2008 估算得到的后注浆灌注桩单桩极限承载

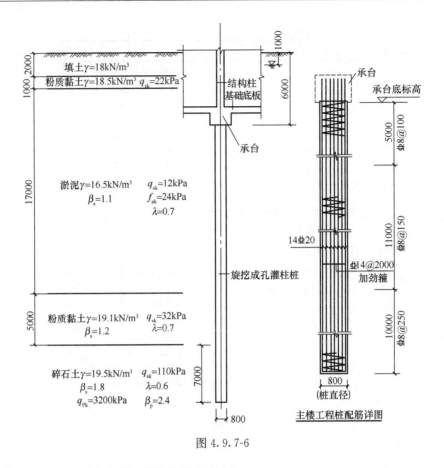

图 4.9.7-6

力标准值 Q_{uk}（kN），与下列何项数值最为接近？

　　（A）4500　　　　　（B）6000　　　　　（C）8200　　　　　（D）10000

　　【解答】 根据《桩规》5.3.10 条：

$$Q_{uk} = u\sum q_{sjk}l_j + u\sum \beta_{si}q_{sik}l_{gi} + \beta_p q_{pk}A_p$$

　　根据《桩规》表 5.3.6-2，桩身直径为 80mm，故侧阻和端阻尺寸效应系数均为 1.0，桩端后注浆的影响深度应按 12m 取用。

$$Q_{uk} = 3.14 \times 0.8 \times 12 \times 14 + 3.14 \times 0.8 \times (1.0 \times 1.2 \times 32 \times 5 + 1.0 \times 1.8 \times 110 \times 7)$$

$$+ 2.4 \times 3200 \times \frac{3.14}{4} \times 0.8^2 = 8244.38\text{kN}$$

　　故选（C）项。

　　7. 液化效应单桩竖向承载力

　　● 复习《桩规》5.3.12 条。

　　● 复习《桩规》5.2.2 条。

　　土层液化影响折减系数 ψ_c 值，与《建筑抗震设计规范》表 4.4.3 是一致的。

　　【例 4.9.7-7】（2013B14）某扩建工程的边柱紧邻既有地下结构，抗震设防烈度 8 度，设计基本地震加速度值为 0.3g，设计地震分组第一组，基础采用直径 800mm 泥浆护壁旋挖成孔灌注桩，图 4.9.7-7 为某边柱等边三桩承台基础图，柱截面尺寸为 500mm×

1000mm，基础及其以上土体的加权平均重度为 20kN/m³。

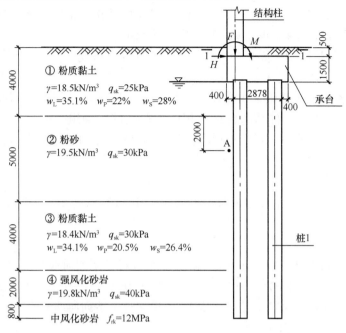

图 4.9.7-7

假定，粉砂层的实际标贯锤击数与临界标贯锤击数之比在 0.7～0.75 之间，并考虑桩承受全部地震作用。试问，单桩竖向承压抗震承载力特征值（kN）最接近于下列何项数值？

(A) 400   (B) 4500   (C) 8000   (D) 8400

【解答】 根据《桩规》5.3.12 条，桩承台底面上下的粉质黏土厚度均为 2m，粉砂层的实际标贯锤击数与临界标贯锤击数之比在 0.7～0.75 之间，因此，粉砂层为液化土层。

$$d_s < 10m$$

查表 5.3.12，得液化土的桩周摩阻力折减系数为 1/3；

根据《桩规》5.3.9 条：

$$Q_{sk} = 0.8 \times 3.14 \times \left(2 \times 25 + 5 \times 30 \times \frac{1}{3} + 4 \times 30 + 2 \times 40\right) = 753.6\text{kN}$$

$$Q_{rk} = 0.95 \times 12 \times \frac{3.14}{4} \times 0.64 \times 10^3 = 5727.4\text{kN}$$

$$Q_{uk} = Q_{sk} + Q_{rk} = 6481\text{kN}$$

单桩竖向承压抗震承载力特征值 $= 1.25 \times 6481/2 = 4050\text{kN}$

故选（A）项。

八、特殊条件下桩基竖向承载力验算

1. 软弱下卧层验算

● 复习《桩规》5.4.1 条。

需注意的是：

（1）f_{az}的计算，其修正深度 z 是从承台底部计算至软弱土层顶面，深度修正系数取1.0，《桩规》5.4.1条条文说明中第4）款作了此规定。

（2）《桩规》5.4.1的图5.4.1中硬持力层厚度 t，《桩规》3.3.3条第5款规定，$t \geqslant 3d$（d 为桩径）。

【例4.9.8-1】 某群桩基础采用灌注桩，柱径 $d=400\text{mm}$ 的平面、剖面和地基土层分布情况如图4.9.8-1所示。桩基承台顶面相应于荷载的标准组合的竖向力 $F_k=3600\text{kN}$，桩基承台和承台上土自重 $G_k=480\text{kN}$。地下水位以上 1.0m 范围内淤泥质土 $\gamma=17.5\text{kN/m}^3$。

试问：

（1）桩基桩端软弱下卧层的承载力验算时，其附加应力 σ_z（kPa），最接近于下列何项？

(A) 0   (B) 2   (C) 6   (D) 8

（2）题目条件同题目（1），其 $\gamma_m z$（kPa），最接近于下列何项？

(A) 80   (B) 120   (C) 160   (D) 200

（3）题目条件同题目（1），其 f_{az}（kPa），最接近于下列何项？

(A) 250   (B) 225   (C) 200   (D) 180

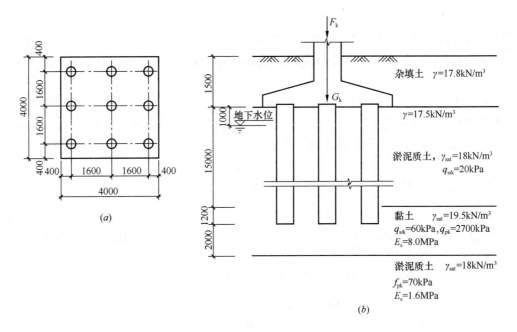

图 4.9.8-1
（a）平面图；（b）剖面图

【解答】（1）确定 σ_z，由《桩规》5.4.1条：

$$A_0 = B_0 = 1.6 + 1.6 + 0.2 + 0.2 = 3.60\text{m}$$

$$t = 2.0\text{m}, \quad t/B_0 = 2.0/3.60 = 0.56 > 0.50$$

$E_{s1}/E_{s2}=8/1.6=5$，查《桩规》表 5.4.1，取 $\theta=25°$

$$\sum q_{sik}l_i=20\times15+60\times1.2=372\text{kN/m}$$

由《桩规》式（5.4.1-2）：

$$\sigma_z=\frac{(F_k+G_k)-\dfrac{3}{2}(A_0+B_0)\cdot\sum q_{sik}l_i}{(A_0+2t\cdot\tan\theta)\cdot(B_0+2t\cdot\tan\theta)}$$

$$=\frac{(3600+480)-\dfrac{3}{2}\times(3.6+3.6)\times372}{(3.6+2\times2\times\tan25°)\times(3.6+2\times2\times\tan25°)}$$

$$=\frac{4080-4017.6}{5.465\times5.465}=2.09\text{kPa}$$

故选（B）项。

（2）确定 $\gamma_m z$ 值

$$\gamma_m=\frac{1.0\times17.5+(15-1)\times(18-10)+3.2\times(19.5-10)}{1.0+14+3.2}=\frac{159.9}{18.2}$$

$$=8.79\text{kN/m}^3$$

$$\gamma_m z=8.79\times(15+1.2+2)=159.9\text{kPa}$$

故选（C）项。

（3）确定 f_{az}

取 $d=z=15+3.2=18.2\text{m}$

$$f_{az}=f_{ak}+\eta_d\gamma_m(d-0.5)=70+1.0\times8.79\times(18.2-0.5)$$

$$=225.58\text{kPa}$$

故选（B）项。

2. 负摩阻力计算

● 复习《桩规》5.4.2 条～5.4.4 条。

需注意的是：

（1）《桩规》5.4.3 条注的规定。

（2）《桩规》5.4.4 条中 q_{si}^n 的计算及取值规定，该条条文说明第 1 款指出，当计算负摩阻力 q_{si}^n 超过极限侧摩阻力时，取极限侧摩阻力值。

《桩规》5.4.4 条条文说明第 2 款指出，中性点截面桩身的轴力最大。

【例 4.9.8-2】（2013B5、6）某城市新区拟建一所学校，建设场地地势较低，自然地面绝对标高为 3.000m，根据规划地面设计标高要求，整个建设场地需大面积填土 2m。地基土层剖面如图 4.9.8-2 所示，地下水位在自然地面下 2m，填土的重度为 18kN/m³，填土区域的平面尺寸远远大于地基压缩层厚度。

提示：沉降计算经验系数 ψ_s 取 1.0。

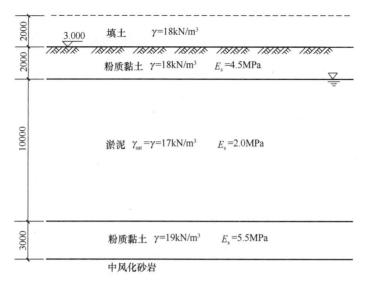

图 4.9.8-2

试问：

（1）某 5 层教学楼采用钻孔灌注桩基础，桩顶绝对标高 3.000m，桩端持力层为中风化砂岩，按嵌岩桩设计。根据项目建设的总体部署，工程桩和主体结构完成后进行填土施工，桩基设计需考虑桩侧土的负摩阻力影响，中性点位于粉质黏土层，为安全计，取中风化砂岩顶面深度为中性点深度。假定，淤泥层的桩侧正摩阻力标准值为 12kPa，负摩阻力系数为 0.15。试问，根据《建筑桩基技术规范》JGJ 94—2008，淤泥层的桩侧负摩阻力标准值 q_s^n（kPa）取下列何项数值最为合理？

(A) 10　　　　　　(B) 12　　　　　　(C) 16　　　　　　(D) 23

（2）条件同题目（1），为安全计，取中风化砂岩顶面深度为中性点深度。根据《建筑桩基技术规范》JGJ 94—2008、《建筑地基基础设计规范》GB 5000—2011 和地质报告对某柱下桩基进行设计，荷载效应标准组合时，结构柱作用于承台顶面中心的竖向力为 5500kN，钻孔灌注桩直径 800mm，经计算，考虑负摩阻力作用时，中性点以上土层由负摩阻引起的下拉荷载标准值为 350kN，负摩阻力群桩效应系数取 1.0。该工程对三根试桩进行了竖向抗压静载荷试验，试验结果见表 4.9.8-1。试问，不考虑承台及其上土的重量，根据计算和静载荷试验结果，该柱下基础的布桩数量（根）取下列何项数值最为合理？

(A) 1　　　　　　(B) 2　　　　　　(C) 3　　　　　　(D) 4

表 4.9.8-1

编号	桩周土极限侧阻力（kN）	嵌岩段总极限阻力（kN）	单桩竖向极限承载力（kN）
试桩 1	1700	4800	6500
试桩 2	1600	4600	6200
试桩 3	1800	4900	6700

【解答】（1）根据《桩规》5.4.4条：

$$q_{si}^n = \xi_{ni}\sigma_i' = 0.15 \times \left(18 \times 2 + 18 \times 2 + \frac{1}{2} \times (17-10) \times 10\right) = 16.1\text{kPa} > 12\text{kPa}$$

故取 $q_{si}^n = 12\text{kPa}$，应选（B）项。

（2）根据《地规》附录Q.0.10条第6款，假定该柱下桩数≤3，对桩数为三根及三根以下的柱下承台，取最小值作为单桩竖向极限承载力。考虑长期负摩阻力的影响，只考虑嵌岩段的总极限阻力即4600kN，中性点以下的单桩竖向承载力特征值为2300kN。

根据《桩规》5.4.3条第2款及式（5.4.3-2）：

$5500 \leqslant (2300 - 350) \times n$，则：$n \geqslant 2.8$

取3根，与假设相符，故应选（C）项。

3. 抗拔桩基承载力验算

● 复习《桩规》5.4.5条～5.4.8条。

需注意的是：

（1）《桩规》5.4.5条、5.4.6条对表5.4.6-1扩底桩破坏表面周长 u_i 的取值，《桩规》5.4.6条的条文说明中指出，桩底以上长度约 $4\sim10d$ 范围内，破坏桩体直径增大至扩底直径 D；超过该范围以上部分，破裂面缩小至桩土界面。

（2）《桩规》表5.4.6-1、表5.4.6-2中注的规定。

（3）《桩规》5.4.7条中计算 T_{gk}、T_{uk} 时，应取标准冻深线以下桩长 l_i 进行计算。

（4）《桩规》5.4.8条中计算 T_{gk}、T_{uk} 时，应取大气影响急剧层下稳定土层的桩长 l_i 进行计算。

【例4.9.8-3】（2012B7）某工程由两幢7层主楼及地下车库组成，统一设一层地下室，采用钢筋混凝土框架结构体系，桩基础。工程桩采用泥浆护壁旋挖成孔灌注桩，桩身纵筋锚入承台内800mm，主楼桩基础采用一柱一桩的布置形式，桩径800mm，有效桩长26m，以碎石土层作为桩端持力层，桩端进入持力层7m；地基中分布有厚度达17m的淤泥，其不排水抗剪强度为9kPa。主楼局部基础剖面及地质情况如图4.9.8-3所示，地下水位稳定于地面以下1m，λ为抗拔系数。

主楼范围以外的地下室工程桩均按抗拔桩设计，一柱一桩，抗拔桩未采取后注浆措施。已知抗拔桩的桩径、桩顶标高及桩底端标高同图4.9.8-3所示的承压桩（重度为25kN/m³）。试问，为满足地下室抗浮要求，荷载效应标准组合时，基桩允许拔力最大值（kN）与下列何项数值最为接近？

提示： 单桩抗拔极限承载力标准值可按土层条件计算。

（A）850 （B）1000 （C）1700 （D）2000

【解答】 根据《桩规》5.4.6条、5.4.5条：

$$T_{uk} = \sum \lambda_i q_{sik} u_i l_i$$

$$= 3.14 \times 0.8 \times (0.7 \times 12 \times 14 + 0.7 \times 32 \times 5 + 0.6 \times 110 \times 7)$$

$$= 1737.3\text{kN}$$

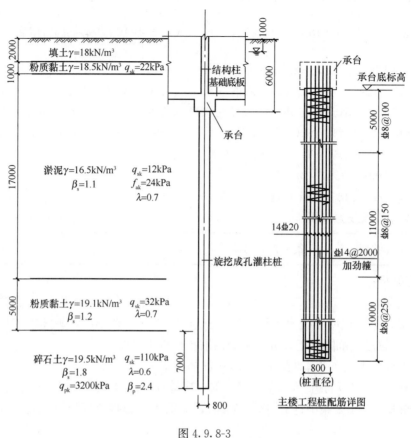

图 4.9.8-3

$$G_P = \frac{\pi}{4} \times 0.8^2 \times 26 \times (25 - 10) = 195.9\text{kN}$$

$$N_k \leqslant \frac{1737.3}{2} + 195.9 = 1064\text{kN}$$

故选（B）项。

【例 4.9.8-4】(2018B3) 某地下水池采用钢筋混凝土结构，平面尺寸 $6\text{m} \times 12\text{m}$，基坑支护采用直径 600mm 钻孔灌注桩结合一道钢筋混凝土内支撑联合挡土，地下结构平面、剖面及土层分布如图 4.9.8-4 所示，土的饱和重度按天然重度采用。

假定，地下结构顶板施工完成后，降水工作停止，水池自重 G_k 为 1600kN，设计拟采用直径 600mm 钻孔灌注桩作为抗浮桩，各层地基土的承载力参数及抗拔系数 λ 如图 4.9.8-4。试问，为满足地下结构抗浮，按群桩呈非整体破坏考虑，需要布置的抗拔桩最少数量（根），与下列何项数值最为接近？

提示： ① 桩的重度取 25kN/m^3；

② 不考虑围护桩的作用。

(A) 4   (B) 5   (C) 7   (D) 10

【解答】 根据《桩规》5.4.5 条、5.4.6 条：

$$T_{uk} = \Sigma\lambda_i q_{sik} u_i l_i = 3.14 \times 0.6 \times (0.7 \times 26 \times 3.1 + 0.7 \times 54 \times 5) = 462.4\text{kN}$$

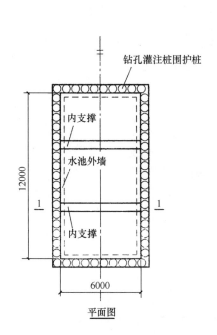

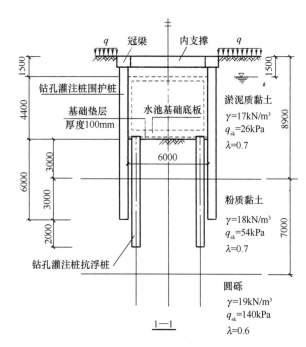

图 4.9.8-4

$$G_p = 3.14 \times 0.3^2 \times 8.1 \times (25 - 10) = 34.3 \text{kN}$$

单桩抗拔承载力 $= 462.4/2 + 34.3 = 265.5 \text{kN}$。

地下水池的浮力 $= 6 \times 12 \times 4.3 \times 10 = 3096 \text{kN}$。

根据《地规》5.4.3 条：

$$265n + 1600 \geqslant 1.05 \times 3096$$

则：$n \geqslant 6.2$ 根，取 7 根。

故选（C）项。

九、桩基的沉降计算

1. 一般规定

> ● 复习《桩规》5.5.1 条~5.5.5 条。

【例 4.9.9-1】 某单层临街商铺，屋顶设置花园，荷载分布不均匀，砌体承重结构，采用墙下条形基础，抗震设防烈度为 7 度，设计基本地震加速度为 $0.15g$。基础剖面、土层分布及部分土层参数如图 4.9.9-1 所示。

假定，该项目采用预制管桩基础。试问，按照《建筑桩基技术规范》JGJ 94—2008 进行变形计算时，桩基变形指标由下列何项控制？

（A）沉降量　　　　　　　　　（B）沉降差

（C）整体倾斜　　　　　　　　（D）局部倾斜

【解答】 根据《桩规》5.5.3 条第 1 款，应选（D）项。

2. 桩中心距不大于 6 倍桩径的桩基

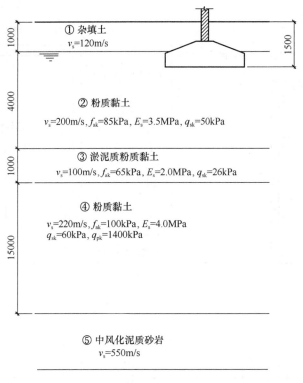

图 4.9.9-1

● 复习《桩规》5.5.1 条～5.5.13 条。

需注意的是：

（1）《桩规》5.5.6 条运用时，等效作用附加应力近似取承台底平均附加压力；等效作用面为桩承台投影面积，这与《地规》附录 R 实体深基础计算规定是不同的。

（2）《桩规》5.5.7 条中，p_0 的取值为承台底的平均附加压力。

（3）《桩规》5.5.11 条中，系数 ψ 应考虑施工工艺情况对表 5.5.11 中数值进行修正。

《桩规》等效作用附加分层总和法，与《地规》5.3.5 条分层总和法的计算区别是：①z_i 定义和取值不同；②《桩规》中增加了桩基等效沉降系数 ψ_e；③沉降计算深度取值不同；④沉降计算经验系数 ψ 取值不同。

【例 4.9.9-2】（2013B16）下列关于《建筑桩基技术规范》JGJ 94—2008 中桩基等效沉降系数 ψ_e 的各种叙述中，何项是正确的？

（A）按 Mindlin 解计算沉降量与实测沉降量之比

（B）按 Boussinesq 解计算沉降量与实测沉降量之比

（C）按 Mindlin 解计算沉降量与按 Boussinesq 解计算沉降量之比

（D）非软土地区桩基等效沉降系数取 1

【解答】 根据《桩规》5.5.9 条及条文说明的解释，故选（C）项。

【例 4.9.9-3】（2014B14）某地基基础设计等级为乙级的柱下桩基础，承台下布置有 5 根边长为 400mm 的 C60 钢筋混凝土预制方桩。框架柱截面尺寸为 600mm×800mm，承台及其以上土的加权平均重度 $\gamma_0 = 20\text{kN/m}^3$。承台平面尺寸，桩位布置等如图 4.9.9-2 所示。

假定，荷载的准永久组合时，承台底的平均附加压力值 $P_0 = 400\text{kPa}$，桩基等效沉降系数 $\psi_e = 0.17$，第⑥层中粗砂在自重压力至自重压力加附加压力之压力段的压缩模量 $E_s = 17.5\text{MPa}$，桩基沉降计算深度算至第⑦层片麻岩层顶面。试问，按照《建筑桩基技术规范》JGJ 94—2008 的规定，当桩基沉降经验系数无当地可靠经验且不考虑邻近桩基影响时，该桩基中心点的最终沉降量计算值 s（mm），与下列何项数值最为接近？

提示： 矩形面积上均布荷载作用下角点平均附加应力系数 $\bar{\alpha}$ 见表 4.9.9-1。

表 4.9.9-1

z/b ＼ a/b	1.6	1.71	1.8
3	0.1556	0.1576	0.1592
4	0.1294	0.1314	0.1332
5	0.1102	0.1121	0.1139
6	0.0957	0.0977	0.0991

注：a—矩形均布荷载长度（m）；b—矩形均布荷载宽度（m）；z—计算点离桩端平面的垂直距离（m）。

(A) 10   (B) 13   (C) 20   (D) 26

【解答】 根据《桩规》5.5.7 条：

$a/b = 2.4/1.4 = 1.71$，$z/b = 8.4/1.4 = 6$，查附录表 D.0.1-2 得：$\bar{a} = 0.0977$。

$E_s = 17.5\text{MPa}$，查《桩规》表 5.5.11，$\psi = (0.9 + 0.65)/2 = 0.775$。

$$s = 4 \cdot \psi \cdot \psi_e \cdot p_0 \sum_{i=1}^{n} \frac{z_i \bar{a}_i - z_{i-1} \bar{a}_{i-1}}{E_{si}} = 4 \times 0.775 \times 0.17 \times 400 \times 8.4 \times 0.0977/17.5$$

$= 9.9\text{mm}$

故选（A）项。

【例 4.9.9-4】 某建筑物设计使用年限为 50 年，地基基础设计等级为乙级，柱下桩基础采用九根泥浆护壁钻孔灌注桩，桩直径 $d = 600\text{mm}$，为提高桩的承载力及减少沉降，灌注桩采用桩端后注浆工艺，且施工满足《建筑桩基技术规范》JGJ 94—2008 的相关规定。框架柱截面尺寸为 1100mm×1100mm，承台及其以上土的加权平均重度 $\gamma_0 = 20\text{kN/m}^3$。承台平面尺寸、桩位布置、地基土层分布及岩土参数等如图 4.9.9-3 所示。桩基的环境类别为二 a，建筑所在地对桩基混凝土耐久性无可靠工程经验。

试问：

（1）假定，在荷载的准永久组合下，上部结构柱传至承台顶面的竖向力为 8165kN。根据《建筑桩基技术规范》JGJ 94—2008 的规定，按等效作用分层总和法计算桩基的沉降时，等效作用附加压力值 p_0（kPa），与下列何项数值最为接近？

(A) 220   (B) 225   (C) 280   (D) 285

（2）假定，在桩基沉降计算时，已求得沉降计算深度范围内土体压缩模量的当量值 $\overline{E}_s = 18\text{MPa}$。根据《建筑桩基技术规范》JGJ 94—2008 的规定，桩基沉降经验系数 ψ 与

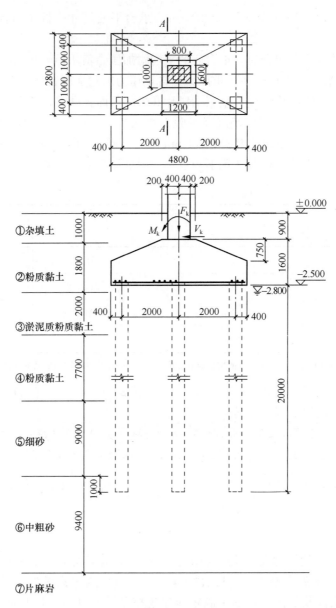

图 4.9.9-2

下列何项数值最为接近？

　　(A) 0.48　　　　　(B) 0.53　　　　　(C) 0.75　　　　　(D) 0.85

　　【解答】(1) 根据《桩规》5.5.6 条：

$$\gamma_m = \frac{18.2 \times 2.5 + 18.8 \times 0.5}{3} = 18.3 \text{kN/m}^3$$

$$p_0 = p - \gamma_m h = \frac{8165}{5.4 \times 5.4} + 3 \times 20 - 3 \times 18.3 = 285 \text{kPa}$$

　　故选 (D) 项。

　　(2) 根据《桩规》5.5.11 条及表 5.5.11，不考虑后注浆时：

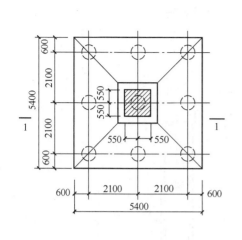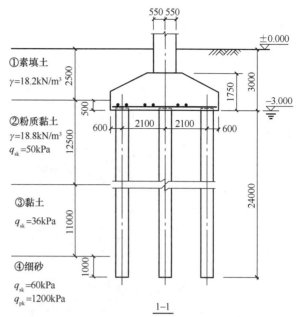

图 4.9.9-3

$$\psi = 0.65 + \frac{(20-18)}{(20-15)}(0.9-0.65) = 0.65 + 0.1 = 0.75$$

考虑后注浆，桩端持力层为细砂层应再乘以 0.7 的折减系数，得 $\psi = 0.75 \times 0.7 = 0.525$

故选（B）项。

3. 单桩、单排桩和疏桩基础

> ● 复习《桩规》5.5.14 条、5.5.15 条。

【例 4.9.9-5】（2016B8）某多层框架结构，拟采用一柱一桩人工挖孔桩基础 ZJ-1，桩身内径 $d = 1.0\text{m}$，护壁采用振捣密实的混凝土，厚度为 150mm，以⑤层硬塑状黏土为桩端持力层，基础剖面及地基土层相关参数见图 4.9.9-4（图中 E_s 为土的自重压力至土的自重压力与附加压力之和的压力段的压缩模量）。

假定，桩 A 采用直径为 1.5m、有效桩长为 15m 的等截面旋挖桩。在荷载的准永久组合作用下，桩顶附加荷载为 4000kN。不计桩身压缩变形，不考虑相邻桩的影响，承台底地基土不分担荷载。试问，当基桩的总桩端阻力与桩顶荷载之比 $\alpha_j = 0.6$ 时，基桩的桩身中心轴线上、桩端平面以下 3.0m 厚压缩层（按一层考虑）产生的沉降量 s（mm），与下列何项数值最为接近？

提示：①根据《建筑桩基技术规范》JGJ 94—2008 作答；
②沉降计算经验系数 $\psi = 0.45$，$I_{p,11} = 15.575$，$I_{s,11} = 2.599$。

(A) 10.0　　　(B) 12.5　　　(C) 15.0　　　(D) 17.5

【解答】根据《桩基》5.5.14 条第 1 款：

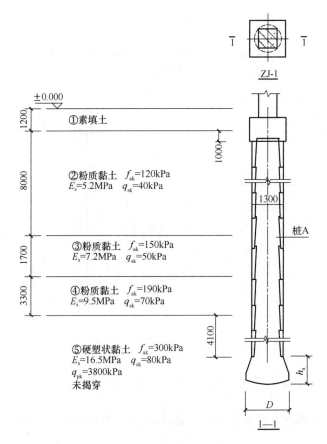

图 4.9.9-4

$$\sigma_{z1} = \frac{4000}{15^2}\left[\alpha_j I_{p,11} + (1-\alpha_j) I_{s,11}\right]$$

$$= \frac{4000}{15^2} \times \left[0.6 \times 15.575 + (1-0.6) \times 2.599\right]$$

$$= 184.64\text{kPa}$$

$$s = \psi \frac{\sigma_{z1}}{E_{s1}} \Delta_{z1} = 0.45 \times \frac{184.64}{16500} \times 3.0 \times 1000 = 15.11\text{mm}$$

故选（C）项。

【**例 4.9.9-6**】某四桩承台基础，准永久组合作用在每根基桩桩顶的附加荷载为 1000kN，沉降计算深度范围内分为两计算土层，土层参数如图 4.9.9-5 所示，各基桩对承台中心计算轴线的应力影响系数相同，各土层 1/2 厚度处的应力影响系数见图示，不考虑承台底地基土分担荷载及桩身压缩。根据《建筑桩基技术规范》（JGJ 94—2008），应用明德林解计算桩基沉降量最接近下列哪个选项？

提示：取各基桩总端阻力与桩顶荷载之比 $\alpha = 0.2$，沉降经验系数 $\psi_p = 0.8$。

（A）15mm　　　　（B）20mm　　　　（C）60mm　　　　（D）75mm

【**解答**】根据《桩规》5.5.14 条：

$$\sigma_{zi} = \sum_{j=1}^{m} \frac{Q_j}{l_j^2} \left[\alpha_j I_{\mathrm{p},ij} + (1-\alpha_j) I_{\mathrm{s},ij} \right]$$

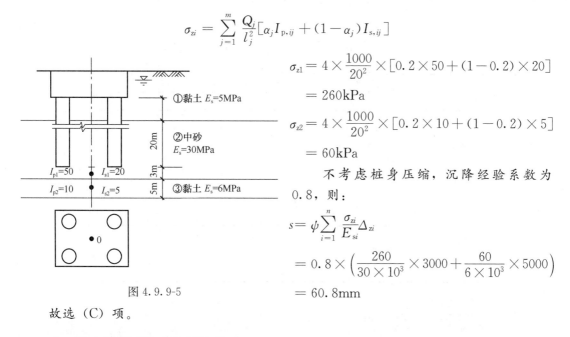

图 4.9.9-5

$$\sigma_{z1} = 4 \times \frac{1000}{20^2} \times [0.2 \times 50 + (1-0.2) \times 20]$$

$$= 260\mathrm{kPa}$$

$$\sigma_{z2} = 4 \times \frac{1000}{20^2} \times [0.2 \times 10 + (1-0.2) \times 5]$$

$$= 60\mathrm{kPa}$$

不考虑桩身压缩，沉降经验系数为 0.8，则：

$$s = \psi \sum_{i=1}^{n} \frac{\sigma_{zi}}{E_{\mathrm{s}i}} \Delta_{zi}$$

$$= 0.8 \times \left(\frac{260}{30 \times 10^3} \times 3000 + \frac{60}{6 \times 10^3} \times 5000 \right)$$

$$= 60.8\mathrm{mm}$$

故选（C）项。

十、软土地基减沉复合疏桩基础

• 复习《桩规》5.6.1 条、5.6.2 条。

软土地基减沉复合疏桩基础的设计原则，《桩规》5.6.1 条的条文说明作了阐述。

对于减沉复合疏桩基础应用中应注意把握的三个关键技术，《桩规》3.1.9 条的条文说明作了具体介绍。

减沉复合疏桩基础中点沉降中的 s_{s}，即由承台底地基土附加压力作用下产生的中点沉降，其计算方法同浅基础分层总和法是一致的。须注意的是，承台等效宽度 B_{c} 的计算，$B_{\mathrm{c}} = B\sqrt{A_{\mathrm{c}}/L}$。

【例 4.9.10-1】（2014B9、10）某多层框架结构办公楼采用筏形基础，$\gamma_0 = 1.0$，基础平面尺寸为 39.2m×17.4m。基础埋深为 1.0m，地下水位标高为−1.0m，地基土层及有关岩土参数见图 4.9.10-1。初步设计时考虑三种地基基础方案：方案一，天然地基方案；方案二，桩基方案；方案三，减沉复合疏桩方案。

试问：

（1）采用方案三时，在基础范围内较均匀布置 52 根 250mm×250mm 的预制实心方桩，桩长（不含桩尖）为 18m，桩端进入第③层土 1m。假定，方桩的单桩承载力特征值 R_{a} 为 340kN，相应于荷载的准永久组合时，上部结构与筏板基础总的竖向力为 43750kN。试问，按《建筑桩基技术规范》JGJ 94—2008 的规定，计算由筏基底地基土附加压力作用下产生的基础中点的沉降 s_{s} 时，假想天然地基平均附加压力 p_0（kPa），与下列何项数值最为接近？

（A）15　　　　（B）25　　　　（C）40　　　　（D）50

（2）条件同题目（1），试问，按《建筑桩基技术规范》JGJ 94—2008 的规定，计算筏基中心点的沉降时，由桩土相互作用产生的沉降 s_{sp}（mm），与下列何项数值最为接近？

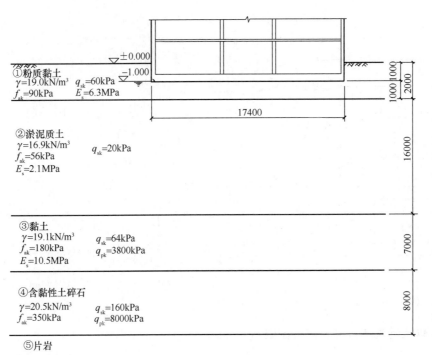

图 4.9.10-1

(A) 5   (B) 15   (C) 25   (D) 35

【解答】(1) 根据《桩规》5.6.2 条:

$$\eta_p = 1.3, \quad F = 3750 - 9.2 \times 17.4 \times 19 = 30790 \text{kN}$$

$$p_0 = \eta_p \frac{F - nR_a}{A_c} = 1.3 \times \frac{30790 - 52 \times 340}{39.2 \times 17.4 - 52 \times 0.25 \times 0.25} = 25.1 \text{kPa}$$

故选 (B) 项。

(2) 根据《桩规》5.6.2 条、5.5.10 条:

方桩:$s_a/d = 0.886\sqrt{A}(\sqrt{n} \cdot b) = 0.886\sqrt{39.2 \times 17.4}/(\sqrt{52} \times 0.25) = 12.8$

$$\overline{q}_{su} = (60 + 20 \times 16 + 64)/18 = 24.7 \text{kPa}$$

$$\overline{E}_s = (6.3 + 2.1 \times 16 + 10.5)/18 = 2.8 \text{MPa}$$

方桩:$d = 1.27b = 1.27 \times 0.25 = 0.3175$

$$s_{sp} = 280 \frac{\overline{q}_{su}}{\overline{E}_s} \cdot \frac{d}{(s_a/d)^2} = 280 \times \frac{24.7}{2.8} \times \frac{0.3175}{(12.8)^2} = 4.8 \text{mm}$$

故选 (A) 项。

十一、桩基水平承载力与位移计算

- 复习《桩规》5.7.1 条、5.7.2 条。
- 复习《桩规》5.7.3 条、5.7.4 条、5.7.5 条。

需注意的是：

(1)《桩规》5.7.1条适用于无地下室，作用于承台顶面的弯矩较小的情况；对于带地下室桩基受水平荷载较大时，应按《桩规》5.7.4条进行计算。

(2)《桩规》5.7.3条中，当考虑地震作用且 $s_a/d \leqslant 6$ 时，不计承台底土的摩阻力，与《抗规》4.4.2条第2款规定是一致的。

(3)《桩规》5.7.5条中，地基土水平抗力系数的比例系数 m，应按《桩规》表5.7.5取值。当基桩侧面由几种土层组成时，应求得主要影响深度 $h_m = 2(d+1)$（m）范围内的 m 值作为计算值，其计算规定见《桩规》附录C.0.2条。

(4)《桩规》5.7.5条表5.7.5的注1、2、3的规定。

【例4.9.11-1】（2011B13）某桩基工程采用泥浆护壁非挤土灌注桩，桩径 d 为600mm，桩长 $l=30m$，灌注桩配筋、地基土层分布及相关参数情况如图4.9.11-1所示，第③层粉砂层为不液化土层，桩身配筋符合《建筑桩基技术规范》JGJ 94—2008第4.1.1条灌注桩配筋的有关要求。

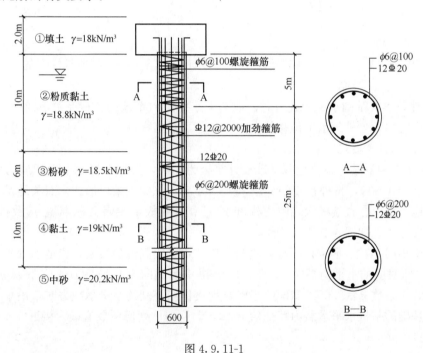

图4.9.11-1

已知，建筑物对水平位移不敏感。假定，进行单桩水平静载试验时，桩顶水平位移6mm时所对应的荷载为75kN，桩顶水平位移10mm时所对应的荷载为120kN。试问，单桩水平承载力特征值（kN）与下列何项数值最为接近？

提示： 按《建筑桩基技术规范》JGJ 94—2008作答。

(A) 60　　　　　(B) 70　　　　　(C) 80　　　　　(D) 90

【解答】 桩身配筋率 $\rho_s = \dfrac{12 \times 314}{3.14 \times 300^2} = 1.33\% > 0.65\%$

根据《桩规》5.7.2条第2款和第7款：

$$R_{ha} = 0.75 \times 120 = 90kN$$

故选 (D) 项。

【例 4.9.11-2】(2014B13) 某地基基础设计等级为乙级的柱下桩基础，承台下布置有 5 根边长为 400mm 的 C60 钢筋混凝土预制方桩。框架柱截面尺寸为 600mm×800mm，承台及其以上土的加权平均重度 $\gamma_0 = 20\text{kN/m}^3$。

假定，桩的混凝土弹性模量 $E_c = 3.6 \times 10^4 \text{N/mm}^2$，桩身换算截面惯性矩 $I_0 = 213000\text{cm}^4$，桩的长度（不含桩尖）为 20m，桩的水平变形系数 $\alpha = 0.63\text{m}^{-1}$，桩的水平承载力由水平位移值控制，桩顶的水平位移允许值为 10mm，桩顶按铰接考虑，桩顶水平位移系数 $\nu_x = 2.441$。试问，初步设计时，估算的单桩水平承载力特征值 R_{ha} (kN)，与下列何项数值最为接近？

(A) 50　　　　(B) 60　　　　(C) 70　　　　(D) 80

【解答】根据《桩规》5.7.2 条：

$$EI = 0.85E_cI_0 = 0.85 \times 3.6 \times 10^4 \times 213000 \times 10^{-5} = 65178\text{kN} \cdot \text{m}^2$$

$$R_{ha} = 0.75\frac{a^3EI}{\nu_x}\chi_{0a} = 0.75 \times \frac{0.63^3 \times 65178}{2.441} \times 0.010 = 50.1\text{kN}$$

故选 (A) 项。

【例 4.9.11-3】关于地基基础及地基处理设计的以下主张，何项是错误的？

(A)、(B)、(C) 略

(D) 计算群桩基础水平承载力时，地基土水平抗力系数的比例系数 m 值与桩顶水平位移的大小有关，当桩顶水平位移较大时，m 值可适当提高。

【解答】根据《桩规》表 5.7.5 注 1，(D) 项错误。

【例 4.9.11-4】某建筑物地基基础设计等级为乙级，其柱下桩基采用预应力高强度混凝土管桩（PHC桩），桩外径 400mm，壁厚 95mm，桩尖为敞口形式。有关地基各土层分布情况、地下水位、桩端极限端阻力标准值 q_{pk}、桩端极限端阻力标准值 q_{sk} 及桩的布置、柱及承台尺寸等，如图 4.9.11-2 所示。

该建筑物属于对水平位移不敏感建筑。单桩水平静载试验表明，当地面处水平位移为 10mm 时，所对应的水平荷载为 32kN。已求得承台侧向土水平抗力效应系数 $\eta_l = 1.35$，桩顶约束效应系数 $\eta_r = 2.05$。试问，当验算地震作用桩基的水平承载力时，沿承台长边方向，群桩基础的基桩水平承载力特征值 R_h (kN)，与下列何项数值最为接近？

提示：$s_a/d < 6$。

(A) 75　　　　(B) 90　　　　(C) 100　　　　(D) 120

【解答】根据《桩规》5.7.2 条第 2 款、第 7 款的规定：

$$R_{ha} = 34 \times 75\% \times 1.25 = 31.875\text{kN}$$

根据《桩规》5.7.3 条：

$$s_a/d = 2/0.4 = 5 < 6$$

$$\eta_i = \frac{(s_a/d)^{0.015n_2+0.45}}{0.15n_1 + 0.10n_2 + 1.9} = \frac{5^{0.015\times2+0.45}}{0.15 \times 3 + 0.10 \times 2 + 1.9} = 0.85$$

$$\eta_h = \eta_i\eta_r + \eta_l = 0.85 \times 2.05 + 1.35 = 3.09$$

$$R_h = \eta_h R_{ha} = 3.09 \times 31.875 = 98.49\text{kN}$$

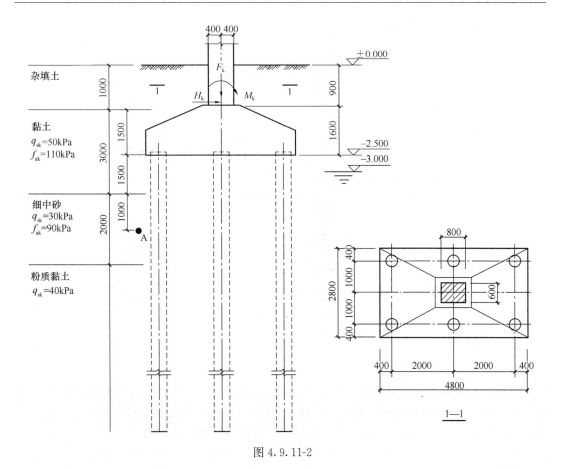

图 4.9.11-2

故选（C）项。

十二、桩身承载力与裂缝控制计算

> ● 复习《桩规》5.8.1 条～5.8.6 条。

需注意的是：

（1）《桩规》5.8.2 条第 1 款规定，在《地规》中未定量规定。

（2）计算桩身压屈计算长度 l_c 查《桩规》表 5.8.4-1 时应对注 2、3、4 的内容进行修正 l_0。

（3）《桩规》5.8.6 条中，式（5.8.6-1）、式（5.8.6-2）应为：

$$t/d \geqslant f'_y / (0.388E)$$

$$t/d \geqslant \sqrt{f'_y / (14.5E)}$$

【例 4.9.12-1】（2011B14）某桩基工程采用泥浆护壁非挤土灌注桩，桩径 d 为 600mm，桩长 $l = 30$m，灌注桩配筋、地基土层分布及相关参数情况如图 4.9.12-1 所示，第③层粉砂层为不液化土层，桩身配筋符合《建筑桩基技术规范》JGJ 94—2008 第 4.1.1 条灌注桩配筋的有关要求。

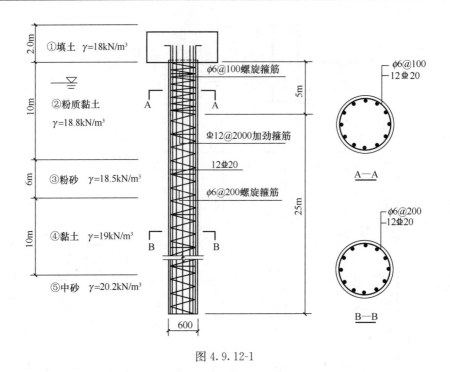

图 4.9.12-1

已知，桩身混凝土强度等级为 C30（$f_c = 14.3\text{N/mm}^2$），桩纵向钢筋采用 HRB400 级钢（$f'_y = 360\text{N/mm}^2$），基桩成桩工艺系数 $\psi_c = 0.7$。试问，在荷载的基本组合下，轴心受压灌注桩的正截面受压承载力设计值（kN）与下列何项数值最为接近？

(A) 2500　　　　(B) 2800　　　　(C) 3800　　　　(D) 4050

【解答】根据《桩规》5.8.2 条第 1 款：

$$N_u = \psi_c f_c A_{ps} + 0.9 f'_y A'_s$$

$$= 0.7 \times 14.3 \times \frac{\pi}{4} \times 600^2 + 0.9 \times 360 \times \left(12 \times \frac{\pi}{4} \times 20^2\right)$$

$$= 4049.7\text{kN}$$

故选（D）项。

【例 4.9.12-2】某建筑物设计使用年限为 50 年，地基基础设计等级为乙级，柱下桩基础采用九根泥浆护壁钻孔灌注桩，桩直径 $d = 600\text{mm}$，为提高桩的承载力及减少沉降，灌注桩采用桩端后注浆工艺，且施工满足《建筑桩基技术规范》JGJ 94—2008 的相关规定。框架柱截面尺寸为 $1100\text{mm} \times 1100\text{mm}$，承台及其以上土的加权平均重度 $\gamma_0 = 20\text{kN/m}^3$。桩基的环境类别为二 a，建筑所在地对桩基混凝土耐久性无可靠工程经验。纵向受力钢筋、箍筋均采用 HRB400 级。

假定，在荷载的基本组合下，单桩桩顶轴心压力设计值 N 为 1980kN。已知桩全长螺旋式箍筋直径为 6mm、间距为 150mm，主筋为 12 Φ 20。基桩成桩工艺系数 $\psi_c = 0.75$。试问，根据《建筑桩基技术规范》JGJ 94—2008 的规定，满足设计要求的桩身混凝土的最低强度等级取下列何项最为合理？

(A) C20　　　　(B) C25　　　　(C) C30　　　　(D) C35

【解答】由于桩身配筋不满足《桩规》5.8.2 条第 1 款的条件，则：

$$f_c = \frac{N}{\psi_c A_{ps}} = \frac{1980 \times 1000}{0.75 \times 3.14 \times 300^2} = 9.34 \text{N/mm}^2，可选 C20$$

桩基环境类别为二 a，根据《桩规》3.5.2 条，桩身混凝土强度等级不得小于 C25。故根据计算及构造要求，选（B）项。

思考：结构设计除应满足结构承载力计算的要求外，尚应满足耐久性、构造等要求。

【例 4.9.12-3】（2012B6）某工程由两幢 7 层主楼及地下车库组成，统一设一层地下室，采用钢筋混凝土框架结构体系，桩基础。工程桩采用泥浆护壁旋挖成孔灌注桩，桩身纵筋锚入承台内 800mm，主楼桩基础采用一柱一桩的布置形式，桩径 800mm，有效桩长26m，以碎石土层作为桩端持力层，桩端进入持力层 7m；地基中分布有厚度达 17m 的淤泥，其不排水抗剪强度为 9kPa。主楼局部基础剖面及地质情况如图 4.9.12-2 所示，地下水位稳定于地面以下 1m，λ 为抗拔系数。

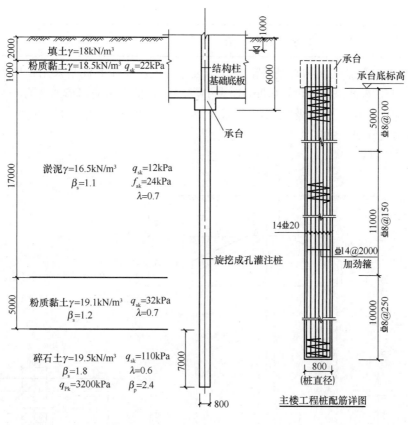

图 4.9.12-2

主楼范围的工程桩桩身配筋构造如图 4.9.12-2，主筋采用 HRB400 钢筋，f_y' 为 360N/mm²，若混凝土强度等级为 C40，$f_c = 19.1$N/mm²，基桩成桩工艺系数 ψ_c 取 0.7，桩的水平变形系数 α 为 0.16m⁻¹，桩顶与承台的连接按固接考虑。试问，桩身轴心受压正截面受压承载力设计值（kN）最接近下列何项数值？

提示：淤泥土层按液化土、$\psi_l = 0$ 考虑，$l_0' = l_0 + (1-\psi_l)d_l$，$h' = h - (1-\psi_l)d_l$。

(A) 4800   (B) 6500   (C) 8000   (D) 10000

【解答】 根据《桩规》5.8.2 条、5.8.4 条：

因为 $f_{ak} = 24\text{kPa} < 25\text{kPa}$，$l'_0 = l_0 + (1 - \psi_l)d_l = 14\text{m}$，$h' = 26 - 14 = 12\text{m}$，$h' < \dfrac{4}{\alpha} = 25\text{m}$

故：$l_c = 0.7(l'_0 + h') = 0.7 \times 26 = 18.2\text{m}$

$\dfrac{l_c}{\alpha} = \dfrac{18.2}{0.8} = 22.75$，查《桩规》表5.8.4-2，则：

$$\varphi = 0.56 + \frac{24 - 22.75}{24 - 22.5} \times (0.6 - 0.56) = 0.5933$$

则：$N \leqslant 0.5933 \times (0.7 \times 19.1 \times 3.14 \times 400^2 + 0.9 \times 360 \times 4396) = 4830\text{kN}$

故选（A）项。

十三、承台计算

1. 受弯计算

> ● 复习《桩规》5.9.1条～5.9.5条。

【**题 4.9.13-1**】某建筑物地基基础设计等级为乙级，其柱下桩基采用预应力高强度混凝土管桩（PHC桩），桩外径为400mm，壁厚95mm，桩尖为敞口形式。有关地基各土层分布情况、地下水位、桩端极限端阻力标准值 q_{pk}、桩侧极限侧阻力标准值 q_{sk} 及桩的布置、柱及承台尺寸等，如图4.9.13-1所示。

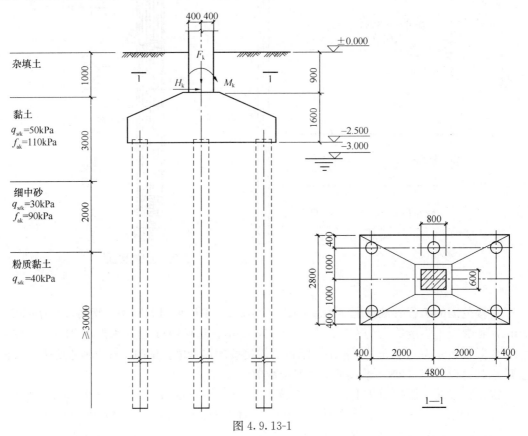

图 4.9.13-1

取承台及其上土的加权平均重度为 $20kN/m^3$。柱传给承台顶面处相应于作用的基本组合时的设计值为：$M=950.4kN \cdot m$，$F=6480kN$，$H=81kN$。试问，承台在柱边处截面的最大弯矩设计值 M（$kN \cdot m$），应与下列何项数值最为接近？

提示： 按《建筑桩基技术规范》作答。

(A) 2880 　　　　(B) 3240 　　　　(C) 3890 　　　　(D) 4370

【解答】 根据《桩规》5.1.1条和5.9.2条，基桩的最大竖向力（扣除承台及其上填土自重）：

$$N_{max} = \frac{F_k}{n} + \frac{M_{yk}x_i}{\sum x_i^2} = \frac{6480}{6} + \frac{(950.4+81 \times 1.6) \times 2.0}{4 \times 2.0^2} = 1215kN$$

$$M_{max} = \sum N_{max}x_i = 2 \times 1215 \times (2-0.4) = 3888kN \cdot m$$

故选（C）项。

【例 4.9.13-2】 某等边三桩承台基础，如图 4.9.13-2 所示，柱子截面为 $400mm \times 400mm$，位于承台形心位置。

提示： 按《建筑桩基技术规范》作答。

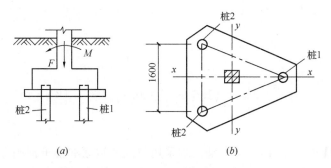

图 4.9.13-2

试问：

(1) 假定，承台自重和承台上的土重设计值 $G=121.5kN$；在偏心竖向力基本组合作用下，最大单桩（桩1）竖向力 $Q_1=810kN$，由承台形心到桩1承台边缘距离范围内板带的弯矩设计值 M_1（$kN \cdot m$），最接近于下列何项？

(A) 470 　　　　(B) 420 　　　　(C) 370 　　　　(D) 310

(2) 假定，相应于荷载的基本组合时作用于承台顶面处的竖向力 $F=1500kN$，弯矩 $M=200kN \cdot m$，则由承台形心到桩2承台边缘距离范围内板带的弯矩设计值 M_1（$kN \cdot m$），最接近于下列何项？

(A) 270 　　　　(B) 300 　　　　(C) 340 　　　　(D) 380

【解答】（1）最大单桩竖向力设计值 N_{max}：

$$N_{max} = N_1 = Q_1 - \frac{G}{3}$$

$$= 810 - \frac{121.5}{3} = 769.5kN \cdot m$$

根据《桩规》式（5.9.2-3）：

$$M_1 = \frac{N_{max}}{3}\left(s_a - \frac{\sqrt{3}}{4}c\right)$$

$$= \frac{769.5}{3} \times \left(1.6 - \frac{\sqrt{3}}{4} \times 0.4\right) = 366.0 \text{kN} \cdot \text{m}$$

故选（C）项。

（2）桩 2 距柱子的距离 x_2：$x_2 = \frac{1}{3}h = \frac{1}{3} \times 1.6\cos30° = \frac{1.6\sqrt{3}}{6}$

桩 1 距柱子的距离 x_1：$x_1 = \frac{2}{3}h = \frac{2}{3} \times 1.6\cos30° = \frac{3.2\sqrt{3}}{6}$

$$N_{max} = N_2 = \frac{F}{n} + \frac{M \cdot x_2}{x_1^2 + 2x_2^2}$$

$$= \frac{1500}{3} + \frac{200 \times \frac{1.6\sqrt{3}}{6}}{2 \times \left(\frac{1.6\sqrt{3}}{6}\right)^2 + \left(\frac{3.2\sqrt{3}}{6}\right)^2} = 572.17 \text{kN}$$

根据《桩规》式（5.9.2-3）：

$$M_1 = \frac{N_{max}}{3}\left(s_a - \frac{\sqrt{3}}{4}c\right)$$

$$= \frac{572.17}{3} \times \left(1.6 - \frac{\sqrt{3}}{4} \times 0.4\right) = 272.1 \text{kN} \cdot \text{m}$$

故选（A）项。

【例 4.9.13-3】（2011B10、12）某工程采用打入式钢筋混凝土预制方桩，桩截面边长为 400mm，单桩竖向抗压承载力特征值 $R_a = 750$kN。某柱下原设计布置 A、B、C 三桩，工程桩施工完毕后，检测发现 B 桩有严重缺陷，按废桩处理（桩顶与承台始终保持脱开状态），需要补打 D 桩，补桩后的桩基承台如图 4.9.13-3 所示。承台高度为 1100mm，混凝土强度等级为 C35（$f_t = 1.57$N/mm^2），柱截面尺寸为 600mm×600mm。

提示： 按《建筑桩基技术规范》JGJ 94—2008 作答。承台的有效高度 h_0 按 1050mm 取用。

试问：

（1）假定，柱只受轴心荷载作用，相应于荷载的标准组合时，原设计单桩承担的竖向压力均为 745kN，假定承台尺寸变化引起的承台及其上覆土重量和基底竖向力合力作用点的变化可忽略不计。试问，补桩后此三桩承台下单桩承担的最大竖向压力值（kN）与下述何项最为接近？

(A) 750   (B) 790   (C) 850   (D) 900

（2）假定，补桩后，在荷载的基本组合下，不计承台及其上土重，A 桩和 C 桩承担的竖向反力设计值均为 1100kN，D 桩承担的竖向反力设计值为 900kN。试问，通过承台形心至两腰边缘正交截面范围内板带的弯矩设计值 M（kN·m），与下列何项数值最为接近？

(A) 780   (B) 880   (C) 920   (D) 940

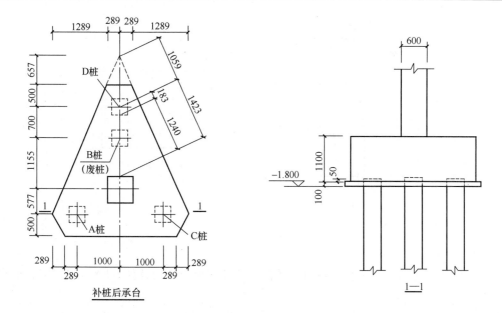

图 4.9.13-3

【解答】（1）设题目图中 A、D 点处单桩承担的荷载标准值分别为 N_a 和 N_d，则根据题意，由三桩承担的总竖向力为 $N = 745 \times 3 = 2235 \text{kN}$

对 AC 轴取矩：

$(0.577 + 1.155 + 0.7)N_d - 0.577 \times 2235 = 0$，故 $N_d = 530.3 \text{kN}$

则 $N_a = N_c = (2235 - 530.3)/2 = 852.4 \text{kN} < 1.2 R_a = 1.2 \times 750 = 900 \text{kN}$

故最大竖向压力值为 852.4kN。

故选（C）项。

（2）根据《桩规》5.9.2 条：

$$s_a = \sqrt{1000^2 + 2432^2} = 2629.6 \text{mm}, c_1 = 600 \text{mm}, \alpha = \frac{2000}{2629.6} = 0.761$$

$$M_1 = \frac{1100}{3} \times \left(2629.6 - \frac{0.75}{\sqrt{4 - 0.761^2}} \times 600\right)$$

$$= 875 \text{kN} \cdot \text{m}$$

故选（B）项。

2. 受冲切计算

● 复习《桩规》5.9.6 条~5.9.8 条。

【例 4.9.13-4】 某柱下桩基承台，布置 5 根沉管灌注桩，如图 4.9.13-4，桩直径 $d = 500 \text{mm}$，承台高 $h = 1000 \text{mm}$，采用 C25 级混凝土（$f_t = 1.27 \text{N/mm}^2$）。柱子截面尺寸为 500mm×500mm，承台顶面处由上部结构传来相应于作用的基本组合时的竖向力 $F = 2500 \text{kN}$，弯矩 $M = 200 \text{kN} \cdot \text{m}$。取 $a_s = 100 \text{mm}$。

提示： 按《建筑桩基技术规范》作答。

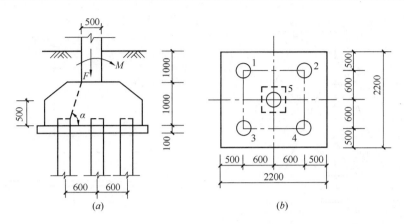

图 4.9.13-4

试问:

(1) 验算柱对承台的冲切承载力,承台的抗冲切承载力设计值 (kN),最接近于下列何项?

(A) 5100   (B) 5400   (C) 5700   (D) 6000

(2) 题目条件同题目 (1),冲切力设计值 F_l (kN),最接近于下列何项?

(A) 1000   (B) 1500   (C) 2000   (D) 2500

【解答】(1) 将圆桩换算成方桩:$b = h = 0.8d = 0.8 \times 500 = 400$mm

冲切破坏锥体的夹角 α:$\alpha = \tan^{-1} \dfrac{1.0}{0.6 - 0.2 - 0.25} = 81.5° > 45°$

$$\beta_{hp} = 1 - \frac{1000 - 800}{2000 - 800} \times (1 - 0.9) = 0.983$$

$$a_{0x} = a_{0y} = 600 - \left(\frac{400}{2} + \frac{500}{2}\right) = 150\text{mm}$$

$$\lambda_{0x} = \lambda_{0y} = \frac{a_{0x}}{h_0} = \frac{150}{900} = 0.167 < 0.25,\text{取} \lambda_{0x} = \lambda_{0y} = 0.25。$$

$$\beta_{0x} = \beta_{0y} = \frac{0.84}{\lambda_{0x} + 0.2} = \frac{0.84}{0.25 + 0.2} = 1.87$$

由《桩规》式 (5.9.7-4),$b_c = h_c = 500$mm

$$\begin{aligned}
2[\beta_{0x}(b_c + a_{0y}) + \beta_{0y}(h_c + a_{0x})]\beta_{hp}f_th_0 &= 2 \times [1.87 \times (500 + 150) + 1.87 \\
&\quad \times (500 + 150)] \times 0.983 \times 1.27 \times 900 \\
&= 5462.8\text{kN}
\end{aligned}$$

故选 (B) 项。

(2)
$$N_5 = \frac{F}{n} = \frac{2500}{5} = 500\text{kN}$$

$$F_l = F - \sum N_i = 2500 - 500 = 2000\text{kN} < 5462.8\text{kN,满足。}$$

故选 (C) 项。

【例 4.9.13-5】某多层框架结构办公楼,上部结构划分为两个独立的结构单元进行设计计算,防震缝处采用双柱方案,缝宽 150mm,缝两侧的框架柱截面尺寸均为 600mm×600mm,图 4.9.13-5 为防震缝处某条轴线上的框架柱及基础布置情况。上部结构柱 KZ1

和 KZ2 作用于基础顶部的水平力和弯矩均较小，基础设计时可以忽略不计。

提示： 本题按《建筑桩基技术规范》JGJ 94—2008 作答。

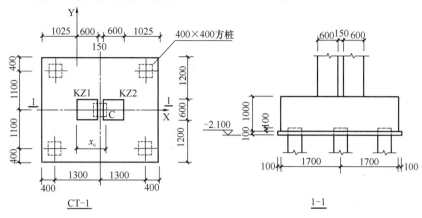

图 4.9.13-5

试问：

（1）对应于起控制作用的荷载的标准组合，上部结构柱 KZ1 和 KZ2 作用于基础顶部的轴力分别为 2160kN 和 3840kN。试问，在图示参考坐标系下，两柱的竖向力合力作用点位置 x_c（mm）与下列何项数值最为接近？

（A）720   （B）740   （C）760   （D）780

（2）柱 KZ1 和 KZ2 采用柱下联合承台，承台下设 100mm 厚素混凝土垫层，垫层的混凝土强度等级 C10；承台混凝土强度等级 C30（$f_{tk} = 2.01 \text{N/mm}^2$，$f_t = 1.43 \text{N/mm}^2$），厚度 1000mm，$h_0 = 900$mm，桩顶嵌入承台内 100mm，假设两柱作用于基础顶部的竖向力大小相同。试问，承台抵抗双柱冲切承载力设计值（kN）与下列何项数值最为接近？

（A）7750   （B）7850   （C）8150   （D）10900

【解答】（1）在图示参考坐标系下，有：

$$x_c = \frac{2160 \times 300 + 3840 \times (300 + 150 + 600)}{2160 + 3840} = 780\text{mm}$$

故选（D）项。

（2）根据《桩规》5.9.7 条：

$$h_0 = 900, \ \beta_{hp} = 1 - 0.1/6 = 0.9833, \ b_c = 600\text{mm}, \ h_c = 1350\text{mm}$$

$$a_{0y} = 600\text{mm}, \ a_{0x} = 425\text{mm},$$

$$\lambda_{0x} = \frac{a_{0x}}{h_0} = 0.472, \ \lambda_{0y} = \frac{a_{0y}}{h_0} = 0.667$$

$$\beta_{0x} = \frac{0.84}{\lambda_{0x} + 0.2} = 1.25, \ \beta_{0y} = \frac{0.84}{\lambda_{0y} + 0.2} = 0.969$$

$$F_{l\max} = 2 \times [1.25 \times (600 + 600) + 0.969 \times (1350 + 425)] \times 0.9833 \times 1.43 \times 900$$
$$= 8149.80\text{kN}$$

故选（C）项。

【例 4.9.13-6】 某柱下桩基承台，布置 5 根沉管灌注桩，如图 4.9.13-6，桩直径 $d =$ 500mm，承台高 $h = 1000$mm，采用 C25 级混凝土（$f_t = 1.27 \text{N/mm}^2$）。柱子截面尺寸为

$500mm \times 500mm$，承台顶面处由上部结构传来相应于作用的基本组合时的竖向力 $F = 2500kN$，弯矩 $M = 200kN \cdot m$。取 $a_s = 100mm$。

提示： 按《建筑桩基技术规范》作答。

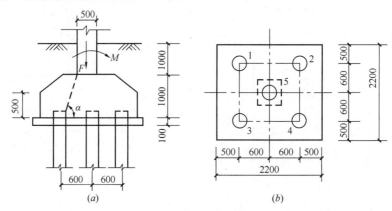

图 4.9.13-6

试问：

（1）验算角桩对承台的冲切时，承台的抗冲切承载力设计值（kN），最接近于下列何项？

(A) 700   (B) 750   (C) 800   (D) 850

（2）题目条件同题目（1），角桩反力设计值 N_l（kN），最接近于下列何项？

(A) 500   (B) 550   (C) 600   (D) 650

【解答】（1）角桩对承台的冲切验算

$$a_{1x} = a_{1y} = 600 - \left(\frac{500}{2} + \frac{400}{2}\right) = 150mm$$

$$c_1 = c_2 = 500 + \frac{400}{2} = 700mm$$

$$h_0 = 400mm, \quad \beta_{hp} = 1.0$$

角桩冲跨比：$\lambda_{1x} = \lambda_{1y} = \dfrac{a_{1x}}{h_0} = \dfrac{150}{400} = 0.375 > 0.2$，取 $\lambda_{1x} = \lambda_{1y} = 0.375$

$$\beta_{1x} = \beta_{1y} = \frac{0.56}{\lambda_{1x} + 0.2} = \frac{0.56}{0.375 + 0.2} = 0.974$$

$$\left[\beta_{1x}\left(c_2 + \frac{a_{1y}}{2}\right) + \beta_{1y}\left(c_1 + \frac{a_{1x}}{2}\right)\right]\beta_{hp}f_t h_0 = 0.974 \times \left(700 + \frac{150}{2}\right) \times 2 \times 1.0 \times 1.27 \times 400$$

$$= 766.9kN$$

故选（B）项。

（2）角桩的冲切力设计值 N_l：

$$N_{max} = \frac{F}{n} + \frac{Mx_{max}}{\sum x_i^2} = \frac{2500}{5} + \frac{200 \times 0.6}{4 \times 0.6^2} = 583.3kN$$

$$N_l = N_{max} = 583.3kN < 766.9kN，满足$$

故选（C）项。

【例4.9.13-7】（2011B11）某工程采用打入式钢筋混凝土预制方桩，桩截面边长为

400mm，单桩竖向抗压承载力特征值 $R_a = 750$kN。某柱下原设计布置 A、B、C 三桩，工程桩施工完毕后，检测发现 B 桩有严重缺陷，按废桩处理（桩顶与承台始终保持脱开状态），需要补打 D 桩，补桩后的桩基承台如图 4.9.13-7 所示。承台高度为 1100mm，混凝土强度等级为 C35（$f_t = 1.57$N/mm^2），柱截面尺寸为 600mm×600mm。

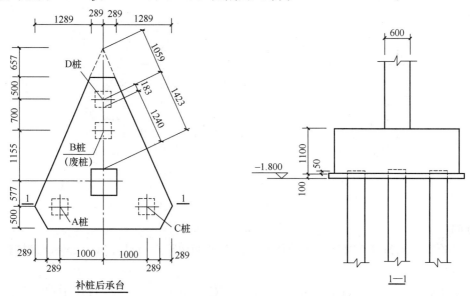

图 4.9.13-7

试问，补桩后承台在 D 桩处的受角桩冲切的承载力设计值（kN）与下列何项数值最为接近？

提示： 按《建筑桩基技术规范》JGJ 94—2008 作答，承台的有效高度 h_0 按 1050mm 取用。

(A) 1150   (B) 1300   (C) 1400   (D) 1500

【解答】 根据《桩规》公式（5.9.8-6）和公式（5.9.8-7）：

$$a_{12} = 1050\text{mm}, h_0 = 1050\text{mm}, c_2 = 1059 + 183 = 1242\text{mm},$$

$$\tan\frac{\theta_2}{2} = \frac{289}{657} = 0.44，则：$$

$$\lambda_{12} = 1, \beta_{12} = \frac{0.56}{1+0.2} = 0.467, \beta_{hp} = 0.9 + \frac{2-1.1}{2-0.8} \times 0.1 = 0.975$$

$$\beta_{12}(2c_2 + a_{12})\beta_{hp}\tan\frac{\theta_2}{2}f_t h_0$$

$$= 0.467 \times (2 \times 1242 + 1050) \times 0.975 \times 0.44 \times 1.57 \times 1050$$

$$= 1167\text{kN}$$

故选（A）项。

【例 4.9.13-8】 某三桩三角形承台，如图 4.9.13-8，柱子截面尺寸为 600mm×400mm，桩直径为 $d = 500$mm，承台高度 $h = 1000$mm，有效高度 $h_0 = 900$mm，承台采用 C25 级混凝土（$f_t = 1.27$N/mm^2）。柱子位于三角形承台的形心位置。承台顶面处由上部结构传来相应于作用的基本组合时的竖向力 $F = 1200$kN，弯矩 $M = 300$kN·m。

提示：按《建筑桩基技术规范》作答。

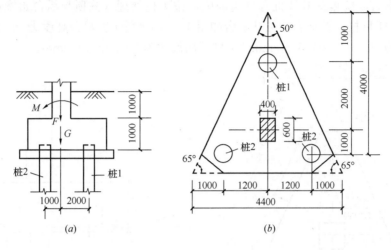

图 4.9.13-8

试问：

(1) 验算底部角桩 2 对承台的冲切时，承台抗冲切承载力设计值（kN），最接近于下列何项？

(A) 1000　　　　(B) 1200　　　　(C) 1400　　　　(D) 1600

(2) 题目条件同题目 (1)，角桩 2 的反力设计值 N_l（kN），最接近于下列何项？

(A) 400　　　　(B) 450　　　　(C) 500　　　　(D) 550

【解答】(1) 将圆桩换算为方桩：$b = h = 0.8d = 0.8 \times 500 = 400\text{mm}$

$$a_{11} = 1200 - (200 + 200) = 800\text{mm}$$

$$c_1 = 1000 + 200 = 1200\text{mm}$$

$$\lambda_{11} = \frac{a_{11}}{h_0} = \frac{800}{900} = 0.89$$

$$\beta_{11} = \frac{0.56}{\lambda_{11} + 0.2} = \frac{0.56}{0.89 + 0.2} = 0.514$$

$$\beta_{\text{hp}} = 1 - \frac{1000 - 800}{2000 - 800} \times (1 - 0.9) = 0.983$$

$$\beta_{11}(2c_1 + a_{11})\tan\frac{\theta_1}{2}\beta_{\text{hp}}f_\text{t}h_0 = 0.514 \times (2 \times 1200 + 800) \times \tan\frac{65°}{2}$$

$$\times 0.983 \times 1.27 \times 900 = 1177.3\text{kN}$$

故选 (B) 项。

(2) 角桩 2 的反力设计值 N_l：

$$N_l = \frac{F}{n} + \frac{Mx_2}{\sum x_i^2}$$

$$= \frac{1200}{3} + \frac{300 \times 1.0}{2 \times 1.0^2 + 1 \times 2^2} = 450\text{kN}$$

故选 (B) 项。

3. 受剪计算

> ● 复习《桩规》5.9.9条～5.9.14条。
>
> ● 复习《桩规》5.9.16条。

需注意的是：

《桩规》图5.9.10-3中b_{x2}、b_{y2}的标注是错误的，应按《地规》附录图U.0.2中规定。

【例4.9.13-9】 （2012B13）某抗震设防烈度为8度（0.30g）的框架结构，采用摩擦型长螺旋钻孔灌注桩基础，初步确定某中桩采用如图4.9.13-9所示的四桩承台基础，已知桩身直径为400mm，单桩竖向抗压承载力特征值$R_a = 700$kN，承台混凝土强度等级C30（$f_t = 1.43$N/mm²），桩间距有待进一步复核。考虑x向地震作用，相应于荷载效应标准组合时，作用于承台底面标高处的竖向力$F_{Ek} = 3341$kN，弯矩$M_{Ek} = 920$kN·m，水平力$V_{Ek} = 320$kN，承台有效高度$h_0 = 730$mm，承台及其上土重可忽略不计。

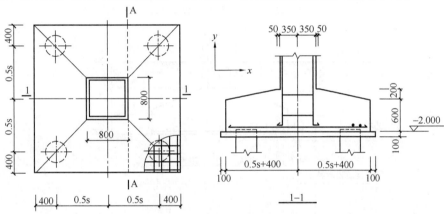

图4.9.13-9

试问，当桩中心距$s = 2400$mm，地震作用效应组合时，承台A-A剖面处的抗剪承载力设计值（kN）与下列何项数值最为接近？

提示： 按《建筑桩基技术规范》JGJ 94—2008作答。

(A) 3500   (B) 3200   (C) 2800   (D) 2400

【解答】 根据《桩规》5.9.10条：

圆桩变为方桩$400 \times 0.8 = 320$mm

$$\lambda_x = \frac{a_x}{h_0} = \frac{1200 - 400 - 320/2}{730} = 0.88$$

$$\alpha = \frac{1.75}{\lambda_x + 1} = \frac{1.75}{0.88 + 1} = 0.93$$

$$b_{y0} = \left[1 - 0.5 \times \frac{200}{730} \times \left(1 - \frac{800}{3200}\right)\right] \times 3200 = 2871.2\text{mm}$$

由《抗规》5.4.2条，取$\gamma_{RE} = 0.85$

$$V_u = \frac{\beta_{hs} \alpha f_t b_{y0} h_0}{\gamma_{RE}} = \frac{1.0 \times 0.93 \times 1.43 \times 2871.2 \times 730}{0.85}$$

$$= 3279\text{kN}$$

故选（B）项。

【例 4.9.13-10】（2014B12）某地基基础设计等级为乙级的柱下桩基础，承台下布置有 5 根边长为 400mm 的 C60 钢筋混凝土预制方桩。框架柱截面尺寸为 600mm×800mm，承台及其以上土的加权平均重度 $\gamma_0 = 20$kN/m³。承台平面尺寸、桩位布置等如图 4.9.13-10 所示。

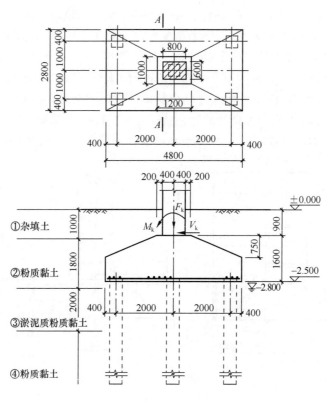

图 4.9.13-10

假定，承台混凝土强度等级为 C30（$f_t = 1.43$N/mm²），承台计算截面的有效高度 $h_0 = 1500$mm。试问，按《建筑桩基技术规范》JGJ 94—2008 计算时，图中柱边 A-A 截面承台的斜截面承载力设计值（kN），与下列何项数值最为接近？

(A) 3700   (B) 4000   (C) 4600   (D) 5000

【解答】根据《桩规》5.9.10 条、《地规》附录 U 求 b_0，则：

$$\beta_{hs} = \left(\frac{800}{h_0}\right)^{1/4} = \left(\frac{800}{1500}\right)^{1/4} = 0.855$$

$$b_0 = \left[1 - 0.5 \times \frac{0.75}{1.5} \times \left(1 - \frac{1.0}{2.8}\right)\right] \times 2.8 = 2.35\text{m};$$

$$\lambda = (2 - 0.4 - 0.2)/1.5 = 0.933 \begin{array}{c} < 3 \\ > 0.25 \end{array}$$

$$\alpha = \frac{1.75}{\lambda + 1} = \frac{1.75}{0.933 + 1} = 0.905$$

$$\beta_{hs}\alpha f_t b_0 h_0 = 0.855 \times 0.905 \times 1.43 \times 2.35 \times 1500 = 3900 \text{kN}$$

故选（B）项。

【例 4.9.13-11】 有一等边三角形承台基础，采用沉管灌注桩，桩径为 426mm，有效桩长为 24m。有关地基各土层分布情况、桩端阻力特征值 q_{pa}、桩侧阻力特征值 q_{sia} 及桩的布置、承台尺寸等如图 4.9.13-11 所示。

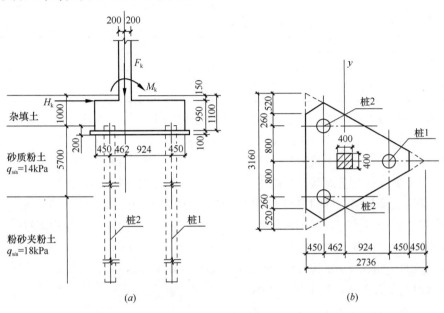

图 4.9.13-11

已知 $b_0 = 2338\text{mm}$，$h_0 = 890\text{mm}$，承台采用混凝土强度等级 C25。试问，承台对底部角桩（桩 2）形成的斜截面受剪承载力设计值（kN），最接近于下列何项数值？

提示： 按《建筑桩基技术规范》作答。

(A) 2990 　　　　(B) 3460 　　　　(C) 3620 　　　　(D) 3770

【解答】 根据《桩规》5.9.10 条：

$$a_x = 462 - \frac{400}{2} - \frac{0.8 \times 426}{2} = 91.6\text{mm}$$

$$\lambda_x = \frac{a_x}{h_0} = \frac{91.6}{890} = 0.103 < 0.25$$

故取 $\lambda_x = 0.25$

$$\alpha = \frac{1.75}{\lambda_x + 1} = 1.4$$

$$\beta_{hs} = \left(\frac{800}{890}\right)^{1/4} = 0.974$$

$$\beta_{hs}\alpha f_t b_0 h_0 = 0.974 \times 1.4 \times 1.27 \times 2338 \times 890$$
$$= 3603.5\text{kN}$$

故选（C）项。

4. 局部受压计算

> ● 复习《桩规》5.9.15 条。

十四、桩和承台施工

1. 灌注桩施工

> ● 复习《桩规》6.1.1 条～6.7.9 条。

2. 混凝土预制桩与钢桩施工

> ● 复习《桩规》7.1.1 条～7.6.12 条。

【例 4.9.14-1】（2013B15）关于预制桩的下列主张中，何项不符合《建筑地基基础设计规范》GB 50007—2011 和《建筑桩基技术规范》JGJ 94—2008 的规定？

（A）抗震设防烈度为 8 度地区，不宜采用预应力混凝土管桩

（B）对于饱和软黏土地基，预制桩入土 15 天后方可进行竖向静载试验

（C）混凝土预制实心桩的混凝土强度达到设计强度的 70% 及以上方可起吊

（D）采用锤击成桩时，对于密集桩群，自中间向两个方向或四周对称施打

【解答】（A）《桩规》3.3.2 条第 3 款，正确。

（B）《地规》附录 Q.0.4，对于饱和软黏土，不得少于 25 天，错误；

（C）《桩规》7.2.1 条第 1 款，正确；

（D）《桩规》7.4.4 条第 1 款，正确。

故选（B）项。

【例 4.9.14-2】（2012B8）下列与桩基相关的 4 点主张：

Ⅰ. 液压式压桩机的机架重量和配重之和为 4000kN 时，设计最大压桩力不应大于 3600kN；

Ⅱ. 静压桩的最大送桩长度不宜超过 8m，且送桩的最大压桩力不宜大于允许抱压压桩力，场地地基承载力不应小于压桩机接地压强的 1.2 倍；

Ⅲ. 在单桩竖向静荷载试验中采用堆载进行加载时，堆载加于地基的压应力不宜大于地基承载力特征值；

Ⅳ. 抗拔桩设计时，对于严格要求不出现裂缝的一级裂缝控制等级，当配置足够数量的受拉钢筋时，可不设置预应力钢筋。

试问，针对上述主张正确性的判断，下列何项正确？

（A）Ⅰ、Ⅲ正确，Ⅱ、Ⅳ错误
（B）Ⅱ、Ⅳ正确，Ⅰ、Ⅲ错误
（C）Ⅱ、Ⅲ正确，Ⅰ、Ⅳ错误
（D）Ⅱ、Ⅲ、Ⅳ正确，Ⅰ错误

【解答】根据《桩规》7.5.4 条，Ⅰ正确；

根据《桩规》7.5.1 条、7.5.13 条第 5 款，Ⅱ不正确；

根据《桩规》3.4.8 条，Ⅳ错误；

根据《地规》附录 Q.0.2，Ⅲ正确。

故选（A）项。

第十节 《地处规》

一、总则和基本规定

- 复习《地处规》1.0.1 条～1.0.4 条。
- 复习《地处规》2.1.1 条～2.1.20 条。
- 复习《地处规》3.0.1 条～3.0.12 条。

需注意的是：

(1)《地处规》3.0.4 条的条文说明。

(2)《地处规》3.0.5 条的条文说明。

(3)《地处规》3.0.6 条的条文说明。

二、换填垫层

- 复习《地处规》4.1.1 条～4.4.5 条。

三、预压地基

- 复习《地处规》5.1.1 条～5.4.4 条。

【例 4.10.3-1】 (2011B9) 某建筑场地，受压土层为淤泥质黏土层，其厚度为 10m，其底部为不透水层。场地采用排水固结法进行地基处理，竖井采用塑料排水带并打穿淤泥质黏土层，预压荷载总压力为 70kPa，场地条件及地基处理示意如图 4.10.3-1 (a) 所示，加荷过程如图 4.10.3-1 (b) 所示。试问，加荷开始后 100d 时，淤泥质黏土层平均固结度 $\overline{U}_{\mathrm{t}}$ 与下列何项数值最为接近？

提示：不考虑竖井井阻和涂抹的影响；$F_{\mathrm{n}}=2.25$；$\beta=0.0244$（1/d）。

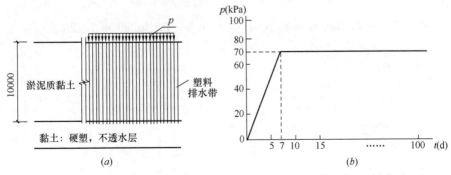

图 4.10.3-1

(A) 0.85   (B) 0.87   (C) 0.89   (D) 0.92

【解答】根据《地处规》5.2.7 条：

$$\alpha = \frac{8}{\pi^2} = 0.81, \quad \beta = 0.0244 \ (1/d), \quad \dot{q} = 70/7 = 10\text{kPa/d}, \quad t = 100\text{d}$$

$$\overline{U}_t = \sum_i^n \frac{\dot{q}}{\sum \Delta p} \left[(T_i - T_{i-1}) - \frac{\alpha}{\beta} e^{-\beta t} (e^{\beta T_i} - e^{\beta T_{i-1}}) \right]$$

则：$\overline{U}_t = \frac{10}{70} \times \left[(7-0) - \frac{0.81}{0.0244} e^{-0.0244 \times 100} \ (e^{0.0244 \times 7} - e^0) \right] = 0.923$

故选（D）项。

【例 4.10.3-2】 已知某场地地层条件及孔隙比 e 随压力变化拟合函数见表 4.10.3-1，②层以下为不可压缩层，地下水位在地面处，在该场地上进行大面积填土，当堆土荷载为 30kPa 时，估算填土荷载产生的沉降量接近下列哪个选项？

提示： 沉降经验系数 ξ 按 1.0；变形计算深度至应力比为 0.1 处。

表 4.10.3-1

土层名称	层底埋深（m）	饱和重度 γ（kN/m³）	e-lg$p$ 关系式
①粉砂	10	20.0	$e = 1 - 0.05\lg p$
②淤泥粉质黏土	40	18.0	$e = 1.6 - 0.2\lg p$

(A) 50mm　　　　(B) 200mm　　　　(C) 230mm　　　　(D) 300mm

【解答】 根据《地处规》5.2.12 条：

由提示，计算确定沉降计算深度 z_n：

$$\frac{30}{10 \times 10 + 8 \times (Z_n - 10)} \leqslant 0.1, \text{则：} z_n \geqslant 35\text{m}$$

① 粉砂层中点自重应力：$p_z = \sum \gamma h = 10 \times \frac{10}{2} = 50\text{kPa}$

粉砂层中点自重应力与附加应力之和：$p_z + p_0 = 30 + 50 = 80\text{kPa}$

$$e_{01} = 1 - 0.05\lg 50 = 0.915, \quad e_{11} = 1 - 0.051\lg 80 = 0.905$$

② 淤泥质粉质黏土计算深度内中点自重应力：$p_z = \sum \gamma h = 10 \times 10 + 8 \times \frac{25}{2} = 200\text{kPa}$

淤泥质粉质黏土计算深度内中点自重应力与附加应力之和：$p_z + p_0 = 30 + 200 = 230\text{kPa}$

$$e_{02} = 1.6 - 0.2\lg 200 = 1.140, \quad e_{12} = 1.6 - 0.2\lg 230 = 1.128$$

$$s_f = \xi \sum_{i=1}^n \frac{e_{0i} - e_{1i}}{1 + e_{0i}} h_i$$

$$= 1.0 \times \left(\frac{0.915 - 0.905}{1 + 0.915} \times 10 \times 10^3 + \frac{1.140 - 1.128}{1 + 1.140} \times 25 \times 10^3 \right)$$

$$= 192\text{mm}$$

故选（B）项。

四、压实地基和夯实地基

- 复习《地处规》6.1.1 条～6.3.14 条。

五、复合地基的一般规定

●复习《地处规》7.1.1条～7.1.9条。

六、振冲碎石桩和沉管砂石桩复合地基

●复习《地处规》7.2.1条～7.2.6条。

【例4.10.6-1】（2016B11）某建筑地基，如图4.10.6-1所示。拟采用以④层圆砾为桩端持力层的高压旋喷桩进行地基处理，高压旋喷桩直径$d=600$mm，正方形均匀布桩，桩间土承载力发挥系数β和单桩承载力发挥系数λ分别为0.8和1.0，桩端阻力发挥系数α_p为0.6。

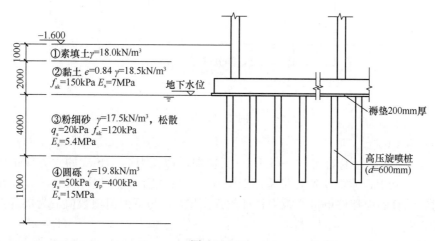

图4.10.6-1

方案阶段，假定，考虑采用以④层圆砾为桩端持力层的振动沉管碎石桩（直径800mm）进行地基处理，正方形均匀布桩，桩间距为2.4m，桩土应力比$n=2.8$，处理后③粉细砂层桩间土的地基承载力特征值为170kPa。试问，按上述要求处理后的复合地基承载力特征值（kPa），与下列何项数值最为接近？

提示：根据《建筑地基处理技术规范》JGJ 79—2012作答。

(A) 195   (B) 210   (C) 225   (D) 240

【解答】根据《地处规》7.2.2条、7.1.5条：

$$置换率\ m=\frac{d^2}{d_e^2}=\frac{0.8^2}{(1.13\times2.40)^2}=0.0870$$

$$f_{spk}=[1+m(n-1)]f_{sk}=[1+0.087(2.8-1)]\times170=196.6\text{kPa}$$

故选（A）项。

七、水泥土搅拌桩复合地基

●复习《地处规》7.3.1条～7.3.8条。

【例 4.10.7-1】（2014B5、6）某钢筋混凝土条形基础，基础底面宽度为 2m，基础底面标高为 $-1.4m$，基础主要受力层范围内有软土，拟采用水泥土搅拌桩进行地基处理，桩直径为 600mm，桩长为 11m，土层剖面、水泥土搅拌桩的布置等如图 4.10.7-1 所示。

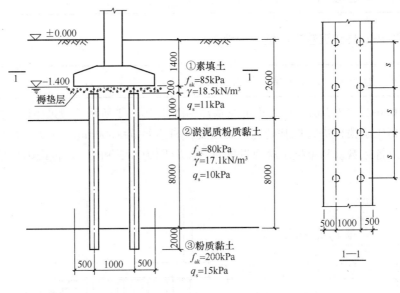

图 4.10.7-1

试问：

（1）假定，水泥土标准养护条件下 90 天龄期，边长为 70.7mm 的立方体抗压强度平均值 $f_{cu} = 1900kPa$，水泥土搅拌桩采用湿法施工，桩端阻力发挥系数 $d_p = 0.5$。试问，初步设计时，估算的搅拌桩单桩承载力特征值 R_a（kN），与下列何项数值最为接近？

(A) 120　　　　　(B) 135　　　　　(C) 180　　　　　(D) 250

（2）假定，水泥土搅拌桩的单桩承载力特征值 $R_a = 145kN$，单桩承载力发挥系数 $\lambda = 1$，①层土的桩间土承载力发挥系数 $\beta = 0.8$。试问，当本工程要求条形基础底部经过深度修正后的地基承载力不小于 145kPa 时，水泥土搅拌桩的最大纵向桩间距 s（mm），与下列何项数值最为接近？

提示：处理后桩间土承载力特征值取天然地基承载力特征值。

(A) 1500　　　　　(B) 1800　　　　　(C) 2000　　　　　(D) 2300

【解答】（1）根据《地处规》7.3.3 条、7.1.5 条：

$$R_a = u_p \sum_{i=1}^{n} q_{si} l_{pi} + a_p q_p A_p$$

$$= 3.14 \times 0.6 \times (11 \times 1 + 10 \times 8 + 15 \times 2) + 0.5 \times 3.14 \times 0.3^2 \times 200$$

$$= 256kN$$

$$R_a = \eta A_p f_{cu} = 0.25 \times 3.14 \times 0.3^2 \times 1900 = 134kN$$

故取 $R_a = 134kN$。

故选（B）项。

（2）根据《地处规》3.0.4 条：

$$f_{spk} = 145 - 1 \times 18.5 \times (1.4 - 0.5) = 128.4kPa$$

根据《地处规》7.1.5条：

$$m = \frac{f_{spk} - \beta f_{sk}}{\lambda R_a / A_p - \beta f_{sk}} = \frac{128.4 - 0.8 \times 85}{1 \times 145/(3.14 \times 0.3^2) - 0.8 \times 85} = 0.136$$

取单元面积（$s \times 2$）考虑其桩截面面积为2个桩，则：

$$m = \frac{2 \times \frac{\pi}{4} \times 0.62}{s \times 2} = 0.136，解之得：s = 2.078\text{m}$$

故选（C）项。

八、旋喷桩复合地基

● 复习《地处规》7.4.1条～7.4.10条。

【例 4.10.8-1】（2016B9、10）某建筑地基，如图4.10.8-1所示。拟采用以④层圆砾为桩端持力层的高压旋喷桩进行地基处理，高压旋喷桩直径 $d = 600\text{mm}$，正方形均匀布桩，桩间土承载力发挥系数 β 和单桩承载力发挥系数 λ 分别为0.8和1.0，桩端阻力发挥系数 α_p 为0.6。

提示：根据《建筑地基处理技术规范》JGJ 79—2012作答。

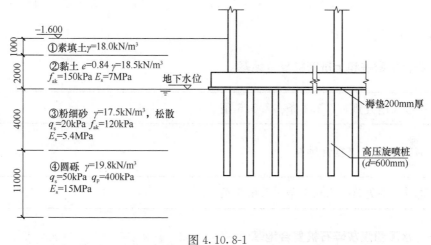

图4.10.8-1

试问：

（1）假定，③层粉细砂和④层圆砾土中的桩体标准试块（边长为150mm的立方体）标准养护28d的立方体抗压强度平均值分别为5.6MPa和8.4MPa。高压旋喷桩的承载力特征值由桩身强度控制，处理后桩间土③层粉细砂的地基承载力特征值为120kPa，根据地基变形验算要求，需将③层粉细砂的压缩模量提高至不低于10.0MPa，试问，地基处理所需的最小面积置换率 m，与下列何项数值最为接近？

　　（A）0.06　　　　　（B）0.08　　　　　（C）0.10　　　　　（D）0.12

（2）假定，高压旋喷桩进入④层圆砾的深度为2.4m，试问，根据土体强度指标确定的单桩竖向承载力特征值（kN），与下列何项数值最为接近？

　　（A）400　　　　　（B）450　　　　　（C）500　　　　　（D）550

【解答】（1）根据《地处规》7.4.4 条、7.1.7 条：

$$\xi = \frac{f_{spk}}{f_{ak}}，则：$$

$$f_{spk} = \xi f_{ak} = \frac{10}{5.4} \times 120 = 222.2 \text{kPa}$$

由《地处规》7.1.6 条、7.1.5 条：

$$R_a = \frac{1}{4\lambda} A_p f_{cu} = \frac{1}{4 \times 1.0} \times \frac{\pi}{4} d^2 f_{cu} = \frac{3.14}{16 \times 1.0} \times 600^2 \times 5.6 = 395.6 \text{kN}$$

$$f_{spk} = \lambda m \frac{R_a}{A_p} + \beta(1-m) f_{sk}$$

$$222.2 = m \times \frac{395.6}{\pi \times 0.3^2} + 0.8(1-m) \times 120$$

解之得：$m = 0.0968$

故选（C）项。

（2）根据《地处规》7.1.5 条第 3 款：

$$R_a = u_p \sum_1^2 q_{si} l_{pi} + \alpha_p q_p A_p$$

$$R_a = 3.14 \times 0.6 \times (20 \times 4 + 50 \times 2.4) + 0.6 \times 400 \times \frac{\pi}{4} \times 0.6^2 = 444.6 \text{kN}$$

故选（B）项。

九、灰土挤密桩和土挤密桩复合地基

> ●复习《地处规》7.5.1 条～7.5.5 条。

十、夯实水泥土桩复合地基

> ●复习《地处规》7.6.1 条～7.6.5 条。

十一、水泥粉煤灰碎石桩复合地基

> ●复习《地处规》7.7.1 条～7.7.4 条。

十二、柱锤冲扩桩复合地基

> ●复习《地处规》7.8.1 条～7.8.7 条。

十三、多桩型复合地基

> ●复习《地处规》7.9.1 条～7.9.11 条。

十四、注浆加固

- 复习《地处规》8.1.1条~8.4.5条。

十五、微型桩加固

- 复习《地处规》9.1.1条~9.5.4条。

【例 4.10.15-1】 下列关于地基处理的论述，何项是正确的？

（A）换填垫层的厚度应根据置换软弱土的深度及下卧土层的承载力确定，厚度宜为 0.5~5.0m

（B）经处理后的人工地基，当按地基承载力确定基础底面积时，均不进行地基承载力的基础埋深修正

（C）换填垫层和压实地基的静载试验的压板面积不应小于 1.0m²；强夯置换地基静载荷试验的压板面积不宜小于 2.0m²

（D）微型桩加固后的地基，应按复合地基设计

【解答】 根据《地处规》4.1.4条，A 错误。

根据《地处规》3.0.4条，B 错误。

根据《地处规》附录 A.0.2条，C 正确。

根据《地处规》9.1.2条，D 错误。

故选（C）项。

十六、检验与监测

- 复习《地处规》10.1.1条~10.2.7条。

第十一节 《抗规》中地基基础

一、场地

- 复习《抗规》4.1.1条~4.1.9条。

【例 4.11.1-1】 在抗震设防区内，某建筑工程场地的地基土层分布及其剪切波速 v_s 如图 4.11.1-1 所示。

试问，根据《建筑抗震设计规范》GB 50011—2010，该建筑场地的类别应为下列何项？

（A）Ⅰ₁ 　　（B）Ⅱ

（C）Ⅲ 　　（D）Ⅳ

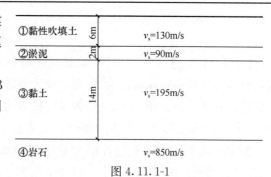

①黏性吹填土	6m	$v_s=130\text{m/s}$
②淤泥	2m	$v_s=90\text{m/s}$
③黏土	14m	$v_s=195\text{m/s}$
④岩石		$v_s=850\text{m/s}$

图 4.11.1-1

【解答】根据《抗规》4.1.4条，场地覆盖层厚度为：$6+2+14=22\mathrm{m}>20\mathrm{m}$，根据《抗规》4.1.5条，取 $d_0=20\mathrm{m}$

$$t=\sum_{i=1}^{n}(d_i/v_{si})=6/130+2/90+12/195=0.13\mathrm{s}$$

$$v_{se}=\frac{d_0}{t}=\frac{20}{0.13}=153.8\mathrm{m/s},\ 150\mathrm{m/s}<v_{se}\leqslant 250\mathrm{m/s}$$

查《抗规》表4.1.6，Ⅱ类场地，故选（B）项。

二、天然地基和基础

> ● 复习《抗规》4.2.1条～4.2.4条。

三、液化土和软土地基

> ● 复习《抗规》4.3.1条～4.3.12条。

【例4.11.3-1】（2011B15）某建筑场地位于8度抗震设防区，场地土层分布及土性如图4.11.3-1所示，其中粉土的黏粒含量百分率为14，拟建建筑基础埋深为1.5m，已知地面以下30m土层地质年代为第四纪全新世。试问，当地下水位在地表下5m时，按《建筑抗震设计规范》GB 50011—2010的规定，下述观点何项正确？

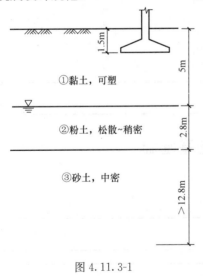

图 4.11.3-1

(A) 粉土层不液化，砂土层可不考虑液化影响

(B) 粉土层液化，砂土层可不考虑液化影响

(C) 粉土层不液化，砂土层需进一步判别液化影响

(D) 粉土层、砂土层均需进一步判别液化影响

【解答】根据《抗规》4.3.3条第2款，粉土的黏粒含量百分率，在8度时不小于13可判为不液化土，因为本题为14＞13，故粉土层不液化。

$d_b=1.5\mathrm{m}<2\mathrm{m}$ 取 $2\mathrm{m}$，查表4.3.3，$d_0=8$，代入公式（4.3.3-3），

$d_u+d_w=7.8+5=12.8\mathrm{m}>1.5d_0+2d_b-4.5=1.5\times8+2\times2-4.5=11.5\mathrm{m}$，故砂土层可不考虑液化影响。

故选（A）项。

【例4.11.3-2】（2013B12）某扩建工程的边柱紧邻既有地下结构，抗震设防烈度8度，设计基本地震加速度值为 $0.3g$，设计地震分组第一组，基础采用直径800mm泥浆护壁旋挖成孔灌注桩，图4.11.3-2为某边柱等边三桩承台基础图，柱截面尺寸为500mm×1000mm，基础及其以上土体的加权平均重度为 $20\mathrm{kN/m^3}$。

假定，地下水位以下的各层土处于饱和状态，②层粉砂A点处的标准贯入锤击数（未经杆长修正）为16击，图4.11.3-2给出了①、③层粉质黏土的液限 w_L、塑限 w_P 及

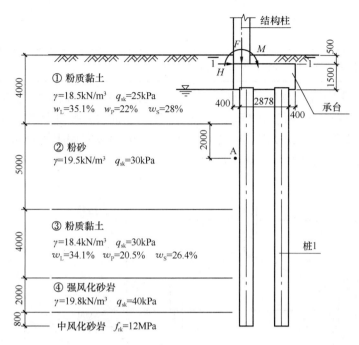

图 4.11.3-2

含水量 w_s。试问，下列关于各地基土层的描述中，何项是正确的？

(A) ①层粉质黏土可判别为震陷性软土

(B) A 点处的粉砂为液化土

(C) ③层粉质黏土可判别为震陷性软土

(D) 该地基上埋深小于 2m 的天然地基的建筑可不考虑②层粉砂液化的影响

【解答】根据《抗规》4.3.11 条，对①层土，$w_s = 28\% < 0.9 w_L = 0.9 \times 35.1\% = 31.6\%$

对③层土，$w_s = 26.4\% < 0.9 w_L = 0.9 \times 34.1\% = 30.7\%$

二者均不满足震陷性软土的判别条件，因此选项 (A)、(C) 不正确。

对②层粉砂中的 A 点，根据《抗规》式 (4.3.4)：

$N_{cr} = 16 \times 0.8 \times [\ln(0.6 \times 6 + 1.5) - 0.1 \times 2] \times \sqrt{3/3} = 18.3 > N = 16$

因此，A 点处的粉砂可判为液化土，(B) 为正确答案。

思考： 对于 (D) 项：

由于 $d_u = 4m$，$d_w = 2m$，$d_b = 2m$，$d_0 = 8m$

$d_u = 4m$，$d_0 + d_b - 2 = 8 + 2 - 2 = 8m$

$d_u < d_0 + d_b - 2$

$d_w = 2m$，$d_0 + d_b - 3 = 8 + 2 - 3 = 7m$

$d_w < d_0 + d_b - 3$

$d_u + d_w = 6m$，$1.5 d_0 + 2 d_b - 4.5 = 12 + 4 - 4.5 = 11.5m$

$d_u + d_w < 1.5 d_0 + 2 d_b - 4.5$

浅埋天然地基的建筑，可不考虑液化影响的条件均不满足，因此 (D) 不正确。

四、桩基

● 复习《抗规》4.4.1 条～4.4.6 条。

【例 4.11.4-1】某建筑物地基基础设计等级为乙级，其柱下桩基采用预应力高强度混凝土管桩（PHC 桩），桩外径为 400mm，壁厚 95mm，桩尖为敞口形式。有关地基各土层分布情况、地下水位、桩端极限端阻力标准值 q_{pk}、桩侧极限侧阻力标准值 q_{sk} 及桩的布置、柱及承台尺寸等，如图 4.11.4-1 所示。

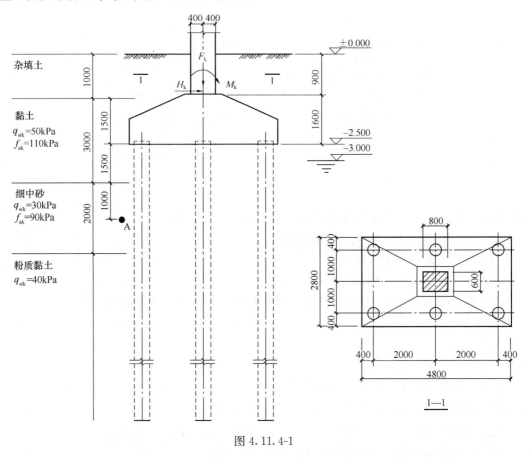

图 4.11.4-1

该建筑工程的抗震设防烈度为 7 度，设计地震分组为第一组，设计基本地震加速度值为 0.15g。细中砂层土初步判别认为需要进一步进行液化判别，土层厚度中心 A 点的标准贯入锤击数实测值 N 为 6。试问，当考虑地震作用，按《建筑桩基技术规范》JGJ 94—2008 计算桩的竖向承载力特征值时，细中砂层土的液化影响折减系数 ψ_l，应取下列何项数值？

提示：按《建筑抗震设计规范》GB 50011—2010 解答。

(A) 0　　　　　　(B) 1/3　　　　　　(C) 2/3　　　　　　(D) 1.0

【解答】根据《抗规》4.3.4 条规定，7 度（0.15g），查《抗规》表 4.3.4，取 $N_0=$ 10；设计地震分组为第一组，取 $\beta=0.80$

$$N_{cr} = N_0 \beta \left[\ln(0.6d_s + 1.5) - 0.1d_w\right]\sqrt{3/\rho_c}$$

$$= 10 \times 0.80 \times \left[\ln(0.6 \times 5 + 1.5) - 0.1 \times 3\right]\sqrt{3/3} = 9.6$$

根据《桩规》5.3.12 条及表 5.3.12：

$$\lambda_N = \frac{N}{N_{cr}} = \frac{6}{9.6} = 0.625 \begin{matrix} > 0.6 \\ < 0.8 \end{matrix}$$

并且 $d_1 = 5\text{m} < 10\text{m}$，故取 $\psi_l = 1/3$

故选（B）项。

第十二节 《既有地规》

一、基本规定

> - 复习《既有地规》1.0.1 条～1.0.3 条。
> - 复习《既有地规》3.0.1 条～3.0.11 条。

【例 4.12.1-1】关于既有建筑地基基础设计有下列主张，其中何项正确？

（B）在低层或建筑荷载不大的既有建筑地基基础加固设计中，应进行地基承载力验算和地基变形计算

（A）、（C）、（D）略

【解答】根据《既有地规》3.0.4 条，（B）项正确。

二、地基基础鉴定

> - 复习《既有地规》4.1.1 条～4.3.4 条。

三、地基基础计算

> - 复习《既有地规》5.1.1 条～5.3.5 条。
> - 复习《既有地规》附录 A、B、C。

【例 4.12.3-1】关于既有建筑地基基础设计有下列主张，其中何项不正确？

（A）当场地地基无软弱下卧层时，测定的既有建筑基础再增加荷载时，变形模量的试验压板尺寸不宜小于 2.0m²

（C）测定地下水位以上的既有建筑地基的承载力时，应使试验土层处于干燥状态，试验板的面积宜取 0.25～0.50m²

（B）、（D）略

【解答】根据《既有地规》附录 B.0.1 和 B.0.2 条，（A）正确。

根据《既有地规》附录 A.0.1 和 A.0.2 条，应保持试验土层的原状结构和天然湿度，（C）错误。

四、增层改造

> ● 复习《既有地规》6.1.1条～6.3.6条。

五、加固

1. 纠倾加固

> ● 复习《既有地规》7.1.1条～7.3.3条。

2. 移位加固

> ● 复习《既有地规》8.1.1条～8.3.5条。

3. 托换加固

> ● 复习《既有地规》9.1.1条～9.3.2条。

六、事故预防与补救

> ● 复习《既有地规》10.1.1条～10.6.3条。

七、加固方法

> ● 复习《既有地规》11.1.1条～11.9.7条。

【例 4.12.7-1】　（2018B10）某框架结构柱下设置两柱承台，工程桩采用先张法预应力混凝土管桩，桩径500mm；桩基施工完成后，由于建筑加层，柱竖向力增加，设计采用锚杆静压桩基础加固方案。基础横剖面、场地土分层情况如图4.12.7-1所示。

上部结构施工过程中，该加固部位的结构自重荷载变化如表4.12.7-1所示。假定，锚杆静压钢管桩单桩承载力特征值为300kN，压桩力系数取2.0，最大压桩力即为设计最终压桩力。试问，为满足两根锚杆静压桩的同时正常施工和结构安全，上部结构需完成施工的最小层数，与下列何项数值最为接近？

表 4.12.7-1

上部结构施工完成的层数	1	2	3	4	5	6
加固部位结构自重荷载（kN）	500	800	1050	1300	1550	1700

提示：① 按《既有建筑地基基础加固技术规范》JGJ 123—2012 作答；
　　　② 不考虑工程桩的抗拔作用。

(A) 3　　　　　　(B) 4　　　　　　(C) 5　　　　　　(D) 6

【解答】 根据《既有地规》11.4.3条第7款：

设计最终压桩力为 $300 \times 2 \times 2 = 1200$kN；

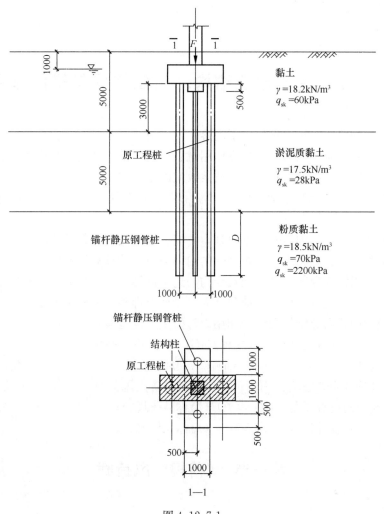

图 4.12.7-1

根据《既有地规》11.4.2条第2款：

施工时，压桩力不得大于该加固部分的结构自重荷载，根据题目表，4层施工结束后，加固部位结构自重荷载为1300kN，大于1200kN，满足要求。

故选（B）项。

八、检验与监测

* 复习《既有地规》12.1.1条~12.3.9条。

【例4.12.8-1】关于既有建筑地基基础设计有下列主张，其中何项正确？

（A）、（B）、（C）略

（D）基础补强注浆加固适用于因不均匀沉降、冻胀或其他原因引起的基础裂损的加固

【解答】根据《既有地规》11.2.1条，（D）正确。

第五章 高层建筑结构、高耸结构与横向作用

根据考试大纲要求，重点把握以下内容：

（1）了解竖向荷载、风荷载和地震作用对高层建筑结构和高耸结构的影响；掌握风荷载和地震作用的取值标准和计算方法、荷载效应的组合方法。

（2）掌握常用高层建筑结构（框架、剪力墙、框架-剪力墙和筒体等）的受力性能及适用范围。

（3）熟悉概念设计的内容及基本原则，并能运用于高层建筑结构的体系选择，结构布置和抗风、抗震设计。熟悉高层建筑结构的内力与位移的计算原理。

（4）掌握常用钢筋混凝土高层建筑结构的近似计算方法、截面设计方法和构造措施。

（5）对高耸结构的选型要求、荷载计算、设计原理和主要构造有基本的了解。

高层建筑结构、高耸结构及横向作用设计的主要规范有：

（1）《高层建筑混凝土结构技术规程》JGJ 3（简称《高规》）；

（2）《烟囱设计规范》GB 50051（简称《烟规》）；

（3）《建筑设计防火规范》GB 50016（简称《防火规范》）；

（4）《建筑结构荷载规范》GB 50009（简称《荷规》）；

（5）《建筑抗震设计规范》GB 50011（简称《抗规》）。

第一节 《荷规》风荷载

一、顺风向风荷载

1. 计算主要受力结构时采用的风荷载。

> ● 复习《高规》4.2.1 条～4.2.4 条。

需注意的是：

（1）《高规》4.2.2 条的条文说明，设计使用年限 50 年，取 50 年重现期的基本风压 w_0，当 $H>60\mathrm{m}$，承载力设计时，取 $1.1w_0$。

《高规》5.6.1 条～5.6.4 条的条文说明，设计使用年限 100 年，取 100 年重现期的基本风压 w_0，当 $H>60\mathrm{m}$，承载力设计时，取 $1.1w_0$。

（2）《高规》附录 B 的规定。

（3）《高规》4.2.3 条中，μ_s 为综合体型系数（即：结构整体的风荷载体型系数），而《荷规》中 μ_s 为各个表面的体型系数。

> ● 复习《荷规》8.4.1 条～8.4.7 条。

需注意的是：

（1）《荷规》8.4.4 条公式（8.4.4-2）中，当 $H > 60\text{m}$，承载力设计时，取 $1.1w_0$ 进行计算。此外，$f_1 = \dfrac{1}{T_1}$，房屋建筑为空间结构，分别计算正交方向 X、Y 方向的风荷载时，T_1 分别按 X、Y 方向的结构基本自振周期 T_{1X}、T_{1Y} 计算。

（2）《荷载》8.4.6 条式（8.4.6-2）中 B 为结构迎风面宽度。

（3）风荷载效应包括内力、变形等。

【例 5.1.1-1】 某大城市郊区一高层建筑，平面外形为正六边形，采用钢筋混凝土框架-核心筒结构，地上 28 层，地下 2 层，地面以上高度为 90m，屋面有小塔架，如图 5.1.1-1 所示。

提示： 按《高层建筑混凝土结构技术规程》JGJ 3—2010 作答，可忽略扭转影响。

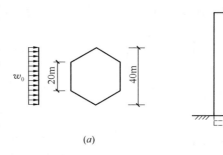

图 5.1.1-1
（a）建筑平面示意图；（b）建筑立面示意图

试问：

（1）假定，已求得 90m 高度屋面处的风振系数为 1.36，风压高度变化系数 $\mu_{90} = 1.93$，50 年一遇基本风压 $w_0 = 0.7\text{kN/m}^2$。试问，计算主体结构的风荷载产生的内力时，90m 高度屋面处的水平风荷载标准值 w_k（kN/m^2），与下列何项数值最为接近？

（A）2.2 　　　　（B）2.7 　　　　（C）3.0 　　　　（D）3.3

（2）假定，作用于 90m 高度屋面处的水平风荷载标准值 $w_k = 2.5\text{kN/m}^2$；由突出屋面小塔架的风荷载产生的作用于屋面的水平剪力标准值 $\Delta P_{90} = 250\text{kN}$，弯矩标准值 $\Delta M_{90} = 750\text{kN·m}$；风荷载沿高度按倒三角形分布（地面处为 0）。试问在建筑物底部（地面处）风荷载产生的倾覆力矩的标准值（kN·m），与下列何项数值最为接近？

（A）292500 　　　（B）293250 　　　（C）409500 　　　（D）410550

【解答】（1）根据《高规》4.2.3 条：

$$\mu_s = 0.8 + \frac{1.2}{\sqrt{n}} = 0.8 + \frac{1.2}{\sqrt{6}} = 1.29$$

由《高规》4.2.1 条、4.2.2 条：

$$w_0 = 1.1 \times 0.7 = 0.77\text{kN/m}^2$$

$$w_k = \beta_z \mu_s \mu_z w_0 = 1.36 \times 1.29 \times 1.93 \times 0.77 = 2.61\text{kN/m}^2$$

故选（B）项。

（2）高度 90m 处风荷载：$F_{k90} = w_k \cdot B = 2.5 \times 40 = 100\text{kN/m}$

$$M_z = \Delta P_{90} \times H + \Delta M_{90} + \frac{1}{2} \times \frac{2}{3} \times F_{k90} \times H^2$$

$$= 250 \times 90 + 750 + \frac{1}{2} \times \frac{2}{3} \times 100 \times 90^2$$

$$= 293250\text{kN·m}$$

故选（B）项。

【例 5.1.1-2】某 15 层框架-剪力墙结构，其平立面示意如图 5.1.1-2 所示，质量和刚度沿竖向分布均匀，对风荷载不敏感，房屋高度 58m，首层层高 5m，二～五层层高4.5m，其余各层层高均为 3.5m，该房屋属丙类建筑，所在地区抗震设防烈度为 7 度，设计基本地震加速度为 $0.15g$，Ⅲ类场地，设计地震分组为第一组。

已知该建筑物位于城市郊区，地面粗糙度为 B 类，所在地区基本风压 $w_0=0.65\text{kN/m}^2$，屋顶处的风振系数 $\beta_z=1.402$。试问，在图 5.1.1-2 所示方向的风荷载作用下，屋顶 1m 高度范围内 Y 向的风荷载标准值 w_k（kN/m^2），与下列何项数值最为接近？

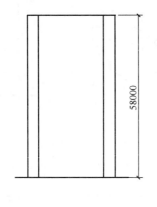
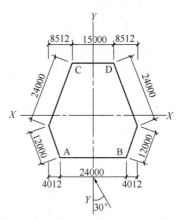

图 5.1.1-2

提示：按《高层建筑混凝土结构技术规程》JGJ 3—2010 作答。

(A) 1.28　　　　(B) 1.59　　　　(C) 1.91　　　　(D) 3.43

【解答】根据《荷规》8.2.1 条，B 类粗糙度，$z=58\text{m}$：

$$\mu_z = 1.62 + \frac{1.71-1.62}{60-50} \times (58-50) = 1.692$$

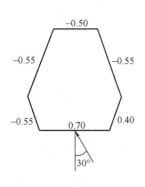

图 5.1.1-3

根据《高规》附录 B.0.1 条，风荷载体型系数，如图5.1.1-3 所示。按承载力设计，由《高规》4.2.2 条，$H=58\text{m}$ $<60\text{m}$，取 $w_0=0.65\text{kN/m}^2$。在 58m 处 1m 高范围内风力为 F：

$$F = \beta_z\mu_z w_0 \sum(B_i\mu_{si}\cos\alpha_i) \times 1.0$$
$$= 1.402 \times 1.692 \times 0.65 \times (24 \times 0.7 - 0.55 \times 4.012$$
$$+ 0.55 \times 8.512 + 0.5 \times 15 + 0.55 \times 8.512 + 0.40$$
$$\times 4.012) \times 1.0$$
$$= 50.978\text{kN}$$

$$\text{折算为面荷载} = \frac{50.978}{(24+2\times4.012)\times1}$$
$$= 1.592\text{kN/m}^2$$

故选（B）项。

【例 5.1.1-3】某地上 16 层、地下 1 层的现浇钢筋混凝土框架-剪力墙办公楼，如图 5.1.1-4 所示。房屋高度为 64.2m，该建筑地下室至地上第 3 层的层高均为 4.5m，其余各层层高均为 3.9m，质量和刚度沿高度分布比较均匀，丙类建筑，抗震设防烈度为 7 度，设计基本地震加速度为 0.15g，设计地震分组为第一组，Ⅲ类场地。

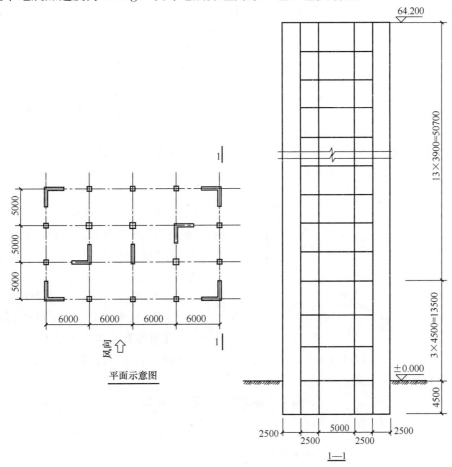

图 5.1.1-4

假定，该建筑所在地区的基本风压为 0.40kN/m² （50 年一遇），地面粗糙度为 B 类，风向如图 25-29 （Z） 所示，风载沿房屋高度方向呈倒三角形分布，地面处（±0.000）为 0，屋顶高度处风振系数为 1.42，L 形剪力墙厚度均为 300mm。试问，承载力设计时，在图示风向风荷载标准值作用下，在(±0.000)处产生的倾覆力矩标准值 M_{wk} （kN·m）与下列何项数值最为接近？

提示： ① 按《高层建筑混凝土结构技术规程》JGJ 3—2010 计算风荷载体型系数；
② 假定风作用面宽度为 24.3m。

(A) 42000   (B) 49000   (C) 52000   (D) 68000

【解答】 根据《高规》附录 B，风荷载体型系数 $\mu_{s1}=0.80$

$$\mu_{s2}=-\left(0.48+0.03\frac{H}{L}\right)=-\left(0.48+0.03\times\frac{64.2}{24.3}\right)=-0.56$$

$$\mu_s = \mu_{s1} - \mu_{s2} = 0.8 - (-0.56) = 1.36$$

根据《荷规》表 8.2.1：

$$风压高度变化系数 \ \mu_z = 1.71 + \frac{1.79 - 1.71}{70 - 60} \times (64.2 - 60) = 1.74$$

根据《高规》4.2.2 条及其条文说明，$H = 64.2m > 60m$

承载力设计时，$w_0 = 1.1 \times 0.40 = 0.44 kN/m^2$

$$w_k = \beta_z \mu_s \mu_z w_0 = 1.42 \times 1.36 \times 1.74 \times 0.44 = 1.48 kN/m^2$$

顶部 $w_k = 1.48 \times 24.3 = 35.964 kN/m$

$$M_{wk} = \frac{1}{2} \times 35.964 \times 64.2 \times \left(\frac{2}{3} \times 64.2\right) = 49410 kN \cdot m$$

故选（B）项。

【例 5.1.1-4】（2016T27）某地上 35 层的现浇钢筋混凝土框架-核心筒公寓，质量和刚度沿高度分布均匀，房屋高度为 150m。基本风压 $w_0 = 0.65 kN/m^2$，地面粗糙度为 A 类。

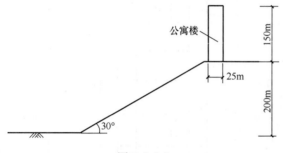

假定，该建筑位于山区山坡上，如图 5.1.1-5 所示。试问，该结构顶部风压高度变化系数 μ_z，与下列何项数值最为接近？

(A) 6.1　　　　(B) 4.1

(C) 3.3　　　　(D) 2.5

【解答】 A 类地面、$H = 150m$，查《荷规》表 8-2-1，取 $\mu_z = 2.46$

图 5.1.1-5

由《荷规》8.2.2 条：

$$\tan\alpha = \tan 30° = 0.58 > 0.3$$

故取 $\tan\alpha = 0.3$

$$\eta = \left[1 + K\tan\alpha\left(1 - \frac{z}{2.5H}\right)\right]^2$$

$$= \left[1 + 1.4 \times 0.3 \times \left(1 - \frac{150}{2.5 \times 200}\right)\right]^2 = 1.67$$

$$\mu_z = 1.67 \times 2.46 = 4.11$$

故选（B）项。

2. 围护结构计算时采用的风荷载

- 复习《荷规》8.1.1 条、8.3.3 条、8.3.4 条、8.3.5 条。
- 复习《高规》4.2.8 条。

需注意的是：

(1)《荷规》8.1.1 条第 2 款公式（8.1.1-2）中 w_0 取值，依据《荷规》8.1.2 条的条文说明，设计使用年限 50 年或者设计使用年限 100 年，均按重现期为 50 年的基本风压 w_0 计算。承载力计算时，基本风压 w_0 均不考虑增大系数 1.1。

(2)《荷规》8.3.3 条规定。

（3）《荷规》8.3.4条区分墙面和屋面，并且屋面又细分为两类，$|\mu_{sl}|>1.0$的屋面；$|\mu_{sl}|\leqslant1.0$的屋面。

从屋面积折减系数不适用于《荷规》8.3.5条。

（4）《荷规》8.3.5条中注1、2的规定，及本条文说明。

【例5.1.1-5】某12层办公楼，房屋高度为46m，采用现浇钢筋混凝土框架-剪力墙结构，质量和刚度沿高度分布均匀且对风荷载不敏感，地面粗糙度B类，所在地区50年重现期的基本风压为$0.65kN/m^2$，拟采用两种平面方案如图5.1.1-6所示。假定，在如图所示的风作用方向，两种结构方案在高度z处的风振系数β_z相同。

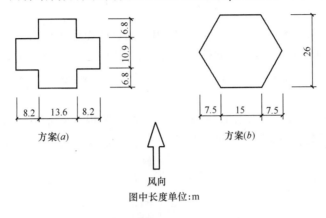

方案(a) 风向 方案(b)

图中长度单位:m

图5.1.1-6

假定，采用方案（b），拟建场地地势平坦，试问，对幕墙结构进行抗风设计时，屋顶高度处中间部位迎风面围护结构的风荷载标准值（kN/m^2），与下列何项数值最为接近？

提示：按《建筑结构荷载规范》GB 50009—2012作答，不计建筑物内部压力。

(A) 1.3　　　　(B) 1.6　　　　(C) 2.3　　　　(D) 2.9

【解答】根据《荷规》8.1.1条：

本工程地面粗糙度类别为B类，由《荷规》表8.2.1可得：

$$\mu_z = 1.52 + \frac{46-40}{50-40} \times (1.62-1.52) = 1.580$$

由规范表8.6.1可得：$\beta_{gz} = 1.57 - \frac{46-40}{50-40}(1.57-1.55) = 1.558$

根据规范8.3.3条及8.3.1条：

$$\mu_{sl} = 1.25 \times 0.8 = 1.0$$

则：$w_k = 1.558 \times 1.0 \times 1.580 \times 0.65 = 1.60kN/m^2$

故选（B）项。

3. 风力相互干扰的群体效应

● 复习《荷规》8.3.2条。

需注意的是：

（1）《荷规》8.3.2条中相互干扰系数不适用于《荷规》8.3.3条中μ_{sl}值。

（2）《荷规》8.3.2条的条文说明图6、图7分别是顺风向、横风向风荷载相互干扰系数。

二、横风向风振等效风荷载

《高规》4.2.5 条、4.2.6 条作了相应规定。《荷规》8.5 节作了规定。

1. 圆形截面结构

- 复习《荷规》8.5.3 条。
- 复习《荷规》附录 H.1。

需注意的是：

(1)《荷规》8.5.3 条公式（8.5.3-3）适用于任意截面形式结构。

设计使用年限为 50 年，取 50 年重现期的基本风压 w_0，当 $H > 60\text{m}$，承载力计算时，取 $1.1w_0$ 代入公式（8.5.3-3）进行计算 v_H。此外，ρ 的量纲为 kg/m^3。一般地，取 $\rho = 1.25\text{kg/m}^3$。

(2)《荷规》附录公式（H.1.1-1）中 v_{cr}，依据《荷规》8.5.2 条、8.5.3 条的条文说明，其分别对应不同的结构自振周期（T_{L1}，T_{L2}，…），即：

$$v_{cr1} = \frac{D}{T_{L1}St}$$

$$v_{cr2} = \frac{D}{T_{L2}St}$$

(3) 跨临界强风共振为确定性振动，故不能采用随机振动 SRSS、CQC 组合法。

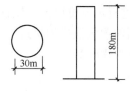

图 5.1.2-1

【例 5.1.2-1】 某 43 层钢筋混凝土框架-核心筒高层建筑，属于普通办公楼，建于非地震区，如图 5.1.2-1 所示，圆形平面，直径为 30m，房屋地面以上高度为 180m；质量和刚度沿竖向分布均匀，可忽略扭转影响，按 50 年重现期的基本风压为 0.6kN/m^2；按 100 年重现期的基本风压为 0.7kN/m^2，地面粗糙度为 B 类，结构基本自振周期 $T_1 = 2.78\text{s}$。设计使用年限为 50 年。

该建筑物底部 8 层的层高均为 5m，其余各层层高均为 4m，当按承载能力设计，校核第一振型横向风振时，试问，其临界风速起点高度位于下列何项楼层范围内？

提示： 空气密度 $\rho = 1.25\text{kg/m}^3$。

(A) 16 层   (B) 18 层   (C) 20 层   (D) 22 层

【解答】 根据《荷规》8.5.3 条：

$$v_{cr} = \frac{D}{T_iSt} = \frac{30}{2.78 \times 0.2} = 53.957\text{m/s}$$

B 类、$z = 180\text{m}$，查《荷规》表 8.2.1，$\mu_H = 2.376$；取 $w_0 = 0.6 \times 1.1 = 0.66\text{kN/m}^2$，$\rho = 1.25\text{kg/m}^3$

$$v_H = \sqrt{\frac{2000\mu_H w_0}{\rho}} = \sqrt{\frac{2000 \times 2.376 \times 0.66}{1.25}} = 50.090\text{m/s}$$

由《荷规》附录 H.1.1 条：

起始点高度：$H_1 = H \times \left(\dfrac{v_{cr}}{1.2v_H}\right)^{1/\alpha}$

$$=180\times\left(\frac{53.957}{1.2\times50.090}\right)^{1/0.15}=87.64\text{m}$$

起始点层数 i：

$$i=\frac{87.64-8\times5}{4}+8=19.9\,\text{层}$$

故选（C）项。

2. 矩形截面结构

● 复习《荷规》附录 H.2。

需注意的是：

(1)《荷规》H.2.1 条，B、D 均为相对的概念，与分析的风向有关。

《荷规》H.2.1 条第 3 款，v_H 可按公式（8.5.3-3）计算。

(2)《荷规》表 H.2.5 中，"折减频率"应为"折算频率"。

【例 5.1.2-2】 某 50 层钢筋混凝土结构办公楼房屋，如图 5.1.2-2 所示，结构 X 方向第一阶周期（自振周期）$T_{1x}=5.10\text{s}$，Y 方向第一阶周期 $T_{1y}=4.80\text{s}$，扭转第一自振周期 $T_{T1}=3.20\text{s}$。地面粗糙度为 B 类。设计使用年限为 50 年，50 年重现期的基本风压 $w_0=0.60\text{kN/m}^2$。已知横风向广义风力功率谱 $S_{FL}=0.003$。风压高度变化系数 $\mu_z=2.63$。

试问：

(1) 按承载力设计时，对于该结构的横风向风振等效风荷载按《荷规》H.2.1 条计算的说法，下列何项正确？

（A）仅 X 方向的横风向风振等效风荷载计算符合规范要求

（B）仅 Y 方向的横风向风振等效风荷载计算符合规范要求

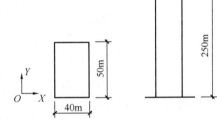

图 5.1.2-2

（C）上述（A）、（B）均符合规范要求

（D）上述（A）、（B）均不符合规范要求

(2) 按承载力设计，取 $v_H=50\text{m/s}$，风沿 Y 方向时，结构顶部横风向风振等效风荷载标准值（kN/m^2），与下列何项数值最接近？

（A）2.35　　　　　（B）2.84　　　　　（C）3.35　　　　　（D）3.62

【解答】（1）根据《荷规》H.2.1 条，取 $w_0=1.1\times0.6=0.66\text{kN/m}^2$。

$$v_H=\sqrt{\frac{2000\mu_H w_0}{\rho}}=\sqrt{\frac{2000\times2.36\times0.66}{1.25}}=49.92\text{m/s}$$

顺风向沿 X 方向时，横风向作用方向为 Y 轴，$B=50\text{m}$，$D=40\text{m}$

$$\frac{v_H T_{L1}}{\sqrt{BD}}=\frac{49.92\times4.80}{\sqrt{50\times40}}=5.36<10$$

$$D/B=40/50=0.8\begin{matrix}<2\\>0.5\end{matrix},\quad\frac{H}{\sqrt{DB}}=\frac{250}{\sqrt{40\times50}}=5.59\begin{matrix}<8\\>4\end{matrix}$$

故可按《荷规》H.2.1 条计算 Y 轴方向的横风向风振等效风荷载。

同理，顺风向沿 Y 方向时，$B=40\text{m}$，$D=50\text{m}$

$$\frac{v_H T_{L1}}{\sqrt{BD}} = \frac{49.92 \times 5.10}{\sqrt{50 \times 40}} = 5.69 < 10$$

$$D/B = \frac{50}{40} = 1.25 \begin{array}{c} <2 \\ >0.5 \end{array}, \quad \frac{H}{\sqrt{DB}} = 5.59 \begin{array}{c} <8 \\ >4 \end{array}$$

故也可按《荷规》H.2.1 条计算 X 轴方向的横风向风振等级风荷载。

故选（C）项。

（2）根据《荷规》附录 H.2.3 条：

B 类地面，$\gamma_{CM} = C_R - 0.019\left(\dfrac{D}{B}\right)^{-2.54} = 0.211 - 0.019 \times \left(\dfrac{50}{40}\right)^{-2.54} = 0.2002$

$$C'_L = (2 + 2\alpha)C_m \gamma_{CM}$$
$$= (2 + 2 \times 0.15) \times 1.0 \times 0.2002 = 0.4605$$

由附录 H.2.4 条：

$$K_L = \frac{1.4}{(\alpha + 0.95)C_m} \cdot \left(\frac{z}{H}\right)^{-2\alpha + 0.9} = \frac{1.4}{(0.15 + 0.95) \times 1.0} \times 1 = 1.273$$

$$T^*_{L1} = \frac{v_H T_{L1}}{9.8B} = \frac{50 \times 5.1}{9.8 \times 40} = 0.651\text{s}$$

$$\xi_{a1} = \frac{0.0025 \times (1 - 0.651^2) \times 0.651 + 0.000125 \times 0.651^2}{(1 - 0.651^2)^2 + 0.0291 \times 0.651^2}$$
$$= 0.0029$$

$$R_L = K_L \sqrt{\frac{\pi S_{FL} C_{sm} / \gamma^2_{CM}}{4(\xi_1 + \xi_{a1})}} = 1.273 \times \sqrt{\frac{\pi \times 0.003 \times 1.0 / 0.2002^2}{4 \times (0.05 + 0.0029)}}$$
$$= 1.273 \times 1.054 = 1.342$$

由规范式（H.2.2）

$$w_{LK,顶部} = g w_0 \mu_z C'_L \sqrt{1 + R^2_L}$$
$$= 2.5 \times 0.66 \times 2.63 \times 0.4605 \times \sqrt{1 + 1.342^2} = 3.34\text{kN/m}^2$$

故选（C）项。

三、扭转风振等效风荷载

- 复习《荷规》8.5.5 条。
- 复习《荷规》附录 H.3。

【例 5.1.3-1】题目条件同【例 5.1.2-1】。已知结构刚度、质量的偏心率小于 0.2。取 $v_H = 49.92\text{m/s}$。

试问，关于该结构的扭转风振等效风荷载按《荷规》H.3.1 条计算的说法，下列何项正确？

（A）风沿 X 方向时，扭转风振等效风荷载符合规范要求

（B）风沿 Y 方向时，扭转风振等效风荷载符合规范要求

（C）上述（A）、（B）均符合规范要求

（D）上述（A）、（B）均不符合规范要求

【解答】根据《荷规》附录 H.3.1 条：

① 顺风向沿 X 方向时，$B=50\text{m}$，$D=40\text{m}$：

$$\frac{H}{\sqrt{BD}} = \frac{250}{\sqrt{50 \times 40}} = 5.59 < 6, \quad \frac{D}{B} = \frac{40}{50} = 0.8 < 1.5$$

故不符合。

② 顺风向沿 Y 方向时，$B=40\text{m}$，$D=50\text{m}$：

$$\frac{H}{\sqrt{BD}} = 5.59 < 6, \quad \frac{D}{B} = \frac{50}{40} = 1.25 < 1.5$$

故不符合。

所以应选（D）项。

思考：假定结构平面尺寸为 $60\text{m} \times 36\text{m}$，其他条件不变，则：

顺风向沿 Y 方向时，$B=36\text{m}$，$D=60\text{m}$：

$$\frac{H}{\sqrt{BD}} = \frac{250}{\sqrt{36 \times 60}} = 5.4 < 6, \quad \frac{D}{B} = \frac{60}{36} = 1.67 \begin{array}{l} < 5.0 \\ > 1.5 \end{array}$$

$$\frac{T_{T1}U_H}{\sqrt{BD}} = \frac{3.2 \times 49.92}{\sqrt{36 \times 60}} = 3.43 < 10$$

故符合《荷规》H.3.1 条要求。

四、风荷载组合工况

- 复习《荷规》8.5.6 条。

需注意的是：

(1)《荷规》公式（8.5.6-3）中，T_{TK} 的量纲为：$\text{kN} \cdot \text{m/m}$。

(2)《荷规》表 8.5.6 的内涵是：

当风沿 X 轴方向（顺方向为 X 轴方向）时，风荷载组合工况为：工况 1，工况 2，工况 3，见表 5.1.4-1。

当顺方向为 Y 轴方向时，风荷载组合工况为：工况 1，工况 2，工况 3，见表 5.1.4-2。

表 5.1.4-1

\	顺风向	横风向	扭转方向
工况 1	F_{DK}（用 T_{1x}）	—	—
工况 2	$0.6F_{DK}$（用 T_{1x}）	F_{LK}（用 T_{1y}）	—
工况 3	—	—	T_{TK}（用 T_{T1}）

表 5.1.4-2

\	顺风向	横风向	扭转方向
工况 1	$F_{水}$（用 T_{1y}）	—	—
工况 2	$0.6F_{DK}$（用 T_{1y}）	F_{LK}（用 T_{1x}）	—
工况 3	—	—	T_{TK}（用 T_{T1}）

五、舒适度验算

> • 复习《高规》3.7.6条。
> • 复习《荷规》附录J。

需注意的是：

(1)《高规》3.7.6条，取10重现期的风压 w_R 计算风振加速度。

(2)《高规》3.7.6条的条文说明，风振反应加速度包括顺风向最大加速度、横风向最大加速度、扭转角速度。

【例5.1.5-1】（2016T26）某地上35层的现浇钢筋混凝土框架-核心筒公寓，质量和刚度沿高度分布均匀，房屋高度为150m。基本风压 $w_0=0.65\text{kN/m}^2$，地面粗糙度为A类。

进行结构方案比较时，将该结构的外框架改为钢框架。假定，修改后的结构基本自振周期 $T_1=4.7\text{s}$（Y向平动），修改后的结构阻尼比取0.04。试问，在进行风荷载作用下的舒适度计算时，修改后Y向结构顶点顺风向风振加速度的脉动系数 η_a，与下列何项数值最为接近？

提示：按《建筑结构荷载规范》GB 50009—2012作答。

(A) 1.6　　　　(B) 1.9　　　　(C) 2.2　　　　(D) 2.5

【解答】根据《荷规》附录J：

由《荷规》8.4.4条：$x_1=\dfrac{30f_1}{\sqrt{k_w w_0}}=\dfrac{30\times\dfrac{1}{4.7}}{\sqrt{1.28\times0.65}}=7$

$\zeta_1=0.04$，由《荷规》表J.1.2，取 $\eta_a=1.90$

故选（B）项。

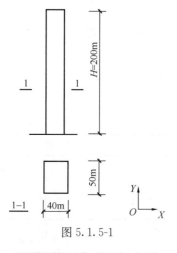

图 5.1.5-1

【例5.1.5-2】某40层钢筋混凝土结构高层办公楼，如图5.1.5-1所示，沿 X 轴方向结构第一阶自振周期 $T_{1x}=4.20\text{s}$，沿 Y 方向结构第一阶自振周期 $T_{1y}=3.80\text{s}$。地面粗糙度为B类。10年重现期的基本风压为 0.30kN/m^2，50年重现期的基本风压为 0.56kN/m^2。设计使用年限为50年。已知：结构单位高度质量 $m=540\text{t/m}$，风荷载体型系数 $\mu_s=1.4$，$\mu_H=2.46$，横风向广义风力功率谱 $S_{FL}=0.002$。

试问，顺风向沿 Y 轴方向时，其顶部的横风向风振加速度（m/s²），最接近于下列何项？

(A) 0.036　　　　(B) 0.042

(C) 0.067　　　　(D) 0.085

【解答】根据《荷规》附录J.2.1条：

由《荷规》H.2.4条：

$$v_H=\sqrt{\frac{2000\mu_H w_0}{\rho}}=\sqrt{\frac{2000\times2.46\times0.56}{1.25}}=46.95\text{m/s}$$

$$T_{L1}^* = \frac{v_H T_{L1}}{9.8B} = \frac{46.95 \times 4.20}{9.8 \times 40} = 0.503\text{s}$$

$$\xi_{a1} = \frac{0.0025 \times (1 - 0.503^2) \times 0.503 + 0.000125 \times 0.503^2}{(1 - 0.503^2)^2 + 0.0291 \times 0.503^2}$$

$$= 0.0017$$

由《荷规》式（J.2.1）：

$$z/H = 1, \text{取} \phi_{L1}(z) = 1.0, B = 40\text{m}, w_R = 0.30\text{kN/m}^2$$

$$a_{L,z} = \frac{2.8 \times 2.5 \times 0.30 \times 2.46 \times 40}{540} \times 1 \times \sqrt{\frac{\pi \times 0.002 \times 1}{4 \times (0.05 + 0.0017)}}$$

$$= 0.067\text{m/s}^2$$

故选（C）项。

第二节 《高规》地震作用

一、地震作用的计算原则

- 复习《高规》4.3.1条～4.3.3条。

需注意的是：

(1) 地震作用（即：地震力）用于计算结构的内力和变形（层间位移等）。

当计算《高规》3.7.3条的弹性层间位移时，由本条注，可知，可不考虑偶然偏心的影响，见表5.2.1-1。

当计算地震产生的内力（剪力、弯矩、轴力等）时，依据《高规》4.3.3条的条文说明，单向水平地震作用应考虑偶然偏心的影响，双向水平地震作用可不考虑偶然偏心，见表5.2.1-1。

表 5.2.1-1

项目		计算方法	偶然偏心
弹性层间位移、层间位移角	单向水平地震作用	1. 底部剪力法 2. 不考虑扭转耦联的振型分解反应谱法 3. 考虑扭转耦联的振型分解反应谱法	可不考虑
内力	单向水平地震作用	1. 底部剪力法 2. 不考虑扭转耦联的振型分解反应谱法 3. 考虑扭转耦联的振型分解反应谱法	应考虑
	双向水平地震作用	考虑扭转耦联的振型分解反应谱法	可不考虑

(2)《高规》4.3.3条的条文说明，质量与刚度分布明显不对称的结构，取双向地震作用可不考虑偶然偏心、单向水平地震作用考虑偶然偏心的计算结果进行比较，取不利情况进行设计。

【例5.2.1-1】（2012B20）某 A 级高度现浇钢筋混凝土框架-剪力墙结构办公楼，各楼层层高 4.0m，质量和刚度分布明显不对称，相邻振型的周期比大于 0.85。

假定，采用振型分解反应谱法进行多遇地震作用下结构弹性分析，由计算得知，某层框架中柱在单向水平地震作用下的轴力标准值如表 5.2.1-2 所示。

表 5. 2. 1-2

情　况	N_{xk}（kN）	N_{yk}（kN）
考虑偶然偏心 考虑扭转耦联	8000	12000
不考虑偶然偏心 考虑扭转耦联	7500	9000
考虑偶然偏心 不考虑扭转耦联	9000	11000

试问，该框架柱进行截面设计时，水平地震作用下的最大轴压力标准值 N（kN），与下列何项数值最为接近？

(A) 13000　　　　(B) 12000　　　　(C) 11000　　　　(D) 9000

【解答】根据《高规》4.3.3 条、4.3.10 条及条文说明：考虑双向地震作用效应计算时，不考虑偶然偏心的影响。

$$N_{Ek}^{双} = \sqrt{7500^2 + (0.85 \times 9000)^2} = 10713kN$$

$$N_{Ek}^{双} = \sqrt{9000^2 + (0.85 \times 7500)^2} = 11029kN > 10713kN$$

取较大值：$N_{Ek}^{双} = 11029kN$

单向地震考虑偶然偏心地震效应：$N_{Ek}^{单} = 12000kN$

最终取 $N_{Ek} = \max(N_{Ek}^{双}, N_{Ek}^{单}) = \max(11029, 12000) = 12000kN$

故选（B）项。

二、底部剪力法

● 复习《高规》4.3.11 条、附录 C。

需注意的是：

(1)《高规》附录表 C.0.1，与《抗规》规定是相同的。

表 C.0.1 注 2，T_1 为考虑折减系数后的结构基本自振周期。

T_1 是指两个正交方向，X 向结构平动的第一阶自振周期；Y 向结构平动的第一阶自振周期。

同理，《高规》表 4.3.12 注 1 的基本周期 T_1，也按上述原则考虑。

(2)《高规》C.0.3 条中增大系数 β_n 的取值，增大后的地震作用仅用于屋面房屋自身，以及与其直接连接的主体结构构件的设计。

【例 5.2.2-1】某 11 层办公楼，无特殊库房，采用钢筋混凝土框架-剪力墙结构，丙类建筑，首层室内外地面高差 0.45m，房屋高度为 39.45m，质量和刚度沿竖向分布均匀，抗震设防烈度为 9 度，建于 Ⅱ 类场地，设计地震分组为第一组，其标准层平面和剖面见图

5.2.2-1 所示。已知首层楼面永久荷载标准值为 11500kN，其余各层楼面永久荷载标准值均为 11000kN，屋面永久荷载标准值为 10500kN，各楼层楼面活荷载标准值均为 2400kN，屋面活荷载标准值为 800kN，折减后的沿 X 轴、Y 轴方向的第一阶平动自振周期分别为：$T_{1x}=0.75s$，$T_{1y}=0.85s$。

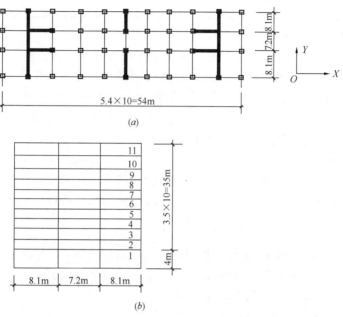

图 5.2.2-1

试问，多遇地震，采用底部剪力法进行方案比较时，沿 Y 轴方向，结构顶层附加地震作用标准值（kN），与下列何项数值最为接近？

提示： 按《高层建筑混凝土结构技术规程》JGJ 3—2010 解答。

(A) 2050　　　　(B) 2250　　　　(C) 2550　　　　(D) 2850

【解答】 根据《高规》4.3.7 条：

II 类场地，设计地震分组为第一组，取 $T_g=0.35s$。

取 $\alpha_{max}=0.32$；$T_g=0.35s$；$T_g<T_{1y}=0.85s<5T_g=1.75s$

$$\alpha_1=\left(\frac{T_g}{T_1}\right)^{\gamma}\eta_2\alpha_{max}=\left(\frac{0.35}{0.85}\right)^{0.9}\times1.0\times0.32=0.14399$$

$$G_1=11500+2400\times0.5=12700kN$$

$$G_{2\sim10}=11000+2400\times0.5=12200kN$$

$$G_{11}=10500+0=10500kN$$

$T_{1y}=0.85s>1.4T_g=0.49s$，由《高规》附录 C.0.1 条表 C.0.1，取 δ_n 为：

$$\delta_n=0.08T_{1y}+0.07=0.08\times0.85+0.07=0.138$$

$$\Delta F_n=F_{Ek}\delta_n=\alpha_1\cdot0.85G_E\delta_n$$

$$=0.14399\times0.85\times(12700+9\times12200+10500)\times0.138$$

$$=2246.37kN$$

故选 (B) 项。

三、振型分解反应谱法

1. 不考虑扭转耦联的振型分解反应谱法

● 复习《高规》4.3.9 条。

需注意的是：

(1)《高规》公式（4.3.9-1）中 F_{ji} 是指水平地震作用（即：水平地震力），而公式（4.3.9-3）中 S、S_j 是指地震作用效应，包括楼层剪力、弯矩和位移，也包括构件内力（弯矩、剪力、轴力、扭矩等）和变形。一般地，地震作用产生的内力简称为地震内力。此外，地震组合内力是指荷载产生的内力与地震产生的内力按地震作用组合得到的组合内力值，故地震内力、地震组合内力是不同的概念。

(2) 结构计算振型数 m 是指某一计算方向（如：X 轴或 Y 轴方向）所选取的振型总个数。《高规》规定了 m 的取值原则；而《抗规》5.2.2 条的条文说明指出，对高柔建筑，其组合的振型个数适当增加。振型个数一般可以取振型参与质量达到总质量 90% 所需的振型数。

(3)《抗规》5.2.2 条的条文说明指出，$S = \sqrt{\sum_{j=1}^{m} s_j^2}$ 称为 SRSS 组合法。

特别注意，当相邻振型的周期比小于 0.85 时，才能采用 SRSS 法。

(4) 何时考虑偶然偏心，见前面表 5.2.1-1。

2. 考虑扭转耦联的振型分解反应谱法

● 复习《高规》4.3.10 条。

▲ 2.1 单向水平地震作用，考虑扭转耦联的振型分解反应谱法

(1)《高规》4.3.10 条式（4.3.10-1）中 F_{xji}、F_{yji}、F_{tji} 均是指水平地震作用（即：地震力）；而公式（4.3.10-5）中 S、S_j、S_k 是指地震内力和地震产生的变形。

(2) 结构计算振型个数 m，《高规》4.3.10 条的条文说明指出，一般情况下可取 9～15，它是针对质量和刚度分布比较均匀的结构。

(3)《高规》式（4.3.10-5）、式（4.3.10-6）也称为 CQC 组合法。

(4) 何时考虑偶然偏心，见前面表 5.2.1-1。

【例 5.2.3-1】某 10 层钢筋混凝土框架结构，位于 7 度抗震设防烈度，建筑场地为 Ⅱ 类。在多遇地震作用下，按考虑扭转耦联的振型分解反谱法计算，在单向水平地震作用下的 X 方向前 3 个振型的弹性水平位移，见表 5.2.3-1。已知该结构前 3 个振型的自振周期分别为：$T_1 = 1.0s$，$T_2 = 0.9s$，$T_3 = 0.80s$。首层层高为 4.5m，其余各层层高为 3.9m。已经计算得到：$\rho_{13} = 0.166$。

试问：

弹性水平位移值　　　　　　　　　　　　　　　　表 5.2.3-1

		考虑偶然偏心	不考虑偶然偏心
10	第 1 振型	18.0	16.0
	第 2 振型	−7.0	−8.0
	第 3 振型	6.8	6.0

续表

		考虑偶然偏心	不考虑偶然偏心
9	第 1 振型	14.0	12.0
	第 2 振型	-5.0	-4.0
	第 3 振型	4.0	3.0

(1) 第 10 层的弹性水平位移 u_{10}（mm），最接近于下列何项？

(A) 12　　　　　(B) 15　　　　　(C) 19　　　　　(D) 24

(2) 第 9 层的弹性水平位移 u_9（mm），最接近于下列何项？

(A) 9　　　　　(B) 11　　　　　(C) 15　　　　　(D) 18

(3) 第 10 层的弹性层间位移角 θ_{10}，最接近于下列何项？

(A) $\dfrac{1}{600}$　　　　　(B) $\dfrac{1}{800}$　　　　　(C) $\dfrac{1}{900}$　　　　　(D) $\dfrac{1}{1000}$

【解答】(1) 根据《高规》3.7.6 条注、4.3.10 条：

第 1 振型与第 2 振型的耦联系数 ρ_{12}：

$$\lambda_{\mathrm{T},12} = \frac{0.9}{1.0} = 0.9, \quad \xi_1 = \xi_2 = \xi_3 = 0.05$$

$$\rho_{12} = \frac{8 \times \sqrt{0.05 \times 0.05} \times (0.05 + 0.9 \times 0.05) \times 0.9^{1.5}}{(1 - 0.9^2)^2 + 4 \times 0.05 \times 0.05(1 + 0.9^2) \times 0.9 + 4 \times (0.05^2 + 0.05^2) \times 0.9^2}$$

$$= \frac{0.03244}{0.06859} = 0.473$$

第 2 振型与第 3 振型的耦联系数 ρ_{23}：

$$\lambda_{\mathrm{T},23} = \frac{0.8}{0.9} = 0.889$$

$$\rho_{23} = \frac{8 \times \sqrt{0.05 \times 0.05} \times (0.05 + 0.889 \times 0.05) \times 0.889^{1.5}}{(1 - 0.889^2)^2 + 4 \times 0.05 \times 0.05(1 + 0.889^2) \times 0.889 + 4 \times (0.05^2 + 0.05^2) \times 0.889^2}$$

$$= 0.418$$

则：$\rho_{21} = \rho_{12} = 0.473$，$\rho_{32} = \rho_{23} = 0.418$，$\rho_{31} = \rho_{13} = 0.166$

$$\rho_{11} = 1.0, \quad \rho_{22} = 1.0, \quad \rho_{33} = 1.0$$

由《高规》式 (4.3.10-5)，$s_1 = 16\text{mm}$，$s_2 = -8\text{mm}$，$s_3 = 6\text{mm}$：

$$u_{10} = \left[\sum_{j=1}^{n} \sum_{k=1}^{m} \rho_{jk} S_j S_k \right]^{\frac{1}{2}}$$

$$= [1.0 \times 16 \times 16 + 2 \times 0.473 \times 16 \times (-8) + 2 \times 0.166 \times 16 \times 6$$

$$+ 2 \times 0.418 \times (-8) \times 6 + 1.0 \times (-8) \times (-8) + 1.0 \times 6 \times 6]^{\frac{1}{2}}$$

$$= 15.06\text{mm}$$

故选（B）项。

(2) 同理，第 9 层：

$$u_9 = [1.0 \times 12 \times 12 + 2 \times 0.473 \times 12 \times (-4) + 2 \times 0.166 \times 12 \times 3$$

$$+ 2 \times 0.418 \times (-4) \times 3 + 1.0 \times (-4) \times (-4) + 1.0 \times 3 \times 3]^{\frac{1}{2}}$$

$$= 11.20\text{mm}$$

故选（B）项。

（3）
$$\Delta u_{10} = u_{10} - u_9 = 15.06 - 11.20 = 3.86 \text{mm}$$

$$\theta_{10} = \frac{3.86}{3900} = \frac{1}{1012}$$

故选（D）项。

▲2.2　双向水平地震作用，考虑扭转耦联的振型分解反应谱法

此时，双向水平地震作用，可不考虑偶然偏心，它主要用于：地震内力的计算。其计算方法按《高规》4.3.10 条第 3 款，即公式（4.3.10-7）、公式（4.3.10-8），并且本条的条文说明进一步解释了 S_x、S_y 的内涵。

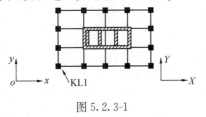

图 5.2.3-1

如图 5.2.3-1 所示，在 X 方向不考虑偶然偏心单向水平地震作用下，KL1 左端的地震弯矩为：$M_{xx} = 200\text{kN} \cdot \text{m}$，$M_{yx} = 80\text{kN} \cdot \text{m}$；在 Y 方向不考虑偶然偏心单向水平地震作用下，KL1 左端的地震弯矩为：$M_{xy} = 60\text{kN} \cdot \text{m}$，$M_{yy} = 260\text{kN} \cdot \text{m}$，则：

局部坐标 x 方向，双向地震作用下 KL1 左端地震弯矩 M 为：

$$M_{双} = \sqrt{M_{xx}^2 + (0.85 M_{xy})^2} = \sqrt{200^2 + (0.85 \times 60)^2} = 206.4 \text{kN} \cdot \text{m}$$

$$M_{双} = \sqrt{(0.85 M_{xx})^2 + M_{xy}^2} = \sqrt{(0.85 \times 200)^2 + 60^2} = 180 \text{kN} \cdot \text{m}$$

取较大值，故 $M_{双} = 206.4 \text{kN} \cdot \text{m}$。

●● 质量与刚度分布明显不对称的结构

《高规》4.3.3 条的条文说明指出，按包络设计原则，即：双向水平地震作用的计算结果，与单向水平地震作用考虑偶然偏心的计算结果进行比较，取不利的情况进行设计。

如图 5.2.3-1 所示，假定，单向水平地震作用并考虑偶然偏心时，KL1 沿局部坐标 x 方向的最大地震弯矩 $M_{单} = 270 \text{kN} \cdot \text{m}$，则：

$$M_{max} = \max(M_{双}、M_{单}) = \max(206.4, 270)$$
$$= 270 \text{kN} \cdot \text{m}$$

四、楼层最小地震剪力

● 复习《高规》4.3.12 条。

需注意的是：

（1）《高规》表 4.3.12 中，"扭转效应明显"的内涵是：本条条文说明中指出，它是指 $\mu_{扭转} > 1.2$。而《抗规》5.2.5 条的条文说明；前三个振型中，二个水平方向的振型参与系数为同一个量级，即存在明显的扭转效应。

（2）《高规》表 4.3.12 注 1，基本周期是考虑折减后的基本同期；同时，沿 x、y 方向，结构基本周期分别为 T_{1x}、T_{1y}。

（3）存在薄弱层时，《高规》式（4.3.12）变为：

$$1.25 V_{Eki} \geqslant 1.15 \lambda \sum_{j=i}^{n} G_j$$

（4）楼层最小地震剪力不满足时，应调整，具体按《抗规》5.2.5条的条文说明。注意，当地震剪力调整时，其相应的地震倾覆力矩、地震内力和位移也应调整。

（5）《抗规》5.2.6条的条文说明中需要注意的五项事项。

【例5.2.4-1】（2016B23）某地上35层的现浇钢筋混凝土框架-核心筒公寓，质量和刚度沿高度分布均匀，如图5.2.4-1所示，房屋高度为150m。基本风压 $w_0 = 0.65 \text{kN/m}^2$，地面粗糙度为A类。抗震设防烈度为7度，设计基本地震加速度为 $0.10g$，设计地震分组为第一组，建筑场地类别为Ⅱ类，抗震设防类别为标准设防类，安全等级二级。

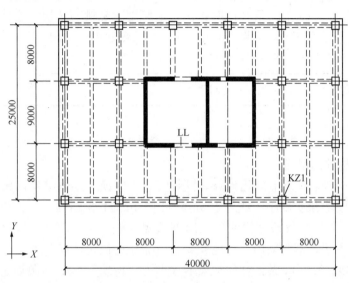

图 5.2.4-1

假定，结构基本自振周期 $T_1 = 4.0\text{s}$（Y向平动），$T_2 = 3.5\text{s}$（X向平动），各楼层考虑偶然偏心的最大扭转位移比为1.18，结构总恒载标准值为600000kN，按等效均布活荷载计算的总楼面活荷载标准值为80000kN。试问，多遇水平地震作用计算时，按最小剪重比控制对应于水平地震作用标准值的Y向底部剪力（kN），不应小于下列何项数值？

(A) 7700   (B) 8400   (C) 9500   (D) 10500

【解答】 根据《高规》4.3.6条，取 $\psi = 0.5$

$$\sum G_i = 600000 + 0.5 \times 80000 = 640000 \text{kN}$$

由《高规》4.3.12条及条文说明，$\mu_{扭} = 1.18 < 1.2$，则：

$$\lambda = 0.012 + \frac{0.016 - 0.012}{5 - 3.5} \times (5 - 4.0) = 0.0147$$

Y向，$V_{\text{Ek}} \geqslant \lambda \sum G_i = 0.0147 \times 640000 = 9408 \text{kN}$

故选（C）项。

五、竖向地震作用

高层建筑竖向地震作用的特点，《抗规》5.3.1条的条文说明指出："高层建筑由竖向地震引起的轴向力在结构的上部明显大于底部，是不可忽视的。"

隔震设计的建筑结构（多层、高层），《抗规》5.3.1条条文说明指出，隔震垫不仅不隔离竖向地震作用反而有所放大，故竖向地震作用往往不可忽视。为此，《抗规》5.1.1条注的规定："8、9度时采用隔震设计的建筑结构，应按有关规定计算竖向地震作用。"

1. 简化计算方法

> ● 复习《高规》4.3.13条。

需注意的是：

（1）《高规》4.3.13条第3款。

（2）《高规》4.3.15条的条文说明指出，大跨度、悬挑、转换、连体结构采用《高规》4.3.13条计算时，其计算结果不宜小于4.3.15条规定。

2. 振型分解反应谱法或时程分析法

> ● 复习《高规》4.3.14条、4.3.15条。

需注意的是：

（1）《高规》4.3.14条中悬挑结构，依据《高规》3.5.5条条文说明，一般指悬挑结构中有竖向结构构件的情况。

（2）《高规》4.3.15条中简化计算，其针对：①转换、连体结构的跨度小于或等于12m，大于8m；②悬挑长度小于或等于5m，大于2m的悬挑结构。

依据《高规》4.3.2条条文说明，大跨度楼盖为跨度大于24m的，只能按《高规》4.3.14条规定的方法，不能采用《高规》4.3.15条中的简化计算方法。

（3）按《高规》4.3.14条计算的结果不宜小于《高规》4.3.15条规定，依据见《高规》4.3.15条条文说明。

【例5.2.5-1】（2016B19、20）某10层现浇钢筋混凝土剪力墙结构住宅，如图5.2.5-1所示，各层层高均为4m，房屋高度为40.3m。抗震设防烈度为9度，设计基本地震加速度为$0.40g$，设计地震分组为第三组，建筑场地类别为Ⅱ类，安全等级二级。

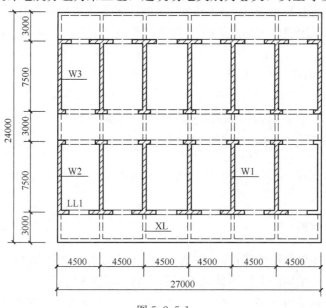

图 5.2.5-1

提示：① 按《高层建筑混凝土结构技术规程》作答。

② 按《建筑结构可靠性设计统一标准》作答。

试问：

(1) 假定，结构基本自振周期 $T_1 = 0.6\text{s}$，各楼层重力荷载代表值均为 14.5kN/m^2，墙肢 W1 承受的重力荷载代表值比例为 8.3%。试问，墙肢 W1 底层由竖向地震产生的轴力 N_{Evk}（kN），与下列何项数值最为接近？

(A) 1250　　　　(B) 1550　　　　(C) 1650　　　　(D) 1850

(2) 假定，对悬臂梁 XL 根部进行截面设计时，应考虑重力荷载效应及竖向地震作用效应，在永久荷载作用下梁端负弯矩标准值 $M_{\text{Gk}} = 263\text{kN·m}$，按等效均布活荷载计算的梁端负弯矩标准值 $M_{\text{Qk}} = 54\text{kN·m}$。试问，进行悬臂梁截面配筋设计时，起控制作用的梁端负弯矩设计值（kN·m），与下列何项数值最为接近？

(A) 325　　　　(B) 355　　　　(C) 385　　　　(D) 425

【解答】(1) 根据《高规》4.3.13 条：

$$F_{\text{Evk}} = \alpha_{v\max} G_{\text{eq}} = 0.65\alpha_{\max}0.75G_E = 0.65 \times 0.32 \times 0.75 \times 24 \times 27 \times 14.5 \times 10$$
$$= 14658\text{kN}$$

W1 墙肢根据构件承受的重力荷载代表值比例分配，并乘以 1.5：

$$N_{\text{Evk}} = 0.083 \times 14658 \times 1.5 = 1825\text{kN}$$

故选（D）项。

(2) 根据《可靠性标准》8.2.4 条：

$$M_A = 1.3 \times (-263) + 1.5 \times (-54) = -422.9\text{kN·m}$$
$$M_{\max} = -422.9\text{kN·m}$$

根据《高规》5.6.3 条：

$$S_{\text{GE}} = (-263) - 0.5 \times 54 = -290\text{kN·m}$$

由《高规》4.3.15 条：

$$S_{\text{Evk}} = 0.2 \times (-290) = -58\text{kN·m}$$

$$M_A = S_d = 1.2 \times (-290) + 1.3 \times (-58) = -423\text{kN·m}$$

根据《高规》3.8.2 条，仅考虑竖向地震作用组合时，$\gamma_{\text{RE}} = 1.0$

$$\gamma_{\text{RE}}M_A = 1.0 \times 423 = 423\text{kN·m} > M_{\max} = 422.9\text{kN·m}$$

故选（D）项。

六、时程分析法

1. 弹性时程分析法

● 复习《高规》4.3.4 条、4.3.5 条。

需注意的是：

(1)《一、二级注册结构工程师专业考试应试技巧与题解》中相关内容。

(2) 输入地震波的"选波"原则，其中，计算结果要求"靠谱"，《高规》4.3.5 条条文说明指出，基本安全性和经济性，计算结果要满足最低安全要求，也不必过大（即：每条地震波输入的计算结果不大于135%，多条输入的计算结果平均值不大于120%）。

（3）时程分析法的计算结果的取值，《高规》4.3.5条第4款规定，即：

1）当取三组时程曲线计算时，取时程法计算结果的包络值（是指：三条时程曲线同一层间的剪力和变形在不同时刻的最大值）与振型分解反应谱法计算结果的较大值。

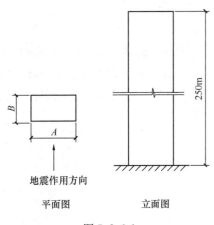

2）当取七组及七组以上的时程曲线计算时，取时程法计算结果的平均值（是指：各条时程曲线同一层间的剪力和变形在不同时刻的最大值的平均值）与振型分解反应谱法计算结果的较大值。

（4）根据弹性时程分析法的计算结果如楼层水平地震剪力分布，可判别高层建筑结构是否存在高振型响应。如果存在高振型响应，应对结构上部相关楼层地震剪力加以调整放大。注意，地震剪力放大，其实质是地震产生的内力（剪力、弯矩、轴力等）均调整放大。

图 5.2.6-1

【例 5.2.6-1】（2013B31）某70层办公楼，平、立面如图 5.2.6-1 所示，采用钢筋混凝土筒中筒结构，抗震设防烈度为7度，丙类建筑，Ⅱ类建筑场地。房屋高度地面以上为250m，质量和刚度沿竖向分布均匀。已知小震弹性计算时，振型分解反应谱法求得的底部地震剪力为16000kN，最大层间位移角出现在k层，$\theta_k = 1/600$。

该结构性能化设计时，需要进行弹塑性动力时程分析补充计算，现有7条实际地震记录加速度时程曲线 P1～P7 和4组人工模拟加速度时程曲线 RP1～RP4，假定，任意7条实际记录地震波及人工波的平均地震影响系数曲线与振型分解反应谱法所采用的地震影响系数曲线在统计意义上相符，各条时程曲线同一软件计算所得的结构底部剪力见表5.2.6-1。试问，进行弹塑性动力时程分析时，选用下列哪一组地震波最为合理？

表 5.2.6-1

	P1	P2	P3	P4	P5	P6	P7	RP1	RP2	RP3	RP4
V (kN)（小震弹性）	14000	13000	9600	13500	11000	9700	12000	14500	10700	14000	12000
V (kN)（大震）	72000	66000	60000	69000	63500	60000	62000	70000	58000	72000	63500

（A）P1、P2、P4、P5、RP1、RP2、RP4

（B）P1、P2、P4、P5、P7、RP1、RP4

（C）P1、P2、P4、P5、P7、RP2、RP4

（D）P1、P2、P3、P4、P5、RP1、RP4

【解答】根据《高规》4.3.5条，每条时程曲线计算所得的结构底部剪力最小值为：

$$16000 \times 65\% = 10400\text{kN}$$

P3、P6不能选用，（D）不正确；

选用 7 条加速度时程曲线时，实际地震记录的加速度时程曲线数量不应少于总数量的 2/3，即 5 条，人工加速度时程曲线只能选 2 条，（A）项不正确；

各条时程曲线计算所得的剪力的平均值不应小于：$16000 \times 80\% = 12800$kN

（B）项：$(14000 + 13000 + 13500 + 11000 + 12000 + 14500 + 12000) \times \dfrac{1}{7} = 12857$kN $>$ 12800kN，满足，故应选（B）项。

2. 弹塑性时程分析法

《高规》5.5.1 条作了规定。同时，《抗规》3.10.4 条及条文说明也作了相关规定。弹塑性时程分析法的内容，详见《一、二级注册结构工程师专业考试应试技巧与题解》。

第三节 《高规》基本规定

一、总则和一般规定

- 复习《高规》1.0.1 条～1.0.5 条。
- 复习《高规》3.1.1 条～3.1.7 条。
- 复习《高规》3.2.1 条～3.2.5 条。

需注意的是：

（1）《高规》3.1.5 条，"多道防线"的概念，见《抗规》3.5.2 条、3.5.3 条的条文说明。

（2）《高规》3.1.7 条的条文说明。

二、房屋适用高度与高宽比

- 复习《高规》3.3.1 条～3.3.2 条。

需注意的是：

（1）具有较多短肢剪力墙的剪力墙结构，其适用高度按《高规》7.1.8 条规定。

（2）错层高层建筑的适用高度，见《高规》10.1.3 条。

（3）高宽比的计算，见《高规》3.3.2 条的条文说明。

对带悬挑的结构，计算高宽比时，宽度应按扣除悬挑宽度后的结构宽度计算。

三、结构规则性

1. 平面规则性

- 复习《高规》3.4.1 条～3.4.8 条。

- 1.1 扭转不规则

《高规》3.4.5 条、《抗规》3.4.3 条均规定：在考虑偶然偏心影响的规定水平力（也称为：规定水平地震力）作用下，楼层两端抗侧力构件弹性水平位移（或层间位移）的最大值（δ_2），平均值$\left(\dfrac{\delta_1+\delta_2}{2}\right)$，其比值称为扭转位移比（$\mu_{扭}$）。

当$\mu_{扭}=\dfrac{\delta_2}{(\delta_1+\delta_2)/2}>1.2$，属于扭转不规则。

▲1.1.1　规定水平地震力

规定水平地震力的计算，《高规》3.4.5条条文说明指出，一般可采用振型组合后的楼层地震剪力换算的水平作用力。注意，振型组合可采用 SRSS 法，或者 CQC 法（高层建筑通常按 CQC 法计算）。同理，《抗规》3.4.3条、3.4.4条条文说明也作了相同解释。

规定水平力的计算案例，见本书第一章内容。

▲1.1.2　扭转位移比的计算

扭转位移比$\mu_{扭}$，如图 5.3.3-1 所示，在 X 方向，考虑正负偶然偏心影响，采用考虑扭转耦联的振型分解反应谱法，其扭转移比$\mu_{扭}$有 3 个计算结果：

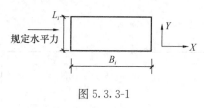

图 5.3.3-1

（1）$+0.05L_i$ 偶然偏心下的$\mu_{扭1,x}$

（2）$-0.05L_i$ 偶然偏心下的$\mu_{扭2,x}$

（3）无偶然偏心下的$\mu_{扭3,x}$

最终取$\mu_{扭,x}=\max(\mu_{扭,1x},\mu_{扭2,x},\mu_{扭3,x})$

同理，Y 方向，考虑$\pm0.05B_i$ 偶然偏心和无偶然偏心，扭转位移比$\mu_{扭}$ 为：

$$\mu_{扭,Y}=\max(\mu_{扭1,Y},\mu_{扭2,Y},\mu_{扭3,Y})$$

▲1.1.3　扭转位移比的控制

《高规》3.4.5条，对 A 级、B 级高度建筑规定：

A 级：$\mu_{扭}$ 不宜大于 1.2，不应大于 1.5。

B 级：$\mu_{扭}$ 不宜大于 1.2，不应大于 1.4

注意，对于多层建筑，上述规定中$\mu_{扭}$ 不应大于 1.5（或 1.4）不适用，此时，可按《抗规》3.4.4条规定。

▲1.1.4　扭转位移比的放松情况

《高规》3.4.5条注的规定，此时，$\mu_{扭}$ 可放松，满足$\mu_{扭}\le1.6$即可。

注意，《高规》3.4.5条注的规定内容，楼层的最大层间位移角的计算方法，与扭转位移比的计算方法，两者是有本质区别的，前者是单向水平地震作用下，可不考虑偶然偏心进行计算；后者是规定水平力作用下，考虑偶然偏心进行计算。

▲1.1.5　扭转位移比与刚性楼板假定

对结构扭转位移比的控制，是对结构整体规则性的控制，故结构扭转位移比的计算与判别应采用刚性楼板假定。

【例 5.3.3-1】(2013B21) 某 20 层现浇钢筋混凝土框架-剪力墙结构办公楼，某层层高 3.5m，楼板自外围竖向构件外挑，多遇水平地震标准值作用下，楼层平面位移如图 5.3.3-2 所示。该层层间位移采用各振型位移的 CQC 组合值，见表 5.3.3-1；整体分析时采用刚性楼盖假定，在振型组合后的楼层地震剪力换算的水平力作用下楼层层间位移，见表 5.3.3-2。试问，该楼层扭转位移比控制值验算时，其扭转位移比应取下列何组数值？

表 5.3.3-1

	Δu_A (mm)	Δu_B (mm)	Δu_C (mm)	Δu_D (mm)	Δu_E (mm)
不考虑偶然偏心	2.9	2.7	2.2	2.1	2.4
考虑偶然偏心	3.5	3.3	2.0	1.8	2.5
考虑双向地震作用	3.8	3.6	2.1	2.0	2.7

表 5.3.3-2

	Δu_A (mm)	Δu_B (mm)	Δu_C (mm)	Δu_D (mm)	Δu_E (mm)
不考虑偶然偏心	3.0	2.8	2.3	2.2	2.5
考虑偶然偏心	3.5	3.4	2.0	1.9	2.5
考虑双向地震作用	4.0	3.8	2.2	2.0	2.8

Δu_A——同一侧楼层角点（挑板）处最大层间位移；

Δu_B——同一侧楼层角点处竖向构件最大层间位移；

Δu_C——同一侧楼层角点（挑板）处最小层间位移；

Δu_D——同一侧楼层角点处竖向构件最小层间位移；

Δu_E——楼层所有竖向构件平均层间位移。

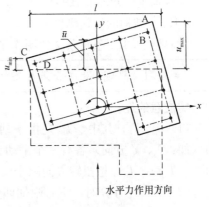

图 5.3.3-2

(A) 1.25　　(B) 1.28

(C) 1.31　　(D) 1.36

【解答】根据《高规》3.4.5 条及条文说明，应考虑偶然偏心，可不考虑双向地震作用的要求；由《抗规》3.4.3 条条文说明：

$$扭转位移比 = \frac{3.4}{(3.4+1.9)/2} = 1.28$$

所以应选（B）项。

【例 5.3.3-2】（2014B19）某 A 级高度现浇钢筋混凝土框架-剪力墙结构办公楼，各楼层层高 4.0m，质量和刚度分布明显不对称，相邻振型的周期比大于 0.85。

采用振型分解反应谱法进行多遇地震作用下结构弹性位移分析，由计算得知，在水平地震作用下，某楼层竖向构件层间最大水平位移 Δu 见表 5.3.3-3。

表 5.3.3-3

情　况	Δu (mm)
弹性楼板假定、不考虑偶然偏心	2.2
刚性楼板假定、不考虑偶然偏心	2.0

续表

情　　况	Δu（mm）
弹性楼板假定、考虑偶然偏心	2.4
刚性楼板假定、考虑偶然偏心	2.3

试问，该楼层符合《高层建筑混凝土结构技术规程》JGJ 3—2010 要求的扭转位移比最大值为下列何项数值？

(A) 1.2　　　　　(B) 1.4　　　　　(C) 1.5　　　　　(D) 1.6

【解答】根据《高程》3.7.3 条，取 $\Delta u=2.0$mm

$$\frac{\Delta u}{h}=\frac{2.0}{4000}=\frac{1}{2000}<\left[\frac{\Delta u}{h}\right]=\frac{1}{800}$$

由《高规》3.4.5 条及其注：

$$\frac{\Delta u}{h}=\frac{1}{2000}\leqslant\left[\frac{\Delta u}{h}\right]\times40\%=\frac{1}{2000}$$

A 级高度，故扭转位移比≤1.6，应选（D）项。

● 1.2　结构的抗扭刚度

《高规》3.4.5 条及条文说明作了具体规定。

● 复习《高规》3.4.5 条及条文说明。

需注意的是：

(1) T_t/T_1，其中，T_1 是指平动为主的第一自振周期，由于高层建筑沿两个正交方向（如：X、Y 方向）各有一个平动为主的第一振型周期，即：T_{1X}，T_{1Y}，故取 $T_1=\max$（T_{1X}，T_{1Y}）。T_t 是指扭转方向因子大于 0.5 且周期较长的扭转主振型周期。

(2) T_t/T_1 计算时，不必附加偶然偏心。

(3) T_t/T_1 计算时，应采用刚性楼板假定。

一般地，对结构整体进行规则性判别、结构体系判别等其他整体指标判别时，应采用刚性楼板假定。例如：弹性层间位移角计算、$\mu_{扭}$、T_t/T_1、结构的剪重比、刚重比、结构底部规定水平力倾覆力矩比等。

【例 5.3.3-3】（2013T22）某平面不规则的现浇钢筋混凝土高层结构，整体分析时采用刚性楼盖假定计算，结构自振周期见表 5.3.3-4。试问，对结构扭转不规则判断时，扭转为主的第一自振周期 T_t 与平动为主的第一自振周期 T_1 之比值最接近下列何项数值？

表 5.3.3-4

	不考虑偶然偏心	考虑偶然偏心	扭转方向因子
T_1(s)	2.8	3.0(2.5)	0.0
T_2(s)	2.7	2.8(2.3)	0.1
T_3(s)	2.6	2.8(2.3)	0.3
T_4(s)	2.3	2.6(2.1)	0.6
T_5(s)	2.0	2.2(1.9)	0.7

(A) 0.71　　　　　　　(B) 0.82　　　　　　　(C) 0.87　　　　　　　(D) 0.93

【解答】 根据《高规》3.4.5 条及条文说明：

取 $T_1 = 2.8\mathrm{s}$；$T_t = T_4 = 2.3\mathrm{s}$

则：$\dfrac{T_t}{T_1} = \dfrac{2.3}{2.8} = 0.82$，应选（B）项。

● 1.3　凹凸不规则

《高规》3.4.3 条及条文说明作了具体规定。

《抗规》3.4.3 条表 3.4.3-1 及其条文说明也作了规定。

当建筑平面有深凹口时（图 5.3.3-3）

图 5.3.3-3

① 当在凹凸处设置的楼面连接梁 a 截面较小时，由于该连接梁不能有效地协调两侧结构的变形（即不符合刚性楼板的假定），需要按弹性楼板计算，则仍属于凹凸不规则（不能按楼板开洞计算），设置该连接梁只能作为凹凸不规则的加强措施。

② 当在凹凸处设置的楼面连接梁截面足够大（连接梁宽度足够大的宽扁梁，或是两道抗震墙之间的连梁高度足够高）时，由于该连接梁能有效地协调两侧结构的变形（即符合刚性楼板的假定），则可按楼板开洞计算（注意：采用加大连接梁连接刚度的措施应有利于不规则项的合并且减少不规则项，当凹凸已是一项不规则时，应仍按凹凸计算，当楼板开大洞已是一项不规则时，应按楼板开大洞计算）。

● 1.4　楼板局部不连续

楼板局部不连续的情况分为：①有效楼板宽度小于该层楼板典型宽度的 50％；②大开洞；③较大的楼层错层。

《抗规》对上述三种情况在其条文说明中图 3（a）、（b）、（c）进行示例，即：

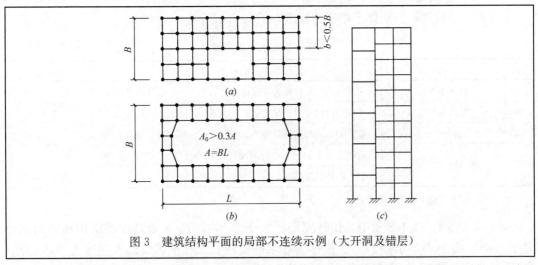

图 3　建筑结构平面的局部不连续示例（大开洞及错层）

注意，《抗规》图 3(a) 情况，在单根框架梁处无论是否设置有效宽度不小于 2m 的楼板，都属于楼板开大洞情况（不属于凹凸），可以通过对边梁采取计算措施（计算梁的拉力）和构造措施（加大梁的腰筋和通长钢筋等），提高边梁的协同工作能力。

《高规》3.4.6 条对上述楼板局部不连续的情况，包括①和②。

较大的楼层错层，《抗规》3.4.3 条条文说明指出，它是指超过梁高的错层。较大的错层，需按楼板开洞对待。当错层面积大于该层总面积（指错层面积和非错层面积之和）30% 时，则属于楼板局部不连续。

2. 竖向规则性

● 复习《高规》3.5.1 条~3.5.9 条。

需注意的是：

（1）《高规》3.5.2 条、3.5.3 条、3.5.4 条、3.5.5 条均是针对抗震设计的高层建筑结构。

（2）《高规》3.5.2 条，结构底部嵌固层是指与计算嵌固端相连上部楼层。

（3）《高规》3.5.3 条注，根据本条条文说明，计算楼层抗侧力结构的层间受剪承载力是采用材料强度标准值、实配钢筋面积，并应计入 $\frac{1}{\gamma_{RE}}$。

（4）《高规》3.5.5 条图 3.5.5（c）、（d）是针对悬挑结构，其定义见本条条文说明，该类情况的特点是：结构的扭转效应和竖向地震作用效应明显，对抗震不利。

对比《抗规》表 3.4.3-2 中侧向刚度不规则的定义："除顶层或出屋面小建筑外，局部收进的水平向尺寸大于相邻下一层的 25%"。

这属于用尺寸衡量的竖向刚度不规则的范畴。

所以，《高规》3.5.5 条、《抗规》表 3.4.3-2 中上述规定，均属于尺寸突变，属于竖向不规则的范畴。

（5）《高规》3.5.9 条及其条文说明的规定，即：柱箍筋全高加密、大跨度屋面构件要考虑竖向地震的不利影响。

● 2.1　结构平面布置的不规则类型

《高规》、《抗规》分别作了相应的规定，见表 5.3.3-5。

平面不规则的主要类型　　　　　　　　　　　　　　　　　　表 5.3.3-5

序号	不规则类型	定义和参考指标	《高规》	《抗规》
1	扭转不规则	考虑偶然偏心的扭转位移比大于 1.2	3.4.5 条	表 3.4.3-1
2a	凹凸不规则	平面凹凸尺寸大于相应边长 30% 等	3.4.3 条	表 3.4.3-1
2b	组合平面	细腰形式或角部重叠形	3.4.3 条	—
3	楼板局部不连续	有效宽度小于 50%，开洞面积大于 30%	3.4.6 条	表 3.4.3-1
		较大的楼层错层	—	表 3.4.3-1

注：序号 a、b 不重复计算不规则项。

此外，《高规》3.4.8 条中，扭转周期比大于 0.9，超过 A 级高度的结构扭转周期比大于 0.85，属于"抗扭刚度弱"。根据《超限高层建筑工程抗震设防专项审查技术要点》（建质〔2015〕67 号），它属于特别不规则类型。

● 2.2　结构竖向布置的不规则类型

《高规》、《抗规》分别作了相应的规定，见表 5.3.3-6。

竖向不规则的主要类型　　　　　　　　　　　　　　　表 5.3.3-6

序号	不规则类型	定义和参考指标	《高规》	《抗规》
4a	刚度突变	相邻层刚度变化大于 70%，或连续三层变化大于 80%	3.5.2 条	表 3.4.3-2
4b	尺寸突变	竖向构件收进位置高于结构高度 20%且收进大于 25%，或外挑大于 10%和 4m	3.5.5 条	表 3.4.3-2
5	竖向构件间断	上下墙、柱、支撑不连续	3.5.4 条	表 3.4.3-2
6	承载力突变	相邻层受剪承载力之比小于 80%	3.5.3 条	表 3.4.3-2

注：序号 a、b 不重复计算不规则项。

● 2.3　规则结构、不规则结构、特别不规则结构和严重不规则结构

规则结构、不规则结构等的定义、判别，《高规》3.1.4 条、3.1.5 条的条文说明作了具体规定。

特别不规则的判别，《抗规》3.4.1 条条文说明中表 1 列出了常见情况。

【例 5.3.3-4】（2012B17）以下关于高层建筑混凝土结构抗震设计的 4 种观点：

Ⅰ. 扭转周期比大于 0.9 的结构（不含混合结构），应进行专门研究和论证，采取特别的加强措施；

Ⅱ. 结构宜限制出现过多的内部、外部赘余度；

Ⅲ. 结构在两个主轴方向的振型可存在较大差异，但结构周期宜相近；

Ⅳ. 控制薄弱层使之有足够的变形能力，又不使薄弱层发生转移。

试问，针对上述观点是否符合《建筑抗震设计规范》GB 50011—2010 相关要求的判断，下列何项正确？

(A) Ⅰ、Ⅱ符合，Ⅲ、Ⅳ不符合　　　　　　(B) Ⅱ、Ⅲ符合，Ⅰ、Ⅳ不符合

(C) Ⅲ、Ⅳ符合，Ⅰ、Ⅱ不符合　　　　　　(D) Ⅰ、Ⅳ符合，Ⅱ、Ⅲ不符合

【解答】根据《抗规》3.4.1 条及条文说明，Ⅰ 符合。

根据《抗规》3.5.2、3.5.3 条及条文说明，Ⅱ、Ⅲ不符合，Ⅳ符合。

故选（D）项。

【例 5.3.3-5】（2016B28）某 A 级高度钢筋混凝土高层建筑，采用框架-剪力墙结构，部分楼层初步计算的 X 向地震剪力、楼层抗侧力结构的层间受剪承载力及多遇地震标准值作用下的层间位移见表 5.3.3-7。试问，根据《高层建筑混凝土结构技术规程》JGJ 3—2010 的有关规定，仅就 14 层（中部楼层）与相邻层 X 向计算数据进行比较与判定，下列关于第 14 层的判别表述何项正确？

表 5.3.3-7

楼层	层高（mm）	地震剪力标准值（kN）	层间位移（mm）	楼层抗侧力结构的层间受剪承载力（kN）
15	3900	4000	3.32	160000
14	6000	4300	5.48	132000
13	3900	4500	3.38	166000

（A）侧向刚度比满足要求，层间受剪承载力比满足要求

（B）侧向刚度比不满足要求，层间受剪承载力比满足要求

（C）侧向刚度比满足要求，层间受剪承载力比不满足要求

（D）侧向刚度比不满足要求，层间受剪承载力比不满足要求

【解答】根据《高规》3.5.2条：

$$\gamma=\frac{V_i\Delta_{i+1}}{V_{i+1}\Delta_i}\frac{h_i}{h_{i+1}}=\frac{4300\times3.32}{4000\times5.48}\times\frac{6000}{3900}=1.0<1.1，\text{不满足}$$

由《高规》3.5.3条：

$$\frac{132000}{160000}=0.825>0.8，\text{满足}$$

故选（B）项。

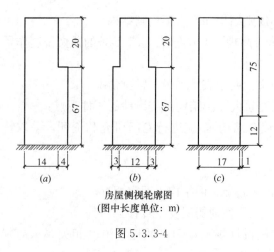

房屋侧视轮廓图
（图中长度单位：m）

图 5.3.3-4

【例 5.3.3-6】某一拟建于 8 度抗震设防烈度区、Ⅱ类场地的钢筋混凝土框架-剪力墙结构房屋，高度为 87m，其平面为矩形，长 40m，在建筑物的宽度方向有 3 个方案，如图 5.3.3-4 所示。如果仅从结构布置相对合理角度考虑，试问，其最合理的方案应如下列何项所示？

（A）方案（a）

（B）方案（b）

（C）方案（c）

（D）三个方案均不合理

【解答】方案（c）：$\frac{H}{B}=\frac{87}{17}=5.12>5$，不满足《高规》表 3.3.2。

方案（a）：$H_1=67\text{m}>0.2H=0.2\times87=17.4\text{m}$，由《高规》3.5.5 条，$B_1=14\text{m}>75\%B=75\%\times18=13.5\text{m}$，满足。

方案（b）：$H_1=67\text{m}>0.2H=17.4\text{m}$，由《高规》3.5.5 条，$B_1=12\text{m}<75\%B=75\%\times18=13.5\text{m}$，不满足。

故选（A）项。

四、楼盖结构

● 复习《高规》3.6.1 条～3.6.5 条。

需注意的是：

（1）《高规》3.6.1 条的条文说明，针对 $H>50\text{m}$ 的框架-剪力墙结构采用现浇的理由。

（2）《高规》3.6.2 条条文说明，$H\leqslant50\text{m}$ 且为非抗震设计，或者 $H<50\text{m}$ 且为 6、7 度抗震设计，均可采用装配整体式楼盖。

（3）《高规》3.6.3 条，应采用现浇楼盖结构的情况如下：

1）房屋顶层，与《混规》9.1.8 条挂钩；

2）转换层，与《高规》10.2.23 条、10.2.24 条挂钩；

3）上部嵌固部位的地下室楼层的顶楼盖，与《高规》5.3.7 条、12.2.1 条挂钩；

4）大底盘多塔结构的底盘顶层，与《高规》10.6.2 条挂钩；

5）平面复杂或开洞过大的楼层，与《高规》5.1.5 条挂钩。

上述楼板的混凝土强度等级的要求，见《高规》3.2.2 条。

（4）《高规》3.6.4 条的条文说明，确定预应力平板的厚度，必须考虑挠度、受冲切承载力、防火及钢筋防腐蚀要求等。

五、水平位移限值和舒适度

1. 水平位移限值

- 复习《高规》3.7.1 条～3.7.5 条。
- 复习《高规》5.5.1 条～5.5.3 条。

需注意的是：

（1）《高规》3.7.1 条的条文说明，在正常使用条件下，限制高层结构层间位移的主要目的；层间位移控制是一个宏观的侧向刚度指标，反映了构件截面大小、刚度大小。

（2）《高规》3.7.2 条，针对小震标准值作用下计算水平位移，采用弹性阶段的刚度；《抗规》6.2.13 条条文说明中指出：计算位移时，剪力墙的连梁刚度可不折减。可见，两本规范是统一的。

（3）《高规》3.7.3 条表 3.7.3 中"除框架结构外的转换层"的内涵，见本条条文说明。

Δu 的最大值一般在结构单元的尽端处。

《高规》3.7.3 条注的规定。

（4）《高规》3.7.4 条注，此时，楼层受剪承载力按材料强度标准值和实配钢筋面积进行计算，但不计入 $\frac{1}{\gamma_{RE}}$。梁柱受弯实际承载力公式，见《抗规》5.5.4 条条文说明。

（5）《高规》3.7.5 条，对于框架结构，$[\theta_p]$ 可以提高的情况及对策。

《高规》表 3.7.5 仅适用于乙类、丙类建筑，依据见《抗规》5.5.5 条条文说明。

钢筋混凝土结构弹塑性变形构成、影响其层间极限位移角的因素，见《抗规》5.5.5 条条文说明。

（6）《高规》5.5.1 条的条文说明，弹塑性计算分析可以分析结构的薄弱部位、验证结构的抗震性能。

弹塑性计算结果的分析、判断，见《抗规》3.10.4 条的条文说明内容。

（7）《高规》5.5.3 条，Δu_e 的计算采用罕遇地震作用下按弹性分析计算，即结构采用弹性阶段的刚度。

【例 5.3.5-1】 某 10 层钢筋混凝土框架结构，如图 5.3.5-1 所示，质量和刚度沿竖向分布比较均匀，抗震设防类别为标准设防类，抗震设防烈度 7 度，设计基本地震加速度 0.10g，设计地震分组第一组，场地类别Ⅱ类。

假定，该结构楼层屈服强度系数沿高度分布均匀，底层屈服强度系数为 0.45，且不

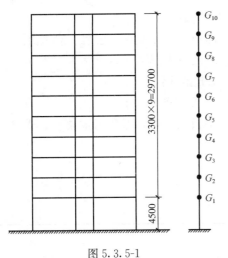

图 5.3.5-1

小于上层该系数的 0.8，底层柱的轴压比为 0.60。试问，在罕遇地震作用下按弹性分析的层间位移（mm），最大不超过下列何值时，才能满足结构弹塑性水平位移限值要求？

提示： 不考虑重力二阶效应。

(A) 46　　　　　　　(B) 56

(C) 66　　　　　　　(D) 76

【解答】 根据《高规》3.7.5 条，框架结构 $[\theta_p]=1/50$。

轴压比大于 0.4，可采用柱子全高的箍筋构造比规程中框架柱箍筋最小配箍特征值大 30%，从而层间弹塑性位移角限值可提高 20%。

$$\Delta u_p \leqslant [\theta_p]h = \frac{4500}{50} \times 1.2 = 108\text{mm}$$

根据《高规》5.5.3 条：

$$\Delta u_e = \frac{\Delta u_p}{\eta_p}$$

$\xi_y=0.45$，查《高规》表 5.5.3，$\eta_p=1.9$

$$\Delta u_e = \frac{108}{1.9} = 56.84\text{mm}$$

故选 (B) 项。

【例 5.3.5-2】（2016B31）某高层办公楼，采用现浇钢筋混凝土框架结构，顶层为多功能厅，层高 5m，取消部分柱，形成顶层空旷房间，其下部结构刚度、质量沿竖向分布均匀。假定，该结构顶层框架抗震等级为一级，柱截面 500mm×500mm，轴压比为 0.20，混凝土强度等级 C30，纵筋直径为 Φ 25，箍筋采用 HRB400 普通复合箍筋（体积配筋率满足规范要求）。通过静力弹塑性分析发现顶层为薄弱部位，在预估的罕遇地震作用下，层间弹塑性位移为 120mm。试问，仅从满足层间位移限值方面考虑，下列对顶层框架柱的四种调整方案中哪种方案既满足规范、规程的最低要求且经济合理？

(A) 箍筋加密区 4Φ8@100，非加密区 4Φ8@100

(B) 箍筋加密区 4Φ10@100，非加密区 4Φ10@200

(C) 箍筋加密区 4Φ10@100，非加密区 4Φ10@100

(D) 箍筋加密区 4Φ12@100，非加密区 4Φ12@100

【解答】 根据《高规》3.5.9 条及条文说明，柱箍筋沿全高加密，故 (B) 项错误。抗震一级，由《高规》表 6.4.3-2，箍筋直径≥10，故 (A) 项错误。

根据《高规》3.7.5 条：

$$[\Delta u_p] \leqslant [\theta_p]h = \frac{1}{5} \times 5000 = 100\text{mm} \quad \Delta u_p = 120\text{mm} > [\Delta \theta_p] = 100\text{mm}$$

$\frac{120-100}{100}=0.2=20\% < 25\%$，可通过提高框架柱的箍筋配置满足要求。

框架结构，顶层柱轴压比 $\mu_N = 0.20 < 0.4$，$[\theta_p]$ 可提高 10%

增大框架柱的箍筋配置，当 $\Delta\lambda \geqslant 30\%$ $[\lambda_v]$ 可提高 20%，

根据《高规》表 6.4.7，$\lambda_v = 0.10$

对 λ_v 提高，$\lambda_v = 1.3 \times 0.10 = 0.13$

$$\rho_v = \lambda_v \cdot \frac{f_c}{f_{yv}} = 0.13 \times \frac{16.7}{360} = 0.60\% \text{（按 C35 计算）}$$

根据《高规》6.4.7 条，抗震等级为一级的框架柱：$\rho_v \geqslant 0.8\%$

加密区构造配箍：4Φ10@100，故：不需提高配箍量可满足结构薄弱部位的层间弹塑性位移角限值要求。

故（C）项满足，且最经济，所以应选（C）项。

2. 舒适度验算

风振舒适度，见本章第一节内容。

楼盖舒适度，《高规》3.7.7 条作了规定。

- 复习《高规》3.7.7 条。
- 复习《高规》附录 A。

需注意的是：

（1）楼盖结构的舒适度主要由竖向振动加速度控制，竖向振动频率属于辅助控制指标。

（2）《高规》3.7.7 条的条文说明，楼盖结构竖向振动加速度的影响因素。

楼盖结构的竖向振动频率不宜小于 3Hz，此处的楼盖结构不包括轻钢楼盖，它是针对钢筋混凝土楼盖、钢-混凝土组合楼盖。

（3）《高规》附录 A.0.2 表 A.0.2 注 2、3。

【例 5.3.5-3】（2012B25）某高层建筑裙楼商场内人行天桥，采用钢—混凝土组合结构，如图 5.3.5-2 所示，天桥跨度 28m。假定，天桥竖向自振频率为 $f_n = 3.5$Hz，结构阻尼比 $\beta = 0.02$，单位面积有效重量 $\overline{w} = 5$kN/m^2，试问，满足楼盖舒适度要求的最小天桥宽度 B（m），与下列何项数值最为接近？

提示： ① 按《高层建筑混凝土结构技术规程》JGJ 3—2010 作答；

② 接近楼盖自振频率时，人行走产生的作用力 $F_p = 0.12$kN。

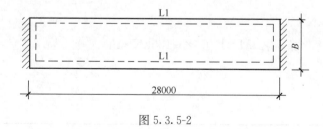

图 5.3.5-2

(A) 1.80   (B) 2.60   (C) 3.30   (D) 5.00

【解答】 根据《高规》表 3.7.7，$f_n = 3.5$Hz 时，

$$[a_p] = 0.15 + \frac{0.22 - 0.15}{4 - 2} \times (4 - 3.5) = 0.168 \text{m/s}^2$$

根据公式（A.0.3-1），$w = \overline{w}BL = 5 \times 28 \times B = 140BkN$，代入公式（A.0.2-1），则：

$$[a_p] = a_p = \frac{F_p}{\beta w}g = \frac{0.12}{0.02 \times 140B} \times 9.8 \leqslant 0.168 \text{m/s}^2\text{，解之得：} B \geqslant 2.50\text{m}$$

故选（B）项。

六、构件承载力设计

> ● 复习《高规》3.8.1条、3.8.2条。

需注意的是：

（1）《高规》3.8.1条、《混规》3.3.2条，地震设计状况时，R、R_d的概念，两本规范存在不一致。

（2）《高规》3.8.2条，当仅考虑竖向地震作用组合时，各类结构构件的$\gamma_{RE} = 1.0$，即：

$$S_d = \gamma_G S_{GE} + \gamma_{Ev} S_{EvK} \leqslant \frac{R_d}{\gamma_{RE}} = \frac{R_d}{1.0}$$

对正截面受弯、受拉、受压，斜截面受剪，仅考虑竖向地震作用组合时，均取$\gamma_{RE} = 1.0$。高层建筑结构中出现上述情况，见《高规》表5.6.4中第2栏。

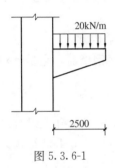

图5.3.6-1

【例5.3.6-1】某高层钢筋混凝土框架结构悬挑梁，如图5.3.6-1所示，悬挑长度2.5m，重力荷载代表值在该梁上的等效均布线荷载为20kN/m，该框架结构所在地区抗震设防烈度为8度，设计基本地震加速度为0.20g，该梁用某程序计算时，未作竖向地震计算。

试问，该悬挑梁配筋设计时，由竖向地震组合控制的梁端负弯矩设计值（kN·m），与下列何项数值最为接近？

(A) 62　　　　　　　　(B) 75

(C) 83　　　　　　　　(D) 90

【解答】根据《高规》4.3.15条，竖向地震作用标准值取为10%×20，又由《高规》5.6.3条：

$$M = \gamma_G S_G + \gamma_{Ev} S_{Evk} = 1.2 \times \frac{1}{2} \times 20 \times 2.5^2 + 1.3 \times \frac{1}{2} \times (10\% \times 20) \times 2.5^2$$

$$= 83.125 \text{kN·m}$$

由《高规》3.8.2条：$\gamma_{RE}M = 1.0 \times 83.125 \text{kN·m}$

故选（C）项。

七、抗震等级

> ● 复习《高规》3.9.1条～3.9.2条。

1. 建筑场地影响

《高规》3.9.1条、3.9.2条规定，建筑场地Ⅰ类；Ⅲ、Ⅳ类（0.15g）；Ⅲ、Ⅳ类（0.30g）影响抗震构造措施采用的抗震等级，见表5.3.7-1。

确定结构抗震措施和抗震构造措施时的抗震设防标准 表 5.3.7-1

抗震设防类别	本地区抗震设防烈度		确定抗震措施和抗震构造措施时的设防标准					
			Ⅰ类场地		Ⅱ类场地		Ⅲ、Ⅳ类场地	
			抗震措施	构造措施	抗震措施	构造措施	抗震措施	构造措施
甲类、乙类	6度	0.05g	7	6	7	7	7	7
	7度	0.10g	8	7	8	8	8	8
		0.15g	8	7	8	8	8	8⁺
	8度	0.20g	9	8	9	9	9	9
		0.30g	9	8	9	9	9	9⁺
	9度	0.40g	9⁺	9	9⁺	9⁺	9⁺	9⁺
丙类	6度	0.05g	6	6	6	6	6	6
	7度	0.10g	7	6	7	7	7	7
		0.15g	7	6	7	7	7	8
	8度	0.20g	8	7	8	8	8	8
		0.30g	8	7	8	8	8	9
	9度	0.40g	9	8	9	9	9	9

注：8⁺、9⁺表示适当提高而不是提高一度的要求。

2. A 级高度甲、乙类建筑的抗震等级

（1）本地区设防烈度为 9 度

《高规》规定：

> **3.9.3** 当本地区的设防烈度为 9 度时，A 级高度乙类建筑的抗震等级应按特一级采用，甲类建筑应采取更有效的抗震措施。

上述特一级是指内力调整措施的抗震等级为特一级和抗震构造措施的抗震等级为特一级。

（2）本地区设防烈度为 6～8 度，房屋高度未超过提高一度后对应的房屋最大适用高度

此时，提高一度后按《高规》3.9.3 条表 3.9.3 确定抗震等级。

（3）本地区设防烈度为 6～8 度，房屋高度超过提高一度后对应的房屋最大适用高度

此时，《高规》规定：

> **3.9.7** 甲、乙类建筑按本规程第 3.9.1 条提高一度确定抗震措施时，如果房屋高度超过提高一度后对应的房屋最大适用高度，则应采取比对应抗震等级更有效的抗震构造措施。

上述情况，又可细分为如下两种情况：

1）建筑场地不是Ⅲ、Ⅳ类（0.15g），或不是Ⅲ、Ⅳ类（0.30g）。

此时，直接按《高规》3.9.7 条确定抗震等级。

2）建筑场地是Ⅲ、Ⅳ类（0.15g），或者是Ⅲ、Ⅳ类（0.30g）。

此时，应考虑不利场地影响，即《高规》3.9.2条，再按《高规》3.9.7条确定抗震构造措施的抗震等级。

《高规》3.9.7条中"应采取比对应抗震等级更有效的抗震构造措施"，可按如下理解：

例如：某乙类建筑，按《高规》3.9.1条提高一度后确定的抗震措施（内力调整和抗震构造措施）为抗震一级，当其高度 H 超过提高一度后对应的房屋最大适用高度（简称"高度限值"）较多时，其抗震构造措施的抗震等级可直接提高一级即特一级；当高度 H 超过"高度限值"不多时，也可根据其高度超过"高度限值"的幅度采用一级与特一级的中间插入值或直接采用一级与特一级的中间值确定相应的抗震构造措施[6]。

例：某钢筋混凝土剪力墙结构，抗震设防烈度为8度（$0.30g$）、Ⅱ类场地。乙类建筑，房屋高度 $H=75\mathrm{m}$。确定其抗震等级。

乙类、8度（$0.30g$）、Ⅱ类场地，A级高度，应按9度查《高规》表3.9.3，剪力墙的抗震措施（内力调整和抗震构造措施）的抗震等级为一级。

但，$H=75\mathrm{m}$，超过9度60m的限值，应按《高规》3.9.7条规定，由于 H 超过限值不多，故采用比一级更有效的抗震构造措施，可取特一级与一级的中间值确定其相应的抗震构造措施。

思考：假定，场地为Ⅲ类场地，其他条件不变，确定其抗震等级。

此时，同理，乙类、8度（$0.30g$）、A级高度，应按9度查《高规》表3.9.3确定其内力调整措施的抗震等级，其抗震等级为一级。

乙类、8度（$0.30g$）、Ⅲ类场地，A级高度，由《高规》3.9.2条，应按 9^+ 查《高规》表3.9.3确定其抗震构造措施的抗震等级，此时，表3.9.3中无 9^+，仍按9度查表，其抗震等级为一级。由于 $H=75\mathrm{m}$ 超过9度60m的限值，加上不利场地影响，按《高规》3.9.7条规定，其抗震构造措施的抗震等级可直接提高一级即取为特一级。

3. A级高度丙类建筑的抗震等级

（1）一般情况

《高规》规定：

> **3.9.3**　抗震设计时，高层建筑钢筋混凝土结构构件应根据抗震设防分类、烈度、结构类型和房屋高度采用不同的抗震等级，并应符合相应的计算和构造措施要求。A级高度丙类建筑钢筋混凝土结构的抗震等级应按表3.9.3确定。

（2）特殊情况

《高规》规定：

> **3.9.7**　Ⅲ、Ⅳ类场地且设计基本地震加速度为 $0.15g$ 和 $0.30g$ 的丙类建筑按本规程第3.9.2条提高一度确定抗震构造措施时，如果房屋高度超过提高一度后对应的房屋最大适用高度，则应采取比对应抗震等级更有效的抗震构造措施。

4. 部分框支剪力墙结构中一般框架（非支框架）的抗震等级

部分框支剪力墙结构中一般框架的抗震等级，《高规》表3.9.3、表3.9.4均未明确，此时，将其视为由"剪力墙"和"框架"构成的典型的框架-剪力墙结构进行处理。可知，一般框架的抗震等级比框支框架的抗震等级更低。

5. 裙房的抗震等级

《高规》3.9.6规定:

> **3.9.6** 抗震设计时,与主楼连为整体的裙房的抗震等级,除应按裙房本身确定外,相关范围不应低于主楼的抗震等级;主楼结构在裙房顶板上、下各一层应适当加强抗震构造措施。裙房与主楼分离时,应按裙房本身确定抗震等级。

注意,上述规定是针对地面以上的主楼与裙房,并且主楼的抗震等级高于裙房的抗震等级的情况。

当裙房的抗震等级高于主楼的抗震等级时"相关范围"应视为:裙房向主楼外延范围,即抗震等级由高向低的延伸范围。

6. 地下室的抗震等级

《高规》3.9.5条作了规定。

当地上主楼、地上裙房通过设置共有的地下室时,地下室相关范围的确定,也应按"抗震等级由高向低的延伸范围"原则进行,见图5.3.7-1。

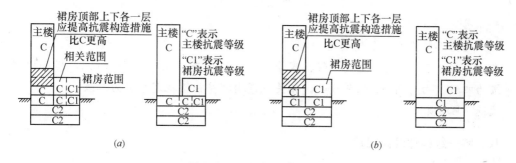

图 5.3.7-1　地下室抗震等级

(a) 主楼抗震等级高于裙房时; (b) 裙房抗震等级高于主楼时

当主楼的抗震等级低于裙房的抗震等级,裙房外延的相关范围,当主楼边长不大于40m时,可取整个主楼范围,如图5.3.7-1(b)所示。

【例5.3.7-1】 某大底盘单塔楼高层建筑,主楼为钢筋混凝土框架-核心筒,裙房为混凝土框架-剪力墙结构,主楼与裙楼连为整体,如图5.3.7-2所示。抗震设防烈度7度,建筑抗震设防类别为丙类,设计基本地震加速度为0.15g,场地Ⅲ类,采用桩筏基础。

裙房一榀横向框架距主楼18m,试问,该榀框架的抗震等级应为下列何项?

(A) 内力调整措施为一级,抗震构造措施为一级

(B) 内力调整措施为一级,抗震构造措施为二级

(C) 内力调整措施为二级,抗震构造措施为一级

(D) 内力调整措施为二级,抗震构造措施为二级

【解答】 (1) 根据《高规》3.9.2条,抗震构造措施按8度(0.20g)确定。

查《高规》表3.9.3,主楼框架抗震等级为一级;查《抗规》表6.1.2,裙房框架抗震等级为三级。由《高规》3.9.6条,相关范围内裙房框架抗震等级为一级。

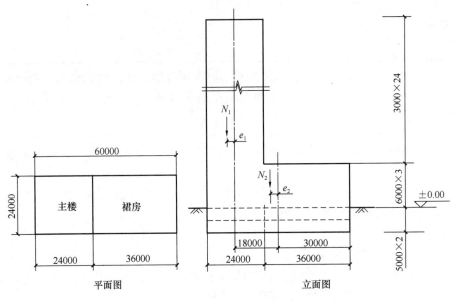

图 5.3.7-2

（2）内力调整措施按 7 度确定。

查《高规》表 3.9.3，主楼框架抗震等级为二级；查《抗规》表 6.1.2，裙房框架抗震等级为四级。由《高规》3.9.6 条，相关范围内裙房框架抗震等级为二级。

故选（B）项。

八、特一级构件设计规定

- 复习《高规》3.10.1 条～3.10.5 条。

需注意的是：

（1）特一级构件，除应按《高规》3.10 节规定外，还应执行《高规》第 10 章规定。

（2）特一级构件，没有特别规定的，应按一级的规定执行。

九、结构抗震性能化设计

- 复习《高规》3.11.1 条～3.11.4 条。

需注意的是：

（1）《一、二级注册结构工程师专业考试应试技巧与题解》的总结内容。

（2）《高规》3.11.3 条条文说明，等效弹性方法，其计算参数的取值；弹塑性分析计算的内容。

（3）《高规》3.11.4 条的条文说明。

（4）性能目标 A、B、C、D 的性能设计指标的计算，分别见表 5.3.9-1A～表 5.3.9-1D。

性能目标 A 的性能设计指标的计算公式　　　　　　表 5.3.9-1A

地震水准	小震	中震	大震
性能水准	1	1	2
关键构件	正截面：弹性，式 (5.6.3)	正截面：弹性，式 (3.11.3-1)	正截面：弹性，式 (3.11.3-1)
	斜截面：弹性，式 (5.6.3)	斜截面：弹性，式 (3.11.3-1)	斜截面：弹性，式 (3.11.3-1)
普通竖向构件	正截面：弹性，式 (5.6.3)	正截面：弹性，式 (3.11.3-1)	正截面：弹性，式 (3.11.3-1)
	斜截面：弹性，式 (5.6.3)	斜截面：弹性，式 (3.11.3-1)	斜截面：弹性，式 (3.11.3-1)
耗能构件	正截面：弹性，式 (5.6.3)	正截面：弹性，式 (3.11.3-1)	正截面：不屈服，式 (3.11.3-2)
	斜截面：弹性，式 (5.6.3)	斜截面：弹性，式 (3.11.3-1)	斜截面：弹性，式 (3.11.3-1)
水平长悬臂结构和大跨度结构中的关键构件	正截面：弹性，式 (5.6.3)	正截面：弹性，式 (3.11.3-1)	正截面：弹性，式 (3.11.3-1)
	斜截面：弹性，式 (5.6.3)	斜截面：弹性，式 (3.11.3-1)	斜截面：弹性，式 (3.11.3-1)

性能目标 B 的性能设计指标的计算公式　　　　　　表 5.3.9-1B

地震水准	小震	中震	大震
性能水准	1	2	3
关键构件	正截面：弹性，式 (5.6.3)	正截面：弹性，式 (3.11.3-1)	正截面：不屈服，式 (3.11.3-2)
	斜截面：弹性，式 (5.6.3)	斜截面：弹性，式 (3.11.3-1)	斜截面：弹性，式 (3.11.3-1)
普通竖向构件	正截面：弹性，式 (5.6.3)	正截面：弹性，式 (3.11.3-1)	正截面：不屈服，式 (3.11.3-2)
	斜截面：弹性，式 (5.6.3)	斜截面：弹性，式 (3.11.3-1)	斜截面：弹性，式 (3.11.3-1)
耗能构件	正截面：弹性，式 (5.6.3)	正截面：不屈服，式 (3.11.3-2)	正截面：部分耗能构件屈服
	斜截面：弹性，式 (5.6.3)	斜截面：弹性，式 (3.11.3-1)	斜截面：不屈服，式 (3.11.3-2)
水平长悬臂结构和大跨度结构中的关键构件	正截面：弹性，式 (5.6.3)	正截面：弹性，式 (3.11.3-1)	正截面：不屈服，式 (3.11.3-2)，式 (3.11.3-3)
	斜截面：弹性，式 (5.6.3)	斜截面：弹性，式 (3.11.3-1)	斜截面：弹性，式 (3.11.3-1)

性能目标 C 的性能设计指标的计算公式　　　　表 5.3.9-1C

地震水准	小震	中震	大震
性能水准	1	3	4
关键构件	正截面：弹性， 式（5.6.3）	正截面：不屈服， 式（3.11.3-2）	正截面：不屈服， 式（3.11.3-2）
关键构件	斜截面：弹性， 式（5.6.3）	斜截面：弹性， 式（3.11.3-1）	斜截面：不屈服， 式（3.11.3-2）
普通竖向构件	正截面：弹性， 式（5.6.3）	正截面：不屈服， 式（3.11.3-2）	正截面：部分构件屈服
普通竖向构件	斜截面：弹性， 式（5.6.3）	斜截面：弹性， 式（3.11.3-1）	斜截面：满足受剪截面条件， 式（3.11.3-4），式（3.11.3-5）
耗能构件	正截面：弹性， 式（5.6.3）	正截面：部分屈服	大部分耗能构件屈服
耗能构件	斜截面：弹性， 式（5.6.3）	斜截面：不屈服， 式（3.11.3-2）	大部分耗能构件屈服
水平长悬臂结构和大跨度结构中的关键构件	正截面：弹性， 式（5.6.3）	正截面：不屈服， 式（3.11.3-2），式（3.11.3-3）	正截面：不屈服， 式（3.11.3-2），式（3.11.3-3）
水平长悬臂结构和大跨度结构中的关键构件	斜截面：弹性， 式（5.6.3）	斜截面：弹性， 式（3.11.3-1）	斜截面：不屈服， 式（3.11.3-2），式（3.11.3-3）

性能目标 D 的性能设计指标的计算公式　　　　表 5.3.9-1D

地震水准	小震	中震	大震
性能水准	1	4	5
关键构件	正截面：弹性， 式（5.6.3）	正截面：不屈服， 式（3.11.3-2）	正截面：不屈服， 式（3.11.3-2）
关键构件	斜截面：弹性， 式（5.6.3）	斜截面：不屈服， 式（3.11.3-2）	斜截面：不屈服， 式（3.11.3-2）
普通竖向构件	正截面：弹性， 式（5.6.3）	正截面：部分构件屈服	正截面：较多构件屈服
普通竖向构件	斜截面：弹性， 式（5.6.3）	斜截面：满足受剪截面条件， 式（3.11.3-4），式（3.11.3-5）	斜截面：满足受剪截面条件， 式（3.11.3-4），式（3.11.3-5）
耗能构件	正截面：弹性， 式（5.6.3）	大部分耗能构件屈服	部分耗能构件发生严重破坏
耗能构件	斜截面：弹性， 式（5.6.3）	大部分耗能构件屈服	部分耗能构件发生严重破坏
水平长悬臂结构和大跨度结构中的关键构件	正截面：弹性， 式（5.6.3）	正截面：不屈服， 式（3.11.3-2），式（3.11.3-3）	正截面：不屈服， 式（3.11.3-2），式（3.11.3-3）
水平长悬臂结构和大跨度结构中的关键构件	斜截面：弹性， 式（5.6.3）	斜截面：不屈服， 式（3.11.3-2），式（3.11.3-3）	斜截面：不屈服， 式（3.11.3-2），式（3.11.3-3）

【例 5.3.9-1】（2016B18）某现浇钢筋混凝土剪力墙结构，房屋高度 180m，基本自振周期为 4.5s，抗震设防类别为标准设防类，安全等级二级。假定，结构抗震性能设计时，抗震性能目标为 C 级，下列关于该结构设计的叙述，其中何项相对准确？

（A）结构在设防烈度地震作用下，允许采用等效弹性方法计算剪力墙的组合内力，底部加强部位剪力墙受剪承载力应满足屈服承载力设计要求

（B）结构在罕遇地震作用下，允许部分竖向构件及大部分耗能构件屈服，但竖向构件的受剪截面应满足截面限制条件

（C）结构在多遇地震标准值作用下的楼层弹性层间位移角限值为 1/1000，罕遇地震作用下层间弹塑性位移角限值为 1/120

（D）结构弹塑性分析可采用静力弹塑性分析方法或弹塑性时程分析方法，弹塑性时程分析宜采用双向或三向地震输入

【解答】根据《高规》3.11.1 条、3.11.3 条及条文说明，（B）项准确，故应选（B）项。

另：（A）项，根据《高规》3.11.3 条条文说明，不准确；

（C）项，根据《高规》3.7.3 条，不准确；

（D）项，根据《高规》3.11.4 条条文说明，不准确。

【例 5.3.9-2】下列关于高层建筑混凝土结构的抗震性能化设计的 4 种观点：

Ⅰ. 达到 A 级性能目标的结构在大震作用下仍处于基本弹性状态；

Ⅱ. 建筑结构抗震性能化设计的性能目标，应不低于《建筑抗震设计规范》GB 50011—2010 规定的基本设防目标；

Ⅲ. 严重不规则的建筑结构，其结构抗震性能目标应为 A 级；

Ⅳ. 结构抗震性能目标应综合考虑抗震设防类别、设防烈度、场地条件、结构的特殊性、建造费用、震后损失和修复难易程度等各项因素选定。

试问，针对上述观点正确性的判断，下列何项正确？

（A）Ⅰ、Ⅱ、Ⅲ正确，Ⅳ错误　　　　（B）Ⅱ、Ⅲ、Ⅳ正确，Ⅰ错误

（C）Ⅰ、Ⅱ、Ⅳ正确，Ⅲ错误　　　　（D）Ⅰ、Ⅲ、Ⅳ正确，Ⅱ错误

【解答】根据《高规》3.11.1 条条文说明第 2 款，Ⅰ正确；

根据《高规》3.10.3 条第 2 款，Ⅱ正确；

根据《高规》3.1.4 条及 3.11.1 条条文说明，Ⅲ错误；

根据《高规》3.11.1 条，Ⅳ正确。

故选（C）项。

【例 5.3.9-3】（2013B29）某普通办公楼，采用现浇钢筋混凝土框架-核心筒结构，房屋高度 116.3m，地上 31 层，地下 2 层，3 层设转换层，采用桁架转换构件，平、剖面如图 29-30（Z）所示。抗震设防烈度为 7 度（0.1g），丙类建筑，设计地震分组第二组，Ⅱ类建筑场地，地下室顶板±0.000 处作为上部结构嵌固部位。

该结构需控制罕遇地震作用下薄弱层的层间位移。假定，主体结构采用等效弹性方法进行罕遇地震作用下弹塑性计算分析时，结构总体上刚刚进入屈服阶段。电算程序需输入的计算参数分别为：连梁刚度折减系数 S_1；结构阻尼比 S_2；特征周期值 S_3。试问，下列各组参数中（依次为 S_1、S_2、S_3），其中哪一组相对准确？

(A) 0.4、0.06、0.45　　　　　　　　　(B) 0.4、0.06、0.40

(C) 0.5、0.05、0.45　　　　　　　　　(D) 0.2、0.06、0.40

【解答】 根据《高规》3.11.3条条文说明，剪力墙连梁刚度折减系数不小于0.3。

剪力墙结构阻尼比宜适当增加，但增加值不大于0.02，即 $0.05 \leqslant \xi \leqslant 0.05 + 0.02 = 0.07$。

故 (C)、(D) 项不准确。

根据《高规》4.3.7条，计算罕遇地震时，特征周期应增加0.05s，

查表4.3.7-2，$T_g = 0.40$s，则 $S_3 = 0.45$s，(B) 不准确。

故选 (A) 项。

【例5.3.9-4】（2014B30）某地上38层的现浇钢筋混凝土框架-核心筒办公楼，房屋高度为155.4m，该建筑地上第1层至地上第4层的层高均为5.1m，第24层的层高6m，其余楼层的层高均为3.9m。抗震设防烈度7度，设计基本地震加速度0.10g，设计地震分组为第一组，建筑场地类别为Ⅱ类，抗震设防类别为丙类，安全等级二级。

假定，核心筒某耗能连梁LL在设防烈度地震作用下，左右两端的弯矩标准值 $M_b^{l*} = M_b^{r*} = 1355$kN·m（同时针方向），截面为600mm×1000mm，净跨 l_n 为3.0m。混凝土强度等级C40，纵向钢筋采用HRB400（Φ），对称配筋，$a_s = a_s' = 40$mm。试问，该连梁进行抗震性能设计时，下列何项纵向钢筋配置符合第2性能水准的要求且配筋最小？

提示： 忽略重力荷载作用下的弯矩。

(A) 7Φ25　　　　　(B) 6Φ28　　　　　(C) 7Φ28　　　　　(D) 6Φ32

【解答】 根据《高规》3.11.3条，按性能水准2设计：

$$A_s = \frac{M_{b,k}^{l*}}{f_{yk}(h_0 - a_s')} = \frac{1355 \times 10^6}{400 \times (1000 - 40 - 40)} = 3682 \text{mm}^2$$

选6Φ28（$A_s = 3695$mm²），满足

故选 (B) 项。

【例5.3.9-5】（2016B23）某地上35层的现浇钢筋混凝土框架-核心筒公寓，质量和刚度沿高度分布均匀，房屋高度为150m。基本风压 $w_0 = 0.65$kN/m²，地面粗糙度为A类。抗震设防烈度为7度，设计基本地震加速度为0.10g，设计地震分组为第一组，建筑场地类别为Ⅱ类，抗震设防类别为标准设防类，安全等级二级。

假定，某层核心筒耗能连梁LL（500mm×900mm），混凝土强度等级C40，风荷载作用下剪力 $V_{wk} = 220$kN，在设防烈度地震作用下剪力 $V_{Ehk} = 1200$kN，钢筋采用HRB400，连梁截面有效高度 $h_{b0} = 850$mm，跨高比为2.2。试问，设防烈度地震作用下，该连梁进行抗震性能设计时，下列何项箍筋配置符合第2性能水准的要求且配筋最小？

提示： 忽略重力荷载及竖向地震作用下连梁的剪力。

(A) Φ10@100 (4)　　　　　　　　　(B) Φ12@100 (4)

(C) Φ14@100 (4)　　　　　　　　　(D) Φ16@100 (4)

【解答】 根据《高规》3.11.3条，第2性能水准耗能构件受剪承载力宜符合

$$\gamma_G S_{GE} + \gamma_{Eh} S_{Ehk}^* + \gamma_{Ev} S_{Ehk}^* \leqslant R_d / \gamma_{RE}$$

$$V = \gamma_{Eh} \times V_{Ehk} = 1.3 \times 1200 = 1560 \text{kN}$$

根据《高规》公式（7.2.23-3）

$$V \leqslant \frac{1}{\gamma_{RE}} \left(0.38 f_t b_b h_{b0} + 0.9 f_{yv} \frac{A_{sv}}{s} h_{b0} \right)$$

$$1560 \times 10^3 \leqslant \frac{1}{0.85} \left(0.38 \times 1.71 \times 500 \times 850 + 0.9 \times 360 \times \frac{A_{sv}}{100} \times 850 \right)$$

得 $A_{sv} \geqslant 381mm$，$\Phi 12@100(4)$ 满足要求且最小。

故选（B）项。

【例5.3.9-6】（2017B32）某38层现浇钢筋混凝土框架-核心筒结构，普通办公楼，如图5.3.9-1所示，房屋高度为160m，1～4层层高6.0m，5～38层层高4.0m。抗震设防烈度为7度（0.10g），抗震设防类别为标准设防类，无薄弱层。

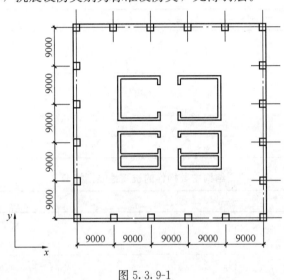

图5.3.9-1

假定，主体结构抗震性能目标定为C级，抗震性能设计时，在设防烈度地震作用下，主要构件的抗震性能指标有下列4组，如表5.3.9-2A～表5.3.9-2D所示。试问，设防烈度地震作用下构件抗震性能设计时，采用哪一组符合《高层建筑混凝土结构技术规程》JGJ 3—2010的基本要求？

注：构件承载力满足弹性设计要求简称"弹性"；满足屈服承载力要求简称"不屈服"。

（A）表5.3.9-2A   （B）表5.3.9-2B   （C）表5.3.9-2C   （D）表5.3.9-2D

结构主要构件的抗震性能指标 A   表5.3.9-2A

		设防烈度
核心筒墙肢	抗弯	底部加强部位：不屈服 一般楼层：不屈服
	抗剪	底部加强部位：弹性 一般楼层：不屈服
核心筒连梁		允许进入塑性，抗剪不屈服
外框梁		允许进入塑性，抗剪不屈服

结构主要构件的抗震性能指标 B　　　　　　　　表 5.3.9-2B

			设防烈度
核心筒墙肢		抗弯	底部加强部位：不屈服 一般楼层：不屈服
		抗剪	底部加强部位：弹性 一般楼层：弹性
核心筒连梁			允许进入塑性，抗剪不屈服
外框梁			允许进入塑性，抗剪不屈服

结构主要构件的抗震性能指标 C　　　　　　　　表 5.3.9-2C

			设防烈度
核心筒墙肢		抗弯	底部加强部位：不屈服 一般楼层：不屈服
		抗剪	底部加强部位：弹性 一般楼层：不屈服
核心筒连梁			抗弯、抗剪不屈服
外框梁			抗弯、抗剪不屈服

结构主要构件的抗震性能指标 D　　　　　　　　表 5.3.9-2D

			设防烈度
核心筒墙肢		抗弯	底部加强部位：不屈服 一般楼层：不屈服
		抗剪	底部加强部位：弹性 一般楼层：弹性
核心筒连梁			抗弯、抗剪不屈服
外框梁			抗弯、抗剪不屈服

【解】性能目标 C 级，由《高规》3.11.1 条，设防烈度地震（"中震"），其对应的性能水准为 3。

根据《高规》3.11.2 条及条文说明：

底部加强部位：核心筒墙肢为关键构件。

一般楼层：核心筒墙肢为普通竖向构件。

核心筒连梁、外框梁为"耗能构件"。

根据《高规》3.11.3 条第 3 款：

部分耗能构件允许进入屈服阶段，即"塑性阶段"，故排除（C）、（D）项。

关键构件受剪承载力宜符合式（3.11.3-1），即"中震弹性"，故选（B）项。

十、抗连续倒塌设计

- 复习《高规》3.12.1 条～3.12.6 条。

需注意的是：

（1）《高规》3.12.1条的条文说明，拆除构件法的适用对象。

（2）《高规》3.12.2条的条文说明，反向承载能力的理解。

（3）《高规》3.12.4条的条文说明。

（4）《高规》3.12.6条的条文说明。

【例5.3.10-1】（2016B32）关于高层混凝土结构抗连续倒塌设计的观点，下列何项符合《高层建筑混凝土结构技术规程》JGJ 3—2010的要求？

（A）采用在关键结构构件的表面附加侧向偶然作用的方法验算结构的抗倒塌能力时，侧向偶然作用只作用在该构件表面

（B）抗连续倒塌设计时，活荷载应采用准永久值，不考虑竖向荷载动力放大系数

（C）抗连续倒塌设计时，地震作用应采用标准值，不考虑竖向荷载动力放大系数

（D）安全等级为一级的高层建筑结构应采用拆除构件的方法进行抗连续倒塌设计

【解答】 根据《高规》3.12.6条及条文说明，（A）项符合，故选（A）项。

另：根据《高规》3.12.4条，（B）、（C）项不准确。

根据《高规》3.12.1条及条文说明，（D）项不准确。

第四节 《高规》结构计算分析

一、一般规定

> ●复习《高规》5.1.1条～5.1.16条。

需注意的是：

（1）《高规》5.1.3条的条文说明，在构件截面设计时考虑材料的弹塑性性质。

（2）《高规》5.1.4条的条文说明，注意区分"宜"、"应"。

（3）《高规》5.1.5条的条文说明，采用刚性楼板假定时，设计上应采取的必要措施。考虑楼板面内变形时，可采用的设计对策。当考虑楼板面内变形时，梁还有轴向变形，见《高规》5.1.6条条文说明。

（4）《高规》5.1.6条条文说明指出，采用空间杆-薄壁杆系模型时，剪力墙自由度还考虑了翘曲变形。

（5）《高规》5.1.8条的条文说明，活荷载较大（大于$4kN/m^2$）时，考虑其不利影响，可采用：①详细计算分析方法；②近似放大系数方法，即：梁正、负弯矩应同时放大。

（6）《高规》5.1.9条条文说明，施工过程的模拟可根据需要采用适当的方法考虑。一般的高层建筑结构，可采用结构竖向刚度、竖向荷载逐层形成、逐层计算的方法。

（7）《高规》5.1.13条，对比《高规》4.3.10条规定，结构计算振型数m的规定是不相同的。

（8）《高规》5.1.14条，与《高规》10.6.3条挂钩。

（9）《高规》5.1.15条条文说明，局部应力分析的适用对象。

【例5.4.1-1】 下列关于高层混凝土结构计算的叙述，其中何项是不正确的？

（A）略

（B）复杂高层建筑结构在进行重力荷载作用效应分析时，应考虑施工过程的影响，施工过程的模拟可根据实际施工方案采用适当的方法考虑

（C）房屋高度较高的高层建筑应考虑非荷载效应的不利影响，外墙宜采用各类建筑幕墙

（D）略

【解答】根据《高规》5.1.9条及其条文说明，（B）项正确。

根据《高规》3.1.6条及其条文说明，（C）项正确。

【例5.4.1-2】（2017B19）某28层钢筋混凝土框架-剪力墙高层建筑，普通办公楼，如图5.4.1-1所示，槽形平面，房屋高度100m，质量和刚度沿竖向分布均匀，50年重现期的基本风压为0.6kN/m²，地面粗糙度为B类。

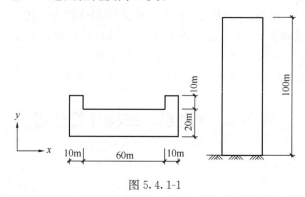

图5.4.1-1

假定，风荷载沿竖向呈倒三角形分布，地面（±0.000）处为0，高度100m处风振系数取1.50，试问，估算的±0.000处沿Y方向风荷载作用下的倾覆弯矩标准值（kN·m），与下列何项数值最为接近？

（A）637000　　　　　　　　　　（B）660000

（C）700000　　　　　　　　　　（D）726000

【解】根据《高规》4.2.2条及条文说明，取 $w_0 = 1.1 \times 0.6 = 0.66 \text{N/mm}^2$

根据《荷规》表8.2.1，$\mu_z = 2.0$

根据《高规》附录B，Y轴正向：

$W_k = 1.5 \times (0.8 \times 80 + 0.6 \times 20 + 0.5 \times 60) \times 2.0 \times 0.66 = 210.0 \text{kN/m}$

Y轴反向：

$W_k = 1.5 \times (0.8 \times 20 + 0.9 \times 60 + 0.5 \times 80) \times 2.0 \times 0.66 = 217.8 \text{kN/m}$

根据《高规》5.1.10条，取较大值，$W_k = 217.8 \text{kN/m}$

$$M_{0k} = \frac{1}{2} \times 217.8 \times 100 \times \frac{2}{3} \times 100 = 726000 \text{kN·m}$$

故选（D）项。

二、计算参数

● 复习《高规》5.2.1条～5.2.4条。

需注意的是：

（1）《高规》5.2.1 条及条文说明，可知，有地震组合工况时，均可考虑连梁刚度折减。

连梁刚度折减系数不宜小于 0.5，这是针对小震情况。

当连梁（跨高比大于 5）、一端与柱另一端与墙连接的梁（跨高比大于 5），必要时可不进行梁刚度折减。

（2）《高规》5.2.2 条的条文说明，梁的刚度增大系数 $=I_T/I$，其中，I_T 是指考虑翼缘尺寸后 T 形截面梁的惯性矩，I 是指未考虑翼缘尺寸时矩形截面梁的惯性矩。

（3）《高规》5.2.3 条，框架梁梁端、跨中弯矩设计值分别与荷载组合（或地震作用组合）挂钩。一般地，高烈度区，梁端弯矩设计值是由地震组合控制，其跨中弯矩设计值是由基本组合控制。低烈度区，梁端弯矩设计值由地震组合控制或者基本组合控制，而其跨中弯矩设计值仍由基本组合控制。

（4）《高规》5.2.4 条条文说明指出，扭矩折减系数与楼盖（楼板和梁）的约束作用和梁的位置密切相关。

【例 5.4.2-1】（2014B02）下列关于高层混凝土结构作用效应计算时剪力墙连梁刚度折减的观点，哪一项不符合《高层建筑混凝土结构技术规程》JGJ 3—2010 的要求？

(A) 结构进行风荷载作用下的内力计算时，不宜考虑剪力墙连梁刚度折减

(B) 第 3 性能水准的结构采用等效弹性方法进行罕遇地震作用下竖向构件的内力计算时，剪力墙连梁刚度可折减，折减系数不宜小于 0.3

(C) 结构进行多遇地震作用下的内力计算时，可对剪力墙连梁刚度予以折减，折减系数不宜小于 0.5

(D) 结构进行多遇地震作用下的内力计算时，连梁刚度折减系数与抗震设防烈度无关

【解答】 根据《高规》5.2.1 条及条文说明，(D) 项不准确，(A)、(C) 项准确，故应选 (D) 项。

另：根据《高规》3.11.3 条条文说明，(B) 项准确。

【例 5.4.2-2】 某 12 层现浇钢筋混凝土框架-剪力墙结构，建筑平面为矩形，各层层高 4m，房屋高度 48.3m，质量和刚度沿高度分布比较均匀，且对风荷载不敏感。抗震设防烈度 7 度，丙类建筑，设计地震分组为第一组，Ⅱ类建筑场地，填充墙采用普通非黏土类砖墙。

对该建筑物进行多遇水平地震作用分析时，需输入的 3 个计算参数分别为：连梁刚度折减系数 S_1；竖向荷载作用下框架梁梁端负弯矩调幅系数 S_2；计算自振周期折减系数 S_3。试问，下列各组参数中（依次为 S_1、S_2、S_3），其中哪一组相对准确？

(A) 0.4；0.8；0.7　　　　　　　　(B) 0.5；0.7；0.7

(C) 0.6；0.9；0.9　　　　　　　　(D) 0.5；0.8；0.7

【解答】 根据《高规》5.2.1 条，$S_1 \geqslant 0.5$，(A) 不准确；

根据《高规》5.2.3 条，$S_2 = 0.8 \sim 0.9$，(B) 不准确；

根据《高规》4.3.17 条，$S_3 = 0.7 \sim 0.8$，(C) 不准确；

故选 (D) 项。

【例 5. 4. 2-3】（2017B20）某现浇钢筋混凝土框架结构办公楼，抗震等级为一级，某一框架梁局部平面如图 5.4.2-1 所示。梁截面 350mm×600mm，$h_0=540$mm，$a'_s=40$mm，混凝土强度等级 C30，纵筋采用 HRB400 钢筋。该梁在各效应下截面 A（梁顶）弯矩标准值分别为：

恒荷载：$M_A=-440$kN·m；活荷载：$M_A=-240$kN·m；

水平地震作用：$M_A=-234$kN·m；

假定，A 截面处梁底纵筋面积按梁顶纵筋面积的二分之一配置，试问，为满足梁端 A（顶面）极限承载力要求，梁端弯矩调幅系数至少应取下列何项数值？

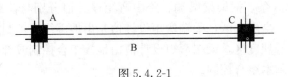

图 5.4.2-1

(A) 0.80   (B) 0.85   (C) 0.90   (D) 1.00

【解】 根据《高规》6.3.2 条，$x=0.25h_0=0.25\times540=135$mm

由条件，$A_s=0.5A'_s$

$$\frac{x}{h_0}=\frac{f_yA_s-f'_yA'_s}{\alpha_1bh_0f_c}=\frac{360\times0.5A_s}{1\times350\times540\times14.3}=0.25$$

$$A_s=3754\text{mm}^2,\ A'_s=1877\text{mm}^2$$

截面抗震抗弯承载力为

$$M=\frac{1}{\gamma_{RE}}\left[\alpha_1f_cbx\left(h_0-\frac{x}{2}\right)+f'_yA'_s(h_0-a'_s)\right]$$

$$=\frac{1}{0.75}\left[1\times14.3\times350\times135\times\left(540-\frac{135}{2}\right)+360\times1877\times(540-40)\right]$$

$$=\frac{1}{0.75}\times657\times10^6\text{N·mm}$$

由《高规》5.2.3 条、5.6.3 条，调幅系数 β 为：

$$1.2\times\beta(440+0.5\times240)+1.3\times234=M=\frac{1}{0.75}\times657$$

则：$\beta=0.85$，故选（B）项。

三、计算简图处理

　　●复习《高规》5.3.1 条～5.3.7 条。

1.《高规》5.3.3 条

《高规》5.3.3 条的条文说明，密肋板楼盖的等效方法。

平板无梁楼盖的等代框架法，其等代梁的宽度取值规定，与《高规》8.2.3 条第 1 款规定，两者不协调。

2.《高规》5.3.4 条

如图 5.4.3-1 所示，当未考虑刚域，梁柱交点视为一个节点，其梁计算长度为 l_0；当考虑刚域后，计算模型的梁计算长度减小，即：$l_0 - (l_{b2} + l_{b1})$，则：1-1 截面处梁弯矩值考虑刚域后变小。

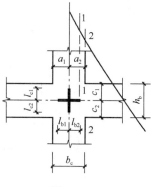

图 5.4.3-1

《高规》5.3.4 条规定，梁端截面弯矩可取刚域端（即：1-1 处）的弯矩计算值。抗震设计时，按"强柱弱梁"原则，1-1 处弯矩值减小，有利于"强柱弱梁"原则的实现。

需注意的是，当采用考虑刚域后的 1-1 处弯矩值用于梁配筋计算是不合理的，这是因为：梁端控制截面应是 2-2 截面处，所以应采用考虑刚域后的 2-2 处弯矩值用于梁配筋。

同样，在验算梁端裂缝时，应采用考虑刚域后的 2-2 处弯矩值才合理，不能采用 1-1 处弯矩值，这是因为：梁端裂缝验算，其位置是梁端 2-2 截面处。

【例 5.4.3-1】（2016B17）下列关于高层混凝土结构计算的叙述，其中何项是不正确的？

(A) 8 度区 A 级高度的乙类建筑可采用板柱-剪力墙结构，整体计算时平板无梁楼盖应考虑板面外刚度影响，其面外刚度可按有限元方向计算或近似将柱上板带等效为框架梁计算

(B)、(C)、(D) 略

【解答】 根据《高规》表 3.3.3-1，5.3.3 条及条文说明，(A) 项正确。

3. 《高规》5.3.7 条

《高规》5.3.7 条条文说明指出，本条给出作为结构分析模型嵌固部位的刚度要求。

(1) 地上结构仅有主楼（或塔楼）、无裙房

此时，按《高规》5.3.7 条及条文说明的规定进行刚度比（即：等效剪切刚度比）的计算、判别。

(2) 地上结构有主楼、裙房，且裙房面积很小（即主楼外裙房的跨数不大于 3 跨或 20m）

观点 1：《抗规》6.1.14 条及条文说明指出："相关范围"一般可从地上结构（主楼、有裙房时含裙房）周边外延不大于 20m。

观点 2：依据朱炳寅总工编著的《高层建筑混凝土结构技术规程应用与分析》，上述情况，地下一层取主楼及相关范围（即主楼及其周边不大于 3 跨或 20m）的区域进行等效剪切刚度比的计算。

(3) 地上结构有主楼、裙房，且裙房面积很大

该类情况，可参见朱炳寅总工编著的《高层建筑混凝土结构技术规程应用与分析》，进行包络设计。

也可参见魏琏大师主编的《深圳超限高层建筑工程设计及实例》。

(4) 地下室顶板作为嵌固部位（图 5.4.3-2），此时应满足如下两个条件：

① 《高规》5.3.7 条等效剪切刚度 K_1、K_{-1}，$K_{-1}/K_1 \geq 2$

② 《高规》3.5.2 条侧向刚度比

$$\gamma_2 = \frac{V_i \Delta_{i+1}}{V_{i+1} \Delta_i} \cdot \frac{h_i}{h_{i+1}} = \frac{K_{1,\text{侧}}}{K_{2,\text{侧}}} \geq 1.5$$

(5) 嵌固部位下移，地下一层地面作为上部结构嵌固部位如图 5.4.3-3 所示，此时，

应满足的条件是：$\dfrac{K_{-2}}{K_1} \geqslant 2$

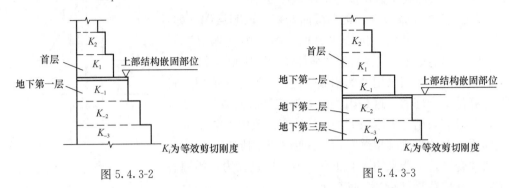

图 5.4.3-2　　　　　　　　　　　　　　　　图 5.4.3-3

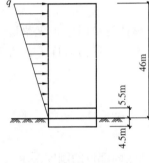

图 5.4.3-4

【例 5.4.3-2】某 12 层办公楼，房屋高度为 46m，采用现浇钢筋混凝土框架-剪力墙结构，质量和刚度沿高度分布均匀且对风荷载不敏感，地面粗糙度 B 类，所在地区 50 年重现期的基本风压为 0.65kN/m²。

假定，拟建建筑物设有一层地下室，首层地面无大的开洞，首层及地下一层的层高分别为 5.5m 和 4.5m，混凝土剪变模量与折算受剪截面面积乘积：地下室 $G_0A_0 = 19.05 \times 10^6$ kN，地上一层 $G_1A_1 = 16.18 \times 10^6$ kN。风荷载沿房屋高度呈倒三角形分布，屋顶处风荷载标准值 $q = 89.7$ kN/m，室外地面处为 0，如图 5.4.3-4 所示。试问，风荷载在该建筑物结构计算模型的嵌固部位处产生的倾覆力矩标准值（kN·m），与下列何项数值最为接近？

(A) 41000　　　　　　　　　　　(B) 63000

(C) 73000　　　　　　　　　　　(D) 104000

【解答】根据《高规》5.3.7 条及 E.0.1 条：

$$\gamma = \frac{G_0A_0h_1}{G_1A_1h_0} = \frac{19.05 \times 10^6 \times 5.5}{16.18 \times 10^6 \times 4.5} = 1.44 < 2$$

故嵌固部位下移，移至基础顶面处。

$$M = \frac{1}{2} \times 89.7 \times 46 \times \left(46 \times \frac{2}{3} + 4.5\right) = 72552 \text{kN} \cdot \text{m}$$

故选（C）项。

四、重力二阶效应及结构稳定性

> ●复习《高规》5.4.1 条～5.4.4 条。

1. 重力二阶效应（P-Δ 效应）

《高规》5.4.4 条的条文说明："结构的刚度和重力荷载之比（简称刚重比）是影响重力 P-Δ 效应的主要参数"。

重力 P-Δ 效应的计算，《高规》、《抗规》、《混规》均有规定。

（1）《高规》5.4.1 条及条文说明

由《抗规》3.6.3 条及条文说明，

$$\theta_i = \frac{\sum G_i \cdot \Delta u_i}{V_i h_i} = \frac{\sum G_i}{\dfrac{V_i}{\Delta u_i} h_i} = \frac{\sum G_i}{D_i h_i}$$

二阶效应位移增大系数 $F = \dfrac{1}{1-\theta} = \dfrac{1}{1 - \dfrac{\sum G_i}{D_i h_i}}$

上式与《高规》公式（5.4.3-1）是一致的，即：《抗规》规定与《高规》规定是一致的。

当考虑刚度折减 50% 时，$F = \dfrac{1}{1 - \dfrac{2\sum G_i}{D_i h_i}}$

上式与《高规》公式（5.4.3-2）是一致的。

当 $D_i \geqslant 20 \sum\limits_{j=i}^{n} G_j / h_i$（即刚度不折减），则：

$$F = \frac{1}{1 - \dfrac{\sum G_i}{D_i h_i}} \leqslant \frac{1}{1 - \dfrac{1}{20}} = 1.0526$$

当 $D_i \geqslant 10 \sum\limits_{j=i}^{n} G_j / h_i$（即刚度折减 50%），则：

$$F = \frac{1}{1 - \dfrac{\sum G_i}{D_i h_i}} \leqslant \frac{1}{1 - \dfrac{1}{10}} = 1.111$$

故验证了《高规》5.4.1 条条文说明中"本条公式使结构按弹性分析的二阶效应对结构内力、位移的增量控制在 5% 左右；考虑实际刚度折减 50% 时，结构内力增量控制在 10% 以内"。

（2）《高规》5.4.1 条条文说明中式（5）：

$$EJ_d = \frac{11qH^4}{120u}$$

同一个建筑结构，由于 EJ_d 是等效侧向刚度，当用水平风荷载计算出的 EJ_d，与用水平地震作用计算出的 EJ_d，两者一般是不相同的。

EJ_d 代表结构一个主轴方向，故沿两个正交方向的 X、Y 方向的 EJ_d 值应分别计算、判别。

（3）《高规》5.4.2 条的条文说明

考虑 $P\text{-}\Delta$ 效应后计算的位移仍应满足《高规》3.7.3 条，而《高规》3.7.3 条是按弹性方法计算的位移，故《高规》公式（5.4.3-1）、公式（5.4.3-3）不考虑结构刚度的折减。

（4）《高规》5.4.3 条

注意，《高规》5.4.3 条仅对构件的弯矩、剪力考虑增大系数。

2. 整体稳定性

《高规》5.4.4 条一般适用于质量、刚度分布沿竖向均匀的结构。其他情况，可采用有限元特征值法进行分析计算、判别。

【例 5.4.4-1】（2013B18）下列关于高层混凝土结构重力二阶效应的观点，哪一项相对准确？

(A) 当结构满足规范要求的顶点位移和层间位移限值时，高度较低的结构重力二阶效应的影响较小

(B) 当结构在地震作用下的重力附加弯矩大于初始弯矩的 10% 时，应计入重力二阶效应的影响，风荷载作用时，可不计入

(C) 框架柱考虑多遇地震作用产生的重力二阶效应的内力时，尚应考虑《混凝土结构规范》GB 50010—2010 承载力计算时需要考虑的重力二阶效应

(D) 重力二阶效应影响的相对大小主要与结构的侧向刚度和自重有关，随着结构侧向刚度的降低，重力二阶效应的不利影响呈非线性关系急剧增长，结构侧向刚度满足水平位移限值要求，有可能不满足结构的整体稳定要求

【解答】 根据《高规》5.4.1 条、5.4.4 条及条文说明，(B) 项不准确，(D) 项准确，故选 (D) 项。

另：(A) 项，根据《高规》5.4.1 条，不准确。

(C) 项，根据《高规》3.6.3 条，不准确。

【例 5.4.4-2】 某 15 层框架-剪力墙结构，质量和刚度沿竖向分布均匀，对风荷载不敏感，房屋高度 58m，首层层高 5m，二～五层层高 4.5m，其余各层层高均为 3.5m。

该结构位于非地震区，仅考虑风荷载作用，且水平风荷载沿竖向呈倒三角形分布，其最大荷载标准值 $q = 65$kN/m，已知该结构各层重力荷载设计值总和为 $\sum\limits_{i=1}^{15} G_i = 1.45 \times 10^5$kN。试问，在上述水平风力作用下，该结构顶点质心的弹性水平位移 u（mm）不超过下列何项数值时，方可不考虑重力二阶效应的影响？

(A) 40　　　　　　(B) 50　　　　　　(C) 60　　　　　　(D) 70

【解答】 根据《高规》公式（5.4.1-1）：

$$EJ_d \geqslant 2.7H^2 \sum_{i=1}^{n} G_i = 2.7 \times 58^2 \times 1.45 \times 10^5 = 1.317 \times 10^9 \text{kN} \cdot \text{m}^2$$

根据《高规》5.4.1 条条文说明公式（4）：

结构的弹性等效侧向刚度 $EJ_d = \dfrac{11qH^4}{120u}$，则：

$$u = \frac{11qH^4}{120EJ_d} = \frac{11 \times 65 \times 58^4}{120 \times 1.317 \times 10^9} = 0.0512\text{m} = 51.2\text{mm}$$

故选 (B) 项。

【例 5.4.4-3】 某 10 层钢筋混凝土框架结构，如图 5.4.4-1 所示，质量和刚度沿竖向分布比较均匀，抗震设防类别为标准设防类，抗震设防烈度 7 度，设计基本地震加速度 0.10g，设计地震分组第一组，场地类别Ⅱ类。

假定，该结构第 1 层永久荷载标准值为 11500kN，第 2～9 层永久荷载标准值均为 11000kN，第 10 层永久荷载标准值为 9000kN，第 1～9 层可变荷载标准值均为 800kN，第 10 层可变荷载标准值为 600kN。试问，进行弹性计算分析且不考虑重力二阶效应的不

利影响时，该结构所需的首层弹性等效侧向刚度最小值（kN/m），与下列何项数值最为接近？

(A) 631200　　　　(B) 731200

(C) 831200　　　　(D) 931200

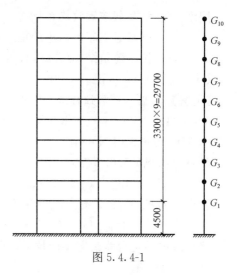

图 5.4.4-1

【解答】根据《高规》5.4.1条：

各层重力荷载设计值分别为：$G_1 = 1.2 \times 11500 + 1.4 \times 800 = 14920 \text{kN}$

$G_2 \sim G_9 = 1.2 \times 11000 + 1.4 \times 800 = 14320 \text{kN}$

$G_{10} = 1.2 \times 9000 + 1.4 \times 600 = 11640 \text{kN}$

$D_i \geqslant 20 \sum_{j=i}^{n} G_j / h_i$，即：

$D_1 \geqslant 20 \times (14920 + 8 \times 14320 + 11640) / 4.5$
$= 627200 \text{kN/m}$

故选（A）项。

五、荷载组合和地震作用组合的效应

- 复习《高规》5.6.1条～5.6.5条。

需注意的是：

（1）《高规》表5.6.4，重力荷载与竖向地震作用的组合，即：

$$S_d = \gamma_G S_{GE} + \gamma_{Ev} S_{Evk} \leqslant \frac{R_d}{\gamma_{RE}} = \frac{R_d}{1.0}$$

此时，各类结构构件的 γ_{RE} 均取为1.0。

（2）在同一组荷载组合（或地震组合）中同一荷载工况（或地震工况）的效应应采用相同的分项系数（即：荷载分项系数、重力荷载分项系数）。目前，结构设计软件按此原则进行分析、计算。

【例5.4.5-1】（2014B22）某高层现浇钢筋混凝土框架结构普通办公楼，结构设计使用年限50年，抗震等级一级，安全等级二级。其中五层某框架梁局部平面如图5.4.5-1所示。进行梁截面设计时，需考虑重力荷载、水平地震作用效应组合。

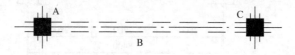

图 5.4.5-1

已知，该梁截面A处由重力荷载、水平地震作用产生的负弯矩标准值分别为：

恒荷载：$M_{Gk} = -500 \text{kN} \cdot \text{m}$；

活荷载：$M_{Qk} = -100 \text{kN} \cdot \text{m}$；

水平地震作用：$M_{Ehk} = -260 \text{kN} \cdot \text{m}$。

试问，进行截面A梁顶配筋设计时，起控制作用的梁端负弯矩设计值（kN·m），与下列何项数值最为接近？

提示： ① 活荷载按等效均布计算，不考虑梁楼面活荷载标准值折减，重力荷载效应已考虑支座负弯矩调幅，不考虑风荷载组合。

② 按《建筑结构可靠性设计统一标准》作答。

(A) -740 (B) -800 (C) -1000 (D) -1060

【解答】 根据《可靠性标准》8.2.4 条：

$$M_A = 1.3 \times (-500) + 1.5 \times (-100) = -800 \text{kN} \cdot \text{m}$$

取 $M_{max} = -800 \text{kN} \cdot \text{m}$。

根据《高规》5.6.2 条：

$$M_A = 1.2 \times (-500 - 0.5 \times 100) + 1.3 \times (-260) = -998 \text{kN} \cdot \text{m}$$

根据《高规》3.8.2 条：$\gamma_{RE} = 0.75$

$$\gamma_{RE} M_A = 0.75 \times 998 = 749 < M_{max} = 800 \text{kN} \cdot \text{m}$$

故最终配筋是由非抗震设计控制，即 $M = 800 \text{kN} \cdot \text{m}$。

故选 (B) 项。

【例 5.4.5-2】 某高层民用建筑，采用现浇钢筋混凝土框架结构，抗震等级为二级，梁、柱混凝土强度等级均为 C30，边榀框架 KL1 局部立面，如图 5.4.5-2 所示。

由重力荷载代表值产生的 KL1 的梁端（柱边处截面）的弯矩标准值 $M^l_{b1} = 150 \text{kN} \cdot \text{m}$ ($\searpoon$)，$M^r_{b1} = -260 \text{kN} \cdot \text{m}$ ($\nearpoon$)；由水平地震作用产生的梁端（柱边处截面）的弯矩标准值 $M^l_{b2} = 300 \text{kN} \cdot \text{m}$ ($\searpoon$)，$M^r_{b2} = 390 \text{kN} \cdot \text{m}$ ($\nearpoon$)。试问，梁端最大剪力设计值 V (kN)，应与下列何项数值最为接近？

提示： 取 $V_{Gb} = 0.0$；水平地震作用效应不考虑边榀效应。

(A) 500   (B) 525   (C) 565   (D) 595

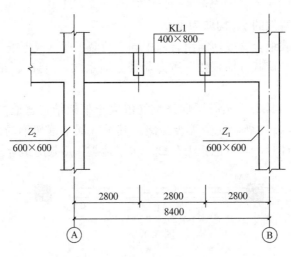

图 5.4.5-2

【解答】 根据《高规》6.2.5 条，取 $\eta_{vb} = 1.2$，则：

(1) 当 $\gamma_G = 1.2$ 时：

$$M^l_b = 1.2 \times 150 + 1.3 \times 300 = 570 \text{kN} \cdot \text{m}$$

$$M^r_b = -1.2 \times 260 + 1.3 \times 390 = 195 \text{kN} \cdot \text{m}$$

$$M_b^l + M_b^r = 570 + 195 = 765 \text{kN} \cdot \text{m}$$

(2) 当 $\gamma_G = 1.0$ 时：

$$M_b^l = 1.0 \times 150 + 1.3 \times 300 = 540 \text{kN} \cdot \text{m}$$

$$M_b^r = -1.0 \times 260 + 1.3 \times 390 = 247 \text{kN} \cdot \text{m}$$

$$M_b^l + M_b^r = 540 + 247 = 787 \text{kN} \cdot \text{m}$$

上述取较大值，故 $M_b^l + M_b^r = 787 \text{kN} \cdot \text{m}$

$$V = \eta_{vb} \frac{M_b^l + M_b^r}{L_n} + 0 = 1.2 \times \frac{787}{7.8} + 0 = 525 \text{kN}$$

故选（B）项。

六、结构弹塑性分析与弹塑性变形验算

●复习《高规》5.5.1条～5.5.3条。

需注意的是：

(1) 静力、动力弹塑性分析方法的各自适用对象，见《高规》3.11.4条及条文说明。

(2)《高规》5.5.1条第5款，几何非线性是指结构构件的二阶效应（$P\text{-}\Delta$ 效应、$P\text{-}\delta$ 效应）。

(3)《高规》5.5.1条第6款规定。

(4) 对比《混规》5.5节规定。

(5)《高规》5.5.3条，楼层延性系数 $\mu = \eta_p / \xi_y$。

【例 5.4.6-1】（2011B23）某12层现浇钢筋混凝土框架结构，首层层高为6m，其他层层高均为4m。

假定，该建筑物位于7度抗震设防区，调整构件截面后，经抗震计算，底层框架总侧移刚度 $\Sigma D = 5.2 \times 10^5 \text{N/mm}$，柱轴压比大于0.4，楼层屈服强度系数为0.4，不小于相邻层该系数平均值的0.8。试问，在罕遇水平地震作用下，按弹性分析时作用于底层框架的总水平组合剪力标准值 V_{Ek}（kN），最大不能超过下列何值才能满足规范对位移的限值要求？

提示： ① 按《高层建筑混凝土结构技术规程》作答。

② 结构在罕遇地震作用下薄弱层弹塑性变形计算可采用简化计算法，不考虑重力二阶效应。

③ 不考虑柱配箍影响。

(A) 5.6×10^3 (B) 1.1×10^4

(C) 3.1×10^4 (D) 6.2×10^4

【解答】 根据《高规》5.5.2条、5.5.3条：

由《高规》表3.7.5：$\Delta u_p = \dfrac{1}{50} \times 6000 = 120 \text{mm}$

查《高规》表5.5.3，取 $\eta_p = 2$；$\Delta u_e = \dfrac{\Delta u_p}{\eta_p} = \dfrac{120}{2} = 60 \text{mm}$

$$V_{Ek} = \Sigma D_i \cdot \Delta u_e = 5.2 \times 10^5 \times 60 = 3.12 \times 10^4 \text{kN}$$

故选（C）项。

思考：真题的提示是按《抗规》作答，现改为按《高规》作答。两本规范的规定是相同的。

七、地下室与基础设计

- 复习《高规》12.1.1条～12.1.12条。
- 复习《高规》12.2.1条～12.2.7条。

需注意的是：

（1）《高规》12.1.7条规定，零应力区的验算应考虑两种情况：①重力荷载与水平荷载标准值共同作用下，②重力荷载代表值与多遇水平地震标准值共同作用下，即：分别按荷载标准组合、地震作用标准组合进行计算，相应地，取《高规》公式（5.6.1）中 $\gamma_Q = \gamma_w = 1.0$，$\gamma_L = 1.0$；取《高规》公式（5.6.3）中 $\gamma_G = \gamma_{Eh} = \gamma_{Ev} = \gamma_w = 1.0$。

（2）《高规》12.1.7条，与《抗规》4.2.4条存在一定区别，即：《高规》中，$H/B \leqslant 4$ 的高层建筑，零应力区面积不应超过基底面积的15%；《抗规》中，$H/B \leqslant 4$ 的其他建筑，零应力区面积不应超过基底面积的15%。此处，"其他建筑"是指高层建筑、多层建筑。

【例5.4.7-1】某11层办公楼，无特殊库房，采用钢筋混凝土框架-剪力墙结构，丙类建筑、首层室内外地面高差0.45m，房屋高度为39.45m，质量和刚度沿竖向分布均匀，抗震设防烈度为9度，建于Ⅱ类场地，设计地震分组为第一组，其标准层平面和剖面见图5.4.7-1所示。

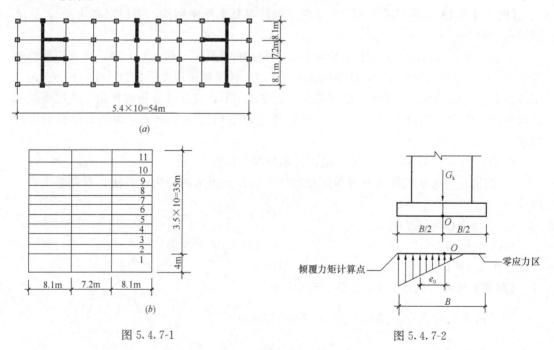

图5.4.7-1

图5.4.7-2

假定本工程设有两层地下室，如图5.4.7-2所示，总重力荷载合力作用点与基础底面形心重合，基础底面反力呈线性分布，上部及地下室基础总重力荷载标准值为 G_k，水平荷载与竖向荷载共同作用下基底反力的合力点到基础中心的距离为 e_0，试问，当满足规程对基础底面与地基之间压应力区面积限值时，抗倾覆力矩 M_R 与倾覆力矩 M_{ov} 的最小比值，与下列何项数值最为接近？

提示：地基承载力符合要求，不考虑侧土压力，不考虑重力二阶效应。

(A) 2.7   (B) 2.3   (C) 1.9   (D) 1.5

【解答】 根据《高规》12.1.7条：

基底反力呈三角形分布的长度 L 为：$L \leqslant 0.85B$；基底反力的合力 $\sum p = G$。

外部水平力对基底形心 O 总的力矩为 M_{ov}，基底反力的合力对基底形心的力矩为：

$$\sum p \cdot e_0 = G \cdot e_0 = M_{ov}；又 e_0 = \frac{B}{2} - \frac{L}{3} = \frac{B}{2} - \frac{0.85B}{3}$$

对于倾覆点，则：

$$\frac{M_R}{M_{ov}} = \frac{G \cdot \dfrac{B}{2}}{Ge_0} = \frac{G \cdot \dfrac{B}{2}}{G \cdot \left(\dfrac{B}{2} - \dfrac{0.85B}{3}\right)} = 2.308$$

故选 (B) 项。

思考：假定房屋总高度为120m，则：$H/B = 120/23.4 = 5 > 4$，故基底不宜出现零应力区，即取 $L = B$，则：

$$e_0 = \frac{B}{2} - \frac{L}{3} = \frac{B}{2} - \frac{B}{3} = \frac{B}{6}$$

$$\frac{M_R}{M_{ov}} = \frac{G \cdot \dfrac{B}{2}}{Ge_0} = \frac{G \cdot \dfrac{B}{2}}{G \cdot \dfrac{B}{6}} = 3.0$$

第五节 《高规》框架结构

一、一般规定

* 复习《高规》6.1.1条～6.1.8条。

需注意的是：

(1)《高规》6.1.2条，针对抗震设计时高层框架结构。

《高规》6.1.2条的条文说明对"单跨框架结构"进行了定义及简单判别，其判别也可按《抗规》6.1.5条条文说明。

(2)《高规》6.1.3条～6.1.6条均针对抗震设计时。

(3)《高规》6.1.4条及条文说明指出，楼梯构件（包括楼梯梁、楼梯柱、楼梯板）应进行抗震设计，其中，楼梯梁、楼梯柱的抗震等级与框架结构本身相同。

此外，《抗规》3.6.6条、6.1.15条及条文说明也规定了楼梯构件对主体结构的计算要求。

(4)《高规》6.1.8条及条文说明。

对于梁的一端与框架柱相连，另一端与框架梁相连的"特殊框架梁"，其抗震等级的确定，《高规》6.1.8 条条文说明未明确，可按与之相连的框架柱的抗震等级采用。

同样，梁的一端为剪力墙（梁长度方向与墙长度方向连接），另一端为主梁（框架梁、主要次梁或与剪力墙厚度方向铰接连接）的梁，也可按《高规》6.1.8 条条文说明中对上述"特殊框架梁"的设计要求，梁抗震等级采用剪力墙抗震等级。

二、框架梁

（一）截面尺寸

● 复习《高规》6.3.1 条。

需注意的是：

《高规》6.3.1 条的条文说明指出，在计算挠度时，可考虑梁受压区有效翼缘的有利作用，6.3.1 条规定是针对现浇梁板结构。

（二）框架梁的受弯承载力与纵筋配置

抗震受弯承载力的计算，见本书第一章第五节。

框架梁（抗震设计，非抗震设计）纵筋的构造要求，见本章第十三节。

● 复习《高规》6.3.2 条、6.3.3 条。

需注意的是：

（1）《高规》6.3.2 条的条文说明，框架梁的纵向受力钢筋最大配筋率主要考虑因素。

（2）《高规》表 6.3.2-2 注 1、2 的规定。其中，注 1 中 d 为纵向受力钢筋直径，是指最小纵向受力钢筋的直径。

（3）《高规》6.3.3 条第 3 款，其条文说明指出：防止梁在反复作用时钢筋滑移。

【例 5.5.2-1】（2013B23）某现浇钢筋混凝土框架结构，抗震等级为一级，梁局部平面图如图 5.5.2-1 所示。梁 L1 截面 300×500（$h_0 = 440mm$），混凝土强度等级 C30（$f_c = 14.3N/mm^2$），纵筋采用 HRB400（Φ）（$f_y = 360N/mm^2$），箍筋采用 HRB335（Φ）。关于梁 L1 两端截面 A、C 梁顶配筋及跨中截面 B 梁底配筋（通长，伸入两端梁、柱内，且满足锚固要求），有以下 4 组配置。试问，哪一组配置与规范、规程的最低构造要求最为接近？

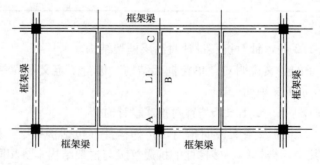

图 5.5.2-1

提示：不必验算梁抗弯、抗剪承载力。

（A）A 截面：4Φ20＋4Φ20；　　　　Φ10@100；

$$
\begin{array}{ll}
\text{B 截面：} 4\,\underline{\Phi}\,20; & \underline{\Phi}\,10@200; \\
\text{C 截面：} 4\,\underline{\Phi}\,20+2\,\underline{\Phi}\,20; & \underline{\Phi}\,10@100;
\end{array}
$$

$$
\begin{array}{lll}
\text{(B)} & \text{A 截面：} 4\,\underline{\Phi}\,22+4\,\underline{\Phi}\,22; & \underline{\Phi}\,10@100; \\
& \text{B 截面：} 4\,\underline{\Phi}\,22; & \underline{\Phi}\,10@200; \\
& \text{C 截面：} 2\,\underline{\Phi}\,22; & \underline{\Phi}\,10@200 \\
\text{(C)} & \text{A 截面：} 2\,\underline{\Phi}\,22+6\,\underline{\Phi}\,20; & \underline{\Phi}\,10@100; \\
& \text{B 截面：} 4\,\underline{\Phi}\,18; & \underline{\Phi}\,10@200; \\
& \text{C 截面：} 2\,\underline{\Phi}\,20; & \underline{\Phi}\,10@200 \\
\text{(D)} & \text{A 截面：} 4\,\underline{\Phi}\,22+2\,\underline{\Phi}\,22; & \underline{\Phi}\,10@100; \\
& \text{B 截面：} 4\,\underline{\Phi}\,22; & \underline{\Phi}\,10@200; \\
& \text{C 截面：} 2\,\underline{\Phi}\,22; & \underline{\Phi}\,10@200
\end{array}
$$

【解答】 根据《高规》6.1.8条及条文说明，梁 L1 与框架柱相连的 A 端按框架梁抗震要求设计，与框架梁相连的 C 端，可按次梁非抗震要求设计，(A) 不合理。

对于 (B)，截面 A：$\rho = \dfrac{3041}{300 \times 440} = 2.30\% > 2.0\%$

根据《高规》6.3.2条第 4 款，箍筋直径应为：12mm，(B) 不合理。

对于 (C)，截面 A：$\dfrac{A_{s2}}{A_{s1}} = \dfrac{1017}{2644} = 0.38 < 0.50$，

根据《高规》6.3.2条第 3 款，(C) 不合理。

对于 (D)，截面 A：$\rho = \dfrac{2281}{300 \times 440} = 1.73\% < 2.5\%$

$\dfrac{x}{h_0} = \dfrac{f_y A_s - f'_y A'_s}{\alpha_1 b h_0 f_c} = \dfrac{360 \times (2 \times 380.1)}{1 \times 300 \times 440 \times 14.3} = 0.15 < 0.25$，满足。

$\dfrac{A_{s2}}{A_{s1}} = \dfrac{4}{6} = 0.67 > 0.5$，满足。

故选 (D) 项。

【例 5.5.2-2】 (2012B27) 某高层现浇钢筋混凝土框架结构，其抗震等级为二级，框架梁局部配筋如图 5.5.2-2 所示，梁、柱混凝土强度等级 C40（$f_c = 19.1\text{N/mm}^2$），梁纵筋为 HRB400（$f_y = 360\text{N/mm}^2$），箍筋 HRB335（$f_y = 300\text{N/mm}^2$），$a_s = 60\text{mm}$。

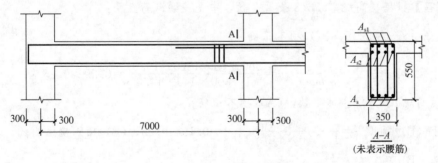

图 5.5.2-2

关于梁端 A-A 剖面处纵向钢筋的配置，如果仅从框架抗震构造措施方面考虑，下列何项配筋相对合理？

提示： 按《高层建筑混凝土结构技术规程》JGJ 3—2010 作答。

(A) $A_{s1}=4\,\Phi\,28$，$A_{s2}=4\,\Phi\,25$；$A_s=4\,\Phi\,25$

(B) $A_{s1}=4\,\Phi\,28$，$A_{s2}=4\,\Phi\,25$；$A_s=4\,\Phi\,28$

(C) $A_{s1}=4\,\Phi\,28$，$A_{s2}=4\,\Phi\,28$；$A_s=4\,\Phi\,28$

(D) $A_{s1}=4\,\Phi\,28$，$A_{s2}=4\,\Phi\,28$；$A_s=4\,\Phi\,25$

【解答】 根据《高规》6.3.3 条：

$$\rho=\frac{615.8\times8}{350\times490}=2.87\%>2.75\%，\text{所以（C）、（D）项均不满足。}$$

$$2.75\%>\rho=\frac{615.8\times4+490.9\times4}{350\times490}=2.58\%>2.50\%$$

根据《高规》6.3.3 条当梁端纵向受拉钢筋配筋率大于 2.5% 时，受压钢筋的配筋率不应小于受拉钢筋的一半，所以（A）项不满足。

故选（B）项。

【例 5.5.2-3】（2011B26）某框架结构抗震等级为一级，框架梁局部配筋图如图 5.5.2-3 所示。梁混凝土强度等级 C30（$f_c=14.3\text{N/mm}^2$），纵筋采用 HRB400（Φ）（$f_y=360\text{N/mm}^2$），箍筋采用 HRB335（Φ），梁 $h_0=440\text{mm}$。试问，下列关于梁的中支座（A-A 处）上部纵向钢筋配置的选项，如果仅从规范、规程对框架梁的抗震构造措施方面考虑，哪一项相对准确？

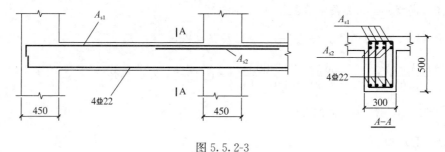

图 5.5.2-3

(A) $A_{s1}=4\,\Phi\,22$；$A_{s2}=4\,\Phi\,22$　　　　(B) $A_{s1}=4\,\Phi\,22$；$A_{s2}=2\,\Phi\,22$

(C) $A_{s1}=4\,\Phi\,25$；$A_{s2}=2\,\Phi\,20$　　　　(D) 前三项均不准确

【解答】 根据《高规》6.3.3 条第 3 款，中支座梁纵筋直径：

$$d\leqslant\frac{B}{20}=\frac{450}{20}=22.5，\text{（C）项不正确。}$$

对于（A）项：$\dfrac{x}{h_0}=\dfrac{f_yA_s-f_y'A_s'}{\alpha_1bh_0f_c}=\dfrac{360\times(2\times1520-1520)}{1\times300\times440\times14.3}=0.29>0.25$

由《高规》6.3.2 条第 1 款，（A）项不正确。

对于（B）项：$\dfrac{x}{h_0}=\dfrac{360\times760}{1\times300\times440\times14.3}=0.15<0.25$，（B）项正确。

故选（B）项。

【例 5.5.2-4】（2014B23）某高层现浇钢筋混凝土框架结构普通办公楼，结构设计使用年限 50 年，抗震等级一级，安全等级二级。其中五层某框架梁局部平面如图 5.5.2-4 所示。进行梁截面设计时，需考虑重力荷载、水平地震作用效应组合。

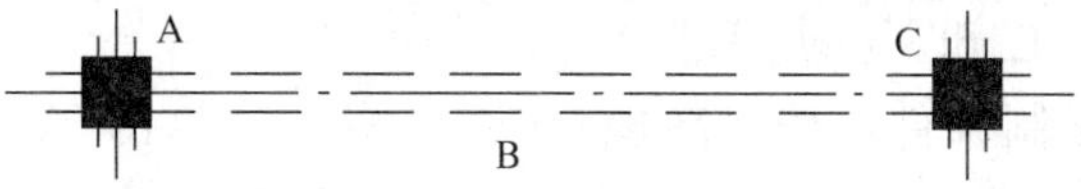

图 5.5.2-4

框架梁截面 350mm×600mm，$h_0=540$mm，框架柱截面 600mm×600mm，混凝土强度等级 C35（$f_c=16.7$N/mm²），纵筋采用 HRB400（Φ）（$f_y=360$N/mm²）。假定，该框架梁配筋设计时，梁端截面 A 处的顶、底部受拉纵筋面积计算值分别为：$A_s^t=3900$mm²，$A_s^b=1100$mm²；梁跨中底部受拉纵筋为 6Φ25。梁端截面 A 处顶、底纵筋（锚入柱内）有以下 4 组配置。试问，下列哪组配置满足规范、规程的设计要求且最为合理？

(A) 梁顶：8Φ25；梁底：4Φ25   (B) 梁顶：8Φ25；梁底：6Φ25

(C) 梁顶：7Φ28；梁底：4Φ25   (D) 梁顶：5Φ32；梁底：6Φ25

【解答】根据《高规》6.1.8 条及条文说明，梁 L1 与框架柱相连的 A 端按框架梁抗震要求设计，与框架梁相连的 C 端，可按次梁非抗震要求设计，（A）项不合理。

对于（B），截面 A：$\rho=\dfrac{3041}{300\times440}=2.30\%>2.0\%$

根据《高规》6.3.2 条第 4 款，箍筋直径应为 12mm，（B）不合理。

$$d\leqslant\frac{1}{20}h=\frac{1}{20}\times600=30\text{mm}，故（D）项错误。$$

根据《高规》6.3.2 条第 3 款，$A_s^b\geqslant0.5A_s^t$，故（C）项错误。

对于（A）项：

$$\frac{x}{h_0}=\frac{f_yA_s-f_y'A_s'}{\alpha_1bh_0f_c}=\frac{360\times(3927-1964)}{1\times350\times540\times16.7}=0.22<0.25$$

满足《高规》6.3.2 条第 1 款。

对于（B）项：跨中正弯矩钢筋（6Φ25）全部锚入柱内，也满足《高规》6.3.2 条第 1 款，但是，不经济，也不利于实现"强柱弱梁"，故不合理。

故选（A）项。

(三) 框架梁的受剪承载力与箍筋配置

1. 剪力设计值

- 复习《高规》6.2.5 条。
- 复习《高规》3.10.3 条（特一级）。

需注意的是：

《高规》6.2.5 条的条文说明中式（6）：

$$M_{\text{bua}}=\frac{1}{\gamma_{\text{RE}}}f_{yk}A_s^a(h_0-a_s')$$

式中，A_s^a，当楼板与梁整体现浇时，应计入有效翼缘宽度范围内的楼板钢筋。

上述公式成立的前提条件是：

$$x=\frac{f_{yk}A_s^a-f_{yk}A_s^{a'}}{\alpha_1f_{ck}b}\leqslant2a_s'$$

2. 受剪承载力计算

- 复习《高规》6.2.6 条（抗震设计，截面限制条件）。
- 复习《高规》6.2.10 条（即按《混规》11.3.4 条、6.3.4 条。）

● 2.1　箍筋计算（已知 V，求 A_{sv}/s）

首先复核梁截面限制条件，按《高规》6.2.6 条，计算出 $V_{截}$，取 $\min(V, V_{截})$ 按《混规》公式（11.3.4）或者公式（6.3.4-2）计算箍筋量 A_{sv}/s，然后复核最小配箍率。

● 2.2　受剪承载力复核（已知 A_{sv}/s，求 V_u）

由 A_{sv}/s 按《混规》公式（11.3.4）或者公式（6.3.4-2）计算，取计算公式右端项作为 V_{cs}；由截面限制条件即《高规》6.2.6 条，计算 $V_{截}$；然后，取 $V_u = \min(V_{cs}, V_{截})$。

3. 框架梁的箍筋

框架梁（抗震设计、非抗震设计）的箍筋的构造措施，见本章第十三节。

> ● 复习《高规》6.3.2 条第 4 款、6.3.5 条（抗震设计）。
> ● 复习《高规》3.10.3 条（特一级）。
> ● 复习《高规》6.3.4 条（非抗震设计）。

注意，《高规》6.3.5 条，梁端加密区箍筋的面积配筋率宜按提高 1 倍考虑，如：一级，$\rho_{sv} \geqslant 0.60 f_t / f_{yv}$。

4. 其他要求

> ● 复习《高规》6.3.6 条、6.3.7 条。

需注意的是：

（1）《高规》6.3.6 条条文说明指出，钢筋与构件端部锚板可采用焊接。

（2）《高规》6.3.7 条条文说明指出，当梁承受均布荷载时，按规范要求进行设置是合理的；当梁跨中部有集中荷载时，应根据具体情况另行考虑。

【例 5.5.2-5】 某现浇高层钢筋混凝土框架结构，抗震等级为一级。框架梁 KL1 的截面尺寸 $b \times h = 600\text{mm} \times 1200\text{mm}$，混凝土强度等级为 C35，纵向受力钢筋采用 HRB400 级，梁左端底面实配纵向受力钢筋面积 $A'_s = 4418\text{mm}^2$，梁左端顶面实配纵向受力钢筋面积 $A_s = 8650\text{mm}^2$，$h_0 = 1120\text{mm}$，$a'_s = 45\text{mm}$，试问，梁端承受逆时针方向的正截面抗震受弯承载力设计值 M^l_{bua}（kN·m）与下列何项数值最为接近？

（A）4200　　　　　（B）4800　　　　　（C）5000　　　　　（D）5300

【解答】 根据《高规》6.2.5 条：

由《混规》6.2.10 条：

$$x = \frac{f_{yk} A^a_s - f'_{yk} A^{a'}_s}{\alpha_1 f_{ck} b}$$

$$= \frac{400 \times 8650 - 400 \times 4418}{1 \times 23.4 \times 600}$$

$$= 121\text{mm} > 2a'_s = 90\text{mm}, \text{且} < 0.25 h_0 = 280\text{mm}$$

$$M^l_{bua} = \frac{1}{\gamma_{RE}} \left[\alpha_1 f_{ck} bx \left(h_0 - \frac{x}{2} \right) + f'_{yk} A^{a'}_s (h_0 - a'_s) \right]$$

$$= \frac{1}{0.75} \cdot \left[1 \times 23.4 \times 600 \times 121 \times \left(1120 - \frac{121}{2} \right) + 400 \times 4418 \times (1120 - 45) \right]$$

$$= 4933\text{kN·m}$$

故选（C）项。

三、框架柱

（一）截面尺寸

> ● 复习《高规》6.4.1条。

（二）框架柱的柱端弯矩设计值

> ● 复习《高规》6.2.1条、6.2.2条、6.2.4条。
> ● 复习《高规》3.10.2条（特一级）。

需注意的是：

（1）当反弯点不在柱的层高范围的情况，见《抗规》6.2.2条规定。

（2）一级框架结构的柱弯矩增大系数 $\eta_c = 1.7$，见《抗规》6.2.2条。

（3）框架柱的内力（M，V）调整的总结，详见本章第十二节。

【例5.5.3-1】 某高层钢筋混凝土框架结构，抗震等级为一级，底层角柱如图5.5.3-1所示。考虑地震作用组合时按弹性分析未经调整的构件端部组合弯矩设计值为：柱：$M_{cA上} = 300\text{kN} \cdot \text{m}$，$M_{cA下} = 280\text{kN} \cdot \text{m}$（同为顺时针方向），柱底 $M_B = 320\text{kN} \cdot \text{m}$；梁：$M_b = 460\text{kN} \cdot \text{m}$。已知梁 $h_0 = 560\text{mm}$，$a'_s = 40\text{mm}$，梁端顶面实配钢筋（HRB400级）面积 $A_s = 2281\text{mm}^2$（计入梁受压筋和相关楼板钢筋影响）。试问，该柱进行截面配筋设计时所采用的地震组合弯矩设计值（$\text{kN} \cdot \text{m}$），与下列何项数值最为接近？

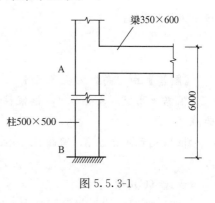

图5.5.3-1

(A) 780　　　　(B) 600　　　　(C) 545　　　　(D) 365

【解答】 根据《高规》6.2.1条：

$$M_{bua} = \frac{1}{\gamma_{RE}} f_{yk} A_s (h_0 - a'_s)$$

$$= \frac{1}{0.75} \times 400 \times 2281 \times (560 - 40) = 6.33 \times 10^8 \text{N} \cdot \text{mm}$$

$$\sum M_c = 1.2 \times 6.33 \times 10^8 \text{N} \cdot \text{mm} = 7.59 \times 10^8 \text{N} \cdot \text{mm} = 759\text{kN} \cdot \text{m}$$

$$M'_{cA下} = \frac{280}{300 + 280} \times 759 = 366\text{kN} \cdot \text{m}$$

根据《高规》6.2.2条：$M_{cB} = 1.7 \times 320 = 544\text{kN} \cdot \text{m}$

取上、下截面的大值，该柱为角柱，根据《高规》6.2.4条，

$M'_{cB} = 1.1 M_{cB} = 1.1 \times 544 = 598.4\text{kN} \cdot \text{m}$

故选（B）项。

（三）框架柱轴压比

●复习《高规》6.4.2条。

需注意的是：

（1）特一级的框架柱的轴压比可采用《高规》表6.4.2中"一级"轴压比限值。

（2）《高规》6.4.2条的条文说明中"芯柱"的设置要求。

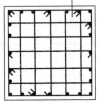

KZ1
1200×1200
24Φ28
Φ12@100

图5.5.3-2

【例5.5.3-2】（2016B24）某地上35层的现浇钢筋混凝土框架-核心筒公寓，质量和刚度沿高度分布均匀，房屋高度为150m。基本风压$w_0 = 0.65\text{kN/m}^2$，地面粗糙度为A类。抗震设防烈度为7度，设计基本地震加速度为$0.10g$，设计地震分组为第一组，建筑场地类别为Ⅱ类，抗震设防类别为标准设防类，安全等级二级。

假定，某层框架柱KZ1（1200×1200），混凝土强度等级C60，钢筋构造如图5.5.3-2所示，钢筋采用HRB400，剪跨比$\lambda = 1.8$。试问，框架柱KZ1考虑构造措施的轴压比限值，不宜超过下列何项数值？

(A) 0.7　　　　　　　　　　(B) 0.75

(C) 0.8　　　　　　　　　　(D) 0.85

【解答】 由《高规》表3.3.1-2，为B级高度。

根据《高规》表3.9.4，框架柱抗震等级为一级，查《高规》表6.4.2，轴压比限值为0.75。

根据表6.4.2注3，剪跨比1.8，限值减小0.05，该表注4，限值增加0.10，

$$0.75 - 0.05 + 0.10 = 0.8$$

故选（C）项。

（四）框架柱的正截面承载力与纵向钢筋配置

框架柱（偏压、偏拉）的正截面承载力计算，见本书第一章第五节内容。

框架柱的纵向钢筋的构造要求，见本章第十三节。

●复习《高规》6.4.3条第1款、6.4.4条、6.4.5条。
●复习《高规》3.10.2条（特一级）。

【例5.5.3-3】（2012B28）某高层现浇钢筋混凝土框架结构，其抗震等级为二级，框架梁局部配筋如图5.5.3-3所示，梁、柱混凝土强度等级C40（$f_c = 19.1\text{N/mm}^2$），梁纵筋为HRB400（$f_y = 360\text{N/mm}^2$），箍筋HRB335（$f_y = 300\text{N/mm}^2$），$a_s = 60\text{mm}$。

假定，该建筑物较高，其所在建筑场地类别为Ⅳ类，计算表明该结构角柱为小偏心受拉，其计算纵筋面积为3600mm^2，采用HRB400级钢筋（$f_y = 360\text{N/mm}^2$），配置如图5.5.3-4所示。试问，该柱纵向钢筋最小取下列何项配筋时，才能满足规范、规程的最低要求？

(A) 12Φ25　　　　　　　　　(B) 4Φ25（角筋）+8Φ20

(C) 12Φ22　　　　　　　　　(D) 12Φ20

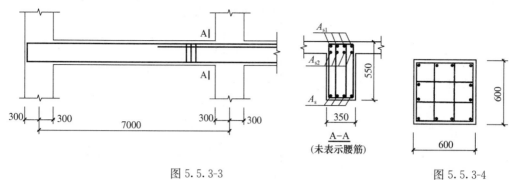

图 5.5.3-3   图 5.5.3-4

【解答】 根据《高规》6.4.3 条，对于建于Ⅳ类场地土上且较高的高层建筑，柱的最小配筋率增加 0.1%，所以角柱的配筋率为：（0.9+0.05+0.1)%=1.05%

$A_s \geqslant 1.05\% \times 600 \times 600 = 3780\text{mm}^2$，（D）项不满足。

根据《高规》6.4.4 条第 5 款，小偏心受拉柱纵筋增加 25%。

所以 $A_s = 1.25 \times 3600 = 4500\text{mm}^2$

所以（B）项不满足，（A）、（C）项满足，而（C）项最接近。

故选（C）项。

（五）框架柱的受剪承载力与箍筋配置

1. 柱端剪力设计值

- 复习《高规》6.2.3 条、6.2.4 条。
- 复习《高规》3.10.3 条（特一级）。

需注意的是：

(1)《高规》6.2.4 条对一、二、三、四级框架角柱的 M、V 增大系数 1.1 的规定，也适用于特一级的框架角柱。

(2) 一级框架结构，$\eta_{vc} = 1.5$，见《抗规》6.2.5 条。

2. 受剪承载力计算

- 复习《高规》6.2.6 条（截面限制条件）、6.2.8 条、6.2.9 条。

注意，《高规》6.2.8 条、6.2.9 条是单向受剪承载力计算公式，故运用时，V 与 b、h_0 的方向性挂勾，即：V 与 h_0 是相同方向。

- 2.1 箍筋计算（已知 V，求 A_{sv}/s）
- 2.2 受剪承载力复核（已知 A_{sv}/s，或 V_a）

上述箍筋计算、受剪承载力复核，其计算思路与步骤，同框架梁箍筋计算、受剪承载力复核。

【例 5.5.3-4】 某大底盘单塔楼高层建筑，主楼为钢筋混凝土框架-核心筒，裙房为混凝土框架-剪力墙结构，主楼与裙楼连为整体，如图 5.5.3-5 所示。抗震设防烈度 7 度，建筑抗震设防类别为丙类，设计基本地震加速度为 0.15g，场地Ⅲ类，采用桩筏形基础。

裙房一榀横向框架距主楼 18m，某一顶层中柱上、下端截面组合弯矩设计值分别为

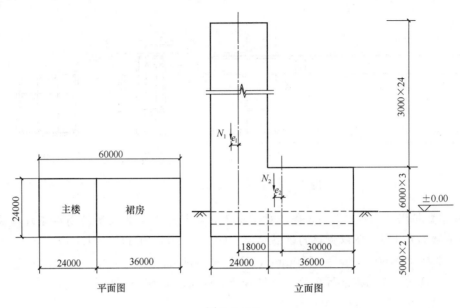

图 5.5.3-5

320kN·m、350kN·m（同为顺时针方向）；剪力计算值为 125kN，柱断面为 500mm×500mm，$H_n=5.2m$，$\lambda>2$，混凝土强度等级 C40。在不采用有利于提高轴压比限值的构造措施的条件下，试问，该柱截面设计时，轴压比限值 $[\mu_N]$ 及剪力设计值（kN）应取下列何组数值才能满足规范的要求？

（A）0.90；125　　　　　　　　（B）0.75；170

（C）0.85；155　　　　　　　　（D）0.75；155

【解答】 根据《高规》3.9.2 条，按 8 度确定抗震构造措施的抗震等级。

由《高规》3.9.6 条，该裙框架抗震等级除按本身确定外不低于主楼的抗震等级。

查《抗规》表 6.1.2，该裙框架本身为抗震三级；查《高规》表 3.9.3，主楼框架为抗震一级，故取该裙框架为抗震一级。

由《高规》表 6.4.2，取 $[\mu_N]=0.75$

柱内力调整为 7 度确定，查《抗规》表 6.1.2，该裙框架为抗震四级；查《高规》表 3.9.3，主楼框架为抗震二级；最终取该裙框架为抗震二级。

由《高规》6.2.3 条：

$$V=1.2\times(320+350)/5.2=155kN>125kN$$

故选（D）项。

思考： 真题提示是按《抗规》作答。现改为《高规》、《抗规》作答，其结论是相同的。

【例 5.5.3-5】（2014B27）某地上 38 层的现浇钢筋混凝土框架-核心筒办公楼，房屋高度为 155.4m，该建筑地上第 1 层至地上第 4 层的层高均为 5.1m，第 24 层的层高 6m，其余楼层的层高均为 3.9m。抗震设防烈度 7 度，设计基本地震加速度 0.10g，设计地震分组为第一组，建筑场地类别为 Ⅱ 类，抗震设防类别为丙类，安全等级二级。

假定，第 30 层框架柱 Z1（900mm×900mm），混凝土强度等级 C40（$f_c=19.1N/$

mm^2；$f_t=1.71N/mm^2$），箍筋采用 HRB400（Φ）（$f_y=360N/mm^2$），考虑地震作用组合经调整后的剪力设计值 $V_y=1800kN$，轴力设计值 $N=7700kN$，剪跨比 $\lambda=1.8$，框架柱 $h_0=860mm$。试问，框架柱 Z1 加密区箍筋计算值 A_{sv}/s（mm），与下列何项数值最为接近？

(A) 1.7   (B) 2.2   (C) 2.7   (D) 3.2

【解答】 根据《高规》6.2.8条：

$$N=7700kN>0.3f_cA_c=0.3\times19.1\times900\times900=4641.3kN$$

故取 $N=4641.3kN$

$$V\leqslant\frac{1}{\gamma_{RE}}\left(\frac{1.05}{\lambda+1}f_tbh_0+f_{yv}\frac{A_{sv}}{s}h_0+0.056N\right)$$

$$1800\times10^3\leqslant\frac{1}{0.85}\left(\frac{1.05}{1.8+1}\times1.71\times900\times860+360\times\frac{A_{sv}}{s}\times860+0.056\times4641300\right)$$

解之得：$A_{sv}/s\geqslant2.5mm^2/mm$

故选 (C) 项。

3. 框架柱的箍筋

- 复习《高规》6.4.3条第2款，6.4.6条、6.4.7条、6.4.8条。
- 复习《高规》3.10.2条（特一级）。
- 复习《高规》6.4.9条（非抗震设计）。

需注意的是：

(1)《高规》6.4.3条的条文说明："箍筋的间距放宽后，柱的体积配箍率仍需满足本规程的相关规定"。

(2)《高规》6.4.6条第6款，柱箍筋沿全高加密的情况，如：《高规》3.4.10条第4款；《高规》3.5.9条。

(3)《高规》6.4.7条，$\rho_v\geqslant\lambda_vf_c/f_{yv}$

当框架柱中设置有芯柱时，芯柱的箍筋不计入 ρ_v。

本条第3款：当 $\lambda\leqslant2$，且设防烈度为9度时，$\rho_v\geqslant1.5\%$。

(4)《高规》6.4.8条的条文说明，当箍筋采用菱形、八字形时，箍筋肢距的计算，应考虑斜向箍筋的作用。

(5)《高规》6.4.11条条文说明，从施工的角度，布置柱箍筋时，需在柱中心位置留出不少于 $300mm\times300mm$ 的空间。

框架柱的箍筋的构造要求，见本章第十三节。

【例5.5.3-6】 现浇10层钢筋混凝土框架结构高层房屋，框架最大跨度9m，层高均为3.6m，抗震设防烈度8度，设计基本地震加速度0.20g，建筑场地类别Ⅱ类，设计地震分组第一组，框架混凝土强度等级C30。

底层角柱截面尺寸及配筋形式如图5.5.3-6所示，施工时要求箍筋采用 HPB300（Φ）。柱箍筋混凝土保护层厚度为20mm，轴压比为0.6，剪跨比为3.0。如仅从抗震构造措施方面考虑，试验算该柱箍筋配置选用下列何项才能符合规范的最低构造要求？

提示： 扣除重叠部分箍筋。

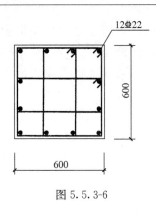

图 5.5.3-6

12Φ22

600

600

(A) Φ8@100　　　　(B) Φ8@100/200

(C) Φ10@100　　　　(D) Φ12@100

【解答】 查《高规》表 3.9.3，抗震等级为一级。

由《高规》6.4.6 条，一级框架的角柱箍筋加密范围取全高，故（B）项错误。

由《高规》6.4.7 条，混凝土强度等级低于 C35 时按 C35 计算，$f_c = 16.7 \text{N/mm}^2$

轴压比为 0.6，查表 6.4.7 条，$\lambda_v = 0.15$

$$\rho_v = \lambda_v \frac{f_c}{f_{yv}} = 0.15 \times \frac{16.7}{270} = 0.93\% > 0.8\%$$

当采用 Φ8@100 箍筋时

$$\rho_v = \frac{8 \times (600 - 2 \times 20 - 8) \times 50.3}{(600 - 2 \times 20 - 2 \times 8)^2 \times 100} = 0.75\% < 0.93\%，不符合$$

当采用 Φ10@100 箍筋时

$$\rho_v = \frac{8 \times (600 - 2 \times 20 - 10) \times 78.5}{(600 - 2 \times 20 - 2 \times 10)^2 \times 100} = 1.18\% > 0.93\%，符合$$

故选（C）项。

四、框架梁柱节点

- 复习《高规》6.2.7 条。（按《混规》计算）
- 复习《高规》6.4.10 条。

相关内容，与本书第一章第五节是一致的。

五、钢筋的连接和锚固

- 复习《高规》6.5.1 条～6.5.5 条。

需注意的是：

（1）《高规》6.5.1 条第 2 款，对受压钢筋，箍筋间距要求，与《混规》8.4.6 条、8.3.1 条的规定，是不相同的。《混规》较合理。

（2）《高规》6.5.3 条第 6 款，对比《混规》11.1.7 条第 4 款，存在差别，《混规》应采用机械连接或焊接。

（3）纵向受拉钢筋采用搭接接头时，对非抗震设计，允许在构件同一截面 100％搭接，但搭接长度应适当加长，依据见《高规》6.5.1 条条文说明；对抗震设计，《高规》6.5.3 条第 5 款规定，同一连接区段内的接头面积百分率不宜超过 50％，《混规》11.1.7 条第 5 款也作类似规定。

（4）《高规》规范图 6.5.4，柱顶采用：$\geq 1.5 l_a$，而《混规》采用：$\geq 1.5 l_{ab}$；《高规》图 6.5.5，柱顶采用：$\geq 1.5 l_{aE}$，而《混规》采用：$\geq 1.5 l_{abE}$。

（5）《高规》6.5.4 条、6.5.5 条的条文说明指出，规范图 6.5.4 中，当相邻梁的跨度相差较大时，梁端负弯矩钢筋的延伸长度（截断位置），应根据实际受力情况另行确定。

第六节 《高规》剪力墙结构

一、一般规定

1. 剪力墙结构的布置

> - 复习《高规》7.1.1 条、7.1.2 条、7.1.5 条、7.1.6 条。
> - 复习《抗规》6.1.9 条。

需注意的是：

（1）《高规》7.1.1 条及条文说明图 6(*a*)、(*b*)、(*c*)、(*d*)，一、二、三级剪力墙的底部加强部位无法避免错洞墙时，其采取的对策。

（2）《高规》7.1.1 条第 1 款，针对抗震设计时，不应采用仅单向有墙的结构布置。

（3）《高规》7.1.2 条规定，与《抗规》6.1.9 条条文说明图 14 是一致的，即开洞后每个墙段成为高宽比大于 3 的"独立墙肢"或"联肢墙"。

（4）《高规》7.1.5 条条文说明，楼面次梁等截面较小的梁支承在连梁上时，次梁端部可按铰接处理。

（5）《高规》7.1.6 条条文说明，楼面梁与剪力墙平面外连接时，当楼面梁梁高大于约 2 倍墙厚时，刚性连接梁的梁端弯矩对剪力墙平面外产生较大的弯矩，故采取 7.1.6 条规定的措施。

针对截面较小的楼面梁，本条条文说明指出了相应的对策。

（6）《高规》表 7.1.6 中暗柱、扶壁柱的抗震等级与其所处的剪力墙的抗震等级相同。

2. 结构整体抗震计算的规定

> - 复习《抗规》5.1.1 条、6.2.13 条第 2 款和第 3 款。
> - 复习《高规》4.3.2 条、5.2.1 条。

需注意的是：

（1）《抗规》5.1.1 条的条文说明指出："某一方向水平地震作用主要由该方向抗侧力构件承担，如该构件带有翼缘、翼墙等，尚应包括翼缘、翼墙的抗侧力作用"。《高规》4.3.2 条条文说明也作了相同的解释。

《抗规》6.2.13 条第 3 款规定，计算内力和变形时，抗震墙应计入端部翼墙的共同工作。同时，本条的条文说明指出了"翼墙的有效长度"的确定原则。而《高规》无此内容。

此外，《混规》9.4.3 条规定了"在承载力计算中"，剪力墙的翼缘计算宽度的确定。这里的"承载力计算"是构件的抗力计算，而不是用于结构整体内力和变形的计算。两者有本质的区别。

（2）《抗规》6.2.13 条第 2 款，与《高规》5.2.1 条，两者是一致的。

3. 剪力墙的连梁

●复习《高规》7.1.3条。

注意，《高规》7.1.3条的条文说明，连梁的受力和变形特性，即连续对剪切变形十分敏感；对比，框架梁是以弯曲变形为主。

跨高比≥5的连梁呈现出框架梁的特性，故按框架梁设计。

【例5.6.1-1】某现浇钢筋混凝土剪力墙结构，抗震设防烈度为8度，剪力墙的混凝土强度等级为C40。钢筋均采用HRB400级。

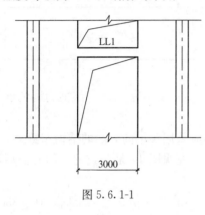

图5.6.1-1

该结构沿地震作用方向的某剪力墙1～6层连梁LL1如图5.6.1-1所示，截面尺寸为$350mm\times450mm$（$h_0=410mm$），假定，该连梁抗震等级为一级，纵筋采用上下各4Φ22，箍筋采用构造配筋即可满足要求。试问，下列关于该连梁端部加密区及非加密区箍筋的构造配箍，哪一组满足规范、规程的最低要求？

(A)　Φ8@100(4)；Φ8@100(4)

(B)　Φ10@100(4)；Φ10@100(4)

(C)　Φ10@100(4)；Φ10@150(4)

(D)　Φ10@100(4)；Φ10@200(4)

【解答】根据《高规》7.1.3条：

$$\frac{l_n}{h}=\frac{3.0}{0.45}=6.7>5$$

LL1宜按框架梁进行设计。

梁纵筋配筋率　　$\rho=\dfrac{1520}{350\times410}=1.06\%<2\%$

根据《高规》表6.3.2-2加密区配Φ10@100，故（A）项错误。

非加密区，根据《高规》6.3.5条：

$$\rho_{sv}\geqslant0.30f_t/f_{yv}=0.3\times1.71/360=0.143\%$$

采用Φ10时，4肢箍间距$s=\dfrac{A_{sv}}{b\rho_{sv}}=\dfrac{4\times78.5}{350\times0.143\%}=627mm$

根据《高规》6.3.5第5款，取$2\times100=200mm$。

故选（D）项。

4. 剪力墙底部加强部位

●复习《高规》7.1.4条。

需注意的是：

(1)《高规》、《抗规》、《混规》，三本规范规定是相同的。

(2)《高规》7.1.4条条文说明，计算嵌固部位下移时，底部加强部位的设计要求宜延伸至计算嵌固部位。

(3) 有裙房时《抗规》6.1.10条条文说明指出："此时，加强部位的高度也可以延伸至裙房以上一层"。

普通剪力墙结构有裙房时，其底部加强部位的高度$H_{底}$为：

$$H_{底} = \max\left(\frac{1}{10}H_{总}, h_{裙房} + h_{裙房以上一层}\right)$$

这是因为：裙房加上裙房以上一层的高度一定是大于或等于主楼底部两层的高度（错层结构除外）。

5. 较多短肢剪力墙的剪力墙结构

● 复习《高规》7.1.8 条

需注意的是：

（1）短肢剪力墙的受力特点，见《高规》7.1.8 条条文说明。

（2）短肢剪力墙的判别，按《高规》7.1.8 条注 1 规定。同时，对 L 形、T 形、十字形还需判别各肢的情况，所有肢均满足 $h_w/b_w \genfrac{}{}{0pt}{}{\leqslant 8}{>4}$，才划分为短肢剪力墙。

（3）《高规》7.1.8 条条文说明，对采用刚度较大的连梁与墙肢形成的开洞剪力墙，不宜按单独墙肢判断是否属于短肢剪力墙，其中，"刚度较大的连梁"的判别标准，规范未明确。

【例 5.6.1-2】 下列关于高层混凝土剪力墙结构抗震设计的观点，哪一项不符合《高层建筑混凝土结构技术规程》JGJ 3—2010 的要求？

（A）剪力墙墙肢宜尽量减小轴压比，以提高剪力墙的抗剪承载力

（B）楼面梁与剪力墙平面外相交时，对梁截面高度与墙肢厚度之比小于 2 的楼面梁，可通过支座弯矩调幅实现梁端半刚接设计，减少剪力墙平面外弯矩

（C）略

（D）剪力墙结构存在较多各肢截面高度与厚度之比大于 4 但不大于 8 的剪力墙时，只要墙肢厚度大于 300mm，在规定的水平地震作用下，该部分较短剪力墙承担的底部倾覆力矩可大于结构底部总地震倾覆力矩的 50%

【解答】 根据《高规》公式（7.2.10-2），（A）项不符合。

根据《高规》7.1.6 条条文说明，（B）项符合。

根据《高规》7.1.8 条注 1，（D）项符合。

二、墙肢截面设计

1. 墙肢的截面厚度

● 复习《高规》7.2.1 条。
● 复习《高规》附录 D。

需注意的是：

（1）《高规》7.2.1 条的条文说明，剪力墙截面厚度应满足的条件即：稳定要求、受剪截面限制条件、正截面受压承载力、轴压比限制要求。而 7.2.1 条的规定，其目的是保证剪力墙平面外的刚度和稳定性能，也是高层剪力墙截面厚度的最低要求。

（2）《高规》7.2.1 条条文说明指出，初选时，采用 min(层高，无支长度)计算剪力墙截面厚度。

【例 5.6.2-1】 下列关于高层混凝土剪力墙结构抗震设计的观点，哪一项不符合《高层建筑混凝土结构技术规程》JGJ 3—2010 的要求？

（C）进行墙体稳定验算时，对翼缘截面高度小于截面厚度 2 倍的剪力墙，考虑翼墙的作用，但应满足整体稳定的要求

（A）、（B）、（D）　略

【解答】 根据《高规》附录 D.0.4 条，（C）项符合。

【例 5.6.2-2】 某现浇高层剪力墙结构房屋，首层层高为 4.5m。

建筑底层某落地剪力墙 Q_1，其稳定计算示意图如图 5.6.2-1 所示，混凝土强度等级采用 C40（$f_c = 19.1 \text{N/mm}^2$，$E_c = 3.25 \times 10^4 \text{N/mm}^2$）。试问，满足剪力墙腹板墙肢局部稳定要求时，作用于 400mm 厚墙肢顶部组合的最大等效竖向均布荷载设计值 q（kN/m），与下列何项数值最为接近？

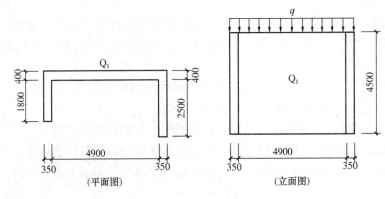

图 5.6.2-1

（A）2.98×10^4　　　（B）1.86×10^4　　　（C）1.24×10^4　　　（D）1.03×10^4

【解答】 由《高规》式（D.0.3-2）：

$$\beta = \frac{1}{\sqrt{1 + \left(\dfrac{3h}{2b_w}\right)^2}} = \frac{1}{\sqrt{1 + \left(\dfrac{3 \times 4.5}{2 \times 4.9}\right)^2}} = 0.5875 > 0.2$$

由公式（D.0.2）：$l_0 = \beta h = 0.5875 \times 4500 = 2644 \text{mm}$

依据公式（D.0.1）：$q = \dfrac{E_c t^3}{10 l_0^2} = \dfrac{3.25 \times 10^4 \times 400^3}{10 \times 2644^2} = 2.9754 \times 10^4 \text{kN/m}$

故选（A）项。

2. 墙肢的轴压比

● 复习《高规》7.2.13 条。

需注意的是：

(1)《高规》表 7.2.13 适用于结构全高。

(2) 墙肢轴压比的计算为：

$$\mu_w = \frac{\gamma_G (N_{Gk} + 0.5 N_{Qk})}{f_c b_w h_w} = \frac{1.2 (N_{Gk} + 0.5 N_{Qk})}{f_c b_w h_w}$$

（3）《高规》7.2.13条的条文说明指出，轴压比与墙肢延性挂钩；轴压比大于一定值后，即使设置约束边缘构件，强震下，剪力墙仍可能因混凝土压溃而丧失承受重力荷载的能力。

3. 剪力墙的内力调整

▲ 3.1 一般剪力墙

● 复习《高规》7.2.4条、7.2.5条、7.2.6条。

● 复习《高规》3.10.5条（特一级）。

需注意的是：

（1）双肢剪力墙，当任一墙肢为大偏心受拉时，首先按《高规》7.2.4条考虑增大，然后按《高规》7.2.5条，或者7.2.6条进行内力调整。特一级时，还要执行《高规》3.10.5条内力调整。

（2）《高规》7.2.6条的条文说明指出，由抗弯能力反算剪力，比较符合实际情况。在某些情况下，一、二、三级剪力墙均可按《高规》式（7.2.6-2）计算。

（3）剪力墙结构的内力（M、V）调整，其总结见本章第十二节。

【例5.6.2-3】（2013B28）某42层高层住宅，采用现浇混凝土剪力墙结构，层高为3.2m，房屋高度134.7m，地下室顶板作为上部结构的嵌固部位。抗震设防烈度7度、Ⅱ类场地，丙类建筑。采用C40混凝土，纵向钢筋和箍筋分别采用HRB400（Φ）和HRB335（Φ）钢筋。

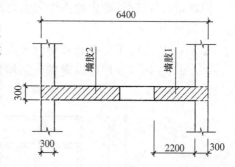

图5.6.2-2

底层某双肢剪力墙如图5.6.2-2所示。假定，墙肢1在横向正、反向水平地震作用下考虑地震作用组合的内力计算值见表5.6.2-1；墙肢2相应于墙肢1的正、反向考虑地震作用组合的内力计算值见表5.6.2-2。试问，墙肢2进行截面设计时，其相应于反向地震作用的内力设计值M（kN·m）、V（kN）、N（kN），应取下列何组数值？

提示： ① 剪力墙端部受压（拉）钢筋合力点到受压（拉）区边缘的距离$a'_s = a_s = 200mm$；

② 不考虑翼缘，按矩形截面计算。

墙肢1   表5.6.2-1

	M（kN·m）	V（kN）	N（kN）
X向正向水平地震作用	3000	600	12000（压力）
X向反向水平地震作用	−3000	−600	−1000（拉力）

墙肢2   表5.6.2-2

	M（kN·m）	V（kN）	N（kN）
X向正向水平地震作用	5000	1000	900（压力）
X向反向水平地震作用	−5000	−1000	14000（压力）

(A) 5000、1600、14000　　　　　(B) 5000、2000、17500

(C) 6250、1600、17500　　　　　(D) 6250、2000、14000

【解答】 墙肢 1 反向地震作用组合时：

$$e_0 = \frac{M}{N} = \frac{3000}{1000} = 3.0\text{m} > \frac{h_w}{2} - a = \frac{2.5}{2} - 0.2 = 1.05\text{m}，大偏心受拉$$

由《高规》表 3.3.1-2，为 B 级高度；查表 3.9.4，剪力墙抗震等级为一级。

根据《高规》7.2.4 条、7.2.6 条：

$$V_w = 1.6 \times 1.25 \times V = 1.6 \times 1.25 \times 1000 = 2000\text{kN}$$

$$M_w = 1.25 \times M = 1.25 \times 5000 = 6250\text{kN} \cdot \text{m}$$

故选（D）项。

【例 5.6.2-4】（2016B21）某 10 层现浇钢筋混凝土剪力墙结构住宅，如图 5.6.2-3 所示，各层层高均为 4m，房屋高度为 40.3m。抗震设防烈度为 9 度，设计基本地震加速度为 0.40g，设计地震分组为第三组，建筑场地类别为 Ⅱ 类，安全等级二级。

假定，第 3 层的双肢剪力墙 W2 及 W3 在同一方向地震作用下，内力组合后墙肢 W2 出现大偏心受拉，墙肢 W3 在水平地震作用下剪力标准值 $V_{Ek} = 1400\text{kN}$，风荷载作用下 $V_{wk} = 120\text{kN}$。试问，考虑地震作用组合的墙肢 W3 在第 3 层的剪力设计值（kN），与下列何项数值最为接近？

提示：① 忽略重力荷载及竖向地震作用下剪力墙承受的剪力。

　　　② 按《高层建筑混凝土结构技术规程》JGJ 3—2010 作答。

(A) 1900　　　　(B) 2300　　　　(C) 2700　　　　(D) 3000

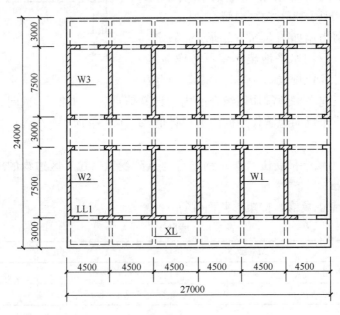

图 5.6.2-3

【解答】 根据《高规》5.6.3 条、5.6.4 条，$H < 60\text{m}$，风荷载不参与组合：

由提示可知，$V_w = 1.3 \times 1400 + 0 = 1820\text{kN}$

根据《高规》7.2.4 条：$V = 1.25 \times 1820$

查《高规》表 3.9.3，剪力墙抗震等级为一级。

由《高规》7.1.4 条，$H_底 = \max\left(\dfrac{1}{10} \times 40.3, 4+4\right) = 8\text{m}$

故第 3 层为非底部加强区，由《高规》7.2.5 条，剪力增大系数为 1.3，则：

$$V_3 = 1.3 \times 1.25 \times 1820 = 2958\text{kN}$$

故选（D）项。

【例 5.6.2-5】（2014B26）某地上 38 层的现浇钢筋混凝土框架-核心筒办公楼，如图 5.6.2-4 所示，房屋高度为 155.4m，该建筑地上第 1 层至地上第 4 层的层高均为 5.1m，第 24 层的层高 6m，其余楼层的层高均为 3.9m。抗震设防烈度 7 度，设计基本地震加速度 0.10g，设计地震分组第一组，建筑场地类别为 Ⅱ 类，抗震设防类别为丙类，安全等级二级。

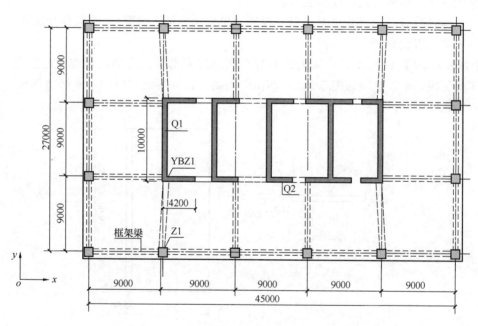

图 5.6.2-4

假定，第 3 层核心筒墙肢 Q1 在 Y 向水平地震作用按《高规》第 9.1.11 条调整后的剪力标准值 $V_{Ehk} = 1900\text{kN}$，Y 向风荷载作用下剪力标准值 $V_{wk} = 1400\text{kN}$。试问，该片墙肢考虑地震组合的剪力设计值 V（kN），与下列何项数值最为接近？

提示：忽略墙肢在重力荷载代表值及竖向地震作用下的剪力。

(A) 2900　　　　(B) 4000　　　　(C) 4600　　　　(D) 5000

【解答】 $H > 60\text{m}$，由《高规》5.6.3 条：

$$V_w = 1.3 \times 1900 + 0.2 \times 1.4 \times 1400 = 2862\text{kN}$$

由《高规》表 3.3.1-2，为 B 级高度。

查《高规》表 3.9.4，筒体抗震等级为一级。

由《高规》7.1.4 条：

$$H_底 = \max\left(\frac{1}{10} \times 155.4,\ 5.1+5.1\right) = 15.54\text{m}$$

故第 3 层为底部加强区，由《高规》7.2.6 条：

$$V=1.6×2862=4579kN$$

故选（C）项。

▲3.2　短肢剪力墙

- 复习《高规》7.2.2 条。

需注意的是：

(1)《高规》7.2.2 条的条文说明："不论是否短肢剪力墙较多，所有短肢剪力墙都要满足本条规定"。

本条条文说明还指出，对短肢剪力墙的轴压比限制很严，是为防止其承受的楼面面积范围过大或房屋高度太大，过早压坏。

(2)《高规》7.2.2 条第 6 款，针对设置"单侧楼面梁"情况。"平面外与之相交"是指垂直连接或者斜交。

【例 5.6.2-6】（2014B24）某钢筋混凝土底部加强部位剪力墙，抗震设防烈度 7 度，抗震等级一级，平、立面如图 5.6.2-5 所示，混凝土强度等级 C30（$f_c = 14.3 \text{ N/mm}^2$，$E_c = 3.0×10^4 \text{ N/mm}^2$）。

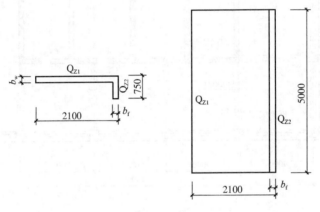

图 5.6.2-5

假定，墙肢 Q_{z1} 底部考虑地震作用组合的轴力设计值 $N=4800kN$，重力荷载代表值作用下墙肢承受的轴压力设计值 $N_{GE} = 3900kN$，$b_f = b_w$。试问，满足 Q_{z1} 轴压比要求的最小墙厚 b_w（mm），与下列何项数值最为接近？

(A) 300　　　　　(B) 350　　　　　(C) 400　　　　　(D) 450

【解答】（1）当 $b_w=300mm$，$\dfrac{h_f}{b_w}=\dfrac{750}{300}=2.5<3$，$\dfrac{h_w}{b_w}=\dfrac{2100}{300}=7$，根据《高规》表 7.2.15 注 2、7.1.8 条注 1，按无翼墙短肢剪力墙（短肢一字形剪力墙）考虑。

根据《高规》7.2.2 条第 2 款，$[\mu_N] ≤0.45-0.1=0.35$

$N≤0.35b_w h_w f_c=0.35×300×2100×14.3=3153150N=3153kN<3900kN$，不满足。

（2）当 $b_w=350mm$ 时，$\dfrac{h_f}{b_w}=\dfrac{750}{350}=2.14<3$，属于翼墙；但是 $b_w=350mm>300mm$，故不属于短肢剪力墙，按普通一字形剪力墙考虑，$[\mu_N] ≤0.5$

$N \leqslant 0.5 b_\mathrm{w} h_\mathrm{w} f_\mathrm{c} = 0.5 \times 350 \times 2100 \times 14.3 = 5255250\mathrm{N} = 5255.250\mathrm{kN} > 3900\mathrm{kN}$，满足。

故选（B）项。

4. 剪力墙正截面承载力计算

> ● 复习《高规》7.2.8条、7.2.9条。

需注意的是：

（1）《高规》7.2.8条第2款，抗震设计时，$\gamma_\mathrm{RE} = 0.85$。

（2）《高规》7.2.8条的条文说明指出，大偏压时受拉、受压端部钢筋都达到屈服，在1.5倍受压区范围之外，假定受拉区分布钢筋应力全部达到屈服，故《高规》公式（7.2.8-8）、公式（7.2.8-9）中有 $(h_\mathrm{w0} - 1.5x)$。

5. 剪力墙斜截面受剪计算

> ● 复习《高规》7.2.7条（截面限制条件）、7.2.10条、7.2.11条。

需注意的是：

（1）《高规》7.2.7条的条文说明。其中，名义剪应力是指截面的平均剪应力，即：$\tau = \dfrac{V}{b_\mathrm{w} h_\mathrm{w}}\left(\text{或}\ \tau = \dfrac{\gamma_\mathrm{RE} V}{b_\mathrm{w} h_\mathrm{w}}\right)$；剪压比是指 τ 与 f_c 之比，即：

$$\frac{V}{f_\mathrm{c} b_\mathrm{w} h_\mathrm{w}}\left(\text{或}\ \frac{\gamma_\mathrm{RE} V}{f_\mathrm{c} b_\mathrm{w} h_\mathrm{w}}, \text{抗震设计时}\right)$$

通过截面限制条件，防止出现斜压破坏。

（2）《高规》7.2.10条、7.2.11条的条文说明，通过计算确定墙中水平钢筋配置，防止剪压破坏。

【例5.6.2-7】 某高层钢筋混凝土剪力墙结构，抗震等级为二级，混凝土强度等级为C40，地上第1层底部某一墙肢截面为一字形 $b_\mathrm{w} \times h_\mathrm{w} = 250\mathrm{mm} \times 2500\mathrm{mm}$，其考虑地震作用的内力设计值如下（已按规范、规程要求作了相应的调整）：$N = 6800\mathrm{kN}$，$M = 2500\mathrm{kN \cdot m}$，$V = 750\mathrm{kN}$，计算截面剪跨比 $\lambda = 2.38$，$h_\mathrm{w0} = 2300\mathrm{mm}$，墙水平分布筋采用 HPB300 级钢筋（$f_\mathrm{yh} = 270\mathrm{N/mm^2}$），间距 $s = 200\mathrm{mm}$。试问，在 s 范围内剪力墙水平分布筋面积 A_sh（$\mathrm{mm^2}$）最小取下列何项数值时，才能满足规范、规程的最低要求？

提示： ① $0.2 f_\mathrm{c} b_\mathrm{w} h_\mathrm{w} = 2387.5\mathrm{kN}$；

② $V \leqslant \dfrac{1}{\gamma_\mathrm{RE}}(0.15\beta_\mathrm{c} f_\mathrm{c} b_\mathrm{w} h_\mathrm{w0})$。

（A）107 　　　　（B）157 　　　　（C）200 　　　　（D）250

【解答】 根据《高规》7.2.10条：

$N = 6800\mathrm{kN} > 0.2 f_\mathrm{c} b_\mathrm{w} h_\mathrm{w} = 2387.5\mathrm{kN}$，故取 $N = 2387.5\mathrm{kN}$

$$\lambda = 2.38 > 2.2，即 \lambda = 2.2$$

$$V \leqslant \frac{1}{\gamma_\mathrm{RE}}\left[\frac{1}{\lambda - 0.5}\left(0.4 f_\mathrm{t} b_\mathrm{w} h_\mathrm{w0} + 0.1 N \frac{A_\mathrm{w}}{A}\right) + 0.8 f_\mathrm{yh} \frac{A_\mathrm{sh}}{s} h_\mathrm{w0}\right]$$

$$750 \times 10^3 \leqslant \frac{1}{0.85}\left[\frac{1}{2.2 - 0.5}(0.4 \times 1.71 \times 250 \times 2300 + 0.1 \times 2387500) + 0.8 \times 270\right.$$

$$\times \frac{A_{sh}}{200} \times 2300 \Big]$$

解之得：$A_{sh} \geqslant 107 \text{mm}^2$

根据《高规》7.2.17条：

$$A_{sh} \geqslant 0.25\% \times 200 \times 250 = 125 \text{mm}^2 > 107 \text{mm}^2$$

故选（A）项。

6. 水平施工缝的抗滑移验算

●复习《高规》7.2.12条。

需注意的是：

（1）《高规》7.2.12条的条文说明，当所配置的竖向钢筋不够时，可设置附加插筋，附加插筋在上、下层剪力墙中都要有足够的锚固长度。

（2）《抗规》3.9.7条条文说明，《混规》11.7.6条也作了相同规定。

$$N = \gamma_G(N_{Gk} + 0.5N_{Qk}) + \gamma_{Eh}N_{Ehk}$$

当受压时，取 $\gamma_G = 1.0$，$\gamma_{Eh} = 1.3$

当受拉时，取 $\gamma_G = 1.2$，$\gamma_{Eh} = 1.3$

（3）A_s 的取值，《抗规》3.9.7条条文说明中，对于边缘构件，"不包括边缘构件以外的两侧翼墙"，其内涵是：它包括边缘构件的阴影区、非阴影区的全部竖向钢筋。

【例5.6.2-8】（2014B29）某现浇钢筋混凝土框架-核心筒结构办公楼，房屋高度为155.4m，抗震设防烈度为7度（0.10g），丙类，建筑场地为Ⅱ类，设计地震分组为第一组。

假定，核心筒剪力墙Q2第30层墙体及两侧边缘构件配筋如图5.6.2-6所示，剪力墙考虑地震作用组合的轴压力设计值 N 为3800kN。试问，剪力墙水平施工缝处抗滑移承载力设计值 V（kN），与下列何项数值最为接近？

(A) 3900　　　　(B) 4500　　　　(C) 4900　　　　(D) 5500

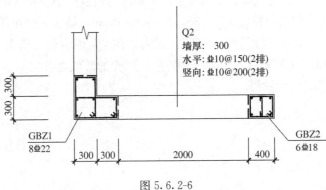

Q2
墙厚：　300
水平：Φ10@150(2排)
竖向：Φ10@200(2排)

GBZ1
8Φ22

GBZ2
6Φ18

300　300　　　2000　　　400

图 5.6.2-6

【解答】 由《高规》表3.3.1-2，为B级高度；查《高规》表3.9.4，核心筒抗震等级为一级。

由《高规》7.1.12条：

$$A_s = 8 \times 380.1 + 6 \times 254.5 + 2 \times 78.5 \times \left(\frac{2000}{200} - 1\right) = 5980.8\text{mm}^2,$$

$$V_{wj} \leqslant \frac{1}{\gamma_{RE}}(0.6f_y A_s + 0.8N) = \frac{1}{0.85}\left(0.6 \times 360 \times \frac{5980.8}{1000} + 0.8 \times 3800\right) = 5096\text{kN}$$

故选（C）项。

7. 剪力墙的边缘构件

▲7.1 约束边缘构件

- 复习《高规》7.2.14 条、7.2.15 条。
- 复习《高规》3.10.5 条（特一级）。

需注意的是：

（1）《高规》7.2.14 条的条文说明，B 级高度设置过渡层是为了避免边缘构件配筋急剧减少的不利情况。

（2）《高规》7.2.15 条的条文说明，解释了 l_c（暗柱）大于 l_c（翼墙或端柱）的理由，即：后者的受压区高度相对小些。

本条条文说明指出："符合构造要求的水平分布钢筋"的具体构造要求内容。

（3）特一级按《高规》表 7.2.15 中"一级"采用。

（4）约束边缘构件内箍筋或拉筋沿竖向的间距要求，适用于约束边缘中阴影部分、非阴影部分。

【例 5.6.2-9】 某现浇钢筋混凝土剪力墙结构房屋，房屋高度为 82.5m，地上第 1 层的层高均为 4.5m，其余各层层高均为 3.0m，质量和刚度沿高度分布比较均匀，丙类建筑，抗震设防烈度为 7 度，设计基本地震加速度为 0.15g，设计地震分组为第一组，Ⅲ 类场地。

地上第 4 层某 L 形剪力墙墙肢的截面如图 5.6.2-7 所示，墙肢轴压比为 0.24。试问，该剪力墙转角处边缘构件（图中阴影部分）的纵向钢筋面积 A_s（mm²），最小取下列何项数值时才能满足规范、规程的最低构造要求？

提示： 不考虑承载力计算要求。

（A）2700　　（B）3300

（C）3500　　（D）3800

【解答】 根据《高规》3.9.2 条，按 8 度采取抗震构造措施。

查《高规》表 3.9.3，剪力墙抗震等级为一级。

由《高规》7.1.4 条：

$$H_{底} = \max\left(\frac{1}{10} \times 82.5, 4.5 + 3\right) = 8.25\text{m}$$

故第 4 层为底部加强区的相邻上一层。

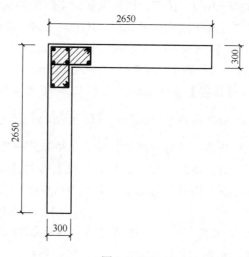

图 5.6.2-7

由《高规》7.2.14 条、7.2.15 条：
$$A_s \geqslant 1.2\% \times (600 + 300) \times 300 = 3240\text{mm}^2$$

故选（B）项。

▲7.2 构造边缘构件

- 复习《高规》7.2.16 条。
- 复习《高规》3.10.5 条（特一级）。

需注意的是：

(1)《高规》表 7.2.16 注 1～3 的规定。

(2)《高规》7.2.16 条的条文说明，构造边缘构件中的竖向纵向钢筋按承载力计算和构造要求两者中的较大值设置。

(3)《高规》7.2.16 条第 2 款，此时，端柱的轴压比实施"双控"，分别按剪力墙、框架柱的轴压比进行控制，前者的轴压比计算时，不考虑地震作用参与组合。

当剪力墙端柱出现小偏拉时，配筋增大，比计算值增加 25%，依据见《高规》6.4.4 条第 5 款。

【例 5.6.2-10】 某钢筋混凝土剪力墙结构，房屋高度 55.8m，地下 2 层，地上 17 层，首层层高 5.0m，二层层高 4.5m，其余各层层高均为 3.0m。纵横方向均有剪力墙，地下一层板顶作为上部结构的嵌固端。该建筑为丙类建筑，抗震设防烈度为 8 度，设计基本地震加速度为 0.2g，Ⅱ类建筑场地。各构件的混凝土强度等级均为 C40。

位于第 5 层平面中部的某剪力墙端柱截面为 500mm×500mm，其轴压比为 0.28，端柱纵向钢筋采用 HRB400 级钢筋，其承受集中荷载，考虑地震作用组合时，由考虑地震作用组合小偏心受拉内力设计值计算出的该端柱纵筋总截面面积计算值为最大（1800mm²）。试问，该柱纵筋的实际配筋选择下列何项时，才能满足并且最接近于《高层建筑混凝土结构技术规程》JGJ 3—2010 的最低要求？

(A) 4 Φ 16 + 4 Φ 18（A_s = 1822mm²）　　(B) 8 Φ 18（A_s = 2036mm²）

(C) 4 Φ 20 + 4 Φ 18（A_s = 2275mm²）　　(D) 8 Φ 20（A_s = 2513mm²）

【解答】 查《高规》表 3.9.3，剪力墙抗震等级为二级。

由《高规》7.1.4 条，$H_底 = \max\left(\dfrac{1}{10} \times 55.8, 5 + 4.5\right) = 9.5\text{m}$

故第 5 层为非底部加强区及相邻上一层。

由《高规》表 7.2.14，可设置为构造边缘构件。

查《高规》表 7.2.16，$A_s \geqslant 0.006A_c = 0.006 \times 500 \times 500 = 1500\text{mm}^2$
$$A_s \geqslant 678\text{mm}^2 \quad (6\Phi12)$$

《高规》7.2.16 条第 2 款，该端柱按框架柱构造要求配置钢筋，抗震二级，查《高规》表 6.4.3-1，取 $\rho_{min} = 0.75\%$，则：
$$A_{s,min} = \rho_{min}bh = 0.75\% \times 500 \times 500 = 1875\text{mm}^2$$

又根据《高规》6.4.4 条第 5 款：$A_s = 1.25 \times 1800 = 2250\text{mm}^2 > 1875\text{mm}^2$，且 > 1500mm²

故最终取 $A_s = 2250\text{mm}^2$，选用 4 Φ 20 + 4 Φ 18（A_s = 2275mm²）。

故选（C）项。

▲7.3 B级高度的过渡层的边缘构件

●复习《高规》7.2.14条第3款。

需注意的是：

（1）过渡层边缘构件的钢筋配置要求可低于约束边缘构件的要求，但应高于构造边缘构件的要求。《高规》只对过渡层边缘构件的箍筋配置作出提高要求，对竖向钢筋配置未作规定，可不提高，但不应低于构造边缘构件的要求。

（2）B级高层剪力墙结构设置过渡层边缘构件的目的，是约束边缘构件与构造边缘构件的均匀过渡，箍筋配置作为最重要项，应均匀过渡，竖向钢筋配置、边缘构件的截面在实际工程设计时，也宜均匀过渡。

【例5.6.2-11】（2013B27）某42层高层住宅，采用现浇混凝土剪力墙结构，层高为3.2m，房屋高度134.7m，地下室顶板作为上部结构的嵌固部位。抗震设防烈度7度、Ⅱ类场地，丙类建筑。采用C40混凝土，纵向钢筋和箍筋分别采用HRB400（Φ）和HRB335（Φ）钢筋。

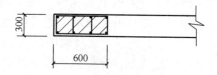

图5.6.2-8

7层某剪力墙（非短肢墙）边缘构件如图5.6.2-8所示，阴影部分为纵向钢筋配筋范围，墙肢轴压比 $\mu_N = 0.4$，纵筋混凝土保护层厚度为30mm。试问，该边缘构件阴影部分的纵筋及箍筋选用下列何项，能满足规范、规程的最低抗震构造要求？

提示：①计算体积配箍率时，不计入墙的水平分布钢筋；

②箍筋体积配箍率计算时，扣除重叠部分箍筋。

（A）8Φ18；Φ8@100　　　　　　　　（B）8Φ20；Φ8@100

（C）8Φ18；Φ10@100　　　　　　　（D）8Φ20；Φ10@100

【解答】 根据《高规》表3.3.1-2，该结构为B级高度，查表3.9.4，剪力墙抗震等级为一级。

根据《高规》7.1.4条，底部加强部位高度：

$$H_1 = 2 \times 3.2 = 6.4\text{m}, \quad H_2 = \frac{1}{10} \times 134.4 = 13.44\text{m}$$

取大者13.44mm，1～5层为底部加强部位。

由《高规》7.2.14条，1～6层设置约束边缘构件，7层为过渡层。

构造边缘构件配筋：

根据《高规》7.2.16条第4款及表7.2.16，阴影范围竖向钢筋：

$$A_c = 300 \times 600 = 1.8 \times 10^5 \text{mm}^2, \quad A_s = 0.9\% A_c = 1620\text{mm}^2$$

8Φ18，$A_s' = 2036\text{mm}^2 > A_s$

阴影范围箍筋：

按构造配Φ8@100，过渡边缘构件的箍筋配置应比构造边缘构件适当加大，配Φ10@100

$$[\rho_v] = \lambda_v \frac{f_c}{f_{yv}} = 0.1 \times \frac{19.1}{300} = 0.64\%$$

$$A_{cor} = (600 - 30 - 5) \times (300 - 30 - 30) = 135600\text{mm}^2$$

$$\sum n_i l_i = (300 - 30 - 30 + 10) \times 4 + (600 - 30 + 5) \times 2 = 2150\text{mm}$$

$$\rho_v = \frac{\sum n_i l_i \times A_{si}}{A_{cor} \times s} = \frac{2150 \times 78.5}{135600 \times 100} = 1.24\% > 0.64\%, \text{满足}$$

所以应选（C）项。

▲7.4 短肢剪力墙的边缘构件

- 复习《高规》7.2.2条第4款。

【例5.6.2-12】（2016B30）某高层钢筋混凝土剪力墙结构住宅，地上25层，地下一层，嵌固部位为地下室顶板，房屋高度75.3m，抗震设防烈度为7度（0.15g），设计地震分组第一组，丙类建筑，建筑场地类别为Ⅲ类，建筑层高均为3m，第5层某墙肢配筋如图5.6.2-9所示，墙肢轴压比为0.35。试问，边缘构件JZ1纵筋 A_s（mm²）取下列何项才能满足规范、规程的最低抗震构造要求？

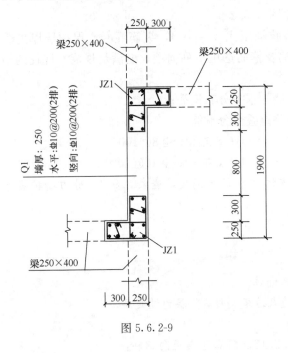

图 5.6.2-9

(A) 12 Φ 14　　(B) 12 Φ 16
(C) 12 Φ 18　　(D) 12 Φ 20

【解答】根据《高规》7.1.8条，$4 < 1900/250 = 7.6 < 8$，该墙肢为短肢剪力墙。

根据《高规》3.9.2条，宜按8度（0.20g）的要求采取抗震构造措施，高度75.3m，查《高规》表3.9.3，抗震构造措施抗震等级为二级；

根据《高规》7.1.4条，本工程底部加强部位为75.3/10 = 7.53m，即1~3层为底部加强部位；5层属其他部位。

根据《高规》7.2.2条，短肢墙全部竖向钢筋配筋率不宜小于1.0%：

$$\rho = \frac{2A_s + 78.5 \times \left(\frac{800}{200} - 1\right) \times 2}{(300 \times 2 + 1900) \times 250} \geq 1\%$$

则：

$$A_s \geq 2890\text{mm}^2$$

12 Φ 18（$A_s = 3048\text{mm}^2$），满足。

故选（C）项。

8. 剪力墙分布筋配置

- 复习《高规》7.2.3条、7.2.17条~7.2.20条。

需注意的是：

（1）《高规》7.2.3条的条文说明，高层建筑的剪力墙不允许单排配筋；当采用三排或四排配筋方案时，靠墙面的配筋可略大。

（2）《高规》7.2.17条仅针对剪力墙结构中剪力墙。

（3）《高规》7.2.18条条文说明指出，分布筋宜配置为直径小而间距较密的情况。

三、连梁

1. 连梁的计算规定

《高规》7.1.3条规定，跨高比小于5的连梁应按本章（《高规》第7章）的有关规定设计。

2. 连梁的受剪承载力与箍筋配置

> - 复习《高规》7.2.21条（内力调整）。
> - 复习《高规》7.2.22条（截面限制条件）、7.2.23条。
> - 复习《高规》7.2.27条。

需注意的是：

（1）连梁应与剪力墙取相同的抗震等级，见《高规》7.2.21条、7.1.3条的条文说明。

（2）《高规》7.2.21条条文说明，应采用实际抗弯钢筋反算设计剪力的方法，其目的是实现连梁的强剪弱弯、推迟剪切破坏、提高延性。

（3）配置斜向交叉钢筋的连梁，见《混规》11.7.10条，此时，连梁剪力增大系数 $\eta_{vb}=1.0$。

（4）V_{Gb}值，《抗规》6.2.4条规定，9度时高层建筑还应包括竖向地震作用标准值产生的剪力设计值。

（5）抗震四级连梁，《高规》未给出公式，可按《混规》11.7.8条，即：

$$V = \eta_{vb} \frac{M_b^l + M_b^r}{l_n} + V_{Gb} = 1.0 \times \frac{M_b^l + M_b^r}{l_n} + V_{Gb}$$

（6）《高规》7.2.27条的条文说明，加大连梁的箍筋配置、构造要求，其为了防止剪切斜裂缝出现后的脆性破坏。

（7）连梁箍筋计算、连梁受剪承载力复核

1）连梁箍筋计算（已知 V，求 A_{sv}/s）

首先复核连梁截面限制条件，按《高规》7.2.22条，计算出 $V_{截}$，取 $\min(V, V_{截})$ 按《高规》公式（7.2.23-1）～公式（7.2.23-3）计算箍筋量 A_{sv}/s，然后复核最小配箍率。

2）连梁受剪承载力复核（已知 A_{sv}/s，求 V_u）

由 A_{sv}/s、跨高比，按《高规》公式（7.2.23-1）～公式（7.2.23-3）计算，取计算公式右端项作为 V_{cs}；又由截面限制条件即《高规》7.2.22条计算 $V_{截}$，然后，取 $V_u = \min(V_{cs}, V_{截})$。

【例5.6.3-1】（2016B22）某10层现浇钢筋混凝土剪力墙结构住宅，各层层高均为4m，房屋高度为40.3m。抗震设防烈度为9度，设计基本地震加速度为0.40g，设计地震分组为第三组，建筑场地类别为Ⅱ类，安全等级二级。

假定，第8层的连梁 LL1，截面为 300mm×1000mm，混凝土强度等级为 C35，净跨 $l_n=2000$mm，$h_0=965$mm，在重力荷载代表值作用下按简支梁计算的梁端截面剪力设计值 $V_{Gb}=60$kN，连梁采用 HRB400 钢筋，顶面和底面实配纵筋面积均为 1256mm²，$a_s=a_s'=35$mm。试问，连梁 LL1 两端截面的剪力设计值 V（kN），与下列何项数值最为接近？

提示： 按《高层建筑混凝土结构技术规程》JGJ 3—2010 作答。

(A) 750　　　　　(B) 690　　　　　(C) 580　　　　　(D) 520

【解答】 查《高规》表 3.9.3，抗震等级为一级。

根据《高规》7.2.21 条：

由《高规》11.7.7 条：

$$M_{bua}=\frac{1}{\gamma_{RE}}f_{yk}A_s^a(h_0-a_s')=\frac{1}{0.75}\times400\times1256\times(966-35)$$

$$=623\text{kN}\cdot\text{m}$$

$$V=1.1\times\frac{623+623}{2}+60=745\text{kN}$$

故选（A）项。

【例 5.6.3-2】 某高层剪力墙结构的剪力墙开洞后形成的连梁，其截面尺寸为 $b_b\times h_b=250$mm×800mm，连梁净跨 $l_n=1800$mm，抗震等级为二级，混凝土强度等级为 C35，箍筋采用 HRB400。

假定，该连梁有地震作用组合时的剪力设计值为 $V=500$kN（已经"强剪弱弯"调整）。试问，该连梁计算的梁端箍筋 A_{sv}/s（mm²/mm）最小值，与下列何项数值最为接近？

提示： ① 计算时，连梁纵筋的 $a_s=a_s'=35$mm，$\frac{1}{\gamma_{RE}}(0.15\beta_c f_c b_b h_{b0})=563.6$kN；

② 箍筋配置满足规范、规程规定的构造要求。

(A) 1.10　　　　　(B) 1.30　　　　　(C) 1.50　　　　　(D) 1.55

【解答】 根据《高规》7.2.22 条：

$$\frac{L_n}{h_b}=\frac{1800}{800}=2.25<2.5$$

已知，$\frac{1}{\gamma_{RE}}(0.15\beta_c f_c b_b h_{b0})=563.6kN>V$

连梁截面尺寸满足《高规》7.2.22 条的要求。

由《高规》式（7.2.23-3）：

$$V\leqslant\frac{1}{\gamma_{RE}}\left(0.38f_t b_b h_{b0}+0.9f_{yv}\frac{A_{sv}}{s}h_{b0}\right)$$

$$500\times10^3\leqslant\frac{1}{0.85}\left(0.38\times1.57\times250\times765+0.9\times360\times\frac{A_{sv}}{s}\times765\right)$$

解之得： $$\frac{A_{sv}}{s} \geqslant 1.254 \text{mm}^2/\text{mm}$$

故选（B）项。

3. 连梁的正截面受弯承载力与纵向钢筋配置

- 复习《高规》11.7.7 条。
- 复习《高规》7.2.24 条、7.2.25 条、7.2.27 条。

需注意的是：

（1）《高规》7.2.24 条、7.2.25 条的条文说明："但由于第 7.2.21 条是采用乘以增大系数的方法获得剪力设计值（与实际配筋量无关），容易使设计人员忽略受弯钢筋数量的限制，特别是在计算配筋值很小而按构造要求配置受弯钢筋时，容易忽略强剪弱弯的要求"。

（2）《高规》7.2.24 条、7.2.25 条的条文说明："跨高比超过 2.5 的连梁，其最大配筋率限值可按一般框架梁采用，即不宜大于 2.5%"。

（3）《混规》11.7.11 条第 1 款规定，连梁沿上、下边缘单侧纵向钢筋的最小配筋率不应小于 0.15%，不宜少于 2Φ12。所以，《混规》、《高规》存在不一致。

（4）《高规》7.2.24 条，跨高比大于 1.5 的连梁，其纵向钢筋的最小配筋率可按框架梁的要求采用，即：抗震设计时，采用《高规》表 6.3.2-1 中"支座"列；非抗震设计时，按《高规》6.3.2 条第 2 款。

（5）跨高比大于或等于 5 的连梁，其腰筋、纵筋锚固范围的箍筋也应满足《高规》7.2.27 条的要求。

【例 5.6.3-3】 某现浇钢筋混凝土剪力墙结构高层房屋，抗震等级为一级。

该结构中首层某连梁截面尺寸为 300mm×700mm，净跨 1500mm，为构造配筋，混凝土强度等级 C40（$f_t=1.71\text{N/mm}^2$），纵向钢筋和箍筋采用 HRB400 钢筋（$f_y=360\text{N/mm}^2$）。试问，符合规范规程最低要求的连梁的纵筋和箍筋配置，应选用下列何项数值？

（A）纵筋上下各 3Φ16、箍筋Φ8@100

（B）纵筋上下各 3Φ18、箍筋Φ10@100

（C）纵筋上下各 3Φ20、箍筋Φ10@100

（D）纵筋上下各 3Φ22、箍筋Φ12@100

【解答】 $$\frac{l_n}{h}=\frac{1.5}{0.7}=2.14>1.5$$

根据《高规》7.2.24 条，纵筋的最小配筋率可按框架梁的要求采用。

根据《高规》表 6.3.2-1，由该连梁位于底部加强部位，抗震等级为一级，单侧纵筋的最小配筋率为：$\max(0.40, 80f_t/f_y)\% = \max(0.40, 80×1.71/360)\% = 0.40\%$

单侧纵筋 $A_s=300×700×0.4\%=840\text{mm}^2$，可见（C）、（D）项纵筋符合要求。

由《高规》7.2.27 条及表 6.3.2-2，箍筋最小直径为 10mm，双肢箍筋最大间距取 $s=\frac{h_b}{4}=\frac{700}{4}=175\text{mm}$、$6d=6×20=120\text{mm}$ 及 100mm 三项中最小值，取 $s=100\text{mm}$，构造最小配筋Φ10@100mm。故选（C）项。

4. 连梁剪力"超限"

《高规》规定：

7.2.26 剪力墙的连梁不满足本规程第 7.2.22 条的要求时，可采取下列措施：

1 减小连梁截面高度或采取其他减小连梁刚度的措施。

2 抗震设计剪力墙连梁的弯矩可塑性调幅；内力计算时已经按本规程第 5.2.1 条的规定降低了刚度的连梁，其弯矩值不宜再调幅，或限制再调幅范围。此时，应取弯矩调幅后相应的剪力设计值校核其是否满足本规程第 7.2.22 条的规定；剪力墙中其他连梁和墙肢的弯矩设计值宜视调幅连梁数量的多少而相应适当增大。

3 当连梁破坏对承受竖向荷载无明显影响时，可按独立墙肢的计算简图进行第二次多遇地震作用下的内力分析，墙肢截面应按两次计算的较大值计算配筋。

（1）针对 7.2.26 条第 1 款，《抗规》6.4.7 条提出，采用双连梁、多连梁对策，《抗规》规定：

6.4.7 跨高比较小的高连梁，可设水平缝形成双连梁、多连梁或采取其他加强受剪承载力的构造。顶层连梁的纵向钢筋伸入墙体的锚固长度范围内，应设置箍筋。

6.4.7（条文说明）高连梁设置水平缝，使一根连梁成为大跨高比的两根或多根连梁，其破坏形态从剪切破坏变为弯曲破坏。

（2）改变配筋方式，如：配置有对角斜筋的连梁，详见《混规》11.7.10 条。

（3）针对 7.2.26 条第 2 款，本条条文说明：

7.2.26（条文说明）

对第 2 款提出的塑性调幅作一些说明。连梁塑性调幅可采用两种方法，一是按照本规程第 5.2.1 条的方法，在内力计算前就将连梁刚度进行折减；二是在内力计算之后，将连梁弯矩和剪力组合值乘以折减系数。两种方法的效果都是减小连梁内力和配筋。无论用什么方法，连梁调幅后的弯矩、剪力设计值不应低于使用状况下的值，也不宜低于比设防烈度低一度的地震作用组合所得的弯矩、剪力设计值，其目的是避免在正常使用条件下或较小的地震作用下在连梁上出现裂缝。因此建议一般情况下，可掌握调幅后的弯矩不小于调幅前按刚度不折减计算的弯矩（完全弹性）的 80%（6～7度）和 50%（8～9 度），并不小于风荷载作用下的连梁弯矩。

需注意，是否"超限"，必须用弯矩调幅后对应的剪力代入第 7.2.22 条公式进行验算。

注意，"调幅后的弯矩"是指全部调幅（包括计算时连梁刚度折减、内力计算之后的折减）后的弯矩。

同时，部分连梁调幅后，《高规》7.2.26 条第 2 款规定："剪力墙中其他连梁和墙肢的弯矩设计值宜视调幅连梁数量的多少而相应适当增大"。

（4）《高规》7.2.26 条第 3 款，"连梁破坏对承受竖向荷载无明显影响时"，可理解为：连梁承受较少的竖向荷载情况。本条条文说明：

7.2.26（条文说明）

当第 1、2 款的措施不能解决问题时，允许采用第 3 款的方法处理，即假定连梁在大震下剪切破坏，不再能约束墙肢，因此可考虑连梁不参与工作，而按独立墙肢进行第二次结构内力分析，它相当于剪力墙的第二道防线，这种情况往往使墙肢的内力及配筋加大，可保证墙肢的安全。第二道防线的计算没有了连梁的约束，位移会加大，但是大震作用下就不必按小震作用要求限制其位移。

此时，常采取将连梁两端点铰，连梁两端按铰接处理，然后进行结构整体内力分析。

【例5.6.3-4】（2018B21）某31层普通办公楼，采用现浇钢筋混凝土框架-核心筒结构，标准层平面如图5.6.3-1（Z）所示，首层层高6m，其余各层层高3.8m，结构高度120m。基本风压 $w_0 = 0.80 \text{kN/m}^2$，地面粗糙度为C类。抗震设防烈度为8度（0.20g），标准设防类建筑，设计地震分组第一组，建筑场地类别为Ⅱ类，安全等级二级。

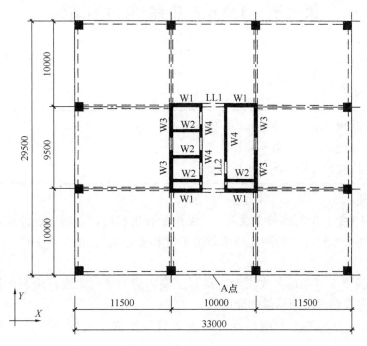

图5.6.3-1

假定，结构按连梁刚度不折减计算时，某层连梁LL1在8度（0.20g）水平地震作用下梁端负弯矩标准值 $M_{Ehk} = -660 \text{kN·m}$，在7度（0.10g）水平地震作用下梁端负弯矩标准值 $M_{Ehk} = -330 \text{kN·m}$，风荷载作用下梁端负弯矩标准值 $M_{wk} = -400 \text{kN·m}$。试问，对弹性计算的连梁弯矩 M 进行调幅后，连梁的弯矩设计值 M'（kN·m），不应小于下列何项数值？

提示： ① 忽略重力荷载及竖向地震作用产生的梁端弯矩。

② 按《建筑结构可靠性设计统一标准》作答。

(A) -490　　　　　　　　　　　　(B) -560

(C) -600　　　　　　　　　　　　(D) -770

【解答】 根据《高规》7.2.26条条文说明：

8度地震组合，调幅余数为50%：

$$M = -(1.3 \times 660 + 0.2 \times 1.4 \times 400) \times 50\% = -485 \text{kN·m}$$

7度地震组合：
$$M = -(1.3 \times 330 + 0.2 \times 1.4 \times 400) = -541 \text{kN} \cdot \text{m}$$

仅风荷载作用下，由《可靠性标准》8.2.4条：
$$M = -1.5 \times 400 = -600 \text{kN} \cdot \text{m}$$

故最终取 $M = -600 \text{kN} \cdot \text{m}$，选（C）项。

5. 剪力墙开小洞口和连梁开洞

● 复习《高规》7.2.28条。

第七节 《高规》框架-剪力墙结构

一、一般规定

1. 结构布置

● 复习《高规》8.1.1条、8.1.2条。

● 复习《高规》8.1.5条~8.1.8条。

● 复习《抗规》6.1.6条、6.1.8条。

需注意的是：

(1)《高规》8.1.5条的条文说明，"无论是否抗震设计，均应设计成双向抗侧力体系，且结构在两个主轴方向的刚度和承载力不宜相差过大"，也即：在两个主轴方向的结构类型应一致。

(2)《高规》8.1.8条的条文说明，解释了横向剪力墙间距进行限制的原因；纵向剪力墙不宜集中布置在房屋两尽端的原因。

《高规》表8.1.8注4的规定，可防止布置框架的楼面伸出太长，不利于地震力传递。

(3)《抗规》6.1.6条规定，即：满足《抗规》表6.1.6时，可不考虑楼盖平面内变形的影响。

【例5.7.1-1】（2011B32）长矩形平面现浇钢筋混凝土框架-剪力墙高层结构，楼、屋盖抗震墙之间无大洞口，抗震设防烈度为8度时，下列关于剪力墙布置的几种说法，其中何项不够准确？

(A) 结构两主轴方向均应布置剪力墙

(B) 楼、屋盖长宽比不大于3时，可不考虑楼盖平面内变形对楼层水平地震剪力分配的影响

(C) 两方向的剪力墙宜集中布置在结构单元的两尽端，增大整个结构的抗扭能力

(D) 剪力墙的布置宜使结构各主轴方向的侧向刚度接近

【解答】根据《高规》8.1.5条，（A）项正确；根据《高规》8.1.7条，（D）项正确；根据《高规》8.1.8条第2款，（C）项不正确。

所以选（C）项。

另：根据《抗规》6.1.6条，（B）项正确。

【例 5.7.1-2】（2013B20）某16层现浇钢筋混凝土框架-剪力墙结构办公楼，房屋高度为64.3m，如图5.7.1-1所示，楼板无削弱。抗震设防烈度为8度，丙类建筑，Ⅱ类建筑场地。假定，方案比较时，发现X、Y方向每向可以减少两片剪力墙（减墙后结构承载力及刚度满足规范要求）。试问，如果仅从结构布置合理性考虑，下列四种减墙方案中哪种方案相对合理？

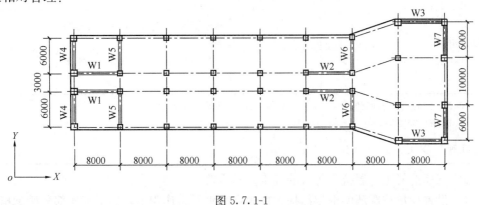

图 5.7.1-1

(A) X向：W_1；Y向：W_5 (B) X向：W_2；Y向：W_6

(C) X向：W_3；Y向：W_4 (D) X向：W_2；Y向：W_7

【解答】该结构为长矩形平面，根据《高规》8.1.8条第2款，X向剪力墙不宜集中布置在房屋的两尽端，宜减 W_1 或 W_3；

根据《高规》8.1.8条第1款，Y向剪力墙间距不宜大于 $3B=45m$ 及40m之较小者40m，宜减 W_4 或 W_7；

综合上述原因，同时考虑框架-剪力墙结构中剪力墙的布置原则，应选（C）项。

2. 框架-剪力墙结构的计算规定

▲2.1 计算模型

● 复习《高规》8.1.3条及条文说明。

现将《高规》8.1.3条及条文说明内容，归纳为表5.7.1-1。

框架-剪力墙结构的分类与最大适用高度、抗震措施　　　　表 5.7.1-1

分　类		判　别	最大适用高度	抗震构造措施	层间位移控制
Ⅰ	少框的框-剪结构	$\dfrac{M_f}{M}\leqslant 10\%$	按框-剪结构	·剪力墙的抗震等级和轴压比按剪力墙结构； ·框架的抗震等级和轴压比按框-剪结构； ·框架的剪力调整按框-剪结构	按剪力墙结构
Ⅱ	典型的框-剪结构	$10\%<\dfrac{M_f}{M}\leqslant 50\%$	按框-剪结构	·剪力墙的抗震等级和轴压比按框-剪结构； ·框架的抗震等级和轴压比按框-剪结构； ·框架的剪力调整按框-剪结构	按框-剪结构

续表

	分　类	判　别	最大适用高度	抗震构造措施	层间位移控制
Ⅲ	少墙的框-剪结构	$50\% < \dfrac{M_f}{M} \leqslant 80\%$	比框架结构适当提高	·剪力墙的抗震等级和轴压比按框-剪结构； ·框架的抗震等级和轴压比按框架结构	按框-剪结构
Ⅳ	极少墙的框-剪结构	$80\% < \dfrac{M_f}{M}$	按框架结构	·剪力墙的抗震等级和轴压比按框-剪结构 ·框架的抗震等级和轴压比按框架结构	按框-剪结构

注：1. M—结构底层总地震倾覆力矩；M_f—框架部分承受的地震倾覆力矩。

　　2. 框-剪结构是框架-剪力墙结构的简称。

《抗规》规定：

> **6.1.3**　钢筋混凝土房屋抗震等级的确定，尚应符合下列要求：
>
> 　　**1**　设置少量抗震墙的框架结构，在规定的水平力作用下，底层框架部分所承担的地震倾覆力矩大于结构总地震倾覆力矩的 50% 时，其框架的抗震等级应按框架结构确定，抗震墙的抗震等级可与其框架的抗震等级相同。
>
> 　　注：底层指计算嵌固端所在的层。

> **6.2.13**　钢筋混凝土结构抗震计算时，尚应符合下列要求：
>
> 　　……
>
> 　　**4**　设置少量抗震墙的框架结构，其框架部分的地震剪力值，宜采用框架结构模型和框架-抗震墙结构模型二者计算结果的较大值。

可见，《抗规》中的少量抗震墙的框架结构包括上述表 5.7.1-1 中Ⅲ、Ⅳ类两种情况，所以，《抗规》6.2.13 条第 4 款规定适用于表 5.7.1-1 中Ⅲ、Ⅳ类情况。

注意，《抗规》6.2.13 条的条文说明指出，少墙框架体系、少框架的抗震墙体系与典型的框架-剪力墙体系的区别，即：前两种体系不能实现多道防线的概念设计的要求。

此外，《高规》3.4.10 条第 4 款设置极少抗撞墙的框架结构属于少墙框架体系，属于表 5.7.1-1 中Ⅳ类。

【例 5.7.1-3】 某拟建工程，房屋高度 57.6m，地下 2 层，地上 15 层。首层层高 6.0m，二层层高 4.5m，其余各层层高均为 3.6m。采用现浇钢筋混凝土框架-剪力墙结构，抗震设防烈度 7 度，丙类建筑，设计基本地震加速度为 0.15g，Ⅲ类场地。混凝土强度等级采用 C40（$f_c = 19.1\text{N/mm}^2$）。在规定的水平力作用下结构总地震倾覆力矩 $M_0 = 9.6 \times 10^5 \text{kN} \cdot \text{m}$，底层剪力墙承受的地震倾覆力矩 $M_w = 3.7 \times 10^4 \text{kN} \cdot \text{m}$。

试问：

(1) 该结构抗震构造措施所用的抗震等级为下列何项？

(A) 框架一级，剪力墙一级　　　　　(B) 框架一级，剪力墙二级

（C）框架二级，剪力墙二级 （D）框架二级，剪力墙一级

（2）设计计算分析时，框架的抗震等级为下列何项？

（A）一级 （B）二级

（C）三级 （D）四级

【解答】（1）根据《高规》8.1.3条：

框架部分承受的地震倾覆力矩 M_c 为：

$$M_c = M_0 - M_w = 9.6 \times 10^5 - 3.7 \times 10^5 = 5.9 \times 10^5 \text{kN} \cdot \text{m}$$

$$\frac{M_c}{M_0} = \frac{5.9 \times 10^5}{9.6 \times 10^5} = 0.61 = 61\% \begin{array}{l} \geqslant 50\% \\ < 80\% \end{array}$$

框架部分的抗震等级宜按框架结构采用，由《高规》表3.9.3及3.9.2条，该建筑应按8度要求采取抗震构造措施，则框架为一级，剪力墙为一级。

故选（A）项。

（2）由（1）可知，框架部分的抗震等级宜按框架结构采用。按7度查《高规》表3.9.3，框架的抗震等级为二级。

故选（B）项。

【例5.7.1-4】（2014B21）某拟建18层现浇钢筋混凝土框架-剪力墙结构办公楼，房屋高度为72.3m。抗震设防烈度为7度，丙类建筑，Ⅱ类建筑场地。方案设计时，有四种结构方案，多遇地震作用下的主要计算结果见表5.7.1-2。

表5.7.1-2

	T_x (s)	T_y (s)	T_t (s)	M_F/M (%)	$\Delta u/h$ (X向)	$\Delta u/h$ (Y向)
方案A	1.20	1.60	1.30	55	1/950	1/830
方案B	1.40	1.50	1.20	35	1/870	1/855
方案C	1.50	1.52	1.40	40	1/860	1/850
方案D	1.20	1.30	1.10	25	1/970	1/950

M_F/M—在规定水平力作用下，结构底层框架部分承受的地震倾覆力矩与结构总地震倾覆力矩的比值，表中取X、Y两方向的较大值。

假定，剪力墙布置的其他要求满足规范规定。试问，如果仅从结构规则性及合理性方面考虑，四种方案中哪种方案最优？

（A）方案A （B）方案B （C）方案C （D）方案D

【解答】 方案A：$\frac{M_F}{M} = 55\% > 50\%$，根据《高规》8.1.3条第3款，剪力墙较少。

方案C：$\frac{T_t}{T_1} = \frac{1.4}{1.52} = 0.92 > 0.9$，根据《高规》3.4.5条及条文说明，属扭转不规则。

方案B、D中：方案D刚度较大，存在优化空间。

故选（B）项。

▲2.2 框架部分地震剪力调整（0.2V_0调整）

● 复习《高规》8.1.4条。

需注意的是：

（1）有小塔楼时，小塔楼直接取 $V_{f,后}=1.5V_{fmax}$，不用考虑 $0.2V_0$[7]。

（2）框架柱的调整系数 λ_{ci} 为：

$$\lambda_{ci}=\frac{\min(1.5V_{fmax},0.2V_0)}{V_{ci,前}}$$

中间层框架梁的调整系数 λ_{bi}，取相邻上、下层框架柱的 λ_{ci}，λ_{ci+1} 的平均值，即：

$$\lambda_{bi}=\frac{1}{2}(\lambda_{ci}+\lambda_{ci+1})$$

1）顶层框架梁（第 n 层）的调整系数（无小塔楼）：

$$\lambda_{bn}=\lambda_{cn}$$

2）顶层框架梁（第 n 层）的调整系数（有小塔楼为第 $n+1$ 层）：

$$\lambda_{小塔楼}=\frac{V_{f,后}}{V_{c,前}};$$

$$\lambda_{bn}=\frac{1}{2}(\lambda_{小塔楼}+\lambda_{cn})$$

【例5.7.1-5】 某12层现浇钢筋混凝土框架-剪力墙结构，房屋高度45m，抗震设防烈度8度（$0.20g$），丙类建筑，设计地震分组为第一组，建筑场地类别为Ⅱ类，建筑物平、立面示意如图5.7.1-2所示，梁、板混凝土强度等级为C30（$f_c=14.3\text{N/mm}^2$，$f_t=1.43\text{N/mm}^2$）；框架柱和剪力墙为C40（$f_c=19.1\text{N/mm}^2$，$f_t=1.71\text{N/mm}^2$）。

假定，在该结构中，各层框架柱数量保持不变，对应于水平地震作用标准值的计算结果为：结构基底总剪力 $V_0=13500\text{kN}$，各层框架所承担的未经调整的地震总剪力中的最大值 $V_{f,max}=1600\text{kN}$，第3层框架承担的未经调整的地震总剪力 $V_f=1500\text{kN}$；该楼层某根柱调整前的柱底内力标准值为：弯矩 $M=\pm180\text{kN}\cdot\text{m}$，剪力 $V=\pm50\text{kN}$。试问，抗震设计时，水平地震作用下该柱调整后的内力标准值，与下列何项数值最为接近？

提示： 楼层剪重比满足规程关于楼层最小地震剪力系数（剪重比）的要求。

（A）$M=\pm180\text{kN}\cdot\text{m}$；$V=\pm50\text{kN}$　　　（B）$M=\pm270\text{kN}\cdot\text{m}$；$V=\pm75\text{kN}$

（C）$M=\pm288\text{kN}\cdot\text{m}$；$V=\pm80\text{kN}$　　　（D）$M=\pm324\text{kN}\cdot\text{m}$；$V=\pm90\text{kN}$

【解答】 根据《高规》8.1.4条第1款：

$0.2V_0=0.2\times13500=2700\text{kN}>V_{f,max}=1600\text{kN}>V_f=1500\text{kN}$，该层中的柱内力需要调整。

$$1.5V_{f,max}=1.5\times1600=2400\text{kN}<0.2V_0=2700\text{kN}$$

应取较小值作为框架部分承担的总剪力，$V=2400\text{kN}$。

又根据《高规》8.1.4条第2款，该层框架内力调整系数=2400/1500=1.6。

柱底弯矩 $M=\pm180\times1.6=\pm288\text{kN}\cdot\text{m}$，剪力 $V=\pm50\times1.6=\pm80\text{kN}$。

故选（C）项。

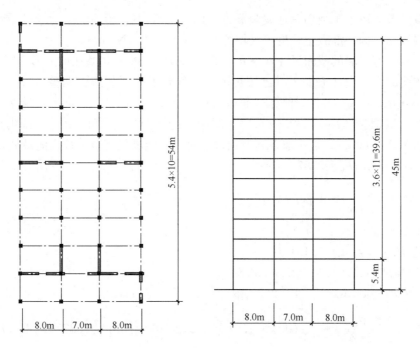

图 5.7.1-2

▲2.3 框架的内力调整

框架-剪力墙结构中框架的内力调整，其总结见本章第十二节。

二、截面设计与构造

- 复习《高规》8.2.1条、8.2.2条。
- 复习《抗规》6.5.1条～6.5.4条。

需注意的是：

（1）抗震墙的分布筋，《高规》8.2.1条未明确分布筋（竖向和水平向）的直径要求，而《抗规》6.5.2条规定，其钢筋直径不宜小于10mm。

（2）带边框剪力墙，暗梁的截面高度，《高规》、《抗规》有区别，《抗规》明确最小高度≥max(b_w，400)。暗梁的抗震等级同剪力墙的抗震等级。

对于边框柱的箍筋沿全高加密，《抗规》更细化，即：宜按柱箍筋加密区的要求沿全高加密。

（3）对于"少量抗震墙的框架结构"，《抗规》6.5.4条注及其条文说明，其抗震墙的抗震构造措施可放宽，可按剪力墙结构中抗震墙的要求，不需要按框架-剪力墙结构的要求。

【例5.7.2-1】 某地上16层、地下1层的现浇钢筋混凝土框架-剪力墙办公楼，房屋高度为64.2m，该建筑地下室至地上第3层的层高均为4.5m，其余各层层高均为3.9m，质量和刚度沿高度分布比较均匀，丙类建筑，抗震设防烈度为7度，设计基本地震加速度为0.15g，设计地震分组为第一组，Ⅲ类场地，在规定的水平力作用下，结构底层框架部分承受的地震倾覆力矩大于结构总地震倾覆力矩的10%但不大于50%，地下1层顶板为上部结构的嵌固端。构件混凝土强度等级均为C40（$f_c = 19.1\text{N/mm}^2$，$f_t = 1.71\text{N/mm}^2$）。

假定，某一剪力墙的截面尺寸 $b_w \times h_w = 250\text{mm} \times 2500\text{mm}$，其在地上第1层底部截面考虑地震作用的内力设计值如下（已按规范、规程要求作了相应的调整）：$N = 6800\text{kN}$，$M = 2500\text{kN} \cdot \text{m}$，$V = 750\text{kN}$，计算截面剪跨比 $\lambda = 2.38$，$h_{w0} = 2300\text{mm}$，墙水平分布筋采用HPB300级钢筋（$f_{yh} = 270\text{N/mm}^2$），间距 $s = 200\text{mm}$。试问，在 s 范围内剪力墙水平分布筋面积 A_{sh}（mm^2）最小取下列何项数值时，才能满足规范、规程的最低要求？

提示：① $0.2f_c b_w h_w = 2387.5\text{kN}$；

$$② \quad V \leqslant \frac{1}{\gamma_{RE}}(0.15\beta_c f_c b_w h_{w0})。$$

(A) 107   (B) 157   (C) 200   (D) 250

【解答】 根据《高规》8.1.1条、7.2.10条：

$N = 6800\text{kN} > 0.2f_c b_w h_w = 2387.5\text{kN}$，

取 $N = 2387.5\text{kN}$，$\lambda = 2.38 > 2.2$，取 $\lambda = 2.2$

$$750 \times 10^3 \leqslant \frac{1}{0.85}\left[\frac{1}{2.2-0.5}(0.4 \times 1.71 \times 250 \times 2300 + 0.1 \times 2387500) + 0.8 \times 270\right.$$
$$\left. \times \frac{A_{sh}}{200} \times 2300\right]$$

解之得：$A_{sh} \geqslant 107\text{mm}^2$

根据《高规》8.2.1条：

$$A_{sh} \geqslant 0.25\% \times 200 \times 250 = 125\text{mm}^2 > 107\text{mm}^2$$

根据《抗规》6.5.2条，钢筋直径不宜小于Φ10，

$$A_{sh} \geqslant 78.5 \times 2 = 157\text{mm}^2$$

故选（B）项。

【例5.7.2-2】 某12层现浇钢筋混凝土框架-剪力墙结构，房屋高度45m，抗震设防烈度8度（0.20g），丙类建筑，设计地震分组为第一组，建筑场地类别为Ⅱ类，建筑物平、立面示意如图34-36（Z）所示，梁、板混凝土强度等级为C30（$f_c = 14.3\text{N/mm}^2$，$f_t = 1.43\text{N/mm}^2$）；框架柱和剪力墙为C40。（$f_c = 19.1\text{N/mm}^2$，$f_t = 1.71\text{N/mm}^2$）

假定，该结构第10层带边框剪力墙墙厚250mm，该楼面处墙内设置宽度同墙厚的暗梁，剪力墙（包括暗梁）主筋采用HRB400（$f_y = 360\text{N/mm}^2$）。试问，暗梁截面顶面纵向钢筋采用下列何项配置时，才最接近且又满足《高层建筑混凝土结构技术规程》JGJ 3—2010中的最低构造要求？

(A) 2Φ22   (B) 2Φ20

(C) 2Φ18   (D) 2Φ16

【解答】 根据《高规》3.9.3条，剪力墙抗震等级一级，框架抗震等级二级。

所以暗梁抗震等级为一级。

根据《高规》8.2.2条及表6.3.2-1：

支座最小配筋率：$80\dfrac{f_t}{f_y}=80\times\dfrac{1.71}{360}=0.38\%<0.4\%$

$$A_{s支座}\geqslant0.40\%\times250\times(2\times250)=500\mathrm{mm}^2$$

选用 $2\underline{\Phi}18(A_s=509\mathrm{mm}^2)$，满足。

故选（C）项。

第八节 《高规》板柱-剪力墙结构

一、一般规定

- 复习《高规》8.1.1条、8.1.9条。
- 复习《抗规》6.1.6条、6.1.8、6.2.2条。

二、计算规定

- 复习《高规》8.1.10条、8.2.3条、8.2.4条。
- 复习《混规》11.9节。
- 复习《抗规》6.6.3条、6.6.4条。

需注意的是：

（1）《高规》8.1.10条及条文说明指出，高层建筑结构，各层板柱承担的地震剪力为：

$$V_{fi}\geqslant\max(V_{fi计算},0.2V_{i总})$$

此外《抗规》6.6.3条第1款也作了规定，两本规范有区别，即：多层建筑结构，按《抗规》规定。

（2）《高规》8.2.3条第1款，对比《高规》5.3.3条及条文说明。同时，《抗规》6.6.3条第2款也作了相同规定，并且本条条文说明指出："无柱帽平板在柱上板带中按本规范要求设置构造暗梁时，不可把平板作为有边梁的双向板进行设计"。

（3）《高规》8.2.3条第2款，结合《混规》11.9.3条、11.9.4条、附录F。同时，《抗规》6.6.3条也作了相同规定。板底纵向普通钢筋、预应力筋的布置、连接要求，见《混规》11.9.6条。

（4）《高规》8.2.3条第3款及其条文说明，本款是针对无柱托板情况。《高规》公式（8.2.3）中 A_s 的计算，《混规》完善了边柱、角柱时 A_s 的取值。

《高规》8.2.3条条文说明指出，当地震作用导致柱上板带的支座弯矩反号时，应验算规范图11所示虚线界面的冲切承载力，即反向冲切承载力。

（5）《高规》8.2.4条第1款规定，对于暗梁箍筋、支座处暗梁箍筋，《高规》8.2.4条、《混规》11.9.5条、《抗规》6.6.4条第1款分别作了规定，三本规范是不一致的。

此外，非抗震设计时，宜沿柱轴线设置暗梁。

（6）《高规》8.2.4条第2款："计算柱上板带的支座钢筋，可考虑托板厚度的有利影响"，也即：暗梁支座弯矩配筋，可考虑托板厚度有利影响。

（7）《高规》8.2.4条第3款，洞口有影响，可按《混规》6.5.2条考虑，并考虑抗震设计的要求。

三、截面设计与构造

- 复习《高规》8.2.1条。
- 复习《抗规》6.6.1条。

【例5.8.3-1】某钢筋混凝土结构高层建筑，如图5.8.3-1所示，地上8层，首层层高6m，其他各层层高均为4m。地下室顶板作为上部结构的嵌固端。屋顶板及地下室顶板采用梁板结构，第2～8层楼板沿外围周边均设框架梁，内部为无梁楼板结构；建筑物内的二方筒设剪力墙，方筒内楼板开大洞处均设边梁。该建筑物抗震设防烈度为7度，丙类建筑，设计地震分组为第一组，设计基本地震加速度为0.1g Ⅰ₁类场地。

试问：

（1）当对该建筑的柱及剪力墙采取抗震构造措施时，其抗震等级应取下列何项组合？

（A）柱为三级；剪力墙为三级

（B）柱为三级；剪力墙为二级

（C）板柱为二级；剪力墙为二级

（D）外围柱为四级，内部柱为三级；剪力墙为二级

（2）该建筑物第2～5层平板部分，采用非预应力混凝土平板结构，板厚200mm；纵横向设暗梁，梁宽均为1000mm。第2层平板某处暗梁如图5.8.3-2所示，与其相连的中柱断面$b \times h = 600mm \times 600mm$；在该层楼面重力荷载代表值作用下柱的轴向压力设计值为600kN。由等代平面框架分析结果得知，柱上板带配筋：上部为3600mm²，下部为2700mm²；钢筋种类均采用HRB400（$f_y = 360N/mm²$）。假定纵横向暗梁配筋相同，试问，在下列暗梁的各组配筋中，哪一组最符合既安全又经济的要求？

提示：柱上板带（包括暗梁）中的钢筋未全部示出。

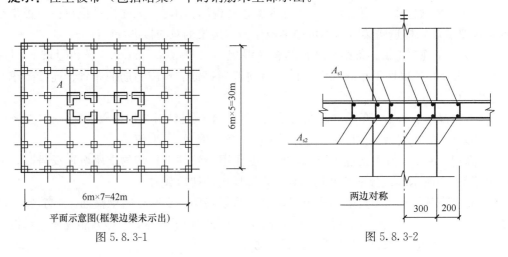

图5.8.3-1　　　　　图5.8.3-2

(A) A_{s1}：9Φ14；A_{s2}：9Φ12　　　　(B) A_{s1}：9Φ16；A_{s2}：9Φ14

(C) A_{s1}：6Φ18；A_{s2}：9Φ14　　　　(D) A_{s1}：6Φ20；A_{s2}：6Φ16

【解答】（1）首先，确定该结构为板柱-剪力墙结构。

7度、（0.1g）、丙类、I_1场地，根据《高规》3.9.1条，按6度确定抗震构造措施的抗震等级。

6度，$H=6+4\times7=34$m，查《高规》表3.9.3，框架、板柱的抗震构造措施的抗震等级为三级；剪力墙的抗震构造措施的抗震等级为二级。

故选（B）项。

（2）根据《高规》8.2.3条：

每个主轴方向通过柱截面的板底连续钢筋 $A_{sx}=A_{sy}$ 为：

$$A_{sx} \geqslant \frac{N_G}{2f_y} = \frac{600\times10^3}{2\times360} = 833\mathrm{mm}^2$$

选7Φ14（$A_s=1077\mathrm{mm}^2$），满足。

由《高规》8.2.4条：

暗梁支座上部钢筋 A_{s1}：$3600\times50\% = 1800\mathrm{mm}^2$，选9$\Phi$16（$A_s=1809\mathrm{mm}^2$）

在柱宽范围内暗梁下部钢筋：

$$\max\left(833, \frac{1}{2}\times1800\times\frac{600}{1000}\right) = 833$$

暗梁下部钢筋 A_{s2}：

$$A_{s2} \geqslant 833 + \frac{1}{2}\times1800\times\frac{400}{1000} = 1193\mathrm{mm}^2$$

选9Φ14（$A_s=1385\mathrm{mm}^2$），满足。

故选（B）项。

第九节　《高规》筒体结构

一、一般规定

1. 结构布置

> ● 复习《高规》9.1.1条～9.1.10条。
> ● 复习《抗规》6.7.2条、6.7.3条。

需注意的是：

（1）《高规》9.1.2条的条文说明。

（2）《高规》9.1.4条条文说明，解释了楼盖外角加强配筋的原因。

（3）《高规》9.1.7条第3款，筒体墙的厚度的最低要求。

同时，《抗规》6.7.2条第1款规定："筒体底部加强部位及相邻上一层，当侧向刚度无突变时不宜改变墙体厚度"。

筒体墙的分布筋的要求，《抗规》6.7.2条规定比《高规》9.1.7条更严，前者按框架-剪力墙结构要求，后者按剪力墙结构要求。

（4）《高规》9.1.8 条，当 $h_w/b_w<4$ 时，小墙肢按框架柱设计，此时，小墙肢的轴压比实施"双控"，即：按剪力墙轴压比、框架柱轴压比分别控制。

（5）《高规》9.1.9 条的条文说明，解释了放松框筒柱、框架柱的轴压比的原因。

【**例 5.9.1-1**】（2013B19）某拟建现浇钢筋混凝土高层办公楼，抗震设防烈度为 8 度 $(0.2g)$，丙类建筑，Ⅱ类建筑场地，平、剖面如图 5.9.1-1 所示。地上 18 层，地下 2 层，地下室顶板±0.000 处可作为上部结构嵌固部位。房屋高度受限，最高不超过 60.3m，室内结构构件（梁或板）底净高不小于 2.6m，建筑面层厚 50mm。方案比较时，假定，±0.000 以上标准层平面构件截面满足要求，如果从结构体系、净高要求及楼层结构混凝土用量考虑，下列四种方案中哪种方案相对合理？

（A）方案一：室内无柱，外框梁 L1(500×800)，室内无梁，400 厚混凝土平板楼盖

（B）方案二：室内 A、B 处设柱，外框梁 L1(400×700)，梁板结构，沿柱中轴线设框架梁 L2(400×700)，无次梁，300 厚混凝土楼板

（C）方案三：室内 A、B 处设柱，外框梁 L1(400×700)，梁板结构，沿柱中轴线设框架梁 L2(800×450)；无次梁，200 厚混凝土板楼盖

（D）方案四：室内 A、B 处设柱，外框梁 L1，沿柱中轴线设框架梁 L2，L1、L2 同方案三，梁板结构，次梁 L3(200×400)，100 厚混凝土楼板

【**解答**】根据《高规》9.1.5 条，核心筒与外框架中距大于 12m，宜采取增设内柱的措施，（A）不合理。

根据《高规》9.1.5 条，室内增设内柱，根据《抗规》6.1.1 条条文说明，该结构不属于板柱-剪力墙结构，（B）、（C）、（D）项结构体系合理。

（B）项结构布置合理，室内净高：3.2－0.7－0.05＝2.45m，不满足净高 2.6m 要求，故（B）项不合理。

（C）、（D）项结构体系合理，净高满足要求，比较其混凝土用量。

（D）项电梯厅两侧梁板折算厚度较大，次梁折算厚度约为：

$200×(400-100)×(10000×2+9000×2)÷(9000×10000)=25mm$，电梯厅两侧梁板折算板厚约为：100＋25＝125mm。

（C）项楼板厚度约为 200mm。

故（D）项相对合理，应选（D）项。

2. 框架部分的地震剪力调整

> ● 复习《高规》9.1.11 条。
> ● 复习《抗规》6.2.13 条第 1 款、6.7.1 条第 2 款。

需注意的是：

（1）《高规》9.1.11 条是针对抗震设计时。

（2）《高规》9.1.11 条的地震剪力调整之前，首先，各层总水平地震剪力应满足楼层最小地震剪力要求。

（3）《高规》9.1.11 条第 2 款，墙体抗震等级提高是指其抗震构造措施的抗震等级提高。

（4）与《高规》8.1.4 条类似，框架柱的轴力标准值不予调整。

（5）《高规》9.1.11 条与《抗规》规定是一致的。

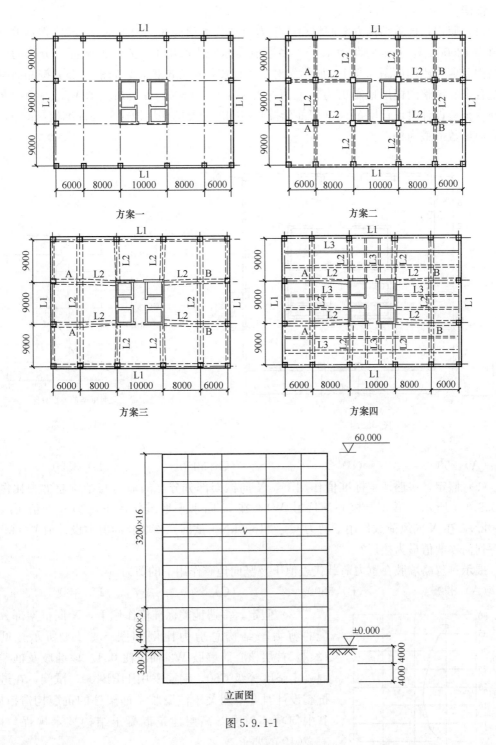

图 5.9.1-1

【例 5.9.1-2】（2017B29、30、31）某 38 层现浇钢筋混凝土框架-核心筒结构，普通办公楼，如图 5.9.1-2 所示，房屋高度为 160m，1～4 层层高 6.0m，5～38 层层高 4.0m。抗震设防烈度为 7 度（0.10g），抗震设防类别为标准设防类，无薄弱层。

试问：

（1）假定，楼盖结构方案调整后，重力荷载代表值为 $1 \times 10^6 kN$，底部地震总剪力标准值为 12500kN，基本周期为 4.3s。多遇地震标准值作用下，Y 向框架部分分配的剪力与结构总剪力比例如图 5.9.1-3 所示。对应于地震作用标准值，Y 向框架部分按侧向刚度分配且未经调整的楼层地震剪力标准值：首层 $V = 600kN$；各层最大值 $V_{f.max} = 2000kN$。试问，抗震设计时，首层 Y 向框架部分按侧向刚度分配的楼层地震剪力标准值（kN），与下列何项数值最为接近？

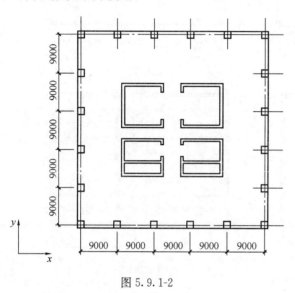

图 5.9.1-2

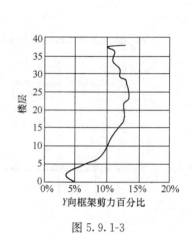

图 5.9.1-3

(A) 2500　　　　　(B) 2800　　　　　(C) 3000　　　　　(D) 3300

（2）假定，多遇地震标准值作用下，X 向框架部分分配的剪力与结构总剪力比例如图 5.9.1-4 所示。第 3 层核心筒墙肢 W1，在 X 向水平地震作用下剪力标准值 $V_{Ehk} = 2200kN$，在 X 向风荷载作用下剪力 $V_{wk} = 1600kN$。试问，该墙肢的剪力设计值 V（kN），与下列何项数值最为接近？

提示： 忽略墙肢在重力荷载代表值下及竖向地震作用下的剪力。

(A) 8200　　　　　(B) 5800　　　　　(C) 5300　　　　　(D) 4600

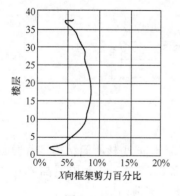

图 5.9.1-4

（3）假定，多遇地震标准值作用下，X 向框架部分分配的剪力与结构总剪力比例如图 5.9.1-4 所示 ［见题（2）］。首层核心筒墙肢 W2 轴压比 0.4。该墙肢及框架柱混凝土强度等级 C60，钢筋采用 HRB400，试问，在进行抗震设计时，下列关于该墙肢及框架柱的抗震构造措施，其中何项不符合《高层建筑混凝土结构技术规程》JGJ 3—2010 的要求？

(A) 墙体水平分布筋配筋率不应小于 0.4%

(B) 约束边缘构件纵向钢筋构造配筋率不应小于 1.4%

(C) 框架角柱纵向钢筋配筋率不应小于 1.15%

(D) 约束边缘构件箍筋体积配箍率不应小于 1.6%

【解】(1) 根据《高规》4.3.12 条：

$$\lambda \geqslant 0.016 - \frac{4.3 - 3.5}{5 - 3.5} \times (0.016 - 0.012) = 0.0139$$

$$\lambda = \frac{V_{Eki}}{\sum_{j=i}^{n} G_j} = \frac{12500}{1 \times 10^6} = 0.0125 < 0.0139$$

故增大系数：$\eta = \dfrac{0.0139}{0.0125} = 1.112$

由题目图示，由《高规》9.1.11 条：

$$V = \min(20\% \times 12500 \times 1.112, 1.5 \times 2000 \times 1.112)$$

$$= \min(2780, 3336) = 2780\text{kN}$$

故选 (B) 项。

(2) 根据《高规》9.1.11 条：

由题目图示及提示，则：

$$V_w = 1.3 \times (1.1 \times 2200) + 0.2 \times 1.4 \times 1600 = 3594\text{kN}$$

查《高规》表 3.3.1-1，属于 B 级高度；查表 3.9.4，简体的抗震等级为一级，又由《高规》9.1.11 条，简体的内力调整为抗震一级。由《高规》7.1.4 条、7.2.6 条：

$$V = \eta_{vw} V_w = 1.6 \times 3594 = 5750\text{kN}$$

故选 (B) 项。

(3) 由上述 (2) 可知，查《高规》表 3.9.4，简体抗震等级为一级，框架抗震等级为一级；由《高规》9.1.11 条，简体的抗震构造措施的抗震等级提高一级，故为特一级。

根据《高规》3.10.5 条，(A)、(B) 项正确。

根据《高规》6.4.3 条，(C) 项正确，故选 (D) 项。

此外，(D) 项：由《高规》3.10.5 条、7.2.15 条：

$$\lambda_v = 0.20 \times 1.2 = 0.24$$

$$\rho_v \geqslant \lambda_v \frac{f_c}{f_{yv}} = 0.24 \times \frac{27.5}{360} = 1.83\%$$

故 (D) 项错误。

二、框架-核心筒结构

1. 基本规定

- 复习《高规》9.2.1 条~9.2.3 条。
- 复习《高规》3.10.5 条（特一级）。
- 复习《抗规》6.7.2 条第 2 款。
- 复习《混规》11.7.17 条第 4 款。

需注意的是：

（1）《高规》9.2.1条的条文说明，一般地，当核心筒的宽度不小于筒体总高度的1/12时，筒体结构的层间位移就能满足规定。

（2）《高规》9.2.2条的条文说明，解释了"约束边缘构件范围内应主要采用箍筋"的原因。

《高规》9.2.2条第2、3款均针对：核心筒角部墙体的边缘构件。此时，《抗规》、《混规》也作了基本相同的规定。

（3）特一级时，底部加强部位、一般部位的分布筋的最小配筋率均提高，分别为0.40％、0.30％，见《高规》3.10.5条。

（4）《高规》9.2.3条适用于：无梁楼盖（亦称平板体系）；有梁楼盖（亦称梁板体系）。

【例5.9.2-1】（2018B20）某31层普通办公楼，采用现浇钢筋混凝土框架-核心筒结构，标准层平面如图5.9.2-1（Z）所示，首层层高6m，其余各层层高3.8m，结构高度120m。基本风压 $w_0 = 0.80kN/m^2$，地面粗糙度为C类。抗震设防烈度为8度（0.20g），标准设防类建筑，设计地震分组第一组，建筑场地类别为Ⅱ类，安全等级二级。

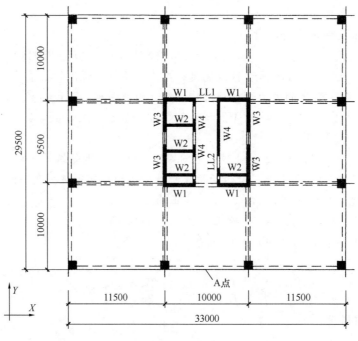

图5.9.2-1

在初步设计阶段，发现需要采取措施才能满足规范对Y向层间位移角、层受剪承载力的要求。假定，增加墙厚后均能满足上述要求，如果W1、W2、W3、W4分别增加相同的厚度，不考虑钢筋变化的影响。试问，下列四组增加墙厚的组合方案，哪一组分别对减小层间位移角，增大层受剪承载力更有效？

（A）W2，W1　　　　　　　　　　（B）W3，W4

（C）W1，W4　　　　　　　　　　（D）W1，W3

【解答】工字形或田字形截面的翼缘比腹板对抗弯刚度贡献更大，且越靠近外侧越有效，框架-核心筒的刚度主要由核心筒提供，核心筒主要是弯曲变形，对于增加 Y 向抗弯刚度，W1 更加有效。

楼层受剪承载力与剪力墙受剪承载力相关，根据《高规》式（7.2.10-2），可知，增加 W3 更加有效。

故选（D）项。

【例 5.9.2-2】某钢筋混凝土框架-核心筒结构房屋，抗震设防烈度为 7 度，丙类建筑，Ⅱ类建筑场地。该建筑物地上 31 层，地下 2 层。首层至第 3 层层高均为 6m，其他层层高均为 3.5m，房屋总高度 128m。

底层核心筒外墙转角处，墙厚 400mm，如图 5.9.2-2 所示；轴压比为 0.5，满足轴压比限值的要求，如在第三层该处设边缘构件（其中 b 为墙厚、L_1 为箍筋区域、L_2 为箍筋或拉筋区域），试确定 b(mm)、L_1(mm)、L_2(mm)

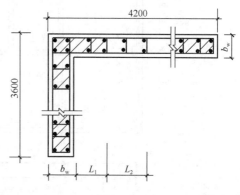

图 5.9.2-2

为下列何组数值时，最接近并符合相关规范、规程的最低构造要求？

(A) 350，350，0　　　　　　　(B) 350，350，630

(C) 400；400；200　　　　　　(D) 400；400；250

【解答】查《高规》表 3.3.1-1，属于 A 级高度；查《高规》表 3.9.3，核心筒的抗震等级为二级。

由《高规》7.1.4 条：$H_{底} = \max\left(\dfrac{128}{10}, 6+6\right) = 12.8\text{m}$

故第三层属于底部加强部位。

由《抗规》6.7.2 条，底部加强部位及相邻上一层，不宜改变墙体厚度，故取 b_w = 400mm。

由《高规》9.2.2 条第 2 款，$l_c \geq \dfrac{1}{4} \times 4200 = 1050\text{mm}$

根据《高规》7.2.15 条图 7.2.15(d)：

$$L_1 \geq b_w = 400\text{mm}, \quad L_1 \geq 300\text{mm}$$

最终取 $L_1 \geq 400\text{mm}$

则：$L_1 = 1050 - 400 - 400 = 250\text{mm}$

故选（D）项。

【例 5.9.2-3】（2014B26、28）某地上 38 层的现浇钢筋混凝土框架-核心筒办公楼，如图 5.9.2-3 所示，房屋高度为 155.4m，该建筑地上第 1 层至地上第 4 层的层高均为 5.1m，第 24 层的层高 6m，其余楼层的层高均为 3.9m。抗震设防烈度 7 度，设计基本地震加速度 0.10g，设计地震分组第一组，建筑场地类别为 Ⅱ 类，抗震设防类别为丙类，安全等级二级。

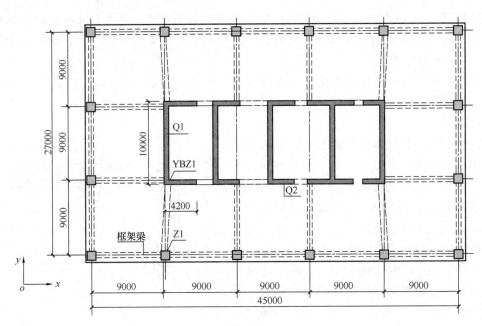

图 5.9.2-3

试问：

（1）假定，第 3 层核心筒墙肢 Q1 在 Y 向水平地震作用按《高规》第 9.1.11 条调整后的剪力标准值 $V_{\text{Ehk}}=1900\text{kN}$，Y 向风荷载作用下剪力标准值 $V_{\text{wk}}=1400\text{kN}$。试问，该片墙肢考虑地震组合的剪力设计值 V（kN），与下列何项数值最为接近？

提示： 忽略墙肢在重力荷载代表值及竖向地震作用下的剪力。

（A）2900　　　　　（B）4000　　　　　（C）4600　　　　　（D）5000

（2）假定，核心筒剪力墙墙肢 Q1 混凝土强度等级 C60（$f_c=27.5\text{N/mm}^2$），钢筋均采用 HRB400（Φ），（$f_y=360\text{N/mm}^2$），墙肢在重力荷载代表值下的轴压比 μ_N 大于 0.3。试问，关于首层墙肢 Q1 的分布筋、边缘构件尺寸 l_c 及阴影部分竖向配筋设计，下列何项符合规程、规范的最低构造要求？

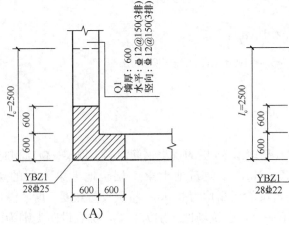

（A）

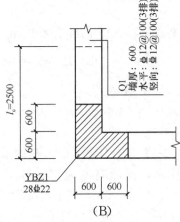

（B）

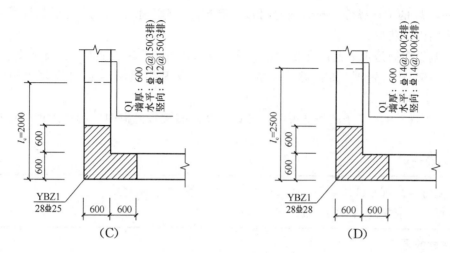

【解答】（1）根据《高规》3.3.1条，属于B级高度，查《高规》表3.9.4，筒体墙的抗震等级为一级。

由《高规》7.1.4条：

$$H_{底} = \max\left(5.1+5.1, \frac{1}{10}\times155.4\right) = 15.54\text{m}，故第3层位于底部加强部位。$$

由《高规》5.6.3条、7.2.6条：

$$V = \eta_{vw}V_w = 1.6\times(1.3\times1900+1.4\times0.2\times1400) = 4579\text{kN}$$

故选（C）项。

（2）根据《高规》7.2.3条，墙厚大于400mm、但不大于700mm时，宜采用3排分布筋，（D）项不满足。

《高规》9.2.2条，约束边缘构件沿墙肢长度取截面高度的1/4，取10000/4＝2500mm，（C）项不满足。

《高规》7.2.15条，筒体墙抗震等级一级，阴影部分配筋面积不小于$600\times1800\times1.2\% = 12960\text{mm}^2$，28 Φ 25（$A_s = 13745\text{mm}^2$）可满足要求，28 Φ 22（$A_s = 10643\text{mm}^2$）不满足要求。

故选（A）项。

2. 内筒偏置情况和框架-双筒结构

● 复习《高规》9.2.5条～9.2.7条。

需注意的是：

（1）《高规》9.2.5条规定：$\mu_{扭} \leqslant 1.4$，$T_t/T_1 \leqslant 0.85$，且 T_1 的扭转成分不宜大于30%。本条的条文说明指出："尚需控制 T_1 的扭转成分不宜大于平动成分之半"，可理解为：T_1 的扭转成分不宜大于30%，则平动成分不小于70%（因为：T_1 的 X 方向平动成分＋T_1 的 Y 方向平动成分＋T_1 的扭转成分＝1.0），所以，T_1 的扭转成分不大于平动成分之半即$70\%\times\frac{1}{2} = 35\%$。实际控制，应按本条正文执行，即：$T_1$ 的扭转成分不宜大于30%。

此外，T_i 的平动成分、扭转成分可按《高规》3.4.5条条文说明，通过计算主振型的振型方向因子获得。

（2）判别内筒是否偏置，可按《高钢规》表3.3.2-1或者《超限审查技术要点》（建质〔2015〕67号）表2，即：偏心率大于0.15，或者相邻层质心相差大于相应边长1.5%，属于内筒偏置。

（3）《高规》9.2.7条的条文说明，解释了双筒间楼板开洞时，洞口附近楼板控制加严的原因。

3. 内筒连梁

- 复习《高规》9.2.4条、9.3.6条、9.3.7条、9.3.8条。
- 复习《混规》11.7.10条、11.7.11条。

需注意的是：

（1）《高规》9.3.7条及其条文说明，当采用设置交叉暗撑时，全部剪力可由暗撑承担。

抗震设计时，连梁的箍筋的间距可由100mm放宽至200mm。注意，《混规》11.7.11条第3款规定与此不一致。

（2）《高规》9.3.8条的条文说明，交叉暗撑的箍筋不再设加密区。《高规》9.3.8条对暗撑的箍筋要求，与《混规》11.7.11条第2款规定不一致。

（3）抗震设计时，连梁跨高比≤2.5，配置对角斜向钢筋、交叉暗撑时，受剪截面限制条件，《高规》按公式（9.3.6-3）：

$$V_b \leqslant \frac{1}{\gamma_{RE}}(0.15\beta_c f_c b_b h_{b0})$$

但《混规》按公式（11.7.10-1）：

$$V_{wb} \leqslant \frac{1}{\gamma_{RE}}(0.25\beta_c f_c b h_0)$$

可见，两本规范是不一致的。

【例5.9.2-4】（2012B26）某底层带托柱转换层的钢筋混凝土框架-筒体结构办公楼。地下1层，地上25层。

假定，地面以上第2层（转换层）核心筒的抗震等级为二级，核心筒中某连梁截面尺寸为400mm×1200mm，净跨 $l_n=1200$mm，如图5.9.2-4所示。连梁的混凝土强度等级

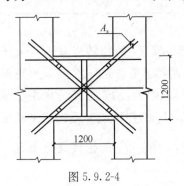

图5.9.2-4

为C50（$f_c=23.1$N/mm²，$f_t=1.89$ N/mm²），连梁梁端有地震作用组合的最不利组合弯矩设计值（同为顺时针方向）如下：左端 $M_b=815$kN·m，右端 $M_b=-812$kN·m；梁端有地震作用组合的剪力 $V_b=1360$kN。在重力荷载代表值作用下，按简支梁计算的梁端剪力设计值为 $V_{Gb}=54$kN，连梁中设置交叉暗撑，暗撑纵筋采用HRB400（$f_y=360$N/mm²）级钢筋，暗撑与水平线夹角为40°。试问，计算所需的每根暗撑纵筋的截面积 A_s（mm²）与下列何项的配筋面积最为接近？

提示：①按《高层建筑混凝土结构技术规程》JGJ 3—2010 计算。②连梁剪力增大系数按《混凝土结构设计规范》。

(A) 4 Φ 28   (B) 4 Φ 32

(C) 4 Φ 36   (D) 4 Φ 40

【解答】 由《混规》11.7.8 条，取 $\eta_{vb}=1.0$

$$V_b=1.0\times\frac{815+812}{1.2}+54=1410>1360\text{kN}$$

$l_n/h=1.2/1.2=1<2.5$，由《高规》9.3.6 条：

$$\frac{1}{\gamma_{RE}}(0.15\beta_c f_c b_b h_{b0})=\frac{1}{0.85}\times[0.15\times1\times23.1\times400\times(1200-40)]$$

$$=1891\text{kN}>1410\text{kN}$$

根据《高规》9.3.8 条及式 (9.3.8-2)，

每根暗撑纵筋的截面积 $A_s\geqslant\dfrac{\gamma_{RE}V_b}{2f_y\sin\alpha}=\dfrac{0.85\times1681\times10^3}{2\times360\times\sin40°}=3087\text{mm}^2$

选 4 Φ 32 （$A_s=3217\text{mm}^2$），故选 (B) 项。

三、筒中筒结构

1. 基本规定

> ● 复习《高规》9.3.1 条～9.3.5 条。

需注意的是：

(1)《高规》9.3.5 条的条文说明，外框筒的空间作用的大小与平面形状、柱距、墙面开洞率、洞口高宽比与层高和柱距之比等有关。

(2)《高规》9.3.5 条第 1 款，外框筒柱的布置设置要求。

2. 外框筒梁和内筒连梁

> ● 复习《高规》9.3.6 条～9.3.8 条。

需注意的是：

(1)《高规》9.3.7 条第 1、2 款要求也适用于外框筒梁。

(2)《高规》9.3.7 条第 3 款仅针对外框筒梁。

第十节 《高规》带转换层高层建筑结构

一、一般规定

1. 基本概念

> ● 复习《高规》2.1.11 条、2.1.12 条、10.2.1 条。

需注意的是：

(1)《高规》2.1.11 条规定，转换结构构件包括：转换梁（含框支梁）、转换桁架、转换板等。

（2）《高规》2.1.12条规定，设置转换结构构件的楼层称为转换层，它包括水平结构构件及其以下的竖向结构构件。

（3）《高规》10.2.1条的条文说明，房屋高处设置转换层的结构设计可参考本节的规定；仅有个别结构构件进行转换的结构，也可参考本节的规定。这意味着，它们不属于《高规》中的带转换层高层建筑结构。

2．一般规定

- 复习《高规》10.1.1条~10.1.5条。

需注意的是：

（1）《高规》10.1.2条。

（2）《高规》10.1.3条，底部带转换层的B级高度筒中筒结构，外筒框支层以上采用由剪力墙构成的壁式框架时，其最大适用高度适当降低。本条条文说明指出，这是因为其抗震性能比密柱框架更为不利。

（3）《高规》10.1.4条的条文说明，《高规》第十章的各类复杂高层建筑结构均属于不规则结构。

注意，6度抗震设计和非地震区的高层建筑可同时采用超过两种的第10章规定的复杂高层建筑结构。

二、结构布置

1．部分框支剪力墙结构

- 复习《高规》10.2.16条。
- 复习《抗规》6.1.9条、6.1.6条。

需注意的是：

（1）《高规》10.2.16条第5款2）针对转换层位置不同，对落地剪力墙间距作了不同的规定，而《抗规》6.1.9条第4款仅针对首层或底部两层为框支层的情况（依据见《抗规》表6.1.1注3），《抗规》6.1.9条文说明：

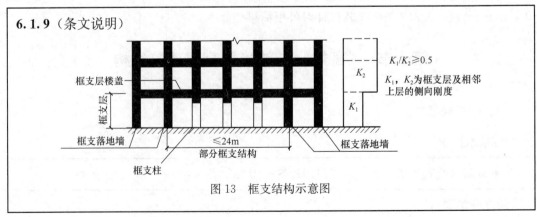

6.1.9（条文说明）

图13 框支结构示意图

可知，《高规》、《抗规》有区别的。

（2）框支柱与相邻落地剪力墙的距离，《高规》有规定，而《抗规》无此规定。《高规》10.2.16条条文说明指出："规定了框支柱与相邻的落地剪力墙距离，以满足底部大空间层楼板的刚度要求，使转换层上部的剪力能有效地传递给落地剪力墙，框支柱只承受较小的剪力。"

（3）《抗规》6.1.9条规定，对于矩形平面，框支层的楼层侧向刚度不应小于相邻非框支层楼层侧向刚度的50%，这与《高规》规定是不相同的。

（4）《高规》、《抗规》均规定了"底层框架承担的地震倾覆力矩应小于结构总地震倾覆力矩的50%"，其目的是：框支层不应设计为少墙框架体系。

（5）抗震墙之间楼、屋盖的长宽比要求，《抗规》6.1.6条作了规定，而《高规》无此规定。

2. 托柱转换结构

- 复习《高规》10.2.26条、10.2.27条。

需注意的是：

（1）《高规》10.2.26条的条文说明，托柱转换结构，外围框架柱与内筒的距离不宜过大，否则难以保证转换层上部外框架（框筒）的剪力能可靠地传递到筒体。

（2）《高规》10.2.27条的条文说明，采用转换桁架时，本条规定可保障上部密柱构件内力传递。

3. 转换层位置

《高规》10.2.5条及条文说明：

10.2.5　部分框支剪力墙结构在地面以上设置转换层的位置，8度时不宜超过3层，7度时不宜超过5层，6度时可适当提高。

10.2.5（条文说明）　转换层位置较高时，更易使框支剪力墙结构在转换层附近的刚度、内力发生突变，并易形成薄弱层，其抗震设计概念与底层框支剪力墙结构有一定差别。转换层位置较高时，转换层下部的落地剪力墙及框支结构易于开裂和屈服，转换层上部几层墙体易于破坏。转换层位置较高的高层建筑不利于抗震，规定7度、8度地区可以采用，但限制部分框支剪力墙结构转换层设置位置：7度区不宜超过第5层，8度区不宜超过第3层。如转换层位置超过上述规定时，应作专门分析研究并采取有效措施，避免框支层破坏。对托柱转换层结构，考虑到其刚度变化、受力情况同框支剪力墙结构不同，对转换层位置未作限制。

三、转换层上下结构的侧向刚度比

- 复习《高规》10.2.3条。
- 复习《高规》附录E。

需注意的是：

（1）《高规》10.2.3条的条文说明：

10.2.3（条文说明）　在水平荷载作用下，当转换层上、下部楼层的结构侧向刚度相差较大时，会导致转换层上、下部结构构件内力突变，促使部分构件提前破坏；当转换层位置相对较高时，这种内力突变会进一步加剧，因此本条规定，控制转换层上、下层结构等效刚度比满足本规程附录 E 的要求，以缓解构件内力和变形的突变现象。带转换层结构当转换层设置在 1、2 层时，应满足第 E.0.1 条等效剪切刚度比的要求；当转换层设置在 2 层以上时，应满足第 E.0.2、E.0.3 条规定的楼层侧向刚度比要求。当采用本规程附录第 E.0.3 条的规定时，要强调转换层上、下两个计算模型的高度宜相等或接近的要求，且上部计算模型的高度不大于下部计算模型的高度。

可知：

1）转换层位置在 1 层（或者 2 层）时，应满足《高规》E.0.1 条等效剪切刚度比的要求，等效剪切刚度比，按《高规》公式（E.0.1-1）计算。

2）转换层位置在 3 层（或者 3 层以上）时，应用时满足下列条件：

① 满足 E.0.2 条侧向刚度比要求，侧向刚度比按《高规》公式（3.5.2-1）计算，即：$\gamma_1 = \dfrac{V_i \Delta_{i+1}}{V_{i+1} \Delta_i}$

② 满足 E.0.3 条等效侧向刚度比要求，等效侧向刚度比按《高规》公式（E.0.3）计算。

（2）《高规》附录 E，注意区分：非抗震设计、抗震设计时，等效剪切刚度比、等效侧向刚度比的不同要求。

【例 5.10.3-1】（2012B30）某商住楼地上 16 层地下 2 层（未示出），系部分框支剪力墙结构，如图 5.10.3-1 所示（仅表示 1/2，另一半对称），2-16 层均匀布置剪力墙，其中第①、②、④、⑥、⑦轴线剪力墙落地，第③、⑤轴线为框支剪力墙。该建筑位于 7 度地震区，抗震设防类别为丙类，设计基本地震加速度为 0.15g，场地类别Ⅲ类，结构基本周期 1s。墙、柱混凝土强度等级：底层及地下室为 C50（$f_c = 23.1\text{N/mm}^2$），其他层为 C30（$f_c = 14.3\text{N/mm}^2$），框支柱截面为 800mm×900mm。

提示：① 计算方向仅为横向；

② 剪力墙墙肢满足稳定性要求。

(A) 160　　　　　　(B) 180　　　　　　(C) 200　　　　　　(D) 220

假定，承载力满足要求，第 1 层各轴线横向剪力墙厚度相同，第 2 层各轴线横向剪力墙厚度均为 200mm。试问，第 1 层横向落地剪力墙的最小厚度 b_w（mm）为下列何项数值时，才能满足《高层建筑混凝土结构技术规程》JGJ 3—2010 有关侧向刚度的最低要求？

提示：① 1 层和 2 层混凝土剪变模量之比为 $G_1/G_2 = 1.15$；

② 第 2 层全部剪力墙在计算方向（横向）的有效截面面积 $A_{w2} = 22.96\text{m}^2$。

(A) 200　　　　　　(B) 250　　　　　　(C) 300　　　　　　(D) 350

【解答】根据《高规》10.2.3 条、附录 E：

$$c_1 = 2.5 \times \left(\frac{0.9}{6}\right)^2 = 0.056$$

$$A_1 = A_{w1} + c_1 A_{c1} = 10 b_w \times 8.2 + 0.056 \times 8 \times 0.8 \times 0.9 = 82 b_w + 0.323$$

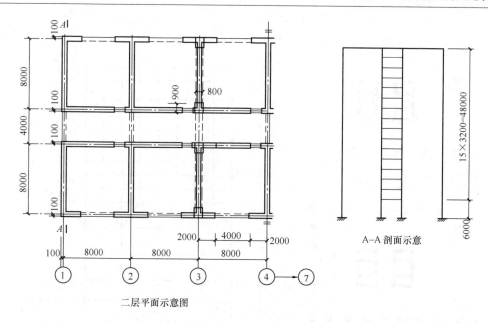

二层平面示意图

图 5.10.3-1

$$A_{w2} = 0.2 \times 8.2 \times 14 = 22.96 \mathrm{m}^2$$

又

$$\frac{G_1}{G_2} = 1.15,\ 则:$$

$$\gamma_{e1} = \frac{G_1 A_1 h_2}{G_2 A_2 h_1} = \frac{1.15 \times (82 b_w + 0.323) \times 3.2}{22.96 \times 6} \geqslant 0.5$$

解之得：$b_w \geqslant 0.224 \mathrm{m}$，故取 $b_w = 250 \mathrm{mm}$

故选（B）项。

【例 5.10.3-2】（2013B30）某普通办公楼，采用现浇钢筋混凝土框架-核心筒结构，房屋高度 116.3m，地上 31 层，地下 2 层，3 层设转换层，采用桁架转换构件，平、剖面如图 5.10.3-2 所示。抗震设防烈度为 7 度（0.1g），丙类建筑，设计地震分组第二组，Ⅱ类建筑场地，地下室顶板±0.000 处作为上部结构嵌固部位。

假定，振型分解反应谱法求得的 2~4 层的水平地震剪力标准值（V_i）及相应层间位移值（Δ_i）见表 5.10.3-1。在 $P = 1000 \mathrm{kN}$ 水平力作用下，按图 5.10.3-3 模型计算的位移分别为：

$\Delta_1 = 7.8 \mathrm{mm}$；$\Delta_2 = 6.2 \mathrm{mm}$。试问，进行结构竖向规则性判断时，宜取下列哪种方法及结果作为结构竖向不规则的判断依据？

提示：3 层转换层按整层计。

表 5.10.3-1

	2 层	3 层	4 层
V_i (kN)	900	1500	900
Δ_i (mm)	3.5	3.0	2.1

（A）等效剪切刚度比验算方法，侧向刚度比不满足要求

（B）楼层侧向刚度比验算方法，侧向刚度比不满足规范要求

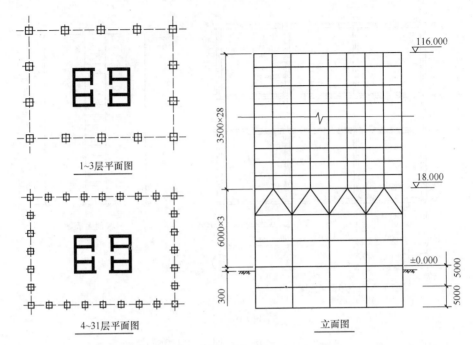

图 5.10.3-2

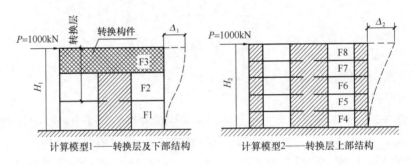

图 5.10.3-3

(C) 考虑层高修正的楼层侧向刚度比验算方法，侧向刚度比不满足规范要求

(D) 等效侧向刚度比验算方法，等效刚度比不满足规范要求

【解答】等效侧向刚度比，按《高规》式（E.0.3）：

$$\gamma_{e2} = \frac{\Delta_2 H_1}{\Delta_1 H_2}$$

$\gamma_{e2} = \dfrac{6.2 \times 18}{7.8 \times 17.5} = 0.82 > 0.8$，满足

第 2、3 层与第 4 层的侧向刚度比：

第 2、3 层串联后的侧向刚度

$$K_{23} = 1 / \left(\frac{\Delta_2}{V_2} + \frac{\Delta_3}{V_3} \right) = 1 / \left(\frac{3.5}{900} + \frac{3}{1500} \right) = 170 \text{kN/mm}$$

第 4 层的侧向刚度

$$K_4 = \frac{V_4}{\Delta_4} = \frac{900}{2.1} = 428.6 \text{kN/mm}$$

$$K_{23}/K_4 = 170/428.6 = 0.4 < 0.6, 不满足$$

第 2、3 层与第 4 层侧向刚度比起控制作用。

故选（B）项。

四、剪力墙底部加强部位的高度和抗震等级

●复习《高规》10.2.2 条、10.2.6 条。

需注意的是：

（1）《高规》10.2.2 条的条文说明："这里的剪力墙包括落地剪力墙和转换构件上部的剪力墙。"

（2）对于部分框支剪力墙结构，《高规》10.2.6 条的条文说明：

10.2.6（条文说明）对部分框支剪力墙结构，高位转换对结构抗震不利，因此规定部分框支剪力墙结构转换层的位置设置在 3 层及 3 层以上时，其框支柱、落地剪力墙的底部加强部位的抗震等级宜按本规程表 3.9.3、表 3.9.4 的规定提高一级采用（已经为特一级时可不再提高），提高其抗震构造措施。

（3）对于托柱转换结构，《高规》10.2.6 条的条文说明：

10.2.6（条文说明）对于托柱转换结构，因其受力情况和抗震性能比部分框支剪力墙结构有利，故未要求根据转换层设置高度采取更严格的措施。

【例 5.10.4-1】（2012B29）某商住楼地上 16 层地下 2 层（未示出），系部分框支剪力墙结构，如图 5.10.4-1 所示（仅表示 1/2，另一半对称），2-16 层均匀布置剪力墙，其中第①、②、④、⑥、⑦轴线剪力墙落地，第③、⑤轴线为框支剪力墙。该建筑位于 7 度地震区，抗震设防类别为丙类，设计基本地震加速度为 0.15g，场地类别Ⅲ类，结构基本周

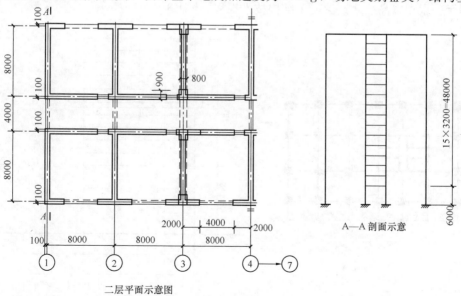

二层平面示意图

A—A 剖面示意

图 5.10.4-1

期 1s。墙、柱混凝土强度等级：底层及地下室为 C50（$f_c = 23.1\text{N/mm}^2$），其他层为 C30（$f_c = 14.3\text{N/mm}^2$），框支柱截面为 800mm×900mm。

假定，承载力满足要求，试判断第④轴线落地剪力墙在第 3 层时墙的最小厚度 b_w（mm）应为下列何项数值时，才能满足《高层建筑混凝土结构技术规程》JGJ 3—2010 的最低要求？

(A) 160　　　　　(B) 180　　　　　(C) 200　　　　　(D) 220

提示：① 计算方向仅为横向；

②剪力墙墙肢满足稳定性要求。

【解答】根据《高规》10.2.2 条：

$$H_底 = \max\left(\frac{1}{10} \times 54, 6 + 3.2 \times 2\right) = 12.4\text{m}$$

故第 3 层为底部加强部位。

根据《高规》3.9.2 条，按 8 度采取抗震构造措施；8 度，查规程表 3.9.3，底部加强部位剪力墙的抗震构造措施的抗震等级为一级。

由《高规》7.2.1 条第 2 款，一级，底部加强部位，其剪力墙厚度不应小于 20mm。

故选（C）项。

【例 5.10.4-2】某底部带转换层的钢筋混凝土框架-核心筒结构，抗震设防烈度为 7 度，丙类建筑，建于 II 类建筑场地。该建筑物地上 31 层，地下 2 层，地下室在主楼平面以外部分无上部结构。地下室顶板±0.000 处可作为上部结构的嵌固部位，纵向两榀框架在第三层转换层设置转换梁，如图 5.10.4-2 所示。上部结构和地下室混凝土强度等级均采用 C40（$f_c = 19.1\text{N/mm}^2$，$f_t = 1.71\text{N/mm}^2$）。

试问，主体结构第三层的核心筒、转换柱，以及无上部结构部位的地下室中地下一层框架（以下简称无上部结构的地下室框架）的抗震等级，下列何项符合规程规定？

提示：根据《高层建筑混凝土结构技术规程》JGJ 3—2010。

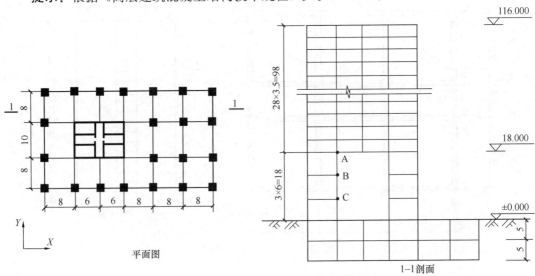

图 5.10.4-2　（单位：m）

（A）核心筒一级、转换柱特一级、无上部结构的地下室框架特一级

（B）核心筒一级、转换柱特一级、无上部结构的地下室框架一级

（C）核心筒二级、转换柱一级、无上部结构的地下室框架一级

（D）核心筒二级、转换柱一级、无上部结构的地下室框架二级

【解答】 7度，高度116m，查《高规》表3.3.1-1，属于A级高度。

丙类建筑、7度、Ⅱ类场地，116m，查《高规》表3.9.3及注2的规定：核心筒抗震等级为二级、转换框架抗震等级为一级；外围框架（非转换框架）抗震等级为二级。

转换层在第3层，由《高规》10.2.6条条文说明，抗震等级不提高，即：第三层核心筒（属于底部加强部，依据《高规》10.2.2条规定）抗震等级为二级，转换柱抗震等级为一级。

根据《高规》3.9.5条条文说明：

无上部结构的地下室地下一层框架属于地下一层相关范围，其抗震等级应按上部结构的外围框架抗震等级，故其抗震等级为二级。

故选（D）项。

【例5.10.4-3】（2012B25）某底层带托柱转换层的钢筋混凝土框架-筒体结构办公楼，地下1层，地上25层，地下1层层高6.0m，地上1层至2层的层高均为4.5m，其余各层层高均为3.3m，房屋高度为85.2m，转换层位于地上2层。抗震设防烈度为7度，设计基本地震加速度为0.10g，设计分组为第一组，丙类建筑，Ⅲ类场地，混凝土强度等级：地上2层及以下均为C50，地上3层至5层为C40，其余各层均为C35。

假定，地面以上第6层核心筒的抗震等级为二级，混凝土强度等级为C35（$f_c = 16.7\text{N/mm}^2$，$f_t = 1.57\text{N/mm}^2$），筒体转角处剪力墙的边缘构件的配筋形式如图5.10.4-3所示，墙肢底截面的轴压比为0.42，箍筋采用HPB300（$f_{yv} = 270\text{N/mm}^2$）级钢筋，纵筋保护层厚为30mm。试问，转角处边缘构件中的箍筋最小采用下列何项配置时，才能满足规范、规程的最低构造要求？

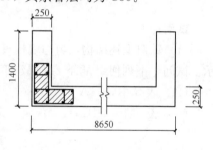

图5.10.4-3

提示： 计算复合箍筋的体积配箍率时，应扣除重叠部分的箍筋体积。

（A）$\phi 10@80$ （B）$\phi 10@100$

（C）$\phi 10@125$ （D）$\phi 10@150$

【解答】 根据《高规》10.2.2条，地面第4层及以下为剪力墙底部加强部位。

根据《高规》9.2.2条，地面第6层核心筒角部宜采用约束边缘构件。

$\mu_N = 0.42$，抗震二级，查规程表7.2.15，取$\lambda_v = 0.20$。

$$\rho_v \geqslant \lambda_v \frac{f_c}{f_{yv}} = 0.20 \times \frac{16.7}{270} = 0.0124$$

取箍筋直径为10mm，则：

$$A_{cor} = (250 + 300 - 30 - 5 + 300 + 30 - 5) \times (250 - 30 \times 2) = 159600\text{mm}^2$$

$$n_i l_i = (550 - 30 + 5) \times 4 + 4 \times (250 - 2 \times 30 + 10) = 525 \times 4 + 4 \times 200 = 2900\text{mm}$$

$$\rho_v = \frac{\sum n_i A_{si} l_i}{A_{cor} s} = \frac{78.5 \times 2900}{159600 s} \geqslant 0.0124$$

则：$s \leqslant 115mm$，故选Φ10@100。

故选（B）项。

【例5.10.4-4】（2017B24、25）某现浇钢筋混凝土大底盘双塔结构，地上37层，地下2层，如图5.10.4-4所示。大底盘5层均为商场（乙类建筑），高度23.5m，塔楼为部分框支剪力墙结构，转换层设在5层顶板处，塔楼之间为长度36m（4跨）的框架结构。6至47层为住宅（丙类建筑），层高3.0m，剪力墙结构。抗震设防烈度为6度，Ⅲ类建筑场地，混凝土强度等级为C40。分析表明地下一层顶板（±0.000处）可作为上部结构嵌固部位。

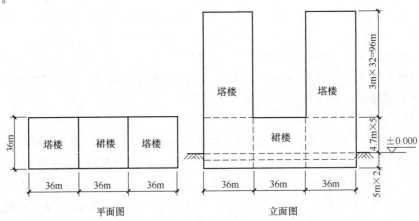

图5.10.4-4

试问：

（1）针对上述结构，剪力墙抗震等级有下列4组，如表5.10.4-1A~表5.10.4-1D所示。试问，下列何组符合《高层建筑混凝土结构技术规程》JGJ 3—2010的规定？

(A) 表5.10.4-1A   (B) 表5.10.4-1B

(C) 表5.10.4-1C   (D) 表5.10.4-1D

剪力墙的抗震等级 A   表5.10.4-1A

	抗震措施	抗震构造措施
地下二层	二级	二级
1至5层	一级	特一级
7层	二级	一级
20层	三级	三级

剪力墙的抗震等级 B   表5.10.4-1B

	抗震措施	抗震构造措施
地下二层		一级
1至5层	特一级	特一级
7层	一级	一级
20层	三级	三级
框支框架柱	一级	特一级

剪力墙的抗震等级 C　　　　　　　　表 5.10.4-1C

	抗震措施	抗震构造措施
地下二层		二级
1 至 5 层	一级	一级
7 层	二级	一级
20 层	三级	三级

剪力墙的抗震等级 D　　　　　　　　表 5.10.4-1D

	抗震措施	抗震构造措施
地下二层		一级
1 至 5 层	一级	特一级
7 层	三级	三级
20 层	三级	三级

（2）针对上述结构，其 1～5 层框架、框支框架抗震等级有下列 4 组，如表 5.10.4-2A～表 5.10.4-2D 所示。试问，采用哪一组符合《高层建筑混凝土结构技术规程》JGJ 3—2010 的规定？

　　（A）表 5.10.4-2A　　　　　　　　　（B）表 5.10.4-2B
　　（C）表 5.10.4-2C　　　　　　　　　（D）表 5.10.4-2D

1-5 层框架、框支框架抗震等级 A　　　　　　　　表 5.10.4-2A

	抗震措施	抗震构造措施
框架	一级	一级
框支框架梁	一级	特一级
框支框架柱	一级	特一级

1-5 层框架、框支框架抗震等级 B　　　　　　　　表 5.10.4-2B

	抗震措施	抗震构造措施
框架	二级	二级
框支框架梁	一级	一级
框支框架柱	特一级	特一级

1-5 层框架、框支框架抗震等级 C　　　　　　　　表 5.10.4-2C

	抗震措施	抗震构造措施
框架	二级	二级
框支框架梁	一级	特一级
框支框架柱	一级	特一级

1-5 层框架、框支框架抗震等级 D　　　　　　　　表 5.10.4-2D

	抗震措施	抗震构造措施
框架	二级	二级
框支框架梁	一级	一级
框支框架柱	一级	特一级

【解】 (1) 6 度，$H=96+4.7\times5=119.5\mathrm{m}$，由《高规》3.3.1 条，为 A 级高度。由《高规》10.2.2 条，$119.5\times\dfrac{1}{10}=11.95\mathrm{m}$，故 1~7 层为底部加强部位。

① 大底盘（1~5 层）有乙类，由《高规》表 3.9.3，10.2.6 条及条文说明：剪力墙的抗震构造措施提高一级，为特一级，排除（C）项。

② 由《高规》3.9.5 条；地下一层的抗震等级同地上一层；地下二层不计算地震作用，抗震构造措施比地下一层降低一级，排除（A）项。

③ 第 7 层，丙类，由《高规》表 3.9.3，10.2.6 条及条文说明：剪力墙的抗震构造措施提高一级，为一级，排除（D）项。故选（B）项。

故选（B）项。

(2) 主楼 1~5 层为乙类，查《高规》表 3.9.3，框支框架（框支梁、框支柱）的抗震措施为一级，其抗震构造措施为一级，故排除（A）、（C）项。

又由《高规》10.2.6 条：框支柱的抗震构造措施提高一级，为特一级，排除（D）项。

故选（B）项。

思考： 裙楼、乙类，查《高规》表 3.9.3，裙楼自身框架的抗震措施为二级，其抗震构造措施为二级。

主楼相关范围内框架、乙类，按框架-剪力墙结构，$H=119.5\mathrm{m}$，查《高规》表 3.9.3，框架（抗震措施、抗震构造措施）为二级。

由《高规》3.9.6 条，最终主楼相关范围内框架的抗震措施为二级，其抗震构造措施为二级。

五、内力调整

1. 结构整体的内力调整

《高规》3.5.4 条的条文说明指出："本规程所述底部带转换层的大空间结构就属于竖向不规则结构"，所以，按《高规》3.5.8 条规定，转换层为结构薄弱层，其水平地震剪力应乘以 1.25 的增大系数。

针对结构薄弱层，其楼层水平地震剪力系数 λ 应乘以 1.15，见《高规》4.3.12 条规定。

满足《高规》4.3.12 条楼层最小地震剪力要求，则：

(1) 当 $1.25V_{Eki}\geqslant1.15\lambda\sum\limits_{j=i}^{n}G_j$ 时，转换层地震内力的调整系数为：1.25。

(2) 当 $1.25V_{Eki}<1.15\lambda\sum\limits_{j=i}^{n}G_j$ 时，转换层地震内力的调整系数为：$1.15\lambda\sum\limits_{j=i}^{n}G_j/V_{Eki}$。

2. 结构局部的内力调整

▲2.1 转换构件的地震内力的调整

- 复习《高规》10.2.4 条。

需注意的是：

(1) "水平地震作用计算内力"是指水平地震作用产生的弯矩、剪力、轴力、扭矩等。

(2) 转换构件应按《高规》4.3.2 条规定考虑竖向地震作用。

【例 5.10.5-1】（2012B22）某底层带托柱转换层的钢筋混凝土框架-筒体结构办公楼，地下 1 层，地上 25 层，地下 1 层层高 6.0m，地上 1 层至 2 层的层高均为 4.5m，其余各层层高均为 3.3m，房屋高度为 85.2m，转换层位于地上 2 层，见图 5.10.5-1 所示。抗震设防烈度为 7 度，设计基本地震加速度为 0.10g，设计分组为第一组，丙类建筑，Ⅲ类场地，混凝土强度等级：地上 2 层及以下均为 C50，地上 3 层至 5 层为 C40，其余各层均为 C35。

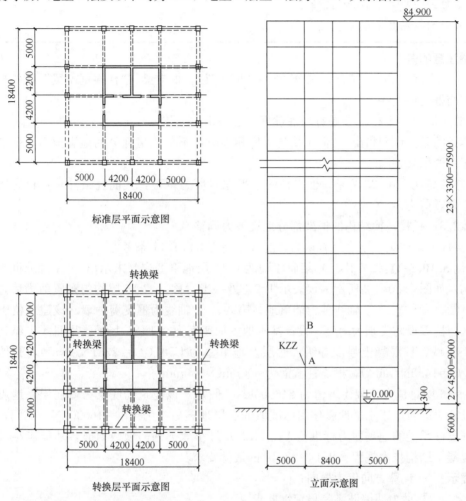

图 5.10.5-1

假定，地上第 2 层转换梁的抗震等级为一级，某转换梁截面尺寸为 700mm×1400mm，经计算求得梁端截面弯矩标准值（kN·m）如下：恒载 $M_{gk}=1304$；活载（按等效均布荷载计）$M_{qk}=169$；风载 $M_{wk}=135$；水平地震作用 $M_{Ehk}=300$。试问，在进行梁端截面设计时，梁端考虑水平地震作用组合时的弯矩设计值 M（kN·m）与下列何项数值最为接近？

(A) 2100   (B) 2200   (C) 2350   (D) 2450

【解答】根据《高规》10.2.4 条，取增大系数 1.6。

$$M_{Ehk} = 1.6 \times 300 = 480 \text{kN} \cdot \text{m}$$

由《高规》5.6.3 条：

$$M = 1.2 \times (1304 + 0.5 \times 169) + 1.3 \times 480 + 1.4 \times 0.2 \times 135$$

$$= 2328 \text{kN}$$

故选（C）项。

▲2.2 部分框支剪力墙结构的框支柱的水平地震剪力调整

- 复习《高规》10.2.17条。
- 复习《抗规》6.2.10条。

需注意的是：

(1)《高规》10.2.17条，区分："柱端框架梁"、框支梁。"柱端框架梁"是指框架梁的一端与框支柱刚接。

(2)《抗规》6.2.10条是针对底部框支层为1~2层时。

本条的条文说明指出："但主楼与裙房相连时，不含裙房部分的地震剪力，框支柱也不含裙房的框架柱"。

(3)《高规》10.2.17条，框支柱的水平地震剪力调整，其前提条件是：首先满足楼层最小地震剪力。

▲2.3 托柱转换结构的框架部分地震剪力调整

《高规》未明确规定，笔者认为，应按《高规》9.1.11条考虑。

【例5.10.5-2】 (2012B31) 某商住楼地上16层地下2层（未示出），系部分框支剪力墙结构，如图5.10.5-2所示（仅表示1/2，另一半对称），2-16层均匀布置剪力墙，其中第①、②、④、⑥、⑦轴线剪力墙落地，第③、⑤轴线为框支剪力墙。该建筑位于7度地震区，抗震设防类别为丙类，设计基本地震加速度为$0.15g$，场地类别Ⅲ类，结构基本周期1s。墙、柱混凝土强度等级：底层及地下室为C50（$f_c = 23.1 \text{N/mm}^2$），其他层为C30（$f_c = 14.3 \text{N/mm}^2$），框支柱截面为$800 \text{mm} \times 900 \text{mm}$。

1~16层总重力荷载代表值为246000kN。假定，该建筑物底层为薄弱层，地震作用分析计算出的对应于水平地震作用标准值的底层地震剪力为$V_{Ek} = 16000 \text{kN}$，试问，底层每根框支柱承受的地震剪力标准值V_{Ekc}（kN）最小取下列何项数值时，才能满足《高层建筑混凝土结构技术规程》JGJ 3—2010的最低要求？

提示： ① 计算方向仅为横向；

② 剪力墙墙肢满足稳定性要求。

(A) 150 　　　　(B) 240 　　　　(C) 320 　　　　(D) 400

【解答】 根据《高规》4.3.12条、3.5.8条：

$$1.25 V_{Ek} = 1.25 \times 160000 = 20000 \text{kN} > 1.15 \lambda \sum G_j$$

$$= 1.15 \times 0.024 \times 246000 = 6789.6 \text{kN}$$

故取$V_0 = 20000 \text{kN}$

由《高规》10.2.17条：

每根框支柱承受的地震剪力标准值$V_{Ekc} = 2\% \times 20000 = 400 \text{kN}$

故选（D）项。

3. 构件的内力调整（用于配筋计算）

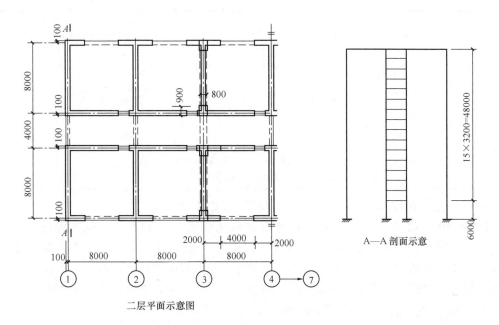

图 5.10.5-2

转换梁、转换柱的弯矩、剪力的内力调整、剪力墙的弯矩、剪力的内力调整，其总结见本章第十二节。

六、转换梁

- 复习《高规》10.2.7条、10.2.8条。
- 复习《高规》3.10.3条（特一级）。

需注意的是：

(1)《高规》10.2.7条的条文说明指出，本条第3款是针对偏心受拉的转换梁（一般为框支梁）。

非偏心受拉的转换梁的腰筋按《高规》10.2.8条第4款规定。

(2)《高规》10.2.8条的条文说明：

> 研究表明，托柱转换梁在托柱部位承受较大的剪力和弯矩，其箍筋应加密配置（图12a）。框支梁多数情况下为偏心受拉构件，并承受较大的剪力；框支梁上墙体开有边门洞时，往往形成小墙肢，此小墙肢的应力集中尤为突出，而边门洞部位框支梁应力急剧加大。在水平荷载作用下，上部有边门洞框支梁的弯矩约为上部无边门洞框支梁弯矩的3倍，剪力也约为3倍，因此除小墙肢应加强外，边门洞墙边部位对应的框支梁的抗剪能力也应加强，箍筋应加密配置（图12b）。当洞口靠近梁端且剪压比不满足规定时，也可采用梁端加腋提高其抗剪承载力，并加密配箍。
>
> 需要注意的是，对托柱转换梁，在转换层尚宜设置承担正交方向柱底弯矩的楼面梁或框架梁，避免转换梁承受过大的扭矩作用。

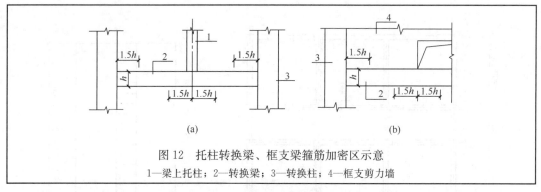

图 12　托柱转换梁、框支梁箍筋加密区示意
1—梁上托柱；2—转换梁；3—转换柱；4—框支剪力墙

注意，规范图 12(a) 中 1.5*h* 应为：从托柱柱边开始计算。

【例 5.10.6-1】 某底部带转换层的钢筋混凝土框架-核心筒结构，抗震设防烈度为 7 度，丙类建筑，建于 II 类建筑场地。该建筑物地上 31 层，地下 2 层，地下室在主楼平面以外部分无上部结构。地下室顶板±0.000 处可作为上部结构的嵌固部位，纵向两榀框架在第三层转换层设置转换梁，如图 17-18 所示。上部结构和地下室混凝土强度等级均采用 C40（$f_c=19.1\text{N/mm}^2$，$f_t=1.71\text{N/mm}^2$）。

第三层转换梁如图 5.10.6-1 所示，假定抗震等级为一级，截面尺寸为 $b\times h=1\text{m}\times 2\text{m}$，箍筋采用 HRB335 级钢筋，试问，截面 B 处的箍筋配置，下列何项最符合规范规程要求，且较为经济？

(A) 8 Φ 10@100 　　　　　　　(B) 8 Φ 12@100

(C) 8 Φ 14@150 　　　　　　　(D) 8 Φ 14@100

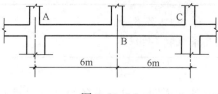

图 5.10.6-1

【解答】 根据《高规》10.2.8 条第 7 款、10.2.7 条第 2 款：

箍筋间距为 100mm，抗震一级，$\rho_{sv}=\dfrac{A_{sv}}{bs}\geqslant 1.2f_t/f_{yv}=1.2\times 1.71/300=0.684\%$

采用 8 肢箍，则：

$$\frac{8A_{sv1}}{1000\times 100}\geqslant 0.684\%$$

即：$A_{sv1}\geqslant 85.5\text{mm}^2$，选 Φ 12（113.1mm^2），配置为 8 Φ 12@100。

故选（B）项。

七、转换柱

- 复习《高规》10.2.9 条、10.2.10 条、10.2.11 条。
- 复习《高规》3.10.4 条（特一级）。

需注意的是:

(1)《高规》10.2.9条的条文说明:

> **10.2.9**(条文说明)带转换层的高层建筑,当上部平面布置复杂而采用框支主梁承托剪力墙并承托转换次梁及其上剪力墙时,这种多次转换传力路径长,框支主梁将承受较大的剪力、扭矩和弯矩,一般不宜采用。

(2)《高规》10.2.10条的条文说明:

> **10.2.10**(条文说明)转换柱包括部分框支剪力墙结构中的框支柱和框架-核心筒、框架-剪力墙结构中支承托柱转换梁的柱,是带转换层结构重要构件,受力性能与普通框架大致相同,但受力大,破坏后果严重。计算分析和试验研究表明,随着地震作用的增大,落地剪力墙逐渐开裂、刚度降低,转换柱承受的地震作用逐渐增大。因此,除了在内力调整方面对转换柱作了规定外,本条对转换柱的构造配筋提出了比普通框架柱更高的要求。

(3)《高规》10.2.11条的条文说明:

> **10.2.11**(条文说明)抗震设计时,转换柱截面主要由轴压比控制并要满足剪压比的要求。

(4)特一级的转换柱按《高规》3.10.4条规定。

(5)抗震设计,转换柱的箍筋体积配箍率按《高规》10.2.10条第3款;非抗震设计,则按《高规》10.2.11条第8款。

(6)转换柱的内力调整,其总结见本章第十二节。

【例5.10.7-1】(2012B23、24)某底层带托柱转换层的钢筋混凝土框架-筒体结构办公楼,地下1层,地上25层,地下1层层高6.0m,地上1层至2层的层高均为4.5m,其余各层层高均为3.3m,房屋高度为85.2m,转换层位于地上2层,见图5.10.7-1所示。抗震设防烈度为7度,设计基本地震加速度为0.10g,设计分组为第一组,丙类建筑,Ⅲ类场地,混凝土强度等级:地上2层及以下均为C50,地上3层至5层为C40,其余各层均为C35。

试问:

(1)假定,某转换柱的抗震等级为一级,其截面尺寸为900mm×900mm,混凝土强度等级为C50($f_c=23.1\text{N/mm}^2$,$f_t=1.89\text{N/mm}^2$),纵筋和箍筋分别采用HRB400($f_y=360\text{N/mm}^2$),和HRB335($f_{yv}=300\text{N/mm}^2$),箍筋形式为井字复合箍,柱考虑地震作用效应组合的轴压力设计值为$N=9350\text{kN}$。试问,关于该转换柱加密区箍筋的体积配箍率ρ_v(%),最小取下列何项数值时才能满足规范、规程规定的最低要求?

(A)1.50   (B)1.20   (C)0.90   (D)0.80

(2)地上第2层某转换柱KZZ,如图5.10.7-1所示,假定该柱的抗震等级为一级,柱上端和下端考虑地震作用组合的弯矩组合值分别为580kN·m、450kN·m,柱下端节点A左右梁端相应的同向组合弯矩设计值之和$\Sigma M_b=1100\text{kN·m}$。假设,转换柱KZZ在节点A处按弹性分析的上、下柱端弯矩相等。试问,在进行柱截面设计时,该柱上端和

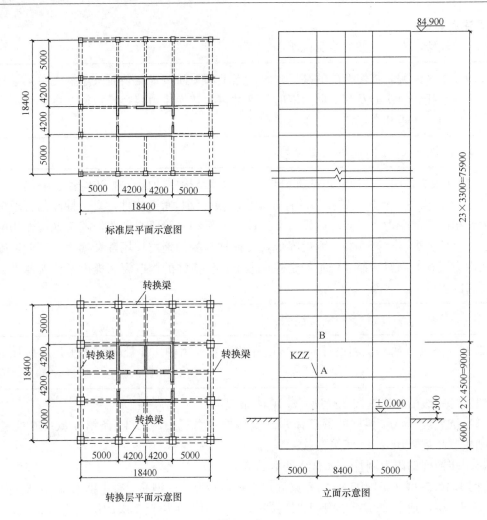

图 5.10.7-1

下端考虑地震作用组合的弯矩设计值 M^t、M^b（kN·m）与下列何项数值最为接近？

  （A）870、770   （B）870、675   （C）810、770   （D）810、675

【解答】（1）根据《高规》10.2.10 条第 3 款：

$$\mu_N = \frac{N}{f_c A} = \frac{9350 \times 10^3}{23.1 \times 900 \times 900} = 0.5$$

查规程表 6.4.7，取 $\lambda_v = 0.13$

故：$\lambda_v = 0.13 + 0.02 = 0.15$

$$\rho_v \geqslant \lambda_v \frac{f_c}{f_{yv}} = 0.15 \times \frac{23.1}{300} = 0.0116$$

又由规程 10.2.10 条第 3 款，知：$\rho_v \geqslant 0.015$

最终取 $\rho_v \geqslant 0.015$，所以选（A）项。

（2）根据《高规》10.2.11 条第 3 款：

$$M^t = 1.5 \times 580 = 870 \text{kN} \cdot \text{m}$$

节点 A 处：$\quad \sum M_c = 1.4 \sum M_b = 1.4 \times 1100 = 1540 \text{kN} \cdot \text{m}$

$$M^{\text{b}} = 0.5 \sum M_{\text{c}} = 0.5 \times 1540 = 770 \text{kN} \cdot \text{m}$$

故选（A）项。

【例 5.10.7-2】 某带转换层的钢筋混凝土框架-核心筒结构，抗震等级为一级，其局部外框架柱不落地，采用转换梁托柱的方式使下层柱距变大，如图 5.10.7-2 所示。梁柱混凝土强度等级采用 C40（$f_{\text{t}} = 1.71 \text{N/mm}^2$），纵筋采用 HRB400（$f_{\text{y}} = 360 \text{N/mm}^2$），箍筋采用 HRB335 纵钢筋。

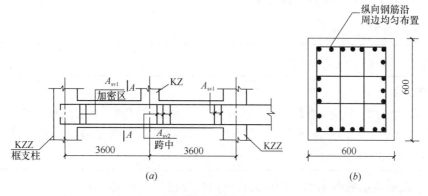

图 5.10.7-2

试问，转换梁下转换柱配筋如图 5.10.7-2（b）所示，纵向钢筋混凝土保护层厚30mm，则关于纵向钢筋的配置，下列何项才符合有关规范、规程的构造规定？

(A) 24 ⨎ 28   (B) 28 ⨎ 25

(C) 24 ⨎ 25   (D) 前三项均符合

【解答】 根据《高规》10.2.10 条第 1 款规定及 6.4.3 条第 1 款规定：

抗震一级：$\rho \geqslant 1.15\%$，$\rho_{\text{单侧}} \geqslant 0.2\%$

$$A_{\text{s,min}} \geqslant 1.15\% bh = 1.15\% \times 600 \times 600 = 4140 \text{mm}^2$$

$$A_{\text{s,单侧}} \geqslant 0.2\% bh = 0.2\% \times 600 \times 600 = 720 \text{mm}^2$$

根据《高规》10.2.11 条第 7 款的规定：$\rho \leqslant 4\%$

$$A_{\text{s,max}} = 4\% bh = 4\% \times 600 \times 600 = 14400 \text{mm}^2$$

(A) 项：24 ⨎ 28，$A_{\text{s}} = 14778.05 \text{mm}^2 > 14400 \text{mm}^2$，排除（A）、（D）项。

(B) 项：28 ⨎ 25，$A_{\text{s}} = 13744.47 \text{mm}^2 \begin{array}{l} < 14400 \text{mm}^2 \\ > 4140 \text{mm}^2 \end{array}$

(C) 项：24 ⨎ 25，$A_{\text{s}} = 11780.97 \text{mm}^2 \begin{array}{l} < 14400 \text{mm}^2 \\ > 4140 \text{mm}^2 \end{array}$

根据《高规》10.2.11 条第 7 款规定，抗震设计时，纵向钢筋间距不宜大于 200mm，且不应小于 80mm，则：

$600 - 2 \times 30 = 540 \text{mm}$，每侧至少配置 4 根纵筋，最多配置 7 根纵筋

故全截面至少配置 12 根纵筋，最多配置 24 根纵筋，所以（B）项不符合，应排除。

对于（C）项，每侧 7 根，$A_{\text{s,侧}} = 3436.1 \text{mm}^2 > 720 \text{mm}^2$，满足。

所以应选（C）项。

八、转换梁柱的节点核心区

> • 复习《高规》10.2.12条。

九、部分框支剪力墙结构的剪力墙

（一）剪力墙的内力调整

> • 复习《高规》10.2.18条。

需注意的是：

（1）落地剪力墙、不落地剪力墙、短肢剪力墙的内力调整，其总结见本章第十二节。

（2）《高规》10.2.18条规定："落地剪力墙墙肢不宜出现偏心受拉"。而《抗规》6.2.7条及条文说明：

> **6.2.7** 抗震墙各墙肢截面组合的内力设计值，应按下列规定采用：
>
> **2** 部分框支抗震墙结构的落地抗震墙墙肢不应出现小偏心受拉。
>
> **6.2.7**（条文说明）当抗震墙的墙肢在多遇地震下出现小偏心受拉时，在设防地震、罕遇地震下的抗震能力可能大大丧失；而且，即使多遇地震下为偏压的墙肢设防地震下转为偏拉，则其抗震能力有实质性的改变，也需要采取相应的加强措施。

针对大偏心受拉，《抗规》规定：

> **6.2.11** 部分框支抗震墙结构的一级落地抗震墙底部加强部位尚应满足下列要求：
>
> **2** 墙肢底部截面出现大偏心受拉时，宜在墙肢的底截面处另设交叉防滑斜筋，防滑斜筋承担的地震剪力可按墙肢底截面处剪力设计值的30%采用。
>
> **6.2.10～6.2.12** （条文说明）无地下室的部分框支抗震墙结构的落地墙，特别是联肢或双肢墙，当考虑不利荷载组合出现偏心受拉时，为了防止墙与基础交接处产生滑移，宜按总剪力的30%设置45°交叉防滑斜筋，斜筋可按单排设在墙截面中部并应满足锚固要求。

【例5.10.9-1】 某普通住宅，采用现浇钢筋混凝土部分框支剪力墙结构，房屋高度40.9m。地下1层，地上13层，首层～三层层高分别为4.5m、4.2m、3.9m，其余各层层高均为2.8m，抗震设防烈度为7度，Ⅱ类建筑场地。第3层设转换层，纵横向均有落地剪力墙，地下一层顶板可作为上部结构的嵌固部位。

假定，方案调整后，首层某剪力墙墙肢 W1，抗震措施的抗震等级为一级，墙肢底部截面考虑地震作用组合的内力计算值为：弯矩 $M_w=3500$kN・m，剪力 $V_w=850$kN。试问，W1墙肢底部截面的内力设计值最接近于下列何项数值？

(A) $M=3500$kN・m、$V=1360$kN (B) $M=4550$kN・m、$V=1190$kN

(C) $M=5250$kN・m、$V=1360$kN (D) $M=6300$kN・m、$V=1615$kN

【解答】 由《高规》10.2.18条，$M=1.5×3500=5250$kN・m

由《高规》7.2.6条，$\eta_{vw}=1.6$，

$$V=\eta_{vw}V_w=1.6\times850=1360kN$$

故选（C）项。

（二）底部加强部位墙体的分布筋和拉结筋构造

- 复习《高规》10.2.19条。
- 复习《高规》3.10.5条（特一级）。

需注意的是：

（1）《高规》10.2.19条的条文说明：

10.2.19（条文说明） 落地剪力墙是框支层以下最主要的抗侧力构件，受力很大，破坏后果严重，十分重要；框支层上部两层剪力墙直接与转换构件相连，相当于一般剪力墙的底部加强部位，且其承受的竖向力和水平力要通过转换构件传递至框支层竖向构件。因此，本条对部分框支剪力墙底部加强部位剪力墙的分布钢筋最低构造，提出了比普通剪力墙底部加强部位更高的要求。

可知，《高规》10.2.19条适用于底部加强部位的不落地墙、落地墙两种情况。

（2）《抗规》6.4.3条、《混规》11.7.14条也作了相同规定。

（3）拉结筋，《高规》、《混规》未明确规定，《抗规》规定：

6.2.11 部分框支抗震墙结构的一级落地抗震墙底部加强部位尚应满足下列要求：

1 当墙肢在边缘构件以外的部位在两排钢筋间设置直径不小于8mm、间距不大于400mm的拉结筋时，抗震墙受剪承载力验算可计入混凝土的受剪作用。

6.2.10～6.2.12（条文说明） 框支结构的落地墙，在转换层以下的部位是保证框支结构抗震性能的关键部位，这部位的剪力传递还可能存在矮墙效应。为了保证抗震墙在大震时的受剪承载力，只考虑有拉筋约束部分的混凝土受剪承载力。

【例5.10.9-2】（2011B29）某24层商住楼，现浇钢筋混凝土部分框支剪力墙结构，如图5.10.9-1所示。一层为框支层，层高6.0m，二至二十四层布置剪力墙，层高3.0m，首层室内外地面高差0.45m，房屋总高度75.45m。抗震设防烈度8度，建筑抗震设防类别为丙类，设计基本地震加速度0.20g，场地类别Ⅱ类，结构基本自振周期$T_1=1.6$s。混凝土强度等级：底层墙、柱为C40（$f_c=19.1N/mm^2$，$f_t=1.71N/mm^2$），板C35（$f_c=16.7N/mm^2$，$f_t=1.57N/mm^2$），其他层墙、板为C30（$f_c=14.3N/mm^2$）。首层钢筋均采用HRB400级（Φ，$f_y=360N/mm^2$）。

假定，第③轴底层墙肢A的抗震等级为一级，墙底截面见图5.10.9-1，墙厚度400mm，墙长$h_w=6400mm$，$h_{w0}=6000mm$，$A_w/A=0.7$，剪跨比$\lambda=1.2$，考虑地震作用组合的剪力计算值$V_w=4100kN$，对应的轴向压力设计值$N=19000kN$，钢筋均采用HRB400，已知竖向分布筋为构造配置。试问，该截面竖向及水平向分布筋至少应按下列何项配置，才能满足规范、规程的抗震要求？

提示： 按《高层建筑混凝土结构技术规程》JGJ 3—2010作答。

（A）$\Phi10@150$（竖向）；$\Phi10@150$（水平）

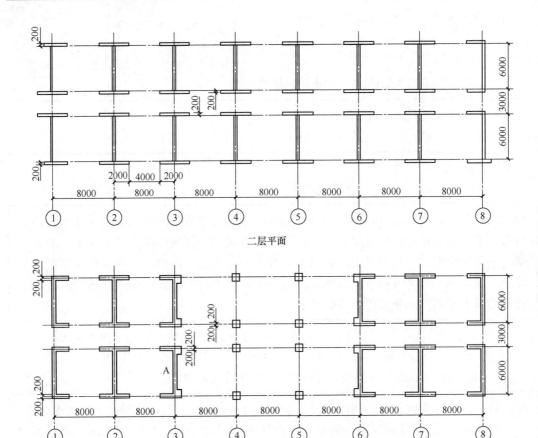

二层平面

一层平面

图 5.10.9-1

(B) $\underline{\Phi}$ 12@150（竖向）；$\underline{\Phi}$ 12@150（水平）

(C) $\underline{\Phi}$ 12@150（竖向）；$\underline{\Phi}$ 14@150（水平）

(D) $\underline{\Phi}$ 12@150（竖向）；$\underline{\Phi}$ 16@150（水平）

【解答】根据《高规》10.2.19条，竖向及水平分布筋最小配筋率均为0.3%，

$A_{sv}=0.3\% \times 150 \times 400 = 180mm^2$，（A）项不满足。

配 $\underline{\Phi}$ 12@150，$A_s = 2 \times 113.1 = 226mm^2$

根据规程7.2.6条，$V = \eta_{vw} \cdot V_w = 1.6 \times 4100 = 6560kN$

$$\lambda = 1.2 < 2.5$$

根据《高规》式（7.2.7-3），$V = 6560kN < \dfrac{1}{\gamma_{RE}}(0.15\beta_c f_c b_w h_{w0}) = 8090kN$

根据《高规》式（7.2.10-2），$\lambda = 1.2 < 1.5$，取 $\lambda = 1.5$

$$0.2 f_c b_w h_w = 9780kN < N = 19000kN，取 N = 9780kN$$

$$V \leqslant \frac{1}{\gamma_{RE}}\left[\frac{1}{\lambda - 0.5} \times \left(0.4 f_t b_w h_{w0} + 0.1 N \frac{A_w}{A}\right) + 0.8 f_{yh} \cdot \frac{A_{sh}}{s} h_{w0}\right]$$

$$0.85 \times 6560 \times 10^3 \leqslant \frac{1}{1.5 - 0.5} \times (0.4 \times 1.71 \times 400 \times 6000 + 0.1$$

$$\times 9.78 \times 10^6 \times 0.7) + 0.8 \times 360 \times \frac{A_{sh}}{150} \times 6000$$

$$5576 \times 10^3 \leqslant 1641.6 \times 10^3 + 684.6 \times 10^3 + 11520 A_{sh}$$

$A_{sh} \geqslant 282\text{mm}^2$，配 Φ 14@150，$A_{sh} = 2 \times 153.9 = 308\text{mm}^2$，满足。

故选（C）项。

（三）墙体的边缘构件

> - 复习《高规》10.2.20 条、7.2.14 条。
> - 复习《抗规》6.4.5 条。
> - 复习《混规》11.7.17 条。

需注意的是：

(1)《高规》10.2.20 条的条文说明：

> **10.2.20**（条文说明）部分框支剪力墙结构中，抗震设计时应在墙体两端设置约束边缘构件，对非抗震设计的框支剪力墙结构，也规定了剪力墙底部加强部位的增强措施。

可知，《高规》10.2.20 条适用于：抗震设计时，非抗震设计时。

(2)《混规》11.7.17 条规定：

> **11.7.17** 剪力墙两端及洞口两侧应设置边缘构件，并宜符合下列要求：
>   **2** 部分框支剪力墙结构中，一、二、三级抗震等级落地剪力墙的底部加强部位及以上一层的墙肢两端，宜设置翼墙或端柱，并应按本规范第 11.7.18 条的规定设置约束边缘构件；不落地的剪力墙，应在底部加强部位及以上一层剪力墙的墙肢两端设置约束边缘构件；

可见：① 《混规》比《高规》控制更严；

② 剪力墙（落地墙、不落地墙）底部加强部位及以上一层均应设置约束边缘构件。

(3)《抗规》6.4.5 条规定中未涉及 "墙肢两端宜设置翼墙或端柱"。

【例 5.10.9-3】（2011B30、31）某 24 层商住楼，现浇钢筋混凝土部分框支剪力墙结构。一层为框支层，层高 6.0m，二至二十四层布置剪力墙，层高 3.0m，首层室内外地面高差 0.45m，房屋总高度 75.45m。抗震设防烈度 8 度，建筑抗震设防类别为丙类，设计基本地震加速度 0.20g，场地类别 Ⅱ 类，结构基本自振周期 $T_1 = 1.6\text{s}$。混凝土强度等级：底层墙、柱为 C40（$f_c = 19.1\text{N/mm}^2$，$f_t = 1.71\text{N/mm}^2$），板 C35（$f_c = 16.7\text{N/mm}^2$，$f_t = 1.57\text{N/mm}^2$），其他层墙、板为 C30（$f_c = 14.3\text{N/mm}^2$）。首层钢筋均采用 HRB400 级。

试问：

(1) 第三层某剪力墙边缘构件如图 5.10.9-2 所示，阴影部分为纵向钢筋配筋范围，纵筋混凝土保护层厚度为 20mm。已知剪力墙轴压比＞0.3。钢筋均采用 HRB400 级。试问，该边缘构件阴影部分的纵筋及箍筋为下列何项选项时，才能满足规范、规程的最低抗震构造要求？

提示： ① 按《高层建筑混凝土结构技术规程》JGJ 3—2010 作答。

② 箍筋体积配箍率计算时，扣除重叠部分箍筋。

(A) 16 ⚫ 16；⚫ 10@100

(B) 16 ⚫ 14；⚫ 10@100

(C) 16 ⚫ 16；⚫ 8@100

(D) 16 ⚫ 14；⚫ 8@100

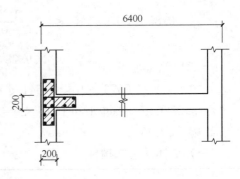

图 5.10.9-2

(2) 假定，该建筑物使用需要，转换层设置在 3 层，房屋总高度不变，一至三层层高为 4m，上部 21 层层高均为 3m，第四层某剪力墙的边缘构件仍如图 5.10.9-2 所示。试问，该边缘构件纵向钢筋最小构造配箍率 ρ_v（％）及配箍特征值最小值 λ_v 取下列何项数值时，才能满足规范、规程的最低抗震构造要求？

提示： 按《高层建筑混凝土结构技术规程》JGJ 3—2010 作答。

(A) 1.2；0.2   (B) 1.4；0.2   (C) 1.2；0.24   (D) 1.4；0.24

【解答】 (1) 根据《高规》表 3.9.3，剪力墙底部加强部位抗震等级为一级。

根据《高规》10.2.3 条，底部加强区高度 $H_1 = 6 + 2 \times 3 = 12m$；$H_2 = \frac{1}{10} \times 75.45 = 7.545m$，取大者 12m，第三层为底部加强部位，故抗震等级为一级。

根据规程 7.2.14 条，应设约束边缘构件。

根据规程 7.2.15 条及表 7.2.15，翼墙外伸长度＝300mm

配纵筋阴影范围面积：$A = (200 + 3 \times 300) \times 200 = 2.2 \times 10^5 \text{mm}^2$

$A_s = 1.2\% A = 2640 \text{mm}^2$，取 16 ⚫ 16，$A_s = 3218 \text{mm}^2$；

$\mu_N > 0.3$，取箍筋 $\lambda_v = 0.2$，间距不大于 100mm：

$$\rho_v \geq \lambda_v \cdot \frac{f_c}{f_{yv}} = 0.2 \times \frac{16.7}{360} = 0.93\%$$

箍筋直径为 ⚫ 10 时，$\rho_v = \frac{(3 \times 160 + 2 \times 800 + 2 \times 470) \times 78.5}{(150 \times 780 + 150 \times 310) \times 100} = 1.45\% > 0.93\%$，满足，故选 (A) 项。

(2) 转换层在 3 层，依据《高规》10.2.2 条，第四层墙肢属于底部加强部位。依据规程 10.2.6 条以及表 3.9.3，抗震墙等级提高为特一级。

根据《高规》3.10.5 条，约束边缘构件纵筋最小构造配筋率为 1.4％，配箍特征值 $\lambda_v = 1.2 \times 0.2 = 0.24$。

故选 (D) 项。

(四) 落地剪力墙基础要求

- 复习《高规》10.2.21 条。

(五) 框支梁上部墙体的构造

- 复习《高规》10.2.22 条。

需注意的是：

（1）《高规》10.2.22条规定，如图5.10.9-3所示。

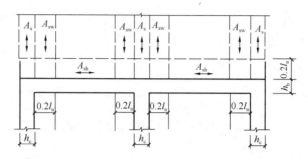

图5.10.9-3 框支梁相邻上层剪力墙配筋示意

（2）当考虑地震作用组合时，《高规》公式（10.2.22～1）～公式（10.2.22-3）中 σ_{01}、σ_{02}、σ_{xmax} 均应乘以 γ_{RE}（$\gamma_{RE}=0.85$），并且 σ_{01}、σ_{02}、σ_{xmax} 为地震作用组合的应力设计值。

【例5.10.9-4】（2017B22、23）某现浇钢筋混凝土部分框支剪力墙结构，其中底层框支框架及上部墙体如图5.10.9-4所示，抗震等级为一级。框支柱截面为1000mm×1000mm，上部墙体厚度250mm，混凝土强度等级C40，钢筋采用HRB400。

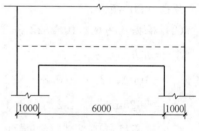

图5.10.9-4

提示： 墙体施工缝处抗滑移能力满足要求。

试问：

（1）假定，进行有限元应力分析校核时发现，框支梁上部一层墙体水平及竖向分布钢筋均大于整体模型计算结果。由应力分析得知，框支柱边1200mm范围内墙体考虑风荷载、地震作用组合的平均压应力设计值为25N/mm²，框支梁与墙体交接面上考虑风荷载、地震作用组合的水平拉应力设计值为2.5N/mm²。试问，该层墙体的水平分布筋及竖向分布筋，宜采用下列何项配置才能满足《高层建筑混凝土结构技术规程》JGJ 3—2010的最低构造要求？

(A) 2Φ10@200；2Φ10@200　　　(B) 2Φ12@200；2Φ12@200

(C) 2Φ12@200；2Φ14@200　　　(D) 2Φ14@200；2Φ14@200

（2）假定，进行有限元应力分析校核时发现，框支梁上部一层墙体在柱顶范围竖向钢筋大于整体模型计算结果，由应力分析得知，柱顶范围墙体考虑风荷载、地震作用组合的平均压应力设计值为32N/mm²。框支柱纵筋配置40Φ28，沿四周均布见图5.10.9-5。试问，框支梁方向框支柱顶范围墙体的纵向配筋采用下列何项配置，才能满足《高层建筑混凝土结构技术规程》JGJ 3—2010的最低构造要求？

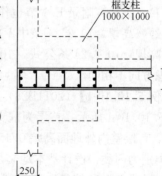

(A) 12Φ18　　　　　　(B) 12Φ20

(C) 8Φ18+6Φ28　　(D) 8Φ20+6Φ28

【解】（1）根据《高规》10.2.2条，框支梁上部一层

图5.10.9-5

墙体位于底部加强部位。

由《高规》10.2.19 条：

$$A_{sh} = A_{sv} \geqslant 0.3\% b_w h_w = 0.3\% \times 250 \times 1200 = 900 mm^2$$

由《高规》10.2.22 条第 3 款：

$$A_{sw} = 0.2 l_n b_w (\gamma_{RE} \sigma_{02} - f_c) / f_{yw}$$

$$= 0.2 \times 6000 \times 250 \times (0.85 \times 25 - 19.1) / 360 = 1792 mm^2 > 900 mm^2$$

配 2 Φ 14@200　$A_s = 2 \times \dfrac{1200}{200} \times 153.9 = 1847 mm^2$，满足。

$$A_{sh} = 0.2 l_n b_w \gamma_{RE} \sigma_{rmax} / f_{yh}$$

$$= 0.2 \times 6000 \times 250 \times 0.85 \times 2.5 / 360 = 1771 mm^2 > 900 mm^2$$

配 2 Φ 14@200　$A_s = 2 \times \dfrac{1200}{200} \times 153.9 = 1847 m^2$，满足。

故选（D）项。

（2）根据《高规》10.2.22 条 3 款：

$$A_s = h_c b_w (\gamma_{RE} \sigma_{01} - f_c) / f_y$$

$$= 1000 \times 250 \times (0.85 \times 32 - 19.1) / 360$$

$$= 5625 mm^2 > 1.2\% A = 1.2\% \times 250 \times 1000 = 3000 mm^2$$

根据《高规》10.2.11 条 9 款：

已配置了 6 Φ 28，$A_s = 3695 mm^2$

剩余钢筋面积：$A_s = 5625 - 3695 = 1930 mm^2$

配置 8 Φ 18，$A_s = 2036 mm^2$

故选（C）项。

十、部分框支剪力墙结构的转换层楼板

● 复习《高规》10.2.23 条～10.2.25 条。

需注意的是：

（1）《抗规》附录 E.1 节也作了相同的规定。

（2）《高规》10.2.24 条中 V_f 计算时，不落地剪力墙时，应考虑增大系数。

《高规》10.2.24 条公式（10.2.24-2）与《高规》公式（8.2.3）的力学概念类似，仅考虑方向不相同。

【例 5.10.10-1】（2011B28）某 24 层商住楼，现浇钢筋混凝土部分框支剪力墙结构，如图 5.10.10-1 所示。首层为框支层，层高 6.0m，第二至第二十四层布置剪力墙，层高 3.0m，首层室内外地面高差 0.45m，房屋总高度 75.45m。抗震设防烈度 8 度，建筑抗震设防类别为丙类，设计基本地震加速度 0.20g，场地类别为 Ⅱ 类，结构基本自振周期 $T_1 =$ 1.6s。混凝土强度等级：底层墙、柱为 C40（$f_c = 19.1 N/mm^2$，$f_t = 1.71 N/mm^2$），板 C35（$f_c = 16.7 N/mm^2$，$f_t = 1.57 N/mm^2$），其他层墙、板为 C30（$f_c = 14.3 N/mm^2$）。

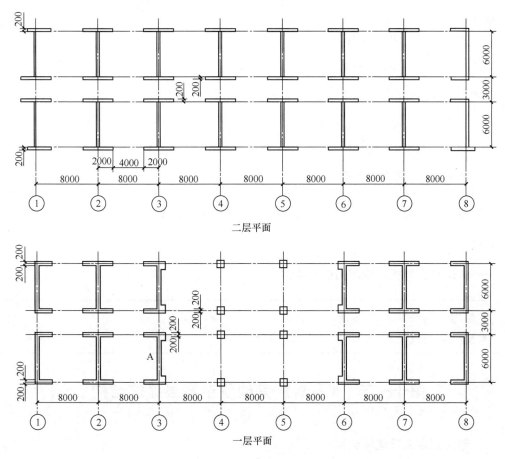

图 5.10.10-1

首层钢筋均采用 HRB400 级。

在第③轴底层落地剪力墙处，由不落地剪力墙传来按刚性楼板计算的框支层楼板组合的剪力设计值为 3300kN（未经调整）。②～⑦轴处楼板无洞口，宽度 15400mm。假定剪力沿③轴墙均布，穿过③轴墙的梁纵筋面积 $A_{s1}=10000mm^2$，穿墙楼板配筋宽度 10800mm（不包括梁宽）。试问，③轴右侧楼板的最小厚度 t_f（mm）及穿过墙的楼板双层配筋中每层配筋的最小值为下列何项时，才能满足规范、规程的最低抗震要求？

提示： ①按《高层建筑混凝土结构技术规程》JGJ 3—2010 作答。

②框支层楼板按构造配筋时满足楼板竖向承载力和水平平面内抗弯要求。

（A）$t_f=200$；$\Phi\,12@200$　　　　　（B）$t_f=200$；$\Phi\,12@100$

（C）$t_f=220$；$\Phi\,12@200$　　　　　（D）$t_f=220$；$\Phi\,12@100$

【解答】 据《高规》10.2.24 条：$V_f=2V_0$

$$V_f \leqslant \frac{1}{\gamma_{RE}}(0.1\beta_c f_c b_f t_f) = \frac{1}{0.85} \times (0.1 \times 1 \times 16.7 \times 15400 \times t_f)$$

$$t_f \geqslant \frac{0.85 \times 2 \times 3300 \times 10^3}{0.1 \times 1 \times 16.7 \times 15400} = 218mm,取\ 220mm,并且大于\ 180mm$$

根据《高规》10.2.23 条，$\rho \geqslant 0.25\%$。

$t_{\mathrm{f}} = 220\mathrm{mm}$ 时，间距 200mm 范围内钢筋面积 $A_{\mathrm{s}} \geqslant 220 \times 200 \times 0.25\% = 110\mathrm{mm}^2$

采用 Φ 12，$A_{\mathrm{s}} = 113.1\mathrm{mm}^2$

根据《高规》10.2.24 条，$V_{\mathrm{f}} \leqslant \dfrac{1}{\gamma_{\mathrm{RE}}} (f_{\mathrm{y}} A_{\mathrm{s}})$，$A_{\mathrm{s}} \geqslant \dfrac{0.85 \times 2 \times 3300 \times 10^3}{360} = 15583\mathrm{mm}^2$

穿过每片墙处的梁纵筋 $A_{\mathrm{s1}} = 10000\mathrm{mm}^2$

$$A_{\mathrm{sb}} = A_{\mathrm{s}} - A_{\mathrm{s1}} = 15583 - 10000 = 5583\mathrm{mm}^2$$

间距 200mm 范围内钢筋面积为 $\dfrac{5583 \times 200}{10.8 \times 1000} = 103\mathrm{mm}^2$

上下层相同，每层为 $\dfrac{1}{2} \times 103 = 52\mathrm{mm}^2 < 113.1\mathrm{mm}^2$，满足。

故选（C）项。

十一、箱形、厚板和空腹桁架转换结构

- 复习《高规》10.2.4 条。
- 复习《高规》10.2.13 条～10.2.15 条。

第十一节　《高规》其他复杂高层建筑结构

一、带加强层高层建筑结构

1. 设置加强层的要求和加强层构件的类型

- 复习《高规》10.1.2 条。
- 复习《高规》10.3.1 条。

需注意的是：

(1)《高规》10.1.2 条。

(2)《高规》10.3.1 条的条文说明指出："当框架-核心筒结构的侧向刚度不能满足设计要求时，可以设置加强层以加强核心筒与周边框架的联系，提高结构整体刚度，控制结构位移。"

2. 加强层的设置要求和设计、施工要点

- 复习《高规》10.3.2 条。

需注意的是：

(1)《高规》10.3.2 条的条文说明指出："由于加强层的设置，结构刚度突变，伴随着结构内力的突变，以及整体结构传力途径的改变，从而使结构在地震作用下，其破坏和位移容易集中在加强层附近，形成薄弱层，因此规定了在加强层及相邻层的竖向构件需要加强。"

(2)《高规》10.3.2条的条文说明指出："伸臂桁架会造成核心筒墙体承受很大的剪力，上下弦杆的拉力也需要可靠地传递到核心筒上，所以要求伸臂构件贯通核心筒。"

(3)《高规》10.3.2条的条文说明指出："加强层的上下层楼面结构承担着协调内筒和外框架的作用，存在很大的面内应力，因此本条规定的带加强层结构设计的原则中，对设置水平伸臂构件的楼层在计算时宜考虑楼板平面内的变形，并注意加强层及相邻层的结构构件的配筋加强措施，加强各构件的连接锚固。"

(4)《高规》10.3.2条的条文说明指出："由于加强层的伸臂构件强化了内筒与周边框架的联系，内筒与周边框架的竖向变形差将产生很大的次应力，因此需要采取有效的措施减小这些变形差（如伸臂桁架斜腹杆的滞后连接等），而且在结构分析时就应该进行合理的模拟，反映这些措施的影响。"

3. 抗震设计时，带加强层高层建筑结构的设计要求

● 复习《高规》10.3.3条。

需注意的是：

(1) 对于《高规》10.3.3条规定，本条的条文说明的解释是："带加强层的高层建筑结构，加强层刚度和承载力较大，与其上、下相邻楼层相比有突变，加强层相邻楼层往往成为抗震薄弱层；与加强层水平伸臂结构相连接部位的核心筒剪力墙以及外围框架柱受力大且集中。"

(2)《高规》10.3.3条第2款，"其他楼层"是指：加强层及其相邻层以外的楼层。

加强层及其相邻层的框架柱的抗震等级与"其他楼层框架柱"的抗震等级是不相同的。所以，加强层及其相邻层的框架柱的轴压比限值不是根据自身的抗震等级确定，而是根据"其他楼层框架柱"的抗震等级进行确定，并且减小0.05。查《高规》表6.4.2时应取"框架-核心筒、筒中筒结构"栏。

二、错层结构

错层结构的定义，《高规》10.4.1条的条文说明："相邻楼盖结构高差超过梁高范围的，宜按错层结构考虑。结构中仅局部存在错层构件的不属于错层结构，但这些错层构件宜参考本节的规定进行设计。"

1. 一般规定

● 复习《高规》10.1.2条。
● 复习《高规》10.1.3条。

需注意的是：

(1)《高规》10.1.3条的条文说明指出，《高规》涉及的错层结构，一般包括框架结构、框架-剪力墙结构和剪力墙结构；未涉及错层筒体结构。

(2)《高规》10.4.1条的条文说明："试验研究表明，平面规则的错层剪力墙结构使剪力墙形成错洞墙，结构竖向刚度不规则，对抗震不利，但错层对抗震性能的影响不十分严重；平面布置不规则、扭转效应显著的错层剪力墙结构破坏严重。错层框架结构或框架-

剪力墙结构尚未见试验研究资料，但从计算分析表明，这些结构的抗震性能要比错层剪力墙结构更差。因此，高层建筑宜避免错层。"

2. 基本要求

● 复习《高规》10.4.1条～10.4.3条。

需注意的是：

《高规》10.4.2条的条文说明指出："错层结构应尽量减少扭转效应，错层两侧宜采用侧向刚度和变形性能相近的结构方案，以减小错层处墙、柱内力，避免错层处结构形成薄弱部位。"

3. 抗震设计时，错层处框架柱和剪力墙的设计

● 复习《高规》10.4.4条～10.4.6条。

需注意的是：

(1)《高规》10.4.4条的条文说明指出："错层结构属于竖向布置不规则结构，错层部位的竖向抗侧力构件受力复杂，容易形成多处应力集中部位。框架错层更为不利，容易形成长、短柱沿竖向交替出现的不规则体系。"因此，《高规》10.4.4条作了相应规定。

(2)《高规》10.4.6条的条文说明：

10.4.6（条文说明）错层结构在错层处的构件（图13）要采取加强措施。

本规程第10.4.4条和本条规定了错层处柱截面高度、剪力墙截面厚度以及剪力墙分布钢筋的最小配筋率要求，并规定平面外受力的剪力墙应设置与其垂直的墙肢或扶壁柱，抗震设计时，错层处框架柱和平面外受力的剪力墙的抗震等级应提高一级采用，以免该类构件先于其他构件破坏。如果错层处混凝土构件不能满足设计要求，则需采取有效措施。框架柱采用型钢混凝土柱或钢管混凝土柱，剪力墙内设置型钢，可改善构件的抗震性能。

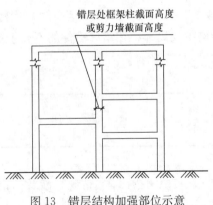

图13 错层结构加强部位示意

(3)《高规》10.4.5条规定，错层处框架柱的正截面抗弯承载力和斜截面抗剪承载力满足中震不屈服。

三、连体结构

1. 一般规定

- 复习《高规》2.1.14 条。
- 复习《高规》10.1.2 条。
- 复习《高规》10.1.3 条。

2. 结构布置

- 复习《高规》10.5.1 条。

注意，《高规》10.5.1 条的条文说明指出："连体结构各独立部分宜有相同或相近的体型、平面和刚度，宜采用双轴对称的平面形式，否则在地震中将出现复杂的 X、Y、θ 相互耦联的振动，扭转影响大，对抗震不利。"

3. 考虑竖向地震的影响

- 复习《高规》10.5.2 条、10.5.3 条。

需注意的是：

(1)《高规》10.5.2 条的条文说明指出："连体结构的连接体一般跨度较大、位置较高，对竖向地震的反应比较敏感，放大效应明显，因此抗震设计时高烈度区应考虑竖向地震的不利影响。"

(2)《高规》10.5.3 条的条文说明指出："计算分析表明，高层建筑中连体结构连接体的竖向地震作用受连体跨度、所处位置以及主体结构刚度等多方面因素的影响，6 度和 7 度 0.10g 抗震设计时，对于高位连体结构（如连体位置高度超过 80m 时）宜考虑其影响。"

(3) 连体结构的连接体的竖向地震作用标准值的最小值要求，见《高规》4.3.15 条规定。

4. 连接体与两侧主体结构的连接要求

- 复习《高规》10.5.4 条、10.5.5 条。

5. 抗震设计时，连接体及与之相连的主体结构构件

- 复习《高规》10.5.6 条。

注意，《高规》10.5.6 条的条文说明指出："连体结构自振振型较为复杂，前几个振型与单体建筑有明显不同，除顺向振型外，还出现反向振型；连体结构抗扭转性能较差，扭转振型丰富，当第一扭转频率与场地卓越频率接近时，容易引起较大的扭转反应，易造成结构破坏。因此，连体结构的连接体及与连接体相连的结构构件受力复杂，易形成薄弱部位，抗震设计时必须予以加强。"

6. 连接结构的计算

- 复习《高规》10.5.7 条。

需注意的是：

（1）《高规》10.5.7条的条文说明指出："刚性连接的连体部分结构在地震作用下需要协调两侧塔楼的变形，因此需要进行连体部分楼板的验算，楼板的受剪截面和受剪承载力按转换层楼板的计算方法进行验算，计算剪力可取连体楼板承担的两侧塔楼楼层地震作用力之和的较小值。"

（2）《高规》10.5.7条的条文说明指出："当连体部分楼板较弱时，在强烈地震作用下可能发生破坏，因此建议补充两侧分塔楼的计算分析，确保连体部分失效后两侧塔楼可以独立承担地震作用不致发生严重破坏或倒塌。"

【例5.11.3-1】 下列关于高层钢筋混凝土结构抗震分析的一些观点，其中何项相对准确？

（A）体型复杂、结构布置复杂的高层建筑结构应采用至少二个三维空间分析软件进行整体内力位移计算

（B）计算中可不考虑楼梯构件的影响

（C）6度抗震设计时，高位连体结构的连接体宜考虑竖向地震的影响

（D）结构楼层层间位移角控制时，不规则结构的楼层位移计算应考虑偶然偏心的影响

【解答】 根据《高规》10.5.3条，（C）项准确，故应选（C）项。

【例5.11.3-2】（2018B31）某现浇钢筋混凝土双塔连体结构，塔楼为办公楼，A塔和B塔地上31层，房屋高度130m，21-23层连体，连体与主体结构采用刚性连接，地下2层，如图5.11.3-1所示。抗震设防烈度为6度，设计地震分组第一组，建筑场地类别为Ⅱ类，安全等级为二级。塔楼均为框架-核心筒结构，分析表明地下一层顶板（±0.000处）可作为上部结构嵌固部位。

假定，A塔经常使用人数为3700人，B塔（含连体）经常使用人数为3900人，A塔楼周边框架柱KZ1与连接体相连。试问，KZ1第23层的抗震等级为下列何项？

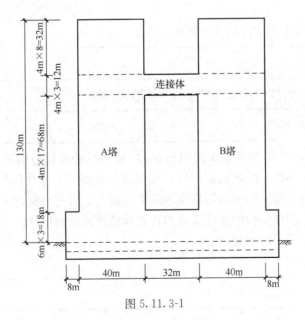

图5.11.3-1

(A) 一级   (B) 二级   (C) 三级   (D) 四级

【解答】根据《分类标准》6.0.11条，连体结构双塔楼为同一结构单元，塔楼经常使用人数 $3700+3900=7600<8000$ 人，抗震设防类别为丙类。

根据《高规》3.3.1条，6度、130m 高框筒结构，属 A 级高度；根据表3.9.3，框架抗震等级为三级。

根据《高规》10.5.6条，KZ1 抗震等级为二级。

故选 (B) 项。

四、多塔结构、竖向体型收进与悬挑结构

多塔楼结构、竖向体型收进和悬挑结构，其共同的特点就是结构侧向刚度沿竖向发生剧烈变化，往往在变化的部位产生结构的薄弱部位。

1. 基本要求

> ● 复习《高规》10.6.1条、10.6.2条。

2. 多塔楼高层建筑结构

> ● 复习《高规》10.6.3条。

需注意的是：

(1)《高规》10.6.3条的条文说明指出："大底盘单塔楼结构的设计，也应符合本条关于塔楼与底盘的规定"。

(2)《高规》10.6.3条第1款规定，"上部塔楼结构的综合质心"是指：①多个塔楼时，为多个塔楼的综合质心，可取大底盘结构的相邻上一层计算；②单个塔楼时，为该单个塔楼的质心，同样，可取大底盘结构的相邻上一层计算。

"底盘结构质心"是指：大底盘平面范围内的塔楼和裙房的综合质心，可取大底盘结构地面以上的首层计算。

(3)《高规》10.6.3条第4款规定，可知：

整体结构（整体计算模型）：$T_t/T_1 \leqslant [T_t/T_1]$

各塔楼结构（分塔楼计算模型）：$T_{ti}/T_{1i} \leqslant [T_{ti}/T_{1i}]$

分塔原则，按《高规》5.1.14条规定。

(4) 构造加强措施，《高规》10.6.3条第3款规定，主要如下：

① 裙房屋面板、裙房屋面上、下层结构的楼板；

② 多塔楼之间裙房连接体的屋面梁；

③ 塔楼中与裙房相连的外围柱、墙。

本条的条文说明指出：

> **10.6.3**（条文说明）为保证结构底盘与塔楼的整体作用，裙房屋面板应加厚并加强配筋，板面负弯矩配筋宜贯通；裙房屋面上、下层结构的楼板也应加强构造措施。
>
> 为保证多塔楼建筑中塔楼与底盘整体工作，塔楼之间裙房连接体的屋面梁以及塔楼中与裙房连接体相连的外围柱、墙，从固定端至出裙房屋面上一层的高度范围内，在构造上应予以特别加强（图15）。

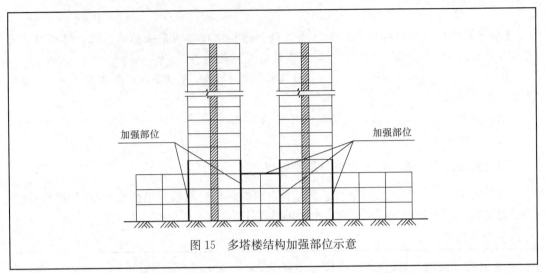

图 15 多塔楼结构加强部位示意

（5）《高规》10.6.3 条第 2 款规定，其条文说明指出："若转换层设置在底盘屋面的上层塔楼内时，易形成结构薄弱部位，不利于结构抗震，应尽量避免；否则应采取有效的抗震措施，包括增大构件内力、提高抗震等级等。"

【例 5.11.4-1】下列关于复杂高层建筑混凝土结构抗震设计的 4 种说法：

Ⅰ. 7 度抗震设防时，地上转换结构构件可采用厚板结构；

Ⅱ. 7 度、8 度抗震设计时，层数和刚度相差悬殊的建筑不宜采用连体结构；

Ⅲ. 带加强层高层建筑结构在抗震设计时，仅需在加强层核心筒剪力墙处设置约束边缘构件；

Ⅳ. 多塔楼结构在抗震设计时，塔楼中与裙房相连的外围柱，从嵌固端至裙房屋面的高度范围内，柱纵筋的最小配筋率宜适当提高。

试问，针对上述说法正确性的判断，下列何项正确？

(A) Ⅳ正确，Ⅰ、Ⅱ、Ⅲ错误
(B) Ⅱ正确，Ⅰ、Ⅲ、Ⅳ错误
(C) Ⅰ正确，Ⅱ、Ⅲ、Ⅳ错误
(D) Ⅰ、Ⅱ、Ⅲ、Ⅳ均错误

【解答】根据《高规》10.2.4 条，Ⅰ不正确；

根据《高规》10.5.1 条，Ⅱ正确；

根据《高规》10.3.3 条，Ⅲ不正确；

根据《高规》10.6.3 条第 3 款，Ⅳ不正确。

故选（B）项。

【例 5.11.4-2】（2011B24）某大底盘单塔楼高层建筑，主楼为钢筋混凝土框架-核心筒，裙房为混凝土框架-剪力墙结构，主楼与裙楼连为整体，如图 5.11.4-1 所示。抗震设防烈度 7 度，建筑抗震设防类别为丙类，设计基本地震加速度为 $0.15g$，场地Ⅲ类，采用桩筏形基础。

假定，该建筑物塔楼质心偏心距为 e_1，大底盘质心偏心距为 e_2，见图 5.11.4-1。如果仅从抗震概念设计方面考虑。

试问：偏心距（e_1；e_2，单位 m）选用下列哪一组数值时结构不规则程度相对最小？

(A) 0.0；0.0
(B) 0.1；5.0
(C) 0.2；7.2
(D) 1.0；8.0

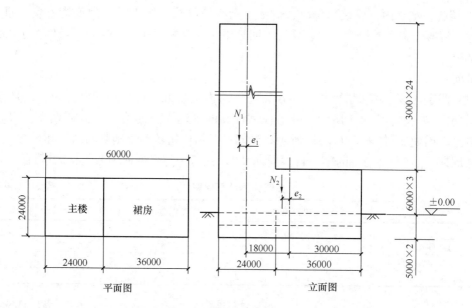

图 5.11.4-1

【解答】 根据《高规》10.6.3条及条文说明：

$$e_1 + (18 - e_2) \leqslant 20\% B = 20\% \times (24 + 36) = 12\text{m}$$

对于选项（A），（B）：偏心距皆大于 20%B；

对于选项（C）：0.2+18-7.2=11.0<20%B；

对于选项（D）：1.0+18-8.0=11.0<20%B

偏心距相同时，e_1 对主楼抗震影响更大，e_1 越小对主楼抗震越有利。

故应优先选（C）项。

思考： 本题也可按《抗规》3.4.1条的条文说明表1进行解答。

【例 5.11.4-3】（2017B26、27）某现浇钢筋混凝土大底盘双塔结构，地上 37 层，地下 2 层，如图 5.11.4-2 所示。大底盘 5 层均为商场（乙类建筑），高度 23.5m，塔楼为部分框支剪力墙结构，转换层设在 5 层顶板处，塔楼之间为长度 36m（4 跨）的框架结构。

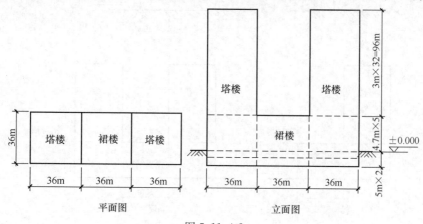

图 5.11.4-2

6至37层为住宅（丙类建筑），高层3.0m，剪力墙结构。抗震设防烈度为6度，Ⅲ类建筑场地，混凝土强度等级为C40。分析表明地下一层顶板（±0.000处）可作为上部结构嵌固部位。

试问：

（1）假定，该结构多塔整体模型计算的平动为主的第一自振周期 T_x、T_y、扭转耦联振动周期 T_t 如表5.11.4-1所示；分塔模型计算的平动为主的第一自振周期 T_x、T_y、扭转耦联振动周期 T_t 如表5.11.4-2所示；试问，对结构扭转不规则判断时，扭转为主的第一自振周期 T_t 与平动为主的第一自振周期 T_1 之比值，与下列何项数值最为接近？

多塔整体计算周期　　　　　　　　　　　　表5.11.4-1

	不考虑偶然偏心	考虑偶然偏心	扭转方向因子
T_x (s)	1.4	1.6	
T_y (s)	1.7	1.8	
T_{t1} (s)	1.2	1.8	0.6
T_{t2} (s)	1.0	1.2	0.7

分塔计算周期　　　　　　　　　　　　　表5.11.4-2

	不考虑偶然偏心	考虑偶然偏心	扭转方向因子
T_x (s)	1.9	2.3	
T_y (s)	2.1	2.6	
T_{t1} (s)	1.7	2.1	0.6
T_{t2} (s)	1.5	1.8	0.7

（A）0.7　　　　　　（B）0.8　　　　　　（C）0.9　　　　　　（D）1.0

（2）假定，裙楼右侧沿塔楼边设防震缝与塔楼分开（1~5层），左侧与塔楼整体连接。防震缝两侧结构在进行控制扭转位移比计算分析时，有4种计算模型，如图5.11.4-3

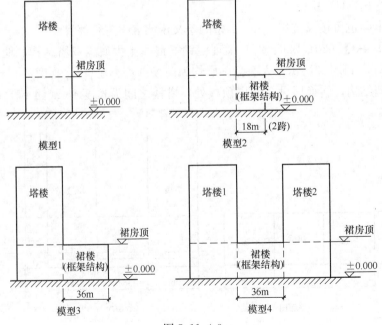

图 5.11.4-3

所示。如果不考虑地下室对上部结构的影响，试问，采用下列哪一组计算模型，最符合《高层建筑混凝土结构技术规程》JGJ 3—2010 的要求？

(A) 模型 1；模型 3 　　　　　　　(B) 模型 2；模型 3

(C) 模型 1；模型 2；模型 4 　　　 (D) 模型 2；模型 3；模型 4

【解】(1) 根据《高规》10.6.3 条、5.1.14 条，取最不利值：

由《高规》3.4.5 条条文说明，周期比计算时，不必附加偶然偏心。

分塔模型：$T_y = 2.1s$，$T_t = 1.7s$

$$\frac{T_t}{T_1} = \frac{1.7}{2.1} = 0.81$$

多塔模型：　　　　　　　　　$T_1 = 1.7s, T_t = 1.2s$

$$\frac{T_t}{T_1} = \frac{1.2}{1.7} = 0.7$$

最终取较大值为 0.81，故选 (B) 项。

(2) 裙楼与塔楼设缝脱开后，不再属于大底盘多塔楼复杂结构，在进行控制扭转位移比计算分析时，不能按《高规》10.6.3 条第 4 款要求建模。

整体模型 4 不再适用，(C)、(D) 项不准确。

非大底盘多塔楼复杂结构，裙楼的"相关范围"亦不适用，模型 2 不再适用，(B) 项不准确。

故选 (A) 项。

3. 悬挑结构

● 复习《高规》10.6.4 条。

需注意的是：

(1)《高规》10.6.4 条的条文说明指出："悬挑结构上下层楼板承受较大的面内作用，因此在结构分析时应考虑楼板面内的变形，分析模型应包含竖向振动的质量，保证分析结果可以反映结构的竖向振动反应。"

注意，它是指水平地震作用对悬挑部位可能产生的竖向振动效应。

(2)《高规》10.6.4 条第 6 款，悬挑结构关键构件的正截面、斜截面满足大震不屈服。

(3)《高规》10.6.4 条规定了 6、7 度抗震设计悬挑结构宜考虑竖向地震的影响，比《高规》4.3.2 条控制加严。

4. 体型收进结构、底盘高度超过房屋高度 20% 的多塔结构

● 复习《高规》10.6.5 条。

需注意的是：

(1)《高规》10.6.5 条第 1 款规定，"上部收进结构的底部楼层"是指上部收进后的结构的底部的第一层（或上部收进区段的首层），具体见《高规》本条条文说明中图 17 所示。

(2)《高规》10.6.5 条的条文说明：

10.6.5（条文说明）结构体型收进较多或收进位置较高时，因上部结构刚度突然降低，其收进部位形成薄弱部位，因此规定在收进的相邻部位采取更高的抗震措施。当结构偏心收进时，受结构整体扭转效应的影响，下部结构的周边竖向构件内力增加较多，应予以加强。图 16 中表示了应该加强的结构部位。

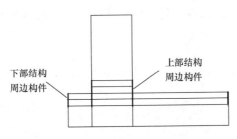

图 16　体型收进结构的加强部位示意

第十二节　高层建筑混凝土结构的内力调整

一、框架结构的内力调整

框架结构的内力调整，见表 5.12.1-1。

框架结构的内力调整　　　　　　　　　　　　表 5.12.1-1

构件类型	部位（规范条文）	抗震等级	地震作用组合的内力调整系数			备注
			M	V	V 的最终调整系数	
框架梁	全部部位（3.10.3条、6.2.5条）	特一级	1.0	1.2【一级 V_b】	1.2【一级 V_b】	公式为《高规》公式，下同
		一级	1.0	按实配计算 V_b，式 (6.2.5-1)	按实配计算 V_b，式 (6.2.5-1)	
		二级	1.0	1.2	1.2×1.0	
		三级	1.0	1.1	1.1×1.0	
		四级	1.0	1.0	1.0×1.0	【注1】
框架柱	底层柱柱底截面（3.10.2 条、6.2.2条、6.2.3条）	特一级	1.2×1.7	1.2【一级 V_c】	1.2【一级 V_c】	
		一级	1.7	按实配计算 V_c，式 (6.2.3-1)	按实配计算 V_c，式 (6.2.3-1)	【注2】
		二级	1.5	1.3	1.3×1.5	
		三级	1.3	1.2	1.2×1.3	
		四级	1.2	1.1	1.1×1.2	【注1】

续表

构件类型	部位 （规范条文）	抗震等级	地震作用组合的内力调整系数			备注
			M	V	V 的最终调整系数	
框架柱	其他层框架柱柱端截面（3.10.2条、6.2.1条、6.2.3条）	特一级	1.2 【一级 M_c】	1.2 【一级 V_c】	1.2 【一级 V_c】	
		一级	按实配计算 M_c， 式（6.2.1-1）	按实配计算 V_c， 式（6.2.3-1）	按实配计算 V_c， 式（6.2.3-1）	【注2】
		二级	1.5	1.3	1.3×1.5	
		三级	1.3	1.2	1.2×1.3	
		四级	1.2	1.1	1.1×1.2	【注1】

注：1. 抗震四级的框架梁，见《混规》11.3.2条；抗震四级的框架柱，见《抗规》6.2.2条、6.2.3条、6.2.5条。

2. 抗震一级的框架柱，当采用按增大系数时，见《抗规》6.2.2条、6.2.5条。

3. 框架角柱，根据《高规》6.2.4条，M 乘以 1.1，V 乘以 1.1 并且仅考虑一次。

4. 高层框架结构中无"9度一级框架"。

二、其他结构的框架内力调整

其他结构（是指框架-剪力墙、框架-核心筒、筒中筒结构）的框架内力调整，见表5.12.2-1。

其他结构的框架内力调整　　　　　表5.12.2-1

构件类型	部位 （规范条文）	抗震等级	地震作用组合的内力调整系数			备注
			M	V	V 的最终调整系数	
框架梁	全部部位 （3.10.3条、6.2.5条）	特一级	1.0	1.2 【一级 V_b】	1.2 【一级 V_b】	
		9度的一级	1.0	按实配计算 V_b， 式（6.2.5-1）	按实配计算 V_b， 式（6.2.5-1）	
		一级	1.0	1.3	1.3×1.0	
		二级	1.0	1.2	1.2×1.0	
		三级	1.0	1.1	1.1×1.0	
		四级	1.0	1.0	1.0×1.0	
框架柱	底层柱柱底截面（3.10.2条、6.2.1条、6.2.3条、6.2.2条条文说明）	特一级	1.2 【一级 M_c】	1.2 【一级 V_c】	1.2 【一级 V_c】	
		9度的一级	1.0	按实配计算 V_c， 式（6.2.3-1）	按实配计算 V_c， 式（6.2.3-1）	
		一级	1.0	1.4	1.4×1.0	
		二级	1.0	1.2	1.2×1.0	
		三、四级	1.0	1.1	1.1×1.0	

续表

构件类型	部位 （规范条文）	抗震等级	地震作用组合的内力调整系数			备注
			M	V	V 的最终调整系数	
框架柱	其他层框架柱 z 柱端截面 （3.10.2 条、6.2.1 条、6.2.3 条）	特一级	1.2 【一级 M_c】	1.2 【一级 V_c】	1.2 【一级 V_c】	
		9度的一级	按实配计算 M_c， 式（6.2.1-1）	按实配计算 V_c， 式（6.2.3-1）	按实配计算 V_c， 式（6.2.3-1）	
		一级	1.4	1.4	1.4×1.4	
		二级	1.2	1.2	1.2×1.2	
		三、四级	1.1	1.1	1.1×1.1	

注：框架角柱，根据《高规》6.2.4条，M乘以1.1，V乘以1.1并且仅考虑一次。

三、普通高层结构的剪力墙的内力调整

普通高层结构（是指剪力墙结构、框架-剪力墙、框架-核心筒、筒中筒结构）的剪力墙的内力调整，见表5.12.3-1。

普通高层结构的剪力墙的内力调整 表 5.12.3-1

构件类型	部位 （规范条文）	抗震等级	地震作用组合的内力调整系数		备注
			M	V	
一般剪力墙	底部加强部位 （3.10.5 条、7.2.6 条）	特一级	1.1	1.9	【注1】
		9度的一级	1.0	按实配计算 V， 式（7.2.6-2）	
		一级	1.0	1.6	
		二级	1.0	1.4	
		三级	1.0	1.2	
		四级	1.0	1.0	
	其他部位 （3.10.5 条、7.2.5 条、7.2.6 条）	特一级	1.3	1.4	
		一级	1.2	1.3	【注2】
		二、三、四级	1.0	1.0	
短肢剪力墙	底部加强部位	同一般剪力墙的底部加强部位			
	其他部位 （3.10.5 条、7.2.2 条）	特一级	1.3	1.2×1.4	【注3】
		一级	1.2	1.4	
		二级	1.0	1.2	
		三级	1.0	1.1	
		四级	1.0	1.0	【注4】

注：1. 无"9度的特一级"，见《高规》3.9.3条、3.9.4条。
2. 此处的"一级"包括"9度的一级"。
3. 为实现"强剪弱弯"可取调整系数≥1.4，此时取1.2×1.4，这与朱炳寅总工编著的《高层建筑混凝土结构技术规程应用与分析》一致。
4. 此处的四级的调整系数，笔者依据《高规》7.2.6条。

四、部分框支剪力墙结构的内力调整

部分框支剪力墙结构的内力调整，见表5.12.4-1～表5.12.4-3。

部分框支剪力墙结构的转换梁与框架梁的内力调整系数　　　　　表 5.12.4-1

构件类型	部位（规范条文）	抗震等级	水平地震作用的内力调整系数			备注
			M	V	N	
转换梁（框支梁）	全部部位（10.2.4条）	特一级	1.9	1.9	1.9	
		一级	1.6	1.6	1.6	
		二级	1.3	1.3	1.3	
框架梁	全部（6.2.5条）	同"其他结构"的框架梁				

部分框支剪力墙结构的转换柱与框架柱的内力调整系数　　　　　表 5.12.4-2

构件类型	部位（规范条文）	抗震等级	地震作用组合的内力调整系数			备注
			M	V	V 最终调整系数	
转换柱（框支柱）	转换柱上端截面和底层柱柱底截面（3.10.4条、10.2.11条）	特一级	1.8	1.2×1.4	1.2×1.4×1.5	【注1】
		一级	1.5	1.4	1.4×1.5	
		二级	1.3	1.2	1.2×1.3	
	转换柱的其余层柱端截面（3.10.4条、10.2.11条）	特一级	1.2×1.4	1.2×1.4	1.2×1.4×1.4	【注2】
		一级	1.4	1.4	1.4×1.4	
		二级	1.2	1.2	1.2×1.2	
框架柱	全部部位	同"其他结构"的框架柱				

注：1. 假定，取 1.2×1.4×1.8＝1.2×1.4×（1.2×1.5），则 1.2 考虑了两次，但 1.2 应仅考虑一次，所以 V 的最终调整系数为 1.2×1.4×1.5，这与朱炳寅总工编著的《高层建筑混凝土结构技术规程应用与分析》一致。

2. 同上述注1，系数 1.2 应仅考虑一次，所以 V 的最终调整系数为 1.2×1.4×1.4。

3. 转换角柱、框架角柱，根据《高规》10.2.11条、6.2.4条，M 乘以 1.1，V 乘以 1.1 并且仅考虑一次。

部分框支剪力墙结构的剪力墙的内力调整表　　　　　表 5.12.4-3

构件类型	部位（规范条文）	抗震等级	地震作用组合的内力调整系数		备注
			M	V	
落地剪力墙	底部加强部位（3.10.5条、7.2.6条、10.2.18条）	特一级	1.8	1.9	
		一级	1.5	1.6	
		二级	1.3	1.4	
		三级	1.1	1.2	
	其他部位	同"普通高层结构"的一般剪力墙的"其他部位"			【注】
不落地剪力墙	全部部位	同"普通高层结构"的一般剪力墙			【注】
短肢剪力墙	全部部位	同"普通高层结构"的短肢剪力墙			【注】

注："普通高层结构"的一般剪力墙、短肢剪力墙的内力调整，见前面表5.12.3-1。

第十三节　高层建筑混凝土结构的构造措施

一、框架梁的构造措施

抗震设计框架梁的纵向受力钢筋和箍筋的抗震构造措施，见表 5.13.1-1、表 5.13.1-2。

非抗震设计框架梁的纵向受力钢筋和箍筋的构造措施，见表 5.13.1-3、表 5.13.1-4。

抗震设计框架梁纵向受力钢筋的抗震构造措施　　　　表 5.13.1-1

项　　目	规　　定		
	《高规》	《混规》	《抗规》
最小配筋率	6.3.2 条： 表 6.3.2-1	11.3.6 条： 同《高规》	—
最大配筋率	6.3.3 条： $\rho_纵$ 不宜大于 2.5%； $\rho_纵$ 不应大于 2.75%；	11.3.7 条： $\rho_纵$ 不宜大于 2.5%	6.3.4 条： $\rho_纵$ 不宜大于 2.5%
梁端梁底、顶纵筋面积比 A'_s/A_s	6.3.2 条： 一级：$A'_s/A_s \geq 0.5$ 二、三级：$A'_s/A_s \geq 0.3$； 6.3.3 第 1 款： $\rho_纵 > 2.5\%$，$\rho_{受压} \geq 0.5\rho_{受拉}$	11.3.6 条： 一级：$A'_s/A_s \geq 0.5$ 二、三级：$A'_s/A_s \geq 0.3$	6.3.3 条： 一级：$A'_s/A_s \geq 0.5$ 二、三级：$A'_s/A_s \geq 0.3$
相对受压区高度 $\xi = x/h_0$	6.3.2 条： 一级：$x/h_0 \leq 0.25$ 二、三级：$x/h_0 \leq 0.35$	11.3.1 条： 同《高规》	6.3.3 条： 同《高规》
沿梁全长的通长纵筋	6.3.3 条	11.3.7 条： 同《高规》	6.3.4 条： 同《高规》
贯通中柱的纵筋直径 $d_纵$	6.3.3 条： 一、二、三级框架：$d_纵$ 不宜大于 $B/20$	11.6.7 条： 1）9 度各类框架和一级框架结构：$d_纵$ 不宜大于 $B/25$ 2）一、二、三级框架：$d_纵$ 不宜大于 $B/20$	6.3.4 条： 1）一、二、三级框架结构：$d_纵$ 不应大于 $B/20$ 2）一、二、三级框架：$d_纵$ 不宜大于 $B/20$

注：1. B 是指矩形截面柱，柱在该方向截面尺寸；为圆截面柱，纵筋所在位置柱截面弦长。$d_纵$ 是指纵向受力钢筋的直径。

2. 梁的最小配筋率，取 bh 计算；其最大配筋率，取 bh_0 计算。

抗震设计框架梁箍筋的抗震构造措施

表 5.13.1-2

项　目		规　定		
		《高规》	《混规》	《抗规》
箍筋加密区	加密区长度	6.3.2 条： 表 6.3.2-2	11.3.6 条： 同《高规》	6.3.3 条： 同《高规》
	箍筋最大间距 (s)	6.3.2 条： 表 6.3.2-2	11.3.6 条： 同《高规》	6.3.3 条： 同《高规》
	箍筋最小直径 (ϕ)	6.3.2 条：表 6.3.2-2 $\rho_{\text{纵}}$ 大于 2% 时，箍筋最小直径 +2	11.3.6 条： 同《高规》	6.3.3 条： 同《高规》
	箍筋最大肢距 (a)	6.3.5 条： 一级：$a \leqslant \max (200, 20\phi)$； 二、三级：$a \leqslant \max(250, 20\phi)$； 四级：$a \leqslant 300$	11.3.8 条： 一、二、三级：同《高规》； 一级～四级：$a \leqslant 300$	6.3.4 条： 一、二、三级：同《高规》；
箍筋非加密区	箍筋间距 ($s_{\text{非}}$)	6.3.5 条： $s_{\text{非}} \leqslant 2s$	11.3.9 条： 同《高规》	—
沿梁全长箍筋的最小面积配筋率 ρ_{sv}		6.3.5 条： 一级：$\rho_{\text{sv}} \geqslant 0.30 f_{\text{t}}/f_{\text{yv}}$ 二级：$\rho_{\text{sv}} \geqslant 0.28 f_{\text{t}}/f_{\text{yv}}$ 三、四级：$\rho_{\text{sv}} \geqslant 0.26 f_{\text{t}}/f_{\text{yv}}$	11.3.9 条： 同《高规》	

注：1. 特一级，《高规》3.10.3 条，加密区箍筋最小面积配筋率增大 10%。

2. $\rho_{\text{sv}} = A_{\text{sv}}/(bs)$。

非抗震设计框架梁纵向受力钢筋的构造措施

表 5.13.1-3

项　目	规　定	
	《高规》	《混规》
最大配筋率	—	—
最小配筋率	6.3.2 条： $\rho_{\min} = \max (0.20, 45 f_{\text{t}}/f_{\text{yv}})\%$	8.5.1 条： $\rho_{\min} = \max (0.20, 45 f_{\text{t}}/f_{\text{yv}})\%$
纵筋直径 (d)	—	9.2.1 条第 2 款：$h \geqslant 300, d \geqslant 10$；$h < 300$, $d \geqslant 8$
纵筋水平净间距 (h)	—	顶筋 $h \geqslant \max (30, 1.5 d_{\text{最大}})$； 底筋 $h \geqslant \max (25, d_{\text{最大}})$； 底筋 >2 层，其 2 层以上纵筋中距比下面 2 层纵筋中距增大 1 倍
纵筋竖向净间距 (v)	—	各层纵筋 $v \geqslant \max (25, d_{\text{最大}})$
框架顶层端节点 梁顶纵筋面积	—	9.3.8 条：满足式 (9.3.8)

注：1. 梁纵向受力钢筋的最小配筋率，取 bh 计算；其最大配筋率，取 bh_0 计算。

2. $d_{\text{最大}}$ 是指纵向受力钢筋的最大直径。

非抗震设计框架梁箍筋的构造措施　　表 5.13.1-4

项　　目	规　　定	
	《高规》	《混规》
箍筋最小直径（ϕ）	6.3.4 条第 2、6 款： $h>800$，$\phi\geqslant8$；$h\leqslant800$，$\phi\geqslant6$； 配置计算需要的纵向受压钢筋时，$\phi\geqslant d_{最大}/4$； 受力钢筋搭接长度范围内，$\phi\geqslant d_{最大}/4$	9.2.9 条： 同《高规》； 8.4.6 条：受力钢筋搭接长度范围内，$\phi\geqslant d_{最大}/4$
箍筋最大间距（s）	6.3.4 条：表 6.3.4 配置计算需要的纵向受压钢筋时： 1) $s\leqslant\max(15d_{最小}, 400)$； 2) 一层内纵向受压钢筋 >5 根且直径 >18 时，$s\leqslant10d_{最小}$	9.2.9 条： 同《高规》； 8.4.6 条：受力钢筋搭接长度范围内，$s\leqslant5d_{最小}$
箍筋肢距	配置计算需要的纵向受压钢筋时，按 6.3.4 条第 6 款	9.2.9 条： 同《高规》
箍筋的面积配筋率	6.3.4 条：当 $V>0.7f_tbh_0$ 时， $\rho_{sv}=A_{sv}/(bs)\geqslant0.24f_t/f_{yv}$	9.2.9 条： 同《高规》

注：$d_{最大}$ 和 $d_{最小}$ 分别是指纵向受力钢筋的最大直径、最小直径。

二、框架柱的构造措施

抗震设计框架柱的纵向受力钢筋和箍筋的抗震构造措施，见表 5.13.2-1、表 5.13.2-2。

非抗震设计框架柱的纵向受力钢筋和箍筋的构造措施，见表 5.13.2-3、表 5.13.2-4。

抗震设计框架柱纵向受力钢筋的抗震构造措施　　表 5.13.2-1

项　　目	规　　定		
	《高规》	《混规》	《抗规》
最大配筋率	6.4.4 条： $\rho_全$ 不应大于 5%； 一级且 $\lambda\leqslant2$ 柱，其 $\rho_{一侧}$ 不宜大于 1.2%	11.4.13 条： 同《高规》	6.3.8 条： 同《高规》
最小配筋率	6.4.3 条第 1 款： $\rho_全$，查表 6.4.3-1（Ⅳ类场地较高高层，表中值加 0.1）； $\rho_{一侧}$，不应小于 0.2%； 特一级：中、边柱 $\rho_全\geqslant1.4\%$，角柱 $\rho_全\geqslant1.6\%$（3.10.2 条）	11.4.12 条： 无特一级，其他同《高规》；	6.3.7 条： 无特一级，其他同《高规》
纵筋直径	—	—	—
纵筋间距	6.4.4 条第 2 款：当 $B>400$ 时：一、二、三级：纵筋间距 $\leqslant200$； 四级：纵筋间距 $\leqslant300$ 纵筋净距 $\geqslant50$	11.4.13 条： $B>400$，纵筋间距 $\leqslant200$	6.3.8 条： 同《混规》

注：1. Ⅳ类场地较高高层，是指大于 40m 的框架结构，或大于 60m 的其他结构，见《高规》6.4.2 条条文说明。

2. B 是指柱截面尺寸。

抗震设计框架柱箍筋的抗震构造措施 表 5.13.2-2

项目		规 定		
		《高规》	《混规》	《抗规》
箍筋加密区	体积配箍率 (ρ_v)	6.4.7条： 一级：$\rho_v \geqslant \max(\lambda_v f_c / f_{yv}, 0.8\%)$； 二级：$\rho_v \geqslant \max(\lambda_v f_c / f_{yv}, 0.6\%)$； 三、四级：$\rho_v \geqslant \max(\lambda_v f_c / f_{yv}, 0.4\%)$； $\lambda \leqslant 2$柱：$\rho_v \geqslant \max(\lambda_v f_c / f_{yv}, 1.2\%)$； $\lambda \leqslant 2$且9度一级：$\rho_v \geqslant \max(\lambda_v f_c / f_{yv}, 1.5\%)$； 特一级：取$\lambda_v + 0.02$(3.10.2条)	11.4.17条： 无特一级；其他同《高规》	6.3.9条： 无特一级；其他同《高规》
	加密区范围	6.4.6条： 柱两端：$\max(H_n/6, h_c, 500)$； 底层柱：刚性地面上下各500； 底层柱：柱根以上$H_n/3$； $\lambda \leqslant 2$柱、$H_n/h_c \leqslant 4$柱，全高加密； 一、二级框架角柱，全高加密	11.4.14条、11.4.12条： 未涉及"$H_n/h_c \leqslant 4$柱"；其他同《高规》	6.3.9条： 同《高规》
	箍筋最大间距 (s)	6.4.3条：表6.4.3-2 1) 一级柱$\Phi > 12$且$a \leqslant 150$，除柱根外，可取$s=150$； 2) 二级柱$\Phi \geqslant 10$且$a \leqslant 200$，除柱根外，可取$s=150$； 3) $\lambda \leqslant 2$柱，$s \leqslant 100$	11.4.12条： $\lambda \leqslant 2$柱，$s \leqslant \min(6d_纵, 100)$；其他同《高规》	6.3.7条： $\lambda \leqslant 2$柱，$s \leqslant 100$；其他同《高规》
	箍筋最小直径 (ϕ)	6.4.3条：表6.4.3-2 1) 三级$b_c \leqslant 400$，ϕ可取6； 2) 四级$\lambda \leqslant 2$，或$\rho_全 > 3\%$，$\phi \geqslant 8$	11.4.12条：未涉及"三级$b_c \leqslant 400$"，"$\rho_全 > 3\%$"；其他同《高规》	6.3.7条：未涉及"$\rho_全 > 3\%$"；其他同《高规》
	箍筋最大肢距 (a)	6.4.8条：一级：$a \leqslant 200$ 二、三级：$a \leqslant \max(250, 20\phi)$ 四级：$a \leqslant 400$； 每隔1根纵筋双向约束	11.4.15条： 同《高规》	6.3.9条： 二、三级：$a \leqslant 250$；其他同《高规》
箍筋非加密区	体积配筋率	6.4.8条： $\rho_{v非加密} \geqslant 0.5\rho_v$	11.4.18条： 同《高规》	6.3.9条： 同《高规》
	箍筋间距 ($s_非$)	6.4.8条： 一、二级 $s_非 \leqslant 10d_纵$，$s_非 \leqslant 2s$ 三、四级 $s_非 \leqslant 15d_纵$，$s_非 \leqslant 2s$	11.4.18条： 一、二级 $s_非 \leqslant 10d_纵$ 三、四级 $s_非 \leqslant 15d_纵$	6.3.9条： 同《混规》

注：1. 表中柱是指框架柱，不包括转换柱（框支柱和托柱转化柱）。

2. h_c是指柱截面高度（或圆柱直径），b_c是指柱截面宽度；H_n是指柱净高度；$d_纵$是指纵向受力钢筋的直径。

非抗震设计框架柱纵向受力钢筋的构造措施　　　　　　表 5.13.2-3

项 目	规 定	
	《高规》	《混规》
最大配筋率	6.4.4 条： $\rho_全$不宜大于 5%；$\rho_全$不应大于 6%	9.3.1 条： $\rho_全$不宜大于 5%
最小配筋率	6.4.3 条：表 6.4.3 $\rho_{一侧}$，不应小于 0.2%	8.5.1 条： 同《高规》
纵筋直径	—	9.3.1 条：$d_纵 \geqslant 12$
纵筋间距	6.4.4 条：纵筋间距≤300；纵筋净间距≥50	9.3.1 条：同《高规》

非抗震设计框架柱箍筋的构造措施　　　　　　表 5.13.2-4

项 目	规 定	
	《高规》	《混规》
箍筋最大间距 （s）	6.4.9 条： $s \leqslant \max$（400，b_c，$15d_{最小}$）； $\rho_全 > 3\%$时，$s \leqslant \max$（200，$10d_{最小}$）	9.3.2 条： 同《高规》
箍筋最小直径 （ϕ）	6.4.9 条： $\phi \geqslant \max$（6，$d_{最大}/4$）； $\rho_全 > 3\%$时，$\phi \geqslant 8$	9.3.2 条： 同《高规》
箍筋肢距	6.4.9 条： 柱各边纵筋多于 3 根，应设置复合箍筋	9.3.2 条： $b_c > 400$ 且各边纵筋多余 3 根，应设置复合箍筋

注：b_c是指柱截面的短边尺寸；$d_{最大}$和$d_{最小}$分别是指柱纵向受力钢筋的最大直径、最小直径。

三、普通剪力墙结构的构造措施

普通剪力墙结构的构造措施，见表 5.13.3-1。

普通剪力墙结构的构造措施　　　　　　表 5.13.3-1

项 目	规 定		
	《高规》	《抗规》	《混规》
竖向和水平分布筋的排数	7.2.3 条：不应单排； $b_w \leqslant 400$，双排； $400 < b_w \leqslant 700$，三排； $b_w \leqslant 700$，四排	6.4.4 条： $140 < b_w$，双排	11.7.13 条： $140 < b_w$，双排
各排分布筋间的拉筋	7.2.3 条： 拉筋直径≥6，间距≤600	6.4.4 条： 同《高规》	
分布筋的配筋率	7.2.17 条： 一、二、三级：$\rho_{sh} \geqslant 0.25\%$；$\rho_{sv} \geqslant 0.25\%$； 四级：$\rho_{sh} \geqslant 0.20\%$；$\rho_{sv} \geqslant 0.20\%$	6.4.3 条： 同《高规》	11.7.14 条： 同《高规》

续表

项　　目	规　　定		
	《高规》	《抗规》	《混规》
分布筋的间距、直径ϕ	7.2.18条： $s_v \leqslant 300$，$s_h \leqslant 300$； $\phi \geqslant 8$，$\phi \leqslant b_w/10$	6.4.4条： 同《高规》； 竖向钢筋直径≥10	11.7.15条： 同《高规》； 竖向分布钢筋直径≥10
短肢剪力墙	7.2.2条： 底部加强部位：$\rho_全 \geqslant 1.2\%$（一、二级）； $\rho_全 \geqslant 1\%$（三、四级） 其他部位：$\rho_全 \geqslant 1\%$（一、二级）；$\rho_全 \geqslant$ 0.8%（三、四级）	—	—
温度应力可能较大位置	7.2.19条： $\rho_{sh} \geqslant 0.25\%$；$\rho_{sv} \geqslant 0.25\%$； $s_v \leqslant 200$，$s_h \leqslant 200$	—	—
特一级剪力墙	3.10.5条： 底部加强部位：$\rho_{sh} \geqslant 0.40\%$；$\rho_{sv} \geqslant 0.40\%$ 其他部位：$\rho_{sh} \geqslant 0.35\%$；$\rho_{sv} \geqslant 0.35\%$	—	—
$H < 24m$ 且剪压比很小的四级	—	6.4.3条： $\rho_{sh} \geqslant 0.20\%$； $\rho_{sv} \geqslant 0.15\%$	11.7.14条： 同《抗规》

注：1. b_w是指剪力墙的截面厚度。

2. ρ_{sh}和ρ_{sv}分别是墙体的水平分布钢筋的配筋率、竖向分布钢筋的配筋率。

3. s_v和s_h分别是水平分布钢筋的竖向间距、竖向分布钢筋的水平间距。

4. $\rho_全$是指全部竖向钢筋。

四、框架-剪力墙结构和板柱-剪力墙结构的构造措施

框架-剪力墙结构和板柱-剪力墙结构的构造措施，见表 5.13.4-1。

框架-剪力墙结构和板柱-剪力墙结构的构造措施　　　　表 5.13.4-1

项　　目		规　　定	
		《高规》	《抗规》
框架-剪力墙结构、板柱-剪力墙结构	竖向和水平分布筋的排数	8.2.1条： 至少双排布置	6.5.2条： 应双排布置
	各排分布筋间的拉筋	8.2.1条： 拉筋直径≥6，间距≤600	6.5.2条： 应设置拉筋
	分布筋的配筋率	8.2.1条： 抗震，$\rho_{sh} \geqslant 0.25\%$；$\rho_{sv} \geqslant 0.25\%$； 非抗震，$\rho_{sh} \geqslant 0.20\%$；$\rho_{sv} \geqslant 0.20\%$	6.5.2条： 抗震，$\rho_{sh} \geqslant 0.25\%$； $\rho_{sv} \geqslant 0.25\%$

续表

项　目		规　定	
		《高规》	《抗规》
框架-剪力墙结构	少量抗震墙的框架结构	—	6.5.4 条注：其抗震墙的抗震构造措施，可按 6.4 抗震墙的规定
	特一级	底部加强部位： $\rho_{sh} \geqslant 0.40\%$；$\rho_{sv} \geqslant 0.40\%$ 其他部位： $\rho_{sh} \geqslant 0.35\%$；$\rho_{sv} \geqslant 0.35\%$	—

注：ρ_{sh} 和 ρ_{sv} 分别是墙体的水平分布钢筋的配筋率、竖向分布钢筋的配筋率。

五、筒体结构的核心筒和内筒的构造措施

筒体结构的核心筒和内筒的构造措施，见表 5.13.5-1。

筒体结构的核心筒和内筒的构造措施　　　　　　　　表 5.13.5-1

项　目	规　定	
	《高规》	《抗规》
底部加强部位及其上一层的墙体厚度	—	6.7.2 条：侧向刚度无突变时，不宜改变墙体厚度
墙体厚度	9.1.7 条：外墙厚度≥200； 内墙厚度≥160	—
分布筋的排数	9.1.7 条：不应少于 2 排	—
底部加强部位的分布筋配筋率	9.2.2 条： $\rho_{sh} \geqslant 0.30\%$；$\rho_{sv} \geqslant 0.30\%$ 特一级：$\rho_{sh} \geqslant 0.40\%$；$\rho_{sv} \geqslant 0.40\%$（3.10.5 条）	6.7.2 条： $\rho_{sh} \geqslant 0.25\%$；$\rho_{sv} \geqslant 0.25\%$
一般部位的分布筋配筋率	9.1.7 条：一、二、三级：$\rho_{sh} \geqslant 0.25\%$；$\rho_{sv} \geqslant 0.25\%$ 四级：$\rho_{sh} \geqslant 0.20\%$；$\rho_{sv} \geqslant 0.20\%$ 特一级：$\rho_{sh} \geqslant 0.35\%$；$\rho_{sv} \geqslant 0.35\%$（3.10.5 条）	6.7.2 条： $\rho_{sh} \geqslant 0.25\%$；$\rho_{sv} \geqslant 0.25\%$
底部加强部位的筒体角部设置约束边缘构件	9.2.2 条： 约束边缘构件沿墙肢的长度宜取墙肢截面高度的 1/4； 约束边缘构件范围内应主要采用箍筋	6.7.2 条： 同《高规》； 约束边缘构件范围内宜全部采用箍筋
一般部位的筒体角部设置约束边缘构件	9.2.2 条： 按 7.2.15 条普通剪力墙结构	6.7.2 条： 宜按转角墙设置

注：ρ_{sh} 和 ρ_{sv} 分别是墙体的水平分布钢筋的配筋率、竖向分布钢筋的配筋率。

六、部分框支剪力墙结构的构造措施

部分框支剪力墙结构的剪力墙的构造措施，见表 5.13.6-1。

部分框支剪力墙结构的剪力墙的构造措施

表 5.13.6-1

项　　目	规　　定		
	《高规》	《抗规》	《混规》
底部加强部位的分布筋配筋率	10.2.19 条： 抗震，$\rho_{sh} \geqslant 0.30\%$；$\rho_{sv} \geqslant 0.30\%$ 非抗震，$\rho_{sh} \geqslant 0.25\%$；$\rho_{sv} \geqslant 0.25\%$ 特一级：$\rho_{sh} \geqslant 0.40\%$；$\rho_{sv} \geqslant 0.40\%$（3.10.5 条）	6.4.3 条： 落地墙底部加强部位，抗震，$\rho_{sh} \geqslant 0.30\%$；$\rho_{sv} \geqslant 0.30\%$ 无"特一级"	11.7.14 条： 抗震，$\rho_{sh} \geqslant 0.30\%$；$\rho_{sv} \geqslant 0.30\%$； 无"特一级"
底部加强部位分布筋的间距、直径	10.2.19 条： 间距≤200，直径≥8	—	11.7.15 条： 间距≤200
底部加强部位墙体	10.2.20 条： 墙体两端宜设置翼墙或端柱，抗震设计应设置约束边缘构件按 7.2.15 条	—	11.7.17 条： 一～三级落地剪力墙的底部加强部位及其上一层，墙肢两端宜设置翼墙或端柱，应设置约束边缘构件
一级落地抗震墙底部加强部位的拉结筋和交叉防滑斜筋	—	6.2.11 条： 1) 拉结筋直径≥8，间距≤200 时，可计入混凝土的抗剪； 2) 防滑斜筋承担 30%墙肢剪力设计值	—
框支梁上部一层墙体	10.2.22 条： 抗震，应力设计值乘以 γ_{RE}	—	—

注：ρ_{sh} 和 ρ_{sv} 分别是墙体的水平分布钢筋的配筋率、竖向分布钢筋的配筋率。

部分框支剪力墙结构的转换梁和转换柱的构造措施，见表 5.13.6-2、表 5.13.6-3。

转换梁（框支梁和托柱转换梁）

表 5.13.6-2

项　　目	《高规》		非抗震设计
	抗震设计		
	框支梁	托柱转换梁	转换梁
梁顶、梁底纵筋最小配筋率	10.2.7 条 特一：$\rho_{纵} \geqslant 0.60\%$ 一级：$\rho_{纵} \geqslant 0.50\%$ 二级：$\rho_{纵} \geqslant 0.40\%$	同左	10.2.7 条： $\rho_{纵} \geqslant 0.30\%$

续表

项　目	《高规》		
	抗震设计		非抗震设计
	框支梁	托柱转换梁	转换梁
箍筋加密区范围	10.2.7条：离柱边1.5倍梁高； 10.2.8条：托墙边两侧1.5倍梁高	同左； 10.2.8条：托柱边两侧1.5倍梁高	与左边框支梁、托柱转换梁对应取值
加密区箍筋直径（ϕ）	102.7条：$\phi \geqslant 10$	同左	同左
加密区箍筋间距（s）	10.2.7条：$s \leqslant 100$	同左	同左
加密区箍筋的最小面积配筋率	10.2.7条： 特一：$\rho_{sv} \geqslant 1.3 f_t/f_{yv}$ 一级：$\rho_{sv} \geqslant 1.2 f_t/f_{yv}$ 二级：$\rho_{sv} \geqslant 1.1 f_t/f_{yv}$	同左	10.2.7条： $\rho_{sv} \geqslant 0.9 f_t/f_{yv}$
腰筋	其直径$\geqslant 16$，间距$\leqslant 200$	其直径$\geqslant 12$，间距$\leqslant 200$	与左边框支梁、托柱转换梁对应取值

转换柱（框支柱和托柱转换柱）　　　　　　　　　　　表 5.13.6-3

项　目	《高规》		
	抗震设计		非抗震设计
	框支柱	托柱转换柱	转换柱
纵筋最大配筋率	10.2.11条： $\rho_全$不宜大于4%； 《混规》11.4.13条， $\rho_全$不应大于5%	10.2.11条： $\rho_全$不宜大于4%	10.2.11条： $\rho_全$不宜大于4%
纵筋最小配筋率	10.2.10条： 一级：$\rho_全 \geqslant 1.1\%$； 二级：$\rho_全 \geqslant 0.9\%$； 特一：$\rho_全 \geqslant 1.6\%$（3.10.4条）	10.2.10条： 一级：$\rho_全 \geqslant 1.1\%$； 二级：$\rho_全 \geqslant 0.9\%$	10.2.10条： $\rho_全 \geqslant 0.7\%$
柱纵筋间距	10.2.11条：间距$\geqslant 80$，间距$\leqslant 200$	同左	10.2.11条：间距$\geqslant 80$，间距$\leqslant 250$
箍筋加密区范围	10.2.10条：全高	同左	—
箍筋加密区直径（ϕ）	10.2.10条：$\phi \geqslant 10$	同左	10.2.11条：$\phi \geqslant 10$
箍筋加密区间距（s）	10.2.10条：$s \leqslant \max(100, 6d_{最小})$	同左	10.2.11条：$s \leqslant 150$
箍筋体积配箍率（ρ_v）	10.2.10条： 一、二级：取$\lambda_v + 0.02$，$\rho_v \geqslant 1.5\%$； 特一级：取$\lambda_v + 0.03$，$\rho_v \geqslant 1.6\%$ （3.10.4条）	10.2.10条： 一、二级：取$\lambda_v + 0.02$，$\rho_v \geqslant 1.5\%$	10.2.11条： $\rho_v \geqslant 0.8\%$

注：特一级的托柱转换柱，其纵筋最小配筋率、箍筋体积配箍率，笔者认为，可按特一级框支柱采用。

七、约束边缘构件和构造边缘构件的抗震构造措施

约束边缘构件和构造边缘构件的抗震构造措施，见表 5.13.7-1、表 5.13.7-2。

约束边缘构件的抗震构造措施　　　　　　　　　　　　表 5.13.7-1

项　　目	规　　定		
	《高规》7.2.15 条	《混规》11.7.18 条	《抗规》6.4.5 条
沿墙肢的长度 l_c	表 7.2.15 及注 1、2、3	同《高规》	同《高规》
阴影部分面积的竖向纵筋面积	一级：$\geqslant \max$（1.2% A_c，8ϕ16） 二级：$\geqslant \max$（1.0% A_c，6ϕ16） 三级：$\geqslant \max$（1.0% A_c，6ϕ14） 特一级：$\geqslant$1.4% A_c（3.10.5 条）	一级：$\geqslant$1.2% A_c 二级：$\geqslant$1.0% A_c 三级：$\geqslant$1.0% A_c	无"特一级"；其他同《高规》
阴影部分面面积的配箍特征值 λ_v	表 7.2.15 确定 λ_v 特一级：1.2λ_v（3.10.5 条）	无"特一级"；其他同《高规》	无"特一级"；其他同《高规》
阴影部分面面积的箍筋体积配筋率 ρ_v	$\rho_v \geqslant \lambda_v f_c / f_{yv}$	同《高规》	同《高规》
非阴影部分面面积的配箍特征值 λ'_v	图 7.2.15，$\lambda'_v = \lambda_v / 2$ 特一级：$\lambda'_v = 1.2\lambda_v / 2$	无"特一级"；其他同《高规》	无"特一级"；其他同《高规》
非阴影部分面面积的箍筋体积配筋率 ρ'_v	$\rho'_v \geqslant 0.5\lambda_v f_c / f_{yv}$	同《高规》	同《高规》
箍筋、拉筋沿竖向间距 s	一级：$s \leqslant 100$ 二、三级：$s \leqslant 150$	同《高规》	同《高规》
箍筋、拉筋的水平向肢距 a	$a \leqslant 300$，$a \leqslant$ 竖向钢筋间距的 2 倍	—	—
端柱有集中荷载	—	—	其配筋构造满足框架柱的要求

注：A_c 是指约束边缘构件的阴影部分面积。

构造边缘构件的抗震构造措施　　　　　　　　　　　　表 5.13.7-2

项　　目	规　　定		
	《高规》7.2.16 条	《混规》11.7.19 条	《抗规》6.4.5 条
构造边缘构件的范围	图 7.2.16	图 11.7.19，与《高规》不同	图 6.4.5-1，与《高规》不同
竖向钢筋面积	表 7.2.16； 特一级：$\geqslant$1.2% A_c（3.10.5 条）	无"特一级"，其他与《高规》相同	无"特一级"，其他与《高规》相同
箍筋、拉筋最小直径	表 7.2.16	同《高规》	同《高规》
箍筋、拉筋沿竖向间距	表 7.2.16	同《高规》	同《高规》

项　目	规　定		
	《高规》7.2.16条	《混规》11.7.19条	《抗规》6.4.5条
箍筋、拉筋的水平方向肢距 a	$a\leqslant 300$，$a\leqslant$竖向钢筋间距的2倍	拉筋 $a\leqslant$竖向钢筋间距的2倍	同《混规》
端柱有集中荷载	其竖向钢筋、箍筋直径和间距应满足框架柱要求	同《高规》	同《高规》
B级高度、连体、错层结构的构造边缘构件的竖筋面积、箍筋范围、配箍特征值 λ_v	按表7.2.16值 $+0.001A_c$ 图7.2.16中阴影部分 $\lambda_v\geqslant 0.1$	—	—

注：1. A_c 是指构造边缘构件的截面积。

2. 非抗震设计时，依据《高规》7.2.16条，墙肢端部竖向纵筋 $\geqslant 4\phi 12$，箍筋直径 $\geqslant 6$mm，其间距 $\geqslant 250$mm。

八、普通连梁的构造措施

普通连梁的构造措施，见表5.13.8-1、表5.13.8-2。

抗震设计普通连梁的抗震构造措施　　　　　　表 5.13.8-1

项　目	规　定	
	《高规》	《混规》
纵筋最小配筋率	7.2.24条：表7.2.24 $l/h_b\leqslant 0.5$，$\rho_纵\geqslant \max(0.20, 45f_t/f_{yv})\%$ $0.5<l/h_b\leqslant 1.5$，$\rho_纵\geqslant \max(0.25, 55f_t/f_{yv})\%$ $l/h_b>1.5$，按框架梁，表6.3.2-1的支座列	11.7.11条： $\rho_纵\geqslant 0.15\%$，$A_s\geqslant 2\phi 12$
纵筋最大配筋率	7.2.25条：表7.2.25 $l/h_b\leqslant 1.0$，$\rho_纵\leqslant 0.6\%$ $1.0<l/h_b\leqslant 2.0$，$\rho_纵\leqslant 1.2\%$ $2.0<l/h_b\leqslant 2.5$，$\rho_纵\leqslant 1.5\%$ $2.5<l/h_b$，$\rho_纵\leqslant 2.5\%$（见本条条文说明）	—
纵筋的锚固长度	7.2.27条： $\geqslant 600$，$\geqslant l_{aE}$	同《高规》
沿连梁全长箍筋的直径、间距	符合6.3.2条框架梁梁端箍筋加密区的箍筋最小直径、最大间距	同《高规》
箍筋肢距	—	符合11.3.8条
顶层连梁纵筋伸入墙肢长度内的箍筋	7.2.27条： 箍筋间距 $\leqslant 150$，箍筋直径与该连梁的箍筋直径相同	同《高规》

项 目	规 定	
	《高规》	《混规》
腰筋	7.2.27 条： $h_b>700$，腰筋直径≥8，间距≤200； $l/h_b\leq2.5$，两侧腰筋总面积$\geq0.3\%bh_w$	11.7.11 条： $h_b>450$，腰筋直径≥8，间距≤200； 其他与《高规》相同

注：1. 普通连梁是指仅配普通箍筋未配斜向交叉钢筋的剪力墙洞口连梁。

2. h_w是指连梁腹板高度，按《混规》6.3.1 条采用。

非抗震设计普通连梁的抗震构造措施   表 5.13.8-2

项 目	规 定	
	《高规》	《混规》
纵筋最小配筋率	7.2.24 条：表 7.2.24 $l/h_b\leq1.5$，$\rho_{纵}\geq0.20\%$ $l/h_b>1.5$，按框架梁，6.3.2 条： $\rho_{纵}\geq\max(0.2, 45 f_t/f_{yv})\%$	9.4.7 条： $A_s\geq2\phi12$
纵筋最大配筋率	7.2.25 条：$\rho_{纵}\leq2.5\%$	—
纵筋的锚固长度	7.2.27 条：≥600，$\geq l_a$	9.4.7 条：$\geq l_a$
沿连梁全长箍筋的直径、间距	箍筋直径≥6，箍筋间距≤150	同《高规》
顶层连梁纵筋伸入墙肢长度内的箍筋	7.2.27 条： 箍筋间距≤150，箍筋直径与该连梁的箍筋直径相同	同《高规》
腰筋	7.2.27 条： $h_b>700$，腰筋直径≥8，间距≤200； $l/h_b\leq2.5$，两侧腰筋总面积$\geq0.3\%bh_w$	11.7.11 条： $h_b>450$，腰筋直径≥8，间距≤200； 其他与《高规》相同

注：1. 普通连梁是指仅配普通箍筋未配斜向交叉钢筋的剪力墙洞口连梁。

2. h_w是指连梁腹板高度，按《混规》6.3.1 条采用。

第十四节 《高规》混合结构

一、一般规定

1. 最大适用高度和高宽比

- 复习《高规》11.1.1 条、11.1.2 条、11.1.3 条。

需注意的是：

（1）混合结构的概念，《高规》11.1.1 条的条文说明指出："尽管采用型钢混凝土（钢管混凝土）构件与钢筋混凝土、钢构件组成的结构均可称为混合结构，构件的组合方式多种多样，所构成的结构类型会很多，但工程实际中使用最多的还是框架-核心筒及筒中筒混合结构体系，故本规程仅列出上述两种结构体系。"

本条的条文说明进一步指出："为减少柱子尺寸或增加延性而在混凝土柱中设置构造型钢，而框架梁仍为钢筋混凝土梁时，该体系不宜视为混合结构；此外对于体系中局部构件（如框支梁柱）采用型钢梁柱（型钢混凝土梁柱）也不应视为混合结构。"

（2）钢框架-核心筒结构体系的最大高度，《高规》11.1.2 条的条文说明指出："对混合结构中钢结构部分应承担的最小地震作用有些新的认识，如果混合结构中钢框架承担的地震剪力过少，则混凝土核心筒的受力状态和地震下的表现与普通钢筋混凝土结构几乎没有差别，甚至混凝土墙体更容易破坏，因此对钢框架-核心筒结构体系适用的最大高度较 B 级高度的混凝土框架-核心筒体系适用的最大高度适当减少。"

（3）混合结构的最大高宽比，《高规》11.1.3 条的条文说明作了解释。

2. 结构布置

● 复习《高规》11.2.1 条～11.2.7 条。

需注意的是：

（1）《高规》11.2.2 条的条文说明指出："框筒结构中，将强轴布置在框筒平面内时，主要是为了增加框筒平面内的刚度，减少剪力滞后。角柱为双向受力构件，采用方形、十字形等主要是为了方便连接，且受力合理。"

本条的条文说明还指出："楼面梁使连梁受扭，对连梁受力非常不利，应予避免；如必须设置时，可设置型钢混凝土连梁或沿核心筒外周设置宽度大于墙厚的环向楼面梁。"

（2）《高规》11.2.3 条的条文说明：

11.2.3（条文说明）刚度变化较大的楼层，是指上、下层侧向刚度变化明显的楼层，如转换层、加强层、空旷的顶层、顶部突出部分、型钢混凝土框架与钢框架的交接层及邻近楼层等。竖向刚度变化较大时，不但刚度变化的楼层受力增大，而且其上、下邻近楼层的内力也会增大，所以采取加强措施应包括相邻楼层在内。

对于型钢钢筋混凝土与钢筋混凝土交接的楼层及相邻楼层的柱子，应设置剪力栓钉，加强连接；另外，钢-混凝土混合结构的顶层型钢混凝土柱也需设置栓钉，因为一般来说，顶层柱子的弯矩较大。

（3）筒体的角部设置型钢，《高规》11.2.4 条的条文说明的解释是："钢（型钢混凝土）框架-混凝土筒体结构体系中的混凝土筒体在底部一般均承担了 85% 以上的水平剪力及大部分的倾覆力矩，所以必须保证混凝土筒体具有足够的延性，配置了型钢的混凝土筒体墙在弯曲时，能避免发生平面外的错断及筒体角部混凝土的压溃，同时也能减少钢柱与混凝土筒体之间的竖向变形差异产生的不利影响。而筒中筒体系的混合结构，结构底部内筒承担的剪力及倾覆力矩的比例有所减少，但考虑到此种体系的高度均很高，在大震作用

下很有可能出现角部受拉，为延缓核心筒弯曲铰及剪切铰的出现，筒体的角部也宜布置型钢。"

型柱钢的设置位置，本条的条文说明进一步指出："型钢柱可设置在核心筒的四角、核心筒剪力墙的大开口两侧及楼面钢梁与核心筒的连接处。试验表明，钢梁与核心筒的连接处，存在部分弯矩及轴力，而核心筒剪力墙的平面外刚度又较小，很容易出现裂缝，因此楼面梁与核心筒剪力墙刚接时，在筒体剪力墙中宜设置型钢柱，同时也能方便钢结构的安装；楼面梁与核心筒剪力墙铰接时，应采取措施保证墙上的预埋件不被拔出。混凝土筒体的四角受力较大，设置型钢柱后核心筒剪力墙开裂后的承载力下降不多，能防止结构的迅速破坏。因为核心筒剪力墙的塑性铰一般出现在高度的 1/10 范围内，所以在此范围内，核心筒剪力墙四角的型钢柱宜设置栓钉。"

(4)《高规》11.2.5 条及其条文说明，对于楼面梁，"当混凝土筒体墙中无型钢柱时，宜采用铰接"，当筒体墙中设置型钢柱并且需要增加整体结构刚度时，楼面梁采用刚接。

(5)《高规》11.2.7 条的条文说明指出："采用伸臂桁架主要是将筒体剪力墙的弯曲变形转换成框架柱的轴向变形以减小水平荷载下结构的侧移，所以必须保证伸臂桁架与剪力墙刚接。"

布置周边带状桁架的作用，本条条文说明指出："为增强伸臂桁架的抗侧力效果，必要时，周边可配合布置带状桁架。布置周边带状桁架，除了可增大结构侧向刚度外，还可增强加强层结构的整体性，同时也可减少周边柱子的竖向变形差异。"

外框柱的要求，本条条文说明指出："外柱承受的轴向力要能够传至基础，故外柱必须上、下连续，不得中断。由于外柱与混凝土内筒轴向变形往往不一致，会使伸臂桁架产生很大的附加内力，因而伸臂桁架宜分段拼装。在设置多道伸臂桁架时，下层伸臂桁架可在施工上层伸臂桁架时予以封闭；仅设一道伸臂桁架时，可在主体结构完成后再进行封闭，形成整体。"

此外，本条的条文说明指出了加强层中伸臂桁架的性能化设计应注意事项。

3. 结构计算规定

- 复习《高规》11.3.1 条～11.3.6 条。
- 复习《高规》11.1.4 条～11.1.8 条。

需注意的是：

(1)《高规》11.3.1 条的条文说明。

(2)《高规》11.3.4 条的条文说明。

(3) 抗风、抗震设计时，结构的阻尼比不相同，见《高规》11.3.5 条及其条文说明。注意，房屋高度对阻尼比的影响。

(4)《高规》11.1.4 条的条文说明指出："考虑到型钢混凝土构件节点的复杂性，且构件的承载力和延性可通过提高型钢的含钢率实现，故型钢混凝土构件仍不出现特一级。"

(5)《高规》11.1.6 条中"框架"包括：钢框架、型钢（钢管）混凝土框架。

【例 5.14.1-1】某 42 层现浇框架-核心筒高层建筑，如图 5.14.1-1 所示。内筒为钢筋混凝土筒体，外周边为型钢混凝土框架，房屋高度132m，建筑物的竖向体型比较规则、均匀。该建筑物抗震设防烈度为7度，丙类建筑，设计地震分组为第一组，设计地震加速度为0.1g，场地类别为Ⅱ类。结构的计算基本自振周期 $T_1=3.0s$，周期折减系数取0.8。

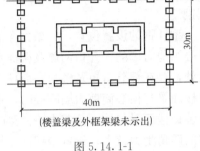

图 5.14.1-1

提示，按《高层建筑混凝土结构技术规程》JGJ 3—2010作答。

试问，计算多遇地震作用时，该结构的水平地震作用影响系数，最接近于下列何项？

(A) 0.012　　　　(B) 0.018　　　　(C) 0.024　　　　(D) 0.028

【解答】 根据《高规》11.3.5条，混合结构阻尼比 $\zeta=0.04$

查《高规》表4.3.7-1，7度，多遇地震，取 $\alpha_{\max}=0.08$

查《高规》表4.3.7-2，设计地震分组为第一组、Ⅱ类场地，取 $T_g=0.35s$

根据《高规》4.3.8条第2款规定：

$$\gamma=0.9+\frac{0.05-\xi}{0.3+6\xi}=0.9+\frac{0.05-0.04}{0.3+6\times0.04}=0.9185$$

$$\eta_1=0.02+\frac{0.05-\xi}{4+32\xi}=0.02+\frac{0.05-0.04}{4+32\times0.04}=0.02189$$

$$\eta_2=1+\frac{0.05-\xi}{0.08+16\xi}=1+\frac{0.05-0.04}{0.08+1.6\times0.04}=1.0694$$

又 $T_1=2.4s>5T_g=1.75s$，则：

$$\alpha=[0.2^{\gamma}\eta_2-\eta_1(T-5T_g)]\alpha_{\max}$$

$$=[0.2^{0.9185}\times1.0694-0.02189\times(2.4-1.75)]\times0.08$$

$$=0.01837$$

故选（B）项。

【例 5.14.1-2】 （2012B20）某40层高层办公楼，建筑物总高度152m，采用型钢混凝土框架-钢筋混凝土核心筒结构体系，楼面梁采用钢梁，核心筒采用普通钢筋混凝土，经计算地下室顶板可作为上部结构的嵌固部位。该建筑抗震设防类别为标准设防类（丙类），抗震设防烈度为7度，设计基本地震加速度为0.10g，设计地震分组为第一组，建筑场地类别为Ⅱ类。

该结构中框架柱数量各层保持不变，按侧向刚度分配的水平地震作用标准值如下：结构基底总剪力标准值 $V_0=29000kN$，各层框架承担的地震剪力标准值最大值 $V_{f,\max}=3828kN$。某楼层框架承担的地震剪力标准值 $V_f=3400kN$，该楼层某柱的柱底弯矩标准值 $M=596kN\cdot m$，剪力标准值 $V=156kN$。试问，该柱进行抗震设计时，相应于水平地震作用的内力标准值 M（kN·m）、V（kN）最小取下列何项数值时，才能满足规范、规程对框架部分多道防线概念设计的最低要求？

(A) 600、160 (B) 670、180

(C) 1010、265 (D) 1100、270

【解答】 根据《高规》11.1.6条、9.1.11条：

$$V_{f,max} = 3828kN > 0.1V_0 = 0.1 \times 29000 = 2900kN$$

$$V_f = 3400kN < 0.2V_0 = 5800kN$$

故该层柱内力需要调整，则：

$$V = min(0.2V_0, 1.5V_{f,max}) = min(5800, 1.5 \times 3828)$$

$$= 5742kN$$

则：$M_k = \dfrac{5742}{3400} \times 596 = 1007.2kN$，$V_k = \dfrac{5742}{3400} \times 156 = 263.6kN$

故选（C）项。

二、型钢混凝土梁

- 复习《高规》11.4.1条。
- 复习《高规》11.4.2条、11.4.3条。

需注意的是：

(1)《高规》11.4.1条的条文说明指出："在型钢混凝土中的型钢截面的宽厚比可较纯钢结构适当放宽。"

(2)《高规》11.4.3条第1款，箍筋的最小面积配筋率实行"双控"。该箍筋的最小面积配箍率是针对型钢混凝土梁全长。

(3)《高规》表11.4.3中"加密区箍筋间距"要求。

【例5.14.2-1】 某现浇框架-核心筒高层建筑结构，地下3层，地上35层，结构高度128m。内筒为钢筋混凝土筒体，外框为型钢混凝土框架。抗震设防烈度为7度，抗震设防类别为丙类，设计地震分组为第一组，设计基本地震加速度为0.10g，场地类别为Ⅱ类。某层型钢混凝土框架梁的截面尺寸 $b \times h = 450mm \times 800mm$，采用C35混凝土，纵向受力钢筋采用HRB500（Φ），箍筋采用HPB300（Φ）。经计算可知该框架梁梁端正截面和斜截面承载力均为构造配筋。

试问，该框架梁梁端加密区的纵向钢筋、非加密区箍筋配置，下列何项最接近有关规范、规程中的构造要求？

提示： 按《高层建筑混凝土结构技术规程》JGJ 3—2010作答。

(A) 3Φ20；2Φ10@150 (B) 3Φ22；2Φ8@150

(C) 3Φ22；2Φ10@150 (D) 3Φ22；2Φ10@200

【解答】 根据《高规》表11.1.4，型钢混凝土框架的抗震等级为二级。

由《高规》11.4.2条：

$$A_s \geq 0.30\% \times 450 \times 800 = 1080mm^2$$

故（A）项不满足。

抗震二级，查《高规》表 11.4.3，箍筋直径≥10mm，故（B）项不满足。

非加密区，由《高规》11.4.3 条第 1 款规定：

$$\rho_{sv} \geq 0.28 f_t / f_{yv} = 0.28 \times 1.57 / 270 = 0.163\%$$

$$\rho_{sv} \geq 0.15\%，故取 \rho_{sv} \geq 0.163\%$$

（C）项：$\rho_{sv} = \dfrac{2 \times 78.5}{450 \times 150} = 0.23\%$，满足

（D）项：$\rho_{sv} = \dfrac{2 \times 78.5}{450 \times 200} = 0.17\%$，满足，最经济

故选（D）项。

三、型钢混凝土柱

> ● 复习《高规》11.4.4 条～11.4.7 条。

需注意的是：

（1）《高规》11.4.4 条的条文说明指出："型钢混凝土柱的轴向力大于柱子的轴向承载力的 50% 时，柱子的延性将显著下降。型钢混凝土柱有其特殊性，在一定轴力的长期作用下，随着轴向塑性的发展以及长期荷载作用下混凝土的徐变收缩会产生内力重分布，钢筋混凝土部分承担的轴力逐渐向型钢部分转移。"可以理解为，当 $\mu_N > 0.5$ 时，柱子的延性将显著下降。

（2）《高规》11.4.5 条的条文说明，常用的含钢率为 4%～8%。

（3）《高规》11.4.6 条的条文说明指出："柱箍筋的最低配置要求主要是为了增强混凝土部分的抗剪能力及加强对箍筋内部混凝土的约束，防止型钢失稳和主筋压曲。"

同时，本条条文说明还指出："型钢混凝土柱中钢骨提供了较强的抗震能力，其配箍要求可比混凝土构件适当降低；同时由于钢骨的存在，箍筋的设置有一定的困难，考虑到施工的可行性，实际配置的箍筋不可能太多。"

【例 5.14.3-1】（2012B21）某 40 层高层办公楼，建筑物总高度 152m，采用型钢混凝土框架-钢筋混凝土核心筒结构体系，楼面梁采用钢梁，核心筒采用普通钢筋混凝土，经

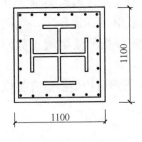

图 5.14.3-1

计算地下室顶板可作为上部结构的嵌固部位。该建筑抗震设防类别为标准设防类（丙类），抗震设防烈度为 7 度，设计基本地震加速度为 0.10g，设计地震分组为第一组，建筑场地类别为 Ⅱ 类。

首层某型钢混凝土柱的剪跨比不大于 2，其截面为 1100mm × 1100mm，按规范配置普通钢筋，混凝土强度等级为 C65（$f_c = 29.7 \text{N/mm}^2$），柱内十字形钢骨面积为 51875mm² （$f_a = 295 \text{N/mm}^2$）如图 5.14.3-1。试问，该柱所能承受的考虑地震组合满足轴压比限值的轴力最大设计值（kN），与下列何项数值最为接近？

提示：按《高层建筑混凝土结构技术规程》作答。

（A）34900　　　　　　　　　　（B）34780

（C）32300　　　　　　　　　　（D）29800

【解答】根据《高规》表 11.1.4，该柱抗震等级为一级。

由规程表 11.4.4 及注的规定：

$$\mu_N = 0.7 - 0.05 - 0.05 = 0.60$$

$$\begin{aligned} N &= \mu_N(f_c A_c + f_a A_a) \\ &= 0.60 \times [29.7 \times (1100 \times 1100 - 51875) \times 295 \times 51875] \\ &= 29819.7\text{kN} \end{aligned}$$

故选（D）项。

【例 5.14.3-2】（2016B29）某型钢混凝土框架-钢筋混凝土核心筒结构，层高为 4.2m，中部楼层型钢混凝土柱（非转换柱）配筋示意如图 5.14.3-2 所示。假定，柱抗震等级为一级，考虑地震作用组合的柱轴压力设计值 $N = 30000\text{kN}$，钢筋采用 HRB400，型钢采用 Q345B，钢板厚度 30mm（$f_a = 295\text{N/mm}^2$），型钢截面积 $A_a = 61500\text{mm}^2$，混凝土强度等级为 C50，剪跨比 $\lambda = 1.6$。试问，从轴压比、型钢含钢率、纵筋配筋率及箍筋配箍率 4 项规定来判断，该柱有几项不符合《高层建筑混凝土结构技术规程》JGJ 3—2010 的抗震构造要求？

提示：箍筋保护层厚度 20mm，箍筋配箍率计算时扣除箍筋重叠部分。

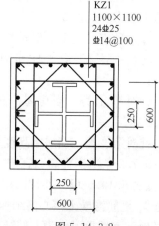

KZ1
1100×1100
24Φ25
Φ14@100

图 5.14.3-2

(A) 1　　　　　(B) 2　　　　　(C) 3　　　　　(D) 4

【解答】根据《高规》表 11.4.4，柱抗震等级为一级，剪跨比 1.6＜2，柱轴压比限值为 0.65，

$$\mu_N = N/(f_c A_c + f_a A_a) = 30000 \times 10^3/(23.1 \times 1148500 \times 295 \times 61500) = 0.67 > 0.65$$

柱轴压比不满足要求。

型钢含钢率 5.1% 大于 4%，纵筋配筋率 0.97% 大于 0.8%，满足 11.4.5 条要求。

$$\rho_v \geq 0.85 \lambda_v \frac{f_c}{f_y} = 0.85 \times 0.17 \times \frac{23.1}{360} = 0.93\%$$

由于剪跨比小于 2，ρ_v 按 1% 控制

井字箍筋 $l_1 = 1100 - 2 \times 20 - 2 \times \frac{14}{2} = 1046\text{mm}$

菱形箍筋 $l_2 = \frac{1046}{2} \cdot \sqrt{2} = 740\text{mm}$

$$\rho_v = \frac{1046 \times 8 + 740 \times 4}{1032 \times 1032 \times 100} \times 153.9 = 1.65\% > 1\%，满足 11.4.6 条要求。$$

故选（A）项。

四、型钢混凝土剪力墙和钢板混凝土剪力墙

> ● 复习《高规》11.4.11 条～11.4.15 条。

注意，《高规》上述规定，与《组合规范》规定是一致的。

五、钢筋混凝土筒体墙

● 复习《高规》11.4.18 条。

需注意的是：

（1）《高规》11.4.18 条的条文说明指出："考虑到钢框架-钢筋混凝土核心筒中核心筒的重要性，其墙体配筋较钢筋混凝土框架-核心筒中核心筒的配筋率适当提高，提高其构造承载力和延性要求。"

（2）型钢混凝土框架是指两类情况：①类，型钢混凝土柱和型钢混凝土梁组成的框架；②类，型钢混凝土柱和钢框架梁组成的框架。实际工程设计时，一般地可按下述规定：

针对第①类，当房屋高度不超限时，其钢筋混凝土核心筒、内筒，可按《高规》9.2.2 条。

针对第②类，当房屋高度超过钢筋混凝土框架-核心筒结构的 A 级高度时，宜比《高规》9.2.2 条适当提高，宜按《高规》11.4.18 条第 1 款采用。

【例 5.14.5-1】（2012B19）某 40 层高层办公楼，建筑物总高度 152m，采用型钢混凝土框架-钢筋混凝土核心筒结构体系，楼面梁采用钢梁，核心筒采用普通钢筋混凝土，经计算地下室顶板可作为上部结构的嵌固部位。该建筑抗震设防类别为标准设防类（丙类），抗震设防烈度为 7 度，设计基本地震加速度为 $0.10g$，设计地震分组为第一组，建筑场地类别为Ⅱ类。

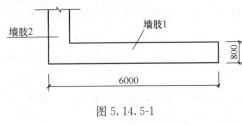

图 5.14.5-1

首层核心筒某偏心受压墙肢截面如图 5.14.5-1 所示，墙肢 1 考虑地震组合的内力设计值（已按规范、规程要求作了相应调整）如下：$N = 32000\text{kN}$，$V = 9260\text{kN}$，计算截面的剪跨比 $\lambda = 1.91$，$h_{w0} = 5400\text{mm}$，墙体采用 C60 混凝土（$f_c = 27.5\text{N/mm}^2$，$f_t = 2.04\text{N/mm}^2$）、HRB400 级钢筋（$f_y = 360\text{N/mm}^2$）。试问，其水平分布钢筋最小选用下列何项配筋时，才能满足《高层建筑混凝土结构技术规程》JGJ 3—2010 的最低构造要求？

提示：假定 $A_w = A$。

(A) $\Phi 12@200$ (4)　　　　(B) $\Phi 14@200$ (2)$+\Phi 12@200$(2)

(C) $\Phi 14@200$ (4)　　　　(D) $\Phi 16@200$ (2)$+\Phi 14@200$(2)

【解答】根据《高规》7.2.10 条第 2 款：

$$0.2f_cb_wh_w = 0.2 \times 27.5 \times 800 \times 6000 = 2.64 \times 10^7\text{N} = 2.64 \times 10^4\text{kN} < N = 32000\text{kN}$$

取　　　　　$$N = 2.64 \times 10^4\text{kN}, A_w = A$$

查规程表 3.8.2，$\gamma_{RE} = 0.85$，则：

$$9260 \times 10^3 \leqslant \frac{1}{0.85} \times \left[\frac{1}{1.91-0.5} \times (0.4 \times 2.04 \times 800 \times 5400 + 0.1 \times 2.64 \times 10^7) \right.$$

$$\left. + 0.8 \times 360\frac{A_{sh}}{s} \times 5400 \right]$$

解之得： $$\frac{A_{sh}}{s} \geqslant 2.25 mm^2/mm$$

（A）、（B）、（C）、（D）项均满足计算要求。

根据规程 11.4.18 条第 1 款：

（A）项：$\rho = \frac{113 \times 4}{800 \times 200} = 0.283\% < 0.35\%$，不满足。

（B）项：$\rho = \frac{154 \times 2 + 113 \times 2}{800 \times 200} = 0.334\% < 0.35\%$，不满足。

（C）项：$\rho = \frac{154 \times 4}{800 \times 200} = 0.385\% > 0.35\%$，满足，最接近。

（D）项：$\rho = \frac{201 \times 2 + 154 \times 2}{800 \times 200} = 0.444\% > 0.35\%$，满足。

所以应选（C）项。

六、圆形钢管混凝土柱

- 复习《高规》11.4.8 条、11.4.9 条。
- 复习《高规》附录 F。

注意，上述《高规》规定，与《组合规范》规定是一致的。

【例 5.14.6-1】（2013B24、25、26）某现浇混凝土框架-剪力墙结构，角柱为穿层柱，柱顶支承托柱转换梁，如图 5.14.6-1 所示。该穿层柱抗震等级为一级，实际高度 $L = 10m$，考虑柱端约束条件的计算长度系数 $\mu = 1.3$，采用钢管混凝土柱，钢管钢材 Q345（$f_a = 300 N/mm^2$），外径 $D = 1000mm$，壁厚 20mm；核心混凝土强度等级 C50（$f_c = 23.1 N/mm^2$）。

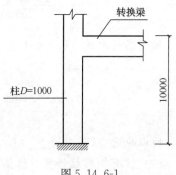

图 5.14.6-1

提示： ① 按《高层建筑混凝土结构技术规程》JGJ 3—2010 作答；

② 按有侧移框架计算。

试问：

（1）该穿层柱按轴心受压短柱计算的承载力设计值 N_0（kN）与下列何项数值最为接近？

（A）24000　　　　（B）26000　　　　（C）28000　　　　（D）47500

（2）假定，考虑地震作用组合时，轴向压力设计值 $N = 25900kN$，按弹性分析的柱顶、柱底截面的弯矩组合值分别为：$M^t = 1100 kN \cdot m$；$M^b = 1350 kN \cdot m$。试问，该穿层柱考虑偏心率影响的承载力折减系数 φ_e 与下列何项数值最为接近？

（A）0.55　　　　（B）0.65　　　　（C）0.75　　　　（D）0.85

（3）假定，该穿层柱考虑偏心率影响的承载力折减系数 $\varphi_e = 0.60$，$e_0/r_c = 0.20$。试问，该穿层柱轴向受压承载力设计值（N_u）与按轴心受压短柱计算的承载力设计值 N_0 之比值（N_u/N_0），与下列何项数值最为接近？

(A) 0.32   (B) 0.41   (C) 0.53   (D) 0.61

【解答】(1) 根据《高规》附录 F.1.2 条：取 $[\theta]=1.00$

$$A_s=\frac{1}{4}\pi\ (D_1^2-D_2^2)=0.25\times\pi\times\ (1000^2-960^2)=61575\text{mm}^2$$

$$A_c=\frac{1}{4}\pi D_c^2=0.25\times\pi\times960^2=723823\text{mm}^2$$

$$\theta=\frac{A_a\cdot f_a}{A_c\cdot f_c}=\frac{61575\times300}{723823\times23.1}=1.105>[\theta]=1.0$$

根据《高规》式（F.1.2-3）：

$$N_0=0.9A_cf_c(1+\sqrt{\theta}+\theta)=0.9\times723823\times23.1\times(1+\sqrt{1.105}+1.105)$$
$$=47495228\text{N}=47500\text{kN}$$

所以应选 (D) 项。

(2) 根据《高规》10.2.11 条，$M^t=1100\times1.5\times1.1=1815\ \text{kN}\cdot\text{m}$

$M^b=1350\times1.5\times1.1=2228\text{kN}\cdot\text{m}$，取较大值 $M_2=2228\text{kN}\cdot\text{m}$

$$e_0=\frac{2228\times1000}{25900}=86\text{mm} \qquad \frac{e_0}{r_c}=\frac{86}{480}=0.18<1.55$$

按《高规》式（F.1.3-1）：

$$\varphi_e=\frac{1}{1+1.85\times\dfrac{e_0}{r_c}}=\frac{1}{1+1.85\times0.18}=0.75$$

所以应选 (C) 项。

(3) 按有侧移柱计算，根据《高规》式（F.1.6-3）：$k=1-0.625\times0.20=0.875$
式（F.1.5）：$L_e=\mu kL=1.3\times0.875\times10=11.375\text{m}$

$\dfrac{L_e}{D}=11.375>4$，按规程式（F.1.4-1）：

$$\varphi_l=1-0.115\sqrt{\frac{L_e}{D}-4}=1-0.115\times\sqrt{\frac{11.375}{1}-4}=0.688$$

按轴心受压柱，$L_e=1.3\times10=13\text{m}$

$$\varphi_0=1-0.115\sqrt{\frac{L_e}{D}-4}=1-0.115\times\sqrt{\frac{13}{1}-4}=0.655$$

$$\varphi_e\cdot\varphi_l=0.6\times0.688=0.413<\varphi_0=0.655$$

根据规程 F.1.2 条：

$N_u/N_0=\varphi_l \cdot \varphi_e=0.413$，故应选（B）项。

七、矩形钢管混凝土柱

- 复习《高规》11.4.10 条。

注意，上述《高规》规定，与《组合规范》规定是一致的。

八、构件连接

- 复习《高规》11.4.16 条、11.4.17 条。

第十五节 《高规》地下室基础设计和高层建筑施工

一、地下室和基础设计

1. 一般规定

- 复习《高规》12.1.1 条～12.1.12 条。

【例 5.15.1-1】（2014B18）下列关于高层混凝土结构地下室及基础的设计观点，哪一项相对准确？

(A) 基础埋置深度，无论采用天然地基还是桩基，都不应小于房屋高度的 1/18

(B) 上部结构的嵌固部位尽量设在地下室顶板以下或基础顶，减小底部加强区高度，提高结构设计的经济性

(C) 建于 8 度、Ⅲ类场地的高层建筑，宜采用刚度好的基础

(D) 高层建筑应调整基础尺寸，基础底面不应出现零应力区

【解答】根据《抗规》5.2.7 条及条文说明，（C）项准确，应选（C）项。

另：根据《高规》12.1.8 条及条文说明，（A）不准确，当建筑物采用岩石地基或采取有效措施时，可以适当放松。

根据《高规》7.1.4 条及条文说明，（B）不准确。

根据《高规》12.1.7 条及条文说明，（D）不准确，高宽比不大于 4 的高层建筑，基础底面可以出现零应力区。

2. 地下室设计

- 复习《高规》12.2.1 条～12.2.7 条。

3. 基础设计

- 复习《高规》12.3.1 条～12.3.23 条。

二、高层建筑施工

> ● 复习《高规》第 13 章。

【例 5.15.2-1】（2012B18）以下关于高层建筑混凝土结构设计与施工的 4 种观点：

Ⅰ. 分段搭设的悬挑脚手架，每段高度不得超过 25m；

Ⅱ. 大体积混凝土浇筑体的里表温差不宜大于 25℃，混凝土浇筑表面与大气温差不宜大于 20℃；

Ⅲ. 混合结构核心筒应先于钢框架或型钢混凝土框架施工，高差宜控制在 4～8 层，并应满足施工工序的穿插要求；

Ⅳ. 常温施工时，柱、墙体拆模混凝土强度不应低于 1.2MPa。

试问，针对上述观点是否符合《高层建筑混凝土结构技术规程》JGJ 3—2010 相关要求的判断，下列何项正确？

(A) Ⅰ、Ⅱ符合，Ⅲ、Ⅳ不符合 　　(B) Ⅰ、Ⅲ符合，Ⅱ、Ⅳ不符合

(C) Ⅱ、Ⅲ符合，Ⅰ、Ⅳ不符合 　　(D) Ⅲ、Ⅳ符合，Ⅰ、Ⅱ不符合

【解答】根据《高规》13.9.6 条第 1 款、13.10.5 条：Ⅱ、Ⅲ符合。

根据《高规》13.5.5 条第 2 款、13.6.9 条第 1 款：Ⅰ、Ⅳ不符合。

故选（C）项。

第十六节 《烟 规》

一、总则和基本规定

1. 总则

> ● 复习《烟规》1.0.1 条～1.0.3 条。
> ● 复习《烟规》2.1.1 条～2.1.41 条。

需注意的是：

《烟规》1.0.1 条的条文说明，圆形截面烟囱、异形烟囱的特点、设计区别。

2. 设计原则

> ● 复习《烟规》3.1.1 条～3.1.10 条。

需注意的是：

(1)《烟规》3.1.2 条的条文说明，烟囱设计未涉及偶然设计状况。

(2)《烟规》3.1.4 条的条文说明，安全等级为一级的烟囱，其风荷载的调整系数 γ_L =1.1。

(3)《烟规》3.1.8 条的条文说明，《烟规》公式（3.1.8-1）、公式（3.1.8-2）分别适用于不同对象。

(4)《烟规》3.1.9 条，准永久组合时，风荷载的计算规定。

【例 5. 16. 1-1】（2014B31）某环形截面钢筋混凝土烟囱，如图 5.16.1-1 所示，抗震设防烈度为 8 度，设计基本地震加速度为 $0.2g$，设计地震分组第一组，场地类别 II 类，基本风压 $w_0 = 0.40 \text{kN/m}^2$。烟囱基础顶面以上总重力荷载代表值为 15000kN，烟囱基本自振周期为 $T_1 = 2.5$s。

已知，烟囱底部（基础顶面处）由风荷载标准值产生的弯矩 $M = 11000 \text{kN} \cdot \text{m}$，由水平地震作用标准值产生的弯矩 $M = 18000 \text{kN} \cdot \text{m}$，由地震作用、风荷载、日照和基础倾斜引起的附加弯矩 $M = 1800 \text{kN} \cdot \text{m}$。试问，烟囱底部截面进行抗震极限承载能力设计时，烟囱抗弯承载力设计值最小值 R_d（$\text{kN} \cdot \text{m}$），与下列何项数值最为接近？

(A) 28200   (B) 25500

(C) 25000   (D) 22500

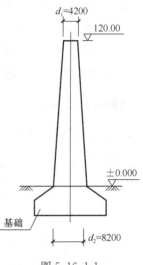

图 5.16.1-1

【解答】根据《烟规》3.1.8 条：

$$R_d \geqslant \gamma_{RE}(\gamma_{GE} S_{GE} + \gamma_{Eh} S_{Ehk} + \psi_{WE} \gamma_W S_{Wk} + \psi_{MaE} S_{MaE})$$
$$= 0.9 \times (1.3 \times 18000 + 0.2 \times 1.4 \times 11000 + 1.0 \times 1800) = 25452 \text{kN} \cdot \text{m}$$

故选 (B) 项。

3. 设计规定

• 复习《烟规》3.2.1 条~3.4.7 条。

---

4. 材料

• 复习《烟规》4.1.1 条~4.4.2 条。

二、风荷载

• 复习《烟规》5.1.1 条~5.1.3 条。

• 复习《烟规》5.2.1 条~5.2.7 条。

需注意的是：

(1)《烟规》5.1.1 条的条文说明。

(2)《烟规》5.2.1 条规定。

(3)《烟规》5.2.4 条，与《荷规》有区别，即：H_2 的取值，《荷规》是取结构顶部高度作为 H_2。

(4)《烟规》5.2.5 条规定。

【例 5. 16. 2-1】（2011B19）某环形截面钢筋混凝土烟囱，如图 5.16.2-1 所示，烟囱基础顶面以上总重力荷载代表值为 18000kN，烟囱基本自振周期 $T_1 = 2.5$s。

如果烟囱建于非地震区，基本风压 $w_0 = 0.5 \text{kN/m}^2$，地面粗糙度为 B 类。试问，烟囱承载能力极限状态设计时，风荷载按下列何项考虑？

提示：假定烟囱第 2 及以上振型，不出现跨临界的强风共振。

（A）由顺风向风荷载效应控制，可忽略横风向风荷载效应

（B）由横风向风荷载效应控制，可忽略顺风向风荷载效应

（C）取顺风向风荷载效应与横风向风荷载效应之较大者

（D）取顺风向风荷载效应与横风向风荷载效应组合值 $\sqrt{S_{\mathrm{A}}^2 + S_{\mathrm{C}}^2}$

【解答】该烟囱为钢筋混凝土烟囱，烟囱坡度 $\dfrac{(7.6-3.6)/2}{100}=2\%$，根据《烟规》

5.2.4条，首先判断烟囱是否出现跨临界强风共振。

根据《烟规》5.2.4条：$v_{\mathrm{cr}}=\dfrac{d}{T_1 S_{\mathrm{t}}}$，$S_{\mathrm{t}}=0.2$

$$d = 3.6 + 2/3 \times 100 \times 0.02 = 4.933\mathrm{m}$$

$$v = v_{\mathrm{cr},1} = \frac{4.933}{2.5 \times 0.2} = 9.866\mathrm{m/s}$$

$$Re = 69000 \times 9.866 \times 4.933 = 3.36 \times 10^6$$

$$3.0 \times 10^5 < Re < 3.5 \times 10^6$$

发生超临界范围的风振，不出现跨临界强风共振，可不作处理。

故选（A）项。

【例5.16.2-2】某钢筋混凝土圆形烟囱，如图5.16.2-2所示，抗震设防烈度为8度，设计基本地震加速度为 $0.2g$，设计地震分组为第一组，场地类别为Ⅱ类，基本自振周期 $T_1=1.25\mathrm{s}$，50年一遇的基本风压 $w_0=0.45\mathrm{kN/m^2}$，地面粗糙度为B类，安全等级为二级。

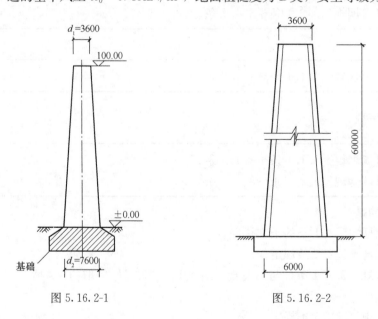

图5.16.2-1　　　　　　　　　图5.16.2-2

假定，仅考虑第一振型的情况下，对烟囱进行横风向风振验算。试问，下列何项判断符合规范要求？

提示：① 烟囱坡度为 2%；

② 烟囱顶部风压高度变化系数为 $\mu_{\mathrm{H}}=1.71$；

③ 该烟囱第1振型的临界风速 $v_{\mathrm{cr},1}=15.5\mathrm{m/s}$。

（A）可不计算亚临界横风向共振荷载　　（B）应验算横风向共振响应

（C）可不计算横风向共振荷载　　（D）以上均不正确

【解答】根据《烟规》5.2.4条：

本工程烟囱坡度为 $\dfrac{6000-3600}{2\times60000}\times100\%=2\%$，

其雷诺数为：$Re=69000vd$，$v=v_{cr,1}=15.5\text{m/s}$

2/3高度处的烟囱外径为 $6-（6-3.6）\times2/3=4.4\text{m}$

烟囱顶部 H 处风速为：

$$v_H=40\sqrt{\mu_H w_0}=40\times\sqrt{1.71\times0.45}=35.9\text{m/s}>v_{cr,1}$$

又 $Re=69000\times15.5\times4.4=4.71\times10^6>3.5\times10^6$

所以应验算其横风向共振响应，选（B）项。

【例5.16.2-3】 某钢筋混凝土圆形烟囱，高100m，烟囱坡度小于0.02，烟囱2/3高度处外径为1.8m。位于地面粗糙度为B类的地区（地面粗糙度系数 $\alpha=0.15$），当地基本风压 0.45kN/m^2。假定已经求得第一振型对应的临界风速 $v_{cr1}=32\text{m/s}$。

试问：

（1）横风向共振的起点高度 H_1（m）、终点高度 H_2（m），应为下列何项？

（A）$H_1=6.5$，$H_2=100$　　　　　　（B）$H_1=9.5$，$H_2=100$

（C）$H_1=6.5$，$H_2=184$　　　　　　（D）$H_1=9.5$，$H_2=184$

（2）假定，横风向共振的起点高度 $H_1=20\text{m}$，终点高度 $H_2=90\text{m}$，确定90m处横风向共振响应等效风荷载 w_{czj}（kN/m^2），最接近于下列何项？

提示： 取 $\varphi_{z1}=0.9$。

（A）1.36　　　　（B）1.42　　　　（C）1.58　　　　（D）1.68

【解答】（1）根据《烟规》5.2.4条：

查《荷规》表8.2.1，取 $\mu_H=2.0$

$$v_H=40\sqrt{\mu_H w_0}=40\sqrt{2\times0.45}=37.95\text{m/s}$$

$$H_1=100\times\left(\frac{32}{1.2\times37.95}\right)^{\frac{1}{0.15}}=9.5\text{m}$$

$$H_2=100\times\left(\frac{1.3\times32}{37.95}\right)^{\frac{1}{0.15}}=184\text{m}>100\text{m}$$

故取 $H_2=100\text{m}$，所以应选（B）项。

（2）由《烟规》表5.2.4：

$H_1/H=20/100=0.2$，则：$\lambda_1(H_1/H)=1.54$

$H_2/H=90/100=0.9$，则：$\lambda_1(H_2/H)=0.37$

$$\lambda_1=1.54-0.37=1.17$$

$$w_{czj}=|\lambda_j|\frac{v_{cr,j}^2\varphi_{z1}}{12800\zeta_j}$$

$$=1.17\times\frac{32^2\times0.9}{12800\times0.05}=1.68\text{kN/m}^2$$

故选（D）项。

三、地震作用

●复习《烟规》5.5.1条~5.5.6条。

需注意的是：

（1）《烟规》5.5.1条规定。

（2）《烟规》5.5.5条的条文说明，最大竖向地震力标准值可按式（10）计算，发生在大约距烟囱根部$h/3$处。

（3）《烟规》5.5.6条。

【例5.16.3-1】（2012B32）某环形截面钢筋混凝土烟囱，如图5.16.3-1所示，抗震设防烈度为7度，设计基本地震加速度为0.10g，设计分组为第二组，场地类别为Ⅲ类。试确定相应于烟囱基本自振周期的水平地震影响系数与下列何项数值最为接近？

提示：按《建筑结构荷载规范》计算烟囱基本自振周期。

（A）0.021　　　　（B）0.027

（C）0.033　　　　（D）0.036

【解答】根据《荷规》附录F.1.2条：

$$d = \frac{1}{2} \times (2.5 + 5.2) = 3.85\text{m}$$

$$T_1 = 0.41 + 0.10 \times 10^{-2} \times \frac{60^2}{3.85} = 1.345\text{s}$$

由《烟规》5.5.1条，阻尼比取0.05。

由《抗规》5.1.4条、5.1.5条，取$\alpha_{\max} = 0.08$，$T_g = 0.55\text{s}$。

$T_g = 0.55s < T_1 = 1.345s < 5T_g = 2.75s$，则：

$$\alpha_1 = \left(\frac{T_g}{T_1}\right)^\gamma \eta_2 \alpha_{\max} = \left(\frac{0.55}{1.345}\right)^{0.9} \times 1 \times 0.08 = 0.358$$

故选（D）项。

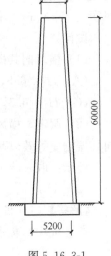

图5.16.3-1

【例5.16.3-2】（2011B20）某圆环形截面钢筋混凝土烟囱，如图5.16.3-2所示，烟囱基础顶面以上总重力荷载代表值为18000kN，烟囱基本自振周期T_1 = 2.5s。

假定，烟囱建于抗震设防烈度为8度地震区，设计基本地震加速度为0.2g，设计地震分组第二组，场地类别Ⅲ类。试问，相应于基本自振周期的多遇地震下水平地震影响系数，接近下列何项数值？

（A）0.031　　　　（B）0.038　　　　（C）0.041　　　　（D）0.048

【解答】根据《烟规》5.5.1条第2款，阻尼比取0.05

根据《抗规》5.1.4条及5.1.5条：

$$T_g = 0.55\text{s}，\alpha_{\max} = 0.16，T_g < T < 5T_g = 2.75\text{s}$$

$$\gamma = 0.9，\eta_2 = 1.00，\alpha_1 = \left(\frac{0.55}{2.5}\right)^{0.9} \times 1 \times 0.16 = 0.041$$

故选（C）项。

【例5.16.3-3】（2014B32）某环形截面钢筋混凝土烟囱，如图5.16.3-3所示，抗震设防烈度为8度，设计基本地震加速度为0.2g，设计地震分组第一组，场地类别Ⅱ类，基本风压 $w_0 = 0.40 \text{kN/m}^2$。烟囱基础顶面以上总重力荷载代表值为15000kN，烟囱基本自振周期为 $T_1 = 2.5 \text{s}$。

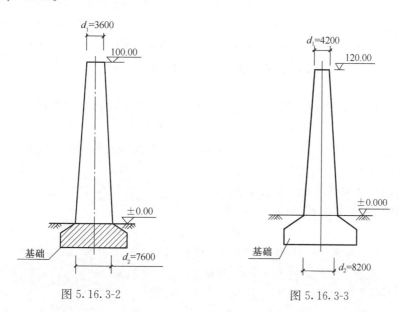

图5.16.3-2   图5.16.3-3

烟囱底部（基础顶面处）截面筒壁竖向配筋设计时，需要考虑地震作用并按大、小偏心受压包络设计，已知，小偏心受压时重力荷载代表值的轴压力对烟囱承载能力不利，大偏心受压时重力荷载代表值的轴压力对烟囱承载能力有利。假定，小偏心受压时轴压力设计值为 N_1 (kN)，大偏心受压时轴压力设计值为 N_2 (kN)。试问，N_1、N_2 与下列何项数值最为接近？

（A）18000、15660

（B）20340、15660

（C）18900、12660

（D）19500、13500

【解答】根据《烟规》5.5.1条、5.5.5条：

8度（0.2g）、多遇地震，查《抗规》表5.1.4-1，取 $\alpha_{\max} = 0.16$。

$$F_{Ev0} = \pm 0.75 \alpha_{vmax} G_E$$
$$= \pm 0.75 \times 0.16 \times 65\% \times 15000 = 1170 \text{kN}$$

由《烟规》3.1.8条：

小偏压：$N_1 = 1.2 \times 15000 + 1.3 \times 1170 = 19521 \text{kN}$

大偏压：$N_2 = 1.0 \times 15000 - 1.3 \times 1170 = 13479 \text{kN}$

故选（D）项。

【例5.16.3-4】某钢筋混凝土圆形烟囱，如图5.16.3-4所示，抗震设防烈度为8度，设计基本地震加速度为0.2g，设计地震分组为第一组，场地类别为Ⅱ类，基本自振周期 $T_1 = 1.25 \text{s}$，50年一遇的基本风压 $w_0 = 0.45 \text{kN/m}^2$，地面粗糙度为B类，安全等级为二级。已知该烟囱基础顶面以上各节（共分

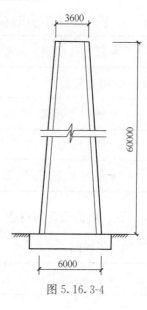

图5.16.3-4

6 节，每节竖向高度 10m）重力荷载代表值如表 5.16.3-1 所示。

表 5.16.3-1

节号	6	5	4	3	2	1
每节底截面以上该节的 重力荷载代表值 G_{iE}（kN）	950	1050	1200	1450	1630	2050

提示： 按《烟囱设计规范》GB 50051—2013 作答。

试问：

(1) 烟囱根部的竖向地震作用标准值（kN），与下列何项数值最为接近？

(A) 650　　　　(B) 870　　　　(C) 1000　　　　(D) 1200

(2) 烟囱最大竖向地震作用标准值（kN），与下列何项数值最为接近？

(A) 650　　　　(B) 870　　　　(C) 1740　　　　(D) 1840

【解答】(1) 根据《烟规》5.5.5 条：

查《抗规》表 5.1.4-1，取 $\alpha_{\max}=0.16$，则：

$$\alpha_{v\max} = 65\% \times 0.16 = 0.104$$

$$G_E = 950 + 1050 + 1200 + 1450 + 1630 + 2050 = 8330\text{kN}$$

$$F_{Ev0} = \pm 0.75\alpha_{v\max}G_E$$

$$= \pm 0.75 \times 0.104 \times 8330 = \pm 650\text{kN}$$

故选（A）项。

(2) 根据《烟规》5.5.5 条及条文说明：

$$F_{Evk\max} = (1+C)\kappa_v G_E$$

$$= (1+0.7) \times 0.13 \times 8330 = 1841\text{kN}$$

故选（D）项。

四、其他荷载和作用

1. 平台活荷载与积灰荷载

- 复习《烟规》5.3.1 条～5.3.3 条。

2. 温度作用

- 复习《烟规》5.6.1 条～5.6.15 条。

3. 烟气压力

- 复习《烟规》5.7.1 条～5.7.3 条。

五、烟囱设计与构造

1. 砖烟囱

- 复习《烟规》6.1.1 条～6.6.10 条。

2. 单筒式钢筋混凝土烟囱

● 复习《烟规》7.1.1 条～7.5.3 条。

3. 钢烟囱

● 复习《烟规》10.1.1 条～10.4.5 条。

4. 烟囱基础

● 复习《烟规》12.1.1 条～12.7.15 条。

第十七节 《高规》中力学计算题目

【例 5.17-1】（2011B21、22）某 12 层现浇框架结构，其中一榀中部框架的剖面如图 5.17.1-1 所示，现浇混凝土楼板，梁两侧无洞。底层各柱截面相同，2～12 层各柱截面相同，各层梁截面均相同。梁、柱矩形截面线刚度 i_{b0}、i_{c0}（单位：10^{10} N·mm）注于构件旁侧。假定，梁考虑两侧楼板影响的刚度增大系数取《高层建筑混凝土结构技术规程》JGJ 3—2010 中相应条文中最大值。

提示：① 计算内力和位移时，采用 D 值法。

② $D = \alpha \dfrac{12 i_c}{h^2}$，式中 α 是与梁柱刚度比有关的修正系数，对底层柱：$\alpha = \dfrac{0.5 + \overline{K}}{2 + \overline{K}}$，对一般楼层柱：$\alpha = \dfrac{\overline{K}}{2 + \overline{K}}$，式中，$\overline{K}$ 为有关梁柱的线刚度比。

试问：

（1）假定，各楼层所受水平作用如图 5.17-1 所示。试问，底层每个中柱分配的剪力值（kN），应与下列何项数值最为接近？

（A）3P   （B）3.5P

（C）4P   （D）4.5P

（2）假定，$P = 10$kN，底层柱顶侧移值为 2.8mm，且上部楼层各边梁、柱及中梁、柱的修正系数分别为 $\alpha_{边} = 0.56$，$\alpha_{中} = 0.76$。试问，不考虑柱子的轴向变形影响时，该榀框架的顶层柱顶侧移值（mm），与下列何项数值最为接近？

（A）9   （B）11

（C）13   （D）15

【解答】 （1）根据《高规》5.2.2 条及其条文说明：

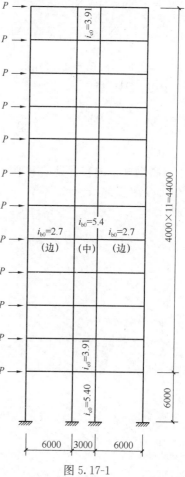

图 5.17-1

$$i_{b边} = 2i_{b0边} = 2 \times 2.7 \times 10^{10} = 5.4 \times 10^{10} \text{N} \cdot \text{mm}$$

底层边柱　$\overline{K}_{边} = \dfrac{i_{b边}}{i_{c边}}$，$\alpha_{边} = \dfrac{0.5 + \overline{K}_{边}}{2 + \overline{K}_{边}}$

$$\overline{K}_{边} = \frac{5.4 \times 10^{10}}{5.4 \times 10^{10}} = 1, \alpha_{边} = \frac{0.5 + 1}{2 + 1} = 0.5$$

底层中柱　　　　$\overline{K}_{中} = \dfrac{i_{b边} + i_{b中}}{i_{c中}}, \alpha_{中} = \dfrac{0.5 + \overline{K}_{中}}{2 + \overline{K}_{中}}, i_{b中} = 2i_{b边}$

$$\overline{K}_{中} = 3\overline{K}_{边} = 3 \times 1 = 3, \alpha_{中} = \frac{0.5 + 3}{2 + 3} = 0.7$$

$$V_{中} = \frac{D_{中}}{\sum D} \cdot V_0 = \frac{\alpha_{中} \, i_c}{2i_c(\alpha_{边} + \alpha_{中})} \cdot V_0 = \frac{0.7}{2 \times (0.5 + 0.7)} \times 12P = 3.5P$$

故选（B）项。

(2) 各层侧移值 $\delta_i = \dfrac{V_i}{\sum D_i}$，2～12 层各层 $\sum D$ 相同，则：

$$\sum D = \frac{12}{h^2} \times 2i_c(\alpha_{边} + \alpha_{中}) = \frac{12}{4000^2} \times 2 \times 3.91 \times 10^{10} \times (0.56 + 0.76)$$

$$= 7.74 \times 10^4 \text{N/mm}$$

$$\Delta = \delta_1 + \sum_{i=2}^{12} \delta_i = 2.8 + \frac{10 \times 10^3}{7.74 \times 10^4} \times (11 + 10 + 9 + 8 + 7 + 6 + 5 + 4 + 3 + 2 + 1)$$

$$= 2.8 + 8.5 = 11.3 \text{mm}$$

故选（B）项。

第十八节　《高　钢　规》

《高钢规》内容，见本书第二章钢结构第十七节内容。

第六章 桥 梁 结 构

根据考试大纲要求，应重点把握以下内容：

熟悉常用桥梁结构总体布置原则，并能根据工程条件合理比选桥梁结构及其基础形式，掌握常用桥梁结构体系的设计方法，熟悉桥梁结构抗震设计方法及其抗震构造措施，熟悉各种桥梁基础的受力特点，掌握桥梁基本受力构件的设计方法，掌握常用桥梁的构造特点和设计要求等。

桥梁结构设计的主要规范有：

（1）《公路桥涵设计通用规范》JTG D60（简称《公桥通规》）；

（2）《城市桥梁设计规范》（2019 年局部修订）CJJ 11（简称《城市桥规》）；

（3）《公路钢筋混凝土及预应力混凝土桥涵设计规范》JTG 3362（简称《公桥混规》）；

（4）《城市桥梁抗震设计规范》CJJ 166（简称《城桥震规》）；

（5）《公路桥梁抗震设计细则 》JTG/T B02—01—2008（简称《公桥震则》）；

（6）《城市人行天桥与人行地道技术规范》CJJ 69—95（简称《天桥规范》）。

还应注意的是：

把握桥梁结构的特点，应了解桥梁结构与建筑结构在荷载取值、承载能力极限状态及正常使用极限状态方面的共性和区别。

第一节 《公 桥 通 规》

一、总则

> ● 复习《公桥通规》1.0.1 条～1.0.8 条。

需注意的是：

（1）《公桥通规》表 1.0.5 的注 1～4 的规定。

（2）《公桥通规》1.0.5 条的条文说明。

【例 6.1.1-1】 关于公路桥涵的设计基准期（年）的说法中，下列哪一项是正确的？

(A) 25　　　　　(B) 50　　　　　(C) 80　　　　　(D) 100

【解答】 根据《公桥通规》1.0.3 条，应选（D）项。

思考： 本题为 2011 年以前的真题。

【例 6.1.1-2】 某公路高架桥，其主桥为三跨变截面连续钢-混凝土组合梁，跨径布置为 50m+75m+50m，两端引桥各为 5 孔 40m 的预应力混凝土 T 形梁，高架桥总长 575m，试问，其工程规模应属于下列何项？

(A) 特大桥   (B) 大桥   (C) 中桥   (D) 小桥

【解答】单孔最大跨径：$L_k=75m$，查《公桥通规》表 1.0.5，属于大桥。

多孔跨径最大总长 L：$L=5×40=200m$，查《公桥通规》表 1.0.5，属于大桥。

由《公桥通规》1.0.5 条的条文说明，故最终取为大桥。

思考：本题为 2011 年以前的真题。

【例 6.1.1-3】（2017B33）某标准跨径 $3×30m$ 预应力混凝土连续箱梁桥，当作为一级公路上的桥梁时，试问，其主体结构的设计使用年限不应低于多少年？

(A) 30   (B) 50   (C) 100   (D) 120

【解答】根据《公桥通规》1.0.5 条，为中桥；由《公桥通规》1.0.4 条，设计使用年限为 100 年，应选（C）项。

二、术语

> ● 复习《公桥通规》2.1.1 条～2.1.26 条。

三、设计要求

1. 一般规定

> ● 复习《公桥通规》3.1.1 条～3.1.9 条。

【例 6.1.3-1】（2017B40）桥涵结构或其构件应按承载能力极限状态和正常使用极限状态进行设计，试问，下列哪些验算内容属于承载能力极限状态设计？

① 不适于继续承载的变形   ② 结构倾覆   ③ 强度破坏   ④ 满足正常使用的开裂   ⑤ 撞击   ⑥ 地震

(A) ①+②+③   (B) ①+②+③+④

(C) ①+②+③+④+⑤   (D) ①+②+③+⑤+⑥

【解答】根据《公桥通规》3.1.3 条、3.1.4 条及其条文说明，应选（D）项。

2. 桥涵布置

> ● 复习《公桥通规》3.2.1 条～3.2.9 条。

【例 6.1.3-2】（2012B40）某高速公路一座特大桥要跨越一条天然河道。试问，下列可供选择的桥位方案中，何项方案最为经济合理？

(A) 河道宽而浅，但有两个河汊

(B) 河道正处于急弯上

(C) 河道窄而深，且两岸岩石露头较多

(D) 河流一侧有泥石流汇入

【解答】根据《公桥通规》3.2.1 条，应选（C）项。

【例 6.1.3-3】某五跨连续梁桥跨河沿水流方向通航要求有效跨径为 $l=100m$，中墩需要跨越该河流，两中墩尺寸相同为 $c=8m$、$b=18m$，道路中线与垂直于水流方向的夹角为 $α=15°$，如图 6.1.3-1 所示。试问：该五跨连续梁桥斜桥正做，中墩的最小跨径与下列何项数值最为接近？

(A) 120 　　　　　(B) 110

(C) 100 　　　　　(D) 90

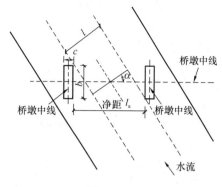

【解答】根据《公桥通规》3.2.3条：

$$l_a = \frac{1 + b\sin\alpha}{\cos\alpha}$$

$$= \frac{100 + 18 \times \sin15°}{\cos15°}$$

$$= 108.4m$$

故选（B）项。

图 6.1.3-1

【例6.1.3-4】某一座位于高速公路上的特大桥梁，跨越国内内河四级通航河道。试问，该桥的设计洪水频率，采用下列何项数值最为适宜？

(A) 1/300 　　　(B) 1/100 　　　(C) 1/50 　　　(D) 1/25

【解答】根据《公桥通规》3.2.9条表3.2.9，采用1/300，故选（A）项。

思考：本题为2011年以前的真题。

【例6.1.3-5】(2017B34) 某一级公路的跨河桥，跨越河道特点为河床稳定、河道顺直、河床纵向比降较小，拟采用25m简支T梁，共50孔。试问，其桥涵设计洪水频率最低可采用下列何项标准？

(A) 1/300 　　　(B) 1/100 　　　(C) 1/50 　　　(D) 1/25

【解答】根据《公桥通规》1.0.5条，为特大桥；由3.2.9条第3款，按大桥考虑，查表3.2.9，取设计洪水频率为1/100，应选（B）项。

3. 桥涵孔径

●复习《公桥通规》3.3.1条～3.3.6条。

【例6.1.3-6】(2012B33) 一级公路上的一座桥梁，位于7度地震地区，由主桥和引桥组成。其结构：主桥为三跨（70m＋100m＋70m）变截面预应力混凝土连续箱梁；两引桥各为5孔40m预应力混凝土小箱梁；桥台为埋置式肋板结构，耳墙长度为3500mm，背墙厚度400mm；主桥与引桥和两端的伸缩缝均为160mm。桥梁行车道净宽15m，全宽17.5m。设计汽车荷载（作用）公路-Ⅰ级。

试问，该桥的全长计算值（m）与下列何项数值最为接近？

(A) 640.00 　　(B) 640.16 　　(C) 640.96 　　(D) 647.96

【解答】根据《公桥通规》3.3.5条：

$$\Sigma L = 2(5 \times 40 + 70 + 100/2 + 0.16/2 + 0.4 + 3.5) = 647.96m$$

故选（D）项。

思考：本题在2011年以前的真题中考过。

【例6.1.3-7】某公路高架桥，其主桥为三跨变截面连续钢-混凝土组合箱型桥，跨径布置为45m＋60m＋45m，两端引桥各为4孔40m的预应力混凝土T形梁，桥台为U型结构，前墙厚度为0.90m，侧墙长3.0m，主桥与引桥两端的伸缩缝宽度均为160mm。试问，该桥全长（m），与下列何项数值最为接近？

(A) 478   (B) 476   (C) 472   (D) 470

【解答】根据《公桥通规》3.3.5条：

$$\sum L = 2 \times \left(\frac{60}{2} + 45 + 4 \times 40 + \frac{0.16}{2} + 3 \right) = 476.16\text{m}$$

故选（B）项。

思考：本题为2011年以前的真题。

4. 桥涵净空

> ●复习《公桥通规》3.4.1条～3.4.7条。

【例6.1.3-8】某高速公路上的一座跨越非通航河道的桥梁，洪水期有大漂浮物通过。该桥的计算水位为2.5m（高程），支座高度为0.20m，试问，该桥的梁底最小高程（m），应为下列何项数值？

(A) 4.0   (B) 3.4   (C) 3.2   (D) 3.0

【解答】根据《公桥通规》表3.4.3：

梁底最小高程≥2.5+1.5=4.0m，故选（A）项。

思考：本题为2011年以前的真题。

5. 桥上线形及桥头引道

> ●复习《公桥通规》3.5.1条～3.5.5条。

【例6.1.3-9】（2016B35）某公路桥梁桥台立面布置如图6.1.3-2，其主梁高度2000mm，桥面铺装层共厚200mm，支座高度（含垫石）200mm，采用埋置式肋板桥台，台背墙厚450mm，台前锥坡坡度1:1.5，锥坡坡面通过台帽与背墙的交点（A）。试问，台背耳墙最小长度 l（mm）与下列何值最为接近？

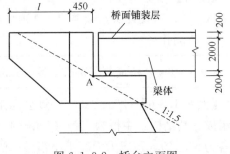

图6.1.3-2 桥台立面图

(A) 4000   (B) 3600

(C) 2700   (D) 2400

【解答】根据《公桥通规》3.5.4条：

$$l = (200 + 2000 + 200) \times 1.5 - 450 + 750 = 3900\text{mm}，取4000\text{mm}$$

故选（A）项。

思考：本题在2011年以前的真题中考过。

四、作用分类、代表值和作用组合

> ●复习《公桥通规》4.1.1条～4.1.10条。

需注意的是：

(1)《公桥通规》4.1.4条规定。

(2)《公桥通规》4.1.5 条：

1) 公式（4.1.5-2）中 $\sum_{j=2}^{n} Q_{jd}$ 代表可变作用的设计值，即包含了组合值系数 ψ_c，也包含了分项系数 γ_{Qj} 以及参数 γ_{Lj}。

2) 采用车辆荷载计算时，取 $\gamma_{Q1} = 1.8$。

3) 规范表 4.1.5-1 注的规定。

(3)《公桥通规》4.1.7 条、4.1.8 条的规定。

【例 6.1.4-1】 某公路跨河桥，在设计钢筋混凝土柱式桥墩中永久作用需与以下可变作用进行组合：①汽车荷载；②汽车冲击力；③汽车制动力；④温度作用；⑤支座摩阻力；⑥流水压力；⑦冰压力。试问，下列四种组合中，其中何项组合符合《公路桥梁设计通用规范》JTG D60—2015 的要求？

(A) ①+②+③+④+⑤+⑥+⑦+永久作用

(B) ①+②+③+④+⑤+⑥+永久作用

(C) ①+②+③+④+⑤+永久作用

(D) ①+②+③+④+永久作用

【解答】 根据《公桥通规》4.1.4 条表 4.1.4，应选（D）项。

思考： 本题为 2011 年以前的真题。

【例 6.1.4-2】 某跨越一条 650m 宽河面的高速公路桥梁，设计方案中其主跨为 145m 的系杆拱桥，边跨为 30m 的简支梁桥。试问，该桥梁结构的设计安全等级，应为下列何项？

(A) 一级   (B) 二级

(C) 三级   (D) 由业主确定

【解答】 根据《公桥通规》表 4.1.5-1 注：

单孔跨径 L_k 为：40m<L_k=145m<150m，查规范表 1.0.5，属于大桥。

查规范表 4.1.5-1，其结构的安全等级为一级，故选（A）项。

思考： 本题为 2011 年以前的真题。

【例 6.1.4-3】（2011B33）某二级干线公路上一座标准跨径为 30m 的单跨简支梁桥，其总体布置如图 6.1.4-1 所示。桥面宽度为 12m，其横向布置为：1.5m（人行道）+9m（车行道）+1.5m（人行道）。桥梁上部结构由 5 根各长 29.94m、高 2.0m 的预制预应力混凝土 T 型梁组成，梁与梁间用现浇混凝土连接；桥台为单排排架桩结构，矩形盖梁、钻孔灌注桩基础。设计荷载：公路-Ⅰ级、人群荷载 3.0kN/m²。

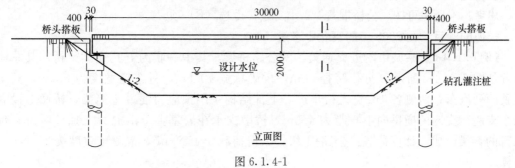

图 6.1.4-1

假定，前述桥梁主梁跨中断面的结构重力作用弯矩标准值为 M_G，汽车作用弯矩标准值为 M_Q、人行道人群作用弯矩标准值为 M_R。试问，该断面承载能力极限状态下的弯矩效应组合设计值应为下列何式？

(A) $M_d=1.1(1.2M_G+1.4M_Q+0.8\times1.4M_R)$

(B) $M_d=1.0(1.2M_G+1.4M_Q+0.75\times1.4M_R)$

(C) $M_d=1.0(1.2M_G+1.4M_Q+0.8\times1.4M_R)$

(D) $M_d=1.0(1.2M_G+1.4M_Q+0.75\times1.4M_R)$

【解答】$L_k=30m$，按单孔跨径查《公桥通规》表 1.0.5，属于中桥；查规范表 4.1.5-1，安全等级为一级。

根据规范 4.1.5 条：

取 $\gamma_0=1.1$，$\psi_c=0.75$，故应选（C）项。

思考： 类似命题方式，在 2009 年、2010 年的真题中出现过。

【例 6.1.4-4】（2012B36）二级公路上的一座永久性桥梁，为单孔 30m 跨径的预应力混凝土 T 型梁结构，全宽 12m，其中行车道净宽 9.0m，两侧各附 1.5m 的人行道。横向由 5 片梁组成，主梁计算跨径 29.16m，中距 2.2m。结构安全等级为一级。设计汽车荷载为公路-Ⅰ级，人群荷载为 $3.5kN/m^2$，由计算知，其中一片内主梁跨中截面的弯矩标准值为：总自重弯矩 2700kN·m，汽车作用弯矩 1670kN·m，人群作用弯矩 140kN·m。试问，该片梁的作用效应基本组合的弯矩设计值（kN·m）与下列何项数值最为接近？

(A) 4500   (B) 5800   (C) 5700   (D) 6300

【解答】根据《公桥通规》4.1.5 条：

安全等级为一级，故取 $\gamma_0=1.1$。

$$\gamma_0 S_{ud}=1.1\times(1.2\times2700+1.4\times1670+0.75\times1.4\times140)$$
$$=6298kN\cdot m$$

故选（D）项。

【例 6.1.4-5】（2016B38）对某桥梁预应力混凝土主梁进行持久状况下正常使用极限状态验算时，需分别进行下列验算：①抗裂验算，②裂缝宽度验算，③挠度验算。试问，在这三种验算中，汽车荷载（作用）冲击力如何考虑，下列何项最为合理？

提示： 只需定性地判断。

(A) ①计入、②不计入、③不计入   (B) ①不计入、②不计入、③不计入

(C) ①不计入、②计入、③计入   (D) ①不计入、②不计入、③计入

【解答】根据《公桥通规》4.1.6 条，应选（B）项。

思考： 本题也可按《公桥混规》6.1.1 条，也选（B）项。

类似的题目，在 2008 年的真题中考过。

【例 6.1.4-6】某城市附近交通繁忙的公路桥梁，其中一联为五孔连续梁桥，其总体布置如图 6.1.4-2 所示，每孔跨径 40m，桥梁总宽 10.5m，行车道宽度为 8.0m，双向行驶两列汽车；两侧各 1m 宽人行步道，上部结构采用预应力混凝土箱梁，桥墩上设立两个支座，支座的横桥向中心距为 4.5m。桥墩支承在岩基上，由混凝土独柱墩身和带悬臂的盖梁组成。计算荷载：公路-Ⅰ级，人群荷载 $3.45N/m^2$，混凝土重度按 $25kN/m^3$ 计算。

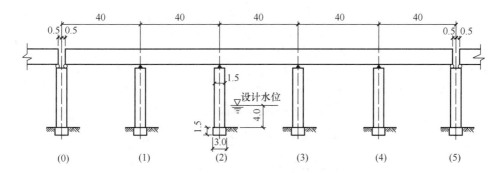

图 6.1.4-2

提示： 按《公路桥涵设计通用规范》JTG D60—2015。

试问：

（1）假定在该桥墩处主梁支点截面，由全部恒载产生的剪力标准值 $V_{恒}=4400$kN；汽车荷载产生的剪力标准值 $V_{汽}=1414$kN（已含冲击系数）；步道人群荷载产生的剪力标准值 $V_{人}=138$kN。已知汽车荷载冲击系数 $\mu=0.2$。试问，在持久状况下按承载力极限状态基本组合计算，主梁支点截面内恒载、汽车荷载、人群荷载共同作用产生的剪力设计值（kN），应与下列何项数值最为接近？

（A）8150 　　　（B）7400 　　　（C）6750 　　　（D）7980

（2）假定在该桥主梁某一跨中最大弯矩截面，由全部恒载产生的弯矩标准值 $M_{Gk}=43000$kN·m；汽车荷载产生的弯矩标准值 $M_{Qjk}=14700$kN·m（已计入冲击系数 $\mu=0.2$）；人群荷载产生的弯矩标准值 $M_{Qjk}=1300$kN·m，当对该主梁按全预应力混凝土构件设计时，试问，按正常使用极限状态设计进行主梁正截面抗裂验算时所采用的频遇组合的弯矩设计值（kN·m）（不计预加力作用），与下列何项数值最为接近？

（A）59000 　　　（B）52100 　　　（C）54600 　　　（D）56500

（3）题目条件同（2），按正常使用极限状态设计，该桥主梁跨中截面在恒载、汽车荷载、人群荷载共同作用下的准永久组合弯矩设计值（kN·m），与下列何项数值最为接近？

（A）52400 　　　（B）51500 　　　（C）49400 　　　（D）48420

【解答】（1）单孔标准跨径40m，按单孔跨径查《公桥通规》表1.0.5，属大桥；查《公桥通规》表4.1.5-1，其设计安全等级为一级，故取 $\gamma_0=1.1$。

根据《通用规范》4.1.5条：

$$\gamma_0 V_d = \gamma_0 (\gamma_G V_{GK} + \gamma_{a1} V_{Q1K} + \psi_c \gamma_{Q2} V_{Q2K})$$
$$= 1.1 \times (1.2 \times 4400 + 1.4 \times 1414 + 0.75 \times 1.4 \times 138)$$
$$= 8144.95 \text{kN}$$

故选（A）项。

（2）根据《公桥通规》4.1.6条：

$$M_{fd} = M_{Gk} + \psi_{f1} M_{1Q} + \sum_{j=2}^{n} \psi_{qj} M_{Qj}$$

$$= 43000 + 0.7 \times \frac{14700}{1.2} + 0.4 \times 1300$$

$$= 52095 \text{kN} \cdot \text{m}$$

故选（B）项。

（3）根据《公桥通规》4.1.6条：

$$M_{qd} = M_{Gk} + \psi_{q1} M_{1Q} + \psi_{q2} M_{2Q}$$

$$= 43000 + 0.4 \times \frac{14700}{1.2} + 0.4 \times 1300$$

$$= 48420 \text{kN} \cdot \text{m}$$

故选（D）项。

思考：类似题目在2005年、2006年、2007年的真题中考过。

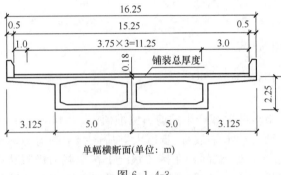

单幅横断面（单位：m）

图 6.1.4-3

【例6.1.4-7】某一级公路设计行车速度 $V = 100 \text{kN/m}$，双面六车道，汽车荷载采用公路-Ⅰ级。其公路上有一座计算跨径为40m的预应力混凝土箱形简支桥梁，采用上、下双幅分离式横断面。混凝土强度等级为C50，横断面布置如图6.1.4-3所示。

该箱形梁桥按承载力极限状态设计时，假定跨中断面永久作用弯矩设计值为65000kN·m，由汽车荷载产生的弯矩设计值为25000kN·m（已计入冲击系数），其他两种可变荷载产生的弯矩设计值为9600kN·m。试问，该箱形简支梁中，跨中断面承载能力极限状态下基本组合的弯矩设计值 $\gamma_0 M_{ud}$（kN·m），与下列何项数值最为接近？

提示：按《公路桥涵设计通用规范》JTG D 60—2015和《公路钢筋混凝土及预应力混凝土桥涵设计规范》JTG D 62—2004计算。

(A) 93000　　　(B) 97000　　　(C) 107000　　　(D) 11000

【解答】单孔标准跨径大于40m，按单孔跨径查《公桥通规》表1.0.5，为大桥；查《公桥通规》表4.1.5-1，其安全等级为一级，故取 $\gamma_0 = 1.1$。

根据规范4.1.5条：

$$\gamma_0 M_{ud} = \gamma_0 (M_{Gid} + M_{Q1d} + \sum M_{Qjd})$$

$$= 1.1 \times (65000 + 25000 + 9600)$$

$$= 109560 \text{kN} \cdot \text{m}$$

故选（D）项。

思考：题目中弯矩设计值已包含组合值系数 ψ_c。

本题为2011年以前的真题。

【例6.1.4-8】（2017B35）某高速公路立交匝道桥为一孔25.8m预应力混凝土现浇简支箱梁，桥梁全宽9m，桥面宽8m，梁计算跨径25m，冲击系数0.222，不计偏载系数，梁自重及桥面铺装等恒载作用按154.3kN/m计，如图6.1.4-4，试问：桥梁跨中弯矩基本组合值（kN·m），与下列何项数值最为接近？

(A) 23900　　　(B) 24400　　　(C) 25120　　　(D) 26290

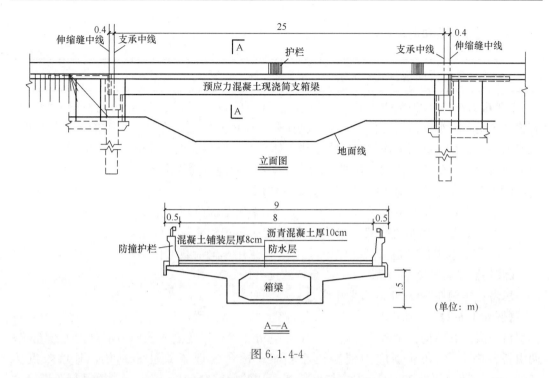

图 6.1.4-4

【解答】 根据《公桥通规》4.3.1 条，$q_k = 10.5 \text{kN/m}$

$$P_k = 2 \times (25 + 130) = 310 \text{kN}$$

查《公桥通规》表 4.3.1-4，设计车道数为 2；查表 4.1.5-1，安全等级为一级，取 $\gamma_0 = 1.1$。

$$M_{Gk} = \frac{1}{8} q l_0^2 = \frac{1}{8} \times 154.3 \times 25^2 = 12055 \text{kN} \cdot \text{m}$$

$$M_{qk} = 1.222 \times 2 \times \left(\frac{1}{8} \times 10.5 \times 25^2 + \frac{1}{4} \times 310 \times 25 \right) = 6740 \text{kN} \cdot \text{m}$$

$$\gamma_0 M = 1.1 \times (1.2 \times 12055 + 1.4 \times 6740) = 26292 \text{kN} \cdot \text{m}$$

故选（D）项。

【例 6.1.4-9】（2018B37）某一级公路上的一座预应力混凝土梁桥，其结构安全等级为一级。经计算知：该梁的跨中截面弯矩标准值为：梁自重弯矩 2500kN·m；汽车作用弯矩（含冲击力）1800kN·m；人群作用弯矩 200kN·m。试问，该梁跨中作用效应基本组合的弯矩设计值（kN·m），与下列何项数值最接近？

(A) 6400　　　　　(B) 6300　　　　　(C) 5800　　　　　(D) 5700

【解答】 根据《公桥通规》4.1.5 条：

$$M_{ud} = 1.1 \times (1.2 \times 2500 + 1.4 \times 1800 + 0.75 \times 1.4 \times 200)$$
$$= 6303 \text{kN} \cdot \text{m}$$

故选（B）项。

五、永久作用

● 复习《公桥通规》4.2.1 条~4.2.6 条。

六、汽车荷载和汽车冲击力

⚫ 复习《公桥通规》4.3.1条、4.3.2条。

【例6.1.6-1】 (2016B40) 由《公桥通规》(JTG D60—2015) 知：公路桥梁上的汽车荷载（作用）由车道荷载（作用）和车辆荷载（作用）组成，在计算下列的桥梁构件时，取值不一样。在计算以下构件时：①主梁整体，②主梁桥面板，③桥台，④涵洞，应各采用下列何项汽车荷载（作用）模式，才符合《公桥通规》的规定要求？

(A) ①、②、③、④均采用车道荷载（作用）

(B) ①采用车道荷载（作用），②、③、④采用车辆荷载（作用）

(C) ①、②采用车道荷载（作用），③、④采用车辆荷载（作用）

(D) ①、③采用车道荷载（作用），②、④采用车辆荷载（作用）

【解答】 根据《公桥通规》4.3.1条，应选（B）项。

思考： 本题在2008年的真题中考过。

【例6.1.6-2】 (2016B34、35) 一级公路上的一座桥梁，位于7度地震地区，由主桥和引桥组成。其结构：主桥为三跨（70m＋100m＋70m）变截面预应力混凝土连续箱梁；两引桥各为5孔40m预应力混凝土小箱梁；桥台为埋置式肋板结构，耳墙长度为3500mm，背墙厚度400mm；主桥与引桥和两端的伸缩缝均为160mm。桥梁行车道净宽15m，全宽17.5m。设计汽车荷载（作用）公路-Ⅰ级。

试问：

(1) 该桥按汽车荷载（作用）计算效应时，其横向车道折减系数（或布载系数）与下列何项数值最为接近？

(A) 0.60   (B) 0.67   (C) 0.78   (D) 1.00

(2) 该桥用车道荷载求边跨（L_1）跨中正弯矩最大值时，车道荷载顺桥向布置时，下列哪种布置符合规范规定？

提示： 三跨连续梁的边跨（L_1）跨中影响线如图6.1.6-1所示。

(A) 三跨都布置均布荷载和集中荷载

(B) 只在两边跨（L_1和L_3）内布置均布荷载，并只在L_1跨最大影响线坐标值处布置集中荷载

(C) 只在中间跨（L_2）布置均布荷载和集中荷载

(D) 三跨都布置均布荷载

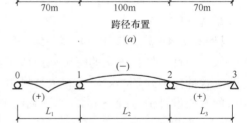

跨径布置

(a)

边跨(L_1)的跨中弯矩影响线

(b)

图6.1.6-1

【解答】 (1) 净宽为15m，单向（或双向）行驶，查《公桥通规》表4.3.1-4，取设计车道数为4。再查规范表4.3.1-5，取横向车道布载系数为0.67。

故选（B）项。

(2) 根据《公桥通规》4.3.1条规定：

（A）、（C）、（D）项三种荷载布置都不会使边跨（L_1）的跨中产生最大正弯矩，只有（B）项布置才能使要求截面的弯矩产生最不利效应。

所以应选（B）项。

【例 6.1.6-3】（2014B37）某二级公路立交桥上的一座直线匝道桥，为钢筋混凝土连续箱梁结构（单箱单室）净宽 6.0m，全宽 7.0m。其中一联为三孔，每孔跨径各 25m，梁高 1.3m，中墩处为单支点，边墩为双支点抗扭支座。中墩支点采用 550mm×1200mm 的氯丁橡胶支座。设计荷载为公路-Ⅰ级，结构安全等级一级。

假定，上述匝道桥的边支点采用双支座（抗扭支座），梁的重力密度为 158kN/m，汽车居中行驶，其冲击系数按 1.15 计。若双支座平均承担反力，试问，在重力和车道荷载作用时，每个支座的组合力值 R_A（kN）与下列何项数值最为接近？

提示： 反力影响线的面积：第一孔 $w_1 = +0.433L$；第二孔 $w_2 = -0.05L$；第三孔 $w_3 = +0.017L$。

（A）1147　　　　（B）1334　　　　（C）1380　　　　（D）1420

【解答】 公路-Ⅰ、$L=25m$，由《公桥通规》4.3.1 条：

$q_k = 10.5$kN/m，$P_k = 2×(25+130) = 310$kN

重力产生的反力：

$R_q = q(w_1 - w_2 + w_3) = 158×(0.433-0.05+0.017)l = 158×0.40×25 = 1580$kN

公路-Ⅰ级均布荷载产生的反力：

$R_{Q1} = q_k(w_1 + w_3) = 10.5×(0.433+0.017)×25 = 10.5×0.45×25 = 118$kN

公路-Ⅰ级集中荷载产生的反力：

$R_{Q2} = P_k×1.0 = 310×1 = 310$kN

$R_Q = (1+0.15)×(118+310) = 492.2$kN

1 条车道，取 $\xi = 1.2$，$R_Q = 1.2×492.4 = 590.64$

安全等级为一级，取 $\gamma_0 = 1.1$，则：

$R_d = 1.1×(1.2×1580 + 1.4×590.64) = 2995.2$kN

每个支座的平均反力组合值：

$$R_2 = \frac{1}{2} × 2995.2\text{kN} = 1498\text{kN}$$

故选（D）项。

【例 6.1.6-4】 某一级公路设计行车速度 $V = 100$kN/m，双面六车道，汽车荷载采用公路-Ⅰ级。其公路上有一座计算跨径为 40m 的预应力混凝土箱形简支桥梁，采用上、下双幅分离式横断面。混凝土强度等级为 C50，横断面布置如图 6.1.6-2 所示。

试问，该桥在计算汽车设计车道荷载时，其设计车道数应按下列何项数值选用？

提示： 按《公路桥涵设计通用规

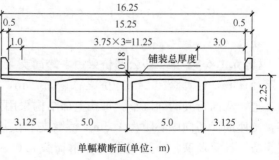

单幅横断面（单位：m）

图 6.1.6-2

范》JTG D 60—2015。

　　(A) 二车道　　　　　(B) 三车道　　　　　(C) 四车道　　　　　(D) 五车道

　　【解答】双向行驶、桥面宽 15.25m，查《公桥通规》表 4.3.1-4，取设计车道数为 4 条，故选 (C) 项。

　　思考：本题为 2011 年以前的真题。

　　【例 6.1.6-5】(2011B34) 某二级干线公路上一座标准跨径为 30m 的单跨简支梁桥，桥面宽度为 12m，其横向布置为：1.5m（人行道）＋9m（车行道）＋1.5m（人行道）。桥梁上部结构由 5 根各长 29.94m、高 2.0m 的预制预应力混凝土 T 形梁组成，梁与梁间用现浇混凝土连接；桥台为单排排架桩结构，矩形盖梁、钻孔灌注桩基础。设计荷载：公路-Ⅰ级、人群荷载 3.0kN/m²。

　　假定，前述桥梁主梁结构自振频率（基频）$f=4.5$Hz。试问，该桥汽车作用的冲击系数 μ 与下列何项数值（Hz）最为接近？

　　(A) 0.05　　　　　(B) 0.25　　　　　(C) 0.30　　　　　(D) 0.45

　　【解答】根据《公桥通规》4.3.2 条：
$$\mu=0.1767\ln4.5-0.0157=0.25$$

故选 (B) 项。

　　【例 6.1.6-6】(2016B39) 某桥为一座预应力混凝土箱梁桥。假定，主梁的结构基频 $f=4.5$Hz，试问，在计算其悬臂板的内力时，作用于悬臂板上的汽车作用的冲击系数 μ 值应取用下列何值？

　　(A) 0.45　　　　　(B) 0.30　　　　　(C) 0.25　　　　　(D) 0.05

　　【解答】根据《公桥通规》4.3.2 条第 6 款，取 $\mu=0.30$。

故选 (B) 项。

　　【例 6.1.6-7】(2018B34) 高速公路上某一跨 20m 简支箱梁，计算跨径 19.4m，汽车荷载按单向双车道设计。试问，该简支梁支点处汽车荷载产生的剪力标准值（kN），与下列何项数值接近？

　　(A) 930　　　　　(B) 920　　　　　(C) 465　　　　　(D) 460

　　【解答】根据《公桥通规》4.3.1 条：

高速公路为公路-Ⅰ级，$q_k=10.5$kN/m
$$q_k=2\times(19.4+130)=298.8\text{kN}$$

查表 4.3.1-5，$\xi_{横}=1.0$
$$V_{Qk}=2\times1.0\times\left(\frac{1}{2}\times10.5\times19.4+1.2\times298.8\right)=920.8\text{kN}$$

故选 (B) 项。

　　【例 6.1.6-8】某二级公路桥梁由多跨简支梁组成，其总体布置如图 6.1.6-3 所示。每孔跨径 25m，计算跨径 24m，桥梁总宽 10.5m，行车道宽度为 8.0m，两侧各设 1m 宽人行步道，双向行驶两列汽车。每孔上部结构采用预应力混凝土箱形梁，桥墩上设立四个支座，支座的横桥向中心距为 4.5m。桥墩支承在基岩上，由混凝土独柱墩身和带悬臂的盖梁组成。计算荷载：公路-Ⅰ级，人群荷载 3.0kN/m²；混凝土的重度按 25kN/m³ 计算。

　　若该桥箱形梁混凝土强度等级为 C40，弹性模量 $E_c=3.25\times10^4$MPa，箱形梁跨中横

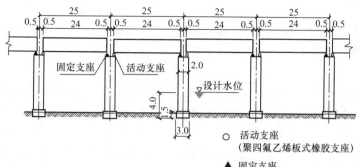

（a）

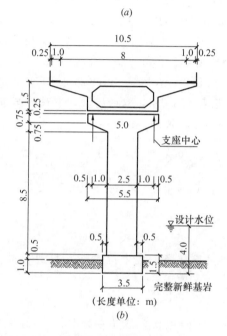

图 6.1.6-3

（a）立面图；（b）桥墩处横断面图

截面面积 $A=5.3\text{m}^2$，惯性矩 $I_c=1.5\text{m}^4$，试判定公路-Ⅰ级汽车车道荷载的冲击系数 μ，与下列何项数值最为接近？

提示： ① 按《公路桥涵设计通用规范》JTG D 60—2015。

② 重力加速度 $g=10\text{m/s}^2$。

（A）0.08 　　　　（B）0.18 　　　　（C）0.28 　　　　（D）0.38

【解答】 根据《公桥通规》4.3.2 条条文说明：

$$m_c = G/g = 5.3 \times 25 \times 1000/10 = 13250\text{Ns}^2/\text{m}^2$$

$$f_1 = \frac{\pi}{2l^2}\sqrt{\frac{E_c I_c}{m_c}} = \frac{\pi}{2 \times 24^2} \times \sqrt{\frac{3.25 \times 1.5 \times 10^{10}}{13250}} = 5.231\text{Hz}$$

由规范式（4.3.2）：

$$\mu = 0.1767\ln f_1 - 0.0157 = 0.277$$

故选（C）项。

思考： 本题为 2011 年以前的真题。

【例 6.1.6-9】题目条件同［例 6.1.6-8］

试问：

（1）假定冲击系数 $\mu=0.2$，试问，该桥主梁跨中截面在公路-Ⅰ级汽车车道荷载作用下的弯矩标准值 M_{Qik}（kN·m），与下列何项数值最为接近？

(A) 6150　　　(B) 6250　　　(C) 6550　　　(D) 6950

（2）假定冲击系数 $\mu=0.2$，试问，该桥主梁支点截面在公路-Ⅰ级汽车车道荷载作用下的剪力标准值 V_{Qik}（kN），与下列何项数值最为接近？

提示： 按加载长度近似取 24m 计算。

(A) 1300　　　(B) 1200　　　(C) 1100　　　(D) 1000

【解答】（1）根据《公桥通规》4.3.1 条，公路-Ⅰ级：

$$q_k = 10.5\text{kN/m}, P_k = 2 \times (24 + 130) = 308\text{kN}$$

$W=8.0$m，查通用规范表 4.3.1-4，双向行驶，取设计车道数为 2。

查《公桥通规》表 4.3.1-5，取 $\xi=1.0$

$$M_{Qik} = 2\xi(1+\mu)\left(\frac{1}{8}q_k l_0^2 + \frac{1}{4}P_k l_0\right)$$

$$= 2 \times 1.0 \times (1+0.2) \times \left(\frac{1}{8} \times 10.5 \times 24^2 + \frac{1}{4} \times 308 \times 24\right)$$

$$= 6249.6\text{kN·m}$$

故选（B）项。

（2）根据《公桥通规》4.3.1 条，集中荷载取为 $1.2P_k$：

$$V_{Qik} = 2\xi(1+\mu)\left(\frac{1}{2}q_k l_0 + 1.2P_k\right)$$

$$= 2 \times 1 \times (1+0.2) \times \left(\frac{1}{2} \times 10.5 \times 24 + 1.2 \times 308\right)$$

$$= 1189.4\text{kN}$$

故选（B）项。

思考： 本题为 2011 年以前的真题。

【例 6.1.6-10】某一级公路设计行车速度 $V=100$kN/m，双面六车道，汽车荷载采用公路-Ⅰ级。其公路上有一座计算跨径为 40m 的预应力混凝土箱形简支桥梁，采用上、下双幅分离式横断面。混凝土强度等级为 C50，横断面布置如图 6.1.6-4 所示。

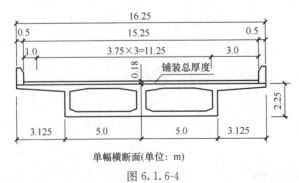

单幅横断面(单位：m)

图 6.1.6-4

计算该箱形梁桥汽车车道荷载时，应按横桥向偏载考虑。假定车道荷载冲击系数 $\mu=0.215$，车道横向折减系数为 0.67，扭转影响对箱形梁内力的不均匀系数 $K=1.2$。试问，该箱形梁桥跨中断面，由汽车车道荷载产生的弯矩作用标准值（kN·m），与下列何项数值最为接近？

提示：按《公路桥涵设计通用规范》JTG D 60—2015。

(A) 21000　　　　(B) 21500　　　　(C) 22000　　　　(D) 22500

【解答】双向行驶，桥面宽 15.25m，查《公桥通规》表 4.3.1-4，取设车道数为 4。

公路-Ⅰ级：$q_k = 10.5$kN/m，$P_k = 2 \times (40 + 130) = 340$kN

$$M_{QiK} = 4\xi(1+\mu)K\left(\frac{1}{8}q_k l_0^2 + \frac{1}{4}P_k l_0\right)$$

$$= 4 \times 0.67 \times 1.215 \times 1.2 \times \left(\frac{1}{8} \times 10.5 \times 40^2 + \frac{1}{4} \times 340 \times 40\right)$$

$$= 21491 \text{kN} \cdot \text{m}$$

故选（B）项。

思考：本题目考虑了箱形梁内力的不均匀系数 K。本题为 2011 年以前的真题。

七、汽车离心力和汽车引起的土侧压力

> ● 复习《公桥通规》4.3.3 条、4.3.4 条。

【例 6.1.7-1】（2018B35）某公路立交桥中的一单车道匝道弯桥，设计行车速度为 40km/h，平曲线半径为 65m。为计算桥梁下部结构和桥梁总体稳定的需要，需要计算汽车荷载引起的离心力。假定，该匝道桥车辆荷载标准值为 550kN，汽车荷载冲击系数为 0.15。试问，该匝道桥的汽车荷载离心力标准值（kN），与下列何项数值接近？

(A) 108　　　　(B) 118　　　　(C) 128　　　　(D) 148

【解答】根据《公桥通规》4.3.3 条表 4.3.1-5，取 $\xi_{横} = 1.2$

$$汽车荷载离心力标准值 = 1.2 \times 550 \times \frac{40^2}{127 \times 65} = 128 \text{kN}$$

故选（C）项。

【例 6.1.7-2】（2016B36）某公路上的一座单跨 30m 的跨线桥梁，设计荷载（作用）为公路-Ⅰ级，桥面宽度为 13m，且与路基宽度相同。桥台为等厚度的 U 型结构，桥台计算高度 5.0m，基础为双排 $\phi1.2$m 的钻孔灌注桩。当计算该桥桥台台背土压力时，汽车在台后土体破坏棱体上的作用可换算成等代均布土层厚度计算。试问，其换算土层厚度（m）与下列何值最为接近？

提示：① 台背竖直、路基水平，土壤内摩擦角 30°，假定台后土体破坏棱体的上口长度 $L_0 = 3.0$m，土的重度 $\gamma = 18$kN/m³；

② 不考虑汽车荷载效应的多车道横向折减系数。

(A) 0.9　　　　(B) 1.0　　　　(C) 1.2　　　　(D) 1.4

【解答】根据《公桥通规》4.3.4 条：

$$h_0 = \frac{\Sigma G}{Bl_0\gamma} = \frac{3 \times 2 \times 140}{13 \times 3 \times 18} = 1.197 \text{m}$$

故选（C）项。

思考：本题在 2014 年的真题中考过。

【例 6.1.7-3】（2013B40）某二级公路，设计车速 60km/h，双向两车道，全宽（B）

为8.5m，汽车荷载等级为公路-Ⅱ级。其下一座现浇普通钢筋混凝土简支实体盖板涵洞，涵洞长度与公路宽度相同，涵洞顶部填土厚度（含路面结构厚）2.6m，若盖板计算跨径 $l_{计}=3.0m$。试问，汽车荷载在该盖板跨中截面每延米产生的活载弯矩标准值（kN·m）与下列何项数值最为接近？

提示：两车道车轮横桥向扩散宽度取为8.5m。

(A) 16   (B) 21   (C) 25   (D) 27

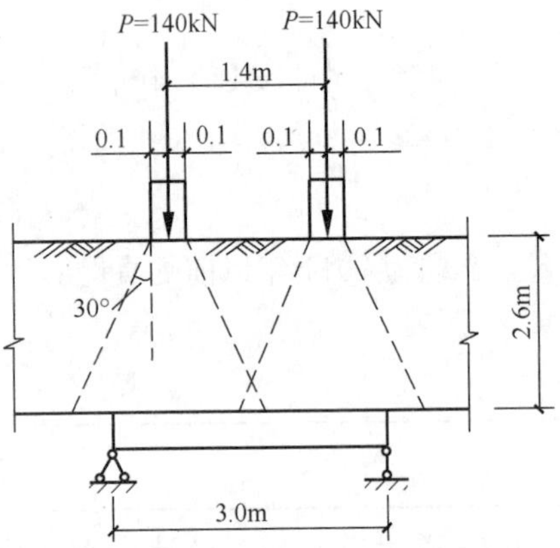

图 6.1.7-1

【解答】根据《公桥通规》4.3.1条、4.3.4条第2款：计算简图，如图6.1.7-1所示。

纵桥向单轴扩散长度：$a_1=2.6\tan30°\times2+0.2=1.5\times2+0.2=3.2m>1.4m$，两轴压力扩散线重叠，所以应取两轴压力扩散长度：$a=3.2+1.4=4.6m$

双车道车辆，两后轴重引起的压力：$q_{活}=\dfrac{2\times2\times140}{4.6\times8.5}=14.32kN/m^2$

双车道车辆，两后轴重在盖板跨中截面每延米产生的活荷载弯矩标准值为：

$$M_{活}=\frac{1}{8}ql^2\times1.0=\frac{1}{8}\times14.32\times3^2\times1.0=16.11kN\cdot m$$

所以应选（A）项。

八、汽车制动力

●复习《公桥通规》4.3.5条。

【例 6.1.8-1】某立交桥上的一座匝道桥为单跨简支桥梁，跨径40m，桥面净宽8.0m，为双向行驶的两车道，承受公路-Ⅰ级荷载，采用氯丁橡胶板式支座。试问，该桥每个桥台承受的制动力标准值（kN），与下列何项数值最为接近？

提示：车道荷载的均布荷载标准值 $q_k=10.5kN/m$，集中荷载标准值 $P_k=340kN$，假定两桥台平均承担制动力。

(A) 83   (B) 90   (C) 165   (D) 175

【解答】双向行驶，$W=8m$，查《公桥通规》表4.3.1-4，设计车道数为2。

根据《公桥通规》4.3.5条及4.3.1条表4.3.1-5，取增大系数为1.2：

一个设计车道汽车制动力标准值 T_{0k}：$T_{0k}=1.2\times(10.5\times40+340)\times10\%=91.2kN$ $<165kN$

故取 $T_{0k}=165kN$

一侧桥台分担的制动力标准值：$\dfrac{1}{2}\sum T_{0k}=\dfrac{1}{2}\times165=82.5kN$

故选（A）项。

思考：本题目同向行驶为1条车道，故考虑了《公桥通规》4.3.1条第7款规定，表4.3.1-5中增大系数为1.2。

【例6.1.8-2】某公路桥梁为一座单跨简支梁桥，跨径40m，桥面净宽24m，双向六车道。试问，该桥每个桥台承受的制动力标准值（kN），与下列何项数值最为接近？

提示：设计荷载为公路-I级，其车道荷载的均布荷载标准值为 $q_k = 10.5 \text{kN/m}$，集中力 $P_k = 340 \text{kN}$，三车道的折减系数为0.78，制动力由两个桥台平均承担。

(A) 87　　　　　　(B) 165　　　　　　(C) 187　　　　　　(D) 195

【解答】根据《公桥通规》4.3.5条：

一条车道上汽车制动力为：$T_1 = 10\% \times (40 \times 10.5 + 340) = 76 \text{kN}$，公路-I级：$T_1 \geq 165 \text{kN}$，故取 $T_1 = 165 \text{kN}$

双向六车道，则三车道总汽车制动力为：$T_0 = 2.34 \times 165 = 386.1 \text{kN}$

一个桥台分担的制动力为：$\dfrac{T_0}{2} = \dfrac{386.1}{2} = 193.05 \text{kN}$

故选（D）项。

思考：本题为2011年以前的真题。

本题目同向行驶为3条车道，故考虑《公桥通规》表4.3.1-5中0.78，即：$3 \times 0.78 = 2.34$，这与《公桥通规》4.3.5条规定是一致的。

九、人群荷载

●复习《公桥通规》4.3.6条。

十、其他荷载

●复习《公桥通规》4.3.7条～4.3.13条。

十一、偶然荷载

●复习《公桥通规》4.4.1条～4.4.4条。

第二节　《公桥混规》

一、总则

●复习《公桥混规》1.0.1条～1.0.4条。

二、材料

●复习《公桥混规》3.1.1条～3.2.4条。

三、一般规定和板的计算

- 复习《公桥混规》4.1.1条～4.1.10条。
- 复习《公桥混规》4.2.1条～4.2.6条。

【例 6.2.3-1】（2011B37）某二级干线公路上一座标准跨径为 30m 的单跨简支梁桥，其总体布置如图 6.2.3-1 所示。桥面宽度为 12m，其横向布置为：1.5m（人行道）+9m（车行道）+1.5m（人行道）。桥梁上部结构由 5 根各长 29.94m，高 2.0m 的预制预应力混凝土 T 形梁组成，梁与梁间用现浇混凝土连接；桥台为单排排架桩结构，矩形盖梁、钻孔灌注桩基础。设计荷载：公路-Ⅰ级、人群荷载 3.0kN/m²。

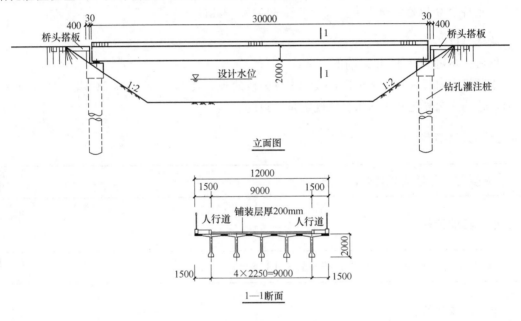

图 6.2.3-1

假定，前述桥梁主梁间车行道板计算跨径取为 2250mm，桥面铺装层厚度为 200mm，车辆的后轴车轮作用于车行道板跨中部位。试问，垂直于板跨方向的车轮作用分布宽度（mm）与下列何项数值最为接近？

(A) 1350 　　　　 (B) 1500 　　　　 (C) 2750 　　　　 (D) 2900

【解答】 查《公桥通规》表 4.3.1-3，取 $a_1 = 200$mm，$d = 1400$mm。

根据《公桥混规》4.2.3 条：

单个车轮时：

$$a = a_1 + 2h + \frac{l}{3} = 200 + 2 \times 200 + \frac{2250}{3} = 1350\text{mm} < \frac{2l}{3} = \frac{2 \times 2250}{3} = 1500\text{mm}$$

故取 $a = 1500$mm，又 $a = 1500$mm $> d = 1400$mm，故分布宽度有重叠。

由规范式（4.2.3-3）：

$$a = (a_1 + 2h) + d + \frac{l}{3} = (200 + 2 \times 200) + 1400 + \frac{2250}{3}$$

$$=2750\text{mm}<\frac{2}{3}l+d=\frac{2}{3}\times2250+1400=2900\text{mm}$$

最终取 $a=2900\text{mm}$。

故选（D）项。

【例 6.2.3-2】 某公路桥梁由整体钢筋混凝土板梁组成，计算跨径为 12.0m，斜交角 30°，总宽度为 9m，梁高为 0.7m。在支承处每端各设三个支座。其中一端用活动橡胶支座（A_1、A_2、A_3），另一端用固定橡胶支座（B_1、B_2、B_3），其平面布置如图 6.2.3-2 所示。试问，在恒载（均布荷载）条件下各支座垂直受力的正确判断，应为下列何项所述？

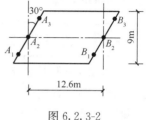

图 6.2.3-2

（A）A_2 与 B_2 的反力最大

（B）A_2 与 B_2 的反力最小

（C）A_1 与 B_3 的反力最大

（D）A_3 与 B_1 的反力最大

【解答】 根据《公桥混规》4.2.4 条，该桥属于斜桥。根据斜板桥受力特点，应选（D）项。

思考： 本题为 2011 年以前的真题。

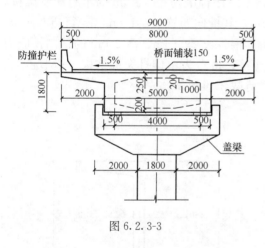

图 6.2.3-3

（A）0.55　　　　　　（B）3.45

【例 6.2.3-3】 某公路桥梁，其中一段为四孔各 30m 的简支梁桥，如图 6.2.3-3 所示，单向双车道，桥梁总宽 9.0m，其中行车道净宽度为 8.0m。上部结构采用预应力混凝土箱梁（桥面连续），桥墩由扩大基础上的钢筋混凝土圆柱墩身及带悬臂的盖梁组成。梁体混凝土线膨胀系数取 $\alpha=0.00001$。汽车荷载：公路-Ⅰ级。

试问，当车辆荷载的后轴作用在该桥箱梁悬臂板上时，其垂直于悬臂板跨径方向的车轮荷载分布宽度（m）与下列何项数值最为接近？

（C）4.65　　　　　　（D）4.80

【解答】 根据《公桥混规》4.2.5 条：

查《公桥通规》表 4.3.1-3，后轴：着地宽度 0.6m，着地长度 0.2m，如图 6.2.3-4 所示，$l_c=1+\dfrac{0.6}{2}+0.15$ $=1.45\text{m}$

$$a_1=0.2\text{m}$$

由规范式（4.1.5）：

$$a=(a_1+2h)+2l_c=(0.2+2\times0.15)+2\times1.45$$

$$=3.45\text{m}>d=1.4\text{m}$$

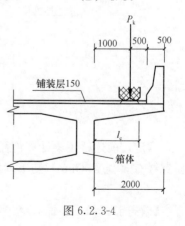

图 6.2.3-4

故重叠，则：

$$a = a_1 + 2h + d + 2l_c$$
$$= 0.2 + 2 \times 0.15 + 1.4 + 2 \times 1.45$$
$$= 4.8m$$

故选（D）项。

四、梁的计算

● 复习《公桥混规》4.3.1条~4.3.10条。

【例 6.2.4-1】 某公路桥梁为五跨连续钢筋混凝土梁桥，其结构的作用效应按弹性理论分析计算时，其构件的抗弯刚度可采用下列何项？

提示： E_c 为混凝土弹性模量，I 为混凝土毛截面惯性矩。

(A) $0.7E_cI$ (B) $0.8E_cI$ (C) $0.95E_cI$ (D) E_cI

【解答】 根据《公桥混规》4.3.1条，应选（B）项。

思考： 应注意《公桥混规》4.3.1条的条文说明。

【例 6.2.4-2】（2011B36）某二级干线公路上一座标准跨径为 30m 的单跨简支梁桥，其总体布置如图 6.2.4-1 所示。桥面宽度为 12m，其横向布置为：1.5m（人行道）+9m（车行道）+1.5m（人行道）。桥梁上部结构由 5 根各长 29.94m、高 2.0m 的预制预应力混凝土 T 形梁组成，梁与梁间用现浇混凝土连接；桥台为单排排架桩结构，矩形盖梁、钻孔灌注桩基础。设计荷载：公路-Ⅰ级、人群荷载 $3.0kN/m^2$。

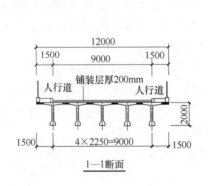

1—1断面

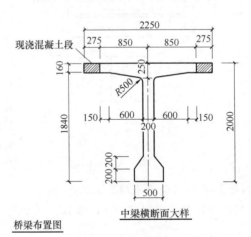

桥梁布置图

中梁横断面大样

附注：1.图中单位均以毫米计。
　　　2.比例示意。

图 6.2.4-1

假定，前述桥主梁计算跨径以 29m 计。试问，该桥中间 T 型主梁在弯矩作用下的受压翼缘有效宽度（mm）与下列何值最为接近？

(A) 9670   (B) 2250   (C) 2625   (D) 3320

【解答】 根据《公桥混规》4.3.3条：

(1) $b_f = \frac{1}{3} \times 29000 = 9667\text{mm}$

(2) $b_f = 2250\text{mm}$

(3) $h'_f = 160\text{mm}$; $h_h = 250 - 160 = 90\text{mm}$, $b_h = 600\text{mm}$

$$\frac{h_h}{b_h} = \frac{90}{600} = \frac{1}{6.7} < \frac{1}{3}, \text{ 故取 } b_h = 3h_h = 3 \times 90 = 270\text{mm}$$

$$b_f = b + 2b_h + 12h'_f = 200 + 2 \times 270 + 12 \times 160 = 2660\text{mm}$$

上述取较小者，故取 $b_f = 2250\text{mm}$。

故选（B）项。

【例6.2.4-3】（2014B36）某二级公路立交桥上的一座直线匝道桥，为钢筋混凝土连续箱梁结构（单箱单室）净宽6.0m，全宽7.0m。其中一联为三孔，每孔跨径各25m，梁高1.3m，中墩处为单支点，边墩为双支点抗扭支座。中墩支点采用550mm×1200mm的氯丁橡胶支座。设计荷载为公路-Ⅰ级，结构安全等级一级。

假定，该桥中墩支点处的理论负弯矩为15000kN·m。中墩支点总反力为6600kN。试问，考虑折减因素后的中墩支点的有效负弯矩（kN·m），取下列何项数值较为合理？

提示：梁支座反力在支座两侧向上按45°扩散交于梁重心轴的长度 a 为1.85m。

(A) 13474　　　　(B) 13500　　　　(C) 14595　　　　(D) 15000

【解答】根据《公桥混规》4.3.5条：

$$M_e = M - M'$$

$$M' = \frac{1}{8} \times q \times a^2$$

$$q = R/a = 6600/1.85 = 3567\text{kN/m}$$

$$M' = \frac{1}{8} \times 3567 \times 1.85^2 = 1526\text{kN·m}$$

$$M_e = 15000 - 1526 = 13474\text{kN·m} < 0.9 \times 15000 = 13500\text{kN·m}$$

故取 $M_e = 13500\text{kN·m}$，所以选（B）项。

五、拱的计算

● 复习《公桥混规》4.4.1条~4.4.14条。

【例6.2.5-1】（2016B33）某公路上的一座跨河桥，其结构为钢筋混凝土上承式无铰拱桥，计算跨径为100m。假定，拱轴线长度 L_a 为115m，忽略截面变化。试问，当验算该桥的主拱圈纵向稳定时，相应的计算长度（m）与下列何值最为接近？

(A) 36　　　　(B) 42　　　　(C) 100　　　　(D) 115

【解答】根据《公桥混规》4.4.7条：

$$0.36L_a = 0.36 \times 115 = 41.4\text{m}$$

故选（B）项。

思考： 本题在 2008 年的真题中考过。

六、持久状况承载能力极限状态计算

1. 一般规定

● 复习《公桥混规》5.1.1 条～5.1.6 条。

【例 6.2.6-1】 当对某公路预应力混凝土连续梁进行持久状况下承载能力极限状态计算时，下列关于作用效应是否计入汽车车道荷载冲击系数和预应力次效应的不同意见，其中何项正确，并简述理由。

提示：《公路钢筋混凝土及预应力混凝土桥涵设计规范》JTG 3362—2018 判定。

(A) 二者全计入   (B) 前者计入，后者不计入

(C) 前者不计入，后者计入   (D) 二者均不计入

【解答】 根据《公桥混规》5.1.2 条及条文说明，应选（A）项。

思考： 本题为 2011 年以前的真题。

2. 受弯构件

● 复习《公桥混规》5.2.1 条～5.2.14 条。

【例 6.2.6-2】（2012B37）某公路桥在二级公路上，重车较多，该桥上部结构为装配式钢筋混凝土 T 型梁，标准跨径 20m，计算跨径为 19.50m，主梁高度 1.25m，主梁距 1.8m。设计荷载为公路-Ⅰ级。结构安全等级为一级。梁体混凝土强度等级为 C30。按持久状况计算时某内主梁支点截面剪力组合设计值 650kN（已计入结构重要性系数）。试问，该梁最小腹板厚度（mm）与下列何项数值最为接近？

提示： 主梁有效高度 h_0 为 1200mm。

(A) 180   (B) 200   (C) 220   (D) 240

【解答】 根据《公桥混规》5.2.11 条：

$$650 \leqslant 0.51 \times 10^{-3} \sqrt{30} b \times 1200，则$$

$$b \geqslant 194m$$

故选（B）项。

【例 6.2.6-3】（2014B34）某二级公路上的一座单跨 30m 的跨线桥梁，可通过双向两列车，重车较多，抗震设防烈度为 7 度，地震动峰值加速度为 0.15g，设计荷载为公路-Ⅰ级，人群荷载 3.5kPa，桥面宽度与路基宽度都为 12m。上部结构：横向五片各 30m 的预应力混凝土 T 形梁，梁高 1.8m，混凝土强度等级 C40；桥台为等厚度的 U 形结构，桥台台身计算高度 4.0m，基础为双排 1.2m 的钻孔灌注桩。整体结构的安全等级为一级。

上述桥梁的中间 T 形梁的抗剪验算截面取距支点 $h/2$（900mm）处，且已知该截面的最大剪力 $r_0 V_d$ 为 940kN，腹板宽度 540mm，梁的有效高度为 1360mm，混凝土强度等级 C40 的抗拉强度设计值 f_{td} 为 1.65MPa。试问，该截面需要进行下列何项工作？

提示： 预应力提高系数设计值为 α_2 取 1.25。

(A) 要验算斜截面的抗剪承载力，且应加宽腹板尺寸

(B) 不需要验算斜截面抗剪承载力

(C) 不需要验算斜截面抗剪承载力，但要加宽腹板尺寸

(D) 需要验算斜截面抗剪承载力，但不要加宽腹板尺寸

【解答】 根据《公桥混规》5.2.11 条、5.2.12 条：

$$\gamma_0 V_d = 940 \text{kN} < 0.51 \times 10^{-3} \sqrt{f_{cu,k}} b h_0 = 0.51 \times 10^{-3} \times \sqrt{40} \times 540 \times 1360$$
$$= 2369 \text{kN}$$

$$\gamma_0 V_d = 940 \text{kN} > 0.5 \times 10^{-3} f_{td} b h_0 = 0.5 \times 10^{-3} \times 1.25 \times 1.65 \times 5400 \times 1360$$
$$= 757 \text{kN}$$

故应选（D）项。

3. 受压构件、受扭构件、受冲切构件和局部受压

> ● 复习《公桥混规》5.3.1 条～5.7.2 条。

需注意的是：

《公桥混规》上述规定，与《混规》是基本一致的。

七、持久状况正常使用极限状态计算

1. 一般规定

> ● 复习《公桥混规》6.1.1 条～6.1.8 条。

【例 6.2.7-1】 某公路桥梁结构为预制后张预应力混凝土箱型梁，跨径为 30m，单梁宽 3.0m，采用 $\phi^s 15.20$mm 高强度低松弛钢绞线，其抗拉强度标准值（f_{pk}）为 1860MPa，公称截面面积为 140mm^2。每根预应力束由 9 股 $\phi^s 15.20$ 钢绞线组成。锚具为夹片式群锚，张拉控制应力采用 $0.75 f_{pk}$。试问，超张拉时，单根预应力束的最大张拉力（kN），与下列何项数值最为接近？

(A) 1758   (B) 1810   (C) 1846   (D) 1875

【解答】 根据《公桥混规》6.1.4 条：

$$N_{max} = 0.8 f_{pk} A_p$$
$$= 0.8 \times 1860 \times 9 \times 140 = 1874.88 \text{kN}$$

故选（D）项。

思考： 本题为 2011 年以前的真题。

【例 6.2.7-2】 某公路桥梁的上部结构为多跨 16m 后张预制预应力混凝土空心板梁，单板宽度 1030mm，板厚 900mm。每块板采用 15 根 15.20mm 的高强度低松弛钢绞线，钢绞线的公称截面面积为 140mm^2，抗拉强度标准值（f_{pk}）为 1860MPa，控制应力采用 $0.73 f_{pk}$。试问，每块板的总张拉力（kN），与下列何项数值最为接近？

(A) 2851   (B) 3125   (C) 3906   (D) 2930

【解答】 根据《公桥混规》6.1.4 条：

$$N = 0.73 f_{pk} A_p = 0.73 \times 1860 \times (140 \times 15) = 2851.4 \text{kN}$$

故选（A）项。

思考： 本题为 2011 年以前的真题。

【例 6.2.7-3】 某公路桥梁采用预应力混凝土箱梁，其中一联为五孔连续梁桥。经计算该桥主梁某一跨中截面预应力钢绞线截面面积 $A_p = 400\text{cm}^2$，钢绞线张拉控制应力 $\sigma_{con} = 0.70 f_{pk}$，又由计算知预应力损失总值 $\sum \sigma_l = 300\text{MPa}$，若 $f_{pk} = 1860\text{MPa}$。试估算永久有效预加力（kN），与下列何项数值最为接近？

(A) 400800　　　　(B) 40080　　　　(C) 52080　　　　(D) 62480

【解答】 根据《公桥混规》6.1.7 条：

$$N_p = \sigma_{pe} A_p = (\sigma_{con} - \sigma_l) A_p$$

$$= (0.7 \times 1860 - 300) \times 400 \times 10^2 = 40080\text{kN}$$

故选（B）项。

思考： 本题为 2011 年以前的真题。

2. 钢筋预应力损失

● 复习《公桥混规》6.2.1 条～6.2.8 条。

【例 6.2.7-4】（2017B37）某预应力混凝土弯箱梁中沿中腹板的一根钢束，如图 6.2.7-1 所示 A 点至 B 点，A 为张拉端，B 为连续梁跨中截面，预应力孔道为预埋塑料波纹管，假定管道每米局部偏差对摩擦的影响系数 $k = 0.0015$，预应力钢绞线与管道壁的摩擦系数 $\mu = 0.17$，预应力束锚下的张拉控制应力 $\sigma_{con} = 1302\text{MPa}$，由 A 至 B 点预应力钢束在梁内竖弯转角共 5 处，转角 1 为 0.0873rad，转角 2～5 均为 0.2094rad，A、B 点所夹圆心角为 0.2964rad，钢束长按 36.442m 计，试问，计算截面 B 处的后张预应力束与管道壁之间摩擦引起的预应力损失值（MPa），与下列何项数值最为接近？

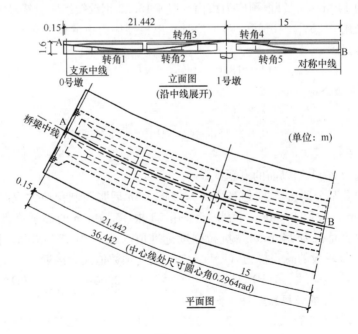

图 6.2.7-1

(A) 190   (B) 250   (C) 260   (D) 300

【解答】 根据《公桥混规》6.2.2 条条文说明：

$$\alpha_v = 0.0873 + 4 \times 0.2094 = 0.9249$$

$$\alpha_h = 0.2964$$

$$\theta = \sqrt{0.9249^2 + 0.2964^2} = 0.971\gamma_{ad}$$

$$x = 36.442\text{m}$$

$$\sigma_{l1} = 1302 \times \left[1 - e^{-(0.17 \times 0.971 + 0.0015 \times 36.442)} \right] = 256.8\text{MPa}$$

故选 (C) 项。

3. 抗裂验算

● 复习《公桥混规》6.3.1 条~6.3.3 条。

【例 6.2.7-5】 某一级公路设计行车速度 $V = 100\text{kN/m}$，双面六车道，汽车荷载采用公路-Ⅰ级。其公路上有一座计算跨径为 40m 的预应力混凝土箱形简支桥梁，采用上、下双幅分离式横断面。混凝土强度等级为 C50，横断面布置如图 6.2.7-2 所示。

计算该后张法预应力混凝土简支箱形梁桥的跨中断面时，所采用的有关数值为：$A = 9.6\text{m}^2$，$h = 2.25\text{m}$，$I_0 = 7.75\text{m}^4$，中性轴至上翼缘边缘距离为 0.95m，至下翼缘边缘距离为 1.3m；混凝土强度等级为 C50，$E_c = 3.45 \times 10^4\text{MPa}$。预应力钢束合力点距下边缘距离为 0.3m，$A_n = 8.8\text{m}^2$，$I_n = 5.25\text{m}^4$，$y_{n上} = 1.10\text{m}$，$y_{n下} = 1.15\text{m}$。假定在正

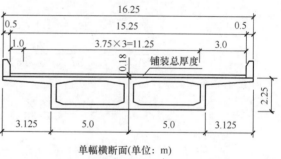

单幅横断面(单位: m)

图 6.2.7-2

常使用极限状态下，跨中断面永久作用与可变作用的频遇组合弯矩设计值 $M_s = 85000\text{kN·m}$。试问，该箱形梁桥按全预应力混凝土构件设计时，跨中断面所需的永久有效最小预应力值（kN），与下列何项数值最为接近？

提示： 按《公路桥涵设计通用规范》JTG D 60—2015 和《公路钢筋混凝土及预应力混凝土桥涵设计规范》JTG 3362—2018 计算。

(A) 56000   (B) 58000   (C) 61700   (D) 62000

【解答】 根据《公桥混规》6.3.1 条：

全预应力混凝土构件：$\sigma_{st} - 0.85\sigma_{pc} \leq 0$

$$\sigma_{st} = \frac{M_s}{I_0}y_0 = \frac{85000}{7.75} \times 1.3 = 14258.1\text{kN/m}^2 \text{（拉应力）}$$

$$\sigma_{pc} = \frac{N_p}{A_n} + \frac{N_p e_{pn}}{I_n}y_n = N_p\left(\frac{1}{8.8} + \frac{1.15 - 0.3}{5.25} \times 1.15\right) = 0.2998N_p \text{（压应力）}$$

故 $N_p \geqslant \dfrac{14258.1}{0.85 \times 0.2998} = 55951\mathrm{kN}$

故选（A）项。

思考：本题为 2011 年以前的真题改编而成。

4. 裂缝宽度验算

● 复习《公桥混规》6.4.1 条～6.4.5 条。

【例 6.2.7-6】（2018B39）某矩形钢筋混凝土受弯梁，其截面宽度 1600mm、高度 1800mm。配置 HRB400 受弯钢筋 16 根⌀28，间距 100mm 单层布置，受拉钢筋重心距离梁底 60mm。经计算，该构件的跨中截面弯矩标准值为：自重弯矩 1500kN·m；汽车作用弯矩（不含冲击力）1000kN·m。

试问，该构件的跨中截面最大裂缝宽度（mm），与下列何项数值最接近？

(A) 0.05 　　　　(B) 0.08 　　　　(C) 0.12 　　　　(D) 0.18

【解答】根据《公桥混规》6.4.3 条：

$$M_s = 1500 + 0.7 \times 1000 = 2200\mathrm{kN \cdot m}$$

$$M_l = 1500 + 0.4 \times 1000 = 1900\mathrm{kN \cdot m}$$

$$c_2 = 1 + 0.5\dfrac{M_l}{M_s} = 1 + 0.5 \times \dfrac{1900}{2200} = 1.432$$

$$c_1 = 1.0,\ c_3 = 1.0$$

$$\sigma_{ss} = \dfrac{M_s}{0.87 A_s h_0} = \dfrac{2200 \times 10^6}{0.87 \times 16 \times 615.8 \times 1740} = 147.5\mathrm{N/mm^2}$$

由 6.4.5 条：

$$\rho_{te} = \dfrac{A_s}{A_{te}} = \dfrac{16 \times 615.8}{2 \times 60 \times 1600} = 0.0513$$

$$c = 60 - \dfrac{28}{2} = 46\mathrm{mm}$$

$$W_{cr} = 1 \times 1.432 \times 1 \times \dfrac{147.5}{2 \times 10^5} \times \dfrac{46 + 28}{0.36 + 1.7 \times 0.0513} = 0.175\mathrm{mm}$$

故选（D）项。

5. 挠度验算

● 复习《公桥混规》6.5.1 条～6.5.6 条。

【例 6.2.7-7】（2016B37）某公路跨径为 30m 的跨线桥，结构为预应力混凝土 T 形梁，混凝土强度等级为 C40。假定，其中梁由预加力产生的跨中反拱值 f_p 为 150mm（已扣除全部预应力损失并考虑长期增长系数 2.0），按荷载频遇组合下计算的挠度值 f_s 为 80mm。若取荷载长期效应影响的挠度长期增长系数 η_θ 为 1.45，试问，该梁的下列预拱度（mm）何值较为合理？

(A) 0 　　　　(B) 30 　　　　(C) 59 　　　　(D) 98

【解答】根据《公桥混规》6.5.5 条：

长期反拱值 $f_p = 150\mathrm{mm}$

又由《公桥混规》6.5.3条：

$\eta_\theta f_s = 1.45 \times 80 = 116\text{mm} < 150\text{mm}$，故不设预拱值。

所以应选（A）项。

【例6.2.7-8】某预应力混凝土箱形简支梁桥，混凝土强度等级C50，按正常使用极限状态，由结构永久作用与可变作用的频遇组合下产生的跨中断面向下的挠度值为70mm。由永久有效预加应力产生的向上弹性挠度值为45mm。试问：该桥梁跨中断面向上设置的预拱度（mm）应与下列何项数值最为接近？

(A) 向上30　　　　(B) 向上20　　　　(C) 向上10　　　　(D) 0

【解答】根据《公桥混规》6.5.4条、6.5.3条：

$$\eta_\theta = 1.45 - \frac{50-40}{80-40} \times (1.45-1.35) = 1.425$$

$$\eta_\theta f_s = 1.425 \times 70 = 99.75\text{mm}$$

长期反拱值 $f_p = 2 \times 45 = 90\text{mm} < \eta_\theta f_s = 99.75\text{mm}$

$$预拱度 = 99.75 - 90 = 9.75\text{mm}（向上）$$

故选（C）项。

思考：本题为2011年以前的真题改编而成。

八、持久状况和短暂状况构件的应力计算

1. 持久状况预应力混凝土构件的应力计算

● 复习《公桥混规》7.1.1条～7.1.6条。

【例6.2.8-1】某二级公路桥梁由多跨简支梁组成，其总体布置如图6.2.8-1所示。每孔跨径25m，计算跨径24m，桥梁总宽10.5m，行车道宽度为8.0m，两侧各设1m宽人行步道，双向行驶两列汽车。每孔上部结构采用预应力混凝土箱形梁，桥墩上设立四个支座，支座的横桥向中心距为4.5m。桥墩支承在基岩上，由混凝土独柱墩身和带悬臂的盖梁组成。计算荷载：公路-Ⅰ级，人群荷载3.0kN/m²；混凝土的重度按25kN/m³计算。

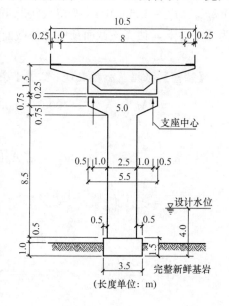

图6.2.8-1

假定该桥主梁跨中截面由全部恒载产生的弯矩标准值 $M_{Gk} = 11000\text{kN} \cdot \text{m}$，汽车荷载产生的弯矩标准值 $M_{Q1k} = 5000\text{kN} \cdot \text{m}$（已计入冲击系数 $\mu = 0.2$），人群荷载产生的弯矩标准值 $M_{Qjk} = 500\text{kN} \cdot \text{m}$；永久有效预加力荷载产生的轴力标准值 $N_p = 15000\text{kN}$，主梁净截面重心至预应力钢筋合力点的距离 $e_{pn} = 1.0\text{m}$（截面重心以下）。试问，按持久状况使用阶段的构件应力计算时，该桥主梁跨中截面的正截面混凝土下缘的法向应力（MPa），与

下列何项数值最为接近?

提示：①计算恒载、汽车荷载、人群荷载及预应力荷载产生的应力时，均取主梁跨中截面面积 $A=5.3m^2$，惯性矩 $I=1.5m^4$，截面重心至下缘距离 $y=1.15m$；

②按后张法预应力混凝土构件计算。

③按《公路桥涵设计通用规范》JTG D 60—2015 和《公路钢筋混凝土及预应力混凝土桥涵设计规范》JTG 3362—2018 计算。

(A) 27　　　　(B) 14.3　　　　(C) 12.6　　　　(D) 1.7

【解答】 根据《公桥混规》7.1.1条、7.1.2条、7.1.3条及条文说明：

(1) 使用阶段主梁跨中截面下缘的法向应力：

$$\sigma_{kt} = -\frac{M_k}{I}y = -\frac{11000+5000+500}{1.5} \times 1.15 = -12650kN/m^2$$

$$= -12.65MPa(拉应力)$$

(2) 永久有效预加力产生的主梁跨中截面下缘的法向应力：

$$\sigma_{pc} = \frac{N_p}{A_n} + \frac{N_p e_{pn}}{I_n}y = \frac{15000}{5.3} + \frac{15000 \times 1.0}{1.5} \times 1.15 = 14330kN/m^2$$

$$= 14.33MPa(压应力)$$

故 $\sigma_c = \sigma_{pc} + \sigma_{kt} = 14.33 - 12.65 = 1.68MPa$（压应力）

故选（D）项。

思考： 本题为2011年以前的真题。

【例6.2.8-2】 题目条件同 [例6.2.8-1] 假定在该桥主梁某一跨中截面最大正弯矩标准值 $M_{恒}=43000kN \cdot m$，$M_{活}=16000kN \cdot m$；其主梁截面特性如下：截面面积 $A=6.50m^2$，惯性矩 $I=5.50m^4$，中性轴至上缘距离 $y_{上}=1.0m$，中性轴至下缘距离 $y_{下}=1.5m$。预应力筋偏心距 $e_y=1.30m$，且已知预应力筋扣除全部损失后有效预应力为 $\sigma_{pe}=0.5f_{pk}$，$f_{pk}=1860MPa$。按持久状况下使用阶段构件应力计算，在主梁下缘混凝土应力为零条件下，估算该截面预应力筋截面面积（cm^2），与下列何项数值最为接近？

(A) 295　　　　(B) 3400　　　　(C) 340　　　　(D) 2950

【解答】 根据《公桥混规》7.1.1条、7.1.2条和7.1.3条及条文说明：

$$\sigma_{kt} = \frac{M_k}{I}y_{下} = -\frac{(43000+16000)}{5.5} \times 1.5 \times 10^{-3} = 16.09N/mm^2(拉应力)$$

$$\sigma_{pc} = \frac{N_p}{A} + \frac{N_p e_y}{I} \cdot y_{下} = \sigma_{pe}A_p\left(\frac{1}{A} + \frac{e_y}{I}y_{下}\right)$$

$$= \sigma_{pe}A_p\left(\frac{1}{6.5} + \frac{1.3}{5.5} \times 1.5\right) = 0.50839\sigma_{pe}A_p \quad （压应力）$$

$$\sigma_{cc} = \sigma_{kt} + \sigma_{pc} = 0，则：$$

$$A_p = \frac{16.09}{0.50839\sigma_{pe}} = \frac{16.09}{0.50839 \times 0.5 \times 1860}$$

$$= 0.0340m^2 = 340cm^2$$

故选（C）项。

思考： 本题为 2011 年以前的真题。

【例 6.2.8-3】（2017B38）某预应力混凝土梁，混凝土强度等级为 C50，梁腹板宽度 0.5m，在支承区域按持久状况进行设计时，由作用标准值和预应力产生的主拉应力为 1.5MPa（受拉为正），不考虑斜截面抗剪承载力计算，假定箍筋的抗拉强度标准值按 180MPa 计，试问，下列各箍筋配置方案哪个更为合理？

(A) 4 肢⊕12 间距 100mm   (B) 4 肢⊕14 间距 150mm

(C) 2 肢⊕16 间距 100mm   (D) 6 肢⊕14 间距 150mm

【解答】 根据《公桥混规》7.1.6 条：

$$\sigma_{tp} = 1.5\text{MPa} > 0.5 f_{tk} = 0.5 \times 2.65 = 1.325\text{MPa}$$

当 $s_v = 100\text{mm}$，由式 (7.1.6-2)，$A_{sv} = \dfrac{100 \times 1.5 \times 500}{180} = 420\text{mm}^2$

(A) 项：$A_{sv} = 452.4\text{mm}^2$，满足。

(C) 项：$A_{sv} = 402\text{mm}^2$，不满足。

当 $s_v = 150\text{mm}$，$A_{sv} = \dfrac{150 \times 1.5 \times 500}{180} = 625\text{mm}^2$

(B) 项：$A_{sv} = 615.6\text{mm}^2$，不满足。

(D) 项：$A_{sv} = 923.4\text{mm}^2$，满足，但布置不合理（见 9.3.12 条）

故选（A）项。

2. 短暂状况构件的应力计算

> • 复习《公桥混规》7.2.1 条～7.2.8 条。

九、构件计算的规定

1. 组合式受弯构件

> • 复习《公桥混规》8.1.1 条～8.1.17 条。

2. 后张预应力混凝土锚固区

> • 复习《公桥混规》8.2.1 条～8.2.6 条。

3. 支座处横隔梁

> • 复习《公桥混规》8.3.1 条～8.3.2 条。

4. 墩台盖梁

> • 复习《公桥混规》8.4.1 条～8.4.9 条。

【例 6.2.9-1】 对于公路桥梁，下列钢筋混凝土盖梁的跨高比（l/h）中何项要作挠度验算？

(A) $l/h = 2.0$ (B) $l/h = 2.5$ (C) $l/h = 5$ (D) $l/h = 6$

【解答】根据《公桥混规》8.4.9条，应选（D）项。

5. 铰

●复习《公桥混规》8.6.1条～8.6.2条。

6. 支座

●复习《公桥混规》8.7.1条～8.7.5条。

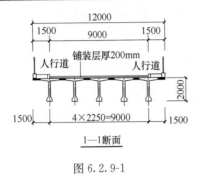

图 6.2.9-1

【例6.2.9-2】（2011B35）某二级干线公路上一座标准跨径为30m的单跨简支梁桥，桥面宽度为12m，其横向布置为：1.5m（人行道）＋9m（车行道）＋1.5m（人行道）。桥梁上部结构由5根各长29.94m，高2.0m的预制预应力混凝土T形梁组成，如图6.2.9-1所示，梁与梁间用现浇混凝土连接；桥台为单排排架桩结构，矩形盖梁、钻孔灌注桩基础。设计荷载：公路-Ⅰ级、人群荷载3.0kN/m²。

前述桥梁的主梁为T形梁，其下采用矩形板式氯丁橡胶支座，支座内承压加劲钢板的侧向保护层每侧各为5mm；主梁底宽度为500mm。若主梁最大支座反力为950kN（已计入冲击系数）。试问，该主梁的橡胶支座平面尺寸[长（横桥向）×宽（纵桥向），单位为mm]选用下列何项数值较为合理？

提示：$\sigma_c=10$MPa。

(A) 450×200　　　　(B) 400×250　　　　(C) 450×250　　　　(D) 310×310

【解答】根据《公桥混规》8.7.3条：

$$A_e=\frac{R_{ck}}{\sigma_c}=\frac{950\times10^3}{10}=95000\text{mm}^2$$

对于(A)项：$A_e=(450-10)\times(200-10)=83600\text{mm}^2$，不满足。

对于(B)项：$A_e=(400-10)\times(250-10)=93600\text{mm}^2$，不满足。

对于(C)项：$A_e=(450-10)\times(250-10)=105600\text{mm}^2$，满足。

故选（C）项。

【例6.2.9-3】（2013B39）某高速公路上的一座高架桥，为三孔各30m的预应力混凝土简支T梁桥，全长90m，中墩处设连续桥面，支承采用水平放置的普通板式橡胶支座，支座平面尺寸（长×宽）为350mm×300mm。假定，在桥台处由温度下降、混凝土收缩和徐变引起的梁长缩短量$\Delta_t=26$mm。试问，当不计制动力时，该处普通板式橡胶支座的橡胶层总厚度t_e（mm）不能小于下列何项数值？

提示：假定该支座的形状系数、承压面积、竖向平均压缩变形、加劲板厚度及抗滑稳定等均符合《公桥混规》JTG 3362—2018的规定。

(A) 29　　　　(B) 45　　　　(C) 53　　　　(D) 61

【解答】根据《公桥混规》8.7.3条第2款：

(A) 项：$t_e=29\text{mm}<\frac{l_a}{10}=\frac{300}{10}=30$mm，不满足。

（B）项：$t_e = 45\text{mm} < 2\Delta_l = 2 \times 26 = 52\text{mm}$，不满足。

（C）项：$t_e = 53\text{mm} > 2\Delta_l = 2 \times 26 = 52\text{mm}$

$\dfrac{l_a}{10} = \dfrac{300}{10} = 30\text{mm} < t_e = 53\text{mm} < \dfrac{l_a}{5} = \dfrac{300}{5} = 60\text{mm}$，故（C）项满足。

故选（C）项。

【例 6.2.9-4】（2017B36）某梁梁底设一个矩形板式橡胶支座，支座尺寸为纵桥向 0.45m，横桥向 0.7m，剪切模量 $G_e = 1.0\text{MPa}$，支座有效承压面积 $A_e = 0.3036\text{m}^2$，橡胶层总厚度 $t_e = 0.089\text{m}$，形状系数 $S = 11.2$；支座与梁墩相接的支座顶、底面水平，在常温下运营，由结构自重与汽车荷载标准值（已计入冲击系数）引起的支座反力为 2500kN，上部结构梁沿纵向梁端转角为 0.003rad，试问，验证支座竖向平均压缩变形时，符合下列哪种情况？

提示：$E_e = 677.4\text{MPa}$

（A）支座会脱空、不致影响稳定　　　　　（B）支座会脱空、影响稳定

（C）支座不会脱空、不致影响稳定　　　　（D）支座不会脱空、影响稳定

【解答】 根据《公桥混规》8.7.3 条及条文说明，取 $E_b = 2000\text{MPa}$：

$$\delta_{c,m} = \frac{2500 \times 89}{0.3036 \times 677.4 \times 10^3} + \frac{2500 \times 89}{0.3036 \times 2000 \times 10^3} = 1.45\text{mm}$$

$$\theta \frac{l_a}{2} = 0.003 \times \frac{0.45 \times 10^3}{2} = 0.675\text{mm} < 1.45\text{mm}$$

$$0.07 t_e = 0.07 \times 89 = 6.23\text{mm} > 1.45\text{mm}$$

均满足，应选（C）项。

7. 桥梁伸缩装置

● 复习《公桥混规》8.8.1 条~8.8.3 条。

【例 6.2.9-5】（2016B34）某公路上一座预应力混凝土连续箱形梁桥，采用满堂支架现浇工艺，总体布置如图 6.2.9-2 所示，跨径布置为 70m+100m+70m，在连梁两端各设置伸缩装置一道（A 和 B）。梁体混凝土强度等级为 C50（硅酸盐水泥）。假定，桥址处年平均相对湿度 R_H 为 75%，结构理论厚度 $h = 600\text{mm}$，混凝土弹性模量 $E_c = 3.45 \times 10^4\text{MPa}$，混凝土轴心抗压强度标准值 $f_{ck} = 32.4\text{MPa}$，混凝土线膨胀系数为 1.0×10^{-5}，预应力引起的箱梁截面重心处的法向平均压应力 $\sigma_{pc} = 9\text{MPa}$，箱梁混凝土的平均加载龄期

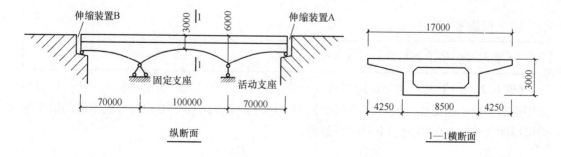

图 6.2.9-2 桥梁布置图

为 60 天。试问，由混凝土徐变引起伸缩装置 A 处引起的梁体缩短值（mm），与下列何值最为接近？

提示： 徐变系数按《公桥混规》JTG 3362—2018 附录 C 的条文说明表 C-2 采用。

(A) 25　　　　　　(B) 35　　　　　　(C) 40　　　　　　(D) 56

【解答】 根据《公桥混规》8.8.2 条：

$$l=100+70=170\text{m}$$

查《公桥混规》附录 C 条文说明表 C-2 及注：

$$\phi=1.25\times\sqrt{32.4/32.4}=1.25$$

$$\Delta \bar{l_c}=\frac{\sigma_{pc}}{E_c}\phi(t_u,t_0)l=\frac{9}{3.45\times10^4}\times1.25\times170\times10^3$$

$$=0.2609\times10^{-3}\times1.25\times1.0\times170\times10^3=55.44\text{mm}\approx56\text{mm}$$

故选 (D) 项。

思考： 本题目在 2008 年的真题中考过。

【例 6.2.9-6】 题目条件同 [例 6.2.9-5]。当不计活载、活载离心力、制动力、温度梯度、梁体转角、风荷载及墩台不均匀沉降等因素时，并假定由均匀温度变化、混凝土收缩、混凝土徐变引起的梁体在伸缩缝 A 处的伸缩量分别为 +55mm 与 -130mm。综合考虑各种因素，其伸缩量的增大系数取 1.3。试问，该伸缩缝 A 应设置的伸缩量之和（mm），应为下列何项数值？

(A) 240　　　　　　(B) 115　　　　　　(C) 75　　　　　　(D) 185

【解答】 根据《公桥混规》8.8.2 条第 5 款：

$$C^+=\beta(\Delta l_t^+ +\Delta l_b^+)=1.3\times55=71.5\text{mm}$$

$$C^-=\beta(\Delta l_t^- +\Delta l_s^- +\Delta l_c^- +\Delta l_s^-)=1.3\times130=169\text{mm}$$

$$C=C^+ +C^-=71.5+169=240.5\text{mm}$$

故选 (A) 项。

思考： 本题为 2011 年以前的真题。

十、构造规定

1. 一般规定

> ● 复习《公桥混规》9.1.1 条~9.1.13 条。

【例 6.2.10-1】 某高速公路跨河桥位于哈尔滨郊区，桥面需使用除冰盐。其上部结构采用钢筋混凝土简支梁，设计使用年限为 100 年，其上部结构主梁的最外侧钢筋的最小保护层厚度（mm），最接近于下列何项数值？

(A) 25　　　　　　(B) 30　　　　　　(C) 40　　　　　　(D) 50

【解答】 根据《公桥混规》表 4.5.2，属于 Ⅳ 类环境。

查《公桥混规》表 9.1.1，主筋保护层厚度≥40mm。

故选（C）项。

2. 板

●复习《公桥混规》9.2.1 条～9.2.9 条。

---

3. 梁

●复习《公桥混规》9.3.1 条～9.3.17 条。

---

4. 预应力混凝土上部结构

●复习《公桥混规》9.4.1 条～9.4.27 条。

【例 6.2.10-2】（2018B36）某滨海地区的一条一级公路上，需要修建一座跨越海水滩涂的桥梁。桥梁宽度 38m，桥跨布置为 48+80+48m 的预应力混凝土连续箱梁，下部结构墩柱为钢筋混凝土构件。拟按下列原则进行设计：

① 主梁采用三向预应力设计，纵桥向、横桥向用预应力钢绞线；竖向腹板采用预应力钢筋，沿纵桥向布置间距为 1000mm。

② 主梁按部分预应力混凝土 B 类构件设计。

③ 桥梁墩柱的最大裂缝宽度不大于 0.2mm。

④ 桥梁墩柱混凝土强度等级采用 C30。

试问，以上设计原则何项不符合现行规范标准？

(A) ①②　　　　(B) ③④　　　　(C) ①③④　　　　(D) ②③

【解答】根据《公桥混规》4.5.2 条，为Ⅲ类环境。

①：由《公桥混规》9.4.1 条，正确。

②：由《公桥混规》6.4.2 条，正确，同时，③：错误。

④：由《公桥混规》4.5.3 条，错误。

故选（B）项。

5. 拱桥

●复习《公桥混规》9.5.1 条～9.5.13 条。

【例 6.2.10-3】钢筋混凝土拱梁的矢跨比宜采用下列何项？

(A) 1/5～1/10　　　　　　　　(B) 1/4.5～1/10

(C) 1/5～1/8　　　　　　　　(D) 1/4.5～1/8

【解答】根据《公桥混规》9.5.1 条，应选（D）项。

6. 柱和墩台

●复习《公桥混规》9.6.1 条～9.6.10 条。

---

7. 支座

●复习《公桥混规》9.7.1 条～9.7.7 条。

【例 6.2.10-4】某座位于城市快速路上的跨径为 80m＋120m＋80m，桥宽 17m 的预应力混凝土连续梁桥，采用刚性墩台，梁下设置支座，水平地震动加速度峰值为 0.10g（地震基本烈度为 7 度）。试问，下列哪个选项图中布置的平面约束条件是正确的？

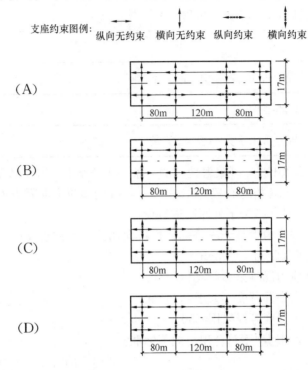

【解答】刚性墩台，各墩台沿顺桥跨方向只能在一个桥墩上的两个支座设置沿纵向方向的约束；每个墩台在横桥向的两个支座中只能设置一个垂直于桥跨方向的约束。故（B）项正确。

思考：本题为 2011 年以前的真题。

8. 涵洞、吊环和铰

• 复习《公桥混规》9.8.1 条～9.8.3 条。

【例 6.2.10-5】（2014B39）某一级公路上一座预应力混凝土桥梁中的一片预制空心板梁，预制板长 15.94m，宽 1.06m，厚 0.70m，其中两个通长的空心孔的直径各为 0.36m，设置 4 个吊环，每端各 2 个，吊环各距板端 0.37m。试问，该板梁吊环的设计吊力（kN）与下列何项数值最为接近？

提示：板梁动力系数采用 1.2，自重为 13.5kN/m。

(A) 65   (B) 72   (C) 86   (D) 103

【解答】根据《公桥混规》9.8.2 条及条说明：

不考虑动力系力 1.2，则：

$$N_A = \frac{13.5 \times 15.94}{3} = 71.73 \text{kN}$$

故选（B）项。

第三节 《城 市 桥 规》

一、总则和基本规定

1. 总则

- 复习《城市桥规》1.0.1条～1.0.4条。

2. 基本规定

- 复习《城市桥规》3.0.1条～3.0.21条。

【例6.3.1-1】城市重要小桥的设计使用年限,应为下列何项?

(A) 30　　　　　(B) 50　　　　　(C) 75　　　　　(D) 100

【解答】根据《城市桥规》表3.0.9,应选(B)项。

【例6.3.1-2】城市快速路上的小桥的结构设计的安全等级不应低于下列何项?

(A) 一级　　　　　　　　　　(B) 二级

(C) 三级　　　　　　　　　　(D) 业主确定

【解答】根据《城市桥规》表3.0.14及注,应选(A)项。

二、桥位选择和桥面净空

- 复习《城市桥规》4.0.1条～5.0.2条。

三、桥梁的平面、横断面设计和引道引桥

- 复习《城市桥规》6.0.1条～7.0.8条。

四、立交、高架道路桥梁和地下通道

- 复习《城市桥规》8.1.1条～8.3.9条。

五、桥梁细部构造及附属设施

- 复习《城市桥规》9.1.1条～9.7.5条。

【例6.3.5-1】(2014B40)某城市一座主干路上的跨河桥,为五孔单跨各为25m的预应力混凝土小箱梁(先简支后连续)结构,全长125.8m,横向由24m宽的行车道和两侧各为3.0m的人行道组成,全宽30.5m。桥面单向纵坡1%;横坡:行车道1.5%,人行道1.0%。试问,该桥每孔桥面要设置泄水管时,下列泄水管截面积 F (mm²)和个数(n),哪项数值较为合理?

提示：每个泄水管的内径采用 150mm。

(A) $F=75000$，$n=4.0$　　　　(B) $F=45000$，$n=2.0$

(C) $F=18750$，$n=1.0$　　　　(D) $F=0$，$n=0$

【解答】根据《城市桥规》9.2.3 条第 4 款：

桥面泄水管的截面面积 $\geqslant 100\text{mm}^2/\text{m}^2$

$$F=25\times 30\times 100=75000\text{mm}^2$$

$$n=\frac{75000}{\frac{1}{4}\pi\times 150^2}=4.24\approx 4 \text{ 个}$$

故选（A）项。

六、桥梁上的作用

●复习《城市桥规》10.0.1 条～10.0.8 条。

【例 6.3.6-1】（2018B33）城市中某主干路上的一座桥梁，设计车速 60km/h，一侧设置人行道，另一侧设置防撞护栏，采用 3×40m 连续箱梁桥结构形式。桥址处地震基本烈度 8 度。该桥拟按照如下原则进行设计：

① 桥梁结构的设计基准期 100 年。

② 桥梁结构的设计使用年限 50 年。

③ 汽车荷载等级城-A 级。

④ 地震动峰值加速度 0.15g。

⑤ 污水管线在人行道内随桥敷设。

试问，以上设计原则何项不符合现行规范标准？

(A) ①②⑤　　　　　　　　(B) ②③⑤

(C) ②④⑤　　　　　　　　(D) ②③④

【解答】① 根据《城市桥规》3.0.8 条，正确，排除（A）项。

③ 根据《城市桥规》10.0.3 条，正确，排除（B）、（D）项。故选（C）项。

故选（C）项。

【例 6.3.6-2】（2013B33、34、35）某城市快速路上的一座立交匝道桥，其中一段为四孔各 30m 的简支梁桥，其总体布置如图 6.3.6-1 所示。单向双车道，桥面总宽 9.0m，其中行车道净宽度为 8.0m。上部结构采用预应力混凝土箱梁（桥面连续），桥墩由扩大基础上的钢筋混凝土圆柱墩身及带悬臂的盖梁组成。梁体混凝土线膨胀系数取 $\alpha=0.00001$。设计荷载：城-A 级。

试问：

(1) 该桥主梁的计算跨径为 29.4m，冲击系数的 $\mu=0.25$。试问，该桥主梁支点截面在城-A 级汽车荷载作用下的剪力标准值（kN）与下列何项数值最为接近？

提示：不考虑活载横向不均匀因素。

(A) 620　　　　(B) 990　　　　(C) 1090　　　　(D) 1350

(2) 假定，计算该桥箱梁悬臂板的内力时，主梁的结构基频 $f=4.5$Hz。试问，作用

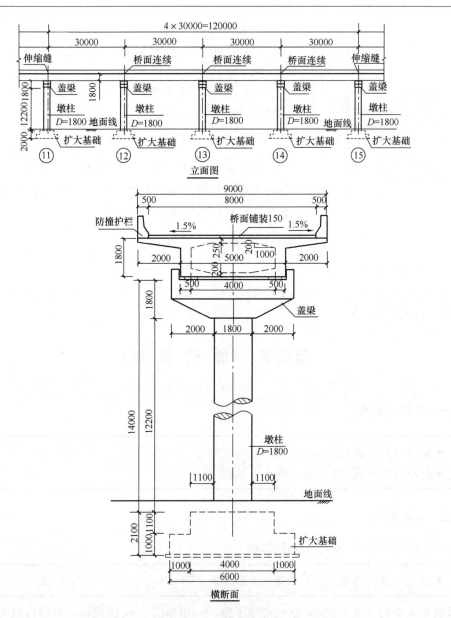

图 6.3.6-1 桥型布置图

于悬臂板上的汽车荷载作用的冲击系数的 μ 值应取用下列何项数值？

(A) 0.05   (B) 0.25   (C) 0.30   (D) 0.45

(3) 当城-A 级车辆荷载的最重轴（4 号轴）作用在该桥箱梁悬臂板上时，其垂直于悬臂板跨径方向的车轮荷载分布宽度（m）与下列何项数值最为接近？

(A) 0.55   (B) 3.45   (C) 4.65   (D) 4.80

【解答】(1) 根据《城市桥规》10.0.2 条：

$$q_k = 10.5 \text{kN/m}, \quad P_k = 2(L_0 + 130) = 2 \times (29.4 + 130) = 318.8 \text{kN}$$

$$V = 1.25 \times 2 \times \left(1.2 \times 318.8 \times 1 + \frac{1}{2} \times 10.5 \times 29.7 \times \frac{29.7}{29.4} \right) = 1350 \text{kN}$$

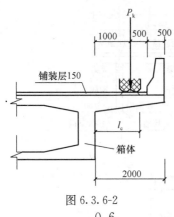

图 6.3.6-2

故选（D）项。

（2）根据《公桥通规》4.3.2条，取0.3，故应选（C）项。

（3）根据《城市桥规》10.0.2条、3.0.15条；由《公桥混规》4.2.5条：

$$a = (a_1 + 2h) + 2l_c$$

由《城市桥规》10.0.2条及表10.0.2知，车辆4号轴的车轮的横桥面着地宽度（b_1）为0.6m，纵桥向着地长度（a_1）为0.25m。

则：$l_c = 1 + \dfrac{0.6}{2} + 0.15 = 1.45m$，如图6.3.6-2所示。

对于车辆4号轴：

纵桥向荷载分布宽度$a = (0.25 + 2 \times 0.15) + 2 \times 1.45 = 3.45m < 6m$ 或 7.2m

所以应选（B）项。

第四节 《城 桥 震 规》

一、总则和术语

- 复习《城桥震规》1.0.1条~1.0.4条。
- 复习《城桥震规》2.1.1条~2.1.19条。

二、基本要求

1. 抗震设防分类、标准与地震影响

- 复习《城桥震规》3.1.1条~3.2.2条。

【例6.4.2-1】（2014B38）某城市主干路的一座单跨30m的梁桥，可通行双向两列车，其抗震基本烈度为7度，地震动峰值加速度为0.15g。试问，该桥的抗震措施等级应采用下列何项数值？

(A) 6度   (B) 7度   (C) 8度   (D) 9度

【解答】查《城桥震规》表3.1.1，为丙类桥梁。

由《城桥震规》3.1.4条，7度地震区的丙类桥梁抗震措施，应比桥址处的地震基本烈度提高一度，即8度。

故选（C）项。

2. 抗震设计方法分类

- 复习《城桥震规》3.3.1条~3.3.3条。

【例 6.4.2-2】（2013B37）某城市快速路上的一座立交匝道桥，其中一段为四孔各 30m 的简支梁桥。单向双车道，桥面总宽 9.0m，其中行车道净宽度为 8.0m。上部结构采用预应力混凝土箱梁（桥面连续），桥墩由扩大基础上的钢筋混凝土圆柱墩身及带悬臂的盖梁组成。梁体混凝土线膨胀系数取 $\alpha = 0.00001$。设计荷载：城-A 级。

该桥桥址处地震动峰值加速度为 0.15g（相当抗震设防烈度 7 度）。试问，该桥应选用下列何类抗震设计方法？

(A) A 类　　　　　　　　　　　　(B) B 类

(C) C 类　　　　　　　　　　　　(D) D 类

【解答】根据《城桥震规》表 3.1.1 规定，本桥位于城市快速路上，其抗震设防分类应为乙类，又据规范表 3.3.3 规定，位于 7 度地震区的乙类桥梁应选用 A 类抗震设计方法。所以选（A）项。

3. 桥梁抗震体系和抗震概念设计

> ● 复习《城桥震规》3.4.1 条～3.5.1 条。

【例 6.4.2-3】对于采用抗震体系为类型 I 的城市桥梁，下列何项的内力设计值可不按能力保护设计方法计算？

(A) 盖梁抗剪　　　　　　　　　　(B) 基础抗弯

(C) 墩柱抗弯　　　　　　　　　　(D) 支座抗剪

【解答】根据《城桥震规》3.4.3 条，应选（C）项。

【例 6.4.2-4】抗震设计时，城市梁桥的一联内桥墩的刚度比要求，当桥面等宽，相邻桥墩刚度比应满足下列何项？

(A) ≥0.5　　　　　　　　　　　　(B) ≥0.7

(C) ≥0.75　　　　　　　　　　　(D) ≥0.8

【解答】根据《城桥震规》3.5.1 条，应选（C）项。

三、场地、地基与基础

> ● 复习《城桥震规》4.1.1 条～4.4.2 条。

四、地震作用

> ● 复习《城桥震规》5.1.1 条～5.5.2 条。

【例 6.4.4-1】某城市快速路上的钢筋混凝土简支梁桥，跨径为 50m，位于地震基本烈度 8 度区，场地类别为 II 类，特征周期分区为 2 区，结构自振周期 $T = 1.45s$，水平向设计基本地震动峰值加速度 $A = 0.20g$。该桥梁为规则桥梁，桥墩采用单柱柱式墩，支座顶面处的换算质点质量 $M_t = 560t$，墩柱直径为 0.6m。取 $g = 9.8 \text{m/s}^2$。

试问，在 E1 地震作用下，该桥水平设计加速度反应谱 S（m/s^2），最接近于下列何项？

(A) 0.65　　　　　　　　　　　　(B) 0.75

(C) 0.85   (D) 0.95

【解答】(1) 根据《城桥震规》3.1.1条,属于乙类桥梁。

乙类、8度(0.20g)、E1地震作用下,查《城桥抗规》表3.2.2,取 $C_i=0.61$,则:
$A=0.20g\times0.61=0.122g$

根据《城桥抗规》5.2.1条:
$$S_{max}=2.25A=2.25\times0.122g=2.69m/s^2$$

场地类别为Ⅱ类、2区,查《城桥震规》表5.2.1,取 $T_g=0.40s$

$5T_g=2.0s>T=1.45s>T_g=0.40s$,则:

$$S=\eta_2 S_{max}\left(\frac{T_g}{T}\right)^\gamma$$

$$=1.0\times2.69\times\left(\frac{0.40}{1.45}\right)^{0.9}$$

$$=0.844m/s^2$$

故选(C)项。

五、抗震分析

● 复习《城桥震规》6.1.1条~6.7.2条。

【例6.4.5-1】抗震设计时,城市桥梁的墩柱的计算高度(l_0)与其直径(d)之比大于下列何项,应考虑 P-Δ 效应?

(A) $l_0/d>8$ (B) $l_0/d>7$

(C) $l_0/d>6$ (D) $l_0/d>5$

【解答】根据《城桥震规》6.2.8条,应选(C)项。

【例6.4.5-2】抗震设计时,城市桥梁的单柱墩塑性铰区域,其正截面受弯承载力超强系数应采用下列何项数值?

(A) 1.10   (B) 1.15

(C) 1.20   (D) 1.25

【解答】根据《城桥震规》6.6.3条,应选(C)项。

六、抗震验算

● 复习《城桥震规》7.1.1条~7.4.6条。

七、抗震构造细节设计

● 复习《城桥震规》8.1.1条~8.2.3条。

【例6.4.7-1】(2013B38)某城市快速路上的一座立交匝道桥,其中一段为四孔各30m的简支梁桥,其如图6.4.7-1所示。单向双车道,桥梁总宽9.0m,其中行车道净宽度为 8.0m。上部结构采用预应力混凝土箱梁（桥面连续），桥墩由扩大基础上的钢筋混凝土圆柱墩身及带悬臂的盖梁组成。梁体混凝土线膨胀系数取 $\alpha=0.00001$。设计荷载：城-A 级。

该桥的中墩为单柱 T 型墩，墩柱为圆形截面，其直径为 1.8m，墩顶设有支座，墩柱高度 $H=14$m，位于 7 度地震区。试问，在进行抗震构造设计时，该墩柱塑性铰区域内箍筋加密区的最小长度（m）与下列何项数值最为接近？

(A) 1.80　　　　　(B) 2.35

(C) 2.50　　　　　(D) 2.80

【解答】根据《城桥震规》8.1.1 条第 1 款：

墩柱高度与弯曲方向边长之比 $14/1.8$ $=7.78>2.5$

该中墩为墩顶设有支座的单柱墩，在纵桥向或横桥向水平地震力作用下，其潜在塑性铰区域均在墩柱底部，当地震水平力作用于墩柱时，最大弯矩 M_{max} 在柱根截面，相应 $0.8M_{max}$ 的截面在距柱根截面 $0.2H$ 处，即 h $=0.2H=0.2\times14=2.80$m>1.8m。

最终取箍筋加密区的最小长度为 2180m，应选 (D) 项。

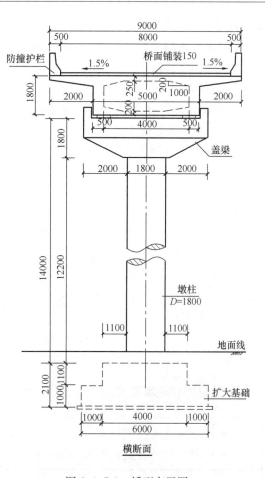

图 6.4.7-1　桥型布置图

八、抗震措施

- 复习《城桥震规》11.1.1 条~11.5.3 条。

【例 6.4.8-1】（2014B35）某大城市位于 7 度地震区，市内道路上有一座 5 孔各 16m 的永久性桥梁，全长 80.6m，全宽 19m。上部结构为简支预应力混凝土空心板结构，计算跨径 15.5m；中墩为两跨双悬臂钢筋混凝土矩形盖梁，三根 1.1m 的圆柱；伸缩缝宽度均为 80mm；每片板梁两端各置两块氯丁橡胶板式支座，支座平面尺寸为 200mm（顺桥向）$\times$250mm（横桥向），支点中心距墩中心的距离为 250mm（含伸缩缝宽度）。试问，根据现行桥规的构造要求，该桥中墩盖梁的最小设计宽度（mm），与下列何项数值最为接近？

(A) 1640　　　　(B) 1390　　　　(C) 1200　　　　(D) 1000

【解答】根据《城桥震规》11.3.2 条：

$$a\geqslant 70+0.5L$$

$$B_{中}=2a+b_0\geqslant 2\times(70+0.52)+b_0=2\times(70+0.5\times15.5)+8$$

$$=163.5\text{cm}=1635\text{mm}$$

故选（A）项。

【例 6.4.8-2】（2012B38）某城市桥梁，位于 7 度地震区，为 5 孔 16m 简支预应力混凝土空心板梁结构，全宽 19m，桥梁计算跨径 15.5m；中墩为两跨双悬臂钢筋混凝土矩形盖梁，三根 $\phi1.1m$ 的圆柱；伸缩缝宽度均为 80mm；每片板梁两端各置两块氯丁橡胶板式支座，支座平面尺寸为 200mm（顺桥向）×250mm（横桥向），支点中心距墩中心的距离为 250mm（含伸缩缝宽度）。试问，根据现行桥规的构造要求，该桥中墩盖梁的最小设计宽度（mm）与下列何项数值最为接近？

(A) 1640　　　　　　　　　　　　(B) 1390
(C) 1000　　　　　　　　　　　　(D) 1200

【解答】 根据《城桥震规》3.1.1 条，属于丙类桥梁。

丙类、6 度、由规范 3.1.4 条，其抗震措施按 7 度考虑。

7 度，根据规范 11.3.2 条：

盖梁最小宽度 $\geq 2a+80=2\times(70+0.5\times15.5)\times10+80=1635mm$

故选（A）项。

第五节 《公桥震则》

一、总则和基本要求

- 复习《公桥震则》1.0.1 条～1.0.7 条。
- 复习《公桥震则》3.1.1 条～3.4.2 条。

【例 6.5.1-1】 一级公路上的大桥，为 B 类抗震设计桥梁，E2 地震作用下，其抗震重要性系数应采用下列何项？

(A) 0.43　　　　　　　　　　　　(B) 0.5
(C) 1.3　　　　　　　　　　　　 (D) 1.7

【解答】 查《公桥震则》表 3.1.4-2 及注，E2 地震作用，应选（D）项。

二、场地和地基

- 复习《公桥震则》4.1.1 条～4.3.9 条。

三、地震作用

- 复习《公桥震则》5.1.1 条～5.5.3 条。

【例 6.5.3-1】 某二级公路上的钢筋混凝土梁式桥梁，跨径为 100m，为公路大桥，地震基本烈度 8 度区，场地类别为 Ⅱ 类，区划图上的特征周期为 0.35s，结构自振周期 $T=1.45s$，水平向设计基本地震动峰值加速度为 0.30g。该桥梁为规则桥梁。

试问，在 E1 地震作用下，该桥水平设计加速度反应谱值 S（m/s²），最接近于下列何项？

(A) 0.62

(B) 0.68

(C) 0.73

(D) 0.76

【解答】 $L_k = 100m < 150m$，二级公路上的大桥，查《公桥震则》表 3.1.2，属于 B 类桥梁。

E1 地震作用，B 类，查规范表 3.1.4-2，取 $C_i = 0.43$；又取 $C_d = 1.0$

查规范表 5.2.2，取 $C_s = 1.0$；查规范表 5.2.3，取 $T_g = 0.35s$

$$S_{max} = 2.25 C_i C_s C_d A_h = 2.25 \times 0.43 \times 1.0 \times 1.0 \times 0.30g = 0.290g$$

$$T = 1.45s > T_g = 0.35s，则：$$

$$S = S_{max} \frac{T_g}{T} = 0.290g \times \frac{0.35}{1.45} = 0.70g = 0.686 m/s^2$$

故选（B）项。

【例 6.5.3-2】（2018B40）某高速公路上一座 50m+80m+50m 预应力混凝土连续梁桥，其所处地区场地土类别为 Ⅲ 类，地震基本烈度为 7 度，设计基本地震动峰值加速度 $0.10g$。结构的阻尼比 $\xi = 0.05$。当计算该桥梁 E1 地震作用时，试问，该桥梁抗震设计中水平向设计加速度反应谱最大值 S_{max}，与下列哪个数值接近？

(A) 0.116g

(B) 0.126g

(C) 0.135g

(D) 0.146g

【解答】 根据《公桥震则》5.2.2 条：

查表 3.2.2，为 B 类；查表 3.1.4-2 及注，取 $C_i = 0.5$。

查表 5.2.2，取 $C_s = 1.3$；

$$S_{max} = 2.25 C_i C_s C_d A = 2.25 \times 0.5 \times 1.3 \times 1.0 \times 0.10g$$
$$= 0.146g$$

故选（D）项。

思考： 真题 4 个选项中无 g，均为笔者增加的。

四、抗震分析

> ● 复习《公桥震则》6.1.1 条～6.9.1 条。

五、强度与变形验算

> ● 复习《公桥震则》7.1.1 条～7.5.2 条。

六、延性构造细节设计

> ● 复习《公桥震则》8.1.1 条～8.2.3 条。

【例 6.5.6-1】（2017B39）某桥中墩柱采用直径 1.5m 圆形截面，混凝土强度等级 C40，柱高 8m，桥区位于抗震设防烈度 7 度区，拟采用螺旋箍筋，假定，最不利组合轴向压力为 9000kN，箍筋抗拉强度设计值为 $f_{yh}=330$MPa，纵向钢筋净保护层 50mm，纵向配筋率 ρ_t 为 1%，混凝土轴心抗压强度设计值 $f_{cd}=18.4$MPa，混凝土圆柱体抗压强度值 $f'_c=31.6$MPa，螺旋箍筋螺距 100mm，试问，墩柱潜在的塑性铰区域的加密箍筋最小体积含箍率，与下列何项数值最为接近？

(A) 0.004　　　　　　　　　(B) 0.005

(C) 0.006　　　　　　　　　(D) 0.008

【解】根据《公桥震则》8.1.2 条：

$$\eta_k = \frac{P}{Af_{cd}} = \frac{9000}{\frac{\pi}{4} \times 1.5^2 \times 18.4 \times 10^3} = 0.277$$

$$\rho_{s,min} = (0.14 \times 0.277 + 0 + 0.028) \times 31.6/330 = 0.0064$$

故选 (C) 项。

七、抗震措施

> ● 复习《公桥震则》11.1.1 条～11.5.7 条。

【例 6.5.7-1】(2011B38) 某二级干线公路上一座标准跨径为 30m 的单跨简支梁桥，其总体布置如图 6.5.7-1 所示。桥面宽度为 12m，其横向布置为：1.5m（人行道）＋9m（车行道）＋1.5m（人行道）。桥梁上部结构由 5 根各长 29.94m、高 2.0m 的预制预应力混凝土 T 形梁组成，梁与梁间用现浇混凝土连接；桥台为单排排架桩结构，矩形盖梁、钻孔灌注桩基础。设计荷载：公路-Ⅰ级、人群荷载 3.0kN/m^2。

该桥梁位于 7 度地震区（地震动加速度峰值为 0.15g），其边墩盖梁上矮墙厚度为 400mm，预制主梁端与矮墙前缘之间缝隙为 60mm，若取主梁计算跨径为 29m，采用 400mm×300mm 的矩形板式氯丁橡胶支座。试问，该盖梁的最小宽度（mm）与下列何项数值最为接近？

(A) 1000　　　　　　　　　(B) 1250

(C) 1350　　　　　　　　　(D) 1700

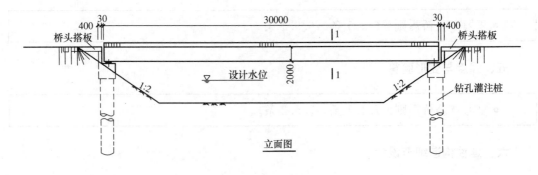

图 6.5.7-1

【解答】根据《公桥通规》表 1.0.5，属于公路中桥；由《公桥震则》表 3.1.2，属于 C 类。又由该规范表 3.1.4-1，其抗震设防措施等级为 7 度。

根据《公桥震则》11.3.1条、11.2.1条：

$$a \geqslant (70+0.5L) \times 10 = (70+0.5 \times 29) \times 10 = 845mm$$

边墩盖梁最小宽度 $B = 400+60+845 = 1305mm$

故应选（C）项。

【例6.5.7-2】某公路桥梁位于7度地震区，为5孔16m简支预应力混凝土空心板梁结构，全宽19m，桥梁计算跨径15.5m；中墩为两跨双悬臂钢筋混凝土矩形盖梁，三根 $\phi1.1m$ 的圆柱；伸缩缝宽度均为80mm；每片板梁两端各置两块氯丁橡胶板式支座，支座平面尺寸为200mm（顺桥向）×250mm（横桥向），支点中心距墩中心的距离为250mm（含伸缩缝宽度）。试问，根据现行桥规的构造要求，该桥中墩盖梁的最小设计宽度（mm）与下列何项数值最接近？

(A) 1640　　　　(B) 1390　　　　(C) 1000　　　　(D) 1200

【解答】根据《公桥震则》11.2.1条：

盖梁宽度 $B = 2a + b_{伸缩缝}$
$$= [2 \times (70+0.5 \times 15.5)+8] \times 10 = 1635mm$$

故应选（A）项。

第六节　《天 桥 规 范》

一、一般规定

● 复习《天桥规范》2.1.1条～2.6.8条。

【例6.6.1-1】(2012B39) 某城市拟建一座人行天桥，横跨30m宽的大街，桥面净宽5.0m，全宽5.6m。其两端的两侧顺人行道方向各建同等宽度的梯道一处。试问，下列梯道净宽（m）中的哪项与规范的最低要求最为接近？

(A) 1.8　　　　(B) 2.5　　　　(C) 3.0　　　　(D) 2.0

【解答】根据《天桥规范》2.2.2条：

每侧梯道净宽 $b = \dfrac{1.2 \times 5}{2} = 3.0m > 1.8m$，故取 $b = 3.0m$。

故应选（C）项。

【例6.6.1-2】(2011B40) 某城市一座人行天桥，跨越街道车行道，根据《城市人行天桥与人行地道技术规范》，对人行天桥上部结构竖向自振频率（Hz）严格控制。试问，这个控制值的最小值应为下列何项数值？

(A) 2.0　　　　(B) 2.5　　　　(C) 3.0　　　　(D) 3.5

【解答】根据《天桥规范》2.5.4条，应选（C）项。

二、天桥设计

● 复习《天桥规范》3.1.1条～3.9.12条。

【例6.6.2-1】某城市人行天桥采用桁架结构,其跨度为30m,桥宽为8.4m,试问,其人群设计荷载值(kPa)最接近下列何项?

(A) 3.60 (B) 3.75 (C) 3.80 (D) 3.95

【解答】根据《天桥规范》3.1.3条。

$$B=\frac{8.4}{2}=4.2\text{m}>4\text{m},\text{故应按}B=4\text{m}\text{计算。}$$

$$W=\left(5-2\times\frac{30-20}{80}\right)\times\left(\frac{20-4}{20}\right)=3.8\text{kPa}$$

故应选(C)项。

三、地道设计

● 复习《天桥规范》4.1.1条~4.9.4条。

第七节　影响线和柔性墩

一、影响线

【例6.7.1-1】(2011B39)某桥上部结构为单孔简支梁。试问,以下四个图形中哪一个图形是上述简支梁在M支点的反力影响线?

提示:只需要定性分析。

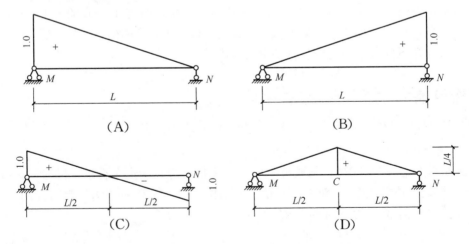

【解答】根据影响线的知识,当单位力$P=1$作用在M点时,M点支反力为1.0;当单位力$P=1$作用在N点时,M点支反力为零,故应选(A)项。

【例6.7.1-2】某一桥梁上部结构为三孔钢筋混凝土连续梁,试判定在以下四个图形中,哪一个图形是该梁在中支点Z截面的弯矩影响线?

提示:只需定性地判断。

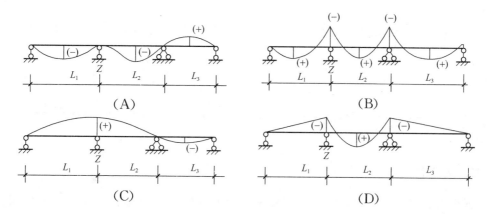

（A）　　　　　　　　　　（B）

（C）　　　　　　　　　　（D）

【解答】当荷载作用在支座处时，其弯矩值应为零，故只有（A）项正确。

思考：本题为 2011 年以前的真题。

【例 6.7.1-3】对于某桥上部结构为三孔钢筋混凝土连续梁，试判定在以下四个图形中，哪一个图形是该梁在中孔跨中截面 a 的弯矩影响线？

提示：只需定性地判断。

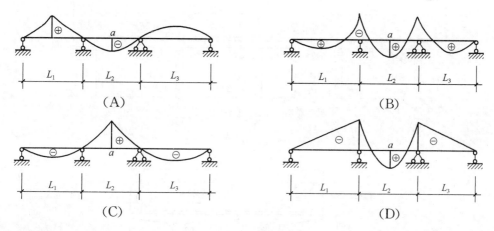

（A）　　　　　　　　　　（B）

（C）　　　　　　　　　　（D）

【解答】当竖向单位力 $P=1$ 作用于各支承点时，中孔跨中截面 a 的弯矩应为零，故（B）、（D）项不对。

当 P 作用于截面 a 处时，截面 a 的正弯矩应在梁轴线上方，且绝对值最大，故（A）项不对。

所以应选（C）项。

思考：本题为 2011 年以前的真题。

【例 6.7.1-4】当一个竖向单位力在三跨连续梁上移动时，其中间支点 b 左侧的剪力影响线，应为下列何图所示？

【解答】当竖向单位力 $P=1$ 作用于支承点 a、c、d 时，支点 b 左侧的剪力影响线为零；当 P 作用在 b 点附近左侧时，剪力影响线为最大，其绝对值为 1，故（C）、（D）项不对；（B）项是 b 支点右侧剪力影响线，故应选（A）项

思考：本题为 2011 年以前的真题。

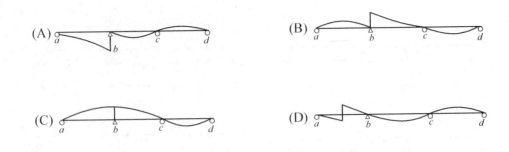

二、柔性墩

【例 6.7.2-1】（2013B36）某城市快速路上的一座立交匝道桥，其中一段为四孔各 30m 的简支梁桥，其总体布置如图 6.7.2-1 所示。单向双车道，桥面总宽 9.0m，其中行车道净宽度为 8.0m。上部结构采用预应力混凝土箱梁（桥面连续），桥墩由扩大基础上的钢筋混凝土圆柱墩身及带悬臂的盖梁组成。梁体混凝土线膨胀系数取 $\alpha = 0.00001$。设计荷载：城-A 级。

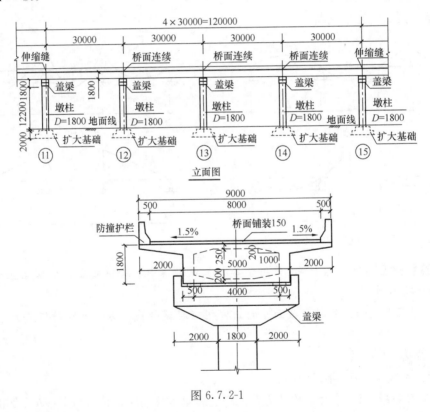

图 6.7.2-1

该桥为四跨（4×30m）预应力混凝土简支箱梁桥，若三个中墩高度相同，且每个墩顶盖梁处设置的普通板式橡胶支座尺寸均为（长×宽×高）600mm×500mm×90mm。假定，该桥四季温度均匀变化，升温时为+25℃，墩柱抗推刚度 $K_{柱} = 20000$kN/m，一个支座抗推刚度 $K_{支} = 4500$kN/m。试问，在升温状态下⑫中墩所承受的水平力标准值（kN）与下列何项数值最为接近？

　　(A) 70　　　　　　(B) 135　　　　　　(C) 150　　　　　　(D) 285

　　【解答】 由于各中墩截面及高度完全相同，支座尺寸也完全相同，本段桥纵桥向为对称结构，故温度位移零点必在四跨总长的中心点处，则⑫墩顶距温度位移零点距离 $L＝30\mathrm{m}$

　　升温引起的⑫墩顶处水平位移 $\delta_1＝L\cdot\alpha\cdot\Delta t＝30\times10^{-5}\times25＝0.0075\mathrm{m}$

　　墩柱的抗推集成刚度：

$$\frac{1}{K_{\text{集成}}}＝\frac{1}{4\times K_{\text{支}}}+\frac{1}{K_{\text{柱}}}$$

　　则：

$$K_{\text{集成}}＝\frac{4K_{\text{支}}\cdot K_{\text{柱}}}{4K_{\text{支}}+K_{\text{柱}}}＝\frac{4\times4500\times20000}{4\times4500+20000}＝9474\mathrm{kN/m}$$

　　⑫墩所承受的水平力：

$$P_1＝\delta_1\times K_{\text{集成}}＝0.0075\times9474＝71.05\mathrm{kN}\approx70\mathrm{kN}$$

　　所以应选（A）项。

　　思考：（1）支承于柔性墩台上的连续梁桥或桥面连续的多孔简支梁桥，其一联内的各个桥墩所承受的水平力（例如汽车制动力，均匀温差产生的纵桥向温度力，纵桥向地震力等等）均与各个桥墩的水平抗推刚度有关，均需按各个桥墩抗推刚度的大小去计算、分配。

　　（2）若要计算一联桥面连续的多孔简支梁桥（或连续梁桥）的某个桥墩在均匀升温（或降温）作用下承受的温度力，首先要确定该桥墩距本联桥梁结构的温度位移零点的距离，也就是说要先确定该温度位移零点的位置。

　　若某联桥各桥墩的抗推刚度各不相同，温度位移零点距该联桥⓪号墩中心的距离可按下式计算：

$$x＝\frac{\sum\limits_{i=0}^{n}l_ik_i}{\sum\limits_{j=0}^{n}k_i}$$

　　其中：l_i 为各桥墩至⓪号墩中心线的距离；k_i 为各桥墩的纵桥向水平抗推刚度。

　　【例 6.7.2-2】 某城市附近交通繁忙的公路桥梁，其中一联为五孔连续梁桥，其总体布置如图 6.7.2-2 所示，每孔跨径 40m，桥梁总宽 10.5m，行车道宽度为 8.0m，同向行驶两列汽车；两侧各 1m 宽人行步道，上部结构采用预应力混凝土箱梁，桥墩上设立两个支座，支座的横桥向中心距为 4.5m。桥墩支承在岩基上，由混凝土独柱墩身和带悬臂的盖梁组成。计算荷载：公路-Ⅰ级，人群荷载 3.45N/m²，混凝土重度按 25kN/m³ 计算。

　　试问：

　　（1）若该桥四个桥墩高度均为 10m，且各个中墩均采用形状、尺寸相同的盆式橡胶固定支座，两个边墩均采用形状、尺寸相同的盆式橡胶滑动支座。当中墩为柔性墩，且不计边墩支座承受的制动力时，试判定其中 1 号墩所承受的制动力标准值（kN），与下列何项数值最为接近？

　　(A) 60　　　　　　(B) 120　　　　　　(C) 240　　　　　　(D) 480

　　（2）若该桥主梁及墩柱、支座均与题目相同，则该桥在四季均匀温度变化升温＋20℃的条件下（忽略上部结构垂直力影响），当墩柱采用 C30 混凝土时，其 $E_c＝3.0\times10^4\mathrm{MPa}$，混凝土线膨胀系数 $\alpha＝1\times10^{-5}/℃$。试判定 2 号墩所承受的水平温度作用标准值（kN），与下列何项数值最接近？

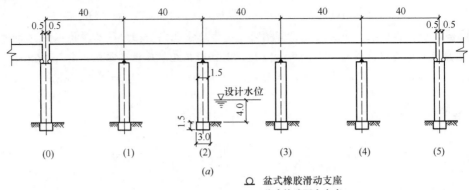

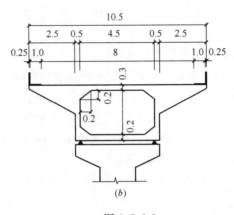

图 6.7.2-2

提示： 不考虑墩柱抗弯刚度折减。

(A) 25   (B) 250   (C) 500   (D) 750

【解答】 (1) $q_k = 10.5 \text{kN/m}^2$，$P_k = 2 \times (40 + 130) = 340 \text{kN}$

根据《公桥通规》4.3.5条：

$$F_b = (10.5 \times 200 + 340) \times 10\% = 244 \text{kN} > 165 \text{kN}$$

故取 $F_b = 244 \text{kN}$；同向2列车，则：$\sum F_b = 2 \times 244 = 488 \text{kN}$

由已知条件可得，每个中墩分配1/4汽车制动力：

1号墩：$F_{b1} = \dfrac{1}{4} \times 488 = 122 \text{kN}$

故选 (B) 项。

(2) 2号墩的抗推刚度：

$$K_2 = \frac{3EI}{l^3} = \frac{3 \times 3.0 \times 10^7 \times 2.5 \times 1.5^3/12}{10^3} = 6.328 \times 10^4 \text{kN/m}$$

由提示知，2号墩的组合抗推刚度 $K_{Z2} = K_2 = 6.328 \times 10^4 \text{kN/m}$

由于结构对称，由温度变化引起的结构位移偏移零点位于2、3号墩的中点位置，故2号墩顶产生的偏移为：

$$\Delta t_2 = \alpha t x_2 = 1 \times 10^{-5} \times 20 \times 20 \times 10^3 = 4 \text{mm}$$

$$H_{k2} = K_{Z2} \cdot \Delta t_2 = 6.328 \times 10^4 \times 4 \times 10^{-3} = 253 \text{kN}$$

故选 (B) 项。

思考： 本题为 2011 年以前的真题。

本题目（2），题目条件未提供支座抗推刚度，故不考虑支座刚度。

三、汽车横向分布系数的计算

【例 6.7.3-1】 某公路桥梁，标准跨径为 20m，计算跨径为 19.5m，由双车道和人行道组成。桥面宽度为 0.25m（栏杆）＋1.5m（人行道）＋7.0m（车行道）＋1.5m（人行道）0.25m（栏杆）＝10.5m，桥梁结构由梁高 1.5m 的 5 根 T 形主梁和横隔梁组成，C30 混凝土。设计荷载：公路-Ⅰ级汽车荷载，人群荷载为 3.0kN/m²，汽车荷载冲击系数 $\mu=0.210$。桥梁结构的布置如图 6.7.3-1 所示。

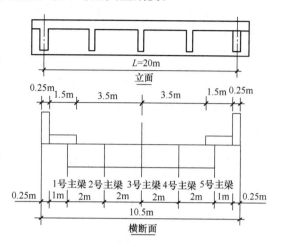

图 6.7.3-1

提示： 按《公路桥涵设计通用规范》JTG D60—2015 计算。

试问：

（1）1 号主梁按刚性横梁法（或偏心受压法）计算其汽车荷载横向分布系数 M_{cq}，与下列何项数值最为接近？

(A) 0.51　　　(B) 0.55　　　(C) 0.61　　　(D) 0.65

（2）1 号主梁按刚性横梁法计算其人群荷载横向分布系数 M_{cr}，与下列何项数值最为接近？

(A) 0.565　　　(B) 0.625　　　(C) 0.715　　　(D) 0.765

（3）假定 1 号梁的汽车荷载跨中横向分布系数为 $M_{cq}=0.560$，支座处横向分布系数为 $M_{oq}=0.410$。试问，1 号梁跨中截面由汽车荷载产生的弯矩标准值（kN·m），与下列何项数值最为接近？

(A) 1325　　　(B) 1415　　　(C) 1550　　　(D) 1610

（4）条件同题目（3），试问，1 号梁跨中截面由汽车荷载产生的剪力标准值（kN），与下列何项数值最为接近？

(A) 140　　　(B) 150　　　(C) 160　　　(D) 170

【解答】（1）偏心受压法：

$$\eta_q = \frac{1}{n} \pm \frac{ea_i}{\sum_{i=1}^{n} a_i^2}$$

$$\sum_1^4 a_i^2 = a_1^2 + a_2^2 + a_3^2 + a_4^2 = 2 \times (2^2 + 4^2) = 40\text{m}^2$$

当 $P=1$ 作用于 1 号梁上时，$e_1=4\text{m}$，$a_1=4\text{m}$

1 号梁反力 η_{11}：$\eta_{11} = \frac{1}{5} + \frac{4 \times 4}{40} = 0.60$

当 $P=1$ 作用于 5 号梁上时，$e_1=-4\text{m}$，$a_1=4\text{m}$

1号梁反力 η_{15}：$\eta_{15} = \dfrac{1}{5} - \dfrac{4 \times 4}{40} = -0.20$

根据 η_{11}、η_{15} 作出 1 号梁的横向影响线，如图 6.7.3-2 所示，设零点至 1 号梁位的距离为 x：

$$x = \frac{0.60}{0.60 + 0.20} \times 4 \times 2 = 6.0\text{m}$$

将车辆荷载横向最不利布置如图 6.7.3-2 所示：

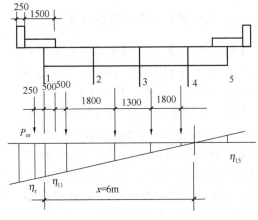

图 6.7.3-2

1号梁：$m_{cq} = \dfrac{1}{2} \sum \eta_q = \dfrac{1}{2} \times \eta_{11} \cdot$

$\qquad \dfrac{1}{x}(x_{q1} + x_{q2} + x_{q3} + x_{q4})$

$\qquad = \dfrac{1}{2} \times 0.60 \times \dfrac{1}{6} \times (6 - 1 +$

$\qquad 6 - 2.8 + 6 - 4.1 + 6 - 5.9)$

$\qquad = 0.51$

故选（A）项。

（2）人群荷载等效集中力 P_{0r} 的位置如图 6.7.3-2 所示，则：

$$m_{cr} = \eta_r = \frac{6 + 0.25}{6} \times 0.6 = 0.625$$

故选（B）项。

（3）公路-I 级：$q_k = 10.5\text{kN/m}$，$P_k = 2 \times (19.5 + 130) = 299\text{kN}$

桥面净宽 $W = 7.0\text{m}$，查《公桥通规》表 4.3.1-4，取设计车道数为 2，故 $\xi = 1.0$

跨中截面弯矩影响线的纵坐标值（见图 6.7.3-3）：

$$y_k = \frac{l_0}{4} = \frac{19.5}{4} = 4.875\text{m}$$

$$\Omega = \frac{l_0^2}{8} = \frac{19.5^2}{8} = 47.531\text{m}^2$$

$M_q = (1 + \mu)\xi m_{cq}(P_k y_k + q_k \Omega)$

$\qquad = 1.21 \times 1.0 \times 0.56 \times (299 \times 4.875 + 10.5 \times 47.531)$

$\qquad = 1325.9\text{kN} \cdot \text{m}$

故选（A）项。

（4）跨中截面剪力影响线的纵坐标如图 6.7.3-4 所示：

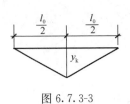

图 6.7.3-3

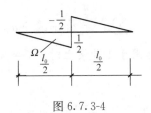

图 6.7.3-4

$$y_k = \frac{1}{2}$$

$$\Omega = \frac{1}{2} \times \frac{l_0}{2} \cdot \frac{1}{2} = \frac{19.5}{8} = 2.4375\text{m}$$

由汽车荷载产生的剪力标准值：

$$V = (1+\mu)\xi m_{cq}(1.2P_k y_k + q_k \Omega)$$

$$= 1.21 \times 1.0 \times 0.56 \times \left(1.2 \times 299 \times \frac{1}{2} + 10.5 \times 2.4375\right)$$

$$= 138.9\text{kN}$$

故选（A）项。

思考： 本题为 2011 年以前的真题改编而成。

【例 6.7.3-2】 某一级公路桥梁由多跨简支梁桥组成，总体布置如图 6.7.3-5 所示。每孔跨径 25m，计算跨径 24m，桥梁总宽 9.5m，其中行车道宽度为 7.0m，两侧各 0.75m 人行道和 0.50m 栏杆，双向行驶二列汽车。每孔上部结构采用预应力混凝土箱梁，桥墩上设 4 个支座，支座的横桥向中心距为 3.4m。桥墩支承在岩基上，由混凝土独立柱墩身和带悬臂的盖梁组成，设计荷载：汽车荷载为公路-Ⅰ级，人群荷载为 3.0kN/m²，汽车荷载冲击系数 $\mu = 0.215$。

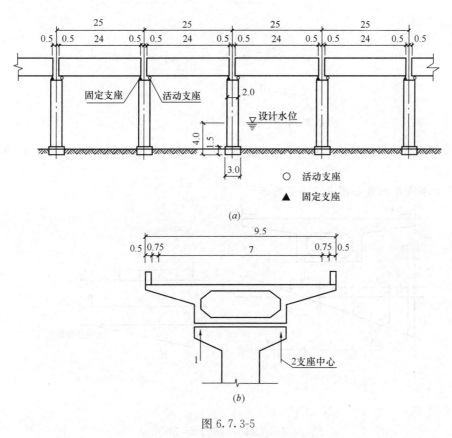

图 6.7.3-5

提示： 按《公路桥涵设计通用规范》JTG D 60—2015 计算。

试问：

（1）在汽车荷载作用下，箱梁支座 1 的最大压力标准值（kN），与下列何项数值最接近？

提示： 汽车加载长度取为 24m。

（A）624　　　　　　（B）700　　　　　　（C）720　　　　　　（D）758

（2）在人群荷载作用下，箱梁支座 1 的最大压力标准值（kN），与下列何项数值最为接近？

提示： 人群荷载加载长度取为 24m。

（A）36　　　　　　（B）45　　　　　　（C）55　　　　　　（D）62

【解答】（1）确定支座 1 的荷载横向分布系数，用杠杆法计算，如图 6.7.3-6 所示。

$$\eta_1 = \frac{3.4 + 2.55 - 0.75 - 0.5}{3.4} \times 1$$

$$= 1.382$$

$$\eta_2 = \frac{5.95 - 0.75 - 0.5 - 1.8}{3.4} \times 1$$

$$= 0.853$$

$$\eta_3 = \frac{5.95 - 0.75 - 0.5 - 1.8 - 1.3}{3.4} \times 1$$

$$= 0.471$$

$$\eta_4 = \frac{5.95 - 0.75 - 0.5 - 1.8 - 1.3 - 1.8}{3.4} \times 1$$

$$= -0.059$$

$$m_{cq} = \frac{1}{2} \sum_{i=1}^{4} \eta_q = 1.3235$$

桥面行车道净宽 7.0m，双向行驶，查《公桥通规》表 4.3.1-4，设计车道数为 2，故取 $\xi = 1.0$。

1 号中墩汽车加载如图 6.7.3-7 所示。

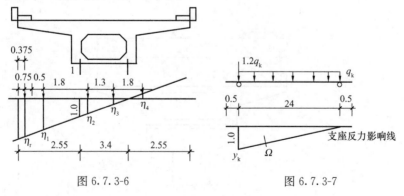

图 6.7.3-6　　　　　　　　　　图 6.7.3-7

公路-Ⅰ级：$q_k = 10.5 \text{kN/m}$

$$P_k = 2 \times (24 + 130) = 308 \text{kN}$$

$$\Omega = \frac{1}{2} \times 24 \times 1 = 12 \text{m}^2$$

$$R_{1k} = (1+\mu)\xi m_{cq}(P_k y_k + q_k \Omega)$$
$$= 1.215 \times 1.0 \times 1.3235 \times (308 \times 1 + 10.5 \times 12)$$
$$= 697.9\text{kN}$$

故选（B）项。

（2）如图 6.7.3-7 所示，人群等效荷载集中力 P_{0r}，其对应的 η_r 为：

$$\eta_r = \frac{3.4 + 2.55 - \dfrac{0.75}{2}}{3.4} \times 1 = 1.6397,$$

$$m_{cr} = \eta_r = 1.6397$$

$$q_{rk} = 3.0 \times 0.75 = 2.25\text{kN/m}$$

支座反力影响线同图 6.7.3-7：$y_k = 1.0$，$\Omega = 12\text{m}^2$

$$R_{1k,r} = m_{cr} \cdot q_{rk}\Omega = 1.6397 \times 2.25 \times 12 = 44.27\text{kN}$$

故选（B）项。

思考：本题为 2011 年以前的真题改编而成。

四、弯桥

【例 6.7.4-1】某城市桥梁，宽 8.5m，平面曲线半径为 100m，上部结构为 20m＋25m ＋20m，三跨孔径组合的混凝土连续箱形梁，箱形梁横断面均对称于桥梁中心轴线，平面布置如图 6.7.4-1 所示，判定在汽车荷载作用下，边跨横桥向 A_1、A_2、D_1、D_2 两组支座的反力大小关系，并提出下列何组关系式正确。

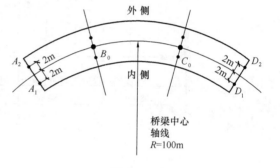

图 6.7.4-1

（A）$A_2 > A_1$，$D_2 < D_1$

（B）$A_2 < A_1$，$D_2 < D_1$

（C）$A_2 > A_1$，$D_2 > D_1$

（D）$A_2 < A_1$，$D_2 > D_1$

【解答】根据弯梁桥的受力特点，即：对于两端均有抗扭支座的，其外弧侧的支座反力一般大于内弧侧；曲率半径 R 较小时，内弧侧还可能出现负反力。所以 $A_2 > A_1$，$D_2 > D_1$。

故选（C）项。

思考：本题为 2011 年以前的真题。

2019 一级真题
（上午卷）

【**题 1～题 7**】位于抗震设防烈度 7 度（0.15g），某小学单层体育馆（屋面相对标高 7.000m），屋面用作屋顶花园，其覆土（重度为 18kN/m³，厚 600mm），设计使用年限 50 年，建筑场地为 Ⅱ 类，双向均设置抗震墙形成现浇混凝土框架-剪力墙结构，如附图 1 所示。纵向受力钢筋采用 HRB500，箍筋和附加吊筋采用 HRB400。

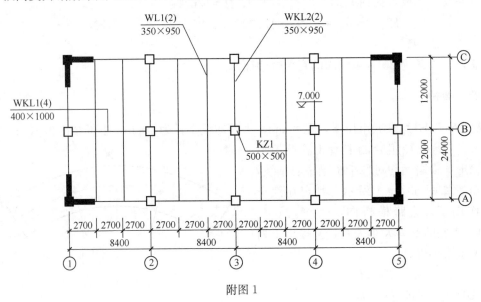

附图 1

1. 试问，关于该结构的抗震等级，下列何项正确？
   （A）抗震墙抗震一级、框架抗震二级
   （B）抗震墙抗震二级、框架抗震二级
   （C）抗震墙抗震二级、框架抗震三级
   （D）抗震墙抗震三级、框架抗震三级

2. 假定，屋面结构的永久荷载（含板、抹灰、防水，但不包括覆土自重）标准值 7kN/m²，柱自重忽略不计。试问，荷载标准组合下，按负荷从属面积计算的 KZ1 的轴力（kN），与下列何项数值最接近？

   提示： ① 活荷载折减系数取 1.0；
   ② 活荷载不考虑积灰、积水、花圃土石等其他荷载。
   （A）2950   （B）2650   （C）2350   （D）2050

3. 假定，不考虑活荷载不利布置，WKL1（2）由竖向荷载控制设计且该工况下弹性内力分析得到的标准组合下支座及跨中弯矩如附图 2 所示，该梁如果考虑塑性内力重分布分析方法设计。试问，当考虑支座负弯矩调幅幅度为 15% 时，荷载标准组合下梁跨度中点处弯矩值（kN·m），与下列何项数值最接近？

提示： 按图中给出的弯矩值计算。

（A）480　　　　　　（B）435　　　　　　（C）390　　　　　　（D）345

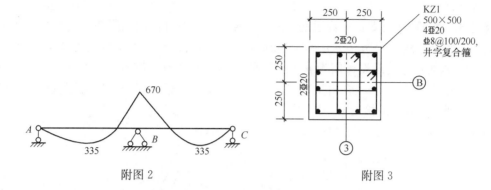

附图 2　　　　　　　　　　　　　　　　　附图 3

4. KZ1 为普通钢筋混凝土构件，假定不考虑地震设计状况，KZ1 近似可作为轴心受压构件设计，混凝土强度等级为 C40，如附图 3 所示，计算长度 8m。试问，KZ1 轴心受压承载力设计值（kN），与下列何项数值最接近？

（A）6300　　　　　　（B）5600　　　　　　（C）4900　　　　　　（D）4200

5. KZ1 柱下独立基础如附图 4 所示，混凝土强度等级为 C30，试问，KZ1 处基础顶面的局部受压承载力设计值（kN），与下列何项数值最接近？

提示： ① 基础顶受压区域未设置间接钢筋，且不考虑柱纵筋有利影响；

　　　　② 仅考虑 KZ1 轴力作用，且轴力在受压部位均匀分布。

（A）7000　　　　　　（B）8500　　　　　　（C）10000　　　　　　（D）11500

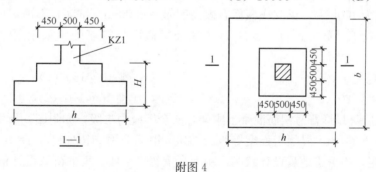

附图 4

6. 假定，WKL1（4）为普通钢筋混凝土构件，混凝土强度等级为 C40，箍筋沿梁全长配置⛓ 8@100（4），未设置弯起筋，梁截面有效高度 $h_0 = 9300\text{mm}$。试问，不考虑地震设计状况时，在轴线③支座边缘处，该梁的斜梁面抗剪承载力设计值（kN），与下列何项数值最接近？

提示： WKL1 不是独立梁。

（A）1000　　　　　　（B）1100　　　　　　（C）1200　　　　　　（D）1300

7. 假定，荷载基本组合下，次梁 WL1（2）传至 WKL1（4）的集中力设计值为 850kN。WKL1（4）在次梁两侧各 400mm 宽度范围内共布置 8 道⛓ 8 的 4 肢附加箍筋。

试问，在 WKL1（4）的次梁位置计算所需附加吊筋，与下列何项最接近？

　　提示：① 附加吊筋与梁轴线夹角为 $60°$；

　　　　　② $\gamma_0 = 1.0$。

　　(A) 2 $\underline{\Phi}$ 18　　　　　(B) 2 $\underline{\Phi}$ 20　　　　　(C) 2 $\underline{\Phi}$ 22　　　　　(D) 2 $\underline{\Phi}$ 25

【题 8、题 9】某简支斜置普通钢筋混凝土独立梁的设计简图如附图 5 所示，构件安全等级为二级。梁截面尺寸 $b \times h = 300\text{mm} \times 700\text{mm}$，混凝土强度等级为 C30，钢筋为 HRB400，永久均布荷载设计值为 g（含自重），可变荷载设计值为集中力 F。

8. 假定，$g = 40\text{kN/m}$（含自重），$F = 400\text{kN}$，试问，梁跨度中点处弯矩设计值（kN·m），与下列何项数值最接近？

　　(A) 900　　　　　(B) 840　　　　　(C) 780　　　　　(D) 720

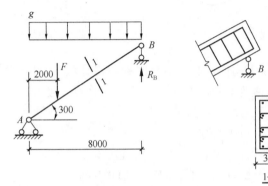

附图 5

9. 假定，荷载基本组合下，B 支座的支座反力设计值 $R_B = 428\text{kN}$（其中集中力 F 产生反力设计值为 160kN），梁支座截面有效高度 $h_0 = 630\text{mm}$。试问，不考虑地震设计状况时，按斜截面抗剪承载力计算，支座 B 边缘处梁截面的箍筋配置采用下列何项最经济合理？

　　(A) $\underline{\Phi}$ 8@150（2）　　　　　　　　　　(B) $\underline{\Phi}$ 10@150（2）

　　(C) $\underline{\Phi}$ 10@120（2）　　　　　　　　　(D) $\underline{\Phi}$ 10@100（2）

【题 10】某倒 L 形普通钢筋混凝土刚架，安全等级为二级，如附图 6 所示，梁柱截面均为 $400\text{mm} \times 600\text{mm}$，混凝土强度等级为 C40，钢筋采用 HRB400，$a_s = a'_s = 50\text{mm}$，$\xi_b = 0.518$。假定，不考虑地震设计状况，刚架自重忽略不计。集中荷载设计值 $P = 224\text{kN}$，柱 AB 采用对称配筋，试问，按正截面承载力计算时，柱 AB 单侧纵向受力钢筋截面面积

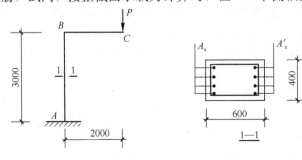

附图 6

A_s（mm^2），与下列何项数值最接近？

提示： ① 不考虑二阶效应；

② 不必验算平面外承载力和稳定。

（A）2550 （B）2450 （C）2350 （D）2250

【题 11】 下列关于钢筋混凝土施工检验，不正确的是何项？

（A）混凝土结构工程采用的材料、构配件、器具及半成品应按进场批次进行检验，属于同一工程项目且同期施工的多个单位工程，对同一个厂家生产的同批材料、构配件、器具及半成品，可统一划分检验批进行验收

（B）模板及支架应根据安装、使用和拆除工况进行设计，并应满足承载力、刚度和整体稳固性的要求

（C）当纵向受力钢筋采用机械连接接头或焊接接头时，同一连接区段内纵向受力钢筋的接头面积百分率应符合设计要求，当设计无具体要求时，不直接承受动力荷载的结构构件中，受拉接头面积百分率不宜大于 50％，受压接头面积百分率可不受限制

（D）成型钢筋进场时，任何情况下都必须抽取试件作屈服强度、抗拉强度、伸长率和重量偏差检验，检验结果应符合国家现行相关标准的规定

【题 12】 在 7 度（0.15g）抗震设防烈度区，Ⅲ类场地上的某钢筋混凝土框架结构，其设计、施工均按现行规范进行。现因功能需求，需要在框架柱间新增一根框架梁，新增梁的钢筋采用植筋技术，所有植筋采用 HRB400 钢筋、直径均为 18mm，设计要求充分利用钢筋抗拉强度。框架柱采用 C40 混凝土，植筋采用快固型胶粘剂（A 级胶），其性能满足要求。假定植筋间距和边距分别为 150mm 和 100mm，$\alpha_{spt}=1.0$，$\psi_N=1.265$。试问，该植筋锚固深度设计值的最小值（mm），与下列何项最接近？

（A）540 （B）480

（C）420 （D）360

【题 13】 在某医院屋顶停机坪设计中，直升机质量按 3215kg 计算，试问，当直升机非正常着陆时，其对屋面构件的竖向等效静力撞击设计值 P（kN），与下列何项数值最接近？

（A）170 （B）200

（C）230 （D）260

【题 14】 某先张法预应力混凝土环形截面轴心受拉构件，裂缝控制等级为一级，混凝土强度等级为 C60，环形外径 700mm，壁厚 110mm，环形截面面积 $A=203889mm^2$，纵筋采用螺旋肋消除应力钢丝，纵筋总截面面积 $A_p=1781mm^2$。假定，扣除全部预应力损失后，混凝土的预应力 $\sigma_{pc}=6.84MPa$（全截面均匀受压）。试问，为满足裂缝控制要求，按荷载标准组合计算的构件最大轴拉力值 N_k(kN)，与下列何项数值最接近？

（A）1350 （B）1400

（C）1450 （D）1500

【题 15、题 16】 某雨篷如附图 7 所示，XL-1 为层间悬挑梁，不考虑地震设计状况，截面尺寸 $b \times h=350mm \times 650mm$，悬挑长度 L_1（从 KZ-1 柱边起算），雨篷的净悬挑长度为 L_2，所有构件均为普通混凝土构件，设计使用年限 50 年，安全等级为二级，混凝土强度等级为 C35，纵向受力钢筋为 HRB400，箍筋为 HPB300。

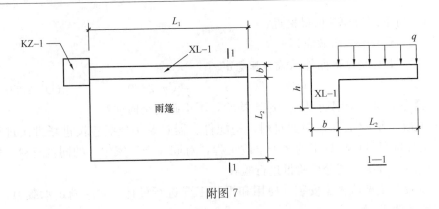

附图 7

15. 假定，$L_1 = 3m$，$L_2 = 1.5m$，仅雨篷板上均布荷载设计值 $q = 6kN/m^2$（包括自重）会对梁产生扭矩，试问，悬挑梁 XL-1 的扭矩图和支座处的扭矩设计值 T，与下列何项最为接近？

提示：板对梁的扭矩计算至梁截面中心线。

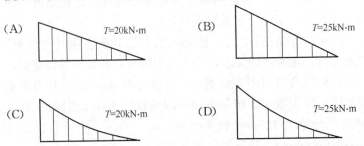

(A) $T = 20kN \cdot m$ (B) $T = 25kN \cdot m$

(C) $T = 20kN \cdot m$ (D) $T = 25kN \cdot m$

16. 假定，荷载基本组合下，悬挑梁 XL-1 支座边缘处的弯矩设计值 $M = 150kN \cdot m$，剪力设计值 $V = 100kN$，扭矩设计值 $T = 85kN \cdot m$，按矩形截面计算，$h_0 = 600mm$，箍筋间距 $s = 100mm$。受扭的纵向普通钢筋与箍筋的配筋强度比值为 1.7。试问，按承载能力极限状态计算，悬挑梁 XL-1 支座边缘处箍筋配置采用下列何项最经济合理？

提示：① 满足《混凝土结构设计规范》6.4.1 条的截面限值条件，不需要验算最小配箍率；

     ② 受扭塑性抵抗矩 $W_t = 32.67 \times 10^6 mm^3$，截面核心部分的面积 $A_{cor} = 162.4 \times 10^3 mm^2$。

(A) $\Phi 8@150$（2）   (B) $\Phi 10@100$（2）

(C) $\Phi 12@100$（2）   (D) $\Phi 14@100$（2）

【题 17～题 21】 某焊接工字形等截面简支梁，跨度为 12m，钢材采用 Q235，结构重要性系数取 1.0。荷载基本组合下，简支梁的均布荷载设计值（含自重）$q = 95kN/m$，梁截面尺寸及截面特性如附图 8 所示，截面无栓（钉）孔削弱。毛截面惯性矩：$I_x = 590560 \times 10^4 mm^4$，翼缘毛截面对梁中和轴的面积矩：$S_f = 3660 \times 10^3 mm^3$，毛截面面积：$A = 240 \times 10^2 mm^2$，截面绕 y 轴的回转半径：$i_y = 61mm$。

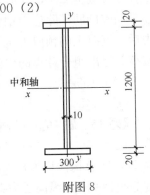

附图 8

17. 试问，对梁跨中截面进行抗弯强度计算时，其正应力设计值（N/mm²），与下列何项数值最接近？

(A) 200   (B) 190   (C) 180   (D) 170

18. 假定，简支梁翼缘与腹板的双面角焊缝焊脚尺寸 $h_f = 8mm$，两焊件间隙 $b \leqslant 1.5mm$，试问，进行焊接截面工字形梁翼缘与腹板的焊接连接强度计算时，在最大剪力作用下，该角焊缝的连接应力与角焊缝强度设计值之比，与下列何项数值最接近？

(A) 0.2   (B) 0.3   (C) 0.4   (D) 0.5

19. 假定，简支梁在两端及距两端 $L/4$ 处有可靠的侧向支撑（L 为简支梁跨度）。试问，作为在主平面内受弯的构件，进行整体稳定性计算时，梁的整体稳定性系数 φ_b，与下列何项数值最接近？

提示： ① 梁翼缘板件宽厚比等级为 S1，腹板板件宽厚比等级为 S4；

② 取梁整体稳定的等效弯矩系数 $\beta_b = 1.2$。

(A) 0.52   (B) 0.65   (C) 0.8   (D) 0.9

20. 假定，简支梁某截面的正应力和剪应力均较大，荷载基本组合下弯矩设计值为 1282kN·m，剪力设计值为 1296kN，试问，该截面梁腹板计算高度边缘处的折算应力（N/mm²），与下列何项数值最接近？

提示： ① 不计局部压应力；

② 梁翼缘板件宽厚比等级为 S1，腹板板件宽厚比等级为 S4。

(A) 145   (B) 170   (C) 190   (D) 205

21. 假定，简支梁上的均布荷载标准值 $q_k = 90kN/m$，试问，不考虑起拱时，简支梁的最大挠度与其跨度的比值，与下列何项数值最接近？

(A) 1/300   (B) 1/400   (C) 1/500   (D) 1/600

【题22～题25】 某单层钢结构平台布置如附图9所示，不进行抗震设计，且不承受动力荷载，结构重要性系数取1.0。横向（Y 向）为框架，纵向（X 向）设置支撑保证结构侧向稳定。所有构件均采用 Q235 钢，且钢材各项指标均满足塑性设计要求，截面板件宽厚比等级为 S1 级。

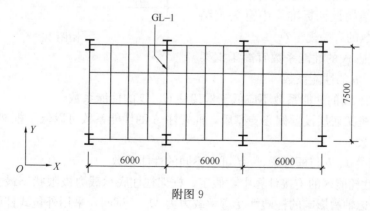

附图 9

22. 框架梁 GL-1 采用焊接工字形截面 H500×250×12×16，按塑性设计。试问，该框架梁塑性铰部位的受弯承载力设计值（kN·m），与下列何项数值最接近？

提示： ① 不考虑轴力对框架梁的影响；

② 框架梁剪力 $V < 0.5 h_w t_w f_v$；

③ 计算截面无栓（钉）孔削弱。

(A) 440　　　　　(B) 500　　　　　(C) 550　　　　　(D) 600

23. 设计条件同题 22，假定，框架梁 GL-1 最大剪力设计值 $V=650$kN，进行受弯构件塑性铰部位的剪切强度计算时，梁截面剪应力与抗弯强度设计值之比，与下列何项数值最接近？

(A) 0.93　　　　　(B) 0.83　　　　　(C) 0.73　　　　　(D) 0.63

24. 设计条件同题 22，假定，框架梁 GL-1 上翼缘有楼板与钢梁可靠连接，通过设置加劲肋保障梁端塑性铰的发展，试问，加劲肋的最大间距（mm），与下列何项数值最接近？

(A) 900　　　　　(B) 1000　　　　　(C) 1100　　　　　(D) 1200

25. 设计条件同题 22，假定，框架梁 GL-1 在跨内某拼接接头处基本组合的最大弯矩设计值为 250kN·m，试问，该连接能传递的弯矩设计值（kN·m），至少应为下列何项数值？

提示： 截面模量 $W_x=2285\times10^3$mm^3。

(A) 250　　　　　(B) 275　　　　　(C) 305　　　　　(D) 350

【题 26～题 30】 某钢结构建筑采用框架结构体系，框架简图如附图 10 所示。该建筑位于 8 度（0.20g）抗震设防烈度区，丙类建筑。框架柱采用焊接箱形截面，框架梁采用焊接工字形截面，梁、柱钢材均采用 Q345 钢，该结构总高度 $H=50$m。

提示： 按《钢结构设计标准》GB 50017—2017 作答。

26. 在钢结构抗震性能化设计中，假定，塑性耗能区承载性能等级采用性能 7。试问，下列关于构件性能系数的描述，哪项不符合《钢结构设计标准》中有关钢结构构件性能系数的有关规定？

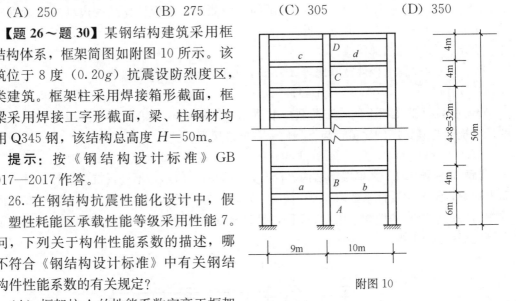

附图 10

(A) 框架柱 A 的性能系数宜高于框架梁 a、b 的性能系数

(B) 框架柱 A 的性能系数不应低于框架柱 C、D 的性能系数

(C) 当该框架底层设置偏心支撑后，框架柱 A 的性能系数可以低于框架梁 a、b 的性能系数

(D) 框架梁 a、b 与框架梁 c、d 可有不同的性能系数

27. 在塑性耗能区的连接计算中，假定，框架柱柱底承载力极限状态最大组合弯矩设计值为 M，考虑轴力影响的柱塑性受弯承载力为 M_{pc}。试问，采用外包式柱脚时，柱脚与基础的连接极限承载力，应按下列何项取值？

(A) $1.0M$　　　　　(B) $1.2M$　　　　　(C) $1.0M_{pc}$　　　　　(D) $1.2M_{pc}$

28. 假定，梁柱节点采用梁端加强的办法来保证塑性铰外移。试问，采用下述哪些措施符合《钢结构设计标准》的规定？

Ⅰ．上下翼缘加盖板

Ⅱ．加宽翼缘板且满足宽厚比的规定

Ⅲ．增加翼缘板的厚度

Ⅳ．增加腹板的厚度

(A) Ⅰ、Ⅱ、Ⅲ

(B) Ⅰ、Ⅱ、Ⅳ

(C) Ⅱ、Ⅲ、Ⅳ

(D) Ⅰ、Ⅲ、Ⅳ

29．假定，框架梁截面如附图11所示，其弹性截面模量为W，塑性截面模量为W_p。试问，计算该框架梁的性能系数时，该构件塑性耗能区截面模量W_E，应按下列何项取值？

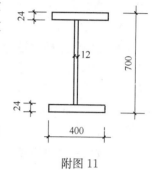

附图11

(A) $1.05W_p$

(B) $1.05W$

(C) $1.0W_p$

(D) $1.0W$

30．（缺）

【题31】多层砌体房屋抗震设计时，下列关于建筑布置和结构体系的论述，何项是正确的？

Ⅰ．应优先采用砌体墙和钢筋混凝土墙混合结构体系；

Ⅱ．房屋平面轮廓凸凹不应超过典型尺寸50%，当超过典型尺寸25%时，房屋转角处应采取加强措施；

Ⅲ．楼板局部大洞口的尺寸未超过楼板宽度的30%，可在墙体两侧同时开洞；

Ⅳ．不应在房屋转角处设置转角窗。

(A) Ⅰ、Ⅲ

(B) Ⅱ、Ⅳ

(C) Ⅱ、Ⅲ

(D) Ⅰ、Ⅳ

【题32～题34】某抗震设防烈度为8度(0.2g)的底层框架-抗震墙砌体房屋，如附图12

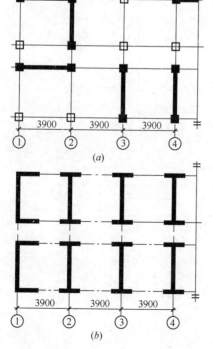

(a)

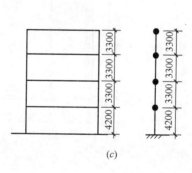

(c)

(b)

附图12

(a) 一层平面图；(b) 二～四层平面图；(c) 计算简图

所示，共 4 层，一层柱、墙均采用钢筋混凝土，二、三、四层承重墙均采用 240mm 厚多孔砖砌体，楼屋面为现浇钢筋混凝土。丙类建筑，其结构布置及构造措施均满足规范要求。

32. 假定，该结构各层重力荷载代表值分别是：$G_1=5200kN$，$G_2=G_3=6000kN$，$G_4=4500kN$，采用底部剪力法计算地震作用，底层地震剪力设计值增大系数为 1.5，试问，底层剪力墙剪力设计值 V_1（kN），与下列何项数值最接近？

(A) 2950　　　　　　(B) 3540　　　　　　(C) 4450　　　　　　(D) 5760

33. 进行房屋横向地震作用分析时，假定，底层横向总抗侧刚度（全柱与全墙之和）为 K_1，其中，框架总侧向刚度 $\sum K_c=0.28K_1$，墙总侧向刚度 $\sum K_w=0.72K_1$，底层地震剪力设计值 $V_1=6000kN$。若 W_1 横向侧向刚度 $K_{W1}=0.18K_1$。试问，W_1 的剪力设计值 V_{W1}（kN），与下列何项数值最接近？

(A) 1100　　　　　　(B) 1300　　　　　　(C) 1500　　　　　　(D) 1700

34. 假定，条件同题 33，框架部分承担的剪力设计值 $\sum V_c$（kN），与下列何项数值最接近？

(A) 3400　　　　　　(B) 2800　　　　　　(C) 2200　　　　　　(D) 1700

【题 35、题 36】某单层单跨无吊车砌体厂房，采用装配式无檩体系钢筋混凝土屋盖，如附图 13 所示，柱高度 $H=5.6m$，采用 MU20 混凝土多孔砖，Mb10 专用砂浆砌筑，砌体施工质量控制等级为 B 级，其结构布置及构造措施均符合规范要求。

提示：① 柱：$A=0.9365\times10^6 mm^2$；
　　　② 柱绕 X 轴的回转半径 $i_x=147mm$。

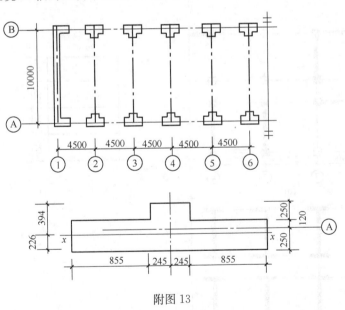

附图 13

35. 试问，按构造要求进行高厚比验算时，排架柱在排架方向的高厚比，与下列何项数值最接近？

(A) 11　　　　　　(B) 13　　　　　　(C) 15　　　　　　(D) 17

36. 假定，该房屋的静力计算方案为弹性方案，柱底绕 x 轴弯矩设计值 $M_x=52kN \cdot m$，轴向压力设计值 $N=404kN$，重心至轴向压力所在偏心方向截面边缘的距离 $y=$

394mm。试问，该柱底的受压承载力设计值（kN），与下列何项数值最接近？

(A) 630 　　　　　　　　　　(B) 680

(C) 730 　　　　　　　　　　(D) 780

【题37、题38】 某房屋的窗间墙长 1600mm，厚 370mm，有一截面尺寸为 250mm×500mm 的钢筋混凝土梁支承在墙上，梁端实际支承长度为 250mm，如附图 14 所示。窗间墙采用 MU15 烧结普通砖，MU10 混合砂浆砌筑，砌体施工质量控制等级为 B 级。

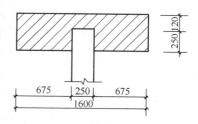

附图 14

37. 试问，梁端支承处砌体的局部受压承载力设计值（kN），与下列何项数值最接近？

(A) 120 　　　　　　　　　　(B) 140

(C) 160 　　　　　　　　　　(D) 180

38. 假定，窗间墙在重力荷载代表值作用下的轴向压力 $N=604$kN，试问，该窗间墙的抗震受剪承载力设计值 $f_{\mathrm{VE}}A/\gamma_{\mathrm{RE}}$（kN），与下列何项数值最接近？

(A) 140 　　　　　　　　　　(B) 160

(C) 180 　　　　　　　　　　(D) 200

【题39、题40】 某露天环境木屋架，采用云南松 TC13A 制作，计算简图如附图 15 所示，其稳定措施满足《木结构设计标准》的规定，P 为檩条（与屋架上弦锚固）传至屋架的节点荷载。设计使用年限为 5 年，结构重要性系数取 1.0。

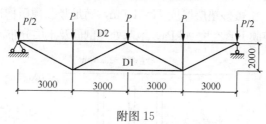

附图 15

39. 假定，杆件 D1 为正方形方木，在恒载和活荷载共同作用下 $P=20$kN（设计值），试问，按此工况进行强度验算时，其最小截面边长（mm），与下列何项数值最接近？

提示： 强度验算时，不考虑构件自重。

(A) 70 　　　　　　　　　　(B) 85

(C) 100 　　　　　　　　　　(D) 110

40. 假定，杆件 D2 采用截面为正方形方木，试问，满足长细比限值要求的最小截面边长（mm），与下列何项数值最接近？

(A) 90 　　　　　　　　　　(B) 100

(C) 110 　　　　　　　　　　(D) 120

（下午卷）

【题1、题2】 某土质建筑边坡采用毛石混凝土重力式挡土墙支护，挡土墙墙背竖直，如附图 16 所示，墙高为 6.5m，墙顶宽 1.5m，墙底宽度为 3m，挡土墙毛石混凝土重度为 24kN/m³。假定，墙后填土表面水平并且与墙齐高，填土对墙背的摩擦角 $\delta=0°$，排水良好，挡土墙基底水平，底部埋置深度为 0.5m，地下水位线在挡土墙底部以下 0.5m。

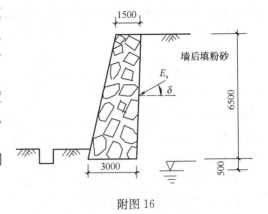

附图 16

提示：① 不考虑墙前被动土压力的有利作用，不考虑地震设计状况；
② 不考虑地面荷载的影响；
③ $\gamma_0=1.0$。

1. 假定，墙后填土的重度为 20kN/m³，主动土压力系数 $k_a=0.22$，土与挡土墙基底的摩擦系数 $\mu=0.45$，试问，挡土墙的抗滑移稳定安全系数 K，与下列何项数值最为接近？

(A) 1.35　　　　(B) 1.45　　　　(C) 1.55　　　　(D) 1.65

2. 假定，作用于挡土墙的主动土压力 E_a 为 112kN，试问，基础底面边缘最大压应力 p_{max}（kN/m²），与下列何项数值最为接近？

(A) 170　　　　(B) 180　　　　(C) 190　　　　(D) 200

【题3～题5】 某工程采用真空预压法处理地基，排水竖井采用塑料排水带，等边三角形布置，穿过 20m 软土层。上覆砂垫层厚度 $H=1.0m$，满足竖井预压构造措施和地坪设计标高要求。瞬时抽真空并保持膜下真空度 90kPa。地基处理剖面及土层分布，如附图 17 所示。

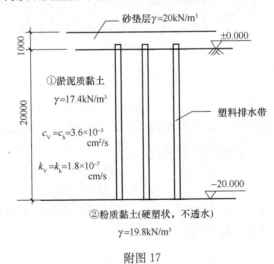

附图 17

3. 设计采用塑料排水带宽度为 100mm，厚度为 6mm，试问，当井径比 $n=20$ 时，塑料排水带布置间距 l（mm），与下列何项数值最为接近？

(A) 1200　　　　(B) 1300　　　　(C) 1400　　　　(D) 1500

4. 假定，涂抹影响及井阻影响较小，忽略不计，井径比 $n=20$，竖井的有效排水直径 $d_e=1470mm$，当仅考虑抽真空荷载下径向排水固结，试问，60 天竖井径向排水平均固结

度 $\overline{U}_r$（%），与下列何项数值最为接近？

提示： ① 不考虑涂抹影响及井阻影响时，$F=F_n=\ln(n)-\dfrac{3}{4}$；

　　　② $\overline{U}_r=1-e-\dfrac{8c_h}{Fd_e^2}t$。

(A) 80　　　　(B) 85　　　　(C) 90　　　　(D) 95

5. 假定，不考虑砂垫层本身压缩变形。试问，预压荷载下地基最终竖向变形量（mm），与下列何项数值最为接近？

提示： ① 沉降经验系数 $\xi=1.2$；

　　　② $\dfrac{e_0-e_1}{1+e_0}=\dfrac{p_0 k_v}{c_v \gamma_w}$；

　　　③ 变形计算深度取至标高 -20.000m 处。

(A) 300　　　　(B) 800　　　　(C) 1300　　　　(D) 1800

【题6~题8】 某一六桩承台基础，采用先张法预应力混凝土管桩，桩外径 500mm，壁厚 100mm，桩身混凝土强度等级为 C80，不设桩尖。有关各层土分布情况，桩侧土极限侧阻力标准值 q_{sik}，桩端土极限端阻力标准值 q_{pk}，如附图 18 所示。承台及其土的平均重度取 22kN/m³。取 $\gamma_0=1.0$。

6. 试问，按《建筑桩基技术规范》，根据土的物理指标与承载力参数之间的经验关系，估算该桩基的单桩竖向承载力特征值 R_a（kN），与下列何项数值最为接近？

(A) 800　　　　　　(B) 1000

(C) 1500　　　　　　(D) 2000

7. 假定，相应于作用的基本组合时，上部结构传至承台顶面的内力设计值：竖向力 $N=7020$kN，弯矩 $M_x=0$，$M_y=756$kN·m。试问，承载 2-2 截面（柱边）处剪力设计值（kN），与下列何项数值最为接近？

提示： 荷载组合按《建筑结构可靠性设计统一标准》GB 50068—2018 作答。

(A) 2550　　　　　　(B) 2650

(C) 2750　　　　　　(D) 2850

8. 假定，不考虑抗震设计状况，承台顶面中心的基本组合下弯矩设计值 $M_y=0$，最大单桩反力设计值为 1180kN，承台采用 C35 混凝土（$f_t=1.57$N/mm²），纵向受力钢筋采用 HRB400，$h_0=1000$mm。试问，承台长

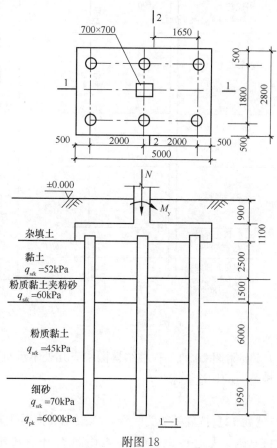

附图 18

向受力主筋的配置，下列何项最合理？

(A) ⚟20@100　　　　　　　　(B) ⚟22@100

(C) ⚟22@150　　　　　　　　(D) ⚟25@100

【题 9】某工程桩基采用钢管桩，材质 Q235（$f_y=305N/mm^2$，$E=206\times10^3N/mm^2$），外径 $d=950mm$，采用锤击式沉桩工艺。试问，满足打桩时桩身不出现局部压曲的最小钢管壁厚（mm），与下列何项数值最为接近？

(A) 7　　　　　　(B) 8　　　　　　(C) 9　　　　　　(D) 10

【题 10、题 11】某 8 度抗震设防地区建筑，不设地下室，采用水下成孔混凝土灌注桩，桩径 800mm，混凝土采用 C40，桩长 30m，桩底进入强风化片麻岩，桩基按位于腐蚀环境设计。基础采用独立桩承台，承台间设连系梁。桩基础施工层剖面如附图 19 所示。

10. 假定，桩顶固接，桩身配筋率为 0.7%，桩身抗弯刚度为 $4.33\times10^5kN\cdot m^2$，桩侧土水平抗力系数的比例系数 $m=4MN/m^4$，桩水平承载力由水平位移控制，允许位移为 10mm。试问，初步设计时，按《建筑桩基技术规范》，估算考虑地震作用组合的桩基的单桩水平承载力特征值（kN），与下列何项数值最为接近？

(A) 161　　　　　　(B) 201　　　　　　(C) 270　　　　　　(D) 330

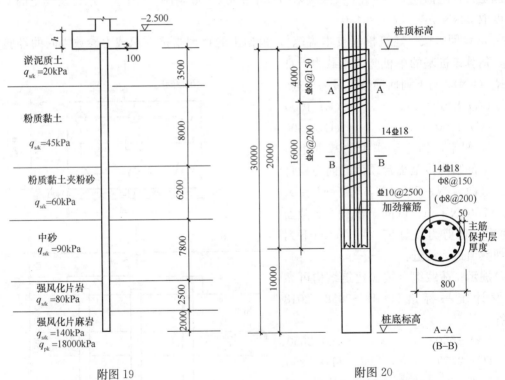

附图 19　　　　　　　　　　　　　　　　附图 20

11. 附图 20 的工程桩结构图中有几处不满足《建筑地基基础设计规范》《建筑桩基技术规范》的构造要求？

(A) 1　　　　　　(B) 2　　　　　　(C) 3　　　　　　(D) ≥4

【题 12】抗震等级为一级，六层钢筋混凝土框架结构，采用直径 600mm 的混凝土灌注桩基础，无地下室。试问，在附图 21 中有几处不满足《建筑地基基础设计规范》《建筑桁基技术规范》的构造要求?

(A) 1   (B) 2   (C) 3   (D) ≥4

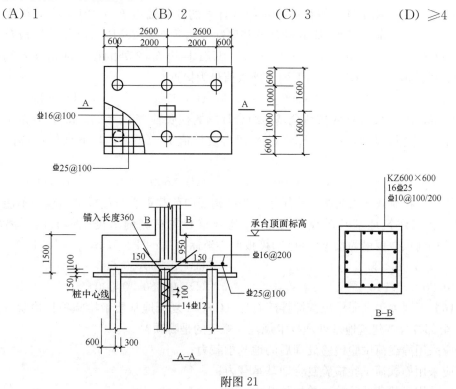

附图 21

【题 13~题 15】 某安全等级二级的高层建筑采用钢筋混凝土框架结构体系,框架柱截面尺寸均为 900mm×900mm,基础采用平板式筏形基础,板厚 1.4m,均匀地基,如附图 22 所示。

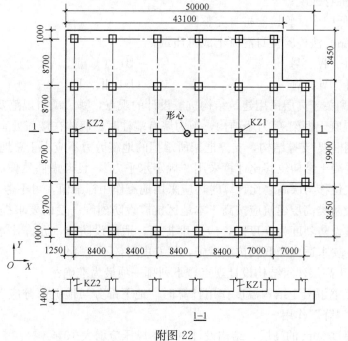

附图 22

提示：$h_0 = 1.34m$。

13. 假定，中柱 KZ1 柱底按荷载基本组合计算的柱底轴力 $F_1 = 12150kN$，柱底弯矩 $M_{1x} = 0$，$M_{1y} = 202.5kN \cdot M$，基本组合下基底净反力为 182.25kPa（已扣除筏板及其上土自重）。已知 $I_s = 11.17m^4$，$a_s = 0.4$，试问，KZ1 柱边 $h_0/2$ 处的筏板冲切临界截面的最大剪应力设计值 τ_{max}（kPa），与下列何项数值最为接近？

(A) 600   (B) 800   (C) 1000   (D) 1200

14. 假定，边柱 KZ2 柱底按荷载基本组合计算的柱底轴力 $F_2 = 9450kN$，其余条件同题 13，试问，筏板冲切验算时，KZ2 的冲切力设计值 F_l（kN），与下列何项数值最为接近？

(A) 7800   (B) 8200   (C) 8600   (D) 9000

15. 假定，在荷载准永久组合作用下，当结构竖向荷载重心与筏板平面重心不能重合时，试问，按《建筑地基基础设计规范》，荷载重心左右侧偏离筏板形心的距离限值（m），与下列何项数值最为接近？（已知筏板形心坐标为：$x = 23.57m$，$y = 18.4m$）

(A) 0.710，0.580   (B) 0.800，0.580

(C) 0.800，0.710   (D) 0.880，0.690

【题 16】下列关于水泥粉煤灰搅拌碎石柱（CFG）复合地基质量检验项目检验方法的叙述中，全部符合《建筑地基处理技术规范》规定的是哪项？

Ⅰ. 应采用静载荷试验检验处理后的地基承载力；

Ⅱ. 应采用静载荷试验检验复合地基承载力；

Ⅲ. 应采用静载荷试验检验单桩承载力；

Ⅳ. 应采用静力触探试验检验处理后的地基施工质量；

Ⅴ. 应采用动力触探试验检验处理后的地基施工质量；

Ⅵ. 应检验桩身强度；

Ⅶ. 应进行低应变试验检验桩身完整性；

Ⅷ. 应采用钻心法检验桩身混凝土成桩质量。

(A) Ⅰ、Ⅲ、Ⅳ、Ⅶ   (B) Ⅰ、Ⅲ、Ⅵ、Ⅶ

(C) Ⅱ、Ⅲ、Ⅵ、Ⅶ   (D) Ⅱ、Ⅲ、Ⅴ、Ⅶ

【题 17】下列关于高层民用建筑结构抗震设计的观点，哪一项与规范要求不一致？

(A) 高层混凝土框架-剪力墙结构，剪力墙有端柱时，墙体在楼盖处宜设置暗梁

(B) 高层钢框架-支撑结构，支撑框架所承担的地震剪力不应小于总地震剪力的 75%

(C) 高层混凝土结构位移比计算采用"规定水平力"，且考虑偶然偏心影响；楼层层间最大位移与层高之比计算时，应采用地震作用标准值，可不考虑偶然偏心

(D) 重点设防类高层建筑应按高于本地区抗震设防烈度一度的要求提高其抗震措施，但抗震设防烈度为 9 度时，应适度提高；适度设防类，允许比本地区抗震设防烈度的要求适当降低其抗震措施，但 6 度时，不应降低

【题 18】关于高层建筑结构设计观点，下列哪一项最为准确？

(A) 超长钢筋混凝土结构温度作用计算时，地下部分与地上部分应考虑不同的"温升""温降"作用

(B) 高度超过 60m 的高层，结构设计时基本风压应增大 10%

(C) 复杂高层结构应采用弹性时程分析法进行补充计算，关键构件的内力、配筋应与反应谱的计算结构进行比较，取较大者

(D) 抗震设防烈度为 8 度（0.30g），基本周期 3s 的竖向不规则结构的薄弱层，多遇地震水平地震作用计算时，薄弱层的最小水平地震剪力系数不应小于 0.048

【题 19】 抗震设防烈度为 7 度，丙类建筑，多遇地震水平地震标准值作用下，需控制弹性层间位移角 $\Delta u/h$，比较下列三种结构体系的弹性层间位移角限值 $\left[\Delta u/h\right]$：

体系 1：房屋高度为 180m 的钢筋混凝土框架-核心筒结构；

体系 2：房屋高度为 50m 的钢筋混凝土框架结构；

体系 3：房屋高度为 120m 的钢框架-屈曲约束支撑结构

试问，以上三种结构体系的 $\left[\Delta u/h\right]$ 之比，与下列何项最为接近？

(A) 1 : 1.45 : 2.71

(B) 1 : 1.2 : 1.36

(C) 1 : 1.04 : 1.36

(D) 1 : 1.23 : 2.71

【题 20、题 21】 某平面为矩形的 24 层现浇钢筋混凝土部分框支剪力墙结构，房屋总高度为 75m，一层为框支层，转换层楼板局部开大洞，如附图 23 所示，其余部位楼板均连续。抗震设防烈度为 8 度（0.20g），丙类建筑，建筑场地为 II 类，安全等级为二级。

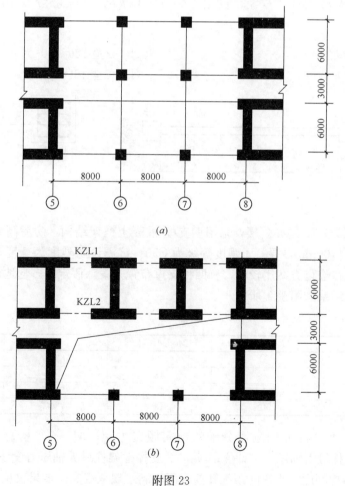

附图 23

(a) 一层结构平面图；(b) 二层结构平面图

转换层混凝土强度等级为 C40，钢筋采用 HRB400。

20. 假定，⑤轴落地剪力墙处，由不落地剪力墙传来按刚性楼板计算的楼板组合剪力设计值 $V_0 = 1400\text{kN}$，KZL1 和 KZL2 穿过⑤轴墙的纵筋总面积 $A_{sl} = 4200\text{mm}^2$，转换楼板配筋验算宽度按 $b_f = 5600\text{mm}$，板面、板底配筋相同，且均穿过周边墙、梁。试问，该转换楼板的厚度 t_f（mm）及板底配筋最小应为下列何项，才能满足规范最低要求？

  提示： ① 框支层楼板按构造配筋时，满足竖向承载力和水平平面内抗弯要求；

  ② 核算转换层楼板的截面时，楼板宽度 $b_f = 6300\text{mm}$，忽略梁截面。

  (A) $t_f = 180\text{mm}$，$\Phi 12@200$ (B) $t_f = 200\text{mm}$，$\Phi 12@200$

  (C) $t_f = 220\text{mm}$，$\Phi 12@200$ (D) $t_f = 250\text{mm}$，$\Phi 14@200$

21. 假定，底层某一落地剪力墙如附图 24 所示（配筋为示意，端柱为周边均匀布置），抗震等级为一级，抗震承载力计算时，考虑地震作用组合的墙肢组合内力计算值（未经调整）为：$M = 3.9 \times 10^4 \text{kN·m}$，$V = 3.2 \times 10^3 \text{kN}$，$N = 1.6 \times 10^4 \text{kN}$（压力），$\lambda = 1.9$。试问，该剪力墙底部截面水平分布筋应按下列何项配筋，才能满足规范、规程的最低抗震要求？

  提示： $A_w/A \approx 1$，$h_{w0} = 6300\text{mm}$，$\dfrac{1}{\gamma_{RE}}(0.15 f_c b h_0) = 6.37 \times 10^6 \text{N}$，$0.2 f_c b_w h_w = 7563600\text{N}$。

  (A) $2\Phi 10@200$ (B) $2\Phi 12@200$

  (C) $2\Phi 14@200$ (D) $2\Phi 16@200$

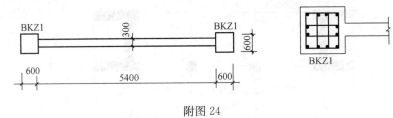

附图 24

【题 22】 某拟建 12 层办公楼，采用钢支撑-混凝土框架结构，房屋高度为 43.3m，框架柱截面 700m×700mm，混凝土强度等级为 C50。抗震设防烈度为 7 度，丙类建筑，建筑场地为 Ⅱ 类。在进行方案比较时，有四种支撑布置方案。假定，多遇地震作用下起控制作用的主要计算结果如附表 1 所示。

附表 1

	M_{xf}/M（%）	M_{yf}/M（%）	N（kN）	N_G（kN）
方案 A	51	52	8300	7300
方案 B	46	48	8000	7200
方案 C	52	51	8250	7250
方案 D	42	43	7800	7600

  M_f——底层框架部分按刚度分配的地震倾覆力矩；M——结构总地震倾覆力矩；N——普通框架柱最大轴压力设计值；N_G——支撑框架柱最大轴压力设计值。

  假定，该结构刚度、支撑间距等其他方面均满足规范规定。如果仅从支撑布置及柱抗震构造方面考虑。试问，哪种方案最为合理？

提示：① 按《建筑抗震设计规范》作答；

② 柱不采取提高轴压比限值的措施。

(A) 方案 A   (B) 方案 B   (C) 方案 C   (D) 方案 D

【题 23】某拟建 10 层普通办公楼，现浇混凝土框架-剪力墙结构，质量和刚度沿高度分布比较均匀，房屋高度为 36.4m，一层地下室，地下室顶板作为上部结构嵌固部位，采用桩基础。抗震设防烈度为 8 度（0.20g），设计地震分组为第一组，丙类建筑，Ⅲ类建筑场地。已知总重力荷载代表值在 146000～166000kN 之间。

初步设计时，有四个结构布置方案（X 向起控制作用），各方案在多遇地震作用下按振型分解反应谱法计算的主要结果，如附表 2 所示。

附表 2

	方案 A	方案 B	方案 C	方案 D
T_x （s）	0.85	0.85	0.86	0.86
F_{Ekx} （kN）	8200	8500	12000	10200
λ_x	0.050	0.052	0.076	0.075

T_x——结构第一自振周期；F_{Ekx}——总水平地震作用标准值；λ_x——水平地震剪力系数。

假定，从结构剪重比及总重力荷载合理性方面考虑，上述四个方案的电算结果只有一个比较合理。试问，电算结果比较合理的是下列哪个方案？

提示：按底部剪力法判断。

(A) 方案 A   (B) 方案 B   (C) 方案 C   (D) 方案 D

【题 24、题 25】某 7 层民用建筑，现浇混凝土框架结构，如附图 25 所示，层高均为 4.0m，结构沿竖向层刚度无突变，楼层屈服强度系数 ξ_y 分布均匀，安全等级为二级。抗震设防烈度为 8 度（0.20g），丙类建筑，Ⅱ类建筑场地。

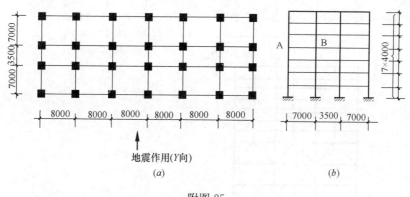

附图 25

(a) 平面图；(b) 剖面图

24. 假定，该结构中部某一框架梁局部平面，如附图 26 所示，框架梁截面尺寸为 350mm×700mm，$h_0=640$mm，$a_s'=40$mm，混凝土强度等级为 C40，纵筋采用 HRB500（$\textcircled{\tiny 亚}$），梁端 A 的底部配筋为顶部配筋的一半（顶部纵筋截面面积 $A_s=4920$mm²）。针对梁端 A 的配筋，试问，计入受压钢筋作用的梁端抗震受弯

附图 26

承载力设计值（kN·m），与下列何项数值最为接近？

提示：① 梁抗弯承载力按 $M = M_1 + M_2$，$M_1 = \alpha_1 f_c b_b x (h_0 - x/2)$，$M_2 = f'_y (h_0 - a'_s) A'_s$；

② 梁按实际配筋计算的受压区高度与抗震要求的最大受压区高度相等。

(A) 1241　　　　(B) 1600　　　　(C) 1820　　　　(D) 2400

25. 假定，Y 向多遇地震作用下，首层地震剪力标准值 $V_0 = 9000$kN（边柱 14 根，中柱 14 根），罕遇地震作用下首层弹性地震剪力标准值 $V = 50000$kN，框架柱按实配钢筋和混凝土强度标准值计算的受剪承载力：每根边柱 $V_{cua1} = 780$kN，每根中柱 $V_{cua2} = 950$kN。关于结构弹塑性变形验算，有下列四种观点：

Ⅰ. 不必进行弹塑性变形验算；

Ⅱ. 增大框架柱实配钢筋使 V_{cua1} 和 V_{cua2} 增加 5% 后，可不进行弹塑性变形验算；

Ⅲ. 可采用简化方法计算，弹塑性层间位移增大系数取 1.83；

Ⅳ. 可采用静力弹塑性分析方法或弹塑性时程分析法进行弹塑性变形验算。

下列何项符合规范、规程的规定？

(A) Ⅰ 不符合，其余符合　　　　　　(B) Ⅰ、Ⅱ 符合，其余不符合

(C) Ⅰ、Ⅱ 不符合，其余符合　　　　(D) Ⅰ 符合，其余不符合

【题 26～题 28】某高层办公楼，地上 33 层，地下 2 层，如附图 27 所示，房屋高度为

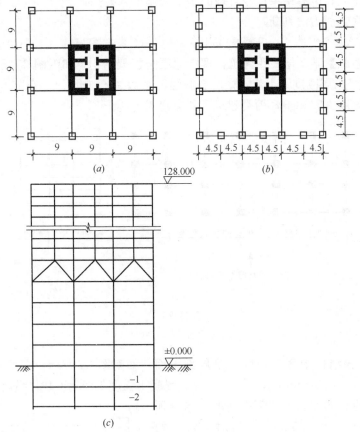

附图 27（单位：m）

(a) 1～5 层平面图；(b) 6～33 层平面图；(c) 剖面图

128.0m，内筒采用钢筋混凝土核心筒，外围为钢框架。钢框架柱距：1～5层，为9m；6～33层，为4.5m。5层设转换行架。抗震设防烈度为7度（0.10g），设计地震分组为第一组，丙类建筑，Ⅲ类建筑场地。地下一层顶板（±0.000）处作为上部结构嵌固部位。

提示：本题"抗震措施等级"指用于确定抗震内力调整措施的抗震等级；"抗震构造措施等级"指用于确定构造措施的抗震等级。

26. 针对上述结构，部分楼层核心筒的抗震等级有下列四组，见附表3A～附表3D所示。试问，下列何项符合《高层建筑混凝土结构技术规程》规定的抗震等级？

附表 3A

楼层	抗震措施等级	抗震构造措施等级
地下二层	不计算地震作用	一级
20层	特一级	特一级

附表 3B

楼层	抗震措施等级	抗震构造措施等级
地下二层	不计算地震作用	二级
20层	一级	一级

附表 3C

楼层	抗震措施等级	抗震构造措施等级
地下二层	一级	二级
20层	一级	一级

附表 3D

楼层	抗震措施等级	抗震构造措施等级
地下二层	二级	二级
20层	二级	二级

（A）附表 3A　　　　（B）附表 3B　　　　（C）附表 3C　　　　（D）附表 3D

27. 针对上述结构，外围钢框架的抗震等级有下列四组，如附表4A～附表4D所示。试问，下列何项符合《建筑抗震设计规范》及《高层建筑混凝土结构技术规程》的抗震等级最低要求？

附表 4A

楼层	抗震措施等级	抗震构造措施等级
1～5层	三级	三级
6～33层	三级	二级

附表 4B

楼层	抗震措施等级	抗震构造措施等级
1～5层	二级	二级
6～33层	三级	三级

附表 4C

楼层	抗震措施等级	抗震构造措施等级
1～5 层	二级	三级
6～33 层	二级	三级

附表 4D

楼层	抗震措施等级	抗震构造措施等级
1～5 层	二级	二级
6～33 层	二级	二级

(A) 附表 4A　　　　(B) 附表 4B　　　　(C) 附表 4C　　　　(D) 附表 4D

28. 因方案调整，取消 5 层转换行架，6～33 层外围钢框架柱距由 4.5m 改为 9.0m，与 15 层贯通，结构沿竖向层刚度均匀分布，扭转效应不明显，无薄弱层。假定，重力荷载代表值为 $1×10^6$ kN，底部对应于 Y 向水平地震作用标准值的剪力为 12800kN，基本周期为 4.0s。在多遇地震作用标准值作用下，Y 向框架部分按侧向刚度分配且未经调整的楼层地震剪力标准值：首层 $V_{f1} = 900$kN，各层最大值 $V_{f,max} = 2000$kN。试问，抗震设计时，首层 Y 向框架部分的楼层地震剪力标准值（kN），与下列何项数值最为接近？

提示：假定，各层地震剪力调整系数均按底层地震剪力调整系数取值。

(A) 900　　　　(B) 2560　　　　(C) 2940　　　　(D) 3450

【题 29】某 8 层钢结构民用建筑，采用钢框架-中心支撑（有侧移，无摇摆柱），房屋高度为 33m，外围局部设通高大空间，其中一榀钢框架如附图 28 所示。抗震设防烈度为 8 度（0.20g），乙类建筑，Ⅱ类建筑场地，钢材采用 Q345（$f_y = 345$N/mm²）。结构内力采用一阶弹性分析，框架柱 KZA 与柱顶框架梁 KLB 的承载力满足 2 倍多遇地震作用组合下的内力要求。假定，框架柱 KZA 平面外稳定及构造满足规范要求，在 XY 平面内框架柱 KZA 线刚度 i_c 与框架梁 KLB 的线刚度 i_b 相等。试问，框架柱 KZA 在 XY 平面内的回转半径 r_c（mm）最小为下列何项才能满足规范对构件长细比的要求？

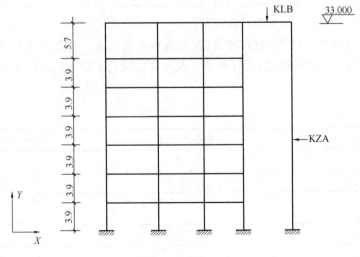

附图 28（单位：m）

提示：按《高层民用建筑钢结构技术规程》作答，不考虑框架梁 KLB 的轴力影响，$\lambda = \mu H / r_c$。

(A) 610   (B) 625   (C) 870   (D) 1010

【题 30～题 32】 某 26 层钢结构办公楼，采用钢框架-支撑结构体系，如附图 29 所示，位于 8 度（0.20g）抗震设防烈度区，丙类建筑，设计地震分组为第一组，Ⅲ类场地。安全等级为二级。采用 Q345 钢，为简化计算，取 $f = 305 \text{N/mm}^2$，$f_y = 345 \text{N/mm}^2$。

提示：按《高层民用建筑钢结构技术规程》JGJ 99—2015 作答。

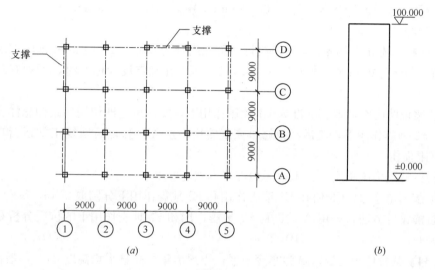

附图 29

(a) 平面图；(b) 立面图

30. 假定①轴第 12 层支撑如附图 30 所示，梁截面 H600×300×12×20，$W_{pb} = 4.42 \times 10^6 \text{mm}^3$。已知消能梁段剪力设计值 $V = 1190 \text{kN}$，相应于消能梁段剪力设计值 V 的支撑组合的轴力设计值为 2000kN。支撑斜杆用 H 型钢，抗震等级为二级且满足其他构造要求。试问，支撑斜杆设计值 N_{br}（kN），最小应接近于下列何项才能满足规范要求？

(A) 2940   (B) 3170   (C) 3350   (D) 3470

31. 中部楼层某一根框架中柱 KZA 如附图 31 所示，楼层受剪承载力与上一层基本相同，所有框架梁均为等截面，承载力及位移等所需的柱左右两端框架梁 KLB 截面均为

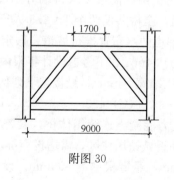

附图 30

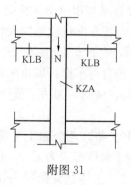

附图 31

$H600×300×14×24$，$W_{pb}=5.21×10^6 mm^3$，上、下柱截面均相同，均为箱形截面柱。假定，柱 KZA 为抗震一级，轴力设计值 N 为 8500kN，2 倍多遇地震作用下的组合轴力设计值为 12000kN，结构的二阶效应系数小于 0.1，$\varphi=0.6$。试问，柱 KZA 截面尺寸最小取下列何项时满足规范关于"强柱弱梁"的抗震要求？

(A) $550×550×24×24(A_c=50496mm^2，W_{pc}=9.97×10^6 mm^3)$

(B) $550×550×28×28(A_c=58464mm^2，W_{pc}=1.15×10^7 mm^3)$

(C) $550×550×30×30(A_c=62460mm^2，W_{pc}=1.22×10^7 mm^3)$

(D) $550×550×32×32(A_c=66304mm^2，W_{pc}=1.40×10^7 mm^3)$

32. （缺）

【题 33】某城市主干路上一座路线桥，跨径组合为 30m＋40m＋30m 预应力混凝土连系箱梁桥，位于地震基本烈度为 7 度（0.15g）区。在确定设计标准时，下列有几条符合规范？

1. 桥梁设防丙类，地震标准为 E1 地震作用下，震后可立即使用，结构总体弹性内基本无损；E2 地震作用下，震后经抢修可恢复使用，永久性修复后恢复正常运营功能，桥体构件有限损伤

2. 桥梁抗震措施采用符合本地区地震基本烈度要求

3. 地震调整系数，C2 值在 E1 地震作用和 E2 地震作用下分别取 0.46，2.2

4. 抗震设计方法，采用 A 类进行 E1 地震作用和 E2 地震作用下的抗震分析和验算

(A) 1　　　　　(B) 2　　　　　(C) 3　　　　　(D) 4

【题 34】某桥位于气温区域为寒冷地区，当地历年最高日平均温度 34℃，最低日平均温度－10℃，历年最高温度 46℃，历年最低温度－21℃，该桥为正在建设的 3×50m、墩身固结的刚构式公路钢桥，施工中采用中跨跨中嵌补段完成全桥合拢。假定，该桥预计合拢温度在 15～20℃之间。试问，计算结构均匀温度作用效应时，温度升高和温度降低数值最接近下列何项？

(A) 14，25　　　(B) 19，30　　　(C) 31，41　　　(D) 26，36

【题 35】某一级公路上一座直线预应力混凝土现浇连续箱桥梁，其腹板布置预应力钢绞线 6 根，沿腹板竖向布置三排，沿其水平横向布置两列，采用外径为 90mm 的金属波纹管。试问，按后张法预应力筋来布置且满足构造要求，其腹板的合理宽度（mm），最接近下列何项？

(A) 300　　　　(B) 310　　　　(C) 325　　　　(D) 335

【题 36】在设计某城市过街天桥时，在天桥两端需按要求每端分别设置 1:2.5 人行梯道和 1:4 考虑自行车推行坡道的人行梯道，全桥共设两个 1:2.5 人行梯道和 2 个 1:4 人行梯道，其中，自行车推行的方式采用梯道两侧布置推行坡道。假定，人行梯道的宽度均为 1.8m，一条自行车推行坡道的宽度为 0.4m，在不考虑设计年限内高峰小时人流量及通行能力计算时，试问，天桥主桥桥面最大净宽（mm），最接近下列何项？

(A) 3.0　　　　(B) 3.7　　　　(C) 4.3　　　　(D) 4.7

【题 37～题 40】某高速公路上一座预应力混凝土连续箱体桥，其跨径组合为 35m＋45m＋35m，混凝土强度等级为 C50，桥体临近城镇居住区，需增设声屏障，如附图 32 所示，不计挡板尺寸，主体悬臂跨径为 1880mm，悬臂根部为 350mm。设计时需考虑风荷

载、汽车撞击效应，又需分别对防护栏根部和主梁悬臂根部进行极限承载力和正常使用性能分析。

37. 主悬臂梁板上，横桥向车辆荷载后轴（重轴）的车轮按规范布置，如附图32所示，每组轮着地宽度600mm，长度（纵桥向）为200mm，假设桥面铺装层厚度150mm，平行于悬臂跨径方向（横桥向）的车轮着地尺寸的外缘，通过铺装层45°分布线的外边线至主梁腹板外边缘的距离 $L_c = 1250$mm。试问，垂直于悬臂板跨径的车轮荷载分布宽度（mm），最接近下列何项？

(A) 3000   (B) 3100
(C) 3800   (D) 4400

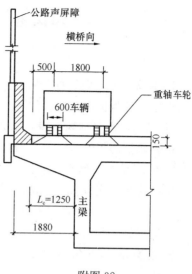

附图32

38. 在进行主梁悬臂根部抗弯极限承载力状态设计时，假定，已知如下各作用在主梁悬臂梁根部的每延米弯矩标准值：悬臂板自重、铺设屏障和护栏引起的弯矩标准值为45kN·m，按百年一遇基本风压计算的声屏障风荷载引起的弯矩标准值为30kN·m，汽车车辆荷载（含冲击力）引起的弯矩标准值为32kN·m。试问，主梁悬臂根部弯矩在不考虑汽车撞击力下的承载能力极限状态下每延米的基本组合效应设计值（kN·m），最接近下列何项？

(A) 123   (B) 136   (C) 144   (D) 150

39. 考虑汽车撞击力下的主梁悬臂根部抗弯承载性能设计时，假定，已知汽车撞击力引起的每延米弯矩标准值为126kN·m，利用38题的已知条件，并利用与偶然作用同时出现的可变作用的频遇值。试问，主梁悬臂根部每延米弯矩在承载力极限状态下的偶然组合效应设计值（kN·m），最接近下列何项？

(A) 194   (B) 206   (C) 216   (D) 227

40. 设计主梁悬臂根部顶层每延米布置一排 20 Φ 16 钢筋，钢筋截面面积共计4022mm²，钢筋中心至悬臂板顶部距离为40mm。假定，当正常使用极限状态下主梁悬臂根部每延米的作用频遇组合的弯矩值为200kN·m，采用受弯构件在开裂截面状态下的受拉纵向钢筋应力计算公式。试问，钢筋应力值（N/mm²），最接近下列何项？

(A) 184   (B) 189   (C) 190   (D) 194

2019 年一级真题参考答案与解析
（上午卷）

1. 答案是 C，解答如下：

根据《分类标准》6.0.8 条，为乙类，按 8 度考虑。

$H=7\text{m}$，查《抗规》表 6.1.2，框架抗震等级为三级；

抗震墙抗震等级为二级，故选（C）项。

2. 答案是 D，解答如下：

由《荷规》表 5.3.1，取 $q=3\text{kN/m}^2$。

$$(7+18\times0.6)\times8.1\times12+3\times8.1\times12=2021\text{kN}$$

故选（D）项。

3. 答案是 C，解答如下：

$$M_{\text{中}}=670\times15\%\times\frac{1}{2}+335=385.25\text{kN}\cdot\text{m}$$

故选（C）项。

【3 题评析】本题目的所求对象为针对梁 AB（或梁 BC）的跨中弯矩值。

4. 答案是 C，解答如下：

根据《混规》6.2.15 条。

$$\rho=\frac{A_s}{bh}=\frac{12\times314.2}{500\times500}=1.5\%<3\%$$

$$l_0/b=8000/500=16,\ \text{取}\ \varphi=0.87$$

$$N_u=0.9\times0.87\times(19.1\times500\times500+400\times12\times314.2)$$
$$=4919.7\text{kN}$$

5. 答案是 B，解答如下：

根据《混规》D.5.1 条、6.6.1 条：

$$\beta_l=\sqrt{\frac{(450\times2+500)^2}{500\times500}}=2.8$$

$$\omega\beta_l f_{cc}A_l=1\times2.8\times0.85\times14.3\times500\times500=8508.5\text{kN}$$

6. 答案是 B，解答如下：

根据《混规》6.3.4 条：

$$V_u=0.7\times1.71\times400\times930+360\times\frac{50.3\times4}{100}\times930$$

$$=1118.9\text{kN}$$

由 6.3.1 条：

$$h_w/b=930/400=2.3<4$$

$$V_u=0.25\times1\times19.1\times400\times930=1776.3\text{kN}$$

故取 $V_u=1118.9\text{kN}$

7. 答案是 A，解答如下：

根据《混规》9.2.11 条：

$$A_{sv} \geq \frac{850 \times 10^3 - 8 \times 50.3 \times 4 \times 360}{360 \sin 60°} = 868 \text{mm}^2$$

$A_{sv,单侧} \geq 868/2 = 434 \text{mm}^2$

选 2 Φ 18，$A_{sv} = 509 \text{mm}^2$，满足。

8. 答案是 D，解答如下：

$\sum M_A = 0$，则：

$$R_B = \frac{40 \times 8 \times 4 + 400 \times 2}{8} = 260 \text{kN}$$

$$M_{中} = 260 \times 4 - 40 \times 4 \times 2 = 720 \text{kN·m}$$

9. 答案是 B，解答如下：

支座 B 点处：$V_B = 428 \sin 60° = 370.7 \text{kN}$

$\qquad\qquad N_B = 428 \cos 60° = 214 \text{kN}(拉力)$

由《混规》6.3.14 条：

$\frac{160}{428} = 37\%$，故取 $\lambda = 1.5$

$$370.7 \times 10^3 \leq \frac{1.75}{1.5+1} \times 1.43 \times 300 \times 630 + 360 \frac{A_{sv}}{s} \times 630 - 0.2 \times 214000$$

可得：$A_{sv}/s \geq 0.99 \text{mm}^2/\text{mm}$

（A）项：$A_{sv}/s = 2 \times 50.3/150 = 0.67$，不满足。

（B）项：$A_{sv}/s = 2 \times 78.5/150 = 1.05$，满足，选（B）项。

10. 答案是 D，解答如下：

$N = 224 \text{kN}$，$M = 224 \times 2 = 448 \text{kN·m}$，偏压构件

由《混规》6.2.17 条，假定为大偏压：

$$x = \frac{224 \times 10^3}{1 \times 19.1 \times 400} = 29.3 \text{mm} < 2a'_s = 100 \text{mm}$$

$$e_a = \max\left(20, \frac{600}{30}\right) = 20 \text{mm}$$

$$e'_s = e_0 + e_a - \frac{h}{2} + a'_s = 2000 + 20 - \frac{600}{2} + 50$$

$$= 1770 \text{mm}$$

$$A_s \geq \frac{224 \times 10^3 \times 1770}{360 \times (600 - 50 - 50)} = 2203 \text{mm}^2$$

故选（D）项。

11. 答案是 D，解答如下：

根据《混验规》5.2.2 条及条文说明，（D）项不正确。

【11题评析】由《混验规》3.0.8 条，（A）项正确；由 4.1.2 条，（B）项正确；由 5.4.6 条，（C）项正确。

12. 答案是 C，解答如下：

根据《混加规》15.2.3 条～15.2.5 条：

$$s_1 = 150 \text{mm} > 7d = 7 \times 18 = 126 \text{mm}$$

$$s_2 = 100 \text{mm} > 3.5d = 3.5 \times 18 = 630 \text{mm}$$

查表 15.2.4，$f_{bd} = 0.8 \times 5 = 4$MPa

$$l_s = 0.2 \times 1 \times 18 \times 360/4 = 324\text{mm}$$

$$l_d \geqslant 1.265 \times 1.0 \times 324 = 410\text{mm}$$

13. 答案是 A，解答如下：

根据《荷规》10.3.3条：

$$P_k = 3\sqrt{3215} = 170\text{kN}$$

由 10.1.3 条：$P = P_k = 170$kN

14. 答案是 C，解答如下：

根据《混规》7.1.1条、7.1.5条：

$$A_0 = A_n + \alpha_E A_p = 203889 - 1781 + \frac{2.05 \times 10^5}{3.6 \times 10^4} \times 1781$$

$$= 212250\text{mm}^2$$

$$\sigma_{ck} = \frac{N_k}{A_0} \leqslant \sigma_{pc}$$

$$N_k \leqslant 212250 \times 6.84 = 1451\text{kN}$$

15. 答案是 B，解答如下：

$$m_0 = 1 \times 6 \times 1.5 \times \left(\frac{1.5}{2} + \frac{0.35}{2}\right) = 8.325\text{kN} \cdot \text{m/m}$$

$T = m_0 \times 3 = 24.975$kN·m，扭矩图呈直线分布

故选（B）项。

16. 答案是 C，解答如下：

根据《混规》6.4.12条：

$$V = 100\text{kN} < 0.35 \times 1.57 \times 350 \times 600 = 115.4\text{kN}$$

由 6.4.4 条：

$$85 \times 10^6 \leqslant 0.35 \times 1.57 \times 32.67 \times 10^6 + 1.2\sqrt{1.7} \times 270 \frac{A_{st1}}{s} \times 162.4 \times 10^3$$

可得：$A_{st1}/s \geqslant 0.98$mm

取 $s = 100$，$A_{st1} \geqslant 98$mm²

（C）项：$\phi 12$，$A_{st1} = 113.1$mm²，满足。

17. 答案是 C，解答如下：

$$\frac{b}{t} = \frac{300 - 10}{2 \times 20} = 7.25 < 13\varepsilon_k = 13$$

$$\frac{h_0}{t_w} = \frac{1200}{10} = 120 < 124\varepsilon_k = 124$$

查《钢标》表 3.5.1，截面等级为 S4 级，取 $\gamma_x = 1.0$

$$\sigma = \frac{\frac{1}{8} \times 95 \times 12^2 \times 10^6}{1.0 \times 590560 \times 10^4/620} = 179.5\text{N/mm}^2$$

18. 答案是 A，解答如下：

根据《钢标》11.2.7条：

$$\frac{\tau}{f_f^w} = \frac{\dfrac{\dfrac{1}{2} \times 95 \times 12 \times 10^3 \times 3660 \times 10^3}{2 \times 0.7 \times 8 \times 590560 \times 10^4}}{160} = 0.197$$

19. 答案是 D，解答如下：

取 $l_0 = \dfrac{1}{2} \times 12 = 6\text{m}$，$\lambda_y = \dfrac{6000}{61} = 98.4$

由《钢标》附录 C：

$$\varphi_b = 1.2 \times \frac{4320}{98.4^2} \times \frac{\dfrac{24000 \times 1240}{590560 \times 10^4}}{620} \times \left[\sqrt{1 + \left(\frac{98.4 \times 20}{4.4 \times 1240} \right)^2} + 0 \right] \times 1$$

$$= 1.78 > 0.6$$

$$\varphi_b' = 1.07 - \frac{0.282}{1.78} = 0.91$$

20. 答案是 C，解答如下：

根据《钢标》6.1.5 条，6.1.3 条：

$$\sigma = \frac{1282 \times 10^6}{590560 \times 10^4} \times 600 = 130.2\text{N/mm}^2$$

$$\tau = \frac{1296 \times 10^3 \times 3660 \times 10^3}{590560 \times 10^4 \times 10} = 80.3\text{N/mm}^2$$

$$\sigma_{折} = \sqrt{130.2^2 + 3 \times 80.3^2} = 190.5\text{N/mm}^2$$

21. 答案是 D，解答如下：

$$\frac{f}{l} = \frac{\dfrac{5 \times 90 \times 12^4 \times 10^{12}}{384 \times 206 \times 10^3 \times 590560 \times 10^4}}{12000} = 1/600$$

22. 答案是 B，解答如下：

根据《钢标》10.3.4 条：

由提示知：

$$M_u = 0.9 W_{npx} f = 0.9 \times 2 \times [16 \times 250 \times 242 + 234 \times 12 \times 117] \times 215$$
$$= 501.75\text{kN} \cdot \text{m}$$

23. 答案是 A，解答如下：

根据《钢标》10.3.2 条：

$$\frac{\tau}{f_v} = \frac{\dfrac{650000}{468 \times 12}}{125} = 0.93$$

24. 答案是 B，解答如下：

根据《钢标》10.4.3 条：

最大间距 $\leqslant 2 \times 500 = 1000\text{mm}$，选（B）项。

25. 答案是 B，解答如下：

根据《钢标》10.4.5 条：

$$M \geqslant 1.1 \times 250 = 275\text{kN} \cdot \text{m}$$
$$M \geqslant 0.5 \times 1.1 \times 2285 \times 215 = 270.2\text{kN/m}$$

取 $M \geqslant 275 \mathrm{kN} \cdot \mathrm{m}$，选（B）项。

26. 答案是 C，解答如下：

根据《钢标》17.1.5 条及条文说明：

（A）项：符合；（B）项：符合；（C）项：不符合。

故选（C）项。

（此外，（D）项：符合。）

27. 答案是 D，解答如下：

根据《钢标》17.2.9 条，及表 17.2.9，取 $1.2 M_{\mathrm{pc}}$，选（D）项。

28. 答案是 A，解答如下：

根据《钢标》17.3.9 条，Ⅰ、Ⅱ、Ⅲ 均符合，选（A）项。

29. 答案是 C，解答如下：

$$\frac{b}{t} = \frac{400 - 12}{2 \times 24} = 8.08 < 11\varepsilon_{\mathrm{k}} = 9.08$$

$$\frac{h_0}{t_{\mathrm{w}}} = \frac{700 - 2 \times 24}{12} = 54.3 < 72\varepsilon_{\mathrm{k}} = 59.4$$

查《钢标》表 3.5.1，截面等级满足 S2 级。

查《钢标》表 17.2.2-2，取 $W_{\mathrm{E}} = W_{\mathrm{p}}$

30. （缺）。

31. 答案是 B，解答如下：

根据《抗规》7.1.7 条：

Ⅰ. 错误；Ⅱ. 正确；Ⅲ. 错误；Ⅳ. 正确。

故选（B）项。

32. 答案是 D，解答如下：

根据《抗规》5.2.1 条、5.1.4 条：

$$F_{\mathrm{Ek}} = 0.16 \times 0.85 \times (5200 + 2 \times 6000 + 4500)$$
$$= 2915.2 \mathrm{kN}$$

由 7.2.4 条：

$$V_1 = 1.5 \times 2915.2 \times 1.3 = 5754.84 \mathrm{kN}$$

33. 答案是 C，解答如下：

根据《抗规》7.2.4 条：

$$V_{\mathrm{W1}} = \frac{0.18 K_1}{0.72 K_1} \times 6000 = 1500 \mathrm{kN}$$

34. 答案是 A，解答如下：

根据《抗规》7.2.5 条：

$$\sum V_{\mathrm{c}} = \frac{0.28 K_1}{0.72 K_1 \times 0.3 + 0.28 K_1} \times 6000 = 3387 \mathrm{kN}$$

35. 答案是 B，解答如下：

$s = 4.5 \times 10 = 45 \mathrm{m}$，查《砌规》表 4.2.1，为刚弹性方案。

查表 5.1.3，取 $H_0 = 1.2 H$

$$\beta = \frac{1.2 \times 5600}{3.5 \times 147} = 13.06$$

36. 答案是 C，解答如下：

根据《砌规》5.1.1 条、5.1.2 条及 5.1.3 条：

$$\beta = \gamma_{\beta} \frac{H_0}{h_T} = 1.1 \times \frac{1.5 \times 5600}{3.5 \times 147} = 17.96 \approx 18$$

$$e = \frac{M}{N} = \frac{52}{404} = 0.1287\text{m} = 128.7\text{mm}$$

$$e/h_T = \frac{128.7}{3.5 \times 147} = 0.25$$

查表 D.0.H，取 $\varphi = 0.29$

$A = 0.9365 \times 10^6\,\text{mm}^2 > 0.3\text{m}^2$，$f$ 不调整。

$$\varphi f A = 0.29 \times 2.67 \times 0.9365 \times 10^6 = 725.13\text{kN}$$

37. 答案是 A，解答如下：

根据《砌规》5.2.4 条：

$$a_0 = 10\sqrt{\frac{500}{2.31}} = 147\text{mm} < 250\text{mm}$$

由 5.2.2 条：

$$\gamma = 1 + 0.35\sqrt{\frac{(370 \times 2 + 250) \times 370}{147 \times 250} - 1} = 2.04 > 2$$

取 $\gamma = 2$。

$$\eta \gamma f A_l = 0.7 \times 2 \times 2.31 \times 147 \times 250 = 118.8\text{kN}$$

38. 答案是 B，解答如下：

根据《砌规》10.2.1 条：

$$\frac{\sigma_0}{f_v} = \frac{\frac{604000}{1600 \times 370}}{0.17} = 6$$

取 $\xi_N = (1.47 + 1.65)/2 = 1.56\text{MPa}$

$$f_{VE} A / \gamma_{RE} = \frac{0.17 \times 1.56 \times 1600 \times 370}{1.0} = 157\text{kN}$$

39. 答案是 B，解答如下：

支座反力均为：$2P = 2 \times 20 = 40\text{kN}$

截面法，过中点处取截面，对上弦中点处节点取力矩平衡：

$$N_{D1} = \left(2P \times 6 - \frac{P}{2} \times 6 - P \times 3\right)/2 = 3P = 60\text{kN}(\text{拉力})$$

由《木标》4.3.9 条，取 $f_t = 8.5 \times 0.9 \times 1.1$

由《木标》5.1.1 条：

$$A_n \geqslant \frac{\gamma_0 N}{f_t} = \frac{1.0 \times 60 \times 10^3}{8.5 \times 0.9 \times 1.1} = 7130\text{mm}^2$$

方木：$a \geqslant 84.4\text{mm}$

40. 答案是 A，解答如下：

受力分析可知，D2杆为压杆。

由《木标》4.3.17条：

$$\lambda = \frac{3000}{\frac{a}{\sqrt{12}}} \leqslant 120$$

可得：$a \geqslant 86.6\text{mm}$

（下午卷）

1. 答案是C，解答如下：

根据《地规》6.7.5条，6.7.3条：

$$E_a = \frac{1}{2} \times 1.1 \times 20 \times 6.5^2 \times 0.22 = 102.245\text{kN/m}$$

$$G = \gamma A = 24 \times \frac{1}{2} \times 6.5 \times (1.5+3) = 351\text{kN/m}$$

$$K = \frac{351 \times 0.45}{102.245} = 1.545$$

2. 答案是D，解答如下：

如附图1a所示，由《地规》6.7.5条：

$$G_1 = \frac{1}{2} \times 1.5 \times 6.5 \times 24 = 117\text{kN/m}$$

$$G_2 = 1.5 \times 6.5 \times 24 = 234\text{kN/m}$$

$$G = G_1 + G_2 = 351\text{kN}$$

$$e = \frac{M}{\Sigma N} = \frac{112 \times \frac{6.5}{3} + 117 \times 0.5 - 234 \times 0.75}{351}$$

$$= 0.358\text{m} < \frac{3}{6} = 0.5\text{m}$$

$$p_{\max} = \frac{G}{A}\left(1 + \frac{6e}{b}\right)$$

$$= \frac{351}{3 \times 1}\left(1 + \frac{6 \times 0.358}{3}\right)$$

$$= 200.8\text{kPa}$$

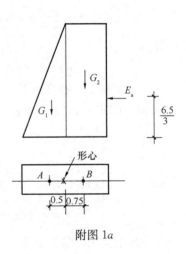

附图1a

3. 答案是B，解答如下：

根据《地处规》5.2.3条～5.2.5条：

$$n = 20 = \frac{1.05l}{d_p} = \frac{1.05l}{\frac{2 \times (100+6)}{\pi}}$$

可得：$l = 1286\text{mm}$

4. 答案是D，解答如下：

由提示，$F = \ln(20) - \frac{3}{4} = 2.25$

$$60d = 60 \times 24 \times 60 \times 60s$$

$$\overline{U}_r = 1 - e^{-\frac{8 \times 3.6 \times 10^{-3}}{2.25 \times 147^2} \times 60 \times 24 \times 60 \times 60}$$

$$= 0.954$$

5. 答案是 C，解答如下：

由提示，及《地处规》5.2.12 条：

$$s_f = 1.2 \times \frac{(20 \times 1 + 90) \times 1.8 \times 10^{-7} \times 10^{-2}}{3.6 \times 10^{-3} \times 10^{-4} \times 10} \times 20$$

$$= 1320 \times 10^{-3} m = 1320 mm$$

6. 答案是 B，解答如下：

根据《桩规》5.3.8 条：

$$A_j = \frac{\pi}{4} \times (500^2 - 300^2) = 125600 mm^2, A_{p1} = \frac{\pi}{4} \times 300^2 = 70650 mm^2$$

$$h_b/d_1 = 1950/300 = 6.5 > 5, 取 \lambda_p = 0.8$$

$$Q_{uk} = \pi \times 0.5 \times (2.5 \times 52 + 1.5 \times 60 + 6 \times 45 + 1.95 \times 70)$$

$$+ 6000 \times (0.1256 + 0.8 \times 0.07065)$$

$$= 983.605 + 1092.72 = 2076.325 kN$$

$$R_a = Q_{uk}/2 = 1038 kN$$

7. 答案是 A，解答如下：

根据《桩规》5.9.10 条，及 5.1.1 条：

$$N_i = \frac{7020}{6} + \frac{756 \times 2}{4 \times 2^2} = 1264.5 kN$$

$$V = 2N_i = 2529 kN$$

8. 答案是 B，解答如下：

根据《桩规》5.9.2 条：

$$N_i = 1180 - \frac{1.3 \times 5 \times 2.8 \times 2 \times 22}{6} = 1046.53 kN$$

$$M_x = 2 \times 1046.53 \times (2 - 0.35) = 3453.549 kN \cdot m$$

$$A_s = \frac{M_x}{0.9 h_0 f_y} = \frac{3453.549 \times 10^6}{0.9 \times 1000 \times 360} = 10659.1 mm^2$$

每米配筋 $A_{s,1} = A_s/2.8 = 3807 mm^2$

$\Phi 22@100$，$A_{s,1} = 10 \times 380.1 = 3801 mm^2$，基本满足，选（B）项。

9. 答案是 D，解答如下：

根据《桩规》5.8.6 条：

$$t \geqslant \sqrt{\frac{305}{14.5 \times 206000}} \times 950 = 9.6 m$$

故选（D）项。

10. 答案是 C，解答如下：

根据《桩规》5.7.2 条、5.7.5 条：

$$\alpha = \sqrt[5]{\frac{4 \times 10^3 \times 0.9 \times (1.5 \times 0.8 + 0.5)}{4.33 \times 10^5}} = 0.43 m^{-1}$$

$\alpha h = 0.43 \times 30 = 12.9 > 4$，取 $\nu_x = 0.94$

$$R_{ha} = 0.75 \times \frac{0.43^3 \times 4.33 \times 10^5}{0.94} \times 10 \times 10^{-3} = 275\text{kN}$$

由5.7.5条第7款：

$$R_{ha} = 275\text{kN}$$

11. 答案是D，解答如下：

(1) 根据《地规》8.5.3条第8款，应通长配筋，图示有误。

(2) 根据《地规》8.5.3条第11款，主筋保护层厚度≥55mm，图示有误。

(3) 根据《桩规》4.1.1条第4款，桩顶下5d范围内箍筋加密，图示有误；加劲箍筋要求，图示有误。

故选（D）项。

12. 答案是D，解答如下：

(1)《桩规》4.1.1条：$\rho = \dfrac{14 \times 113.1}{\dfrac{\pi \times 600^2}{4}} = 0.56\% < 0.65\%$，不满足。

(2)《桩规》4.2.3条：

$l_{\text{锚}} = 600 + 0.8 \times 600 \times \dfrac{1}{2} = 840\text{mm} < 35d_g = 35 \times 25 = 875\text{mm}$，不满足

取1m：$A_{s,\min} = 0.15\% \times 1000 \times 1500 = 2250\text{mm}^2$

$\Phi 16@100$，$A_s = 10 \times 201.1 = 2011\text{mm}^2$，不满足。

(3)《桩规》4.2.5条：

$l_{\text{锚,柱}} = 1.15 \times 35 \times 25 = 1006.25\text{mm} > 950\text{mm}$，中部柱筋，不满足。

(4)《地规》8.5.3条第10款：

$l_{\text{锚,桩}} = 35 \times 12 = 420\text{mm} > 360\text{mm}$，不满足。

13. 答案是B，解答如下：

根据《地规》8.4.7条、附录P：

$c_1 = 0.9 + 1.34 = 2.24\text{m}$，　$c_2 = 0.9 + 1.34 = 2.24\text{m}$

$c_{AB} = \dfrac{2.24}{2} = 1.12\text{m}$

$u_m = 2 \times 2.24 + 2 \times 2.24 = 8.96\text{m}$

$\tau_{\max} = \dfrac{12150 - (0.9 + 2 \times 1.34)^2 \times 182.25}{8.96 \times 1.34} + 0.4 \times \dfrac{202.5 \times 1.12}{11.17}$

$\quad = 825.5\text{kPa}$

14. 答案是D，解答如下：

根据《地规》8.4.7条、附录P：

$l_{\text{挑}} = 1250 - 450 = 800\text{mm} < h_0 + 0.5b_c = 1340 + 0.5 \times 900 = 1790\text{mm}$

$$c_1 = 800 + 900 + \frac{1340}{2} = 2370\text{mm}$$

$$c_2 = 900 + 1340 = 2240\text{mm}$$

$$F_l = 1.1 \times (9450 - 2.37 \times 2.24 \times 182.25)$$
$$= 9330.7\text{kN}$$

15. 答案是 C，解答如下：

根据《地规》8.4.2条：

$$A = 1723.39\text{m}^2$$

由题目形心位置，按力学知识，可得：$I_{形} = 325054\text{m}^4$

$$e_{左} \leqslant 0.1\frac{W}{A} = 0.1 \times \frac{325054/23.57}{1723.39} = 0.800$$

$$e_{右} \leqslant 0.1 \times \frac{325054/26.43}{1723.39} = 0.7136$$

16. 答案是 C，解答如下：

根据《地处规》7.7.4条，应选（C）项。

17. 答案是 B，解答如下：

根据《抗规》8.2.3条第3款，（B）项不正确，选（B）项。

【17题评析】根据《高规》8.2.2条，（A）项符合；《高规》3.4.3条、3.7.3条，（C）项符合；《分类标准》3.0.3条，（D）项符合。

18. 答案是 A，解答如下：

根据《荷规》9.3.2条条文说明，应选（A）项。

19. 答案是 D，解答如下：

根据《高规》3.7.3条：

180m框架-核心筒：$[\Delta u/h] = \dfrac{1}{800} + \dfrac{180-150}{250-150}\left(\dfrac{1}{500} - \dfrac{1}{800}\right) = 0.001475$

框架结构：$[\Delta u/h] = 1/550$

钢框架-支撑，由《高钢规》3.5.2条：$[\Delta u/h] = 1/250$

$0.001475 : 1/550 : 1/250 = 1 : 1.23 : 2.71$

20. 答案是 B，解答如下：

根据《高规》10.2.24条：

$$2 \times 1400 \times 10^3 \leqslant \frac{1}{0.85} \times (0.1 \times 1 \times 19.1 \times 6300t_f)$$

可得：$\qquad t_f \geqslant 198\text{mm}$

$$2 \times 1400 \times 10^3 \leqslant \frac{1}{0.85} \times (360 \times 4200 + 360 \cdot A_{s板})$$

可得：$A_{s板} \geqslant 2411\text{mm}^2$

$A_{s板底} \geqslant 2411/2 = 1205.5\text{mm}^2$

由10.2.23条：$\rho = \dfrac{1205.5}{200 \times 5600} = 0.108\% < 0.25\%$

故取 $\rho = 0.25\%$

（B）项：$\rho = \dfrac{113.1}{200 \times 200} = 0.283\% > 0.25\%$，满足。

故选（B）项。

21. 答案是 D，解答如下：

根据《高规》7.2.6条：

$V = 1.6 \times 3.2 \times 10^3 = 5.12 \times 10^3\text{kN} < 6.37 \times 10^3\text{kN}$

由 7.2.10 条：

$N = 1.6 \times 10^4 \text{kN} > 7563.6 \text{kN}$，取 $N = 7563.6 \text{kN}$

$$5.12 \times 10^3 \times 10^3 \leqslant \frac{1}{0.85} \cdot \left[\frac{1}{1.9 - 0.5} (0.4 \times 1.71 \times 300 \times 6300 + 0.1 \times 7563600 \times 1) \right.$$

$$\left. + 0.8 \times 360 \frac{A_{sh}}{s} \times 6300 \right]$$

可得： $A_{sh}/s \geqslant 1.59 \text{mm}$

取 $s = 200 \text{mm}$，$A_{sh} \geqslant 318 \text{mm}^2$

由 10.2.19 条：$A_{sh} \geqslant 0.3\% \times 200 \times 300 = 180 \text{mm}^2$

(D) 项：$A_{sh} = 402 \text{mm}^2$，满足。

22. 答案是 B，解答如下：

根据《抗规》附录 G.1.3 条，故排除（A）、（C）项。

由 6.1.2 条：钢支撑框架部分框架的抗震等级为一级。

由《抗规》表 6.3.6，$[\mu_N] = 0.65$

(D) 项：$\mu_N = \dfrac{N_G}{f_c A} = \dfrac{7600 \times 10^3}{23.1 \times 700 \times 700} = 0.67 > 0.65$，不满足

故选（B）项。

23. 答案是 C，解答如下：

根据《高规》附录 C：

由《高规》4.3.8 条，假定 $T_x = 0.85$

$$\alpha = \left(\frac{0.45}{0.85} \right)^{0.9} \times 1 \times 0.16 = 0.090$$

假定 $T_x = 0.86$，$\alpha = \left(\dfrac{0.45}{0.86} \right)^{0.9} \times 1 \times 0.16 = 0.089$

$$F_{Ek} = 0.09 \times 0.85 \times (146000 \sim 166000)$$
$$= 11169 \sim 12699 \text{kN}$$

或 $F_{Ek} = 0.089 \times 0.85 \times (146000 \sim 166000)$
$$= 11045 \sim 12558 \text{kN}$$

故选（C）项。

24. 答案是 B，解答如下：

由提示，及《高规》6.3.2 条：

$$x = \frac{435 \times 4920 - 435 \times 4920/2}{1 \times 19.1 \times 350} = 160.0 \text{mm} = 0.25 h_0 = 160 \text{mm}$$

$$M = \frac{1}{0.75} \times [1 \times 19.1 \times 350 \times 160 \times (640 - 80) + 435 \times (640 - 40) \times 4920/2]$$
$$= 1654.7 \text{kN} \cdot \text{m}$$

25. 答案是 A，解答如下：

根据《高规》3.7.4 条及注：

$$\xi_y = \frac{14 \times 780 + 14 \times 950}{50000} = 0.4844 < 0.5，\text{I. 错误。}$$

增加 5% 时：

$$\xi_y = \frac{14 \times 780 \times 1.05 + 14 \times 950 \times 1.05}{50000} = 0.509 > 0.5，\text{Ⅱ．正确。}$$

故选（A）项。

【25 题评析】本题目条件中 14 根边柱，14 根中柱，与题目图示不一致，故题目有瑕疵。另外，由题目条件，Ⅲ无法判别得到 1.83。

26. 答案是 B，解答如下：

查《高规》表 11.1.4：

地上核心筒的抗震等级为一级，排除（D）项。

由《高规》3.9.5 条及条文说明：

地下二层：不计算地震作用，其抗震构造措施的抗震等级可取二级（地下一层为抗震一级）。

故选（B）项。

27. 答案是 A，解答如下：

由《高规》表 11.1.4 注：钢框架抗震等级为三级。

根据《抗规》附录 G.2.2 条，查表 8.1.3，钢框架抗震等级为三级。

最终取钢框架的抗震等级为三级，故选（A）项。

28. 答案是 C，解答如下：

根据《高规》4.3.12 条：

$$\lambda = 0.016 - \frac{4 - 3.5}{5 - 3.5} \times (0.016 - 0.012) = 0.0147$$

$$V_{0k} = 12800\text{kN} < \lambda \sum G_j = 0.0147 \times 1 \times 10^6 = 14700\text{kN}$$

故取 $V_{0k} = 14700\text{kN}$

$$V_{f,\max} = \frac{14700}{12800} \times 2000 = 2297\text{kN}$$

由《高规》11.1.6 条、9.1.11 条：

$V_{f,\max} = 2297\text{kN} > 10\% V_{0k} = 1470\text{kN}$，故按 9.1.11 条第 3 款：

$$V = \min(20\% V_{0k}, 1.5 V_{f,\max})$$
$$= \min(20\% \times 14700, 1.5 \times 2297)$$
$$= \min(2940, 3446) = 2940\text{kN}$$

故选（C）项。

29. 答案是 A，解答如下：

根据《抗规》表 8.1.3：

乙类，按 9 度考虑：由表 8.1.3 注 2，可按 8 度考虑，故框架抗震等级为三级。

根据《高钢规》7.3.2 条：

$$K_1 = \frac{\sum i_b}{i_c} = 1，\quad K_2 = 10$$

$$\mu = \sqrt{\frac{7.5 \times 1 \times 10 + 4 \times (1 + 10) + 1.6}{7.5 \times 1 \times 10 + 1 + 10}} = 1.18$$

由《高钢规》7.3.9 条：

$$\lambda = \frac{\mu H}{r_c} \leqslant 80\sqrt{235/345}$$

$$\frac{1.18 \times 33000}{r_c} \leqslant 80\sqrt{235/345}$$

可得：$r_c \geqslant 590\text{mm}$

故选（A）项。

30. 答案是 D，解答如下：

根据《高钢规》7.6.5 条：

由式（7.6.3-1）计算 V_l；

$V_l = 0.58A_w f_y = 0.58 \times (600 - 2 \times 12) \times 12 \times 345 = 1345\text{kN}$

$V_l = \dfrac{2M_{lp}}{a} = \dfrac{2 \times 305 \times 4.42 \times 10^6}{1700} = 1586\text{kN}$

故取 $V_l = 1586\text{kN}$

$$N_{br} \geqslant 1.3 \times \frac{1586}{1190} \times 2000 = 3465\text{kN}$$

故选（D）项。

31. 答案是 B，解答如下：

根据《高钢规》7.3.3 条：

（A）项：$2 \times 9.97 \times 10^6 \times \left(345 - \dfrac{8500 \times 10^3}{50496}\right) = 3523 \times 10^6 \text{N} \cdot \text{mm}$

$\sum(\eta f_{yb} W_{pb}) = 2 \times 1.15 \times 345 \times 5.21 \times 10^6 = 4134 \times 10^6 \text{N} \cdot \text{mm}$
不满足。

（B）项：$2 \times 1.15 \times 10^7 \times \left(345 - \dfrac{8500 \times 10^3}{58464}\right) = 4591 \times 10^6 \text{N} \cdot \text{mm}$

满足，故选（B）项。

32. （缺）

33. 答案是 A，解答如下：

根据《城桥震规》3.1.1 条，为丙类。

由 3.1.2 条，1. 错误。

由 3.1.4 条，2. 错误。

由 3.2.2 条，3. 错误。

由 3.3.2 条、3.3.3 条，4. 正确。

故选（A）项。

34. 答案是 C，解答如下：

根据《公桥通规》4.3.12 条及条文说明：

钢桥：温升 $= 46 - 15 = 31$

温降 $= -21 - 20 = -41$

故选（C）项。

35. 答案是 C，解答如下：

根据《公桥混规》9.1.1 条，9.4.9 条：

管道净距 $\geqslant 40\text{mm}$，$\geqslant 0.6 \times 90 = 54\text{mm}$，取 $\geqslant 54\text{mm}$

腹板宽度 $\geqslant \dfrac{1}{2} \times 90 + 90 + 54 + 90 + \dfrac{1}{2} \times 90 = 324\text{mm}$

36. 答案是 B，解答如下：

根据《天桥规范》2.2.2 条：

每端：$1.8+1.8+0.4\times2=4.4$m

桥面净宽$\leqslant\dfrac{4.4}{1.2}=3.67$m，且$\geqslant3$m

故桥面最大净宽为 3.67m。

37. 答案是 D，解答如下：

根据《公桥混规》4.2.5 条：

$$a=a_1+2h+2l_c=200+2\times150+2\times1250=3000\text{mm}>1400\text{mm}$$

故车轮分布重叠，则：

$$a=a_1+2h+l_c+d=3000+1400=4400\text{mm}$$

38. 答案是 D，解答如下：

根据《公桥通规》4.1.5 条及表 4.1.5-1，取 $\gamma_0=1.1$。

$$M_d=1.1\times(1.2\times45+1.0\times1.8\times32+0.75\times1\times1.1\times30)$$
$$=150\text{kN}\cdot\text{m}$$

39. 答案是 C，解答如下：

根据《公桥通规》4.1.5 条：

$$M_d=45+126+0.7\times32+0.75\times30=215.9\text{kN}\cdot\text{m}$$

40. 答案是 A，解答如下：

根据《公桥混规》6.4.4 条：

$$\sigma_{ss}=\frac{200\times10^6}{0.87\times4022\times(350-40)}=184.4\text{N/mm}^2$$

一级注册结构工程师专业考试
所用的规范、标准

1. 《建筑结构可靠性设计统一标准》GB 50068—2018
2. 《建筑结构荷载规范》GB 50009—2012
3. 《建筑工程抗震设防分类标准》GB 50223—2008
4. 《建筑抗震设计规范》GB 50011—2010（2016 年版）
5. 《建筑地基基础设计规范》GB 50007—2011
6. 《建筑桩基技术规范》JGJ 94—2008
7. 《建筑边坡工程技术规范》GB 50330—2013
8. 《建筑地基处理技术规范》JGJ 79—2012
9. 《建筑地基基础工程施工质量验收规范》GB 50202—2018
10. 《既有建筑地基基础加固技术规范》JGJ 123—2012
11. 《混凝土结构设计规范》GB 50010—2010（2015 年版）
12. 《混凝土结构工程施工质量验收规范》GB 50204—2015
13. 《组合结构设计规范》JGJ 138—2016
14. 《混凝土异形柱结构技术规程》JGJ 149—2017
15. 《混凝土加固设计规范》GB 50367—2013
16. 《钢结构设计标准》GB 50017—2017
17. 《冷弯薄壁型钢结构技术规范》GB 50018—2002
18. 《钢结构工程施工质量验收规范》GB 50205—2001
19. 《钢结构焊接规范》GB 50661—2011
20. 《高层民用建筑钢结构技术规程》JGJ 99—2015
21. 《砌体结构设计规范》GB 50003—2011
22. 《钢结构高强度螺栓连接技术规程》JGJ 82—2011
23. 《砌体工程施工质量验收规范》GB 50203—2011
24. 《木结构设计标准》GB 50005—2017
25. 《烟囱设计规范》GB 50051—2013
26. 《高层建筑混凝土结构技术规程》JGJ 3—2010
27. 《建筑设计防火规范》GB 50016—2014（2018 年版）
28. 《空间网格结构技术规程》JGJ 7—2010
29. 《门式刚架轻型房屋钢结构技术规范》GB 51022—2015
30. 《公路桥涵设计通用规范》JTG D60—2015
31. 《公路钢筋混凝土及预应力混凝土桥涵设计规范》JTG 3362—2018
32. 《城市桥梁设计规范》（2019 年局部修订）CJJ 11—2011
33. 《城市桥梁抗震设计规范》CJJ 166—2011
34. 《公路桥梁抗震设计细则》JTG/TB 02—01—2008
35. 《城市人行天桥和人行地道技术规程》CJJ69—95

附录三

二级注册结构工程师专业考试
所用的规范、标准

1. 《建筑结构可靠性设计统一标准》GB 50068—2018
2. 《建筑结构荷载规范》GB 50009—2012
3. 《建筑工程抗震设防分类标准》GB 50223—2008
4. 《建筑抗震设计规范》GB 50011—2010（2016 年版）
5. 《建筑地基基础设计规范》GB 50007—2011
6. 《建筑桩基技术规范》JGJ 94—2008
7. 《建筑地基处理技术规范》JGJ 79—2012
8. 《建筑地基基础工程施工质量验收规范》GB 50202—2002
9. 《混凝土结构设计规范》GB 50010—2010（2015 年版）
10. 《混凝土结构工程施工质量验收规范》GB 50204—2015
11. 《混凝土异形柱结构技术规程》JGJ 149—2006
12. 《钢结构设计标准》GB 50017—2017
13. 《门式刚架轻型房屋钢结构技术规范》GB 51022—2015
14. 《钢结构工程施工质量验收规范》GB 50205—2001
15. 《砌体结构设计规范》GB 50003—2011
16. 《砌体结构工程施工质量验收规范》GB 50203—2011
17. 《木结构设计标准》GB 50005—2017
18. 《高层建筑混凝土结构技术规程》JGJ 3—2010
19. 《烟囱设计规范》GB 50051—2013
20. 《高层民用建筑钢结构技术规程》JGJ 99—2015

常用截面的几何特性

截面简图	截面积 A	图示形心轴至边缘距离 (x, y)	对图示轴线的惯性矩 I、回转半径 i
矩形截面	bh	$y = \dfrac{h}{2}$	$I_x = \dfrac{bh^3}{12}, i_x = \dfrac{\sqrt{3}}{6}h = 0.289h$ $I_{x_1} = \dfrac{bh^3}{3}, i_{x_1} = \dfrac{\sqrt{3}}{3}h = 0.577h$
箱形截面	$b_1 t_1 + 2h_w t_w + b_2 t_2$	$y_1 = \dfrac{1}{2} \times \left[\dfrac{2h^2 t_w + (b_1 - 2t_w)t_1^2}{b_1 t_1 + 2h_w t_w + b_2 t_2} \right.$ $\left. + \dfrac{(b_2 - 2t_w)(2h - t_2)t_2}{b_1 t_1 + 2h_w t_w + b_2 t_2} \right]$ $y_2 = h - y_1$	$I_x = \dfrac{1}{3}\big[b_1 y_1^3 + b_2 y_2^3 - (b_1 - 2t_w)$ $\times (y_1 - t_1)^3 - (b_2 - 2t_w)(y_2 - t_2)^3 \big]$ $I_y = \dfrac{1}{12}\{ t_1 b_1^3 + h_w[(b_0 + 2t_w)^3$ $- b_0^3] + t_2 b_2^3 \}$
等腰梯形截面[①]	$\dfrac{(b_1 + b)h}{2}$	$y_1 = \dfrac{h}{3}\left(\dfrac{b_1 + 2b}{b_1 + b} \right)$ $y_2 = \dfrac{h}{3}\left(\dfrac{2b_1 + b}{b_1 + b} \right)$	$I_x = \dfrac{(b_1^2 + 4b_1 b + b^2)h^3}{36(b_1 + b)}$, $I_{x_1} = \dfrac{(b + 3b_1)h^3}{12}$ $I_y = \dfrac{\tan\alpha}{96} \cdot (b^4 - b_1^4)$; 式中 $\tan\alpha = \dfrac{2h}{b - b_1}$
工字形截面	$h_w t_w + 2bt$ 或 $bh - (b - t_w)h_w$	$y = \dfrac{h}{2}$	$I_x = \dfrac{1}{12}[bh^3 - (b - t_w)h_w^3]$ $I_y = \dfrac{1}{12}(2tb^3 - h_w t_w^3)$
T 形截面	$bt + h_w t_w$	$y_1 = \dfrac{h^2 t_w + (b - t_w)t^2}{2(bt + h_w t_w)}$ $y_2 = h - y_1$	$I_x = \dfrac{1}{3}\big[by_1^3 + t_w y_2^3 - (b - t_w)$ $\times (y_1 - t)^3 \big]$ $I_y = \dfrac{1}{12}(tb^3 + h_w t_w^3)$

截面简图	截面积 A	图示形心轴至边缘距离 (x, y)	对图示轴线的惯性矩 I、回转半径 i
槽形截面	$bh - (b-t_w)h_w$	$x_1 = \dfrac{1}{2}\left[\dfrac{2b^2t + h_w t_w^2}{bh-(b-t_w)h_w}\right]$ $x_2 = b - x_1$ $y = h/2$	$I_x = \dfrac{1}{12}\left[bh^3 - (b-t_w)h_w^3\right]$ $I_y = \dfrac{1}{3}(2tb^3 + h_w t_w^3)$ $- \left[bh-(b-t_w)h_w\right]x_1^2$
圆形截面	$\dfrac{\pi d^2}{4} = \pi R^2$	$y = \dfrac{d}{2} = R$	$I_x = \dfrac{\pi d^4}{64} = \dfrac{\pi R^4}{4}; i_x = \dfrac{1}{4}d = \dfrac{R}{2}$
圆环/管截面	$\dfrac{\pi(d^2-d_1^2)}{4}$	$y = \dfrac{d}{2}$	$I_x = \dfrac{\pi(d^4-d_1^4)}{64}; i_x = \dfrac{1}{4}\sqrt{d^2+d_1^2}$
半圆形截面	$\dfrac{\pi d^2}{8}$	$y_1 = \dfrac{(3\pi-4)d}{6\pi}, y_2 = \dfrac{2d}{3\pi}$ $x = \dfrac{d}{2}$	$I_x = \dfrac{(9\pi^2-64)d^4}{1152\pi}, I_y = \dfrac{\pi d^4}{128};$ $I_{x_1} = \dfrac{\pi d^4}{128}$
半圆环截面	$\dfrac{\pi(d^2-d_1^2)}{8}$	$y_1 = \dfrac{d}{2} - y_2$ $y_2 = \dfrac{2}{3\pi}\left(\dfrac{d^3-d_1^3}{d^2-d_1^2}\right)$ $x = \dfrac{d}{2}$	$I_x = \dfrac{\pi(d^4-d_1^4)}{128} - \dfrac{(d^3-d_1^3)^2}{18\pi(d^2-d_1^2)}$ $I_y = \dfrac{\pi(d^4-d_1^4)}{128}; I_{x_1} = \dfrac{\pi(d^4-d_1^4)}{128}$

注：1. 表中①，当取 $b_1 = 0$ 或 $b = 0$ 即得等腰三角形或倒等腰三角形截面的几何特性计算公式；取 $b_1 = b$ 则可得矩形截面的几何特性计算公式。

2. 引自《建筑结构静力计算实用手册》。

附录五

活荷载在梁上不利的布置方法

计算连续梁的最大弯矩和最大剪力时，应考虑活荷载在梁上最不利的布置，附表 5-1 是以五跨梁为例来说明活荷载的布置方法。

考虑活荷载在梁上不利的布置方法 附表 5-1

活荷载布置图	最 大 值	
	弯 矩	剪 力
	M_1、M_3、M_5	V_A、V_F
	M_2、M_4	
	M_B	$V_{B左}$、$V_{B右}$
	M_c	$V_{C左}$、$V_{C右}$
	M_D	$V_{D左}$、$V_{D右}$
	M_E	$V_{E左}$、$V_{E右}$

由附表 5-1 可以看出，当计算某跨的最大正弯矩时，该跨应布满活荷载，其余每隔一跨布满活荷载；当计算某支座的最大负弯矩及支座剪力时，该支座相邻两跨应布满活荷载，其余每隔一跨布满活荷载。

附录六

梁的内力与变形

悬臂梁	$\alpha = a/l,\ \beta = b/l$

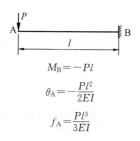

$$M_B = -Pl$$

$$\theta_A = -\frac{Pl^2}{2EI}$$

$$f_A = \frac{Pl^3}{3EI}$$

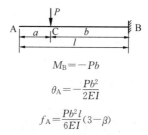

$$M_B = -Pb$$

$$\theta_A = -\frac{Pb^2}{2EI}$$

$$f_A = \frac{Pb^2 l}{6EI}(3-\beta)$$

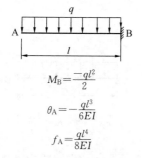

$$M_B = \frac{-ql^2}{2}$$

$$\theta_A = -\frac{ql^3}{6EI}$$

$$f_A = \frac{ql^4}{8EI}$$

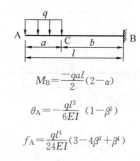

$$M_B = \frac{-qal}{2}(2-\alpha)$$

$$\theta_A = -\frac{ql^3}{6EI}(1-\beta^3)$$

$$f_A = \frac{ql^4}{24EI}(3-4\beta^3+\beta^4)$$

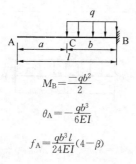

$$M_B = \frac{-qb^2}{2}$$

$$\theta_A = -\frac{qb^3}{6EI}$$

$$f_A = \frac{qb^3 l}{24EI}(4-\beta)$$

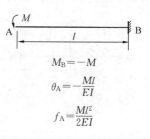

$$M_B = -M$$

$$\theta_A = -\frac{Ml}{EI}$$

$$f_A = \frac{Ml^2}{2EI}$$

简支梁

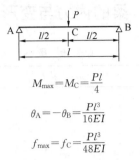

$$M_{max} = M_C = \frac{Pl}{4}$$

$$\theta_A = -\theta_B = \frac{Pl^3}{16EI}$$

$$f_{max} = f_C = \frac{Pl^3}{48EI}$$

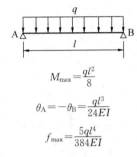

$$M_{max} = \frac{ql^2}{8}$$

$$\theta_A = -\theta_B = \frac{ql^3}{24EI}$$

$$f_{max} = \frac{5ql^4}{384EI}$$

一端简支、一端固定梁

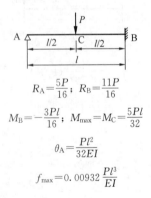

$$R_A = \frac{5P}{16}; \ R_B = \frac{11P}{16}$$

$$M_B = -\frac{3Pl}{16}; \ M_{max} = M_C = \frac{5Pl}{32}$$

$$\theta_A = \frac{Pl^2}{32EI}$$

$$f_{max} = 0.00932\frac{Pl^3}{EI}$$

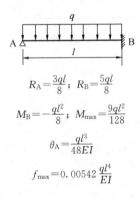

$$R_A = \frac{3ql}{8}; \ R_B = \frac{5ql}{8}$$

$$M_B = -\frac{ql^2}{8}; \ M_{max} = \frac{9ql^2}{128}$$

$$\theta_A = \frac{ql^3}{48EI}$$

$$f_{max} = 0.00542\frac{ql^4}{EI}$$

两端固定梁

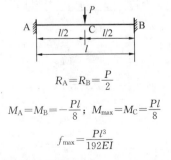

$$R_A = R_B = \frac{P}{2}$$

$$M_A = M_B = -\frac{Pl}{8}; \ M_{max} = M_C = \frac{Pl}{8}$$

$$f_{max} = \frac{Pl^3}{192EI}$$

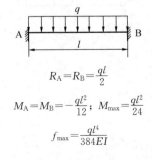

$$R_A = R_B = \frac{ql}{2}$$

$$M_A = M_B = -\frac{ql^2}{12}; \ M_{max} = \frac{ql^2}{24}$$

$$f_{max} = \frac{ql^4}{384EI}$$

荷　载　图	跨内最大弯矩		支座弯矩	剪　　力			跨度中点挠度	
	M_1	M_2	M_B	V_A	$V_{B左}$ $V_{B右}$	V_C	f_1	f_2
	0.070	0.070	−0.125	0.375	−0.625 0.625	−0.375	0.521	0.521
	0.096	—	−0.063	0.437	−0.563 0.063	0.063	0.912	−0.391
	0.048	0.048	−0.078	0.172	−0.328 0.328	−0.172	0.345	0.345
	0.064	—	−0.039	0.211	−0.289 0.039	0.039	0.589	−0.244
	0.156	0.156	−0.188	0.312	−0.688 0.688	−0.312	0.911	0.911
	0.203	—	−0.094	0.406	−0.594 0.094	0.094	1.497	−0.586
	0.222	0.222	−0.333	0.667	−1.333 1.333	−0.667	1.466	1.466
	0.278	—	−0.167	0.833	−1.167 0.167	0.167	2.508	−1.042

三　跨　梁

附表 6-3

荷载图	跨内最大弯矩 M₁	跨内最大弯矩 M₂	支座弯矩 M_B	支座弯矩 M_C	剪力 V_A	剪力 V_{B左} / V_{B右}	剪力 V_{C左} / V_{C右}	剪力 V_D	跨度中点挠度 f₁	跨度中点挠度 f₂	跨度中点挠度 f₃
	M_1	M_2	M_B	M_C	V_A	$V_{B左}$ / $V_{B右}$	$V_{C左}$ / $V_{C右}$	V_D	f_1	f_2	f_3
	0.080	0.025	−0.100	−0.100	0.400	−0.600 / 0.500	−0.500 / 0.600	−0.400	0.677	0.052	0.677
	0.101	—	−0.050	−0.050	0.450	−0.550 / 0	0 / 0.550	−0.450	0.990	−0.625	0.990
	—	0.075	−0.050	−0.050	0.050	−0.050 / 0.500	−0.500 / 0.050	0.050	−0.313	0.677	−0.313
	0.073	0.054	−0.117	−0.033	0.383	−0.617 / 0.583	−0.417 / 0.033	0.033	0.573	0.365	−0.208
	0.094	—	−0.067	0.017	0.433	−0.567 / 0.083	0.083 / −0.017	−0.017	0.885	−0.313	0.104
	0.054	0.021	−0.063	−0.063	0.183	−0.313 / 0.250	−0.250 / 0.313	−0.188	0.443	0.052	0.443
	0.068	—	−0.031	−0.031	0.219	−0.281 / 0	0 / 0.281	−0.219	0.638	−0.391	0.638
	—	0.052	−0.031	−0.031	−0.031	−0.031 / 0.250	−0.250 / 0.031	0.031	−0.195	0.443	−0.195

续表

荷载图	跨内最大弯矩		支座弯矩		剪　力				跨度中点挠度		
	M_1	M_2	M_B	M_C	V_A	$V_{B左}$ / $V_{B右}$	$V_{C左}$ / $V_{C右}$	V_D	f_1	f_2	f_3
	0.050	0.038	-0.073	-0.021	0.177	-0.323 / 0.302	-0.198 / 0.021	0.021	0.378	0.248	-0.130
	0.063	—	-0.042	0.010	0.208	-0.292 / 0.052	0.052 / -0.010	-0.010	0.573	-0.195	0.065
	0.175	0.100	-0.150	-0.150	0.350	-0.650 / 0.500	-0.500 / 0.650	-0.350	1.146	0.208	1.146
	0.213	—	-0.075	-0.075	0.425	-0.575 / 0	0 / 0.575	-0.425	1.615	-0.937	1.615
	—	0.175	-0.075	-0.075	-0.075	-0.075 / 0.500	-0.500 / 0.075	0.075	-0.469	1.146	-0.469
	0.162	0.137	-0.175	-0.050	0.325	-0.675 / 0.625	-0.375 / 0.050	0.050	0.990	0.677	-0.312
	0.200	—	-0.100	0.025	0.400	-0.600 / 0.125	0.125 / -0.025	-0.025	1.458	-0.469	0.156

续表

荷载图	跨内最大弯矩		支座弯矩		剪力				跨度中点挠度		
	M_1	M_2	M_B	M_C	V_A	$V_{B左}$ / $V_{B右}$	$V_{C左}$ / $V_{C右}$	V_D	f_1	f_2	f_3
	0.244	0.067	−0.267	−0.267	0.733	−1.267 / 1.000	−1.000 / 1.267	−0.733	1.883	0.216	1.883
	0.289	—	−0.133	−0.133	0.866	−1.134 / 0	0 / 1.134	−0.866	2.716	−1.667	2.716
	—	0.200	−0.133	−0.133	−0.133	−0.133 / 1.000	−1.000 / 0.133	0.133	−0.833	1.883	−0.833
	0.229	0.170	−0.311	−0.089	0.689	−1.311 / 1.222	−0.778 / 0.089	0.089	1.605	1.049	−0.556
	0.274	—	−0.178	0.044	0.822	−1.178 / 0.222	0.222 / −0.044	−0.044	2.438	−0.833	0.278

附表 6-4

四 跨 梁

荷 载 图	跨内最大弯矩				支座弯矩			剪 力					跨度中点挠度			
	M_1	M_2	M_3	M_4	M_B	M_C	M_D	V_A	$V_{B左}$ / $V_{B右}$	$V_{C左}$ / $V_{C右}$	$V_{D左}$ / $V_{D右}$	V_E	f_1	f_2	f_3	f_4
	0.077	0.036	0.036	0.077	−0.107	−0.071	−0.107	0.393	−0.607 / 0.536	0.464 / 0.464	−0.536 / 0.607	−0.393	0.632	0.186	0.186	0.632
	0.100	—	0.081	—	−0.054	−0.036	−0.054	0.446	−0.554 / 0.018	0.018 / 0.482	0.518 / 0.054	0.054	0.967	−0.558	0.744	−0.335
	0.072	0.061	—	0.098	−0.121	−0.018	−0.058	0.380	−0.620 / 0.603	−0.397 / −0.040	0.040 / 0.558	−0.442	0.549	0.437	−0.474	0.939
	—	0.056	0.056	—	−0.036	−0.107	−0.036	−0.036	−0.036 / 0.429	−0.571 / 0.571	−0.429 / 0.036	0.036	−0.023	0.409	0.409	−0.223
	0.094	—	—	0.052	−0.067	0.018	−0.004	0.433	−0.567 / 0.085	0.085 / −0.022	−0.022 / 0.004	0.004	0.884	−0.307	0.084	−0.028
	0.052	0.074	—	—	−0.049	−0.054	0.013	−0.049	−0.049 / 0.496	−0.504 / 0.067	0.067 / −0.013	−0.013	−0.307	0.660	−0.251	0.084
	0.052	0.028	0.028	0.052	−0.067	−0.045	−0.067	0.183	−0.317 / 0.272	−0.228 / 0.228	−0.272 / 0.317	−0.183	0.415	0.136	0.136	0.415
	0.067	—	0.055	—	−0.034	−0.022	−0.034	0.217	−0.284 / 0.011	0.011 / 0.239	−0.261 / 0.034	0.034	0.624	−0.349	0.485	−0.209

续表

荷载图	跨内最大弯矩				支座弯矩			剪力					跨度中点挠度			
	M_1	M_2	M_3	M_4	M_B	M_C	M_D	V_A	$V_{B左}$ / $V_{B右}$	$V_{C左}$ / $V_{C右}$	$V_{D左}$ / $V_{D右}$	V_E	f_1	f_2	f_3	f_4
	0.049	0.042	—	0.066	−0.075	−0.011	−0.036	0.175	−0.325 / 0.314	−0.186 / −0.025	−0.025 / 0.286	−0.214	0.363	0.293	−0.296	0.607
	—	0.040	0.040	—	−0.022	−0.067	−0.022	−0.022	−0.022 / 0.205	−0.295 / 0.295	−0.205 / 0.022	0.022	−0.140	0.275	0.275	−0.140
	0.063	—	—	—	−0.042	0.011	−0.003	0.208	−0.292 / 0.053	0.053 / −0.014	−0.014 / 0.003	0.003	0.572	−0.192	0.052	−0.017
	—	0.051	—	—	−0.031	−0.034	0.008	−0.031	−0.031 / 0.247	−0.253 / 0.042	0.042 / −0.008	−0.008	−0.192	0.432	−0.157	0.052
	0.169	0.116	0.116	0.169	−0.161	−0.107	−0.161	0.339	−0.661 / 0.554	−0.446 / 0.446	−0.554 / 0.661	−0.339	1.079	0.409	0.409	1.079
	0.210	0.146	0.183	0.206	−0.080	−0.054	−0.080	0.420	−0.580 / 0.027	0.027 / 0.473	−0.527 / 0.080	0.080	1.581	−0.837	1.246	−0.502
	0.159	—	—	—	−0.181	−0.027	−0.087	0.319	−0.681 / 0.654	−0.346 / −0.060	−0.060 / 0.587	−0.413	0.953	0.786	−0.711	1.539
	—	0.142	0.142	—	−0.054	−0.161	−0.054	0.054	−0.054 / 0.393	−0.607 / 0.607	−0.393 / 0.054	0.054	−0.335	0.744	0.744	−0.335

续表

荷载图	跨内最大弯矩				支座弯矩			剪　力					跨度中点挠度			
	M_1	M_2	M_3	M_4	M_B	M_C	M_D	V_A	$V_{B左}$ $V_{B右}$	$V_{C左}$ $V_{C右}$	$V_{D左}$ $V_{D右}$	V_E	f_1	f_2	f_3	f_4
	0.200	—	—	—	−0.100	0.027	−0.007	0.400	−0.600 0.127	0.127 −0.033	−0.033 0.007	0.007	1.456	−0.460	0.126	−0.042
	—	0.173	—	—	−0.074	−0.080	0.020	−0.074	−0.074 0.493	−0.507 0.100	0.100 −0.020	−0.020	−0.460	1.121	−0.377	0.126
	0.238	0.111	0.111	0.238	−0.286	−0.191	−0.286	0.714	1.286 1.095	−0.905 0.905	−1.095 1.286	−0.714	1.764	0.573	0.573	1.764
	0.286	—	0.222	—	−0.143	−0.095	−0.143	0.857	−1.143 0.048	0.048 0.952	−1.048 0.143	0.143	2.657	−1.488	2.061	−0.892
	0.226	0.194	0.175	0.282	−0.321	−0.048	−0.155	0.679	−1.312 1.274	−0.726 −0.107	−0.107 1.155	−0.845	1.541	1.243	−1.265	2.582
	—	0.175	—	—	−0.095	−0.286	−0.095	−0.095	−0.095 0.810	−1.190 1.190	−0.810 0.095	0.095	−0.595	1.168	1.168	−0.595
	0.274	—	—	—	−0.178	0.048	−0.012	0.822	−1.178 0.226	0.226 −0.060	−0.060 0.012	0.012	2.433	−0.819	0.223	−0.074
	—	0.198	—	—	−0.131	−0.143	0.036	−0.131	−0.131 0.988	−1.012 0.178	0.178 −0.036	−0.036	−0.819	1.838	−0.670	0.223

五 跨 梁 附表 6-5

荷载图	跨内最大弯矩 M₁	M₂	M₃	支座弯矩 M_B	M_C	M_D	M_E	V_A	剪力 V_{B左}/V_{B右}	V_{C左}/V_{C右}	V_{D左}/V_{D右}	V_{E左}/V_{E右}	V_F	跨度中点挠度 f₁	f₂	f₃	f₄	f₅
A M₁ B M₂ C M₃ D M₄ E M₅ F	0.078	0.033	0.046	−0.105	−0.079	−0.079	−0.105	0.394	−0.606 / 0.526	−0.474 / 0.500	−0.500 / 0.474	−0.526 / 0.606	−0.394	0.644	0.151	0.315	0.151	0.644
A M₁ B M₂ C M₃ D M₄ E M₅ F	0.100	—	0.085	−0.053	−0.040	−0.040	−0.053	0.447	−0.553 / 0.013	0.013 / 0.500	−0.500 / −0.013	−0.013 / 0.553	−0.447	0.973	−0.576	0.809	−0.576	0.973
A B C D E F	—	0.079	—	−0.053	−0.040	−0.040	−0.053	−0.053	−0.053 / 0.513	−0.487 / 0	0 / 0.487	−0.513 / 0.053	0.053	−0.329	0.727	−0.493	0.727	−0.329
A B C D E F	0.073	❷0.059 / 0.078	—	−0.119	−0.022	−0.044	−0.051	0.380	−0.620 / 0.598	−0.402 / −0.023	−0.023 / 0.493	−0.507 / 0.052	0.052	0.555	0.420	−0.411	0.704	−0.321
A B C D E F	❶— / 0.098	0.055	0.064	−0.035	−0.111	−0.020	−0.057	−0.035	−0.035 / 0.424	−0.576 / 0.591	−0.409 / −0.037	−0.037 / 0.557	−0.443	−0.217	0.390	0.480	−0.486	0.943
A B C D E F	0.094	—	—	−0.067	0.018	−0.005	0.001	−0.433	−0.567 / 0.085	0.085 / −0.023	−0.023 / 0.006	0.006 / −0.001	−0.001	0.883	−0.307	0.082	−0.022	0.008
A B C D E F	—	0.074	—	−0.049	−0.054	0.014	−0.004	−0.049	−0.049 / 0.495	−0.505 / 0.068	0.068 / −0.018	−0.018 / 0.004	0.004	−0.307	0.659	−0.247	0.067	−0.022
A B C D E F	—	—	0.072	0.013	−0.053	−0.053	0.013	0.013	0.013 / −0.066	−0.066 / 0.500	−0.500 / 0.066	0.066 / −0.013	−0.013	0.082	−0.247	0.644	−0.247	0.082

续表

荷载图	跨内最大弯矩			支座弯矩				剪力						跨度中点挠度				
	M_1	M_2	M_3	M_B	M_C	M_D	M_E	V_A	$V_{B左}$ / $V_{B右}$	$V_{C左}$ / $V_{C右}$	$V_{D左}$ / $V_{D右}$	$V_{E左}$ / $V_{E右}$	V_F	f_1	f_2	f_3	f_4	f_5
(荷载图)	0.053	0.026	0.034	−0.066	−0.049	−0.049	−0.066	0.184	−0.316 / 0.266	−0.234 / 0.250	−0.250 / 0.234	−0.266 / 0.316	−0.184	0.422	0.114	0.217	0.114	0.422
(荷载图)	0.067	—	0.059	−0.033	−0.025	−0.025	−0.033	0.217	−0.283 / 0.008	0.008 / 0.250	−0.250 / −0.008	−0.008 / 0.283	−0.217	0.628	−0.360	0.525	−0.360	0.628
(荷载图)	—	0.055	—	−0.033	−0.025	−0.025	−0.033	−0.033	−0.033 / 0.258	−0.242 / 0	0 / 0.242	−0.258 / 0.033	0.033	−0.205	0.474	−0.308	0.474	−0.205
(荷载图)	0.049	❷0.041 / 0.053	0.044	−0.075	−0.014	−0.028	−0.032	0.175	−0.325 / 0.311	−0.189 / −0.014	−0.014 / 0.246	−0.255 / 0.032	0.032	0.366	0.282	−0.257	0.460	−0.201
(荷载图)	❶ / 0.066	0.039	—	−0.022	−0.070	−0.013	−0.036	−0.022	−0.022 / 0.202	−0.298 / 0.307	−0.193 / −0.023	−0.023 / 0.286	−0.214	−0.136	0.263	0.319	−0.304	0.609
(荷载图)	0.063	—	—	−0.042	0.011	−0.003	0.001	0.208	−0.292 / 0.053	0.053 / −0.014	−0.014 / 0.004	0.004 / −0.001	−0.001	0.572	−0.192	0.051	−0.014	0.005
(荷载图)	—	0.051	—	−0.031	−0.034	0.009	−0.002	−0.031	−0.031 / 0.247	−0.253 / 0.043	0.043 / −0.011	−0.011 / 0.002	0.002	−0.192	0.432	−0.154	0.042	−0.014
(荷载图)	—	—	0.050	0.008	−0.033	−0.033	0.008	0.008	0.008 / −0.041	−0.041 / 0.250	−0.250 / 0.041	0.041 / −0.008	−0.008	0.051	−0.154	0.422	−0.154	0.051

续表

荷载图	M_1	M_2	M_3	M_B	M_C	M_D	M_E	V_A	$V_{B左}/V_{B右}$	$V_{C左}/V_{C右}$	$V_{D左}/V_{D右}$	$V_{E左}/V_{E右}$	V_F	f_1	f_2	f_3	f_4	f_5
(荷载图)	0.171	0.112	0.132	−0.158	−0.118	0.118	−0.158	0.342	−0.658/0.540	−0.460/0.500	−0.500/0.460	−0.540/0.658	−0.342	1.097	0.356	0.603	0.356	1.097
(荷载图)	0.211	—	0.191	−0.079	−0.059	−0.059	−0.079	0.421	−0.579/0.020	0.020/0.500	−0.500/−0.020	−0.020/0.579	−0.421	1.590	−0.863	1.343	−0.863	1.590
(荷载图)	—	0.181	—	−0.079	−0.059	−0.059	−0.079	−0.079	−0.079/0.520	−0.480/0	0/0.480	−0.520/0.079	0.079	−0.493	1.220	−0.740	1.220	−0.493
(荷载图)	0.160	②$\dfrac{0.144}{0.178}$	0.151	−0.179	−0.032	−0.066	−0.077	0.321	−0.679/0.647	−0.353/−0.034	−0.034/0.489	−0.511/0.077	0.077	0.962	0.760	−0.617	1.186	−0.482
(荷载图)	①$\dfrac{}{0.207}$	0.140	0.151	−0.052	−0.167	−0.031	−0.086	−0.052	−0.052/0.385	−0.615/0.637	−0.363/−0.056	−0.056/0.586	−0.414	−0.325	1.220	0.850	−0.729	1.545
(荷载图)	0.200	—	—	−0.100	0.027	−0.007	0.002	0.400	−0.600/0.127	0.127/−0.034	−0.034/0.009	0.009/−0.002	−0.002	1.455	−0.460	0.123	−0.034	0.011
(荷载图)	—	0.173	—	−0.073	−0.081	0.022	−0.005	−0.073	−0.073/0.493	−0.507/0.102	0.102/−0.027	−0.027/0.005	0.005	−0.460	1.119	−0.370	0.101	−0.034
(荷载图)	—	—	0.171	0.020	−0.079	−0.079	0.020	0.020	0.020/−0.099	−0.099/0.500	−0.500/0.099	0.099/−0.020	−0.020	0.123	−0.370	1.097	−0.370	0.123

续表

荷载图	跨内最大弯矩			支座弯矩				剪力						跨度中点挠度				
	M_1	M_2	M_3	M_B	M_C	M_D	M_E	V_A	$V_{B左}$ / $V_{B右}$	$V_{C左}$ / $V_{C右}$	$V_{D左}$ / $V_{D右}$	$V_{E左}$ / $V_{E右}$	V_F	f_1	f_2	f_3	f_4	f_5
（五个集中荷载）	0.240	0.100	0.122	−0.281	−0.211	−0.211	−0.281	0.719	−1.281 / 1.070	−0.930 / 1.000	−1.000 / 0.930	−1.070 / 1.281	−0.719	1.795	0.479	0.918	0.479	1.795
	0.287	—	0.228	−0.140	−0.105	−0.105	−0.140	0.860	−1.140 / 0.035	0.035 / 1.000	1.000 / −0.035	−0.035 / 1.140	−0.860	2.672	−1.535	2.234	−1.535	2.672
	—	0.216	—	−0.140	−0.105	−0.105	−0.140	−0.140	−0.140 / 1.035	−0.965 / 0	0.000 / 0.965	−1.035 / 0.140	0.140	−0.877	2.014	−1.316	2.014	−0.877
	0.227	❷ 0.189 / 0.209	0.198	−0.319	−0.057	−0.118	−0.137	0.681	−1.319 / 1.262	−0.738 / −0.061	−0.061 / 0.981	−1.019 / 0.137	0.137	1.556	1.197	−1.096	1.955	−0.857
	❶ — / 0.282	0.172	0.198	−0.093	−0.297	−0.054	−0.153	−0.093	−0.093 / 0.796	−1.204 / 1.243	−0.757 / −0.099	−0.099 / 1.153	−0.847	−0.578	1.117	1.356	−1.296	2.592
	0.274	—	—	−0.179	0.048	−0.013	0.003	0.821	−1.179 / 0.227	0.227 / −0.061	−0.061 / 0.016	0.016 / −0.003	−0.003	2.433	−0.817	0.219	−0.060	0.020
	—	0.198	—	−0.131	−0.144	0.038	−0.010	−0.131	−0.131 / 0.987	−1.013 / 0.182	0.182 / −0.048	−0.048 / 0.010	0.010	−0.817	1.835	−0.658	0.179	−0.060
	—	—	0.193	0.035	−0.140	−0.140	0.035	0.035	0.035 / −0.175	−0.175 / 1.000	−1.000 / 0.175	0.175 / −0.035	−0.035	0.219	−0.658	1.795	−0.658	0.219

注：1. 表中，❶分子及分母分别为 M_1 及 M_5 的弯矩系数；❷分子及分母分别为 M_2 及 M_4 的弯矩系数。

2. 引自《建筑结构静力计算实用手册》。

附录七

常　用　表　格

《混规》（2015 年版）规定：

4.1.3 混凝土轴心抗压强度的标准值 f_{ck} 应按表 4.1.3-1 采用；轴心抗拉强度的标准值 f_{tk} 应按表 4.1.3-2 采用。

混凝土轴心抗压强度标准值（N/mm²）　　　　　　　表 4.1.3-1

强度	混凝土强度等级													
	C15	C20	C25	C30	C35	C40	C45	C50	C55	C60	C65	C70	C75	C80
f_{ck}	10.0	13.4	16.7	20.1	23.4	26.8	29.6	32.4	35.5	38.5	41.5	44.5	47.4	50.2

混凝土轴心抗拉强度标准值（N/mm²）　　　　　　　表 4.1.3-2

强度	混凝土强度等级													
	C15	C20	C25	C30	C35	C40	C45	C50	C55	C60	C65	C70	C75	C80
f_{tk}	1.27	1.54	1.78	2.01	2.20	2.39	2.51	2.64	2.74	2.85	2.93	2.99	3.05	3.11

4.1.4 混凝土轴心抗压强度的设计值 f_c 应按表 4.1.4-1 采用；轴心抗拉强度的设计值 f_t 应按表 4.1.4-2 采用。

混凝土轴心抗压强度设计值（N/mm²）　　　　　　　表 4.1.4-1

强度	混凝土强度等级													
	C15	C20	C25	C30	C35	C40	C45	C50	C55	C60	C65	C70	C75	C80
f_c	7.2	9.6	11.9	14.3	16.7	19.1	21.1	23.1	25.3	27.5	29.7	31.8	33.8	35.9

混凝土轴心抗拉强度设计值（N/mm²）　　　　　　　表 4.1.4-2

强度	混凝土强度等级													
	C15	C20	C25	C30	C35	C40	C45	C50	C55	C60	C65	C70	C75	C80
f_t	0.91	1.10	1.27	1.43	1.57	1.71	1.80	1.89	1.96	2.04	2.09	2.14	2.18	2.22

4.1.5 混凝土受压和受拉的弹性模量 E_c 宜按表 4.1.5 采用。

混凝土的剪切变形模量 G_c 可按相应弹性模量值的 40% 采用。

混凝土泊松比 υ_c 可按 0.2 采用。

混凝土的弹性模量（×10⁴ N/mm²）　　　　　　　表 4.1.5

混凝土强度等级	C15	C20	C25	C30	C35	C40	C45	C50	C55	C60	C65	C70	C75	C80
E_c	2.20	2.55	2.80	3.00	3.15	3.25	3.35	3.45	3.55	3.60	3.65	3.70	3.75	3.80

注：1　当有可靠试验依据时，弹性模量可根据实测数据确定；
　　2　当混凝土中掺有大量矿物掺合料时，弹性模量可按规定龄期根据实测数据确定。

4.2.3　普通钢筋的抗拉强度设计值 f_y、抗压强度设计值 f'_y 应按表4.2.3-1采用；预应力筋的抗拉强度设计值 f_{py}、抗压强度设计值 f'_{py} 应按表4.2.3-2采用。

当构件中配有不同种类的钢筋时，每种钢筋应采用各自的强度设计值。

对轴心受压构件，当采用 HRB500、HRBF500 钢筋时，钢筋的抗压强度设计值 f'_y 应取 $400N/mm^2$。横向钢筋的抗拉强度设计值 f_{yv} 应按表中 f_y 的数值采用；但用作受剪、受扭、受冲切承载力计算时，其数值大于 $360N/mm^2$ 时应取 $360N/mm^2$。

普通钢筋强度设计值（N/mm^2）　　　　表 4.2.3-1

牌　　号	抗拉强度设计值 f_y	抗压强度设计值 f'_y
HPB300	270	270
HRB335	300	300
HRB400、HRBF400、RRB400	360	360
HRB500、HRBF500	435	435

4.2.5　普通钢筋和预应力筋的弹性模量 E_s 可按表4.2.5采用。

钢筋的弹性模量（$\times10^5 N/mm^2$）　　　　表 4.2.5

牌号或种类	弹性模量 E_s
HPB300	2.10
HRB335、HRB400、HRB500 HRBF400、HRBF500、RRB400 预应力螺纹钢筋	2.00
消除应力钢丝、中强度预应力钢丝	2.05
钢绞线	1.95

钢筋的公称直径、公称截面面积及理论重量　　　　表 A.0.1

公称直径 （mm）	不同根数钢筋的公称截面面积（mm^2）									单根钢筋理论重量 （kg/m）
	1	2	3	4	5	6	7	8	9	
6	28.3	57	85	113	142	170	198	226	255	0.222
8	50.3	101	151	201	252	302	352	402	453	0.395
10	78.5	157	236	314	393	471	550	628	707	0.617
12	113.1	226	339	452	565	678	791	904	1017	0.888
14	153.9	308	461	615	769	923	1077	1231	1385	1.21
16	201.1	402	603	804	1005	1206	1407	1608	1809	1.58
18	254.5	509	763	1017	1272	1527	1781	2036	2290	2.00(2.11)
20	314.2	628	942	1256	1570	1884	2199	2513	2827	2.47
22	380.1	760	1140	1520	1900	2281	2661	3041	3421	2.98
25	490.9	982	1473	1964	2454	2945	3436	3927	4418	3.85(4.10)
28	615.8	1232	1847	2463	3079	3695	4310	4926	5542	4.83
32	804.2	1609	2413	3217	4021	4826	5630	6434	7238	6.31(6.65)
36	1017.9	2036	3054	4072	5089	6107	7125	8143	9161	7.99
40	1256.6	2513	3770	5027	6283	7540	8796	10053	11310	9.87(10.34)
50	1963.5	3928	5892	7856	9820	11784	13748	15712	17676	15.42(16.28)

注：括号内为预应力螺纹钢筋的数值。

钢筋混凝土构件的相对界限受压区高度 ξ_b 值，见附表 7-1。

相对界限受压区高度 ξ_b 附表 7-1

钢筋牌号	混凝土强度等级						
	≤C50	C55	C60	C65	C70	C75	C80
HPB300	0.576	0.566	0.556	0.547	0.537	0.528	0.518
HRB335	0.550	0.541	0.531	0.522	0.512	0.503	0.493
HRB400 HRBF400	0.518	0.508	0.499	0.490	0.481	0.472	0.463
HRB500 HRBF500	0.482	0.473	0.464	0.455	0.447	0.438	0.429

板一侧的受拉钢筋的最小配筋百分率（％），依据《混规》表 8.5.1 及注 2，见附表 7-2。

板一侧的受拉钢筋的最小配筋百分率（％） 附表 7-2

钢筋牌号	混凝土强度等级							备注
	C20	C25	C30	C35	C40	C45	C50	
HPB300	0.20	0.21	0.24	0.26	0.29	0.30	0.32	包括悬臂板
HRB335	0.20	0.20	0.21	0.24	0.26	0.27	0.28	
HRB400	—	0.20	0.20	0.20	0.21	0.23	0.24	不包括悬臂版
HRB500	—	0.20	0.20	0.20	0.20	0.20	0.20	

梁、偏心受拉、轴心受拉构件一侧的受拉钢筋的最小配筋百分率（％），依据《混规》表 8.5.1，见附表 7-3。

梁、偏心受拉、轴心受拉构件一侧的受拉钢筋的最小配筋百分率（％） 附表 7-3

钢筋牌号	混凝土强度等级						
	C20	C25	C30	C35	C40	C45	C50
HPB300	0.20	0.21	0.24	0.26	0.29	0.30	0.32
HRB335	0.20	0.20	0.21	0.24	0.26	0.27	0.28
HRB400	—	0.16	0.18	0.20	0.21	0.23	0.24
HRB500	—	0.15	0.15	0.16	0.18	0.19	0.20

框架梁纵向受拉钢筋的最小配筋百分率（％），见《混规》表 11.3.6-1，或者见附表 7-4。

框架梁纵向受拉钢筋的最小配筋百分率（％） 表 11.3.6-1

抗震等级	梁 中 位 置	
	支 座	跨 中
一级	0.40 和 80 f_t/f_y 中的较大值	0.3 和 65 f_t/f_y 中的较大值
二级	0.30 和 65 f_t/f_y 中的较大值	0.25 和 55 f_t/f_y 中的较大值
三、四级	0.25 和 55 f_t/f_y 中的较大值	0.20 和 45 f_t/f_y 中的较大值

框架梁纵向受拉钢筋的最小配筋百分率（%） 附表 7-4

抗震等级	钢筋牌号	梁中位置	混凝土强度等级					
			C25	C30	C35	C40	C45	C50
一级	HRB400	支座	—	0.400	0.400	0.400	0.400	0.420
		跨中	—	0.300	0.300	0.309	0.325	0.341
	HRB500	支座	—	0.400	0.400	0.400	0.400	0.400
		跨中	—	0.300	0.300	0.300	0.300	0.300
二级	HRB400	支座	0.300	0.300	0.300	0.309	0.325	0.341
		跨中	0.250	0.250	0.250	0.261	0.275	0.289
	HRB500	支座	0.300	0.300	0.300	0.300	0.300	0.300
		跨中	0.250	0.250	0.250	0.250	0.250	0.250
三、四级	HRB400	支座	0.250	0.250	0.250	0.261	0.275	0.289
		跨中	0.200	0.200	0.200	0.214	0.225	0.236
	HRB500	支座	0.250	0.250	0.250	0.250	0.250	0.250
		跨中	0.200	0.200	0.200	0.200	0.200	0.200

注：非抗震设计，框架梁的纵向受拉钢筋的最小配筋百分率，按附表 7-3。

沿梁全长箍筋的最小面积配筋率 $\rho_{sv,min}$，依据《混规》11.3.9 条、9.2.9 条第 3 款，见附表 7-5。面积配筋率 $\rho_{sv} = A_{sv}/(bs)$。

沿梁全长箍筋的最小面积配筋百分率（%） 附表 7-5

抗震等级	钢筋牌号	混凝土强度等级					
		C25	C30	C35	C40	C45	C50
一级	HPB300	—	0.159	0.174	0.190	0.200	0.210
	HRB335	—	0.143	0.157	0.171	0.180	0.189
	HRB400	—	0.119	0.131	0.143	0.150	0.158
二级	HPB300	0.132	0.148	0.163	0.177	0.187	0.196
	HRB335	0.119	0.133	0.147	0.160	0.168	0.176
	HRB400	0.099	0.111	0.122	0.133	0.140	0.147
三、四级	HPB300	0.122	0.138	0.151	0.165	0.173	0.182
	HRB335	0.110	0.124	0.136	0.148	0.156	0.164
	HRB400	0.092	0.103	0.113	0.124	0.130	0.137
非抗震	HPB300	0.113	0.127	0.140	0.152	0.160	0.168
	HRB335	0.102	0.114	0.126	0.137	0.144	0.151
	HRB400	0.085	0.095	0.105	0.114	0.120	0.126

注：1. 表中一级按 $0.30 f_t/f_{yv}$，二级按 $0.28 f_t/f_{yv}$，三、四级按 $0.26 f_t/f_{yv}$，非抗震，按 $0.24 f_t/f_{yv}$。
2. HRB500 按表中 HRB400 采用。

梁箍筋的配筋 A_{sv}/s（mm²/mm）的选用表，见附表 7-6。

梁箍筋的配筋 A_{sv}/s（mm²/mm）的选用表　　　　　　　　附表 7-6

箍筋直径与配置		箍筋间距 s（mm）					
		100	125	150	200	250	300
6 (28.3)	双肢箍	0.566	0.453	0.377	0.283	0.226	0.189
	四肢箍	1.132	0.906	0.755	0.566	0.453	0.377
8 (50.3)	双肢箍	1.006	0.805	0.671	0.503	0.402	0.335
	四肢箍	2.012	1.610	1.341	1.006	0.805	0.671
10 (78.5)	双肢箍	1.57	1.256	1.047	0.785	0.628	0.523
	四肢箍	3.14	2.512	2.093	1.570	1.256	1.047
12 (113.1)	双肢箍	2.262	1.810	1.508	1.131	0.905	0.754
	四肢箍	4.524	3.619	3.016	2.262	1.810	1.508
14 (153.9)	双肢箍	3.078	2.462	2.052	1.539	1.231	1.026
	四肢箍	6.156	4.925	4.104	3.078	2.462	2.052

每米板宽内的普通钢筋截面面积表，见附表 7-7。

每米板宽内的普通钢筋截面面积表　　　　　　　　附表 7-7

钢筋间距（mm）	钢筋直径（mm）											
	6	6/8	8	8/10	10	10/12	12	12/14	14	16	18	20
70	404	561	719	920	1121	1369	1616	1908	2199	2872	3636	4489
75	377	524	671	859	1047	1277	1508	1780	2053	2681	3393	4189
80	354	491	629	805	981	1198	1414	1669	1924	2513	3181	3928
85	333	462	592	758	924	1127	1331	1571	1811	2365	2994	3696
90	314	437	559	716	872	1064	1257	1484	1710	2234	2828	3491
95	298	414	529	678	826	1008	1190	1405	1620	2116	2679	3307
100	283	393	503	644	785	958	1131	1335	1539	2011	2545	3142
110	257	357	457	585	714	871	1028	1214	1399	1828	2314	2856
120	236	327	419	537	654	798	942	1112	1283	1676	2121	2618
125	226	314	402	515	628	766	905	1068	1232	1608	2036	2514
130	218	302	387	495	604	737	870	1027	1184	1547	1958	2417
140	202	281	359	460	561	684	808	954	1100	1436	1818	2244
150	189	262	335	429	523	639	754	890	1026	1340	1697	2095
160	177	246	314	403	491	599	707	834	962	1257	1591	1964
170	166	231	296	379	462	564	665	786	906	1183	1497	1848
180	157	218	279	358	436	532	628	742	855	1117	1414	1746
190	149	207	265	339	413	504	595	702	810	1058	1339	1654
200	141	196	251	322	393	479	565	668	770	1005	1273	1571
220	129	178	228	292	357	436	514	607	700	914	1157	1428
240	118	164	209	268	327	399	471	556	641	838	1060	1309
250	113	157	201	258	314	385	452	534	616	804	1018	1257

注：表中 6/8、8/10 等是指两种直径的钢筋间隔放置。

附录八

《钢标》的见解与勘误

根据笔者对《钢标》的学习与理解，《钢标》第一次印刷本（正文部分）存在瑕疵或不足，笔者将其整理为《钢标》第一次印刷本（正方部分）的见解与勘误，见附表8.1。此外，《钢标》条文说明不具备与正方同等的法律效力，故不列出。

特别注意：考试时，以命题专家的定义为准。

《钢结构设计标准》第一次印刷本（正文部分）的见解与勘误　　　　附表 8.1

页码	条目	原　文	见解与勘误
15	3.5.1	σ_{max}——腹板计算边缘的最大压应力（N/mm²）	σ_{max}——腹板计算高度边缘的最大压应力（N/mm²）
36	5.5.9	应按不小于 1/1000 的出厂加工精度	应按 e_0/l 不小于 1/1000 的出厂加工精度
37	6.1.1	……为 S5 级时，应取有效截面模量	……为 S5 级时，应取有效净截面模量
37	6.1.1	均匀受压翼缘有效外伸宽度可取 $15\varepsilon_k$	均匀受压翼缘有效外伸宽度可取 $15\varepsilon_k$ 倍受压翼缘厚度
40	6.2.2	均匀受压翼缘有效外伸宽度可取 $15\varepsilon_k$	均匀受压翼缘有效外伸宽度可取 $15\varepsilon_k$ 倍受压翼缘厚度
47	式 6.3.6-1	$b_s = h_0/30 + 40$	$b_s \geqslant h_0/30 + 40$
48	6.3.7-1	$15h_w\varepsilon_k$	$15t_w\varepsilon_k$
53	6.5.2	图 6.5.2 的标准与正文不一致	正文为准
57	7.2.1	除可考虑屈服后强度	除可考虑屈曲后强度
62	7.2.2	x_s，y_s——截面剪心的坐标（mm）；	x_s，y_s——截面形心至剪心的距离（mm）
75	7.4.4 条第 4 款	……确定系数 φ	……确定系数 ρ
77	7.5.1 条	N——被撑构件的最大轴心压力（N）	N——被撑构件的最大轴心压力设计值（N）
79	7.6.2	所有 λ_u、μ_u	均变为：λ_x、μ_x
79	7.6.2	或者：λ_x	变为：λ_u，其他 λ_u 不变
81	8.1.1	N——同一截面处轴心压力设计值（N）	N——同一截面处轴心力设计值（N）
83	式 8.2.1-2	N'_{Fx}	N'_{Ex}
83	倒数第 10 行	N'_{Ex}——（mm）	N'_{Ex}——（N）

页码	条目	原　文	见解与勘误
84	倒数第 5 行、第 4 行	M_{qx}——定义有误； M_1——定义有误	M_{qx}——横向荷载产生的弯矩最大值； M_1——按公式（8.2.1-5）中 M_1 采用
86	式（8.2.4-1）	N'_{Ex}	N'_E
91	式（8.3.2-1）	k_b	K_b
104	式（10.3.4-3）	w_x	W_{nx}
104	式（10.3.4-5）	W_x	W_{nx}
105	倒数第 3 行	γ'_x	γ_x
110	11.2.3	所有 15mm	1.5mm
113	11.3.3	1：25	1：2.5
114	11.3.4 条第 4 款	加强焊脚尺寸不应大于……	加强焊脚尺寸不应小于
126	式（11.6.4-3）	15	1.5
131	图 12.2.5（b）	$0.5b_{ef}$	$0.5b_e$
132	12.3.3	当 $h_c/h_b \geqslant 10$ 时	当 $h_c/h_b \geqslant 1.0$ 时
133	12.3.3	当 $h_c/h_b < 10$ 时	当 $h_c/h_b < 1.0$ 时
133	正数第 15 行	h_{c1}——柱翼缘中心线之间的宽度和梁腹板高度	h_{c1}——柱翼缘中心线之间的宽度
136	12.4.1	采取焊接、螺纹	采取焊接、螺栓
138	12.6.2	l——弧形表面或滚轴	l——弧形表面或辊轴
141	图 12.7.7	L_r 标注有误	按图 12.7.7 中 L_r 定义进行标注
150	图 13.3.2-1	D_1	D_i
156	图 13.3.2-7； 图 13.3.2-8	D_1 管的壁厚 t_1、t_2； D_2 管的壁厚 t_1、t_2	D_1 管的壁厚均为：t_1 D_2 管的壁厚均为：t_2
161	图 13.3.4-2	X 形为空间节点——有误	X 形平面节点
196	式（16.2.1-1）	$\Delta\sigma < \gamma_t [\Delta\sigma_L]_{1\times10^8}$	$\Delta\sigma \leqslant \gamma_t [\Delta\sigma_L]_{1\times10^8}$
197	式（16.2.1-4）	$\Delta\tau < [\Delta\tau_L]_{1\times10^8}$	$\Delta\tau \leqslant [\Delta\tau_L]_{1\times10^8}$
	式（16.2.1-5）	$\Delta\tau < \tau_{max} - \tau_{min}$	$\Delta\tau = \tau_{max} - \tau_{min}$
	式（16.2.1-6）	$\Delta\tau < \tau_{max} - 0.7\tau_{min}$	$\Delta\tau = \tau_{max} - 0.7\tau_{min}$
199	式（16.2.2-3）	$([\Delta\sigma]_{5\times10^6})$	$([\Delta\sigma]_{5\times10^6})^2$
200	16.2.3	$\Delta\sigma_i$，n_i——定义有误	$\Delta\sigma_i$，n_i——应力谱中循环次数 $n \leqslant 5\times10^6$ 范围内的正应力幅及其频次
200	16.2.3	$\Delta\sigma_j$，n_j——定义有误	$\Delta\sigma_j$，n_j——应力谱中循环次数 $5\times10^6 < n \leqslant 1\times10^8$ 范围内的正应力幅及其频次
200	16.2.3	$\Delta\tau_i$，n_i——定义有误	$\Delta\tau_i$，n_i——应力谱中循环次数 $n \leqslant 1\times10^8$ 范围内的剪应力幅及其频次

页码	条目	原　文	见解与勘误
212	式（17.2.2-2）	M_{Ehk2}、M_{Evk2}	M_{Ekh2}、M_{Evk2} 位置交换
212	倒数第 3 行	本标准第 17.2.2-3 采用	本标准表 17.2.2-3 采用
215	17.2.3	R_k 的量纲：N/mm^2	N/mm^2，或 N
219	式（17.2.9-1）	W_E	W_{Eb}
219	式（17.2.9-2）	W_E	W_{Eb}
219	式（17.2.9-3）	W_{EC}	W_{Eb}
229	17.3.14 条第 1 款	不宜小于节点板的 2 倍	不宜小于节点板厚度的 2 倍
243	式（C.0.1-1）	ε_k	ε_k^2
267	式（F.1.1-9）	n_y	η_y
276	H.0.1-1	Nmm^2/mm	N · mm^2/mm

参 考 文 献

[1] 中华人民共和国国家标准．建筑结构可靠性设计统一标准 GB 50068—2018．北京：中国建筑工业出版社，2019．

[2] 中华人民共和国国家标准．钢结构设计标准 GB 50017—2017．北京：中国建筑工业出版社，2018．

[3] 中华人民共和国国家标准．木结构设计标准 GB 50005—2017．北京：中国建筑工业出版社，2018．

[4] 金新阳．建筑结构荷载规范理解与应用．北京：中国建筑工业出版社，2013．

[5] 本书编委会．建筑地基基础设计规范理解与应用．北京：中国建筑工业出版社，2012．

[6] 本书编委会．全国一级注册结构工程师专业考试试题解答与分析．北京：中国建筑工业出版社，2019．

[7] 朱炳寅．建筑抗震设计规范应用与分析．第 2 版．北京：中国建筑工业出版社，2017．

[8] 朱炳寅．高层建筑混凝土结构技术规程应用与分析．北京：中国建筑工业出版社，2013．

[9] 姚谏．建筑结构静力计算实用手册．第 2 版．北京：中国建筑工业出版社，2014．

[10] 本书编委会．全国二级注册结构工程师专业考试试题解答与分析．北京：中国建筑工业出版社，2019．

增值服务说明

读者在阅读过程中，如果碰到什么疑难问题或对书中有任何建议，可直接与作者联系，联系方式：LanDJ2020@163.com，我们将按时回答您的问题。

本书的勘误，请见网页：兰定筠博士网（www.LanDingJun.com）；微博：兰定筠微博。